Finite Elemente in der Bruchmechanik

Meinhard Kuna

Finite Elemente in der Bruchmechanik

Theorie – Numerik – Anwendungen

3., überarbeitete und aktualisierte Auflage

Meinhard Kuna
Institut für Mechanik und Fluiddynamik
TU Bergakademie Freiberg
Freiberg, Deutschland

Der Autor, Prof. Dr. habil. rer. nat. Meinhard Kuna, lehrte an der TU Bergakademie Freiberg Technische Mechanik und Festkörpermechanik. Seine langjährige wissenschaftliche Tätigkeit ist dem Gebiet der theoretischen und angewandten Bruchforschung gewidmet. Die Schwerpunkte liegen auf der Entwicklung numerischer Berechnungsmethoden (FEM, BEM, DEM), der Bruchsicherheitsbewertung technischer Bauteile sowie der mikromechanischen Modellierung von Versagensprozessen in metallischen, keramischen und multifunktionalen Materialien.
https://tu-freiberg.de/imfd/tm-fk/team/prof-meinhard-kuna

ISBN 978-3-658-46191-1 ISBN 978-3-658-46192-8 (eBook)
https://doi.org/10.1007/978-3-658-46192-8

Die Deutsche Nationalbibliothek verzeichnet diese Publikation in der Deutschen Nationalbibliografie; detaillierte bibliografische Daten sind im Internet über https://portal.dnb.de abrufbar.

Planung/Lektorat: Ellen-Susanne Klabunde
Springer Vieweg ist ein Imprint der eingetragenen Gesellschaft Springer Fachmedien Wiesbaden GmbH und ist ein Teil von Springer Nature.
Die Anschrift der Gesellschaft ist: Abraham-Lincoln-Str. 46, 65189 Wiesbaden, Germany

Vorwort

Bei der Entwicklung und Auslegung technischer Konstruktionen, Bauteile und Anlagen spielen die Bewertung und Vermeidung von Bruch- und Schädigungsprozessen eine wesentliche Rolle, um die technische Sicherheit, Lebensdauer und Zuverlässigkeit zu gewährleisten. Ingenieurtechnische Fehler auf diesem Gebiet können im Versagensfall katastrophale Folgen für das Leben von Menschen, die Umwelt aber auch die Volkswirtschaft haben. Da in vielen Konstruktionen und Werkstoffen herstellungs- oder betriebsbedingte Defekte nicht immer ausgeschlossen werden können, kommt der bruchmechanischen Bewertung von rissartigen Defekten eine große Bedeutung zu. Im Rahmen der technischen Überwachung und der Aufklärung von Schadensfällen ist neben der Werkstoffcharakterisierung vor allem die Analyse des mechanischen Beanspruchungszustandes an Rissen, Kerben und ähnlichen Defekten unter betrieblichen Einsatzbedingungen von Interesse.

Die *Bruchmechanik* definiert Beanspruchungskenngrößen und Kriterien, um das Rissverhalten in Werkstoffen und Bauteilen unter statischen, dynamischen oder zyklischen Belastungen quantitativ beurteilen zu können.

Für die Beanspruchungsanalyse von Rissen wird heutzutage überwiegend die Finite-Elemente-Methode (FEM) als universelles und leistungsfähiges Berechnungsverfahren der Strukturmechanik eingesetzt. Es stehen kommerzielle FEM Softwarepakete zur Verfügung, die mittlerweile auch bruchmechanische Optionen anbieten. Allerdings erfordert die Behandlung von Rissproblemen spezielle theoretische Vorkenntnisse und numerische Techniken, die bisher nicht im notwendigen Umfang in die ingenieurtechnische Ausbildung und Praxis eingeflossen sind, sondern meistens »bruchmechanischen Spezialisten« vorbehalten blieben.

Das Anliegen der vorliegenden Monografie besteht darin, diese Lücke zu schließen. In der Einführung werden die wesentlichen theoretischen Grundlagen der Bruchmechanik vorgestellt, deren Kenngrößen mit der FEM zu bestimmen sind. Der Schwerpunkt der Ausführungen behandelt die speziellen numerischen Techniken zur Analyse von ebenen und räumlichen Rissproblemen in elastischen und plastischen Werkstoffen unter allen technisch relevanten Belastungen. Abschließend werden für jedes Gebiet Berechnungsbeispiele zur Lösung praktischer Aufgaben gegeben.

Das Lehrbuch wendet sich an Studenten ingenieurwissenschaftlicher Studiengänge im höheren Semester, vor allem des Maschinenbaus, Bauingenieurwesens, Fahrzeugbaus, den Werkstoffwissenschaften, der Luft- und Raumfahrt oder Computational Engineering. Es soll Absolventen und Doktoranden dieser Fachrichtungen eine Einführung in das Spezialgebiet geben und bei eigenen Forschungsarbeiten unterstützen. Als weitere Zielgruppe sehe ich praktisch tätige Ingenieure in den Konstruktions- und Berechnungsabteilungen der Industrie und in den technischen Aufsichtsbehörden, die mit Fragen der Auslegung, Bewertung und Überwachung von Festigkeit und Lebensdauer technischer Konstruktionen konfrontiert sind. Die Aufarbeitung und Darstellung des Wissensstandes ist mir auch deshalb ein Anliegen, weil in den letzten Jahren das Interesse der Universitäten am Thema Bruchforschung leider deutlich zurückgegangen ist, und die Lehrstühle lieber auf attraktivere moderne Fachgebiete ausgerichtet werden. Im Gegensatz dazu belegen neue Schadensfälle und technische Herausforderungen in der Praxis die Notwendigkeit, das »bruchmechanische know-how« zu erhalten und zu fördern.

Ich freue mich sehr über die positive Resonanz, mit der dieses Lehrbuch in der Fachwelt aufgenommen wurde. Viele Leser haben mir persönlich bestätigt, dass ihnen das Buch eine wertvolle Hilfe zum Verständnis der bruchmechanischen Theorie war und konkrete Unterstützung bei der Durchführung eigener numerischer Berechnungen bot.

Da mittlerweile die zweite deutschsprachige Auflage ausverkauft ist und bisher nicht als eBook erhältlich war, bin ich dem Wunsch des Springer Verlages nach einer weiteren Auflage gern nachgekommen. In dieser dritten Auflage habe ich versucht, neuere Entwicklungen in der FEM-Analyse von Rissen wie X-FEM und Phasenfeldmethode zu ergänzen, sowie den Stand der Literatur zu aktualisieren. Außerdem wurden die Schädigungsmechanik und die stochastische Bruchmechanik mit einem eigenständigen Kapitel aufgenommen. Angesichts der schier unübersehbaren Breite dieses Fachgebietes bitte ich um Verständnis, dass nicht alle neueren Entwicklungen in dieser Monographie berücksichtigt werden konnten.

Mein Dank gilt den vielen ehemaligen Mitarbeitern und Fachkollegen, mit denen ich in den vergangenen Jahren großartige Forschungsprojekte durchführen durfte, deren Ergebnisse zum Teil in diesem Buch enthalten sind. In die neue Auflage wurden Beiträge von Dr. O. ElKhatib, PD Dr. G. Hütter, Dr. Th. Linse, Dr. F. Rabold, Dr. St. Rasche, Dr. A. Seupel und Prof. Dr. M. Springmann aufgenommen. Herr PD Dr. G. Hütter und Dr. St. Roth haben dankenswerterweise das Korrekturlesen der neuen Kapitel übernommen und mir wertvolle Hinweise gegeben. Bei der technischen Ausführung haben mir Herr M.Sc. V. von Oertzen und Herr M.Sc. A. Malik geholfen. Ein großes Dankeschön gebührt Frau M. Beer für die Anfertigung der vielen exzellenten Zeichnungen. Nicht zuletzt gilt meine Anerkennung Frau N. Reuland und Frau E. Klabunde vom Springer Verlag für die gute Zusammenarbeit.

Sehr herzlich möchte ich mich bei meiner Frau, Christine Kuna, für das große Verständnis und ihre unendliche Geduld bedanken.

Freiberg, September 2024 *Meinhard Kuna*

Inhaltsverzeichnis

Kapitel 1
Einleitung

1.1 Bruchvorgänge in Natur und Technik

Das Wort »Bruch« bezeichnet die Trennung des Materialzusammenhalts in einem festen Körper. Es handelt sich um einen Vorgang, der den Körper entweder teilweise zertrennt, was zur Entstehung von Anrissen führt, oder auch seine vollständige Zerstörung bewirken kann. Der eigentliche Bruchvorgang geschieht lokal durch elementare Versagensprozesse auf der mikroskopischen Ebene der Werkstoffe und wird durch ihre physikalischen und mikrostrukturellen Eigenschaften festgelegt, wie das Beispiel von Bild 1.1 zeigt. Die globale Erscheinungsform des Bruchs auf makroskopischer Ebene besteht in der Bildung und Ausbreitung eines oder mehrerer Risse im Körper, wodurch schließlich das totale mechanische Versagen herbeigeführt wird. Auf dieser Ebene können Bruchvorgänge erfolgreich mit den Methoden der Festkörpermechanik und Festigkeitslehre beschrieben werden.

Bruchprozesse sind jedem aus Natur und Technik hinlänglich bekannt. Sehr beeindruckend sind Risse und Brüche natürlicher Materialien wie Gestein und Eis, vor allem wenn sie uns in großen geologischen Formationen als Felseinstürze, Gletscherspalten und Erdbeben begegnen, siehe Bild 1.2.

Insbesondere waren und sind aber auch die technischen Produkte und Entwicklungen der Menschheit mit Problemen der Bruchsicherheit und Lebensdauer konfrontiert und stellten zu allen Zeiten eine Herausforderung für das Ingenieurwesen dar. Spontaner Bruch ist die gefährlichste Versagensart einer mechanisch beanspruchten Konstruktion! Heute dokumentieren kühne Bauwerke aus Beton und Stahl, zuverlässige Flugzeuge und Hochgeschwindigkeitszüge, crash-sichere Autos und festigkeitsoptimierte High-Tech-Werkstoffe den enormen technischen Fortschritt in diesen Bereichen. Umgekehrt zeugt eine beachtliche Zahl technischer Schadensfälle von den schmerzhaften Erfahrungen auf dem Wege dahin. Beispiele sind die Rissbildung in Bauwerken und Maschinenteilen, der vollständige Einsturz von Brücken, das Bersten von Apparaten oder das Zerbrechen von Fahrzeugkonstruktionen (siehe die Bilder 1.3 und 1.4).

M. Kuna, *Finite Elemente in der Bruchmechanik*,
https://doi.org/10.1007/978-3-658-46192-8_1

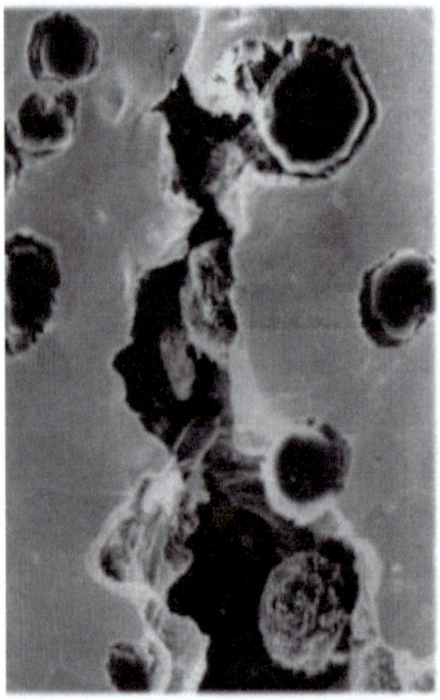

Bild 1.1 Mikroriss im Gefüge von duktilem Gusseisen

Bild 1.2 Makroriss (Spalte) im Fründelgletscher/Schweiz

Bild 1.3 ICE Eisenbahnunglück bei Eschede 1998 als Folge eines gebrochenen Radreifens

Die Gründe sind meistens nicht entdeckte Material- oder Bauteilfehler, unzureichende Auslegung der Konstruktion gegenüber den wirklichen Lasten oder der Einsatz von Werkstoffen mit mangelhaften Festigkeitseigenschaften. Im modernen Industriezeitalter besitzt die Gewährleistung der technischen Sicherheit, Lebensdauer und Zuverlässigkeit von technischen Konstruktionen, Bauteilen und Anlagen eine große Bedeutung. Ingenieurtechnische Fehler auf diesem Gebiet können im Versagensfall katastrophale Folgen für das Leben von Menschen, für die Umwelt aber auch für die Wirtschaftlichkeit und Verfügbarkeit der Produkte haben. Des-

Bild 1.4 Brückeneinsturz bei einem Erdbeben in Northridge 1994 USA

halb spielen wissenschaftliche Konzepte zur Bewertung und Vermeidung von Bruch- und Schädigungsprozessen eine erhebliche Rolle.

Bruchvorgänge und Versagensprozesse laufen auf allen Größenskalen ab. Während der Ingenieur hauptsächlich die genannte makroskopische Betrachtungsweise bevorzugt, interessiert sich der Materialwissenschaftler stärker für die im Werkstoffgefüge ablaufenden mesoskopischen Prozesse oder die darunter liegenden mikroskopischen Phänomene in einzelnen Gefügekomponenten. Den Festkörperphysiker bewegen vorrangig die nanoskopischen Strukturen der atomaren Bindungen. Für das Verständnis der Festigkeitseigenschaften der Materialien und ihres Bruchverhaltens tragen alle in Bild 1.5 skizzierten Betrachtungsebenen bei, die sich vereinfacht durch das Verhältnis der Defektgröße zu den Gefügeabmessungen klassifizieren lassen. Heutzutage werden Modelle auf jeder Betrachtungsebene und skalenübergreifend mit Methoden der Molekulardynamik, Mikromechanik, Schädigungsmechanik und Bruchmechanik umgesetzt. Die numerische Simulation von Rissen und Defekten ist auf allen Modellierungsebenen ein unentbehrliches Werkzeug.

Verschiedene ingenieurtechnische Fachgebiete befassen sich mit der Bewertung der Bruchfestigkeit und Lebensdauer von Konstruktionen. Zum besseren Verständnis und zur Klärung der Begriffe soll hier eingangs eine Einordnung gegeben werden.

Die *klassische Festigkeitslehre* (engl. *theory of strength*) geht von deformierbaren Körpern gegebener Geometrie (G) aus, die frei von jeglichen Defekten sind und ein ideales Kontinuum darstellen. Mit den Berechungsmethoden der Strukturmechanik werden die Spannungen und Verzerrungen im Bauteil als Folge der Einwirkung äußerer Belastungen (L) und unter Annahme des spezifischen Verformungsgesetzes (Elastizität, Plastizität usw.) des Materials (M) ermittelt. Anhand dieser Ergebnisse formuliert man Festigkeitshypothesen und berechnet Kenngrößen — meist in Form einer Vergleichsspannung σ_{v} —, die den Beanspruchungszustand in jedem Materialpunkt charakterisieren. Durch Versuche an einfachen Probekörpern mit

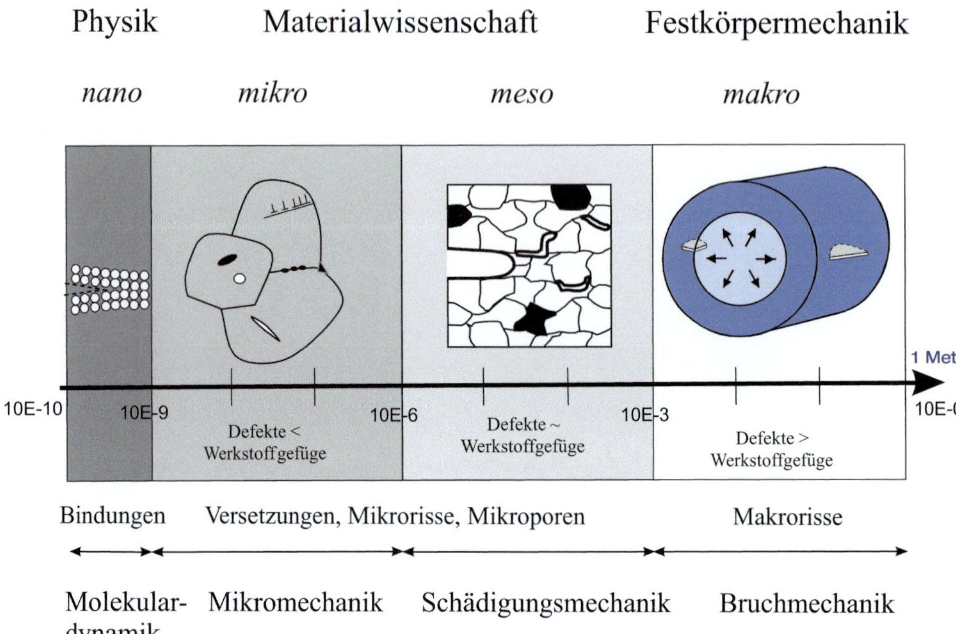

Bild 1.5 Bruchvorgänge auf unterschiedlichen Skalen und Betrachtungsebenen

elementaren Beanspruchungszuständen (z. B. Zugversuch) werden kritische Grenzwerte σ_c der Werkstofffestigkeit ermittelt, bei deren Überschreiten ein Versagen (z. B. Bruch) eintritt. Um die Sicherheit von Bauteilen zu gewährleisten, müssen die dort auftretenden maximalen Beanspruchungen stets unter diesen kritischen Festigkeitskennwerten bleiben, was in bekannter Form als Festigkeitskriterium dargestellt wird:

$$\sigma_v(G, L, M) \leq \sigma_{zul}(M) = \frac{\sigma_c}{S} \quad .$$

Die zulässige Beanspruchung σ_{zul} bestimmt sich aus dem Werkstoffkennwert σ_c durch Abminderung mit einem Sicherheitsbeiwert $S > 1$. Dabei wird vorausgesetzt, dass die an Laborproben ermittelten Kennwerte tatsächlich reine (geometrieunabhängige) Werkstoffeigenschaften repräsentieren und somit auf die Bauteilgeometrie übertragen werden dürfen (*Prinzip der Übertragbarkeit*).

Die genannte Beziehung beschreibt eine *lokale* Festigkeitshypothese am Materialpunkt. Im Unterschied dazu kennt man auch *globale* Versagenskriterien wie z. B. die plastische Grenzlast F_L, die den Verlust der Tragfähigkeit des gesamten Bauteils quantifizieren. Ein lokales Versagen muss nicht sofort zum globalen Versagen führen, sondern in Abhängigkeit von Belastung und Geometrie kann die Konstruktion der Ausbreitung von Schädigungen noch begrenzt widerstehen. Dieses vorteilhafte Verhalten wird mit den Begriffen *Schadenstoleranz* und *Sicherheitsreserven* gekennzeichnet.

Je nach ihrem zeitlichen Verlauf unterscheidet man statische, dynamische oder zyklische Belastungen. Für den in der Praxis häufig auftretenden Fall regelmäßiger zyklischer oder regelloser stochastischer Belastungen hat sich die *Betriebsfestigkeitslehre* als Teildisziplin herausgebildet.

Die traditionellen Festigkeitshypothesen und die darin verwendeten Werkstoffkennwerte für Festigkeit und Zähigkeit (Streckgrenze, Zugfestigkeit, Dauerschwingfestigkeit, Bruchdehnung, Kerbschlagarbeit) versagen jedoch häufig, wenn es um die Vorhersage und Vermeidung von Bruchvorgängen geht, wie die in der Praxis immer wieder auftretenden Schadensfälle zeigen. Ursache dafür ist, dass Bruchvorgänge vornehmlich von Stellen hoher Beanspruchungskonzentration an rissartigen Defekten ausgehen, wofür die klassische Festigkeitslehre keine verwertbaren quantitativen Zusammenhänge zwischen Beanspruchungssituation, Bauteilgeometrie und Werkstoffeigenschaften liefert.

Eine recht moderne Disziplin ist die *Schädigungsmechanik* (engl. *continuum damage mechanics*). Hier arbeitet man mit den gleichen Methoden wie in der klassischen Festigkeitslehre, jedoch wird im Unterschied dazu bei der Formulierung des Materialgesetzes angenommen, dass der Werkstoff mikroskopisch kleine, kontinuierlich verteilte Defekte besitzt, z. B. Mikrorisse oder Mikroporen. Diese Defekte werden aber nicht diskret einzeln abgebildet, sondern fließen nur implizit als gemittelte Defektdichte pro Volumen in homogenisierter Form in das Materialgesetz ein. Die Defektdichte stellt ein Maß für die Schädigung D des Werkstoffs dar und wird als interne Variable im Materialgesetz behandelt. Sie kann sich im Laufe der Belastung vergrößern, bis ein kritischer Grenzwert D_c der Schädigung erreicht wird, was auf makroskopischer Ebene der Bildung eines Anrisses entspricht. Ein schädigungsmechanisches Materialgesetz beschreibt demnach sowohl die Verformungs- als auch die Versagenseigenschaften des Werkstoffs in lokaler Form an jedem Materialpunkt der Struktur und enthält somit implizit ein *lokales* Festigkeitskriterium der Form:

$$D(G, L, M) \leq D_c(M) \quad .$$

Die Schädigungsmechanik eignet sich deshalb besonders für die Modellierung mikromechanischer Versagensprozesse in einem Werkstoff, bevor sich ein Makroriss bildet oder für die Modellierung der Bruchprozesszone an der Spitze eines Makrorisses.

1.2 Die Bruchmechanik

Als *Bruchmechanik* (engl. *fracture mechanics*) bezeichnet man das engere Fachgebiet, welches sich mit den Bruch- und Versagensprozessen in technischen Werkstoffen und Konstruktionen befasst. Im Unterschied zu den beiden oben genannten Fachgebieten geht man in der Bruchmechanik davon aus, dass jedes Bauteil und jeder reale Werkstoff unvermeidliche Fehlstellen bzw. Defekte aufweisen. Der Grund dafür ist, dass in vielen technischen Werkstoffen herstellungsbedingte Defekte (Anrisse, Poren, Materialinhomogenitäten, Delaminationen, Schwachstellen u. Ä.) vorhanden sind oder sich derartige Fehler infolge mechanischer, thermischer oder korrosiver Betriebsbelastungen bilden. Man weiß, dass die reale Festigkeit der Werkstoffe um mehrere Größenordnungen unterhalb der theoretisch möglichen Festigkeit bei defektfreien idealen Bindungsverhältnissen liegt. Ebenso können durch technologische Prozesse bei der Fertigung Defekte entstehen (Gussfehler, Härterisse, Bindefehler in Schweißnähten, u. Ä.), die zu einer Rissbildung führen. Oftmals lassen sich auch aufgrund der konstruktiven Anforderungen an ein Bauteil geometrische Kerben oder abrupte Werkstoffübergänge nicht vermeiden, die zu hohen örtliche Beanspruchungen führen. Hinzu kommt der wichtige Umstand, dass die Nachweismethoden der zerstörungsfreien Prüfung physikalische Auflösungsgrenzen haben, so dass herstellungs- oder betriebsbedingte Defekte nicht in jedem Fall zweifelsfrei ausgeschlossen werden können. Das bedeutet, man muss zumindest hypothetisch das Vorhandensein von Fehlern dieser Größenordnung annehmen! Unvermeidbare Fehler dieser Art können sich zu makroskopischen Rissen ausweiten und bilden die entscheidende Ursache für das Eintreten eines Bruchs.

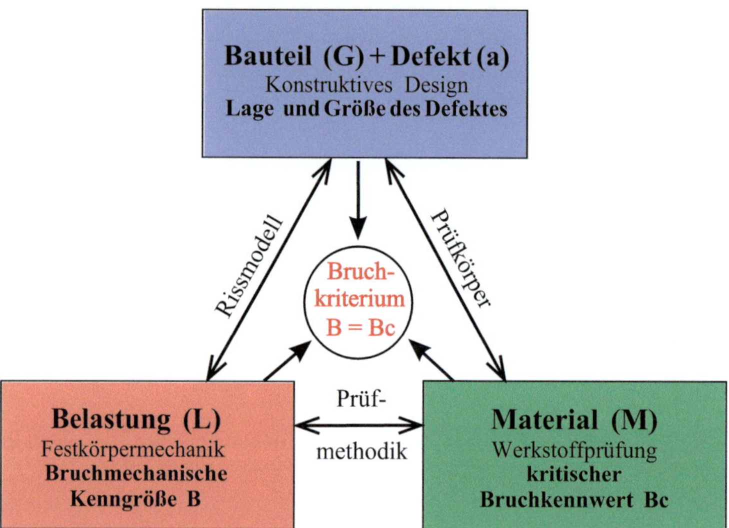

Bild 1.6 Schematische Darstellung des bruchmechanischen Bewertungskonzeptes

Aus diesen Gründen setzt man in der Bruchmechanik die Existenz derartiger Fehler voraus und bildet sie sicherheitstechnisch konservativ *explizit als Risse* der Größe a ab. Ein solcher diskreter Riss ist von einem defektfreien Material umgeben, welches mit den bekannten Materialgesetzen der Kontinuumsmechanik beschrieben wird. Mit den Berechnungsmethoden der Strukturmechanik untersucht man dann die Spannungs- und Verformungszustände am Riss. Es ist klar, dass sich an der Rissspitze sehr hohe, inhomogene Spannungs- und Verformungszustände ausbilden. Derartige Spannungskonzentrationen können jedoch nicht mit den klassischen Konzepten der Festigkeitslehre bewertet werden, sondern es müssen geeignete bruchmechanische Kenngrößen B gefunden werden, die den Beanspruchungszustand am Riss kennzeichnen. Diese werden dann mit bruchmechanischen Materialkennwerten B_c verglichen, die den spezifischen Widerstand gegenüber Rissausbreitung charakterisieren. Dazu werden spezielle bruchmechanische Werkstoffprüfverfahren eingesetzt, bei denen einfache Probenformen mit Riss bis zum Versagen belastet werden. Auf dieser Basis können dann quantitative Aussagen über das Verhalten eines Risses gewonnen werden, z. B. unter welchen Bedingungen er sich weiter ausbreitet bzw. was getan werden muss, um dies zu verhindern. Eine bruchmechanische Festigkeitshypothese hat dann in Analogie zu den oben genannten Kriterien die Form:

$$B(G, L, M, a) \leq B_c(M) \quad .$$

Diese konzeptionelle Vorgehensweise der Bruchmechanik ist in Bild 1.6 dargestellt. Eine wesentliche Erweiterung gegenüber klassischen Festigkeitshypothesen ist die Einführung einer zusätzlichen geometrischen Größe — nämlich der Risslänge a — , was bereits vermuten lässt, dass hier Größeneffekte eine Rolle spielen werden. Die Bruchmechanik stellt festigkeitstheoretisch also einen Zusammenhang her zwischen der Geometrie des Bauteils (G), der Lage und Größe (a) des rissartigen Defektes, der äußeren Belastung (L), der lokalen Rissbeanspruchung (B) und dem Werkstoffwiderstand gegen Rissausbreitung B_c. Je nachdem, welche dieser Größen als bekannt vorausgesetzt werden dürfen und welche Größen gefragt sind, bietet die Bruchmechanik entsprechende Möglichkeiten zur Bewertung der Festigkeit, Lebensdauer und Zuverlässigkeit von Bauteilen. Damit können in den nachfolgend genannten Phasen einer technischen Konstruktion, eines Bauteils oder einer Anlagenkomponente folgende Fragen beantwortet werden.

a) In der Entwicklungsphase:

- Wie muss die Konstruktion dimensioniert und die maximale Belastung festgelegt werden, damit unvermeidbare oder nicht detektierbare Defekte im Material oder Bauteil nicht weiter wachsen und zum Bruch führen ?
- Welchen Werkstoff (Bruchwiderstand B_c) muss man auswählen, damit bei gegebenen Betriebsbelastungen Risse vorhandener Größe nicht kritisch werden können ?
- Wie groß ist statistisch gesehen das verbleibende Risiko gegenüber Totalversagen ?

b) Während des Fertigungsprozesses:

- Wie können technologisch Risse und Materialschädigungen vermieden werden ?
- Wie können bei der Qualitätskontrolle bruchmechanisch nicht zulässige Fehlergrößen durch Methoden der zerstörungsfreien Werkstoffprüfung entdeckt werden ?

c) In der Betriebsphase:

- Wie verringert sich die Tragfähigkeit des Bauteils, wenn ein Riss der Länge a entdeckt wird ?

- Wie groß ist die kritische Risslänge a_c, bei der es unter den gegebenen Betriebsbelastungen zum Bruch kommt?
- Wie lange braucht ein Riss, um von seiner Anfangsgröße a_0 bis zur kritischen Länge a_c anzuwachsen?
- Wie muss man die Inspektionsintervalle festlegen, in denen eine Untersuchung auf Rissbildung und Rissausbreitung erforderlich ist?

d) Nach einem technischen Schadensfall:

- Was waren die Ursachen? Risse, die bei der Überwachung übersehen wurden? Fehlender bruchmechanischer Sicherheitsnachweis? Unzulässig hohe Betriebslasten? Falscher Werkstoffeinsatz oder negative Werkstoffveränderungen?
- Welche Abhilfemaßnahmen sind zukünftig notwendig und möglich?
- Wie viel Prozent einer Produktserie fielen durch Bruch aus - Zuverlässigkeit?

In vielen Industriebranchen und Technologiefeldern genügen die klassischen Festigkeitskriterien. Es gibt jedoch Einsatzbereiche, wo bruchmechanische Sicherheitsnachweise zusätzlich erforderlich sind und genehmigungsrechtlich vorgeschrieben werden:

- Konstruktionen und Anlagen mit extrem hohen sicherheitstechnischen Anforderungen zum Schutz von Menschen und Umwelt wie z. B. bei Kraftwerksanlagen, Gebäuden und Brücken, in der Kerntechnik oder der Luft- und Raumfahrt
- Bauteile, die eine hohe Zuverlässigkeit und Lebensdauer erfordern wie z. B. Eisenbahnräder, Maschinenteile, Autos, Turbinenschaufeln, Glühwendel oder mikroelektronische Systeme

Das wissenschaftliche Verständnis und die Beherrschung von Bruchvorgängen können aber auch Vorteile bringen, so z. B. auf folgenden Gebieten:

- Bei Prozessen und Technologien, wo der Bruchvorgang gewollt ist und gezielt vorgenommen wird, wie im Bergbau und der Geotechnik (Sprengung, Tunnelbau, Rohstoffabbau) oder in der Aufbereitungs- und Zerkleinerungstechnik (Brecher, Mühlen, Recycling), um die Maschinen, Werkzeuge und Verfahren zu optimieren und den Energieverbrauch zu minimieren.
- Bei der Entwicklung neuer Werkstoffe mit herausragenden Festigkeits- und Bruchzähigkeitseigenschaften können bruchmechanische Simulationen zur Optimierung des mikrostrukturellen Designs beitragen. Umgekehrt erfordern neuartige Werkstoffe die Bereitstellung spezifischer bruchmechanischer Festigkeitshypothesen für eine werkstoffgerechte Auslegung der Konstruktionen. Beispiele dafür sind Hochleistungskeramiken (Verbesserung der Zähigkeit), Faserverbundwerkstoffe (Delaminationsrisse, Anisotropie), Turbinenschaufeln aus einkristallinen Superlegierungen u. a. m.

Die Bruchmechanik hat sich in den letzten 70 Jahren als eigenständige wissenschaftliche Disziplin herausgebildet. Gemäß der Natur der Bruchvorgänge vereint die Bruchmechanik Erkenntnisse und Modellansätze der Technischen Mechanik, der Materialforschung und der Festkörperphysik. Sie stellt somit ein interdisziplinäres Fachgebiet dar, an dessen Weiterentwicklung Berechnungsingenieure, Kontinuumsmechaniker, Werkstofftechniker, Materialwissenschaftler und Physiker beteiligt sind. Die Beherrschung bruchmechanischer Kenntnisse gehört mittlerweile in vielen Industriebranchen zum Stand der Technik. Zahlreiche technische Regelwerke, Prüfvorschriften und staatliche Aufsichtsbehörden sorgen dafür, dass dieses Fachwissen im Interesse der technischen Sicherheit in die Praxis umgesetzt wird.

Die Bruchmechanik untergliedert sich in folgende Teilaufgaben:

- Analyse des mechanischen Beanspruchungszustandes an Rissen auf der Basis kontinuumsmechanischer Modelle mit Hilfe analytischer oder numerischer Berechnungsverfahren der Strukturmechanik.
- Ableitung von werkstoffphysikalisch begründeten Kenngrößen und bruchmechanischen Versagenskriterien für den Beginn und den Verlauf der Rissausbreitung.
- Entwicklung von Prüfmethoden zur experimentellen Bestimmung geeigneter Werkstoffkennwerte, die den Rissausbreitungswiderstand eines Materials kennzeichnen.
- Anwendung der bruchmechanischen Versagenskriterien und Konzepte auf rissbehaftete Konstruktionen, um quantitative Aussagen zur Bruchsicherheit und Restlebensdauer zu gewinnen.

1.3 Berechnungsmethoden für Risse

Für alle oben genannten Teilaufgaben der Bruchmechanik spielen die Methoden zur Berechnung von Rissmodellen eine zentrale Rolle. Historisch betrachtet, waren Entwicklung und Anwendung der Bruchmechanik eng an die Fortschritte der analytischen und numerischen Verfahren der Strukturmechanik und Kontinuumsmechanik gekoppelt. Es ist das Anliegen dieses Lehrbuches, den Leser mit den modernen numerischen Berechnungsverfahren vertraut zu machen, die gegenwärtig zur bruchmechanischen Analyse von Bauteilen mit Rissen eingesetzt werden. Zuvor soll jedoch ein historischer Rückblick gegeben werden.

Etwa um die Wende zum 20. Jahrhundert waren die Methoden der Elastizitätstheorie mathematisch soweit herangereift, dass erstmals ebene Probleme in homogenen, linear-elastischen Scheiben mit Löchern oder Kerben berechnet werden konnten (Kirsch, Inglis). Bahnbrechend war die Entwicklung von komplexen Spannungsfunktionen durch Kolosov 1909, die in den 1930er Jahren von Muskhelishvili, Savin, Westergaard, Föppl und anderen zu einem leistungsstarken Werkzeug für Scheibenberechnungen ausgebaut wurden. Die erste Lösung für einen Riss in der Ebene stammt von Inglis 1913. Sie bildete die Grundlage für das erste bruchmechanische Konzept der Energiefreisetzungsrate von Griffith im Jahre 1921. Westergaard setzte 1939 seine Methode der komplexen Spannungsfunktionen für Rissprobleme in Scheiben ein. 1946 gelang es Sneddon, mit der Methode der Integraltransformationen die Lösung für kreisförmige und elliptische Risse im Raum zu finden. WILLIAMS berechnete 1957 die Eigenfunktionen für die Spannungsverteilung an Rissspitzen in der Ebene. IRWIN erkannte 1957, dass an allen scharfen Rissspitzen die Spannungen eine Singularität vom gleichen Typ aufweisen. Darauf begründete er dann das Konzept der Spannungsintensitätsfaktoren, das bis heute sehr erfolgreich in der Bruchmechanik angewandt wird. Als weitere semi-analytische Verfahren für ebene Rissprobleme sind singuläre Integralgleichungen zu erwähnen (MUSKHELISHVILI, ERDOGAN u. a.). Die bis dahin verfügbaren Berechnungsmethoden beschränkten sich auf zwei- und dreidimensionale isotrop-elastische Randwertaufgaben für einfache Risskonfigurationen zumeist in unendlichen Gebieten.

Erst mit der rasanten Entwicklung der elektronischen Rechentechnik ab den 1960er Jahren konnten numerische Berechnungsverfahren der Strukturmechanik (wie die Finite Differenzen Methode, Kollokationsmethoden, FOURIER-Transformationen) wirksam umgesetzt werden. All diese Methoden wurden anfänglich auch für Rissprobleme benutzt, aber bald durch die wesentlich universellere und leistungsfähigere *Methode der Finiten Elemente (FEM)* (engl. *finite element method*) abgelöst. Pioniere auf dem Gebiet der FEM-Entwicklung für strukturmechanische Analysen waren u. a. ZIENKIEWICZ, ARGYRIS, WILSON und BATHE. Bald danach kam die *Methode der Randelemente (BEM)* (engl. *boundary element method*) auf, die vor allem von CRUSE, BREBBIA und ALIABADI für Rissprobleme vorteilhaft umgesetzt wurde. Die erste internationale Konferenz über die Anwendung numerischer Methoden in der Bruchmechanik fand 1978 in Swansea/GB statt. Dank dieser Methoden wurden besonders in der Bruchmechanik duktiler Werkstoffe wesentliche Fortschritte erzielt. In der heutigen Zeit werden hauptsächlich die FEM und für Spezialaufgaben noch die BEM als unverzichtbare Berechnungswerkzeuge für kontinuumsmechanische Spannungsanalysen, werkstoffmechanische Modelle und numerische Simulationen in der Bruchforschung verwendet. Inzwischen ist es mit diesen Verfahren möglich, komplizierte Risskonfigurationen in realen technischen Strukturen unter komplexen Belastungen bei nichtlinearem Materialverhalten zu analysieren. Eine fast unübersehbare Anzahl von wissenschaftlichen Publikationen ist in den letzten Jahrzehnten erschienen, die sich mit der Weiterentwicklung und Anwendung dieser numerischen Verfahren in der Bruchforschung befassen. Inzwischen entstehen bereits neue numerische Methoden wie »netzfreie = mesh-free« FEM oder BEM, Diskrete-Element-Methoden (DEM), Partikel-Methoden und erweiterte (engl. *extended*) X-FEM, sowie die Phasenfeldmethode (engl. *phase field method*), die sich das Anwendungsgebiet der Bruchmechanik erobern.

1.4 Ausgewählte Fachliteratur zur Bruchmechanik

Im Folgenden werden wichtige Bücher zur Bruchmechanik aufgelistet, in denen die theoretischen Grundlagen, die experimentelle Prüftechnik und die ingenieurtechnischen Bewertungskonzepte ausführlich dargestellt werden. Diese Literatur wird denjenigen Lesern empfohlen, die einen breiteren Überblick über die Bruchforschung wünschen bzw. sich speziell für ein Teilgebiet interessieren. Die Auswahl erhebt keinen Anspruch auf Vollständigkeit.

Theoretische Grundlagen

- Sih, G.: Mechanics of Fracture, Noordhoff, Leyden, Netherlands, 1975
- Broberg, K.: Cracks and Fracture. Academic Press, London, 1999
- Karihaloo, B., Knauss, in: Comprehensive Structural Integrity, W. G. Milne, I., Ritchie, R. O. and Karihaloo, B. (Eds.), Vol. 2: Fundamental theories and mechanisms of failure. Elsevier Pergamon, Amsterdam, 2003
- Gross, D. and Seelig, T.: Fracture mechanics with an introduction to micromechanics. Springer Berlin, 2011
- Hütter, G., Zybell, L.: Recent Trends in Fracture and Damage Mechanics, Springer, 2016

Dynamische Bruchvorgänge

- Freund, L.: Dynamic fracture mechanics, Cambridge University Press, 1993
- Ravi-Chandar, K.: Dynamic fracture, Elsevier Science, Amsterdam, 2004

Elastisch-plastische Bruchmechanik

- Hutchinson, J.: Nonlinear Fracture Mechanics. Technical university of Denmark. Department of solid mechanics and DTH., 1979
- Kanninen, M. F. and Popelar, C. H.: Advanced Fracture Mechanics. Clarendon Press Oxford, 1985

Bruch spröder Materialien

- Bazant, Z., Planas, J.: Fracture and Size Effects in Concrete and other Quasibrittle Materials. CRC Press, Boca Raton, 1997
- Cotterell, B., Mai, Y.: Fracture Mechanics of Cementitious Materials. Blackie Academic and Professional, 1996
- Lawn, B.: Fracture of Brittle Solids. Cambridge University Press, Cambridge, 1993
- Munz, D., Fett, T.: Ceramics - Mechanical Properties, Failure Behavior, Materials Selection, Springer Berlin, 1999

Kriechbruchmechanik

- Riedel, H.: Fracture at High Temperature. Springer Berlin, 1987
- Miannay, D.: Fracture Mechanics. Springer New York, 1998

Ermüdungsbruch

- Suresh, S.: Fatigue of Materials. Cambridge University Press, Cambridge, 1998
- Ravichandran, K. S., Ritchie, R. O. and Murakami, Y.: Small fatigue cracks. mechanics, mechanisms and applications. Elsevier Amsterdam, 1999
- Schijve, J.: Fatigue of Structures and Materials. Kluwer Academic Publishers, Dordrecht, 2001
- Radaj, D., Vormwald, M.: Ermüdungsfestigkeit, Springer, 2007

- Richard, H.A., Sander, M.: Ermüdungsrisse, Erkennen, sicher beurteilen, vermeiden. Vieweg & Teubner Vlg., 2009

Ingenieurtechnische Anwendungen

- Atluri, S. N.: Structural integrity and durability. Tech Science Press, 1997
- Saxena, A.: Nonlinear fracture mechanics for engineers. CRC Press Boca Raton, 1998
- Anderson, T.: Fracture Mechanics: Fundamentals and Application. CRC Press, Boca Raton, 2005
- R6-Revision 4: Assessments of the integrity of structures containing defects, British Energy Generation Ltd, Barnwood, Gloucester, 2009
- Forschungskuratorium Maschinenbau: FKM Richtlinie: Bruchmechanischer Festigkeitsnachweis für Maschinenbauteile (3. Auflage) VDMA Verlag Frankfurt, 2009
- Zerbst, U., Schödel, M., Webster, S., Ainsworth, R.: Fitness for Service - Fracture Assessment of Structures Containing Cracks. A workbook based on the European SINTAP/FITNET procedure, Elsevier, 2007
- Zerbst, U., Hübner, P.: Bruchmechanische Bewertung von Fehlern in Schweißverbindungen, DVS Merksblatt 2401, Fachbuchreihe Schweißtechnik, Düsseldorf, 2004
- Edel, K. O.: Einführung in die bruchmechanische Schadensbeurteilung. Springer, 2015.
- Zerbst, U., Madia, M.: Bruchmechanische Bauteilbewertung. Springer Vieweg, 2022.

Numerische Berechnungsmethoden

- Atluri, S. N.: Computational methods in the mechanics of fracture. Elsevier Science Publ., 1986
- Aliabadi, M. H., Rooke D. P.: Numerical fracture mechanics. Kluwer Academic Publishers, Dordrecht, 1991
- Munz, D., Fett, T.: Stress intensity factors and weight functions. Computational Mechanics Publications, Southampton, 1997
- Murakami, Y.: Stress Intensity Factors Handbook. Pergamon Press, Vol.: 1 – 5, New York, 1987
- de Borst, R. und Mang, H. A.: in: Comprehensive Structural Integrity, Milne, I., Ritchie, R. O. and Karihaloo, B. (Eds.), Vol. 3: Numerical and computational methods, Elsevier Pergamon, Amsterdam, 2003
- Ingraffea, A R.: Computational Fracture Mechanics. in: Encyclopedia of Computational Mechanics, E. Stein, R. de Borst, T. Hughes (eds.) Volume 2, Chapter 11, John Wiley and Sons, 2004

Bruchverhalten von Funktionskeramiken

- Qin, Q.: Fracture Mechanics of Piezoelectric Materials. WIT Press Southampton, 2001
- Fang, D.N., Liu, J.X.: Fracture mechanics of piezoelectric and ferroelectric solids, Springer, 2013

Kapitel 2
Einteilung der Bruchvorgänge

Bruchvorgänge werden nach recht unterschiedlichen Gesichtspunkten eingeteilt. Die Gründe dafür liegen in der enormen Vielfalt, mit der Bruchvorgänge in Erscheinung treten, und in den verschiedenartigen Ursachen, die zum Versagen führen. In erster Linie hängt der Bruch von den Eigenschaften des betrachteten Werkstoffs ab, weshalb die auf mikrostruktureller Ebene ablaufenden Zerstörungsprozesse im Material die charakteristische Erscheinungsform bestimmen. Diese mikroskopischen Strukturen und Versagensmechanismen variieren innerhalb der Palette technischer Werkstoffe in vielfältiger Weise. Genauso bedeutsam für das Bruchverhalten ist jedoch auch die Art der äußeren Belastung des Bauteils. Nach dieser Kategorie kann man z. B. Brüche bei statischer, dynamischer oder zyklischer Belastung unterscheiden. Weitere wichtige Einflussgrößen auf den Bruchvorgang sind die Temperatur, die Mehrachsigkeit der Beanspruchung, die Verformungsgeschwindigkeit und die chemischen Umgebungsbedingungen.

2.1 Makroskopische Erscheinungsformen des Bruchs

Die makroskopische Einteilung der Bruchvorgänge entspringt der Sichtweise des Konstrukteurs und Berechnungsingenieurs. Der Bruch einer Struktur ist zwangsläufig mit der Ausbreitung eines oder mehrerer Risse verbunden, was letztendlich zur vollständigen Zertrennung und zum Verlust der Tragfähigkeit führen kann. Deshalb wird dem zeitlichen und räumlichen Verlauf des Risswachstums besondere Bedeutung beigemessen. In der Bruchmechanik geht man von der Existenz eines makroskopischen Risses aus. Dieser kann von Anfang an als Materialfehler oder bedingt durch die Bauteilherstellung vorhanden sein. Häufig entsteht ein Anriss erst infolge der Betriebsbelastungen durch Werkstoffermüdung, was Gegenstand der Betriebsfestigkeitslehre ist. Schließlich zählen hierzu auch hypothetische Risse, die zum Zwecke des Sicherheitsnachweises angenommen werden. Die makroskopischen, strukturmechanischen Aspekte des Bruchs können anhand der Belastungen und des Bruchverlaufs wie folgt kategorisiert werden.

M. Kuna, *Finite Elemente in der Bruchmechanik*,
https://doi.org/10.1007/978-3-658-46192-8_2

a) Art der Belastung

Die mechanischen Belastungen werden entsprechend ihrem zeitlichen Verlauf in *statische*, *dynamische* und (periodisch-zyklisch oder stochastisch) *veränderliche* Lasten untergliedert, denen man entsprechende Brucharten zuordnen kann. Bruchvorgänge unter konstanter Last sind typisch für tragende Konstruktionen z. B. im Bauwesen. Stoß-, Fall- oder Crashvorgänge sind mit hochdynamischen beschleunigten Verformungen und Trägheitskräften gekoppelt. Große Aufmerksamkeit gilt im Maschinen- und Fahrzeugbau den veränderlichen Lasten, die im Vergleich zur statischen Belastung bei wesentlich geringeren Amplituden zur Rissbildung und Rissausbreitung führen. Etwa 60% aller technischen Schadensfälle sind auf Schwingungsbruch bzw. Ermüdungsrisswachstum zurückzuführen.

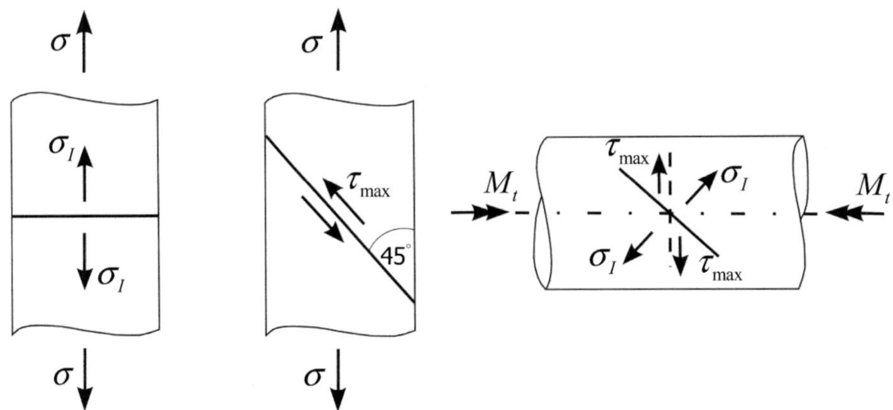

Bild 2.1 Orientierung der Bruchflächen zu den Hauptspannungsrichtungen

b) Lage der Bruchfläche zu den Hauptspannungen

Bereits aus der klassischen Festigkeitslehre ist bekannt, dass Versagen in den meisten Fällen vom lokalen Spannungszustand kontrolliert wird, der eindeutig durch die Hauptnormalspannungen $\sigma_{\mathrm{I}}, \sigma_{\mathrm{II}}$ und σ_{III} und ihre Achsen festgelegt ist. Je nach Werkstoff kommen entweder die Hypothesen der maximalen Normalspannung (Rankine), der maximalen Schubspannung (Coulomb) oder erweiterte gemischte Kriterien (Mohr) zum Einsatz. Das makroskopische Bild des Bruchs ist daher häufig von den Hauptspannungstrajektorien geprägt. Man unterscheidet zwei Brucharten:

- Der normalflächige Bruch oder *Trennbruch* liegt dann vor, wenn die Bruchflächen senkrecht zur Richtung der größten Hauptnormalspannung $\sigma_{\max} = \sigma_{\mathrm{I}}$ liegen.
- Von scherflächigem Bruch oder *Gleitbruch* spricht man, wenn die Bruchflächen mit den Schnittebenen der maximalen Schubspannung $\tau_{\max} = (\sigma_{\mathrm{I}} - \sigma_{\mathrm{III}})/2$ zusammenfallen.

Die Situation ist für den einfachen Zugstab in Bild 2.1 skizziert, kann aber auf den lokalen Spannungszustand an jedem Punkt des Körpers übertragen werden. Bei einem Torsionsstab (Welle) würden die Bruchflächen dann senkrecht oder um 45° geneigt zur Achse verlaufen, je nach dem ob man Gleit- oder Trennbruch unterstellt.

c) Stabilität der Rissausbreitung

Ein Riss besitzt in der Ausgangssituation eine bestimmte Größe und Gestalt. Solange sich diese nicht verändern, spricht man von einem ruhenden bzw. *stationären* Riss. Der Moment, wo aufgrund einer kritischen Beanspruchung die Rissausbreitung beginnt, wird Risseinleitung oder *Rissinitiierung* (engl. *crack initiation*) genannt. Die Rissgröße wächst nun und man bezeichnet den Riss als *instationär*.

Ein wichtiges Merkmal des Bruchs ist die Stabilität der Rissausbreitung. Der Bruchvorgang wird dann als *instabil* (engl. *unstable crack growth*) bezeichnet, wenn sich der Riss schlagartig ausbreitet, ohne dass die äußere Belastung erhöht werden muss. Der kritische Zustand wird erstmalig überschritten und bleibt ohne weitere Energiezufuhr bestehen. Ein typisches Beispiel ist der Riss in der amerikanischen Freiheitsglocke (Bild 2.2), der vermutlich ausgehend von einem Gussfehler aufgrund von Eigenspannungen urplötzlich (angeblich am Geburtstag von G. Washington) entstand. Im Gegensatz dazu spricht man von *stabiler Rissausbreitung* (engl. *stable crack growth*), wenn für ein weiteres Wachstum des Risses eine entsprechende Steigerung der äußeren Belastung notwendig ist, d. h. der kritische Zustand muss durch weitere Energiezufuhr immer wieder herbeigeführt werden. Maßgebend für die Stabilität der Rissausbreitung ist die Frage, wie sich infolge der Rissausbreitung die Beanspruchungssituation im Körper und am Riss selbst verändert. Stabile Rissausbreitung ist häufig mit plastischen, energiezehrenden Verformungen im Bauteil verbunden, was der Schadensfall eines Behälters (Bild 2.5) deutlich macht. Diese Verbindung ist aber keinesfalls zwingend, wie uns das Beispiel eines langsam wachsenden Risses in einer Autoscheibe aus sprödem Glas lehrt!

Kommt die Rissausbreitung innerhalb des Körpers zum Stillstand, so spricht man von Rissstop oder *Rissarrest* (engl. *crack arrest*).

d) Ausmaß der inelastischen Verformungen

Je nach Größe der inelastischen Verformungen bzw. der aufgebrachten Formänderungsarbeit im Körper, die dem Bruch vorausgehen bzw. ihn begleiten, unterscheidet man:

- Verformungsloser, verformungsarmer oder makroskopisch *spröder Bruch* (engl. *brittle fracture*). Die Nennspannungen liegen weit unterhalb der plastischen Fließgrenze, die plastischen oder viskoplastischen Zonen sind sehr klein und die Last-Verformungs-Kurve verläuft linear bis zum Bruch.
- Verformungsreicher, zäher oder makroskopisch *duktiler Bruch* (engl. *ductile fracture*) liegt dann vor, wenn der Bruchvorgang mit großen inelastischen Verformungen verbunden ist. Die Last-Verformungs-Kurve zeigt eine ausgeprägte Nichtlinearität und die inelastischen Bereiche erstrecken sich meist über den gesamten Querschnitt (plastische Grenzlast überschritten).

Bild 2.2 Makroskopischer Sprödbruch der Liberty-Glocke, Philadelphia 1752

Bild 2.3 Schadensfall einer Gasrohrleitung mit dynamischer Rissausbreitung

Bild 2.4 Schadensfall durch Ermüdungsbruch an einer Welle

Bild 2.5 Makroskopischer Zähbruch eines Behälters aus Stahl

e) Unterkritische Rissausbreitung

Im Unterschied zu den genannten Rissausbreitungsarten findet man Bruchvorgänge, die weit unterhalb einer kritischen Beanspruchung mit sehr geringer Wachstumsgeschwindigkeit in stabiler Form ablaufen. Dafür wurde der Terminus unterkritische oder *subkritische* (engl. *subcritical*) *Rissausbreitung* eingeführt. Die wichtigste Erscheinungsform dieser Art ist das *Ermüdungsrisswachstum* (engl. *fatigue crack growth*), bei dem sich der Riss unter wechselnder Belastung schrittweise vergrößert. Einen charakteristischen Schadensfall an einer durch Umlaufbiegung wechselbelasteten Welle zeigt Bild 2.4. Bei unterkritischer konstanter Belastung kann es in Verbindung mit viskoplastischen Verformungen zum so genannten *Kriechbruch* (engl. *creep fracture*) kommen. Bei Einwirkung eines korrosiven Mediums auf den Rissspalt beobachtet man trotz subkritischer Belastung eine Rissausbreitung durch *Spannungsrisskorrosion* (engl. *stress corrosion cracking*).

f) Geschwindigkeit der Rissausbreitung

Im Unterschied zur dynamischen, stoßartigen Belastung eines stationären Risses geht es hier um die Dynamik des Bruchvorganges selbst. In den meisten Fällen verläuft die Rissausbreitung so langsam, dass alle dynamischen Effekte in der Struktur vernachlässigt werden dürfen. Dann ist eine *quasistatische Analyse* opportun. Erreicht die Rissgeschwindigkeit jedoch die Größenordnung der Schallwellengeschwindigkeiten im Festkörper, so müssen die Beschleunigungsterme, Massenträgheitskräfte sowie die Wechselwirkung des Risses mit den Schallwellen Berücksichtigung finden. Hinzu kommt, dass die Versagensmechanismen im Werkstoff von der Dehnrate abhängen, was meist zu einer Versprödung bei schnellen Rissen führt. Auf diese Weise haben dynamische Rissausbreitungsvorgänge schon katastrophale Schadensfälle verursacht, wie das Beispiel einer Gasrohrleitung (Bild 2.3) zeigt.

2.2 Mikroskopische Erscheinungsformen des Bruchs

Zum Verständnis der werkstoffspezifischen Versagensmechanismen beim Bruch ist eine Besichtigung des »Tatorts« – der Bruchfläche – äußerst hilfreich, wozu man sich wegen ihrer Tiefenschärfe, der chemischen Elementanalyse und des Materialkontrastes bevorzugt der Rasterelektronenmikroskopie bedient. Ebenso ist es möglich, aus der mikroskopischen Gestalt der Bruchfläche auf die Ursachen des Schadens zu schließen (Fraktografie). Die verschiedenen Versagensmechanismen führen zu charakteristischen Strukturen der Bruchflächen und die typischen »Gesichter« der unterschiedlichen Brucharten sind in fraktografischen Atlanten katalogisiert, siehe z. B. Engel & Klingele [1] Hier steht also die Sichtweise der Materialwissenschaftler und Schadensforscher im Vordergrund.

Die wichtigsten mikroskopischen Erscheinungsformen des Bruchs sind:

- Der *spaltflächige* oder mikroskopisch spröde *Bruch* (engl. *cleavage fracture*) wird durch ebene Spaltflächen bei geringen Verformungen charakterisiert. Ursache hierfür sind Trennbrüche entlang bevorzugter kristallografischer Orientierungen aufgrund hoher Normalspannungen. Kubisch-raum-zentrierte Metalle bei niedrigen Temperaturen (Bild 2.7) und keramische Werkstoffe (Bild 2.8) neigen zum Sprödbruch.

[1] Engel, L. & Klingele, H.: Rasterelektronenmikroskopische Untersuchungen von Metallschäden, Gerling-Institut für Schadensforschung und Schadensverhütung, Köln, 1982

- In polykristallinen keramischen und metallischen Werkstoffen beobachtet man charakteristische Unterschiede der Bruchflächen, je nachdem, ob der Bruch auf den Grenzen zwischen den einzelnen Körnern *interkristallin* verlaufen ist oder die Körner durch Spaltung *transkristallin* getrennt hat. Den Unterschied kann man sehr gut durch Vergleich der Bilder 2.6 und 2.7 erkennen.

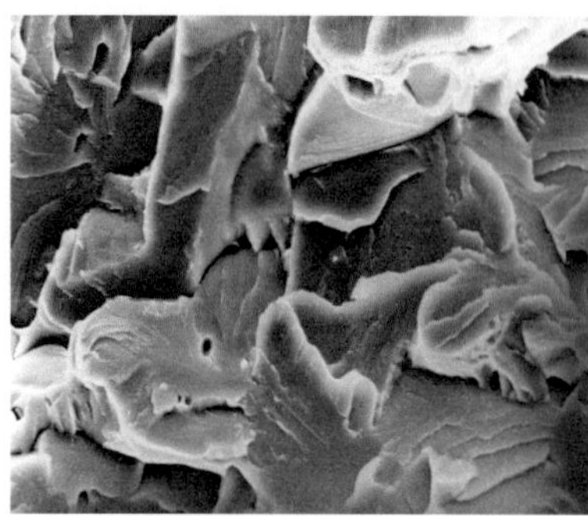

Bild 2.6 Transkristalliner Sprödbruch eines Stahls bei Raumtemperatur

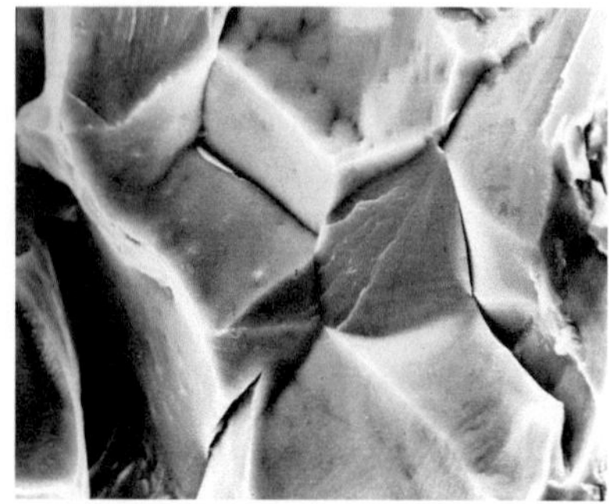

Bild 2.7 Interkristalliner Spaltbruch von Stahl S355 bei -196° C

- Beim *wabenartigen* oder mikroskopisch duktilen *Bruch* (engl. *dimple fracture*) geht der Versagensmechanismus mit großen plastischen Verformungen in der Prozesszone einher, wodurch sich mikroskopische Hohlräume bilden, wachsen und schließlich vereinigen, was zu der ausgeprägten Wabenstruktur der Bruchfläche führt. Bild 2.9 zeigt die typische Bruchfläche eines höherlegierten Stahls.
- Der *Ermüdungsbruch* ist wegen der geringen plastischen Verformungen recht glatt und mit feinen Schwingstreifen versetzt, wie die Übersichtsaufnahme Bild 2.4 zeigt. Er verläuft in der Regel transkristallin. Die mikroskopische Detailaufnahme der Bruchfläche Bild 2.10 lässt deutliche Spuren plastischer Wechselverformungen erkennen.
- *Kriechbruch* in Metallen geschieht häufig durch Schädigung der Korngrenzen, auf denen sich durch Diffusionsvorgänge Kriechporen bilden, was letztendlich zum interkristallinen Versagen führt. Bild 2.11 zeigt die Bruchfläche einer Aluminiumlegierung bei höheren Temperaturen.

Wie vielfältig die Versagensmechanismen sein können, verdeutlichen die fraktografischen Aufnahmen eines Bruchs infolge Spannungsrisskorrosion (Bild 2.12) und eines modernen faserverstärkten Glas-Composites (Bild 2.13).

Das Verständnis der mikrostrukturellen Versagensmechanismen beim Bruch ist nicht nur für Werkstoffwissenschaftler und Schadensforscher von Interesse, sondern liefert auch dem Kontinuumsmechaniker und Berechnungsingenieur wertvolle Informationen darüber, welche Spannungs- oder Verformungszustände den Mechanismus kontrollieren, um ihn dann durch makroskopische Kenngrößen und Kriterien beschreiben zu können.

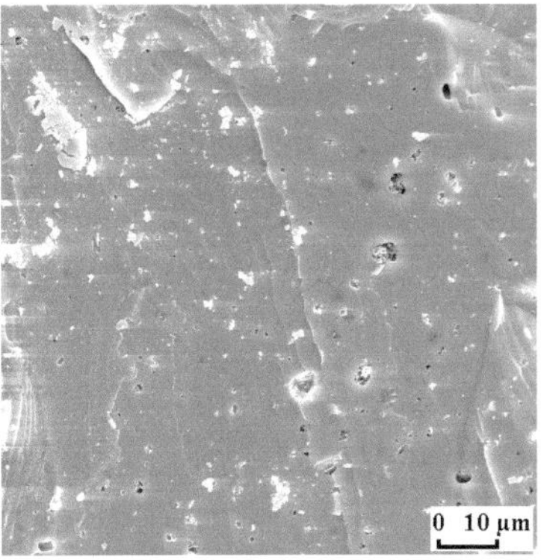

Bild 2.8 Bruchfläche einer spröden SiC-Sinterkeramik (transkristallin)

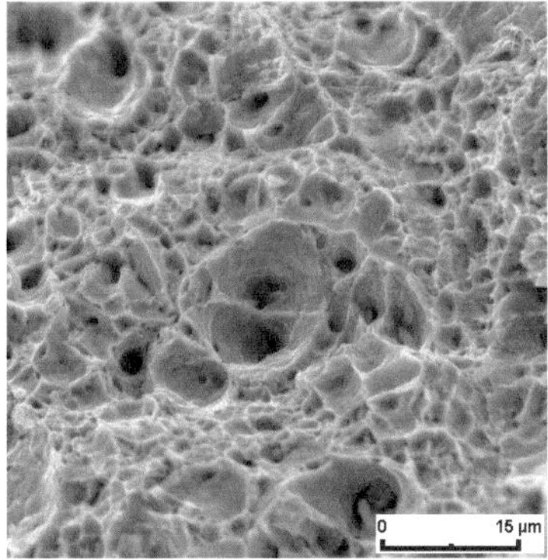

Bild 2.9 Duktiler Wabenbruch des hochlegierten Stahls 27MnSiVS6

Bild 2.10 Fraktografische Aufnahme des Ermüdungsbruchs von Stahl C15

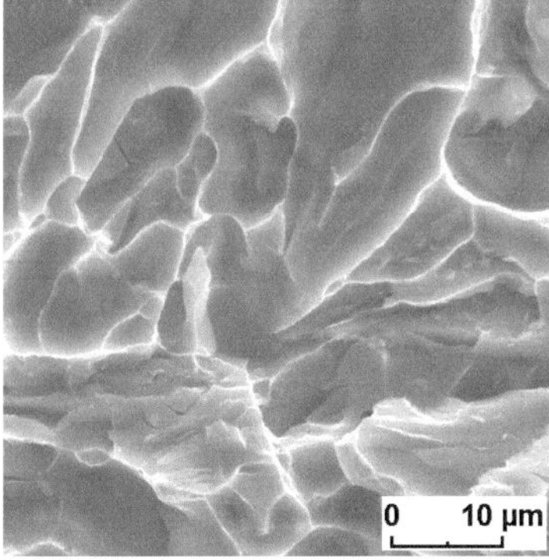

Bild 2.11 Bruchfläche eines Kriechbruchs in Aluminium AlSi10Mg bei 300° C

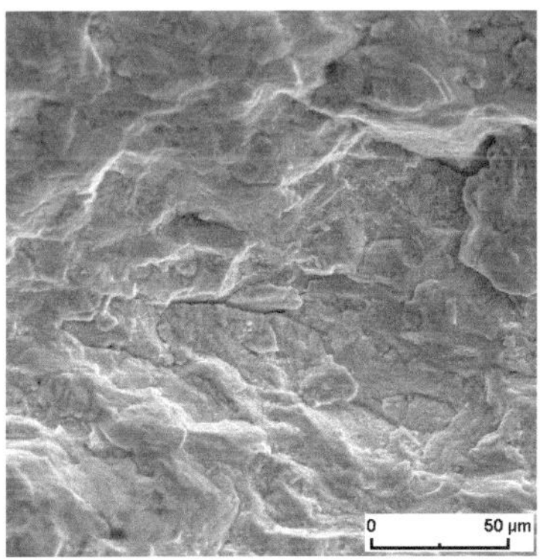

Bild 2.12 Bruchfläche bei Spannungsrisskorrosion in einer CuZn37-Legierung

Bild 2.13 Bruchfläche des Faserverbund-Werkstoffs Fortadur (SiC-Fasern in Duran-Glas)

2.3 Klassifikation der Bruchvorgänge

Zusammenfassend wird eine Einteilung der Bruchvorgänge vorgestellt, wie sie heute gebräuchlich ist. Die in Bild 2.14 gegebene Übersicht orientiert sich an den Verformungseigenschaften der Werkstoffe, auf die ausführlich im Kapitel 3 eingegangen wird. Nach dieser Einteilung sind auch die bruchmechanischen Kapitel gegliedert.

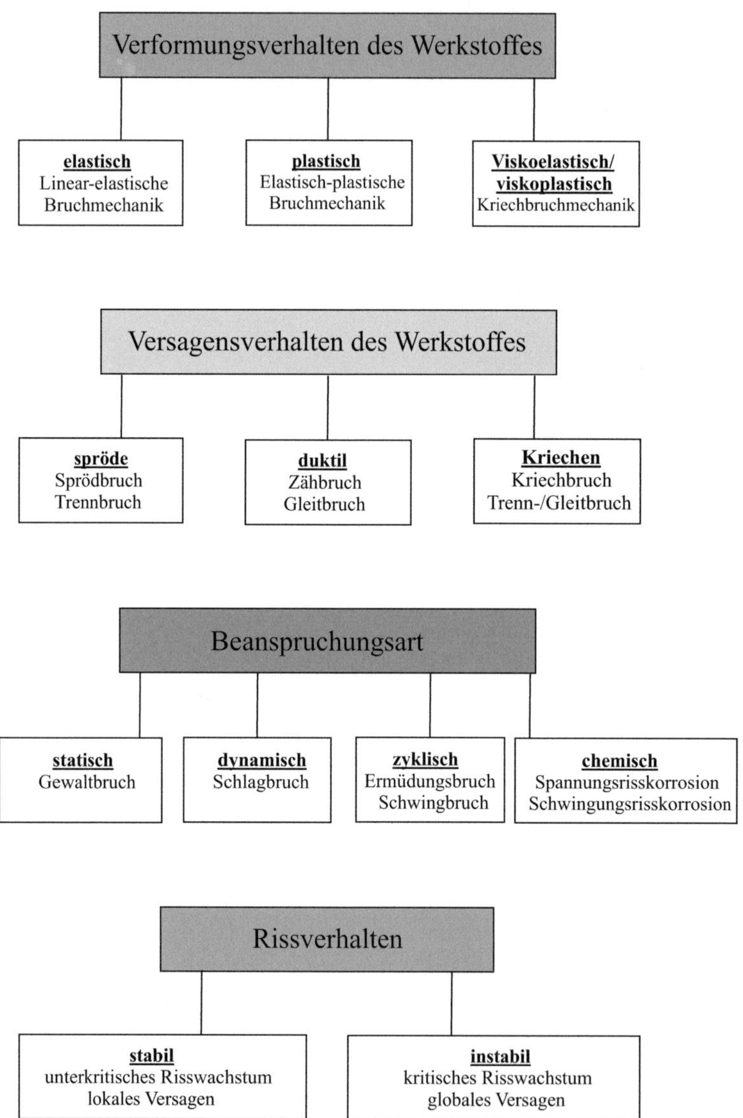

Bild 2.14 Klassifikation der Bruchvorgänge

Kapitel 3
Grundlagen der Festigkeitslehre

In diesem Kapitel werden einige Grundlagen der Höheren Festigkeitslehre dargelegt. Es handelt sich um eine komprimierte Zusammenstellung der wesentlichen Begriffe und Beziehungen, die für das Verständnis des Buches notwendig sind, ohne Herleitungen anzugeben. Dem interessierten Leser seien zum detaillierten Studium weiterführende Lehrbücher der Festigkeitslehre, Kontinuumsmechanik und Materialtheorie empfohlen.

3.1 Mathematische Darstellung und Notation

Die mathematische Darstellung von Vektoren und Tensoren sowie der algebraischen und analytischen Rechenregeln erfolgt sowohl in symbolischer Form (fett kursiv) als auch in Indexschreibweise nach den allgemein anerkannten Notationsvorschriften und der EINSTEINschen Summenkonvention. Bei der Indexschreibweise wird sich grundsätzlich auf ein kartesisches, raumfestes Koordinatensystem beschränkt. Große Buchstaben bei Variablen und Indizes weisen in der Regel auf die Ausgangskonfiguration hin, Kleinbuchstaben markieren die Momentankonfiguration. Matrizen werden fett aber aufrecht geschrieben.

Vektor:	$\vec{a} \,\widehat{=}\, \boldsymbol{a} = a_1\boldsymbol{e}_1 + a_2\boldsymbol{e}_2 + a_3\boldsymbol{e}_3 = \sum\limits_{i=1}^{3} a_i\boldsymbol{e}_i = a_i\boldsymbol{e}_i$
Tensor 2. Stufe:	$\vec{\vec{A}} \,\widehat{=}\, \boldsymbol{A} = \sum\limits_{i=1}^{3}\sum\limits_{j=1}^{3} A_{ij}\boldsymbol{e}_i\boldsymbol{e}_j = A_{ij}\boldsymbol{e}_i\boldsymbol{e}_j$
Tensor 4. Stufe:	$\mathbb{C} \,\widehat{=}\, C_{ijkl}\boldsymbol{e}_i\boldsymbol{e}_j\boldsymbol{e}_k\boldsymbol{e}_l$
Invarianten des Tensors $\boldsymbol{A}$:	$I_1^A,\ I_2^A,\ I_3^A$
Einheitstensor 2. Stufe:	$\boldsymbol{I} = \delta_{ij}\boldsymbol{e}_i\boldsymbol{e}_j$ mit KRONECKER-Symbol: δ_{ij}
Skalarprodukt:	$\boldsymbol{a}\cdot\boldsymbol{b} = a_i b_i$
doppeltes Skalarprodukt:	$\boldsymbol{A} : \boldsymbol{B} = A_{ij}B_{ij}$
Spaltenmatrix $(m \times 1)$:	$\mathbf{a} = [a_1 a_2 \cdots a_m]^{\mathrm{T}}$

M. Kuna, *Finite Elemente in der Bruchmechanik*,
https://doi.org/10.1007/978-3-658-46192-8_3

Matrix $(m \times n)$: $\mathbf{A} = \begin{bmatrix} A_{11} & A_{12} \cdots A_{1n} \\ A_{21} & A_{22} \cdots A_{2n} \\ \vdots & \vdots \\ A_{m1} & A_{m2} \cdots A_{mn} \end{bmatrix}$

transponierte/inverse Matrix: $\mathbf{A}^{\mathrm{T}}\,, \quad \mathbf{A}^{-1}\,, \quad \left(\mathbf{A}^{-1}\right)^{\mathrm{T}} = \mathbf{A}^{\text{-T}}$

Variationssymbol: δ

partielle Ableitung: $\partial(\cdot)/\partial x_i = (\cdot)_{,i}$

NABLA-Operator: $\boldsymbol{\nabla}(\cdot) = \frac{\partial(\cdot)}{\partial x_1}\boldsymbol{e}_1 + \frac{\partial(\cdot)}{\partial x_2}\boldsymbol{e}_2 + \frac{\partial(\cdot)}{\partial x_3}\boldsymbol{e}_3 = (\cdot)_{,i}\,\boldsymbol{e}_i$

LAPLACE-Operator: $\Delta(\cdot) = \frac{\partial^2(\cdot)}{\partial x_1^2} + \frac{\partial^2(\cdot)}{\partial x_2^2} + \frac{\partial^2(\cdot)}{\partial x_3^2} = (\cdot)_{,ii}$

3.2 Verformungszustand

3.2.1 Kinematik der Verformungen

Als Folge der Belastung erfährt jeder deformierbare Körper eine Bewegung in Raum und Zeit, siehe Bild 3.1. Die Kinematik der Kontinua beschreibt die geometrischen Aspekte der Bewegung. Die gesamte Bewegung setzt sich aus Translation und Rotation des Gesamtkörpers (*Starrkörperbewegungen*) sowie seinen Verformungen bzw. *Deformationen* zusammen. Dafür ist es erforderlich, zu jedem Zeitpunkt jedem Teilchen (materiellen Punkt) des Körpers seinen entsprechenden Ort im physikalischen Raum (Raumpunkt) zuzuordnen. Eine solche umkehrbar eindeutige Zuordnung definiert eine Konfiguration des Körpers. Als *Ausgangskonfiguration* des Körpers be-

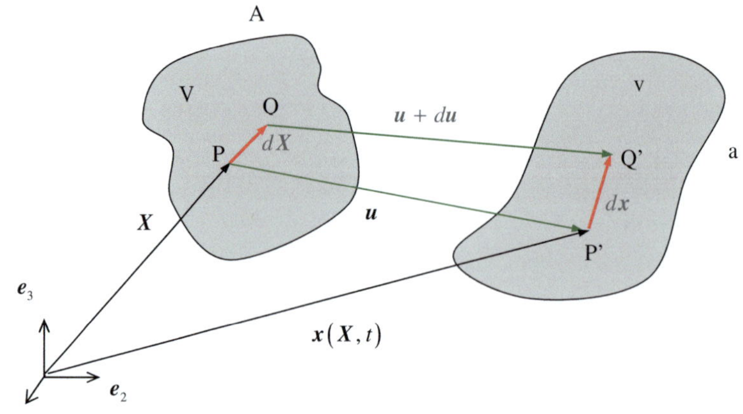

Bild 3.1 Kinematik des deformierbaren Körpers

zeichnet man den undeformierten Zustand zum Zeitpunkt $t = 0$ mit dem Volumen V und der Oberfläche A. Die Lage jedes Teilchens P wird durch den Ortsvektor $\boldsymbol{X} = X_M\, \boldsymbol{e}_M$ in einem kartesischen Koordinatensystem mit den Basisvektoren $\boldsymbol{e}_M$ gekennzeichnet. Diese *materiellen Koordinaten* ändern sich während der Bewegung nicht, sondern markieren eindeutig jedes Teilchen und werden auch LAGRANGEsche Koordinaten genannt. Zu einem beliebigen späteren Zeitpunkt $t > 0$ der Bewegung nimmt der deformierte Körper die aktuelle *Momentankonfiguration* mit dem veränderten Volumen v und der Oberfläche a ein. Das Teilchen P durchläuft die Bahnkurve nach P', sein momentaner Ortsvektor $\boldsymbol{x} = x_m\, \boldsymbol{e}_m$ wird mit den *räumlichen Koordinaten* x_m (EULERschen Koordinaten) festgelegt. Die Bewegung eines Körpers ist somit die zeitliche Abfolge derartiger Konfigurationen. Die Funktion

$$\boldsymbol{x} = \boldsymbol{x}(\boldsymbol{X},\, t) \tag{3.1}$$

beschreibt die Lage der Teilchen P' im Raum, wobei die Zeit t den Kurvenparameter und die Ausgangslage $\boldsymbol{X}$ den Scharparameter bilden.

Bei der Verformung erfährt jeder materielle Punkt P eine Verschiebung um den Vektor $\boldsymbol{u}$ zum Ort P'. Dieser *Verschiebungsvektor* beschreibt demnach die Differenz zwischen der momentanen Lage $\boldsymbol{x}$ eines Teilchens und seiner Ausgangslage $\boldsymbol{X}$.

$$\begin{aligned} \boldsymbol{u}(\boldsymbol{X},\, t) &= \boldsymbol{x} - \boldsymbol{X} \quad \text{bzw.} \quad u_m(\boldsymbol{X},\, t) = x_m - X_m \\ \boldsymbol{x}(\boldsymbol{X},\, t) &= \boldsymbol{X} + \boldsymbol{u} \quad \text{bzw.} \quad x_m(\boldsymbol{X},\, t) = X_m + u_m \end{aligned} \tag{3.2}$$

Der Verformungszustand eines Körpers ist also eindeutig durch das Verschiebungsfeld $\boldsymbol{u}(\boldsymbol{X},\, t)$ charakterisiert.

Die physikalischen Eigenschaften der Teilchen (Dichte, Temperatur, Materialzustand) und die noch zu bestimmenden Feldgrößen des Anfangsrandwertproblems (Verschiebungen, Verzerrungen, Spannungen) ändern sich während der Bewegung. Für die Beschreibung der zeitlichen Veränderungen dieser Feldgrößen χ unterscheidet man zwei grundverschiedene Betrachtungsweisen. Bei der *LAGRANGEschen (materiellen) Betrachtungsweise* wird die Veränderung von χ für jedes Teilchen verfolgt, was durch die funktionelle Abhängigkeit von den materiellen Koordinaten $\boldsymbol{X}$ gekennzeichnet ist.

$$\chi = \chi(\boldsymbol{X},\, t) \tag{3.3}$$

Der Beobachter ist gewissermaßen fest mit den Teilchen verbunden und misst die Veränderungen der Feldgrößen. In der *EULERschen (räumlichen) Betrachtungsweise* beobachtet man die Veränderung der Feldgröße χ an einem festgehaltenen Raumpunkt, welche deshalb als Funktion Ξ der räumlichen Koordinaten $\boldsymbol{x}$ ausgedrückt wird.

$$\chi = \Xi(\boldsymbol{x},\, t) \tag{3.4}$$

Ein am Ort $\boldsymbol{x}$ fest stehender Beobachter misst die Veränderungen, die sich dadurch ergeben, dass sich unterschiedliche Teilchen mit veränderlichen Eigenschaften vorbei bewegen. Prinzipiell sind beide Betrachtungsweisen gleichwertig und lassen sich ineinander umrechnen, wenn der Bewegungsablauf bekannt ist. Die EULERsche Betrachtungsweise wird bevorzugt in der Strömungsmechanik angewandt, weil dort meist Änderungen von Feldgrößen (Druck, Geschwindigkeit) an fixierten Orten von Interesse sind. Die LAGRANGEsche Darstellung hat Vorteile in der Festkörpermechanik, denn hier ist der Ausgangszustand meist bekannt und es interessieren die individuellen Eigenschaften der Teilchen (Verzerrungen, Spannungen oder Zustandsgrößen) während der Belastungsgeschichte.

3.2.2 Deformationsgradient und Verzerrungstensoren

Zur Charakterisierung der Beanspruchung im Inneren eines festen Körpers sind vor allem die relativen Verschiebungen zwischen zwei infinitesimal benachbarten Teilchen P und Q von Bedeutung. In Bild 3.1 wird ein materielles Linienelement $\overline{PQ} = \mathrm{d}\boldsymbol{X} = \mathrm{d}X_M\, \boldsymbol{e}_M$ des Ausgangszustandes betrachtet, das sich bei der Bewegung in die Momentankonfiguration zu $\overline{P'Q'} = \mathrm{d}\boldsymbol{x} = \mathrm{d}x_m\, \boldsymbol{e}_m$ verformt.

$$\mathrm{d}x_m = \frac{\partial x_m(\boldsymbol{X},\, t)}{\partial X_M} \mathrm{d}X_M = F_{mM}\, \mathrm{d}X_M \quad \text{bzw.} \quad \mathrm{d}\boldsymbol{x} = \boldsymbol{F} \cdot \mathrm{d}\boldsymbol{X} \tag{3.5}$$

Die partiellen Ableitungen von x_m nach X_M bilden einen Tensor 2. Stufe, den man als *Deformationsgradient* $\boldsymbol{F}$ bezeichnet. Über (3.2) wird er durch die Verschiebungen und den Einheitstensor 2. Stufe $\boldsymbol{I}$ ausgedrückt.

$$F_{mM} = \frac{\partial x_m}{\partial X_M} = \delta_{mM} + \frac{\partial u_m}{\partial X_M}, \quad \boldsymbol{I} = \delta_{mM} \boldsymbol{e}_m \boldsymbol{e}_M \tag{3.6}$$

Die mathematische Umkehrung von (3.6) beschreibt die Deformation der Ausgangskonfiguration aus Sicht der Momentankonfiguration.

$$\mathrm{d}X_M = \frac{\partial X_M(\boldsymbol{x},\, t)}{\partial x_m} \mathrm{d}x_m = \boldsymbol{F}^{-1}_{Mm}\, \mathrm{d}x_m \quad \text{bzw.} \quad \mathrm{d}\boldsymbol{X} = \boldsymbol{F}^{-1} \cdot \mathrm{d}\boldsymbol{x} \tag{3.7}$$

$$F^{-1}_{Mm} = \frac{\partial X_M}{\partial x_m} = \delta_{Mm} - \frac{\partial u_M}{\partial x_m} \tag{3.8}$$

Der *Deformationsgradient* stellt somit die Beziehung zwischen der Lage des Linienelements in der Ausgangs- und der Momentankonfiguration her. Er ist deshalb auf den Basisvektoren beider Konfigurationen definiert (Zweipunkttensor) und im allgemeinen unsymmetrisch. Damit die lineare Abbildung $\boldsymbol{X} \leftrightarrow \boldsymbol{x}$ eindeutig umkehrbar ist, muss die (JACOBIsche) Funktionaldeterminante J definit sein:

$$J = \det \left[\frac{\partial x_m}{\partial X_M} \right] = \det[F_{mM}] \neq 0 \tag{3.9}$$

Der Deformationsgradient verkörpert sowohl die Längenänderungen als auch die lokale Starrkörperdrehung in der Umgebung eines Teilchens $\boldsymbol{X}$. Mit $\overline{PQ} = \mathrm{d}\boldsymbol{X}$ wird eine beliebige Richtung in der Nachbarschaft von P festgelegt. Die Längenänderung und die lokale Drehung des Linienelementes können mit Hilfe der polaren Zerlegung voneinander getrennt werden.

$$\boldsymbol{F} = \boldsymbol{R} \cdot \boldsymbol{U} = \boldsymbol{V} \cdot \boldsymbol{R} \quad \text{bzw.} \quad F_{kN} = R_{kM}\, U_{MN} = V_{km}\, R_{mN} \tag{3.10}$$

Die Drehung wird mit dem orthogonalen Tensor $\boldsymbol{R}$ beschrieben

$$\boldsymbol{R}^{\mathrm{T}} = \boldsymbol{R}^{-1} \quad \text{bzw.} \quad R_{Lk} = R^{-1}_{kL} \quad \text{und} \quad \det\,[R_{kL}] = 1, \tag{3.11}$$

wohingegen die beiden *Strecktensoren* $\boldsymbol{U}$ und $\boldsymbol{V}$ ausschließlich die Streckung (Endlänge / Ausgangslänge) des Linienelements wiedergeben. Man darf sich die Abbildung $\boldsymbol{F}$ also als Abfolge einer Drehung $\boldsymbol{R}$ und einer Streckung $\boldsymbol{V}$ oder erst als Streckung $\boldsymbol{U}$ mit nachfolgender Drehung $\boldsymbol{R}$ vorstellen. $\boldsymbol{U}$ und $\boldsymbol{V}$ sind symmetrisch und positiv definit.

$$\begin{aligned} &\boldsymbol{U} = U_{MN}\, \boldsymbol{e}_M\, \boldsymbol{e}_N && \text{rechter Strecktensor (Ausgangskonfiguration)} \\ &\boldsymbol{V} = V_{mn}\, \boldsymbol{e}_m\, \boldsymbol{e}_n && \text{linker Strecktensor (Momentankonfiguartion)} \\ &\boldsymbol{V} = \boldsymbol{R} \cdot \boldsymbol{U} \cdot \boldsymbol{R}^{\mathrm{T}} \quad \text{und} && \boldsymbol{U} = \boldsymbol{R}^{\mathrm{T}} \cdot \boldsymbol{V} \cdot \boldsymbol{R} \end{aligned} \tag{3.12}$$

Um den weniger interessanten Drehanteil abzuspalten, führt man die so genannten rechten und linken *CAUCHY-GREENschen Deformationstensoren* ein, die sich wie folgt aus den Strecktensoren oder direkt aus dem Deformationsgradienten $\boldsymbol{F}$ ergeben:

$$\begin{aligned} \boldsymbol{C} &= \boldsymbol{F}^{\mathrm{T}} \cdot \boldsymbol{F} = \boldsymbol{U}^{\mathrm{T}} \cdot \boldsymbol{U} && \text{bzw.} && C_{MN} = F_{kM}\, F_{kN} = U_{LM}\, U_{LN} && \text{(rechter)} \\ \boldsymbol{b} &= \boldsymbol{F} \cdot \boldsymbol{F}^{\mathrm{T}} = \boldsymbol{V} \cdot \boldsymbol{V}^{\mathrm{T}} && \text{bzw.} && b_{mn} = F_{mL}\, F_{nL} = V_{ml}\, V_{nl} && \text{(linker)} \end{aligned} \tag{3.13}$$

Alle Deformationsmaße $\boldsymbol{U}$, $\boldsymbol{V}$, $\boldsymbol{b}$ und $\boldsymbol{C}$ gehen in den Einheitstensor $\boldsymbol{I}$ über, wenn keine Verzerrung stattfindet.

Die Quadrate der Bogenlängen der materiellen Linienelemente berechnen sich in der Ausgangskonfiguration mit

$$\begin{aligned} (\mathrm{d}L)^2 &= \mathrm{d}\boldsymbol{X} \cdot \mathrm{d}\boldsymbol{X} = (\boldsymbol{F}^{-1} \cdot \mathrm{d}\boldsymbol{x}) \cdot (\boldsymbol{F}^{-1} \cdot \mathrm{d}\boldsymbol{x}) \\ &= \mathrm{d}\boldsymbol{x} \cdot (\boldsymbol{F}^{-\mathrm{T}} \cdot \boldsymbol{F}^{-1}) \cdot \mathrm{d}\boldsymbol{x} = \mathrm{d}\boldsymbol{x} \cdot \boldsymbol{b}^{-1} \cdot \mathrm{d}\boldsymbol{x} = \mathrm{d}x_k\, b^{-1}_{kl}\, \mathrm{d}x_l \end{aligned} \tag{3.14}$$

und in der Momentankonfiguration mit

$$\begin{aligned} (\mathrm{d}l)^2 &= \mathrm{d}\boldsymbol{x} \cdot \mathrm{d}\boldsymbol{x} = (\boldsymbol{F} \cdot \mathrm{d}\boldsymbol{X}) \cdot (\boldsymbol{F} \cdot \mathrm{d}\boldsymbol{X}) \\ &= \mathrm{d}\boldsymbol{X} \cdot (\boldsymbol{F}^{\mathrm{T}} \cdot \boldsymbol{F}) \cdot \mathrm{d}\boldsymbol{X} = \mathrm{d}\boldsymbol{X} \cdot \boldsymbol{C} \cdot \mathrm{d}\boldsymbol{X} = \mathrm{d}X_K\, C_{KL}\, \mathrm{d}X_L\,. \end{aligned} \tag{3.15}$$

Die Längenänderung des Linienelementes beträgt somit

$$(\mathrm{d}l)^2 - (\mathrm{d}L)^2 = 2\,\mathrm{d}\boldsymbol{X} \cdot \boldsymbol{E} \cdot \mathrm{d}\boldsymbol{X} = 2\,\mathrm{d}\boldsymbol{x} \cdot \boldsymbol{\eta} \cdot \mathrm{d}\boldsymbol{x}\,. \tag{3.16}$$

Damit sind die folgenden Verzerrungsmaße definiert:

GREEN-LAGRANGE*scher Verzerrungstensor* (bezogen auf Ausgangskonfiguration):

$$\boldsymbol{E} = \frac{1}{2}(\boldsymbol{C} - \boldsymbol{I}) \quad \text{bzw.} \quad E_{KL} = \frac{1}{2}(C_{KL} - \delta_{KL}) \tag{3.17}$$

EULER-ALMANSI*scher Verzerrungstensor* (bezogen auf Momentankonfiguration):

$$\boldsymbol{\eta} = \frac{1}{2}(\boldsymbol{I} - \boldsymbol{b}^{-1}) \quad \text{bzw.} \quad \eta_{kl} = \frac{1}{2}(\delta_{kl} - b_{kl}^{-1}) \tag{3.18}$$

Beide Verzerrungstensoren liefern eine Aussage über die relativen Änderungen der Längen und Winkel materieller Linienelemente in der Umgebung des Punktes P infolge der Verformung. Sie sind symmetrisch und werden im unverzerrten Zustand zu null. Mit Hilfe des Deformationsgradienten lassen sich die Verzerrungstensoren beider Konfigurationen ineinander umrechnen.

$$\boldsymbol{E} = \boldsymbol{F}^{\mathrm{T}} \cdot \boldsymbol{\eta} \cdot \boldsymbol{F} \quad \text{und} \quad \boldsymbol{\eta} = \boldsymbol{F}^{-\mathrm{T}} \cdot \boldsymbol{E} \cdot \boldsymbol{F}^{-1} \tag{3.19}$$

Durch Anwendung der Beziehung (3.6) erhält man den nichtlinearen Zusammenhang zwischen Verschiebungen und Verzerrungen in folgender Form

$$\begin{aligned} E_{KL} &= \frac{1}{2}\left(\frac{\partial u_K}{\partial X_L} + \frac{\partial u_L}{\partial X_K} + \frac{\partial u_M}{\partial X_K}\frac{\partial u_M}{\partial X_L}\right) \quad \text{und} \\ \eta_{kl} &= \frac{1}{2}\left(\frac{\partial u_k}{\partial x_l} + \frac{\partial u_l}{\partial x_k} - \frac{\partial u_m}{\partial x_k}\frac{\partial u_m}{\partial x_l}\right) \end{aligned} \tag{3.20}$$

3.2.3 Deformationsgeschwindigkeiten

Im folgenden soll die zeitliche Änderung der Bewegung eines materiellen Teilchens und der Verformung in seiner Umgebung genauer untersucht werden. Die Geschwindigkeit $\boldsymbol{v}$ und Beschleunigung $\boldsymbol{a}$ eines Teilchens ergeben sich mit (3.2) aus der ersten und zweiten materiellen Zeitableitung des Verschiebungsvektors $\boldsymbol{u}$.

$$\boldsymbol{v} = \dot{\boldsymbol{u}} \quad \text{bzw.} \quad v_i(\boldsymbol{X}, t) = \frac{\partial u_i(\boldsymbol{X}, t)}{\partial t} = \dot{u}_i \tag{3.21}$$

$$\boldsymbol{a} = \dot{\boldsymbol{v}} = \ddot{\boldsymbol{u}} \quad \text{bzw.} \quad a_i(\boldsymbol{X}, t) = \frac{\partial v_i(\boldsymbol{X}, t)}{\partial t} = \dot{v} = \ddot{u}_i \tag{3.22}$$

Die Geschwindigkeit des Deformationsprozesses ist bedeutsam für die Behandlung inelastischer Materialgesetze, die als konstitutive Verknüpfung von Spannungs- und Deformationsgeschwindigkeiten formuliert werden. Dazu untersuchen wir die relative Geschwindigkeit $\mathrm{d}\boldsymbol{v}$ zweier benachbarter Teilchen eines materiellen Linienelements $\mathrm{d}\boldsymbol{x} = \overline{P'Q'}$ in der Momentankonfiguration zum Zeitpunkt $t > 0$, siehe Bild 3.2. Eine TAYLOR-Entwicklung der Geschwindigkeit im Punkt $P(\boldsymbol{x})$ liefert

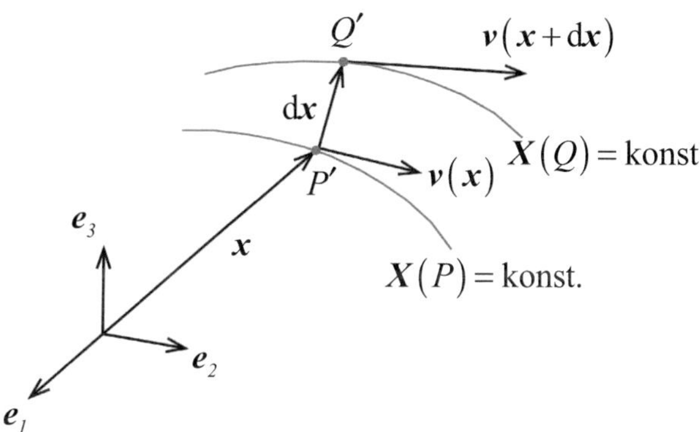

Bild 3.2 Geschwindigkeitsfeld benachbarter materieller Teilchen

$\mathrm{d}\boldsymbol{v}$, wobei $\boldsymbol{l}$ den *Geschwindigkeitsgradienten* darstellt.

$$\mathrm{d}\boldsymbol{v} = \mathrm{d}\dot{\boldsymbol{x}} = \boldsymbol{l} \cdot \mathrm{d}\boldsymbol{x} \quad \text{bzw.} \quad \mathrm{d}v_i = l_{ij}\,\mathrm{d}x_j \tag{3.23}$$

$$\boldsymbol{l} = \frac{\partial \boldsymbol{v}}{\partial \boldsymbol{x}} = \boldsymbol{\nabla} \cdot \boldsymbol{v} = l_{ij}\boldsymbol{e}_i\boldsymbol{e}_j \quad \text{mit} \quad l_{ij} = \frac{\partial v_i}{\partial x_j} = v_{i,j} \tag{3.24}$$

$$\boldsymbol{l} = \dot{\boldsymbol{F}} \cdot \boldsymbol{F}^{-1} \quad \text{bzw.} \quad l_{ij} = \dot{F}_{iM} F^{-1}_{Mj} \tag{3.25}$$

Der Geschwindigkeitsgradient kann in einen symmetrischen und antimetrischen Anteil zerlegt werden:

$$\begin{aligned} \boldsymbol{l} &= \boldsymbol{d} + \boldsymbol{w} \\ \boldsymbol{d} &= \frac{1}{2}(\boldsymbol{l} + \boldsymbol{l}^{\mathrm{T}}) \quad \text{bzw.} \quad d_{ij} = \frac{1}{2}(v_{i,j} + v_{j,i}) \\ \boldsymbol{w} &= \frac{1}{2}(\boldsymbol{l} - \boldsymbol{l}^{\mathrm{T}}) \quad \text{bzw.} \quad w_{ij} = \frac{1}{2}(v_{i,j} - v_{j,i}) \end{aligned} \tag{3.26}$$

Der Tensor der *Deformationsgeschwindigkeit* $\boldsymbol{d}$ beschreibt die Änderungsgeschwindigkeiten der Längen und Winkel materieller Linienelemente, während der *Drehgeschwindigkeitstensor (Spintensor)* $\boldsymbol{w}$ ihre lokalen Starrkörperrotationen wiedergibt. Dazu bestehen folgende Zusammenhänge mit den Zeitableitungen der Verzerrungstensoren:

In der Momentankonfiguration:

$$\boldsymbol{d} = \dot{\boldsymbol{\eta}} + \boldsymbol{l}^{\mathrm{T}} \cdot \boldsymbol{\eta} + \boldsymbol{\eta} \cdot \boldsymbol{l} \quad \text{bzw.} \quad d_{ij} = \dot{\eta}_{ij} + v_{k,i}\, \eta_{kj} + \eta_{ik}\, v_{k,j} \tag{3.27}$$

und in der Ausgangskonfiguration:

$$\begin{aligned} &\boldsymbol{D} = \boldsymbol{F}^{\mathrm{T}} \cdot \boldsymbol{d} \cdot \boldsymbol{F} = \dot{\boldsymbol{E}} \quad \text{mit} \quad \dot{\boldsymbol{E}} = \frac{1}{2}(\boldsymbol{v} + \boldsymbol{v}^{\mathrm{T}} + \boldsymbol{v}^{\mathrm{T}} \cdot \boldsymbol{u} + \boldsymbol{u}^{\mathrm{T}} \cdot \boldsymbol{v}) \\ &D_{MN} = x_{m,M}\, d_{mn}\, x_{n,N} = \dot{E}_{MN} \quad \text{mit} \\ &\dot{E}_{MN} = \frac{1}{2}(v_{M,N} + v_{N,M} + v_{K,M}\, u_{K,N} + u_{K,M}\, v_{K,N}) \,. \end{aligned} \tag{3.28}$$

3.2.4 Linearisierung für kleine Deformationen

Für viele Aufgaben der Festigkeitslehre können die Verzerrungen als infinitesimal klein angesehen werden. In diesem Fall vereinfacht sich die zuvor dargestellte Theorie großer endlicher Deformationen erheblich, weil die nichtlinearen quadratischen Terme der Verschiebungsgradienten beim GREEN-LAGRANGEschen (3.17) und EULER-ALMANSIschen Verzerrungstensor (3.18) dann in (3.20) vernachlässigt werden dürfen. Ebenso lässt sich zeigen, dass die Ableitung des Verschiebungsvektors nach der materiellen Koordinate mit derjenigen nach der räumlichen zusammenfällt

$$\frac{\partial u_M}{\partial X_N} \approx \frac{\partial u_m}{\partial x_n} \,. \tag{3.29}$$

Damit ergibt sich der bekannte infinitesimale Verzerrungstensor $\boldsymbol{\varepsilon}$

$$\boldsymbol{\varepsilon} \approx \boldsymbol{\eta} \approx \boldsymbol{E} = \frac{1}{2}(\nabla \boldsymbol{u} + (\nabla \boldsymbol{u})^{\mathrm{T}}) \qquad \varepsilon_{ij} \approx \eta_{ij} \approx E_{ij} = \frac{1}{2}(u_{i,j} + u_{j,i}) \tag{3.30}$$

$$\boldsymbol{\varepsilon} = \varepsilon_{ij}\, \boldsymbol{e}_i\, \boldsymbol{e}_j = \boldsymbol{\varepsilon}^{\mathrm{T}} \quad \text{bzw.} \quad [\varepsilon_{ij}] = \begin{bmatrix} \varepsilon_{11} & \varepsilon_{12} & \varepsilon_{13} \\ \varepsilon_{21} & \varepsilon_{22} & \varepsilon_{23} \\ \varepsilon_{31} & \varepsilon_{32} & \varepsilon_{33} \end{bmatrix} = [\varepsilon_{ij}]^{\mathrm{T}} \tag{3.31}$$

Ebenso reduziert sich die Deformationsgeschwindigkeit auf

$$\dot{\boldsymbol{\varepsilon}} \approx \dot{\boldsymbol{\eta}} \approx \dot{\boldsymbol{E}} = \frac{1}{2}(\nabla \boldsymbol{v} + (\nabla \boldsymbol{v})^{\mathrm{T}}) \quad \text{bzw.} \quad \dot{\varepsilon}_{ij} \approx \dot{\eta}_{ij} \approx \dot{E}_{ij} = \frac{1}{2}(v_{i,j} + v_{j,i}) \,. \tag{3.32}$$

Die geometrische Bedeutung der einzelnen Komponenten des Verzerrungstensors soll in der (x_1, x_2)-Ebene veranschaulicht werden, siehe Bild 3.3. Wir betrachten drei Punkte $P\,(x_1,\, x_2)$, $Q\,(x_1 + dx_1,\, x_2)$ und $R\,(x_1,\, x_2 + dx_2)$, deren Lage auf dem unverformten Körper markiert wird. Infolge der Verformung verschieben sie sich in die Lagen P', Q' und R'. Die im Verzerrungstensor (3.30) enthaltenen Verschiebungsgradienten entsprechen der in Bild 3.3 angegebenen TAYLOR-Entwicklung von $\boldsymbol{u}(\boldsymbol{x})$ am Punkt P.

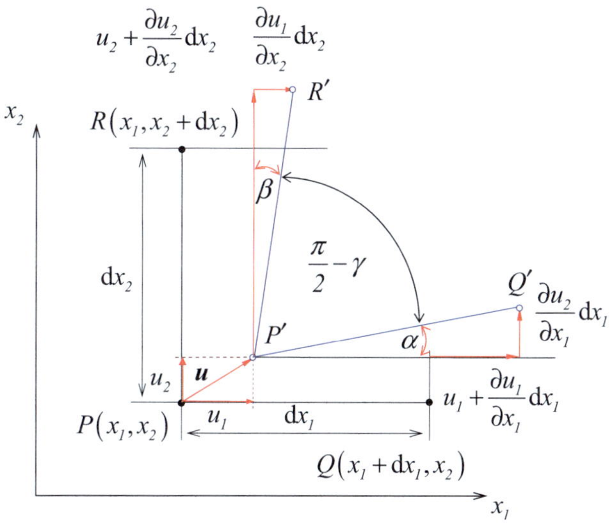

Bild 3.3 Verschiebungen und Verzerrungen in der (x_1, x_2)-Ebene

Die relativen Längenänderungen der Linienelemente $\overline{PQ}$ und $\overline{PR}$ in ihre Achsenrichtungen x_1 und x_2 bezeichnet man als *Dehnungen* (analog für die x_3-Koordinate):

$$\varepsilon_{11} = \frac{\overline{P'Q'} - \overline{PQ}}{\overline{PQ}} = \frac{\partial u_1}{\partial x_1}, \quad \varepsilon_{22} = \frac{\partial u_2}{\partial x_2}, \quad \varepsilon_{33} = \frac{\partial u_3}{\partial x_3}. \tag{3.33}$$

Unter *Gleitungen* versteht man die Veränderungen des Winkels am verformten Volumenelement gegenüber dem rechtwinkligen Ausgangszustand, siehe Bild 3.3:

$$\gamma_{12} = \alpha + \beta \approx \tan\alpha + \tan\beta = \frac{\partial u_2}{\partial x_1} + \frac{\partial u_1}{\partial x_2}. \tag{3.34}$$

Die entsprechende Komponente ε_{12} des Verzerrungstensors hat den halben Wert des technischen Gleitwinkels γ_{12}. Überträgt man diese Betrachtungen auf die beiden anderen Koordinatenebenen, so lassen sich die Gleitungen folgendermaßen ausdrücken:

$$\begin{aligned}
\varepsilon_{12} &= \frac{1}{2}\left(\frac{\partial u_2}{\partial x_1} + \frac{\partial u_1}{\partial x_2}\right) = \varepsilon_{21} = \frac{1}{2}\,\gamma_{12} \\
\varepsilon_{23} &= \frac{1}{2}\left(\frac{\partial u_3}{\partial x_2} + \frac{\partial u_2}{\partial x_3}\right) = \varepsilon_{32} = \frac{1}{2}\,\gamma_{23} \\
\varepsilon_{31} &= \frac{1}{2}\left(\frac{\partial u_1}{\partial x_3} + \frac{\partial u_3}{\partial x_1}\right) = \varepsilon_{13} = \frac{1}{2}\,\gamma_{31}\,.
\end{aligned} \tag{3.35}$$

Die im symmetrischen Verzerrungstensor $\boldsymbol{\varepsilon}$ nach (3.31) zusammengefassten Dehnungen und Gleitungen charakterisieren den Deformationszustand an einem Punkt P des Körpers. Die Terme auf der Hauptdiagonalen (Index $i = j$) entsprechen den Dehnungen, wohingegen die Gleitungen auf die Nebendiagonalterme (Index $i \neq j$) entfallen.

Für den Verzerrungstensor kann man so genannte *Hauptachsen* finden, d. h. Koordinatenrichtungen, für die alle Gleitungen null werden und die Dehnungen Extremwerte (*Hauptdehnungen*) annehmen. Die dazugehörige Koordinatentransformation in ein Hauptachsensystem wird in Kapitel 3.3.3 ausführlich am Beispiel des Spannungstensors erläutert. Die drei Hauptdehnungen ε_α (mit $\alpha = \{\mathrm{I, II, III}\}$) gehören zu senkrecht aufeinander stehenden Raumrichtungen und werden der Größe nach geordnet.

$$\text{Vereinbarung:} \quad \varepsilon_{\mathrm{I}} \geq \varepsilon_{\mathrm{II}} \geq \varepsilon_{\mathrm{III}} \tag{3.36}$$

In den zu den Hauptachsen jeweils um 45 Grad gedrehten Koordinatensystemen nehmen die Gleitungen Extremwerte an, deren Größen *Hauptgleitungen* genannt werden. Sie berechnen sich folgendermaßen:

$$\gamma_{\mathrm{I}} = (\varepsilon_{\mathrm{II}} - \varepsilon_{\mathrm{III}})\,, \quad \gamma_{\mathrm{II}} = (\varepsilon_{\mathrm{I}} - \varepsilon_{\mathrm{III}})\,, \quad \gamma_{\mathrm{III}} = (\varepsilon_{\mathrm{I}} - \varepsilon_{\mathrm{II}}) \tag{3.37}$$

Wichtig für die Materialtheorie ist folgende Zerlegung des Verzerrungstensors ε_{ij} in einen Anteil $\varepsilon^{\mathrm{D}}_{ij}$, der eine reine Gestaltänderung des Volumenelementes darstellt und einen Anteil ε^{H}, der nur die Volumenänderung beschreibt.

$$\varepsilon_{ij} = \varepsilon^{\mathrm{D}}_{ij} + \varepsilon^{\mathrm{H}}\,\delta_{ij} \tag{3.38}$$

Die relative Volumenänderung entspricht der Summe der Dehnungen und wird als allseitige mittlere Dehnung im so genannten *Kugeltensor* ausgedrückt. Der verbleibende gestaltändernde Anteil wird als *Deviator* bezeichnet.

$$\begin{aligned}
&\text{Volumendehnung:} \quad \frac{\Delta V}{V_0} = \varepsilon_{11} + \varepsilon_{22} + \varepsilon_{33} = \varepsilon_{kk} = 3\,\varepsilon^{\mathrm{H}} \\
&\text{Kugeltensor:} \quad \varepsilon^{\mathrm{H}}\,\delta_{ij}\,, \quad \varepsilon^{\mathrm{H}} = \frac{\varepsilon_{kk}}{3}\,, \qquad \text{Deviator:} \quad \varepsilon^{\mathrm{D}}_{ij} = \varepsilon_{ij} - \varepsilon^{\mathrm{H}}\,\delta_{ij}
\end{aligned} \tag{3.39}$$

3.3 Spannungszustand

3.3.1 Spannungsvektor und Spannungstensor

Auf einen deformierbaren Körper wirken von außen Kräfte, die je nach ihrer physikalischen Ursache an der Oberfläche a oder im Volumen v angreifen. Das soll zunächst für die aktuelle Belastung in der Momentankonfiguration erläutert werden, Bild 3.4. *Flächenkräfte* $\bar{\boldsymbol{t}}$ sind Kräfte $\mathrm{d}\boldsymbol{s}$ pro Flächeneinheit, die bestimmte Bereiche der Körperoberfläche belasten wie z. B. der äußere Druck. Unter *Volumenkräften* $\bar{\boldsymbol{b}}$ versteht man äußere Kräfte pro Volumeneinheit, die an den Teilchen im Inneren des Körpers angreifen wie z. B. die Schwerkraft oder elektromagnetische Felder. Die aus der Technischen Mechanik bekannten Linien- und Einzelkräfte stellen Spezialfälle der Flächen- und Volumenkräfte dar.

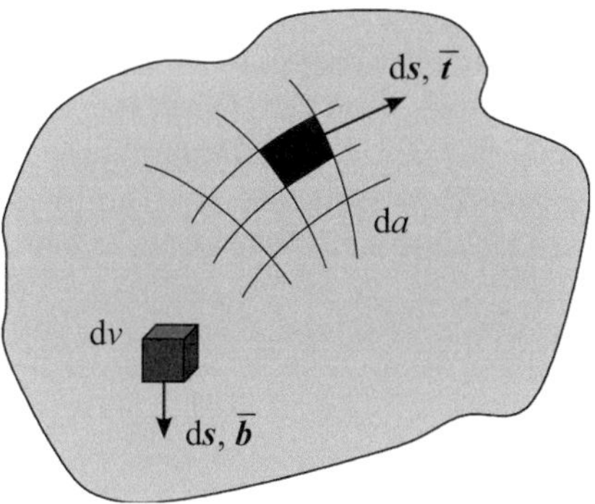

Bild 3.4 Körper mit Flächen- und Volumenkräften

$$\text{Flächenkräfte:} \quad \bar{\boldsymbol{t}} = \frac{\mathrm{d}\boldsymbol{s}}{\mathrm{d}a}\,, \qquad \text{Volumenkräfte:} \quad \bar{\boldsymbol{b}} = \frac{\mathrm{d}\boldsymbol{s}}{\mathrm{d}v} \tag{3.40}$$

Aufgrund der äußeren Belastung entstehen im Körper *innere* Kräfte, die mit Hilfe des Schnittprinzips auf gedachten inneren Flächen sichtbar gemacht werden können. Sie haben den Charakter von Flächenkräften bzw. Spannungen und werden durch die Begriffe *Schnittspannungsvektor* und *Spannungstensor* gekennzeichnet. An einem beliebigen Punkt P legen wir eine differentiell kleine Schnittfläche $\mathrm{d}a$ mit einer beliebigen Orientierung fest, die durch ihren Normaleneinheitsvektor $\boldsymbol{n}$ definiert ist, siehe Bild 3.5.

Aus der wirkenden differenziellen Schnittkraft $\mathrm{d}\boldsymbol{s}$ pro Schnittfläche $\mathrm{d}a$ erhält man durch Grenzwertbildung den *Schnittspannungsvektor* $\boldsymbol{t}$

$$\boldsymbol{t}(\boldsymbol{x}, \boldsymbol{n}, t) = \frac{\mathrm{d}\boldsymbol{s}}{\mathrm{d}a} = \frac{\text{aktuelle Schnittkraft}}{\text{aktuelle Schnittfläche}}\,. \tag{3.41}$$

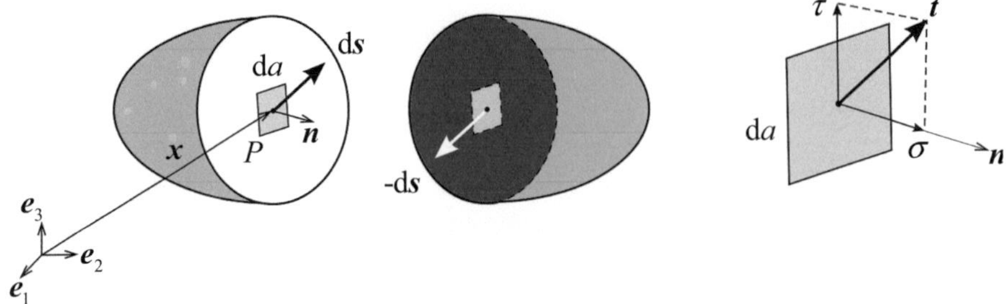

Bild 3.5 Spannungsvektor $\boldsymbol{t}$ an einer Schnittfläche da mit der Orientierung $\boldsymbol{n}$

Da es sich um die aktuelle Schnittkraft auf dem deformierten Flächenelement in der Momentankonfiguration handelt, spricht man auch vom wahren oder *CAUCHYschen Spannungsvektor*. Der CAUCHYsche Spannungsvektor kann in eine Komponente senkrecht zur Fläche, die *Normalspannung* σ, und eine tangential in der Fläche wirkende *Schubspannung* τ zerlegt werden.

Der Spannungsvektor $\boldsymbol{t}$ hängt vom Ort $P(\boldsymbol{x})$, der Orientierung $\boldsymbol{n}$ der Schnittfläche und evtl. von der Zeit t ab. Das bedeutet, *eine* Schnittorientierung $\boldsymbol{n}$ allein reicht nicht aus, um den Beanspruchungszustand bei P bzgl. jeder beliebigen Schnittfläche eindeutig zu beschreiben. Wir untersuchen deshalb den Spannungszustand in P bzgl. der drei Schnittebenen senkrecht zu den Koordinatenachsen $\boldsymbol{n}_1 = \boldsymbol{e}_1$, $\boldsymbol{n}_2 = \boldsymbol{e}_2$ und $\boldsymbol{n}_3 = \boldsymbol{e}_3$, was jeweils einen Schnittspannungsvektor $\boldsymbol{t}_1(\boldsymbol{n}_1)$, $\boldsymbol{t}_2(\boldsymbol{n}_2)$ und $\boldsymbol{t}_3(\boldsymbol{n}_3)$ ergibt.

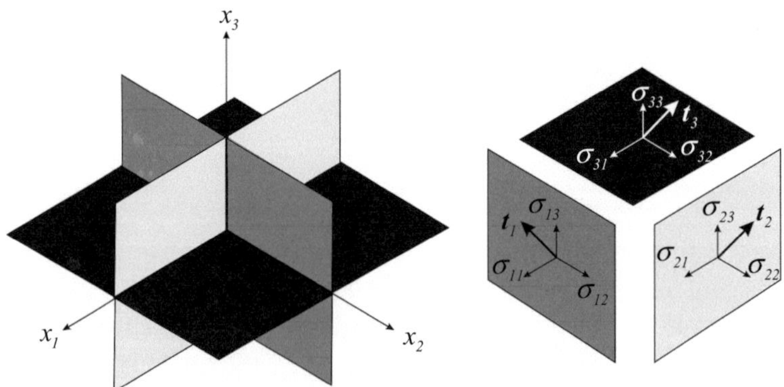

Bild 3.6 Zur Definition des Spannungstensors

Die Spannungsvektoren $\boldsymbol{t}_i$ an jeder Fläche werden nun in ihre drei kartesischen Komponenten σ_{ij} zerlegt, was in Bild 3.6 dargestellt ist.

$$\boldsymbol{t}_i = \sigma_{i1}\boldsymbol{e}_1 + \sigma_{i2}\boldsymbol{e}_2 + \sigma_{i3}\boldsymbol{e}_3 = \sigma_{ij}\boldsymbol{e}_j \tag{3.42}$$

Dabei bedeutet der 1. Index i die Orientierung der Schnittfläche, während der 2. Index j auf die Richtung der Spannungskomponente σ_{ij} hinweist. Demnach stellen Spannungskomponenten mit gleichen Indizes $i = j$ Normalspannungen σ_{11}, σ_{22}, σ_{33} dar, die auf den jeweiligen Schnittflächen senkrecht wirken. Besitzen die Spannungskomponenten verschiedenen Indizes $i \neq j$, so handelt es sich um die 6 Schubspannungen σ_{12}, σ_{21}, σ_{23}, σ_{32}, σ_{31}, σ_{13}, die wir gleichbedeutend auch mit τ_{ij} bezeichnen. Für die Vorzeichen der Spannungen gelten dieselben Vereinbarungen wie sie bei Schnittgrößen üblich sind, d. h. Spannungskomponenten werden als positiv definiert, wenn sie am positiven (bzw. negativen) Schnittufer in positive (bzw. negative) Koordinatenrichtung zeigen.

Ordnet man die Komponenten der drei Schnittspannungen $\boldsymbol{t}_i$ zeilenweise in einer 3×3 Matrix an, so bilden sie die neun Komponenten eines Tensors 2. Stufe.

Dieser Tensor $\boldsymbol{\sigma}$ wird *CAUCHYscher Spannungstensor* genannt.

$$\left[\boldsymbol{t}_1\ \boldsymbol{t}_2\ \boldsymbol{t}_3\right]^{\mathrm{T}} = \begin{bmatrix} \sigma_{11} & \sigma_{12} & \sigma_{13} \\ \sigma_{21} & \sigma_{22} & \sigma_{23} \\ \sigma_{31} & \sigma_{32} & \sigma_{33} \end{bmatrix} = \left[\sigma_{ij}\right], \qquad \boldsymbol{\sigma} = \sigma_{ij}\boldsymbol{e}_i\boldsymbol{e}_j \tag{3.43}$$

Anhand des Momentengleichgewichts am Volumenelement kann man beweisen, dass einander zugeordnete Schubspannungen auf senkrecht zueinander stehenden Flächenelementen gleich sind, d. h. $\tau_{21} = \tau_{12}$, $\tau_{32} = \tau_{23}$ und $\tau_{13} = \tau_{31}$. Damit wird der Spannungstensor symmetrisch

$$\boldsymbol{\sigma} = \boldsymbol{\sigma}^{\mathrm{T}} \quad \text{bzw.} \quad \sigma_{ij} = \sigma_{ji} \tag{3.44}$$

und reduziert sich auf 6 unabhängige skalare Komponenten σ_{11}, σ_{22}, σ_{33}, τ_{12}, τ_{23}, τ_{31}.

Der CAUCHYsche Spannungstensor $\boldsymbol{\sigma}$ charakterisiert vollständig den Spannungszustand in einem infinitesimalen Volumenelement am Ort $P(\boldsymbol{x})$. Das bedeutet, die Gesamtheit aller Spannungsvektoren $\boldsymbol{t}$ am Ort P für alle denkbaren Schnittorientierungen $\boldsymbol{n}$ wird eindeutig durch $\boldsymbol{\sigma}$ festgelegt.

Um dies zu beweisen, muss der Zusammenhang zwischen $\boldsymbol{\sigma}$ und $\boldsymbol{t}$ hergestellt werden. Zu diesem Zweck untersuchen wir einen differenziell kleinen Tetraeder bei P in der Momentankonfiguration, der durch die bereits bekannte Schnittfläche $\mathrm{d}a$ mit dem Normalenvektor $\boldsymbol{n}$ sowie drei weitere Dreiecksflächen $\mathrm{d}a_i$ begrenzt wird, die jeweils senkrecht zu den Koordinatenachsen $\boldsymbol{e}_i$ liegen, siehe Bild 3.7. Die Flächeninhalte dieser Dreiecke berechnen sich durch Projektion der Schnittfläche $\mathrm{d}a$ auf die jeweilige Koordinatenachse mit dem Kosinus des eingeschlossenen Winkels:

$$\mathrm{d}a_i = \boldsymbol{n} \cdot \boldsymbol{e}_i\, \mathrm{d}a = \cos(\boldsymbol{n}, \boldsymbol{e}_i)\, \mathrm{d}a = n_i\, \mathrm{d}a\,.$$

Wertet man jetzt das Kräftegleichgewicht am Tetraederelement unter Verwendung von (3.42) aus, so ergibt sich

$$\begin{aligned} \boldsymbol{t}\,\mathrm{d}a - \boldsymbol{t}_i\,\mathrm{d}a_i &= 0 \\ t_j\,\boldsymbol{e}_j\,\mathrm{d}a - \sigma_{ij}\,n_i\,\boldsymbol{e}_j\,\mathrm{d}a = (t_j - \sigma_{ij}n_i)\,\boldsymbol{e}_j\,\mathrm{d}a &= 0\,. \end{aligned}$$

Das Verschwinden des Klammerausdrucks liefert die gesuchte Relation zwischen

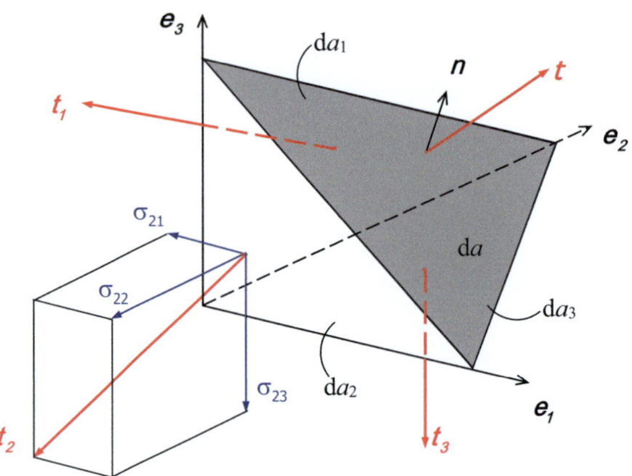

Bild 3.7 Spannungszustand am Tetraederelement

Spannungsvektor und Spannungstensor (unter Beachtung der Symmetrie von $\boldsymbol{\sigma}$):

$$t_j = \sigma_{ij}\,n_i = \sigma_{ji}\,n_i \quad \text{bzw.} \quad \boldsymbol{t}(\boldsymbol{x},\boldsymbol{n},t) = \boldsymbol{\sigma}^{\mathrm{T}}(\boldsymbol{x},t)\cdot\boldsymbol{n} = \boldsymbol{\sigma}\cdot\boldsymbol{n}\,. \tag{3.45}$$

Oder in Matrizenschreibweise:

$$\begin{bmatrix} t_1 \\ t_2 \\ t_3 \end{bmatrix} = \begin{bmatrix} \sigma_{11} & \tau_{12} & \tau_{13} \\ \tau_{21} & \sigma_{22} & \tau_{23} \\ \tau_{31} & \tau_{32} & \sigma_{33} \end{bmatrix} \begin{bmatrix} n_1 \\ n_2 \\ n_3 \end{bmatrix}, \quad [t_i] = [\sigma_{ij}]\,[n_j]\,. \tag{3.46}$$

Der Spannungsvektor $\boldsymbol{t}$ lässt sich somit für eine beliebig orientierte Schnittfläche aus dem Skalarprodukt zwischen dem Spannungstensor $\boldsymbol{\sigma}$ und dem Normaleneinheitsvektor $\boldsymbol{n}$ berechnen. Diese Relation wird *CAUCHYsche Spannungsformel* genannt.

Sie gilt auch für den Grenzfall, dass der Punkt P auf der Körperoberfläche liegt und das Flächenelement da selbst ein Oberflächenelement mit nach außen gerichtetem Normalenvektor $\boldsymbol{n}$ ist. Dann muss der lokale Beanspruchungszustand

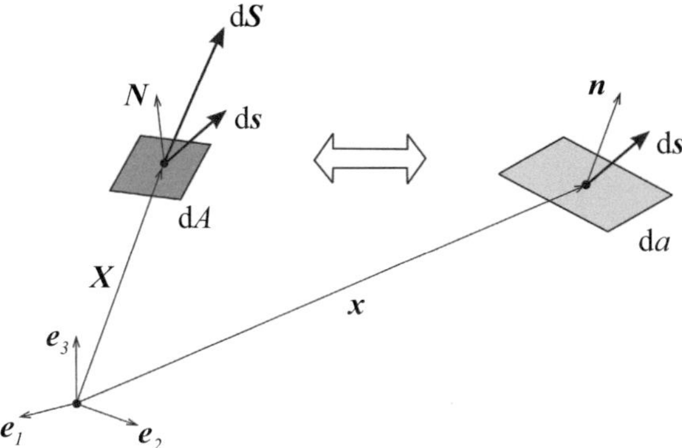

Bild 3.8 Zur Definition der Spannungstensoren in der Ausgangskonfiguration

(Spannungstensor) so beschaffen sein, dass der entstehende Spannungsvektor $\boldsymbol{t} = \boldsymbol{\sigma} \cdot \boldsymbol{n}$ genau der Oberflächenkraft $\bar{\boldsymbol{t}}$ entspricht.

3.3.2 Spannungen in der Ausgangskonfiguration

Der CAUCHYsche Spannungstensor beschreibt die wahren Spannungen in der EULERschen Betrachtungsweise der Momentankonfiguration. Will man Spannungsgrößen in LAGRANGEscher Betrachtung definieren, so müssen die Kraft- und Flächengrößen am Ort $\boldsymbol{x}$ auf die Ausgangskonfiguration bei $\boldsymbol{X}$ umgerechnet werden, siehe Bild 3.8. Bezieht man die Oberflächenkraft $\mathrm{d}\bar{\boldsymbol{s}}$ bzw. die Schnittkraft $\mathrm{d}\boldsymbol{s}$ auf die Ausgangsfläche $\mathrm{d}A$, so erhält man den Vektor der nominalen oder *Nennspannung*:

$$\boldsymbol{p} = \frac{\mathrm{d}\boldsymbol{s}}{\mathrm{d}A} = \frac{\text{aktuelle Schnittkraft}}{\text{Ausgangs-Schnittfläche}} \tag{3.47}$$

Der zugehörige Spannungstensor $\boldsymbol{P}$ wird *1. PIOLA-KIRCHHOFFscher Spannungstensor* genannt. Für ihn gilt die CAUCHYsche Formel (3.45) in analoger Form, wobei jetzt der Normalenvektor $\boldsymbol{N}$ auf $\mathrm{d}A$ in der Ausgangskonfiguration verwendet wird.

$$\boldsymbol{p}(\boldsymbol{X}, \boldsymbol{N}, t) = \boldsymbol{N} \cdot \boldsymbol{P} \quad \text{bzw.} \quad p_l = N_M \, P_{Ml} \tag{3.48}$$

Die Umrechnung in den CAUCHYschen Spannungstensor lautet wie folgt:

$$\boldsymbol{P} = \det(\boldsymbol{F}) \boldsymbol{F}^{-1} \cdot \boldsymbol{\sigma} \quad \text{bzw.} \quad P_{Ml} = J \, F^{-1}_{Mk} \, \sigma_{kl} \,. \tag{3.49}$$

Der 1. PIOLA-KIRCHHOFFsche Spannungstensor ist nicht symmetrisch, was für die Formulierung von Materialgleichungen sehr ungünstig ist. Aus diesem Grunde wurde der *2. PIOLA-KIRCHHOFFsche Spannungstensor* dergestalt eingeführt (Pseudo-Spannungstensor), dass er Symmetrieeigenschaft bekommt. Hierzu definiert man einen »fiktiven« Schnittkraftvektor $\mathrm{d}\boldsymbol{S}$, der sich formal durch Rücktransformation von $\mathrm{d}\boldsymbol{s}$ in die Ausgangskonfiguration berechnet:

$$\mathrm{d}\boldsymbol{S} = \boldsymbol{F}^{-1} \cdot \mathrm{d}\boldsymbol{s} \quad \text{analog zu} \quad \mathrm{d}\boldsymbol{X} = \boldsymbol{F}^{-1} \cdot \mathrm{d}\boldsymbol{x} \tag{3.50}$$

Damit ergibt sich der Spannungsvektor $\hat{\boldsymbol{T}}$

$$\hat{\boldsymbol{T}} = \frac{\mathrm{d}\boldsymbol{S}}{\mathrm{d}A} = \frac{\text{Ausgangs-Schnittkraft}}{\text{Ausgangs-Schnittfläche}} = \boldsymbol{F}^{-1} \cdot \boldsymbol{p} \tag{3.51}$$

und der dazugehörige 2. PIOLA-KIRCHHOFFsche Spannungstensor $\boldsymbol{T}$

$$\hat{\boldsymbol{T}} = \boldsymbol{N} \cdot \boldsymbol{T}(\boldsymbol{X}, t) \quad \text{bzw.} \quad \hat{T}_L = N_M T_{ML} \,. \tag{3.52}$$

Mit Hilfe des Deformationsgradienten $\boldsymbol{F}$ bestehen folgende Relationen zu den beiden anderen Spannungsdefinitionen:

$$\begin{aligned} \boldsymbol{T} &= \boldsymbol{P} \cdot \boldsymbol{F}^{-\mathrm{T}} & \text{bzw.} \quad T_{ML} &= P_{Ml}\, F^{-1}_{Ll} \\ \boldsymbol{T} &= \det(\boldsymbol{F}) \boldsymbol{F}^{-1} \cdot \boldsymbol{\sigma} \cdot \boldsymbol{F}^{-\mathrm{T}} & \text{bzw.} \quad T_{ML} &= J\, F^{-1}_{Mm}\, \sigma_{ml}\, F^{-1}_{Ll} \end{aligned} \tag{3.53}$$

Aus der Symmetrie von σ_{ml} folgt die Symmetrie von $T_{ML} = T_{LM}$.

3.3.3 Hauptachsentransformation

Bei allen bisherigen Definitionen und Betrachtungen von mechanischen Feldgrößen wurde ein einheitliches globales kartesisches Koordinatensystem (x_1, x_2, x_3) mit den Basisvektoren $\boldsymbol{e}_i$ zugrunde gelegt. Häufig erweist es sich jedoch als notwendig oder sinnvoll, das Bezugskoordinatensystem zu wechseln. Bei einer Parallelverschiebung des Koordinatensystems ändern sich die Verzerrungs- und Spannungsmaße nicht, da sie bereits differenzierte Größen darstellen. Deshalb ist vor allem die Untersuchung eines Bezugskoordinatensystem (x_1', x_2', x_2') mit der Basis $\boldsymbol{e}_i'$ interessant, die gegenüber dem bisherigen System $\boldsymbol{e}_j$ gedreht liegt. Diese Drehung kann durch eine orthogonale Transformationsmatrix $\mathbf{r} = [r_{ij}]$ dargestellt werden, welche die Basisvektoren beider Bezugssysteme zueinander in Beziehung setzt:

$$\boldsymbol{e}_i' = r_{ij}\, \boldsymbol{e}_j \,. \tag{3.54}$$

Die Elemente dieser Drehtransformationsmatrix ergeben sich einfach als die Komponenten der neuen Basis ausgedrückt durch diejenigen der alten $r_{ij} = \boldsymbol{e}_i' \cdot \boldsymbol{e}_j = \cos(\boldsymbol{e}_i', \boldsymbol{e}_j)$.

Nach den Gesetzen der Tensoralgebra können ein beliebiger Vektor $\boldsymbol{a}$ oder Tensor 2. Stufe $\boldsymbol{A}$ des alten Bezugssystems $\boldsymbol{e}_j$ in das gedrehte Bezugssystem $\boldsymbol{e}_i'$ umgerechnet werden, indem man auf die Komponenten die folgenden Transformationsregeln anwendet:

$$
\begin{aligned}
a'_i &= r_{ij}\, a_j\,, & \boldsymbol{a}' &= a'_i \boldsymbol{e}'_i \stackrel{!}{=} \boldsymbol{a} = a_i \boldsymbol{e}_i \\
A'_{ij} &= r_{ik}\, A_{kl}\, r_{jl}\,, & \boldsymbol{A}' &= A'_{ij} \boldsymbol{e}'_i \boldsymbol{e}'_j \stackrel{!}{=} \boldsymbol{A} = A_{ij} \boldsymbol{e}_i \boldsymbol{e}_j\,.
\end{aligned}
\tag{3.55}
$$

Mit dieser »Umrechnungsvorschrift« könnten alle bisher eingeführten Größen wie Verschiebungsvektor, Kraftvektoren, Strecktensoren, Verzerrungstensoren und Spannungstensoren in ein gedrehtes Koordinatensystem überführt werden, wobei ihre physikalische Bedeutung selbstverständlich unverändert bleibt. Bei symmetrischen Tensoren 2. Stufe gibt es noch besondere Eigenschaften, auf die wir am Beispiel des CAUCHYschen Spannungstensors ausführlich eingehen wollen.

Von allen möglichen gedrehten Bezugssystemen zeichnet sich das so genannte *Hauptachsensystem* dadurch aus, dass die transformierte Komponentenmatrix Diagonalform annimmt. Beim Spannungstensor $\boldsymbol{\sigma}'$ bedeutet dies, in den neuen Koordinatenrichtungen existieren nur die drei Normalspannungen und alle Schubspannungen verschwinden.

$$
\left[\sigma'_{ij}\right] = \begin{bmatrix} \sigma'_{11} & 0 & 0 \\ 0 & \sigma'_{22} & 0 \\ 0 & 0 & \sigma'_{33} \end{bmatrix}
\tag{3.56}
$$

Das so ausgezeichnete Bezugssystem $\boldsymbol{e}'_i$ wird *Hauptachsensystem* genannt und die entsprechenden Richtungen heißen *Hauptachsenrichtungen*. Die drei zum Hauptachsensystem gehörenden Normalspannungen stellen Extremwerte für alle Bezugssysteme dar und haben die Bezeichnung *Hauptnormalspannungen*.

Anschaulich bedeutet die Hauptachsenrichtung, dass der Schnittspannungsvektor $\boldsymbol{t}$ die gleiche Richtung wie der Normalenvektor $\boldsymbol{n} = \boldsymbol{e}'_i$ besitzt mit der noch unbekannten Normalspannung σ. Bei Verwendung der CAUCHY-Formel (3.46) und dem Einheitstensor δ_{ij} erhält man:

$$
\begin{aligned}
t_i = \sigma_{ij}\, n_j &\stackrel{!}{=} \sigma\, n_i \\
\sigma_{ij}\, n_j - \sigma\, \delta_{ij}\, n_j &= (\sigma_{ij} - \sigma\, \delta_{ij})\, n_j = 0
\end{aligned}
\tag{3.57}
$$

oder in Matrixschreibweise:

$$
\begin{bmatrix} \sigma_{11} - \sigma & \tau_{12} & \tau_{13} \\ \tau_{21} & \sigma_{22} - \sigma & \tau_{23} \\ \tau_{31} & \tau_{32} & \sigma_{33} - \sigma \end{bmatrix} \begin{bmatrix} n_1 \\ n_2 \\ n_3 \end{bmatrix} = \begin{bmatrix} 0 \\ 0 \\ 0 \end{bmatrix}
\tag{3.58}
$$

Mathematisch gesehen stellt die Bestimmung der Hauptachsen eine Eigenwertaufgabe dar. Dabei ist σ der gesuchte Eigenwert und die dazugehörige Eigenlösung $\boldsymbol{n}$ bildet die Hauptachsenrichtung. Das homogene lineare Gleichungssystem für die gesuchten Hauptachsenrichtungen hat nur dann *nichttriviale Lösungen*, wenn die Koeffizientendeterminante verschwindet.

$$
\det(\sigma_{ij} - \sigma\, \delta_{ij}) = \begin{vmatrix} \sigma_{11} - \sigma & \tau_{12} & \tau_{13} \\ \tau_{21} & \sigma_{22} - \sigma & \tau_{23} \\ \tau_{31} & \tau_{32} & \sigma_{33} - \sigma \end{vmatrix} = 0
\tag{3.59}
$$

Die Auflösung der Determinante führt auf eine Gleichung 3. Grades,

$$\sigma^3 - I_1^\sigma\,\sigma^2 + I_2^\sigma\,\sigma - I_3^\sigma = 0\,, \tag{3.60}$$

deren drei reelle Lösungen die Hauptspannungen σ_α (mit $\alpha = \{\text{I, II, III}\}$) sind, die man der Größe nach ordnet.

$$\text{Vereinbarung:}\quad \sigma_{\mathrm{I}} \geq \sigma_{\mathrm{II}} \geq \sigma_{\mathrm{III}} \tag{3.61}$$

Die Lösung des homogenen Gleichungssystems für jede Hauptspannung σ_α ergibt die drei senkrecht zueinander stehenden Hauptachsenrichtungen, die noch auf Einheitslänge zu normieren sind.

$$\boldsymbol{n}_\alpha = n_{\alpha 1}\,\boldsymbol{e}_1 + n_{\alpha 2}\,\boldsymbol{e}_2 + n_{\alpha 3}\,\boldsymbol{e}_3 = n_{\alpha i}\,\boldsymbol{e}_i\,,\qquad \alpha = \{\text{I, II, III}\} \tag{3.62}$$

In Gleichung (3.60) bedeuten $I_k^\sigma(\sigma_{ij})$ (mit $k = \{1,2,3\}$) die drei *Invarianten* des Spannungstensors. Wie der Name bereits aussagt, handelt es sich um Kennzahlen eines Tensors 2. Stufe, die vom Koordinatensystem unabhängig sind.

$$\begin{aligned}
I_1^\sigma(\sigma_{ij}) &= \sigma_{11} + \sigma_{22} + \sigma_{33} = \sigma_{kk}\\
I_2^\sigma(\sigma_{ij}) &= \begin{vmatrix}\sigma_{11} & \tau_{12}\\ \tau_{12} & \sigma_{22}\end{vmatrix} + \begin{vmatrix}\sigma_{11} & \tau_{13}\\ \tau_{13} & \sigma_{33}\end{vmatrix} + \begin{vmatrix}\sigma_{22} & \tau_{23}\\ \tau_{23} & \sigma_{33}\end{vmatrix}\\
&= \sigma_{11}\,\sigma_{22} + \sigma_{11}\,\sigma_{33} + \sigma_{22}\,\sigma_{33} - \tau_{12}^2 - \tau_{23}^2 - \tau_{13}^2\\
&= \frac{1}{2}\,(\sigma_{kk}\,\sigma_{ll} - \sigma_{kl}\,\sigma_{lk})\\
I_3^\sigma(\sigma_{ij}) &= \det[\sigma_{kl}]\\
&= \sigma_{11}\,\sigma_{22}\,\sigma_{33} + 2\,\tau_{12}\,\tau_{23}\,\tau_{13} - \sigma_{11}\,\tau_{23}^2 - \sigma_{22}\,\tau_{13}^2 - \sigma_{33}\,\tau_{12}^2
\end{aligned} \tag{3.63}$$

Besonders einfach lassen sich die Invarianten im Hauptachsensystem selbst darstellen:

$$\begin{aligned}
I_1^\sigma &= \sigma_{\mathrm{I}} + \sigma_{\mathrm{II}} + \sigma_{\mathrm{III}}\\
I_2^\sigma &= \sigma_{\mathrm{I}}\,\sigma_{\mathrm{II}} + \sigma_{\mathrm{II}}\,\sigma_{\mathrm{III}} + \sigma_{\mathrm{III}}\,\sigma_{\mathrm{I}}\\
I_3^\sigma &= \sigma_{\mathrm{I}}\,\sigma_{\mathrm{II}}\,\sigma_{\mathrm{III}}
\end{aligned} \tag{3.64}$$

In einem jeweils um 45° gedrehten Koordinatensystem nehmen die Schubspannungen Extremwerte an, die *Hauptschubspannungen* heißen:

$$\tau_{\mathrm{I}} = \frac{1}{2}\,(\sigma_{\mathrm{II}} - \sigma_{\mathrm{III}})\,,\quad \tau_{\mathrm{II}} = \frac{1}{2}\,(\sigma_{\mathrm{I}} - \sigma_{\mathrm{III}})\,,\quad \tau_{\mathrm{III}} = \frac{1}{2}\,(\sigma_{\mathrm{I}} - \sigma_{\mathrm{II}}) \tag{3.65}$$

In analoger Weise wie der Verzerrungstensor kann auch der Spannungstensor in *Deviator* und *Kugeltensor* (hydrostatische Spannung) zerlegt werden:

$$\sigma_{ij} = \sigma_{ij}^{\mathrm{D}} + \sigma^{\mathrm{H}}\,\delta_{ij} \tag{3.66}$$

$$\text{Kugeltensor:} \quad \sigma^{\mathrm{H}}\,\delta_{ij}\,, \quad \sigma^{\mathrm{H}} = \frac{1}{3}\sigma_{kk}\,, \qquad \text{Deviator:} \quad \sigma^{\mathrm{D}}_{ij} = \sigma_{ij} - \sigma^{\mathrm{H}}\,\delta_{ij} \tag{3.67}$$

3.3.4 Gleichgewichtsbedingungen

Wendet man die Grundgesetze der Mechanik auf einen deformierbaren Körper an, so bedeutet dies im Bereich der Statik, dass die resultierenden Kraft- und Drehmomentenwirkungen aller auftretenden Kräfte null sein müssen. Bei dynamischen Vorgängen hat man zusätzlich die Trägheitskräfte der beschleunigten Teilchen in die Gleichgewichtsbetrachtungen einzubeziehen. Auf der Grundlage des Impulssatzes nach NEWTON sowie des Drehimpulssatzes nach EULER werden die entsprechenden Bewegungsgleichungen für den deformierbaren Körper abgeleitet. Diese Betrachtungen sollen im folgenden am Beispiel der Momentankonfiguration erläutert werden, wozu auf Bild 3.4 Bezug genommen wird. Sie können in analoger Weise auch für die Ausgangskonfiguration hergeleitet werden.

Die resultierende Kraft $\boldsymbol{F}_{\mathrm{R}}$ der eingeprägten äußeren Belastungen auf den Körper berechnet sich aus dem Integral über alle Volumenkräfte $\bar{\boldsymbol{b}}$ im Volumen v und dem Integral aller auf der Oberfläche a wirkenden Flächenlasten $\bar{\boldsymbol{t}}$. Der Gesamtimpuls $\boldsymbol{I}_{\mathrm{P}}$ des Körpers setzt sich aus den Massen aller bewegten Teilchen $\mathrm{d}m = \rho\,\mathrm{d}v$ multipliziert mit ihren Geschwindigkeiten $\boldsymbol{v}(\boldsymbol{x},t) = \dot{\boldsymbol{x}}(\boldsymbol{x},t) = \dot{\boldsymbol{u}}(\boldsymbol{x},t)$ zusammen, wobei ρ die Dichte in der Momentankonfiguration bedeutet.

$$\boldsymbol{F}_{\mathrm{R}} = \int_v \bar{\boldsymbol{b}}\,\mathrm{d}v + \int_a \bar{\boldsymbol{t}}\,\mathrm{d}a\,, \quad \boldsymbol{I}_{\mathrm{P}} = \int_v \rho\,\boldsymbol{v}(\boldsymbol{x},\,t)\mathrm{d}v = \int_v \rho\,\dot{\boldsymbol{u}}(\boldsymbol{x},\,t)\mathrm{d}v \tag{3.68}$$

Nach dem NEWTONschen Bewegungsgesetz ist die Zeitableitung des Impulses gleich der resultierenden Kraft. Unter Berücksichtigung der Massenkonstanz $\mathrm{d}m =$ const. jedes Teilchens wirkt sich die Zeitableitung von $\boldsymbol{I}_{\mathrm{P}}$ nur auf $\dot{\boldsymbol{v}} = \boldsymbol{a} = \ddot{\boldsymbol{u}}$ aus. Mit den Gleichungen (3.68) lautet der *globale Impulssatz* für den Gesamtkörper somit

$$\boldsymbol{F}_{\mathrm{R}} = \dot{\boldsymbol{I}}_{\mathrm{P}} \quad \Rightarrow \quad \int_v \bar{\boldsymbol{b}}\,\mathrm{d}v + \int_a \bar{\boldsymbol{t}}\,\mathrm{d}a = \int_v \rho\,\ddot{\boldsymbol{u}}(\boldsymbol{x},\,t)\,\mathrm{d}v\,. \tag{3.69}$$

Die *lokale Form des Impulssatzes* für ein materielles Volumenelement Δv gewinnt man aus (3.69) mit Hilfe der CAUCHY-Formel (3.45) $\boldsymbol{t} = \boldsymbol{\sigma}\cdot\boldsymbol{n}$ und Anwendung des GAUSSschen Integralsatzes, womit das Oberflächenintegral von (3.69) in ein Volumenintegral überführt werden kann. Daraus erhält man schließlich folgende Beziehung

$$\int_{\Delta v} \left[\nabla\cdot\boldsymbol{\sigma} + \bar{\boldsymbol{b}} - \rho\,\ddot{\boldsymbol{u}}\right]\mathrm{d}v = \boldsymbol{0}\,, \tag{3.70}$$

die für ein beliebiges Teilgebiet Δv zutreffen muss, weshalb das Verschwinden des Klammerausdrucks gefordert wird:

$$\boldsymbol{\nabla} \cdot \boldsymbol{\sigma} + \bar{\boldsymbol{b}} = \rho \ddot{\boldsymbol{u}} \quad \text{bzw.} \quad \sigma_{ij,j} + \bar{b}_i = \rho\, \ddot{u}_i\,, \tag{3.71}$$

oder in ausführlicher Schreibweise:

$$\begin{aligned}
\frac{\partial \sigma_{11}}{\partial x_1} + \frac{\partial \tau_{12}}{\partial x_2} + \frac{\partial \tau_{13}}{\partial x_3} + \bar{b}_1 &= \rho\, \ddot{u}_1 \\
\frac{\partial \tau_{21}}{\partial x_1} + \frac{\partial \sigma_{22}}{\partial x_2} + \frac{\partial \tau_{23}}{\partial x_3} + \bar{b}_2 &= \rho\, \ddot{u}_2 \\
\frac{\partial \tau_{31}}{\partial x_1} + \frac{\partial \tau_{32}}{\partial x_2} + \frac{\partial \sigma_{33}}{\partial x_3} + \bar{b}_3 &= \rho\, \ddot{u}_3
\end{aligned} \tag{3.72}$$

Diese Gleichungen verkörpern im Fall der Statik ($\ddot{\boldsymbol{u}} = \boldsymbol{0}$) die lokalen *Gleichgewichtsbedingungen* nach CAUCHY. Sie bilden ein System von drei partiellen Differenzialgleichungen, denen der Spannungstensor $\boldsymbol{\sigma}$ an jedem Ort unterworfen ist. In der Kinetik drücken diese Beziehungen die *Bewegungsgleichungen* aus, deren zweifache Integration nach der Zeit die Verformungen $\boldsymbol{u}(\boldsymbol{x}, t)$ des Körpers ergibt.

3.4 Materialgesetze

Der Zusammenhang zwischen dem Spannungszustand und den sich einstellenden Verzerrungen hängt von den mechanischen Eigenschaften der Werkstoffe ab – genauer von ihrem Verformungsverhalten. Dieser Zusammenhang wird in der Kontinuumsmechanik meist phänomenologisch modelliert und durch so genannte *Materialgesetze* mathematisch formuliert. Das Verformungs- und Versagensverhalten der Werkstoffe kann man recht übersichtlich danach klassifizieren, welchen Einfluss Ort, Richtung und Zeit haben:

a) Ortsabhängigkeit

Ist das Werkstoffverhalten vom Ort (Koordinaten $\boldsymbol{x}$) der Untersuchung abhängig, so spricht man von *Inhomogenität* (z. B. Schmiedestück, Schweißverbindung). »*Homogen*« bedeutet dagegen überall gleiche Eigenschaften.

b) Richtungsabhängigkeit

Unterscheidet sich das Werkstoffverhalten am selben Ort in verschiedenen Richtungen der Beanspruchung, so nennt man diese Eigenschaft *Anisotropie* (z. B. Elastizitätsmodul von Kompositen). Andernfalls (keine Richtungsabhängigkeit) liegt *Isotropie* vor.

c) Zeitabhängigkeit

Spielt der zeitliche Verlauf der Beanspruchung für das Materialverhalten keine Rolle, so spricht man von einem *skleronomen* Verformungsverhalten. Die Materialgesetze sind dann unabhängig von der Zeit t und der Geschwindigkeit des Verformungsprozesses. Bei vielen technischen Werkstoffen hängt die Reaktion auf eine Beanspruchung jedoch wesentlich von der Geschwindigkeit des Vorgangs ab, so dass die Zeit als Variable in das Materialgesetz einfließt. Diese Art Verformungsverhalten nennt man *rheonom*. Die zeitliche Abhängigkeit äußert sich in viskoelastischen oder viskoplastischen Eigenschaften.

Verändern sich die Werkstoffeigenschaften ohne Beanspruchung ausschließlich als Funktion der Zeit, spricht man von *Alterung*. Zusätzlich zu den genannten Größen hängen die Materialgesetze und ihre Parameter noch indirekt von anderen physikalischen Einflüssen ab wie z. B. der Temperatur, dem Feuchtegehalt, chemischen Reaktionen oder radioaktiver Bestrahlung.

3.4.1 Elastische Materialgesetze

Das elastische Materialverhalten wird durch zwei wesentliche Merkmale charakterisiert:

- Die Verformungen sind *reversibel*, d. h. bei Entlastung geht der Körper wieder in seine ursprüngliche Ausgangsform zurück, was in Bild 3.9 anhand der einachsigen Spannungs-Dehnungs-Kurve σ-ε veranschaulicht wird. Es besteht ein eineindeutiger Zusammenhang zwischen der momentanen Spannung σ und der momentanen elastischen Verzerrung ε. Der erreichte Spannungszustand ist unabhängig von der Verformungsgeschichte.
- Die Verformungen sind weder von der Zeit noch von der Belastungsgeschwindigkeit abhängig (skleronom).

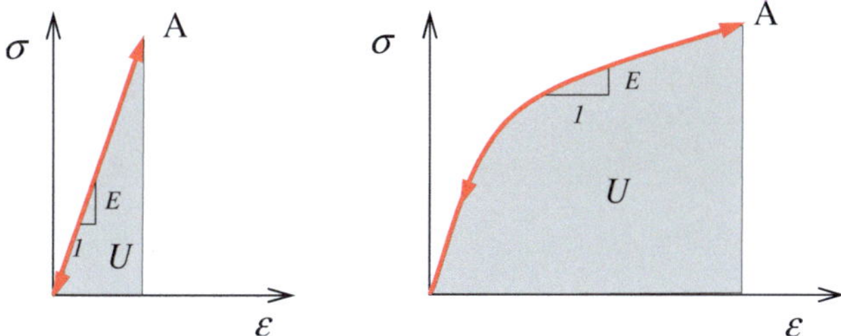

Bild 3.9 Lineares und nichtlineares elastisches Materialverhalten bei einachsiger Beanspruchung

Das elastische Verformungsverhalten fast aller Werkstoffe ist für kleine Verzerrungen linear und wird durch das bekannte HOOKE*sche Gesetz* $\sigma = E\varepsilon$ wiedergegeben.

Der *Elastizitätsmodul* E ist durch den Anstieg der Spannungs-Dehnungs-Kurve $E(\varepsilon) = \mathrm{d}\sigma/\mathrm{d}\varepsilon$ definiert. Es gibt aber auch Materialien, die große, rein elastische Deformationen aufnehmen können und dabei erhebliche Nichtlinearitäten zeigen, wie z. B. Gummi oder Kunststoffe.

Hyperelastische Materialgesetze

Für den allgemeinen Fall mehrachsiger Beanspruchung und großer Deformationen muss das elastische Materialgesetz als eine Funktion des Spannungstensors vom Verzerrungstensor beschrieben werden, wobei die entsprechenden Spannungs- und Verzerrungsmaße der Momentankonfiguration oder der Ausgangskonfiguration zu verwenden sind, siehe Abschnitte 3.2 und 3.3.

$$\boldsymbol{\sigma} = \boldsymbol{\sigma}(\boldsymbol{\eta}) \quad \text{bzw.} \quad \boldsymbol{T} = \boldsymbol{T}(\boldsymbol{E}) \tag{3.73}$$

Dazu betrachten wir die Arbeit in einem Volumenelement, die während der Verformung von den wahren Spannungen σ_{kl} an den Verzerrungen η_{kl} vom undeformierten Ausgangszustand bis zum Endzustand η_{ij} verrichtet wird, in EULERscher Darstellung:

$$\mathrm{d}U = \sigma_{kl}\,\mathrm{d}\eta_{kl} \quad \Rightarrow \quad U(\eta_{ij}) = \int\limits_0^{\eta_{ij}} \sigma_{kl}\,\mathrm{d}\eta_{kl}\,. \tag{3.74}$$

Hier bezeichnet U die *Formänderungsenergiedichte* pro Volumen für den allgemeinen mehrachsigen Beanspruchungsfall. Da bei elastischem Materialverhalten ein eindeutiger Zusammenhang zwischen den aktuellen Spannungen σ_{ij} und den elastischen Verzerrungen η_{ij} besteht, ist U vom Verformungsweg unabhängig. Dies bedeutet physikalisch, dass die Formänderungsenergiedichte als spezifische potentielle Energie im Volumen gespeichert wird, was mit der Dichte ρ in eine freie Energie pro Masse $\psi_\mathrm{e} = U/\rho$ umgerechnet werden kann. Mathematisch ausgedrückt, stellen U bzw. ψ_e ein wegunabhängiges Integral der Zustandsvariablen η_{ij} dar. Daraus folgt umgekehrt:

$$\sigma_{ij} = \frac{\partial U(\eta_{ij})}{\partial \eta_{ij}} = \rho \frac{\partial \psi_\mathrm{e}(\eta_{ij})}{\partial \eta_{ij}} \quad \text{bzw.} \quad \boldsymbol{\sigma} = \frac{\partial U(\boldsymbol{\eta})}{\partial \boldsymbol{\eta}}\,. \tag{3.75}$$

Diese allgemeine Form des Elastizitätsgesetzes wird als *Hyperelastizität* bezeichnet und hat für große Deformationen, Anisotropie und beliebige Nichtlinearität Gültigkeit.

Ihre konkrete Ausgestaltung hängt von der Wahl des elastischen Potentials $U(\boldsymbol{\eta})$ ab. Eine ausführlichere Darstellung hyperelastischer Materialmodelle für große Deformationen findet man bei OGDEN [5] und HAUPT [1].

Verallgemeinertes HOOKEsches Gesetz

Für die meisten technischen Anwendungsfälle kann man sich auf kleine Deformationen beschränken, so dass wir das Elastizitätsgesetz mit dem wahren Spannungstensor σ_{ij} und dem infinitesimalen Verzerrungstensor ε_{ij} formulieren dürfen:

$$\boldsymbol{\sigma} = \boldsymbol{\sigma}(\boldsymbol{\varepsilon}) \quad \text{bzw.} \quad \sigma_{ij} = \sigma_{ij}(\varepsilon_{ij})\,. \tag{3.76}$$

Bei isothermen Zuständen besitzt die Funktion $U(\varepsilon_{ij}) \geq 0$ eine quadratische Form in ε_{ij}

$$U(\varepsilon_{ij}) = \frac{1}{2}\varepsilon_{ij} C_{ijkl}\varepsilon_{kl}, \tag{3.77}$$

woraus der lineare Zusammenhang folgt

$$\sigma_{ij} = \frac{\partial U}{\partial \varepsilon_{ij}} = C_{ijkl}\,\varepsilon_{kl} \quad \text{und} \quad \frac{\partial^2 U}{\partial \varepsilon_{ij}\partial \varepsilon_{kl}} = C_{ijkl}\,. \tag{3.78}$$

Das ist das HOOKEsche Gesetz in seiner allgemeinsten Form mit dem *Elastizitätstensor* 4. Stufe C_{ijkl}. Wegen der Symmetrie von σ_{ij}, ε_{kl} und der Vertauschbarkeit der partiellen Ableitungen besitzt er die Symmetrieeigenschaften $C_{ijkl} = C_{klij} = C_{jikl} = C_{ijlk} = C_{jilk}$, so dass 21 von null verschiedene elastische Konstanten übrig bleiben.

Zur besseren Veranschaulichung wird das HOOKEsche Gesetz von der Tensornotation in Matrizenschreibweise überführt. Entsprechend der VOIGTschen Regel wird jedes Indexpaar $(ij) \equiv (ji) \to (\alpha)$ auf einen einfachen griechischen Index (α) reduziert:

$$\begin{gathered}(11) \to (1)\,,\ (22) \to (2)\,,\ (33) \to (3)\,,\ (23) \to (4)\,,\ (31) \to (5) \text{ und } (12) \to (6)\,.\\ \text{Die Summation griechischer Indizes erstreckt sich über } \alpha, \beta, \ldots = \{1, 2, \ldots, 6\}\,.\end{gathered} \tag{3.79}$$

$$\begin{gathered}\begin{bmatrix}\sigma_1\\ \sigma_2\\ \sigma_3\\ \sigma_4\\ \sigma_5\\ \sigma_6\end{bmatrix} \mathrel{\hat{=}} \begin{bmatrix}\sigma_{11}\\ \sigma_{22}\\ \sigma_{33}\\ \tau_{23}\\ \tau_{31}\\ \tau_{12}\end{bmatrix} = \begin{bmatrix}C_{11} & C_{12} & C_{13} & C_{14} & C_{15} & C_{16}\\ & C_{22} & C_{23} & C_{24} & C_{25} & C_{26}\\ & & C_{33} & C_{34} & C_{35} & C_{36}\\ & & & C_{44} & C_{45} & C_{46}\\ & \text{sym} & & & C_{55} & C_{56}\\ & & & & & C_{66}\end{bmatrix} \begin{bmatrix}\varepsilon_{11}\\ \varepsilon_{22}\\ \varepsilon_{33}\\ \gamma_{23}\\ \gamma_{31}\\ \gamma_{12}\end{bmatrix} \mathrel{\hat{=}} [C_{\alpha\,\beta}] \begin{bmatrix}\varepsilon_1\\ \varepsilon_2\\ \varepsilon_3\\ \varepsilon_4\\ \varepsilon_5\\ \varepsilon_6\end{bmatrix}\\ \left[\sigma_\alpha\right] = \left[C_{\alpha\,\beta}\right]\,\left[\varepsilon_\beta\right]\,, \quad \text{Symmetrie: } \left[C_{\beta\,\alpha}\right] = \left[C_{\alpha\,\beta}\right]\end{gathered} \tag{3.80}$$

Im allgemeinen anisotropen Fall ruft also jede einzelne vorgegebene Verzerrungskomponente einen vollständigen mehrachsigen Spannungszustand hervor!

Die Umstellung des HOOKEschen Gesetzes nach den Verzerrungen geschieht durch Invertierung der *Elastizitätsmatrix* $[C_{\alpha\,\beta}]$, woraus sich die *Nachgiebigkeitsmatrix* $[S_{\alpha\,\beta}]$ ergibt.

$$[\varepsilon_\alpha] = [C^{-1}_{\alpha\,\beta}]\,[\sigma_\beta] = [S_{\alpha\,\beta}]\,[\sigma_\beta]$$

$$\begin{bmatrix} \varepsilon_{11} \\ \varepsilon_{22} \\ \varepsilon_{33} \\ \gamma_{23} \\ \gamma_{31} \\ \gamma_{12} \end{bmatrix} = \begin{bmatrix} S_{11} & S_{12} & S_{13} & S_{14} & S_{15} & S_{16} \\ & S_{22} & S_{23} & S_{24} & S_{25} & S_{26} \\ & & S_{33} & S_{34} & S_{35} & S_{36} \\ & & & S_{44} & S_{45} & S_{46} \\ & \text{sym} & & & S_{55} & S_{56} \\ & & & & & S_{66} \end{bmatrix} \begin{bmatrix} \sigma_{11} \\ \sigma_{22} \\ \sigma_{33} \\ \tau_{23} \\ \tau_{31} \\ \tau_{12} \end{bmatrix} \tag{3.81}$$

Viele Werkstoffe und Kristallstrukturen besitzen Symmetrieeigenschaften, wodurch die Zahl der elastischen Konstanten reduziert wird. Die wichtigsten Klassen werden im Folgenden aufgeführt.

a) Orthotropes Materialverhalten

Besitzt das Material drei senkrecht aufeinander stehende Vorzugsrichtungen x_1, x_2 und x_3 mit unterschiedlichen elastischen Eigenschaften, so spricht man von Orthotropie. Beispiele hierfür sind orthorhombische Kristalle oder Faserverbundwerkstoffe. Die Gleit- und Dehnungsanteile entkoppeln sich. Es verbleiben nur 9 unabhängige elastische Konstanten.

$$[C_{\alpha\,\beta}] = \begin{bmatrix} C_{11} & C_{12} & C_{13} & 0 & 0 & 0 \\ C_{12} & C_{22} & C_{23} & 0 & 0 & 0 \\ C_{13} & C_{23} & C_{33} & 0 & 0 & 0 \\ 0 & 0 & 0 & C_{44} & 0 & 0 \\ 0 & 0 & 0 & 0 & C_{55} & 0 \\ 0 & 0 & 0 & 0 & 0 & C_{66} \end{bmatrix} \tag{3.82}$$

Anschaulicher ist die Darstellung des anisotropen HOOKEschen Gesetzes in den Ingenieurkonstanten E_i (Elastizitätsmodul in x_i-Richtung), G_{ij} (Schubmodul in der $(x_i,\, x_j)$-Ebene) und den Querkontraktionszahlen ν_{ij} (Einschnürung in x_i-Richtung bei Zug in x_j). Die Anwendung auf orthotropes Material (3.82) lautet:

$$\begin{bmatrix} \varepsilon_{11} \\ \varepsilon_{22} \\ \varepsilon_{33} \\ \gamma_{23} \\ \gamma_{31} \\ \gamma_{12} \end{bmatrix} = \begin{bmatrix} 1/E_1 & -\nu_{21}/E_2 & -\nu_{31}/E_3 & 0 & 0 & 0 \\ -\nu_{12}/E_1 & 1/E_2 & -\nu_{32}/E_3 & 0 & 0 & 0 \\ -\nu_{13}/E_1 & -\nu_{23}/E_2 & 1/E_3 & 0 & 0 & 0 \\ 0 & 0 & 0 & 1/G_{23} & 0 & 0 \\ 0 & 0 & 0 & 0 & 1/G_{31} & 0 \\ 0 & 0 & 0 & 0 & 0 & 1/G_{12} \end{bmatrix} \begin{bmatrix} \sigma_{11} \\ \sigma_{22} \\ \sigma_{33} \\ \tau_{23} \\ \tau_{31} \\ \tau_{12} \end{bmatrix} \tag{3.83}$$

Wegen der Symmetrieeigenschaften bestehen zusätzlich folgende Abhängigkeiten:

$$\nu_{21}\,E_1 = \nu_{12}\,E_2, \quad \nu_{23}\,E_3 = \nu_{32}\,E_2 \quad \text{und} \quad \nu_{31}\,E_1 = \nu_{13}\,E_3\,.$$

b) Transversal isotropes Materialverhalten

Hierbei wird angenommen, dass sich das Material in einer Ebene $(x_1,\, x_2)$ in allen Richtungen gleich verhält (isotrop), aber in der dritten Koordinate (x_3) andere Eigenschaften besitzt, was auf 5 unabhängige elastische Konstanten führt. Beispiele sind unidirektional faserverstärkte Verbundwerkstoffe, Holz oder hexagonale Kristalle.

$$[C_{\alpha\,\beta}] = \begin{bmatrix} C_{11} & C_{12} & C_{13} & 0 & 0 & 0 \\ C_{12} & C_{11} & C_{13} & 0 & 0 & 0 \\ C_{13} & C_{13} & C_{33} & 0 & 0 & 0 \\ 0 & 0 & 0 & C_{44} & 0 & 0 \\ 0 & 0 & 0 & 0 & C_{44} & 0 \\ 0 & 0 & 0 & 0 & 0 & \frac{1}{2}(C_{11}-C_{12}) \end{bmatrix} \tag{3.84}$$

c) Isotropes Materialverhalten

Isotropie ist die höchste Symmetriestufe, bei der das elastische Verhalten in allen Raumrichtungen identisch wird.

$$[C_{\alpha\,\beta}] = \begin{bmatrix} C_{11} & C_{12} & C_{12} & 0 & 0 & 0 \\ C_{12} & C_{11} & C_{12} & 0 & 0 & 0 \\ C_{12} & C_{12} & C_{11} & 0 & 0 & 0 \\ 0 & 0 & 0 & C_{44} & 0 & 0 \\ 0 & 0 & 0 & 0 & C_{44} & 0 \\ 0 & 0 & 0 & 0 & 0 & C_{44} \end{bmatrix} \quad \text{mit} \quad C_{44} = \frac{1}{2}(C_{11}-C_{12}) \tag{3.85}$$

Damit vereinfacht sich die Elastizitätsmatrix auf 2 unabhängige elastische Konstanten. Amorphe Materialien (Glas, Polymere, ...) und polykristalline metallische oder keramische Werkstoffe verhalten sich makroskopisch isotrop elastisch.

Thermische Dehnungen

Bekanntlich stellt sich bei vielen Materialien als Folge einer Temperaturänderung von der Ausgangstemperatur T_0 auf den aktuellen Wert T eine Verformung ein, deren Gestalt durch den *thermischen Verzerrungstensor* $\varepsilon^{\mathrm{t}}_{ij}$ repräsentiert wird. Diese auch als Temperatur- oder Wärmedehnungen bezeichneten Verzerrungen sind in erster Näherung proportional zur Temperaturdifferenz $\Delta T(\boldsymbol{x}) = T(\boldsymbol{x}) - T_0$. Im allgemeinen haben sie anisotropen Charakter, der durch den symmetrischen Materialtensor 2. Stufe der *thermischen Ausdehnungskoeffizienten* α^{t}_{ij} bestimmt wird. Im Spezialfall der Isotropie entstehen nur thermische Dehnungen, die in alle Richtungen gleich groß sind. Dann vereinfacht sich der Materialtensor α^{t}_{ij} zu einem Kugeltensor $\alpha_{\mathrm{t}}\,\delta_{ij}$ und es verbleibt als einziger Materialparameter der lineare thermische Ausdehnungskoeffizient α_{t}.

$$\text{anisotrop:} \quad \varepsilon^{\mathrm{t}}_{ij}(\boldsymbol{x}) = \alpha^{\mathrm{t}}_{ij}\,\Delta T(\boldsymbol{x})\,, \qquad \text{isotrop:} \quad \varepsilon^{\mathrm{t}}_{ij} = \alpha_{\mathrm{t}}\,\delta_{ij}\,\Delta T \tag{3.86}$$

Die thermisch indizierten Verzerrungen bilden sich unabhängig vom Spannungszustand und zusätzlich zu den elastischen Verzerrungen $\varepsilon^{\mathrm{e}}_{ij}$ aus. Im HOOKEschen Elastizitätsgesetz müssen sie deshalb von den Gesamtverzerrungen subtrahiert werden.

$$\varepsilon_{ij} = \varepsilon^{\mathrm{e}}_{ij} + \varepsilon^{\mathrm{t}}_{ij} \quad \Rightarrow \quad \sigma_{ij} = C_{ijkl}\,(\varepsilon_{kl} - \varepsilon^{\mathrm{t}}_{kl}) \tag{3.87}$$

Die unbehinderte freie Erwärmung eines Körpers mit konstanter Temperatur führt zu keinen Spannungen, wohingegen kinematische Behinderungen oder ortsveränderliche Temperaturfelder große thermische Spannungen bzw. Eigenspannungen hervorrufen können.

Isotropes Elastizitätsgesetz mit Temperaturdehnungen

Wegen seiner vielfachen Anwendung soll das isotrope elastische Material mit thermischen Dehnungen im Detail behandelt werden. Wenn der *Elastizitätsmodul* E, die POISSONsche *Querkontraktionszahl* $0 \leq \nu \leq 1/2$ und der *Schubmodul* G in alle Richtungen gleich sind, ergeben die Beziehungen (3.83) und (3.86) ausgeschrieben:

$$\begin{aligned}
\varepsilon_{11} &= \frac{1}{E}\left[\sigma_{11} - \nu\left(\sigma_{22} + \sigma_{33}\right)\right] + \alpha_{\mathrm{t}}\,\Delta T \\
\varepsilon_{22} &= \frac{1}{E}\left[\sigma_{22} - \nu\left(\sigma_{33} + \sigma_{11}\right)\right] + \alpha_{\mathrm{t}}\,\Delta T \\
\varepsilon_{33} &= \frac{1}{E}\left[\sigma_{33} - \nu\left(\sigma_{11} + \sigma_{22}\right)\right] + \alpha_{\mathrm{t}}\,\Delta T \\
\gamma_{12} &= \frac{\tau_{12}}{G}\,, \qquad \gamma_{23} = \frac{\tau_{23}}{G}\,, \qquad \gamma_{31} = \frac{\tau_{31}}{G} \qquad \text{mit } G = \frac{E}{2(1+\nu)}\,.
\end{aligned} \tag{3.88}$$

Dies lautet in verallgemeinerter Schreibweise:

$$\varepsilon_{ij} = \frac{1+\nu}{E}\,\sigma_{ij} - \frac{\nu}{E}\,\sigma_{kk}\,\delta_{ij} + \alpha_{\mathrm{t}}\,\Delta T\,\delta_{ij}\,. \tag{3.89}$$

Die Umstellung von (3.88) nach den Spannungen liefert:

$$\begin{aligned}
\sigma_{11} &= \frac{E}{1+\nu}\left[\varepsilon_{11} + \frac{\nu}{1-2\nu}\left(\varepsilon_{11} + \varepsilon_{22} + \varepsilon_{33}\right)\right] - \frac{E}{1-2\nu}\,\alpha_{\mathrm{t}}\,\Delta T \\
\sigma_{22} &= \frac{E}{1+\nu}\left[\varepsilon_{22} + \frac{\nu}{1-2\nu}\left(\varepsilon_{11} + \varepsilon_{22} + \varepsilon_{33}\right)\right] - \frac{E}{1-2\nu}\,\alpha_{\mathrm{t}}\,\Delta T \\
\sigma_{33} &= \frac{E}{1+\nu}\left[\varepsilon_{33} + \frac{\nu}{1-2\nu}\left(\varepsilon_{11} + \varepsilon_{22} + \varepsilon_{33}\right)\right] - \frac{E}{1-2\nu}\,\alpha_{\mathrm{t}}\,\Delta T \\
\tau_{12} &= G\,\gamma_{12}\,, \quad \tau_{23} = G\,\gamma_{23}\,, \quad \tau_{31} = G\,\gamma_{31}\,.
\end{aligned} \tag{3.90}$$

Dieser Zusammenhang kann mit dem isotropen *HOOKEschen Tensor*

$$C_{ijkl} = 2\,\mu\,\delta_{ik}\,\delta_{jl} + \lambda\,\delta_{ij}\,\delta_{kl} \tag{3.91}$$

kompakt geschrieben werden:

$$\sigma_{ij} = C_{ijkl}\left(\varepsilon_{kl} - \varepsilon_{kl}^{\mathrm{t}}\right) = 2\,\mu\,\varepsilon_{ij} + \lambda\,\delta_{ij}\,\varepsilon_{kk} - (3\,\lambda + 2\,\mu)\,\alpha_{\mathrm{t}}\,\Delta T\,\delta_{ij} \tag{3.92}$$

Hier wurden die LAMEschen Konstanten μ und λ eingeführt, die mit den anderen elastischen Konstanten E, ν und G sowie C_{11}, C_{22} und C_{44} in folgender Relation stehen.

$$\mu = \frac{E}{2\,(1+\nu)} = G = C_{44}\,, \quad \lambda = \frac{E\,\nu}{(1+\nu)\,(1-2\,\nu)} = C_{12}\,, \quad 2\mu+\lambda = C_{11} \tag{3.93}$$

Aus werkstoffmechanischer Sicht ist es zweckmäßig, das isotrope HOOKEsche Gesetz in den Anteil der reinen *Volumenänderung* und denjenigen der *Gestaltänderung* zu zerlegen. Mit den Definitionen der Kugeltensoren σ^{H} bzw. ε^{H} und der Deviatoren σ_{ij}^{D} bzw. $\varepsilon_{ij}^{\mathrm{D}}$ findet man die Aufspaltung von (3.92):

$$\sigma_{ij}^{\mathrm{D}} = 2\,\mu\,\varepsilon_{ij}^{\mathrm{D}}\,, \qquad \sigma^{\mathrm{H}} = (3\,\lambda + 2\,\mu)(\varepsilon^{\mathrm{H}} - \alpha_{\mathrm{t}}\Delta T) = 3\,K(\varepsilon^{\mathrm{H}} - \alpha_{\mathrm{t}}\Delta T) \tag{3.94}$$

$$K = \frac{E}{3\,(1-2\,\nu)} = \frac{1}{3}\,(2\,\mu+3\,\lambda) = \frac{1}{3}\,(C_{11}+2C_{12}) \quad \text{– Kompressionsmodul.} \tag{3.95}$$

3.4.2 Elastisch-plastische Materialgesetze

Phänomen der plastischen Verformung

Plastisches Materialverhalten ist dadurch gekennzeichnet, dass der Werkstoff nach Überschreiten einer bestimmten Grenze der Beanspruchung – der Elastizitätsgrenze – zu »fließen« beginnt, d. h. es treten inelastische, bleibende Verformungen auf. Diese plastischen Formänderungen sind eine typische Eigenschaft der meisten Metalle und übersteigen von der Größe oft die elastischen Verformungen. Plastische Formänderungen sind irreversible dissipative Prozesse, die in einem (quasistatischen) Gleichgewicht zwischen äußerer Beanspruchung und Verformungswiderstand des Werkstoffs ablaufen. Sie sind deshalb nicht von der Zeit oder Verformungsgeschwindigkeit abhängig (skleronom). Nach Entlastung bleiben die plastischen Deformationen bestehen. Die plastische Formänderungsarbeit wird zum überwiegenden Anteil in Wärme umgewandelt.

Abbildung 3.10 zeigt anhand der einachsigen Spannungs-Dehnungs-Kurve die charakteristischen Merkmale bei elastisch-plastischem Verformungsverhalten. Der Werkstoff verhält sich bis zum Erreichen eines bestimmten Spannungswertes σ_{F0} – der Fließgrenze (F) – elastisch. Übersteigt die Belastung den Punkt (F), so bilden sich plastische Dehnungen $\varepsilon^{\mathrm{p}} > 0$ aus. Bei dem Modell eines ideal-plastischen Materials (blaue Punktlinie in Bild 3.10) kommt es zu unbeschränkten plastischen

Verformungen $\varepsilon^{\mathrm{p}} \to \infty$ und die Tragfähigkeit des Werkstoffs ist erschöpft. In realen Werkstoffen erhöht sich als Folge der plastischen Deformation die aktuelle Fließgrenze σ_{F}, man spricht von *Verfestigung* des Werkstoffs und bezeichnet diesen Verlauf (F)-(A) als monotone Fließkurve. Wird die angelegte Spannung auf Null (E) zurückgenommen, so entlastet sich der Werkstoff durch rein elastische Verformung ε^{e} und es verbleibt ε^{p}. Eine Wiederbelastung auf den Ausgangswert (A) erfolgt ebenfalls elastisch und erst danach plastifiziert und verfestigt sich der Werkstoff weiter. Führt man eine Belastung in die entgegengesetzte Richtung (Zug → Druck) durch, so setzt das plastische Fließen meist früher ein (Punkt (B)). Diese Verschiebung der Fließgrenze bei Lastumkehr heißt BAUSCHINGER-Effekt. Prägt man dem Werkstoff periodische Be- und Entlastungsvorgänge auf, dann entstehen plastische Wechselverformungen $\pm\varepsilon^{\mathrm{p}}$ und die Spannungs-Dehnungs-Kurve nimmt die Form einer Hysterese an, deren Gestalt sich mit den Lastzyklen noch verändern kann.

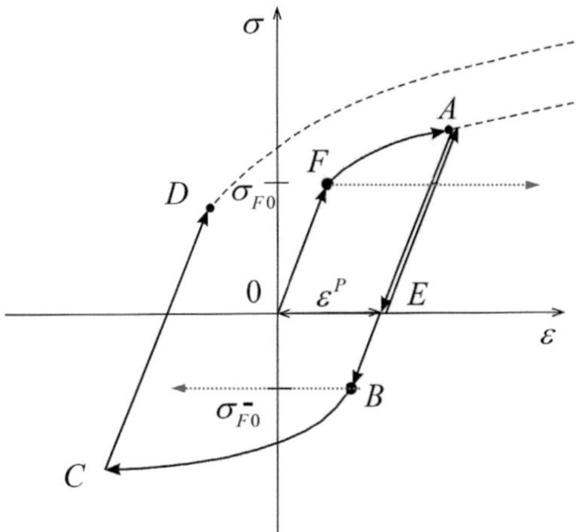

Bild 3.10 Elastisch-plastisches Materialverhalten

Annahmen der Fließtheorie

Die Plastizitätstheorie beschreibt das elastisch-plastische Verformungsverhalten im mehrachsigen Beanspruchungsfall, wobei eine Reihe von Annahmen getroffen werden, die im Folgenden bei Beschränkung auf kleine Verzerrungen wiedergegeben werden:

- Die Verzerrungen ε_{ij} und ihre zeitlichen Änderungen $d_{ij} \approx \dot{\varepsilon}_{ij}$ (3.32) setzen sich aus einem elastischen $\dot{\varepsilon}^{\mathrm{e}}_{ij}$ und plastischen Anteil $\dot{\varepsilon}^{\mathrm{p}}_{ij}$ zusammen.

$$\varepsilon_{ij} = \varepsilon^{\mathrm{e}}_{ij} + \varepsilon^{\mathrm{p}}_{ij}\,, \quad \dot{\varepsilon}_{ij} = \dot{\varepsilon}^{\mathrm{e}}_{ij} + \dot{\varepsilon}^{\mathrm{p}}_{ij} \quad \text{bzw.} \quad \mathrm{d}\varepsilon_{ij} = \mathrm{d}\varepsilon^{\mathrm{e}}_{ij} + \mathrm{d}\varepsilon^{\mathrm{p}}_{ij} \tag{3.96}$$

  Häufig formuliert man (3.96) nicht mit den Geschwindigkeiten (»Ratenform«), sondern in »inkrementeller« Form des Verzerrungszuwachses $\mathrm{d}\varepsilon_{ij} = \dot{\varepsilon}_{ij}\mathrm{d}t$ pro

Zeitinkrement, weil in der Plastizitätstheorie die Zeit ja nur die Bedeutung eines Lastparameters besitzt. Diese additive Zerlegung ist nur im Rahmen infinitesimaler Verzerrungen exakt richtig, darf aber auch bei großen finiten Verzerrungen näherungsweise verwendet werden, wenn der elastische Verzerrungsanteil klein ist, $\dot{\varepsilon}^{\mathrm{e}}_{ij} \ll \dot{\varepsilon}^{\mathrm{p}}_{ij}$.

- Plastisches Fließen setzt erst dann ein, wenn der Spannungszustand σ_{kl} einen bestimmten Grenzwert überschreitet, der durch die *Fließbedingung* (engl. *yield criterion*) beschrieben wird:

$$\Phi(\sigma_{kl},\, h_\alpha) \begin{cases} < 0 & \text{elastischer Bereich} \\ = 0 & \text{plastischer Bereich und Verfestigung} \end{cases} \tag{3.97}$$

$$h_\alpha \qquad (\alpha = 1,\, 2,\, \ldots,\, n_{\mathrm{H}}) \quad \text{— Verfestigungsvariable}$$

Die Fließbedingung stellt eine konvexe Grenzfläche im Spannungsraum (der 6 Komponenten σ_{ij} oder der 3 Hauptspannungen σ_α) dar, die den elastischen Bereich von plastischen Zuständen trennt. Sie hängt von einer Anzahl n_{H} spannungsähnlicher Variablen h_α ab, die den aktuellen Zustand der Verfestigung beschreiben. Im Laufe der Verfestigung ändert sich die Fließgrenzfläche $\Phi(\sigma_{kl},\, h_\alpha)$ und wird dann auch *Verfestigungsfläche* (engl. *yield surface*) genannt.

- Die plastischen Verzerrungen sind abhängig von der Belastungsgeschichte (Lastpfad). Die momentane Änderung (Inkrement) der plastischen Verzerrung $\mathrm{d}\varepsilon^{\mathrm{p}}_{ij}$ ist eine unmittelbare Reaktion auf die Änderung $\mathrm{d}\sigma_{ij}$ des Spannungszustandes, sie hängt aber auch vom absoluten Spannungszustand σ_{ij} und dem erreichten Verfestigungsniveau h_α ab. Deshalb muss das Materialgesetz in »inkrementeller Form« oder »Ratenform« formuliert werden. Von daher rührt auch die Bezeichnung *inkrementelle Plastizitätstheorie* oder *Fließtheorie*.

$$\dot{\varepsilon}^{\mathrm{p}}_{ij} = f_{ijkl}(\sigma_{kl},\, h_\alpha)\, \dot{\sigma}_{kl} \quad \text{bzw.} \quad \mathrm{d}\varepsilon^{\mathrm{p}}_{ij} = f_{ijkl}(\sigma_{kl},\, h_\alpha)\, \mathrm{d}\sigma_{kl} \tag{3.98}$$

- Für metallische Werkstoffe ist experimentell erwiesen, dass plastische Verzerrungen *keine Volumenänderung* bewirken und dass plastisches Fließen *nicht* vom hydrostatischen Spannungsanteil σ^{H} abhängt (plastische Inkompressibilität). Die plastische Verzerrung hat somit ausschließlich gestaltändernden Charakter und kann allein durch den Deviator beschrieben werden.

$$\dot{\varepsilon}^{\mathrm{p}}_{kk} = 0\,, \quad \dot{\varepsilon}^{\mathrm{p}}_{ij} \equiv \dot{\varepsilon}^{\mathrm{pD}}_{ij} \tag{3.99}$$

- Die irreversible Veränderung des Werkstoffzustandes bei plastischer Verformung wird durch so genannte *Zustandsvariable* oder *innere Variable* (engl. *internal state variable*) z_α $(\alpha = 1, 2, \cdots, n_{\mathrm{H}})$ beschrieben. Dafür wählt man meist dehnungsähnliche Größen, die thermodynamisch arbeitskonjugiert zu den Verfestigungsvariablen h_α sind. Die z_α legen den Verfestigungszustand und seine Änderung fest.

$$h_\alpha = h_\alpha\,(z_\beta) \tag{3.100}$$

Fließbedingungen

Zur Formulierung der Fließbedingung $\Phi(\sigma_{kl},\, h_\alpha)$ bieten sich bei isotropem Materialverhalten die drei Invarianten des Spannungstensors an. Noch besser eignen sich die Invarianten des Spannungsdeviators, da wegen der Inkompressibilität dessen 1. Invariante $I_1^{\sigma \mathrm{D}} = \sigma_{kk}^{\mathrm{D}} = 0$ herausfällt. Aus der Vielzahl von existierenden Ansätzen sollen zwei bewährte Fließbedingungen genauer angegeben werden.

a) Fließbedingung nach v. Mises

Die auf v. Mises, Huber und Hencky zurückgehende Fließbedingung bzw. *Gestaltänderungshypothese* hängt nur von der 2. Invarianten des Spannungsdeviators $I_2^{\sigma \mathrm{D}}$ ab.

$$\Phi_{\mathrm{Mises}}(I_2^{\sigma \mathrm{D}}) = -I_2^{\sigma \mathrm{D}} - \frac{1}{3}\,\sigma_{\mathrm{F0}}^2 = \frac{1}{2}\,\sigma_{kl}^{\mathrm{D}}\,\sigma_{kl}^{\mathrm{D}} - \frac{1}{3}\,\sigma_{\mathrm{F0}}^2 = 0 \tag{3.101}$$

Nach Einführung der *v. Mises Vergleichsspannung* σ_{v}

$$\begin{aligned} \sigma_{\mathrm{v}} &= \sqrt{\frac{3}{2}\,\sigma_{kl}^{\mathrm{D}}\,\sigma_{kl}^{\mathrm{D}}} = \sqrt{-3\,I_2^{\sigma \mathrm{D}}} \\ &= \sqrt{\frac{1}{2}\,[(\sigma_{11}-\sigma_{22})^2 + (\sigma_{22}-\sigma_{33})^2 + (\sigma_{33}-\sigma_{11})^2] + 3(\tau_{12}^2+\tau_{23}^2+\tau_{31}^2)} \\ &= \sqrt{\frac{1}{2}\,[(\sigma_{\mathrm{I}}-\sigma_{\mathrm{II}})^2 + (\sigma_{\mathrm{II}}-\sigma_{\mathrm{III}})^2 + (\sigma_{\mathrm{III}}-\sigma_{\mathrm{I}})^2]} \quad \text{in Hauptspannungen} \end{aligned} \tag{3.102}$$

erhält man

$$\Phi_{\mathrm{Mises}}(\sigma_{\mathrm{v}}) = \sigma_{\mathrm{v}}^2 - \sigma_{\mathrm{F0}}^2 = 0 \quad \text{bzw.} \quad \Phi_{\mathrm{Mises}} = \sigma_{\mathrm{v}} - \sigma_{\mathrm{F0}} = 0\,. \tag{3.103}$$

σ_{v} ist so gewählt, dass im einachsigen Fall ($\sigma_{\mathrm{I}} = \sigma$, $\sigma_{\mathrm{II}} = \sigma_{\mathrm{III}} = 0$) die Bedingung $\sigma_{\mathrm{v}} = \sigma = \sigma_{\mathrm{F0}}$ erfüllt wird. Somit bildet die v. Mises Vergleichsspannung einen mehrachsigen Spannungszustand auf einen äquivalenten einachsigen Wert aus dem Zugversuch ab.

Im Spezialfall des ebenen Spannungszustandes ($\sigma_{\mathrm{III}} = 0$) vereinfacht sich (3.102) zu

$$\sigma_{\mathrm{v}} = \sqrt{\sigma_{11}^2 + \sigma_{22}^2 - \sigma_{11}\,\sigma_{22} + 3\,\tau_{12}^2} = \sqrt{\sigma_{\mathrm{I}}^2 + \sigma_{\mathrm{II}}^2 - \sigma_{\mathrm{I}}\,\sigma_{\mathrm{II}}} \tag{3.104}$$

und $\Phi_{\mathrm{Mises}} = \sigma_{\mathrm{v}}^2 - \sigma_{\mathrm{F0}}^2 = 0$ ist die Gleichung einer Ellipse im Koordinatensystem der Hauptspannungen (σ_{I}, σ_{II}), siehe dazu Bild 3.11.

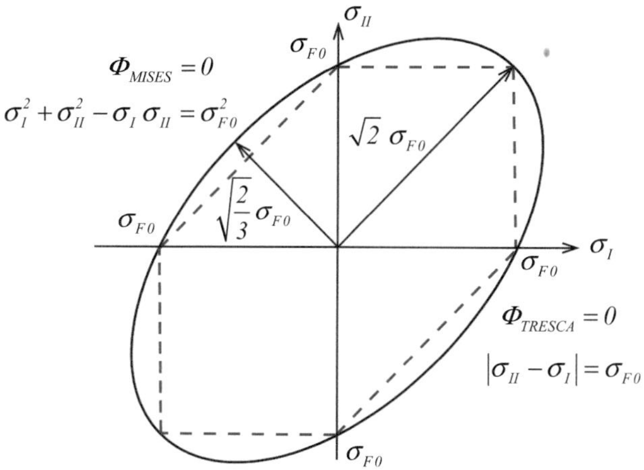

Bild 3.11 Fließbedingungen nach v. MISES und TRESCA für den ebenen Spannungszustand

Für den allgemeinen dreiachsigen Spannungszustand wird die Fließbedingung im Koordinatensystem aller drei Hauptspannungen dargestellt, was Bild 3.12 veranschaulicht. Der hydrostatische Anteil σ^{H} eines beliebigen Spannungszustandes $P \mathrel{\widehat{=}} \boldsymbol{\sigma} = \sigma_{\mathrm{I}}\,\boldsymbol{e}_{\mathrm{I}} + \sigma_{\mathrm{II}}\,\boldsymbol{e}_{\mathrm{II}} + \sigma_{\mathrm{III}}\,\boldsymbol{e}_{\mathrm{III}}$ ergibt sich als Projektion auf die Raumdiagonale $\boldsymbol{e}^{\mathrm{H}}$ (hydrostatische Achse). Weil die Fließbedingung von σ^{H} unabhängig ist, muss sie eine prismatische Grenzfläche parallel zu $\boldsymbol{e}^{\mathrm{H}}$ bilden. In den sogenannten deviatorischen π-Ebenen senkrecht zu $\boldsymbol{e}^{\mathrm{H}}$ beschreibt $\Phi_{\mathrm{MISES}} = 0$ den geometrischen Ort eines Kreises mit dem Radius $R_{\mathrm{F}} = \sqrt{2/3}\;\sigma_{\mathrm{F0}}$.

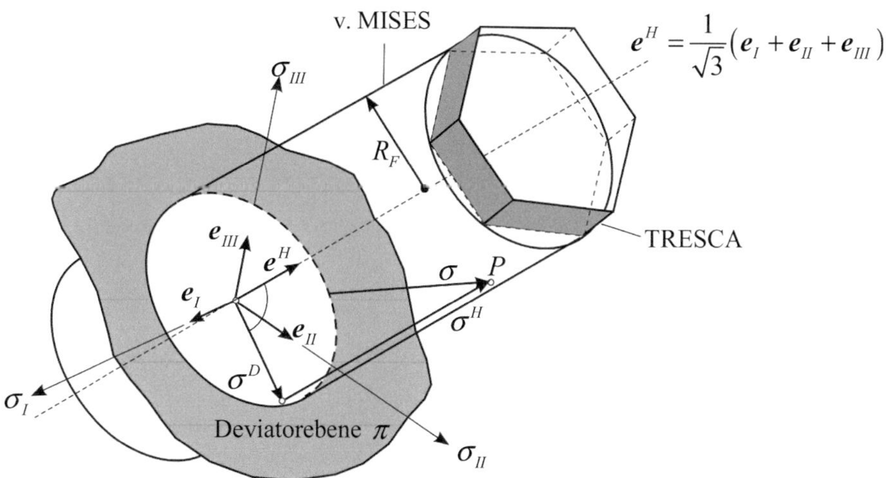

Bild 3.12 Fließbedingungen nach v. MISES und TRESCA im 3D Hauptspannungsraum

b) Fließbedingung nach Tresca

Plastisches Fließen tritt nach dieser Hypothese dann ein, wenn die maximale Schubspannung (3.65) einen Grenzwert τ_{F0} erreicht.

$$\begin{aligned}\Phi_{\mathrm{TRESCA}}(\sigma_{kl}) &= \tau_{\max} - \tau_{\mathrm{F0}} = 0 \\ &= \max\{\frac{1}{2}|\sigma_{\mathrm{I}} - \sigma_{\mathrm{II}}|,\, \frac{1}{2}|\sigma_{\mathrm{II}} - \sigma_{\mathrm{III}}|,\, \frac{1}{2}|\sigma_{\mathrm{III}} - \sigma_{\mathrm{I}}|\} - \tau_{\mathrm{F0}} = 0\end{aligned} \tag{3.105}$$

Für den einachsigen Spannungszustand ($\sigma_{\mathrm{I}} = \sigma$, $\sigma_{\mathrm{II}} = \sigma_{\mathrm{III}} = 0$) ergibt sich daraus $\tau_{\max} = |\sigma|/2$, womit zwischen Schubfließspannung und Zugfließspannung die Relation $\tau_{\mathrm{F0}} = \sigma_{\mathrm{F0}}/2$ entsteht. Für den ebenen Spannungszustand wird die Trescasche Fließbedingung durch ein Sechseck in der (σ_{I}, σ_{II})-Ebene veranschaulicht, wie es Bild 3.11 zeigt. Im dreidimensionalen Spannungszustand entspricht $\Phi_{\mathrm{TRESCA}} = 0$ dem in Bild 3.12 angedeuteten Zylinder mit gleichmäßiger sechseckiger Form in der Deviatorebene.

Fließgesetz und Normalenregel

Gesucht sind die Komponenten der plastischen Verzerrungsinkremente $\mathrm{d}\varepsilon^{\mathrm{p}}_{ij}$, d. h. die Richtung und der Betrag des plastischen Fließens. Sie können aus dem *Prinzip vom Maximum der plastischen Dissipationsleistung* ermittelt werden, das von Hill und Drucker 1950 eingeführt wurde, siehe Lubliner [3]. Wir betrachten dazu einen Spannungszustand σ^0_{ij} auf oder innerhalb der Fließfläche und geben ein plastisches Verzerrungsinkrement $\mathrm{d}\varepsilon^{\mathrm{p}}_{ij}$ vor, siehe dazu Bild 3.13. Nach dem *Prinzip der maximalen plastischen Dissipation* stellt sich von allen denkbaren Spannungszuständen $\tilde{\sigma}_{ij}$ der tatsächliche Spanungszustand σ_{ij} genau so ein, dass die dissipierte Energiedichte (pro Zeit dt) $\mathcal{D}^{\mathrm{p}} = \left(\tilde{\sigma}_{ij}\mathrm{d}\varepsilon^{\mathrm{p}}_{ij} - h_\alpha \mathrm{d}z_\alpha\right)$ ein Maximum annimmt. Da dieser Spannungszustand $\tilde{\sigma}_{ij}$ auf der Fließfläche liegen muss, bedeutet dies eine Extremwertaufgabe mit der Fließbedingung als Nebenbedingung. Mit Hilfe der Methode des Lagrangeschen Multiplikators dΛ kann man schreiben

$$\mathcal{D}^{\mathrm{p}}\,(\tilde{\sigma}_{ij},\, h_\alpha,\, \mathrm{d}\Lambda) = [\tilde{\sigma}_{kl}\,\mathrm{d}\varepsilon^{\mathrm{p}}_{kl} - h_\alpha \mathrm{d}z_\alpha - \Phi(\tilde{\sigma}_{kl},\, h_\alpha)\,\mathrm{d}\Lambda] \to \max. \tag{3.106}$$

Durch Ableitung nach $\tilde{\sigma}_{ij}$ erhält man hieraus die *assoziierte Fließregel:*

$$\mathrm{d}\varepsilon^{\mathrm{p}}_{ij} = \mathrm{d}\Lambda\,\frac{\partial\Phi}{\partial\tilde{\sigma}_{ij}} = \mathrm{d}\Lambda\,\hat{N}_{ij} \quad \text{bei} \quad \tilde{\sigma}_{ij} = \sigma_{ij} \quad \text{bzw.} \quad \dot{\varepsilon}^{\mathrm{p}}_{ij} = \dot{\Lambda}\,\frac{\partial\Phi}{\partial\sigma_{ij}} = \dot{\Lambda}\,\hat{N}_{ij}. \tag{3.107}$$

Diese Berechnungsvorschrift wird auch *Normalenregel* genannt, weil die Richtung $\hat{N}_{ij}$ im Spannungsraum genau senkrecht zur Fließfläche liegt. Aus diesem Grunde wird die Funktion Φ auch *plastisches Dissipationspotential* genannt.

Die Ableitung von (3.106) nach den Verfestigungsvariablen h_α liefert das Gesetz für die zeitliche Entwicklung (Evolution) der inneren Variablen z_α:

$$\mathrm{d}z_\alpha = -\mathrm{d}\Lambda \, \frac{\partial \Phi}{\partial h_\alpha} \quad \text{bzw.} \quad \dot{z}_\alpha = -\dot{\Lambda} \, \frac{\partial \Phi}{\partial h_\alpha} \, . \tag{3.108}$$

Der auch als *plastischer Multiplikator* bezeichnete, nicht negative Parameter $\dot{\Lambda} = \mathrm{d}\Lambda/\mathrm{d}t$ nimmt folgende Werte an:

$$\dot{\Lambda} \begin{cases} > 0 & \text{bei} \quad \Phi = 0 \quad \text{und} \quad \dot{\Phi} = 0 \quad \text{plastisches Fließen} \\ = 0 & \text{bei} \quad \Phi \leq 0 \quad \text{und} \quad \dot{\Phi} < 0 \quad \text{elastischer Bereich bzw. Entlastung} \end{cases} \tag{3.109}$$

Das wird häufig in der *KUHN-TUCKER-Bedingung* $\dot{\Lambda}\dot{\Phi} = 0$ zusammengefasst.

Im Zusammenhang mit der Normalenregel und der Konvexitätsforderung soll das Postulat von DRUCKER (1950) erwähnt werden, das eine energetische Bedingung für die Stabilität plastischen Materialverhaltens darstellt. Betrachtet wird ein virtueller Belastungszyklus vom Ausgangszustand σ_{ij}^0 zu einem beliebigen Endzustand σ_{ij} und zurück. Dabei stellt sich ein Verzerrungsinkrement $\mathrm{d}\varepsilon_{ij} = \mathrm{d}\varepsilon_{ij}^{\mathrm{e}} + \mathrm{d}\varepsilon_{ij}^{\mathrm{p}}$ ein. Bei diesem geschlossenen Belastungszyklus leistet das Spannungsinkrement $\mathrm{d}\sigma_{ij}$ mit dem plastischen Verzerrungsinkrement $\mathrm{d}\varepsilon_{ij}^{\mathrm{p}}$ (elastischer Anteil $\mathrm{d}\varepsilon_{ij}^{\mathrm{e}}$ ist reversibel) die plastische Zusatzarbeit $\mathrm{d}U^{\mathrm{p}} = \mathrm{d}\sigma_{ij}\,\mathrm{d}\varepsilon_{ij}^{\mathrm{p}}$. Das ist in Bild 3.13 für den einachsigen (a) und mehrachsigen Spannungszustand (b) dargestellt.

$$\begin{matrix} 1\mathrm{D}: (\sigma - \sigma^0)\,\mathrm{d}\varepsilon = \mathrm{d}\sigma\,\mathrm{d}\varepsilon^{\mathrm{p}} \\ 3\mathrm{D}: (\sigma_{ij} - \sigma_{ij}^0)\,\mathrm{d}\varepsilon_{ij} = \mathrm{d}\sigma_{ij}\,\mathrm{d}\varepsilon_{ij}^{\mathrm{p}} \end{matrix} \begin{cases} \geq 0 & \text{Verfestigung} \Rightarrow \text{stabil} \\ = 0 & \text{ideal plastisch} \\ \leq 0 & \text{Entfestigung} \Rightarrow \text{instabil} \end{cases} \tag{3.110}$$

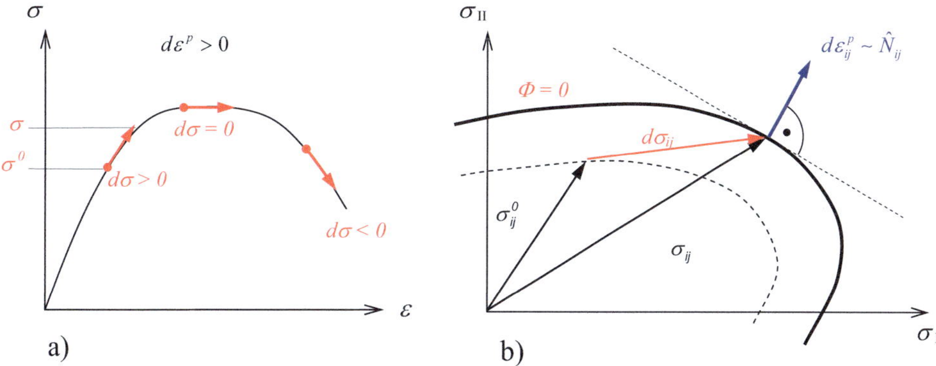

Bild 3.13 Fließbedingung und Normalenregel, Postulat von DRUCKER

Damit das Material stabil bleibt, darf das Skalarprodukt $\mathrm{d}U^{\mathrm{p}}$ nicht negativ werden, weshalb $\mathrm{d}\varepsilon_{ij}^{\mathrm{p}}$ genau die Normalenrichtung auf der Fließfläche $\Phi = 0$ annehmen muss, da ja $\mathrm{d}\sigma_{ij}$ eine beliebige Richtung haben darf. Aus diesem Grunde muss die Fließfläche konvex sein! Dieser Sachverhalt ist unmittelbar aus der grafischen Darstellung in Bild 3.13 b zu erkennen.

Die Anwendung der Normalenregel (3.107) auf die v. MISES Fließbedingung liefert:

$$\begin{aligned} \Phi_{\mathrm{Mises}} &= \sqrt{\frac{3}{2}\,\sigma_{ij}^{\mathrm{D}}\,\sigma_{ij}^{\mathrm{D}}} - \sigma_{\mathrm{F0}} = 0 \\ \frac{\partial \Phi_{\mathrm{Mises}}}{\partial \sigma_{ij}} &= \frac{\partial \Phi_{\mathrm{Mises}}}{\partial \sigma_{kl}^{\mathrm{D}}}\,\frac{\partial \sigma_{kl}^{\mathrm{D}}}{\partial \sigma_{ij}} = \left(\frac{3\,\sigma_{kl}^{\mathrm{D}}}{2\,\sigma_{\mathrm{v}}}\right)\left(\delta_{ki}\,\delta_{lj} - \frac{1}{3}\,\delta_{kl}\,\delta_{ij}\right) = \frac{3}{2}\,\frac{\sigma_{ij}^{\mathrm{D}}}{\sigma_{\mathrm{v}}} \end{aligned} \tag{3.111}$$

$$\Rightarrow\ \dot{\varepsilon}_{ij}^{\mathrm{p}} = \frac{3}{2}\,\frac{\sigma_{ij}^{\mathrm{D}}}{\sigma_{\mathrm{v}}}\,\dot{\Lambda} \tag{3.112}$$

Das ist das isotrope Fließgesetz nach PRANDL-REUSS. Die plastische Verzerrungsrate ist dem Spannungsdeviator proportional und verursacht somit eine reine Gestaltsänderung (Inkompressibilität).

Verfestigungsarten

Die Verfestigung wird mit Hilfe der Verfestigungsvariablen h_α quantifiziert, die skalare oder tensorielle Größen sein können. Für ihre Entwicklung im Laufe der Beanspruchung werden Evolutionsgesetze aufgestellt, die dem plastischen Multiplikator proportional sind, wobei die Funktionen H_α entweder empirisch angesetzt werden oder sich direkt über (3.100) und (3.108) aus dem Dissipationspotential Φ ergeben:

$$\dot{h}_\alpha = H_\alpha(\sigma_{ij},\, h_\beta)\,\dot{\Lambda} \qquad \text{z.B.} \qquad H_\alpha = -\sum_{\beta=1}^{n_H} \frac{\partial h_\alpha}{\partial z_\beta}\,\frac{\partial \Phi}{\partial h_\beta}\,. \tag{3.113}$$

Es sollen die beiden wesentlichen Verfestigungsarten erläutert werden, die sich vor allem bei Belastungsumkehr unterscheiden.

a) Isotrope Verfestigung

Nach Belastungsumkehr kommt es erst dann wieder zum plastischen Fließen, wenn die bereits erreichte Fließgrenze $|\sigma_{\mathrm{F}}|$ betragsmäßig erneut überschritten wird, d. h. der verfestigte (elastische) Bereich vergrößert sich, wie in Bild 3.14 a dargestellt. Die Spannungs-Dehnungs-Kurve wird bzgl. des Nulldurchgangs (Punkt O) gespiegelt.

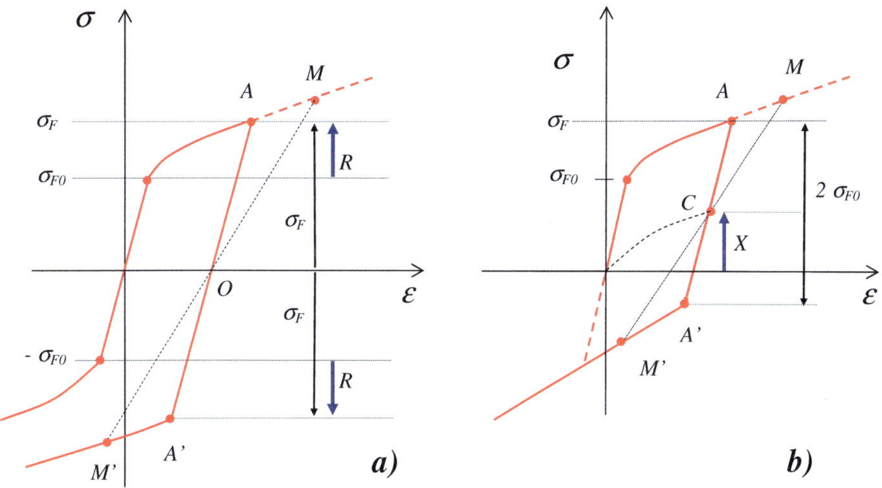

Bild 3.14 a) Isotrope und b) kinematische Verfestigung bei einachsiger Belastung

Das Maß für die isotrope Verfestigung ist die Größe $R = R(\varepsilon^{\mathrm{p}})$, um die sich die Fließgrenze gegenüber ihrem Anfangswert erhöht hat:

$$\sigma_{\mathrm{F}}(\varepsilon^{\mathrm{p}}) = \sigma_{\mathrm{F0}} + R(\varepsilon^{\mathrm{p}})\,. \tag{3.114}$$

Es handelt sich um eine *skalare Verfestigungsvariable* $h_1 = R$, die eine Funktion der plastischen Dehnung ist. Die Verallgemeinerung auf den dreidimensionalen Beanspruchungszustand geschieht durch Einführung der akkumulierten *plastischen Vergleichsdehnung* $\varepsilon^{\mathrm{p}}_{\mathrm{v}} \,\hat{=}\, z_1$, der zugeordneten inneren Variablen:

$$\varepsilon^{\mathrm{p}}_{\mathrm{v}} = \int\limits_0^t \dot{\varepsilon}^{\mathrm{p}}_{\mathrm{v}}\,\mathrm{d}t\,, \qquad \dot{\varepsilon}^{\mathrm{p}}_{\mathrm{v}} = \sqrt{\frac{2}{3}\,\dot{\varepsilon}^{\mathrm{p}}_{ij}\,\dot{\varepsilon}^{\mathrm{p}}_{ij}} = \dot{\Lambda}. \tag{3.115}$$

Im Spezialfall des einachsigen Zugs ($\sigma_{11} = \sigma$) mit $\dot{\varepsilon}^{\mathrm{p}}_{11} = \dot{\varepsilon}^{\mathrm{p}}$, $\dot{\varepsilon}^{\mathrm{p}}_{22} = \dot{\varepsilon}^{\mathrm{p}}_{33} = -\dot{\varepsilon}^{\mathrm{p}}/2$ ergibt sich gerade wieder $\dot{\varepsilon}^{\mathrm{p}}_{\mathrm{v}} \,\hat{=}\, \dot{\varepsilon}^{\mathrm{p}}$.

Diese Festlegung entspringt der *Gestaltänderungshypothese*, nach der jeder mehrachsige Beanspruchungszustand mit Hilfe der v. MISES Vergleichsspannung σ_{v} und der Vergleichsdehnung $\varepsilon^{\mathrm{p}}_{\mathrm{v}}$ auf einen einachsigen Zustand σ_{F} und ε^{p} abgebildet werden kann, der eine äquivalente Dissipationsleistung $\sigma_{ij}\,\dot{\varepsilon}^{\mathrm{p}}_{ij} = \sigma_{\mathrm{v}}\,\dot{\varepsilon}^{\mathrm{p}}_{\mathrm{v}}$ besitzt. Auf diese Weise lässt sich jede im Zugversuch gemessene Verfestigungskurve $\sigma_{\mathrm{F}} = f(\varepsilon^{\mathrm{p}})$ auf den dreiachsigen Fall $\sigma_{\mathrm{v}} = f(\varepsilon^{\mathrm{p}}_{\mathrm{v}})$ übertragen.

Man kann zeigen, dass die plastische Vergleichsdehnungsrate mit dem plastischen Multiplikator übereinstimmt (3.115) und dass die zu R gehörige Entwicklungsfunktion H_1 dem plastischen Tangentenmodul E_{p} nach (3.117) entspricht.

Zusammengefasst lauten somit die Beziehungen für isotrope Verfestigung:

$$\begin{aligned} &\text{Fließbedingung:} && \Phi(\sigma_{ij},\, R) = \sigma_{\text{v}} - \sigma_{\text{F0}} - R(\varepsilon_{\text{v}}^{\text{p}}) = 0 \\ &\text{Verfestigungsgesetz:} && \sigma_{\text{F}}(\varepsilon_{\text{v}}^{\text{p}}) = \sigma_{\text{F0}} + R(\varepsilon_{\text{v}}^{\text{p}}) \end{aligned} \tag{3.116}$$

$$\text{Evolutionsgesetz:} \qquad \dot{R} = H_1\,\dot{\Lambda} = \frac{\mathrm{d}R}{\mathrm{d}\varepsilon_{\text{v}}^{\text{p}}}\dot{\varepsilon}_{\text{v}}^{\text{p}} = E_{\text{p}}\dot{\varepsilon}_{\text{v}}^{\text{p}} \tag{3.117}$$

Geometrisch entspricht dies der Fläche eines Zylinders mit dem Radius $\sigma_{\text{F}}\sqrt{2/3}$, der sich mit $\varepsilon_{\text{v}}^{\text{p}}$ in alle Richtungen (isotrop) vergrößert, siehe Bild 3.15. Für das einachsige isotrope Verfestigungsverhalten $R(\varepsilon^{\text{p}})$ existieren viele empirische Beschreibungen z. B.:

- lineare Verfestigung mit einem konstanten plastischen Tangentenmodul E_{p}:

$$R = E_{\text{p}}\varepsilon^{\text{p}}, \quad \varepsilon^{\text{p}} = \frac{1}{E_{\text{p}}}(\sigma_{\text{F}} - \sigma_{\text{F0}}) \tag{3.118}$$

- Potenzgesetz-Verfestigung nach Ramberg-Osgood (Exponent $n \geq 1$, Parameter α, Bezugsspannung σ_0 und -dehnung $\varepsilon_0 = \sigma_0/E$):

$$R = \sigma_0\left(\frac{\varepsilon^{\text{p}}}{\alpha\varepsilon_0}\right)^{1/n} - \sigma_{\text{F0}}\,, \quad \varepsilon^{\text{p}} = \alpha\,\varepsilon_0\left(\frac{\sigma_{\text{F}}}{\sigma_0}\right)^{n} \tag{3.119}$$

- Exponentialansatz nach Voce mit Sättigungswert R_∞ und Anstieg b:

$$R = R_\infty\left[1 - \exp\left(-b\,\varepsilon^{\text{p}}\right)\right] \tag{3.120}$$

Die isotrope Verfestigungsregel erklärt jedoch nicht den Bauschinger-Effekt!

b) Kinematische Verfestigung

Unter *kinematischer Verfestigung* versteht man eine Verschiebung der Fließbedingung in Richtung der aktuellen Belastung, wobei die Größe des elastischen Bereichs ($\overline{AA'} = 2\sigma_{\text{F0}}$) unverändert bleibt. Wie man aus Bild 3.14 b erkennen kann, wird damit der Bauschinger-Effekt nachgebildet. Die Verschiebung des Bezugspunktes der Fließbedingung wird im 1D-Fall durch die *kinematische Verfestigungsvariable* X ausgedrückt, die die Dimension einer Spannung hat. Für die Veränderung von X mit der plastischen Verformung gibt es verschiedene Ansätze.

Die einfachste Evolutionsgleichung (Prager 1959) [3] ist eine lineare Verschiebung proportional zum Multiplikator $\Lambda = \varepsilon^{\text{p}}$ mit einer Materialkonstanten c. Somit lauten die Fließbedingung und die Evolutionsgleichung im 1D-Fall:

$$\Phi(\sigma, X) = |\sigma - X(\varepsilon^{\text{p}})| - \sigma_{\text{F0}} = 0\,, \qquad X = X(\varepsilon^{\text{p}}) = c\,\varepsilon^{\text{p}}\,. \tag{3.121}$$

Im 3D-Fall stellt $\boldsymbol{X}$ einen Tensor 2. Stufe dar, der *Rückspannungstensor* (engl. *back stress tensor*) genannt wird. Er ist ein symmetrischer Deviator, so dass seine Komponenten X_{ij} weitere 6 Verfestigungsvariable definieren, denen als innere Variable die plastischen Verzerrungen zugeordnet sind.

$$X_{ij} \,\widehat{=}\, h_\alpha, \quad \varepsilon^{\mathrm{p}}_{ij} \,\widehat{=}\, z_\alpha \quad (\alpha = 2, 3, \ldots, 7) \tag{3.122}$$

Wie Bild 3.15 zeigt, beschreiben die Rückspannungen die Verschiebung der Fließgrenzfläche in der Deviatorebene in Richtung der plastischen Verzerrungen (3D-Bauschinger-Effekt). Die Fließbedingung wird mit der 2. Invarianten von $(\sigma^{\mathrm{D}}_{ij} - X_{ij})$ formuliert, so dass sich eine Vergleichsspannung $\bar{\sigma}_{\mathrm{v}} = -3I_2(\sigma^{\mathrm{D}}_{ij} - X_{ij})$ relativ zum Mittelpunkt der Fließfläche ergibt.

$$\begin{aligned} &\Phi(\sigma_{ij}, X_{ij}) = \underbrace{\sqrt{\frac{3}{2}\,(\sigma^{\mathrm{D}}_{ij} - X_{ij})\,(\sigma^{\mathrm{D}}_{ij} - X_{ij})}}_{\bar{\sigma}_{\mathrm{v}}} - \sigma_{\mathrm{F0}} = 0 \\ &\text{Evolutionsgesetz:} \quad \dot{X}_{ij} = c\,\dot{\varepsilon}^{\mathrm{p}}_{ij} = c\,\frac{\partial \Phi}{\partial \sigma_{ij}}\,\dot{\Lambda} \,\widehat{=}\, H_\alpha\,\dot{\Lambda} \end{aligned} \tag{3.123}$$

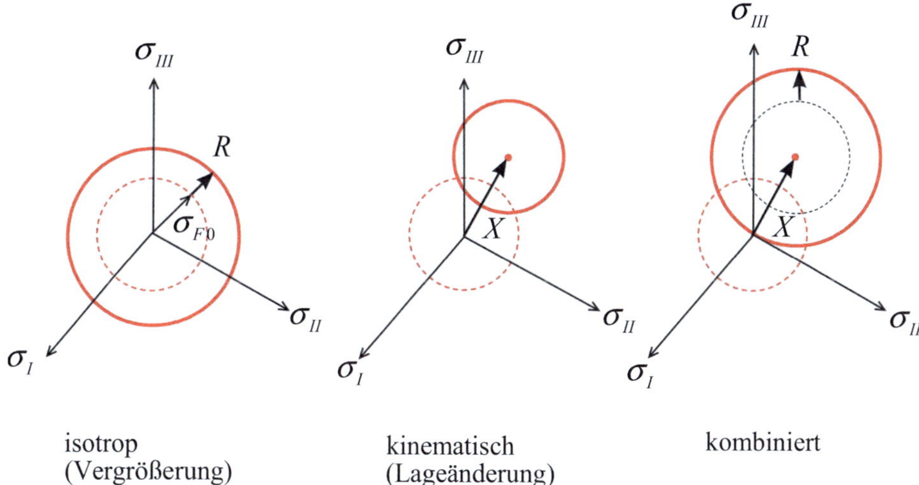

Bild 3.15 Darstellung verschiedener Verfestigungsarten in der Deviatorebene

Erwähnt werden sollen auch *nichtlineare* kinematische Verfestigungsregeln (siehe z. B. Chaboche [2]), die für die Modellierung bestimmter zyklischer plastischer Erscheinungen (Ratchetting, Mittelspannungsrelaxation) wichtig sind. Dafür wird die Evolutionsgleichung (3.123) um einen 2. »recall«-Term $-\gamma X_{ij}\dot{\varepsilon}_{\text{v}}^{\text{p}}$ erweitert, der eine Sättigung der kinematischen Verfestigung (dynamische Erholung) bewirkt.

c) Kombinierte Verfestigung

In der Realität beobachtet man bei metallischen Werkstoffen häufig eine Überlagerung von isotroper und kinematischer Verfestigung. Das hat sowohl eine Vergrößerung als auch eine Verschiebung der Fließgrenzfläche zur Folge, was in Bild 3.15 für den mehrachsigen Fall veranschaulicht wird. Die Gleichungen für eine kombinierte isotrope und nichtlinear-kinematische Verfestigung haben dann folgende Gestalt:

$$\begin{aligned} &\text{Fließbedingung:} && \varPhi(\sigma_{ij},\, X_{ij},\, R) = \bar{\sigma}_{\text{v}} - \sigma_{\text{F0}} - R(\varepsilon_{\text{v}}^{\text{p}}) = 0 \\ &\text{Evolutionsgleichungen:} && \dot{R} = E_{\text{p}}\dot{\varLambda}, \quad \dot{X}_{ij} = c\frac{\partial \varPhi}{\partial \sigma_{ij}}\dot{\varLambda}, \quad \dot{\varLambda} = \dot{\varepsilon}_{\text{v}}^{\text{p}}. \end{aligned} \tag{3.124}$$

Konstitutive Gleichungen

Im voran gegangenen Abschnitt wurde bereits das *Fließgesetz* hergeleitet, welches die plastischen Verzerrungsinkremente als Funktion des aktuellen Spannungs- und Verfestigungszustands liefert. Es gilt für den plastischen Bereich, d. h. wenn die Fließbedingung erfüllt ist und weiter plastifiziert wird ($\varPhi = 0,\ \dot{\varLambda} > 0$). Bei Entlastung aus dem Plastischen ($\varPhi = 0,\ \dot{\varPhi} < 0,\ \dot{\varLambda} = 0$) sowie im Elastischen ($\varPhi < 0$, $\dot{\varLambda} = 0$) gilt das HOOKEsche Gesetz. Es fehlt jedoch noch eine Bestimmungsgleichung für den plastischen Multiplikator $\dot{\varLambda}$. Sie gewinnt man mit Hilfe der so genannten *Konsistenzbedingung*, die besagt, dass die Fließgrenzfläche bei weiterer Verfestigung immer den Wert $\varPhi = 0$ beibehalten muss, d. h. das totale Differenzial verschwindet:

$$\dot{\varPhi} = \frac{\partial \varPhi}{\partial \sigma_{ij}}\,\dot{\sigma}_{ij} + \frac{\partial \varPhi}{\partial R}\,\dot{R} + \frac{\partial \varPhi}{\partial X_{ij}}\,\dot{X}_{ij} = 0\,. \tag{3.125}$$

Für kombinierte isotrop-kinematische Verfestigung lauten die einzelnen Terme

$$\frac{\partial \varPhi}{\partial \sigma_{ij}} = \hat{N}_{ij}\,, \quad \frac{\partial \varPhi}{\partial X_{ij}} = -\hat{N}_{ij}\,, \quad \hat{N}_{ij} = \frac{3}{2}\,\frac{\sigma_{ij}^{\text{D}} - X_{ij}}{\bar{\sigma}_{\text{v}}}\,, \quad \frac{\partial \varPhi}{\partial R} = -1 \tag{3.126}$$

und mit den Evolutionsgesetzen (3.124) folgt:

$$\hat{N}_{ij}\,\dot{\sigma}_{ij} - [\,E_{\text{p}} + c\,\underbrace{\hat{N}_{ij}\,\hat{N}_{ij}}_{3/2}\,]\,\dot{\varLambda} = 0 \quad \Rightarrow \quad \dot{\varLambda} = \frac{\hat{N}_{ij}\,\dot{\sigma}_{ij}}{E_{\text{p}} + \frac{3}{2}\,c}\,. \tag{3.127}$$

Die elastischen Verzerrungsraten ergeben sich nach (3.96) aus den Gesamtraten minus dem plastischen Anteil, so dass mit dem HOOKEschen Gesetz (3.78) die Spannungsraten ermittelt werden können:

$$\dot{\sigma}_{ij} = C_{ijkl}\,\dot{\varepsilon}_{kl}^{\text{e}} = C_{ijkl}\,(\dot{\varepsilon}_{kl} - \dot{\varepsilon}_{kl}^{\text{p}}) = C_{ijkl}\,(\dot{\varepsilon}_{kl} - \dot{\varLambda}\,\hat{N}_{kl})\,. \tag{3.128}$$

Einsetzen von $\dot{\Lambda}$ aus (3.127) ergibt den Zusammenhang zur Gesamtverzerrungsrate $\dot{\varepsilon}_{kl}$

$$\dot{\Lambda} = \frac{\hat{N}_{ij}\, C_{ijkl}}{\hat{N}_{mn}\, C_{mnpq}\, \hat{N}_{pq} + E_{\mathrm{p}} + \frac{3}{2}\, c}\, \dot{\varepsilon}_{kl}\,, \tag{3.129}$$

woraus schließlich die gesuchte Beziehung folgt.

$$\dot{\sigma}_{ij} = \left[C_{ijkl} - \frac{C_{ijmn}\, \hat{N}_{mn}\, \hat{N}_{pq}\, C_{pqkl}}{\hat{N}_{mn}\, C_{mnpq}\, \hat{N}_{pq} + E_{\mathrm{p}} + \frac{3}{2}\, c} \right] \dot{\varepsilon}_{kl} = C^{\mathrm{ep}}_{ijkl}\, \dot{\varepsilon}_{kl} \tag{3.130}$$

Damit ist das hypoelastisch-plastische Materialgesetz als Beziehung zwischen Spannungsrate und Gesamtverzerrungsrate für ein anisotrop-elastisches und kombiniert verfestigendes plastisches Material gefunden.

Den Tensor $C^{\mathrm{ep}}_{ijkl}(\sigma_{ij},\, X_{ij},\, R)$ bezeichnet man als *elastisch-plastische Kontinuumstangente*. Er hängt vom aktuellen Spannungszustand und über die Verfestigungsvariablen von der Verformungsgeschichte ab.

Abschließend soll noch der wichtige Spezialfall angeschrieben werden, wenn das elastische Materialverhalten isotrop ist, siehe Abschnitt 3.4.1.

$$C_{ijkl} = 2\,\mu \left[\delta_{ik}\, \delta_{jl} + \frac{\nu}{1 - 2\,\nu}\, \delta_{ij}\, \delta_{kl} \right] \quad \text{siehe (3.91)}$$

$$C_{ijkl}\, \hat{N}_{kl} = 2\,\mu\, N_{ij} \quad \text{da} \quad N_{kk} = 0\,, \quad N_{mn}\, C_{mnpq}\, N_{pq} = 3\,\mu$$

$$C^{\mathrm{ep}}_{ijkl} = 2\,\mu \left\{ \left[\delta_{ik}\, \delta_{jl} + \frac{\nu}{1 - 2\,\nu}\, \delta_{ij}\, \delta_{kl} \right] - \beta\, \frac{3}{2}\, \frac{(\sigma^{\mathrm{D}}_{ij} - X_{ij})\, (\sigma^{\mathrm{D}}_{kl} - X_{kl})}{\bar{\sigma}^2_{\mathrm{v}} \left[1 + \frac{E_{\mathrm{p}}}{3\,\mu} + \frac{c}{2\,\mu} \right]} \right\} \tag{3.131}$$

$$\beta = \begin{cases} 1 & \text{plastisches Fließen} \\ 0 & \text{elastische Entlastung} \end{cases}$$

$$\dot{\sigma}_{ij} = 2\,\mu\, \dot{\varepsilon}_{ij} + \lambda\, \delta_{ij}\, \dot{\varepsilon}_{kk} - \beta\, 3\,\mu\, \frac{(\sigma^{\mathrm{D}}_{ij} - X_{ij})\, (\sigma^{\mathrm{D}}_{kl} - X_{kl})}{\bar{\sigma}^2_{\mathrm{v}} \left[1 + \frac{E_{\mathrm{p}}}{3\,\mu} + \frac{c}{2\,\mu} \right]}\, \dot{\varepsilon}_{kl} \tag{3.132}$$

Deformationstheorie der Plastizität

Im Unterschied zu den inkrementellen Verformungsgesetzen der plastischen Fließtheorie, die im vorangegangenen Abschnitt vorgestellt wurden, hat HENCKY (1924) [3] ein *finites* Verformungsgesetz für nichtlineares Materialverhalten aufgestellt, das als so genannte *Deformationstheorie der Plastizität* (engl. *deformation theory of plasticity*) bezeichnet wird (was allerdings etwas irreführend ist). Dieses Materialmodell besitzt auch heute noch Bedeutung für die Bruchmechanik, weshalb näher darauf eingegangen werden soll. In der Deformationstheorie werden die grundlegenden Annahmen der isotropen Plastizitätstheorie insoweit übernommen, als dass die plastischen Verzerrungen proportional zum Spannungsdeviator sind und somit die Inkompressibilität gewährleistet ist. Ebenso werden die Gestaltänderungshypothese und V. MISESsche Fließfunktion verwendet. Allerdings wird abweichend von der Fließtheorie anstelle der Fließregel ein proportionaler Zusammenhang zwischen den totalen plastischen Verzerrungen und den aktuellen Spannungen vorausgesetzt.

$$\varepsilon_{ij}^{\mathrm{p}} = \Lambda\, \sigma_{ij}^{\mathrm{D}} \tag{3.133}$$

Der Proportionalitätsfaktor Λ ergibt sich aus der Übertragung der einachsigen Fließkurve auf den mehrachsigen Fall mit Hilfe der V. MISES Vergleichsspannung $\sigma_{\mathrm{v}} = \sqrt{\frac{3}{2}\,\sigma_{ij}^{\mathrm{D}}\,\sigma_{ij}^{\mathrm{D}}}$ und der plastischen Vergleichsdehnung $\varepsilon_{\mathrm{v}}^{\mathrm{p}} = \sqrt{\frac{2}{3}\,\varepsilon_{ij}^{\mathrm{p}}\,\varepsilon_{ij}^{\mathrm{p}}}$, womit man erhält:

$$\sigma_{\mathrm{F}} = f(\varepsilon^{\mathrm{p}}) \Rightarrow \sigma_{\mathrm{v}} = f(\varepsilon_{\mathrm{v}}^{\mathrm{p}})\,. \tag{3.134}$$

Durch Ergänzung der elastischen Verzerrungsanteile erhält man das finite HENCKYsche Materialgesetz, aufgespalten in hydrostatischen und deviatorischen Anteil

$$\varepsilon_{ij} = \varepsilon_{ij}^{\mathrm{e}} + \varepsilon_{ij}^{\mathrm{p}} = \frac{\sigma_{kk}}{3K}\,\delta_{ij} + \frac{1}{2\mu}\,\sigma_{ij}^{\mathrm{D}} + \frac{3}{2}\,\frac{\varepsilon_{\mathrm{v}}^{\mathrm{p}}}{\sigma_{\mathrm{v}}}\,\sigma_{ij}^{\mathrm{D}}\,. \tag{3.135}$$

Dieses Gesetz wird oft in Verbindung mit dem Verfestigungspotenzgesetz nach RAMBERG-OSGOOD (3.119) angewandt. Die Verallgemeinerung auf den mehrachsigen Fall geschieht mit den Vergleichsgrößen σ_{v} und $\varepsilon_{\mathrm{v}}^{\mathrm{p}}$, so dass sich folgende Beziehung zwischen den plastischen Verzerrungen und den Spannungen ergibt:

$$\frac{\varepsilon_{\mathrm{v}}^{\mathrm{p}}}{\varepsilon_0} = \alpha\left(\frac{\sigma_{\mathrm{v}}}{\sigma_0}\right)^{n} \Rightarrow \left(\frac{\varepsilon_{\mathrm{v}}^{\mathrm{p}}}{\sigma_{\mathrm{v}}}\right) = \frac{\alpha\,\varepsilon_0}{\sigma_0}\left(\frac{\sigma_{\mathrm{v}}}{\sigma_0}\right)^{n-1} \Rightarrow \frac{\varepsilon_{ij}^{\mathrm{p}}}{\varepsilon_0} = \frac{3}{2}\,\alpha\left(\frac{\sigma_{\mathrm{v}}}{\sigma_0}\right)^{n-1}\frac{\sigma_{ij}^{\mathrm{D}}}{\sigma_0} \tag{3.136}$$

Dieses Materialgesetz wird in der Deformationstheorie auch als dreidimensionale Form des RAMBERG-OSGOOD-Gesetzes bezeichnet.

Wie man durch Vergleich mit dem PRANDTL-REUSS-Gesetz (3.112) der inkrementellen Plastizitätstheorie leicht erkennen kann, stellt die Deformationstheorie der Plastizität tatsächlich gar kein plastisches, sondern lediglich ein nichtlinearelastisches (hyperelastisches) Materialgesetz dar, dessen elastisches Potenzial durch Integration der Formänderungsenergie leicht zu berechnen ist.

$$U(\varepsilon_{ij}) = U^{\mathrm{e}} + U^{\mathrm{p}} = \frac{1}{2}\,\left[K\,(\varepsilon^{\mathrm{e}}_{kk})^2 \;+ 2\,\mu\,\varepsilon^{\mathrm{e}}_{ij}\,\varepsilon^{\mathrm{e}}_{ij}\right] + \frac{n}{n+1}\,\frac{\sigma_0}{(\alpha\,\varepsilon_0)^{1/n}}\,\left(\varepsilon^{\mathrm{p}}_{\mathrm{v}}\right)^{\frac{n+1}{n}} \tag{3.137}$$

Dafür hat es aber den Vorteil, mathematisch einfacher handhabbar zu sein, wodurch in einigen Fällen sogar geschlossene Lösungen von Randwertproblemen möglich werden.

Durch die »finite« Formulierung geht jedoch jeglicher Einfluss der inkrementellen Belastungsgeschichte verloren. Deshalb ist die Deformationstheorie nur unter sehr einschränkenden Voraussetzungen richtig, derer man sich bewusst sein sollte:

- Die Beanspruchungen müssen in jedem Punkt des Körpers monoton steigen. Eine Entlastung würde nicht auf der HOOKEschen Geraden wie in Bild 3.10 erfolgen, sondern entlang der nichtlinearen Verfestigungskurve wie in Bild 3.9 zurück verlaufen, was dem wahren elastisch-plastischen Verhalten widerspricht.
- Der Spannungszustand darf sich während des Belastungsvorgangs qualitativ nicht ändern, d. h. die Verhältnisse der Spannungskomponenten zueinander (Hauptspannungsrichtungen) müssen konstant bleiben. Einen solchen Lastpfad, der im Spannungsraum vom Nullpunkt aus proportional zu einem festen Endwert σ^{E}_{ij} verläuft, nennt man »radial«. Alle Spannungen und damit auch die Verzerrungen und Verschiebungen würden in diesem Fall mit dem Lastparameter $0 \leq t \leq T$ ansteigen

$$\sigma_{ij}(\boldsymbol{x},t) = t\,\sigma^{\mathrm{E}}_{ij}(\boldsymbol{x},T)\,, \quad \varepsilon^{\mathrm{p}}_{ij}(\boldsymbol{x},t) = t^n\,\varepsilon^{\mathrm{pE}}_{ij}(\boldsymbol{x},t)\,, \quad u_i(\boldsymbol{x},t) = t^n\,u^{\mathrm{E}}_i(\boldsymbol{x},t) \tag{3.138}$$

  Bei radialer Belastung kann das finite HENCKY-Gesetz direkt aus dem inkrementellen PRANDTL-REUSS-Gesetz durch Integration hergeleitet werden.

Sind diese Bedingungen jedoch im Anwendungsfall erfüllt, so liefert die Deformationstheorie richtige Lösungen, die mit denjenigen der inkrementellen Theorie identisch sind. Anderenfalls führen jegliche Spannungsumlagerungen und Teilentlastungen in irgendeinem Punkt der Struktur zu abweichenden Resultaten.

3.5 Randwertaufgaben der Festigkeitslehre

3.5.1 Definition der Randwertaufgabe

Zur besseren Übersicht soll der gesamte Satz von partiellen Differentialgleichungen und Beziehungen der Festigkeitslehre (für infinitesimale Verzerrungen) nochmals zusammengestellt werden. In diesem Zusammenhang werden alle Merkmale einer *Randwertaufgabe* (RWA) oder – bei zeitlich veränderlichen Problemen – einer *Anfangsrandwertaufgabe* (ARWA) erläutert. Dazu betrachten wir den in Bild 3.16 dargestellten Körper, der sich über das Gebiet V erstreckt und die Oberfläche A

besitzt. Er soll bereits einen Riss haben, dessen Oberfläche S_c Teil von A ist. Die äußere Belastung des Körpers wird gemäß Abschnitt 3.3 durch Volumenkräfte $\bar{\boldsymbol{b}}$ und Flächenlasten $\bar{\boldsymbol{t}}$ vorgegeben. Letztere greifen auf einem bestimmten Teil S_t der Oberfläche an. Auf dem komplementären Teil der Oberfläche $S_u = A - S_t$ werden Lagerbedingungen in Form von unterdrückten oder aufgeprägten Verschiebungen vorgeschrieben, die wir mit $\bar{\boldsymbol{u}}$ bezeichnen.

Die Eindeutigkeit der Lösung der Randwertaufgabe erfordert, dass auf jedem Teil der Oberfläche in jeder Koordinatenrichtung entweder eine Verschiebung oder eine Randspannung vorgegeben werden. Bei zeitabhängigen Vorgängen sind die Randbedingungen $\bar{\boldsymbol{u}}(t)$ und $\bar{\boldsymbol{t}}(t)$ sowie die entsprechenden Angriffsflächen $S_u(t)$ und $S_t(t)$ selbst Funktionen der Zeit t.

Auf der Rissoberfläche müssen ebenfalls Randbedingungen definiert sein. Diese werden meistens als lastfrei angenommen, d. h. auf S_c ist $\bar{\boldsymbol{t}}_c = 0$. Es könnten aber beispielsweise auch Belastungen aufgrund von Innendruck auftreten. Oder als Folge eines Rissuferkontaktes sind gewisse Randverschiebungen verhindert.

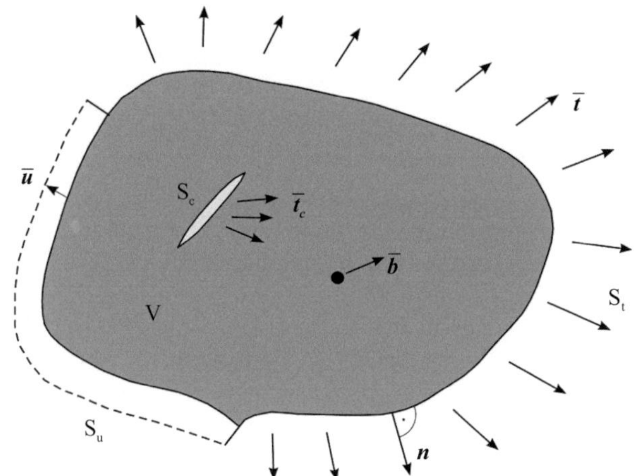

Bild 3.16 Formulierung der Randwertaufgabe

Die Verformung wird nach Abschnitt 3.2 durch ein stetiges Verschiebungsfeld $\boldsymbol{u}(\boldsymbol{x})$ dargestellt, aus dem sich als symmetrischer Vektorgradient der Verzerrungstensor $\boldsymbol{\varepsilon}$ gemäß (3.30) ableiten lässt. In dieser kinematischen Beziehung ist $\boldsymbol{\varepsilon}$ nur eine abhängige Feldgröße. Will man jedoch die Grundgleichungen ausschließlich mit den Verzerrungen formulieren und daraus die Verschiebungsfelder durch Integration gewinnen, so führt diese Berechnung nicht ohne weiteres zu stetigen und eindeutigen Resultaten. Deshalb müssen zusätzliche Bedingungen an die Komponenten von $\boldsymbol{\varepsilon}$ gestellt werden, die mathematisch die Integrabilität sicherstellen und physikalisch bedeuten, dass die erzielten Verschiebungsfelder stetig sind, d. h. der verformte Körper bleibt ein zusammenhängendes Kontinuum ohne Klaffungen oder Überlappungen. Diese notwendigen Beziehungen heißen *Kompatibilitätsbedinungen* oder Verträglichkeitsbedingungen. Im allgemeinen dreidimensionalen Fall werden sie durch folgende sechs Differenzialgleichungen ausgedrückt:

$$\varepsilon_{ij,kl} + \varepsilon_{kl,ij} - \varepsilon_{ik,jl} - \varepsilon_{jl,ik} = 0 \quad \text{mit} \quad i,j,k,l = 1,\,2,\,3\,. \tag{3.139}$$

Zum Satz der Grundgleichungen gehören des weiteren die in Abschnitt 3.3 dargelegten statischen bzw. dynamischen Gleichgewichtsbedingungen für den Spannungstensor $\boldsymbol{\sigma}$ im gesamten Gebiet V. Außerdem muss auf dem Rand des Gebietes das Spannungsgleichgewicht zwischen innerem Spannungszustand und den äußeren Flächenlasten gemäß der CAUCHY-Formel (3.45) erfüllt sein.

Die Grundgleichungen werden schließlich durch die Materialgesetze komplettiert, welche die Verbindung zwischen Spannungstensor und Verzerrungen oder deren Raten herstellen, was symbolisch mit dem Materialtensor 4. Stufe $M_{ijkl}(\boldsymbol{\varepsilon}, \dot{\boldsymbol{\varepsilon}}, \boldsymbol{h})$ ausgedrückt werden soll, der stellvertretend für alle in Abschnitt 3.4 beschriebenen Verformungsgesetze steht.

Insgesamt wird somit die (Anfangs-)Randwertaufgabe der Festigkeitslehre durch das folgende System von partiellen Differenzialgleichungen mit den dazugehörigen Rand- und Anfangsbedingungen definiert:

$$\begin{array}{lll}
\text{Kinematik:} & \varepsilon_{ij} = \dfrac{1}{2}(u_{i,j} + u_{j,i}) & \text{in } V \\
 & u_i = \overline{u}_i & \text{auf } S_u \\
\text{Gleichgewicht:} & \sigma_{ij,j} + \overline{b}_i = \rho \ddot{u}_i & \text{in } V \\
 & t_i = \sigma_{ij} n_j = \overline{t}_i & \text{auf } S_t \\
\text{Materialgesetz:} & \dot{\sigma}_{ij} = M_{ijkl}\,(\sigma_{kl}, \varepsilon_{kl}, h_\alpha)\dot{\varepsilon}_{kl} & \text{in } V \\
 & \dot{h}_\alpha = H_\alpha(\sigma_{ij}, \varepsilon_{ij}, h_\alpha) & \\
\text{Anfangsbedingungen:} & u_i(\boldsymbol{x}, t=0) = u_{i0}\,,\, \dot{u}_i(\boldsymbol{x}, t=0) = \dot{u}_{i0} & \\
 & h_\alpha(t=0) = h_{\alpha 0} &
\end{array} \tag{3.140}$$

Die mathematische Lösung dieser ARWA gestaltet sich häufig recht kompliziert und ist insbesondere für endliche Gebiete V, dreidimensionale Strukturen und nichtlineares Materialverhalten nicht mehr mit analytischen Berechnungsmethoden lösbar. In diesen praktisch wichtigen Fällen ist man also unbedingt auf numerische Berechnungsverfahren angewiesen.

3.5.2 Ebene Randwertaufgaben

Grundsätzlich ist man bestrebt, die Berechnungsaufgaben der Festigkeitslehre und Bruchmechanik auf einfache handhabbare Modelle zu reduzieren. So können in einer Reihe von technischen Anwendungen die Geometrie der Struktur, ihre Belastung und ihre Lagerbedingungen in guter Näherung auf zwei Dimensionen vereinfacht werden, so dass man sie als *ebene Randwertaufgaben* behandeln kann. Typische Beispiele sind Flächentragwerke wie Scheiben und Platten oder prismatische Bauteile wie Wellen, Rohre u. ä. Auf diese Weise reduziert sich das System der zugrunde liegenden partiellen Differenzialgleichungen und die Anzahl der unbekannten Feldgrößen erheblich. Demzufolge ist der mathematische oder numerische Aufwand zur Lösung wesentlich geringer. Häufig existieren dafür auch geeignete mathematische Methoden, die eine geschlossene analytische Lösung der Randwertaufgaben ermöglichen. Aus diesem Grunde soll im folgenden Abschnitt auf ebene Randwertaufgaben (hauptsächlich der Elastizitätstheorie) und ihre Lösungsverfahren ausführlicher eingegangen werden.

Bei ebenen Problemen sind alle Feldgrößen σ_{ij}, ε_{ij} und u_i nur Funktionen von (x_1, x_2) und jede Ableitung nach $\partial(\cdot)/\partial x_3 = 0$ verschwindet. Die Relation zwischen den Verzerrungen und Verschiebungen in der Ebene lautet dann:

$$\varepsilon_{11} = \frac{\partial u_1}{\partial x_1}\,, \quad \varepsilon_{22} = \frac{\partial u_2}{\partial x_2}\,, \quad \gamma_{12} = \frac{\partial u_1}{\partial x_2} + \frac{\partial u_2}{\partial x_1}\,. \tag{3.141}$$

Die Kompatibilitätsbedingungen (3.139) vereinfachen sich zu einer einzigen Gleichung zwischen diesen Verzerrungskomponenten

$$\frac{\partial^2 \varepsilon_{11}}{\partial x_2^2} + \frac{\partial^2 \varepsilon_{22}}{\partial x_1^2} - \frac{\partial^2 \gamma_{12}}{\partial x_1 \partial x_2} = 0\,. \tag{3.142}$$

Die äußeren Belastungen wirken in allen Bauteilebenen $x_3 = \text{const.}$ in gleicher Form und verursachen Spannungen in der (x_1, x_2)-Ebene:

$$\sigma_{11}(x_1, x_2)\,, \quad \sigma_{22}(x_1, x_2)\,, \quad \tau_{12}(x_1, x_2)\,. \tag{3.143}$$

Die Bewegungsgleichungen (3.71) reduzieren sich in diesem Fall auf:

$$\frac{\partial \sigma_{11}}{\partial x_1} + \frac{\partial \tau_{12}}{\partial x_2} + \bar{b}_1 = \rho \ddot{u}_1\,, \quad \frac{\partial \tau_{12}}{\partial x_1} + \frac{\partial \sigma_{22}}{\partial x_2} + \bar{b}_2 = \rho \ddot{u}_2\,. \tag{3.144}$$

In Bezug auf das Verhalten der Feldgrößen in der Dickenrichtung x_3 unterscheidet man die folgenden zwei Approximationen.

a) Ebener Spannungszustand (ESZ)

Als *Scheiben* werden ebene Flächentragwerke bezeichnet, die nur durch Kräfte in ihrer Ebene (x_1, x_2) belastet werden, siehe Bild 3.17 (links). Bei dünnwandigen Behältern wie in Bild 3.17 (rechts) treten ebenfalls nur Membranspannungen σ_{11}, σ_{22}

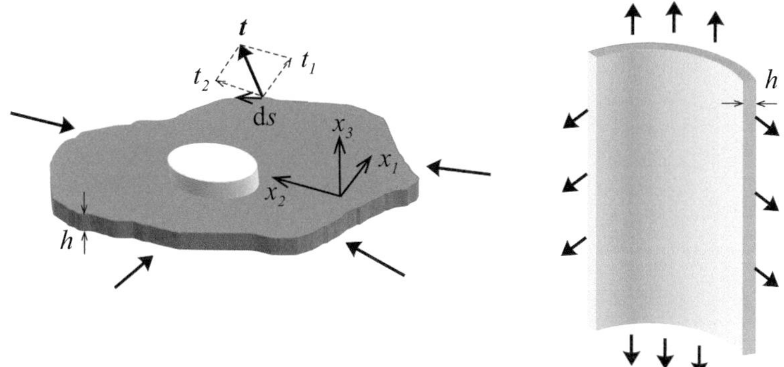

Bild 3.17 ESZ in dünnen Scheiben (links) oder Behältern (rechts)

auf. Für Scheiben und Behälter geringer Wandstärke (Dicke $h \ll$ andere Abmessungen) kann das Modell des *ebenen Spannungszustands* (ESZ) angewandt werden. Da an der Ober- und Unterseite $x_3 = \pm h/2$ keine Belastungen angreifen, müssen dort alle Spannungen mit x_3-Komponente null sein. Auch im Inneren gilt dann in guter Näherung, dass diese Spannungskomponenten gegenüber denjenigen in der Ebene vernachlässbar klein bleiben.

$$\sigma_{33}(x_1, x_2) = \tau_{13}(x_1, x_2) = \tau_{23}(x_1, x_2) \equiv 0 \tag{3.145}$$

Damit vereinfacht sich das HOOKEsche Gesetz (3.88) und (3.90) auf die Form:

$$\begin{aligned} \varepsilon_{11} &= \frac{1}{E}\left[\sigma_{11} - \nu\,\sigma_{22}\right] + \alpha_\mathrm{t}\,\Delta T \\ \varepsilon_{22} &= \frac{1}{E}\left[\sigma_{22} - \nu\,\sigma_{11}\right] + \alpha_\mathrm{t}\,\Delta T \\ \gamma_{12} &= \frac{\tau_{12}}{\mu} = \frac{2\,(1+\nu)}{E}\,\tau_{12}\,, \quad \gamma_{23} = \gamma_{31} = 0 \end{aligned} \tag{3.146}$$

oder aufgelöst nach den Spannungen:

$$\begin{aligned} \sigma_{11} &= \frac{E}{1-\nu^2}\left[\varepsilon_{11} + \nu\,\varepsilon_{22} - (1+\nu)\,\alpha_\mathrm{t}\,\Delta T\right] \\ \sigma_{22} &= \frac{E}{1-\nu^2}\left[\varepsilon_{22} + \nu\,\varepsilon_{11} - (1+\nu)\,\alpha_\mathrm{t}\,\Delta T\right] \\ \tau_{12} &= \frac{E}{2\,(1+\nu)}\,\gamma_{12} = \mu\,\gamma_{12}\,. \end{aligned} \tag{3.147}$$

Die Dehnung ε_{33} in Dickenrichtung kann sich frei ausbilden.

$$\varepsilon_{33} = -\frac{1}{1-\nu}\left[\nu\,(\varepsilon_{11} + \varepsilon_{22}) - (1+\nu)\,\alpha_\mathrm{t}\,\Delta T\right] \tag{3.148}$$

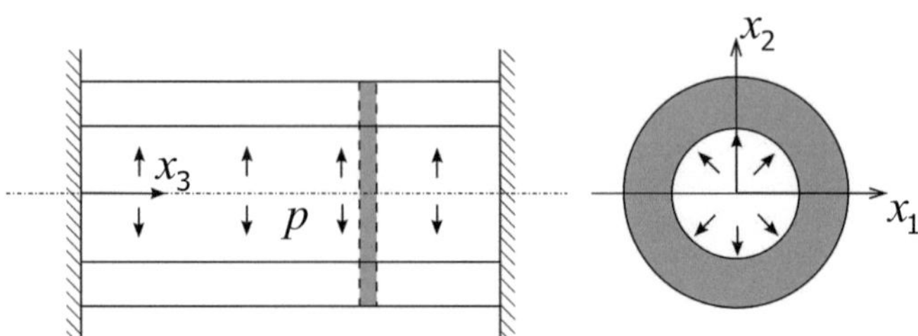

Bild 3.18 Beispiel für den EVZ in der Querschnittsebene eines Rohres

b) Ebener Verzerrungszustand (EVZ)

Das Modell eines *ebenen Verzerrungszustands* liegt vor, wenn die Verschiebungskomponente u_3 überall null (oder konstant) ist. Dann verschwinden alle Verzerrungskomponenten bzgl. der x_3-Richtung.

$$\varepsilon_{33}(x_1,\, x_2) = \gamma_{13}(x_1,\, x_2) = \gamma_{23}(x_1,\, x_2) \equiv 0 \tag{3.149}$$

Der EVZ trifft auf prismatische Bauteile zu, deren Geometrie und Belastung sich mit der x_3-Koordinate nicht ändert und wo die u_3-Verschiebung durch die Lagerbedingungen verhindert wird, wie es Bild 3.18 skizziert. Die Spannungen ergeben sich durch Einsetzen von (3.149) in das allgemeine Elastizitätsgesetz (3.90):

$$\begin{aligned}
\sigma_{11} &= \frac{E}{(1+\nu)\,(1-2\,\nu)}\left[\,\varepsilon_{11}\,(1-\nu) + \nu\,\varepsilon_{22} - \,\alpha_{\mathrm{t}}\,\Delta T\,\right] \\
\sigma_{22} &= \frac{E}{(1+\nu)\,(1-2\,\nu)}\left[\,\varepsilon_{22}\,(1-\nu) + \nu\,\varepsilon_{11} - \,\alpha_{\mathrm{t}}\,\Delta T\,\right] \\
\tau_{12} &= \mu\,\gamma_{12} = \frac{E}{2(1+\nu)}\gamma_{12}\,, \quad \tau_{23} = \tau_{31} = 0\,.
\end{aligned} \tag{3.150}$$

Die Umstellung nach den Verzerrungen liefert:

$$\begin{aligned}
\varepsilon_{11} &= \frac{1-\nu^2}{E}\left[\sigma_{11} - \frac{\nu}{1-\nu}\,\sigma_{22}\right] + (1+\nu)\,\alpha_{\mathrm{t}}\,\Delta T \\
\varepsilon_{22} &= \frac{1-\nu^2}{E}\left[\sigma_{22} - \frac{\nu}{1-\nu}\,\sigma_{11}\right] + (1+\nu)\,\alpha_{\mathrm{t}}\,\Delta T \\
\gamma_{12} &= \frac{\tau_{12}}{\mu} = \frac{2(1+\nu)}{E}\tau_{12}\,.
\end{aligned} \tag{3.151}$$

Die Längsspannung σ_{33} ist jetzt aufgrund der Dehnungsbehinderung $\varepsilon_{33} = 0$ verschieden von Null, wird aber durch die Spannungen σ_{11}, σ_{22} in der Ebene festgelegt.

$$\sigma_{33} = \nu\,(\sigma_{11} + \sigma_{22}) - E\,\alpha_{\mathrm{t}}\,\Delta T \tag{3.152}$$

Führt man die Substitution

$$E \to E' = \frac{E}{1-\nu^2}, \quad \nu \to \nu' = \frac{\nu}{1-\nu}, \quad \alpha_t \to \alpha_t' = (1+\nu)\,\alpha_t \tag{3.153}$$

ein, so lassen sich die Gleichungen (3.150) (3.151) für den EVZ exakt auf dieselbe Form bringen wie die Beziehungen (3.146) (3.147) für den ESZ. Somit unterscheiden sich beide Fälle nur um die elastischen Koeffizienten, haben aber mathematisch die gleiche Struktur.

3.5.3 Methode der komplexen Spannungsfunktionen

Für die Lösung ebener Randwertaufgaben der Elastizitätstheorie wurden verschiedene mathematische Verfahren entwickelt. Zu den wichtigsten Methoden gehört die Verwendung reeller und komplexer Spannungsfunktionen, die ausführlich in Standardwerken der Elastizitätstheorie beschrieben sind. Im Folgenden sollen diese Ansätze nur in knapper Form erläutert werden, um ihre Anwendung in der Bruchmechanik zu verstehen.

Das Differenzialgleichungssystem der ebenen Elastizitätstheorie kann auf die Bestimmung einer skalaren Funktion zurückgeführt werden. Dazu wurde von AIRY die Spannungsfunktion $F(x_1, x_2)$ eingeführt, aus der sich die ebenen Spannungen in der Weise errechnen, dass automatisch die Gleichgewichtsbedingungen (3.144) im Fall $\ddot{u} \equiv \overline{b} \equiv 0$ erfüllt werden:

$$\sigma_{11} = \frac{\partial^2 F}{\partial x_2^2}, \quad \sigma_{22} = \frac{\partial^2 F}{\partial x_1^2}, \quad \tau_{12} = -\frac{\partial^2 F}{\partial x_1 \partial x_2}. \tag{3.154}$$

Substituiert man die Spannungen durch die Verzerrungen nach dem Elastizitätsgesetz und setzt dann in die noch zu befriedigende Kompatibilitätsbedingung (3.139) ein, so kommt man zu einer Differenzialgleichung 4. Ordnung für die Spannungsfunktion F:

Scheibengleichung:
$$\begin{aligned} &\frac{\partial^4 F}{\partial x_1^4} + 2\frac{\partial^2 F}{\partial x_1^2}\frac{\partial^2 F}{\partial x_2^2} + \frac{\partial^4 F}{\partial x_2^4} \\ &= \Delta\Delta F(x_1, x_2) = -E\alpha_t \Delta T(x_1, x_2)\,. \end{aligned} \tag{3.155}$$

Dabei ist $\Delta(\cdot) = \frac{\partial^2(\cdot)}{\partial x_1^2} + \frac{\partial^2(\cdot)}{\partial x_2^2}$ der ebene LAPLACE-Operator in kartesischen Koordinaten. Auf der rechten Seite dieser auch *Bipotenzialgleichung* genannten DGL steht die thermische Belastung, für die eine partikuläre Lösung gefunden werden muss. Die homogene DGL $\Delta\Delta F = 0$ kann durch geeignete Ansatzfunktionen erfüllt werden, deren freie Parameter mit Hilfe der Randbedingungen festzulegen sind.

Weitaus eleganter und leistungsfähiger ist die Verwendung der *komplexen Funktionentheorie*. Hierbei werden die Ortskoordinaten (x_1, x_2) durch die komplexe Variable $z = x_1 + \mathrm{i}x_2$ und ihre konjungiert komplexe Größe $\overline{z} = x_1 - \mathrm{i}x_2$ ersetzt, wobei $\mathrm{i} = \sqrt{-1}$ die imaginäre Einheit bedeutet.

$$z = x_1 + \mathrm{i}x_2\,, \quad \overline{z} = x_1 - \mathrm{i}x_2 \quad \Rightarrow \quad x_1 = \frac{1}{2}(z + \overline{z})\,, \quad x_2 = \frac{1}{2\mathrm{i}}(z - \overline{z}) \tag{3.156}$$

Die homogene Form der Bipotentialgleichung (3.155) nimmt in komplexen Variablen die einfache Gestalt (3.157) an. Man kann zeigen (z. B. MUSKHELISHVILI [4]), dass sie automatisch durch den Ansatz (3.158) mit zwei komplexen holomorphen Funktionen $\phi(z)$ und $\chi(z)$ befriedigt wird. (Holomorphe/analytische Funktionen sind stetig komplex differenzierbar und genügen den CHAUCHY-RIEMANNschen Beziehungen). $\Re(\cdot)$ und $\Im(\cdot)$ bezeichnen den Real- bzw. Imaginärteil einer Größe $(\cdot)$.

$$4\frac{\partial^4 F(z, \overline{z})}{\partial z^2\, \partial \overline{z}^2} = 0 \tag{3.157}$$

$$F(z, \overline{z}) = \Re\left[\overline{z}\phi(z) + \chi(z)\right] \tag{3.158}$$

Der Zusammenhang mit den Spannungskomponenten und den Verschiebungen in der Ebene ergibt sich aus den *KOLOSOVschen Formeln*

$$\begin{aligned} \sigma_{11} + \sigma_{22} &= 2\left[\phi'(z) + \overline{\phi'(z)}\right] = 4\Re\left[\phi'(z)\right] \\ \sigma_{22} - \sigma_{11} + 2\mathrm{i}\tau_{12} &= 2\left[\overline{z}\phi''(z) + \chi''(z)\right] \\ 2\mu(u_1 + \mathrm{i}u_2) &= \kappa\phi(z) - z\overline{\phi'(z)} - \overline{\chi'(z)} \end{aligned} \tag{3.159}$$

mit der Elastizitätskonstanten

$$\kappa = 3 - 4\nu \quad \text{(EVZ)} \quad \text{bzw.} \quad \kappa = \frac{3-\nu}{1+\nu} \quad \text{(ESZ)}\,. \tag{3.160}$$

Durch jede beliebige Wahl der komplexen Potenziale ϕ und χ werden alle Grundgleichungen der ebenen elastischen RWA im Gebiet V erfüllt, d. h. Gleichgewichtsbedingungen, Kinematik und HOOKEsches Gesetz. Um jetzt noch die vorgeschriebenen Randbedingungen erfüllen zu können, benötigt man den Zusammenhang zwischen ϕ und χ mit den geforderten Randwerten $\boldsymbol{u} = \overline{\boldsymbol{u}} = \overline{u}_1 + \mathrm{i}\overline{u}_2$ auf S_u und $\boldsymbol{t} = \overline{\boldsymbol{t}} = \overline{t}_1 + \mathrm{i}\overline{t}_2$ auf S_t. Die Beziehung zu $\overline{u}$ ist mit der 3. Gleichung von (3.159) gegeben. Der Randspannungsvektor an einem Randsegment der Länge $\mathrm{d}s$ mit dem Normalenvektor n_j beträgt nach der CAUCHY-Formel (3.45) $t_i = \sigma_{ij}n_j$, was mit den komplexen Potenzialen in den Ausdruck umgewandelt werden kann:

$$\boldsymbol{t} = t_1 + \mathrm{i}t_2 = -\mathrm{i}\frac{\mathrm{d}}{\mathrm{d}s}\left[\phi(z) + z\overline{\phi'(z)} + \overline{\chi'(z)}\right]\,. \tag{3.161}$$

Ein großer Vorteil der *komplexen Methode* beruht darauf, dass bewährte Techniken der komplexen Funktionentheorie wie konforme Abbildungen, CAUCHYsche Integrale und LAURENT-Reihen zur Lösung der RWA für zweidimensionale begrenzte Strukturen eingesetzt werden können. Als Beispiel sei an dieser Stelle nur die Umwandlung der KOLOSOVschen Formeln in Polarkoordinaten (r, θ) erwähnt. Mit der EULERschen Darstellung der komplexen Variablen $z = r\mathrm{e}^{\mathrm{i}\theta}$ und $\overline{z} = r\mathrm{e}^{-\mathrm{i}\theta}$ gelangt man zur Form:

$$\begin{aligned} \sigma_{rr} + \sigma_{\theta\theta} &= 2\left[\phi'(z) + \overline{\phi'(z)}\right] \\ \sigma_{\theta\theta} - \sigma_{rr} + 2\mathrm{i}\tau_{r\theta} &= 2\left[\overline{z}\phi''(z) + \chi''(z)\right] e^{2\mathrm{i}\theta} \\ 2\mu(u_r + \mathrm{i}u_\theta) &= \left[\kappa\phi(z) - z\overline{\phi'(z)} - \overline{\chi'(z)}\right] e^{-\mathrm{i}\theta} . \end{aligned} \tag{3.162}$$

Die von WESTERGAARD (1939) [6] in der Bruchmechanik verwendete komplexe Spannungsfunktion $Z(z)$ stellt einen Spezialfall der o. g. Funktionen von MUSKHELISHVILI [4] dar. Sie kann aber nur unter eingeschränkten Symmetriebedingungen der RWA genutzt werden. Bei Symmetrie (Modus I) gilt der der Zusammenhang: $\phi' = \frac{1}{2}Z$ und $\chi' = \phi - z\phi'$, bei Antimetrie (Modus II) hingegen: $\phi' = \frac{1}{2}Z$ und $\chi' = -\phi - z\phi'$.

3.5.4 Der nichtebene Schubspannungszustand

Als *nichtebenen* oder *longitudinalen Schubspannungszustand* (NES) bezeichnet man eine reine Schubbeanspruchung senkrecht zur (x_1, x_2)-Ebene in einer prismatischen Struktur, die parallel zur x_3-Achse verläuft, siehe Bild 3.19. Unter der Voraussetzung orthotroper oder höherer Materialsymmetrie bzgl. der Koordinatenachsen entkoppeln sich die Verformungen in der Ebene und senkrecht dazu. Deshalb bilden sich nur Verschiebungen $u_3(x_1, x_2)$ in x_3-Richtung aus, welche die Gleitungen γ_{13} und γ_{23} sowie die zugehörigen Schubspannungen τ_{13} und τ_{23} als Funktion von (x_1, x_2) zur Folge haben. Die Belastung kann so wie in Bild 3.19 gezeigt durch Schubkräfte oder Verformungen $\bar{u}_3$ vorgegeben sein.

In diesem äußerst trivialen Fall verbleiben die kinematischen Beziehungen

$$\gamma_{13} = \frac{\partial u_3}{\partial x_1}, \quad \gamma_{23} = \frac{\partial u_3}{\partial x_2}, \quad \frac{\partial \gamma_{13}}{\partial x_2} = \frac{\partial \gamma_{23}}{\partial x_1}, \tag{3.163}$$

das HOOKEsche Gesetz für Schub und die Gleichgewichtsbedingungen (ohne Volumenkräfte)

$$\gamma_{13} = \tau_{13}/\mu, \quad \gamma_{23} = \tau_{23}/\mu, \quad \frac{\partial \tau_{13}}{\partial x_1} + \frac{\partial \tau_{23}}{\partial x_2} = 0. \tag{3.164}$$

Durch Einsetzen von (3.163) in (3.164) bekommt man für die Verschiebungsfunktion u_3 eine LAPLACE-Gleichung

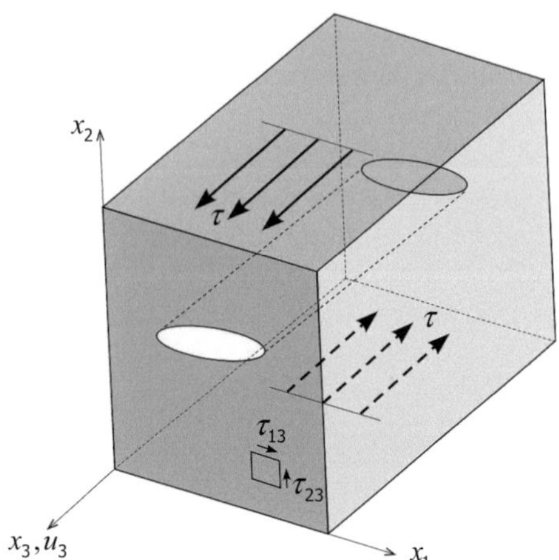

Bild 3.19 Nichtebene Schubbeanspruchung (NES)

$$\mu\left(\frac{\partial^2 u_3}{\partial x_1^2}+\frac{\partial^2 u_3}{\partial x_2^2}\right)=\mu\Delta u_3(x_1,x_2)=0\,. \tag{3.165}$$

Bekanntlich erfüllen sowohl der Real- als auch der Imaginärteil einer holomorphen Funktion automatisch die LAPLACE-Gleichung [4].

Deshalb wird zur Lösung des nichtebenen Schubproblems das Verschiebungsfeld als Realteil der holomorphen Funktion $\Omega(z)$ angesetzt, deren genaue Form sich durch die Randbedingungen bestimmt. Die Schubspannungen berechnet man daraus durch komplexe Differentiation.

$$u_3(x_1,x_2)=\Re\Omega(z)/\mu\,,\quad \tau_{13}-\mathrm{i}\tau_{23}=\Omega'(z) \tag{3.166}$$

3.5.5 Platten

Um später auf Risse in Platten eingehen zu können, soll an dieser Stelle kurz die KIRCHHOFFsche Theorie dünner Platten in Erinnerung gerufen werden. Ausführliche Darstellungen findet der Leser in jedem Lehrbuch der Höheren Festigkeitslehre. Eine *Platte* ist ein ebenes Flächentragwerk (Dicke $h \ll$ Abmessungen in der Ebene), dessen Geometrie durch die Mittelebene $x_3=0$ mit den (x_1,x_2)-Koordinaten beschrieben wird. Die Belastungen wirken senkrecht zur Fläche in Form von Flächenlasten $p(x_1,x_2)$ oder am Rand eingeleiteten Momenten. Auch hier gilt der ebene Spannungszustand. Die Verformung einer Platte besteht aus einer reinen Verschiebung der Mittelebene in x_3-Richtung, die Durchbiegung $u_3=w(x_1,x_2)$ genannt wird. Die 1. Ableitungen von w bedeuten die lokalen Verdrehungen der

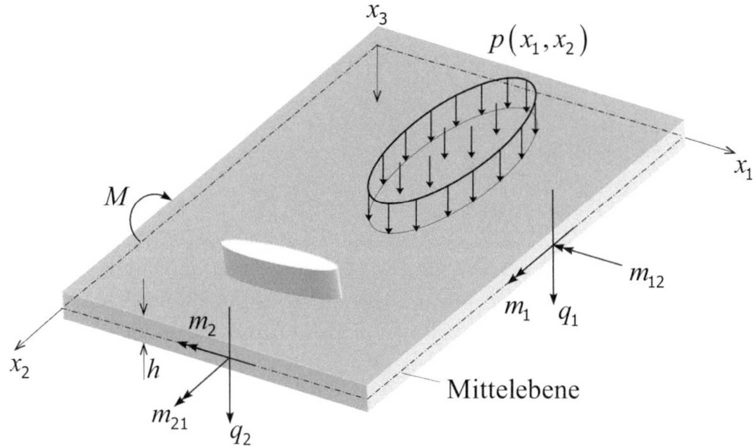

Bild 3.20 KIRCHHOFFsche Plattentheorie

Querschnitte und die 2. Ableitungen entsprechen den Krümmungen. Alle Feldgrößen der ebenen RWA sind nur Funktionen von (x_1, x_2).

Wie in der Festigkeitslehre üblich, ersetzt man die Wirkungen der Spannungen auf einer Schnittfläche durch statisch gleichwertige Schittgrößen (resultierende Kräfte und Momente), die bei der Platte an jedem Punkt eines Randes $x_1 = \text{const.}$ bzw. $x_2 = \text{const.}$ definiert sind, siehe Bild 3.20.

$$\begin{aligned}
&\text{Querkräfte:} && q_1 = \int_{-h/2}^{+h/2} \tau_{13}\,\mathrm{d}x_3\,, && q_2 = \int_{-h/2}^{+h/2} \tau_{23}\,\mathrm{d}x_3 \\
&\text{Biegemomente:} && m_1 = \int_{-h/2}^{+h/2} \sigma_{11}\,x_3\,\mathrm{d}x_3\,, && m_2 = \int_{-h/2}^{+h/2} \sigma_{22}\,x_3\,\mathrm{d}x_3 \\
&\text{Torsionsmomente:} && m_{12} = m_{21} = \int_{-h/2}^{+h/2} \tau_{12}\,x_3\,\mathrm{d}x_3
\end{aligned} \tag{3.167}$$

Unter Berücksichtigung der Verformungskinematik und des HOOKEschen Gesetzes folgt der Zusammenhang mit der Durchbiegungsfunktion w:

$$\begin{aligned}
&m_1 = -D\left(\frac{\partial^2 w}{\partial x_1^2} + \nu\frac{\partial^2 w}{\partial x_2^2}\right), \quad m_2 = -D\left(\frac{\partial^2 w}{\partial x_2^2} + \nu\frac{\partial^2 w}{\partial x_1^2}\right) \\
&m_{12} = m_{21} = -D(1-\nu)\frac{\partial^2 w}{\partial x_1 \partial x_2}\,.
\end{aligned} \tag{3.168}$$

Die Größe D wird Plattensteifigkeit genannt.

$$D = \frac{Eh^3}{12(1-\nu^2)} \tag{3.169}$$

Nach Aufstellung der Gleichgewichtsbedingungen zwischen diesen Schnittgrößen erhält man schließlich die bekannte *KIRCHHOFFsche Plattengleichung* :

$$\frac{\partial^4 w}{\partial x_1^4} + 2\frac{\partial^4 w}{\partial x_1^2 \partial x_2^2} + \frac{\partial^4 w}{\partial x_2^4} = \Delta\Delta w = \frac{p(x_1, x_2)}{D} \,. \tag{3.170}$$

Diese DGL stellt eine *Bipotenzialgleichung* für die Durchbiegungsfunktion $w(x_1, x_2)$ der Platte dar, die noch durch entsprechende Randbedingungen für w, w' oder der Schnittgrößen ergänzt wird. Somit kann man den mathematischen Apparat der komplexen Funktionentheorie auch für die Lösung dieses Festigkeitsproblems vorteilhaft einsetzen. Dazu wird $w(x_1, x_2)$ in komplexen Variablen z, $\overline{z}$ mit zwei komplexen Potenzialen ϕ und χ angesetzt.

$$w(x_1, x_2) = \Re\left[\overline{z}\phi(z) + \chi(z)\right] \tag{3.171}$$

Dann bekommt man für die Schnittgrößen in komplexer Darstellung die Ausdrücke:

$$\begin{aligned} m_1 + m_2 &= -4D\,(1+\nu)\,\Re\left[\phi'(z)\right] \\ m_2 - m_1 + 2\mathrm{i}\,m_{12} &= 2D\,(1-\nu)\,\left[\overline{z}\phi''(z) + \chi''(z)\right] \\ \frac{\partial w}{\partial x_1} + \mathrm{i}\frac{\partial w}{\partial x_2} &= \phi(z) + z\overline{\phi'(z)} + \overline{\chi'(z)} \\ q_1 - \mathrm{i}q_2 &= -4D\,\phi''(z) \end{aligned} \tag{3.172}$$

Die Ähnlichkeit mit der komplexen Methode für ebene Scheibenprobleme in Abschnitt 3.5.2 ist deutlich erkennbar, entsprechend analog sind die Lösungsmethoden.

Literaturverzeichnis

[1] Haupt, P.: Continuum mechanics and theory of materials. Springer, Berlin, Heidelberg, New York (2000)
[2] Lemaitre, J., Chaboche, J.L.: Mechanics of solid materials. Cambridge University Press, Cambridge, New York (1990)
[3] Lubliner, J.: Plasticity theory. MacMillan, London (1990)
[4] Muskhelishvili, N.I.: Einige Grundaufgaben zur mathematischen Elastizitätstheorie. Fachbuchverlag Leipzig (1971)
[5] Ogden, R.W.: Non-linear elastic deformations. Ellis Horwood and John Wiley, Chichester (1984)
[6] Westergaard, H.M.: Bearing pressures and cracks. Journal of Applied Mechanics **6**, 49–53 (1939)

Kapitel 4
Grundlagen der Bruchmechanik

In diesem Kapitel werden die theoretischen Grundlagen der Bruchmechanik dargelegt. Hauptanliegen ist die Beschreibung der verfügbaren kontinuumsmechanischen Lösungen für Risse. Auf der Grundlage der so ermittelten Spannungs- und Verformungszustände werden dann geeignete Kenngrößen ausgewählt, welche die Beanspruchungssituation an Rissen eindeutig beschreiben. Diese *Beanspruchungsparameter* bzw. *Bruchkenngrößen* bilden die Grundlage für die Formulierung von *Bruchkriterien*, womit das Verhalten der Risse quantitativ bewertet werden kann. Diese meist geschlossenen mathematischen Lösungen stellen die Voraussetzung dar, um die Bruchkenngrößen später mit numerischen Methoden berechnen zu können. Selbstverständlich basieren auch die experimentellen Prüfmethoden der Bruchmechanik zur Ermittlung der Werkstoffkennwerte auf dem Verständnis der Beanspruchungssituation.

4.1 Modellannahmen

In der Bruchmechanik wird das Verhalten von Rissen in Körpern aus makroskopischer Sicht im Rahmen der Kontinuumsmechanik beschrieben. Der Begriff »Körper« soll technische Konstruktionen, Bauteile und Anlagen, aber auch Werkstoffstrukturen auf allen Skalen umfassen. Dabei wird der Riss geometrisch als ein mathematischer Schnitt oder Schlitz in einem Körper in idealisierter Form aufgefasst. Das bedeutet erstens, dass man eine rein flächenhafte Auftrennung des Körpers annimmt, die zu zwei *Rissufern* (2D) bzw. zu zwei *Rissoberflächen* (3D) führt. Die Rissufer bzw. Rissoberflächen laufen an der *Rissspitze* (2D) bzw. *Rissfront* (3D) zusammen. Zweitens wird eine ideal scharfe Rissspitze mit einem Kerbradius $\rho = 0$ unterstellt. Tatsächlich haben die Spitzen physikalischer Risse natürlich immer einen endlichen Krümmungsradius, der jedoch im Vergleich zur Risslänge und den Körperabmessungen als unendlich klein betrachtet werden darf. Damit ist die Rissspitzenform eindeutig festgelegt, wodurch sich die Bruchmechanik von der Kerbspannungslehre abhebt. Hinsichtlich der Verformung des Risses unterscheidet

M. Kuna, *Finite Elemente in der Bruchmechanik*,
https://doi.org/10.1007/978-3-658-46192-8_4

man drei voneinander unabhängige Bewegungen der beiden Rissufer relativ zueinander. Diese so genannten *Rissöffnungsarten* oder *Rissöffnungsmoden* (engl. *crack opening modes*) sind in Bild 4.1 schematisch dargestellt und haben folgende Definition:

Modus I: Öffnungsmodus (engl. *opening mode*): Der Riss öffnet sich senkrecht zur Rissebene, was durch eine Zugbeanspruchung verursacht werden kann.

Modus II: Ebener Schermodus (engl. *sliding mode*): Die Rissufer verschieben sich in ihrer Ebene senkrecht zur Rissfront, was einer ebenen transversalen Schubbeanspruchung entspricht.

Modus III: Nichtebener Schermodus (engl. *tearing mode*): Die Rissufer verschieben sich in ihrer Ebene parallel zur Rissfront, was mit einer nichtebenen longitudinalen Schubbeanspruchung verbunden ist.

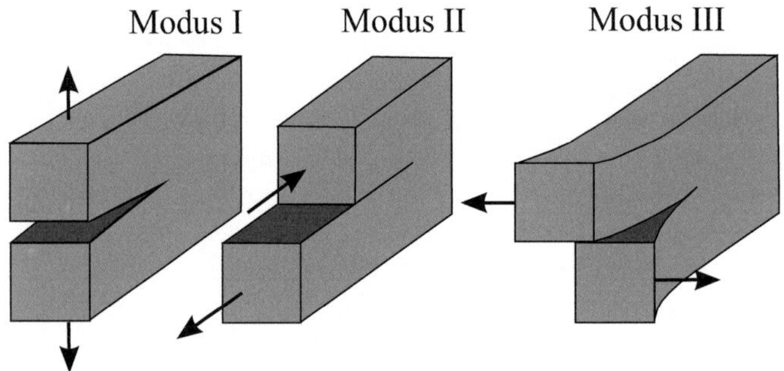

Bild 4.1 Definition der drei Rissöffnungsarten

Jede Art von Verformung des Risses kann als Überlagerung dieser drei grundlegenden kinematischen Moden angesehen werden. Im räumlichen Fall ist Bild 4.1 als lokaler Ausschnitt um ein Segment der Rissfront zu verstehen, wobei sich die Größe der Moden entlang der Rissfront verändern wird.

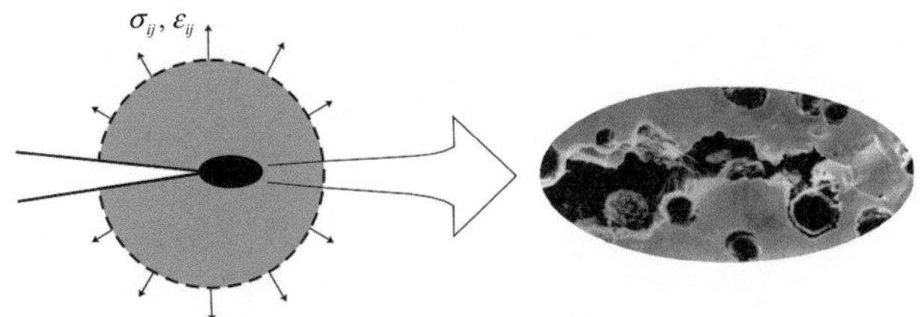

Bild 4.2 Prozesszone der mikromechanischen Bruchvorgänge an der Rissspitze

Die kontinuumsmechanische Modellierung von Rissen kann im allgemeinen *nicht* den physikalischen Bruchprozess der Materialtrennung wiedergeben ! Vielmehr werden – so wie auch in der klassischen Festigkeitslehre – die Spannungen und Verzerrungen im Körper unter Verwendung von *Verformungs*gesetzen der Werkstoffe (siehe Abschnitt 3.4) ausgerechnet und mit diesen Ergebnissen anschließend Festigkeitshypothesen formuliert. Sie beschreiben gewissermaßen die »Randbedingungen«, unter denen die mikromechanischen Vorgänge in der *Bruchprozesszone* an einer Rissspitze ablaufen (Bild 4.2).Wollte man die Versagensphänomene mit in die kontinuumsmechanische Untersuchung einbeziehen, so wäre das Materialgesetz durch Modelle des Werkstoff*versagens* zu erweitern. Dieser Weg wird im Rahmen der Kontinuumsschädigungsmechanik und der Kohäsivzonenmodelle bestritten, den wir vorerst nicht weiter verfolgen wollen. Selbstverständlich kann man durch einen Wechsel auf die Meso- oder Mikroskala natürlich auch dort diskrete Risse, ihre Entstehung und Wechselwirkung in einer Bruchprozesszone kontinuumsmechanisch oder bruchmechanisch simulieren.

4.2 Linear–elastische Bruchmechanik

In der linear–elastischen Bruchmechanik werden Rissprobleme in Körpern untersucht, deren Verformungsverhalten im gesamten Gebiet als linear–elastisch nach dem verallgemeinerten HOOKEschen Gesetz (Abschnitt 3.4.1) angenommen werden darf. Abgesehen von sehr spröden Werkstoffen gibt es in Wahrheit in fast allen Strukturen materielle oder geometrische Nichtlinearitäten, besonders im Bereich von Kerben und Rissspitzen. In sehr vielen Fällen sind die nichtlinearen Effekte auf kleine Gebiete begrenzt, die im Vergleich zur Rissgröße oder den Bauteilabmessungen vernachlässigt werden dürfen. Das elastische Materialverhalten kann grundsätzlich auch anisotrop sein. Vorerst beschränken wir uns auf den einfacheren Fall der Isotropie. Im Begriff Linearität sind auch kleine Verschiebungen und infinitesimale Verzerrungen (3.31) einbegriffen.

4.2.1 Zweidimensionale Rissprobleme

Riss unter Modus–I–Belastung

Untersucht werden soll ein schlitzförmiger gerader Riss der Länge $2a$ in einer unendlich ausgedehnten Scheibe mit isotropem linear–elastischem Material. Als Belastung wird eine konstante Zugspannung σ in senkrechter Richtung zum Riss angenommen, siehe Bild 4.3. Wir legen ein kartesisches Koordinatensystem mit dem Ursprung in die Mitte des Risses, so dass die Lage der Rissufer Γ^+ und Γ^- festgelegt ist durch

$$-a \leq x_1 \leq +a, \quad x_2 = \pm 0. \tag{4.1}$$

Zur Lösung dieser Randwertaufgabe der Elastizitätstheorie verwenden wir die im Abschnitt 3.5.2 dargelegte Methode der komplexen Funktionen ([79, 46]) mit der komplexen Variablen $z = x_1 + \mathrm{i}x_2$. Die Randbedingungen dieses Problems sind durch die Spannungsfreiheit $\bar{t}_i = 0$ der unbelasteten Rissufer Γ^+ und Γ^- gegeben, deren Normalenvektoren n_j nur in $\mp x_2$–Richtung weisen, $(n_1 = 0, n_2 = \mp 1)$. Nach der CAUCHY–Formel gilt:

$$t_i = \sigma_{ij} n_j = \mp \sigma_{i2} = \bar{t}_i = 0 \quad \Rightarrow \tau_{12} = 0, \sigma_{22} = 0 \text{ auf } \Gamma^+ \text{ und } \Gamma^-. \tag{4.2}$$

Als weitere Randbedingung muss in unendlicher Entfernung vom Riss der ungestörte einachsige homogene Zugspannungszustand erreicht werden:

$$\sigma_{22} = \sigma, \quad \sigma_{11} = \tau_{12} = 0 \quad \text{für } |z| = \sqrt{x_1^2 + x_2^2} \to \infty. \tag{4.3}$$

Aus Platzgründen kann hier nicht der Lösungsweg angegeben werden (siehe [79]), sondern nur das Resultat in Form der komplexen Spannungsfunktionen $\phi(z)$ und $\chi'(z)$:

$$\phi(z) = \frac{\sigma}{4} z + \frac{\sigma}{2}\left[\sqrt{z^2 - a^2} - z\right], \quad \chi'(z) = \frac{\sigma}{2} z - \frac{\sigma}{2} \frac{a^2}{\sqrt{z^2 - a^2}}. \tag{4.4}$$

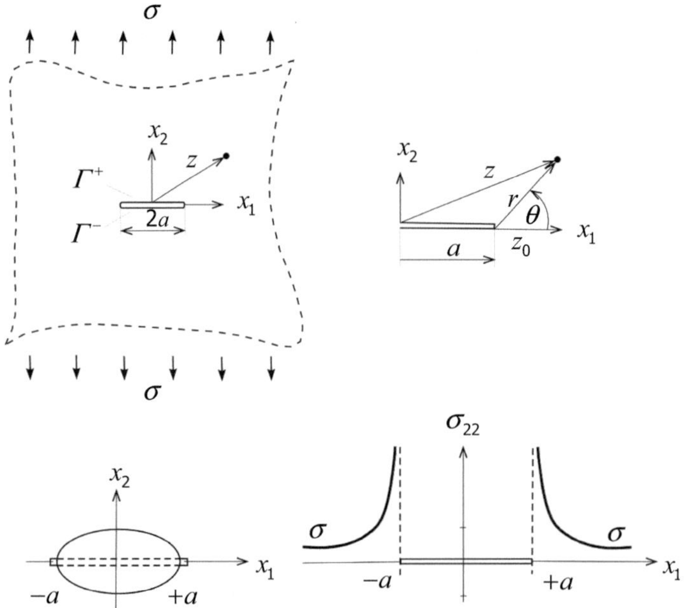

Bild 4.3 Riss in der unendlichen Scheibe unter Zugbelastung: oben) Koordinatensystem, unten) Rissöffnung und Spannungsverlauf

Mit Hilfe der KOLOSOVschen Formeln (3.159) werden das Spannungs- und Verschiebungsfeld in der gesamten Scheibe hergeleitet. Man kann sich durch Einsetzen auch leicht davon überzeugen, dass das Abklingverhalten nach (4.3) durch die beiden ersten Terme in (4.4) richtig wiedergegeben wird. Die zweiten Glieder in (4.4) verschwinden für $|z| \to \infty$ und beschreiben demnach die eigentliche Auswirkung des Risses auf die Spannungsverteilung in der Scheibe ($\Re(\ ) \widehat{=}$ Realteil, $\Im(\ ) \widehat{=}$ Imaginärteil).

$$\begin{aligned} S_1 &:= \sigma_{11} + \sigma_{22} = 4\Re\phi' = \sigma\Re\left[\frac{2z}{\sqrt{z^2 - a^2}} - 1\right] \\ S_2 &:= \sigma_{22} - \sigma_{11} + 2\mathrm{i}\tau_{12} = 2\left[\overline{z}\phi'' + \chi''\right] = \sigma\left[1 + a^2\frac{z - \overline{z}}{(z^2 - a^2)^{3/2}}\right] \\ \sigma_{11} &= \frac{1}{2}\Re(S_1 - S_2), \quad \sigma_{22} = \frac{1}{2}\Re(S_1 + S_2), \quad \tau_{12} = \frac{1}{2}\Im(S_2) \end{aligned} \tag{4.5}$$

Zuerst soll die Spannungsverteilung auf dem Ligament ($|x_1| \geq a,\ x_2 = 0$) analysiert werden. Wegen der Symmetrie bzgl. x_2 ist hier die Schubspannung $\tau_{12} \equiv 0$ und für die Normalspannungen folgt aus (4.5)

$$\sigma_{11} = \sigma\left[\frac{x_1}{\sqrt{x_1^2 - a^2}} - 1\right], \quad \sigma_{22} = \sigma\frac{x_1}{\sqrt{x_1^2 - a^2}}. \tag{4.6}$$

Das Ergebnis besagt, dass an den Rissspitzen ($x_1 \to \pm a$) die Normalspannungen unendlich groß werden (Bild 4.3). Die Auswertung von (4.5) auf den Rissufern $|x_1| < a$ bestätigt im Übrigen, dass die Randbedingungen (4.2) erfüllt sind.

Den Verformungszustand gewinnt man über die 3. KOLOSOVsche Formel (3.159)

$$2\mu(u_1 + \mathrm{i}u_2) = \frac{\sigma}{2}\left[\kappa\sqrt{z^2 - a^2} + \frac{a^2 - z\overline{z}}{\sqrt{z^2 - a^2}} - \frac{1}{2}(\kappa - 1)z - \overline{z}\right]. \tag{4.7}$$

Die Berechnung der Verschiebungen des oberen und unteren Rissufers ($|x_1| < a,\ x_2 = \pm 0$) ergibt, dass der geöffnete Riss die Form einer Ellipse (Bild 4.3) annimmt.

$$u_1 = \mp\frac{1+\kappa}{8\mu}\sigma x_1, \quad u_2 = \pm\frac{1+\kappa}{4\mu}\sigma\sqrt{a^2 - x_1^2}\,. \tag{4.8}$$

Hierbei bezeichnet μ den Schubmodul. Die elastische Konstante κ beträgt $\kappa = 3 - 4\nu$ im *ebenen Verzerrungszustand* (EVZ) und $\kappa = (3-\nu)/(1+\nu)$ im *ebenen Spannungszustand*(ESZ), siehe Abschnitt 3.5.2.

Von besonderem Interesse ist die lokale Spannungsverteilung in unmittelbarer Nähe der Rissspitzen. Dazu führt man das in Bild 4.3 skizzierte Polarkoordinatensystem (r, θ) direkt an einer Rissspitze (hier bei $z = z_0 = +a$) ein:

$$z = a + r\mathrm{e}^{\mathrm{i}\theta}, \quad z - z_0 = r\mathrm{e}^{\mathrm{i}\theta} = a\zeta\mathrm{e}^{\mathrm{i}\theta} \quad \text{mit } \zeta = \frac{r}{a}. \tag{4.9}$$

Durch Einsetzen von z und $\overline{z}$ in die Gleichungen (4.5) erhält man die Ausdrücke

$$S_1 = \sigma\Re\left[\frac{2\left(1+\zeta \mathrm{e}^{\mathrm{i}\theta}\right)}{\sqrt{2\zeta \mathrm{e}^{\mathrm{i}\theta}+\zeta^2\mathrm{e}^{2\mathrm{i}\theta}}}-1\right], \quad S_2 = \sigma\left[1+\frac{\zeta\left(\mathrm{e}^{\mathrm{i}\theta}-\mathrm{e}^{-\mathrm{i}\theta}\right)}{\left(2\zeta \mathrm{e}^{\mathrm{i}\theta}+\zeta^2\mathrm{e}^{2\mathrm{i}\theta}\right)^{3/2}}\right], \tag{4.10}$$

die für $\zeta = \frac{r}{a} \ll 1$ wie folgt approximiert werden können:

$$\begin{aligned} S_1 &= \sigma_{11}+\sigma_{22} \approx \sigma\Re\left[\frac{2}{\sqrt{2\zeta \mathrm{e}^{\mathrm{i}\theta}}}\right] = \sigma\sqrt{\frac{a}{2r}}2\cos\frac{\theta}{2} \\ S_2 &= \sigma_{22}-\sigma_{11}+2\mathrm{i}\tau_{12} \approx \sigma\frac{\zeta 2\mathrm{i}\sin\theta}{\left(2\zeta \mathrm{e}^{\mathrm{i}\theta}\right)^{3/2}} = \sigma\sqrt{\frac{a}{2r}}\mathrm{i}\sin\theta\,\mathrm{e}^{-\mathrm{i}3\theta/2}. \end{aligned} \tag{4.11}$$

Daraus gewinnt man den Spannungszustand an der Rissspitze in Polarkoordinaten (r,θ). Dabei können wir den Faktor $\sigma\sqrt{\pi a} = K_{\mathrm{I}}$ abspalten.

$$\begin{Bmatrix}\sigma_{11}\\ \sigma_{22}\\ \tau_{12}\end{Bmatrix} = \frac{K_{\mathrm{I}}}{\sqrt{2\pi r}}\begin{Bmatrix}\cos\frac{\theta}{2}\left[1-\sin\frac{\theta}{2}\sin\frac{3\theta}{2}\right]\\ \cos\frac{\theta}{2}\left[1+\sin\frac{\theta}{2}\sin\frac{3\theta}{2}\right]\\ \sin\frac{\theta}{2}\cos\frac{\theta}{2}\cos\frac{3\theta}{2}\end{Bmatrix} = \frac{K_{\mathrm{I}}}{\sqrt{2\pi r}}\begin{Bmatrix}f_{11}^{\mathrm{I}}(\theta)\\ f_{22}^{\mathrm{I}}(\theta)\\ f_{12}^{\mathrm{I}}(\theta)\end{Bmatrix} \tag{4.12}$$

Die Spannungen σ_{33} in Dickenrichtung sind bei Annahme eines ESZ null und im EVZ:

$$\sigma_{33} = \nu(\sigma_{11}+\sigma_{22}) = \frac{K_{\mathrm{I}}}{\sqrt{2\pi r}}2\nu\cos\frac{\theta}{2}. \tag{4.13}$$

Unter Verwendung des ebenen HOOKEschen Gesetzes (3.146) bzw. (3.151) berechnen sich daraus die Verzerrungskomponenten zu

$$\begin{Bmatrix}\varepsilon_{11}\\ \varepsilon_{22}\\ \gamma_{12}\end{Bmatrix} = \frac{K_{\mathrm{I}}}{2\mu\sqrt{2\pi r}}\begin{Bmatrix}\cos\frac{\theta}{2}\left[\frac{\kappa-1}{2}-\sin\frac{\theta}{2}\sin\frac{3\theta}{2}\right]\\ \cos\frac{\theta}{2}\left[\frac{\kappa-1}{2}+\sin\frac{\theta}{2}\sin\frac{3\theta}{2}\right]\\ 2\sin\frac{\theta}{2}\cos\frac{\theta}{2}\cos\frac{3\theta}{2}\end{Bmatrix} \tag{4.14}$$

Die Dehnungen in Dickenrichtung ε_{33} sind im EVZ definitionsgemäß null und im ESZ

$$\varepsilon_{33} = -\frac{K_\mathrm{I}}{\mu\sqrt{2\pi r}}\frac{\nu}{1+\nu}\cos\frac{\theta}{2}. \tag{4.15}$$

In ähnlicher Weise kann man das Verschiebungsfeld (4.7) mit dem Ansatz (4.9) in der Nähe der Rissspitze für $\zeta = \frac{r}{a} \ll 1$ entwickeln und erhält

$$\begin{Bmatrix} u_1 \\ u_2 \end{Bmatrix} = \frac{K_\mathrm{I}}{2\mu}\sqrt{\frac{r}{2\pi}} \begin{Bmatrix} \cos\frac{\theta}{2}\,[\kappa - \cos\theta] \\ \sin\frac{\theta}{2}\,[\kappa - \cos\theta] \end{Bmatrix} = \frac{K_\mathrm{I}}{2\mu}\sqrt{\frac{r}{2\pi}} \begin{Bmatrix} g_1^\mathrm{I}(\theta) \\ g_2^\mathrm{I}(\theta) \end{Bmatrix} \tag{4.16}$$

Mit Hilfe der durchgeführten asymptotischen Analyse ist es gelungen, die Verschiebungs- Verzerrungs- und Spannungsfelder in der Rissspitzenumgebung zu bestimmen. Diese Lösung nennt man *Rissspitzenfeld* oder *asymptotisches Nahfeld*. Aus den Ergebnissen (4.12), (4.14) und (4.16) erkennt man folgende Charakteristika:

- Die Spannungen und Verzerrungen verhalten sich bei Annäherung an die Rissspitze $r \to 0$ singulär mit $1/\sqrt{r}$.
- Die Verschiebungsfelder sind proportional zur Wurzel aus dem Abstand zur Rissspitze $\sqrt{r}$, der Riss öffnet sich parabelförmig.
- Alle Feldgrößen an der Rissspitze sind proportional zu $K_\mathrm{I} = \sigma\sqrt{\pi a}$. Dieser Faktor K_I wird *Spannungsintensitätsfaktor* genannt. Der Index I steht hier für den Rissöffnungsmodus I.
- Die Intensität der Nahfeldlösung steigt nicht nur (wie erwartet) linear mit der Zugbelastung σ an, sondern hängt auch von der Länge a des Risses ab!

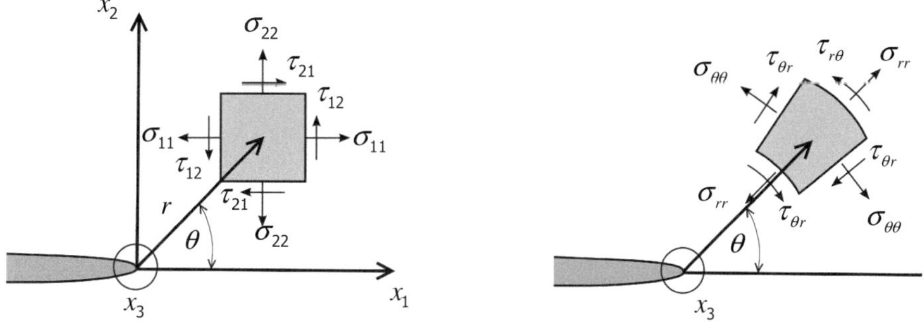

Bild 4.4 Spannungen an der Rissspitze in kartesischen und Zylinderkoordinaten

Mitunter ist die Darstellung der Nahfeldlösung in Zylinderkoordinaten von Vorteil, siehe Bild 4.4. Nach den üblichen Transformationsregeln (siehe (3.55)) erhält

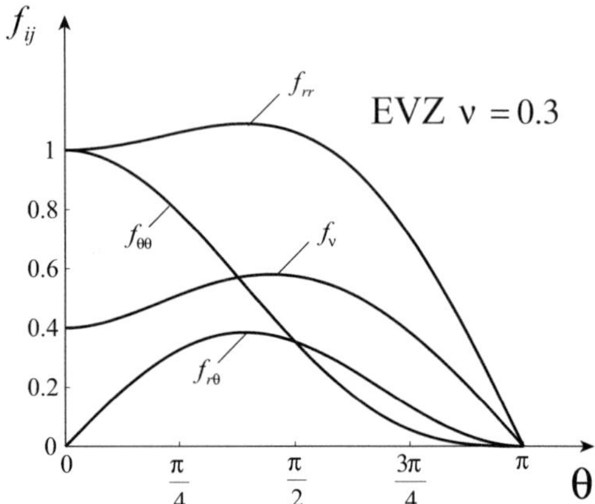

Bild 4.5 Winkelverteilung der Spannungen um die Rissspitze (Modus I)

man aus (4.12), (4.14) und (4.16) die Verschiebungs-, Verzerrungs- und Spannungskomponenten im (r, θ, x_3)–System:

$$\begin{Bmatrix} \sigma_{rr} \\ \sigma_{\theta\theta} \\ \tau_{r\theta} \end{Bmatrix} = \frac{K_{\mathrm{I}}}{4\sqrt{2\pi r}} \begin{Bmatrix} 5\cos\dfrac{\theta}{2} - \cos\dfrac{3\theta}{2} \\ 3\cos\dfrac{\theta}{2} + \cos\dfrac{3\theta}{2} \\ \sin\dfrac{\theta}{2} + \sin\dfrac{3\theta}{2} \end{Bmatrix} = \frac{K_{\mathrm{I}}}{\sqrt{2\pi r}} \begin{Bmatrix} f_{rr}(\theta) \\ f_{\theta\theta}(\theta) \\ f_{r\theta}(\theta) \end{Bmatrix} \tag{4.17}$$

$$\begin{Bmatrix} \varepsilon_{rr} \\ \varepsilon_{\theta\theta} \\ \gamma_{r\theta} \end{Bmatrix} = \frac{K_{\mathrm{I}}}{8\mu\sqrt{2\pi r}} \begin{Bmatrix} [2\kappa - 1]\cos\dfrac{\theta}{2} - \cos\dfrac{3\theta}{2} \\ [2\kappa - 3]\cos\dfrac{\theta}{2} + \cos\dfrac{3\theta}{2} \\ 2\sin\dfrac{\theta}{2} + 2\sin\dfrac{3\theta}{2} \end{Bmatrix} \tag{4.18}$$

$$\begin{Bmatrix} u_r \\ u_\theta \end{Bmatrix} = \frac{K_{\mathrm{I}}}{4\mu}\sqrt{\frac{r}{2\pi}} \begin{Bmatrix} [2\kappa - 1]\cos\dfrac{\theta}{2} - \cos\dfrac{3\theta}{2} \\ -[2\kappa + 1]\sin\dfrac{\theta}{2} + \sin\dfrac{3\theta}{2} \end{Bmatrix} \tag{4.19}$$

Die Dehnungen ε_{33} und Spannungen σ_{33} in Dickenrichtung bleiben bei dieser Transformation unverändert. Die Winkelabhängigkeit $f_{ij}(\theta)$ der Spannungen (4.17) sowie der v. Mises–Vergleichsspannung $f_{\mathrm{v}}(\theta)$ sind in Bild 4.5 wiedergegeben.

Riss unter Modus–II–Belastung

In ähnlicher Weise wie im vorigen Abschnitt kann man den Riss in der unendlichen Scheibe auch unter ebener Schubbelastung $\tau \mathrel{\widehat{=}} \tau_{21}$ berechnen. Nur die Randbedin-

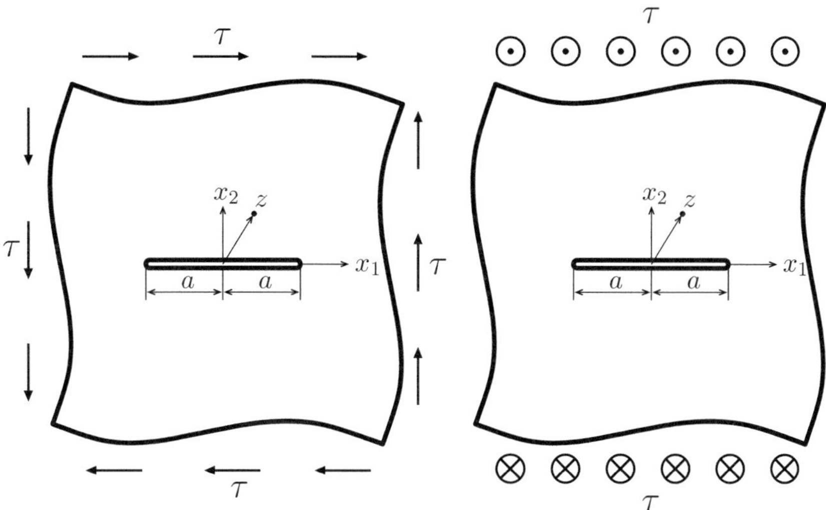

Bild 4.6 Riss in der unendlichen Scheibe unter a) ebener und b) nicht–ebener Schubbelastung

gungen (4.3) unterscheiden sich vom Zugproblem durch die Form

$$\sigma_{11} = \sigma_{22} = 0, \quad \tau_{12} = \tau \quad \text{für } |z| = \sqrt{x_1^2 + x_2^2} \to \infty. \tag{4.20}$$

Anhand von Bild 4.6 (links) erkennt man anschaulich sofort, dass die Lösung jetzt antimetrisch bzgl. der x_2–Koordinate sein muss. Die komplexen Spannungsfunktionen für diese RWA lauten

$$\phi(z) = \mathrm{i}Bz - \mathrm{i}\frac{\tau}{2}\left(\sqrt{z^2 - a^2} - z\right), \quad \chi'(z) = \mathrm{i}\tau z + \mathrm{i}\frac{\tau}{2}\left(\frac{2z^2 - a^2}{\sqrt{z^2 - a^2}} - 2z\right). \tag{4.21}$$

Die jeweils ersten Terme in beiden Spannungsfunktionen repräsentieren den reinen ungestörten Schubspannungszustand in der rissfreien Ebene, während die zweiten Terme den Lösungsanteil für den Riss darstellen. Die frei wählbare reelle Konstante B erzeugt nur eine zusätzliche Starrkörperdrehung und sollte zu null gesetzt werden, siehe [111][1]. Es bleibt dem Leser als Übungsaufgabe überlassen, die entsprechenden Berechnungen der Feldgrößen $\sigma_{ij}(x_1, x_2), u_i(x_1, x_2)$ sowie die asymptotische Entwicklung für $r \to \pm a$ vorzunehmen. Hier soll nur das Ergebnis für das Rissspitzennahfeld angegeben werden. Dazu führen wir noch den *Spannungsintensitätsfaktor* K_{II} für Modus–II–Belastung ein, der für diese RWA folgenden Wert annimmt:

$$K_{\mathrm{II}} = \tau\sqrt{\pi a}\,. \tag{4.22}$$

[1] Für diesen Hinweis danke ich den Autoren J. SCHEEL und A. RICOEUR

$$\begin{Bmatrix} \sigma_{11} \\ \sigma_{22} \\ \tau_{12} \end{Bmatrix} = \frac{K_{\mathrm{II}}}{\sqrt{2\pi r}} \begin{Bmatrix} -\sin\frac{\theta}{2}\left[2+\cos\frac{\theta}{2}\cos\frac{3\theta}{2}\right] \\ \sin\frac{\theta}{2}\cos\frac{\theta}{2}\cos\frac{3\theta}{2} \\ \cos\frac{\theta}{2}\left[1-\sin\frac{\theta}{2}\sin\frac{3\theta}{2}\right] \end{Bmatrix} = \frac{K_{\mathrm{II}}}{\sqrt{2\pi r}} \begin{Bmatrix} f_{11}^{\mathrm{II}}(\theta) \\ f_{22}^{\mathrm{II}}(\theta) \\ f_{12}^{\mathrm{II}}(\theta) \end{Bmatrix} \tag{4.23}$$

und in Zylinderkoordinaten

$$\begin{Bmatrix} \sigma_{rr} \\ \sigma_{\theta\theta} \\ \tau_{r\theta} \end{Bmatrix} = \frac{K_{\mathrm{II}}}{4\sqrt{2\pi r}} \begin{Bmatrix} -5\sin\frac{\theta}{2}+3\sin\frac{3\theta}{2} \\ -3\sin\frac{\theta}{2}-3\sin\frac{3\theta}{2} \\ \cos\frac{\theta}{2}+3\cos\frac{3\theta}{2} \end{Bmatrix}. \tag{4.24}$$

Die Verschiebungen in Rissspitzennähe lauten

$$\begin{Bmatrix} u_1 \\ u_2 \end{Bmatrix} = \frac{K_{\mathrm{II}}}{2\mu}\sqrt{\frac{r}{2\pi}} \begin{Bmatrix} \sin\frac{\theta}{2}[\kappa+2+\cos\theta] \\ -\cos\frac{\theta}{2}[\kappa-2+\cos\theta] \end{Bmatrix} = \frac{K_{\mathrm{II}}}{2\mu}\sqrt{\frac{r}{2\pi}} \begin{Bmatrix} g_1^{\mathrm{II}}(\theta) \\ g_2^{\mathrm{II}}(\theta) \end{Bmatrix} \tag{4.25}$$

$$\begin{Bmatrix} u_r \\ u_\theta \end{Bmatrix} = \frac{K_{\mathrm{II}}}{4\mu}\sqrt{\frac{r}{2\pi}} \begin{Bmatrix} -[2\kappa-1]\sin\frac{\theta}{2}+3\sin\frac{3\theta}{2} \\ -[2\kappa+1]\cos\frac{\theta}{2}+3\cos\frac{3\theta}{2} \end{Bmatrix}. \tag{4.26}$$

Riss unter Modus–III–Belastung

Abschließend soll noch der ebene Riss unter nichtebener Schubbelastung $\tau \mathrel{\widehat{=}} \tau_{23}$ untersucht werden, siehe Bild 4.6 (rechts). Die Spannungsrandbedingungen auf dem

Riss und im Unendlichen lauten diesmal

$$\tau_{23} = 0 \quad \text{für } |x_1| \leq a \quad \text{und} \quad \tau_{13} = 0, \tau_{23} = \tau \quad \text{für } |z| \to \infty. \tag{4.27}$$

Im Abschnitt 3.5.4 wird zur Lösung dieser Art RWA eine komplexe Spannungsfunktion $\Omega(z)$ eingeführt. Das Modus–III–Rissproblem wird mit dem Ansatz

$$\Omega(z) = -\mathrm{i}\tau\sqrt{z^2 - a^2} \tag{4.28}$$

gelöst. Die antimetrische Verschiebung u_3 der Rissufer gegeneinander hat wieder elliptische Gestalt

$$\mu u_3 = \Re\Omega(z) = \pm\tau\sqrt{a^2 - x_1^2} \quad \text{für } x_2 = \pm 0\,. \tag{4.29}$$

Die Auswertung der Schubspannungen gemäß (3.166) auf dem Ligament vor den Rissspitzen liefert auch hier eine Singularität

$$\tau_{23} = -\Im\Omega'(z) = \frac{\tau x_1}{\sqrt{x_1^2 - a^2}}, \quad \tau_{13} = \Re\Omega'(z) = 0 \text{ für } |x_1| > 0, \quad x_2 = 0\,. \tag{4.30}$$

Wird die Lösung in gleicher Weise wie bei Modus I um die Rissspitze $z = a + re^{\mathrm{i}\theta}$ entwickelt, so bekommt man

$$u_3 = \tau\sqrt{\pi a}\frac{2}{\mu}\sqrt{\frac{r}{2\pi}}\sin\frac{\theta}{2} = \frac{2K_{\mathrm{III}}}{\mu}\sqrt{\frac{r}{2\pi}}\sin\frac{\theta}{2} = \frac{K_{\mathrm{III}}}{2\mu}\sqrt{\frac{r}{2\pi}}\, g_3^{\mathrm{III}}(\theta) \tag{4.31}$$

$$\begin{Bmatrix}\tau_{13}\\ \tau_{23}\end{Bmatrix} = \frac{K_{\mathrm{III}}}{\sqrt{2\pi r}}\begin{Bmatrix}-\sin\dfrac{\theta}{2}\\ +\cos\dfrac{\theta}{2}\end{Bmatrix} = \frac{K_{\mathrm{III}}}{\sqrt{2\pi r}}\begin{Bmatrix}f_{13}^{\mathrm{III}}(\theta)\\ f_{23}^{\mathrm{III}}(\theta)\end{Bmatrix}. \tag{4.32}$$

Hier bezeichnet $K_{\mathrm{III}} = \tau\sqrt{\pi a}$ den Spannungsintensitätsfaktor für Modus III. Qualitativ liegt also dieselbe $1/\sqrt{r}$–Singularität der Spannungen und das $\sqrt{r}$–Verhalten der Verschiebungen an der Rissspitze vor wie bei Modus–I– und II–Beanspruchung.

4.2.2 Eigenfunktionen des Rissproblems

Im vorangegangenen Abschnitt haben wir die Spannungssingularität an der Rissspitze aus der vollständigen Lösung der RWA für die Scheibe mit Riss gewonnen. Offenkundig ist das singuläre Verhalten ursächlich mit der »unendlich scharfen« Rissspitze verbunden. Aus diesem Grunde soll die elastizitätstheoretische Lösung an einer isolierten Rissspitze in der unendlich ausgedehnten Ebene eingehender untersucht werden, siehe Bild 4.7. Zweckmäßigerweise legen wir dazu ein Polarkoordinatensystem (r, θ) in die Rissspitze. Zur Lösung dieser RWA werden die beiden komplexen Potenziale als einfache Potenzfunktionen angesetzt:

$$\phi(z) = Az^{\lambda}, \quad \chi(z) = Bz^{\lambda+1}, \quad z = r\mathrm{e}^{\mathrm{i}\theta}, \tag{4.33}$$

wobei die Koeffizienten A und B komplexe Zahlen sind. Der Exponent λ muss positiv reell bleiben, um unendliche Verschiebungen an der Rissspitze auszuschließen. Daraus berechnen sich die Spannungen in Polarkoordinaten nach (3.162), wobei die Umfangsspannung $\sigma_{\theta\theta}$ und die Schubspannung $\tau_{r\theta}$ besonders interessieren und durch Addition der ersten beiden KOLOSOVschen Gleichungen (3.159) gewonnen werden.

$$\begin{aligned}
\sigma_{\theta\theta} + \mathrm{i}\tau_{r\theta} &= \phi'(z) + \overline{\phi'(z)} + \big(\overline{z}\phi''(z) + \chi''(z)\big)\mathrm{e}^{2\mathrm{i}\theta} \\
&= \lambda A z^{\lambda-1} + \lambda\overline{A}\overline{z}^{\lambda-1} + \left[\lambda(\lambda-1)A\overline{z}z^{\lambda-2} + \lambda(\lambda+1)Bz^{\lambda-1}\right]\mathrm{e}^{2\mathrm{i}\theta} \\
&= \lambda r^{\lambda-1}\Big[A\mathrm{e}^{\mathrm{i}(\lambda-1)\theta} + \overline{A}\mathrm{e}^{-\mathrm{i}(\lambda-1)\theta} \\
&\qquad + A(\lambda-1)e^{\mathrm{i}(\lambda-1)\theta} + (\lambda+1)B\mathrm{e}^{\mathrm{i}(\lambda+1)\theta}\Big]
\end{aligned} \tag{4.34}$$

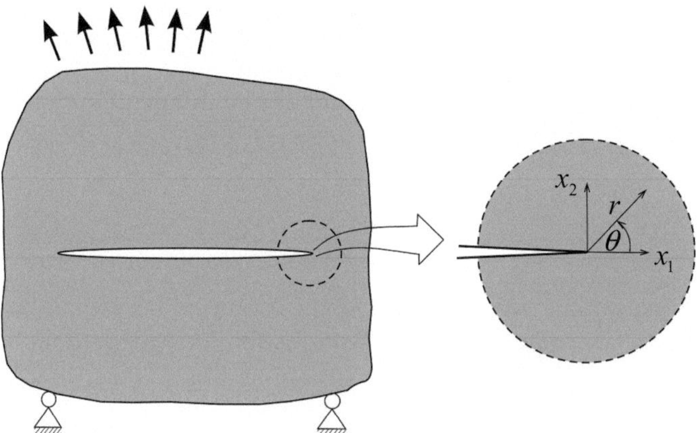

Bild 4.7 Analyse des Nahfeldes an der Rissspitze

Als einzige Randbedingungen müssen auf den lastfreien Rissufern $\theta = \pm\pi$ für alle r die Normal- und Schubspannungen null sein, d. h. $\sigma_{\theta\theta} + \mathrm{i}\tau_{r\theta} = 0$. Deshalb fordern wir das Verschwinden des Ausdrucks in [ ]–Klammern (mit $\mathrm{e}^{\pm\mathrm{i}\pi} = 1$):

$$\theta = +\pi: \quad A\lambda \mathrm{e}^{\mathrm{i}\lambda\pi} + \overline{A}\mathrm{e}^{-\mathrm{i}\lambda\pi} + (\lambda+1)B\mathrm{e}^{\mathrm{i}\lambda\pi} = 0 \tag{4.35}$$

$$\theta = -\pi: \quad A\lambda \mathrm{e}^{-\mathrm{i}\lambda\pi} + \overline{A}\mathrm{e}^{\mathrm{i}\lambda\pi} + (\lambda+1)B\mathrm{e}^{-\mathrm{i}\lambda\pi} = 0 \tag{4.36}$$

Diese Beziehungen bilden ein homogenes System von 2 komplexen (=4 reellen) Gleichungen für die gesuchten 2 komplexen (=4 reellen) Koeffizienten A und B. Als Bedingung für seine Lösbarkeit muss die Koeffizientendeterminante null gesetzt werden, woraus sich eine transzendente Gleichung für den Exponenten (Eigenwert) λ ergibt. Ein einfacherer Lösungsweg besteht darin, die Gleichungen (4.35) und (4.36) mit $\mathrm{e}^{-\mathrm{i}\lambda\pi}$ bzw. mit $\mathrm{e}^{+\mathrm{i}\lambda\pi}$ zu multiplizieren und voneinander zu subtrahieren, so dass man erhält:

$$\overline{A}\left(\mathrm{e}^{2\mathrm{i}\lambda\pi} - \mathrm{e}^{-2\mathrm{i}\lambda\pi}\right) = 0. \tag{4.37}$$

Nullsetzen des Klammerausdrucks ergibt $\sin(2\lambda\pi) = 0$, woraus der reelle Eigenwert λ folgt:

$$\lambda = \frac{n}{2} \quad \text{mit } n = 1,\, 2,\, 3 \ldots \tag{4.38}$$

Somit wurde gezeigt, dass unendlich viele Eigenwerte $\lambda = \frac{n}{2}$ existieren, zu denen aus dem Ansatz (4.33) die dazugehörigen Eigenfunktionen ermittelt werden können. Die Gesamtlösung der RWA besteht aus der Superposition dieser Eigenfunktionen mit unbestimmten Koeffizienten A_n und B_n.

$$\phi = \sum_{n=1}^{\infty} A_n z^{\frac{n}{2}}, \quad \chi = \sum_{n=1}^{\infty} B_n z^{\frac{n}{2}+1} \tag{4.39}$$

Die Beziehungen (4.35) oder (4.36) liefern jetzt noch den Zusammenhang

$$\frac{n}{2} A_n + (-1)^n \overline{A}_n + \left(\frac{n}{2} + 1\right) B_n = 0, \tag{4.40}$$

so dass man B_n durch den Koeffizienten $A_n = a_n + \mathrm{i} b_n$ ersetzen kann.

Durch Einsetzen von (4.39) und (4.40) in die KOLOSOVschen Gleichungen (3.159) erhält man die Radius- und Winkelfunktionen für die n–te Eigenfunktion in reeller Darstellung, die erstmals von WILLIAMS [142] 1957 gefunden wurde:

$$\begin{aligned}
\sigma_{11}^{(n)}(r,\theta) &= r^{\frac{n}{2}-1}\{a_n \tilde{M}_{11}^{(n)}(\theta) + b_n \tilde{N}_{11}^{(n)}(\theta)\} \\
\sigma_{22}^{(n)}(r,\theta) &= r^{\frac{n}{2}-1}\{a_n \tilde{M}_{22}^{(n)}(\theta) + b_n \tilde{N}_{22}^{(n)}(\theta)\} \\
\tau_{12}^{(n)}(r,\theta) &= r^{\frac{n}{2}-1}\{a_n \tilde{M}_{12}^{(n)}(\theta) + b_n \tilde{N}_{12}^{(n)}(\theta)\}
\end{aligned} \tag{4.41}$$

mit

$$\begin{aligned}
\tilde{M}_{11}^{(n)} &= \frac{n}{2}\left\{\left[2+(-1)^n+\frac{n}{2}\right]\cos\left(\frac{n}{2}-1\right)\theta-\left(\frac{n}{2}-1\right)\cos\left(\frac{n}{2}-3\right)\theta\right\}\\
\tilde{N}_{11}^{(n)} &= \frac{n}{2}\left\{\left[-2+(-1)^n-\frac{n}{2}\right]\sin\left(\frac{n}{2}-1\right)\theta+\left(\frac{n}{2}-1\right)\sin\left(\frac{n}{2}-3\right)\theta\right\}\\
\tilde{M}_{22}^{(n)} &= \frac{n}{2}\left\{\left[2-(-1)^n-\frac{n}{2}\right]\cos\left(\frac{n}{2}-1\right)\theta+\left(\frac{n}{2}-1\right)\cos\left(\frac{n}{2}-3\right)\theta\right\}\\
\tilde{N}_{22}^{(n)} &= \frac{n}{2}\left\{\left[-2-(-1)^n+\frac{n}{2}\right]\sin\left(\frac{n}{2}-1\right)\theta-\left(\frac{n}{2}-1\right)\sin\left(\frac{n}{2}-3\right)\theta\right\}\\
\tilde{M}_{12}^{(n)} &= \frac{n}{2}\left\{\left(\frac{n}{2}-1\right)\sin\left(\frac{n}{2}-3\right)\theta-\left[\frac{n}{2}+(-1)^n\right]\sin\left(\frac{n}{2}-1\right)\theta\right\}\\
\tilde{N}_{12}^{(n)} &= \frac{n}{2}\left\{\left(\frac{n}{2}-1\right)\cos\left(\frac{n}{2}-3\right)\theta-\left[\frac{n}{2}-(-1)^n\right]\cos\left(\frac{n}{2}-1\right)\theta\right\}
\end{aligned} \tag{4.42}$$

und

$$\begin{aligned}
u_1^{(n)}(r,\theta) &= \frac{1}{2\mu}r^{\frac{n}{2}}\left\{a_n\tilde{F}_1^{(n)}(\theta)+b_n\tilde{G}_1^{(n)}(\theta)\right\}\\
u_2^{(n)}(r,\theta) &= \frac{1}{2\mu}r^{\frac{n}{2}}\left\{a_n\tilde{F}_2^{(n)}(\theta)+b_n\tilde{G}_2^{(n)}(\theta)\right\}
\end{aligned} \tag{4.43}$$

mit

$$\begin{aligned}
\tilde{F}_1^{(n)} &= \left[\kappa+(-1)^n+\frac{n}{2}\right]\cos\frac{n}{2}\theta-\frac{n}{2}\cos\left(\frac{n}{2}-2\right)\theta\\
\tilde{G}_1^{(n)} &= \left[-\kappa+(-1)^n-\frac{n}{2}\right]\sin\frac{n}{2}\theta+\frac{n}{2}\sin\left(\frac{n}{2}-2\right)\theta\\
\tilde{F}_2^{(n)} &= \left[\kappa-(-1)^n-\frac{n}{2}\right]\sin\frac{n}{2}\theta+\frac{n}{2}\sin\left(\frac{n}{2}-2\right)\theta\\
\tilde{G}_2^{(n)} &= \left[\kappa+(-1)^n-\frac{n}{2}\right]\cos\frac{n}{2}\theta+\frac{n}{2}\cos\left(\frac{n}{2}-2\right)\theta.
\end{aligned} \tag{4.44}$$

Die Glieder mit a_n entsprechen dem Rissöffnungsmodus I, während Modus II durch die Koeffizienten b_n repräsentiert wird. Für $n = 1$ ergeben sich die bekannten singulären Lösungen (4.12) und (4.23) mit $r^{-1/2}$(Additionstheoreme anwenden!).

Die *Spannungsintensitätsfaktoren* K_{I} und K_{II} stehen zu den Koeffizienten a_1, b_1 der 1. Eigenfunktion in folgender Beziehung

$$K_{\mathrm{I}} - \mathrm{i}K_{\mathrm{II}} = \sqrt{2\pi}(a_1 + \mathrm{i}b_1). \tag{4.45}$$

Eine besondere Bedeutung hat auch die 2. Eigenfunktion $n = 2$, die lediglich einen konstanten Spannungszustand parallel zum Rissufer darstellt, die so genannte *T-Spannung*. (Die zu b_2 gehörenden Funktionen realisieren nur eine spannungsfreie Starrkörperdrehung des Gebiets.)

$$\begin{aligned}
&\sigma_{11}^{(2)} = r^0\,4a_2 = T_{11} = \text{const.}, \quad \sigma_{22}^{(2)} \equiv \tau_{12}^{(2)} \equiv 0\\
&2\mu u_1^{(2)} = a_2(\kappa+1)x_1, \quad 2\mu u_2^{(2)} = a_2(\kappa-3)x_2
\end{aligned} \tag{4.46}$$

Auch für die Modus–III–Belastung kann man Eigenfunktionen an der Rissspitze entwickeln, indem für die Spannungsfunktion Ω wieder ein Potenzansatz mit dem Exponenten $\lambda > 0$ und einem komplexen Koeffizienten C gemacht wird:

$$\Omega(z) = C z^{\lambda} = C r^{\lambda} \mathrm{e}^{\mathrm{i}\lambda\theta}. \tag{4.47}$$

Als Randbedingung muss auf den Rissufern $\theta = \pm\pi$ die Schubspannung τ_{23} verschwinden:

$$\tau_{23} = -\Im \Omega'(z) = \left(\overline{\Omega'(z)} - \Omega'(z)\right) \tag{4.48}$$

$$\begin{aligned} \theta = +\pi : \quad & \lambda r^{\lambda-1} \left[\overline{C}\mathrm{e}^{-\mathrm{i}(\lambda-1)\pi} - C\mathrm{e}^{\mathrm{i}(\lambda-1)\pi}\right] = 0 \\ \theta = -\pi : \quad & \lambda r^{\lambda-1} \left[\overline{C}\mathrm{e}^{\mathrm{i}(\lambda-1)\pi} - C\mathrm{e}^{-\mathrm{i}(\lambda-1)\pi}\right] = 0. \end{aligned} \tag{4.49}$$

Die Lösbarkeitsbedingung dieses homogenen Gleichungssystems für C und $\overline{C}$ erfordert das Nullsetzen der Koeffizientendeterminante, woraus die Eigenwertgleichung für λ folgt:

$$\sin(2\lambda\pi) = 0 \quad \Rightarrow \quad \lambda = \frac{n}{2} \quad n = 1,\, 2,\, 3,\, \ldots \tag{4.50}$$

Wir finden demnach die gleichen Eigenwerte wie bei Modus I und II vor. Die Gesamtlösung kann jetzt wiederum aus allen Eigenfunktionen mit den Koeffizienten C_n zusammengesetzt werden. Aus (4.49) folgt die Relation $\overline{C}_n = (-1)^n C_n$, d. h. die Koeffizienten sind alternierend rein reell oder imaginär.

$$\Omega(z) = \sum_{n=1}^{\infty} C_n z^{\frac{n}{2}}, \quad C_n = -\mathrm{i}^n c_n \tag{4.51}$$

Letztendlich können aus (4.47) die dazugehörigen Eigenfunktionen über die Beziehungen (3.166) berechnet werden.

$$u_3^{(n)}(r,\theta) = \frac{c_n}{2\mu} r^{\frac{n}{2}}\, \tilde{H}_3^{(n)}(\theta), \quad \tilde{H}_3^{(n)} = \begin{cases} 2\sin\dfrac{n}{2}\theta & \text{für} \quad n = 1,3,\cdots \\ 2\cos\dfrac{n}{2}\theta & \text{für} \quad n = 2,4,\cdots \end{cases} \tag{4.52}$$

$$\tau_{13}^{(n)}(r,\theta) = c_n r^{\frac{n}{2}-1}\, \tilde{L}_{13}^{(n)}(\theta), \quad \tilde{L}_{13}^{(n)} = \begin{cases} \dfrac{n}{2}\sin(\dfrac{n}{2}-1)\theta & \text{für} \quad n = 1,3,\cdots \\ \dfrac{n}{2}\cos(\dfrac{n}{2}-1)\theta & \text{für} \quad n = 2,4,\cdots \end{cases}$$

$$\tau_{23}^{(n)}(r,\theta) = c_n r^{\frac{n}{2}-1}\, \tilde{L}_{23}^{(n)}(\theta), \quad \tilde{L}_{23}^{(n)} = \begin{cases} \dfrac{n}{2}\cos(\dfrac{n}{2}-1)\theta & \text{für} \quad n = 1,3,\cdots \\ -\dfrac{n}{2}\sin(\dfrac{n}{2}-1)\theta & \text{für} \quad n = 2,4,\cdots \end{cases}$$

(4.53)

Für $n = 1$ reproduziert man genau die asymptotische Singularität nach (4.31) und (4.32), wobei der Zusammenhang $K_{\mathrm{III}} = c_1\sqrt{\pi/2}$ gilt. Die $n = 2$te Eigenfunktion entspricht einer konstanten Schubspannung $\tau_{13} = T_{13} = c_2$.

Die abgeleiteten Eigenfunktionen sind für alle ebenen elastischen Rissprobleme gültig. Somit kann die Lösung der RWA als vollständige Reihenentwicklung der Terme (4.41), (4.43), (4.52) und (4.53) angesetzt werden:

$$\sigma_{ij}(r,\theta) = \sum_{n=1}^{\infty} r^{\frac{n}{2}-1}\left[a_n\tilde{M}_{ij}^{(n)}(\theta) + b_n\tilde{N}_{ij}^{(n)}(\theta) + c_n\tilde{L}_{ij}^{(n)}(\theta)\right] \tag{4.54}$$

$$u_i(r,\theta) = \frac{1}{2\mu}\sum_{n=1}^{\infty}\left[a_n\tilde{F}_i^{(n)}(\theta) + b_n\tilde{G}_i^{(n)}(\theta) + c_n\tilde{H}_i^{(n)}(\theta)\right]. \tag{4.55}$$

Die unbekannten Koeffizienten a_n, b_n und c_n müssen aus den Randbedingungen des Rissproblems bestimmt werden und repräsentieren die Moden I, II und III.

Diese Eigenfunktionen bilden eine unentbehrliche Basis für viele numerische Verfahren zur Behandlung von Rissproblemen in endlichen Körpern — angefangen von den ersten Berechnungen mit der Randkollokationsmethode in den 60er Jahren [44] bis hin zu aktuellen Sonderelementen für Rissspitzen [144].

4.2.3 Dreidimensionale Rissprobleme

In vielen praktischen Fällen besitzt das Rissproblem dreidimensionalen Charakter, wenn z. B. eine flächenhafte Fehlstelle in einer räumlichen Struktur eingebettet ist, wobei im Allgemeinen krummlinige Rissfronten entstehen, siehe Bild 4.8a. Ein dreidimensionales Rissproblem liegt selbst bei einer geraden Rissfront dann vor, wenn sich der Spannungszustand entlang des Risses ändert, was bei durchgehenden Rissen in Proben endlicher Dicke häufig auftritt, Bild 4.8b. Von praktischer Bedeutung sind schließlich noch Oberflächenrisse, wo die Rissfront auf die Körperaußenfläche stößt wie es Bild 4.8c zeigt. Geschlossene Lösungen für räumliche Risskonfigurationen gibt es nur für wenige einfache Fälle, zumeist im unendlichen Gebiet.

Elliptischer Innenriss unter Zugbelastung

Ein wichtiges Beispiel ist der elliptische ebene Innenriss im Vollraum, siehe Bild 4.9. Für diese Risskonfiguration konnten Lösungen unter verschiedenen Belastungen von Sneddon [126] mittels Integraltransformationen und von Fabrikant [36] durch

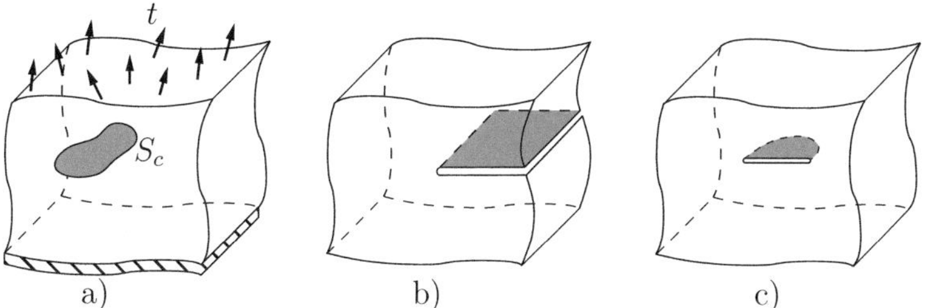

Bild 4.8 Räumliche Risskonfigurationen

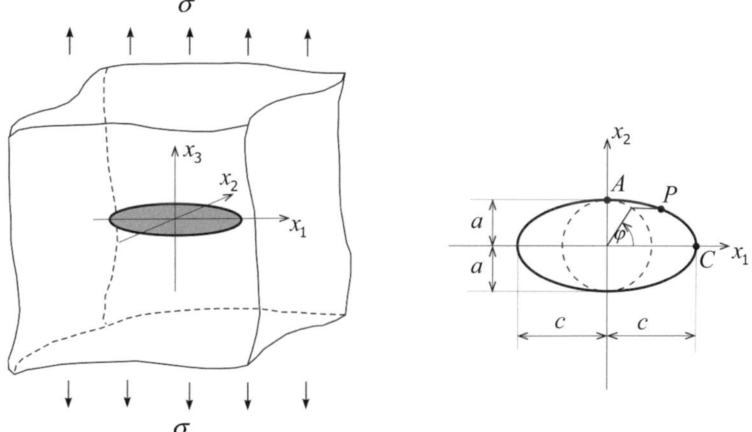

Bild 4.9 Elliptischer Innenriss im Vollraum mit Koordinatensystem

Verwendung räumlicher Potenzialansätze gewonnen werden. Exemplarisch soll hier das Ergebnis für Zugbelastung σ senkrecht zur Rissebene angegeben werden. Der elliptische Riss hat die Halbachsen a und c. Ein Punkt P der Rissfront wird durch den Winkel φ über $x_1 = c\cos\varphi$ und $x_2 = a\sin\varphi$ festgelegt. Es handelt sich um eine reine Modus–I–Belastung mit einem veränderlichen K_I–Faktor entlang der Rissfront.

$$K_\mathrm{I} = \frac{\sigma\sqrt{\pi a}}{E(k)}\left(\sin^2\varphi + \frac{a^2}{c^2}\cos^2\varphi\right)^{\frac{1}{4}} \tag{4.56}$$

$E(k)$ ist das vollständige elliptische Integral 2. Art von $k = \sqrt{1 - a^2/c^2}$

$$E(k) = \int_0^{\frac{\pi}{2}} \sqrt{1 - k^2\sin^2\alpha}\,\mathrm{d}\alpha \qquad \approx \sqrt{1 + 1{,}464\left(\frac{a}{c}\right)^{1{,}65}} \qquad \text{für } (a \leq c). \tag{4.57}$$

Der Maximalwert von K_I wird am Scheitelpunkt A der kleinen Halbachse ($a < c$) erreicht und das Minimum bei C.

$$K_{\mathrm{Imax}} = K_{\mathrm{I}A} = \frac{\sigma\sqrt{\pi a}}{E(k)}, \quad K_{\mathrm{Imin}} = K_{\mathrm{I}C} = K_{\mathrm{I}A}\sqrt{\frac{a}{c}} \tag{4.58}$$

Im Sonderfall des kreisförmigen Risses hat der K_{I}–Faktor überall den gleichen Wert

$$K_{\mathrm{I}} = \frac{2}{\pi}\sigma\sqrt{\pi a} \qquad \text{für } c = a. \tag{4.59}$$

Räumliches Rissspitzenfeld

Mit Untersuchungen an elliptischen Innenrissen [126] und an durchgehenden Rissen in Scheiben mit geraden und gekrümmten Rissfronten [49, 50] konnte nachgewiesen werden, dass auch bei dreidimensionalen Rissproblemen prinzipiell dieselben Nahfelder existieren, wie wir sie im ebenen Fall kennengelernt haben. Allerdings gelten die asymptotischen Lösungen jetzt nur lokal in Bezug auf jeden Punkt der Rissfront. Deshalb führt man nach Bild 4.10 ein begleitendes kartesisches Koordinatensystem (n, v, t) entlang der Rissfront (Koordinate s) ein, bei dem $n \widehat{=} x_1$ normal zur Rissfront liegt, $t \widehat{=} x_3$ tangential zu ihr verläuft und $v \widehat{=} x_2$ senkrecht auf der Rissebene steht. In der Normalenebene (n, v) zur Rissfront findet man beim Grenzübergang $r \to 0$ die Nahfeldlösungen des Rissproblems für den ebenen Verzerrungszustand vor, die sich im allgemeinen Fall aus den Modus–I–, II– und III–Komponenten zusammensetzen.

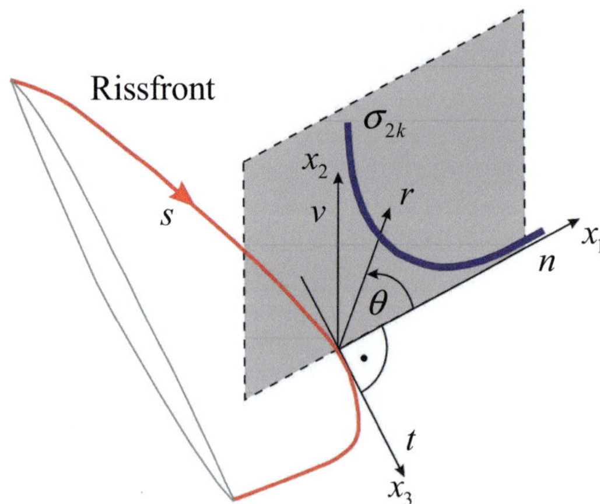

Bild 4.10 Koordinatensystem entlang einer Rissfront im Raum

Somit gilt für die Spannungen des Rissspitzenfeldes

$$\sigma_{ij}(r, \theta, s) = \frac{1}{\sqrt{2\pi r}}\left[K_{\mathrm{I}}(s)f_{ij}^{\mathrm{I}}(\theta) + K_{\mathrm{II}}(s)f_{ij}^{\mathrm{II}}(\theta) + K_{\mathrm{III}}(s)f_{ij}^{\mathrm{III}}(\theta)\right] + T_{ij}(s), \tag{4.60}$$

wobei die Winkelfunktionen $f_{ij}^{\mathrm{I,II,III}}$ den Ausdrücken (4.12), (4.23) und (4.32) entsprechen. Im Term T_{ij} sind alle Spannungkomponenten der $n = 2$ten Ordnung zusammengefasst, die konstante endliche Werte in der (x_1, x_3)–Rissebene verkörpern.

$$[T_{ij}] = \begin{bmatrix} T_{11} & 0 & T_{13} \\ 0 & 0 & 0 \\ T_{31} & 0 & T_{33} \end{bmatrix} \tag{4.61}$$

Ebenso kann man die asymptotischen Verschiebungsfelder der drei Moden (4.16), (4.25) und (4.31) mit den Winkelfunktionen $g_i^{\mathrm{I,II,III}}$ für den EVZ zusammenfassen:

$$u_i(r, \theta, s) = \frac{1}{2\mu}\sqrt{\frac{r}{2\pi}}\left[K_{\mathrm{I}}(s) g_i^{\mathrm{I}}(\theta) + K_{\mathrm{II}}(s) g_i^{\mathrm{II}}(\theta) + K_{\mathrm{III}}(s) g_i^{\mathrm{III}}(\theta)\right]. \tag{4.62}$$

Durch lokale Superposition der drei Moden mit den jeweiligen Spannungsintensitätsfaktoren als Koeffizienten ist durch diese Beziehungen das Nahfeld in der Umgebung der Rissfront eindeutig festgelegt. Die drei K–Faktoren und die T_{ij}–Spannungen sind hierbei veränderliche Funktionen der Rissfrontposition s.

Man kann zeigen, dass asymptotisch an jedem Punkt der Rissfront im Körperinneren ein EVZ vorherrscht. Besondere Betrachtungen sind für solche Punkte der Rissfront erforderlich, die zur Oberfläche durchstoßen, da hier ein dem ESZ ähnlicher Spannungszustand vorliegt und zumeist ein anderer Typ von Singularität auftritt.

4.2.4 Spannungsintensitätsfaktoren – *K*–Konzept

Für isotropes linear–elastisches Materialverhalten besitzen die asymptotischen Nahfeldlösungen an Rissspitzen immer die gleiche mathematische Form (4.60) und (4.62). Die Stärke dieses Rissspitzenfeldes wird einzig und allein durch die *Spannungsintensitätsfaktoren* K_{I}, K_{II} und K_{III} festgelegt, die gewissermaßen noch »freie Koeffizienten« darstellen. Die Größe der drei Spannungsintensitätsfaktoren muss aus der Lösung der konkreten Randwertaufgabe für den Körper mit Riss bestimmt werden. Somit hängen die K–Faktoren von der Geometrie des Körpers, der Größe und Lage des Risses sowie von der Belastung und den Lagerbedingungen ab. Zu ihrer Bestimmung muss man sich im Allgemeinen mit Hilfe analytischer oder numerischer Berechnungsverfahren zuerst die vollständige Lösung der RWA verschaffen und dann das Rissspitzennahfeld analysieren. Eine genaue Betrachtung der Spannungsfelder auf dem Ligament vor dem Riss ($\theta = 0$) der drei Rissöffnungsmoden I (4.12), II (4.23) und III (4.32) zeigt, dass dort immer diejenige Spannungskomponente von Null verschieden ist und ihre Winkelfunktion gerade den Wert Eins annimmt, die dem jeweiligen Rissmodus bzw. der Fernfeldbelastung entspricht, d. h. σ_{22} bei Modus I, τ_{21} bei Modus II und τ_{23} bei Modus III. Durch Umstellung der Beziehungen nach den Spannungsintensitätsfaktoren und Grenzübergang gegen die Rissspitze erhält man somit die Bestimmungsgleichungen

$$\begin{Bmatrix} K_{\mathrm{I}} \\ K_{\mathrm{II}} \\ K_{\mathrm{III}} \end{Bmatrix} = \lim_{r \to 0} \sqrt{2\pi r} \begin{Bmatrix} \sigma_{22}(r, \theta = 0) \\ \tau_{21}(r, \theta = 0) \\ \tau_{23}(r, \theta = 0) \end{Bmatrix} . \tag{4.63}$$

In den folgenden Kapiteln des Buches werden wir uns ausführlich mit der Anwendung der Finite–Elemente–Methode zur Bestimmung der Spannungsintensitätsfaktoren befassen. Auf analytische Berechnungsverfahren für elastische Rissprobleme kann nicht näher eingegangen werden. Im Folgenden sollen nur die wichtigsten Methoden und die entsprechende Fachliteratur erwähnt werden (einen Überblick gibt [121]):

- Komplexe Funktionentheorie (konforme Abbildungen, Reihenentwicklungen): Muskhelishvili [79], Tamusz [135]
- Integraltransformationen (Laplace, Hankel): Sneddon und Lowengrub [126]
- Singuläre Integralgleichungen: Erdogan [31], Muskhelishvili [79]
- Dreidimensionale Potenzialansätze: Kassir & Sih [62], Fabrikant [36].

Generell können die Spannungsintensitätsfaktoren für alle Rissprobleme in folgender Form geschrieben werden (Beispiel nur für K_{I}):

$$\begin{aligned} K_{\mathrm{I}} &= K_{\mathrm{I}}\,(\text{Geometrie, Riss, Belastung, Material}) \\ &= \sigma_{\mathrm{n}} \sqrt{\pi a}\; g\,(\text{Geometrie, Material}) \end{aligned} \tag{4.64}$$

wobei a die Risslänge ist, σ_{n} eine repräsentative Nennspannung bezeichnet und die Funktion g den Einfluss der Körper- und Rissgeometrie sowie u. U. der elastischen Materialeigenschaften beschreibt.

Anhand dieser Formel erkennt man sofort, dass in der Bruchmechanik die üblichen Ähnlichkeitsbetrachtungen der Festigkeitslehre nicht mehr gelten. Vergrößert man nämlich einen Körper mit Riss geometrisch um den Faktor β bei gleichbleibender Nennbelastung σ_{n}, so steigt der K_{I}–Wert um den Faktor $\sqrt{\beta}$ wegen der

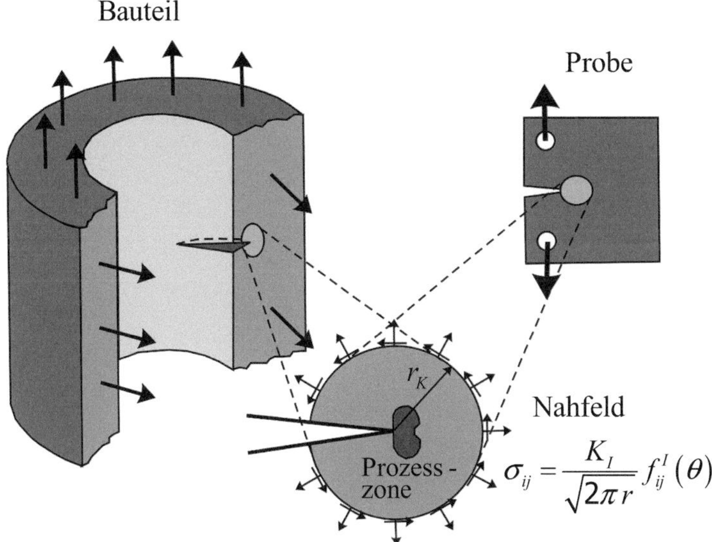

Bild 4.11 Dominanz der Nahfeldlösung an der Rissspitze in allen Prüfkörpern und Bauteilen

vergrößerten Risslänge! Die Spannungsintensitätsfaktoren besitzen die etwas gewöhnungsbedürftige Dimension [Spannung]· $[\text{Länge}]^{1/2}$ und werden in den Maßeinheiten $\text{Nmm}^{-3/2}$ oder $\text{MPa}\sqrt{\text{m}}$ angegeben.

In den letzten Jahrzehnten wurde eine Vielzahl von K–Faktor–Lösungen für die verschiedenen Risskonfigurationen und Belastungsarten auf unterschiedliche Weise berechnet und in Handbüchern zusammengestellt, siehe Murakami [78], Rooke & Cartwright [109], Tada, Paris & Irwin [134] und Theilig & Nickel [136].

Die Spannungsintensitätsfaktoren bilden eine ausgezeichnete Basis zur Formulierung von Bruchkriterien. Diese Idee stammt von Irwin [58], der 1957 das *Konzept der Spannungsintensitätsfaktoren* vorschlug. Es beruht auf folgenden Überlegungen, die wir zunächst für den Modus–I–Fall darstellen:

- Die singuläre Rissspitzenlösung mit dem Koeffizienten K_{I} beschreibt die Beanspruchungssituation in einem endlichen Gebiet um die Rissspitze mit dem Radius r_K. In größerer Entfernung $r > r_K$ verliert sie ihre Dominanz, da weitere Reihenglieder von (4.39) an Einfluss gewinnen, siehe Bild 4.11.
- In der Realität (selbst bei sprödem Material) existiert natürlich die K_{I}–Singularität nicht bis $r \to 0$ zur Rissspitze, da sich hier eine Bruch–Prozesszone ausbildet und damit die Grenzen der Elastizitätstheorie erreicht sind, vgl. Bild 4.2. Wenn man jedoch voraussetzt, dass die Größe r_B der Prozesszone viel kleiner als der Gültigkeitsbereich r_K der K_{I}–Lösung ist, so werden alle Bruchprozesse durch die »als Randbedingung« anliegende Nahfeldlösung kontrolliert. Bei gleichem K_{I} läuft der gleiche Vorgang ab, egal um welche Risskonfiguration es sich handelt, siehe Bild 4.11. Umgekehrt ist mit dieser Annahme sicherge-

stellt, dass die Prozesszone nur vernachlässigbare Rückwirkungen auf die Nahfeldlösung hat.

- Mit diesem »Autonomieprinzip der Rissspitzensingularität« haben wir die gesamte Körpergeometrie und Belastung über (4.64) auf den K_{I}–Faktor zurückgeführt.
- Die Rissausbreitung wird genau dann einsetzen, wenn in der Prozesszone ein kritischer Materialzustand erreicht ist. Dieser materialspezifische Grenzwert der Beanspruchbarkeit wird als *Bruchzähigkeit* (engl. *fracture toughness*) K_{Ic} bezeichnet.

Somit liefert das Spannungsintensitätskonzept das Bruchkriterium

$$K_{\text{I}} = K_{\text{Ic}} \,. \tag{4.65}$$

Auf der linken Seite der Gleichung steht mit K_{I} die bruchmechanische Beanspruchungsgröße, während die Bruchzähigkeit K_{Ic} auf der rechten Seite den Werkstoffwiderstand gegen Rissinitiierung repräsentiert.

Die Einführung dieses *Spannungsintensitätskonzepts* war ein Meilenstein in der Entwicklung der Bruchmechanik. Bis heute hat sich das Konzept vielfach bewährt.

Die gleichen Überlegungen kann man auch auf die anderen Rissöffnungsarten übertragen, wenn sie jeweils für sich allein als reine Modus–II– bzw. Modus–III–Beanspruchungen auftreten:

$$K_{\text{II}} = K_{\text{IIc}} \quad \text{und} \quad K_{\text{III}} = K_{\text{IIIc}}, \tag{4.66}$$

wobei K_{IIc} und K_{IIIc} dann die zugeordneten Bruchzähigkeiten darstellen. Leider treten diese Moden selten isoliert auf. Im allgemeinen Fall liegt eine kombinierte Beanspruchung des Risses aus allen drei Moden vor, so dass der Bruchprozess durch K_{I}, K_{II} und K_{III} kontrolliert wird. Dann muss das Bruchkriterium durch eine verallgemeinerte Beanspruchungskenngröße B und einen zugeordneten Werkstoffkennwert B_{c} formuliert werden.

$$B(K_{\text{I}}, K_{\text{II}}, K_{\text{III}}) = B_{\text{c}} \tag{4.67}$$

Im Kapitel 4.4.4 werden entsprechende Kriterien vorgestellt.

Die *Bruchzähigkeit* K_{Ic} eines Werkstoffs muss experimentell durch einen definierten Bruchversuch an einem Prüfkörper mit Anriss ermittelt werden. Dafür wurden geeignete Probengeometrien entwickelt, von denen die bekanntesten im Bild 4.12 wiedergegeben sind. An der Kerbspitze wird ein Ermüdungsriss eingeschwungen, um einheitliche Ausgangsbedingungen zu erhalten. Danach wird die Probe in einer Prüfmaschine mit ansteigender Kraft F belastet und der Verformungsweg q des Lastangriffspunktes aufgezeichnet. Die Kraft-Verformungs-Kurve verläuft bei elastischem Materialverhalten linear bis zur Initiierung des Sprödbruchs bei der

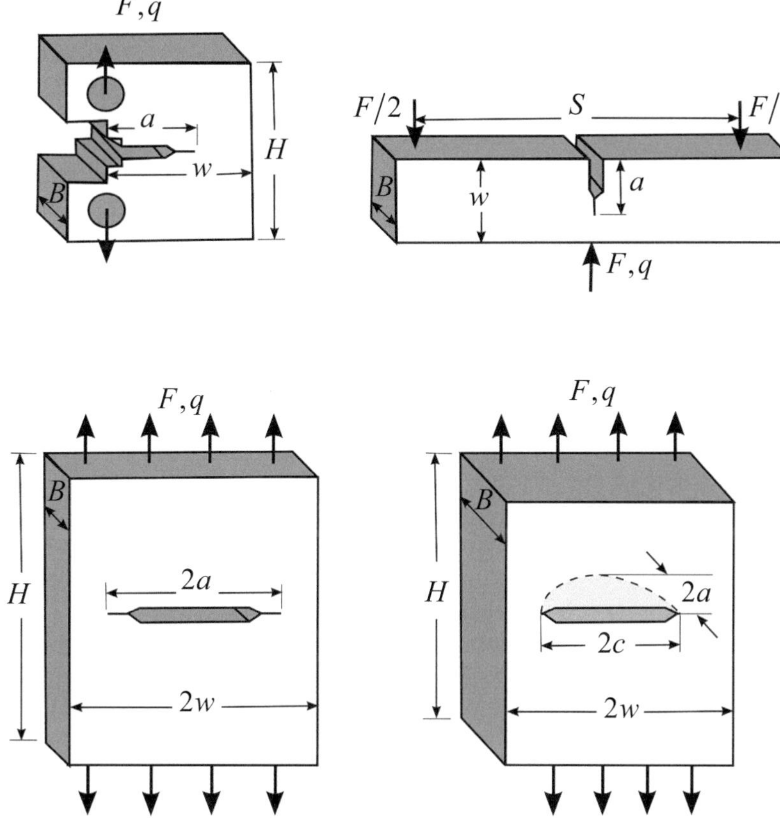

Bild 4.12 Gebräuchliche Probenformen für die Ermittlung bruchmechanischer Kenngrößen: Kompakt–Zug–Probe (CT), Dreipunkt–Biege–Probe (SENB), Zugprobe mit zentralem Innenriss (CCT) und Zugprobe mit halbelliptischem Oberflächenriss M(T)

Kraft F_c. Aus dieser Kraft und der Risslänge a berechnet man mit Hilfe der bekannten Geometriefunktionen $g(a, w)$ der Proben den K-Faktor beim Bruch, der bei Einhaltung bestimmter Gültigkeitskriterien die Bruchzähigkeit K_{Ic} darstellt.

$$K_{\mathrm{Ic}} = F_c \, g(a, w) \sqrt{\pi a} \tag{4.68}$$

Die Probenpräparation, Versuchsdurchführung und Ergebnisauswertung von Versuchen zur Ermittlung von Werkstoffkennwerten der linear–elastischen Bruchmechanik wurde in technischen Prüfstandards genormt. Verbindliche Dokumente sind die internationale Norm ISO 12135 [60], die ESIS-P2 Norm [35] in Europa und die ASTM 1820 Vorschriften [3] in den USA. Ausführliche Informationen zur bruchmechanischen Werkstoffprüfung findet man z.B. in Blumenauer & Pusch [9].

4.2.5 Energiebilanz bei Rissausbreitung

Globale Energiefreisetzungsrate

Es wird die Energiebilanz in einem Körper mit Riss während der Rissausbreitung untersucht. Dazu betrachten wir die in Bild 4.13 dargestellte Randwertaufgabe. Auf dem Teil S_t des Randes wirken äußere Flächenlasten $\bar{\boldsymbol{t}}$, im Volumen V etwaige Volumenkräfte $\bar{\boldsymbol{b}}$ und auf dem Teilrand S_u sind die Verschiebungen $\bar{\boldsymbol{u}}$ vorgeschrieben. Die Anwendung des 1. Hauptsatzes der Thermodynamik auf einen deformierbaren Körper liefert die Energieänderung pro Zeit

$$\dot{\mathcal{W}}_{\text{ext}} + \dot{\mathcal{Q}} = \dot{\mathcal{W}}_{\text{int}} + \dot{\mathcal{K}} + \dot{\mathcal{D}} . \tag{4.69}$$

Auf der linken Seite steht die Energiezufuhr in den Körper pro Zeit infolge der Leistung der äußeren mechanischen Belastung

$$\dot{\mathcal{W}}_{\text{ext}} = \int_{S_t} \bar{t}_i \dot{u}_i \, \mathrm{d}S + \int_V \bar{b}_i \dot{u}_i \, \mathrm{d}V \tag{4.70}$$

und der Austausch thermischer Energie $\dot{\mathcal{Q}}$ durch Wärmefluss oder innere Wärmequellen. Auf der rechten Seite der Bilanzgleichung stehen die vom Körper pro Zeit aufgenommenen Energiearten, d. h. die innere Energie, welche im rein mechanischen Fall der Formänderungsenergie entspricht

$$\mathcal{W}_{\text{int}} = \int_V U \, \mathrm{d}V \, , \quad U(\varepsilon_{kl}) = \int_0^{\varepsilon_{kl}} \sigma_{ij}(\varepsilon_{mn}) \, \mathrm{d}\varepsilon_{ij} \, , \tag{4.71}$$

und die kinetische Energie $\mathcal{K}$ (mit der Dichte ρ)

$$\mathcal{K} = \frac{1}{2} \int_V \rho \, \dot{u}_i \dot{u}_i \, \mathrm{d}V \, . \tag{4.72}$$

Dazu kommt die bei Rissausbreitung in der Bruchprozesszone größtenteils dissipativ verbrauchte Energie $\mathcal{D}$. Da sie unmittelbar mit der Erzeugung neuer Oberflächen verbunden ist, wird dieser Term proportional zur Rissfläche A mit der Materialkonstanten γ angesetzt. Der Faktor 2 berücksichtigt dabei, dass beim Bruch zwei Oberflächen entstehen.

$$\mathcal{D} = 2\gamma A \tag{4.73}$$

In diesem Abschnitt beschränken wir uns auf statische Aufgaben, so dass $\mathcal{K} = 0$ ist. Bei rein elastischen Formänderungen $U = U^e$ hat die innere Energie den Charakter eines inneren Potenzials $\Pi_{\text{int}} = \mathcal{W}_{\text{int}}$. Des Weiteren soll der Körper ein adiabatisch abgeschlossenes System ohne innere Wärmequellen sein, womit auch $\dot{\mathcal{Q}} = 0$ wird. Schließlich sei vorausgesetzt, dass die äußeren Lasten konservative Kräfte (Schwerkraft, Federn) sind und somit ein Potenzial Π_{ext} besitzen, das mit

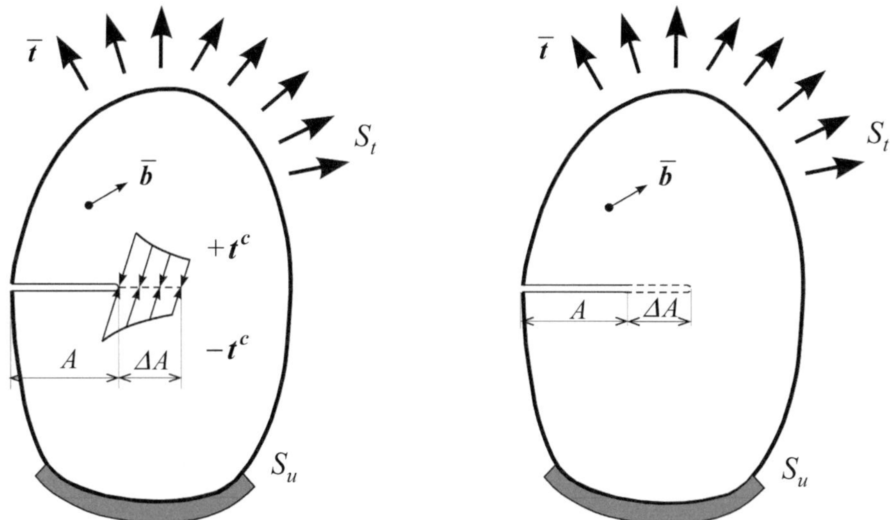

Bild 4.13 Energiebilanz bei Rissausbreitung um ΔA

der geleisteten äußeren Arbeit abnimmt $\dot{\Pi}_{\text{ext}} = -\dot{\mathcal{W}}_{\text{ext}}$. Damit vereinfacht sich die Energiebilanz (4.69) zu

$$\dot{\mathcal{W}}_{\text{ext}} = \dot{\mathcal{W}}_{\text{int}} + \dot{\mathcal{D}}\,, \quad -\dot{\Pi}_{\text{ext}} = \dot{\Pi}_{\text{int}} + \dot{\mathcal{D}}. \tag{4.74}$$

Mit diesen Annahmen untersuchen wir jetzt die Ausbreitung eines Risses, der zum Zeitpunkt $t^{(1)}$ die Ausgangsgröße $A^{(1)} = A$ besitzt und sich in einem quasistatischen Prozess bis zum Zeitpunkt $t^{(2)} = t^{(1)} + \Delta t$ auf die Fläche $A^{(2)} = A + \Delta A$ vergrößert hat, siehe Bild 4.13. Damit besteht zwischen End- und Anfangszustand die folgende Energiedifferenz, die man auf das Zeitinkrement Δt oder gleichwertig auf die Änderung der Rissfläche ΔA beziehen kann:

$$\begin{aligned} &\mathcal{W}_{\text{ext}}^{(2)} - \mathcal{W}_{\text{ext}}^{(1)} = \mathcal{W}_{\text{int}}^{(2)} - \mathcal{W}_{\text{int}}^{(1)} + 2\gamma\,\Delta A \\ &\Delta\mathcal{W}_{\text{ext}} = \Delta\mathcal{W}_{\text{int}} + \Delta\mathcal{D} \implies \frac{\Delta\mathcal{W}_{\text{ext}}}{\Delta A} = \frac{\Delta\mathcal{W}_{\text{int}}}{\Delta A} + \frac{\Delta\mathcal{D}}{\Delta A}. \end{aligned} \tag{4.75}$$

Mit Einführung der inneren und äußeren Potenziale, die zum Gesamtpotenzial $\Pi = \Pi_{\text{int}} + \Pi_{\text{ext}}$ zusammengefasst werden können, erhält man daraus

$$\frac{\Delta(\mathcal{W}_{\text{ext}} - \mathcal{W}_{\text{int}})}{\Delta A} = -\frac{\Delta\Pi}{\Delta A} \stackrel{!}{=} \frac{\Delta\mathcal{D}}{\Delta A} = 2\gamma\,. \tag{4.76}$$

Physikalisch kann dieses Ergebnis wie folgt interpretiert werden: Die linke Seite beschreibt das verfügbare Angebot an potenzieller Energie $-\Delta\Pi$, welches durch die äußere Belastung und die elastisch gespeicherte innere Energie bei einem Rissfortschritt um ΔA zur Verfügung gestellt wird (das Minuszeichen bezeichnet die Abnahme der potenziellen Energie). Diese Größe wird deshalb als *Energiefreiset-*

zungsrate (engl. *energy release rate*) bezeichnet und ist für eine endliche oder infinitesimale Rissausbreitung definiert:

$$\overline{G} = -\frac{\Delta \Pi}{\Delta A}, \quad G = -\lim_{\Delta A \to 0} \frac{\Delta \Pi}{\Delta A} = -\frac{\mathrm{d}\Pi}{\mathrm{d}A}. \tag{4.77}$$

Die rechte Seite spiegelt die zur Materialtrennung und zur Bildung neuer Oberflächen $2\Delta A$ benötigte Bruchenergie wieder. Ihre Größe hängt vom Werkstoffverhalten ab und stellt einen kritischen Werkstoffkennwert $G_\mathrm{c} = 2\gamma$ dar. Diese Energiebilanz bei Rissausbreitung wurde 1921 von A. A. GRIFFITH [43] aufgestellt und nach ihm benannt.

Energetisches Bruchkriterium nach GRIFFITH:

$$-\frac{\mathrm{d}\Pi}{\mathrm{d}A} = G = G_\mathrm{c} = 2\gamma\,, \tag{4.78}$$

Es besagt: Zur Initiierung und zur Aufrechterhaltung einer quasistatischen Rissausbreitung in einem konservativen System muss die bereitgestellte Energiefreisetzungsrate gleich oder größer als die dissipierte Bruchenergie pro Rissfläche sein. Die Dimension von G ist [Kraft*Länge/Länge^2] und wird meist in J/m^2 oder N/m angegeben.

GRIFFITH bestimmte für einen Riss der Länge 2a in der Scheibe unter Zug (Bild 4.3) die Energiefreisetzungsrate $G = 2\pi\sigma^2 a/E' = 4\gamma$, woraus man bei gegebener Risslänge die kritische bruchauslösende Spannung gewinnt:

$$\sigma_\mathrm{c} = \sqrt{\frac{2E'\gamma}{\pi a}} = \frac{K_\mathrm{Ic}}{\sqrt{\pi a}}. \tag{4.79}$$

Umgestellt nach a, liefert das Kriterium die kritische Risslänge a_c, die bei einer gegebenen Belastung σ für den Bruch notwendig ist:

$$a_\mathrm{c} = \frac{2E'\gamma}{\pi\sigma^2} \quad \text{mit} \quad E' = E \text{ (ESZ)} \quad \text{und} \quad E' = E/(1-\nu^2) \text{ (EVZ)}\,. \tag{4.80}$$

Das GRIFFITH–Kriterium ist auch für eine beliebig große endliche Rissausbreitung ΔA gültig und im Extremfall sogar für die Bildung eines Risses vom Ausgangszustand $A^{(1)} = 0$ zum Endzustand $A^{(2)} = A$.

Zum Abschluss soll der Zusammenhang zwischen der Energiefreisetzungsrate und der Kraft–Verformungs–Kurve eines Prüfkörpers mit Riss hergestellt werden. Man betrachte dazu Bild 4.14. In diesem Fall greift als äußere Last nur eine Einzelkraft F an, die eine Verschiebung $q = F/k(a)$ des Kraftangriffspunktes bewirkt, wenn $k(a)$ die risslängenabhängige Steifigkeit der Probe bedeutet. Die Formänderungsenergie in diesem elastischen Körper ist gleich der Fläche unter der linearen Kraft–Verformungs–Kurve:

$$\mathcal{W}_{\rm int} = \frac{1}{2}Fq = \frac{1}{2}kq^2 = \frac{1}{2}\frac{F^2}{k}\,. \tag{4.81}$$

Vergrößern wir nun die Risslänge um Δa, so sinkt die Steifigkeit der Probe wie in

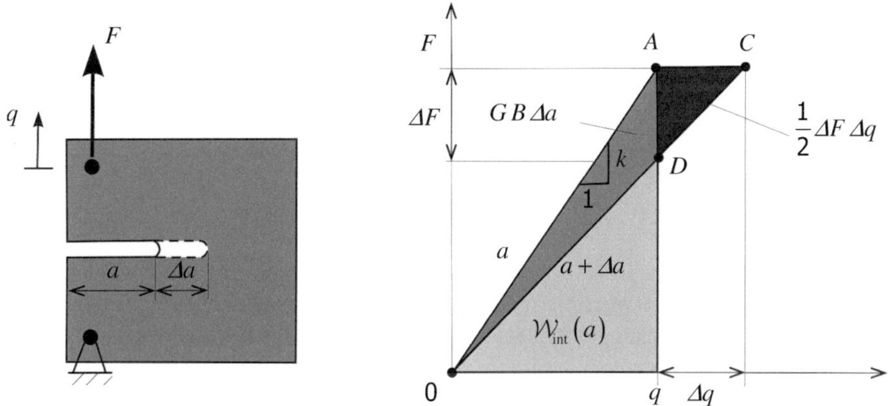

Bild 4.14 Zusammenhang zwischen Kraft–Verformungs–Kurve und Energiefreisetzungsrate

Bild 4.14 gezeigt. In Abhängigkeit davon, wie sich während des Risswachstums das äußere Belastungssystem verhält, unterscheidet man zwei Extremfälle:

a) Festgehaltene Randverschiebung $q = $ const (engl. *fixed grips*)

Das entspricht einer sehr steifen Lastvorrichtung. Die äußere Arbeit ist $\mathrm{d}\mathcal{W}_{\rm ext} = F\,\mathrm{d}q = 0$ und die potenzielle Energie für Rissausbreitung muss allein aus der gespeicherten Formänderungsenergie kommen, so dass (4.76) ergibt:

$$\begin{aligned} G &= -\frac{\mathrm{d}\Pi}{\mathrm{d}A} = -\frac{\mathrm{d}\mathcal{W}_{\rm int}}{\mathrm{d}A} = -\frac{\mathrm{d}}{B\mathrm{d}a}\left[\frac{1}{2}k(a)q^2\right] = -\frac{q^2}{2B}\frac{\mathrm{d}k(a)}{\mathrm{d}a} \\ &= -\frac{1}{2B}\frac{F^2}{k^2}\frac{\mathrm{d}k(a)}{\mathrm{d}a} = \frac{1}{2B\mathrm{d}a}q\,\mathrm{d}F \end{aligned} \tag{4.82}$$

b) Festgehaltene Kraft $F = $ const (Totlast (engl. *dead load*))

Dieser Fall wird durch ein Gewicht oder eine sehr weiche Lastvorrichtung realisiert, welche bei Risswachstum die äußere Arbeit $\mathrm{d}\mathcal{W}_{\rm ext} = F\,\mathrm{d}q(a) > 0$ verrichtet. Bei Verwendung des letzten Terms von (4.81) für $\mathcal{W}_{\rm int}$ lautet die Energiefreisetzungsrate:

$$\begin{aligned} G &= -\frac{\mathrm{d}\Pi}{\mathrm{d}A} = \frac{\mathrm{d}}{B\mathrm{d}a}\left[\mathcal{W}_{\rm ext} - \mathcal{W}_{\rm int}\right] = \frac{1}{B}\left[F\frac{\mathrm{d}q}{\mathrm{d}a} - \frac{1}{2}F^2\frac{\mathrm{d}}{\mathrm{d}a}\left(\frac{1}{k(a)}\right)\right] \\ &= \frac{1}{B}\left[F^2\frac{\mathrm{d}}{\mathrm{d}a}\left(\frac{1}{k(a)}\right) - \frac{1}{2}F^2\frac{\mathrm{d}}{\mathrm{d}a}\left(\frac{1}{k(a)}\right)\right] = -\frac{1}{2B}\frac{F^2}{k^2}\frac{\mathrm{d}k(a)}{\mathrm{d}a} = -\frac{1}{2B\mathrm{d}a}F\mathrm{d}q. \end{aligned} \tag{4.83}$$

Der Vergleich der Ergebnisse (4.82) und (4.83) führt zu dem erstaunlichen Schluss, dass in beiden Fällen die Energiefreisetzungsrate G identisch ist und natürlich positiv (weil $\mathrm{d}k/\mathrm{d}a < 0$). Während im Fall (a) die risstreibende Energie nur aus der Abnahme von $\mathcal{W}_{\text{int}}$ herrührt, so wird sie bei (b) von der äußeren Arbeit gespeist, die zusätzlich die Formänderungsenergie $\mathcal{W}_{\text{int}}$ um den gleichen Betrag erhöht, vgl. Klammer [ ] in (4.83). Diese Aussage gilt generell für elastische Systeme mit Riss, weil nach dem Satz von CLAPEYRON $\mathcal{W}_{\text{ext}} = 2\mathcal{W}_{\text{int}}$ ist. Aus Bild 4.14 ist ersichtlich, dass die freigesetzte Energie $-\mathrm{d}\Pi = GB\mathrm{d}a$ der Dreiecksfläche zwischen den zwei Kraft–Verformungs–Kurven von a und $a + \Delta a$ entspricht, wobei die Fläche OAD dem Fall (a) und die Fläche OAC dem Fall (b) zuzuordnen ist. Beide Flächen unterscheiden sich nur um das Dreieck $ACD \equiv \frac{1}{2}\Delta F \Delta q$, was für $\Delta a \to 0$ von höherer Ordnung verschwindet.

Lokale Energiefreisetzungsrate

Wir setzen die Überlegungen anhand von Bild 4.13 fort. Bei Rissausbreitung erfahren alle mechanischen Feldgrößen eine Änderung vom Ausgangszustand (1) zum Endzustand (2). Diesen Übergang führen wir in Gedanken wie folgt durch: Bei (1) wirken auf dem Ligament ΔA vor dem Riss Schnittspannungen $\boldsymbol{t}^c = \boldsymbol{t}^{c(1)}$, die definitionsgemäß auf beiden Ufern entgegengesetzt gleich sind: $t_i^c \mathrel{\widehat{=}} t_i^{c+} = -t_i^{c-}$. Wir schneiden den Riss entlang ΔA auf und ersetzen die Schnittspannungen durch gleich große äußere Randspannungen, so dass der Riss wie bei (1) geschlossen bleibt. Anschließend werden diese Randspannungen quasistatisch auf null abgesenkt, womit sich der Riss erweitert und auf ΔA den lastfreien Endzustand (2) erreicht. Die Relativverschiebungen $\Delta u_i = u_i^+ - u_i^-$ der Rissufer gehen dabei vom geschlossenen Riss ($\Delta u_i^{(1)} = 0$) in den geöffneten Zustand $\Delta u_i^{(2)}$ über. Bei diesem Vorgang verrichten die Spannungen Arbeit an den Rissuferverschiebungen: $t_i^{c+}\mathrm{d}u_i^+ + t_i^{c-}\mathrm{d}u_i^- = t_i^c(\mathrm{d}u_i^+ - \mathrm{d}u_i^-) = t_i^c \mathrm{d}\Delta u_i$, so dass die Gesamtarbeit zur Erweiterung des Risses um ΔA aus dem Integral

$$\Delta\mathcal{W}_{\text{c}} = \int_{\Delta A}\int_{(1)}^{(2)} t_i^c \mathrm{d}\Delta u_i \mathrm{d}A \implies \int_{\Delta A} \frac{1}{2} t_i^c \Delta u_i^{(2)} \mathrm{d}A < 0 \tag{4.84}$$

gebildet wird. Da das System hierbei Energie abgibt, muss sie negativ sein. Bei linear–elastischem Materialverhalten lässt sich das innere Integral sofort zu $t_i^c \Delta u_i^{(2)}/2$ auswerten und man erhält die rechte Formel.

Dieser Arbeitsterm $\Delta\mathcal{W}_{\text{c}}$ muss zur Gesamtbilanz der Energie pro Rissfortschritt hinzugefügt werden.

$$\frac{\Delta\mathcal{W}_{\text{ext}}}{\Delta A} - \frac{\Delta\mathcal{W}_{\text{int}}}{\Delta A} + \frac{\Delta\mathcal{W}_{\text{c}}}{\Delta A} = 0 \tag{4.85}$$

Mit der Definition (4.76) der potenziellen Energie $\Pi = \Pi_{\text{ext}} + \Pi_{\text{int}} = -\mathcal{W}_{\text{ext}} + \mathcal{W}_{\text{int}}$ folgt schließlich die Energiefreisetzungsrate

$$G = -\frac{\Delta \Pi}{\Delta A} = \frac{\Delta \mathcal{W}_{\text{ext}}}{\Delta A} - \frac{\Delta \mathcal{W}_{\text{int}}}{\Delta A} = -\frac{\Delta \mathcal{W}_{\text{c}}}{\Delta A} \tag{4.86}$$

Hiermit wurde gezeigt, dass die Änderung der potenziellen Energie des Systems (Körper plus Belastung) gleich der Arbeit ist, die zum »Freimachen« der neuen Rissfläche ΔA lokal erforderlich ist. Man beachte, dass es sich um einen virtuellen elastischen Entlastungsvorgang handelt, der nichts mit der Energiedissipation $\mathcal{D}$ beim Bruchprozess zu tun hat! Das Ergebnis (4.86) stellt demzufolge eine alternative Berechnungsmöglichkeit der Energiefreisetzungsrate – also der rissantreibenden Beanspruchung – dar. Auch dieses Verfahren ist prinzipiell auf eine endliche Rissausbreitung ΔA anwendbar.

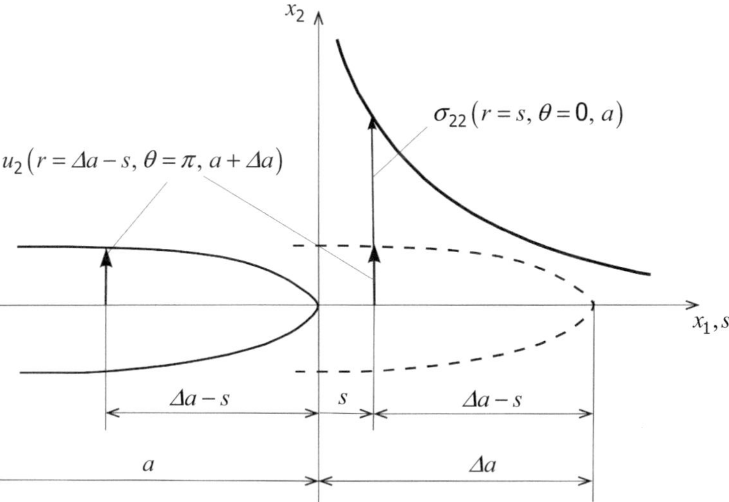

Bild 4.15 Entlastungsarbeit bei Rissausbreitung

Das Rissschließintegral

Im Folgenden wird diese Berechnungsmethode auf die asymptotische Rissspitzenlösung für isotrop–elastisches Material (Abschnitt 4.2.2) angewendet. Dies soll zuerst am Rissöffnungsmodus I erläutert werden. Dazu betrachten wir die Spitze eines Risses der Ausgangslänge a, die sich wie im Bild 4.15 dargestellt, bei Rissausbreitung um Δa verschiebt. Wir setzen voraus, dass der Vorgang im Gültigkeitsbereich der von K_{I}–dominierten Rissspitzenlösung (4.12), (4.16) abläuft, was immer erreicht werden kann, wenn man mit $r \to 0$ und $\Delta a \to 0$ nahe genug an die Rissspitze heran geht. Beim Modus I liegt ein symmetrischer Spannungs- und Verformungszustand bzgl. der Rissebene vor. Die Schnittspannungen auf dem Ligament Δa entsprechen den σ_{22}–Spannungen der Nahfeldlösung (4.12) für die Ausgangsrisslänge a:

$$-t_2^c(s) = \sigma_{22}(r = s,\, \theta = 0,\, a) = \frac{K_{\rm I}(a)}{\sqrt{2\pi s}}\,, \quad t_1^c = t_3^c = 0. \tag{4.87}$$

Nach der Rissausbreitung um Δa ergeben sich die Rissöffnungsverschiebungen aus (4.16) für die Endrisslänge $a + \Delta a$ zu:

$$u_2^{\pm}(r = \Delta a - s,\, \theta = \pm\pi,\, a + \Delta a) = \pm\frac{\kappa + 1}{2\mu} K_{\rm I}(a + \Delta a)\sqrt{\frac{\Delta a - s}{2\pi}}\,. \tag{4.88}$$

Die Arbeit der Schnittspannungen $t_2^c(s)$ beim virtuellen Entlastungsprozess mit den Verschiebungen $u_2(s)$ der Rissufer ergibt nach (4.84) bei linear–elastischem Verhalten:

$$\begin{aligned}\Delta\mathcal{W}_{\rm c} &= -\int_0^{\Delta a} \frac{1}{2}\sigma_{22}(u_2^+ - u_2^-)\mathrm{d}s = -\int_0^{\Delta a} \frac{K_{\rm I}(a)}{\sqrt{2\pi s}}\frac{\kappa + 1}{2\mu}K_{\rm I}(a + \Delta a)\sqrt{\frac{\Delta a - s}{2\pi}}\mathrm{d}s \\ &= -\frac{\kappa + 1}{4\pi\mu}K_{\rm I}(a)K_{\rm I}(a + \Delta a)\int_0^{\Delta a}\sqrt{\frac{\Delta a - s}{s}}\mathrm{d}s\,.\end{aligned} \tag{4.89}$$

Daraus kann die Energiefreisetzungsrate G (die wir im ebenen Problem jetzt pro Einheitsdicke $B = 1$ m auffassen) gemäß (4.86) berechnet werden. Zusätzlich führen wir noch den Grenzübergang zu einem differenziellen Rissfortschritt $\Delta a \to 0$ durch.

$$G = \lim_{\Delta a \to 0}\left(-\frac{\Delta\mathcal{W}_{\rm c}}{B\Delta a}\right) = \frac{\kappa + 1}{4\pi\mu}K_{\rm I}^2(a)\lim_{\Delta a \to 0}\underbrace{\frac{1}{\Delta a}\int_0^{\Delta a}\sqrt{\frac{\Delta a - s}{s}}\mathrm{d}s}_{\pi/2} \tag{4.90}$$

Somit besteht folgender Zusammenhang zwischen der infinitesimalen Energiefreisetzungsrate G und dem Spannungsintensitätsfaktor $K_{\rm I}$:

$$G \;\widehat{=}\; G_{\rm I} = \frac{\kappa + 1}{8\mu}K_{\rm I}^2 = K_{\rm I}^2/E'\,. \tag{4.91}$$

Das bedeutet physikalisch, dass im Rahmen der linear–elastischen Bruchmechanik das Spannungsintensitätskonzept von Irwin und das Energiekriterium von Griffith gleichwertig sind und ineinander umgerechnet werden können.

Der hier abgeleitete Zusammenhang geht auf Irwin [59] zurück, der die Arbeit bei einer virtuellen Rissschließung von $a + \Delta a$ zu a berechnete und dies *Rissschließintegral* nannte. Im Rahmen der Elastizitätstheorie sind Rissschließen und Risserweiterung aber gleichwertige reversible Prozesse, die zum selben Ergebnis führen. Bei nichtlinearem Materialverhalten gilt das jedoch nicht mehr, so dass man i. Allg. richtiger von einem *Rissöffnungsintegral* sprechen sollte.

Abschließend soll noch die Verallgemeinerung auf Modus II und III erfolgen. Beim Modus II haben die Schnittspannungen und Rissuferverschiebungen ausschließlich Komponenten in x_1–Richtung (beachte (4.23) und (4.25)) $t_1^c \;\widehat{=}\; \tau_{12}$, $u_1^{\pm} \neq 0$, die proportional zu K_{II} sind. Analoger Weise treten bei Modus III nur Komponenten in x_3–Richtung gemäß (4.31) und (4.32) mit dem K_{III}–Faktor auf, so dass man für die Energiefreisetzungsrate erhält:

$$\text{Modus II: } G_{\mathrm{II}} = K_{\mathrm{II}}^2/E' , \quad \text{Modus III: } G_{\mathrm{III}} = K_{\mathrm{III}}^2/2\mu = K_{\mathrm{III}}^2(1+\nu)/E . \quad (4.92)$$

Im Fall kombinierter Belastung aus Modus I, II und III berechnet sich die Energiefreisetzungsrate bei infinitesimaler Rissausbreitung in x_1–Richtung aus der Summe

$$G = G_{\mathrm{I}} + G_{\mathrm{II}} + G_{\mathrm{III}} = \frac{1}{E'}\left(K_{\mathrm{I}}^2 + K_{\mathrm{II}}^2\right) + \frac{1+\nu}{E} K_{\mathrm{III}}^2 . \quad (4.93)$$

Stabilität der Rissausbreitung

Das Bruchkriterium von GRIFFITH (4.78) legt die energetischen Voraussetzungen fest, damit sich ein Riss überhaupt ausbreiten kann. Für die Beurteilung des weiteren Verlaufs des Risswachstums – insbesondere die Frage der Stabilität – ist ausschlaggebend, wie sich dabei die Bruchbedingung selbst verändert. Die Energiefreisetzungsrate G ist sowohl eine Funktion der Risslänge a als auch der Belastung, die je nach Art der Randbedingungen kraft- (F) oder verschiebungs- (q) -kontrolliert sein kann. Andererseits beobachtet man in vielen spröden Werkstoffen wie Keramik oder Beton, dass der Rissausbreitungswiderstand G_c beim Risswachstum Δa von einem Initialwert G_{c0} bis zu einem Sättigungswert ansteigt. Ursache dafür ist die Ausbildung der Prozesszone bis zu ihrer endgültigen Gestalt. Dieses materialspezifische Verhalten wird durch die *Risswiderstandskurve* $R(\Delta a)$ (engl. *crack resistance curve*) beschrieben (siehe Bild 4.16)

$$G_c = R(\Delta a) \quad (R\text{–}Kurve) , \quad (4.94)$$

die experimentell an Bruchversuchen mit stabil wachsenden Rissen gemessen wird.

Beim Risswachstum muss nun das modifizierte Bruchkriterium erfüllt sein

$$G(F, q, a) = R(\Delta a) , \quad (4.95)$$

welches gewissermaßen einen Gleichgewichtszustand zwischen der Rissausbreitungskraft und dem Risswiderstand darstellt. Um die Stabilität des Bruchvorgangs beurteilen zu können, müssen wir nun die Veränderung beider Größen bei Rissausbreitung als Funktion der Risslänge gegenüberstellen, d. h.

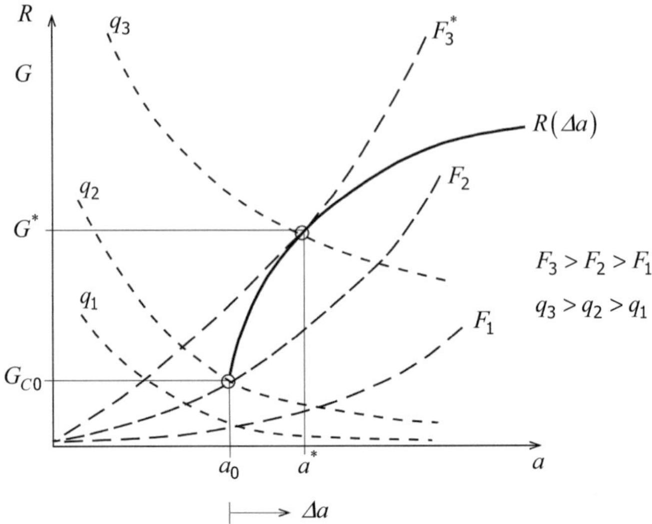

Bild 4.16 Zur Stabilität der Rissausbreitung

$$\left.\frac{\partial G}{\partial a}\right|_{F,q} \begin{matrix} < \\ = \\ > \end{matrix} \frac{\partial R}{\partial a} \quad \begin{cases} \text{stabil} \\ \text{indifferent} \\ \text{instabil} \end{cases} \tag{4.96}$$

wobei die Belastung (F oder q) festgehalten wird. Das Rissverhalten ist dann *stabil*, wenn der Risswiderstand R stärker als die antreibende Energiefreisetzungsrate G ansteigt. Man muss in diesem Fall die Belastung erhöhen, damit der Riss weiter wächst. Im Bild 4.16 ist neben der Risswiderstandskurve das Energieangebot für Rissausbreitung G als Funktion der Risslänge für eine Schar von äußeren Belastungen als Strichlinie abgebildet. Bei vorgegebener Kraft F besitzen diese Kurven einen monoton steigenden Verlauf mit a. Bei festgehaltenen Verschiebungen q zeigen die $G(a)$–Kurven eine fallende Tendenz, weil der Riss sich durch sein Wachstum selbst entlastet. Das Rissverhalten wird in dem Moment *instabil*, sobald das Energieangebot stärker zunimmt als der Risswiderstand. Dann wird der Anstieg des G–Verlaufs im Bild 4.16 gleich oder größer als derjenige der R–Kurve (mit * markierte Größen). Die überschüssige Energie führt zu einem beschleunigten, dynamischen Risswachstum. Betrachtet man im Bild 4.16 dagegen die G–Kurven für festgehaltene Verschiebungen, so wird klar, dass nach der Rissinitiierung bei q_2 trotz ansteigender Belastung der Riss nie instabil werden kann. Vom Holzspalten mit einem Keil kennt jeder dieses Verhalten, das aber ebenso bei dehnungskontrollierten thermischen Spannungen in einem Bauteil mit Riss vorkommen kann.

Zum Abschluss soll noch darauf hingewiesen werden, dass alle vorgestellten Überlegungen anhand von G und R in analoger Weise auf den Spannungsintensitätsfaktor $K_{\rm I}$ und eine risslängenabhängige Bruchzähigkeit $K_{\rm c}(\Delta a)$ übertragen werden können, da beide Kriterien in der LEBM gleichwertig sind.

4.2.6 Das J–Integral

Unabhängig voneinander haben CHEREPANOV [21] 1967 und RICE [97] 1968 eine weitere bruchmechanische Beanspruchungskenngröße eingeführt – das J–Integral. Diese Kenngröße hat sich nicht nur in der LEBM außerordentlich bewährt, sondern konnte vor allem in der Bruchmechanik bei inelastischem Materialverhalten sehr erfolgreich eingesetzt werden. In der Folgezeit wurden vielfältige Erweiterungen des klassischen J–Integrals in Bezug auf Belastungsarten, Materialgesetze und Feldprobleme vorgenommen, worauf noch ausführlicher in Kapitel 7 eingegangen wird. Besondere Bedeutung kommt dem J–Integral gerade auch in Verbindung mit der numerischen Beanspruchungsanalyse von Rissen zu.

In diesem Abschnitt konzentrieren wir uns auf die Anwendung des J–Integrals auf elastische Materialien, die auch nichtlinear sein dürfen. Zum einfacheren Verständnis beschränken sich die Ausführungen auf infinitesimale Deformationen.

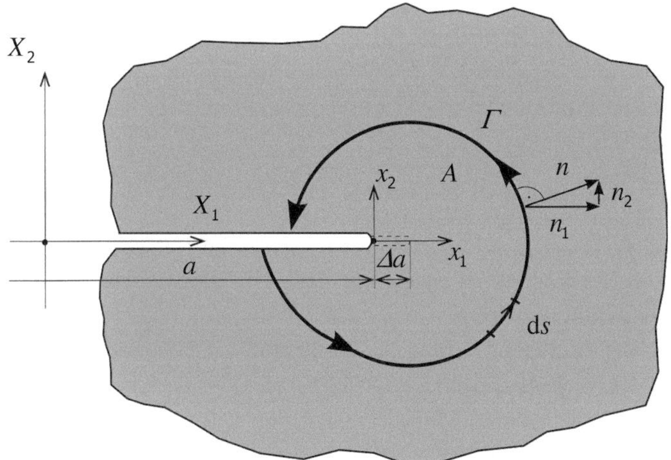

Bild 4.17 Definition von J als Linienintegral um die Rissspitze

Herleitung des J–Integrals

Im Folgenden soll bewiesen werden, dass die Änderung der potenziellen Energie bei infinitesimaler Rissausbreitung – also die Energiefreisetzungsrate $G = -\mathrm{d}\Pi/\mathrm{d}A$ – mit Hilfe eines wegunabhängigen Linienintegrals ausgedrückt werden kann. Die Abbildung 4.17 zeigt ein ebenes Rissproblem (Einheitsdicke B). Wir wählen ein beliebiges Gebiet A um die Rissspitze aus, das von der Kurve Γ berandet wird, die vom unteren zum oberen Rissufer in mathematisch positiver Richtung verläuft, mit dem nach außen gerichteten Normaleneinheitsvektor n_j. Zur Berechnung der potenziellen Energie des Systems müsste eigentlich der Gesamtkörper betrachtet werden, aber wir werden sehen, dass das Ergebnis von der Wahl des Gebietes unabhängig ist. Von Außen wirken auf Γ die Schnittspannungen $t_i = \sigma_{ij} n_j$, die bei Risswachstum $\mathrm{d}a$ unveränderlich bleiben sollen. Die Volumenkräfte seien null. Der Riss vergrößert sich in seiner Ursprungsrichtung um $\mathrm{d}a$ und das Gebiet A verschiebt sich mit ihm. Dabei verändern sich alle Feldgrößen direkt und implizit mit der Risslänge. Deshalb wird neben den körperfesten Koordinaten (X_1, X_2) ein an der Rissspitze mitbewegtes System $(x_1 = X_1 - a,\, x_2 = X_2)$ eingeführt, (siehe Bild 4.17), so dass für die totale Ableitung gilt:

$$\frac{\mathrm{d}(\cdot)}{\mathrm{d}a} = \frac{\partial(\cdot)}{\partial a} + \frac{\partial x_1}{\partial a}\frac{\partial(\cdot)}{\partial x_1} = \frac{\partial(\cdot)}{\partial a} - \frac{\partial(\cdot)}{\partial x_1}. \tag{4.97}$$

Damit differenzieren wir die potenzielle Energie, die eine Funktion des Verschiebungsfeldes u_i ist, nach der Risslänge:

$$\begin{aligned} -\frac{\mathrm{d}\Pi(u_i)}{\mathrm{d}a} &= \frac{\mathrm{d}}{\mathrm{d}a}\left\{\mathcal{W}_{\mathrm{ext}}(u_i) - \mathcal{W}_{\mathrm{int}}(u_i)\right\} = \frac{\mathrm{d}}{\mathrm{d}a}\left\{\int_\Gamma t_i u_i \,\mathrm{d}s - \int_A U\,\mathrm{d}A\right\} \\ &= \int_A \frac{\partial U(u_i)}{\partial x_1}\,\mathrm{d}A - \int_\Gamma t_i \frac{\partial u_i}{\partial x_1}\,\mathrm{d}s + \left[-\int_A \frac{\partial U}{\partial a}\,\mathrm{d}A + \int_\Gamma t_i \frac{\partial u_i}{\partial a}\,\mathrm{d}s\right]. \end{aligned} \tag{4.98}$$

Unter Verwendung von $\frac{\partial U}{\partial a} = \frac{\partial U}{\partial \varepsilon_{ij}}\frac{\partial \varepsilon_{ij}}{\partial a} = \sigma_{ij}\frac{\partial u_{i,j}}{\partial a}$, der Umwandlung des Linienintegrals in ein Gebietsintegral nach dem Gaussschen Satz und mit den Gleichgewichtsbedingungen $\sigma_{ij,j} = 0$ verschwindet der Ausdruck in [ ] Klammern von (4.98). Das 1. Integral von (4.98) kann ebenfalls mit dem Gaussschen Satz umgeformt werden ($\mathrm{d}s$ ist die Bogenlänge entlang Γ).

$$\int_A U_{,j}\,\delta_{1j}\,\mathrm{d}A = \int_\Gamma U n_1\,\mathrm{d}s = \int_\Gamma U\,\mathrm{d}x_2 \tag{4.99}$$

Somit kann die Energiefreisetzungsrate G durch ein Linienintegral entlang der Kurve Γ berechnet werden, was als J–Integral bezeichnet wird:

$$G = -\frac{\mathrm{d}\Pi}{\mathrm{d}a} = J \equiv \int_\Gamma \left[U\,\mathrm{d}x_2 - t_i\frac{\partial u_i}{\partial x_1}\,\mathrm{d}s\right]. \tag{4.100}$$

Wegunabhängigkeit des J–Integrals

Um zu beweisen, dass J unabhängig von der Wahl des Gebiets A und dem Integrationspfad Γ ist, vergleichen wir zwei Pfade Γ_1 und Γ_2 um die Rissspitze (Bild 4.18).

Die Pfade werden durch die Strecken Γ^+ und Γ^- entlang des oberen und unteren Rissufers ergänzt, womit man eine geschlossene Kurve $C = \Gamma_2 + \Gamma^+ - \Gamma_1 + \Gamma^-$ erhält. C umschließt vollständig die Differenzfläche $\bar{A} = A_2 - A_1$, die Rissspitze wurde dabei umgangen! Die Integrale über Γ^+ und Γ^- sind null, weil auf den Rissflanken $t_i = 0$ gilt und $\mathrm{d}x_2 = 0$ ist. Bei der Auswertung von J entlang C wird nun das Linienintegral wieder in ein Gebietsintegral über $\bar{A}$ zurück verwandelt und das CAUCHY Theorem $t_i = \sigma_{ij} n_j$ benutzt:

$$\begin{aligned}\int_C \left[U n_1 - \sigma_{ij} n_j \frac{\partial u_i}{\partial x_1} \right] \mathrm{d}s &= \int_C \left[U \delta_{1j} - \sigma_{ij} \frac{\partial u_i}{\partial x_1} \right] n_j \, \mathrm{d}s \\ &= \int_{\bar{A}} \frac{\partial}{\partial x_j} \left[U \delta_{1j} - \sigma_{ij} \frac{\partial u_i}{\partial x_1} \right] \mathrm{d}\bar{A}.\end{aligned} \tag{4.101}$$

Die Formänderungsenergie U ist eine Funktion der Verzerrungen $\varepsilon_{ij} = (u_{i,j} + u_{j,i})/2$. Ihre Ableitung ergibt bei einem (nicht)linear–elastischen Material gemäß (3.75) gerade die Spannungen σ_{ij}. Damit liefert die Differenziation des Integranden von (4.101):

$$\frac{\partial U}{\partial \varepsilon_{ij}} \frac{\partial \varepsilon_{ij}}{\partial x_1} - \frac{\partial \sigma_{ij}}{\partial x_j} \frac{\partial u_i}{\partial x_1} - \sigma_{ij} \frac{\partial}{\partial x_1} \left(\frac{\partial u_i}{\partial x_j} \right) = \sigma_{ij} \frac{\partial \varepsilon_{ij}}{\partial x_1} - 0 - \sigma_{ij} \frac{\partial}{\partial x_1} \frac{1}{2} \left(\frac{\partial u_i}{\partial x_j} + \frac{\partial u_j}{\partial x_i} \right) = 0 \tag{4.102}$$

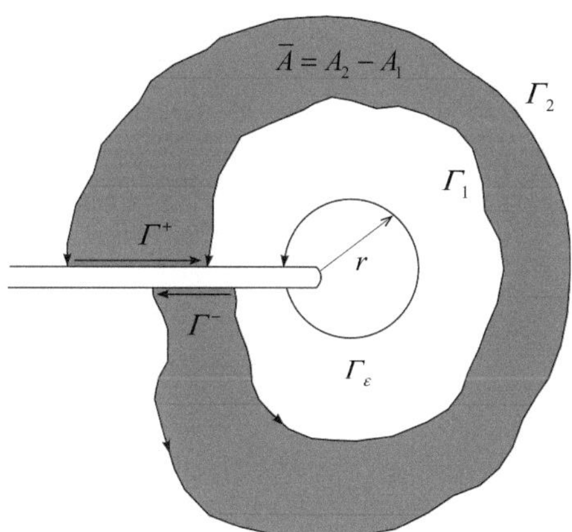

Bild 4.18 Zur Wegunabhängigkeit des J–Integrals

Wegen der Gleichgewichtsbedingungen (3.72) verschwindet der 2. Term, da Trägheits- und Volumenkräfte hier nicht berücksichtigt werden. Bei der Ergänzung im 3. Term wurde die Symmetrie $\sigma_{ji} = \sigma_{ij}$ benutzt, womit er gerade den 1. Term kompensiert. Als Ergebnis stellt sich heraus

$$\int_C (\cdot)\,\mathrm{d}s = \int_{\Gamma_1} (\cdot)\,\mathrm{d}s - \int_{\Gamma_2} (\cdot)\,\mathrm{d}s + \int_{\Gamma^+ + \Gamma^-} (\cdot)\,\mathrm{d}s = 0\,. \tag{4.103}$$

Da die Rissuferintegrale über $\Gamma^+ + \Gamma^-$ null sind, ist die Wegunabhängigkeit bewiesen

$$J_{\Gamma_1} = \int_{\Gamma_1} (\cdot)\,\mathrm{d}s = J_{\Gamma_2} = \int_{\Gamma_2} (\cdot)\,\mathrm{d}s\,. \tag{4.104}$$

Rückblickend stellen wir die Voraussetzungen zusammen, die für die Herleitung notwendig waren:

- Es gibt keine Volumenlasten $\bar{b}_i = 0$ und Trägheitskräfte $\rho\ddot{u}_i = 0$.
- Die Rissufer Γ^+ und Γ^- sind spannungsfrei $\bar{t}_i = 0$.
- Die elastische Formänderungsenergie U ist eine Potenzialfunktion: $\partial U/\partial\varepsilon_{ij} = \sigma_{ij}$.
- U hängt nicht explizit von x_1 ab, nur implizit über $\varepsilon_{ij}(x_1)$ (homogenes Material).

4.2.7 Risse in anisotropen elastischen Körpern

Viele moderne Werkstoffe im Leichtbau besitzen anisotrope elastische Eigenschaften. Dazu zählt die große Gruppe der faserverstärkten Kunststoffe und Metalle, bei denen hochfeste Fasern (Glas, Kohlenstoff, Wisker) entweder unidirektional orientiert oder als Fasermatten in mehreren Schichten unterschiedlicher Orientierung in einen Matrixwerkstoff zur Erhöhung der Festigkeit und Steifigkeit eingebettet werden. Neben diesen Compositen und Laminaten sind insbesondere metallische und keramische Werkstoffe mit anisotroper Kristallstruktur von Interesse, wie Nickelbasis–Einkristalle für Turbinenschaufeln oder Siliziumkomponenten in der Mikrosystemtechnik. Schließlich gehören auch rippen- und stringerverstärkte Bauteile des Stahlbaus, der Luftfahrt oder bewehrter Beton im Bauwesen zur Klasse der anisotropen Körper. Bei der Behandlung bruchmechanischer Probleme muss demzufolge die Anisotropie berücksichtigt werden. Wir untersuchen einen Riss in der unendlichen Ebene unter Modus–I–, II–, und III–Belastung, siehe Bild 4.19. Die Hauptachsen der Anisotropie werden durch das Materialkoordinatensystem $(\bar{x}_1, \bar{x}_2, \bar{x}_3)$ festgelegt, wobei wir uns auf Orthotropie beschränken und die $\bar{x}_3$–Achse parallel zur x_3–Koordinate verlaufen soll. Im Fall des ESZ ergibt sich aus (3.83) die anisotrope Nachgiebigkeitsmatrix in Ingenieurkonstanten im Materialkoordinatensystem

$$\begin{bmatrix} \bar{\varepsilon}_{11} \\ \bar{\varepsilon}_{22} \\ \bar{\gamma}_{12} \end{bmatrix} = \begin{bmatrix} \dfrac{1}{E_1} & -\dfrac{\nu_{21}}{E_2} & 0 \\ -\dfrac{\nu_{12}}{E_1} & \dfrac{1}{E_2} & 0 \\ 0 & 0 & \dfrac{1}{G_{12}} \end{bmatrix} \begin{bmatrix} \bar{\sigma}_{11} \\ \bar{\sigma}_{22} \\ \bar{\tau}_{12} \end{bmatrix}. \tag{4.105}$$

Die Transformation dieser Beziehung in das globale Koordinatensystem mit der vom Winkel α abhängigen Drehmatrix $\mathbf{r}$ liefert nach den Regeln der Tensorrechnung eine voll besetzte Nachgiebigkeitsmatrix $[a_{\alpha\beta}] \,\widehat{=}\, [S_{\alpha\beta}]$ mit $\alpha, \beta = \{1, 2, 6\}$

$$\begin{bmatrix} \varepsilon_{11} \\ \varepsilon_{22} \\ \gamma_{12} \end{bmatrix} = \begin{bmatrix} a_{11} & a_{12} & a_{16} \\ a_{12} & a_{22} & a_{26} \\ a_{16} & a_{26} & a_{66} \end{bmatrix} \begin{bmatrix} \sigma_{11} \\ \sigma_{22} \\ \tau_{12} \end{bmatrix} . \tag{4.106}$$

Im EVZ lautet die Spannungs–Dehnungs–Relation mit modifizierten Konstanten $b_{\alpha\beta}$

$$\begin{bmatrix} \varepsilon_{11} \\ \varepsilon_{22} \\ \gamma_{12} \end{bmatrix} = \begin{bmatrix} b_{11} & b_{12} & b_{16} \\ b_{12} & b_{22} & b_{26} \\ b_{16} & b_{26} & b_{66} \end{bmatrix} \begin{bmatrix} \sigma_{11} \\ \sigma_{22} \\ \tau_{12} \end{bmatrix} , \quad b_{\alpha\beta} = a_{\alpha\beta} - \frac{a_{\alpha 3} a_{\beta 3}}{a_{33}} . \tag{4.107}$$

Die Spannung in Dickenrichtung beträgt dann $\sigma_{33} = -(a_{13}\sigma_{11} + a_{23}\sigma_{22} + a_{26}\tau_{12})/a_{33}$. Ausführlichere Hinweise zur Materialmodellierung in Laminaten findet man in [1].

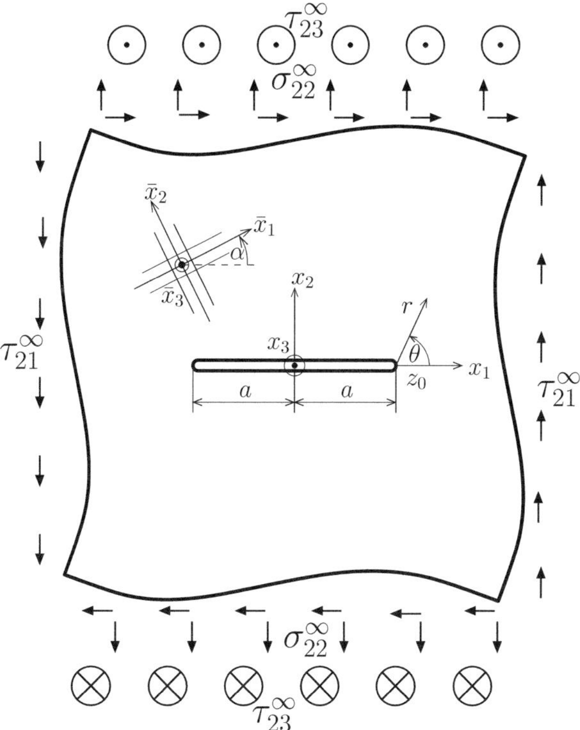

Bild 4.19 Riss in einer Scheibe aus anisotropem elastischem Material

Für die Lösung anisotroper elastischer ebener RWA wurden von LEKHNITSKII [71] und STROH [129] verallgemeinerte komplexe Spannungsfunktionen entwickelt. Auf dieser Grundlage haben SIH, PARIS und IRWIN [124] erstmals Risslösungen gefunden, die hier wiedergegeben werden sollen. Die Spannungen und Verschiebungen ergeben sich jetzt aus zwei komplexen holomorphen Funktionen $\phi_k(z_k)$ $(k = \{1, 2\})$ der komplexen Variablen $z_k = x_1 + s_k x_2$. Die komplexen Konstanten s_k gewinnt man aus den Nullstellen der charakteristischen Gleichung in Abhängigkeit von den elastischen Konstanten $a_{\alpha\beta}$

$$a_{11}s^4 - 2a_{16}s^3 + (2a_{12} + a_{66})s^2 - 2a_{26}s + a_{22} = 0, \tag{4.108}$$

was zwei konjugiert komplexe Lösungen liefert

$$s_1 = \gamma_1 + \mathrm{i}\delta_1, \quad s_2 = \gamma_2 + \mathrm{i}\delta_2, \quad s_3 = \overline{s}_1, \quad s_4 = \overline{s}_2\,. \tag{4.109}$$

Mit der gleichen Vorgehensweise, die bei isotropem Materialverhalten in Abschnitt 4.2.7 angewandt wurde, kann man nun die Rissspitzenfelder berechnen [124]. Das Ergebnis lautet in Polarkoordinaten (r, θ) um die Rissspitze:

Modus I

$$\begin{aligned}
\sigma_{11} &= \frac{K_{\mathrm{I}}}{\sqrt{2\pi r}}\Re\left[\frac{s_1 s_2}{s_1 - s_2}\left(\frac{s_2}{\sqrt{\cos\theta + s_2\sin\theta}} - \frac{s_1}{\sqrt{\cos\theta + s_1\sin\theta}}\right)\right]\\
\sigma_{22} &= \frac{K_{\mathrm{I}}}{\sqrt{2\pi r}}\Re\left[\frac{1}{s_1 - s_2}\left(\frac{s_1}{\sqrt{\cos\theta + s_2\sin\theta}} - \frac{s_2}{\sqrt{\cos\theta + s_1\sin\theta}}\right)\right]\\
\tau_{12} &= \frac{K_{\mathrm{I}}}{\sqrt{2\pi r}}\Re\left[\frac{s_1 s_2}{s_1 - s_2}\left(\frac{1}{\sqrt{\cos\theta + s_1\sin\theta}} - \frac{1}{\sqrt{\cos\theta + s_2\sin\theta}}\right)\right]
\end{aligned} \tag{4.110}$$

$$\begin{aligned}
u_1 &= K_{\mathrm{I}}\sqrt{\frac{2r}{\pi}}\Re\left[\frac{1}{s_1 - s_2}\left(s_1 p_2\sqrt{\cos\theta + s_2\sin\theta} - s_2 p_1\sqrt{\cos\theta + s_1\sin\theta}\right)\right]\\
u_2 &= K_{\mathrm{I}}\sqrt{\frac{2r}{\pi}}\Re\left[\frac{1}{s_1 - s_2}\left(s_1 q_2\sqrt{\cos\theta + s_2\sin\theta} - s_2 q_1\sqrt{\cos\theta + s_1\sin\theta}\right)\right]
\end{aligned} \tag{4.111}$$

Modus II

$$\begin{aligned}
\sigma_{11} &= \frac{K_{\mathrm{II}}}{\sqrt{2\pi r}}\Re\left[\frac{1}{s_1 - s_2}\left(\frac{s_2^2}{\sqrt{\cos\theta + s_2\sin\theta}} - \frac{s_1^2}{\sqrt{\cos\theta + s_1\sin\theta}}\right)\right]\\
\sigma_{22} &= \frac{K_{\mathrm{II}}}{\sqrt{2\pi r}}\Re\left[\frac{1}{s_1 - s_2}\left(\frac{1}{\sqrt{\cos\theta + s_2\sin\theta}} - \frac{1}{\sqrt{\cos\theta + s_1\sin\theta}}\right)\right]\\
\tau_{12} &= \frac{K_{\mathrm{II}}}{\sqrt{2\pi r}}\Re\left[\frac{1}{s_1 - s_2}\left(\frac{s_1}{\sqrt{\cos\theta + s_1\sin\theta}} - \frac{s_2}{\sqrt{\cos\theta + s_2\sin\theta}}\right)\right]
\end{aligned} \tag{4.112}$$

$$
\begin{aligned}
u_1 &= K_{\mathrm{II}}\sqrt{\frac{2r}{\pi}}\Re\left[\frac{1}{s_1-s_2}\left(p_2\sqrt{\cos\theta+s_2\sin\theta}-p_1\sqrt{\cos\theta+s_1\sin\theta}\right)\right]\\
u_2 &= K_{\mathrm{II}}\sqrt{\frac{2r}{\pi}}\Re\left[\frac{1}{s_1-s_2}\left(q_2\sqrt{\cos\theta+s_2\sin\theta}-q_1\sqrt{\cos\theta+s_1\sin\theta}\right)\right]
\end{aligned}
\tag{4.113}
$$

mit den materialabhängigen Konstanten ($k = \{1, 2\}$):

$$
p_k = a_{11}s_k^2 + a_{12} - a_{16}s_k \quad \text{und} \quad q_k = a_{12}s_k + \frac{a_{22}}{s_k} - a_{26} \tag{4.114}
$$

Das Modus–III–Problem bei nichtebenem Schub τ_{23}^{∞} bleibt im Falle der Orthotropie von der ebenen Aufgabe entkoppelt, d. h. das HOOKEsche Gesetz hat die Form:

$$
\begin{bmatrix}\gamma_{23}\\ \gamma_{13}\end{bmatrix} = \begin{bmatrix}a_{44} & a_{45}\\ a_{45} & a_{55}\end{bmatrix}\begin{bmatrix}\tau_{23}\\ \tau_{13}\end{bmatrix}. \tag{4.115}
$$

Die Nahfelder am Riss bestehen lediglich aus den Schubspannungen τ_{13} und τ_{23} sowie einer u_3–Verschiebung, jeweils als Funktion von (x_1, x_2):

$$
\tau_{13} = -\frac{K_{\mathrm{III}}}{\sqrt{2\pi r}}\Re\left[\frac{s_3}{\sqrt{\cos\theta+s_3\sin\theta}}\right], \quad \tau_{23} = \frac{K_{\mathrm{III}}}{\sqrt{2\pi r}}\Re\left[\frac{1}{\sqrt{\cos\theta+s_3\sin\theta}}\right] \tag{4.116}
$$

$$
u_3 = K_{\mathrm{III}}\sqrt{\frac{2r}{\pi}}\Re\left[\sqrt{\cos\theta+s_3\sin\theta}/(c_{45}+s_3c_{44})\right]. \tag{4.117}
$$

Dabei sind $s_3, \overline{s}_3$ die komplexen Wurzeln der Gleichung $c_{44}s^2 + 2c_{45}s + c_{55} = 0$, die von den elastischen Steifigkeitskonstanten $c_{\alpha\beta}, (\alpha, \beta = \{4, 5\})$ des Materials abhängen:

$$
c_{44} = \frac{a_{55}}{c}, \quad c_{55} = \frac{a_{44}}{c}, \quad c_{45} = -\frac{a_{45}}{c}, \quad c = a_{44}a_{55} - a_{45}^2. \tag{4.118}
$$

Die Definition der Spannungsintensitätsfaktoren K_{I}, K_{II} und K_{III} ändert sich gegenüber dem isotropen Fall nicht. Sie werden durch Extrapolation des singulären Spannungsverlaufs auf dem Ligament vor dem Riss mit (4.63) bestimmt. Für die unendliche Scheibe besteht der gleiche Zusammenhang mit den Fernfeldbelastungen wie im Isotropen:

$$
K_{\mathrm{I}} = \sigma_{22}^{\infty}\sqrt{\pi a}, \quad K_{\mathrm{II}} = \tau_{21}^{\infty}\sqrt{\pi a}, \quad K_{\mathrm{III}} = \tau_{23}^{\infty}\sqrt{\pi a}. \tag{4.119}
$$

Das radiale Verhalten des anisotropen Rissspitzenfeldes wird somit durch dieselbe $1/\sqrt{r}$–Singularität in den Spannungen und Verzerrungen sowie der $\sqrt{r}$–Abhängigkeit der Verschiebungen gekennzeichnet wie beim isotropen elastischen Fall. Der Unterschied besteht ausschließlich in den Winkelfunktionen von (4.110) – (4.117). Die Auswertung der Realteile führt zu recht komplizierten mathematischen Ausdrücken, ist aber prinzipiell möglich.

Abschließend soll noch die Beziehung zwischen der Energiefreisetzungsrate (bei selbstähnlicher Rissausbreitung) und den Spannungsintensitätsfaktoren angegeben werden, die man mit Hilfe des IRWINschen Rissschließintegrals aus der asymptotischen Lösung erzielt:

$$G_{\mathrm{I}} = -\frac{a_{22}}{2} K_{\mathrm{I}} \Im \left[\frac{K_{\mathrm{I}}(s_1 + s_2) + K_{\mathrm{II}}}{s_1 s_2} \right], \quad G_{\mathrm{III}} = K_{\mathrm{III}}^2 \Im \left[\frac{c_{45} + s_3 c_{44}}{2 c_{44} c_{55}} \right]$$
$$G_{\mathrm{II}} = \frac{a_{11}}{2} K_{\mathrm{II}} \Im \left[K_{\mathrm{II}}(s_1 + s_2) + K_{\mathrm{I}} s_1 s_2 \right]. \tag{4.120}$$

Im Spezialfall, wenn der Riss mit einer Symmetrieebene der Orthotropie zusammenfällt ($\alpha = 0$ in Bild 4.19), erhält man die reellen Ausdrücke:

$$G = G_{\mathrm{I}} + G_{\mathrm{II}} + G_{\mathrm{III}}, \quad G_{\mathrm{I}} = K_{\mathrm{I}}^2 \sqrt{\frac{a_{11} a_{22}}{2}} \left[\sqrt{\frac{a_{22}}{a_{11}}} + \frac{2a_{12} + a_{66}}{2a_{11}} \right]^{1/2}$$
$$G_{\mathrm{II}} = K_{\mathrm{II}}^2 \frac{a_{11}}{\sqrt{2}} \left[\sqrt{\frac{a_{22}}{a_{11}}} + \frac{2a_{12} + a_{66}}{2a_{11}} \right]^{1/2}, \quad G_{\mathrm{III}} = K_{\mathrm{III}}^2 \frac{1}{2\sqrt{c_{44} c_{55}}}. \tag{4.121}$$

4.2.8 Grenzflächenrisse

Häufig liegen Risse in der Grenzfläche zwischen zwei Materialien mit unterschiedlichen mechanischen Eigenschaften. Solche Risse bezeichnet man als Grenzflächenrisse (engl. *interface cracks*), siehe [22]. Grenzflächenrisse sind insbesondere in Fügeverbindungen (Kleben, Schweißen, Löten, Bonden) anzutreffen, weil die Festigkeit der Materialverbindung oft geringer ist als diejenige der beiden Fügepartner. Große Bedeutung besitzen Grenzflächenrisse auch für Verbundwerkstoffe (z. B. faserverstärkte Laminatwerkstoffe), Schichtsysteme oder Beschichtungen aller Art, wo Rissausbreitung zur Delamination der Schichten führt. Schließlich wird auch die Festigkeit vieler Konstruktionswerkstoffe durch Versagensmechanismen an inneren Grenzflächen (Korngrenzen, Phasengrenzen u. ä.) maßgeblich beeinflusst.

Im Weiteren soll auf die Beanspruchungssituation an einem Grenzflächenriss zwischen zwei isotropen elastischen Materialien und die bruchmechanischen Parameter eingegangen werden. Untersucht wird die Nahfeldlösung an der Spitze eines Risses in einer unendlichen Scheibe, der sich in der Grenzfläche zwischen den Materialien (1) und (2) mit den elastischen Konstanten E_1, ν_1 und E_2, ν_2 befindet, siehe Bild 4.20. Der Unterschied zwischen den elastischen Eigenschaften beider Materialien wird durch den Parameter ϵ (Bi–Materialkonstante) ausgedrückt, der sich aus den jeweiligen Werten $\mu_m = E_m/2(1+\nu_m)$ und $\kappa_m = 3 - 4\nu_m$ der Materialien $m = 1, 2$ errechnet:

$$\epsilon = \frac{1}{2\pi} \ln \frac{\mu_2 \kappa_1 + \mu_1}{\mu_1 \kappa_2 + \mu_2}, \quad 0 \leq |\epsilon| \leq 0,175. \tag{4.122}$$

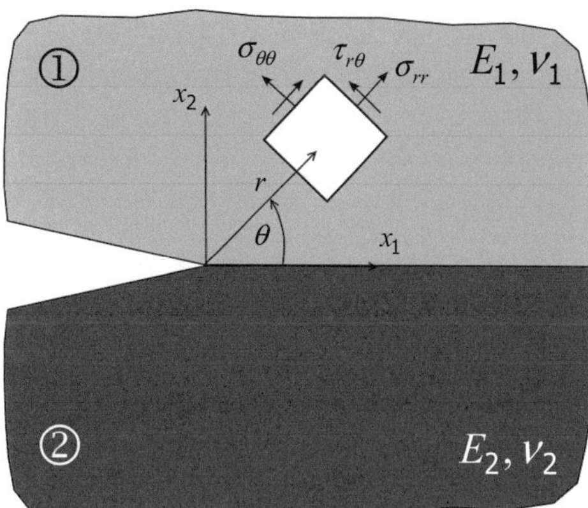

Bild 4.20 Riss in der Grenzfläche zwischen zwei verschiedenen Materialien

Für den Grenzfall gleicher Materialien (1)=(2) wird ϵ null. In Analogie zum Riss im homogenen Material (Abschnitt 4.3.2) wenden wir die Methode der komplexen Funktionen an. Zur Berechnung der Eigenfunktionen des Grenzflächenrisses wird wie in (4.33) ein Reihenansatz für $\phi^{(m)}(z)$ und $\chi^{(m)}(z)$ gemacht, der sich jedoch für die beiden Materialien $m = 1, 2$ in der oberen und unteren Halbebene unterscheiden muss.

$$\phi^{(m)}(z) = A^{(m)} z^{\lambda}\,, \quad \chi^{(m)}(z) = B^{(m)} z^{\lambda+1}\,, \quad z = re^{\mathrm{i}\theta} \tag{4.123}$$

Auf den Rissufern sind die Randspannungen null

$$\theta = \pi : \quad \sigma_{\theta\theta}^{(1)} + \mathrm{i}\tau_{r\theta}^{(1)} = 0\,, \quad \theta = -\pi : \quad \sigma_{\theta\theta}^{(2)} + \mathrm{i}\tau_{r\theta}^{(2)} = 0 \tag{4.124}$$

und auf der Grenzfläche vor dem Riss müssen die Verschiebungen und die Schnittspannungen beider Regionen stetig sein

$$\theta = 0 : \quad u_1^{(1)} + \mathrm{i}u_2^{(1)} = u_1^{(2)} + \mathrm{i}u_2^{(2)}\,, \quad \sigma_{\theta\theta}^{(1)} + \mathrm{i}\tau_{r\theta}^{(1)} = \sigma_{\theta\theta}^{(2)} + \mathrm{i}\tau_{r\theta}^{(2)}\,. \tag{4.125}$$

Drückt man diese vier Rand- und Übergangsbedingungen durch die komplexen Funktionen aus (siehe (4.34) und (3.162)), so erhält man ein homogenes Gleichungssystem für die 4 komplexen (8 reellen) Ansatzkoeffizienten $A^{(m)}$, $B^{(m)}$. Das charakteristische Polynom dieses Eigenwertsystems liefert die Bestimmungsgleichung für den Exponenten λ, der folgende Eigenwerte annehmen kann

$$\lambda = -\frac{1}{2} + n + \mathrm{i}\epsilon \quad \text{mit} \quad n = 1, 2, 3, \ldots \tag{4.126}$$

Im Unterschied zum homogenen Fall sind die Eigenwerte $\lambda(n)$ komplexe Zahlen mit positivem Realteil. Zur Beschreibung des Nahfeldes $r \to 0$ interessiert nur der dominierende Lösungsterm, welcher mit dem kleinsten Eigenwert

$$\lambda(n = 1) = \frac{1}{2} + \mathrm{i}\epsilon \tag{4.127}$$

verknüpft ist. Setzt man (4.123) mit (4.127) in die KOLOSOVschen Formeln (3.162) ein, so erhält man die kompletten Verschiebungs- und Spannungsfelder in Polarkoordinaten an der Rissspitze (siehe [105]). Die Intensität dieser Felder wird durch den Koeffizienten der $n = 1$ten Eigenfunktion bestimmt, der von RICE [102] als komplexer Spannungsintensitätsfaktor eingeführt wurde:

$$\widetilde{K} = K_1 + \mathrm{i}K_2 = |\widetilde{K}|e^{\mathrm{i}\psi}/l^{\mathrm{i}\epsilon}, \quad |\widetilde{K}| = \sqrt{K_1^2 + K_2^2}, \quad \psi = \arctan(K_2/K_1). \tag{4.128}$$

Hier bedeutet l eine Referenzlänge (z. B. Risslänge a) und der Phasenwinkel ψ gibt das Verhältnis der Rissöffnungsmoden an. Damit lassen sich die Spannungen vor dem Riss und die Verschiebungssprünge $\Delta u_i = u_i^{(1)}(r, \pi) - u_i^{(2)}(r, -\pi)$ über die Rissufer in folgender Form schreiben (Winkelfunktionen werden bei $\theta = 0$ auf 1 normiert.):

$$\begin{aligned} \sigma_{22}(r, 0) + \mathrm{i}\tau_{12}(r, 0) &= \frac{\widetilde{K}}{\sqrt{2\pi r}} r^{\mathrm{i}\epsilon} \\ \Delta u_2(r) + \mathrm{i}\Delta u_1(r) &= \frac{8}{1 + 2\mathrm{i}\epsilon} \frac{\widetilde{K}}{E^* \cosh(\pi\epsilon)} \sqrt{\frac{r}{2\pi}} r^{\mathrm{i}\epsilon} . \end{aligned} \tag{4.129}$$

E^* ist der gemittelte Elastizitätsmodul $1/E^* = (1/E_1' + 1/E_2')/2$ im EVZ.

Wir finden also wie bei homogenen Werkstoffen radiale Abhängigkeiten vom Typ $1/\sqrt{r}$ bzw. $\sqrt{r}$ vor, die jedoch aufgrund des Imaginärteils von (4.127) eine Erweiterung mit

$$r^{\mathrm{i}\epsilon} = e^{\mathrm{i}\epsilon \ln r} = \cos(\epsilon \ln r) + \mathrm{i} \sin(\epsilon \ln r) \tag{4.130}$$

erfahren, was zwei Konsequenzen zur Folge hat:

Erstens treten die RissöffnungsModen I und II immer gekoppelt auf. Aufgrund des komplexen Produktes $\widetilde{K}r^{\mathrm{i}\epsilon}$ lassen sich die Rissspitzenfelder nicht mehr wie im homogenen Fall (4.45) in separate Funktionen mit eigenen Koeffizienten K_{I} und K_{II} zerlegen, weshalb hier die neuen Bezeichnungen K_1 und K_2 verwendet werden. So kann man z. B. die Rissuferverschiebungen u_2 und u_1 oder die Spannungen σ_{22} und τ_{12} vor dem Riss nicht mehr eindeutig den Moden I oder II zuordnen, ja ihr Verhältnis ändert sich sogar mit dem Abstand r! Das erkennt man sehr schön, wenn die Rissöffnungsverschiebungen von (4.129) in reeller Darstellung aufgeschrieben werden:

$$\begin{Bmatrix} \Delta u_1(r) \\ \Delta u_2(r) \end{Bmatrix} = \sqrt{\frac{r}{2\pi}} \frac{8}{(1 + 2\mathrm{i}\epsilon)E^* \cosh(\pi\epsilon)} \begin{Bmatrix} K_1 \sin(\epsilon \ln r) + K_2 \cos(\epsilon \ln r) \\ K_1 \cos(\epsilon \ln r) + K_2 \sin(\epsilon \ln r) \end{Bmatrix} . \tag{4.131}$$

Im homogenen Fall ($\epsilon = 0$) gehen diese Beziehungen in die entsprechenden Gleichungen (4.16) (4.25) über mit der Identität $K_1 = K_{\mathrm{I}}$ und $K_2 = K_{\mathrm{II}}$.

Zweitens erkennt man aus (4.129) und (4.130), dass die Spannungen und Verschiebungen aufgrund der Winkelfunktionen zwischen $[-1, +1]$ oszillieren und zwar bei Annäherung an die Rissspitze immer schneller, da $\ln r \to -\infty$ geht. Diese Oszillationen führen zu dem physikalisch unsinnigen Ergebnis einer gegenseitigen Durchdringung der Rissufer. Um diese oszillierende Singularität zu vermeiden, wurden Kontaktzonen–Modelle [22] vorgeschlagen. In der Ingenieurpraxis hat sich jedoch der RICEsche Ansatz durchgesetzt und bewährt. Der Grund dafür ist, dass bei den praktisch relevanten Materialpaarungen die Bi–Materialkonstanten ($\epsilon < 0,05$) recht klein sind. Eine Abschätzung des größten Radius r_c, wo erstmalig Rissuferkontakt auftritt, führt auf die Beziehung $r_c/l = \exp(-(\psi + \pi/2)/\epsilon)$ [102]. Bei einem Mixed–Mode–Verhältnis von $K_2/K_1 = 1$ ($\psi = -\pi/4$) und $\epsilon = 0,05$ ergibt sich damit $r_c \approx 2 \cdot 10^{-9} l$. Wählt man als Referenzlänge $l = 2a$ die Risslänge, so ist das Oszillationsgebiet also vernachlässigbar klein und wird außerhalb der Kontaktzone durch $\widetilde{K}$ quantifiziert.

Der komplexe Spannungsintensitätsfaktor $\widetilde{K}$ muss als Funktion der Geometrie, Risslänge und Belastung bestimmt werden. Für den Grenzflächenriss der Länge $l = 2a$ in der unendlichen Scheibe unter kombinierter Zug- und Schubbelastung durch die Normalspannung σ und Schubspannung τ ist die Lösung bekannt

$$\widetilde{K} = K_1 + \mathrm{i}K_2 = (\sigma + \mathrm{i}\tau)\sqrt{\pi a}(2a)^{-\mathrm{i}\epsilon}(1 + 2\mathrm{i}\epsilon)\,. \tag{4.132}$$

Generell besitzt $\widetilde{K}$ für Grenzflächenrisse diese generische Form

$$\widetilde{K} = (\sigma_\mathrm{n} + \mathrm{i}\tau_\mathrm{n})\sqrt{\pi a}(2a)^{-\mathrm{i}\epsilon} g(a,\, w,\, \epsilon), \tag{4.133}$$

wobei σ_n und τ_n Nennspannungen bedeuten und die Funktion g die Abhängigkeit von der Geometrie und Materialpaarung wiedergibt. Aus der Beziehung (4.132) ersieht man, dass eine globale Zugbelastung σ auch eine lokale Schubbeanspruchung $K_2 \approx 2\epsilon K_1$ bewirkt und umgekehrt! Außerdem verändert sich das Mixed–Mode–Verhältnis $K_2/K_1 = \tan\psi$ mit der Risslänge aufgrund des komplexen Terms $(2a)^{-\mathrm{i}\epsilon}$.

Die Formulierung eines Bruchkriteriums für Grenzflächenrisse auf der Basis von $\widetilde{K}$ – ähnlich dem K_I–Konzept für homogene Risskonfigurationen — bereitet allerdings verschiedene prinzipielle Schwierigkeiten. Als erstes besitzt $\widetilde{K}$ nach (4.128) eine schwer verständliche komplexe Dimension $\mathrm{MPa} \cdot \mathrm{m}^{-\mathrm{i}\epsilon}$. Zum zweiten hängt der kritische Wert von $\widetilde{K}$ nicht nur vom Betrag $|\widetilde{K}|$ sondern auch vom Phasenwinkel ψ ab, der im Prüfkörper vorliegt, d. h. wir benötigen ein zweiparametriges Kriterium $\widetilde{K}_c = K_c e^{\mathrm{i}\psi_c}$ oder $K_{\mathrm{I}c}(\psi)$. Drittens müssten bei der Übertragung von der Probe (Fall 1) auf ein Bauteil (Fall 2) nicht nur die Beträge der Intensitätsfaktoren übereinstimmen, sondern auch ihre Phasenwinkel umgerechnet werden

$$\begin{aligned} \widetilde{K}_1 &= |\widetilde{K}_1| e^{\mathrm{i}\psi_1}(2a_1)^{-\mathrm{i}\epsilon} = |\widetilde{K}_2| e^{\mathrm{i}\psi_2}(2a_2)^{-\mathrm{i}\epsilon} = \widetilde{K}_2 \\ |\widetilde{K}_1| &= |\widetilde{K}_2| \quad \text{und} \quad \psi_2 = \psi_1 - \epsilon \ln(a_1/a_2)\,, \end{aligned} \tag{4.134}$$

damit die gleiche Rissspitzenbeanspruchung vorliegt.

Ein pragmatischer Ausweg aus diesen Komplikationen wurde von RICE [102] vorgeschlagen: Die Beziehungen (4.129) können in die klassische (homogene) Form überführt werden, wenn man die Beanspruchung auf einen bestimmten Abstand $\hat{r}$ fixiert

$$K_{\mathrm{I}} + \mathrm{i}K_{\mathrm{II}} = \widetilde{K}\hat{r}^{\mathrm{i}\epsilon} = (K_1 + \mathrm{i}K_2)\hat{r}^{\mathrm{i}\epsilon}\,, \tag{4.135}$$

d. h. man übernimmt genau dasjenige Modenverhältnis, was in der Grenzflächenlösung bei $\hat{r}$ mit dem Phasenwinkel $\hat{\psi} = \psi + \epsilon \ln(\hat{r}/a)$ existiert. Aus physikalischen Gründen ist es vernünftig, für $\hat{r}$ gerade die materialspezifische Größe der Bruchprozesszone zu wählen, die viel kleiner als die Risslänge a und größer als der Oszillationsbereich r_{c} sein sollte $r_{\mathrm{c}} < \hat{r} \ll a$.

Alternativ kann man als bruchmechanische Kenngröße die Energiefreisetzungsrate G für den Grenzflächenriss verwenden. Mit Hilfe der Nahfeldlösung (4.129) ist es möglich, das Rissschließintegral (4.89) zu berechnen, woraus sich folgender Zusammenhang ergibt

$$G = -\lim_{\Delta a \to 0} \frac{\Delta \Pi}{\Delta a} = \frac{K_1^2 + K_2^2}{E^* \cosh^2(\pi\epsilon)}\,. \tag{4.136}$$

Erfreulicherweise verschwinden bei der energetischen Betrachtung die Oszillationen und die Abhängigkeit von der Referenzlänge l. Es bleiben der Einfluss der Bi–Materialkonstanten ϵ und des Modenverhältnisses K_2/K_1. Ohne Kenntnis des Phasenwinkels ψ kann aus (4.136) nicht auf beide Intensitätsfaktoren zurückgeschlossen werden. Über energetische Bruchkriterien für Grenzflächen und deren experimentelle Bestätigung informiert [4].

Theoretische Untersuchungen für Grenzflächenrisse zwischen *anisotropen* elastischen Materialien wurden von QU & BASSANI [92], SUO [131] und BEOM & ATLURI [7] auf der Basis des STROH–LEKHNITSKI–Formalismus durchgeführt. Die mathematische Struktur der Lösungen ist naturgemäß komplizierter als im isotropen Fall und weist meistens oszillierende Singularitäten auf. Für zahlreiche Anwendungen auf kristallografische Grenzflächen, faserverstärkte Laminate und mikroelektronische Schichtsysteme spielt die Anisotropie jedoch eine wichtige Rolle.

4.2.9 Risse in Platten und Schalen

Dünnwandige Platten- und Schalenstrukturen treten insbesondere bei Luft- und Raumfahrt-Konstruktionen auf, wo aufgrund der Betriebsbelastungen Ermüdungsrisse eine besondere Rolle spielen. Neben den Membranspannungen, die einen Spannungszustand an der Rissspitze wie bei Scheiben erzeugen, verursachen die Biege- und Torsionsmomente ein zusätzliches, andersartiges Nahfeld an der Rissspitze.

Auf der Grundlage der KIRCHHOFFschen Theorie dünner schubstarrer Platten, die im Abschnitt 3.5.5 erläutert ist, konnte WILLIAMS [143] die Eigenfunktionen um die Rissspitze in der unendlich ausgedehnten Platte durch Reihenansatz für

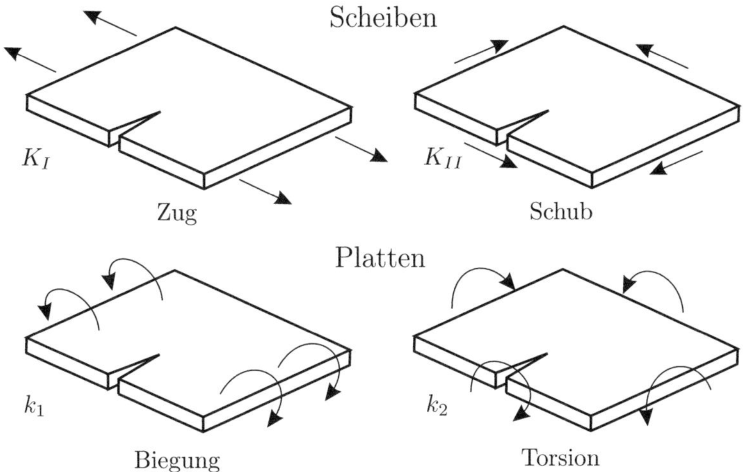

Bild 4.21 Rissöffnungsarten bei Scheiben, Platten und Schalen aufgrund der Membranspannungen, Biege- und Torsionsmomente

die Durchbiegungsfunktion $w(x_1, x_2)$ berechnen. Von SIH u. a. [123] wurden dann die Spannungsintensitätsfaktoren k_1 und k_2 für Plattenbiegung bzw. Plattentorsion in einer Form eingeführt, die mit der Rissbeanspruchung durch K_{I} und K_{II} bei Scheibenaufgaben insofern konsistent ist, dass sie ebenfalls den Normal- und Schubspannungen σ_{22} bzw. τ_{12} vor dem Riss zuzuordnen sind. Bild 4.21 veranschaulicht alle vier Rissöffnungsarten, die bei Schalen gleichzeitig auftreten können. Bezeichnet man mit $z \mathrel{\widehat{=}} x_3$ die Koordinate in Richtung der Plattendicke h, siehe Bild 4.22, so hat die asymptotische Lösung am Riss in Zylinderkoordinaten (r, θ, z) folgende Form:

$$\begin{aligned}\begin{Bmatrix}\sigma^b_{rr}\\ \sigma^b_{\theta\theta}\\ \tau^b_{r\theta}\end{Bmatrix} &= \frac{k_1}{(3+\nu)\sqrt{2r}}\,\frac{z}{2h}\begin{Bmatrix}(3+5\nu)\cos\frac{\theta}{2} - (7+\nu)\cos\frac{3\theta}{2}\\ (5+3\nu)\cos\frac{\theta}{2} - (7+\nu)\cos\frac{3\theta}{2}\\ -(1-\nu)\sin\frac{\theta}{2} + (7+\nu)\sin\frac{3\theta}{2}\end{Bmatrix} + \\ &+ \frac{k_2}{(3+\nu)\sqrt{2r}}\,\frac{z}{2h}\begin{Bmatrix}-(3+5\nu)\sin\frac{\theta}{2} + (5+3\nu)\sin\frac{3\theta}{2}\\ -2(5+3\nu)\cos\frac{\theta}{2}\sin\theta\\ -(1-\nu)\cos\frac{\theta}{2} + (5+3\nu)\cos\frac{3\theta}{2}\end{Bmatrix}\end{aligned} \tag{4.137}$$

$$\begin{Bmatrix} \tau_{rz}^b \\ \tau_{\theta z}^b \end{Bmatrix} = \frac{\left[1-(2z/h)^2\right]}{(3+\nu)(2r)^{\frac{3}{2}}} \frac{h}{2} \begin{Bmatrix} -k_1 \cos\dfrac{\theta}{2} + k_2 \sin\dfrac{\theta}{2} \\ -k_1 \sin\dfrac{\theta}{2} - k_2 \cos\dfrac{\theta}{2} \end{Bmatrix} . \tag{4.138}$$

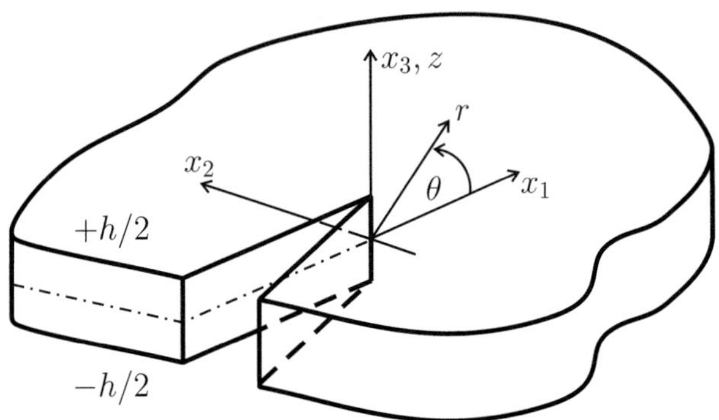

Bild 4.22 Koordinatensystem an der Rissfront bei Platten und Schalen

Die Biege- und Schubspannungen in der Plattenebene (x_1, x_2) bzw. (r, θ) verhalten sich wiederum singulär mit $1/\sqrt{r}$. Die $r^{-3/2}$-Singularität der Schubspannungen senkrecht zur Plattenebene ist eine Folge des schubstarren Plattenmodells, das die Spannungsfreiheit auf den Rissufern nur approximativ durch eine Ersatzquerkraft erfüllt. Die Biegespannungen verlaufen nach der Plattentheorie linear mit z über die Dicke h. Entlang der Rissfront wechseln die Spannungen somit von Zug auf Druck und nehmen an der Ober- und Unterseite $(z = \pm h/2)$ Maxima mit entgegengesetzten Vorzeichen an. In der neutralen Ebene $(z = 0)$ wird der Riss gar nicht belastet. Ein etwaiger Kontakt der Rissufer kann jedoch im Rahmen der Plattentheorie nicht berücksichtigt werden. Der Dominanzbereich des k-kontrollierten Nahfeldes beträgt etwa $a/10$.

Die Durchbiegungsfunktion $w(r, \theta)$ der Plattenmittelfläche besitzt an der Rissspitze (Bild 4.22) folgende Asymptotik:

$$w = \frac{(2r)^{\frac{3}{2}}(1-\nu^2)}{2Eh(3+\nu)} \left(k_1 \left[\frac{1}{3} \frac{7+\nu}{1-\nu} \cos\frac{3\theta}{2} - \cos\frac{\theta}{2} \right] + k_2 \left[\frac{1}{3} \frac{5+3\nu}{1-\nu} \sin\frac{3\theta}{2} - \sin\frac{\theta}{2} \right] \right) . \tag{4.139}$$

Weil die Spannungen und Schnittgrößen m_{ij}, q_i aus w durch zweifache Ableitung gebildet werden (siehe (3.168)), muss r in der Potenz $3/2$ stehen. Die DGL der KIRCHHOFFschen Platte besitzt große Verwandschaft mit der Bipotenzialgleichung der Scheibe, so dass sich die komplexen Lösungsmethoden aus Abschnitt 4.2.2 häufig übertragen lassen [123]. So erhält man die Spannungsintensitätsfaktoren aus der komplexen Spannungsfunktion ϕ von Gleichung (3.172) als Grenzübergang für $z \to z_0$ an die Rissspitze

$$k_1 - \mathrm{i}k_2 = -\frac{\sqrt{2}Eh(3+\nu)}{1-\nu^2} \lim_{z \to z_0} \sqrt{z - z_0}\, \phi'(z). \tag{4.140}$$

Für die unendliche Platte unter allseitiger konstanter Biegung m_0 ergibt sich z. B.

$$k_1 = \frac{6m_0}{h^2}\sqrt{a}, \qquad k_2 = 0\,. \tag{4.141}$$

Benutzt man die REISSNERsche Theorie für dicke Platten mit Schubverformung [48], so erhält man erwartungsgemäß dieselbe Asymptotik wie im EVZ, wobei die K_{I}–, K_{II}–Faktoren linear mit z entlang der Rissfront verlaufen. Da dieses Rissspitzenfeld nur im Gebiet $r < h/10$ Gültigkeit hat, liegt es somit innerhalb der KIRCHHOFF–Asymptotik und wird von ihr eindeutig bestimmt [51]. Deshalb genügt bei bruchmechanischen Platten- und Schalenberechnungen im Allgemeinen die KIRCHHOFF–Theorie, die auch wegen des geringeren Diskretisierungsaufwandes bevorzugt wird.

Von HUI & ZEHNDER [51] wurde der Zusammenhang zwischen den Energiefreisetzungsraten und den KIRCHHOFFschen Spannungsintensitätsfaktoren hergestellt

$$G_1 = \frac{k_1^2\pi(1+\nu)}{3E(3+\nu)}, \quad G_2 = \frac{k_2^2\pi(1+\nu)}{3E(3+\nu)}\,. \tag{4.142}$$

4.2.10 Bruchmechanische Gewichtsfunktionen

In diesem Abschnitt soll eine recht nützliche halbanalytische Methode zur Berechnung von Spannungsintensitätsfaktoren für linear–elastische, statische Rissprobleme vorgestellt werden. Ausgehend von gewissen Basislösungen für die betreffende geometrische Risskonfiguration lassen sich damit K–Faktoren für weitere, beliebig geartete Belastungssituationen derselben Risskonfiguration gewinnen. Dahinter verbirgt sich die faszinierende Tatsache, dass in der Lösung *einer* speziellen RWA die Mannigfaltigkeit aller möglichen Lösungen desselben Rissproblems steckt. Den Schlüssel dazu bilden die *bruchmechanischen Gewichtsfunktionen* (engl. *crack weight functions*).

Das Superpositionsprinzip

Für die Elastostatik gilt wie für alle RWA von linearen partiellen DGL das *Superpositionsprinzip*. Es besagt, dass Lösungen für unterschiedliche Randwerte additiv zu einer Gesamtlösung zusammengesetzt werden dürfen, die dann genau die Lösung der RWA für die Summe der Randbedingungen darstellt. Voraussetzung ist hierbei, dass die Geometrie des Körpers sowie die Aufteilung des Randes in DIRICHLETsche S_u und NEUMANNsche S_t Randbedingungen stets dieselben sind, siehe Bild 3.16. Damit ist es möglich, komplexe Belastungen einer Risskonfiguration auf die Kombination einer Reihe bekannter Lösungen mit einfacheren Teilbelastungen zurück-

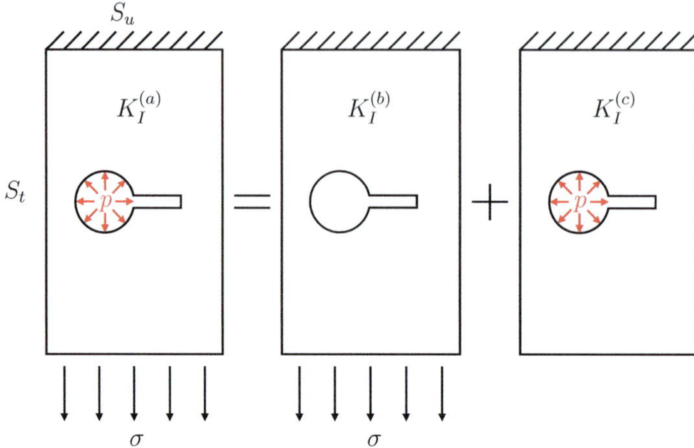

Bild 4.23 Beispiel für die Anwendung des Superpositionsprinzips

zuführen. Als Beispiel betrachten wir die in Bild 4.23 skizzierte gelochte Scheibe mit Anriss, die am unteren Rand durch eine Flächenlast σ und im Loch durch Innendruck p belastet ist. Den resultierenden Spannungsintensitätsfaktor erhält man aus der Überlagerung der beiden Teilaufgaben $K_{\mathrm{I}}^{(\mathrm{a})} = K_{\mathrm{I}}^{(\mathrm{b})} + K_{\mathrm{I}}^{(\mathrm{c})}$. Das Superpositionsprinzip behält auch für thermische Belastungen und Volumenkräfte seine Gültigkeit.

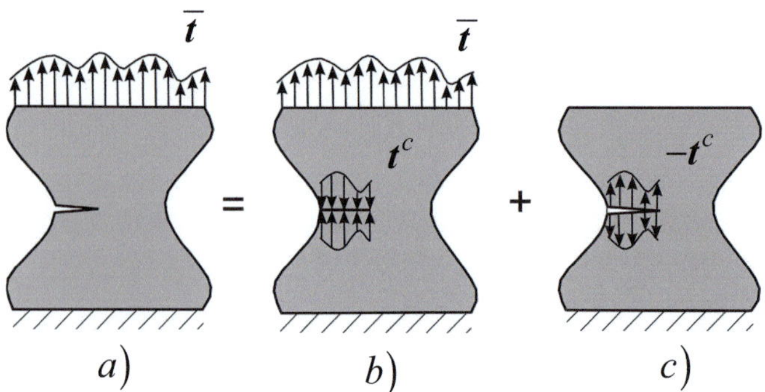

Bild 4.24 Umwandlung äußerer Belastungen in äquivalente Rissuferlasten

Sehr vorteilhaft ist auch folgende Technik, bei der das Schnittprinzip gemeinsam mit dem Superpositionsprinzip genutzt wird. Gegeben sei eine Risskonfiguration unter äußerer Belastung wie die im Bild 4.24 gezeigte zugbeanspruchte Scheibe mit Kantenriss. Die RWA können wir in ein Teilproblem (b) ohne Riss und ein Teilproblem (c) mit reiner Rissuferbelastung zerlegen. Dazu berechnen wir die Schnittspannungen am Ort des Risses S_c in der ungerissenen Konfiguration (b) aus den dort herrschenden Spannungen $t_i^c = \pm\sigma_{ij} n_j$. Dann schneiden wir gedanklich den

Riss auf, lassen an seinen Ufern aber die Schnittspannungen angreifen, so dass der Riss geschlossen bleibt wie vorher. Nun werden im Lastfall (c) diese Schnittspannungen t_i^c genau mit entgegengesetztem Vorzeichen angetragen. Wie man sich am Bild 4.24 überzeugen kann, addieren sich die Randbedingungen von (b) und (c) genau zum Ausgangsproblem (a). Da das Teilproblem (b) defacto keinen Riss enthält ($K^{(\mathrm{b})} = 0$), ist der Spannungsintensitätsfaktor des betrachteten Problems (a) demjenigen der RWA (c) identisch

$$K_{\mathrm{I}}^{(\mathrm{a})} = K_{\mathrm{I}}^{(\mathrm{c})} \,. \tag{4.143}$$

Auf diese Weise lässt sich jede beliebige Belastung (Randspannungen, Volumenlasten, Temperaturfelder) eines Risses in eine äquivalente Rissuferbelastung umwandeln, wodurch eine systematische, vereinheitlichte Berechnung der Spannungsintensitätsfaktoren möglich wird.

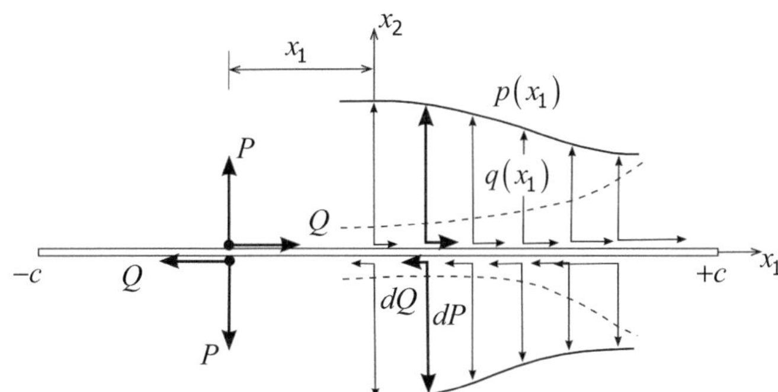

Bild 4.25 Anwendungsbeispiel für die Superposition von Rissuferbelastungen

Gewichtsfunktion für Rissuferbelastungen

Die Anwendung des Superpositionsprinzips soll am einfachen Beispiel eines GRIFFITH–Risses der Länge $2c$ demonstriert werden, siehe Bild 4.25. Ausgangspunkt ist die bekannte Lösung (z. B. Handbuch [134]) für die K–Faktoren infolge der Wirkung der Kräftepaare P und Q (pro Dicke), die am oberen und unteren Rissufer angreifen:

$$\begin{Bmatrix} K_{\mathrm{I}}^{\pm} \\ K_{\mathrm{II}}^{\pm} \end{Bmatrix} = \frac{1}{\sqrt{\pi c}} \sqrt{\frac{c \pm x_1}{c \mp x_1}} \begin{Bmatrix} P \\ Q \end{Bmatrix} \tag{4.144}$$

Aus Bild 4.25 ist ersichtlich, dass P aufgrund der Symmetrie eine Modus–I–Belastung erzeugt und die Antimetrie von Q zum Modus II führt. Die K-Faktoren und Vorzeichen beziehen sich auf die positive ($x_1 = +c$) und negative ($x_1 = -c$) Rissspitze.

Diese Lösung wird auch als GREENsche Funktion für die Rissufer bezeichnet, denn aus ihr kann man die Spannungsintensitätsfaktoren für beliebig verteilte Linienlasten $p(x_1)$ bzw. $q(x_1)$ entlang der Rissufer berechnen. Zu diesem Zweck modellieren wir die Linienlasten als kontinuierliche infinitesimale Einzelkräfte $\mathrm{d}P = p(x_1)\,\mathrm{d}x_1$ bzw. $\mathrm{d}Q = q(x_1)\,\mathrm{d}x_1$, deren Überlagerung auf folgendes Integral für die K–Faktoren führt:

$$\begin{Bmatrix} K_{\mathrm{I}}^{\pm} \\ K_{\mathrm{II}}^{\pm} \end{Bmatrix} = \frac{1}{\sqrt{\pi c}} \int\limits_{-c}^{+c} \sqrt{\frac{c \pm x_1}{c \mp x_1}} \begin{Bmatrix} p(x_1) \\ q(x_1) \end{Bmatrix} \mathrm{d}x_1 \,. \tag{4.145}$$

Soll zum Beispiel der K_{I}–Faktor für eine konstante Druckbelastung $p(x_1) = -\sigma_{\mathrm{F}}$ im Bereich der Rissenden $a \leq |x_1| \leq a + d = c$ ermittelt werden, was in Abschnitt 4.3.3 benötigt wird (siehe dazu Bild 4.34), dann ergibt die Anwendung von (4.145):

$$\begin{aligned} K_{\mathrm{I}}^{+} = K_{\mathrm{I}}^{-} &= \frac{-\sigma_{\mathrm{F}}}{\sqrt{\pi c}} \left[\int\limits_{-c}^{-a} \sqrt{\frac{c + x_1}{c - x_1}}\, \mathrm{d}x_1 + \int\limits_{a}^{c} \sqrt{\frac{c + x_1}{c - x_1}}\, \mathrm{d}x_1 \right] \\ &= \frac{-\sigma_{\mathrm{F}}}{\sqrt{\pi c}} \int\limits_{a}^{c} \frac{2c}{\sqrt{c^2 - x_1^2}}\, \mathrm{d}x_1 = -2\sigma_F \sqrt{\frac{c}{\pi}} \arccos\left(\frac{a}{c}\right) . \end{aligned} \tag{4.146}$$

Allgemeine Gewichtsfunktionen

Die Verallgemeinerung der soeben erkärten Berechnungsmethode auf beliebige Belastungen einer Risskonfiguration mit Flächenlasten $\bar{\boldsymbol{t}}$ auf dem Rand S_t und Volumenlasten $\bar{\boldsymbol{b}}$ im Körper V führt zu den eigentlichen *bruchmechanischen Gewichtsfunktionen*.

Die bruchmechanische Gewichtsfunktion $H_i^{\mathrm{I}}(\boldsymbol{x}, a)$ beschreibt die Wirkung einer Einheitskraft $\boldsymbol{F} = F_i \boldsymbol{e}_i$ vom Betrag $|\boldsymbol{F}| = 1$ am Ort $\boldsymbol{x}$ auf den Spannungsintensitätsfaktor $K_{\mathrm{I}}(a)$ für einen Riss der Länge a im betrachteten Körper. Damit kann der Spannungsintensitätsfaktor für diese Risskonfiguration bei einer beliebigen Belastung $\bar{\boldsymbol{t}}$ und $\bar{\boldsymbol{b}}$ durch einfache Integration bestimmt werden:

$$K_{\mathrm{I}}(a) = \int\limits_{S_t} \bar{t}_i(\boldsymbol{x}) H_i^{\mathrm{I}}(\boldsymbol{x}, a)\, \mathrm{d}S + \int\limits_{V} \bar{b}_i(\boldsymbol{x}) H_i^{\mathrm{I}}(\boldsymbol{x}, a)\, \mathrm{d}V \,. \tag{4.147}$$

$H_i^{\mathrm{I}}(\boldsymbol{x}, a)$ hängt von der Körper- und Rissgeometrie, der Zuordnung der Randbereiche in S_t und S_u und den elastischen Materialeigenschaften ab.

Im Folgenden wird die auf RICE [99] zurück gehende Methode zur Berechnung bruchmechanischer Gewichtsfunktionen erläutert. Dazu betrachten wir eine Risskonfiguration unter zwei verschiedenen Belastungszuständen (1) und (2), was in Bild 4.26 für einen Kantenriss der Größe a demonstriert wird. Der Lastfall (1) soll diejenige Rissbeanspruchung bezeichnen, für die wir die K–Faktoren suchen, während Lastfall (2) eine bereits bekannte Lösung repräsentiert. Die zugehörigen Verschiebungsfelder $u_i^{(m)}$, Randspannungen $t_i^{(m)}$ (Überstrich wird im Weiteren weggelassen) und K–Faktoren $K_{\mathrm{I}}^{(m)}$, $K_{\mathrm{II}}^{(m)}$ beider Lastfälle $m = 1, 2$ werden durch hochgestellte Indizes markiert. Nun führen wir eine virtuelle Risserweiterung um den Betrag Δa aus, bei der die Randlasten $t_i^{(m)}$ konstant gehalten werden. Der Verschiebungszustand im Körper ändert sich jedoch wie folgt:

$$u_i^{(m)}(\boldsymbol{x}, a + \Delta a) = u_i^{(m)}(\boldsymbol{x}, a) + \Delta u_i^{(m)}, \quad \Delta u_i^{(m)} = \frac{\partial u_i^{(m)}}{\partial a} \Delta a \,. \tag{4.148}$$

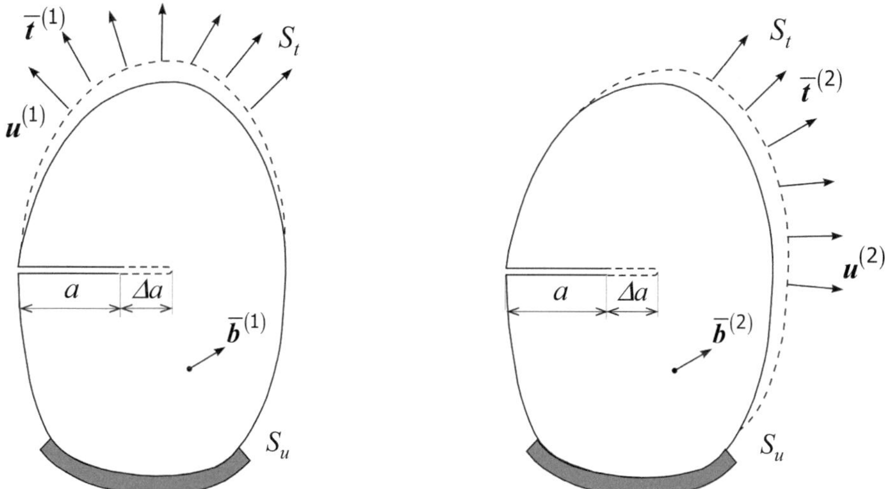

Bild 4.26 Zur Herleitung allgemeiner bruchmechanischer Gewichtsfunktionen

Nach Abschnitt 4.2.5 entspricht die bei diesem Vorgang freigesetzte potenzielle Energie gerade der halben Arbeit der äußeren Lasten $t_i^{(m)}$ an den Verschiebungsänderungen $\Delta u_i^{(m)}$ und ist somit gleich der Energiefreisetzungsrate $G = \Delta \mathcal{W}_{\mathrm{ext}} / \Delta a$. Andererseits ist die Energiefreisetzungsrate G über die Beziehung (4.93) mit den Intensitätsfaktoren K_{I} und K_{II} verknüpft. Damit erhält man für beide Lastfälle:

$$\Delta\mathcal{W}_{\mathrm{ext}}^{(1)} = \frac{1}{2}\int\limits_{S_t} t_i^{(1)}\Delta u_i^{(1)}\mathrm{d}S = G^{(1)}\Delta a = \frac{1}{E'}\left[\left(K_{\mathrm{I}}^{(1)}\right)^2 + \left(K_{\mathrm{II}}^{(1)}\right)^2\right]\Delta a$$
$$\Delta\mathcal{W}_{\mathrm{ext}}^{(2)} = \frac{1}{2}\int\limits_{S_t} t_i^{(2)}\Delta u_i^{(2)}\mathrm{d}S = G^{(2)}\Delta a = \frac{1}{E'}\left[\left(K_{\mathrm{I}}^{(2)}\right)^2 + \left(K_{\mathrm{II}}^{(2)}\right)^2\right]\Delta a\,. \tag{4.149}$$

Bei der Superposition beider Lastfälle (1) und (2) addieren sich die K–Faktoren $K_L = K_L^{(1)} + K_L^{(2)}$ ($L = \mathrm{I}, \mathrm{II}$). Bei den Randintegralen ist die Arbeit am jeweils anderen Lastfall zu berücksichtigen. Somit beträgt die Energiefreisetzung für den Gesamtzustand:

$$\begin{aligned} G^{(1+2)}\Delta a &= \frac{1}{E'}\left[\left(K_{\mathrm{I}}^{(1)} + K_{\mathrm{I}}^{(2)}\right)^2 + \left(K_{\mathrm{II}}^{(1)} + K_{\mathrm{II}}^{(2)}\right)^2\right]\Delta a \\ &= \frac{1}{2}\int\limits_{S_t} t_i^{(1)}\left(\Delta u_i^{(1)} + \Delta u_i^{(2)}\right)\mathrm{d}S + \frac{1}{2}\int\limits_{S_t} t_i^{(2)}\left(\Delta u_i^{(2)} + \Delta u_i^{(1)}\right)\mathrm{d}S\,. \end{aligned} \tag{4.150}$$

Die Differenz der Gleichungen (4.150) und (4.149) beschreibt die Wechselwirkungsenergie zwischen beiden Lastfällen

$$\frac{2}{E'}\left[K_{\mathrm{I}}^{(1)}K_{\mathrm{I}}^{(2)} + K_{\mathrm{II}}^{(1)}K_{\mathrm{II}}^{(2)}\right]\Delta a = \frac{1}{2}\int\limits_{S_t} t_i^{(1)}\Delta u_i^{(2)}\mathrm{d}S + \frac{1}{2}\int\limits_{S_t} t_i^{(2)}\Delta u_i^{(1)}\mathrm{d}S\,. \tag{4.151}$$

Nach dem Satz von Betti (siehe z. B. [128]) sind die Arbeiten der Randspannungen des einen Lastfalls an den Verschiebungen des anderen Lastfalls miteinander identisch:

$$\int\limits_{S_t} t_i^{(1)}u_i^{(2)}\mathrm{d}S = \int\limits_{S_t} t_i^{(2)}u_i^{(1)}\mathrm{d}S\,, \quad (\textit{Reziprozitätstheorem}) \tag{4.152}$$

was ebenso auf die Situation nach Risserweiterung $a + \Delta a$ angewandt werden kann:

$$\int\limits_{S_t} t_i^{(1)}\left(u_i^{(2)} + \Delta u_i^{(2)}\right)\mathrm{d}S = \int\limits_{S_t} t_i^{(2)}\left(u_i^{(1)} + \Delta u_i^{(1)}\right)\mathrm{d}S\,. \tag{4.153}$$

Subtraktion von (4.152) und (4.153) ergibt

$$\int\limits_{S_t} t_i^{(1)}\Delta u_i^{(2)}\mathrm{d}S = \int\limits_{S_t} t_i^{(2)}\Delta u_i^{(1)}\mathrm{d}S\,. \tag{4.154}$$

Damit kann in (4.151) das 2. Integral durch das 1. ersetzt werden. Schließlich ziehen wir den Differenzenquotienten $\Delta u_i^{(2)}/\Delta a$ unter das Integral ($t_i^{(1)}$ ist von Δa nicht abhängig) und bilden mit (4.148) den Grenzübergang $\Delta a \to 0$:

$$K_{\mathrm{I}}^{(1)} K_{\mathrm{I}}^{(2)} + K_{\mathrm{II}}^{(1)} K_{\mathrm{II}}^{(2)} = \frac{E'}{2} \int\limits_{S_t} t_i^{(1)} \frac{\partial u_i^{(2)}}{\partial a} \, \mathrm{d}S \,. \tag{4.155}$$

Diese allgemeine Beziehung kann man in verschiedener Hinsicht spezialisieren.

a) Reine Modus–I–Belastung

In diesem Spezialfall symmetrischer Geometrie und Belastung sind $K_{\mathrm{II}}^{(1)} = K_{\mathrm{II}}^{(2)} = 0$. Man kann (4.155) nach dem gesuchten Spannungsintensitätsfaktor für Lastfall (1) auflösen:

$$K_{\mathrm{I}}^{(1)}(a) = \frac{E'}{2K_{\mathrm{I}}^{(2)}(a)} \int\limits_{S_t} t_i^{(1)}(\boldsymbol{x}) \frac{\partial u_i^{(2)}(\boldsymbol{x}, a)}{\partial a} \, \mathrm{d}S \,. \tag{4.156}$$

Ein Vergleich mit (4.147) zeigt, dass die Gewichtsfunktion H_i^{I} genau proportional der Änderung des Verschiebungsfeldes am Ort $\boldsymbol{x}$ des Randes S_t bei Risserweiterung ist:

$$H_i^{\mathrm{I}}(\boldsymbol{x}, a) = \frac{E'}{2K_{\mathrm{I}}^{(2)}(a)} \frac{\partial u_i^{(2)}(\boldsymbol{x}, a)}{\partial a} \,. \tag{4.157}$$

Somit kann aus jeder bekannten Referenzlösung $u_i^{(2)}$ und $K_{\mathrm{I}}^{(2)}$ des Rissproblems die gleiche Gewichtsfunktion für diese Konfiguration berechnet werden.

b) Reine Rissufer–Belastung

Da jede äußere Belastung $\bar{t}_i$ in eine äquivalente Rissuferbelastung t_i^c umgewandelt werden kann, darf in Gleichung (4.156) anstelle von S_t auch der gesamte Riss S_c eingesetzt werden, auf dessen Rand gerade diese Schnittspannungen t_i^c angreifen. Damit wird der Ort $\boldsymbol{x} \in S_c$ zur Bestimmung und Anwendung der Gewichtsfunktionen auf den Riss selbst begrenzt $\to$ *Rissufer–Gewichtsfunktionen* (engl. *crack face weight functions*) .

c) Mixed–Mode–Belastung

In diesem Fall benötigt man zwei Referenzlösungen (2), die mit (2a) und (2b) bezeichnet werden sollen. Die Anwendung von (4.155) liefert dann ein lineares Gleichungssystem

$$
\begin{aligned}
K_{\mathrm{I}}^{(1)} K_{\mathrm{I}}^{(2a)} + K_{\mathrm{II}}^{(1)} K_{\mathrm{II}}^{(2a)} &= \frac{E'}{2} \int\limits_{S_t} t_i^{(1)} \frac{\partial u_i^{(2a)}}{\partial a} \, \mathrm{d}S \\
K_{\mathrm{I}}^{(1)} K_{\mathrm{I}}^{(2b)} + K_{\mathrm{II}}^{(1)} K_{\mathrm{II}}^{(2b)} &= \frac{E'}{2} \int\limits_{S_t} t_i^{(1)} \frac{\partial u_i^{(2b)}}{\partial a} \, \mathrm{d}S ,
\end{aligned}
\tag{4.158}
$$

dessen Auflösung die gewünschten K–Faktoren des betrachteten Lastfalls (1) ergibt:

$$
\begin{aligned}
K_{\mathrm{I}}^{(1)} &= \frac{E'}{2K^2} \left[K_{\mathrm{II}}^{(2a)} \int\limits_{S_t} t_i^{(1)} \frac{\partial u_i^{(2b)}}{\partial a} \, \mathrm{d}S - K_{\mathrm{II}}^{(2b)} \int\limits_{S_t} t_i^{(1)} \frac{\partial u_i^{(2a)}}{\partial a} \, \mathrm{d}S \right] \\
K_{\mathrm{II}}^{(1)} &= \frac{E'}{2K^2} \left[K_{\mathrm{I}}^{(2b)} \int\limits_{S_t} t_i^{(1)} \frac{\partial u_i^{(2a)}}{\partial a} \, \mathrm{d}S - K_{\mathrm{I}}^{(2a)} \int\limits_{S_t} t_i^{(1)} \frac{\partial u_i^{(2b)}}{\partial a} \, \mathrm{d}S \right] \\
&\text{mit} \quad K^2 = K_{\mathrm{I}}^{(2b)} K_{\mathrm{II}}^{(2a)} - K_{\mathrm{I}}^{(2a)} K_{\mathrm{II}}^{(2b)} .
\end{aligned}
\tag{4.159}
$$

Die beiden Referenzlösungen dürfen nicht ausschließlich Modus I oder Modus II sein, weil sonst das Gleichungssystem indefinit wird ($K = 0!$). Idealerweise verwendet man für (2a) eine reine Modus–I–Lösung ($K_{\mathrm{II}}^{(2a)} = 0$) und für (2b) einen Modus–II–Fall ($K_{\mathrm{I}}^{(2b)} = 0$), wodurch sich (4.158) entkoppelt.

Aus (4.159) extrahiert man die Gewichtsfunktionen für gemischte Belastung ebener Rissprobleme:

$$
\begin{aligned}
H_i^{\mathrm{I}}(\boldsymbol{x}, a) &= \frac{E'}{2K^2(a)} \left[K_{\mathrm{II}}^{(2a)}(a) \frac{\partial u_i^{(2b)}(\boldsymbol{x}, a)}{\partial a} - K_{\mathrm{II}}^{(2b)}(a) \frac{\partial u_i^{(2a)}(\boldsymbol{x}, a)}{\partial a} \right] \\
H_i^{\mathrm{II}}(\boldsymbol{x}, a) &= \frac{E'}{2K^2(a)} \left[K_{\mathrm{I}}^{(2b)}(a) \frac{\partial u_i^{(2a)}(\boldsymbol{x}, a)}{\partial a} - K_{\mathrm{I}}^{(2a)}(a) \frac{\partial u_i^{(2b)}(\boldsymbol{x}, a)}{\partial a} \right] .
\end{aligned}
\tag{4.160}
$$

Die Anwendung dieser vier Funktionen H_i^L ($i = 1, 2;\ L = \mathrm{I, II}$) sieht dann wie folgt aus:

$$
K_{\mathrm{I}}^{(1)}(a) = \int\limits_{S_t} t_i^{(1)}(\boldsymbol{x}) \, H_i^{\mathrm{I}}(\boldsymbol{x}, a) \, \mathrm{d}S , \quad K_{\mathrm{II}}^{(1)}(a) = \int\limits_{S_t} t_i^{(1)}(\boldsymbol{x}) \, H_i^{\mathrm{II}}(\boldsymbol{x}, a) \, \mathrm{d}S . \tag{4.161}
$$

Selbstverständlich können auch diese Gewichtsfunktionen auf den Rissort $\boldsymbol{x} \in S_c$ selbst beschränkt werden.

Anstelle der Randlasten $\boldsymbol{t}^{(m)}$ (oder zusätzlich) hätte die obige Herleitung auch für beliebig verteilte Volumenlasten $\boldsymbol{b}^{(m)}$ durchgeführt werden können, woraus sich die Gewichtsfunktionen $H_i^{\mathrm{I,II}}(\boldsymbol{x}, a)$ für innere Punkte $x \in V$ ergeben, siehe (4.147).

Bisher wurden identische Verschiebungsrandbedingungen $\bar{\boldsymbol{u}}$ der Lastfälle (1) und (2) auf dem Randbereich S_u unterstellt. Es treten aber auch Situationen auf, wo der Körper nur durch aufgezwungene Randverschiebungen $\bar{\boldsymbol{u}}^{(m)}$ auf S_u belastet wird, deren Auswirkungen auf die K–Faktoren man gerne wissen möchte. Auch dafür lassen sich in komplementärer Weise bruchmechanische Gewichtsfunktionen ableiten [20]. Anstelle von (4.148) müssen jetzt die Änderungen der Reaktionsspannungen $\Delta t_i^{(m)}$ auf dem Verschiebungsrand S_u bei virtueller Rissausbreitung betrachtet werden, deren Arbeit mit den aufgeprägten Verschiebungen $u_i^{(m)}$ die Energiefreisetzungsrate $G = -\Delta\mathcal{W}_{\mathrm{int}}/\Delta a$ darstellt, die bei festgehaltenen Verschiebungen dem inneren Energieverlust entspricht. Damit lautet das Pendant zu (4.149) für $m = 1,\, 2$:

$$-\Delta\mathcal{W}_{\mathrm{int}}^{(m)} = -\frac{1}{2}\int\limits_{S_u} u_i^{(m)}\Delta t_i^{(m)}\mathrm{d}S = G^{(m)}\Delta a\,. \qquad (4.162)$$

Analoge Überlegungen wie oben führen dann auf die Gewichtsfunktionen G_i^L ($L = \mathrm{I,\ II}$) für Verschiebungsrandbedingungen, woraus die gesuchten Spannungsintensitätsfaktoren des Lastfalls (1) durch einfache Integration mit den Randverschiebungen $\bar{u}_i^{(1)} \mathrel{\widehat{=}} \bar{u}_i$ berechnet werden können. Angegeben werden nur die zu (4.147) und (4.157) äquivalenten Beziehungen für Modus I:

$$K_{\mathrm{I}}(a) = \int\limits_{S_u} \bar{u}_i(\boldsymbol{x})\, G_i^{\mathrm{I}}(\boldsymbol{x}, a)\,\mathrm{d}S\,, \qquad G_i^{\mathrm{I}}(\boldsymbol{x}, a) = \frac{E'}{2K_{\mathrm{I}}^{(2)}(a)}\frac{\partial t_i^{(2)}(\boldsymbol{x}, a)}{\partial a}\,. \qquad (4.163)$$

Die Verallgemeinerung auf Mixed-Mode-Belastung gemäß (4.160) und (4.161) bleibt dem Leser zur Übung überlassen.

Im allgemeinsten Fall liegen gemischte Randbedingungen $\boldsymbol{t}^{(m)}$ und $\boldsymbol{u}^{(m)}$ auf den Randbereichen S_t und S_u vor (bereits in Bild 4.26 angedeutet). Hierfür soll nur das Ergebnis angegeben werden, welches eine Erweiterung der Beziehungen (4.155) darstellt:

$$K_{\mathrm{I}}^{(1)}K_{\mathrm{I}}^{(2)} + K_{\mathrm{II}}^{(1)}K_{\mathrm{II}}^{(2)} = \frac{E'}{2}\left[\int\limits_{S_t} t_i^{(1)}\frac{\partial u_i^{(2)}}{\partial a}\mathrm{d}S - \int\limits_{S_u} u_i^{(1)}\frac{\partial t_i^{(2)}}{\partial a}\mathrm{d}S\right]\,. \qquad (4.164)$$

BUECKNER–Singularität

Von BUECKNER [14] stammt ein ganz anderer Zugang zu den Gewichtsfunktionen, der von »fundamentalen Feldlösungen« eines Rissproblems Gebrauch macht, die sich aus der speziellen Belastung der Rissspitze durch Kräftepaare ergeben. Ausgangspunkt sind wiederum zwei Lastfälle ein und derselben (zweidimensionalen) Risskonfiguration: Lastfall (1) ist wieder eine beliebige Randbelastung $t_i^{(1)}$, für die die K–Faktoren gesucht werden, siehe Bild 4.27a. Das dazugehörige Verschiebungsfeld $u_i^{(1)}(\boldsymbol{x})$ im Körper ist nicht bekannt, aber wir wissen, dass das Nahfeld an der Rissspitze existieren muss und durch die noch unbekannten Spannungsintensitätsfaktoren $K_{\mathrm{I}}^{(1)}$ und $K_{\mathrm{II}}^{(1)}$ bestimmt wird. Anhand der Gleichungen (4.16) für Modus I und (4.25) für Modus II findet man die Rissuferverschiebungen ($\theta = \pm\pi$):

$$u_1^{(1)}(r) = \pm\frac{\kappa+1}{2\mu}\sqrt{\frac{r}{2\pi}}K_{\mathrm{II}}^{(1)}\,, \quad u_2^{(1)}(r) = \pm\frac{\kappa+1}{2\mu}\sqrt{\frac{r}{2\pi}}K_{\mathrm{I}}^{(1)}\,. \tag{4.165}$$

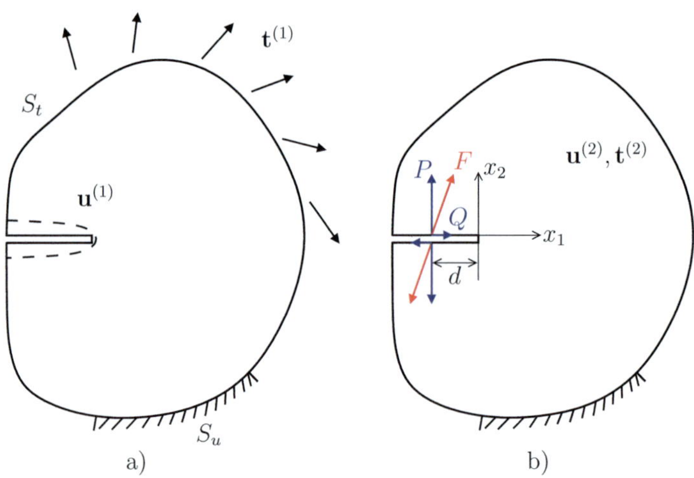

Bild 4.27 Zur Herleitung der Gewichtsfunktion nach BUECKNER

Lastfall (2) stellt die Lösung für die Wirkung eines Kräftepaars $\pm\boldsymbol{F} = \pm Q\boldsymbol{e}_1 \pm P\boldsymbol{e}_2$ auf den Rissufern dar. Im Gegensatz zu Bild 4.25 betrachten wir hier jedoch einen Riss im endlichen Körper gemäß Bild 4.27b. Diese Punktkräfte (pro Dicke) im Abstand $r = d$ zur Rissspitze können mit Hilfe der DIRACschen Deltafunktion als Randspannungsvektor des Lastfalls (2) umgeschrieben werden $\boldsymbol{t}^{(2)} = t_i^{(2)}\boldsymbol{e}_i$:

$$\boldsymbol{t}^{(2)}(\boldsymbol{x}) = \delta(r-d)\boldsymbol{F}\,, \quad t_1^{(2)} = \delta(r-d)Q\,, \quad t_2^{(2)} = \delta(r-d)P\,. \tag{4.166}$$

Das dazugehörige Verschiebungsfeld lautet $u_i^{(2)}(\boldsymbol{x})$.

Jetzt wenden wir wieder den Satz von BETTI auf diese beiden Lastfälle an, womit die reziproken Wechselwirkungsenergien gleichgesetzt werden:

$$\int_S t_i^{(2)} u_i^{(1)} \mathrm{d}S = \int_S t_i^{(1)} u_i^{(2)} \mathrm{d}S\,. \tag{4.167}$$

Das Integral auf der linken Seite enthält bekannte Funktionen (4.165) und (4.166) und kann über die Randkontur S einschließlich der beiden Rissufer ausgeführt werden:

$$\int_S \delta(r-d) F_i u_i^{(1)} \mathrm{d}S = 2F_i u_i^{(1)}(d) = 2\frac{\kappa+1}{2\mu}\sqrt{\frac{d}{2\pi}}\left[PK_{\mathrm{I}}^{(1)} + QK_{\mathrm{II}}^{(1)}\right]\,. \tag{4.168}$$

Gleichsetzen mit der rechten Seite von (4.167) ergibt

$$\frac{\sqrt{d}}{\pi}\left[PK_{\mathrm{I}}^{(1)} + QK_{\mathrm{II}}^{(1)}\right] = \frac{2\mu}{\kappa+1}\frac{1}{\sqrt{2\pi}}\int_S t_i^{(1)} u_i^{(2)} \mathrm{d}S\,. \tag{4.169}$$

Zum leichteren Verständnis beschränken wir uns im Weiteren auf Modus I, d. h. $Q = 0$ und $K_{\mathrm{II}}^{(1)} = 0$ verschwinden. Jetzt verschieben wir das Kräftepaar $\pm P$ direkt in die Rissspitze, d. h. Grenzübergang $d \to 0$, was eine besondere Singularität erzeugt. Ihre Intensität soll dabei unverändert bleiben, weshalb die Größe

$$B_{\mathrm{I}} = \lim_{d\to 0}\left(\frac{P\sqrt{d}}{\pi}\right) = \text{const} \tag{4.170}$$

eingeführt wird. Damit kann (4.169) nach dem gesuchten Spannungsintensitätsfaktor $K_{\mathrm{I}}^{(1)}$ umgestellt werden.

$$K_{\mathrm{I}}^{(1)} = \frac{2\mu}{\kappa+1}\frac{1}{\sqrt{2\pi}}\frac{1}{B_{\mathrm{I}}}\int_S t_i^{(1)} u_i^{(2)} \mathrm{d}S\,. \tag{4.171}$$

Ein Vergleich mit (4.147) offenbart die Struktur der Gewichtsfunktion

$$H_i^{\mathrm{I}}(\boldsymbol{x}, a) = \frac{2\mu}{\kappa+1}\frac{1}{\sqrt{2\pi}}\frac{u_i^{(2)}(\boldsymbol{x})}{B_{\mathrm{I}}}\,, \tag{4.172}$$

die sich aus dem Verschiebungsfeld $u_i^{(2)}(\boldsymbol{x})$ berechnet, das durch die Wirkung des Kräftepaars an der Rissspitze entsteht. Derartige Verschiebungsfelder wurden von BUECKNER als *Fundamentalfelder* (engl. *fundamental fields*) bezeichnet (Nicht mit der Fundamentallösung einer DGL zu verwechseln!).

Wie sieht nun dieses fundamentale Verschiebungsfeld aus? Aus Gleichung (4.144) und Bild 4.25 erkennt man, dass die Spannungsintensitätsfaktoren unendlich groß werden, wenn das Kräftepaar P bzw. Q direkt in die Rissspitze verschoben wird, d. h. $d = c - x_1 \to 0$ geht. Es entsteht also eine noch stärkere Spannungssingularität als $1/\sqrt{r}$! Fundamentalfelder konnten für einfache zweidimensionale [14, 89] und dreidimensionale [15, 16] Risskonfigurationen analytisch berechnet werden. Für den halbunendlichen Riss in einer unendlich ausgedehnten Scheibe (siehe Bild 4.7 rechts) wurden in Abschnitt 4.2.2 Eigenfunktionen (4.38) – (4.41) hergeleitet. Die BUECKNER–Singularität entspricht gerade der Eigenfunktion für den Eigenwert $\lambda = -1/2$ bzw. $n = -1$. Die Verschiebungen an der Rissspitze werden dabei singulär mit $r^{-1/2}$ und die Spannungen mit $r^{-3/2}$. Auch die Formänderungsenergie würde wegen $u = \frac{1}{2}\sigma_{ij}\varepsilon_{ij} \sim r^{-3}$ in einem endlichen Gebiet singulär (vgl. Abschnitt 4.3.6). Aus diesen Gründen darf die BUECKNER–Singularität nicht als reale physikalische Lösung zugelassen und verstanden werden. Sie stellt aber eine mathematisch korrekte Lösung der RWA dar und hat als Gewichtsfunktion vollauf ihre Berechtigung. Der Koeffizient der (-1)ten Eigenfunktion hängt direkt mit der Intensität der BUECKNER–Singularität zusammen $\Re A_{(-1)} = -B_{\mathrm{I}}$. Damit ergeben sich aus (4.41) mit $n = -1$ die Verschiebungs- und Spannungsfelder für Modus I im EVZ zu:

$$\begin{Bmatrix} u_1 \\ u_2 \end{Bmatrix} = \frac{B_{\mathrm{I}}}{\mu\sqrt{r}} \begin{Bmatrix} \cos\dfrac{\theta}{2}\left[(2\nu - 1) + \sin\dfrac{\theta}{2}\sin\dfrac{3\theta}{2}\right] \\ \sin\dfrac{\theta}{2}\left[(2 - 2\nu) - \cos\dfrac{\theta}{2}\cos\dfrac{3\theta}{2}\right] \end{Bmatrix} \tag{4.173}$$

$$\begin{Bmatrix} \sigma_{11} \\ \sigma_{22} \\ \tau_{12} \end{Bmatrix} = B_{\mathrm{I}} r^{-\frac{3}{2}} \begin{Bmatrix} \cos\dfrac{3\theta}{2} - \dfrac{3}{2}\sin\theta\sin\dfrac{5\theta}{2} \\ \cos\dfrac{3\theta}{2} + \dfrac{3}{2}\sin\theta\sin\dfrac{5\theta}{2} \\ \dfrac{3}{2}\sin\theta\cos\dfrac{5\theta}{2} \end{Bmatrix} . \tag{4.174}$$

Durch Einsetzen von (4.173) als $u_i^{(2)}$ in (4.172) bekommt man direkt die Gewichtsfunktionen auf den Rissufern ($\theta = \pm\pi$):

$$H_1^{\mathrm{I}}(r, \pm\pi) = 0\,, \quad H_2^{\mathrm{I}}(r, \pm\pi) = \frac{\pm 1}{\sqrt{2\pi r}} . \tag{4.175}$$

Da eine tangentiale Kraft Q keinen Intensitätsfaktor K_{I} erzeugt, muss H_1^{I} null sein. H_2^{I} entspricht genau der Wirkung einer vertikalen Einzelkraft P im Abstand r auf K_{I}. Gewichtsfunktionen nach BUECKNER können auch auf Mixed–Mode–Probleme und gemischte Randwertprobleme erweitert werden.

Vergleicht man die Ausdrücke für die Gewichtsfunktionen nach BUECKNER (4.172) mit denjenigen nach RICE (4.157), so wird der Unterschied klar: Hier benutzen wir ein fundamentales singuläres Verschiebungsfeld, wohingegen dort eine reguläre Verschiebungslösung differenziert wird. Für den oben betrachteten halbunendlichen Riss könnte man das Nahfeld (4.16) für die RICEsche Methode benutzen. In der Tat ergibt die Ableitung von (4.16) mit $\frac{\partial}{\partial a} = -\frac{\partial}{\partial x} = -\cos\theta \frac{\partial}{\partial r} + \frac{\sin\theta}{r}\frac{\partial}{\partial\varphi}$ gerade das Fundamentalfeld (4.173).

Abschließend soll hervorgehoben werden, dass insbesondere die Gewichtsfunktionen für Rissufer ein sehr effizientes Berechnungsverfahren für K–Faktoren bieten, weil man die Schnittspannungen am Rissort aus jeder konventionellen Festigkeitsanalyse des betrachteten Bauteils erhält und sich somit eine Berechnung mit explizitem Riss erspart. In Abschnitt 6.6 wird deshalb die numerische Berechnung von Gewichtsfunktionen mit FEM ausführlich abgehandelt.

Als weiterführende Literatur zu Gewichtsfunktionen werden das Buch von FETT & MUNZ [39] und die Artikel zu Mixed–Mode–Belastungen [10, 20, 89] und dreidimensionalen Risskonfigurationen [15, 16, 42, 101] empfohlen.

4.2.11 Thermische und elektrische Felder

In wachsendem Maße gewinnen technische Probleme an Interesse, bei denen die Wechselwirkung von Rissen mit anderen physikalischen Feldern als nur mechanischen Größen von Bedeutung ist. Relativ bekannt ist die Problematik thermisch induzierter Spannungen in Bauteilen mit Rissen, die als Folge inhomogener Temperaturfelder entstehen und vor allem bei Anlagen und Komponenten von Kraftwerken sowie bei Gussteilen eine Rolle spielen. Neuerdings tauchen Fragestellungen auf, wie ein Riss das elektrische Feld (z. B. in einem Kondensator, elektrischen Leiter oder mikroelektronischen Bauelement) beeinflusst oder welche magnetischen Feldkonzentrationen (in Motoren, Transformatoren) durch Materialfehler verursacht werden können. Insbesondere wirft der Einsatz neuer multifunktionaler Werkstoffe mit piezoelektrischen, magnetostriktiven u. a. Eigenschaften in der Mechatronik, Adaptronik und Mikrosystemtechnik Probleme der Festigkeit und Zuverlässigkeit auf, zu deren Lösung Risse unter gekoppelten thermischen, elektrischen, magnetischen und mechanischen Feldern beurteilt werden müssen. Im Rahmen dieses Buches sollen zum Verständnis zwei einfache Feldprobleme mit Rissen behandelt werden:

Riss in einem stationären Temperaturfeld

Das *Temperaturfeld* $T(x_1, x_2)$ in einem ebenen isotropen Körper mit Riss erhält man aus der Lösung des stationären Wärmeleitungsproblems. Der Wärmefluss $\boldsymbol{h}$ im Körper ist proportional zum negativen Temperaturgradienten (von heiß nach kalt) $\boldsymbol{g} = -\boldsymbol{\nabla} T$ und wird durch das FOURIERsche Gesetz mit dem Wärmeleitkoeffizienten k beschrieben:

$$\boldsymbol{h} = -k\boldsymbol{\nabla} T \quad \text{bzw.} \quad h_i = -k\frac{\partial T}{\partial x_i}\,. \tag{4.176}$$

Nach dem 1. Hauptsatz der Thermodynamik muss die Divergenz des Wärmeflussvektors $\boldsymbol{h}$ null sein, wenn keine inneren Wärmequellen vorliegen:

$$\boldsymbol{\nabla} \cdot \boldsymbol{h} = -k\,\Delta T(x_1, x_2) = 0 \quad \text{bzw.} \quad -k\left(\frac{\partial^2 T}{\partial x_1^2} + \frac{\partial^2 T}{\partial x_2^2}\right) = 0\,. \tag{4.177}$$

Das gesuchte Temperaturfeld $T(x_1, x_2)$ in der Rissebene muss demzufolge der LAPLACE– Gleichung genügen (Potenzialfunktion). Ist auf dem Rand (Normalenvektor n_i) ein bestimmter Wärmefluss $\bar{h}$ in die Umgebung vorgeschrieben, so fordert die Wärmebilanz

$$h_i n_i = -\bar{h}\,. \tag{4.178}$$

Im konkreten Fall nehmen wir an, dass der Körper einem konstanten Wärmefluss in Richtung der x_2–Achse infolge eines Temperaturgefälles ausgesetzt ist, d. h.

$$h_2 = \bar{h}_2 = h\,, \quad h_1 = 0 \quad \text{bei} \quad |z| \to \infty\,. \tag{4.179}$$

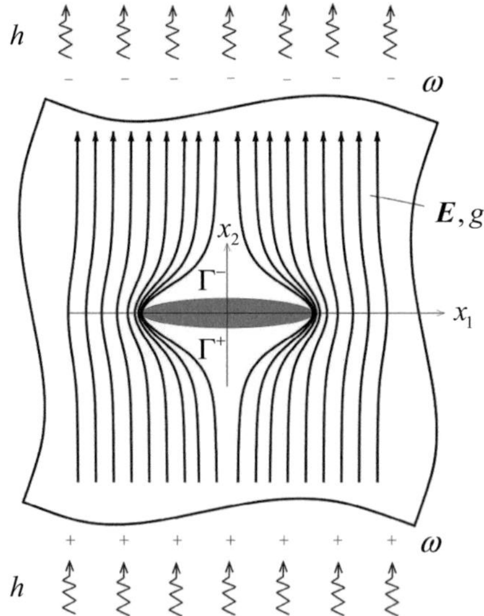

Bild 4.28 Konzentration von thermischen und elektrischen Feldern am Riss

Die Oberfläche des Risses sei wärmeundurchlässig, so dass die Flusslinien wie in Bild 4.28 gezeigt den Riss umgehen müssen, was zu einer Konzentration der Feldlinien an der Rissspitze führt. Die thermische Randbedingung auf den Rissufern lautet mit $n_i = \mp \boldsymbol{e}_2$

$$h_i n_i = \mp h_2 = 0\,. \tag{4.180}$$

Diese RWA für das Temperaturfeld T ist mathematisch vollkommen identisch mit derjenigen für das Verschiebungsfeld u_3 bei nichtebener Schubbeanspruchung, man vergleiche Abschnitt 3.5.4 und Abschnitt 4.2.1. In beiden Fällen muss die LAPLACE–Gleichung erfüllt werden, dem Wärmefluss entspricht dort die Schubspannungskomponente $h_i \;\widehat{=}\; \tau_{i3}$, und auch die Randbedingungen (4.27) sind analog. Somit kann die Lösung mit denselben komplexen Funktionen wie in (3.166) formuliert werden:

$$T(x_1,x_2) = -\Re\Omega(z)/k\,, \quad h_1 - \mathrm{i}h_2 = \Omega'(z). \tag{4.181}$$

Wir erhalten in Analogie zu (4.28)–(4.32) folgende thermische Lösung an der Rissspitze:

$$\begin{aligned} T(r,\theta) &= h\sqrt{\pi a}\left(-\frac{2}{k}\right)\sqrt{\frac{r}{2\pi}}\sin\frac{\theta}{2} \\ \begin{Bmatrix} h_1 \\ h_2 \end{Bmatrix} &= h\sqrt{\pi a}\frac{(-1)}{\sqrt{2\pi r}}\begin{Bmatrix} -\sin\dfrac{\theta}{2} \\ +\cos\dfrac{\theta}{2} \end{Bmatrix}. \end{aligned} \tag{4.182}$$

Man sieht, dass sich das Temperaturfeld (wie die Verschiebungen in der Mechanik) mit $\sqrt{r}$ verhält und der Wärmefluss (analog zu den Spannungen) mit $1/\sqrt{r}$ an der Rissspitze singulär wird! Der Koeffizient aus thermischer Belastung und Risslänge spielt die gleiche Rolle wie K_{III} und wäre als »Wärmefluss–Intensitätsfaktor« K_{h} zu bezeichnen.

$$h\sqrt{\pi a} = K_{\mathrm{h}} \quad [\mathrm{W\ m^{-3/2}}] \tag{4.183}$$

Riss in einem elektrostatischen Feld

Gesucht ist das *elektrische Feld* $\boldsymbol{E}(x_1,x_2)$ in einem rissbehafteten Körper aus dielektrischem isotropen Material. Der Lösungsweg ist de facto identisch mit dem vorangegangenen thermischen Beispiel. Die primäre Feldgröße in der Elektrostatik ist das elektrische Potenzial $\varphi(x_1,x_2)$, woraus sich der Vektor der elektrischen Feldstärke als negativer Gradient berechnet $\boldsymbol{E} = -\boldsymbol{\nabla}\varphi$. Über das Materialgesetz ist $\boldsymbol{E}$ mit dem dielektrischen Verschiebungsvektor $\boldsymbol{D}$ verknüpft:

$$\boldsymbol{D} = \epsilon\,\boldsymbol{E} \quad \text{bzw.} \quad D_i = \epsilon\,E_i \qquad (\epsilon\text{–Dielektrizitätskonstante}). \tag{4.184}$$

Das GAUSSsche Gesetz fordert die Bilanz der elektrischen Ladungsdichte im Volumen

$$\boldsymbol{\nabla} \cdot \boldsymbol{D} = -\epsilon \Delta \varphi = 0 \quad \text{bzw.} \quad -\epsilon \left(\frac{\partial^2 \varphi}{\partial x_1^2} + \frac{\partial^2 \varphi}{\partial x_2^2} \right) = 0 \tag{4.185}$$

und auf dem Rand bei vorgegebener Oberflächenladungsdichte $\bar{\omega}$

$$D_i n_i = -\bar{\omega} \, . \tag{4.186}$$

Damit bietet sich derselbe Lösungsansatz für die elektrostatische RWA an:

$$\varphi(x_1, x_2) = -\Re \Omega(z)/\epsilon \, , \quad D_1 - \mathrm{i} D_2 = \Omega'(z) \, . \tag{4.187}$$

Betrachten wir jetzt einen Riss in der unendlichen Ebene (Bild 4.28), an die ein externes vertikales elektrisches Feld durch Vorgabe der Ladungsdichte

$$D_2 = \omega \tag{4.188}$$

angelegt wird. Der Riss soll für das elektrische Feld undurchdringbar (impermeabel) sein, was durch eine verschwindende elektrische Ladung $D_i n_i = \mp\omega = 0$ auf den Rissufern ausgedrückt wird. Die mathematische Lösung erfolgt völlig analog zum vorherigen thermischen Beispiel und wir erhalten das elektrische Rissspitzenfeld:

$$\begin{aligned} \varphi(r, \theta) &= K_\mathrm{D} \left(-\frac{2}{\epsilon} \right) \sqrt{\frac{r}{2\pi}} \sin \frac{\theta}{2} \\ \left\{ \begin{matrix} D_1 \\ D_2 \end{matrix} \right\} &= \epsilon \left\{ \begin{matrix} E_1 \\ E_2 \end{matrix} \right\} = K_\mathrm{D} \frac{(-1)}{\sqrt{2\pi r}} \left\{ \begin{matrix} -\sin \dfrac{\theta}{2} \\ +\cos \dfrac{\theta}{2} \end{matrix} \right\} . \end{aligned} \tag{4.189}$$

Es entsteht also eine Singularität der elektrischen Felder $\boldsymbol{D}$ und $\boldsymbol{E}$ an der Rissspitze, die durch einen »Intensitätsfaktor der dielektrischen Verschiebung« K_D quantifiziert wird.

$$K_\mathrm{D} = \omega \sqrt{\pi a} \quad [\mathrm{C\ m}^{-3/2}] \tag{4.190}$$

Die Parallelen zwischen mechanischem (nichtebener Schub), thermischem und elektrischem Feldproblem sind in Tabelle 4.1 nochmals zusammengestellt. Daraus folgt, dass alle bisher verfügbaren mechanischen Lösungen für Risse unter Modus–III–Belastung mit den entsprechenden Zuordnungen auf RWA der stationären Wärmeleitung oder der Elektrostatik übertragen werden dürfen.

In den genannten Beispielen waren die jeweiligen Feldprobleme für sich isoliert. Noch interessanter wird die Aufgabe, wenn durch die Materialgesetze eine direkte Kopplung zwischen verschiedenen physikalischen Feldern zustande kommt. So verursacht z. B. bei piezoelektrischen Werkstoffen eine mechanische Belastung elektrische Feldsingularitäten an der Rissspitze und umgekehrt. Durch den Einsatz piezo- und ferroelektrischer Sensoren, Aktuatoren und multifunktionaler Kompositwerkstoffe haben Fragestellungen zum Bruchverhalten und Ermüdungsrisswachstum bei gekoppelter elektromechanischer Beanspruchung in den letzten Jahren verstärk-

	Mechanik	Wärmeleitung	Elektrostatik
primäre Feldgröße	Verschiebung u_3	Temperatur T	el. Potenzial φ
abgeleitete Feldgröße	Verzerrungen	Temperaturgradient	el. Feldstärke
	$\gamma_{i3} = u_{3,i}$	$g_i = T_{,i}$	$E_i = -\varphi_{,i}$
duale Feldgrößen	Spannungen	Wärmefluss	el. Verschiebung
Materialgesetz	$\tau_{i3} = \mu\gamma_{i3}$	$h_i = -kg_i$	$D_i = \epsilon E_i$
Bilanzgleichung in V	Gleichgewicht	Wärmeenergie	Ladungsdichte
	$\tau_{i3,i} = 0$	$h_{i,i} = 0$	$D_{i,i} = 0$
Bilanzgleichung auf S	$\tau_{i3}n_i = \bar{t}_3$	$h_i n_i = -\bar{h}$	$D_i n_i = -\bar{\omega}$

Tabelle 4.1 Analogie mechanischer, thermischer und elektrischer Feldgrößen für bruchmechanische Aufgaben

te Beachtung gefunden. Übersichtsbeiträge zur Bruchmechanik von Piezoelektrika und ihrer numerischen Analyse findet man u. a. in den Monographien von Qin [91] und Fang & Liu[37], sowie den Artikeln von Schneider[114], Sosa & Pak [127] und Kuna [67, 68].

4.3 Elastisch-plastische Bruchmechanik

4.3.1 Einführung

Viele Konstruktionswerkstoffe (Metalle, Kunststoffe u. a.) verformen sich elastisch-plastisch, so dass der Anwendung der linear-elastischen Bruchmechanik (LEBM) Grenzen gesetzt sind. In der Realität wird schon bei geringen äußeren Belastungen aufgrund der Spannungskonzentration an der Rissspitze die Fließgrenze des Werkstoffs überschritten, so dass sich dort eine kleine *plastische Zone* ausbildet. Mit steigender Belastung wächst die plastische Zone und dehnt sich weiter in den Körper aus. Sie hat eine Umlagerung der Spannungs- und Verzerrungsfelder zur Folge und bedingt eine Abstumpfung der Rissspitze. Zunächst sind die plastifizierten Bereiche noch von elastischem Gebiet umgeben. In der Plastizitätstheorie nennt man diesen Zustand »eingeschränktes plastisches Fließen«. Im weiteren Verlauf können die plastischen Gebiete die Grenzen des Körpers erreichen und man gelangt zum »vollplastischen Zustand«. Bei einem ideal-plastischen Werkstoff wäre in der Struktur die *plastische Grenzlast* F_{L} (engl. *limit load*) erreicht, d. h. es käme bei diesem Lastniveau zu unbegrenzten plastischen Verformungen. Reale Werkstoffe verfügen noch über Sicherheitsreserven aufgrund ihrer Verfestigung.

Diese Stadien der Plastifizierung eines Körpers mit Riss sind schematisch im Bild 4.29 dargestellt. Mit zunehmender Plastifizierung verstärkt sich die Nichtlinearität der globalen Kraft-Verformungs-Kurven. Es hängt jetzt von den Werk-

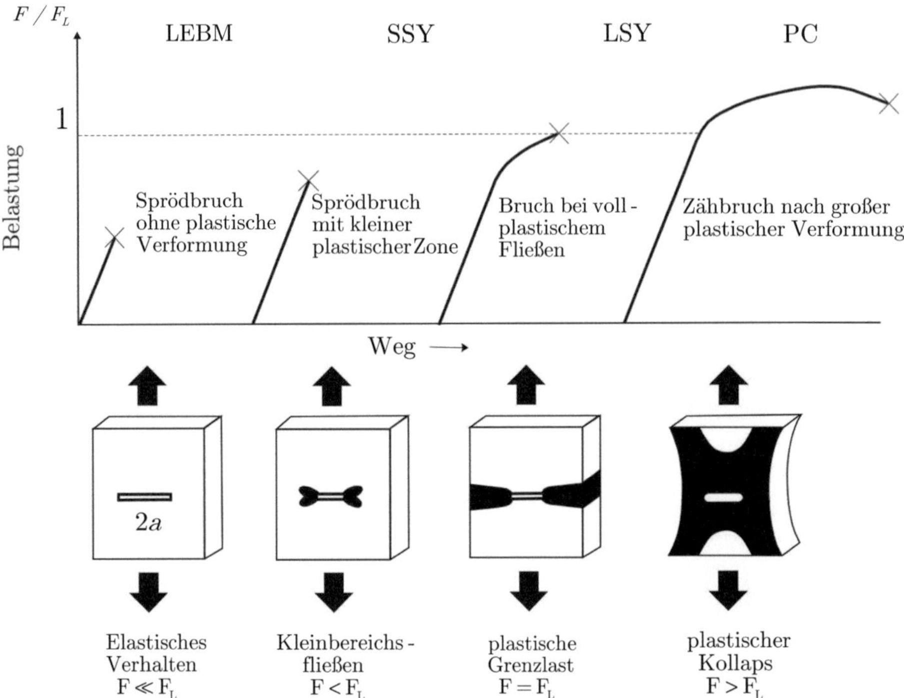

Bild 4.29 Stadien der plastischen Verformung in Körpern mit Riss

stoffeigenschaften und der Belastungssituation ab, wie groß eine plastische Zone werden kann, bevor es zur Initiierung des Risses – dem Bruchvorgang kommt. Je größer das Verhältnis von Bruchzähigkeit und Fließgrenze des Materials ist, desto größere Ausmaße hat die Plastifizierung vor dem Bruch. Außerdem ist zu beachten, dass mit der plastischen Verformung eine erhebliche Energiedissipation im Körper verbunden ist, die im Vergleich zum Energieverbrauch beim Risswachstum recht groß werden kann und von diesem deutlich zu unterscheiden ist.

Es ist ganz offensichtlich, dass die plastischen Verformungen die Situation am Riss und im Körper erheblich verändern. Deshalb müssen für Bruchvorgänge mit vorangehenden oder begleitenden elastisch-plastischen Verformungen besondere Versagenskriterien und Bewertungskonzepte aufgestellt werden. Dieser Aufgabe widmet sich die *elastisch-plastische Bruchmechanik (EPBM)* (engl. *elastic-plastic fracture mechanics*), die auch als *Zähbruchmechanik* bezeichnet wird.

Aufgrund des nichtlinearen, lastpfadabhängigen Materialverhaltens wird die Lösung von RWA der Plastizitätstheorie für rissbehaftete Körper recht schwierig. Von daher sind die analytischen Lösungsmethoden der EPBM sehr begrenzt und beschränken sich auf einfache Materialmodelle, ebene Risskonfigurationen und zumeist monotone Belastung. Erst durch die Verfügbarkeit leistungsfähigerer numerischer Lösungsverfahren eröffneten sich neue Möglichkeiten in der EPBM. Im Folgenden sollen die wichtigsten bruchmechanischen Kenngrößen und Konzepte der

Zähbruchmechanik vorgestellt werden, die sich bisher bewährt haben. Die Anwendung auf reale Risskonfigurationen in Bauteilen verlangt jedoch in den meisten Fällen entsprechende numerische Berechnungen der Kenngrößen.

4.3.2 Kleine plastische Zonen am Riss

Abschätzung der Größe und Form der plastischen Zonen

Wenn die Größe der plastischen Zone klein ist im Vergleich zur Länge des Risses und allen anderen Abmessungen der Struktur, so spricht man von *Kleinbereichsfließen* (engl. *small scale yielding*), was üblicher Weise mit SSY abgekürzt wird. Diesem Modell liegt die Vorstellung zugrunde, dass sich die plastische Zone innerhalb der elastischen Rissspitzenlösung befindet, die wir im Abschnitt 4.2.2 bereits kennengelernt haben. Das bedeutet, die Plastifizierung an der Rissspitze wird durch die Spannungen und Verzerrungen der sie umgebenden elastischen Felder kontrolliert, die wiederum eindeutig durch die Spannungsintensitätsfaktoren festgelegt sind. Voraussetzung dafür ist, dass der Radius der plastischen Zone r_{p} wesentlich kleiner als der Radius r_{K} der Gültigkeitsgrenzen der Nahfeldlösung bleibt, was in Bild 4.30 skizziert ist. Da der Gültigkeitsbereich $r_{\mathrm{K}} \approx 0{,}02 - 0{,}10\,a$ selbst nur einen Bruchteil der Risslänge beträgt, verlangt die SSY-Annahme somit sehr kleine plastische Zonen. Trotzdem führt das Modell des Kleinbereichsfließens zu ersten interessanten Erkenntnissen. Die Darlegungen dieses Abschnittes beschränken sich auf Modus-I-Belastung, könnten aber sinngemäß auf die beiden anderen Rissöffnungsarten übertragen werden (siehe SÄHN & GÖLDNER [110]).

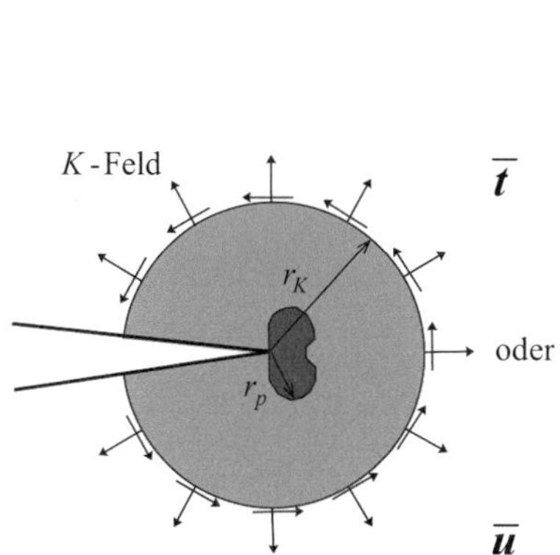

Bild 4.30 Modell des Kleinbereichsfließens SSY

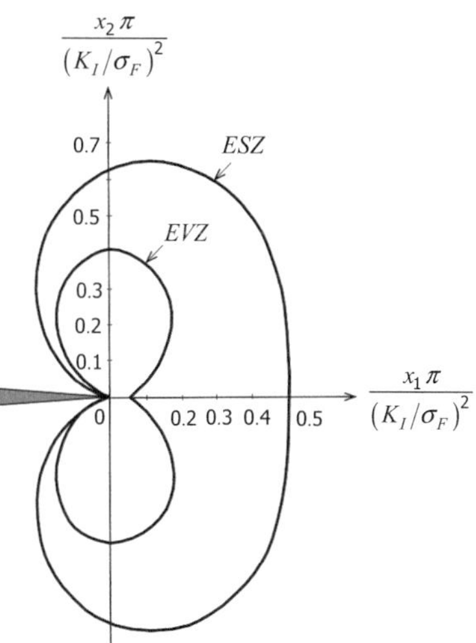

Bild 4.31 Gestalt der plastischen Zone beim Kleinbereichsfließen

Als einfachster Fall wird ideal-plastisches Materialverhalten mit der Anfangsfließspannung σ_F angenommen. Um die plastischen Zonen in erster Approximation zu berechnen, werden die Spannungen der elastischen Rissspitzenlösung (4.12) in die Fließbedingung nach v. Mises (3.103) eingesetzt. Dazu bestimmen wir aus (4.12) gemäß Abschnitt 3.3.3 die maximalen Hauptnormalspannungen in der (x_1, x_2)-Ebene und die entsprechenden Hauptrichtungswinkel θ_0:

$$\begin{Bmatrix} \sigma_{\mathrm{I}} \\ \sigma_{\mathrm{II}} \end{Bmatrix} = \frac{K_{\mathrm{I}}}{\sqrt{2\pi r}} \cos\frac{\theta}{2} \begin{Bmatrix} 1 + \sin\dfrac{\theta}{2} \\ 1 - \sin\dfrac{\theta}{2} \end{Bmatrix}, \quad \theta_0 = \pm\frac{\pi}{4} + \frac{3}{4}\theta\,. \tag{4.191}$$

Die dritte Hauptspannung wird durch σ_{33} gebildet, siehe Abschnitt 3.5.2:

$$\sigma_{\mathrm{III}} = 0 \quad \text{(ESZ)}, \quad \sigma_{\mathrm{III}} = \nu(\sigma_{\mathrm{I}} + \sigma_{\mathrm{II}}) = 2\nu\frac{K_{\mathrm{I}}}{\sqrt{2\pi r}} \cos\frac{\theta}{2} \quad \text{(EVZ)}. \tag{4.192}$$

Einsetzen in die Fließbedingung (3.103) liefert den Radius $r_{\mathrm{p}}(\theta)$ der plastischen Zone als Funktion des Polarwinkels θ. Dabei wird zwischen den Modellen für den EVZ und den ESZ differenziert.

$$r_{\mathrm{p}}(\theta) = \frac{1}{2\pi}\left(\frac{K_{\mathrm{I}}}{\sigma_{\mathrm{F}}}\right)^2 \cos^2\frac{\theta}{2} \begin{cases} 3\sin^2\dfrac{\theta}{2} + 1 & \text{ESZ} \\ 3\sin^2\dfrac{\theta}{2} + (1-2\nu)^2 & \text{EVZ.} \end{cases} \tag{4.193}$$

Bild 4.31 gibt die daraus resultierenden Formen der plastischen Zonen für $\nu = 1/3$ wieder. Die plastische Zone ist beim EVZ deutlich kleiner als beim ESZ. Ihre Gestalt erstreckt sich seitlich zur Rissrichtung, wohingegen sie im ESZ stärker nach vorne orientiert ist.

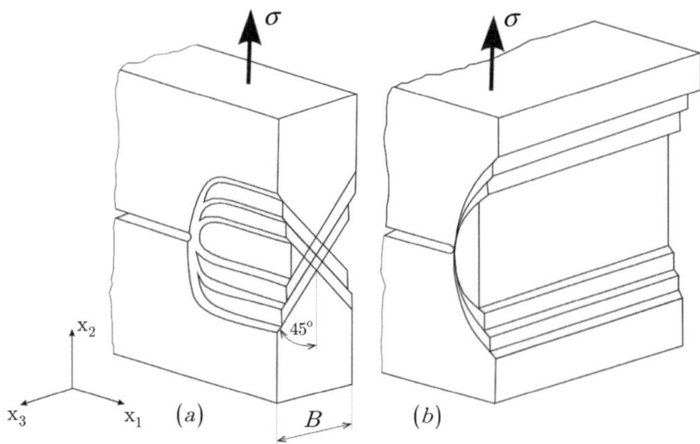

Bild 4.32 Gleitebenen maximaler Schubspannungen: a) ebener Spannungszustand b) ebener Verzerrungszustand

Plastische Verformung in Metallen läuft in Gleitbändern ab, die sich in Ebenen der maximalen Schubspannung formieren. Um die Orientierungen der Gleitprozesse an der Rissspitze zu bestimmen, berechnen wir anhand der Nahfeldlösung (4.191), (4.192) die Hauptschubspannungen $\tau_{\max} = (\sigma_{\max} - \sigma_{\min})/2$ gemäß der Beziehung (3.65) für den Winkelbereich $\theta \approx \pm 45°$ vor der Rissspitze. Hierbei gibt es signifikante Unterschiede zwischen den Modellen des ESZ und EVZ:

$$\begin{aligned} \text{ESZ:} \quad \tau_{\max} &= \frac{\sigma_{\mathrm{I}} - \sigma_{\mathrm{III}}}{2} = \frac{\sigma_{\mathrm{I}}}{2} \\ \text{EVZ:} \quad \tau_{\max} &= \frac{\sigma_{\mathrm{I}} - \sigma_{\mathrm{II}}}{2} = \frac{K_{\mathrm{I}}}{\sqrt{2\pi r}} \cos\frac{\theta}{2} \sin\frac{\theta}{2}. \end{aligned} \tag{4.194}$$

Im ESZ liegt $\tau_{\max}$ in Schnittebenen vor, die um 45° gegenüber der (x_1, x_2)-Ebene geneigt sind. Die Annahme ESZ gilt für dünnwandige Strukturen, so dass hier die Gleitbänder schräg zur Dickenrichtung nach Bild 4.32a verlaufen. Das führt zu einer Einschnürung des Querschnittes entlang eines schmalen Streifens vor der Rissspitze. Beim EVZ werden die größten Schubspannungen durch die Hauptspannungen in der (x_1, x_2)-Ebene verursacht, weshalb die Gleitprozesse in Ebenen auftreten, die parallel zur x_3-Achse liegen, wie es Bild 4.32b darstellt. Diese scharnierartige plastische Verformung führt zu einer Abstumpfung der ursprünglich scharfen Rissspitze. Die qualitativen Unterschiede in der plastischen Verformungskinematik werden durch experimentelle Befunde an dünnen (ESZ) bzw. dicken (EVZ) Strukturen bestätigt, wobei das Ausmaß der Dehnungsbehinderung in x_3-Richtung maßgeblich von der Größe der plastischen Zone r_{p} relativ zur Dicke B abhängt:

$$\text{ESZ:} \quad r_{\mathrm{p}} \gg B \qquad\qquad \text{EVZ:} \quad r_{\mathrm{p}} \ll B. \tag{4.195}$$

IRWINsche Risslängenkorrektur für kleine plastische Zonen

Grundlage der Betrachtungen sind die Spannungen in der Rissebene $(r, \theta = 0)$, deren Werte sich aus der Rissspitzenlösung (4.12) wie folgt errechnen:

$$\sigma_{11} = \sigma_{22} = \frac{K_{\mathrm{I}}}{\sqrt{2\pi r}}, \qquad \tau_{12} = 0, \qquad \sigma_{33} = \begin{cases} 0 & \text{ESZ} \\ 2\nu\sigma_{22} & \text{EVZ.} \end{cases} \tag{4.196}$$

Den Verlauf der rissöffnenden Spannung $\sigma_{22}(r)$ zeigt Bild 4.33. Die Form der plastischen Zone bei ideal-plastischem Material wurde mit Hilfe der v. MISESschen Fließbedingung bereits in (4.193) berechnet. Ihre Ausdehnung r_{F} entlang der x_1-Achse beträgt demnach

$$r_{\mathrm{F}} = r_{\mathrm{p}}(\theta = 0) = \frac{1}{2\pi} \left(\frac{K_{\mathrm{I}}}{\sigma_{\mathrm{F}}}\right)^2 \begin{cases} 1 & \text{ESZ} \\ (1 - 2\nu)^2 & \text{EVZ} \end{cases}. \tag{4.197}$$

Im ESZ wird r_{F} gerade durch den Schnittpunkt der σ_{22} Kurve mit der Fließspannung σ_{F} festgelegt, da $\sigma_{\mathrm{v}} = \sigma_{22}(r_{\mathrm{F}}, 0) = \sigma_{\mathrm{F}}$ gilt. Für den EVZ verringert sich die

Fließbedingung wegen der Spannungskomponente σ_{33} auf $\sigma_{\mathrm{v}} = (1-2\,\nu)\sigma_{22}(r_{\mathrm{F}},0) = \sigma_{\mathrm{F}}$, d. h. die wirkende Normalspannung σ_{22} müsste um den Faktor $1/(1-2\,\nu)$ (etwa 3 bei $\nu = 1/3$) größer sein, um die gleiche plastische Zone zu erzeugen. Diese erhöhte Spannung infolge der Dehnungsbehinderung (Mehrachsigkeit) wird durch den *plastischen Constraintfaktor* (engl. *plastic constraint factor*) quantifiziert:

$$\alpha_{\mathrm{cf}} = \frac{\sigma_{22}}{\sigma_{\mathrm{F}}} = \begin{cases} 1 & \text{ESZ} \\ 1/(1-2\nu) \approx 3 \text{ bei } \nu = 1/3 & \text{EVZ} \end{cases}. \tag{4.198}$$

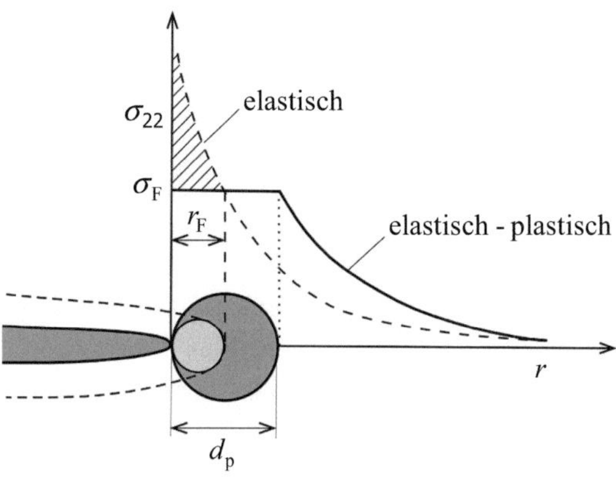

Bild 4.33 Abschätzung der plastischen Zone an der Rissspitze nach IRWIN

Durch das Abschneiden des Spannungsverlaufs bei $\sigma = \sigma_{\mathrm{F}}$ (schraffierte Fläche in Bild 4.33) wird jedoch die resultierende Kraft in x_2-Richtung verfälscht. Um das Kräftegleichgewicht wieder herzustellen, müssen diese Spannungen auf das Ligament umverteilt werden, indem die plastische Zone eine größere Ausdehnung d_{p} erhält. Aus der Bedingung, dass der Flächeninhalt unter der elastischen Kurve (Strichlinie) mit demjenigen unter der elastisch-plastischen (Volllinie) äquivalent ist, kann man die Länge $d_{\mathrm{p}} = 2r_{\mathrm{F}}$ ausrechnen. Die Größe der schraffierten Fläche beträgt unter Benutzung von (4.197)

$$\int_0^{r_{\mathrm{F}}} \frac{K_{\mathrm{I}}}{\sqrt{2\pi r}}\,\mathrm{d}r - \sigma_{\mathrm{F}}\,r_{\mathrm{F}} = \sigma_{\mathrm{F}} r_{\mathrm{F}} \overset{!}{=} \sigma_{\mathrm{F}}\,(d_{\mathrm{p}} - r_{\mathrm{F}}). \tag{4.199}$$

Nach IRWIN [57] wird diese Fläche genau dadurch kompensiert, indem man den Riss effektiv um r_{F} vergrößert (gestrichelte Risskontur), wodurch die Hälfte der Fläche $\sigma_{\mathrm{F}}\,d_{\mathrm{p}}$ entlastet wird. Das führt zur Korrektur der plastischen Zonengröße auf den doppelten Wert (großer Kreis im Bild 4.33):

$$d_{\mathrm{p}} \mathrel{\widehat{=}} 2r_{\mathrm{p}} = 2r_{\mathrm{F}}, \qquad d_{\mathrm{p}} = \frac{1}{\pi}\left(\frac{K_{\mathrm{I}}}{\sigma_{\mathrm{F}}}\right)^2 \begin{cases} 1 & \text{ESZ} \\ (1-2\nu)^2 & \text{EVZ} \end{cases}. \tag{4.200}$$

Die effektive Risslänge und der zugehörige Spannungsintensitätsfaktor (4.64) betragen dann:

$$a_{\mathrm{eff}} = a + r_{\mathrm{p}} \,, \qquad K_{\mathrm{Ieff}} = \sigma \sqrt{\pi a_{\mathrm{eff}}}\, g\left(\frac{a_{\mathrm{eff}}}{w}\right) . \tag{4.201}$$

Anhand der Größe der plastischen Zonen können die Gültigkeitsgrenzen für eine linear-elastische Bewertung von Rissen festgelegt werden. So wird in bruchmechanischen Prüfvorschriften ([3, 12]) gefordert, dass d_{p} wesentlich kleiner als alle relevanten Proben- oder Bauteilabmessungen sein muss. Danach müssen die Probendicke B, die Risslänge a und das Restligament $(w - a)$ im EVZ die folgende Bedingung erfüllen:

$$B,\, a,\, (w - a) \geq 2{,}5 \left(\frac{K_{\mathrm{Ic}}}{\sigma_{\mathrm{F}}}\right)^2 . \tag{4.202}$$

Der Ausdruck auf der rechten Seite ist proportional zur Größe der plastischen Zone beim Bruch. Ist eines dieser Gültigkeitskriterien verletzt, so ist die Anwendbarkeit der LEBM in Frage gestellt. Bei Bruchmechanikversuchen bedeutet dies, die ermittelte Bruchzähigkeit K_{Ic} entspricht nicht dem unteren, konservativen Grenzwert K_{Ic} des EVZ.

4.3.3 Das Dugdale-Modell

Dugdale [29] wurde zu diesem Modell durch die Beobachtung streifenförmiger plastischer Zonen vor der Rissspitze in dünnen Metallproben im Zugversuch angeregt. Wie bereits erläutert, kommt es unter den Bedingungen des ESZ zu einer Einschnürung durch plastisches Fließen auf 45°-Ebenen (Bild 4.32a), was die Höhe der plastischen Zone etwa auf die Dicke B begrenzt. Dem Modell liegen folgende Annahmen zugrunde.

- Die gesamte plastische Verformung konzentriert sich auf einen Streifen (mathematisch Linie) der Länge d, woher der Name (engl. *strip yield model*) stammt.
- Das Material im Fließstreifen verhält sich ideal-plastisch. Es gelte der ESZ, so dass Fließen bei $\sigma_{22} = \sigma_{\mathrm{F}}$ einsetzt. Bei Anwendung auf den EVZ wäre die Spannungserhöhung bei Fließbeginn durch den Constraintfaktor (4.198) zu modifizieren $\sigma_{22} = \alpha_{\mathrm{cf}}\, \sigma_{\mathrm{F}}$.
- Das Problem wird auf die RWA für einen hypothetischen Riss der Länge $2(a + d) = 2c$ in einem elastischen Körper zurückgeführt. Das Rissmodell kann man sich entsprechend Bild 4.34 dann als Überlagerung der folgenden zwei Lastfälle vorstellen:

  (1) Riss in der unendlichen Ebene unter konstantem Zug σ.
  (2) Die Stützwirkung des plastifizierten Materials im Fließbereich $a \leq |x_1| \leq a + d$ wird durch Randspannungen $t_2^{\mathrm{c}} = \sigma_{\mathrm{F}}$ simuliert, die den Riss zusammendrücken.

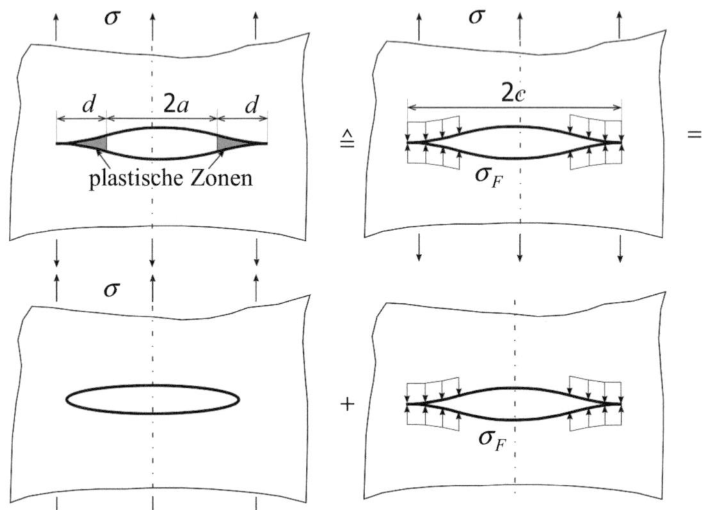

Bild 4.34 Dugdale-Modell für streifenförmige plastische Zone

Für das Problem (1) ist der Spannungsintensitätsfaktor aus Abschnitt 4.2.2 bekannt:

$$K_{\mathrm{I}}^{(1)} = \sigma\sqrt{\pi(a+d)}. \tag{4.203}$$

Für die Belastung (2) wurde der K-Faktor im Abschnitt (4.2.10) berechnet:

$$K_{\mathrm{I}}^{(2)} = -2\sigma_{\mathrm{F}}\sqrt{\frac{a+d}{\pi}}\arccos\left(\frac{a}{a+d}\right). \tag{4.204}$$

Es wird gefordert, dass an den Enden des hypothetischen Risses $|x_1| = \pm c$ keine Spannungssingularitäten auftreten. Deshalb müssen sich die Spannungsintensitätsfaktoren beider Teilprobleme (1) und (2) gerade aufheben:

$$K_{\mathrm{I}} = K_{\mathrm{I}}^{(1)} + K_{\mathrm{I}}^{(2)} = 0. \tag{4.205}$$

Aus dieser Beziehung folgt für die Ausdehnung d der plastischen Zone:

$$\frac{a}{a+d} = \cos\left(\frac{\pi\sigma}{2\sigma_{\mathrm{F}}}\right), \quad d = a\left[\left(\cos\frac{\pi\sigma}{2\sigma_{\mathrm{F}}}\right)^{-1} - 1\right]. \tag{4.206}$$

Wie erwartet, tritt nach dieser Beziehung ohne Belastung ($\sigma = 0$) auch keine plastische Zone auf, $d = 0$. Interessant ist jedoch, dass d unendlich groß werden kann, wenn sich die Spannung der Fließgrenze nähert $\sigma \to \sigma_{\mathrm{F}}$. In diesem Fall wird nämlich die plastische Grenzlast der Scheibe erreicht, so dass der gesamte Nettoquerschnitt plastisch fließt.

Für Kleinbereichsfließen $\sigma \ll \sigma_F$ kann die Kosinusfunktion als Reihe

$$\left(\cos\frac{\pi\sigma}{2\sigma_F}\right)^{-1} \approx 1 + \frac{1}{2}\left(\frac{\pi\sigma}{2\sigma_F}\right)^2 \tag{4.207}$$

approximiert werden und über die Beziehung $\sigma\sqrt{\pi a} = K_I$ ergibt sich:

$$d \approx \frac{a\pi^2\sigma^2}{8\sigma_F^2} = \frac{\pi}{8}\left(\frac{K_I}{\sigma_F}\right)^2 . \tag{4.208}$$

Vergleicht man das Ergebnis des DUGDALE-Modells (4.208) mit der plastischen Zonenkorrektur nach IRWIN, Gl. (4.200), so zeigt sich, dass beide Modelle ähnliche Beziehungen liefern und sich nur durch die Vorfaktoren $1/\pi = 0,318$ bzw. $\pi/8 = 0,392$ unterscheiden.

4.3.4 Rissöffnungsverschiebung CTOD

Belastet man Bruchmechanikproben aus Werkstoffen mit hoher Duktilität, so ist zu beobachten, dass sich die Spitze des ursprünglich scharfen Anrisses aufgrund plastischer Verformung stark aufweitet und abstumpft, noch bevor die Rissinitiierung einsetzt, Bild 4.35. Diese irreversible Öffnungsverschiebung der Rissflanken gegeneinander übersteigt bei weitem die Rissöffnung infolge rein elastischer Verformungen und kann als ein lokales Maß für die plastischen Verzerrungen in der Umgebung der Rissspitze betrachtet werden. Sie wird als *Rissöffnungsverschiebung* δ_t (engl. *crack tip opening displacement*) CTOD bezeichnet. Von WELLS [139] und BURDEKIN & STONE [17] wurde deshalb ein Bruchkonzept vorgeschlagen, das die Rissöffnungsverschiebung δ_t als charakteristische Beanspruchungskenngröße verwendet.

Das CTOD-Kriterium besagt, dass in duktilen Werkstoffen genau dann die Rissinitiierung beginnt, wenn die Rissöffnungsverschiebung δ_t einen kritischen, materialspezifischen Grenzwert δ_{tc} übersteigt.

$$\delta_t = \delta_{tc} \tag{4.209}$$

Zur Umsetzung des Konzeptes ist ein quantitativer Zusammenhang zwischen δ_t und den äußeren Belastungen notwendig. Eine Berechnungsmöglichkeit ist mit Hilfe des DUGDALE-Modells gegeben. Hierbei wird die Rissöffnungsverschiebung an der Spitze des physikalischen Risses bei $|x_1| = a$ definiert, vgl. Bild 4.34, und beträgt an dieser Stelle

$$\delta_t = (u_2^+ - u_2^-) = 2u_2(a) = \frac{8\sigma_F\, a}{\pi E} \ln\left(\cos\frac{\pi\sigma}{2\sigma_F}\right)^{-1} . \tag{4.210}$$

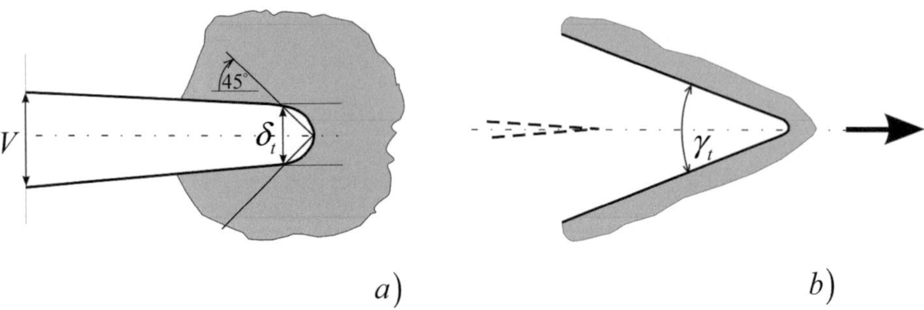

Bild 4.35 Definition der Rissöffnungsverschiebung δ_t (CTOD) am ruhenden Riss und des Rissspitzenöffnungswinkels γ_t (CTOA) am bewegten Riss

Für sehr kleine Belastungen darf wieder die Reihenentwicklung (4.207) benutzt werden, womit sich im SSY-Fall die Verbindung zu K_I ergibt:

$$\delta_\mathrm{t} = \frac{{K_\mathrm{I}}^2}{\sigma_\mathrm{F}\, E}. \tag{4.211}$$

Auch die plastische Zonenkorrektur nach IRWIN führt zu einer Bewertung der Rissöffnungsverschiebung. Dabei wird δ_t an der Stelle ausgewertet, wo die plastische Zone auf den Flanken des effektiven Risses endet, d. h. bei $x_1 = -r_\mathrm{p}$ im Bild 4.33. Einsetzen in das Verschiebungsfeld (4.16) der linear-elastischen Lösung ($\theta = \pi$) liefert

$$u_2(r_\mathrm{p}) = \frac{4}{E} K_\mathrm{I} \sqrt{\frac{r_\mathrm{p}}{2\pi}} \qquad \text{(ebener Spannungszustand ESZ)}, \tag{4.212}$$

woraus mit dem bekannten Wert von r_p aus (4.200) folgt:

$$\delta_\mathrm{t} = 2u_2 = 2\frac{4}{E} K_\mathrm{I} \sqrt{\frac{K_\mathrm{I}^2}{(2\pi)^2 \sigma_\mathrm{F}^2}} = \frac{4}{\pi} \frac{K_\mathrm{I}^2}{E\, \sigma_\mathrm{F}} = \frac{4}{\pi} \frac{G}{\sigma_\mathrm{F}}. \tag{4.213}$$

Bei kleinen plastischen Zonen (SSY) besteht somit eine Beziehung zwischen der Rissöffnungsverschiebung δ_t und der Energiefreisetzungsrate G. In Abhängigkeit von der Dehnungsbehinderung in der realen Struktur und der Werkstoffverfestigung kann der empirische Ansatz

$$\delta_\mathrm{t} = \frac{K_\mathrm{I}^2}{m\, \sigma_\mathrm{F}\, E} \quad \text{im ESZ und} \quad \delta_\mathrm{t} = \frac{K_\mathrm{I}^2 (1-\nu^2)}{m\, \sigma_\mathrm{F}\, E} \quad \text{im EVZ} \tag{4.214}$$

gemacht werden, wobei der Faktor $m \approx 1$ für den ebenen Spannungszustand (ESZ) gilt und im ebenen Verzerrungszustand (EVZ) $m \approx 2$ beträgt.

Eine allgemein anerkannte Definition der Rissöffnungsverschiebung δ_t, die unabhängig von einem speziellen Modell ist, wird in Bild 4.35 gezeigt. Hierbei werden zwei Sekanten im Winkel von $\pm 45^o$ in die abgestumpfte Rissspitze gelegt und δ_t aus den Schnittpunkten mit der Rissfront bestimmt. Diese Definition ist sehr geeignet für die Auswertung numerischer Analysen. Die experimentelle Ermittlung der Rissöffnungsverschiebung δ_t an einer Probe oder einem Bauteil gestaltet sich schwieriger, da der unmittelbare Rissspitzenbereich einer direkten Messung nur schwer zugänglich ist. Deshalb wird meist die *Rissöffnung* V (engl. *crack opening displacement*) COD an der Probenoberfläche gemessen und mit Hilfe geometrischer Annahmen auf die Rissspitze extrapoliert. Eine physikalisch begründete Bestimmung von δ_t ist über die stereoskopische Vermessung der »Stretchzonenhöhe« (engl. *stretched zone height*) SZH möglich, allerdings erst nach dem Versagen. Hier soll der Hinweis auf die Literatur [9, 116] und einschlägige Prüfstandards [2, 13] genügen. In jüngster Zeit ermöglichen feldoptische Messverfahren mit digitaler Bildauswertung (engl. *Digital Image Correlation DIC*) die hochauflösende Vermessung des Rissöffnungsprofils und die Bestimmung von δ_t, siehe [133].

4.3.5 Failure Assessment Diagramm FAD

Auf der Grundlage des Rissmodells von Dugdale wurde von Harrison [47] 1976 eine Methode zur ingenieurmäßigen Bewertung der Bauteilsicherheit entwickelt. Sie trägt die englische Bezeichnung *Failure Assessment Diagram* (FAD)– *Versagensbewertungsdiagramm* – oder auch »Zwei-Kriterien-Methode«. Dieses Konzept verbindet die beiden Grenzfälle des Versagens durch Sprödbruch auf der einen Seite und plastischen Kollaps beim Erreichen der plastischen Grenzlast andererseits. Für den dazwischen liegenden Übergangsbereich elastisch-plastischen Versagens rissbehafteter Bauteile wird aus beiden Konzepten eine geometrieunabhängige Versagensgrenzkurve abgeleitet. Im Folgenden soll die Grundidee vermittelt werden.

Für große Plastifizierungen bis hin zur plastischen Grenzlast bietet das Dugdale-Modell (4.210) in Verbindung mit dem CTOD-Kriterium (4.209) eine geeignete Basis:

$$a\frac{8\sigma_\mathrm{F}}{\pi E}\ln\left(\cos\frac{\pi\sigma}{2\sigma_\mathrm{F}}\right)^{-1} = \delta_\mathrm{t} \stackrel{!}{=} \delta_\mathrm{tc}. \tag{4.215}$$

Umgestellt nach σ, bestimmt diese Gleichung die kritische Spannung bei einer gegebenen Risslänge a:

$$\sigma_\mathrm{c} = \frac{2}{\pi}\sigma_\mathrm{F}\arccos\left[\exp\left(-\frac{\pi E\delta_\mathrm{tc}}{8\sigma_\mathrm{F}a}\right)\right]. \tag{4.216}$$

Für verschwindend kleine Risse $a \to 0$ ergibt sich $\sigma_\mathrm{c} = \sigma_\mathrm{F}$, d. h. die Festigkeit wird durch den plastischen Kollaps limitiert – wir haben den Fall sehr großer plastischer Zonen LSY (engl. *large scale yielding*).

Im entgegengesetzten Extremfall der LEBM bzw. bei SSY verfügen wir durch das Dugdale-Modell (4.211) über eine Relation zu K_I

$$\frac{K_\mathrm{I}^2}{E\sigma_\mathrm{F}} = a\frac{\pi\left(\sigma_\mathrm{c}^\mathrm{LEBM}\right)^2}{E\sigma_\mathrm{F}} = \delta_\mathrm{t} \stackrel{!}{=} \delta_\mathrm{tc}\,, \tag{4.217}$$

woraus man mit $K_\mathrm{I} = \sigma\sqrt{\pi a}$ die kritische Spannung $\sigma_\mathrm{c}^\mathrm{LEBM}$ der LEBM bekommt

$$\sigma_\mathrm{c}^\mathrm{LEBM} = \sqrt{\frac{E\sigma_\mathrm{F}\delta_\mathrm{tc}}{\pi a}}\,, \tag{4.218}$$

die für kleine Risse $a \to 0$ unendlich hohe Festigkeit $\sigma_\mathrm{c}^\mathrm{LEBM} \to \infty$ voraussagt. Durch Gleichsetzen von (4.217) mit (4.215) wird die Risslänge eliminiert

$$\left(\frac{\sigma_\mathrm{c}^\mathrm{LEBM}}{\sigma_\mathrm{F}}\right)^2 = \frac{8}{\pi^2}\ln\left[\cos\frac{\pi\sigma}{2\sigma_\mathrm{F}}\right]^{-1}. \tag{4.219}$$

Abschließend führen wir noch auf [0,1] normierte Lastparameter K_r und S_r ein:

$$\begin{aligned} &\frac{\sigma}{\sigma_\mathrm{c}^\mathrm{LEBM}} \mathrel{\widehat{=}} \frac{K_\mathrm{I}}{K_\mathrm{Ic}} = K_\mathrm{r} \quad \text{für Sprödbruch LEBM} \\ &\frac{\sigma}{\sigma_\mathrm{F}} \mathrel{\widehat{=}} \frac{F}{F_\mathrm{L}} = S_\mathrm{r} \qquad \text{für plastisches Versagen} \end{aligned} \tag{4.220}$$

$$K_\mathrm{r} = S_\mathrm{r}\left[\frac{8}{\pi^2}\ln\left(\cos\frac{\pi}{2}S_\mathrm{r}\right)^{-1}\right]^{-1/2}. \tag{4.221}$$

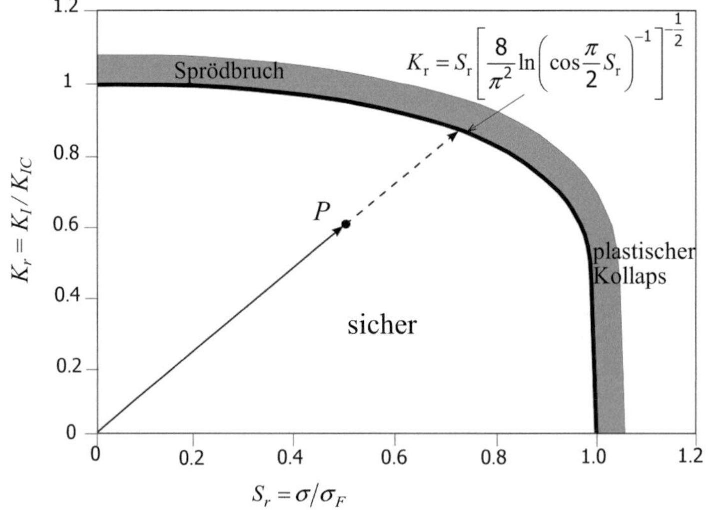

Bild 4.36 Versagensgrenzkurve des Fehlerbewertungsdiagramms FAD

Im FAD-Diagramm wird K_r auf der Ordinate und S_r auf der Abszisse aufgetragen, siehe Bild 4.36. Gleichung (4.221) bildet dann eine Versagensgrenzkurve, die zwischen sprödem und duktilem Versagen interpoliert. Für ein Bauteil mit Riss a unter der Last σ erhält man im FAD einen Punkt $P(K_\mathrm{r}, S_\mathrm{r})$. Liegt der Punkt innerhalb der Grenzkurve, so ist die Sicherheit gegeben. Eine steigende Belastung σ bewirkt eine proportionale Zunahme von K_r und S_r, so dass sich der Punkt entlang eines Radiusstrahls nach außen verschiebt. Bei Erreichen der Grenzkurve tritt Versagen ein. Für die Anwendung benötigt man neben den Werkstoffkennwerten K_Ic und σ_F analytische oder numerische Lösungen für den Spannungsintensitätsfaktor K_I und die plastische Grenzlast F_L des Bauteils mit Riss. Obwohl das FAD-Konzept am DUGDALE-Modell für den Riss in einer Scheibe hergeleitet wurde, hat sich seine Verallgemeinerung auf beliebige Risskonfigurationen bewährt. Die Grenzkurve ist allerdings werkstoffspezifisch. Inzwischen wurde das Konzept in überarbeiteten Fassungen auf Werkstoffe mit Verfestigung [93], Sekundärspannungen, Risswachstum u. a. m. erweitert. Einen aktuellen Überblick bieten die Europäischen Regelwerke SINTAP [149] und FITNET [148] zur bruchmechanischen Fehlerbewertung.

4.3.6 Rissspitzenfelder

Im Rahmen der plastischen Fließtheorie konnten bisher keine analytischen Lösungen für Rissprobleme gefunden werden, selbst nicht für den einfachen Fall eines Risses in der unendlichen Ebene. Geschlossene Lösungen sind nur für den asymptotischen Grenzfall $r \to 0$ an der Rissspitze unter vereinfachten Annahmen über das plastische Materialverhalten bekannt. Das bedeutet, wir untersuchen die Beanspruchung im Inneren der plastischen Zone an einer Rissspitze in der unendlichen Scheibe. Angaben über die Größe und Form der plastischen Zone sind damit nicht möglich. Die wichtigsten plastischen Rissspitzenlösungen sollen im Weiteren für den Rissöffnungsmodus I dargelegt werden.

Ideal-plastisches Material

Unter der Voraussetzung eines starr-ideal-plastischen Materials kann das Rissspitzenfeld mit Hilfe der so genannten Gleitlinientheorie gefunden werden. Dabei wird ein hyperbolisches DGL-System anhand der Gleichgewichtsbedingungen und der Fließbedingung in der Ebene aufgestellt, dessen Charakteristiken die Gleitlinien sind. Das orthogonale Netz von Gleitlinien repräsentiert in jedem Punkt die Richtungen der Hauptschubspannungen und plastischen Gleitungen. Das Material ist inkompressibel plastisch, d. h. Querkontraktionszahl $\nu = 1/2$ und $\sigma_{33} = (\sigma_{11} + \sigma_{22})/2$ im EVZ. Für den EVZ besteht die Gleitlinienlösung an der Rissspitze aus den drei in Bild 4.37 gezeigten Bereichen A, B und C, in denen der folgende Spannungszustand vorliegt, siehe z. B. [45, 110]:

$$
\begin{aligned}
A: &\quad \sigma_{11} = \tau_{\mathrm{F}}\,\pi, \quad \sigma_{22} = \tau_{\mathrm{F}}(2+\pi), \quad \tau_{12} = 0 \\
B: &\quad \sigma_{rr} = \sigma_{\theta\theta} = \tau_{\mathrm{F}}\left(1 + \frac{3}{2}\pi - 2\theta\right), \quad \tau_{r\theta} = \tau_{\mathrm{F}} \\
C: &\quad \sigma_{11} = 2\tau_{\mathrm{F}}, \quad \sigma_{22} = \tau_{12} = 0 \text{ (Riss-Randbedingung).}
\end{aligned}
\tag{4.222}
$$

Bild 4.38 gibt die Spannungsverteilung nochmals grafisch wieder. Alle Spannungen sind proportional der Schubfließspannung $\tau_{\mathrm{F}} = \sigma_{\mathrm{F}}/\sqrt{3}$. In A und C herrschen konstante Spannungszustände. Vor dem Riss (A) beträgt die Normalspannung $\sigma_{22} \approx 3\sigma_{\mathrm{F}}$ und die Mehrachsigkeit $\hbar = \sigma^{\mathrm{H}}/\sigma_{\mathrm{v}} = (1+\pi)/\sqrt{3} \approx 2,4$! Im Bereich B verlaufen die Gleitlinien fächerförmig in die Rissspitze hinein, weshalb hier die plastischen Gleitungen $\varepsilon_{r\theta}$ singulär werden müssen

$$
\varepsilon_{r\theta} \sim \frac{1}{r} f(\theta). \tag{4.223}
$$

Weitere Gleitlinienlösungen für den ESZ und den Rissmodus II findet man in [119].

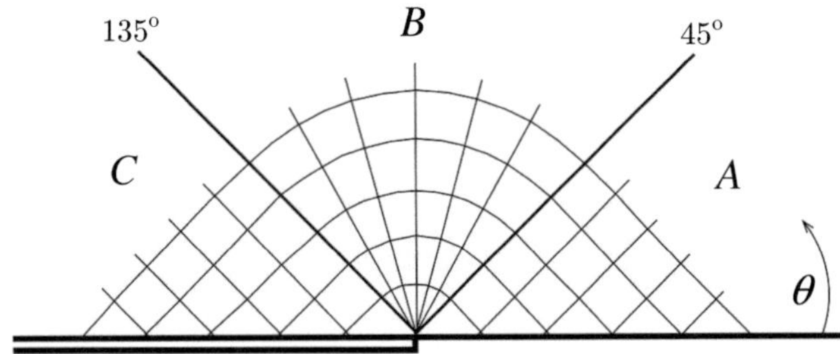

Bild 4.37 Gleitlinienfeld an der Rissspitze bei starr-ideal-plastischem Material (EVZ)

Potenzgesetz-Verfestigung

Die Spannungs-Dehnungs-Kurve elastisch-plastischer Materialien kann oft in guter Näherung durch das Potenzgesetz nach Ramberg-Osgood (3.119) wiedergegeben werden

$$
\frac{\varepsilon}{\varepsilon_0} = \frac{\varepsilon^{\mathrm{e}}}{\varepsilon_0} + \frac{\varepsilon^{\mathrm{p}}}{\varepsilon_0} = \frac{\sigma}{\sigma_0} + \alpha \left(\frac{\sigma}{\sigma_0}\right)^n, \tag{4.224}
$$

mit dem Materialparameter α, dem Verfestigungsexponenten n, der Bezugsspannung σ_0 ($\approx$ Anfangsfließspannung σ_{F0}) und der Normierungsgröße $\varepsilon_0 = \sigma_0/E$. Durch Wahl von n kann das Materialverhalten im gesamten Bereich von linear-elastisch ($n = 1$) bis zu ideal-plastisch ($n \to \infty$) variiert werden, siehe Bild 4.39. Unter Voraussetzung der plastischen Deformationstheorie und Annahme dieses Potenzgesetzes konnte von Hutchinson [53, 54] und Rice & Rosengreen [104] das

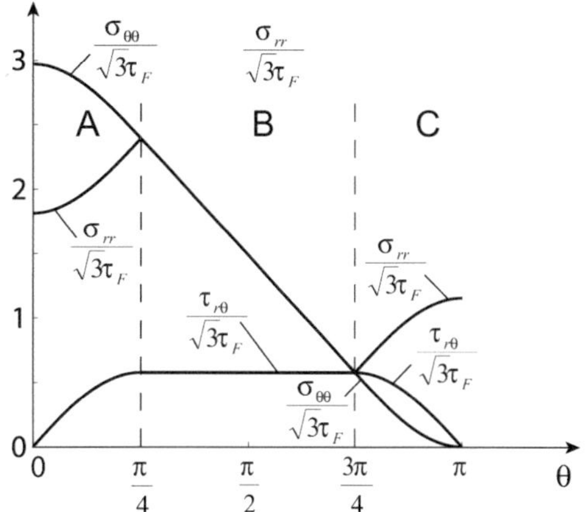

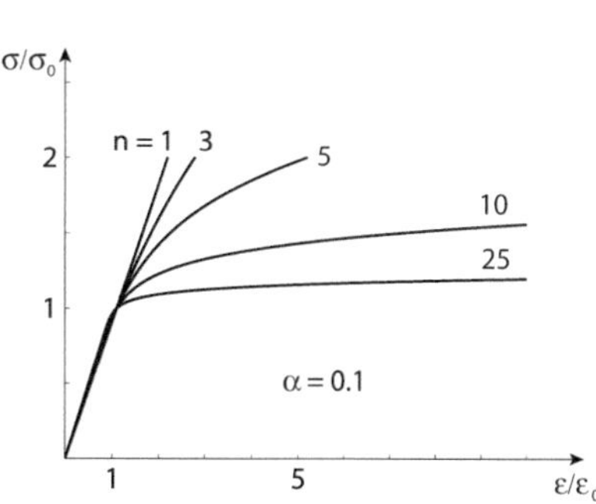

Bild 4.38 Spannungsverteilung an der Rissspitze bei starr-ideal-plastischem Material (EVZ)

Bild 4.39 RAMBERG-OSGOOD Potenzgesetz- Verfestigung

Rissspitzenfeld hergeleitet werden. Diese Lösung wird in der Bruchmechanik nach den Autoren als HRR-Feld bezeichnet, siehe auch [45, 110]. Die Deformationstheorie und ihre Einschränkungen werden ausführlich im Abschnitt 3.4.2 erklärt.

Der Lösungsweg kann im Folgenden nur skizziert werden. Er offenbart aber wichtige Zusammenhänge und Erkenntnisse. Wir legen, wie bei Nahfeldlösungen üblich, ein Polarkoordinatensystem (r, θ) an die Rissspitze in der unendlichen Ebene, siehe Bild 4.7. Laut Beziehung (3.136) hat der plastische Anteil des Materialgesetzes im mehrachsigen Beanspruchungsfall die Gestalt

$$\frac{\varepsilon_{ij}^{\mathrm{p}}}{\varepsilon_0} = \frac{3}{2}\alpha \left(\frac{\sigma_{\mathrm{v}}}{\sigma_0}\right)^{n-1} \frac{\sigma_{ij}^{\mathrm{D}}}{\sigma_0} \approx \frac{\varepsilon_{ij}}{\varepsilon_0}. \tag{4.225}$$

Im Hinblick auf das asymptotische Lösungsverhalten für $r \to 0$ an der Rissspitze kann man mit guter Berechtigung annehmen, dass die nichtlinearen plastischen Verzerrungen $\varepsilon_{ij}^{\mathrm{p}}$ weitaus größer als die elastischen Anteile $\varepsilon_{ij}^{\mathrm{c}}$ sind, womit letztere vernachlässigt werden dürfen. Die v. MISES-Vergleichsspannung berechnet sich aus den Spannungskomponenten in Polarkoordinaten im EVZ ($\sigma_{33} = (\sigma_{rr} + \sigma_{\theta\theta})/2$) zu

$$\sigma_{\mathrm{v}} = \sqrt{\frac{3}{4}(\sigma_{rr} - \sigma_{\theta\theta})^2 + 3\tau_{r\theta}^2}\,. \tag{4.226}$$

Der Spannungszustand muss außerdem die Gleichgewichtsbedingungen erfüllen, was man am einfachsten durch Einführung der AIRYschen Spannungsfunktion (3.154) $F(r, \theta)$ realisiert. Daraus leiten sich die Spannungen in Polarkoordinaten wie folgt ab:

$$\sigma_{rr} = \frac{1}{r}F_{,r} + \frac{1}{r^2}F_{,\theta\theta}, \quad \sigma_{\theta\theta} = F_{,rr}, \quad \tau_{r\theta} = -\left(\frac{1}{r}F_{,\theta}\right)_{,r} . \tag{4.227}$$

(Es gilt $(\cdot)_{,r} = \frac{\partial(\cdot)}{\partial r}$, $(\cdot)_{,\theta} = \frac{\partial(\cdot)}{\partial\theta}$.) Außerdem muss der rein plastische inkompressible Verzerrungszustand an der Rissspitze den Kompatibilitätsbedingungen (3.141) gehorchen, die in Polarkoordinaten beim EVZ lauten:

$$\frac{1}{r}(r\varepsilon_{\theta\theta})_{,rr} + \frac{1}{r^2}\varepsilon_{rr,\theta\theta} - \frac{1}{r}\varepsilon_{r,r} - \frac{2}{r^2}(r\varepsilon_{r\theta,\theta})_{,r} = 0. \tag{4.228}$$

Aufgrund der asymptotischen Analyse lässt sich das Nahfeld multiplikativ in eine radiale und eine winkelabhängige Funktion zerlegen, so dass die Selbstähnlichkeit bei $r \to 0$ gewährleistet ist. Deshalb machen wir für die AIRYsche Spannungsfunktion den Separationsansatz

$$F(r,\theta) = Ar^s\tilde{F}(\theta) \tag{4.229}$$

mit unbekanntem Faktor A, Exponenten s und der Winkelfunktion $\tilde{F}(\theta)$. Daraus ergeben sich für die Spannungen nach (4.227) Ausdrücke der Form

$$\sigma_{ij}(r,\theta) = A_\sigma r^{s-2}\tilde{\sigma}_{ij}(\theta)\,, \tag{4.230}$$

mit dem Spannungskoeffizienten A_σ sowie ähnliche Terme für die Deviatoren σ_{ij}^{D} und die Vergleichsspannung σ_{v} (4.226). Anhand des Materialgesetzes (4.225) findet man die Struktur des Verzerrungsfeldes mit den dazugehörigen Winkelverteilungen $\tilde{\varepsilon}_{ij}(\theta)$ und Vorfaktoren:

$$\varepsilon_{ij}(r,\theta) = \alpha\varepsilon_0\left(\frac{A_\sigma}{\sigma_0}\right)^n r^{(s-2)n}\tilde{\varepsilon}_{ij}(\theta)\,. \tag{4.231}$$

Den Zusammenhang zwischen dem Exponenten s aus (4.229) und dem Verfestigungsexponenten n kann man durch folgende Überlegungen herstellen. Wir werten das J-Integral (4.100) auf einem kreisförmigen Integrationspfad mit dem Radius $r = \text{const}$, der Bogenlänge $\mathrm{d}s = r\,\mathrm{d}\theta$ und $\mathrm{d}x_2 = \cos\theta\,\mathrm{d}s$ aus:

$$J = \int_{-\pi}^{+\pi}[U\cos\theta - \sigma_{ij}u_{i,1}]r\mathrm{d}\theta = \int_{-\pi}^{+\pi} I(r,\theta)r\mathrm{d}\theta\,. \tag{4.232}$$

Die Formänderungsenergiedichte U (3.137) und der Ausdruck $\sigma_{ij}u_{i,1}$ haben die Dimension von $\sigma_{ij}\varepsilon_{ij}$, d. h. der Integralkern $I(r,\theta)$ besitzt die radiale Abhängigkeit

$$I(r,\theta) \sim \sigma_{ij}\varepsilon_{ij} \sim \alpha\varepsilon_0\frac{A_\sigma^{n+1}}{\sigma_0^n}r^{(s-2)(n+1)}\tilde{I}(\theta,n)\,. \tag{4.233}$$

Im Rahmen der Deformationstheorie, die im Prinzip einer nichtlinearen Elastizitätstheorie äquivalent ist, muss das J-Integral aber vom Integrationsweg Γ unabhängig sein. Das Ergebnis darf also nicht vom gewählten Radius r abhängen!

Damit dies gewährleistet ist, muss sich $I(r,\theta)$ genau wie r^{-1} verhalten, woraus $(s-2)(n+1) = -1$ folgt und

$$s = \frac{2n+1}{n+1} \tag{4.234}$$

gilt. Aus diesem Ergebnis folgen die radialen Abhängigkeiten der einzelnen Feldgrößen in der Form

$$\sigma_{ij} \sim r^{-\frac{1}{n+1}}, \quad \varepsilon_{ij} \sim r^{-\frac{n}{n+1}}, \quad U \sim r^{-1}. \tag{4.235}$$

Um die unbekannten Winkelfunktionen $\tilde{F}(\theta)$, $\tilde{\sigma}_{ij}(\theta)$ und $\tilde{\varepsilon}_{ij}(\theta)$ der Ansätze (4.229), (4.230) und (4.231) zu bestimmen, werden mit (4.227) die Spannungen in das Materialgesetz (4.225) eingesetzt und darauf die Kompatibilitätsbedingungen (4.228) angewandt, womit sich eine nichtlineare gewöhnliche Differenzialgleichung für $\tilde{F}(\theta)$ ergibt (siehe [53, 104]). Diese muss numerisch gelöst werden, wobei als Randbedingungen die Spannungsfreiheit auf den Rissufern $\tilde{\sigma}_{\theta\theta}(\pm\pi) = \tilde{\tau}_{r\theta}(\pm\pi) = 0$ und bei Modus I die Symmetrie von $\tilde{\sigma}_{\theta\theta}, \tilde{\sigma}_{rr}$ und die Antimetrie von $\tilde{\tau}_{r\theta}$ bezüglich θ genutzt werden. Aus $\tilde{F}(\theta)$ gewinnt man durch Einsetzen in (4.227) und (4.225) schließlich auch die Winkelfunktionen $\tilde{\sigma}_{ij}(\theta)$ und $\tilde{\varepsilon}_{ij}(\theta)$. Das Ergebnis ist für die Spannungen in Polarkoordinaten in Bild 4.40 dargestellt. Als Beispiel wurden die Verfestigungsexponenten $n = 3$ und $n = 10$ ausgewählt. Ein Vergleich mit Bild 4.5 und Bild 4.38 lässt recht gut den Übergang vom linear-elastischen zum ideal-plastischen Rissspitzenfeld im Charakter der Winkelfunktionen erkennen.

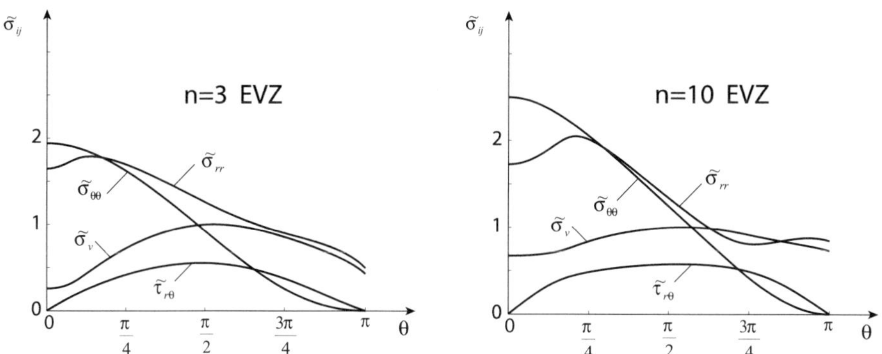

Bild 4.40 Spannungsverteilung an der Rissspitze nach der HRR-Lösung für die Verfestigungsexponenten $n = 3$ (links) und $n = 10$ (rechts)

Zu guter Letzt verbleibt die Frage nach den unbekannten Koeffizienten A und A_σ. Hierfür kann man vorteilhaft die Wegunabhängigkeit des J-Integrals nutzen. Zur Berechnung von J wählen wir als erstes einen Integrationsweg Γ, der weit entfernt von der Rissspitze und außerhalb der plastischen Zone liegt. Einen zweiten kreisförmigen Integrationsweg Γ_ε legen wir in den Geltungsbereich der Rissspitzenlösung $r \ll r_\mathrm{p}$, siehe Bild 4.18. Somit gilt unter Berücksichtigung von (4.232), (4.233) und (4.234)

$$J(\Gamma) = J(\Gamma_\varepsilon) = \alpha\varepsilon_0\sigma_0 \left(\frac{A_\sigma}{\sigma_0}\right)^{n+1} \underbrace{\int_{-\pi}^{+\pi} \tilde{I}(\theta, n)\mathrm{d}\theta}_{I_n}. \tag{4.236}$$

Das Integral setzt sich nur aus Beiträgen der Winkelfunktionen $\tilde{\sigma}_{ij}, \tilde{\varepsilon}_{ij}$ und des Exponenten n zusammen und ergibt eine Konstante $I_n(n)$

$$I_n(n) = 5{,}188 + 0{,}611n - 0{,}240n^2 + 0{,}027n^3 \qquad \text{(EVZ)}. \tag{4.237}$$

Die Umstellung von (4.236) liefert den gesuchten Spannungskoeffizienten A_σ, so dass mit Hilfe des J-Wertes die Spannungen (4.230) und Verzerrungen (4.231) wie folgt angeschrieben werden können:

$$\sigma_{ij} = \sigma_0 \left[\frac{J}{\alpha\varepsilon_0\sigma_0 I_n}\frac{1}{r}\right]^{\frac{1}{n+1}} \tilde{\sigma}_{ij}(\theta, n) \tag{4.238a}$$

$$\varepsilon_{ij} = \alpha\varepsilon_0 \left[\frac{J}{\alpha\varepsilon_0\sigma_0 I_n}\frac{1}{r}\right]^{\frac{n}{n+1}} \tilde{\varepsilon}_{ij}(\theta, n) \tag{4.238b}$$

und nach Integration von ε_{ij} die Verschiebungen

$$u_i = \alpha\varepsilon_0 \left[\frac{J}{\alpha\varepsilon_0\sigma_0 I_n}\right]^{\frac{n}{n+1}} r^{\frac{1}{n+1}} \tilde{u}_i(\theta, n) \tag{4.238c}$$

Diese Beziehungen beschreiben das *HRR-Rissspitzenfeld* für ein elastisch-plastisches Material mit dem Verfestigungsexponenten $1 \leq n \leq \infty$. Das radiale Verhalten von Spannungen und Verzerrungen ist singulär bei $r \to 0$. Die »Intensität« der Rissspitzenfelder wird durch den Wert des J-Integrals quantifiziert.

Die Form des geöffneten Risses $u_2(r)$ entspricht einer Wurzelfunktion $(n+1)$-ten Grades und wird mit wachsendem n immer abgestumpfter. Die Auswertung der Rissöffnungsverschiebung δ_t aus der HRR-Lösung (4.238c) gemäß der Definition von Bild 4.35 liefert eine lineare Beziehung zum J-Integral, wobei $D_n(n)$ Werte zwischen 1,72 und 0,79 im (EVZ) annimmt

$$\delta_\mathrm{t} = (\alpha\varepsilon_0)^{1/n}\frac{D_n}{\sigma_0}J\,. \tag{4.239}$$

Die Winkelfunktionen $\tilde{\sigma}_{ij}$, $\tilde{\varepsilon}_{ij}$ und $\tilde{u}_i$ aus (4.238) wurden in [138] als FOURIER-Reihen approximiert und somit in einfach handhabbarer Form zur Verfügung gestellt.

Ergänzungsterme höherer Ordnung

Die HRR-Lösung entspricht der stärksten Singularität der elastisch-plastischen Nahfeldlösung und stellt somit eine Theorie 1. Ordnung dar. Aufgrund der Nichtlinearität ist es weitaus schwieriger als in der LEBM, sich die nächsten Glieder einer Reihenentwicklung zu beschaffen (vgl. Abschnitt 4.3.2). Andererseits hat sich gerade in der EPBM gezeigt, dass das Bruchverhalten unterschiedlicher Risskonfigurationen erheblich voneinander abweichen kann, obwohl bei allen die gleiche Intensität der HRR-Lösung besteht. Der Grund liegt in unterschiedlichen plastischen Zonen, deren Größe und Form empfindlich von der *Mehrachsigkeit* (engl. *triaxiality*) des Spannungszustandes abhängen, siehe Bild 4.41.

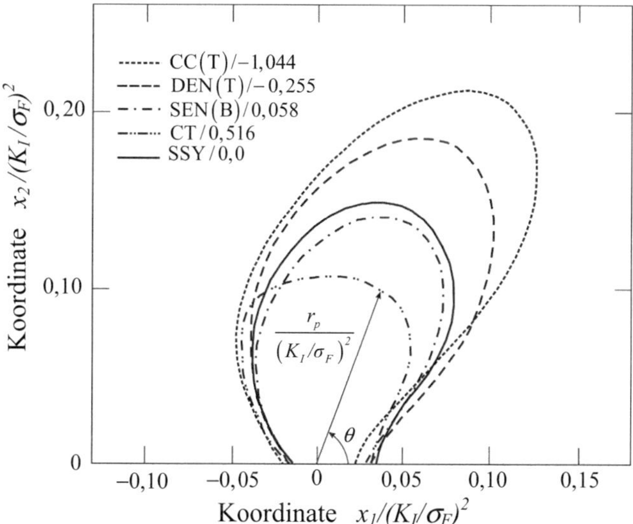

Bild 4.41 Einfluss der Mehrachsigkeit auf die Form der plastischen Zonen an der Rissspitze in verschiedenen Proben [70]. Biaxialparameter $\beta_\mathrm{T} = T_{11}\sqrt{\pi a}/K_\mathrm{I}$

Die Mehrachsigkeitszahl $\hbar$ wird üblicherweise als das Verhältnis von hydrostatischer Spannung σ^H (3.67) zur v. MISES-Vergleichsspannung σ_v (3.102) definiert:

$$\hbar = \frac{\sigma^\mathrm{H}}{\sigma_\mathrm{v}} \qquad \text{Mehrachsigkeitszahl} \tag{4.240}$$

Bereits aus der klassischen Festigkeitslehre ist bekannt, dass mit zunehmender Mehrachsigkeit die Tendenz eines Werkstoffes zum Sprödbruch wächst (HENCKY-Diagramm) [61]. Während bei spröden Werkstoffen allein das Maximum der rissöffnenden Spannung σ_{22} entscheidend ist, hat auf das Versagensverhalten duktiler

Werkstoffe die hydrostatische Spannung erheblichen Einfluss. Aus diesem Grunde ist es erforderlich, die Mehrachsigkeit des Spannungszustandes am Riss durch zusätzliche Terme gegenüber der HRR-Lösung zu quantifizieren.

Des Weiteren ist zu beachten, dass die HRR-Lösung unter der Voraussetzung infinitesimaler Deformationen hergeleitet wurde. FEM-Rechnungen von McMeeking & Parks [73] haben erstmals gezeigt, dass bei Annahme *finiter* Deformationen die Spannungen an der Rissspitze endlich bleiben, weil sich die Singularität infolge der realistisch modellierten Rissabstumpfung abbaut, wohingegen die Verzerrungen nach wie vor unendlich groß werden. Durch zahlreiche FEM-Analysen anderer Autoren wurde dieses Ergebnis bestätigt und das Nahfeld weiter untersucht. In Bild 4.42 sind die Spannungen σ_{rr} und $\sigma_{\theta\theta}$ auf der x_1-Achse vor dem Riss über dem normierten Abstand $r/(J/\sigma_0)$ nach Yuan [146] dargestellt. Die FEM-Lösung für kleine Deformationen stimmt mit dem HRR-Feld (Symbole) für $r \to 0$ gut überein. Bei großen Deformationen fallen die Spannungen unterhalb $r < 2J/\sigma_0$ stark ab, σ_{rr} muss an der Kerböffnung sogar null werden. Die Größe dieses Bereichs, wo große Deformationen merklichen Einfluss haben, korreliert verständlicher Weise mit dem CTOD-Wert $\delta_t \approx 0,5J/\sigma_0$ nach (4.239). Ab $r > 4\delta_t \approx 2J/\sigma_0$ unterscheiden sich die Resultate für große und kleine Deformationen kaum noch.

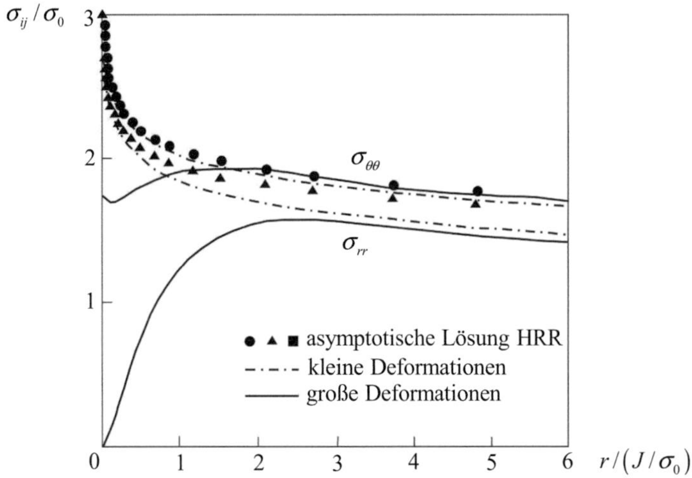

Bild 4.42 Vergleich der numerischen Rissspitzen-Lösungen bei kleinen und großen Deformationen mit dem analytischen HRR-Feld, EVZ, $n = 10$ [146]

Zur Ergänzung der HRR-Lösung und zur Berücksichtigung der Mehrachsigkeit wurden verschiedene Ansätze gemacht. Im Bereich des Kleinbereichsfließens SSY wird die plastische Zone durch die K-Faktoren und die T-*Spannungen* nach (4.60) und (4.61) kontrolliert. Bei ebenen Rissproblemen existiert nur die T_{11}-Komponente parallel zum Riss. Ihre Größe hängt von der Risskonfiguration und Belastung ab und steht in Handbüchern [38, 118] zur Verfügung. Für den Griffith-Riss unter Zugbelastung σ_{22}^∞ entspricht $\sigma_{11} = T_{11} = -\sigma_{22}^\infty < 0$ (siehe (4.6)) einer gleichgroßen Druckspannung. Im Unterschied dazu herrschen bei Biegeproben $T_{11} > 0$ Zugspannungen parallel zum Riss. Die Auswirkungen der T_{11}-Spannung auf die plastischen Zonen in unterschiedlichen Prüfkörpern trotz gleicher K_{I}-Werte zeigen die in Bild 4.41 wiedergegebenen FEM-Ergebnisse von [70, 100].

Die hydrostatische Spannung am Riss wird durch T_{11} gegenüber dem singulären K_{I}-Nahfeld (4.12) (4.60) wie folgt verändert:

$$\sigma^{\text{H}} = \frac{1}{3}\sigma_{kk} = \frac{K_{\text{I}}}{\sqrt{2\pi r}}\frac{1}{3}f_{kk}^{\text{I}}(\theta) + \frac{1}{3}T_{11}. \tag{4.241}$$

Betrachten wir den Spannungszustand (4.12) vor dem Riss ($\theta = 0$), so gilt

$$\frac{1}{3}f_{kk}^{\text{I}}(0) = \begin{cases} \frac{2}{3} & \text{ESZ} \\ \frac{2}{3}(1+\nu) & \text{EVZ} \end{cases} \tag{4.242}$$

und am Rand r_{p} der plastischen Zone (4.200) (mit $\sigma_{\text{F}} \mathrel{\widehat{=}} \sigma_0$) nimmt die Mehrachsigkeit folgende Werte an:

$$\hbar(r_{\text{p}}, 0) = \frac{\sigma^{\text{H}}}{\sigma_0} = \frac{1}{3}\frac{T_{11}}{\sigma_0} + \frac{2}{3}\begin{cases} 1 & \text{ESZ} \\ (1+\nu)/(1-2\nu) & \text{EVZ} \end{cases} \tag{4.243}$$

Aufgrund der *Dehnungsbehinderung* im EVZ ($\varepsilon_{33} = 0, \sigma_{33} > 0$) steigt die Mehrachsigkeit beachtlich, was auch als »Out-of-plane« *constraint-Effekt* bezeichnet wird. Mit T_{11} wird hingegen der »in-plane« constraint charakterisiert. Auf den T_{11}-Spannungen beruht das erweiterte Bruchmechanik-Konzept von Betegon & Hancock [8]. Im Fall großer plastischer Zonen LSY verliert die T_{11}-Spannung ihre Gültigkeit, so dass auf der Basis der Deformationsplastizität und Potenzgesetzverfestigung Erweiterungen gegenüber der HRR-Lösung gesucht wurden. Sharma & Aravas [117] fanden einen 2. Term der Nahfeldlösung in der Form

$$\frac{\sigma_{ij}(r,\theta)}{\sigma_0} = \left(\frac{J}{\alpha\varepsilon_0\sigma_0 I_n r}\right)^{\frac{1}{n+1}} \tilde{\sigma}_{ij}(\theta) + Q\left(\frac{r\sigma_0}{J}\right)^q \hat{\sigma}_{ij}(\theta)\,, \tag{4.244}$$

wobei der Exponent q (> 0) und die Winkelfunktionen $\hat{\sigma}_{ij}(\theta)$ vom Verfestigungsexponenten n abhängen. Der Faktor Q ist neben J ein zweiter geometrieabhängiger Belastungsparameter! Eine Entwicklung bis zum 3. Term [145, 83] gab keine merkliche Verbesserung und konnte auf einen zusätzlichen Parameter A_2 ähnlich Q reduziert werden. In Bild 4.43 sind die Winkelverteilungen $\sigma_{ij}(\theta)$ der Spannungen der verschiedenen Ansätze untereinander und mit FEM-Rechnungen verglichen [83]. Alle Lösungen stimmen in einem Winkelbereich $|\theta| < \pi/2$ gut überein, während das HRR-Feld um einen nahezu konstanten Betrag davon abweicht. Dieser durch detaillierte FEM-Analysen erhärtete Befund hat O'Dowd & Shih [85, 86] dazu veranlasst, eine Vereinfachung des 2. Terms einzuführen. Dabei wurde die schwache r-Abhängigkeit in (4.244) mit $q \approx 0$ konstant gesetzt und die Winkelfunktionen $\hat{\sigma}_{ij}(\theta)$ durch den Einheitstensor δ_{ij} approximiert:

$$\sigma_{ij}(r,\theta) = [\sigma_{ij}(r,\theta)]^{\mathrm{HRR}} + Q\sigma_0\delta_{ij} \qquad \text{bei } |\theta| < \pi/2. \tag{4.245}$$

Zur Bestimmung des *Q-Parameters* wurde festgelegt, die Differenz der wahren (FEM)-Spannungen zur HRR-Lösung vor dem Riss im Abstand r_0 auszuwerten:

$$Q = \frac{\sigma_{\theta\theta}^{\mathrm{FEM}} - \sigma_{\theta\theta}^{\mathrm{HRR}}}{\sigma_0} \qquad \text{bei } \theta = 0, \quad r_0 = \frac{2J}{\sigma_0} \approx 4\delta_{\mathrm{t}}. \tag{4.246}$$

Der feste Abstand $r_0 = 2J/\sigma_0$ wurde bewusst so gewählt, um den Einflussbereich der Rissabstumpfung zu verlassen. Somit würden auch FEM-Rechnungen mit infinitesimalen Deformationen zur Ermittlung von Q genügen, man vergleiche Bild 4.42. Gemäß dieser vereinfachten Definition beschreibt der *Q-Parameter* eine mittlere hydrostatische Spannung (bezogen auf die Fließspannung σ_0) vor der Rissspitze, um die sich der Spannungszustand in einer realen Risskonfiguration vom HRR-Feld in 1. Näherung unterscheidet. Q charakterisiert damit die geometrie- und lastabhängige Mehrachsigkeit des Spannungszustandes in bruchmechanischen Prüfkörpern und Bauteilen unter großen plastischen Zonen. Einsetzen von $r_0 = 2J/\sigma_0$ in die HRR-Lösung macht nochmals deutlich, dass der dimensionslose Parameter Q unmittelbar die Veränderung von $\hbar$ nach (4.240) angibt:

$$\hbar(r_0, 0) = \frac{\sigma^{\mathrm{H}}}{\sigma_0} = \frac{1}{3}\left(\frac{1}{2\alpha\varepsilon_0 I_n}\right)^{\frac{1}{n+1}} \tilde{\sigma}_{kk}(0) + Q. \tag{4.247}$$

Basierend auf diesen Analysen wurde in den USA ein zähbruchmechanisches Bewertungskonzept unter Anwendung der zwei Beanspruchungsparameter J und Q von Shih, O'Dowd, Dodds und Anderson [25, 26, 63, 86] entwickelt. Weiterführende Literatur zu dieser Thematik findet man in [11, 146].

4.3.7 Das J-Integral-Konzept

J als Bruchkenngröße

Das *J-Integral* bietet geeignete Voraussetzungen zur Formulierung eines Bruchkriteriums im Rahmen der elastisch-plastischen Bruchmechanik (EPBM). Nach Abschnitt 4.3.6 beschreibt die Größe J die Intensität des Rissspitzenfeldes in einem (mit variablen Exponenten) verfestigenden elastisch-plastischen Material im Inneren der plastischen Zone. Alle Spannungen, Verzerrungen und Verschiebungen sind nach (4.238) durch die HRR-Lösung festgelegt und proportional zum J-Wert. Damit wird durch den Parameter J der mechanische Beanspruchungszustand an der Rissspitze kontrolliert, unter dem die mikromechanischen Versagensvorgänge

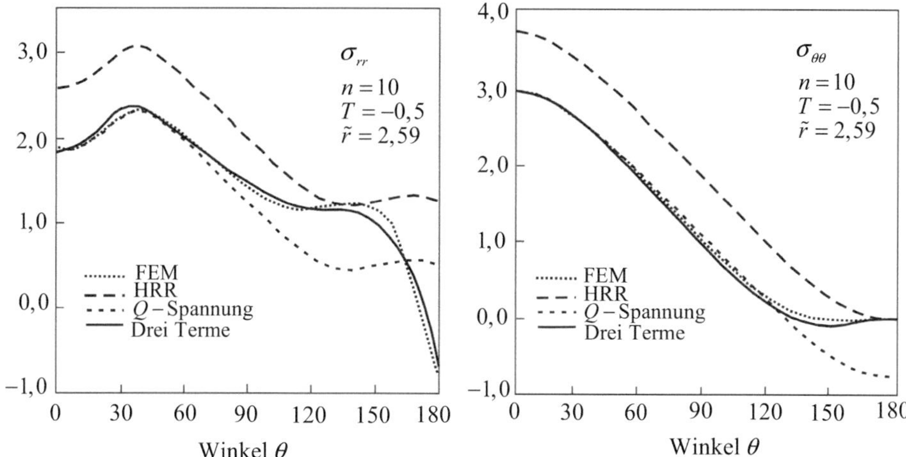

Bild 4.43 Vergleich der Ergänzungsterme höherer Ordnung mit dem analytischen HRR-Feld, EVZ, $n = 10, \hbar = -0,5$ [83]

in der Bruchprozesszone ablaufen. Die Kenngröße J spielt somit in der EPBM eine vergleichbare Rolle wie der Spannungsintensitätsfaktor K_{I} in der LEBM. Eine notwendige Bedingung dafür ist wiederum, dass das HRR-Feld in einem ausreichend großen Bereich mit dem Radius r_J um die Rissspitze dominiert. Damit können alle Erscheinungen, die von der plastischen Deformationstheorie nicht wiedergegeben werden, wie große Verzerrungen, lokale Entlastungen oder physikalische Bruchmechanismen, in eine kleine »Prozesszone« der Größe $r_B \ll r_J$ verbannt werden. Außerhalb des Radius r_J gewinnen höhere Terme der plastischen Rissfelder an Bedeutung und in noch größerer Entfernung werden die Einflüsse der Körperbegrenzungen und Randbedingungen auf das plastische Verhalten wirksam. Von daher besteht die obere Schranke $r_J \ll a,\ B,\ (w - a)$.

Weitaus gravierendere Einschränkungen für die Verwendbarkeit von J als Bruchkriterium entspringen seiner werkstoffmechanischen Grundlage – der plastischen Deformationstheorie. Auf die Anwendungsgrenzen der Deformationstheorie zur Beschreibung realer plastischer Fließprozesse wird im Abschnitt 3.4.2 hingewiesen. Demnach verliert das J-Integral streng genommen seine Gültigkeit, wenn die Belastung nicht monoton auf proportionalen Belastungspfaden ansteigt. Eine Umlagerung des Spannungszustandes oder erst recht eine Entlastung führen zum Verlust der Wegunabhängigkeit und Eindeutigkeit von J. Zumindest lokale Entlastungsvorgänge treten an der Rissspitze bei Risswachstum oder wechselnder Belastung immer auf, weshalb die Anwendung des J-Konzeptes auf stationäre Risse unter monotoner Belastung begrenzt werden muss. Unter diesen Voraussetzungen wirkt sich eine Abweichung zur strengen Lastproportionalität kaum auf die Wegunabhängigkeit von J aus, was durch zahlreiche FEM-Analysen von Risskonfigurationen mit der plastischen Fließtheorie nachgewiesen wurde.

Das *J-Integral-Konzept* als Bruchkriterium der EPBM:

- Für stationäre Risse unter monotoner Belastung stellt J eine bewährte bruchmechanische Kenngröße dar, die den Beanspruchungszustand an der Rissspitze in elastisch-plastischen Materialien quantitativ beschreibt.
- Erreicht die Beanspruchung im Rissspitzenbereich einen kritischen materialspezifischen Wert J_{Ic}, dann setzt Rissinitiierung ein. Das Bruchkriterium lautet

$$J = J_{\mathrm{Ic}} \,. \tag{4.248}$$

Bei (nichtlinearem) elastischem Materialverhalten ist das J-Integral mit der potenziellen Energiefreisetzungsrate identisch, vgl. Abschnitt 4.2.6. Theoretisch trifft das für die plastische Deformationstheorie zwar auch zu, praktisch ist jedoch der Anteil der plastischen Formänderungsarbeit dissipiert und steht nicht mehr als risstreibende Energie zur Verfügung. Damit verliert J seine energetische Interpretation und Bedeutung in der EPBM.

Wie kommt man nun zum Wert des Beanspruchungsparameters J für eine gegebene Risskonfiguration als Funktion des Belastungsverlaufs und des speziellen elastisch-plastischen Materialgesetzes? Abgesehen von einfachsten Geometrien und Abschätzungen auf der Basis ideal-plastischer Traglastlösungen ist dafür der Einsatz numerischer Berechnungsverfahren, vor allem der FEM, unverzichtbar, worauf ausführlich in Kapitel 9 eingegangen wird. Teilweise stehen auch schon tabellierte Handbücher [66] zur Verfügung. Der wesentliche Vorteil der numerischen Berechnungsmethoden besteht darin, dass die eigentliche Definition von J als Linienintegral (4.100) verwendet werden kann, siehe Kapitel 7.

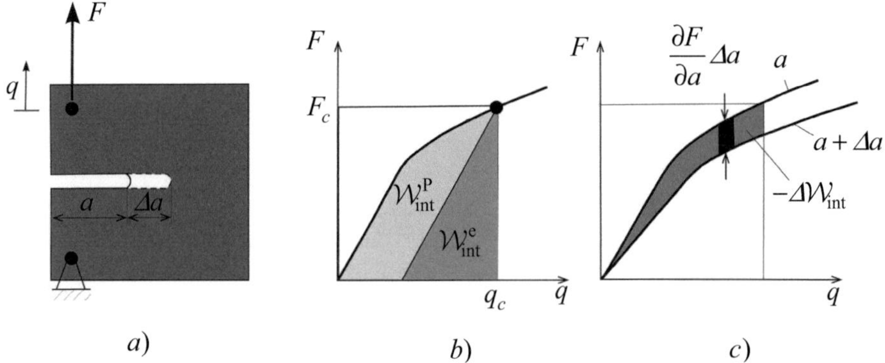

Bild 4.44 Zur experimentellen Ermittlung von J_{Ic} nach der Ein- und Mehrprobenmethode

Experimentelle Ermittlung der Bruchzähigkeit J_{Ic}

Zur Bestimmung des kritischen Werkstoffkennwertes J_{Ic} bei duktilem Bruch benutzt man die gleichen bruchmechanischen Prüfkörper wie für die Ermittlung von K_{Ic} in der LEBM, siehe Bild 4.12. Die Prüfmethodik und Auswertung unterliegt standardisierten Vorschriften [3, 35, 60]. Bei monotoner Belastung wird die Kraft-Verschiebungs-Kurve F-q des Kraftangriffspunktes der Probe aufgenommen, die aufgrund der großen Plastifizierung stark nichtlinear ist. Bild 4.44 zeigt dies schematisch am Beispiel einer CT-Probe. Am Punkt (F_{c}, q_{c}), wo die Rissinitiierung einsetzt, ist an der Rissspitze $J = J_{\mathrm{Ic}}$ erreicht. Weil dieser Punkt experimentell nicht so einfach feststellbar ist, erlaubt man noch einen gewissen Bereich stabilen duktilen Risswachstums und nimmt dabei eine *duktile Risswiderstandskurve* $J_{\mathrm{R}}(\Delta a)$ auf.

Zur Auswertung des Versuchs benötigt man den Zusammenhang zwischen der Kraft-Verschiebungs-Kurve und dem Wert von J. Dazu machen wir von der energetischen Bedeutung des J-Integrals im Rahmen der Deformationsplastizität Gebrauch. Die Fläche unter der F-q-Kurve entspricht der äußeren Arbeit $\mathcal{W}_{\mathrm{ext}}$ an der Probe, die in Formänderungsarbeit $\mathcal{W}_{\mathrm{int}}$ umgesetzt wurde und im Modell potenzielle Energie Π_{int} darstellt:

$$\Pi_{\mathrm{int}}(q, a) = \mathcal{W}_{\mathrm{int}}(q, a) = \int_0^q F(\bar{q}, a)\mathrm{d}\bar{q}. \tag{4.249}$$

Diese Energie ist eine Funktion der Risslänge a und unter Voraussetzung festgehaltener Verschiebungen ($q = \mathrm{const.}$) leistet die Kraft F keine Arbeit bei einer Veränderung der Risslänge um $\mathrm{d}a$ ($\mathrm{d}\Pi_{\mathrm{ext}} = 0$). Dann führt die Energiefreisetzungsrate auf

$$J = -\frac{\mathrm{d}\Pi}{\mathrm{d}a} = -\left.\frac{\partial \Pi_{\mathrm{int}}}{\partial a}\right|_q = -\int_0^q \left.\frac{\partial F(\bar{q}, a)}{\partial a}\right|_{\bar{q}} \mathrm{d}\bar{q}\,. \tag{4.250}$$

Dieses Integral beschreibt die freigesetzte innere Energie bei Rissverlängerung und entspricht dem in Bild 4.44c gezeigten Flächeninhalt zwischen zwei Kraft-Verschiebungs-Kurven für die Risslängen a und $a + \Delta a$. Es ist das nichtlineare Pendant zur Dreiecksfläche in Bild 4.14. Bei einem realen elastisch-plastischen Material kommt es erstens bei Rissausbreitung zu Entlastungen und zweitens enthält die Formänderungsarbeit dissipative plastische Anteile – die also *nicht* als »potenzielle rissantreibende Energie« zur Verfügung stehen ($\mathcal{W}_{\mathrm{int}} \neq \Pi_{\mathrm{int}}$). Deshalb darf die Beziehung (4.249) nur als Differenz der Formänderungsarbeiten $\Delta\mathcal{W}_{\mathrm{int}}$ zweier identischer Proben interpretiert werden, die mit unterschiedlichen Ausgangsrisslängen a und $a + \Delta a$ monoton belastet werden.

Auf dieser Idee beruht das ursprüngliche Verfahren [5] zur Ermittlung von J_{Ic}. Anhand einer Versuchsreihe mit Proben unterschiedlicher Risslängen a_j müssen die Differenzflächen der Kraft-Verformungs-Kurven $F(q, a_j)$ als Funktion der Verformungen q ermittelt werden. Aus der Funktion $J(q, a_j)$ gewinnt man die *Bruchzähigkeit* J_{Ic} durch Einsetzen der kritischen Werte bei Rissinitiierung. Diese so genannte

»Mehrprobenmethode« hat sich aufgrund des hohen experimentellen Aufwandes nicht durchgesetzt.

Statt dessen wurden alternative Methoden entwickelt, bei denen die Versuchsergebnisse an *einer einzigen* Probe zur $J_{\rm Ic}$-Bestimmung ausreichen [103]. Dem liegt die Idee zugrunde, eine Korrelation zwischen J und der Formänderungsarbeit $\mathcal{W}_{\rm int}$ selbst (Fläche unter der F-q-Kurve in Bild 4.44b) herzustellen.

Mit Hilfe umfangreicher analytischer und numerischer Berechnungen ist es gelungen, Auswerteformeln für den elastischen $J_{\rm e}$ und plastischen $J_{\rm p}$ Anteil des J-Integrals auszuarbeiten:

$$J = J_{\rm e} + J_{\rm p} = \frac{K_{\rm I}^2(F,a)}{E'} + \frac{\eta}{B(w-a)} \int\limits_0^{q_{\rm p}} F(\bar{q}_{\rm p}, a)\, {\rm d}\bar{q}_{\rm p}\,. \qquad (4.251)$$

Die beiden Terme entsprechen der elastischen bzw. plastischen Formänderungsarbeit $\mathcal{W}_{\rm int}^{\rm e}$ und $\mathcal{W}_{\rm int}^{\rm p}$, bezogen auf die Querschnittsfläche $B(w-a)$ des Ligamentes, siehe Bild 4.44b. Sie werden aus den reversiblen $q_{\rm e}$ und irreversiblen $q_{\rm p}$ Verformungswegen des Lastangriffspunktes bestimmt. Damit kann $J_{\rm Ic}$ in einfacher Weise aus einem Versuch gewonnen werden, indem man (4.251) am Initiierungspunkt $(F_{\rm c}, a)$ auswertet. Beziehungen der Form (4.251) lassen sich prinzipiell für die meisten Prüfkörper und Bauteile finden. Neben der K-Faktor-Lösung benötigt man zusätzlich die geometrie- und verfestigungsabhängige Korrekturfunktion $\eta(a/w, n)$. Die Funktionen η wurden inzwischen durch umfangreiche elastisch-plastische FEM-Rechnungen für die wichtigsten Probengeometrien berechnet und bilden die Grundlage für standardisierte $J_{\rm Ic}$-Auswertungen [3, 35, 60].

Ähnlich wie in der LEBM müssen bei der $J_{\rm Ic}$-Ermittlung bestimmte Größenrelationen eingehalten werden, damit das J-kontrollierte Nahfeld (ausgedrückt in $\delta_{\rm tc} \sim J_{\rm Ic}/\sigma_{\rm F}$) klein gegenüber allen Abmessungen der Prüfkörper bleibt und die Versuche geometrieunabhängige Materialkennwerte liefern:

$$B,\ (w-a) \geq 25 J_{\rm Ic}/\sigma_{\rm F}. \qquad (4.252)$$

In der Praxis bedeutet das eine Reduzierung der Probengrößen um 1–2 Größenordnungen gegenüber den Vorgaben (4.202) beim $K_{\rm Ic}$-Versuch. Zum Abschluss muss nochmals deutlich darauf hingewiesen werden, dass die Berechtigung von J in der EPBM einzig und allein auf seiner Bedeutung als Intensitätsparameter beruht und nicht auf einer energetischen Aussage, obwohl die experimentellen Bestimmungsmethoden diesen Anschein erwecken!

Engineering Approach nach EPRI

Beim *Engineering Approach* handelt es sich um ein ingenieurmäßiges Konzept zur praktischen Anwendung der EPBM auf rissbehaftete Bauteile, dass am Electric Power Research Institute in den USA entwickelt wurde [66]. Das Konzept beruht auf dem J-Integral als Bruchkenngröße. Die Werkstoffkennwerte werden aus den

J_{Ic}-Prüfstandards wie im vorangegangenen Abschnitt dargelegt übernommen. Der wesentliche Fortschritt besteht in der Bereitstellung von J als Beanspruchungskenngröße in einer vereinfachten, für alle Anwender verfügbaren Form und eines darauf aufbauenden Bewertungskonzeptes. Hintergrund ist, dass numerische FEM-Analysen erstens nicht für jederman durchführbar sind und zweitens nach wie vor einen erheblichen Zeit- und Kostenaufwand bedeuten.

Deshalb wurde ein Katalog von Lösungen für zahlreiche wichtige Risskonfigurationen unter vollplastischen Bedingungen zusammengestellt. Diese Handbuch-Lösungen wurden durch systematische FEM-Rechnungen unter der vereinfachenden Annahme der Deformationsplastizität mit Potenzgesetz-Verfestigung nach (4.224) erzeugt. Das bietet den Vorteil, dass sich die (nichtlinear-elastischen) Lösungen bezüglich der Belastung parametrisieren lassen, also nur *eine* vollplastische Lösung anstatt der gesamten Lastgeschichte notwendig ist. Wenn P einen globalen Lastparameter (Kraft, Moment, Flächenlasten, ...) bei monotoner Belastung bezeichnet, so ergeben sich die dazugehörigen Spannungs- und Verzerrungsfelder durch folgende Skalierung:

$$\sigma_{ij}(P) = \frac{P}{P_L}\sigma^*_{ij}(P_L)\,, \quad \varepsilon_{ij}(P) = \left(\frac{P}{P_L}\right)^n \varepsilon^*_{ij}(P_L). \tag{4.253}$$

Dabei sind σ^*_{ij} und ε^*_{ij} die Referenzlösungen bei Erreichen der plastischen Grenzlast P_L. Unter Verwendung von (4.238a) skaliert sich das J-Integral demnach zu:

$$J(P) = \alpha\varepsilon_0\sigma_0 I_n r \left(\frac{\sigma_{ij}}{\sigma_0}\right)^{n+1} \tilde{\sigma}^{n+1}_{ij}(\theta;n) = \left(\frac{P}{P_L}\right)^{n+1} J^*(P_L). \tag{4.254}$$

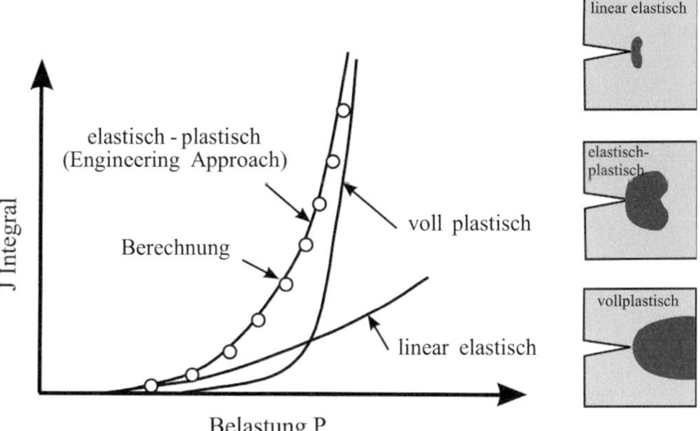

Bild 4.45 J-Abschätzung nach dem Engineering Approach

Auf diese Weise wurden für einschlägige Risskonfigurationen der plastische J-Integral-Anteil J_{p} und die globale Verformungsgröße q_{p} berechnet und katalogisiert

[66], wobei die Funktionen h_i das geometrie- und verfestigungsabhängige Ergebnis darstellen:

$$J_{\mathrm{p}} = \alpha\varepsilon_0 b\, h_1\left(\frac{a}{w}, n\right)\left(\frac{P}{P_L}\right)^{n+1}, \quad q_{\mathrm{p}} = \alpha\varepsilon_0 a\, h_2\left(\frac{a}{w}, n\right)\left(\frac{P}{P_L}\right)^{n} \tag{4.255}$$

Der elastische Anteil J_{e} wird wie in (4.251) aus dem K_{I}-Faktor der Risskonfiguration $K_{\mathrm{I}}(P, a) \sim \sqrt{a} P g(a/w)$ mit der tabellierten Geometriefunktion g berechnet

$$J_{\mathrm{e}} = \varepsilon_0\sigma_0 a\left(\frac{P}{P_L}\right)^2 g^2\left(\frac{a}{w}\right). \tag{4.256}$$

Unter Benutzung der IRWINschen plastischen Risslängenkorrektur a_{eff} (4.200) gewinnt man das J-Integral aus der Überlagerung von elastischem und plastischem Anteil

$$J\left(\frac{P}{P_L}, \frac{a}{w}, n\right) = J_{\mathrm{e}}(a_{\mathrm{eff}}) + J_{\mathrm{p}}\left(\frac{a}{w}, n\right). \tag{4.257}$$

Bild 4.45 veranschaulicht noch einmal grafisch, dass die Superposition von elastischer und vollplastischer Lösung nach dem Engineering Approach J-Werte liefert, die sehr gut mit vollwertigen elastisch-plastischen FEM-Rechnungen übereinstimmen.

4.3.8 Duktile Rissausbreitung

Risswiderstandskurven

Die meisten duktilen Werkstoffe versagen aufgrund ihrer hohen Zähigkeit nicht spontan beim kritischen J_{Ic}-Wert, sondern entwickeln nach der Risseinleitung einen beträchtlichen Widerstand gegen Rissausbreitung, d. h. das anschließende stabile duktile Risswachstum kann nur durch Steigerung der Belastung erreicht werden. Im Experiment beobachtet man dann typischerweise eine duktile *Risswiderstandskurve*

$$J = J_{\mathrm{R}}(\Delta a), \tag{4.258}$$

siehe Bild 4.46. In der Anfangsphase verläuft die J_{R}-Kurve recht steil und nahezu linear. Mit der Rissabstumpfung ist ein geringfügiges Risswachstum verbunden, welches durch die so genannte »blunting line« (Abstumpfungsgerade) beschrieben wird. Unterstellt man eine kreisförmige Ausrundung durch plastische Deformationen (Bild 4.35), so beträgt $\Delta a \sim \delta_{\mathrm{t}}/2$, woraus mit (4.239) eine lineare Beziehung zum J-Integral folgt:

$$J(\Delta a) \approx 2\sigma_{\mathrm{F}}\Delta a \qquad \textit{blunting line}. \tag{4.259}$$

Mit steigender Belastung kommt es bei J_i zur eigentlichen physikalischen Rissinitiierung, d. h. dem Aufreißen vor dem abgestumpften Riss. Dieser Punkt lässt sich messtechnisch nur schwer erfassen. Deshalb benötigt man zur Definition der Rissinitiierung ein Mindestmaß an Risswachstum (z. B. $\Delta a = 0{,}2\,\mathrm{mm}$) und legt den technischen Wert J_Ic durch den Schnittpunkt der $J_\mathrm{R}(\Delta a)$-Kurve mit der parallel verschobenen blunting line, siehe Bild 4.46. Diese pragmatische Festlegung hat Ähnlichkeit mit der R_p02-Definition der Streckgrenze. Oberhalb $J > J_\mathrm{Ic}$ stellt sich dann eine ausgeprägte Risswiderstandskurve ein. Sie wird nach ASTM-Standard [3] einfach als Potenzgesetz $J = C_1(\Delta a)^{C_2}$ gefittet und mit der versetzten blunting line zum Schnitt gebracht. Um im laufenden Versuch die momentane Risslänge $a = a_0 + \Delta a$ in der Probe zu bestimmen, wurden verschiedene Messtechniken entwickelt (Teilentlastungsverfahren, Gleichstrom-Potenzialsonde). Die J-Auswertung geschieht nach (4.251) aus der Formänderungsarbeit bis zum aktuellen Lastniveau, bezogen auf die Ligamentfläche.

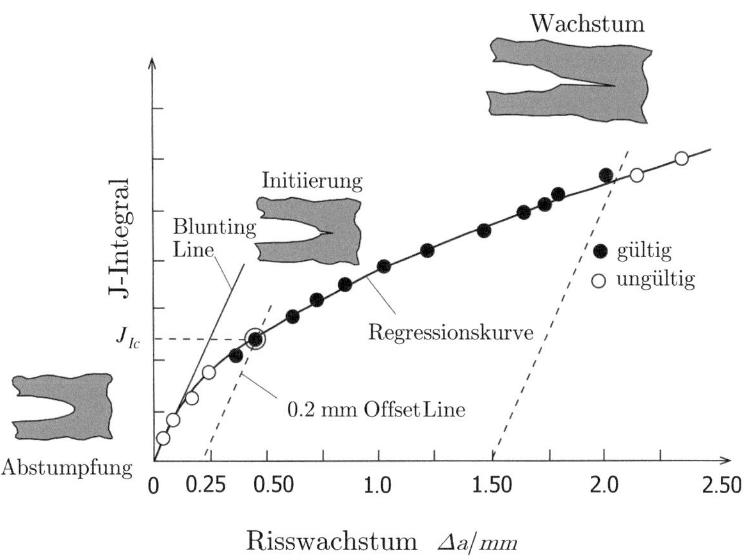

Bild 4.46 Darstellung der duktilen Risswiderstandskurve

Da während der stabilen Rissausbreitung immer das Bruchkriterium erfüllt wird, sollte die duktile Risswiderstandskurve $J = J_\mathrm{R}(\Delta a)$ eigentlich eine materialspezifische Kennlinie sein. Leider gilt diese Aussage nur mit Einschränkungen:

Erstens wissen wir, dass bei Risswachstum Bereiche der plastischen Zone hinter der Rissspitze entlastet werden und das Gebiet vor der Rissspitze eine nichtproportionale Belastung durchwandert, womit das J-Integral seine Berechtigung als Bruchkenngröße einbüßt. Damit das Risswachstum dennoch J-kontrolliert bleibt, müssen die Bereiche elastischer Entlastung und nichtproportionaler plastischer Belastung – also das Rissinkrement Δa selbst – in die Zone der J-Dominanz $\Delta a < r < r_\mathrm{J}$ eingebettet sein. Unter SSY-Bedingungen wird die plastische Zone von K_{I} und gleichwertig dazu auch von J kontrolliert, so dass in diesem Fall die $J_{\mathrm{R}}(\Delta a)$-Kurve eine geometrieunabhängige Materialkennlinie darstellt. Allerdings ist die SSY-Voraussetzung nur selten bei üblichen Probengrößen und duktilen Werkstoffen erfüllt. Im LSY-Bereich hat man versucht, aus der HRR-Lösung die Bedingungen für J-kontrolliertes Risswachstum abzuschätzen [55]. Damit ein Punkt in der Rissspitzenumgebung eine proportionale Spannungserhöhung erfährt, muss der Einfluss des Zuwachses von $\mathrm{d}J$ gegenüber dem entlastenden Term infolge Rissausbreitung $\mathrm{d}a$ vorherrschen. Das führt auf die Bedingung $\mathrm{d}J/J \gg \mathrm{d}a/r$, woraus sich für vollplastifizierte Proben $r \approx w - a$ die eingrenzende Relation

$$\frac{w-a}{J}\frac{\mathrm{d}J}{\mathrm{d}a} = \varpi \gg 1 \tag{4.260}$$

ergibt. Durch FEM-Analysen [120] wurde herausgefunden, dass in Proben mit vorwiegend Biegebeanspruchung ein J-kontrolliertes Risswachstum Δa bis zu 6 % des Ligamentes $(w - a)$ erlaubt ist $(\varpi = 10)$. In den Prüfvorschriften für J_{R}-Kurven wird aus diesen Gründen der zulässige Auswertebereich auf eine maximale Rissausbreitung von $\Delta a_{\max} \leq 0{,}10(w - a)$ begrenzt, siehe Bild 4.46.

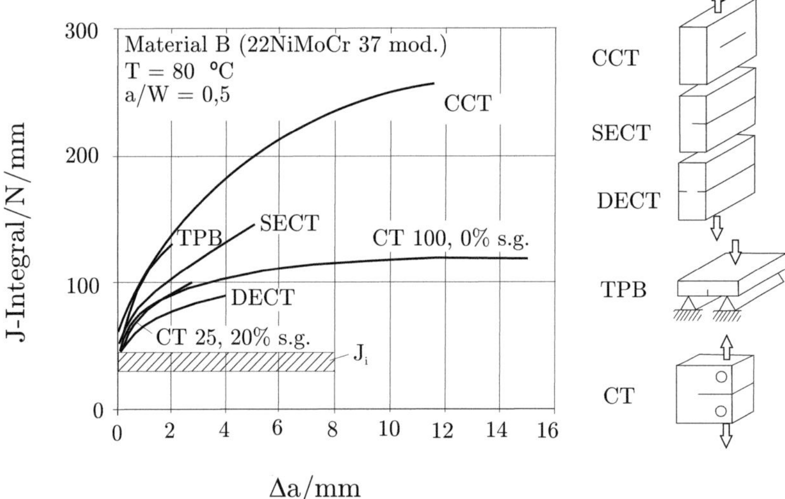

Bild 4.47 Risswiderstandskurven und Rissinitiierungswerte für unterschiedliche Probengeometrien des Stahls 22NiMoCr37 [69]

Zweitens hat sich herausgestellt, dass die Risswiderstandskurven stark von der Geometrie (Form, Dicke, Risstiefe) der Proben abhängen, womit sie ihren Sinn als Materialkennlinien verlieren. Gleichermaßen ist damit auch die Übertragbarkeit auf Risse in Bauteilen in Frage gestellt. Bild 4.47 repräsentiert $J_{\mathrm{R}}(\Delta a)$-Kurven desselben Werkstoffs. Der Rissinitiierungswert J_{i} ist bei allen Proben gleich, danach unterscheiden sich die Anstiege $\mathrm{d}J/\mathrm{d}a$ der Kurven erheblich. Deshalb wurde vorgeschlagen, den physikalischen Initiierungswert $J_{\rm i}$ als verbindlichen Werkstoffkennwert zu verwenden, was jedoch eine sehr konservative Sicherheitsbewertung zur Folge hätte, welche die Reserven des ansteigenden Risswiderstandes unberücksichtigt lässt. Die Ursachen für die Geometrieabhängigkeit der Risswiderstandskurven liegen im Einfluss der *Mehrachsigkeit* $\hbar$ des Spannungszustandes begründet. Je größer die Mehrachsigkeit ist, desto flacher verlaufen die $J_{\rm R}$-Kurven, d. h. der duktile Bruch wird unterstützt. Bei hoher Mehrachsigkeit steht vom Zufluss der äußeren Arbeit (J-Wert) in die Struktur mehr potenzielle elastische Energie $\mathcal{W}^{\rm e}_{\rm int}$ zur Verfügung als bei geringer Mehrachsigkeit, wo ein relativ großer Anteil durch plastische Formänderungsarbeit $\mathcal{W}^{\rm p}_{\rm int}$ verbraucht wird. Zusätzlich begünstigt eine hohe Mehrachsigkeit den Mechanismus des duktilen Wabenbruchs auf der Werkstoffseite, was den Bruchwiderstand reduziert. Im Grunde benötigte man für jeden Werkstoff eine ganze Schar von Risswiderstandskurven $J_{\rm R}(\Delta a, \hbar)$, die als Funktion von $\hbar$ aufzunehmen wären. Dann kann das duktile Risswachstum in einer anderen Struktur vorausberechnet werden, wenn man neben der Beanspruchung J noch den dort auftretenden Wert $\hbar$ der Mehrachsigkeit kennt und die zugehörige $J_{\rm R}$-Kurve auswählt. Da sich aufgrund unterschiedlicher Dehnungsbehinderung die Mehrachsigkeit entlang der Rissfront verändert, muss diese Methodik der angepassten Risswiderstandskurve somit lokal eingesetzt werden. Auf diese Weise konnten durch FEM-Rechnungen sehr gute Prognosen über die Ausbreitung eines halbelliptischen Oberflächenrisses in einer Zugprobe aus duktilem Stahl bei monotoner Belastung erzielt werden [65].

Im Abschnitt 4.3.6 wurden die T- und Q-Spannungen als Ergänzungsterme zu den elastisch-plastischen Rissspitzenfeldern vorgestellt. Sie beeinflussen maßgeblich die Mehrachsigkeit des lokalen Spannungszustandes über die Beziehungen (4.243) (4.247) und besitzen somit ähnliche Bedeutung für die Risswiderstandskurven wie $\hbar$ selbst. Es ist deshalb eine vordringliche Aufgabe der numerischen Analysen, diese beiden Parameter in effizienter Weise für eine gegebene Risskonfiguration zu bestimmen.

Nahfeldlösungen bei stationärer Rissausbreitung

Für einen Riss, der sich mit konstanter Geschwindigkeit $\dot{a}$ quasistatisch in einem ideal-plastischen Material ausbreitet, wurden die asymptotischen Spannungs- und Verzerrungsfelder von SLEPYAN [125] (TRESCAsche Fließbedingung, EVZ), DRUGAN, RICE & SHAM [28], sowie von CASTANEDA [18] (V.-MISESsche Fließbedingung, ESZ) gefunden. Die mit der Gleitlinientheorie erhaltenen Lösungen für Modus I und II unterteilen sich ähnlich wie beim ruhenden Riss (Bilder 4.37 und 4.38) in verschiedene Sektoren. Während die Spannungen überall beschränkt bleiben, weisen die Gleitungen im zentralen Sektor B eine logarithmische Singularität für $r \to 0$ auf (Normierungslänge $R \approx$ plastische Zone):

$$\varepsilon_{r\theta}(r, \theta) = \frac{2(1-\nu^2)\sigma_{\rm F}}{\sqrt{3}E} \ln \frac{R}{r} \tilde{\varepsilon}_{r\theta}(\theta). \tag{4.261}$$

Unter SSY-Bedingungen folgt aus der Lösung eine Ratenbeziehung zwischen der Rissöffnungsverschiebung $\dot{\delta}_{\mathrm{t}}$, der Fernfeldbelastung $\dot{J}$ und der Rissgeschwindigkeit $\dot{a}$ mit den Konstanten c_1 und c_2

$$\dot{\delta}_{\mathrm{t}} = c_1 \frac{\dot{J}}{\sigma_{\mathrm{F}}} + c_2 \frac{\sigma_{\mathrm{F}}}{E} \dot{a} \ln(\frac{R}{r}) \,. \tag{4.262}$$

Die Integration liefert bei stationären Verhältnissen am bewegten Riss eine Rissöffnungsverschiebung, die proportional dem Abstand r zur Rissspitze ist. Die Rissufer verlaufen somit geradlinig unter dem *Rissspitzenöffnungswinkel* $\gamma_{\mathrm{t}} = \mathrm{CTOA}$ (engl. *crack tip opening angle*), wie es Bild 4.35 zeigt:

$$\frac{\delta_{\mathrm{t}}}{r} = \frac{c_1}{\sigma_{\mathrm{F}}} \frac{\mathrm{d}J}{\mathrm{d}a} + \frac{c_2 \sigma_{\mathrm{F}}}{E} \ln(\mathrm{e}\frac{R}{r}) = \tan \gamma_{\mathrm{t}} . \tag{4.263}$$

In Experimenten mit größerem duktilen Risswachstum stellt sich ein konstanter Winkel $\mathrm{CTOA_c}$ ein, weshalb folgendes Rissausbreitungskriterium vorgeschlagen wurde

$$\arctan \frac{\delta_{\mathrm{tc}}}{r_{\mathrm{t}}} = \mathrm{CTOA_c} = \mathrm{const} \,. \tag{4.264}$$

Energetische Betrachtungen

Die Energiebilanz bei duktiler Rissausbreitung $a(t)$ soll am zweidimensionalen Rissproblem untersucht werden. Wir nehmen an, dass sich an der Rissspitze eine Bruchprozesszone A_{B} ausgebildet hat und mit ihr bewegt. Die Prozesszone besitzt eine werkstofftypische Form und Struktur. $\dot{\mathcal{W}}_{\mathrm{ext}}$ bezeichnet die Leistung der äußeren Lasten $\bar{t}_i$ auf dem Körperrand S_t (zur Vereinfachung sei $\bar{b}_i = 0$), die in innere Energie $\mathcal{W}_{\mathrm{int}}$ umgewandelt wird und den Energieverbrauch $\mathcal{D}$ in der Prozesszone speist, siehe Bild 4.48 links.

$$\dot{\mathcal{W}}_{\mathrm{ext}} = \int_{S_t} \bar{t}_i \dot{u}_i \, \mathrm{d}s \tag{4.265}$$

Im Unterschied zur LEBM (Abschnitt 4.2.5) setzt sich die innere Energie (4.71) aus elastischer und plastischer Formänderungsarbeit $\mathcal{W}_{\mathrm{int}}^{\mathrm{e}}$ und $\mathcal{W}_{\mathrm{int}}^{\mathrm{p}}$ zusammen:

$$\mathcal{W}_{\mathrm{int}} = \mathcal{W}_{\mathrm{int}}^{\mathrm{e}} + \mathcal{W}_{\mathrm{int}}^{\mathrm{p}} = \int_V (U^{\mathrm{e}} + U^{\mathrm{p}}) \, \mathrm{d}V \,, \quad U^{\mathrm{e}} + U^{\mathrm{p}} = \int_0^{\varepsilon_{kl}^{\mathrm{e}}} \sigma_{ij} \, \mathrm{d}\varepsilon_{ij}^{\mathrm{e}} + \int_0^{\varepsilon_{kl}^{\mathrm{p}}} \sigma_{ij} \, \mathrm{d}\varepsilon_{ij}^{\mathrm{p}} . \tag{4.266}$$

Da die plastische Arbeit $\mathcal{W}_{\mathrm{int}}^{\mathrm{p}}$ als Wärme oder Strukturbildung dissipiert wird, steht für Rissausbreitung nur die potenzielle Energie des elastischen Anteils $\mathcal{W}_{\mathrm{int}}^{\mathrm{e}}$

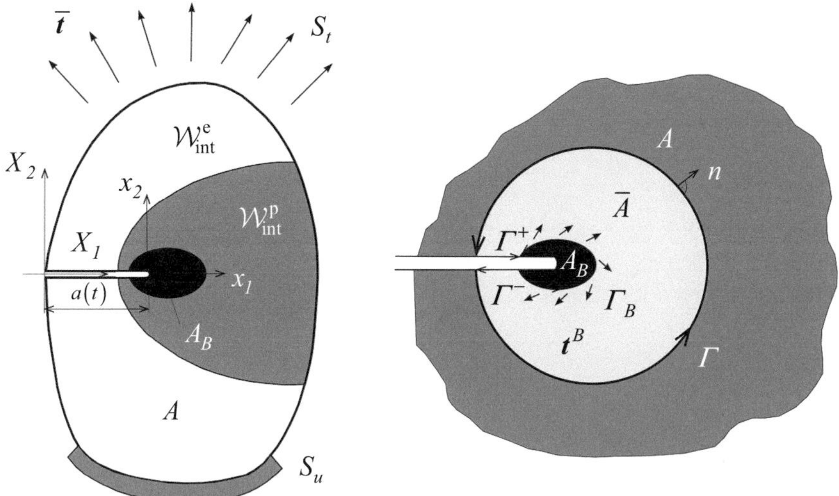

Bild 4.48 Zur Energiebilanz bei duktilem Risswachstum

zur Verfügung. Somit lautet die globale Energiebilanz bei Rissausbreitung pro Zeit t bzw. Rissfortschritt $\mathrm{d}a = \dot{a}\,\mathrm{d}t$:

$$\dot{\mathcal{W}}_{\text{ext}} = \dot{\mathcal{W}}^{\text{e}}_{\text{int}} + \dot{\mathcal{W}}^{\text{p}}_{\text{int}} + \dot{\mathcal{D}}. \tag{4.267}$$

Bringt man alle potenziellen Energieanteile $\dot{\Pi}_{\text{ext}} = -\dot{\mathcal{W}}_{\text{ext}}$ und $\dot{\Pi}_{\text{int}} = \dot{\mathcal{W}}^{\text{e}}_{\text{int}}$ auf die linke Seite, so erhält man die Erweiterung der GRIFFITHschen Energiefreisetzungsrate (4.76) auf duktilen Bruch:

$$G = -\frac{\mathrm{d}\Pi}{\mathrm{d}a} = \frac{\mathrm{d}\mathcal{W}_{\text{ext}}}{\mathrm{d}a} - \frac{\mathrm{d}\mathcal{W}^{\text{e}}_{\text{int}}}{\mathrm{d}a} = \frac{\mathrm{d}\mathcal{W}^{\text{p}}_{\text{int}}}{\mathrm{d}a} + \frac{\mathrm{d}\mathcal{D}}{\mathrm{d}a} \tag{4.268}$$

Die freigesetzte potenzielle Energie G steht also nicht allein für die Materialtrennung als spezifische Bruchenergie $\mathrm{d}\mathcal{D}/\mathrm{d}a = 2\gamma$ oder Risswiderstandskurve $\mathrm{d}\mathcal{D}/\mathrm{d}a - J_{\text{R}}(\Delta a)$ zur Verfügung, sondern wird zum überwiegenden Teil als plastische Verformung verbraucht. Die große Schwierigkeit in der EPBM besteht gerade darin, dass man experimentell diese beiden Anteile nur schwer trennen kann. Als Folge davon wird die gesamte rechte Seite von (4.268), die Dissipationsrate bei Rissausbreitung, als Bruchwiderstand interpretiert. Deshalb beinhalten die Risswiderstandskurven die geometrieabhängige plastische Arbeit in der Probe:

$$J = -\frac{\mathrm{d}\Pi}{\mathrm{d}a} = \frac{\mathrm{d}\mathcal{W}^{\text{p}}_{\text{int}}}{\mathrm{d}a} + \frac{\mathrm{d}\mathcal{D}}{\mathrm{d}a} = J_{\text{R}}(\Delta a) \tag{4.269}$$

Auf diesen Konflikt haben insbesondere TURNER [137], BROCKS [74] und COTTERELL & ATKINS [23] aufmerksam gemacht.

Zum besseren theoretischen Verständnis ist es nützlich, die Energiebetrachtungen in einen »kontinuumsmechanischen« Anteil für den Körper A und einen »werkstoffspezifischen« Anteil für die *Bruchprozesszone* A_B aufzuspalten. Damit lauten die Energiebilanzen:

$$\text{Körper } A\text{:} \quad \dot{\mathcal{W}}_\mathrm{ext} + \dot{\overline{\mathcal{W}}}_\mathrm{B} = \dot{\mathcal{W}}^\mathrm{e}_\mathrm{int} + \dot{\mathcal{W}}^\mathrm{p}_\mathrm{int} \tag{4.270}$$

$$\text{Prozesszone } A_\mathrm{B}\text{:} \quad \dot{\mathcal{W}}_\mathrm{B} = -\dot{\overline{\mathcal{W}}}_\mathrm{B} = \dot{\mathcal{D}}. \tag{4.271}$$

$\dot{\mathcal{W}}_\mathrm{B}$ beschreibt den Energiezufluss vom Körper in die Prozesszone über den Rand Γ_B, was der Leistung der Schnittspannungen $t_i^B = \sigma_{ij}n_j$ mit den Verschiebungsgeschwindigkeiten entspricht.

$$\dot{\mathcal{W}}_\mathrm{B} = \int_{\Gamma_\mathrm{B}} t_i^B \dot{u}_i \mathrm{d}s \tag{4.272}$$

Wie diese Energie innerhalb von A_B zur Materialtrennung umgesetzt wird, bleibt eine »black box«. Denselben Energiebetrag entzieht die Prozesszone dem Körper, weshalb er mit entgegengesetztem Vorzeichen als zusätzliche äußere Arbeit $\overline{\mathcal{W}}_B$ am Rand Γ_B aufgefasst werden kann. Die Summe der Bilanzen (4.270) und (4.271) ergibt natürlich wieder (4.267). Der *Energiefluss* $\mathrm{d}\mathcal{W}_\mathrm{B}$ pro Rissfortschritt $\mathrm{d}a$ in die Prozesszone soll im Weiteren mit $\mathcal{F}$ bezeichnet werden. Mit (4.270) erhält man:

$$\mathcal{F} = \frac{\mathrm{d}\mathcal{W}_\mathrm{B}}{\mathrm{d}a} = \frac{1}{\dot{a}}\dot{\mathcal{W}}_\mathrm{B} = \frac{1}{\dot{a}}\left[\int_{S_t} \bar{t}_i \dot{u} \mathrm{d}s - \frac{\mathrm{d}}{\mathrm{d}t}\int_A U \mathrm{d}A\right]. \tag{4.273}$$

Nun führen wir ein Koordinatensystem (x_1, x_2) ein, das sich im Sinne der EULERschen Betrachtungsweise mit der Rissspitze bewegt. Mit (X_1, X_2) bezeichnen wir dagegen das LAGRANGEsche Koordinatensystem, das mit den Teilchen verbunden ist, siehe Bild 4.48.

$$x_1 = X_1 - a(t), \qquad x_2 = X_2 \tag{4.274}$$

Die materielle Zeitableitung einer beliebigen Feldgröße $f[\boldsymbol{x}(\boldsymbol{X}, t), t]$ am Teilchen bei $\boldsymbol{X}$ ergibt sich bekanntermaßen zu

$$\dot{f} = \left.\frac{\mathrm{d}f}{\mathrm{d}t}\right|_{\boldsymbol{X}} = \left.\frac{\partial f}{\partial t}\right|_{\boldsymbol{x}} + \frac{\partial \boldsymbol{x}}{\partial t}\frac{\partial f}{\partial \boldsymbol{x}} \quad \text{mit} \quad \frac{\partial \boldsymbol{x}}{\partial t} = \boldsymbol{v} = -\dot{a}\boldsymbol{e}_1\,. \tag{4.275}$$

Im Spezialfall eines stationären Zustandes im mitbewegten Koordinatensystem wird die partielle Zeitableitung null, d. h. jede zeitliche Änderung ist proportional zum Gradienten

$$\dot{f} = -\dot{a}\frac{\partial f}{\partial x_1}\,. \tag{4.276}$$

Die Geschwindigkeit $\dot{u}_i$ auf Γ_B wäre mit (4.276) in das mitbewegte Koordinatensystem $\boldsymbol{x}$ zu transformieren. Wenn das Verschiebungsfeld $u_i(\boldsymbol{x}, t)$ an der Rissspitze stetig und beschränkt ist und nur seine Gradienten (Verzerrungen) singulär werden, was man voraussetzen darf, so überwiegt in (4.275) der konvektive 2. Term auf der rechten Seite:

$$\frac{\mathrm{d}u_i(\boldsymbol{x},t)}{\mathrm{d}t} = \frac{\partial u_i}{\partial t} - \dot{a}\frac{\partial u_i}{\partial x_1} \approx -\dot{a}\, u_{i,1}. \tag{4.277}$$

Bei der materiellen Zeitableitung des 2. Integrals von (4.273) muss berücksichtigt werden, dass sich das Gebiet $A(t)$ zwischen äußerem Rand S und der mitbewegten Prozesszone Γ_B zeitlich verändert. Im EULERschen Koordinatensystem $\boldsymbol{x}$ ist deshalb das REYNOLDsche Transporttheorem anzuwenden (siehe [6, 77]) mit $\boldsymbol{v} = -\dot{a}\boldsymbol{e}_1$:

$$\frac{\mathrm{d}}{\mathrm{d}t}\int_A U\mathrm{d}A = \int_A \frac{\partial}{\partial t}U\mathrm{d}A - \dot{a}\int_{\Gamma_\mathrm{B}} Un_1\mathrm{d}s. \tag{4.278}$$

Das Flächenintegral auf der rechten Seite kann ähnlich wie in Abschnitt 4.2.6 in ein Linienintegral über die geschlossene Kontur $C = S + \Gamma^+ + \Gamma^- - \Gamma_\mathrm{B}$ umgewandelt werden. Dazu formen wir $\partial U/\partial t = \sigma_{ij}\dot{\varepsilon}_{ij} = \sigma_{ij}\dot{u}_{i,j}$ in $\partial U/\partial t = (\sigma_{ij}\dot{u}_i)_{,j} - \sigma_{ij,j}\dot{u}_i$ um, wobei wegen der Gleichgewichtsbedingungen $\sigma_{ij,j} = 0$ der 2. Term entfällt. Auf den 1. Term wird der GAUSSsche Integralsatz angewandt:

$$\begin{aligned}\frac{\mathrm{d}}{\mathrm{d}t}\int_A U\,\mathrm{d}A &= \int_A (\sigma_{ij}\dot{u}_i)_{,j}\,\mathrm{d}A - \dot{a}\int_{\Gamma_\mathrm{B}} U\delta_{1j}n_j\,\mathrm{d}s \\ &= \int_S \sigma_{ij}\dot{u}_i n_j\,\mathrm{d}s - \int_{\Gamma_\mathrm{B}} \sigma_{ij}\dot{u}_i n_j\,\mathrm{d}s - \dot{a}\int_{\Gamma_\mathrm{B}} U\delta_{1j}n_j\,\mathrm{d}s.\end{aligned} \tag{4.279}$$

Die spannungsfreien Rissufer Γ^+ und Γ^- liefern wegen $\sigma_{ij}n_j = t_i = 0$ keinen Beitrag. Auf Γ_B benutzen wir für die Geschwindigkeit (4.277). Beim Einsetzen in die Beziehung (4.273) hebt sich das Integral über S auf, so dass wir für den Energiefluss in die Prozesszone schließlich den Ausdruck erhalten:

$$\mathcal{F} = \int_{\Gamma_\mathrm{B}} [U\delta_{1j} - \sigma_{ij}u_{i,1}]n_j\,\mathrm{d}s = \int_{\Gamma_\mathrm{B}} [Un_1 - t_i u_{i,1}]\,\mathrm{d}s\,. \tag{4.280}$$

Die Ähnlichkeit dieses *Energieflussintegrals* mit dem J-Integral (4.100) ist auffällig, es bestehen jedoch zwei wesentliche Unterschiede: Erstens beschreibt U jetzt die Formänderungsarbeit für ein beliebiges elastisch-plastisches Materialgesetz. Zweitens ist das Integral auf die Berandung der Prozesszone festgelegt, über die noch keine konkreten Annahmen getroffen wurden.

Um (zumindest formal) die Wegunabhängigkeit des Integrals zu erreichen, führen wir außerhalb der Prozesszone A_B eine beliebige geschlossene Kontur Γ um die Rissspitze ein, siehe Bild 4.48 rechts. Das reguläre Gebiet $\bar{A}$ zwischen Γ und Γ_B

wird durch die zusammenhängende Berandung $\bar{C} = \Gamma + \Gamma^+ + \Gamma^- - \Gamma_\mathrm{B}$ umschlossen. Die Anwendung des GAUSSschen Satzes in entgegengesetzte Richtung liefert dann (Rissuferterme Γ^+, Γ^- verschwinden), wenn [ ] den Integranden von (4.280) bezeichnet:

$$\mathcal{F} = \int\limits_{\Gamma_\mathrm{B}} [\,]n_j \,\mathrm{d}s = \int\limits_{\Gamma} [\,]n_j \,\mathrm{d}s - \int\limits_{\Gamma - \Gamma_\mathrm{B}} [\,]n_j \,\mathrm{d}s = \int\limits_{\Gamma} [\,]n_j \,\mathrm{d}s - \int\limits_{\bar{A}} \frac{\partial}{\partial x_j} [\,] \,\mathrm{d}A \,, \quad (4.281)$$

$$\mathcal{F} = \int\limits_{\Gamma} [U\delta_{1j} - \sigma_{ij} u_{i,1}] n_j \,\mathrm{d}s - \int\limits_{\bar{A}} [U_{,1} - \sigma_{ij} u_{i,j1}] \,\mathrm{d}A. \quad (4.282)$$

Das Ergebnis bedeutet: Bei elastisch-plastischem Materialverhalten kann der Energiefluss in die Prozesszone *nicht* durch ein wegunabhängiges Linienintegral allein ausgedrückt werden (1. Term), sondern es ist zusätzlich ein Gebietsintegral erforderlich. Die Beziehung (4.282) stellt somit eine modifizierte Berechnungsmöglichkeit für das eigentliche Energieflussintegral über Γ_B dar, die von der Wahl der Kontur Γ und des eingeschlossenen Gebiets $\bar{A}$ unabhängig ist. Das ist zumindest für die numerische Berechnung ein Vorteil. Selbstverständlich geht die Beziehung (4.282) für $\Gamma \to \Gamma_\mathrm{B}$ in (4.280) über, da das Gebietsintegral verschwindet. Unter Benutzung von (4.275) kann man leicht zeigen, dass unter stationären Verhältnissen an der sich ausbreitenden Rissspitze das Gebietsintegral null wird.

Zum Schluss wollen wir uns der Modellierung der Prozesszone zuwenden:
Als einfachste Variante kann man sich A_B auf einen Punkt an der Rissspitze zusammen gezogen vorstellen, der von der Kontinuumslösung umgeben ist, was der im vorangegangenen Abschnitt behandelten Nahfeldlösung (4.261) entspricht. Hierbei stellt sich für die Verzerrungen die schwächere logarithmische Singularität ($\varepsilon_{ij} \sim 1/\ln r$) im Vergleich zum ruhenden Riss ($\varepsilon_{ij} \sim 1/r$) ein, wodurch bei beschränkten Spannungen $\sigma_{ij} \sim \sigma_\mathrm{F}$ das Energieflussintegral (4.280) null wird! Das führt zu dem widersprüchlichen Resultat, dass bei ideal-plastischem Material keine Energie in die Rissspitze transportiert wird [82]. Der eigentliche Grund ist jedoch in einer zu sehr vereinfachten punktförmigen Prozesszone zu suchen. Die richtige Schlussfolgerung lautet: *Ohne konkrete, möglichst realistische Modelle der Bruchprozesszone können mit den Konzepten der EPBM keine Voraussagen über das duktile Risswachstum gemacht werden.* Diese Erkenntnis bildete den Ausgangspunkt für die Entwicklung von Kohäsivzonenmodellen und schädigungsmechanischen Modellen der Prozesszone. Weiterführende Informationen findet man bei [23, 45, 77, 147].

4.4 Ermüdungsrisswachstum

Unter wechselnder Belastung können sich Risse stabil ausbreiten, obwohl der Spannungsintensitätsfaktor weit unterhalb der statischen Bruchzähigkeit liegt. Dieses Phänomen unterkritischer Rissausbreitung wird als *Ermüdungsrisswachstum* (engl. *fatigue crack growth*) oder als *Schwingbruch* bezeichnet. Ermüdungsbruch ist die häufigste Schadensursache bei Maschinen, Fahrzeugen, Flugzeugen u. a. Konstruktionen, die zeitlich veränderlichen Betriebsbelastungen ausgesetzt sind. Je nach ihrem Verlauf kann man periodische (zyklische) oder stochastische Belastungen mit konstanter oder veränderlicher Amplitude unterscheiden.

Bei der Ermüdung von Werkstoffen lässt sich folgender Schädigungsablauf beobachten. Als Folge mikroplastischer Wechselverformungen (Versetzungen, Gleitbänder) bilden sich zuerst *Mikrorisse* an der Oberfläche oder an Gefügeinhomogenitäten (Einschlüsse, Korngrenzen) im Inneren. Die so entstandenen »mikrostrukturell kurzen Risse« werden in ihrem Ausbreitungsverhalten sehr stark vom umgebenden Gefüge beeinflusst und unterliegen eigenen Gesetzmäßigkeiten. Erst ab einer Risslänge von ca. 10 Korndurchmessern spricht man von einem *technischen Anriss* bzw. *Makroriss*, dessen Verhalten mit den Methoden der klassischen Bruchmechanik beschrieben werden kann. Makroskopisch gesehen treten nur geringe, vernachlässigbare plastische Verformungen auf und der Ermüdungsbruch läuft im K-kontrollierten Nahfeld ab, so dass die LEBM anwendbar ist.

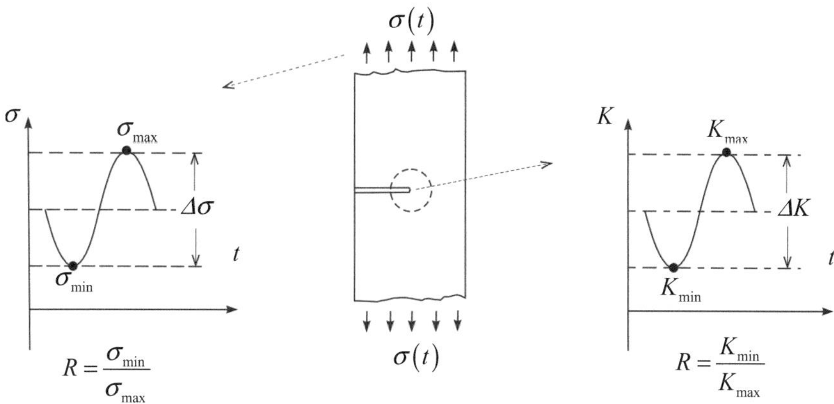

Bild 4.49 Zusammenhang zwischen Wechselbelastung und Spannungsintensitätsfaktor

4.4.1 Belastung mit konstanter Amplitude

Bei schwingender Belastung sind sowohl die äußeren Lasten, die Spannungsverteilung am Riss als auch der Spannungsintensitätsfaktor zeitabhängig. Aufgrund des linearen Zusammenhangs verlaufen sie synchron mit der gleichen Zeitfunktion:

$$K_{\mathrm{I}}(t) = \sigma(t)\sqrt{\pi a}\, g(a,w), \quad \sigma_{ij}(t) = \frac{K_{\mathrm{I}}(t)}{\sqrt{2\pi r}} f_{ij}^{I}(\theta). \tag{4.283}$$

Eine zyklische Beanspruchung $\sigma(t)$ des Bauteils mit konstanter Frequenz wird durch ihre *Schwingbreite* $\Delta\sigma$ (doppelte Amplitude), die *Mittelspannung* σ_{m} und das *Spannungsverhältnis* R charakterisiert:

$$\Delta\sigma = \sigma_{\max} - \sigma_{\min}, \quad \sigma_{\mathrm{m}} = (\sigma_{\max} + \sigma_{\min})/2, \quad R = \sigma_{\min}/\sigma_{\max}. \tag{4.284}$$

Daraus ergibt sich die Schwingbreite ΔK_{I}, die auch als *zyklischer Spannungsintensitätsfaktor* bezeichnet wird (um allgemein zu bleiben, wird der Index für den Rissöffnungsmodus weggelassen):

$$\Delta K = K_{\max} - K_{\min} = \Delta\sigma\sqrt{\pi a}\, g\,(a,w). \tag{4.285}$$

Dieser Zusammenhang ist in Bild 4.49 dargestellt. Mit der Definition des Spannungsverhältnisses R folgt für ΔK:

$$\Delta K = (1-R)K_{\max}, \quad R = K_{\min}/K_{\max}. \tag{4.286}$$

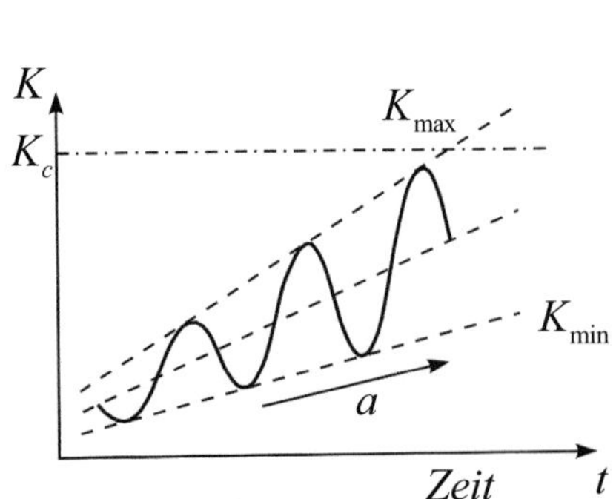

Bild 4.50 Verlauf der Spannungsintensität mit zunehmender Risslänge a als Funktion der Zeit t bzw. der Lastwechsel N

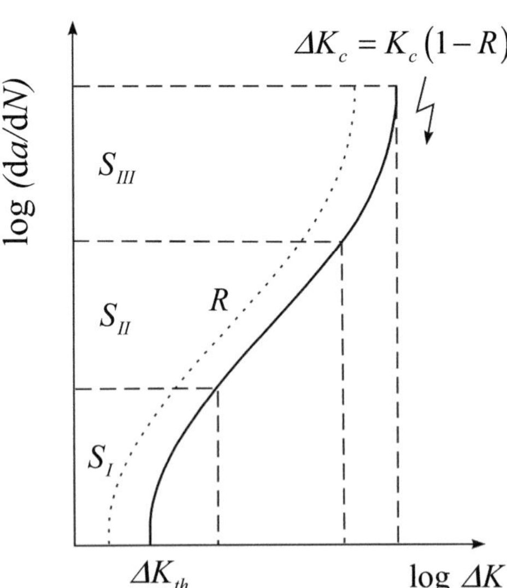

Bild 4.51 Risswachstumsgeschwindigkeit als Funktion der Schwingbreite des Spannungsintensitätsfaktors

Selbst wenn sich die äußere Belastung mit der Schwingbreite $\Delta\sigma$ und der Mittelspannung σ_{m} nicht ändert, so steigt der Spannungsintensitätsfaktor i. Allg. dennoch aufgrund der wachsenden Risslänge wegen $\sqrt{\pi a}\, g(a, w)$ in (4.285), so dass sich der in Bild 4.50 dargestellte Verlauf ergibt. Hat $K_{\max}$ den kritischen Kennwert K_{c} erreicht, so kommt es zum instabilen Sprödbruch.

Das Ermüdungsrisswachstum wird durch den Rissfortschritt $\mathrm{d}a$ pro Lastwechsel quantifiziert. Die *Risswachstumsgeschwindigkeit* bzw. *Risswachstumsrate* (engl. *crack growth rate*) ist als das Verhältnis $\mathrm{d}a/\mathrm{d}N$ definiert, wobei N die Lastspielzahl bedeutet. Trägt man die experimentell ermittelte Rissgeschwindigkeit $\mathrm{d}a/\mathrm{d}N$ doppeltlogarithmisch als Funktion des zyklischen Spannungsintensitätsfaktors ΔK auf, so erhält man die *Risswachstumskurve*. Sie hat qualitativ den in Bild 4.51 gezeigten Verlauf. Die untere Grenze der Kurve wird durch den *Schwellenwert* der Spannungsintensität (engl. *threshold value*) ΔK_{th} festgelegt. Befindet sich die zyklische Spannungsintensität ΔK unterhalb dieses Schwellenwertes, so ist der Ermüdungsriss nicht ausbreitungsfähig. K_{th} beschreibt gewissermaßen die »bruchmechanische Dauerfestigkeit« und beträgt für Metalle etwa $K_{\mathrm{c}}/10$. Während der Anfangsbereich S_{I} empfindlich auf mikrostrukturelle Effekte reagiert, dominiert im anschließenden Bereich S_{II} der Einfluss der Belastung. In diesem Bereich ist ein linearer Verlauf der Risswachstumskurve zu beobachten. Er kann durch das Gesetz von PARIS-ERDOGAN [88] approximiert werden:

$$\frac{\mathrm{d}a}{\mathrm{d}N} = C(\Delta K)^m \qquad \text{PARIS-Gleichung} \tag{4.287}$$

Der Exponent m und der Faktor C sind werkstoffabhängige Größen. C hat eine relativ unanschauliche Dimension, die vom Exponenten m des Risswachstumsgesetzes abhängt. Für Metalle beträgt der Exponent $m \approx 2 - 7$, während sich für keramische Werkstoffe sehr viel höhere Werte ($m \approx 20 - 100$) ergeben. Bereich S_{III} kennzeichnet den Übergang zum spröden Gewaltbruch. Die obere Grenze ΔK_{c} gibt die Beanspruchung an, ab der die Rissausbreitung instabil wird. Als Bedingung gilt $K_{\max} = K_{\mathrm{c}}$ bzw. $K_{\max} = \Delta K_{\mathrm{c}}/(1 - R)$.

Der Verlauf der Risswachstumskurve hängt vom Werkstoff ab und wird durch zahlreiche Faktoren wie z. B. die Mikrostruktur, die Temperatur, die umgebenden Medien oder das R-Verhältnis beeinflusst. Mit zunehmendem R-Verhältnis steigt i. Allg. die Rissgeschwindigkeit $\mathrm{d}a/\mathrm{d}N$ und der Schwellenwert K_{th} wird geringer.

Ein Ansatz zur Beschreibung aller drei Bereiche des Kurvenverlaufs wurde erstmals von ERDOGAN und RATWANI [32] vorgeschlagen:

$$\frac{\mathrm{d}a}{\mathrm{d}N} = \frac{C(\Delta K - \Delta K_{\mathrm{th}})^m}{(1 - R)K - \Delta K}. \tag{4.288}$$

Mittlerweile gibt es viele Varianten von *Risswachstumsgesetzen* . Als Beispiel wird die sehr ausgereifte Version des Programms ESACRACK [34] angeführt, die auf einer erweiterten PARIS-Gleichung beruht, mit der die gesamte Risswachstumskurve in Abhängigkeit vom Spannungsverhältnis R bei konstanter Lastamplitude beschrieben werden kann:

$$\frac{\mathrm{d}a}{\mathrm{d}N} = C^* \left[\left(\frac{1-\chi}{1-R}\right)\Delta K\right]^{m^*} \frac{(1-\Delta K_{\mathrm{th}}/\Delta K)^p}{(1-K_{\max}/K_c)^q}$$

$$\chi = \frac{K_{\mathrm{op}}}{K_{\max}} = \begin{cases} \max(R, A_0 + A_1 R + A_2 R^2 + A_3 R^3) & \text{für } 0 \leq R \\ A_0 + A_1 R & \text{für } -1 \leq R < 0 \end{cases}$$

$$\begin{aligned} A_0 &= (0,825 - 0,34\alpha_{\mathrm{cf}} + 0,05\alpha_{\mathrm{cf}}^2)\left[\cos\left(\frac{\pi\sigma_{\max}}{2\sigma_{\mathrm{F}}}\right)\right]^{1/\alpha_{\mathrm{cf}}} \\ A_1 &= (0,415 - 0,071\alpha_{\mathrm{cf}})\sigma_{\max}/\sigma_{\mathrm{F}} \\ A_2 &= 1 - A_0 - A_1 - A_3, \quad A_3 = 2A_0 + A_1 - 1 \end{aligned} \tag{4.289}$$

Hierbei sind p und q Fitkonstanten, die den Übergang in den Bereich I bzw. III anpassen. C^* und m^* sind modifizierte Konstanten der PARIS-Gleichung (4.287), die sich für $p = 0$ und $q = 0$ sowie für $\chi = R$ aus Gleichung (4.289) ergeben würde. χ stellt die von NEWMAN [81] eingeführte Rissöffnungsfunktion dar, die das Verhältnis zwischen Rissöffnungsspannungsintensität K_{op} und der maximalen Spannungsintensität $K_{\max}$ während eines Schwingspiels darstellt, vgl. (4.294). Mit ihrer Hilfe wird die Abhängigkeit der Risswachstumskurve vom Spannungsverhältnis R beschrieben. Die Konstanten A_0 bis A_3 hängen erstens von der Größe der plastischen Zone ab, die nach dem DUGDALE-Modell aus dem Verhältnis der maximalen nominellen Zugspannung $\sigma_{\max}$ zur Fließgrenze σ_{F} abgeschätzt wird. Zweitens werden sie von der Dehnungsbehinderung beeinflusst, die man durch den Constraintfaktor α_{cf} berücksichtigt. Nach (4.198) nimmt α_{cf} Werte zwischen 1 (ESZ) und 3 (EVZ) an und ist eine Funktion der Bauteildicke. Bei Stählen führen die Werte $\alpha_{\mathrm{cf}} = 2,5$ und $\sigma_{\max}/\sigma_{\mathrm{F}} = 0,3$ zu einer guten Anpassung experimenteller Daten.

Mit Hilfe derartiger Risswachstumsgesetze ist es möglich, das Wachstum eines Risses der Ausgangslänge a_0 bei einer gegebenen Lastspielzahl N durch Integration zu ermitteln. Für das einfache PARIS-ERDOGAN-Gesetz erhält man bei konstanter Lastamplitude:

$$\Delta a = a(N) - a_0 = C\int_0^N [\Delta K(a)]^m \,\mathrm{d}N = C\,\Delta\sigma^m \int_0^N \left[\sqrt{\pi a}\, g(a,w)\right]^m \mathrm{d}N. \tag{4.290}$$

Durch Umstellung des Risswachstumsgesetzes nach dN und Integration bzgl. da kann man umgekehrt die Lastspielzahl N berechnen, die bis zum Erreichen der Risslänge a erforderlich ist:

$$
\begin{aligned}
N(a) &= \frac{1}{C\Delta\sigma^m} \int\limits_{a_0}^{a} \frac{\mathrm{d}\bar{a}}{\left[\sqrt{\pi\bar{a}}\, g(\bar{a},w)\right]^m} \\
&\approx \frac{2a_0}{C(m-2)\left[\sqrt{\pi a_0}\, g(a_0)\Delta\sigma\right]^m} \left[1 - \left(\frac{a_0}{a}\right)^{\frac{m}{2}-1}\right] \qquad \text{für } m \neq 2\,.
\end{aligned}
\tag{4.291}
$$

Vernachlässigt man die Risslängenabhängigkeit der Geometriefunktion, so ergibt sich die (nicht konservative!) Näherungsformel. Setzt man für a die aus einem Bruchkriterium folgende kritische Risslänge a_c ein, dann liefert (4.291) die Anzahl der Lastwechsel N_B bis zum Bruch. Auf diese Weise kann man die restliche Lebensdauer eines Bauteils mit Riss unter Betriebsbedingungen vorhersagen bzw. die nutzbaren Lastwechsel, bis der Riss auf seine kritische Größe a_c angewachsen ist. Dies ist Bestandteil einer schadenstoleranten Auslegung, bei der man unvermeidbare rissartige Fehler in einem Bauteil zulässt, jedoch mit Hilfe zerstörungsfreier Prüfmethoden detektiert und in ausreichenden Abständen überwacht. Durch entsprechende bruchmechanische Überlegungen wird sicherstellt, dass diese Risse nicht kritisch werden bzw. ab welcher Größe sie unbedingt beseitigt werden müssen.

4.4.2 Beanspruchungssituationen an der Rissspitze

Im Folgenden sollen einige Besonderheiten der Rissbeanspruchung bei Ermüdung dargestellt werden, die sich vom Fall monotoner Belastung grundsätzlich unterscheiden und als Ursache für Reihenfolgeeffekte nach einem Wechsel der Belastungsamplitude gelten.

Wechsel-Plastifizierung

Bei zyklischer Belastung treten in der kleinen plastischen Zone an der Spitze des Ermüdungsrisses wechselnde plastische Verformungen auf. Jeder materielle Punkt durchläuft eine σ-ε-Hysterese, wie sie in Bild 3.10 schematisch dargestellt ist. Die zu einer vorgegebenen Spannungsschwingbreite $\Delta\sigma$ gehörende Dehnungsschwingbreite $\Delta\varepsilon$ hängt maßgeblich vom Verfestigungsverhalten und von der Belastungsgeschichte ab. Bei Ermüdungsrisswachstum unterscheidet man die primäre, die sekundäre und die zyklische plastische Zone. Die primäre plastische Zone entsteht beim ersten Erreichen der maximalen Last, die sekundäre oder »Umkehrzone« bei minimaler Last und die zyklische Zone stellt sich nach einer Reihe von Lastwechseln ein. Abschätzungen für die primäre plastische Zone haben wir für SSY in Abschnitt 4.3 kennengelernt.

Ausgehend vom DUGDALE-Modell entwickelte RICE [98] eine Abschätzung der plastischen Zonen unter Ermüdungsbelastung. Dabei wird elastisch-idealplastisches Materialverhalten angenommen, d. h. die Fließgrenzen sind im Zug- und Druckbereich betragsmäßig gleich groß $\pm\sigma_F$. Durch die erstmalige Belastung auf $K_{\max}$

(Bild 4.52 Kurve 1) wird eine primäre plastische Zone der Größe $r_{\mathrm{p\,max}}$ gemäß Formel (4.193) bzw. (4.197) erzeugt. Die anschließende Entlastung um ΔK auf K_{min} (Bild 4.52 Kurve 2) wird als Belastung in negative Richtung angesehen. Aufgrund der Belastungsumkehr muss zum Erreichen der Druck-Fließbedingung hierfür die doppelte Fließgrenze (von $+\sigma_{\mathrm{F}}$ auf $-\sigma_{\mathrm{F}}$) angesetzt werden, um mit (4.193) die Größe der sekundären plastischen Zone $r_{\mathrm{p\,min}}$ zu bestimmen.

$$r_{\mathrm{p\,max}} = \frac{\pi}{8}\left(\frac{K_{\mathrm{max}}}{\sigma_{\mathrm{F}}}\right)^2, \quad r_{\mathrm{p\,min}} = \frac{\pi}{8}\left(\frac{-\Delta K}{2\sigma_{\mathrm{F}}}\right)^2 \Longrightarrow \frac{r_{\mathrm{p\,min}}}{r_{\mathrm{p\,max}}} = \frac{1}{4}(1-R)^2 \tag{4.292}$$

Durch Superposition der statischen Lösungen für K_{max} und $-\Delta K$ erhält man den in Bild 4.52 (Kurve 1+2) gezeigte Spannungsverlauf bei K_{min}. Wie man sieht, wird die sekundäre plastische Zone durch Druckspannungen formiert, die aufgrund der negativen Rückverformung (Stauchung) der positiven plastischen Dehnungen aus der Erstbelastung K_{max} entstehen. Dazu muss K_{min} nicht notwendigerweise im Druckbereich liegen! Mit (4.292) erhält man das Größenverhältnis der plastischen Zonen bei K_{min} und K_{max} unter Berücksichtigung des R-Verhältnisses. In diesem einfachen idealplastischen Modell ändert sich der Spannungszustand bei weiteren Lastwechseln nicht mehr, so dass das Ergebnis von Bild 4.52 auch der zyklischen plastischen Zone entspricht.

Bei Annahme isotroper Verfestigung würde sich der elastische Bereich während der ersten Lastwechsel so weit vergrößern, bis keine plastischen Wechselverformungen mehr auftreten. Nach dem kinematischen Verfestigungsmodell stellt sich bald eine stabilisierte Hysterese ein, die bei jedem Zyklus durchfahren wird und periodische plastische Verzerrungen $\pm\Delta\varepsilon_{ij}^{\mathrm{p}}$ mit einer Akkumulation der plastischen Vergleichsdehnung $\varepsilon_{\mathrm{v}}^{\mathrm{p}}$ zur Folge hätte. Die realen Verhältnisse sind weitaus komplizierter, da kombinierte Verfestigung und ein mehrachsiger Beanspruchungszustand in der plastischen Zone vorliegen. Außerdem bewegt sich die plastische Zone mit dem Riss in ständig neue Materialbereiche.

Eigenspannungen

Wie die Überlegungen des vorigen Abschnitts gezeigt haben, entstehen bei Ermüdungsbruch infolge der plastischen Wechselverformungen unmittelbar vor der Rissspitze Druckeigenspannungen (Bild 4.52). Mit einem gewissen Abstand zur Rissspitze erfolgt im Ligament ein Wechsel von Druckeigenspannungen zu Zugeigenspannungen.

Anhand von (4.292) sieht man, dass $r_{\mathrm{p\,max}}$ quadratisch mit dem maximalen K_{max}-Faktor wächst. Tritt z. B. eine einmalige Überlast der Höhe $K_{\mathrm{ol}} = \beta K_{\mathrm{max}}$ auf, so bildet sich eine um β^2 größere plastische Zone $r_{\mathrm{p\,ol}}$ mit einem entsprechenden Druckeigenspannungsgebiet aus. Das führt bei den anschließenden normalen Lastamplituden so lange zu einer Behinderung der Ermüdungsrissausbreitung, bis dieses Druckgebiet durchschritten wurde [141].

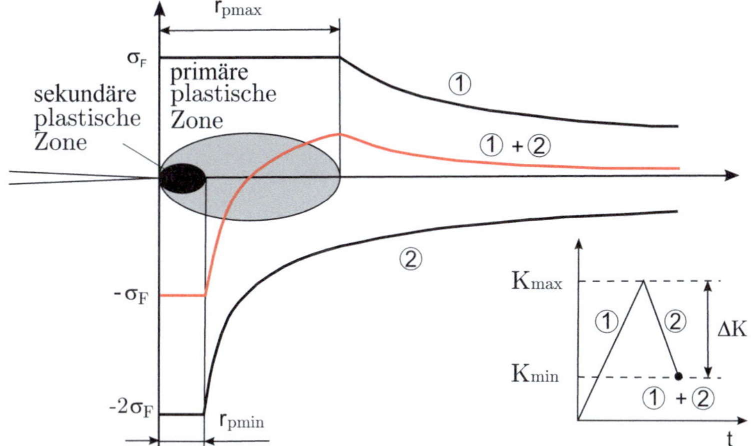

Bild 4.52 Entstehung der plastischen Zonen am Ermüdungsriss

Druckeigenspannungen treten jedoch nicht nur vor der Rissspitze auf, sondern auch entlang der Rissflanken in Rissspitzennähe, was durch experimentelle und numerische Untersuchungen nachgewiesen wurde.

Rissschließeffekt

Der *Rissschließeffekt* (engl. *crack closure effect*) wurde zuerst von ELBER [30] entdeckt. Er konnte zeigen, dass bei einer zyklischen Zug-Schwell-Belastung ($R = 0$) mit konstanter Amplitude der Ermüdungsriss sich beim Entlasten schon vor Erreichen der Minimallast schließt bzw. dass der Riss in der Belastungsphase noch bis zu einem gewissen Lastniveau – der *Rissöffnungsintensität* K_{op} – geschlossen bleibt (Bild 4.53 links). Der Mechanismus des Rissschließens führt dazu, dass nicht die

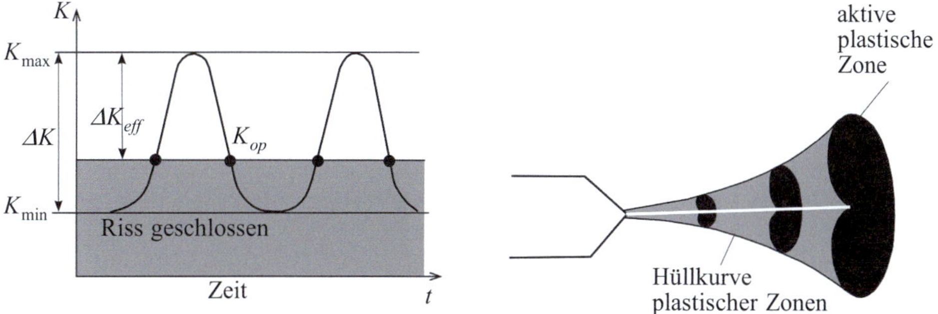

Bild 4.53 Rissschließeffekt (links) als Folge plastischer Verformungen der Rissufer (rechts)

komplette Belastung ΔK zur Ausbreitung des Risses beiträgt, sondern nur eine *effektive zyklische Spannungsintensität* ΔK_{eff} während der tatsächlichen Rissöffnungsphase wirksam wird.

$$\Delta K_{\text{eff}} = K_{\text{max}} - K_{\text{op}} \leq \Delta K \tag{4.293}$$

Der Quotient aus wirksamer und scheinbarer äußerer Schwingbreite der K-Faktoren wird durch den empirischen Rissöffnungsfunktion U oder die Verhältniszahl χ beschrieben:

$$U = \frac{\Delta K_{\text{eff}}}{\Delta K}, \quad \chi = \frac{K_{\text{op}}}{K_{\text{max}}} = 1 - (1 - R)U. \tag{4.294}$$

Die Ursachen für Rissschließen können sehr unterschiedlich sein [132]. Als der wichtigste Mechanismus wird das plastizitätsinduzierte Rissschließen angesehen, der im Bereich S_{II} der Risswachstumskurve vorherrscht. Das vorzeitige Rissschließen wird durch plastisch gedehnte Materialbereiche an den Rissflanken hervorgerufen, die dadurch entstehen, dass sich am Ermüdungsriss ständig plastische Zonen ausbilden, die dann bei Rissausbreitung durchtrennt werden, siehe Bild 4.53 (rechts). Diese plastisch aufgeweiteten Ränder führen dazu, dass die beiden Rissflanken nicht mehr kompatibel zueinander sind und so eine vollständige Rückverformung bei der Entlastung behindert wird.

Verschärft wird das plastizitätsinduzierte Rissschließen noch durch eine Belastung mit variabler Amplitude. Sie führt zu einer größeren plastischen Zone und zu einem höheren Plastifizierungsgrad, was wiederum das Rissschließen und somit auch ΔK_{eff} beeinflusst.

Vorzeitiges Rissschließen wird auch durch kleine Partikel oder Fluide im Rissspalt, durch die Rauhigkeit der Bruchflächen oder durch Phasenumwandlungen induziert.

4.4.3 Belastung mit variabler Amplitude

Der Fall des Ermüdungsrisswachstums mit konstanter Belastungsamplitude ist in der technischen Praxis nur selten vorzufinden. Häufig sind Maschinen, Anlagen und Fahrzeuge im betrieblichen Einsatz einer zeitlich veränderlichen Belastung ausgesetzt. Die Belastungen mit variabler Amplitude kann man in drei Kategorien einteilen:

- einzelne Über- oder Unterlasten
- stufenartige Änderungen der Amplitude: Blocklasten (z. B. Motoren, Turbinen)
- regelloser Belastungsverlauf: Betriebslastspektren (z. B. Fahrzeuge, Windkraftanlagen)

Zusätzlich zur zeitlich veränderlichen Belastungshöhe kann sich während des Einsatzes eines Bauteils auch die Belastungsart verändern (Zug, Schub, Biegung, Torsion). Für einen Riss hat dies einen Wechsel der Beanspruchungsarten Modus I, II und III zur Folge, weshalb der Untersuchung von Mixed-Mode-Belastungen besondere Bedeutung zukommt.

Im Gegensatz zum Ermüdungsrisswachstum bei konstanter Amplitude ist der Rissfortschritt bei variable Amplitude nicht allein von der aktuellen Belastung ΔK und R abhängig, sondern wird von der zeitlichen Abfolge der Belastungen bestimmt. Dieses Phänomen wird als *Reihenfolgeeffekt* bezeichnet. Aufgrund dieser Tatsache können Belastungen mit variabler Amplitude sowohl zu beschleunigtem als auch zu verzögertem Risswachstum führen (Bild 4.54), d.h. sie wirken sich auf die Lebensdauer entweder mindernd oder verlängernd aus. Während man bei konstanten Beanspruchungskenngrößen die Lebensdauer durch Integration der Risswachstumskurve ermitteln kann, müssen im Fall einer variablen Belastung die Reihenfolgeeinflüsse unbedingt berücksichtigt werden, was erhebliche Schwierigkeiten mit sich bringt.

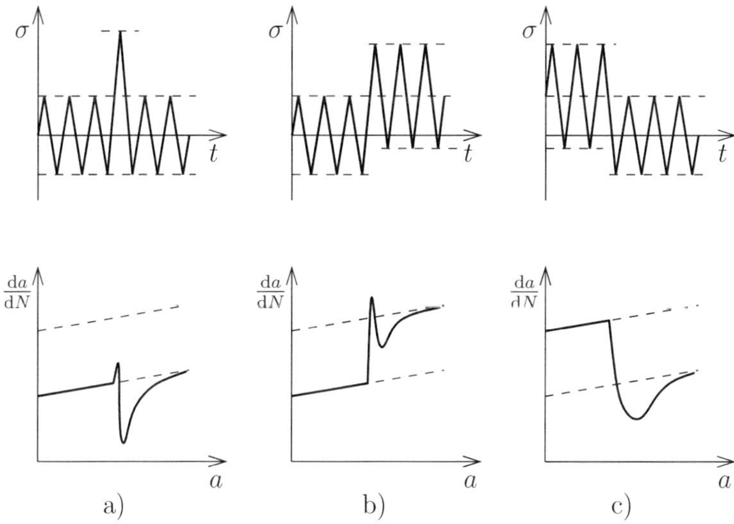

Bild 4.54 Reihenfolgeeffekt nach a) einer einzelnen Überlast, b) einer low-high Blocklast und c) einer high-low Blocklast

Eine wichtige Voraussetzung ist die Kenntnis der Betriebsbelastungen überhaupt. Für die quantitative Analyse führt man sogenannte Betriebslastmessungen durch, bei denen am Bauteil unter realen Belastungssituationen in Abhängigkeit vom Einsatzprofil Lastdaten aufgezeichnet werden. Inzwischen gibt es für viele Bauteile (insbesondere in der Automobil- und Luftfahrtindustrie) standardisierte, bewährte Belastungsspektren. Auf ihrer Basis können anstelle des Feldversuches die Konstruktionen oder Komponenten auch auf Prüfständen im Labor oder durch numerische Spannungsanalysen untersucht werden.

Diese Betriebslastmessungen bilden auch für die bruchmechanische Bewertung des Rissausbreitungsverhaltens eine wichtige Eingangsinformation. Zur Reduktion der umfangreichen Daten werden sie nach gebräuchlichen Zählverfahren (z. B. Rainflow-Methode) der Betriebsfestigkeitslehre klassiert [140].

Die einfachste Methode zur Ermüdungsbruchbeurteilung bei variablen Amplituden besteht darin, die statistischen Daten eines Lastspektrums auf einen einzigen gemittelten Wert des zyklischen Spannungsintensitätsfaktors zu reduzieren. Von Barsom (siehe [27]) stammt der Vorschlag, einen integralen Effektivwert ΔK_{rms} als quadratisches Mittel aus den Schwingbreiten ΔK_n aller N erfassten Lastwechsel zu berechnen:

$$\Delta K_{\mathrm{rms}} = \sqrt{\frac{1}{N}\sum_{n=1}^{N}(\Delta K_n)^2}\,. \tag{4.295}$$

Der Effektivwert wird in ein Risswachstumsgesetz für konstante Amplituden eingesetzt, woraus man eine gemittelte Risswachstumsrate für dieses Lastspektrum abschätzen kann. Diese sogenannte *globale Analyse* liefert also lediglich integrale Werte (ohne zeitliche Auflösung) und vernachlässigt jegliche Reihenfolgeeffekte auf die Rissausbreitung.

Ein verbesserter Ansatz berücksichtigt die zeitliche Abfolge der Lastwechsel. Vorausgesetzt, man verfügt über die Risswachstumskurven eines Werkstoffs bei allen Amplituden ΔK und Spannungsverhältnissen R, so kann das Ermüdungsrisswachstum *Lastwechsel für Lastwechsel* (engl. *cycle by cycle*) berechnet und summiert werden:

$$\frac{\mathrm{d}a}{\mathrm{d}N} = f(\Delta K, R) \implies a = a_0 + \sum_{n=1}^{N}\Delta a_n, \quad \Delta a_n = f(\Delta K_n, R_n)\cdot 1. \tag{4.296}$$

Für ein Blockprogramm, das aus einer Folge von $i = 1, 2, \ldots, I$ Lastintervallen mit ΔN_i Zyklen bei den Beanspruchungen ΔK_i und R_i besteht, ließe sich das Risswachstum aus den Anteilen Δa_i jedes Intervalls folgendermaßen akkumulieren:

$$a = a_0 + \sum_{i=1}^{I}\Delta a_i, \quad \Delta a_i \approx f(\Delta K_i\,\bar{a}_i, R_i)\Delta N_i\,. \tag{4.297}$$

Die Approximation besteht darin, dass in jedem Intervall eine mittlere unveränderliche Risslänge $\bar{a}_i$ angesetzt wird. Diese Vorgehensweise hat Ähnlichkeit mit den Schadensakkumulationshypothesen der Betriebsfestigkeit. Sie berücksichtigt immerhin die zeitliche Folge der Belastungen, jedoch nicht ihren Einfluss untereinander und stellt insofern noch eine Vereinfachung dar.

Um den Reihenfolgeeffekt bei Ermüdungsrisswachstum mit variabler Amplitude präziser zu quantifizieren, wurden verschiedene Modelle vorgeschlagen. Dabei wird hauptsächlich die verzögernde Wirkung einer Überlast oder Stufenlastfolge simuliert, die entweder auf Eigenspannungen in der plastischen Zone (Wheeler [141], Willenborg, Gallagher [80]), plastizitätsindiziertes Rissschließen (Onera [64],

CORPUS [87]), Rissabstumpfung oder mehrere Faktoren zurückgeführt wird.

Am weitesten fortgeschritten scheint das Fließstreifenmodell (engl. *strip yield model*) von FÜHRING & SEEGER [41], DEKONING [34] und NEWMAN [80, 81] zu sein. Es handelt sich um eine Erweiterung des DUGDALE-Modells (Abschnitt 4.3.3), bei dem durch eine Zahl von Stabelementen zum einen die plastischen Verformungen des geöffneten Risses und zum anderen die Kontaktspannungen beim Rissschließen berücksichtigt werden. Mit diesem Modell kann die Rissöffnungsspannung σ_{op} berechnet werden, bei der die Rissuferkontakte gerade verschwinden und sich der Riss komplett öffnet. Nach (4.293) wird damit ein effektiver Spannungsintensitätsfaktor gebildet

$$\Delta K_{\mathrm{eff}} = (\sigma_{\max} - \sigma_{\mathrm{op}})\sqrt{\pi a}\, g(a, w), \tag{4.298}$$

der in das von NEWMAN [81] vorgeschlagene Risswachstumsgesetz wie folgt eingeht:

$$\frac{\mathrm{d}a}{\mathrm{d}N} = C_1(\Delta K_{\mathrm{eff}})^{C_2}\left[1 - \left(\frac{\Delta K_0}{\Delta K_{\mathrm{eff}}}\right)^2\right] \Big/ \left[1 - \left(\frac{K_{\max}}{C_5}\right)^2\right], \tag{4.299}$$

wobei $\Delta K_0 = \Delta K_{\mathrm{th}}\left(1 - \frac{\sigma_{\mathrm{op}}}{\sigma_{\max}}\right)/(1-R)$ bedeutet und die Koeffizienten C_1, C_2, C_5 aus Versuchsergebnissen angepasst werden müssen. Die Rissöffnungsspannung σ_{op} wird über die gesamte Belastungsgeschichte durch das Fließstreifenmodell simuliert, so dass alle Reihenfolgeeffekte bei Amplitudenveränderungen Berücksichtigung finden.

Die hier beschriebenen Modelle zur Vorhersage des Ermüdungswachstums bei konstanter und variabler Amplitude wurden in verschiedenen Simulationsprogrammen implementiert wie z. B. NASGRO [80] und ESACRACK [34], die eine Lebensdauerbewertung von Bauteilen (insbesondere der Luft- und Raumfahrt) gestatten.

Weiterführende Literatur zum Ermüdungsbruch findet man bei SCHIJVE [113, 112] und den Tagungsbänden [76, 96].

4.4.4 Bruchkriterien bei Mixed-Mode-Beanspruchung

Bisher wurden hauptsächlich Rissprobleme für die Rissöffnungsart I bei symmetrischer Belastung behandelt. Die entsprechenden Bruchkriterien wurden unter der Annahme abgeleitet, dass der Riss sich weiter auf seiner Ausgangslinie (2D) bzw. in der Ausgangsebene (3D) gradlinig in das Ligament ausbreitet. Bei Überlagerung von Modus I mit Modus II oder III wird die Symmetrie verletzt und man spricht von *gemischter* oder *überlagerter Rissbeanspruchung* (engl. *mixed mode loading*). *Mixed-Mode-Beanspruchung* tritt immer dann auf, wenn in der Schnittebene im Körper, auf der sich der Riss befindet, die Schnittspannungen t_i^c sowohl Normal-

als auch Schubkomponenten aufweisen, siehe Bild 4.55 (links). In der ingenieurtechnischen Praxis gibt es eine Vielzahl von Beispielen und Ursachen, die zu gemischten Rissbeanspruchungen führen:

- überlagerte Belastung aus Zug, Schub, Torsion oder komplexen Lastfällen
- schräge, gekrümmte, verzweigte oder abgeknickte Risse
- zeitlich veränderliche dynamische oder thermische Betriebsbeanspruchungen
- erzwungene Rissausbreitungsrichtung schräg zur Hauptbeanspruchung aufgrund geometrischer oder werkstofftechnischer Vorzugsorientierungen (Grenzflächen, Fügeverbindungen, Anisotropie)

Im Weiteren wollen wir uns auf die linear-elastische Bruchmechanik bei statischer und zyklischer Belastung beschränken. Dann wird der Beanspruchungszustand an der Rissspitze eindeutig durch die drei Intensitätsfaktoren bestimmt, so dass ein verallgemeinertes Bruchkriterium für Mixed-Mode-Beanspruchung in folgender Form aufzustellen wäre:

$$B(K_{\mathrm{I}}, K_{\mathrm{II}}, K_{\mathrm{III}}) = B_c. \tag{4.300}$$

Die linke Seite definiert mit der Kenngröße B die Rissbeanspruchung, während rechts B_c den kritischen Materialkennwert bei Rissinitiierung charakterisiert. Zusätzlich muss jetzt noch eine Aussage über die Richtung der Rissausbreitung gemacht werden, die wie in Bild 4.55 (links) gezeigt von der Ursprungsrichtung um einen Winkel θ_c abweicht. Die Ausbreitung verläuft meist in diejenige Richtung, bei der die Kenngröße B einen Extremwert annimmt:

$$\max\{B(\theta)\} = B(\theta_c) \qquad \text{oder} \qquad \min\{B(\theta)\} = B(\theta_c). \tag{4.301}$$

Im Fall des spröden instabilen Gewaltbruchs genügen für die Festigkeitsbewertung die kritische Größe und Richtung der Rissbeanspruchung. Bei unterkritischem oder stabilem Risswachstum benötigt man allerdings noch ein kinematisches Gesetz, das die Größe des Rissfortschritts bei dieser Beanspruchung quantifiziert in der Art:

$$\frac{\mathrm{d}a}{\mathrm{d}t} = f_1(B) \qquad \text{oder} \qquad \frac{\mathrm{d}a}{\mathrm{d}N} = f_2(\Delta B). \tag{4.302}$$

Gerade beim Ermüdungsbruch reagiert der Riss empfindlich auf jede Veränderung des gemischten Beanspruchungszustandes und ändert seine Richtung entsprechend, was oft zu originell gekrümmten Risspfaden und subtilen Bruchflächen führt. Für die Beurteilung der Restlebensdauer ist es in diesem Zusammenhang besonders wichtig, dass man auch die geometrische Bahn des Risses vorhersagen kann.

Im Folgenden werden aus der Vielzahl der vorgeschlagenen Bruchkriterien für Mixed-Mode-Rissprobleme (siehe z. B. [106]) die anerkannten, bewährten Varianten vorgestellt.

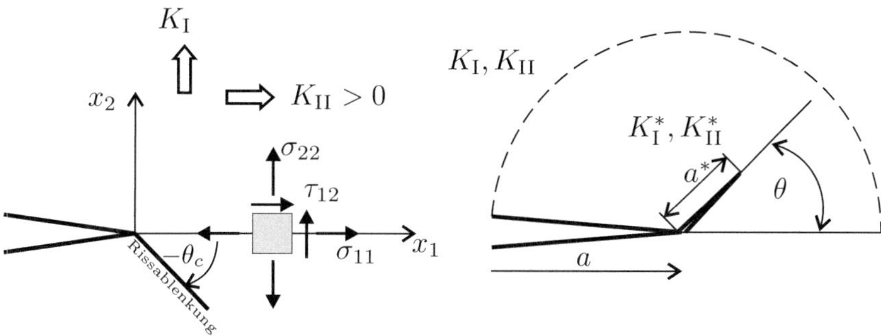

Bild 4.55 Gemischte Rissbeanspruchung aus Modus I und II für ebene Aufgaben

Kriterium der maximalen Umfangsspannung

Das *Kriterium der maximalen Umfangsspannung* (engl. *maximum tangential stress criterion*) wurde von Erdogan & Sih [33] entwickelt. Es basiert auf folgenden Annahmen:

- Der Riss breitet sich radial von der Spitze unter einem Winkel θ_c in der Richtung aus, die senkrecht zur maximalen Umfangsspannung $\sigma_{\theta\theta\,\max}$ liegt.
- Rissausbreitung setzt dann ein, wenn $\sigma_{\theta\theta\,\max}$ (in einem festgelegten Abstand r_c) einen Materialkennwert σ_c erreicht, der genau demjenigen bei reinem Modus I auf dem Ligament entspricht, wenn $K_\mathrm{I} = K_{\mathrm{I}c}$ erfüllt ist.

Aus den Nahfeldlösungen (4.17) und (4.24) erhält man

$$\sigma_{\theta\theta} = \frac{1}{4\sqrt{2\pi r_c}} \left[K_\mathrm{I} \left(3\cos\frac{\theta}{2} + \cos\frac{3\theta}{2} \right) - K_\mathrm{II} \left(3\sin\frac{\theta}{2} + 3\sin\frac{3\theta}{2} \right) \right] \tag{4.303}$$

und mit der Extremalbedingung

$$\left.\frac{\partial\,\sigma_{\theta\theta}}{\partial\,\theta}\right|_{\theta_c} = 0, \quad \frac{\partial^2\,\sigma_{\theta\theta}}{\partial\,\theta^2} < 0 \quad \Rightarrow \quad K_\mathrm{I}\sin\theta_c + K_\mathrm{II}(3\cos\theta_c - 1) = 0 \tag{4.304}$$

folgt der Rissablenkwinkel θ_c

$$\theta_c = 2\arctan\left[\frac{1}{4}\frac{K_\mathrm{I}}{K_\mathrm{II}} - \frac{1}{4}\sqrt{\left(\frac{K_\mathrm{I}}{K_\mathrm{II}}\right)^2 + 8} \right]. \tag{4.305}$$

Bei $\theta = \theta_c$ ist $\sigma_{\theta\theta}$ eine Hauptnormalspannung und die Schubspannung $\tau_{r\theta}$ verschwindet demzufolge. Die zweite Bedingung verlangt

$$\sigma_{\theta\theta}(\theta_c) = \sigma_c = \frac{K_{\mathrm{I}c}}{\sqrt{2\pi r_c}}, \tag{4.306}$$

woraus sich mit (4.303) das Versagenskriterium ergibt, das man auch durch einen »*Vergleichsspannungsintensitätsfaktor*« K_{v} auf dem Radiusstrahl θ_c ausdrücken kann:

$$K_{\mathrm{v}} = \lim_{r\to 0}\left[\sigma_{\theta\theta}(\theta_c)\sqrt{2\pi r}\right] = \cos^2\frac{\theta_c}{2}\left(K_{\mathrm{I}}\cos\frac{\theta_c}{2} - 3K_{\mathrm{II}}\sin\frac{\theta_c}{2}\right) = K_{\mathrm{Ic}} \tag{4.307}$$

Für reine Modus-II-Belastung beträgt der Ablenkwinkel $\theta_c = -70,5°$ und die kritische Belastung liegt bei $K_{\mathrm{II}} = \sqrt{3}/2K_{\mathrm{Ic}}$.

Kriterium der maximalen Energiefreisetzungsrate

Aus physikalischen Gründen bieten sich energetische Betrachtungen an, um ein geeignetes Kriterium für gemischte Rissbeanspruchung abzuleiten. Die in Abschnitt 4.2.5 angegebene Formel (4.93) für die Energiefreisetzungsrate G gilt allerdings nur für selbstähnliche Rissausbreitung entlang der Ursprungsrichtung und ist somit nicht nutzbar. Es sind deshalb Modelle und Lösungen entwickelt worden [52, 56, 72, 84], die einen kleinen abgeknickten Zusatzriss an der eigentlichen Rissspitze unterstellen, der die Länge $a^* \ll a$ und die Richtung θ hat, siehe Bild 4.55 (rechts). Hussain, Pu & Underwood [52] formulierten das *Kriterium der maximalen Energiefreisetzungsrate* (engl. *maximum energy release rate*) folgendermaßen:

- Der Zusatzriss bildet sich unter dem Winkel θ_c aus, für den die Energiefreisetzungsrate $G^* = (K_{\mathrm{I}}^{*\,2} + K_{\mathrm{II}}^{*\,2})/E'$ ein Maximum annimmt.

$$\left.\frac{\partial\, G^*(\theta)}{\partial\,\theta}\right|_{\theta_c} = 0, \quad \left.\frac{\partial^2\, G^*}{\partial\,\theta^2}\right|_{\theta_c} < 0 \tag{4.308}$$

- Rissausbreitung setzt dann ein, wenn G^* einen Materialgrenzwert G_c erreicht.

Die Belastung des Zusatzrisses a^* wird durch das Nahfeld des Hauptrisses mit den Intensitätsfaktoren K_{I} und K_{II} festgelegt. Aus den berechneten K_{I}^*- und K_{II}^*-Faktoren ergibt sich für den Grenzwert $a^* \to 0$ die Energiefreisetzungsrate [52]

$$\begin{aligned} G^*(\theta) = \frac{4}{E'}\left(\frac{\pi-\theta}{\pi+\theta}\right)^{\theta/\pi} \frac{1}{(3+\cos^2\theta)^2}\Big[(1+3\cos^2\theta)K_{\mathrm{I}}^2 \\ + (4\sin 2\theta)K_{\mathrm{I}}K_{\mathrm{II}} + (9-5\cos^2\theta)K_{\mathrm{II}}^2\Big] = G_c = K_{\mathrm{Ic}}^2/E'. \end{aligned} \tag{4.309}$$

Auf die Ableitung $\partial G^*/\partial\theta$ wird hier verzichtet und statt dessen die Ergebnisse für die Versagensgrenzkurve und den dazugehörigen Abknickwinkel θ_c in den Bildern 4.56 und Bild 4.57 dargestellt.

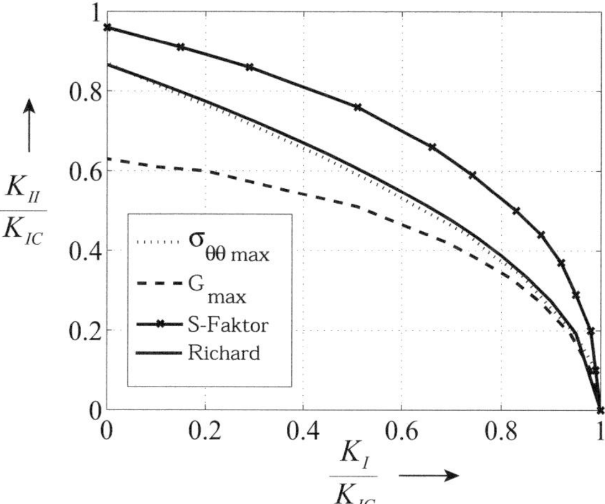

Bild 4.56 Versagensgrenzkurven bei gemischter Beanspruchung aus Modus I und Modus II

Kriterium der Formänderungsenergiedichte

Das von Sih [122] propagierte *Kriterium der Formänderungsenergiedichte* (engl. *strain energy density criterion*) basiert auf der Winkelabhängigkeit der singulären Energiedichte U des ebenen Nahfeldes

$$U = \frac{1}{2}\sigma_{ij}\varepsilon_{ij} = \frac{S(\theta)}{r} = \frac{1}{r}\left(a_{11}K_{\mathrm{I}}^2 + 2a_{12}K_{\mathrm{I}}K_{\mathrm{II}} + a_{22}K_{\mathrm{II}}^2\right), \tag{4.310}$$

die als Formänderungsenergiedichtefaktor $S(\theta)$ mit den K-Faktoren ausgedrückt wird:

$$\begin{aligned} a_{11} &= [(1+\cos\theta)(\kappa-\cos\theta)]/16\pi\mu \\ a_{12} &= \sin\theta[2\cos\theta-\kappa+1]/16\pi\mu \\ a_{22} &= [(\kappa+1)(1-\cos\theta)+(1+\cos\theta)(3\cos\theta-1)]/16\pi\mu. \end{aligned} \tag{4.311}$$

Dem Kriterium liegen folgende Annahmen zugrunde:

- Der Riss breitet sich radial in diejenige Richtung θ_c aus, für die der Faktor $S(\theta)$ ein Minimum annimmt

$$\left.\frac{\mathrm{d}S(\theta)}{\mathrm{d}\theta}\right|_{\theta_c} = 0, \quad \left.\frac{\mathrm{d}^2S(\theta)}{\mathrm{d}\theta^2}\right|_{\theta_c} > 0 \tag{4.312}$$

- Rissinitiierung erfolgt dann, wenn $S(\theta_c)$ einen Materialgrenzwert S_c erreicht, der am Modus I Fall (EVZ) kalibriert ist

$$S(\theta_c) = S_c \,\widehat{=}\, a_{11}(\theta_c = 0)K_{\mathrm{Ic}}^2 = \frac{1-2\nu}{4\pi\mu}K_{\mathrm{Ic}}^2. \tag{4.313}$$

Der aus (4.312) abgeleitete Ablenkungswinkel θ_c und die entsprechende Versagensgrenzkurve für $\nu = 0,3$ im EVZ findet man in den Bildern 4.56 und 4.57. Physikalisch begründet wird das S-Kriterium damit, dass in der Richtung θ_c der Anteil der Volumenänderungsarbeit U_V gegenüber dem gestaltändernden Anteil $U_G = U - U_\mathrm{V}$ dominiert, wodurch sprödes Versagen favorisiert wird. Dieses Argument wird im Kriterium von RADAJ & HEIB [94] weiter verfolgt, dem das Maximum der Funktion $S^*(\theta) = U_\mathrm{V}(\theta)/U_G(\theta)$ zugrunde liegt.

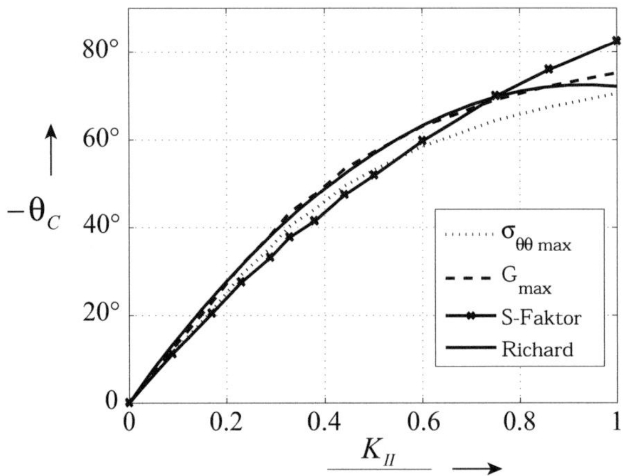

Bild 4.57 Rissablenkungswinkel bei gemischter Beanspruchung aus Modus I und Modus II

Kriterium des J-Integralvektors

Eine weitere Hypothese lässt sich mit Hilfe des J-Integralvektors $\boldsymbol{J}$ formulieren, der in Abschnitt 7.1 erläutert wird. Die beiden Komponenten von $\boldsymbol{J}$ in der Ebene sind in Bild 4.58 dargestellt. Ihre Werte entsprechen der Energiefreisetzungsrate, wenn der vom Integrationspfad eingeschlossene Rissspitzenbereich virtuell in die entsprechende Koordinatenrichtung um δl_1 bzw. δl_2 verrückt wird. Die Berechnung erfolgt als wegunabhängiges Integral nach den Beziehungen (7.11) oder (7.16). Die x_1-Komponente J_1 entspricht geometrisch der Ausbreitung des Risses in seine Ursprungsrichtung und ist deshalb mit der Energiefreisetzungsrate von (4.78) äquivalent, siehe auch Abschnitt 4.2.6. Anders verhält es sich bei der J_2-Komponente, die geometrisch mit einer Verrückung des gesamten betroffenen Rissbereiches senkrecht zur ursprünglichen Lage korrespondiert. Diese Art Verrückung δl_2 bildet jedoch nicht die reale physikalische Rissausbreitung ab, bei der ja ein Abknicken des Risses wie in Bild 4.55 stattfindet. In der LEBM besteht nach (7.12) folgende Verknüpfung zwischen den Komponenten des J_k-Integral-Vektors (7.11) und den Spannungsintensitätsfaktoren:

$$J_1 = G = \frac{1}{E'}\left(K_{\mathrm{I}}^2 + K_{\mathrm{II}}^2\right), \quad J_2 = -2K_{\mathrm{I}}K_{\mathrm{II}}/E'. \tag{4.314}$$

Basierend auf dem J-Integral wird nun als Kriterium formuliert:

- Der Riss breitet sich radial in Richtung des Vektors $\boldsymbol{J}$ aus, weil dort die Konfigurationskraft maximal wird (Bild 4.58). Der Rissablenkungswinkel beträgt somit

$$\theta_c = \arctan\left(J_2/J_1\right). \tag{4.315}$$

- Rissinitiierung erfolgt dann, wenn der Betrag von $\boldsymbol{J}$ einen kritischen Materialkennwert J_{Ic} erreicht, den man aus der Bruchzähigkeit K_{Ic} umrechnen kann.

$$|\boldsymbol{J}| = \sqrt{J_1^2 + J_2^2} \quad = \quad J_{\mathrm{Ic}} \mathrel{\widehat{=}} K_{\mathrm{Ic}}^2 \frac{1-\nu^2}{E} \tag{4.316}$$

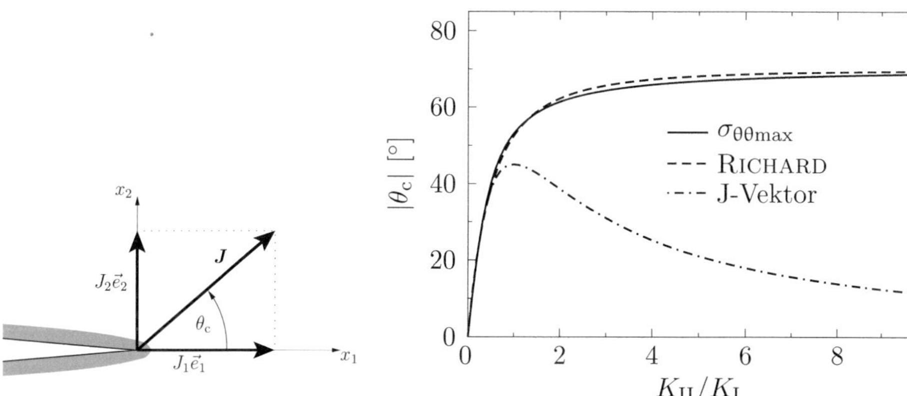

Bild 4.58 J-Integralvektor an der Rissspitze

Bild 4.59 Rissablenkungswinkel beim $\boldsymbol{J}$-Integral

Mit Hilfe von (4.314) lassen sich das Bruchkriterium und der Rissablenkungswinkel ebenfalls durch die Spannungsintensitätsfaktoren bzw. ihr Verhältnis $\varrho = K_{\mathrm{II}}/K_{\mathrm{I}}$ ausdrücken:

$$K_{\mathrm{I}} \sqrt[4]{\left(1+\varrho^2\right)^2 + 4\varrho^2} - K_{\mathrm{Ic}} = 0, \quad \theta_c = \arctan\left(\frac{-2\varrho}{1+\varrho^2}\right). \tag{4.317}$$

Die aus dem J-Integral-Kriterium erhaltenen Rissablenkungswinkel sind in Bild 4.59 als Funktion der Mixed-Mode-Beanspruchung zu sehen. Bei größeren Schubbelastungen $\varrho = K_{\mathrm{II}}/K_{\mathrm{I}} > 1$ fällt der Ablenkungswinkel wieder ab und tendiert gegen $\theta_c = 0$. Auch der kritische Wert des Versagens wird bei reiner Schubbelastung laut (4.317) mit $K_{\mathrm{II}} = K_{\mathrm{Ic}}$ und nicht mit $K_{\mathrm{II}} < K_{\mathrm{Ic}}$ vorhergesagt. Beide Aussagen stehen im Widerspruch zu experimentellen Beobachtungen und allen anderen Kriterien (Bild 4.56). Deshalb scheint eine praktische Anwendung des J-Integralvektors nur für $K_{\text{II}} \leq K_{\text{I}}$ sinnvoll zu sein.

Einen umfassenden Überblick über weitere Mixed-Mode-Bruchkriterien findet man bei Richard [106, 107] und Pook [90]. Die Untersuchungen für dreidimensionale Risskonfigurationen bei Überlagerung von allen drei Rissöffnungsmoden I, II und III sind noch Gegenstand aktueller Forschung, siehe z. B. [115, 108].

4.4.5 Ermüdungsrissausbreitung bei Mixed-Mode-Beanspruchung

Wie man Bild 4.56 entnehmen kann, unterscheiden sich die Mixed-Mode-Kriterien in ihren Aussagen erheblich, insbesondere bei hohem Schubanteil K_{II}. Experimentelle Überprüfungen erfordern aufwändige, komplizierte Versuche. Aufgrund vielfältiger Materialeinflüsse, Nebeneffekte und Streuungen konnte bisher kein allgemein gültiges Kriterium verifiziert werden. Besonders schwierig gestalten sich Messungen der Bruchzähigkeit K_{IIc} bei reiner Schubbeanspruchung. Zu beachten ist auch, dass alle genannten Kriterien nur anwendbar sind, wenn ein Mindestmaß an Rissöffnung ($K_{\text{I}} > 0$) vorhanden ist. Andernfalls kommt es zum Kontakt beider Rissufer, der bei der Analyse berücksichtigt werden muss ($K_{\text{I}} < 0$ gibt es praktisch nicht!) und die tangentiale Relativbewegung der Rissufer bzgl. Modus II wird durch Reibung beeinträchtigt.

Für geringen Modus II Anteil ($K_{\text{II}} \ll K_{\text{I}}$) liefern erfreulicherweise alle Hypothesen in erster Näherung dasselbe Resultat für den Ablenkungswinkel (vgl. Bild 4.57)

$$\theta_c \approx -2K_{\text{II}}/K_{\text{I}}. \tag{4.318}$$

Ein pragmatischer Ansatz wurde u. a. von Richard [107] vorgeschlagen, der ähnlich wie bei überlagerten Belastungen in der Festigkeitslehre einen *Vergleichsspannungsintensitätsfaktor* K_{v} einführt. Er wird aus K_{I} und K_{II} (evtl. K_{III}) gebildet und repräsentiert ein Maß der Rissbeanspruchung, das einer Modus I Beanspruchung äquivalent ist

$$K_{\text{v}}(K_{\text{I}}, K_{\text{II}}) = \frac{K_{\text{I}}}{2} + \frac{1}{2}\sqrt{K_{\text{I}}^2 + 4(\alpha_1 K_{\text{II}})^2} = K_{\text{I}c}, \quad \alpha_1 = 1,155 \tag{4.319}$$

$$\theta_c = \mp \left[155,5^\circ \frac{|K_{\text{II}}|}{|K_{\text{I}}| + |K_{\text{II}}|} - 83,4^\circ \left(\frac{|K_{\text{II}}|}{|K_{\text{I}}| + |K_{\text{II}}|} \right)^2 \right], \tag{4.320}$$

wobei die Vorzeichen für $K_{\text{II}} \gtrless 0$ gelten. Diese Formeln sind in den Bildern 4.56 und 4.57 mit enthalten. Die Aussagen kommen dem Hauptspannungskriterium recht nahe und wurden experimentell untermauert. Andere empirische Ansätze beschreiben die Versagensgrenzkurve durch eine verallgemeinerte elliptische Gestalt, deren Parameter K_{Ic}, K_{IIc}, α und β für jeden Werkstoff durch Mixed-Mode Experimente angepasst werden müssen.

$$\left(\frac{K_\mathrm{I}}{K_{\mathrm{I}c}}\right)^\alpha + \left(\frac{K_\mathrm{II}}{K_{\mathrm{II}c}}\right)^\beta = 1, \tag{4.321}$$

Obwohl die vorgestellten Bruchkriterien für monotone statische Belastung bis zum Gewaltbruch hergeleitet wurden, dürfen sie mit ausreichender Berechtigung im Gültigkeitsbereich der LEBM auch auf zyklische Belastungen angewendet werden. Zur Übertragung auf Ermüdungsrisse werden anstelle der absoluten Werte die Schwingbreiten ΔK_I und ΔK_II der Spannungsintensitätsfaktoren eingesetzt. Die Mixed-Mode-Hypothesen werden jetzt dahingehend interpretiert, dass sie die Wachstumsgeschwindigkeit der unterkritischen Rissausbreitung in Abhängigkeit vom Modenverhältnis K_I zu K_II quantifizieren. Dafür eignet sich am besten die Schwingbreite des Vergleichsintensitätsfaktors ΔK_v z. B. nach (4.307) oder (4.319)

$$\Delta K_\mathrm{v}(\Delta K_\mathrm{I}, \Delta K_\mathrm{II}) = \frac{\Delta K_\mathrm{I}}{2} + \frac{1}{2}\sqrt{\Delta K_\mathrm{I}^2 + 4(\alpha_1 \Delta K_\mathrm{II}^2)}. \tag{4.322}$$

ΔK_v kann somit in allen Risswachstumsgesetzen für konstante und variable Amplituden der Abschnitte 4.4.1 und 4.4.3 anstelle von ΔK benutzt werden

$$\frac{\mathrm{d}a}{\mathrm{d}N} = f(\Delta K_\mathrm{v}, R) \quad \text{im Bereich } \Delta K_\mathrm{th} \leq \Delta K_\mathrm{v} \leq (1-R)K_c. \tag{4.323}$$

Vorausgesetzt werden muss allerdings, dass $K_\mathrm{I}(t)$ und $K_\mathrm{II}(t)$ zeitlich synchron schwingen und sich ihr Verhältnis nicht verändert.

4.4.6 Vorhersage des Risspfades und seiner Stabilität

Für die praktische Lebensdauerabschätzung beim Ermüdungsbruch erhebt sich die entscheidende Frage: Welchen geometrischen Pfad schlägt der Riss unter den gegebenen komplexen Belastungen im Bauteil ein? Nehmen wir an, die Spannungsintensitätsfaktoren K_I und K_II seien für die momentane Position eines Ermüdungsrisses im lokalen Rissspitzen-Koordinatensystem bekannt. Dann sagen alle Mixed-Mode-Kriterien näherungsweise die gleiche Änderung $\Delta\theta = -2K_\mathrm{II}/K_\mathrm{I}$ der Rissausbreitungsrichtung vorher. Im Weiteren sind zwei Fälle zu unterscheiden:

- Ausrichtung auf K_I und $K_\mathrm{II} = 0$
  Ermüdungsrisse wachsen in einem inhomogenen Spannungsfeld immer so, dass sie sich senkrecht zur maximalen lokalen Hauptspannung ausrichten, d. h. dass K_I dominiert und $K_\mathrm{II} \to 0$ auf null absinkt. Demzufolge stellt sich an der momentanen Rissspitze ein symmetrischer (Modus I) Beanspruchungszustand ein. Die Richtung des Risses dreht sich *stetig* und alle Kriterien implizieren, dass dabei $K_\mathrm{II} = 0$ sein muss. Andernfalls wäre die Richtungsänderung $\Delta\theta$ falsch berechnet! Das bedeutet im Rahmen einer Theorie 1. Ordnung (nur singuläre Terme des Nahfeldes), dass die Richtungsänderung durch die Bedingung $K_\mathrm{II} = 0$ festgelegt ist. Voraussetzung ist aber, dass die Rissausbreitung allein durch das Spannungsfeld gesteuert wird und das Material isotrop ist. Diese Theorie wird durch unzählige Schadensfälle und praktische Erfahrungen bestätigt.

- Echte Mixed-Mode-Situation $K_{II} \neq 0$
  Unter den eingangs in Abschnitt 4.4.4 aufgezählten Bedingungen kommt es dazu, dass zu Beginn des Risswachstums echte Modus-II Anteile auftreten oder sich später spontan wieder einstellen. Dann erfolgt tatsächlich ein *abruptes* Abknicken des Risses nach (4.318).

Bei der numerischen Simulation der Rissausbreitung mit FEM ist man zu endlichen Rissinkrementen gezwungen, so dass sich ein polygonförmiger Pfad mit *unstetigen* Richtungsänderungen ergibt. Dabei wendet man meistens ein explizites Schema zur Integration des Rissausbreitungspfades an: Die Richtungsänderung $\Delta\theta$ wird aus den K-Faktoren bei a_0 abgeleitet und nicht aus der Bedingung $K_{II}(a_0+\Delta a) = 0$ am Intervallende. Dazu wäre ein iteratives implizites Schema notwendig. Somit entsteht ein $K_{II}(a_0 + \Delta a) \neq 0$, was im Grunde ein Approximationsfehler ist, von dem man annimmt, dass er sich beim nächsten Rissinkrement korrigiert. Voraussetzung dafür ist eine ausreichend feine Inkrementierung Δa der Rissausbreitung. Erwähnt werden sollen erweiterte Richtungskriterien für krummliniges Risswachstum (siehe [19, 130]), wobei in der Nahfeldlösung die T_{11}-Spannungen 2. Ordnung Berücksichtigung finden und das Kriterium der maximalen Umfangsspannung genutzt wird.

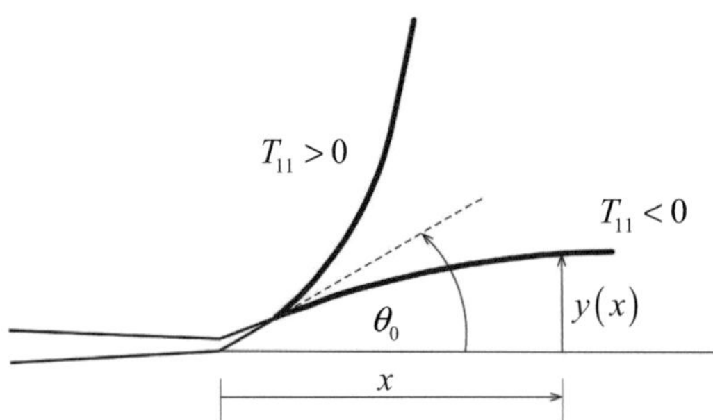

Bild 4.60 Zur Richtungsstabilität bei Rissausbreitung

Zum Abschluss soll die Frage der *Richtungsstabilität* der Rissausbreitung diskutiert werden. Gemeint ist damit, wie der Riss auf kleine Störungen des Risspfades infolge von Materialinhomogenitäten, Lastschwankungen o. ä. reagiert. COTTERELL & RICE [24] haben auf der Basis der Lösung für einen abgeknickten Riss (Bild 4.55) im K-Feld des Hauptrisses die folgende Theorie abgeleitet. Ausgangssituation ist eine Mixed-Mode-Belastung $K_I(a)$, $K_{II}(a)$, die nach (4.318) einen Abknickwinkel θ_0 bedingt, siehe Bild 4.60. Die weitere Ausbreitung des Anrisses $y(x)$ konnte näherungsweise integriert werden unter der Voraussetzung, dass dabei $K^*_{II}(a^*) = 0$ bleibt, was auch dem Maximum von $G^*(a^*)$ entspricht. Auf die Form des Risspfades hat die T_{11}-Spannung am Hauptriss großen Einfluss. So ergaben sich zwei Lösungszweige, siehe Bild 4.60:

$$y(x) \to \frac{\theta_0\, K_\mathrm{I}^2}{4T_{11}^2} \exp\left(\frac{8T_{11}^2}{K_\mathrm{I}^2} x\right) \qquad \text{für } T_{11} > 0 \tag{4.324}$$

$$y(x) \to \frac{\theta_0\, K_\mathrm{I}}{|T_{11}|} \sqrt{\frac{x}{2\pi}} \qquad \text{für } T_{11} < 0\,. \tag{4.325}$$

Das Ergebnis besagt: Für positive Spannungen T_{11} parallel zum Hauptriss biegt der Anriss von der Ursprungsrichtung θ_0 nach oben weg $y' \to \infty$ – die Richtung wird *instabil.* Bei Druckspannungen $T_{11} < 0$ hingegen wird der Riss auf seine Ursprungsrichtung $\theta = 0$ gedrängt $y' \to 0$ – *stabil.* (Das kann man sich auch mit den Hauptspannungen veranschaulichen.) Die Vorhersagen dieses Modells wurden durch Experimente verifiziert.

Die Untersuchungen unterstreichen die Bedeutung der T_{11}-Spannungen bzw. ihrer normierten Form, dem *Biaxialparameter*, in der Bruchmechanik:

$$\beta_\mathrm{T} = \frac{T_{11}\sqrt{\pi a}}{K_\mathrm{I}}\,. \tag{4.326}$$

4.5 Dynamische Bruchvorgänge

4.5.1 Einführung

Von dynamischen Vorgängen spricht man in der Bruchmechanik immer dann, wenn die Verformungen im rissbehafteten Körper mit hoher Geschwindigkeit ablaufen und als Folge beschleunigter Masseteilchen große Trägheitskräfte auftreten. Beide Effekte bestimmen die Beanspruchung und die Beanspruchbarkeit maßgeblich. Hohe, unerwünschte dynamische Belastungen von Bauteilen mit Rissen treten in der Technik bei Stoß- und Schlagprozessen, Fall- und Crashvorgängen sowie Explosionen auf. Auch Erdbeben sind Wellenausbreitungen, die durch dynamische Bruchvorgänge in der Erdkruste hervorgerufen werden. Bewusst eingesetzt werden dagegen dynamische Bruchvorgänge im Bergbau (Sprengungen), in der Geotechnik (Hydrocracking) und bei Zerkleinerungsprozessen. Grundsätzlich muss man in der dynamischen Bruchmechanik zwei Fragestellungen unterscheiden:

- Den *ruhenden (stationären) Riss* unter dynamischer Belastung. Die Wirkung der äußeren Belastung wird über Spannungswellen durch das Material auf den Riss übertragen.
- Den *schnell laufenden (instationären) Riss*. Hierbei werden durch die hochdynamischen Trennvorgänge vom Riss selbst elastodynamische Wellen emittiert.

Dynamische Bruchvorgänge sind aus folgenden Gründen meist gefährlicher als statische: Erstens verlaufen sie nach Rissinitiierung fast immer instabil, was insbesondere bei spröden Werkstoffen zum unkontrollierten Versagen des gesamten Bauteils führen kann. Nach einer kurzen Beschleunigungsphase erreichen dynamische Risse sehr große Ausbreitungsgeschwindigkeiten, die in der Größenordnung der Schallwellengeschwindigkeiten liegen. Bei einem Überangebot von Energie treten auch noch Rissverzweigungen auf. Zweitens verursachen die hohen Verzerrungsgeschwindigkeiten an der Rissspitze in vielen Werkstoffen eine Versprödung, d. h. aufgrund viskoplastischer Effekte verringert sich das Energieabsorptionsvermögen der Bruchprozesszone und die Bruchzähigkeit sinkt.

Aufgrund der komplizierten elastodynamischen Wellenerscheinungen wie Reflexion, Überlagerung, Dispersion und Dämpfung existiert bei dynamischen Bruchvorgängen kein proportionaler Zusammenhang mehr zwischen dem zeitlichen Verlauf von Belastung $\sigma(t)$ und Rissbeanspruchung $K_{\mathrm{I}}(t)$. Grundsätzlich kann man bei Stoßbelastung folgende Tendenzen feststellen: Die Wellenphänomene dominieren zu Anfang in einem kurzen Zeitbereich, solange hohe kinetische Energie im System ist. Mit wachsender Zeit wird diese Energie dissipiert, die Wellen werden gedämpft, zerstreut und klingen schließlich ab. Je größer der Riss im Verhältnis zur Probe ist, desto ausgeprägter ist der Kurzzeiteffekt, d. h. es treten intensive Oszillationen von $K_{\mathrm{I}}(t)$ auf wie z. B. beim Kerbschlagversuch. Ein kleiner Riss in großen Bauteilen wird hingegen nur einmal von einer einlaufenden Wellenfront erfasst, die sich dann verflüchtigt.

Die folgenden Ausführungen zu den theoretischen Grundlagen der dynamischen Bruchmechanik beschränken sich auf spröde Werkstoffe und zweidimensionale Probleme. Die zeitabhängigen Spannungs- und Verformungsfelder im Körper mit Riss werden deshalb als Lösung entsprechender Anfangs-Randwertaufgaben (ARWA) der linearen Elastizitätstheorie (Kapitel 3.5) berechnet.

4.5.2 Elastodynamische Grundgleichungen

Ausgangspunkt sind die NAVIER-LAMÉschen Gleichungen, die das DGL-System der linearen Elastodynamik in Form der Verschiebungsfelder beschreiben und mit entsprechenden Anfangs- und Randbedingungen zu komplettieren sind.

$$(\lambda + \mu)u_{j,ji} + \mu u_{i,jj} = \rho \ddot{u}_i \tag{4.327}$$

Diese Gleichungen gewinnt man durch Einsetzen des HOOKEschen Gesetzes (3.89) in die Bewegungsgleichungen (3.71) (ohne Volumenkräfte $\bar{b}_i = 0$) und anschließende Substitution der Verzerrungen über die kinematischen Beziehungen (3.30). Zur Lösung der DGL (4.327) wird das Verschiebungsfeld mit einem SkalarPotenzial $\varphi(x, t)$ und einem Vektorpotenzial $\boldsymbol{\psi}(\boldsymbol{x}, t)$ angesetzt

$$\boldsymbol{u}(\boldsymbol{x}, t) = \boldsymbol{\nabla}\varphi + \boldsymbol{\nabla} \times \boldsymbol{\psi} \quad \text{bzw.} \quad u_i = \varphi_{,i} + \epsilon_{ijk}\psi_{j,k}\,, \tag{4.328}$$

woraus sich für beide Potenziale HELMHOLTZsche Wellengleichungen ergeben.

$$c_\mathrm{d}^2 \Delta\varphi = \ddot{\varphi}\,, \qquad c_\mathrm{s}^2 \Delta\boldsymbol{\psi} = \ddot{\boldsymbol{\psi}} \tag{4.329}$$

Das Skalarpotenzial φ verkörpert eine Volumenänderung, wohingegen das Vektorpotenzial $\boldsymbol{\psi}$ eine reine Gestaltänderung beschreibt. Deshalb entsprechen die Konstanten c_d bzw. c_s den Ausbreitungsgeschwindigkeiten von Dilatationswellen (Longitudinalwellen) bzw. von Scherwellen (Transversalwellen).

$$c_\mathrm{d} = \sqrt{\frac{\lambda + 2\mu}{\rho}}\,, \qquad c_\mathrm{s} = \sqrt{\frac{\mu}{\rho}} \tag{4.330}$$

Ebene elastische Wellen, die sich im unbegrenzten 3D-Körper in Richtung des Normalenvektors $\boldsymbol{n}$ ausbreiten, können wie folgt dargestellt werden

$$\varphi = \varphi(\boldsymbol{x} \cdot \boldsymbol{n} - c_\mathrm{d}t) \qquad \boldsymbol{\psi} = \boldsymbol{\psi}(\boldsymbol{x} \cdot \boldsymbol{n} - c_\mathrm{s}t)\,. \tag{4.331}$$

Die Dilatationswelle bewegt die Teilchen in Richtung der Wellenausbreitung, wohingegen die Scherwelle Verschiebungen in beide transversale Richtungen der Wellenebene bewirkt. Für dynamische Rissprobleme haben außerdem Oberflächenwellen (RAYLEIGH-Wellen) eine große Bedeutung, da sie sich hauptsächlich entlang lastfreier Oberflächen (Rissufer) ausbreiten und ins Innere hinein rasch abklingen. Ihre Ausbreitungsgeschwindigkeit c_R ergibt sich aus der Nullstelle der so genannten RAYLEIGH-Funktion $D(c)$.

$$D(c) = 4\alpha_\mathrm{d}\alpha_\mathrm{s} - (1+\alpha_\mathrm{s}^2)^2 \quad \to D(c_\mathrm{R}) = 0 \tag{4.332}$$

$$\alpha_\mathrm{d}(c) = \sqrt{1 - \frac{c^2}{c_\mathrm{d}^2}}\,, \qquad \alpha_\mathrm{s}(c) = \sqrt{1 - \frac{c^2}{c_\mathrm{s}^2}} \tag{4.333}$$

Die Wellengeschwindigkeiten in Konstruktionswerkstoffen variieren von minimal 900 m/s (Kunststoffe) bis maximal 11 000 m/s (Keramiken). Für Eisen- und Aluminiumlegierungen betragen sie etwa: $c_\mathrm{d} \approx 5\,900\,\mathrm{m/s}$, $c_\mathrm{s} \approx 3\,100\,\mathrm{m/s}$ und $c_\mathrm{R} \approx 2\,900\,\mathrm{m/s}$. Es gilt die Relation $c_\mathrm{R} < c_\mathrm{s} < c_\mathrm{d}$.

4.5.3 Stationäre Risse bei dynamischer Belastung

An der Spitze eines dynamisch belasteten, stationären Risses stellen sich exakt dieselben Nahfelder ein wie im statischen Fall. Es existieren die gleichen Singularitäten und die Aufspaltung in die drei Rissöffnungsmoden I, II und III mit den Spannungsintensitätsfaktoren als Beanspruchungskenngrößen. Damit können alle in Abschnitt 4.2 hergeleiteten asymptotischen Beziehungen für die Spannungen, Verzerrungen und Verschiebungen bei Modus I ((4.12) – (4.16)), Modus II ((4.23) – (4.26)) und Modus III ((4.31) – (4.32)) übernommen werden. Der wesentliche und einzige Unterschied zum statischen Lastfall besteht darin, dass die K-Faktoren in der Dynamik von der Zeit t abhängen.

Dynamisches Rissspitzenfeld am ruhenden Riss:

$$\sigma_{ij}(r,\theta,t) = \frac{1}{\sqrt{2\pi r}}\Big[K_\mathrm{I}(t)f_{ij}^\mathrm{I}(\theta) + K_\mathrm{II}(t)f_{ij}^\mathrm{II}(\theta) + K_\mathrm{III}(t)f_{ij}^\mathrm{III}(\theta)\Big] \tag{4.334}$$

$$u_i(r,\theta,t) = \frac{1}{2\mu}\sqrt{\frac{r}{2\pi}}\Big[K_\mathrm{I}(t)g_i^\mathrm{I}(\theta) + K_\mathrm{II}(t)g_i^\mathrm{II}(\theta) + K_\mathrm{III}(t)g_i^\mathrm{III}(\theta)\Big] \tag{4.335}$$

Diese Übereinstimmung kann man sich mathematisch anhand der DGL (4.327) herleiten. Macht man für das Verschiebungsfeld an der Rissspitze einen nichtsingulären Ansatz $u_i = r^\lambda \tilde{g}(\theta,t)$ $(0 < \lambda < 1)$, so verhalten sich die Spannungen wie $r^{\lambda-1}$ und die 2. Ortsableitungen auf der linken Seite von (4.327) wie $r^{\lambda-2}$. In der Asymptotik $r \to 0$ verschwinden die Trägheitskräfte $\rho\ddot{u}_i \sim r^\lambda$ somit von höherer Ordnung und dürfen vernachlässigt werden.

Die Berechnung der K-Faktoren als Funktion der transienten Belastung, der Bauteilgeometrie, der Risslänge und der Zeit erfordert die Lösung der elastodynamischen ARWA. Die wenigen verfügbaren analytischen Lösungen für unendlich ausgedehnte Gebiete beruhen zumeist auf der LAPLACE-Integraltransformation, siehe FREUND [40]. Einige grundlegende Phänomene der dynamischen Rissbelastung sollen am Beispiel des 2D Problems (Bild 4.61) diskutiert werden. Untersucht

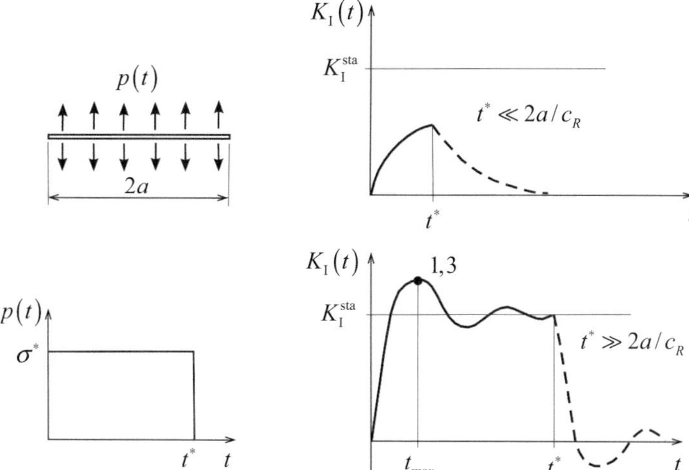

Bild 4.61 Zeitlicher Verlauf des Spannungsintensitätsfaktors bei Belastung eines Risses mit einem Rechteckimpuls

wird ein Riss der Länge $l = 2a$ in der Ebene (Annahme EVZ), dessen Ufer bei $t = 0$ sprungartig mit der Spannung $p(t) = \sigma^*$ belastet und nach einer Zeit t^* wieder vollständig entlastet werden. Die Sprungbelastung generiert an jedem Punkt der Rissufer nach dem HUYGENschen Prinzip Elementarwellen, deren Einhüllende die aktuellen Wellenfronten bilden. Fernab von den Rissspitzen werden ebene Wellen parallel zu den Rissufern abgestrahlt. Um jede Rissspitze entstehen jedoch zwei konzentrische kreisförmige Wellenfronten, die einer Dilatations- und Scherwelle entsprechen, deren Radien mit $c_\mathrm{d}t$ bzw. $c_\mathrm{s}t$ anwachsen. Solange diese Wellenfronten noch nicht die jeweils andere Rissspitze erreicht haben, d. h. die Laufzeit $t < 2a/c_\mathrm{d}$ ist, verhält sich jede Rissspitze autonom wie bei einem halbunendlichen Riss. Aus Gründen der Selbstähnlichkeit des Spannungsfeldes $\sigma_{ij}(r,t)\sqrt{r} \sim \sigma^*\sqrt{c_\mathrm{d}t}$ steigt der Spannungsintensitätsfaktor mit der Zeit an (Bild 4.61, rechts oben):

$$K_\mathrm{I}(t) = 2\sigma^* \frac{\sqrt{1-2\nu}}{1-\nu}\sqrt{\frac{c_\mathrm{d}t}{\pi}} \qquad \text{für } 0 < t < 2a/c_\mathrm{d}. \tag{4.336}$$

Erreichen die Dilatationswellen die andere Rissspitze, so erzeugen sie dort eine zusätzliche Zugbelastung, die erst nach dem späteren Eintreffen der RAYLEIGH-Welle bei $\tau = 2a/c_\mathrm{R}$ wieder absinkt. Das hierbei auftretende Maximum des dynamischen Spannungsintensitätsfaktors $K_{\mathrm{I}\max}$ übersteigt die statische Lösung $K_\mathrm{I}^\mathrm{sta} = \sigma^*\sqrt{\pi a}$ für diesen Riss um etwa 30 % (bei $\nu = 0,3$)! Dieses Phänomen wird *dynamisches Überschwingen* (engl. *dynamic overshoot*) genannt. Der Überhöhungsfaktor $\varkappa > 1$ zur statischen Lösung hängt von der Risskonfiguration und der Flankensteilheit des Impulses $p(t)$ ab.

$$\max_t K_\mathrm{I}(t) \approx K_\mathrm{I}(t_\mathrm{max} = 2a/c_\mathrm{R}) = \varkappa K_\mathrm{I}^\mathrm{sta} \tag{4.337}$$

Nach dem Maximum pendelt sich der $K_{\rm I}(t)$-Verlauf in mehreren Schwingungen auf seinen statischen Wert ein, siehe Bild 4.61 rechts unten. Die Amplituden klingen ab, da vom Riss fortlaufend Wellen ins Unendliche abgestrahlt werden. Das Verhalten von $K_{\rm I}(t)$ nach Entlastung bei t^* ist für beide Fälle in Bild 4.61 illustriert.

Man erkennt, dass die Charakteristik der Lösung wesentlich vom Verhältnis der Impulsdauer t^* zur Laufzeit einer Rayleigh-Welle $\tau = 2a/c_{\rm R}$ über die Risslänge abhängt. Durch Anwendung des K-Konzeptes $K_{\rm I}(t) = K_{\rm Id}$ kann für beide Fälle aus (4.336) und (4.337) die kritische Größe $\sigma_{\rm c}^*$ des rechteckförmigen Spannungsimpulses ausgerechnet werden (EVZ, $\nu = 0,3$):

$$\begin{aligned} \sigma_{\rm c}^* &= 0,87\frac{K_{\rm Id}}{\sqrt{\pi a}}\Big/\sqrt{\frac{t^* c_{\rm R}}{2a}} \qquad &&\text{bei } t^* \ll 2a/c_{\rm R} \\ \sigma_{\rm c}^* &= \frac{1}{1,3}\frac{K_{\rm Id}}{\sqrt{\pi a}} = \text{const.} &&\text{bei } t^* \gg 2a/c_{\rm R} \end{aligned} \tag{4.338}$$

Bei langen Impulsen verhält sich die kritische Belastung ähnlich wie im statischen Fall (4.79). Bei sehr kurzen Belastungsstößen steigt jedoch die ertragbare Spannung (für konstante Risslänge) mit $1/\sqrt{t^*}$, da sich der K-Faktor erst aufbauen muss. Tatsächlich sind diese Zeiten extrem kurz. Für einen 10 mm großen Riss in Aluminium beträgt $\tau \approx 3,4\,\mu$s.

4.5.4 Dynamische Rissausbreitung

Wie sieht das Nahfeld an der Spitze eines Risses aus, der sich mit der Geschwindigkeit $\dot{a}$ ausbreitet? Zur Lösung führen wir an der Rissspitze wieder ein mitbewegtes Koordinatensystem ($x_1 = X_1 - \dot{a}t$, $x_2 = X_2$) ein (Bild 4.62). Zunächst soll der Modus-III-Fall betrachtet werden, worauf die Belastungen Modus I + II in der Rissebene folgen.

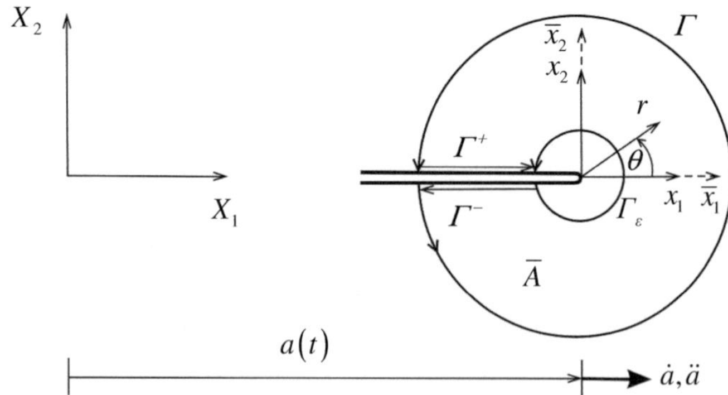

Bild 4.62 Mitgeführte Koordinatensysteme und Integrationspfade am schnell bewegten Riss

Nichtebener Schub Modus III

In diesem Fall vereinfachen sich die NAVIER-LAMÉschen Gleichungen (4.327) wegen $u_1 \equiv u_2 \equiv 0$, $\frac{\partial(\cdot)}{\partial x_3} \equiv 0$ auf eine Wellengleichung für das longitudinale Verschiebungsfeld u_3

$$c_{\mathrm{s}}^2 u_{3,jj}(x_1, x_2) = \ddot{u}_3(x_1, x_2)\,, \tag{4.339}$$

die aufgrund von $\frac{\partial(\cdot)}{\partial t} = -\dot{a}\frac{\partial(\cdot)}{\partial x_1}$ folgende Form annimmt:

$$\frac{\partial^2 u_3}{\partial x_1^2} + \frac{1}{\alpha_{\mathrm{s}}^2}\frac{\partial^2 u_3}{\partial x_2^2} = 0 \qquad \text{mit } \alpha_{\mathrm{s}} = \sqrt{1 - \frac{\dot{a}^2}{c_{\mathrm{s}}^2}}\,. \tag{4.340}$$

Um diese DGL in eine Potenzialgleichung umzuwandeln, wird eine modifizierte (gestauchte) x_2-Koordinate $\bar{x}_2 := \alpha_{\mathrm{s}} x_2$ eingeführt, was in komplexer Schreibweise lautet:

$$z_{\mathrm{s}} = x_1 + \mathrm{i}\alpha_{\mathrm{s}}\, x_2 = r_{\mathrm{s}}\mathrm{e}^{\mathrm{i}\theta_{\mathrm{s}}} \qquad \text{mit} \qquad r_{\mathrm{s}} = \sqrt{x_1^2 + \alpha_{\mathrm{s}}^2\, x_2^2}\,, \quad \theta_{\mathrm{s}} = \arctan\left(\frac{\alpha_{\mathrm{s}}\, x_2}{x_1}\,.\right) \tag{4.341}$$

Damit gilt

$$\Delta u_3(r_{\mathrm{s}}, \theta_{\mathrm{s}}) = 0\,, \tag{4.342}$$

zu deren Lösung wir wie im statischen Fall (Abschnitt 4.2.2) die Methode der komplexen Funktionen anwenden können:

$$\mu u_3 = \Re\Omega(z_{\mathrm{s}})\,, \qquad \tau_{13} - \mathrm{i}\frac{\tau_{23}}{\alpha_{\mathrm{s}}} = \Omega'(z_{\mathrm{s}})\,. \tag{4.343}$$

Derselbe Reihenansatz (4.51) für die Spannungsfunktion Ω befriedigt die Rissufer–Randbedingungen. Wir werten nur den singulären Term $n = 1$ aus, $\Omega(z_{\mathrm{s}}) = c_1 z_{\mathrm{s}}^{1/2}$, wobei $c_1 = -K_{\mathrm{III}}\sqrt{2/\pi}$ gilt. Mit (4.343) findet man letztendlich die Spannungen und Verschiebungen des Nahfeldes:

$$\begin{Bmatrix} \tau_{13} \\ \tau_{23} \end{Bmatrix} = \frac{K_{\mathrm{III}}(t)}{\sqrt{2\pi r_s}} \begin{Bmatrix} -\dfrac{\sin(\theta_{\mathrm{s}}/2)}{\alpha_{\mathrm{s}}\sqrt{\gamma_{\mathrm{s}}}} \\ \dfrac{\cos(\theta_{\mathrm{s}}/2)}{\sqrt{\gamma_{\mathrm{s}}}} \end{Bmatrix}, \quad u_3 = \frac{K_{\mathrm{III}}(t)\sqrt{r}}{\sqrt{2\pi}}\frac{\sqrt{\gamma_{\mathrm{s}}}}{\alpha_{\mathrm{s}}}\sin\frac{\theta_{\mathrm{s}}}{2}\,. \tag{4.344}$$

Die Lösung ist ähnlich wie im statischen Fall als Produkt von Radius- und Winkelfunktionen aufgebaut. Die Spannungen sind singulär mit $r^{-1/2}$ und das Verschiebungsfeld ist proportional zu $r^{1/2}$. Allerdings hängen die Winkelfunktionen der Felder nun über α_s und r_s von der Rissgeschwindigkeit $\dot{a}$ ab. Dieser Unterschied zum statischen Problem verschwindet bei $\dot{a} = 0$ ($\alpha_\mathrm{s} = 1$, $r_\mathrm{s} = r$, $\theta_\mathrm{s} = \theta$), vgl. (4.31) und (4.32). Zur Abkürzung wurde das Verhältnis zwischen dem skalierten und dem wahren Radius eingeführt:

$$\gamma_\mathrm{s}(\theta) = \frac{r_\mathrm{s}}{r} = \sqrt{1 - \left(\frac{\dot{a}\sin\theta}{c_\mathrm{s}}\right)^2}, \qquad \gamma_\mathrm{d}(\theta) = \frac{r_\mathrm{d}}{r} = \sqrt{1 - \left(\frac{\dot{a}\sin\theta}{c_\mathrm{d}}\right)^2} \tag{4.345}$$

Ebener Zug (Modus I) und Schub (Modus II)

Für ebene Aufgaben (EVZ: $u_3 \equiv 0$, $\frac{\partial(\cdot)}{\partial x_3} \equiv 0$) reduziert sich die Lösungsdarstellung (4.328) auf zwei Wellengleichungen, denen das Skalar-Potenzial und die $\psi = \psi_3$-Komponente des Vektor-Potenzials ($\psi_1 \equiv \psi_2 \equiv 0$) gehorchen müssen:

$$c_\mathrm{d}\, \varphi_{,jj} = \ddot{\varphi}\,, \qquad c_\mathrm{s}\, \psi_{,jj} = \ddot{\psi}\,. \tag{4.346}$$

Ähnlich wie beim Modus-III-Problem liefert die Transformation auf das mitbewegte Koordinatensystem (x_1, x_2) von Bild 4.62 zwei zeitunabhängige DGL mit den Parametern:

$$\begin{aligned} &\frac{\partial^2\varphi}{\partial x_1^2} + \frac{1}{\alpha_\mathrm{d}}\frac{\partial^2\varphi}{\partial x_2^2} = 0\,, \qquad \alpha_\mathrm{d} = \sqrt{1 - \frac{\dot{a}^2}{c_\mathrm{d}^2}} \\ &\frac{\partial^2\psi}{\partial x_1^2} + \frac{1}{\alpha_\mathrm{s}}\frac{\partial^2\psi}{\partial x_2^2} = 0\,, \qquad \alpha_\mathrm{s} = \sqrt{1 - \frac{\dot{a}^2}{c_\mathrm{s}^2}}. \end{aligned} \tag{4.347}$$

Die Einführung der skalierten Koordinaten (4.341) in die 2. Gleichung und entsprechender Ausdrücke

$$z_\mathrm{d} = x_1 + \mathrm{i}\alpha_\mathrm{d}\, x_2 = r_\mathrm{d}\mathrm{e}^{\mathrm{i}\theta_\mathrm{d}} \quad \text{mit} \quad r_\mathrm{d} = \sqrt{x_1^2 + \alpha_\mathrm{d}^2\, x_2^2}\,, \quad \theta_\mathrm{d} = \arctan\left(\frac{\alpha_\mathrm{d}\, x_2}{x_1}\right) \tag{4.348}$$

in die 1. Gleichung ergibt die Potenzialgleichungen

$$\Delta\varphi(r_\mathrm{d}, \theta_\mathrm{d}) = 0\,, \qquad \Delta\psi(r_\mathrm{s}, \theta_\mathrm{s}) = 0\,. \tag{4.349}$$

Zur Lösung werden beide Funktionen entweder als Real- oder Imaginärteil einer komplexen analytischen Funktion angesetzt, für die wir nur den dominanten Term einer Reihenentwicklung verwenden:

$$\begin{aligned}
\varphi &= A\,\Re z_{\mathrm{d}}^{3/2}\,, \quad \psi = B\,\Im z_{\mathrm{s}}^{3/2} \quad \text{für Symmetrie (Modus I)}\\
\varphi &= A\,\Im z_{\mathrm{d}}^{3/2}\,, \quad \psi = B\,\Re z_{\mathrm{s}}^{3/2} \quad \text{für Antimetrie (Modus II)}\,.
\end{aligned} \tag{4.350}$$

Aus den Randbedingungen spannungsfreier Rissufer ($\tau_{21} = \sigma_{22} = 0$ bei $\theta = \pm\pi$) bestimmt man die reellen Konstanten A und $B = A\,2\alpha_{\mathrm{d}}/(1+\alpha_{\mathrm{s}}^2)$. Nach umfangreichen Rechnungen gewinnt man daraus die Spannungs- und Verschiebungsfelder an der Rissspitze, siehe [95], über die Beziehungen:

$$u_1 = \frac{\partial \varphi}{\partial x_1} + \frac{\partial \psi}{\partial x_2}\,, \qquad u_2 = \frac{\partial \varphi}{\partial x_2} - \frac{\partial \psi}{\partial x_1} \tag{4.351}$$

$$\begin{aligned}
\sigma_{11} &= \lambda\Delta\varphi + 2\mu\left[\frac{\partial^2\varphi}{\partial x_1^2} + \frac{\partial^2\psi}{\partial x_1 \partial x_2}\right], \quad \sigma_{22} = \lambda\Delta\varphi + 2\mu\left[\frac{\partial^2\varphi}{\partial x_2^2} - \frac{\partial^2\psi}{\partial x_1 \partial x_2}\right]\\
\sigma_{12} &= \mu\left[2\frac{\partial^2\varphi}{\partial x_1 \partial x_2} + \frac{\partial^2\psi}{\partial x_2^2} - \frac{\partial^2\psi}{\partial x_1^2}\right].
\end{aligned} \tag{4.352}$$

Die Spannungsintensitätsfaktoren sind wie im statischen Fall definiert:

$$\begin{aligned}
K_{\mathrm{I}}(t) &= \lim_{r\to 0} \sqrt{2\pi r}\,\sigma_{22}(r, \theta = 0, t)\\
K_{\mathrm{II}}(t) &= \lim_{r\to 0} \sqrt{2\pi r}\,\tau_{21}(r, \theta = 0, t)\\
K_{\mathrm{III}}(t) &= \lim_{r\to 0} \sqrt{2\pi r}\,\tau_{23}(r, \theta = 0, t).
\end{aligned} \tag{4.353}$$

Dynamisches Rissspitzenfeld für Modus I

$$\begin{aligned}
\begin{Bmatrix}\sigma_{11}\\ \sigma_{22}\\ \tau_{12}\end{Bmatrix} &= \frac{K_{\mathrm{I}}(t)}{\sqrt{2\pi r}D(\dot a)}
\begin{Bmatrix}
(1+\alpha_{\mathrm{s}}^2)(1+2\alpha_{\mathrm{d}}^2-\alpha_{\mathrm{s}}^2)\dfrac{\cos(\theta_{\mathrm{d}}/2)}{\sqrt{\gamma_{\mathrm{d}}}} - 4\alpha_{\mathrm{d}}\alpha_{\mathrm{s}}\dfrac{\cos(\theta_{\mathrm{s}}/2)}{\sqrt{\gamma_{\mathrm{s}}}}\\
-(1+\alpha_{\mathrm{s}}^2)^2\dfrac{\cos(\theta_{\mathrm{d}}/2)}{\sqrt{\gamma_{\mathrm{d}}}} + 4\alpha_{\mathrm{d}}\alpha_{\mathrm{s}}\dfrac{\cos(\theta_{\mathrm{s}}/2)}{\sqrt{\gamma_{\mathrm{s}}}}\\
2\alpha_{\mathrm{d}}(1+\alpha_{\mathrm{s}}^2)\left(\dfrac{\sin(\theta_{\mathrm{d}}/2)}{\sqrt{\gamma_{\mathrm{d}}}} - \dfrac{\sin(\theta_{\mathrm{s}}/2)}{\sqrt{\gamma_{\mathrm{s}}}}\right)
\end{Bmatrix}\\
\begin{Bmatrix}u_1\\ u_2\end{Bmatrix} &= \frac{2K_{\mathrm{I}}(t)\sqrt{r}}{\mu\sqrt{2\pi}D(\dot a)}
\begin{Bmatrix}
(1+\alpha_{\mathrm{s}}^2)\sqrt{\gamma_{\mathrm{d}}}\cos\dfrac{\theta_{\mathrm{d}}}{2} - 2\alpha_{\mathrm{d}}\alpha_{\mathrm{s}}\sqrt{\gamma_{\mathrm{s}}}\cos\dfrac{\theta_{\mathrm{s}}}{2}\\
-(1+\alpha_{\mathrm{s}}^2)\alpha_{\mathrm{d}}\sqrt{\gamma_{\mathrm{d}}}\sin\dfrac{\theta_{\mathrm{d}}}{2} + 2\alpha_{\mathrm{d}}\sqrt{\gamma_{\mathrm{s}}}\sin\dfrac{\theta_{\mathrm{s}}}{2}
\end{Bmatrix}
\end{aligned} \tag{4.354}$$

Dynamisches Rissspitzenfeld für Modus II

$$\begin{Bmatrix} \sigma_{11} \\ \sigma_{22} \\ \tau_{12} \end{Bmatrix} = \frac{K_{\mathrm{II}}(t)}{\sqrt{2\pi r}D(\dot{a})} \begin{Bmatrix} -2\alpha_{\mathrm{s}}(1+2\alpha_{\mathrm{d}}^2-\alpha_{\mathrm{s}}^2)\dfrac{\sin(\theta_{\mathrm{d}}/2)}{\sqrt{\gamma_{\mathrm{d}}}} + 2\alpha_{\mathrm{s}}(1+\alpha_{\mathrm{s}}^2)\dfrac{\sin(\theta_{\mathrm{s}}/2)}{\sqrt{\gamma_{\mathrm{s}}}} \\ 2\alpha_{\mathrm{s}}(1+\alpha_{\mathrm{s}}^2)\left(\dfrac{\sin(\theta_{\mathrm{d}}/2)}{\sqrt{\gamma_{\mathrm{d}}}} - \dfrac{\sin(\theta_{\mathrm{s}}/2)}{\sqrt{\gamma_{\mathrm{s}}}}\right) \\ 4\alpha_{\mathrm{d}}\alpha_{\mathrm{s}}\dfrac{\cos(\theta_{\mathrm{d}}/2)}{\sqrt{\gamma_{\mathrm{d}}}} - (1+\alpha_{\mathrm{s}}^2)^2\dfrac{\cos(\theta_{\mathrm{s}}/2)}{\sqrt{\gamma_{\mathrm{s}}}} \end{Bmatrix}$$

$$\begin{Bmatrix} u_1 \\ u_2 \end{Bmatrix} = \frac{2K_{\mathrm{II}}(t)\sqrt{r}}{\mu\sqrt{2\pi}D(\dot{a})} \begin{Bmatrix} 2\alpha_{\mathrm{s}}\sqrt{\gamma_{\mathrm{d}}}\sin\dfrac{\theta_{\mathrm{d}}}{2} - \alpha_{\mathrm{s}}(1+\alpha_{\mathrm{s}}^2)\sqrt{\gamma_{\mathrm{s}}}\sin\dfrac{\theta_{\mathrm{s}}}{2} \\ -2\alpha_{\mathrm{d}}\alpha_{\mathrm{s}}\sqrt{\gamma_{\mathrm{d}}}\cos\dfrac{\theta_{\mathrm{d}}}{2} + (1+\alpha_{\mathrm{s}}^2)\sqrt{\gamma_{\mathrm{s}}}\cos\dfrac{\theta_{\mathrm{s}}}{2} \end{Bmatrix} \tag{4.355}$$

Die dynamischen Rissspitzenfelder besitzen grundsätzlich die gleiche Struktur wie in der Statik, vgl. (4.12), (4.16) und (4.23), (4.25). Jedoch hängen ihre Größe und die Winkelverteilung von der Rissgeschwindigkeit $\dot{a}$ ab, die in die RAYLEIGH-Funktion (4.332) sowie die Konstanten α_{d}, α_{s} (4.347) und γ_{d}, γ_{s} (4.345) einfließt. Für $\dot{a} \to 0$ gehen (4.354) und (4.355) in die genannten Beziehungen der Statik über. Man kann zeigen, dass die Beschleunigung $\ddot{a}$ des Risses keinen Einfluss auf die singuläre Nahfeldlösung besitzt, sondern sich nur auf höhere Terme der Reihenentwicklung auswirkt [95]. Das bedeutet, die hier abgeleiteten Beziehungen (4.344), (4.354) und (4.355) gelten auch für beschleunigte (beliebige) Rissausbreitung. Die K-Faktoren und die Geschwindigkeit $\dot{a}$ bestimmen somit eindeutig die Beanspruchungssituation am bewegten Riss in einem isotropen elastischen Material. Das 2. Glied der Reihenentwicklung beschreibt die dynamischen T-Spannungen:

$$T_{11}^{\mathrm{dyn}} = T_{11}^{\mathrm{sta}}(\alpha_{\mathrm{d}}^2 - \alpha_{\mathrm{s}}^2)\,, \qquad T_{22}^{\mathrm{dyn}} = T_{12}^{\mathrm{dyn}} = 0\,. \tag{4.356}$$

Abschließend soll noch das Spannungsfeld (4.354) am schnell laufenden Riss für Modus I diskutiert werden. Aus bruchmechanischer Sicht interessieren vor allem die maximalen Umfangsspannungen $\sigma_{\theta\theta}(r,\theta)$. Ihre Winkelverteilung ist in Bild 4.63 für unterschiedliche Rissgeschwindigkeiten aufgetragen. Bis zu einer Geschwindigkeit von $\dot{a} < 0,6\,c_{\mathrm{s}}$ der Scherwellengeschwindigkeit befindet sich das Maximum von $\sigma_{\theta\theta}$ bei $\theta = 0$, d. h. in der Richtung der Rissausbreitung. Bei größeren Rissgeschwindigkeiten verschiebt sich die Lage des Maximums zum Winkel $\theta = 60°$. Unterstellt man die Gültigkeit des Kriteriums der maximalen Umfangsspannung (Abschnitt 4.4.4),

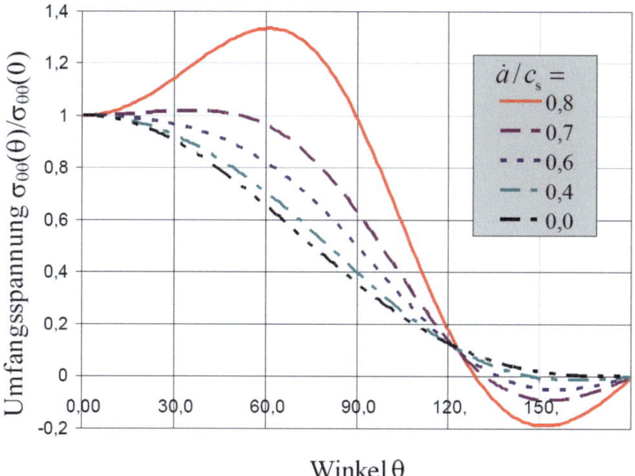

Bild 4.63 Winkelverteilung der normierten Umfangsspannung als Funktion der relativen Rissgeschwindigkeit $\dot{a}/c_\mathrm{s}$ für Stahl

so müsste der Riss bei größeren Geschwindigkeiten $\dot{a} > 0,6c_\mathrm{s}$ in diese Orientierung abknicken oder sich symmetrisch verzweigen. Wenngleich Rissverzweigungen bei derartigen Geschwindigkeiten ein häufig beobachtetes Phänomen darstellen, folgt aus dem Spannungszustand allein keine ausreichende Erklärung. Ein wichtiger Grund für den Verlust der Richtungsstabilität bei schneller Rissausbreitung liegt im Überangebot an kinetischer Energie, die der Riss nur durch Verzweigungen abbauen kann.

Untersucht man das Verhältnis der Spannungen σ_{22}/σ_{11} auf dem Ligament $\theta = 0$ in Abhängigkeit von der Rissgeschwindigkeit $\dot{a}$ $(\gamma_\mathrm{d} = \gamma_\mathrm{s} = 1)$

$$\frac{\sigma_{22}}{\sigma_{11}} = \frac{-(1+\alpha_\mathrm{s}^2)^2 + 4\alpha_\mathrm{d}\,\alpha_\mathrm{s}}{(1+\alpha_\mathrm{s}^2)(1+2\alpha_\mathrm{d}^2-\alpha_\mathrm{s}^2) - 4\alpha_\mathrm{d}\,\alpha_\mathrm{s}}\,, \tag{4.357}$$

so ergibt sich ein abfallender Verlauf vom Wert 1 ($\dot{a} = 0$) bis auf null ($\dot{a} = c_\mathrm{R}$), da im Zähler die RAYLEIGH-Funktion $D(\dot{a} = c_\mathrm{R}) = 0$ steht. Bei hohen Rissgeschwindigkeiten ist somit $\sigma_{11} > \sigma_{22}$, wodurch eine Materialtrennung senkrecht zur Rissrichtung begünstigt wird. Außerdem verringert sich die Mehrachsigkeit $\hbar$ beachtlich, was die stärkere plastische Verformung bzw. Erhöhung des Bruchwiderstands mit $\dot{a}$ erklärt.

4.5.5 Energiebilanz und J-Integrale

Im Fall dynamischer Bruchvorgänge muss die kinetische Energie $\mathcal{K}$ (4.72) in die Energiebilanz bei Rissausbreitung einbezogen werden. Wir betrachten einen elastischen, thermisch abgeschlossenen Körper ($\dot{\mathcal{Q}} = 0$) und nutzen die Ergebnisse aus Abschnitt 4.2.5, Gleichung (4.69). Die äußere Arbeit $\mathcal{W}_{\text{ext}}$ (4.70) wird in Formänderungsenergie $\mathcal{W}_{\text{int}}$ (4.71) und kinetische Energie $\mathcal{K}$ (4.72) umgesetzt, der verbleibende Energiebetrag steht für Rissausbreitung zur Verfügung, d. h.

$$\frac{\mathrm{d}\mathcal{W}_{\text{ext}} - \mathrm{d}(\mathcal{W}_{\text{int}} + \mathcal{K})}{\mathrm{d}A} = \frac{-\mathrm{d}(\Pi + \mathcal{K})}{\mathrm{d}A} = G = \frac{\mathrm{d}\mathcal{D}}{\mathrm{d}A} = 2\gamma \,. \tag{4.358}$$

Die globale Energiefreisetzungsrate G beschreibt die angebotene mechanische Gesamtenergie des Systems bei einem infinitesimalen Rissfortschritt. Für einen ruhenden, dynamisch beanspruchten Riss besteht der gleiche Zusammenhang zu den Spannungsintensitätsfaktoren wie in der Statik (4.93), da identische Rissspitzenfelder vorliegen, allerdings zeitabhängig:

$$G(t) = \frac{1}{E'}\left(K_{\text{I}}^2(t) + K_{\text{II}}^2(t)\right) + \frac{1+\nu}{E} K_{\text{III}}^2(t) = J(t) \tag{4.359}$$

Um die Energiebilanz am schnell bewegten Riss zu berechnen, knüpfen wir an die Überlegungen zum duktilen Risswachstum in Abschnitt 4.3.8 an, siehe Bild 4.48. Wir beschränken die Herleitung auf elastodynamisches Materialverhalten und ziehen die Prozesszone A_B auf einen Punkt um die Rissspitze mit der dominanten Singularität zusammen, $\Gamma_B = \Gamma_\varepsilon \to 0$. Der Energiefluss (4.273) wird um die kinetische Energie des Körpers erweitert, $\dot{\mathcal{W}}_{\text{B}} = \dot{\mathcal{W}}_{\text{ext}} - \dot{\mathcal{W}}_{\text{int}} - \dot{\mathcal{K}}$, und hat die Bedeutung einer echten Energiefreisetzungsrate, da dissipative plastische Terme in $\mathcal{W}_{\text{int}}$ entfallen:

$$\mathcal{F} = G^{\text{dyn}} = \frac{\mathrm{d}\mathcal{W}_{\text{B}}}{\mathrm{d}a} = \frac{\dot{\mathcal{W}}_{\text{B}}}{\dot{a}} = \frac{1}{\dot{a}}\left[\int\limits_{S_t} \bar{t}_i \dot{u}_i \,\mathrm{d}s - \frac{\mathrm{d}}{\mathrm{d}t}\int\limits_{A}\left(U + \frac{\rho}{2}\dot{u}_i\dot{u}_i\right)\mathrm{d}A\right] \tag{4.360}$$

Wir wechseln wieder auf das mitbewegte räumliche Koordinatensystem (x_1, x_2) über (Bild 4.62, Bild 4.48), weshalb die materielle Zeitableitung in (4.360) mit dem REYNOLDschen Transporttheorem zu behandeln ist:

$$\frac{\mathrm{d}}{\mathrm{d}t}\int\limits_{A}\left[U + \frac{\rho}{2}\dot{u}_i\dot{u}_i\right]\mathrm{d}A = \int\limits_{A}\left[\frac{\partial U}{\partial t} + \rho\dot{u}_i\ddot{u}_i\right]\mathrm{d}A - \dot{a}\int\limits_{\Gamma_\varepsilon}\left[U + \frac{\rho}{2}\dot{u}_i\dot{u}_i\right] n_1 \,\mathrm{d}s \tag{4.361}$$

Unter Berücksichtigung der Bewegungsgleichungen $\sigma_{ij,j} = \rho\ddot{u}_i$ und $\partial U/\partial t = \sigma_{ij}\dot{u}_{i,j}$ kann der Ausdruck im 1. Integral in $(\sigma_{ij}\dot{u}_i)_{,j}$ umgeformt werden. Die Anwendung des GAUSSschen Satzes ergibt dann ein Randintegral über $C = S + \Gamma^+ + \Gamma^- - \Gamma_\varepsilon$, von dem bei lastfreien Rissufern und $\dot{u}_i = 0$ auf S_u nur die Anteile S_t und Γ_ε verbleiben (Bild 4.48). Einsetzen in (4.360) liefert schließlich

$$\mathcal{F} = \frac{1}{\dot{a}}\left[\int\limits_{\Gamma_\varepsilon} t_i\dot{u}_i \,\mathrm{d}s + \dot{a}\int\limits_{\Gamma_\varepsilon}\left(U + \frac{\rho}{2}\dot{u}_i\dot{u}_i\right) n_1 \,\mathrm{d}s\right] . \tag{4.362}$$

Für die Verschiebungsgeschwindigkeit auf $\Gamma_\varepsilon \to 0$ gilt aufgrund der lokalen Stationarität nach (4.277) $\dot{u}_i = -\dot{a} u_{i,1}$.

Somit beträgt der Energiefluss an die Rissspitze bzw. die Energiefreisetzungsrate des Systems bei elastodynamischer selbstähnlicher Rissausbreitung:

$$\mathcal{F} = G^{\mathrm{dyn}} = \lim_{\Gamma_\varepsilon \to 0} \int\limits_{\Gamma_\varepsilon} \left[\left(U + \dot{a}^2 \frac{\rho}{2} u_{i,1} u_{i,1} \right) n_1 - \sigma_{ij} n_j u_{i,1} \right] \mathrm{d}s \tag{4.363}$$

$$G^{\mathrm{dyn}} = \lim_{\Gamma_\varepsilon \to 0} \int\limits_{\Gamma_\varepsilon} \left[\left(U + \frac{\rho}{2} \dot{u}_i \dot{u}_i \right) \delta_{1j} - \sigma_{ij} u_{i,1} \right] n_j \, \mathrm{d}s. \tag{4.364}$$

Zur numerischen Auswertung von G^{dyn} ist es zweckmäßiger, das Nahfeldintegral (4.364) auf $\Gamma_\varepsilon \to 0$ durch ein Linienintegral entlang eines beliebigen äußeren Pfades Γ zu ersetzen, was ein zusätzliches Integral über die darin eingeschlossene Fläche $\bar{A}$ erforderlich macht (Bild 4.62). Analog zu (4.279) ergibt die Umwandlung von (4.364) ein wegunabhängiges Linien-Flächen-Integral:

$$\mathcal{F} = G^{\mathrm{dyn}} = \int\limits_{\Gamma} \left[\left(U + \frac{\rho}{2} \dot{u}_i \dot{u}_i \right) \delta_{1j} - \sigma_{ij} u_{i,1} \right] n_j \, \mathrm{d}s + \int\limits_{\bar{A}} \left(\rho \ddot{u}_i u_{i,1} - \rho \dot{u}_i \dot{u}_{i,1} \right) \mathrm{d}A \tag{4.365}$$

Im Spezialfall einer konstanten Rissausbreitungsgeschwindigkeit $\dot{a}$ und stationärer Verhältnisse in $\bar{A}$ gilt $\dot{u}_i = -\dot{a} u_{i,1}$, $\dot{u}_{i,1} = -\dot{a} u_{i,11}$ und $\ddot{u}_i = -\dot{a}^2 u_{i,1}$, womit das Flächenintegral verschwindet. Dann wird die Energiefreisetzungsrate allein durch das wegunabhängige Linienintegral über Γ repräsentiert. Bei Rissausbreitung in endlichen Strukturen treten diese Bedingungen jedoch selten ein.

Für den ruhenden Riss ($\dot{a} = 0$) vereinfacht sich der obige Ausdruck der Energiefreisetzungsrate auf:

$$G^{\mathrm{dyn}} = \int\limits_{\Gamma} \left[U \delta_{1j} - \sigma_{ij} u_{i,1} \right] n_j \, \mathrm{d}s + \int\limits_{\bar{A}} \rho \ddot{u}_i u_{i,1} \, \mathrm{d}A \tag{4.366}$$

Im rein statischen Fall entfallen auch noch die Trägheitskräfte $\rho \ddot{u}_i$ in $\bar{A}$, so dass man folgerichtig beim klassischen J-Integral (4.100) angelangt.

Der Zusammenhang zwischen Energiefreisetzungsrate G^{dyn} und den Spannungsintensitätsfaktoren kann wie in der Statik entweder über das Energieflussintegral (4.363) oder das dynamische Analogon zum Rissschließintegral (4.89) hergestellt werden, indem man dort die dynamischen Rissspitzenfelder aus Abschnitt 4.5.4 einsetzt [40].

Elastodynamische Energiefreisetzungsrate als Funktion der Spannungsintensitätsfaktoren und der Rissgeschwindigkeit bei Mixed-Mode-Beanspruchung (EVZ):

$$\begin{aligned} G^{\mathrm{dyn}}(t) &= G_{\mathrm{I}}(t) + G_{\mathrm{II}}(t) + G_{\mathrm{III}}(t) \\ &= \frac{1}{2\mu}\left[A_{\mathrm{I}}(\dot{a})K_{\mathrm{I}}^2(t) + A_{\mathrm{II}}(\dot{a})K_{\mathrm{II}}^2(t) + A_{\mathrm{III}}(\dot{a})K_{\mathrm{III}}^2(t)\right] \\ A_{\mathrm{I}}(\dot{a}) &= \frac{\dot{a}^2\alpha_{\mathrm{d}}}{c_{\mathrm{s}}^2 D(\dot{a})}, \quad A_{\mathrm{II}}(\dot{a}) = \frac{\dot{a}^2\alpha_{\mathrm{s}}}{c_{\mathrm{s}}^2 D(\dot{a})}, \quad A_{\mathrm{III}}(\dot{a}) = \frac{1}{\alpha_{\mathrm{s}}} \end{aligned} \tag{4.367}$$

Diese Relation gilt nur bei selbstähnlicher Rissausbreitung (auf x_1-Achse), aber für jeden transienten Verlauf $\dot{a}(t)$. Für $\dot{a} = 0$ geht (4.367) in die statische Beziehung (4.93) über. Die Funktionen A_{I} und A_{II} werden singulär bei $\dot{a} \to c_{\mathrm{R}}$ ($D(c_{\mathrm{R}}) = 0$) und die Funktion A_{III} bei $\dot{a} \to c_{\mathrm{s}}$. Wenn $G^{\mathrm{dyn}}(= 2\gamma_{\mathrm{D}})$ beschränkt bleiben soll, müssen die K-Faktoren gegen null tendieren. Das bedeutet, die Rayleigh-Geschwindigkeit ist die obere Grenze der Ausbreitungsgeschwindigkeit $\dot{a}_{\max} = c_{\mathrm{R}} \approx 0{,}57\sqrt{E/\rho}$ für Risse unter Modus I oder II, was durch experimentelle Beobachtungen erwiesen ist [75, 95]. Für Modus III bildet hingegen die Scherwellengeschwindigkeit die Grenze.

4.5.6 Bruchkriterien

Weil die elastodynamischen Spannungsintensitätsfaktoren die Beanspruchung an der Rissspitze kontrollieren, gilt mit denselben Argumenten wie in der Statik das K-Konzept. Wir beschränken uns auf den wichtigsten Fall Modus I. Für die Phase der *Rissinitiierung* kann folgendes Kriterium postuliert werden:

$$K_{\mathrm{I}}(t) = K_{\mathrm{Id}}(\dot{K}_{\mathrm{I}}, t^*) \tag{4.368}$$

Die rechte Seite K_{Id} repräsentiert die *dynamische Bruchzähigkeit* (engl. *dynamic initiation toughness*), die von der Geschwindigkeit $\dot{K}_{\mathrm{I}}$ der Rissbeanspruchung abhängt und für metallische Werkstoffe unterhalb der statischen Bruchzähigkeit liegt, $K_{\mathrm{Id}} < K_{\mathrm{Ic}}$. Bei typischen Stoßbelastungen in der Praxis treten Werte von $\dot{K}_{\mathrm{I}} \approx 10^3$–$10^7\,\mathrm{MPa}\sqrt{\mathrm{m}}/\mathrm{s}$ auf. Nach Abschnitt 4.5.2 spielt bei kurzzeitigen Belastungsimpulsen die Dauer t^* eine Rolle, in der sich das Rissspitzenfeld aufbaut.

Nachdem ein dynamischer Bruchvorgang gestartet ist, hängt der weitere Verlauf der Rissausbreitung vom Energieangebot und dem Energieverbrauch ab. Das Spannungsfeld am bewegten Riss und die Energiefreisetzungsrate werden durch den dynamischen Spannungsintensitätsfaktor K_{I} und die Rissgeschwindigkeit $\dot{a}$ bestimmt. Andererseits ist die vom Werkstoff dissipierte Bruchenergie 2γ ebenfalls

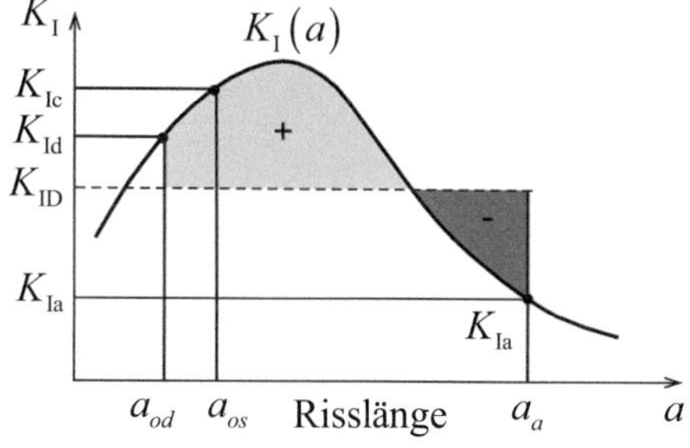

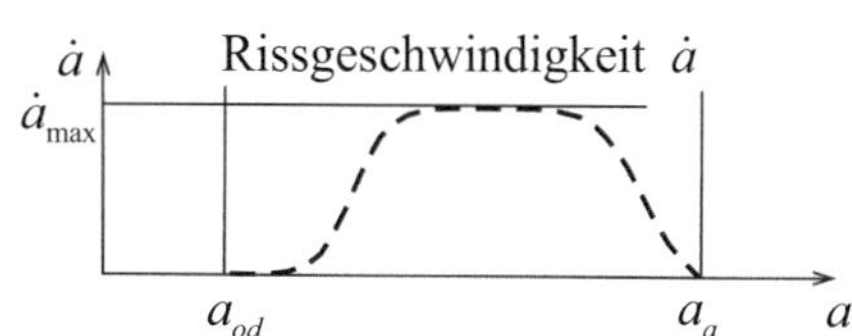

Bild 4.64 Initiierung, Beschleunigung und Auffang bei dynamischer Rissausbreitung

geschwindigkeitsabhängig. Das Bruchkriterium eines laufenden Risses hat deshalb die Form:

$$K_I(t, \dot{a}) = K_{ID}(\dot{a}, \dot{K}_I, T) \quad \text{bzw.} \quad G_I^{dyn}(t, \dot{a}) = 2\gamma_D(\dot{a}, \dot{K}_I, T)\,. \tag{4.369}$$

Mit dem Index D wird die *Bruchlaufzähigkeit* (engl. *dynamic crack growth toughness*) gekennzeichnet, die sich von K_{Id} grundsätzlich unterscheidet. Aufwändige Experimente sind notwendig, um K_{ID} als Funktion der Rissgeschwindigkeit $\dot{a}$ zu ermitteln. Fast alle Werkstoffe zeigen aufgrund unterschiedlicher Mechanismen (Rissverzweigung, Dehnratenabhängigkeit, adiabatische Erwärmung) einen enormen Anstieg der Bruchzähigkeit K_{ID} mit $\dot{a}$.

Genügt das Energieangebot nicht mehr, so verlangsamt sich die Rissgeschwindigkeit und es kommt schließlich zum *Rissstopp* oder *Rissauffang* (engl. *crack arrest*), wenn folgende Bedingung erfüllt ist:

$$K_I(t, \dot{a}) \leq K_{Ia}\,. \tag{4.370}$$

Die *Rissstoppzähigkeit* (engl. *crack arrest toughness*) K_{Ia} charakterisiert die Fähigkeit des Werkstoffs, einen laufenden Riss aufzufangen. Der Rissauffang ist wegen der Trägheitseffekte allerdings nicht einfach die Umkehrung der Rissinitiierung! Deshalb gilt $K_{Ia} < K_{ID}(\dot{a} \to 0) < K_{Id}$. Erwähnt werden muss in diesem Zusammenhang das *Rissauffangkonzept*. Damit wird in der bruchmechanischen Festigkeitsauslegung (z. B. von Reaktordruckbehältern) sichergestellt, dass ein Riss in zäheren Werkstoffbereichen $K_{Ia} > K_I$ des Bauteils zum Stillstand kommt.

Zum Schluss soll das typische Szenario eines dynamischen Bruchvorgangs beschrieben werden. In Bild 4.64 ist für ein angerissenes Bauteil der angenommene Verlauf der Spannungsintensität K_I als Funktion der Risslänge a dargestellt. Bei einer statischen Belastung wäre eine Risslänge a_{0s} notwendig, um den Bruch bei $K_I = K_{Ic}$ einzuleiten. Bringt man den gleichen K_I-Faktor durch dynamische Belastung auf, so ist bereits eine Risslänge $a_{0d} < a_{0s}$ kritisch. Nach dem Start gewinnt der Riss weitere Energie (schraffierte Fläche), weil $K_I(a)$ noch ansteigt, so dass sich seine Geschwindigkeit erhöht. Die dynamische Bruchzähigkeit K_{ID} wird zur Vereinfachung als konstant angesetzt. Fällt die antreibende Belastung $K_I(t)$ unter den

K_{ID}-Wert , so bewirkt die noch verfügbare kinetische Energie eine Fortsetzung des Bruchvorgangs, so dass der Riss erst später bei $K_{\mathrm{I}}(a_{\mathrm{a}}) \leq K_{\mathrm{Ia}}$ aufgefangen wird.

Literaturverzeichnis

[1] Altenbach, H., Altenbach, J., Rikards, R.: Einführung in die Mechanik der Laminatwerkstoffe. Deutscher Verlag für Grundstoffindustrie, Stuttgart (1996)
[2] ASTM-E 1290-93: Fracture toughness measurement crack-tip opening displacement (CTOD). Tech. rep., American Society for Testing and Materials, Philadelphia (1993)
[3] ASTM-E 1820: Standard test method for measurement of fracture toughness. Tech. rep., American Society for Testing and Materials, West Conshohocken (2007)
[4] Banks-Sills, L., Ashkenazi, D.: A note on fracture criteria for interface fracture. International Journal of Fracture **103**, 177–188 (2000)
[5] Begley, J.A., Landes, J.D.: The J-integral as a fracture criterion. ASTM STP 514, American Society of Testing and Materials pp. 1–20 (1972)
[6] Belytschko, T., Liu, W.K., Moran, B.: Nonlinear finite elements for continua and structures. John Wiley Sons, Chichester, New York (2001)
[7] Beom, H.G., Atluri, S.N.: Dependence of stress on elastic constants in an anisotropic bimaterial under plane deformation; and the interfacial crack. Computational Mechanics **16**, 106–113 (1995)
[8] Betegón, C., Hancock, J.W.: Two-parameter characterization of elastic-plastic crack-tip fields. Journal of Applied Mechanics **58**, 104–110 (1991)
[9] Blumenauer, H., Pusch, G.: Technische Bruchmechanik. 3. Auflage. Deutscher Verlag für Grundstoffindustrie, Leipzig (1993)
[10] Bortmann, Y., Banks-Sills, L.: An extended weight function method for mixed-mode elastic crack analysis. Journal of Applied Mechanics **50**, 907–909 (1983)
[11] Brocks, W., Schmitt, W.: The second parameter in J-R curves: constraint or triaxiality? Second Symposium on Constraint Effects, ASTM STP 1244. M.T. Kirk and A. Bakker, Edts., American Society for Testing and Materials (1994)
[12] BS 5447: Methods of testing for plane-strain fracture toughness (K_{Ic}) of metallic materials. Tech. rep., British Standards (1974)
[13] BS 5762: Methods for crack opening displacements (COD) testing. Tech. rep., British Standards (1979)
[14] Bueckner, H.F.: A novel principle for the computation of stress intensity factors. Zeitschrift für Angewandte Mathematik und Mechanik **50**, 529–546 (1970)
[15] Bueckner, H.F.: Weight functions and fundamental fields for the penny-shaped and the half-plane crack in three-space. International Journal Solids Structures **23**(1), 57–93 (1987)

[16] Bueckner, H.F.: Observations of weight functions. Engineering Analysis with Boundary Elements **6**, 3–18 (1989)
[17] Burdekin, F.M., Stone, D.E.W.: The crack opening displacement approach to fracture mechanics in yielding materials. Journal of Strain Analysis **Vol. 1**, 145–153 (1966)
[18] Castañeda, P.P.: Asymptotic fields in steady crack growth with linear strain-hardening. Journal of the Mechanics and Physics of Solids pp. 227–268 (1987)
[19] Chen, C.S., Wawrzynek, P.A., Ingraffea, A.R.: Methodology for fatigue crack growth and residual strength prediction with applications to aircraft fuselages. Computational Mechanics **19**, 527–532 (1997)
[20] Chen, Y.Z.: Weight function technique in a more general case. Engineering Fracture Mechanics **33**, 983–986 (1989)
[21] Cherepanov, G.: Rasprostranenie trechin v sploshnoi srede (about crack advance in the continuum). Prikladnaja Matematika i Mekhanica **31**, 478–488 (1967)
[22] Comninou, M.: An overview of interface cracks. Engineering Fracture Mechanics **37**, 197–208 (1990)
[23] Cotterell, B., Atkins, A.G.: A review of the J and I integrals and their implications for crack growth resistance and toughness in ductile fracture. International Journal of Fracture **81**, 357–372 (1996)
[24] Cotterell, B., Rice, J.R.: Slightly curved or kinked cracks. International Journal of Fracture **16**, 155–169 (1980)
[25] Dodds, R.H.J., Tang, M., Anderson, T.L.: Effects of prior ductile tearing on cleavage fracture toughness in the transition region. In: M. Kirk, A. Bakker (eds.) Constraint Effects in Fracture - Theory and Applications, vol. ASTM STP 1244. ASTM (1994)
[26] Dodds Jr., R.H., Shih, C.F., Anderson, T.L.: Continuum and micromechanics treatment of constraint in fracture. International Journal of Fracture **64**(2), 101–133 (1993)
[27] Dominguez, J.: Fatigue crack growth under variable amplitude loading. In: A. Carpinteri (ed.) Handbook of Fatigue Crack Propagation in Metallic Structures, pp. 955–997. Elsevier Science (1994)
[28] Drugan, W.J., Rice, J.R., Sham, T.L.: Asymptotic analysis of growing plane strain tensile cracks in elastic–ideally plastic solids. Journal of the Mechanics and Physics of Solids **30**, 447–473 (1982)
[29] Dugdale, D.: Yielding of steel sheets containing slits. Journal of the Mechanics and Physics of Solids **8**, 100–104 (1960)
[30] Elber, W.: Fatigue crack closure under cyclic tension. Engineering Fracture Mechanics **2**, 37–45 (1970)
[31] Erdogan, F., Gupta, G.D., Cook, T.S.: Numerical solution of singular integral equations. In: G.C. Sih (ed.) Methods of analysis and solutions of crack problems. Mechanics of fracture, vol. 1, pp. 368–425. Noordhoff, Leyden (1973)
[32] Erdogan, F., Ratwani, M.: Fatigue and fracture of cylindrical shells containing a circumferential crack. International Journal of Fracture Mechanics **6**, 379–392 (1970)

[33] Erdogan, F., Sih, G.E.: On the crack extension in plates under plane loading and transverse shear. Journal of Basic Engineering **85**, 519–527 (1963)

[34] ESA: ESACRACK User's manual. European Space Research and Technology Centre (ESTEC) (2000)

[35] ESIS P2: Procedure for determining the fracture behaviour of materials. Tech. rep., European Structural Integrity Society (1992)

[36] Fabrikant, V.I.: Application of potential theory in mechanics: A selection of new results. Kluwer Academic Publishers, The Netherlands, Dordrecht (2001)

[37] Fang, D., Liu, J.: Fracture mechanics of piezoelectric and ferroelectric solids. Springer (2013)

[38] Fett, T.: A compendium of T-stress solutions. Tech. Rep. Report FZKA 6057, Forschungszentrum Karlsruhe, Technik und Umwelt (1998)

[39] Fett, T., Munz, D.: Stress intensity factors and weight functions. Computational Mechanics Publications, Southampton, Boston (1997)

[40] Freund, L.B.: Dynamic fracture mechanics. Cambridge University Press, Cambridge (1998)

[41] Führing, H., Seeger, T.: Dugdale crack closure analysis of fatigue cracks under constant amplitude loading. Engineering Fracture Mechanics **11**, 99–122 (1979)

[42] Gao, H., Rice, J.R.: Somewhat circular tensile cracks. International Journal of Fracture **33**, 155–174 (1987)

[43] Griffith, A.A.: The phenomena of rupture and flow in solids. Philosophical Transactions, Series A **221**, 163–198 (1921)

[44] Gross, B., Srawley, J.E.: Stress-intensity factors for single-edge-notch specimens in bending or combined bending and tension by boundary collocation of a stress function. Tech. Rep. NASA Technical Note D-2603, NASA, Lewis Research Center (1965)

[45] Gross, D., Seelig, T.: Bruchmechanik: Mit einer Einführung in die Mikromechanik. Springer Verlag, Berlin (2001)

[46] Hahn, H.G.: Bruchmechanik: Einführung in die theoretischen Grundlagen. Teubner-Studienbücher: Mechanik, Stuttgart (1976)

[47] Harrison, R.P.: Assessments of the integrity of structures containing defects. CEGB-Report R/H.R6 (1976)

[48] Hartranft, R.J., Sih, G.C.: Effect of plate thickness on the bending stress distribution around through cracks. Journal of Mathematics and Physics **47**, 276–291 (1968)

[49] Hartranft, R.J., Sih, G.C.: The use of eigenfunction expansions in the general solution of three-dimensional crack problems. Journal of Mathematics and Mechanics **19**(2), 123–138 (1969)

[50] Hartranft, R.J., Sih, G.C.: Stress singularity for a crack with an arbitrary curved crack front. Engineering Fracture Mechanics **9**, 705–718 (1977)

[51] Hui, C.Y., Zehnder, A.T.: A Theory for the Fracture of Thin Plates Subjected to Bending and Twisting Moments. International Journal of Fracture **61**, 211–229 (1993)

[52] Hussain, M.A., Pu, S.L., Underwood, J.: Strain energy release rate for a crack under combined Mode I and Mode II. ASTM STP 560 pp. 2–28 (1974)
[53] Hutchinson, J.W.: Plastic-stress and strain fields at a crack tip. Journal of the Mechanics and Physics of Solids **16**, 337–347 (1968)
[54] Hutchinson, J.W.: Singular behavior at the end of a tensile crack tip in a hardening material. Journal of the Mechanics and Physics of Solids **16**, 13–31 (1968)
[55] Hutchinson, J.W., Paris, P.C.: Stability analysis of J-controlled crack growth. In: J. Landes, J. Begley, G. Clarke (eds.) Elastic-plastic fracture, vol. ASTM STP 668, pp. 37–64. ASTM (1979)
[56] Ichikawa, M., Tanaka, S.: A critical analysis of the relationship between the energy release rate and the stress intensity factors for non-coplanar crack extension under combined mode loading. International Journal of Fracture **18**, 19–28 (1982)
[57] Irwin, G.R.: Onset of fast crack propagation in high strength steel and aluminum alloys. In: Sagamore Research Conference Proceedings, vol. 2, pp. 289–305 (1956)
[58] Irwin, G.R.: Analysis of stresses and strains near the end of a crack traversing a plate. Journal of Applied Mechanics **24**, 361–364 (1957)
[59] Irwin, G.R.: Fracture. In: Flügge, S.: Handbuch der Physik. Band 6, Springer Verlag Berlin. Engineering Fracture Mechanics pp. 551–590 (1958)
[60] ISO12135: Metallic materials – Unified method of test for the quasitatic fracture toughness. Tech. rep., International Organization for Standardization, Genf (2002)
[61] Issler, L., Ruoß, H., Häfele, P.: Festigkeitslehre – Grundlagen. Springer, Berlin (2003)
[62] Kassir, M.K., Sih, G.C.: Three dimensional crack problems. Mechanics of fracture, vol. 2. Noordhoff Int. Publ., Leyden (1975)
[63] Kirk, M.T., Koppenhoefer, K.C., Shih, C.F.: Effect of constraint on specimen dimensions needed to obtain structurally relevant toughness measures. Constraint Effects in Fracture, ASTM STP 1171, American Society for Testing and Materials pp. 79–103 (1993)
[64] de Koning, A.U.: A simple crack closure model for prediction of fatigue crack growth rates under variable-amplitude loading. In: Fracture Mechanics, vol. ASTM STP 743, pp. 63–85. American Society for Testing and Materials (1981)
[65] Kordisch, H., Sommer, E., Schmitt, W.: The influence of triaxiality on stable crack growth. Nuclear Engineering and Design **112**, 27–35 (1989)
[66] Kumar, V., German, M.D., Shih, C.F.: An engineering approach for elastic-plastic fracture analysis. EPRI-Report NP-1931 (1981)
[67] Kuna, M.: Finite element analyses of cracks in piezoelectric structures: a survey. Archive of Applied Mechanics **76**, 725–745 (2006)
[68] Kuna, M.: Fracture mechanics of piezoelectric materials - where are we right now? Engineering Fracture Mechanics **77**(2), 309–326 (2010)

[69] Kussmaul, K., Roos, E., Föhl, J.: Forschungsvorhaben Komponentensicherheit (FKS). Ein wesentlicher Beitrag zur Komponentensicherheit. In: K. Kussmaul (ed.) 23. MPA Seminar Sicherheit und Verfügbarkeit in der Anlagentechnik, vol. 1, pp. 1–20. MPA, Stuttgart (1997)

[70] Larsson, S.G., Carlsson, A.J.: Influence of non-singular stress terms and specimen geometry on small-scale yielding at track tips in elastic-plastic materials. Journal of the Mechanics and Physics of Solids **21**, 263–277 (1973)

[71] Lekhnitskii, S.G.: Theory of elasticity of an anisotropic body. Mir Publisher, Moscow (1981)

[72] Lo, K.K.: Analysis of branched cracks. Journal of Applied Mechanics **45**, 797–802 (1978)

[73] McMeeking, R.M., Parks, D.M.: On criteria for J-dominance of crack-tip fields in large-scale yielding. In: J.D. Landes, J.A. Begley, G.A. Clarke (eds.) Elastic-plastic fracture, vol. ASTM STP 668, pp. 175–194. ASTM (1979)

[74] Memhard, D., Brocks, W., Fricke, S.: Characterization of ductile tearing resistance by energy dissipation rate. Fatigue Fracture Engineering Materials Structures **16**, 1109–1124 (1993)

[75] Miannay, D.P.: Time-dependent fracture mechanics. Springer, New York (2001)

[76] Miller, K.J., de los Rios, E.R.: Short fatigue cracks, vol. ESIS 13. Mechanical Engineering Publications (1992)

[77] Moran, B., Shih, C.F.: Crack tip and associated domain integrals from momentum and energy balance. Engineering Fracture Mechanics **27**, 615–642 (1987)

[78] Murakami, Y.: Stress intensity factors handbook, vol. 1-5. Pergamon Press, Oxford (1987)

[79] Muskhelishvili, N.I.: Einige Grundaufgaben zur mathematischen Elastizitätstheorie. Fachbuchverlag Leipzig (1971)

[80] NASA: Fatigue crack growth computer program "NASGRO"version 3.0 . JSC-22267B, Johnson Space Center, Texas (2000)

[81] Newman, J.C.: A crack-closure model for predicting fatigue crack growth under aircraft spectrum loading. In: Chang, J. B., Hudson, C. M. (Eds.): Methods and models for predicting fatigue crack growth under random loading. ASTM STP 748 pp. 53–84 (1981)

[82] Nguyen, Q.S.: An energetic analysis of elastic-plastic fracture. In: J.G. Blauel, K.H. Schwalbe (eds.) Defect assessment in components – fundamentals and applications, pp. 75–85. Mechanical Engineering Publications, London (1991)

[83] Nikishkov, G.P.: Three-term elastic-plastic asymptotic expansion for the description of the near-tip stress field. Tech. rep., University of Karlsruhe, Institute for Reliability and Failure Analysis (1993)

[84] Nuismer, R.J.: An energy release rate criterion for mixed mode fracture. International Journal of Fracture **11**, 245–50 (1975)

[85] O'Dowd, N.P., Shih, C.F.: Family of crack-tip fields characterized by a triaxiality parameter: I structure of fields. Journal of the Mechanics and Physics of Solids **39**, 989–1015 (1991)

[86] O'Dowd, N.P., Shih, C.F.: Family of crack-tip fields characterized by a triaxiality parameter: II fracture applications. Journal of the Mechanics and Physics of Solids **40**, 939–963 (1992)
[87] Padmadinata, U.H.: Investigation of crack-closure prediction models for fatigue in aluminum sheet under flight-simulation loading. Ph.D. thesis, Delft University of Technology (1990)
[88] Paris, P., Erdogan, F.: A critical analysis of crack propagation laws. Journal of Basic Engineering **85**, 528–534 (1963)
[89] Paris, P.C., McMeeking, R.M., Tada, H.: The weight function method for determining stress intensity factors. Cracks and Fracture, STP 601, American Society for Testing of Materials pp. 471–489 (1976)
[90] Pook, L.P.: Crack paths. WIT Press, Southampton, Boston (2002)
[91] Qin, Q.H.: Fracture mechanics of piezoelectric materials. WIT Press, Southampton, Boston (2001)
[92] Qu, J., Bassani, J.L.: Interfacial fracture mechanics for anisotropic bimaterials. Journal of Applied Mechanics **60**, 422–431 (1993)
[93] R6-Revision-4: Assessments of the integrity of structures containing defects. British Energy Generation Ltd, Barnwood, Gloucester (2009)
[94] Radaj, D., Heib, M.: Energy density fracture criteria for cracks under mixed mode loading. Materialprüfung 20 pp. 256–62 (1978)
[95] Ravi-Chandar, K.: Dynamic fracture. In: I. Milne, R.O. Ritchie, B. Karihaloo (eds.) Comprehensive Structural Integrity – Fundamental Theories and Mechanisms of Failure, vol. 2, pp. 285–361. Elsevier, Oxford (2003)
[96] Ravichandran, K.S., Ritchie, R.O., Murakami, Y.: Small fatigue cracks. mechanics, mechanisms and applications. Elsevier Amsterdam (1999)
[97] Rice, J.: A path independent integral and the approximate analysis of strain concentration by notches and cracks. Journal of Applied Mechanics **35**, 379–386 (1968)
[98] Rice, J.R.: Mechanics of crack tip deformation and extension by fatigue. In: Fatigue Crack Propagation, vol. ASTM STP 415, pp. 247–309. American Society for Testing and Materials, London (1967)
[99] Rice, J.R.: Some remarks on elastic crack-tip stress fields. International Journal of Solids and Structures **8**, 751–758 (1972)
[100] Rice, J.R.: Limitations to the small-scale yielding approximation for crack tip plasticity. Journal of the Mechanics and Physics of Solids **22**, 17–26 (1974)
[101] Rice, J.R.: First order variation in elastic fields due to variation in location of a planar crack front. Journal of Applied Mechanics **52**, 571–579 (1985)
[102] Rice, J.R.: Elastic fracture mechanics concepts for interfacial cracks. Transactions of the ASME **55** (1988)
[103] Rice, J.R., Paris, P.C., Merkle, J.G.: Some further results of J-integral analysis and estimates. ASTM STP 536, American Society of Testing and Materials pp. 231–245 (1973)
[104] Rice, J.R., Rosengren, G.F.: Plain strain deformation near a crack tip in a power-law hardening material. Journal of the Mechanics and Physics of Solids **16**, 1–12 (1968)

[105] Rice, J.R., Suo, Z., Wang, J.S.: Mechanics and thermodynamics of brittle interface failure in bimaterial systems. In: M. Rühle, A. Evans, M. Ashby, J. Hirth (eds.) Metal-Ceramic Interfaces, pp. 269–294. Pergamon Press, Oxford (1990)

[106] Richard, H.A.: Bruchvorhersagen bei überlagerter Normal- und Schubbeanspruchung von Rissen. VDI-Forschungsheft **631** (1985)

[107] Richard, H.A., Fulland, M., Sander, M.: Theoretical crack path prediction. Fatigue and Fracture Engineering Materials Structures **28**, 3–12 (2005)

[108] Richard, H.A., Kuna, M.: Theoretical and experimental study of superimposed fracture modes I, II and III. Engineering Fracture Mechanics **35**(6), 949–960 (1990)

[109] Rooke, D.P., Cartwright, D.J.: Compendium of stress intensity factors. Her Majesty's Stationary Office, London (1976)

[110] Sähn, S., Göldner, H.: Bruch- und Beurteilungskriterien in der Festigkeitslehre. Fachbuchverlag, Leipzig-Köln (1993)

[111] Scheel, J., Wallenta, D., Ricoeur, A.: A critical review on the complex potentials in linear elastic fracture mechanics. Journal of Elasticity **147**(1), 291–308 (2021)

[112] Schijve, J.: Four lectures on fatigue crack growth. Engineering Fracture Mechanics **11**, 176–221 (1979)

[113] Schijve, J.: Fatigue of structures and materials. Kluwer Academic Publisher, Dordrecht (2001)

[114] Schneider, G.A.: Influence of electric field and mechanical stresses on the fracture of ferroelectrics. Annu. Rev. Mater. Res. **37**, 491–538 (2007)

[115] Schöllmann, M., Richard, H.A., Kullmer, G., Fulland, M.: A new criterion for the prediction of crack development in multiaxially loaded structures. International Journal of Fracture **117**, 129–141 (2002)

[116] Schwalbe, K.H.: Bruchmechanik metallischer Werkstoffe. Carl Hanser Verlag, München (1980)

[117] Sharma, S.M., Aravas, N.: Determination of higher-order terms in asymptotic crack tip solutions. Journal of the Mechanics and Physics of Solids **39**(8), 1043–1072 (1991)

[118] Sherry, A.H., France, C.C., Goldthorpe, M.R.: Compendium of T-stress solutions for two and three dimensional cracked geometries. Fatigue Fracture of Engineering Materials Structures **18**, 141–155 (1995)

[119] Shih, C.F.: Elastic-plastic analysis of combined mode crack problems. Ph.D. thesis, Harvard University Cambridge, Massachusetts (1973)

[120] Shih, C.F., deLorenzi, H.G., Andrews, W.R.: Studies on crack initiation and stable crack growth. Elastic-Plastic Fracture pp. 65–120 (1979)

[121] Sih, G.C.: Methods of analysis and solutions of crack problems. Mechanics of fracture, vol. 1. Noordhoff Int. Publ., Leyden (1973)

[122] Sih, G.C.: Strain energy density factor applied to mixed mode crack problems. International Journal of Fracture **10**, 305–321 (1974)

[123] Sih, G.C., Paris, P.C., Erdogan, F.: Crack-tip stress-intensity factors for plane extension and plate bending problems. Journal of Applied Mechanics **29** (1962)

[124] Sih, G.C., Paris, P.C., Irwin, G.R.: On cracks in rectilinear anisotropic bodies. International Journal of Fracture Mechanics **1**, 189–203 (1965)

[125] Slepyan, L.I.: Growing crack during plane deformation of an elastic-plastic body. Mekh. Tverdogo Tela **9**, 57–67 (1974)

[126] Sneddon, L.N., Lowengrub, M.: Crack problems in the classical theory of elasticity. John Wiley Sons, New York (1969)

[127] Sosa, H.A., Pak, Y.E.: Three-dimensional eigenfunction analysis of a crack in a piezoelectric material. International Journal of Solids and Structures **26**(1), 1–15 (1990)

[128] Stein, E., Barthold, F.J.: Werkstoffe - Elastizitätstheorie. In: G. Mehlhorn (ed.) Der Ingenieurbau, vol. 4, pp. 165–425. Verlag Ernst & Sohn, Berlin (1996)

[129] Stroh, A.N.: Steady state problems on anisotropic elasticity. J. Math. Phys. **41**, 77–103 (1962)

[130] Sumi, Y., Nemat-Nasser, S., Keer, L.M.: On crack path instability in a finite body. Engineering Fracture Mechanics **22**, 759–771 (1985)

[131] Suo, Z.: Singularities, interfaces and cracks in dissimilar anisotropic media. Proceedings of the Royal Society of London **A 427**, 331–358 (1990)

[132] Suresh, S., Ritchie, R.O.: Propagation of short fatigue cracks. International Metallurgical Reviews **29**, 445–476 (1984)

[133] Sutton, M.A., McNeill, S.R., Helm, J.D., Chao, Y.J.: Advances in two-dimensional and three-dimensional computer vision. In: P.K. Rastogi (ed.) Photomechanics, pp. 323–372. Springer Berlin Heidelberg (2000)

[134] Tada, H., Paris, P., Irwin, G.: The stress analysis of cracks handbook (2nd ed.). Paris Production Inc., St.Louis (1985)

[135] Tamuz, V., Romalis, N., Petrova, V.: Fracture of solids with microdefects. Nova Science Publishers, Huntington, New York (2000)

[136] Theilig, H., Nickel, J.: Spannungsintensitätsfaktoren. Fachbuchverlag, Leipzig (1987)

[137] Turner, C.E.: A re-assessment of ductile tearing resistance. In: D. Firrao (ed.) Fracture Behaviour and Design of Materials and Structures, vol. 2, pp. 933–949,951–968. EMAS, Warley (1990)

[138] Uhlmann, W., Knésl, Z., Kuna, M., Bilek, Z.: Approximate representation of elastic-plastic small scale yielding solution for crack problems. International Journal of Fracture **12**, 507–509 (1976)

[139] Wells, A.A.: Unstable crack propagation in metals: Cleavage and fast fracture. Proceedings of the Crack Propagation Symposium, Cranfield, UK **1**, Paper 84 (1961)

[140] Westermann-Friedrich, A., Zenner (Verfasser), H.: Zählverfahren zur Bildung von Kollektiven aus Zeitfunktionen – Vergleich der verschiedenen Verfahren und Beispiele. Tech. rep., Forschungsvereinigung Antriebstechnik (1999). FVA-Merkblatt Nr. 0/14

[141] Wheeler, O.E.: Spectrum loading and crack growth. Journal of Basic Engineering **94**, 181–186 (1972)

[142] Williams, M.L.: On the stress distribution at the base of a stationary crack. Journal of Applied Mechanics **24**, 109–114 (1957)

[143] Williams, M.L.: The bending stress distribution at the base of a stationary crack. Journal of Applied Mechanics **28**, 78–82 (1961)

[144] Xiao, Q.Z., Karihaloo, B.L.: Coefficients of the crack tip asymptotic field for a standard compact tension specimen. International Journal of Fracture **118**, 1–15 (2002)

[145] Yang, S., Chao, Y.J., Sutton, M.A.: Higher order asymptotic fields in a power-law hardening material. Engineering Fracture Mechanics **45**, 1–20 (1993)

[146] Yuan, H.: Numerical assessments of cracks in elastic-plastic materials. Springer, Berlin, Heidelberg (2002)

[147] Yuan, H., Brocks, W.: On the J-integral concept for elastic-plastic crack extension. Nuclear Engineering and Design **131**, 157–173 (1991)

[148] Zerbst, U., Schödel, M., Webster, S., Ainsworth, R.: Fitness-for-Service Fracture Assessment of Structures Containing Cracks. Elsevier (2007)

[149] Zerbst, U., Wiesner, C., Kocak, M., Hodulak, L.: SINTAP: Entwurf einer vereinheitlichten europäischen Fehlerbewertungsprozedur - Eine Einführung. Tech. rep., GKSS-Forschungszentrum, Geesthacht (1999)

Kapitel 5
Methode der Finiten Elemente

Die *Finite Elemente Methode* (FEM) (engl. *finite element method*) zählt gegenwärtig zu den leistungsfähigsten und universellsten numerischen Berechnungsverfahren für die Lösung partieller Differentialgleichungen aus Technik und Naturwissenschaften. Die grundlegenden mathematischen Ideen gehen auf die Arbeiten von Ritz, Galerkin, Trefftz u. a. am Anfang des 20. Jahrhunderts zurück. Mit der Entstehung der modernen Rechentechnik in den 1960er Jahren konnten die numerischen Lösungsansätze mit der FEM erfolgreich umgesetzt werden. Die Entwicklung wurde enorm durch strukturmechanische Berechnungsaufgaben in der Luftfahrt, dem Bauwesen und Maschinenbau motiviert. Den Pionierleistungen von Argyris, Zienkiewicz, Turner, Wilson u. a. verdanken wir die eigentliche und bis heute übliche Formulierung der Finite Elemente Methode. Dabei wird das Differentialgleichungssystem in ein äquivalentes Variationsproblem (schwache Formulierung) überführt, wozu meist Prinzipien der Mechanik oder die Methode der gewichteten Residuen genutzt werden. Zur Lösung der Randwertaufgabe (RWA) werden Ansatzfunktionen für begrenzte Teilgebiete »Finite Elemente« gemacht, deren Freiwerte man schließlich durch numerische Lösung eines algebraischen Gleichungssystems bestimmt.

In diesem Kapitel werden zuerst einige Prinzipien der Kontinuumsmechanik dargelegt, um die theoretischen Grundlagen der FEM zu erläutern. Danach erfolgt eine knappe Darstellung der Diskretisierungstechniken und der numerischen Realisierung der FEM. Diese Ausführungen stellen die Basis für das Verständnis der folgenden Kapitel dar, in denen dann die Anwendung der FEM in der Bruchmechanik ausführlich behandelt wird. Dem Leser werden zur Ergänzung weiterführende Lehrbücher über FEM empfohlen, von denen es eine große Auswahl gibt.

M. Kuna, *Finite Elemente in der Bruchmechanik*,
https://doi.org/10.1007/978-3-658-46192-8_5

5.1 Räumliche und zeitliche Diskretisierung der Randwertaufgabe

Im Abschnitt 3.5 sind die grundlegenden Beziehungen der Festkörpermechanik zusammengestellt, die zur Formulierung einer (Anfangs-)Randwertaufgabe ARWA notwendig sind, vgl. Bild 3.16 und (3.140). Die Methode der finiten Elemente ist ein Approximationsverfahren zur Lösung von ARWA. Sie basiert auf der numerischen Umsetzung von Energieprinzipien der Mechanik, die zu diesem Zweck in Raum und Zeit diskretisiert werden.

Dazu wird das Gebiet V des betrachteten Körpers in eine Anzahl n_{E} endlicher Teilgebiete V_e, die *Finiten Elemente* (engl. *finite elements*), zerlegt, für die man vereinfachte Ansätze formuliert. Die finiten Elemente werden mit dem Laufindex $e = 1, \ldots, n_{\mathrm{E}}$ nummeriert. Als Beispiel ist in Bild 5.1 die räumliche Diskretisierung der Randwertaufgabe einer Zuglasche dargestellt. Bei Anfangsrandwertaufgaben oder nichtlinearen Problemen wird der transiente zeitliche Ablauf $[t_0 \leq t \leq t_{\mathrm{end}}]$ im Allgemeinen durch eine Folge von Zeitschritten bzw. Lastinkrementen Δt_i diskretisiert.

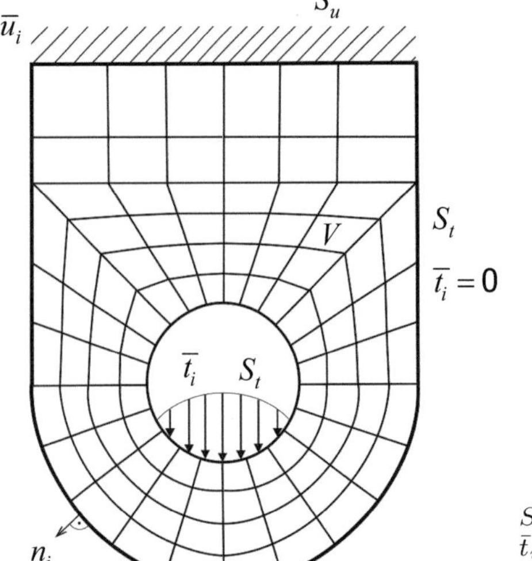

$S = S_u \cup S_t$
$\bar{t}_i$ – vorgegebene Randspannungen auf S_t
$\bar{u}_i$ – vorgegebene Randverschiebungen auf S_u

Bild 5.1 Finite-Element-Diskretisierung am Beispiel einer Zuglasche

Bild 5.2 a zeigt einen Ausschnitt von Bild 5.1, bei dem das Element e hervorgehoben wurde. Zum Element e gehören sein Volumen V_e und sein Rand $S_e = S_{ue} \cup S_{te} \cup \tilde{S}_e$. Dabei kennzeichnen S_{ue} und S_{te} die Schnittmengen von S_e mit den Verschiebungs- bzw. Spannungsrändern S_u bzw. S_t der ARWA. Außerdem grenzt jedes Element mit dem Teil $\tilde{S}_e$ seines Randes an Nachbarelemente. Die Gesamtheit dieser Interelementgrenzen wird mit $\tilde{S}$ bezeichnet. Alle äußeren, vorgegebenen Größen werden überstrichen dargestellt. Nur auf dem Rande definierte Größen werden durch eine Tilde kenntlich gemacht.

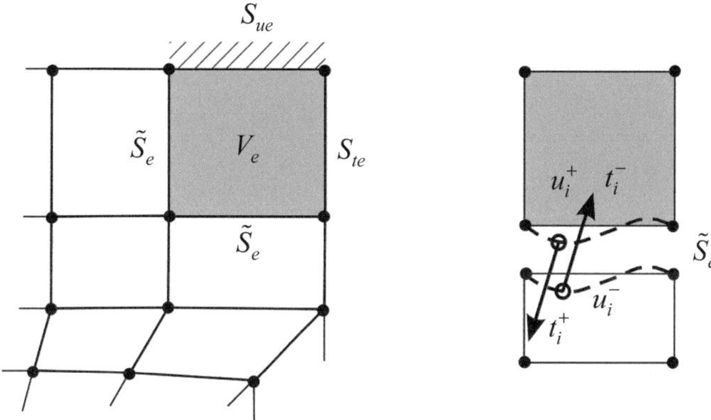

Bild 5.2 a) Detailansicht eines finiten Elementes, b) Übergangsbedingungen zum Nachbarelement

Zur Lösung einer RWA müssen die Feldgrößen in den finiten Elementen folgende Grundbeziehungen erfüllen:

1. Das Verschiebungsfeld u_i ist eine stetige Funktion des Ortes. Durch Gradientenbildung leiten sich daraus die Verzerrungen ε_{ij} im Inneren jedes Elementes ab:

$$\varepsilon_{ij} = \frac{1}{2}(u_{i,j} + u_{j,i}) \qquad \text{in } V_e \qquad \text{(Kompatibilitätsbedingungen).} \tag{5.1}$$

2. Das Verschiebungsfeld $\bar{u}_i$ muss vorgegebene Werte $\bar{u}_i$ auf dem Teil S_{ue} des Randes annehmen:

$$u_i = \bar{u}_i \qquad \text{auf } S_{ue} \qquad \text{(wesentliche Randbedingungen).} \tag{5.2}$$

3. Gleichgewicht des Spannungszustandes mit den Volumenkräften $\bar{b}_i$ im Inneren des Elementes:

$$\sigma_{ij,j} + \bar{b}_i = 0 \qquad \text{in } V_e \qquad \text{(Gleichgewichtsbedingungen).} \tag{5.3}$$

4. Die Randspannungen auf dem Randteil S_{te} entsprechen den äußeren vorgegebenen Werten $\bar{t}_i$:

$$\sigma_{ij}\, n_j = t_i = \bar{t}_i \qquad \text{auf } S_{te} \qquad \text{(natürliche Randbedingungen).} \tag{5.4}$$

5. An der Grenze zwischen zwei Elementen $\tilde{S}_e$ müssen die Verschiebungen stetig sein, wenn man sich ihr von beiden Elementenseiten annähert (symbolisiert durch + und −):

$$u_i^+ = u_i^- \qquad \text{auf } \tilde{S}_e\,. \tag{5.5}$$

6. Reziprozität der Randspannungsvektoren (actio = reactio) auf den Interelementgrenzen:

$$t_i^+ = -t_i^- \qquad \text{auf } \tilde{S}_e\,. \tag{5.6}$$

7. Spannungs-Verzerrungs-Gesetz. Im Weiteren wird zunächst linear-elastisches Materialverhalten unterstellt:

$$\sigma_{ij} = C_{ijkl}\varepsilon_{kl}\,, \quad \varepsilon_{ij} = S_{ijkl}\sigma_{kl}\,, \quad U = \widehat{U} = \frac{1}{2}\sigma_{ij}\varepsilon_{ij}\,. \tag{5.7}$$

Jedes Verschiebungsfeld, das die Gleichungen (5.1) und (5.2) erfüllt, wird als ein *kinematisch zulässiges Verschiebungsfeld* u_i^{kin} bezeichnet. Jedes Spannungsfeld, das (5.3) und (5.4) gehorcht, nennt man *statisch zulässiges Spannungsfeld* σ_{ij}^{sta}. Die beiden letztgenannten Bedingungen auf den Interelementrändern sind in Bild 5.2 b veranschaulicht.

Die *wahre* Lösung der RWA muss alle statischen und kinematischen Bedingungen (5.1) bis (5.6) sowie das Materialgesetz (5.7) im gesamten Gebiet V *exakt* erfüllen, siehe Abschnitt 3.5.2. Bei der FEM wird jedoch für die primären Feldgrößen in den finiten Elementen ein Näherungsansatz gemacht, der nur einen Teil der aufgeführten Grundgleichungen im Elementinneren und der Stetigkeitsanforderungen auf dem Rand a priori erfüllen muss. Die verbleibenden, nicht von vornherein befriedigten Grundgleichungen – zumeist für die abgeleitete duale Feldgröße – ergeben sich als die EULERschen Gleichungen eines Variationsprinzips und werden nur approximativ im Sinne gewichteter Residuen realisiert.

5.2 Energieprinzipien der Kontinuumsmechanik

Den Ausgangspunkt der Betrachtungen bildet der *verallgemeinerte Arbeitssatz*, der besagt, dass die innere Arbeit $\mathcal{W}_{\text{int}}$ eines statisch zulässigen Spannungsfeldes σ_{ij}^{sta} mit einem kinematisch zulässigen Verzerrungsfeld $\varepsilon_{ij}^{\text{kin}}$ gleich der Arbeit $\mathcal{W}_{\text{ext}}$ der äußeren Belastungen $\bar{t}_i^{\text{sta}}$ und $\bar{b}_i^{\text{sta}}$ mit dem zugehörigen Verschiebungsfeld u_i^{kin} ist:

$$\mathcal{W}_{\text{int}} \mathrel{\widehat{=}} \int_V \sigma_{ij}^{\text{sta}}\varepsilon_{ij}^{\text{kin}}\mathrm{d}V = \int_{S_t} \bar{t}_i^{\text{sta}}u_i^{\text{kin}}\mathrm{d}S + \int_V \bar{b}_i^{\text{sta}}u_i^{\text{kin}}\,\mathrm{d}V + \int_{S_u} t_i^{\text{sta}}\bar{u}_i^{\text{kin}}\mathrm{d}S \mathrel{\widehat{=}} \mathcal{W}_{\text{ext}}\,. \tag{5.8}$$

Man kann (5.8) auch auf die wahren Spannungen $\sigma_{ij}^{\text{sta}} := \sigma_{ij}$ der RWA und die wahren Inkremente der kinematischen Größen $u_i^{\text{kin}} := \mathrm{d}u_i$ und $\varepsilon_{ij}^{\text{kin}} := \mathrm{d}\varepsilon_{ij}$ einer nichtlinearen Analyse anwenden. Dann ergibt die Integration über alle Lastschritte vom undeformierten Ausgangszustand bis zum Endzustand selbst für ein beliebiges Materialgesetz die Identität von innerer Arbeit (Formänderungsarbeit) und Arbeit der äußeren Kräfte:

$$\mathcal{W}_{\text{int}} \mathrel{\widehat{=}} \int_V \int_0^{\varepsilon_{ij}} \sigma_{ij} \mathrm{d}\varepsilon_{ij} \mathrm{d}V = \int_S \int_0^{u_i} \bar{t}_i \mathrm{d}u_i \mathrm{d}S + \int_V \int_0^{u_i} \bar{b}_i \mathrm{d}u_i \mathrm{d}V \mathrel{\widehat{=}} \mathcal{W}_{\text{ext}} . \tag{5.9}$$

5.2.1 Variation der Verschiebungsgrößen

Man geht von einem Spannungszustand im Körper aus, der sich im Gleichgewicht mit dem äußeren Kraftsystem befindet, d. h. (5.3) und (5.4) sind erfüllt. Zusätzlich zu den aktuellen Verschiebungen u_i wird nun eine virtuelle Verschiebung δu_i vorgenommen. Darunter versteht man eine stetige Funktion von $\boldsymbol{x}$, die folgende Eigenschaften besitzt:

a) infinitesimal (klein gegenüber u_i),
b) gedacht, also nicht wirklich vorhanden,
c) kinematisch zulässig, d. h. $\delta u_i = 0$ auf S_u, damit die Randbedingung $u_i = \bar{u}_i$ nicht verletzt wird.

Die virtuellen Verschiebungen führen zu den virtuellen Verzerrungen:

$$\delta\varepsilon_{ij} = \frac{1}{2}\delta(u_{j,i}) = \frac{1}{2}\left[(\delta u_i)_{,j} + (\delta u_j)_{,i}\right] . \tag{5.10}$$

Jetzt wird der Arbeitssatz (5.8) angewandt, wobei $\sigma_{ij}^{\text{sta}} := \sigma_{ij}$ dem Gleichgewichtszustand entspricht und für $u_1^{\text{kin}} := \delta u_i$ die virtuellen Verschiebungen eingesetzt werden (das Integral über S_u muss laut Voraussetzung (c) verschwinden):

$$\delta\mathcal{W}_{\text{int}} \mathrel{\widehat{=}} \int_V \sigma_{ij}\delta\varepsilon_{ij}\mathrm{d}V = \int_{S_t} \bar{t}_i\delta u_i \mathrm{d}S + \int_V \bar{b}_i \delta u_i \mathrm{d}V + \int_{S_u} t_i \cancel{\delta u_i} \mathrm{d}S \mathrel{\widehat{=}} \delta\mathcal{W}_{\text{ext}} . \tag{5.11}$$

Prinzip der virtuellen Verschiebungen (engl. *principle of virtual displacements*):
Ein deformierbarer Körper befindet sich genau dann im Gleichgewichtszustand, wenn die Arbeit der äußeren eingeprägten Kräfte und die Formänderungsarbeit der inneren Kräfte mit einem beliebigen kinematisch zulässigen virtuellen Verschiebungsfeld δu_i gleich ist, bzw. die virtuelle Gesamtarbeit null wird. Das gilt für jedes Materialgesetz!

$$\delta\mathcal{W} = \delta\mathcal{W}_{\text{int}} - \delta\mathcal{W}_{\text{ext}} = 0 \tag{5.12}$$

Gleichung (5.11) stellt die integrale Form der Gleichgewichtsbedingungen (5.3) und (5.4) dar. Sie wird auch *schwache Formulierung* genannt, weil die Ordnung der Differentiation von σ_{ij} um eins geringer ist als in der DGL (5.3). Die Funktion δu_i

kann in (5.11) mathematisch als *Testfunktion* oder *Wichtungsfunktion* aufgefasst werden, was dem Verfahren der gewichteten Residuen (GALERKIN) entspricht.

Beim Prinzip der virtuellen Verschiebungen ist nur der momentane Spannungszustand maßgebend, auch wenn er wie bei nichtlinearem Materialverhalten ein Funktional der gesamten Verformungsgeschichte ist. Deshalb darf das Prinzip auch auf jeden Lastschritt Δt einer nichtlinearen Analyse angewandt werden, um die Gleichgewichtsbedingungen zu erfüllen. Dazu werden in (5.11) anstelle der totalen kinematischen Größen ihre Inkremente $\Delta u_i = \dot{u}_i \Delta t$ bzw. $\Delta\varepsilon_{ij} = \dot{\varepsilon}_{ij}\Delta t$ eingesetzt und variiert:

$$\int_V \sigma_{ij}\delta\Delta\varepsilon_{ij}\,\mathrm{d}V = \int_{S_t} \bar{t}_i\delta\Delta u_i\,\mathrm{d}S + \int_V \bar{b}_i\delta\Delta u_i\,\mathrm{d}V\,. \tag{5.13}$$

Dividiert man durch Δt, so erhält man die Beziehung in Ratenform, was auch als *Prinzip der virtuellen Geschwindigkeiten* bezeichnet wird:

$$\int_V \sigma_{ij}\delta\dot{\varepsilon}_{ij}\,\mathrm{d}V = \int_{S_t} \bar{t}_i\delta\dot{u}_i\,\mathrm{d}S + \int_V \bar{b}_i\delta\dot{u}_i\,\mathrm{d}V\,. \tag{5.14}$$

Dieses Prinzip lässt sich ebenso auf große Deformationen (siehe Abschnitt 3.2) übertragen. In der Momentankonfiguration wird die innere Arbeit mit dem CAUCHYschen Spannungstensor σ_{ij} nach (3.43) und dem EULER-ALMANSI-Verzerrungstensor η_{ij} (3.18) gebildet, der nichtlinear mit den Verschiebungen zusammenhängt (3.20). Die Integration erstreckt sich über das aktuelle Volumen v und die Oberfläche a

$$\delta\mathcal{W}_{\mathrm{int}} \mathrel{\widehat{=}} \int_v \sigma_{ij}\delta\eta_{ij}\,\mathrm{d}v = \int_v \rho\bar{f}_i\delta u_i\,\mathrm{d}v + \int_a \bar{t}_i\delta u_i\,\mathrm{d}a \mathrel{\widehat{=}} \delta\mathcal{W}_{\mathrm{ext}}\,. \tag{5.15}$$

Die Darstellung in der Ausgangskonfiguration verwendet den 2. PIOLA-KIRCHHOFFschen Spannungstensor T_{IJ} (3.52) und den GREEN-LAGRANGEschen Verzerrungstensor E_{IJ} (3.19) mit der kinematischen Relation (3.20). Entsprechend müssen der Randspannungsvektor $\hat{\bar{\boldsymbol{T}}}$ nach (3.51) sowie die Integrationsbereiche V und A auf den Ausgangszustand bezogen werden

$$\delta\mathcal{W}_{\mathrm{int}} \mathrel{\widehat{=}} \int_V T_{IJ}\delta E_{IJ}\,\mathrm{d}V = \int_V \rho_0\bar{f}_i\delta u_i\,\mathrm{d}V + \int_A \hat{\bar{T}}_i\delta u_i\,\mathrm{d}A \mathrel{\widehat{=}} \delta\mathcal{W}_{\mathrm{ext}}\,. \tag{5.16}$$

Die Volumenkräfte $\bar{b}_i$ wurden unter Berücksichtigung der unterschiedlichen Dichten ρ_0 und ρ in beiden Konfigurationen aus dem Massenkraftvektor $\bar{f}_i$ gebildet $\rho_0\bar{f}_i\,\mathrm{d}V = \rho\bar{f}_i\,\mathrm{d}v$.

Unter zwei Voraussetzungen kann das Prinzip der virtuellen Verschiebungen in eine Variationsformulierung umgewandelt werden. Erstens wird hyperelastisches Materialverhalten verlangt, so dass die Formänderungsarbeit eine innere potenzielle Energie bildet (siehe Abschnitt 3.4.1).

$$\Pi_{\mathrm{int}} = \int_V U\mathrm{d}V = \mathcal{W}_{\mathrm{int}} \qquad \sigma_{ij} = \frac{\partial U}{\partial\varepsilon_{ij}} \qquad \left(U(\varepsilon_{ij}) = \frac{1}{2}\sigma_{ij}\varepsilon_{ij} \quad \text{linear-elastisch}\right)$$

(5.17)

Zweitens müssen die äußeren Kräfte konservativ (wegunabhängig) sein, d. h. sich aus einem Potenzial Π_{ext} ableiten lassen (Schwerkraft, Federkraft, ...).

$$\Pi_{\text{ext}} = -\mathcal{W}_{\text{ext}} = -\int_V \bar{b}_i u_i \mathrm{d}V - \int_{S_t} \bar{t}_i u_i \,\mathrm{d}S \tag{5.18}$$

Aus (5.12) folgt damit $\delta\mathcal{W}_{\text{int}} - \delta\mathcal{W}_{\text{ext}} = \delta\Pi_{\text{int}} + \delta\Pi_{\text{ext}} = \delta\Pi_{\text{P}} = 0$ die Stationarität des Gesamtpotentials

$$\Pi_{\text{P}}(u_i) = \Pi_{\text{int}} + \Pi_{\text{ext}} = \int_V U(\varepsilon_{ij})\mathrm{d}V - \int_{S_t} \bar{t}_i u_i \mathrm{d}S - \int_V \bar{b}_i u_i \mathrm{d}V\,. \tag{5.19}$$

Die Variation von $\delta\Pi_{\text{P}}$ bezüglich δu_i, die kinematisch zulässig sein muss, liefert:

$$\delta\Pi_{\text{P}} = \int_V \frac{\partial U}{\partial\varepsilon_{ij}}\delta\varepsilon_{ij}\,\mathrm{d}V - \int_{S_t} \bar{t}_i\delta u_i\,\mathrm{d}S - \int_V \bar{b}_i\delta u_i\,\mathrm{d}V = 0\,. \tag{5.20}$$

Mit (5.17) und $\sigma_{ij}\delta\varepsilon_{ij} = \sigma_{ij}\delta u_{i,j} = (\sigma_{ij}\delta u_i)_{,j} - \sigma_{ij,j}\delta u_i$ folgt

$$\delta\Pi_{\text{P}} = \int_V (\sigma_{ij}\delta u_i)_{,j}\,\mathrm{d}V - \int_V \left[\sigma_{ij,j} + \bar{b}_i\right]\delta u_i\,\mathrm{d}V - \int_{S_t} \bar{t}_i\delta u_i\,\mathrm{d}S\,, \tag{5.21}$$

und die Anwendung des GAUSSschen Satzes und der CAUCHY-Formel führen zu

$$\delta\Pi_{\text{P}} = \int_{S_t} \left[\sigma_{ij}n_j - \bar{t}_i\right]\delta u_i\,\mathrm{d}S - \int_V \left[\sigma_{ij,j} + \bar{b}_i\right]\delta u_i\,\mathrm{d}V = 0\,. \tag{5.22}$$

Aufgrund des Fundamentalsatzes der Variationsrechnung (δu_i ist beliebige Testfunktion) müssen die Klammerausdrücke verschwinden. Man erhält als EULERsche Gleichungen genau (5.3) und (5.4), d. h. die DGL und die Randbedingungen für den Spannungstensor σ_{ij}.

Prinzip vom Minimum der potenziellen Energie (engl. *principle of minimum potential energy*):
Von allen kinematisch zulässigen Verschiebungsfeldern machen die wahren Verschiebungen, die auch dem Gleichgewichtszustand entsprechen, die potenzielle Energie zum Minimum. Somit kann durch Wahl eines zulässigen Verschiebungsansatzes mit freien Parametern über das Variationsprinzip vom Minimum der potenziellen Energie die wahre Lösung der RWA gefunden werden (RITZsches Verfahren, GALERKINs Methode der gewichteten Residuen → FEM)

5.2.2 Variation der Kraftgrößen

Das *Prinzip der virtuellen Kräfte* (engl. *principle of virtual forces*) lässt sich ebenfalls aus dem allgemeinen Arbeitssatz (5.8) gewinnen. Allerdings geht man jetzt von einem kinematisch zulässigen Verschiebungs- $u_i(\boldsymbol{x})$ und Verzerrungszustand $\varepsilon_{ij}(\boldsymbol{x})$ im Körper aus, der (5.1) und (5.2) erfüllt und den Größen u_i^{kin} und $\varepsilon_{ij}^{\text{kin}}$ in (5.8) entsprechen soll. Zusätzlich zu den sich einstellenden Spannungen wird nun eine virtuelle Änderung der inneren und äußeren Kräfte aufgeprägt, die mit den Spannungen $\sigma_{ij}^{\text{sta}} := \delta\sigma_{ij}(\boldsymbol{x})$, Randspannungen $\bar{t}_i^{\text{sta}} := \delta t_i$ und Volumenkräften $\bar{b}_i^{\text{sta}} := \delta b_i$ des Arbeitssatzes identifiziert werden. Diese *virtuellen Kräfte* bilden ein Gleichgewichtssystem mit den Eigenschaften:

a) infinitesimal klein,
b) gedacht, also nicht wirklich vorhanden,
c) statisch zulässig, d. h. $\delta\sigma_{ij,j} + \delta\bar{b}_i = 0$ und $\delta\bar{t}_i = 0$ auf S_t.

Das Einsetzen dieser Feldgrößen in den Arbeitssatz (5.8) ergibt

$$\begin{aligned} \int_V \delta\sigma_{ij}\varepsilon_{ij}\,\mathrm{d}V &= \int_{S_t} \cancel{\delta\bar{t}_i} u_i\,\mathrm{d}S + \int_{S_u} \delta t_i u_i\,\mathrm{d}S + \int_V \delta b_i u_i\,\mathrm{d}V \\ \delta\widehat{\mathcal{W}}_{\text{int}} &= \delta\widehat{\mathcal{W}}_{\text{ext}}\,. \end{aligned} \tag{5.23}$$

Die linke Seite nennt man *komplementäre innere Arbeit* $\widehat{\mathcal{W}}_{\text{int}}$ und $\widehat{\mathcal{W}}_{\text{ext}}$ bezeichnet die *komplementäre äußere Arbeit* (auch *Ergänzungsarbeit* genannt). Verbal ausgedrückt bedeutet das Prinzip der virtuellen Kräfte:

Die Verschiebungen und Verzerrungen eines deformierbaren Körpers sind genau dann miteinander und mit den Randbedingungen kinematisch verträglich, wenn für jedes beliebige statisch zulässige System von virtuellen Kräften und Spannungen die virtuellen komplementären inneren und äußeren Arbeiten gleich sind, bzw. die virtuelle komplementäre Gesamtarbeit null wird. Das Prinzip ist für alle Materialgesetze gültig.

$$\delta\widehat{\mathcal{W}} = \delta\widehat{\mathcal{W}}_{\text{int}} - \delta\widehat{\mathcal{W}}_{\text{ext}} = 0\,. \tag{5.24}$$

Das *Prinzip vom Minimum der komplementären Energie* (engl. *principle of minimum complementary energy*) kann auf analoge Weise aus dem Prinzip der virtuellen Kräfte hergeleitet werden wie die Ableitung vom Minimum der potenziellen Energie in Abschnitt 5.2.1. Vorausgesetzt werden muss auch hier hyperelastisches Materialverhalten und ein konservatives äußeres Belastungssystem. Dann stellt die komplementäre Formänderungsarbeit

$$\widehat{\mathcal{W}}_{\text{int}} = \int_V \widehat{U}(\sigma_{ij})\,\mathrm{d}V\,, \quad \widehat{U}(\sigma_{ij}) = \int_0^{\sigma_{ij}} \varepsilon_{kl}\,\mathrm{d}\sigma_{kl} \tag{5.25}$$

ein inneres komplementäres Potenzial $\widehat{\Pi}_{\text{int}}$ dar und die äußere komplementäre Arbeit $\widehat{\mathcal{W}}_{\text{ext}}$ wird durch ein entsprechendes Potenzial $-\widehat{\Pi}_{\text{ext}}$ verrichtet. Beide Größen bilden zusammen das komplementäre Gesamtpotenzial

$$\Pi_{\text{C}}(\sigma_{ij}) = \widehat{\Pi}_{\text{int}} + \widehat{\Pi}_{\text{ext}} = \int_V \widehat{U}(\sigma_{ij})\,\mathrm{d}V - \int_{S_u} u_i t_i\,\mathrm{d}S - \int_V u_i b_i\,\mathrm{d}V\,, \tag{5.26}$$

welches als Funktion des statisch zulässigen Spannungsfeldes $\sigma_{ij}(\boldsymbol{x})$ aufzufassen ist. Das Variationsprinzip $\delta\Pi_{\text{C}} = \delta\widehat{\Pi}_{\text{int}} + \delta\widehat{\Pi}_{\text{ext}} = 0$ führt dann genau auf die Beziehung (5.23) und als EULERsche Gleichungen ergeben sich die kinematischen Beziehungen (5.1).

Von allen Kräften und Spannungen, welche die Gleichgewichtsbedingungen erfüllen, machen diejenigen, die auch dem wahren kinematisch verträglichen Verformungszustand entsprechen, die komplementäre potenzielle Energie zum Minimum.

5.2.3 Gemischte und hybride Variationsprinzipien

Grundlagen

Das Prinzip vom Minimum der potenziellen Energie, bei dem man von kinematisch verträglichen Verschiebungsansätzen ausgeht, stellt die Grundlage der am meisten angewandten FEM-Variante – der *Verschiebungsgrößenmethode* – dar. Demgegenüber arbeitet man beim Prinzip der komplementären Energie mit der Variation im Gleichgewicht befindlicher Spannungsansätze, was zur *Kraftgrößenmethode* der FEM führt. Wenn man die Erfüllung aller Grundgleichungen im Innern (Kompatibilitätsbedingungen, Spannungsgleichgewicht) und aller Randbedingungen ausschließlich über das Variationsprinzip realisieren will, so gelangt man zu *verallgemeinerten Energieprinzipien*. Die zusätzlichen Anforderungen werden dabei mit Hilfe von *LAGRANGEschen Multiplikatoren* als Nebenbedingungen in das Funktional einbezogen. Möchte man z. B. beim Variationsprinzip der komplementären Energie (5.26) für den Spannungszustand einen beliebigen Ansatz zulassen, so müssen die Gleichgewichtsbedingungen (5.3) in V und (5.4) auf S_t durch die Forderungen

$$\int_V (\sigma_{ij,j} - \bar{b}_i)\lambda_i\,\mathrm{d}V = 0 \qquad \int_{S_t} (\sigma_{ij} n_j - \bar{t}_i)\lambda_i\,\mathrm{d}S = 0 \tag{5.27}$$

erfüllt werden. Der LAGRANGEsche Multiplikator erweist sich hierbei als Variation eines unabhängig anzusehenden Verschiebungsfeldes $u_i(\boldsymbol{x})$. Auf diese Weise kommt man zum HELLINGER-REISSNER-Prinzip $\Pi_{\text{R}}(u_i, \sigma_{ij})$ – einem 2-Feld-Funktional, das die Grundlage der *gemischten Finite-Elemente-Formulierungen* bildet.

Konventionelle Variationsprinzipen		**Modifizierte hybride Variationsprinzipien**
Prinzip vom Minimum der potenziellen Energie		Modifiziertes Prinzip der potenziellen Energie
$\Pi_{\mathrm{P}}(u_i)$	$\Rightarrow$	$\Pi_{\mathrm{PH}}(u_i, \tilde{u}_i, \tilde{t}_i)$
KOMPATIBLE VERSCHIEBUNGSELEMENTE		HYBRIDE VERSCHIEBUNGSELEMENTE
HELLINGER-REISSNER-Prinzip		Modifiziertes Prinzip nach HELLINGER-REISSNER
$\Pi_{\mathrm{R}}(u_i, \sigma_{ij})$	$\Rightarrow$	$\Pi_{\mathrm{GH}}(u_i, \sigma_{ij}, \tilde{u}_i)$
GEMISCHTE ELEMENTE		GEMISCHTE HYBRIDELEMENTE
Prinzip vom Minimum der komplementären Energie		Modifiziertes Prinzip der komplementären Energie
$\Pi_{\mathrm{C}}(\sigma_{ij})$	$\Rightarrow$	$\Pi_{\mathrm{CH}}(\sigma_{ij}, \tilde{u}_i)$
KOMPATIBLE SPANNUNGSELEMENTE		HYBRIDE SPANNUNGSELEMENTE

Bild 5.3 Schema der konventionellen und hybriden Variationsprinzipien der Elastizitätstheorie

Hybride Elementformulierungen unterscheiden sich von normalen Verschiebungs-, Spannungs- oder gemischten Elementansätzen dadurch, dass man auf die Einhaltung der Stetigkeitsforderung an den Elementgrenzen für die Verschiebungen (5.5) oder Randspannungen (5.6) a priori verzichtet, d. h. Elemente mit abgeschwächter Kompatibilität zulässt. Das bringt den Vorteil einer höheren Flexibilität bei der Elementgestaltung, da somit im Inneren jedes Elementes unterschiedliche, zum Nachbarelement *nicht konforme* Verschiebungs- und Spannungsansätze gewählt werden dürfen. Die Erfüllung der Interelement-Stetigkeitsbedingungen wird beim Hybridmodell durch die Einführung separater Verschiebungen $\tilde{u}_i$ und Randspannungen $\tilde{t}_i$ auf den Interelementgrenzen $\tilde{S}_e$ erreicht, deren Wahl *unabhängig* von den inneren Formfunktionen ist. Die Randverschiebungen $\tilde{u}_i$ gelten für zwei angrenzende Elemente gleichermaßen und werden vorteilhafterweise durch Knotenvariable festgelegt. Im Gegensatz dazu werden die Randspannungen $\tilde{t}_i$ in jedem Element getrennt angesetzt. Die Stetigkeitsforderung beim Übergang von einem Element zum anderen wird als zusätzliche Nebenbedingung mit in das Variationsprinzip aufgenommen, wobei als LAGRANGEscher Parameter meist die duale Feldgröße auf dem Rand dient. Erst durch das in dieser Weise zum Hybridfunktional erweiterte Variationsprinzip wird somit die Stetigkeit der Feldgrößen im integralen Maß approximativ gewährleistet.

Eine umfassende Darstellung aller konventionellen Variationsprinzipien der Festkörpermechanik und ihrer hybriden Modifikationen findet man im Buch von WASHIZU [12], wo gleichfalls die Verbindung zu den verschiedenen Finite-Elemente-Formulierungen hergestellt wird. In Bild 5.3 sind die wichtigsten Prinzipien und ihre Korrelationen in einer schematischen Übersicht zusammengestellt. Als Gegenpole können die beiden klassischen Minimalprinzipien der potenziellen bzw. komplementären Energie betrachtet werden. Da für die Entwicklung spezieller Rissspitzenelemente hybride Elementformulierungen besonders leistungsfähig sind, werden nachfolgend die drei wichtigsten hybriden Variationsprinzipien ausführlich beschrieben.

Das hybride Spannungsmodell

Das *hybride Spannungsmodell* (engl. *hybrid stress model*) beruht auf dem Prinzip vom Minimum der Komplementärenergie Π_{C} (5.26), das durch einen zusätzlichen Verschiebungsansatz $\tilde{u}_i$ auf dem gesamten Elementrand S_e modifiziert wird (PIAN & TONG [7]):

$$\Pi_{\mathrm{CH}}(\sigma_{ij},\,\tilde{u}_i) = \sum_{e=1}^{n_{\mathrm{E}}} \left\{ \int\limits_{V_e} \left[\frac{1}{2} \sigma_{ij}\, S_{ijkl} \sigma_{kl} \right] \mathrm{d}V - \int\limits_{S_e} t_i\, \tilde{u}_i \, \mathrm{d}S + \int\limits_{S_{te}} \bar{t}_i\, \tilde{u}_i \, \mathrm{d}S \right\} . \tag{5.28}$$

Vorausgesetzt wird vom Spannungsansatz a priori nur die

- Erfüllung der Gleichgewichtsbedingungen (5.3) in V_e, aber im Unterschied zu konventionellen Spannungselementen kein Spannungsgleichgewicht (5.4), weder auf dem Lastrand S_{te} noch auf den Interelementgrenzen $\tilde{S}_e$ (5.6).

Von den Randverschiebungen wird (5.2) gefordert:

- Annahme der vorgegebenen Randwerte $\tilde{u}_i = \bar{u}_i$ auf S_{ue}.

Das Funktional Π_{CH} wird bzgl. beider Feldgrößen $\delta\sigma_{ij}$ (davon abhängig $\delta t_i = \delta\sigma_{ij} n_j$) und $\delta\tilde{u}_i$ variiert und muss einen Stationärwert annehmen $\delta\Pi_{\mathrm{CH}} = 0$.

$$\begin{aligned} \delta\Pi_{\mathrm{CH}} = &\sum_{e=1}^{n_{\mathrm{E}}} \left\{ \int_{V_e} \delta\sigma_{ij} S_{ijkl} \sigma_{kl} \, \mathrm{d}V - \int_{S_e} \delta t_i \tilde{u}_i \, \mathrm{d}S \right. \\ &\left. - \int_{S_e} t_i \delta\tilde{u}_i \, \mathrm{d}S + \int_{S_{te}} \bar{t}_i \delta\tilde{u}_i \, \mathrm{d}S \pm \int_{S_e} \delta t_i u_i \, \mathrm{d}S \right\} = 0 \,. \end{aligned} \tag{5.29}$$

Die Nullergänzung im letzten Term wird zum einen vom 1. Term subtrahiert und mit dem Divergenzsatz in ein Integral über V_e umgeformt und zum anderen mit dem 2. Term addiert:

$$\begin{aligned}\delta\Pi_{\mathrm{CH}} = \sum_{e=1}^{n_{\mathrm{E}}} \Bigg\{ \int_{V_e} \delta\sigma_{ij}\left[S_{ijkl}\sigma_{kl} - u_{i,j}\right] \mathrm{d}V - \int_{S_e} \delta t_i \left[\tilde{u}_i - u_i\right] \mathrm{d}S \\ - \int_{\tilde{S}_e} t_i \delta\tilde{u}_i \,\mathrm{d}S + \int_{S_{te}} \left[\bar{t}_i - t_i\right] \delta\tilde{u}_i \,\mathrm{d}S \Bigg\} = 0\,.\end{aligned} \tag{5.30}$$

Nullsetzen der Ausdrücke in eckigen Klammern liefert die fehlenden Grundbeziehungen:

- Kompatibilität (5.1) der sich aus σ_{ij} ergebenden Verzerrungen in V_e: $S_{ijkl}\,\sigma_{kl} = \varepsilon_{ij} = \frac{1}{2}\left(u_{i,j} + u_{j,i}\right)$
- Erfüllung der Spannungsrandbedingungen (5.4) auf S_{te}
- Stetigkeit der Verschiebungen $u_i^+ = \tilde{u}_i = u_i^-$ auf den Interelementgrenzen (5.5)
- Spannungsreziprozität (5.6) auf den Interelementgrenzen $\tilde{S}_e$. Bei der Summation des 3. Terms erscheint jede Interelementgrenze zweimal (von beiden angrenzenden Elementen), was die Bedingung $t_i^+ = -t_i^-$ gewährleistet.

Das hybride Verschiebungsmodell

Im Unterschied zu konventionellen Verschiebungselementen geht man beim *hybriden Verschiebungsmodell* (engl. *hybrid displacement model*) von Verschiebungsansätzen aus, die nur *im* Element, nicht beim Übergang zu Nachbarelementen stetig sein müssen. Durch Erweiterung des Prinzips vom Minimum der potentiellen Energie $\Pi_{\mathrm{P}}(u_i)$ mit unabhängigen Ansätzen für die Verschiebungen $\tilde{u}_i$ und Spannungen $\tilde{t}_i$ auf dem Rand wird das hybride Variationsprinzip für Verschiebungselemente gebildet:

$$\begin{aligned}\Pi_{\mathrm{PH}}(u_i, \tilde{u}_i, \tilde{t}_i) = \sum_{e=1}^{n_{\mathrm{E}}} \Bigg\{ \int\limits_{V_e} \left[\frac{1}{2}\,\varepsilon_{ij} C_{ijkl}\,\varepsilon_{kl} - \bar{b}_i\,u_i\right] \mathrm{d}V - \int\limits_{S_{te}} \bar{t}_i\,u_i\,\mathrm{d}S - \\ - \int\limits_{S_{ue}} t_i\left(u_i - \bar{u}_i\right)\mathrm{d}S - \int\limits_{\tilde{S}_e} \tilde{t}_i\left(u_i - \tilde{u}_i\right)\mathrm{d}S \Bigg\}\,.\end{aligned} \tag{5.31}$$

Vorausgesetzt wird a priori nur:

- Kompatibilitätsbedingungen (5.1) in V_e

Die Stationaritätsbedingung $\delta\Pi_{\mathrm{PH}} = 0$ bei Variation bezüglich der drei Variablen δu_i, $\delta\tilde{u}_i$ und $\delta\tilde{t}_i$ liefert als EULERsche Gleichungen:

- Gleichgewichtsbedingungen (5.3) in V_e
- Erfüllung der Verschiebungsrandbedingungen (5.2) auf S_{ue}
- Erfüllung der Spannungsrandbedingungen (5.4) auf S_{te}
- Verschiebungskompatibilität (5.5) zwischen den Elementen auf $\tilde{S}_e$
- Spannungsreziprozität (5.6) auf den Interelementgrenzen $\tilde{S}_e$

Man findet verschiedene Varianten hybrider Verschiebungsmodelle in der Literatur, oft auch ohne separate Randverschiebungen $\tilde{u}_i$. Ihre explizite Einbeziehung besitzt den entscheidenden Vorteil, dass durch entsprechende Wahl von $\tilde{u}_i$ Sonderelemente konstruiert werden können, deren Randverschiebungen völlig kompatibel mit denjenigen herkömmlicher isoparametrischer Elementtypen sind, siehe [2, 1].

Das vereinfachte gemischte Hybridmodell

Bei der Entwicklung hybrider Sonderelemente in der Bruchmechanik kann man häufig von geschlossenen elastizitätstheoretischen Lösungen für den Riss oder das Rissspitzennahfeld ausgehen, die im Inneren der Elemente angesetzt werden. Derartige Ansätze erfüllen von vornherein *beide* Grundgleichungen (5.1) und (5.3) *im* Gebiet. Mit Hilfe des HOOKEschen Gesetzes, den Kompatibilitätsbedingungen (5.1) und dem GAUSSschen Satz kann im hybriden Spannungsmodell (5.28) das Volumenintegral in ein Randintegral über S_e umgewandelt werden:

$$\int_{V_e} \frac{1}{2}\sigma_{ij} S_{ijkl}\sigma_{kl}\,\mathrm{d}V = \int_{V_e} \frac{1}{2}\sigma_{ij}\varepsilon_{ij}\,\mathrm{d}V = \int_{V_e} \frac{1}{2}\sigma_{ij} u_{i,j}\,\mathrm{d}V = \int_{S_e} \frac{1}{2} t_i u_i\,\mathrm{d}S\,. \quad (5.32)$$

Damit erhält man das erstmals von TONG u. a. [11] eingeführte Funktional $\Pi_{\mathrm{MH}*}$ für das *vereinfachte gemischte Hybridmodell* (engl. *mixed hybrid model*):

$$\Pi_{\mathrm{MH}*}(u_i,\,\tilde{u}_i) = \sum_{e=1}^{n_{\mathrm{E}}} \left\{ \int_{S_e} t_i\,\tilde{u}_i\,\mathrm{d}S - \frac{1}{2}\int_{S_e} t_i\,u_i\,\mathrm{d}S - \int_{S_{te}} \bar{t}_i\,\tilde{u}_i\,\mathrm{d}S \right\}. \quad (5.33)$$

Vorausgesetzt wird nur noch:

- Verschiebungsrandbedingungen durch Wahl von $\tilde{u}_i = \bar{u}_i$ (5.2) auf S_{ue}

Über das Variationsprinzip werden folgende Beziehungen erfüllt:

- Kompatibilität der inneren Verschiebungen u_i mit den Randansätzen u_i, d. h. (5.5) auf S_e

- Spannungsrandbedingungen (5.4) auf S_{te}
- Reziprozität der Randspannungen (5.6) auf $\tilde{S}_e$.

Bei dieser vereinfachten Variante wird demnach nur noch die Kompatibilität vollständiger analytischer Lösungen mit FEM-typischen Randverschiebungen $\tilde{u}_i$ bewirkt, d. h. sie ist ideal geeignet für die Einbettung bekannter Lösungen in ein finites Sonderelement. Dabei ist hervorzuheben, dass (5.33) im Unterschied zu allen bisher dargestellten Variationsprinzipien nur Randintegrale enthält.

5.2.4 Prinzip von HAMILTON

Bei der Behandlung dynamischer Aufgabenstellungen verwendet man üblicherweise das *HAMILTONsche Variationsprinzip* zur Ableitung der schwachen Formulierung des Feldproblems. Den Ausgangspunkt bildet die LAGRANGEsche Funktion $\mathcal{L}$, die vom Verschiebungsfeld u_i, den Geschwindigkeiten $\dot{u}_i$ sowie der Zeit t abhängt. Mit der kinetischen Energie $\mathcal{K}$ und dem Gesamtpotential Π_P ist sie definiert durch:

$$\mathcal{L}\left(u_i, \dot{u}_i, t\right) = \mathcal{K}\left(\dot{u}_i\right) - \Pi_\mathrm{P}\left(u_i, t\right) . \tag{5.34}$$

Betrachtet man das so genannte Wirkungsintegral von $\mathcal{L}$ über eine Zeitspanne von t_0 bis t, so nimmt es nach dem HAMILTONschen Prinzip ein Extremum an, weshalb die erste Variation $\delta\,()$ des Integrals verschwinden muss:

$$\delta \int_{t_0}^{t} \mathcal{L}\left(u_i, \dot{u}_i, t\right) \mathrm{d}t = \int_{t_0}^{t} \left(\delta\mathcal{K} - \delta\Pi_\mathrm{P}\right) \mathrm{d}t = 0 . \tag{5.35}$$

Die Variation der kinetischen Energie bzgl. $\delta\dot{u}_i$ ergibt nach der Produktregel:

$$\delta\mathcal{K} = \delta\left(\frac{1}{2}\int_V \rho\dot{u}_i\dot{u}_i \,\mathrm{d}V\right) = \int_V \rho\dot{u}_i\delta\dot{u}_i \,\mathrm{d}V . \tag{5.36}$$

Bildet man das Zeitintegral und vertauscht die Reihenfolge von räumlicher und zeitlicher Integration, lässt sich mit partieller Integration folgende Umformung vornehmen:

$$\int_V \int_{t_0}^{t} \rho\dot{u}_i\delta\dot{u}_i \,\mathrm{d}t\,\mathrm{d}V = \int_V \left[\left(\cancel{\rho\dot{u}_i\delta u_i}\right)\Big|_{t_0}^{t} - \int_{t_0}^{t} \rho\ddot{u}_i\delta u_i \,\mathrm{d}t\right] \mathrm{d}V = -\int_{t_0}^{t} \int_V \rho\ddot{u}_i\delta u_i \,\mathrm{d}V\,\mathrm{d}t . \tag{5.37}$$

Der erste Integrand wird null, da voraussetzungsgemäß die Variationen $\delta u_i = 0$ an den Bereichsgrenzen t_0 und t verschwinden müssen. Die Variation des Gesamtpotentials $\delta\Pi_P$ wurde bereits in (5.20) ausgeführt. Zusammengefasst lautet das HAMILTONsche Prinzip (5.35) dann:

$$\delta \int_{t_0}^{t} \mathcal{L}\,\mathrm{d}t = \int_{t_0}^{t}\int_V [-\rho\ddot{u}_i\delta u_i - \sigma_{ij}\delta\varepsilon_{ij}]\,\mathrm{d}V\mathrm{d}t + \int_{t_0}^{t}\int_V \bar{b}_i\delta u_i\,\mathrm{d}V\mathrm{d}t + \int_{t_0}^{t}\int_{S_t} \bar{t}_i\delta u_i\,\mathrm{d}S\,\mathrm{d}t = 0. \tag{5.38}$$

Eine analoge Umformung von (5.38) wie in Abschnitt 5.2.1 führt auf

$$\int_{t_0}^{t}\int_V \left[-\rho\ddot{u}_i + \sigma_{ij,j} + \bar{b}_i\right]\delta u_i\,\mathrm{d}V\,\mathrm{d}t + \int_{t_0}^{t}\int_{S_t} [\bar{t}_i - \sigma_{ij}n_j]\,\delta u_i\,\mathrm{d}S\,\mathrm{d}t = 0. \tag{5.39}$$

Damit diese Beziehung für alle Zeiten und alle δu_i erfüllt ist, müssen die Klammerausdrücke identisch zu null werden, d. h. als EULERsche Gleichungen erhält man die Bewegungsgleichungen (3.71) und die natürlichen Randbedingungen (5.4) auf S_t. Somit beschreibt diese Variationsformulierung vollständig das Anfangsrandwertproblem der Elastodynamik bei konservativen Kraftsystemen.

5.3 Grundgleichungen der FEM

Im Folgenden werden die Grundgleichungen der FEM für die *Verschiebungsgrößenmethode* kurz dargelegt, die als die erfolgreichste und am meisten verbreitete FEM-Variante angesehen werden darf. Sie beruht auf dem Prinzip der virtuellen Arbeit bzw. für hyperelastische konservative Systeme auf dem Minimalprinzip des Gesamtpotentials. Die Beziehungen sollen beispielhaft zuerst für die ebene RWA der Elastostatik (Scheiben Kapitel 3.5) hergeleitet werden, um dann später auf nichtlineare und zeitabhängige RWA überzuleiten. Die weitere Darstellung verwendet *Matrizen*, die *als aufrechte fette Buchstaben* geschrieben werden, um sie von Vektoren und Tensoren zu unterscheiden.

5.3.1 Aufbau der Steifigkeitsbeziehungen für ein Element

In der FEM wird der Körper zuerst in eine Vielzahl von einfachen geometrischen Teilgebieten unterteilt, was in Bild 5.1 und Bild 5.2 mit Viereckelementen dargestellt ist. In jedem dieser finiten Elemente wird für das Verschiebungsfeld ein separater mathematischer Ansatz gewählt, der im Element und auf dem Rand zu den Nachbarelementen stetig sein muss. Das realisiert man am besten durch Einführung geeigneter Stützstellen – den n_K Knoten – die meist auf dem Elementrand liegen.

Die Verschiebungen $\mathbf{u}(\boldsymbol{x})$ im Element werden mit Hilfe der zugehörigen Größen $\mathbf{u}^{(a)}$ an den Knoten $a = 1, 2, \ldots, n_\mathrm{K}$ durch Interpolationsfunktionen N_a ausgedrückt. $N_a(\boldsymbol{\xi})$ sind die so genannten *Ansatzfunktionen* bzw. *Formfunktionen* (engl. *shape functions*). Die Variablen $\boldsymbol{\xi}$ bilden die *natürlichen* Koordinaten des Elements in einem einheitlichen Parameterraum, worauf ausführlich in Abschnitt 5.4 eingegangen wird. Für ein Viereckelement ist dies in Bild 5.5 veranschaulicht. Dementsprechend ergibt sich für die elementbezogenen Verschiebungsgrößen die Approximation:

$$\begin{bmatrix} u_1(\boldsymbol{x}) \\ u_2(\boldsymbol{x}) \end{bmatrix} = \mathbf{u}(\boldsymbol{x}) = \sum_{a=1}^{n_\mathrm{K}} N_a(\boldsymbol{\xi})\mathbf{u}^{(a)} = \mathbf{N}\mathbf{v}\,. \tag{5.40}$$

Im Spaltenvektor $\mathbf{v}$ sind die Komponenten der Verschiebungsvektoren $\mathbf{u}^{(a)}$ aller Knoten des Elementes zusammengefasst:

$$\mathbf{v} = \left[\mathbf{u}^{(1)} \ldots \mathbf{u}^{(a)} \ldots \mathbf{u}^{(n_\mathrm{K})}\right]^\mathrm{T}, \qquad \mathbf{u}^{(a)} = \left[u_1^{(a)}\; u_2^{(a)}\right]^\mathrm{T} \tag{5.41}$$

Die Matrix $\mathbf{N}$ hat demzufolge den Aufbau:

$$\mathbf{N} = \begin{bmatrix} N_1 & 0 & N_a & 0 & \ldots & N_{n_\mathrm{K}} & 0 \\ 0 & N_1 & 0 & N_a & \ldots & 0 & N_{n_\mathrm{K}} \end{bmatrix}. \tag{5.42}$$

Nach (5.1) ergeben sich die Verzerrungen aus den Ortsableitungen des Verschiebungsansatzes (5.40), wofür die Differentiationsmatrix $\mathbf{D}$ angewendet wird:

$$\begin{bmatrix} \varepsilon_{11} \\ \varepsilon_{22} \\ \gamma_{12} \end{bmatrix} = \boldsymbol{\varepsilon} = \mathbf{D}\mathbf{u}(\boldsymbol{x}) \quad \text{mit } \mathbf{D} = \begin{bmatrix} \dfrac{\partial}{\partial x_1} & 0 \\ 0 & \dfrac{\partial}{\partial x_2} \\ \dfrac{\partial}{\partial x_2} & \dfrac{\partial}{\partial x_1} \end{bmatrix}. \tag{5.43}$$

Die *Verzerrungs-Verschiebungs-Matrix* $\mathbf{B}$ verknüpft mit Hilfe der Formfunktionen (5.40) schließlich die Verschiebungen an den Knoten mit den Verzerrungen im Element:

$$\begin{gathered} \boldsymbol{\varepsilon} = \mathbf{D}\mathbf{N}\mathbf{v} = \mathbf{B}\mathbf{v} \quad \text{mit } \mathbf{B} = \mathbf{D}\mathbf{N}\,, \\ \mathbf{B} = \left[\mathbf{B}_1 \ldots \mathbf{B}_a \ldots \mathbf{B}_{n_\mathrm{K}}\right], \quad \mathbf{B}_a = \begin{bmatrix} N_{a,1} & 0 \\ 0 & N_{a,2} \\ N_{a,2} & N_{a,1} \end{bmatrix}. \end{gathered} \tag{5.44}$$

Die Spannungsverteilung im Element erhält man daraus mit dem Materialgesetz, das hier der Übersichtlichkeit wegen als isotrop elastisch (ESZ) angesetzt wird mit thermischen oder anderen Anfangsdehnungen $\boldsymbol{\varepsilon}^*$:

$$\begin{bmatrix} \sigma_{11} \\ \sigma_{22} \\ \tau_{12} \end{bmatrix} = \boldsymbol{\sigma}(\boldsymbol{x}) = \mathbf{C}\left(\boldsymbol{\varepsilon}(\boldsymbol{x}) - \boldsymbol{\varepsilon}^*(\boldsymbol{x})\right) = \mathbf{C}\left(\mathbf{B}\mathbf{v} - \boldsymbol{\varepsilon}^*\right) \tag{5.45}$$

$$\mathbf{C} = \frac{E}{1-\nu^2} \begin{bmatrix} 1 & \nu & 0 \\ \nu & 1 & 0 \\ 0 & 0 & \frac{1-\nu}{2} \end{bmatrix} . \tag{5.46}$$

Nun wird für die virtuellen Verschiebungen und die dazugehörigen Verzerrungen der gleiche Ansatz nach (5.40) verwendet wie für die Verschiebungsfelder selbst (Galerkin Verfahren der gewichteten Residuen):

$$\delta\mathbf{u} = \mathbf{N}\delta\mathbf{v} , \quad \delta\boldsymbol{\varepsilon} = \mathbf{B}\delta\mathbf{v} . \tag{5.47}$$

Die Beziehungen (5.43)–(5.47) werden in das Prinzip der virtuellen Arbeit (5.11) eingesetzt, was mit den Randspannungen $\bar{\mathbf{t}} = [\bar{t}_1 \; \bar{t}_2]^{\mathrm{T}}$ und Volumenlasten $\bar{\mathbf{b}} = [\bar{b}_1 \; \bar{b}_2]^{\mathrm{T}}$ in Matrixform lautet:

$$\begin{aligned} \delta\mathcal{W}_{\text{int}} - \delta\mathcal{W}_{\text{ext}} &= \int_V \delta\boldsymbol{\varepsilon}^{\mathrm{T}}\boldsymbol{\sigma}\,\mathrm{d}V - \int_{S_t} \delta\mathbf{u}^{\mathrm{T}}\bar{\mathbf{t}}\,\mathrm{d}S - \int_V \delta\mathbf{u}^{\mathrm{T}}\bar{\mathbf{b}}\,\mathrm{d}V \\ &= \delta\mathbf{v}^{\mathrm{T}}\left\{\int_V \mathbf{B}^{\mathrm{T}}\mathbf{C}(\mathbf{B}\mathbf{v} - \boldsymbol{\varepsilon}^*)\,\mathrm{d}V - \int_{S_t} \mathbf{N}^{\mathrm{T}}\bar{\mathbf{t}}\,\mathrm{d}S - \int_V \mathbf{N}^{\mathrm{T}}\bar{\mathbf{b}}\,\mathrm{d}V\right\} = 0 \end{aligned} \tag{5.48}$$

Der Ausdruck in geschweiften Klammern muss für jede Variation $\delta\mathbf{v}^{\mathrm{T}}$ verschwinden, woraus sich das FEM-Gleichungssystem auf Elementniveau ergibt:

$$\mathbf{k}\mathbf{v} - \mathbf{f} , \quad \mathbf{f} - \mathbf{f}_{\mathrm{t}} + \mathbf{f}_{\mathrm{b}} + \mathbf{f}_{\varepsilon} . \tag{5.49}$$

Alle knotenbezogenen Größen $\mathbf{v}$ können vor die Integrale gezogen werden, so dass sich die folgenden Matrizen und Vektoren aufstellen lassen:

$$\text{Steifigkeitsmatrix: } \mathbf{k} = \int\limits_{V_e} \mathbf{B}^{\mathrm{T}}\mathbf{C}\,\mathbf{B}\,\mathrm{d}V \tag{5.50}$$

Kraftvektoren infolge der Volumenlasten, Flächenlasten und Anfangsdehnungen:

$$\mathbf{f}_{\mathrm{b}} = \int\limits_{V_e} \mathbf{N}^{\mathrm{T}}\,\bar{\mathbf{b}}\,\mathrm{d}V\,, \quad \mathbf{f}_{\mathrm{t}} = \int\limits_{S_{t_e}} \mathbf{N}^{\mathrm{T}}\,\bar{\mathbf{t}}\,\mathrm{d}S\,, \quad \mathbf{f}_{\varepsilon} = \int\limits_{V_e} \mathbf{B}^{\mathrm{T}}\mathbf{C}\,\boldsymbol{\varepsilon}^*\,\mathrm{d}V\,. \tag{5.51}$$

5.3.2 Assemblierung und Lösung des Gesamtsystems

Bei der Ableitung der Steifigkeitsbeziehungen wurde bisher nur ein einzelnes finites Element (Index e) betrachtet. Die Anwendung des Prinzips der virtuellen Arbeit erfordert die Summation der Beiträge aller finiten Elemente $e = 1, 2, \ldots, n_{\mathrm{E}}$ der Gesamtstruktur.

$$\delta\mathcal{W}_{\mathrm{ext}} - \delta\mathcal{W}_{\mathrm{int}} = \sum_{e=1}^{n_{\mathrm{E}}} \left(\delta\mathcal{W}_{\mathrm{ext}}^{(e)} - \delta\mathcal{W}_{\mathrm{int}}^{(e)}\right) \tag{5.52}$$

Der Zusammenbau der Systemmatrizen geschieht durch Addition der einzelnen Elementmatrizen in die entsprechenden Positionen der Systemmatrizen, wobei die Zuordnung durch die jeweiligen *Knotenvariablen* erfolgen muss. Der topologische Zusammenhang der finiten Elemente in der Gesamtstruktur wird mit Hilfe einer so genannten Zuordnungs- oder *Inzidenzmatrix* $\mathbf{A}_e$ beschrieben. Diese BOOLEsche Matrix (nur Elemente {0,1}) legt fest, an welcher Stelle die Knotenvariablen des Elements e im Vektor $\mathbf{V}$ aller *Knotenfreiheitsgrade* des Systems eingeordnet werden.

$$\mathbf{v}_e = \mathbf{A}_e\mathbf{V} \tag{5.53}$$

$\mathbf{A}_e$ hat die Dimension $[n_{\mathrm{K}}\cdot n_{\mathrm{D}}, N_{\mathrm{K}}\cdot n_{\mathrm{D}}]$, wenn N_{K} die Anzahl aller Knoten im System ist und n_{D} die Zahl der Freiheitsgrade pro Knoten (bei Verschiebungsansätzen die geometrische Dimension $n_{\mathrm{D}} = 1, 2, 3$) bedeutet. In der Praxis wird dies häufig durch globale Durchnummerierung aller N_{K} Knoten und einen Zeigervektor auf die lokalen Elementknoten geregelt.

Damit erhält man die *Steifigkeitsbeziehung des Gesamtsystems* aus denjenigen aller Elemente

$$\left(\sum_{e=1}^{n_{\mathrm{E}}} \mathbf{A}_e^{\mathrm{T}}\mathbf{k}_e\mathbf{A}_e\right)\mathbf{V} = \sum_{e=1}^{n_{\mathrm{E}}} \mathbf{A}_e^{\mathrm{T}}\mathbf{f}_e \quad \Rightarrow \quad \mathbf{K}\mathbf{V} = \mathbf{F}\,. \tag{5.54}$$

Dies ist ein System von $[N_\mathrm{K}{\cdot}n_\mathrm{D}]$ Gleichungen zur Bestimmung des Vektors $\mathbf{V}$, der die Verschiebungsfreiheitsgrade aller Knoten der Struktur enthält. Auf der rechten Seite werden die Beiträge aller Elemente (5.51) zu den entsprechenden Knotenkräften der Gesamtstruktur im *Gesamtlastvektor* (engl. *external load vector*) $\mathbf{F}$ zusammengefasst. Auf gleiche Weise wird die *Steifigkeitsmatrix* (engl. *stiffness matrix*) $\mathbf{K}$ des Gesamtsystems zusammengebaut. Dieser Prozess wird als *Assemblierung* des Gesamtsystems bezeichnet und soll im Weiteren durch das Mengensymbol abgekürzt werden:

$$\mathbf{K} = \bigcup_{e=1}^{n_\mathrm{E}} \mathbf{k}_e\,, \quad \mathbf{V} = \bigcup_{e=1}^{n_\mathrm{E}} \mathbf{v}_e\,, \quad \mathbf{F} = \bigcup_{e=1}^{n_\mathrm{E}} \mathbf{f}_e \quad \text{u. s. w.} \tag{5.55}$$

Die Assemblierung ist selbstverständlich nur gestattet, wenn alle lokalen und globalen Knotenfreiheitsgrade im gleichen (globalen) Koordinatensystem definiert sind. Anderenfalls ist vorher eine Transformation von $\mathbf{k}_e$, $\mathbf{v}_e$ und $\mathbf{f}_e$ erforderlich. Wie (5.50) erkennen lässt, sind die Steifigkeitsmatrizen von finiten Elementen mit Verschiebungsformulierung symmetrisch. Aufgrund ihrer energetischen Bedeutung sind sie auch positiv definit, d. h. die Multiplikation mit einem beliebigen Verschiebungszustand $\mathbf{v}_e$ ergibt eine positive Formänderungsenergie $\mathcal{W}_\mathrm{int} = \frac{1}{2}\mathbf{v}_e^\mathrm{T}\mathbf{k}_e\mathbf{v}_e > 0$. Voraussetzung ist natürlich, dass mögliche Starrkörperbewegungen durch eine statisch bestimmte Stützung verhindert werden.

Dieselben Eigenschaften übertragen sich auf die Systemsteifigkeitsmatrix $\mathbf{K}$. Sie ist nur schwach besetzt und besitzt bei optimaler Knotennummerierung eine Bandstruktur. Somit stellt das FEM-System bei linearem Materialverhalten ein lineares algebraisches Gleichungssystem für die Knotenvariablen dar, das eine eindeutige Lösung besitzt. Die *Systemsteifigkeitsmatrix* verkörpert somit die gesamten mechanischen Eigenschaften einer Struktur, in die das gewählte Strukturmodell (z. B. Scheibe), die Geometrie und die Materialeigenschaften einfließen.

Für die numerische Lösung des *FEM-Gleichungssystems* existiert eine Vielzahl mathematischer Verfahren mit direkten oder iterativen Methoden. Wegen der Symmetrie der Steifigkeitsmatrix bietet sich – neben dem klassischen GAUSSschen Eliminationsverfahren – das CHOLESKY-Verfahren an, aber auch iterative konjugierte Gradientenverfahren mit Vorkonditionierung sind sehr leistungsfähig. Aufgrund der sehr großen Gleichungssysteme haben schnelle Algorithmen der rechentechnischen Speicherung, Verarbeitung und Strukturierung der Matrizen eine erhebliche Bedeutung, um die Effizienz zu steigern. In diese Kategorie fallen Techniken der Bandbreitenminimierung, die Frontlösungsmethode oder Parallelverarbeitung auf mehreren Prozessoren. Für Einzelheiten sei auf die umfangreiche Fachliteratur z. B. [15] verwiesen.

5.4 Numerische Realisierung der FEM

5.4.1 Wahl der Verschiebungsansätze

Für die *Formfunktionen* N_a (5.40) werden in der Regel einfache mathematische Ansätze gewählt, die aber bestimmten Anforderungen genügen müssen, damit die numerische Näherungslösung bei zunehmender Netzverfeinerung gegen die exakte Lösung konvergiert:

- Erstens dürfen die Verschiebungsansätze bei einer Starrkörperbewegung des Elementes nicht zu Verzerrungen $\boldsymbol{\varepsilon} \neq 0$ führen.
- Zweitens müssen sie in der Lage sein, einen konstanten Verzerrungszustand $\boldsymbol{\varepsilon} = \text{const}$ im gesamten Element zu realisieren.
- Drittens sollten die Formfunktionen im Allgemeinen über die Elementgrenzen hinweg stetig verlaufen, so dass bei Belastung keine Diskontinuitäten (Klaffungen, Überlappungen) auftreten (C^0-Stetigkeit der Verschiebungsansätze bei den hier betrachteten Kontinuumselementen).
- Außerdem sollten die Formfunktionen einen konstanten Funktionswert (z. B. die Elementfläche) richtig wiedergeben

$$\sum_{a=1}^{n_\mathrm{K}} N_a(\boldsymbol{\xi}) = 1 \tag{5.56}$$

und den Funktionswert am eigenen Knoten $\boldsymbol{\xi}_a$ exakt und allein abbilden

$$N_a(\boldsymbol{\xi}_b) = \delta_{ab} = \begin{cases} 1 & a = b \\ 0 & a \neq b \end{cases} \quad . \tag{5.57}$$

5.4.2 Isoparametrische Elementfamilie

In Abhängigkeit von der Elementgeometrie, dem Strukturmodell und den Genauigkeitsanforderungen gibt es eine Vielzahl von Möglichkeiten zur Gestaltung der Formfunktionen. Für eine detaillierte Darstellung Finiter-Elemente-Typen sei auf die einschlägige FEM-Literatur verwiesen, z. B. [3, 8, 14]. Für die meisten Problemstellungen hat sich die Verwendung der *isoparametrischen Elementformulierung* (engl. *isoparametric elements*) als vorteilhaft erwiesen. Bei diesem Konzept werden sowohl die Geometrie als auch alle primären Feldgrößen im Element durch die gleichen Funktionen $N_a(\boldsymbol{\xi})$ interpoliert.

Der Zusammenhang zwischen natürlichem und lokalem Koordinatensystem wird durch die Formfunktionen hergestellt. Auf diese Weise wird für jedes Element eine Transformation erzeugt, mit der die lokalen geometrischen Koordinaten $\mathbf{x} =$

$[x_1\ x_2\ x_3]^{\mathrm{T}}$ auf die natürlichen parametrischen Koordinaten $\boldsymbol{\xi} = [\xi_1\ \xi_2\ \xi_3]^{\mathrm{T}}$ abgebildet werden:

$$x_i = \sum_{a=1}^{n_{\mathrm{K}}} N_a(\boldsymbol{\xi}) x_i^{(a)}, \text{ bzw. } \mathbf{x}(\boldsymbol{\xi}) = \mathbf{N}(\boldsymbol{\xi})\hat{\mathbf{x}}, \quad \hat{\mathbf{x}} = \left[x_1^{(1)}\ x_2^{(1)}\ \ldots\ x_1^{(n_{\mathrm{K}})}\ x_2^{(n_{\mathrm{K}})}\right]^{\mathrm{T}}. \tag{5.58}$$

Mit dieser universellen Abbildung ist es möglich, die beliebig geformten, unterschiedlichen Geometrien aller Elemente in ein einheitliches Koordinatensystem ξ_i zu überführen. Die Bilder 5.4-5.6 veranschaulichen diesen Zusammenhang für verschiedene Elementtypen. Ein weiterer Vorteil dieser Darstellungsweise besteht darin, dass man für alle mathematischen Operationen auf Elementniveau immer die gleichen Algorithmen nutzen kann.

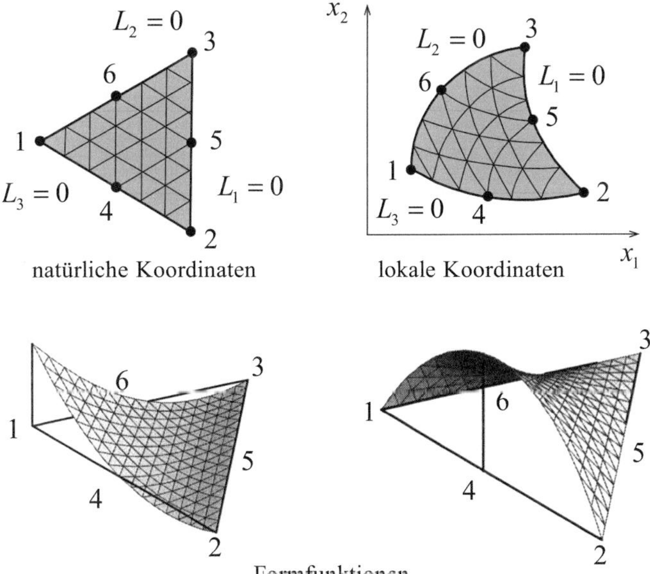

Bild 5.4 Isoparametrisches Dreieckelement mit quadratischen Formfunktionen, $n_{\mathrm{K}} = 6$ Knoten

Zur Aufstellung der **B**-Matrizen aus (5.43) und (5.44) benötigt man die partiellen Ableitungen der Funktionen N_a nach den Koordinaten x_j, die über die Kettenregel gebildet werden

$$\frac{\partial N_a}{\partial x_j}(\boldsymbol{\xi}) = \frac{\partial N_a}{\partial \xi_1}\frac{\partial \xi_1}{\partial x_j} + \frac{\partial N_a}{\partial \xi_2}\frac{\partial \xi_2}{\partial x_j} + \frac{\partial N_a}{\partial \xi_3}\frac{\partial \xi_3}{\partial x_j} \Rightarrow \frac{\partial N_a}{\partial \mathbf{x}} = \mathbf{J}^{-1}\frac{\partial N_a}{\partial \boldsymbol{\xi}}. \tag{5.59}$$

J stellt die JACOBIsche Funktionalmatrix dar, die die Linienelemente der natürlichen Koordinaten $\mathrm{d}\xi_i$ mit denjenigen der lokalen Koordinaten $\mathrm{d}x_j$ verknüpft:

$$\mathbf{J} = \begin{bmatrix} \frac{\partial x_1}{\partial \xi_1} & \frac{\partial x_2}{\partial \xi_1} & \frac{\partial x_3}{\partial \xi_1} \\ \frac{\partial x_1}{\partial \xi_2} & \frac{\partial x_2}{\partial \xi_2} & \frac{\partial x_3}{\partial \xi_2} \\ \frac{\partial x_1}{\partial \xi_3} & \frac{\partial x_2}{\partial \xi_3} & \frac{\partial x_3}{\partial \xi_3} \end{bmatrix} . \tag{5.60}$$

Damit die Inverse der JACOBI-Matrix $\mathbf{J}^{-1}$ existiert, muss die Transformation von $\boldsymbol{\xi}$ zu $\mathbf{x}$ umkehrbar eindeutig sein. Die Elemente der JACOBI-Matrix berechnen sich aus den lokalen Koordinaten $x_j^{(a)}$ der einzelnen Elementknoten mit den Ableitungen der Formfunktionen

$$J_{ij} = \frac{\partial x_j}{\partial \xi_i} = \sum_{a=1}^{n_\mathrm{K}} \frac{\partial N_a}{\partial \xi_i} x_j^{(a)} . \tag{5.61}$$

Isoparametrische Dreieckelemente

Zur geometrischen Beschreibung eines Dreiecks bieten sich seine Flächenkoordinaten $\boldsymbol{\xi} \mathrel{\hat{=}} (L_1, L_2, L_3)$ an. Die kartesischen Koordinaten $\boldsymbol{x}$ eines Punktes P im Dreieck erhält man aus L_i durch lineare Interpolation mit den Eckpunkten $x_i^{(a)}$ $(a = 1, 2, 3)$

$$\begin{aligned} x_1 &= L_1 x_1^{(1)} + L_2 x_1^{(2)} + L_3 x_1^{(3)} \\ x_2 &= L_1 x_2^{(1)} + L_2 x_2^{(2)} + L_3 x_2^{(3)} \\ 1 &= L_1 + L_2 + L_3 . \end{aligned} \tag{5.62}$$

An einem Eckpunkt a gilt gerade $L_a = 1$ und $L_b = 0$ $(b \neq a)$. Ein Seitenmittelpunkt (z. B. Knoten 4) hat die Koordinaten $(\frac{1}{2}, \frac{1}{2}, 0)$ usw. Linien $L_i = \text{const.}$ verlaufen parallel zur gegenüber liegenden Seite des Eckpunktes i, wobei die Werte linear von $L_i = 1$ (Eckpunkt) auf $L_i = 0$ (Gegenseite) abfallen, siehe Bild 5.4. Die Summe der Dreieckskoordinaten entspricht genau dem normierten Flächeninhalt, letzte Gleichung (5.62).

a) linearer Ansatz für $n_\mathrm{K} = 3$ Eckknoten:

$$N_1 = L_1, \qquad N_2 = L_2, \qquad N_3 = L_3 \tag{5.63}$$

b) quadratischer Ansatz für 3 Eck- und 3 Mittenknoten ($n_\mathrm{K} = 6$, siehe Bild 5.4):

$$\begin{aligned} &N_1 = L_1(2L_1 - 1), \qquad &&N_2 = L_2(2L_2 - 1), \qquad &&N_3 = L_3(2L_3 - 1) \\ &N_4 = 4L_1L_2, &&N_5 = 4L_2L_3, &&N_6 = 4L_3L_1 \end{aligned} \tag{5.64}$$

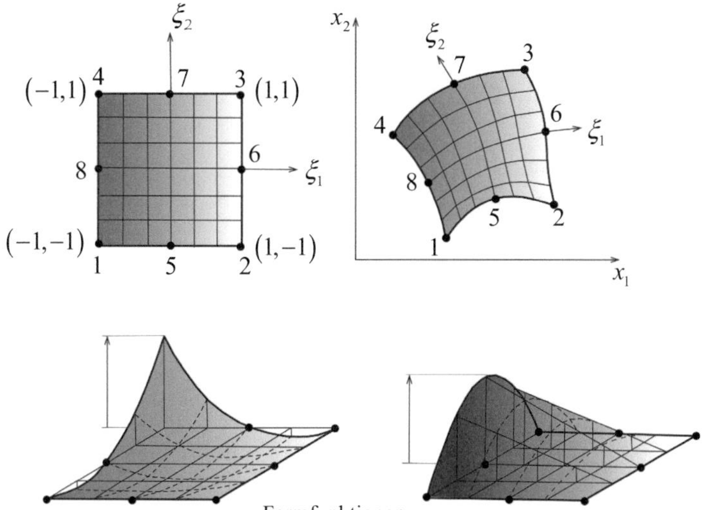

Bild 5.5 Isoparametrisches Viereckelement mit quadratischen Ansatzfunktionen, $n_\mathrm{K} = 8$ Knoten

Isoparametrische Viereckelemente

Diese finiten Elemente bilden im natürlichen Koordinatensystem ξ_i ein Quadrat im Intervall $[-1, +1]$.

a) linearer Ansatz für $n_\mathrm{K} = 4$ Eckknoten:

$$N_a(\xi_1, \xi_2) = \frac{1}{4}(1 + \xi_1 \xi_1^a)(1 + \xi_2 \xi_2^a) \tag{5.65}$$

b) quadratischer Ansatz für 4 Eckknoten und 4 Seitenmittenknoten ($n_\mathrm{K} = 8$, Bild 5.5):

- Eckknoten: $$N_a(\xi_1, \xi_2) = \frac{1}{4}(1 + \xi_1 \xi_1^a)(1 + \xi_2 \xi_2^a)(\xi_1 \xi_1^a + \xi_2 \xi_2^a - 1)$$
- Seitenmittenknoten: $$\xi_1^a = 0: \quad N_a(\xi_1, \xi_2) = \frac{1}{2}(1 - \xi_1^2)(1 + \xi_2 \xi_2^a)$$ $$\xi_2^a = 0: \quad N_a(\xi_1, \xi_2) = \frac{1}{2}(1 + \xi_1 \xi_1^a)(1 - \xi_2^2)\,. \tag{5.66}$$

Isoparametrische Hexaederelemente

Jedes 3D-Element wird auf einen Einheitswürfel $[-1 \leq \xi_i \leq +1]$ abgebildet, wobei wiederum lineare oder quadratische Ansätze üblich sind.

a) linearer Ansatz für $n_\mathrm{K} = 8$ Eckknoten:

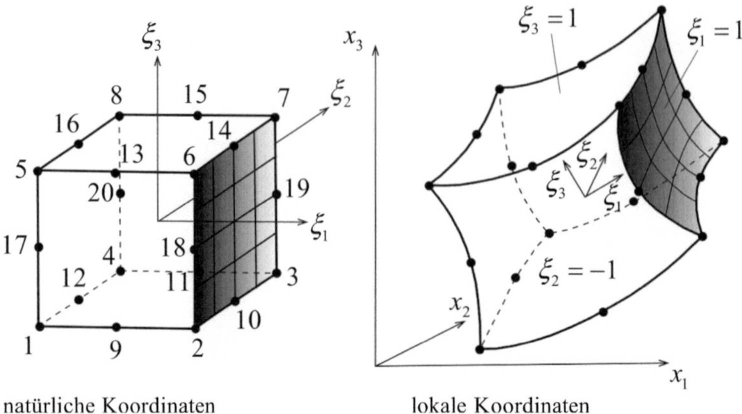

Bild 5.6 Isoparametrisches Hexaederelement mit quadratischen Ansatzfunktionen, $n_{\mathrm{K}} = 20$ Knoten

$$N_a(\xi_1, \xi_2, \xi_3) = \frac{1}{8}(1 + \xi_1\xi_1^a)(1 + \xi_2\xi_2^a)(1 + \xi_3\xi_3^a) \tag{5.67}$$

b) quadratischer Ansatz für 8 Eckknoten und 12 Seitenmittenknoten ($n_{\mathrm{K}} = 20$, Bild 5.6):

- Eckknoten:

$$N_a(\xi_1, \xi_2, \xi_3) = \frac{1}{8}(1 + \xi_1\xi_1^a)(1 + \xi_2\xi_2^a)(1 + \xi_3\xi_3^a)(\xi_1\xi_1^a + \xi_2\xi_2^a + \xi_3\xi_3^a - 2)$$

- Seitenmittenknoten:

$\xi_1^a = 0\,,\ \xi_2^a = \pm 1\,,\ \xi_3^a = \pm 1$

$$N_a(\xi_1, \xi_2, \xi_3) = \frac{1}{4}(1 - \xi_1^2)(1 + \xi_2\xi_2^a)(1 + \xi_3\xi_3^a)$$

und analog durch Vertauschung von ξ_1, ξ_2 und ξ_3 für Knoten auf den Flächen $\xi_2^a = 0$ und $\xi_3^a = 0$.

(5.68)

5.4.3 Numerische Integration der Elementmatrizen

Zur Aufstellung der Elementmatrizen und Lastvektoren müssen die Volumen- bzw. Oberflächenintegrale in den Gleichungen (5.50) und (5.51) ausgewertet werden. Da in den meisten Fällen eine analytische Integration nicht durchführbar ist, werden numerische Integrationstechniken eingesetzt, die auf speziellen Quadraturformeln für die verschiedenen Elementformen und -ansätze beruhen. Damit kann das bestimmte Integral über eine beliebige Funktion $f(\xi)$ näherungsweise durch die Quadraturformel $\mathcal{Q}(f)$ berechnet werden:

$$\int_{-1}^{+1} f(\xi)\,\mathrm{d}\xi \;\approx\; \mathcal{Q}(f) = \sum_{g=1}^{n_{\mathrm{G}}} w_g\, f(\xi^g)\,, \tag{5.69}$$

wobei als unabhängige Variable eine natürliche Koordinate $\xi \in [-1, +1]$ dient. ξ^g bezeichnet die Stützstellen im Intervall $[-1, +1]$ und die Koeffizienten w_g sind die dazugehörigen Gewichte der Quadraturformel. Für die in der FEM zumeist verwendete GAUSSsche Quadratur sind die Stützstellen und Gewichte für eine beliebige Anzahl von Integrationspunkten n_{G} tabellarisch verfügbar [10]. Tabelle 5.1 enthält die Daten der wichtigsten Integrationsordnungen $n_{\mathrm{G}} = 1, 2, 3$. Es lässt sich zeigen, dass die Summation (5.69) für Polynome bis $(2n_{\mathrm{G}} - 1)$-ten Grades exakt ist.

n_{G}	ξ^g			w_g		
1		0			2	
2	$-\frac{1}{\sqrt{3}}$		$+\frac{1}{\sqrt{3}}$	1		1
3	$-\sqrt{\frac{3}{5}}$	0	$+\sqrt{\frac{3}{5}}$	$\frac{5}{9}$	$\frac{8}{9}$	$\frac{5}{9}$

Tabelle 5.1 Stützstellen und Gewichte der GAUSS-Integration ($g = 1, \ldots, n_{\mathrm{G}}$) im eindimensionalen Element $[-1, +1]$

Bei der Berechnung eines Gebietsintegrals über ein finites Element muss je nach Dimension n_{D} des Elementtyps ein Mehrfachintegral ausgewertet werden. Dazu wird die Quadraturformel (5.69) auf alle n_{D} Raumrichtungen im natürlichen Koordinatensystem angewandt. Zunächst kann in der zu integrierenden Funktion $F(\boldsymbol{x})$ die unabhängige Variable $\boldsymbol{x}$ über die Formfunktion (5.59) durch die natürlichen Koordinaten ersetzt werden:

$$F[\boldsymbol{x}(\boldsymbol{\xi})] = F[x_1(\xi_1, \xi_2, \xi_3), x_2(\xi_1, \xi_2, \xi_3), x_3(\xi_1, \xi_2, \xi_3)] = f(\xi_1, \xi_2, \xi_3)\,. \tag{5.70}$$

Zweitens muss das Volumenelement $\mathrm{d}V$ in natürlichen Koordinaten ausgedrückt werden, was mit Hilfe der Determinante $J_V = |\mathbf{J}|$ der JACOBI-Matrix geschieht:

$$I = \int_{V_e} F(\boldsymbol{x})\mathrm{d}\,V = \int_{V_e} f(\xi_i)\,\mathrm{d}V = \int_{-1}^{+1}\int_{-1}^{+1}\int_{-1}^{+1} f(\xi_i)\,|\mathbf{J}(\xi_i)|\,\mathrm{d}\xi_1\mathrm{d}\xi_2\mathrm{d}\xi_3. \tag{5.71}$$

Durch Anwendung der Integrationsformel (5.69) auf jedes der Integrale von (5.71) ergibt sich eine $(n_{\mathrm{D}} = 3)$-fache Summation, bei der die natürlichen Koordinaten in jeder Dimension $i = 1, 2, 3$ alle Stützstellen ξ_i^l $(l = 1, 2, \ldots, n_{\mathrm{G}})$ durchlaufen $(l \mathrel{\hat{=}} m, n, k)$ und die Gewichte sich multiplizieren.

$$I = \sum_{k=1}^{n_{\mathrm{G}}}\sum_{n=1}^{n_{\mathrm{G}}}\sum_{m=1}^{n_{\mathrm{G}}} f(\xi_1^m, \xi_2^n, \xi_3^k) w_m w_n w_k \left|\mathbf{J}(\xi_1^m, \xi_2^n, \xi_3^k)\right| = \sum_{g=1}^{m_{\mathrm{G}}} f(\xi_1^g, \xi_2^g, \xi_3^g)\bar{w}_g\,|\mathbf{J}(\boldsymbol{\xi}^g)| \tag{5.72}$$

Praktisch realisiert man dies als eine Summe über alle $m_{\mathrm{G}} = n_{\mathrm{G}}^{n_{\mathrm{D}}}$ Stützstellen $\boldsymbol{\xi}^g = [\xi_1^g \, \xi_2^g \, \xi_3^g]$ mit den Gewichten $\bar{w}_g = w_m w_n w_k$. In Bild 5.7 sind die Integrationsordnungen $n_{\mathrm{G}} = 2$ und $n_{\mathrm{G}} = 3$ für ein $n_{\mathrm{D}} = 2$-dimensionales Element veranschaulicht.

Des Weiteren sind Oberflächenintegrale über eine Teilfläche S von 3D-Elementen auszuwerten, um z. B. Flächenlasten nach (5.51) zu berücksichtigen. Eine Elementfläche (z. B. $\xi_1 = 1$ in Bild 5.6) wird durch die natürlichen Koordinaten (ξ_2, ξ_3) dargestellt, woraus sich mit den Regeln für Parameterintegrale der Oberflächen-Normalenvektor $\boldsymbol{n}$ aus den Richtungsableitungen nach ξ_2 und ξ_3 ergibt und der Flächeninhalt $\mathrm{d}S$ über die JACOBIsche Determinante J_S umzurechnen ist.

$$\begin{aligned} \boldsymbol{n} &= \left(\frac{\partial \boldsymbol{x}}{\partial \xi_2} \times \frac{\partial \boldsymbol{x}}{\partial \xi_3} \right) / J_S \\ \mathrm{d}S &= \left| \frac{\partial \boldsymbol{x}}{\partial \xi_2} \times \frac{\partial \boldsymbol{x}}{\partial \xi_3} \right| \mathrm{d}\xi_2 \mathrm{d}\xi_3 = J_S(\xi_2, \xi_3)\, \mathrm{d}\xi_2 \mathrm{d}\xi_3 \end{aligned} \tag{5.73}$$

Damit schreibt sich das Oberflächenintegral wie folgt und kann durch 2D GAUSS-Integration berechnet werden.

$$I = \int_S f(\boldsymbol{x}) \mathrm{d}S = \int_{-1}^{+1} \int_{-1}^{+1} f[\boldsymbol{x}(\xi_2, \xi_3)] J_S \mathrm{d}\xi_2 \mathrm{d}\xi_3 \tag{5.74}$$

Analog erhält man für das Linienintegral entlang einer Elementkante L (z. B. $\xi_1 = 1$ in Bild 5.5) mit dem Parameter ξ_2 die Berechnungsvorschriften:

$$\begin{aligned} \boldsymbol{n} &= \left(\frac{\partial x_2}{\partial \xi_2} \boldsymbol{e}_1 - \frac{\partial x_1}{\partial \xi_2} \boldsymbol{e}_2 \right) / J_L \\ \mathrm{d}s &= J_L(\xi_2) \mathrm{d}\xi_2 = \sqrt{\left(\frac{\partial x_1}{\partial \xi_2} \right)^2 + \left(\frac{\partial x_2}{\partial \xi_2} \right)^2} \mathrm{d}\xi_2 \end{aligned} \tag{5.75}$$

$$I = \int_L f(\boldsymbol{x}) \mathrm{d}s = \int_{-1}^{+1} f[\boldsymbol{x}(\xi_2)] J_L \mathrm{d}\xi_2 \,. \tag{5.76}$$

5.4.4 Numerische Interpolation der Ergebnisse

Das primäre Ergebnis einer FEM-Rechnung ist der Lösungsvektor $\mathbf{V}$ (5.54), der die Verschiebungsvektoren $\mathbf{u}^{(a)}$ aller Knotenpunkte $\mathbf{x}^{(a)}$ des Netzes enthält. Aus den Knotenverschiebungen $\mathbf{v}$ jedes Elementes kann man sich die Gesamtverzerrungen $\boldsymbol{\varepsilon}$ durch Ableitung über die kinematische Relation (5.44) berechnen. Bei linearen Materialgesetzen folgen daraus über (5.45) auch problemlos die Spannungen in jedem Punkt $\boldsymbol{\xi}$ des Elementes. Schwieriger wird es bei inelastischen Materialgesetzen, wo die Spannungen $\boldsymbol{\sigma}$, plastischen Verzerrungen $\boldsymbol{\varepsilon}^{\mathrm{p}}$ und Verfestigungsvariablen $\mathbf{h}$ nur über die komplexe Lösung der gesamten ARWA als eigenständige Ergebnisvariablen erhalten werden. Diese sekundären Feldgrößen werden zumeist nur in den Integrationspunkten (IP) berechnet, gespeichert und ausgegeben. Allein die Verschiebungslösung ist über die Elementgrenzen hinweg stetig, wohingegen alle anderen »abgeleiteten« Feldgrößen dort eine Unstetigkeit (Sprung) besitzen. Für die bruchmechanische Auswertung benötigen wir diese Feldgrößen und ihre Ortsableitungen an einem beliebigen Punkt $\mathbf{x}$ des Bauteils, wofür einige nützliche Techniken am Beispiel von Viereckelementen skizziert werden sollen.

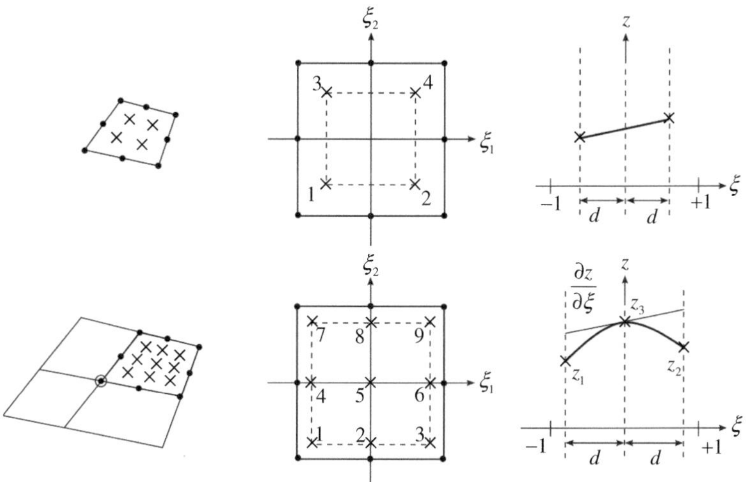

Bild 5.7 Interpolation und Extrapolation von FEM-Resultaten im Element

Zur Vereinfachung wird die Vorgehensweise anhand einer skalaren Feldgröße $z(\boldsymbol{x})$ darstellt, die stellvertretend für jede Komponente von $\mathbf{u}$, $\boldsymbol{\sigma}$, $\boldsymbol{\varepsilon}$ u. a. steht. Zuerst muss man für einen Punkt $\mathbf{x}$ das dazugehörige finite Element und darin noch seine natürlichen Koordinaten $\boldsymbol{\xi} = [\xi_1 \; \xi_2]^{\mathrm{T}}$ finden. Da die isoparametrische Abbildung $\mathbf{x} = \sum \mathbf{N}_a(\boldsymbol{\xi}) \, \hat{\mathbf{x}}^{(a)}$ nicht analytisch nach $\boldsymbol{\xi}$ umgestellt werden kann, ist ein geeigneter Suchalgorithmus (Intervallschachtelung oder NEWTON-Verfahren) erforderlich. Hat man die natürlichen Koordinaten $\boldsymbol{\xi}$ gefunden und kennt man die Funktionswerte $z^{(a)}$ an den Knoten $a = 1, 2, \ldots, n_{\mathrm{K}}$ des Elementes, so ergibt sich $z(\mathbf{x}(\boldsymbol{\xi}))$ einfach aus den isoparametrischen Ansatzfunktionen:

$$z = \sum_{a=1}^{n_{\mathrm{K}}} N_a(\boldsymbol{\xi}) z^{(a)} \qquad \text{Interpolationsregel.} \tag{5.77}$$

Um den Gradienten bzgl. der globalen Koordinaten (x_1, x_2) zu bestimmen, benötigt man wiederum die inverse $\mathbf{J}^{-1}(\boldsymbol{\xi})$ der Transformationsmatrix (5.60)– (5.61) als Verbindung zu den natürlichen Koordinaten (ξ_1, ξ_2):

$$\begin{bmatrix} \dfrac{\partial z}{\partial x_1} \\ \dfrac{\partial z}{\partial x_2} \end{bmatrix} = \begin{bmatrix} \dfrac{\partial \xi_1}{\partial x_1} & \dfrac{\partial \xi_2}{\partial x_1} \\ \dfrac{\partial \xi_1}{\partial x_2} & \dfrac{\partial \xi_2}{\partial x_2} \end{bmatrix} \begin{bmatrix} \dfrac{\partial z}{\partial \xi_1} \\ \dfrac{\partial z}{\partial \xi_2} \end{bmatrix} = \left[\mathbf{J}^{-1}\right] \begin{bmatrix} \dfrac{\partial z}{\partial \xi_1} \\ \dfrac{\partial z}{\partial \xi_2} \end{bmatrix} . \tag{5.78}$$

Die natürlichen Ableitungen gewinnt man direkt über (5.77):

$$\frac{\partial z}{\partial \xi_i} = \sum_{a=1}^{n_K} \frac{\partial N_a}{\partial \xi_i} z^{(a)} . \tag{5.79}$$

Stehen die Knotenwerte wie bei den sekundären Feldgrößen nicht zur Verfügung, so muss man die IP-Werte in geeigneter Weise interpolieren bzw. extrapolieren. Bei den in Bild 5.7 dargestellten isoparametrischen Viereckelementen wird entweder die vollständige (3×3 IP) oder die reduzierte (2×2 IP) Integrationsregel verwendet. Die Funktion $z(\xi_1, \xi_2)$ lässt sich sehr gut durch ein Produkt zweier Polynome 1. (2×2 IP) bzw. 2. Grades (3×3 IP) bzgl. ξ_1 und ξ_2 approximieren.

$$\begin{aligned} z(\xi_1, \xi_2) &= c_1 + c_2\xi_1 + c_3\xi_2 + c_4\xi_1\xi_2 && (2 \times 2) \\ z(\xi_1, \xi_2) &= c_1 + c_2\xi_1 + c_3\xi_2 + c_4\xi_1\xi_2 + c_5\xi_1^2 + \\ &\quad + c_6\xi_2^2 + c_7\xi_1^2\xi_2 + c_8\xi_1\xi_2^2 + c_9\xi_1^2\xi_2^2 && (3 \times 3) \end{aligned} \tag{5.80}$$

Zur Bestimmung der unbekannten Koeffizienten c_i stehen gerade 4 (2×2) bzw. 9 (3×3) Funktionswerte $z(\xi_1^g, \xi_2^g) = z^{(g)}$ an den IP bereit. Durch Einsetzen der Stützstellen (ξ_1^g, ξ_2^g) (siehe Tabelle 5.1) und Werte $z^{(g)}$ in (5.80) baut man sich ein lineares Gleichungssystem auf, dessen Lösung die gesuchten c_i ergibt. Damit kann die Funktion $z(\xi_1, \xi_2)$ interpoliert (5.80) und durch Einsetzen der zugehörigen isoparametrischen Koordinaten ξ_i^a mit (5.66) auf die Knoten des Elementes extrapoliert werden. Da die Extrapolation auf einen Randknoten von jedem Element aus betrachtet ein anderes Resultat liefert (Bild 5.7, links unten), führt man meistens eine (gewichtete) Mittelung der unerschiedlichen Elementbeiträge durch, was den Wert $\bar{z}^{(a)}$ am Knoten a ergibt. Nun kann zur Interpolation und Differentiation für diese Variablen auch gemäß (5.77) und (5.79) vorgegangen werden.

Häufig sind auch die Ableitungen der sekundären Variablen an den IP gefragt. Hier empfiehlt sich die in Bild 5.7 (rechts) dargestellte Methode. Die 2 bzw. 3 Funktionswerte an den IP entlang einer Koordinate $\xi \in \{\xi_1, \xi_2\}$ werden als Gerade bzw. Parabel approximiert:

$$\begin{aligned} z(\xi) &= \frac{z_2 - z_1}{2d}\,\xi + \frac{1}{2}(z_1 + z_2) && (2\ \text{IP}) \\ z(\xi) &= \frac{z_1 - 2z_3 + z_2}{2d^2}\,\xi^2 + \frac{z_2 - z_1}{2d}\,\xi + z_3 && (3\ \text{IP}), \end{aligned} \tag{5.81}$$

deren Ableitungen lauten

$$
\begin{aligned}
\frac{\partial z}{\partial \xi} &= (z_2 - z_1)/(2d) && (2 \text{ IP}) \\
\frac{\partial z}{\partial \xi} &= \frac{z_1 - 2z_3 + z_2}{d^2}\,\xi + \frac{z_2 - z_1}{2d} && (3 \text{ IP}).
\end{aligned}
\tag{5.82}
$$

Mit Hilfe dieser Ableitungen nach ξ_1 und ξ_2 bei einer Stützstelle (ξ_1, ξ_2) geht man direkt in (5.78), um die globalen Ableitungen zu erhalten. Dieses Verfahren eignet sich besonders zur Differentiation von $\boldsymbol{\sigma}$, $\boldsymbol{\varepsilon}^{\mathrm{p}}$ oder U^{p} an den IP, wenn die Resultate anschließend über das Element integriert werden sollen.

5.5 FEM für nichtlineare Randwertaufgaben

5.5.1 Grundgleichungen

Bei RWA der Festkörpermechanik führen im Wesentlichen zwei Ursachen zu einem nichtlinearen Verhalten:

- *Materielle Nichtlinearitäten* (engl. *material non-linearity*)
  Der sich bei nichtlinear-elastischen, elastisch-plastischen u. a. Werkstoffen einstellende Spannungszustand im Element hängt nichtlinear von den Verzerrungen und somit den Verschiebungen ab: $\boldsymbol{\sigma}(\mathbf{v}) = f\big(\boldsymbol{\varepsilon}(\mathbf{v}), \mathbf{h}(\mathbf{v})\big)$. Bei irreversiblen Verformungsprozessen ist $\boldsymbol{\sigma}$ eine Funktion der Belastungsgeschichte, was in Abschnitt 3.4.2 am Beispiel der Verfestigungsgesetze erläutert wurde. Deshalb wird der aktuelle Werkstoffzustand durch mehrere interne Variable beschrieben, die in der Matrix $\mathbf{h}$ zusammengefasst sind.
- *Geometrische Nichtlinearitäten* (engl. *geometrical non-linearity*)
  Bei großen, *endlichen Verformungen* (engl. *finite deformations*) treten zwei nichtlineare Phänomene auf. Wenn die *Verschiebungen groß* gegenüber der Ausgangsgeometrie sind (engl. *large displacements*), muss als Erstes die Umverteilung des Kräftegleichgewichts und der Lastrandbedingungen auf die verformte Struktur berücksichtigt werden. Zweitens besteht bei *großen Verzerrungen* (engl. *large strain*) ein nichtlinearer Zusammenhang (3.20) zwischen den Verzerrungstensoren und den Verschiebungsgradienten.

Wendet man das Prinzip der virtuellen Verschiebungen (5.12)–(5.13) auf nichtlineare RWA an, so erhält man in der FEM-Formulierung gegenüber den linearen Beziehungen aus Abschnitt 5.4 folgende Erweiterungen:

$$\delta \mathcal{W}_{\text{ext}} - \delta \mathcal{W}_{\text{int}} = \left[\mathbf{F}^{\text{ext}}(t) - \mathbf{F}^{\text{int}}\big(\mathbf{V}(t)\big)\right] \delta \mathbf{V} = 0 \tag{5.83}$$

$$\mathbf{F}^{\text{ext}} = \bigcup_{e=1}^{n_{\mathrm{E}}} \left[\int\limits_{S_{te}} \mathbf{N}^{\mathrm{T}} \bar{\mathbf{t}} \mathrm{d}S_e + \int\limits_{V_e} \mathbf{N}^{\mathrm{T}} \bar{\mathbf{f}} \mathrm{d}V_e \right] \tag{5.84}$$

$$\mathbf{F}^{\text{int}}(\mathbf{V}(t)) = \bigcup_{e=1}^{n_{\text{E}}} \int_{V_e} \mathbf{B}^{\text{T}}(\mathbf{v})\boldsymbol{\sigma}(\mathbf{v})\mathrm{d}V_e\,. \tag{5.85}$$

Der externe Lastvektor $\mathbf{F}^{\text{ext}}(t)$ beschreibt den Gesamtlastvektor $\mathbf{F}$ nach (5.55) infolge der zeitlich vorgegebenen Flächen- und Volumenlasten. Der entsprechende Knotenkraftvektor $\mathbf{F}^{\text{int}}$ der inneren Kräfte wird aus dem nichtlinearen Verhalten des Materials $\boldsymbol{\sigma}(\mathbf{v})$ und der Kinematik $\mathbf{B}(\mathbf{v})$ gebildet.

Bei nichtlinearen Problemen ist es erforderlich, die Belastungsgeschichte in eine Anzahl n_{t} endlicher Zeitschritte Δt_n zu unterteilen. (Für skleronomes Materialverhalten darf man anstelle der Zeit auch einen monoton steigenden Belastungsparameter verwenden → Lastschritte.)

$$t_{n+1} = t_n + \Delta t_{n+1}, \qquad n = 0, 1, 2, \ldots, n_{\text{t}} - 1 \tag{5.86}$$

Die äußere Belastung wird somit als zeitliche Folge von Lastschritten aufgeprägt, für die jedes Mal der Gleichgewichtszustand (5.83) mit den inneren Kräften am Ende des Inkrementes durch Iteration gefunden werden muss. Man bezeichnet dies auch als *inkrementell-iterativen Algorithmus* .

$$\mathbf{F}^{\text{ext}}(t_{n_{\text{t}}}) = \sum_{n=1}^{n_t} \Delta\mathbf{F}_n^{\text{ext}}, \qquad \Delta\mathbf{F}_{n+1}^{\text{ext}} = \mathbf{F}^{\text{ext}}(t_{n+1}) - \mathbf{F}^{\text{ext}}(t_n) \tag{5.87}$$

In entsprechender Weise entstehen dabei die Inkremente aller anderen Größen wie der Knotenverschiebungen

$$\mathbf{V}(t_{n_{\text{t}}}) = \sum_{n=1}^{n_t} \Delta\mathbf{V}_n, \qquad \Delta\mathbf{V}_{n+1} = \mathbf{V}(t_{n+1}) - \mathbf{V}(t_n)\,, \tag{5.88}$$

der Spannungen $\Delta\boldsymbol{\sigma}_n$, Verzerrungen $\Delta\boldsymbol{\varepsilon}_n$ u. s. w., wobei der tiefgestellte Index n immer den Zeitschritt markiert.

Die inkrementelle Vorgehensweise ist unbedingt notwendig, um die in Ratenform gegebenen plastischen Materialgesetze über den Lastpfad integrieren zu können. Für die numerische Lösung des nichtlinearen Problems ist der inkrementelle Algorithmus darüber hinaus äußerst zweckmäßig. Bild 5.8 zeigt in vereinfachter Form die Lösungsstrategie für den Freiheitsgrad 1. Die wahre Lösung des nichtlinearen Problems $\mathbf{F}^{\text{ext}}(\mathbf{V})$ ist als durchgehende Linie eingezeichnet. Auf der Ordinate ist exemplarisch ein Lastinkrement $\Delta\mathbf{F}_{n+1}^{\text{ext}}$ aufgetragen, zu dem das dazugehörige Verschiebungsinkrement $\Delta\mathbf{V}_{n+1}$ gesucht wird. Dazu muss das nichtlineare Gleichungssystem (5.83) im $(n+1)$-ten Lastschritt gelöst werden.

$$\mathbf{F}_{n+1}^{\text{ext}} - \mathbf{F}_{n+1}^{\text{int}} = \mathbf{R}(\mathbf{V}) \rightarrow 0 \tag{5.89}$$

Der Vektor $\mathbf{R}(\mathbf{V})$ erfasst die nicht ausbalancierten »residuellen« Knotenkräfte und muss zum Erreichen des wahren Gleichgewichtszustandes auf null gebracht werden. Zur Berechnung dieser Nullstellen setzt man sehr häufig das Newton-Raphson-

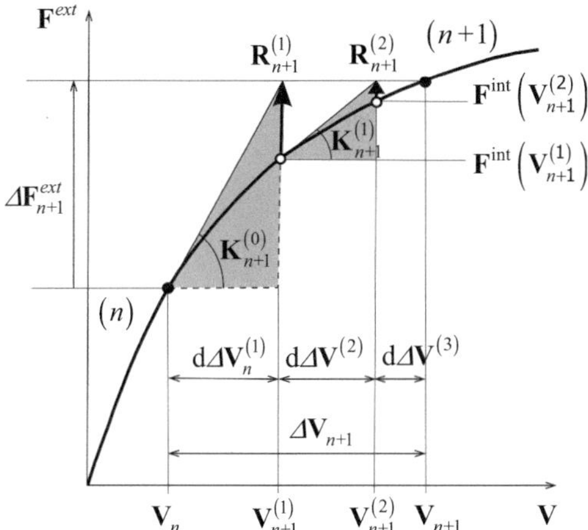

Bild 5.8 Lösung des nichtlinearen FEM-Systems mit dem Iterationsverfahren nach NEWTON-RAPHSON

Verfahren ein. Um dieses iterative Verfahren anwenden zu können, wird zuerst eine Linearisierung der nichtlinearen Funktionen $\mathbf{F}^{\text{int}}$ bzgl. der Knotenverschiebungen $\mathbf{V}$ (im Sinne einer mehrdimensionalen TAYLOR-Entwicklung) am Punkt $\mathbf{V}_n$ durchgeführt:

$$\begin{aligned} \mathbf{F}^{\text{int}}\Big(\mathbf{V}_n + \Delta\mathbf{V}_{n+1}\Big) &= \mathbf{F}^{\text{int}}(\mathbf{V}_n) + \left.\frac{\partial \mathbf{F}^{\text{int}}}{\partial \mathbf{V}}\right|_{\mathbf{V}_n} \Delta\mathbf{V} + \ldots \\ \left.\frac{\partial \mathbf{F}^{\text{int}}}{\partial \mathbf{V}}\right|_{\mathbf{V}_n} &= \mathbf{K}(\mathbf{V}_n)\,. \end{aligned} \tag{5.90}$$

Die Ableitung in der letzten Gleichung entspricht der Tangente $\mathbf{K}_n$ in Bild 5.8, weshalb dieser Ausdruck auch *tangentiale Steifigkeitsmatrix* (engl. *tangential stiffness matrix*) genannt wird.

Das NEWTON-RAPHSON-Verfahren wird im Folgenden für den $(n+1)$-ten Lastschritt beschrieben. Der hochgestellte Index i bezeichnet dabei die Nummer der Iteration.

(1) Lastschritt $n+1$: $\mathbf{F}^{\text{ext}}_{n+1} = \mathbf{F}^{\text{ext}}_{n} + \Delta\mathbf{F}^{\text{ext}}_{n+1}$

Startwerte ($i = 0$): $\mathbf{V}^{(0)}_{n+1} = \mathbf{V}_n$, $\Delta\mathbf{V}^{(0)}_{n+1} = 0$, $\mathbf{K}^{(0)}_{n+1} = \mathbf{K}_n$, $\mathbf{R}^{(0)}_{n+1} = \Delta\mathbf{F}^{\text{ext}}_{n+1}$

(2) Iterationsschleife (i):

- Berechnung der Tangentialsteifigkeit: $\mathbf{K}^{(i-1)}_{n+1}\big(\mathbf{V}^{(i-1)}_{n+1}\big)$
- Lösung von (5.89): $\text{d}\Delta\mathbf{V}^{(i)}_{n+1} = \Big[\mathbf{K}^{i-1}_{n+1}\Big]^{-1}\mathbf{R}^{(i-1)}_{n+1}$

- Verschiebungsinkrement: $\Delta\mathbf{V}_{n+1}^{(i)} = \Delta\mathbf{V}_{n+1}^{(i-1)} + \mathrm{d}\Delta\mathbf{V}_{n+1}^{(i)}$
- Gesamtverschiebung: $\mathbf{V}_{n+1}^{(i)} = \mathbf{V}_n + \Delta\mathbf{V}_{n+1}^{(i)}$
- innere Kräfte: $\mathbf{F}^{\text{int}} = \mathbf{F}^{\text{int}}\left(\mathbf{V}_{n+1}^{(i)}\right)$
- Berechnung Residuenvektor: $\mathbf{R}_{n+1}^{(i)} = \mathbf{F}_{n+1}^{\text{ext}} - \mathbf{F}^{\text{int}}\left(\mathbf{V}_{n+1}^{(i)}\right)$
- Konvergenztest: Falls $\|\mathbf{R}_{n+1}^{(i)}\| >$ Toleranz, dann $i := i+1$ und weiter mit (2). Andernfalls Verschiebungslösung $\mathbf{V}_{n+1} := \mathbf{V}_{n+1}^{(i)}$, nächster Lastschritt $n := n+1$ und weiter mit (1).

Der Algorithmus ist in Bild 5.8 für $i = 3$ Iterationen veranschaulicht. Weil der numerische Aufwand für die Berechnung und Invertierung der Tangentialsteifigkeitsmatrix $\mathbf{K}_{n+1}^{(i)}$ in jeder Iterationsschleife sehr hoch ist, wird häufig das Newton-Raphson-Verfahren so modifiziert, dass $\mathbf{K}_{n+1}$ erst nach einer gewissen Anzahl von Iterationen aktualisiert wird oder man unverändert die 1. Approximation $\mathbf{K}_{n+1}^{(1)}$ benutzt. Dadurch wird lediglich die Konvergenzgeschwindigkeit verringert, jedoch nicht die Genauigkeit der Lösung.

5.5.2 Materielle Nichtlinearitäten

Die Darlegungen beschränken sich auf nichtlineares elastisch-plastisches Materialverhalten bei kleinen Verzerrungen, das in Abschnitt 3.4.2 erläutert ist. Die wesentlichen Beziehungen werden nochmals in Matrizenschreibweise zusammengefasst. Die Spannungs-Verzerrungs-Relation lautet mit der Elastizitätsmatrix $\mathbf{C}$:

$$\boldsymbol{\sigma} = \mathbf{C}\left(\boldsymbol{\varepsilon} - \boldsymbol{\varepsilon}^{\mathrm{p}}\right) . \tag{5.91}$$

Die Fließbedingung wird mit Hilfe des aktuellen Spannungszustandes $\boldsymbol{\sigma}$ und den Verfestigungsvariablen $\mathbf{h} = \left[h_1\; h_2\; \ldots\; h_{n_{\mathrm{H}}}\right]^{\mathrm{T}}$ definiert, deren Anzahl n_{H} und Typ durch das gewählte Verfestigungsmodell festgelegt sind. Für isotrope und kinematische Verfestigung gilt $\mathbf{h} = \left[R\; X_{11}\; X_{12}\; \ldots\; X_{33}\right]^{\mathrm{T}}$.

$$\Phi\left(\boldsymbol{\sigma}, \mathbf{h}\right) \begin{cases} < 0 & \text{elastisch} \\ = 0 & \text{plastisch} \end{cases} \tag{5.92}$$

Die plastischen Verzerrungsgeschwindigkeiten berechnen sich aus der Normalenrichtung zur Fließfläche, wobei $\dot{\Lambda}$ den plastischen Multiplikator bedeutet.

$$\dot{\boldsymbol{\varepsilon}}^{\mathrm{p}} = \dot{\Lambda}\frac{\partial\Phi}{\partial\boldsymbol{\sigma}} = \dot{\Lambda}\,\widehat{\mathbf{N}}(\boldsymbol{\sigma}, \mathbf{h}) \tag{5.93}$$

In der Regel sind die Evolutionsgleichungen für die Verfestigungsvariablen in folgender Form gegeben:

$$\dot{\mathbf{h}} = \dot{\Lambda}\,\mathbf{H}(\boldsymbol{\sigma}, \mathbf{h})\,. \tag{5.94}$$

Die Gleichungen (5.93) und (5.94) beschreiben die Entwicklung der plastischen Verzerrungen und Verfestigungsparameter als Funktion des momentanen Zustandes. Sie stellen gewöhnliche DGL dar, die über die Belastungsgeschichte zu integrieren sind. Beide hängen vom plastischen Multiplikator Λ ab, dessen Wert aus der Forderung zu bestimmen ist, dass die Fließbedingung $\Phi(\boldsymbol{\sigma}, \mathbf{h}) = 0$ bei weiterer Verfestigung eingehalten werden muss.

Für die nichtlineare FEM-Analyse bedeutet dies, dass in jedem Integrationspunkt IP neben den Spannungen $\boldsymbol{\sigma}$ und totalen Verzerrungen $\boldsymbol{\varepsilon}$ auch die plastischen Verzerrungen $\boldsymbol{\varepsilon}^{\mathrm{p}}$ und die Verfestigungsparameter $\mathbf{h}$ berechnet, gespeichert und aufdatiert werden müssen. Da die Lastschritte endliche Inkremente darstellen, sind geeignete Integrationsalgorithmen erforderlich, um die Materialgleichungen zu erfüllen. Prinzipiell sind dafür alle expliziten und impliziten Lösungsverfahren für gewöhnliche DGL verwendbar. Im Folgenden wird das wichtigste und bewährteste Verfahren, die *Projektionsmethode* (engl. *radial return*), erläutert.

Wir betrachten den $(n+1)$-ten Lastschritt in einem IP. Am Ausgangspunkt (n) sind die Materialgleichungen erfüllt und alle Größen $\boldsymbol{\sigma}_n$, $\boldsymbol{\varepsilon}_n$, $\boldsymbol{\varepsilon}^{\mathrm{p}}_n$ und $\mathbf{h}_n$ bekannt. Als Ergebnis der globalen FEM-Analyse erhält man jetzt die Gesamtverzerrungen $\boldsymbol{\varepsilon}_{n+1} = \boldsymbol{\varepsilon}_n + \Delta\boldsymbol{\varepsilon}_{n+1}$ am IP. Ihr Inkrement besteht aus den elastischen und plastischen Anteilen $\Delta\boldsymbol{\varepsilon}_{n+1} = \Delta\boldsymbol{\varepsilon}^{\mathrm{e}}_{n+1} + \Delta\boldsymbol{\varepsilon}^{\mathrm{p}}_{n+1}$.

Der Spannungszustand am Ende des Inkrementes berechnet sich aus (5.91):

$$\boldsymbol{\sigma}_{n+1} = \mathbf{C}(\boldsymbol{\varepsilon}_{n+1} - \boldsymbol{\varepsilon}^{\mathrm{p}}_{n+1}) = \boldsymbol{\sigma}_n + \mathbf{C}(\Delta\boldsymbol{\varepsilon}_{n+1} - \Delta\boldsymbol{\varepsilon}^{\mathrm{p}}_{n+1}) = \boldsymbol{\sigma}^{\mathrm{tr}}_{n+1} - \mathbf{C}\Delta\boldsymbol{\varepsilon}^{\mathrm{p}}_{n+1} \tag{5.95}$$

wobei bisher weder $\Delta\boldsymbol{\varepsilon}^{\mathrm{p}}_{n+1}$ noch $\Delta\mathbf{h}_{n+1}$ bekannt sind. Aus diesem Grunde wird das Verfahren in einen elastischen Prädiktorschritt a) und einen plastischen Korrektorschritt b) zerlegt (Operator-Split).

a) *Prädiktorschritt*

Die plastischen Variablen werden zunächst auf dem Zustand (n) eingefroren und das Verzerrungsinkrement als rein elastisch aufgefasst:

$$\Delta\boldsymbol{\varepsilon}^{\mathrm{p}}_{n+1} = \Delta\mathbf{h}_{n+1} = 0, \quad \mathbf{h}^{\mathrm{tr}}_{n+1} = \mathbf{h}_n\,. \tag{5.96}$$

Die Gleichung (5.95) liefert damit einen »elastischen Testwert« (engl. *trial value*) für den Spannungszustand (hochgestellter Index tr):

$$\boldsymbol{\sigma}_{n+1} = \boldsymbol{\sigma}^{\mathrm{tr}}_{n+1} \qquad \text{mit } \boldsymbol{\sigma}^{\mathrm{tr}}_{n+1} = \boldsymbol{\sigma}_n + \mathbf{C}\Delta\boldsymbol{\varepsilon}_{n+1}\,. \tag{5.97}$$

Durch Einsetzen in die Fließbedingung findet man heraus, ob der Lastschritt elastisch oder plastisch ist:

$$\Phi\big(\boldsymbol{\sigma}^{\mathrm{tr}}_{n+1}, \mathbf{h}^{\mathrm{tr}}_{n+1}\big) \begin{cases} < 0 & \text{elastisch} \\ \geq 0 & \text{plastisch}\,. \end{cases} \tag{5.98}$$

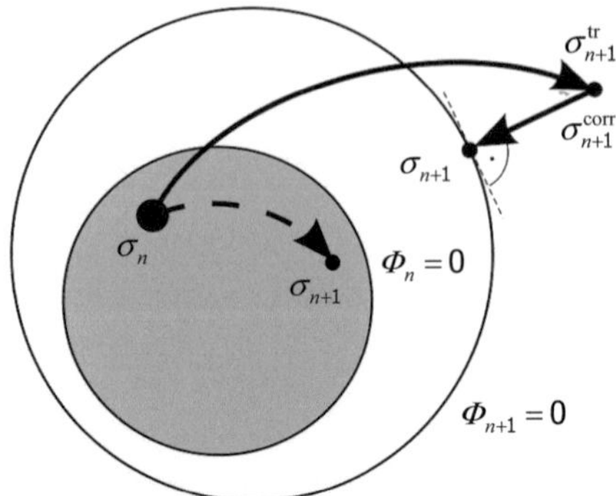

Bild 5.9 Integration elastisch-plastischer Materialgesetze mit der Projektionsmethode

Verbleibt der Spannungszustand innerhalb der bisherigen Fließfläche Φ_n (grau markiert), was in Bild 5.9 als Strichlinie dargestellt ist, so liegt eine rein elastische Spannungsänderung vor. Der Testwert $\boldsymbol{\sigma}_{n+1}^{\text{tr}}$ ist bereits die richtige Lösung, so dass der Algorithmus für diesen Lastschritt beendet ist.

b) *Korrektorschritt*

Im Fall einer plastischen Zustandsänderung (Volllinie in Bild 5.9) befindet sich der Spannungszustand $\boldsymbol{\sigma}_{n+1}^{\text{tr}}$ nach (5.97) außerhalb der Fließfläche und muss auf diese korrigiert werden. Infolge der Verfestigung $\Delta\mathbf{h}_{n+1} \neq 0$ verändert sich zugleich die Fließfläche auf Φ_{n+1}. Außerdem müssen jetzt die Evolutionsgesetze der plastischen Variablen über den Lastschritt integriert werden. Für das plastische Verzerrungsinkrement erhält man mit (5.93):

$$\Delta\boldsymbol{\varepsilon}_{n+1}^{\text{p}} = \int_{n}^{n+1} \widehat{\mathbf{N}}(\boldsymbol{\sigma}, \mathbf{h})\,\mathrm{d}\Lambda \approx \Delta\Lambda_{n+1}\widehat{\mathbf{N}}(\boldsymbol{\sigma}_{n+1}, \mathbf{h}_{n+1})\,, \tag{5.99}$$

wobei als Approximation die Variablen an der Stützstelle $(n + 1)$ am Intervallende benutzt werden. Da ihre Werte selbst noch unbekannt sind, handelt es sich um ein implizites (EULER-Rückwärts-)Verfahren, was sehr genau und unbedingt stabil ist. Auf gleiche Weise verfährt man mit dem Evolutionsgesetz (5.94) für die Verfestigungsvariablen:

$$\Delta\mathbf{h}_{n+1} = \mathbf{h}_{n+1} - \mathbf{h}_n = \int_{n}^{n+1} \mathbf{H}(\boldsymbol{\sigma}, \mathbf{h})\,\mathrm{d}\Lambda \approx \Delta\Lambda_{n+1}\mathbf{H}(\boldsymbol{\sigma}_{n+1}, \mathbf{h}_{n+1})\,. \tag{5.100}$$

Schließlich verbleibt noch die Forderung, dass der wahre Spannungszustand auf der Fließfläche liegen muss, d. h.

$$\Phi_{n+1}(\boldsymbol{\sigma}_{n+1}, \mathbf{h}_{n+1}) = 0\,. \tag{5.101}$$

Dazu ist nach (5.95) die »Testspannung« $\boldsymbol{\sigma}_{n+1}^{\text{tr}}$ um den Term $\boldsymbol{\sigma}_{n+1}^{\text{corr}} = \mathbf{C}\,\Delta\boldsymbol{\varepsilon}_{n+1}^{\text{p}}$ zu reduzieren, d. h. mit (5.99) gilt

$$\boldsymbol{\sigma}_{n+1} = \boldsymbol{\sigma}_{n+1}^{\text{tr}} - \Delta\Lambda_{n+1}\mathbf{C}\widehat{\mathbf{N}}(\boldsymbol{\sigma}_{n+1}, \mathbf{h}_{n+1})\,, \tag{5.102}$$

was der Pfeil $\boldsymbol{\sigma}_{n+1}^{\text{corr}}$ in Bild 5.9 veranschaulicht. Da diese Korrekturspannung die Richtung der Normalen $\widehat{\mathbf{N}}$ auf der Fließfläche besitzt, spricht man von »radial return«. Die Beziehungen (5.102), (5.100) und (5.101) bilden ein nichtlineares System von $(6+n_{\text{H}}+1)$ Gleichungen zur Bestimmung der unbekannten Größen $\boldsymbol{\sigma}_{n+1}$, $\Delta\mathbf{h}_{n+1}$ und $\Delta\Lambda_{n+1}$. Dies kann wiederum mit dem NEWTON-Verfahren iterativ gelöst werden, wozu man die Gleichungen als Residuen formuliert, deren Nullstellen zu finden sind:

$$\begin{aligned} \mathbf{r}_\sigma &= \boldsymbol{\sigma}_{n+1} + \Delta\Lambda_{n+1}\mathbf{C}\widehat{\mathbf{N}}(\boldsymbol{\sigma}_{n+1}, \mathbf{h}_{n+1}) - \boldsymbol{\sigma}_{n+1}^{\text{tr}} &&\to 0 \\ \mathbf{r}_h &= \Delta\mathbf{h}_{n+1} - \Delta\Lambda_{n+1}\mathbf{H}(\boldsymbol{\sigma}_{n+1}, \mathbf{h}_{n+1}) &&\to 0 \\ \mathbf{r}_\Phi &= \Phi(\boldsymbol{\sigma}_{n+1}, \mathbf{h}_{n+1}) &&\to 0\,. \end{aligned} \tag{5.103}$$

Zur Behandlung großer Deformationen und anderer nichtlinearer Materialgesetze wird auf die weiterführende Literatur [13, 9] verwiesen.

5.5.3 Geometrische Nichtlinearitäten

Um die Auswirkungen großer Verschiebungen und großer Verzerrungen auf die nichtlinearen FEM-Beziehungen zu verdeutlichen, greifen wir auf die kontinuumsmechanischen Grundgleichungen in der Ausgangskonfiguration zurück, siehe Abschnitte 3.2 und 3.3. Ausgangspunkt ist das Prinzip der virtuellen Verschiebungen in LAGRANGEscher Darstellung (5.16), was in symbolischer Notation lautet ($:\,\widehat{=}$ doppeltes Skalarprodukt):

$$\delta\mathcal{W}_{\text{int}} \mathrel{\widehat{=}} \int\limits_V \boldsymbol{T} : \delta\boldsymbol{E}\mathrm{d}V = \int\limits_V \varrho_0\bar{\boldsymbol{f}}\cdot\delta\boldsymbol{u}\,\mathrm{d}V + \int\limits_A \hat{\bar{\boldsymbol{T}}}\cdot\delta\boldsymbol{u}\,\mathrm{d}A \mathrel{\widehat{=}} \delta\mathcal{W}_{\text{ext}}\,. \tag{5.104}$$

Die Variation $\delta\boldsymbol{E}$ des GREEN-LAGRANGEschen Verzerrungstensors lässt sich nach (3.20) und (3.17) durch die Variationen des Verschiebungsvektors und des Deformationsgradienten ausdrücken:

$$\begin{aligned} \delta\boldsymbol{E} &= \frac{1}{2}\left\{\boldsymbol{\nabla}\delta\boldsymbol{u} + (\boldsymbol{\nabla}\delta\boldsymbol{u})^{\text{T}} + (\boldsymbol{\nabla}\delta\boldsymbol{u})\cdot(\boldsymbol{\nabla}\boldsymbol{u}) + (\boldsymbol{\nabla}\boldsymbol{u})\cdot(\boldsymbol{\nabla}\delta\boldsymbol{u})\right\} \\ \Delta\boldsymbol{E} &= \frac{1}{2}\left\{\boldsymbol{\nabla}\Delta\boldsymbol{u} + (\boldsymbol{\nabla}\Delta\boldsymbol{u})^{\text{T}} + (\boldsymbol{\nabla}\Delta\boldsymbol{u})\cdot(\boldsymbol{\nabla}\boldsymbol{u}) + (\boldsymbol{\nabla}\boldsymbol{u})\cdot(\boldsymbol{\nabla}\Delta\boldsymbol{u})\right\} \end{aligned} \tag{5.105}$$

$$\delta\boldsymbol{E} = \delta\left\{\frac{1}{2}\left(\boldsymbol{F}^{\text{T}}\cdot\boldsymbol{F} + \boldsymbol{I}\right)\right\} = \frac{1}{2}\left\{\boldsymbol{F}^{\text{T}}\cdot\delta\boldsymbol{F} + \delta\boldsymbol{F}^{\text{T}}\cdot\boldsymbol{F}\right\} \tag{5.106}$$

$$\delta \boldsymbol{F} = \delta\left(\boldsymbol{\nabla} \boldsymbol{u} + \boldsymbol{I}\right) = \boldsymbol{\nabla}\left(\delta \boldsymbol{u}\right) \qquad \text{bzw.} \qquad \delta F_{iN} = \frac{\partial \delta u_i}{\partial X_N} \tag{5.107}$$

Da die innere $\mathcal{W}_{\text{int}}(\boldsymbol{u})$ und äußere Arbeit $\mathcal{W}_{\text{ext}}(\boldsymbol{u})$ jetzt nichtlineare Funktionen der Verschiebungen $\boldsymbol{u}$ in einem finiten Element sind, führen wir eine Linearisierung des Systems am bisher erreichten, bereits im Gleichgewicht befindlichen Zustand (Index 0) durch, d. h. wir untersuchen die Änderungen aller Größen im Funktional (5.104) bei einem Verschiebungsinkrement $\Delta \boldsymbol{u}$. Dafür wird die Linearisierung einer tensorwertigen Funktion $\boldsymbol{A}(\boldsymbol{a})$ an der Stelle $\boldsymbol{a}_0$ bzgl. der vektoriellen Variablen $\Delta \boldsymbol{a}$ (Richtungsableitung) benutzt.

$$\boldsymbol{A}(\boldsymbol{a}_0 + \Delta \boldsymbol{a}) = \boldsymbol{A}(\boldsymbol{a}_0) + \Delta \boldsymbol{A} \qquad \text{mit } \Delta \boldsymbol{A} = \left.\frac{\mathrm{d}\boldsymbol{A}}{\mathrm{d}\boldsymbol{a}}\right|_{\boldsymbol{a}_0} \cdot \Delta \boldsymbol{a} \tag{5.108}$$

Zur Vereinfachung soll angenommen werden, dass die äußeren Kräfte nicht von der Verformung abhängen (konservativ, keine Kontakt-, Reibungs- oder mitbewegten Kräfte), d. h. die äußere Arbeit $\delta\mathcal{W}_{\text{ext}}$ bleibt in (5.104) linear bzgl. $\delta \boldsymbol{u}$. Deshalb ist nur die Linearisierung von $\delta\mathcal{W}_{\text{int}}$ vorzunehmen:

$$\Delta(\delta\mathcal{W}_{\text{int}}) = \int\limits_V \left(\Delta \boldsymbol{T} : \delta \boldsymbol{E} + \boldsymbol{T} : \Delta\delta \boldsymbol{E}\right) \mathrm{d}V \,. \tag{5.109}$$

Im 1. Integralterm ist der 2. PIOLA-KIRCHHOFFsche Spannungstensor (3.52) bzgl. $\Delta \boldsymbol{u}$ zu linearisieren, was mit der Kettenregel über den Verzerrungstensor $\Delta \boldsymbol{E}$ und (5.105) geschieht. Der vierstufige Tensor $\boldsymbol{C}^{\text{ep}}$ bezeichnet die Materialtangente an diesem Punkt.

$$\Delta \boldsymbol{T} = \frac{\partial \boldsymbol{T}}{\partial \boldsymbol{E}} : \Delta \boldsymbol{E} = \boldsymbol{C}^{\text{ep}} : \Delta \boldsymbol{E}, \qquad \boldsymbol{C}^{\text{ep}} = \left.\frac{\partial \boldsymbol{T}}{\partial \boldsymbol{E}}\right|_{\boldsymbol{T}_0} \tag{5.110}$$

Die Linearisierung von (5.106) ergibt

$$\Delta\delta \boldsymbol{E} = \frac{1}{2}\left\{\Delta \boldsymbol{F}^{\mathrm{T}} \cdot \delta \boldsymbol{F} + \delta \boldsymbol{F}^{\mathrm{T}} \cdot \Delta \boldsymbol{F}\right\}, \quad \Delta\delta E_{MN} = \frac{1}{2}\Big\{\Delta F_{iM}\delta F_{iN} + \delta F_{iM}\Delta F_{iN}\Big\}. \tag{5.111}$$

Aufgrund der Symmetrie des Spannungstensors $\boldsymbol{T}$ folgt damit der 2. Term des Integranden in (5.109) zu

$$T_{MN}\Delta\delta E_{MN} = \delta F_{iM} T_{MN} \Delta F_{iN}, \tag{5.112}$$

womit wir die Linearisierung der inneren virtuellen Arbeit erhalten:

$$\Delta(\delta\mathcal{W}_{\text{int}}) = \int\limits_V \Big(\delta \boldsymbol{E} : \boldsymbol{C}^{\text{ep}} : \Delta \boldsymbol{E} + \delta \boldsymbol{F}^{\mathrm{T}} \cdot \boldsymbol{T} \cdot \Delta \boldsymbol{F}\Big) \,\mathrm{d}V. \tag{5.113}$$

Die FEM-Realisierung soll wieder exemplarisch für ein zweidimensionales Element im ebenen Spannungszustand skizziert werden. Dazu wechseln wir auf Matrizendarstellung über. Im Unterschied zum Abschnitt 5.3.1 werden jetzt die Ortsvektoren in räumlicher $\mathbf{x}$ und materieller $\mathbf{X}$ Darstellung mit Hilfe der isoparametrischen Variablen $\boldsymbol{\xi}$ im Element interpoliert, wobei $\hat{\mathbf{x}}$, $\hat{\mathbf{X}}$ und $\hat{\mathbf{u}} \equiv \mathbf{v}$ die jeweiligen Knotenwerte bezeichnen:

$$\mathbf{x}(\boldsymbol{\xi}) = \mathbf{N}(\boldsymbol{\xi})\,\hat{\mathbf{x}}, \qquad \mathbf{X}(\boldsymbol{\xi}) = \mathbf{N}(\boldsymbol{\xi})\,\hat{\mathbf{X}}. \tag{5.114}$$

Aus den kinematischen Zusammenhängen ergeben sich die Ansätze für die Verschiebungen $\mathbf{u}$ im Element sowie deren Variation $\delta\mathbf{u}$ und Inkrement $\Delta\mathbf{u}$:

$$\hat{\mathbf{x}} = \hat{\mathbf{X}} + \hat{\mathbf{u}} = \hat{\mathbf{X}} + \mathbf{v} \tag{5.115}$$

$$\mathbf{u}(\boldsymbol{\xi}) = \mathbf{N}(\boldsymbol{\xi})\,\mathbf{v}, \quad \delta\mathbf{u}(\boldsymbol{\xi}) = \mathbf{N}(\boldsymbol{\xi})\,\delta\mathbf{v}, \quad \Delta\mathbf{u}(\boldsymbol{\xi}) = \mathbf{N}(\boldsymbol{\xi})\,\Delta\mathbf{v} \tag{5.116}$$

Die drei Komponenten des Verzerrungstensors werden gemäß (5.105) variiert, wobei der lineare Term die bekannte $\mathbf{B}$-Matrix (5.44) bildet und die quadratischen Terme zu einer nichtlinearen Relation $\mathbf{B}^{\text{nlin}}(\mathbf{v})$ führen:

$$\delta\mathbf{E} = \begin{bmatrix} \delta E_{11} \\ \delta E_{22} \\ \delta E_{12} \end{bmatrix} = \bar{\mathbf{D}}(\mathbf{u})\delta\mathbf{u} = \bar{\mathbf{B}}(\mathbf{v})\delta\mathbf{v} \qquad \text{analog} \quad \Delta\mathbf{E} = \bar{\mathbf{B}}(\mathbf{v})\Delta\mathbf{v}\,, \tag{5.117}$$

$$\bar{\mathbf{B}} = \mathbf{B} + \mathbf{B}^{\text{nlin}}(\mathbf{v})\,, \tag{5.118}$$

$$\mathbf{B}^{\text{nlin}} = \left[\mathbf{B}_1 \ldots \mathbf{B}_a \ldots \mathbf{B}_{n_\text{K}}\right],$$

$$\mathbf{B}_a = \begin{bmatrix} u_{1,1}N_{a,1} & u_{2,1}N_{a,1} \\ u_{1,2}N_{a,2} & u_{2,2}N_{a,2} \\ u_{1,1}N_{a,2} + u_{1,2}N_{a,1} & u_{2,1}N_{a,2} + u_{2,2}N_{a,1} \end{bmatrix}. \tag{5.119}$$

Auf ähnliche Weise wie in (5.59) gezeigt, findet man die Ableitungen der isoparametrischen Verschiebungsansätze nach den materiellen Koordinaten, um aus (5.107) die Variation $\delta\mathbf{F}$ und die Linearisierung $\Delta\mathbf{F}$ des Deformationsgradienten zu ermitteln:

$$\delta\mathbf{F} = \sum_{a=1}^{n_\text{K}} \frac{\partial N_a(\boldsymbol{\xi})}{\partial \mathbf{X}} \delta\mathbf{u}^{(a)} = \bar{\mathbf{H}}\delta\mathbf{v} \qquad \text{analog} \quad \Delta\mathbf{F} = \bar{\mathbf{H}}\Delta\mathbf{v}\,. \tag{5.120}$$

Einsetzen der Beziehungen (5.116)-(5.120) in (5.113) ergibt die virtuelle innere Arbeit für ein Inkrement $\Delta\mathbf{v}$ der Knotenverschiebungen eines Elementes V_e:

$$\Delta\left(\delta\mathcal{W}_{\text{int}}(\mathbf{v},\delta\mathbf{v})\right) = \delta\mathbf{v}^{\text{T}} \Bigg\{ \underbrace{\int_{V_e} \bar{\mathbf{B}}^{\text{T}}\mathbf{C}^{\text{ep}}\bar{\mathbf{B}}\,\mathrm{d}V_e}_{\mathbf{k}^{\text{nlin}}} + \underbrace{\int_{V_e} \bar{\mathbf{H}}^{\text{T}}\mathbf{T}\bar{\mathbf{H}}\,\mathrm{d}V_e}_{\mathbf{k}^{\text{sp}}} \Bigg\} \Delta\mathbf{v}. \tag{5.121}$$

Der Ausdruck in geschweifter Klammer stellt die *tangentiale Steifigkeitsmatrix* (engl. *tangential stiffness matrix*) $\mathbf{k}(\mathbf{v})$ am Punkt 0 dar, die aus zwei Beiträgen besteht. Der erste Term $\mathbf{k}^{\text{nlin}}$ wird aus der nichtlinearen Verschiebungs-Verzerrungsrelation $\bar{\mathbf{B}}$ und dem Materialtensor $\mathbf{C}^{\text{ep}}$ gebildet, der im Fall nichtlinearer Stoffgesetze ebenfalls von $\mathbf{v}$ abhängt (siehe vorheriger Abschnitt 5.5.2). Hinzu kommt die so genannte *geometrische Steifigkeitsmatrix* oder *Anfangsspannungsmatrix* (engl. *initial stress matrix*) $\mathbf{k}^{\text{sp}}$, die den Einfluss des aktuellen Spannungszustandes $\mathbf{T}$ auf die veränderte Geometrie $\bar{\mathbf{H}}$ widerspiegelt.

$$\mathbf{k}(\mathbf{v}) = \mathbf{k}^{\text{nlin}}(\mathbf{v}) + \mathbf{k}^{\text{sp}}(\mathbf{T}) \tag{5.122}$$

Nach der Assemblierung aller Elementbeiträge (5.122) erhält man die tangentiale Systemsteifigkeitsmatrix $\mathbf{K}$ für das linearisierte FEM-Gleichungssystem.

$$\mathbf{K}(\mathbf{V}_0)\,\Delta\mathbf{V} = -\mathbf{R} := \mathbf{F}^{\text{ext}} - \mathbf{F}^{\text{int}} \tag{5.123}$$

Seine iterative Lösung erfolgt am besten mit dem NEWTON-RAPHSON-Verfahren, siehe Abschnitt 5.5.1.

Der hier erläuterte Algorithmus wird in der FEM-Literatur als *total LAGRANGEsche Methode* bezeichnet. Weitere Ausführungen zur FEM bei physikalischen und geometrischen Nichtlinearitäten findet man in [13, 9, 5].

5.6 Explizite FEM für dynamische Probleme

Für die Analyse stoßartiger Rissbelastungen und hochdynamischer Rissausbreitungsvorgänge, die meist auch mit Kontaktproblemen verbunden sind, hat sich in der FEM das Verfahren der expliziten Zeitintegration am besten bewährt. Im Unterschied zu impliziten Zeitintegrationsverfahren (z. B. NEWMARK) ist das explizite Verfahren numerisch sehr effektiv und robust. Von Nachteil ist seine bedingte Stabilität, was zur Einhaltung sehr kleiner Zeitschritte $\Delta t_n \leq \Delta t_{\text{c}}$ zwingt.

Mit der ersten und zweiten Zeitableitung der Verschiebungsansätze (5.40) erhält man die Geschwindigkeiten und Beschleunigungen aus den Knotenwerten $\mathbf{v}$:

$$\dot{\mathbf{u}} = \mathbf{N}\dot{\mathbf{v}}, \qquad \ddot{\mathbf{u}} = \mathbf{N}\ddot{\mathbf{v}}. \tag{5.124}$$

Für dämpfungsfreie Systeme folgen aus dem HAMILTONschen Prinzip die Bewegungsgleichungen, woraus nach der FEM-Diskretisierung gemäß Abschnitt 5.3 die Steifigkeitsbeziehung (5.49) um den Trägheitsterm $\mathbf{m}\ddot{\mathbf{v}}$ zu erweitern ist:

$$\begin{aligned} \mathbf{m}\ddot{\mathbf{v}}(t) + \mathbf{k}\mathbf{v}(t) &= \mathbf{f}_{\text{b}} + \mathbf{f}_{\text{t}} + \mathbf{f}_{\varepsilon} = \mathbf{f}(t) \\ \mathbf{M}\ddot{\mathbf{V}}(t) + \mathbf{K}\mathbf{V}(t) &= \mathbf{F}_{\text{b}} + \mathbf{F}_{\text{t}} + \mathbf{F}_{\varepsilon} = \mathbf{F}(t) \end{aligned} \tag{5.125}$$

$$\text{Massenmatrix: } \mathbf{m} = \int\limits_{V_e} \mathbf{N}^{\mathrm{T}} \rho \mathbf{N} \, \mathrm{d}V \,, \qquad \mathbf{M} = \bigcup_{e=1}^{n_{\mathrm{E}}} \mathbf{m}_e \,. \tag{5.126}$$

Mit den in Abschnitt 5.4 dargestellten Algorithmen kann prinzipiell auch die Elementmassenmatrix (5.126) integriert und zur Gesamtmassenmatrix $\mathbf{M}$ assembliert werden. Bei Verwendung der Formfunktionen erhält dann die so genannte *konsistente Massenmatrix*, die Symmetrie und Bandstruktur besitzt. Daraus resultiert ein relativ hoher Rechenaufwand bei der Lösung von (5.125), da $\mathbf{M}$ invertiert werden muss. Dieser lässt sich jedoch um ein Vielfaches verringern, wenn eine *kondensierte Massenmatrix* (engl. *lumped mass matrix*) in Diagonalform verwendet wird. In diesem Fall ist die Invertierung von $\mathbf{M}$ trivial, so dass (5.125) direkt nach den gesuchten Knotenbeschleunigungen $\ddot{\mathbf{v}}$ aufgelöst werden kann. Für die Bestimmung der diagonalisierten Massenmatrix existieren verschiedene Interpolations- und Integrationstechniken [6, 4].

Zur Lösung der DGL 2. Ordnung (5.125) bzgl. der Zeit wird in der Regel das explizite zentrale Differenzenschema angewandt. Dabei werden die dynamischen Größen am Ende des $(n+1)$-ten Zeitschritts $t_{n+1} = t_n + \Delta t_{n+1}$ aus dem Impulssatz (5.125) zum Intervallanfang t_n berechnet. Die Geschwindigkeiten in der Intervallmitte $t_{n+\frac{1}{2}} = t_n + \frac{1}{2}\Delta t_{n+1}$ ergeben sich aus dem Differenzenquotient

$$\dot{\mathbf{v}}_{n+\frac{1}{2}} = (\mathbf{v}_{n+1} - \mathbf{v}_n)/\Delta t_{n+1}, \qquad \dot{\mathbf{v}}_{n-\frac{1}{2}} = (\mathbf{v}_n - \mathbf{v}_{n-1})/\Delta t_n, \tag{5.127}$$

woraus die Beschleunigung bei t_n folgt:

$$\mathbf{a}_n = \ddot{\mathbf{v}}_n = (\dot{\mathbf{v}}_{n+\frac{1}{2}} - \dot{\mathbf{v}}_{n-\frac{1}{2}}) / \left[\frac{1}{2}(\Delta t_{n+1} + \Delta t_n) \right]. \tag{5.128}$$

Daraus leitet sich der nachstehende Algorithmus ab:

(0) Festlegung der Anfangsbedingungen $\mathbf{v}_0$ und $\dot{\mathbf{v}}_0$
(1) Inkrementieren der Zeit und äußeren Belastung $\mathbf{f}(t)$
(2) Berechnung der Beschleunigung im Zeitschritt Δt_{n+1} aus (5.125):

$$\mathbf{a}_n = \mathbf{m}^{-1}(\mathbf{f} - \mathbf{k}\,\mathbf{v}_n)$$

(3) Bestimmung der Geschwindigkeit über (5.128):

$$\dot{\mathbf{v}}_{n+\frac{1}{2}} = \dot{\mathbf{v}}_{n-\frac{1}{2}} + \frac{\Delta t_{n+1} + \Delta t_n}{2} \mathbf{a}_n$$

(4) Aktualisierung der Verschiebungen mit (5.127):

$$\mathbf{v}_{n+1} = \mathbf{v}_n + \Delta t_{n+1} \dot{\mathbf{v}}_{n+\frac{1}{2}}$$

(5) Nächster Zeitschritt $n := n + 1$, gehe zu (2)

Der explizite Algorithmus erfordert weder Iterationen noch die Invertierung der Steifigkeitsmatrix, selbst die Assemblierung der Elementmatrizen kann entfallen. Materielle und geometrische Nichtlinearitäten werden einfach durch $\mathbf{k}(\mathbf{v}_n)$ berücksichtigt.

Die maximal zulässige Zeitschrittweite Δt_c ist umgekehrt proportional zur höchsten Eigenkreisfrequenz ω_max des Systems. In der Praxis wird Δt_c durch die Zeit abgeschätzt, die eine Dilatationswelle mit der materialabhängigen Ausbreitungsgeschwindigkeit c_d benötigt, um das kleinste finite Element der Länge L_min zu durchlaufen, wobei b noch ein empirischer Faktor ist:

$$\Delta t \leq \Delta t_\mathrm{c} = b \frac{L_\mathrm{min}}{c_\mathrm{d}} \,. \tag{5.129}$$

5.7 Arbeitsschritte bei der FEM–Analyse

Nachfolgend sind die wesentlichen Arbeitsschritte kurz zusammengestellt, die für die FEM-Berechnung eines Bauteils erforderlich sind. Die besonderen Aufgaben zur Behandlung von Rissen sind *kursiv* hervorgehoben.

5.7.1 PRE-Prozessor

- Erstellung des FEM-Netzwerkes (Knotenkoordinaten, Elemente, Topologie)
- *Spezielle Netzgeneratoren für Risse (Spezialelemente, geometrische Besonderheiten)*
- Vorgabe der Belastungen und Lagerbedingungen
- Eingabe der Materialeigenschaften
- Vorgabe des zeitlichen Belastungsprogramms
- Kontrolle und Visualisierung des Eingabemodells

5.7.2 FEM-Prozessor

- Aufbau und Speicherung der Steifigkeits- $\mathbf{K}(t)$ und Massenmatrix $\mathbf{M}$ Berechnung der rechten Seite $\mathbf{F}(t)$ aus allen Belastungen
- *Rissspitzenelemente und spezielle Algorithmen für Risse*
- Einarbeitung der kinematischen Randbedingungen
- Lösung des (nicht-)linearen FEM-Gleichungssystems
- Speicherung der Resultate (Lösungsvektor $\mathbf{V}(t)$ u. a.)
- Inkrementelle Erhöhung der Belastungen für den nächsten Zeitschritt bei nichtlinearen oder dynamischen Analysen; ggf. Wiederholung dieser Schleife

5.7.3 POST-Prozessor

- Berechnung interessierender Feldgrößen (u_i, ε_{ij}, σ_{ij}, T) für gewünschte Orte und Zeitpunkte aus dem Lösungsvektor $\mathbf{V}(t)$
- Knotendaten: $\mathbf{v}^{(a)}$, $\dot{\mathbf{v}}^{(a)}$, $\ddot{\mathbf{v}}^{(a)}$, $\mathbf{f}$, T, h_R
- Elementdaten (Integrationspunkte): ε_{ij}, σ_{ij}, $\varepsilon_{\max}$, $\sigma_{\max}$, ε_{v}, σ_{v}, U
- Grafische Darstellung: Isolinien-Farbbilder, zeitlicher Verlauf, verformte Struktur, Animation von Bewegungen u. ä. m.
- *Spezifische Auswertungen (EDI-Integral, MCCI-Schließintegral, DIM u. a.) für die Bestimmung bruchmechanischer Kenngrößen (K-Faktoren, G, J)*

Literaturverzeichnis

[1] Atluri, S.N., Kartiresan, K.: 3D analysis of surface flaws in thick–walled reactor pressure vessels using displacement-hybrid finite element method. Nuclear Engineering and Design **51**, 163–176 (1979)

[2] Atluri, S.N., Kobayashi, A.S., Nakagaki, M.: An assumed displacement hybrid finite element model for linear fracture mechanics. International Journal of Fracture **11**, 257–271 (1975)

[3] Bathe, K.J.: Finite-Elemente-Methoden, Matrizen und lineare Algebra. Springer-Verlag, Berlin, Heidelberg, New York (1986)

[4] Belytschko, T., Hughes, T.J.R.: Computational methods for transient analysis. North-Holland, Amsterdam (1983)

[5] Belytschko, T., Liu, W.K., Moran, B.: Nonlinear finite elements for continua and structures. John Wiley Sons, Chichester, New York (2001)

[6] Hughes, T.J.R.: The finite element method. Prentice-Hall, Englewood Cliffs, NJ. (1987)

[7] Pian, T.H.H., Tong, P.: Basis of finite element methods for solid continua. International Journal of Numerical Methods in Engineering **1**, 3–28 (1969)

[8] Schwarz, H.R.: Methoden der finiten Elemente. Teubner Studienbücherei (1991)

[9] Simo, J.C., Hughes, T.J.R.: Computational inelasticity. Springer, New York, Berlin (1998)

[10] Stroud, A.H.: Approximate calculation of multiple integrals. Prentice Hall, Englewood Cliffs, New Jersey (1971)

[11] Tong, P., Pian, T.H.H., Lasry, H.: A hybrid element approach to crack problems in plane elasticity. International Journal of Numerical Methods in Engineering **7**, 297–308 (1973)

[12] Washizu, K.: Variational methods in elasticity and plasticity. Pergamon Press, Oxford (1975)

[13] Wriggers, P.: Nonlinear Finite Element Methods. Springer, Heidelberg, Berlin (2008)

[14] Zienkiewicz, O.C., Taylor, R.L., Zhu, J.Z.: The finite element method: Its basis and fundamentals, vol. 1. Elsevier, Amsterdam (2005)
[15] Überhuber, C.: Computer–Numerik. Springer-Verlag, Berlin, New York (1995)

Kapitel 6
FEM-Techniken zur Rissanalyse in linear-elastischen Strukturen

Ziel der FEM-Analyse ist die Berechnung der bruchmechanischen Beanspruchungsparameter für einen Riss in einer Struktur (Prüfkörper, Bauteil, Werkstoffgefüge) bei linear-elastischem (isotropem oder anisotropem) Materialverhalten. Im Abschnitt 4.2 wurden die relevanten Beanspruchungsparameter der LEBM vorgestellt: Die Spannungsintensitätsfaktoren K_{I}, K_{II}, K_{III} und die Energiefreisetzungsrate $G \equiv J$. Ihre Werte hängen von der Geometrie der Struktur, ihrer Belastung, der Länge und Form des Risses sowie von den elastischen Materialeigenschaften ab.

Obwohl die FEM zur Lösung der RWA geradewegs eingesetzt werden kann, besteht bei der Anwendung auf Rissprobleme doch eine grundlegende Schwierigkeit. Diese liegt in der exakten Erfassung der Singularität an der Rissspitze mit Hilfe eines numerischen Näherungsverfahrens wie der FEM. Die üblichen Finite-Elemente-Typen besitzen nur reguläre Polynomansätze für u_i, ε_{ij} und σ_{ij}. Sie können deshalb die Risssingularität nur schlecht wiedergeben. Aus diesem Grunde sind spezielle Elementansätze, numerische Algorithmen oder Auswertetechniken erforderlich, um aus einer FEM-Lösung die Beanspruchungskenngrößen effizient und genau zu gewinnen. Im folgenden Kapitel sollen die dafür entwickelten Methoden vorgestellt werden, wobei wir uns hauptsächlich auf stationäre Risse konzentrieren. Die Besonderheiten der FEM-Techniken und Vernetzungen zur Analyse instationärer Risse werden in Kapitel 10 erläutert.

6.1 Auswertung der numerischen Lösung an der Rissspitze

Wenn man nur reguläre finite Elemente (engl. *regular standard elements*) (RSE) zur Verfügung hat, so ist eine sehr feine Vernetzung an der Rissspitze notwendig. Man sollte sich nochmals bewusst machen, dass mit dem Spannungsintensitätsfaktor K_{I} der *Koeffizient einer Singularität* gesucht wird! Das bedeutet erstens: Je feiner wir vernetzen, desto höher ($\to \infty$) wachsen die Spannungen an. Zweitens muss die Diskretisierung so fein sein, dass damit die Feldgrößen innerhalb der Nahfeldlösung ausreichend genau aufgelöst werden.

M. Kuna, *Finite Elemente in der Bruchmechanik*,
https://doi.org/10.1007/978-3-658-46192-8_6

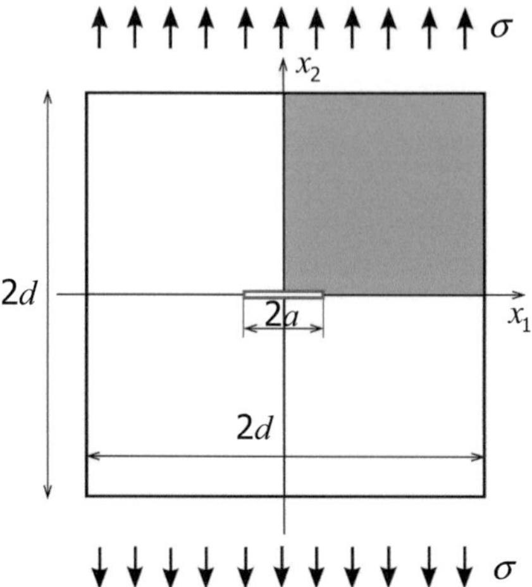

Bild 6.1 Griffith-Riss in einer endlichen Scheibe unter Zug

Eine typische Vernetzung für Rissprobleme wird am Beispiel des GRIFFITH-Risses in der zugbelasteten endlichen Scheibe von Bild 6.1 demonstriert. Aus Gründen der Symmetrie des Problems bzgl. der x_1- und x_2-Achse genügt es, nur einen Quadranten (grau hinterlegt) zu modellieren. Dabei müssen auf den Symmetrieachsen ($x_1 = 0$ bzw. $x_2 = 0$) die Normalverschiebungen ($u_2 = 0$ bzw. $u_1 = 0$) verhindert werden. Am oberen Rand werden die Zugspannungen mit äquivalenten Knotenkräften angelegt und die Rissufer bleiben lastfrei. Bild 6.2 zeigt das FEM-Modell bei Verwendung viereckiger Elemente. Für stationäre Risse bietet sich ein polares FEM-Netz mit einer starken konzentrischen Verfeinerung um die Rissspitze an, siehe Detailbild rechts. Die kleinsten Elemente an der Rissspitze müssen eine Größe L haben, die noch erheblich unter dem Gültigkeitsbereich r_K des K_I-dominierten Nahfeldes liegt. Um die Winkelverteilung ausreichend gut zu reproduzieren, müssen auch genügend Elemente über den Kreisbogen verteilt werden. Mit der Abschätzung $r_K \approx a/50 \ldots a/10$ sollte deshalb folgende Relation eingehalten werden:

- Elementgröße an der Rissspitze: $L < a/100 \ldots a/20$
- Zahl der Elemente / Halbkreis: $n > 6$ bzw. $\Delta\theta < 30°$

Das einfachste Verfahren zur Ermittlung des Spannungsintensitätsfaktors K_I besteht im direkten Vergleich der FEM-Lösung mit der Nahfeldlösung (4.12) und (4.16) für Modus I:

$$u_i(r,\theta) = \frac{1}{2\mu}\sqrt{\frac{r}{2\pi}}K_\mathrm{I}\, g_i^\mathrm{I}(\theta), \quad \sigma_{ij}(r,\theta) = \frac{K_\mathrm{I}}{\sqrt{2\pi r}} f_{ij}^\mathrm{I}(\theta)\,. \tag{6.1}$$

Für einen ausgewählten Punkt (r^*, θ^*) kann man so entweder aus den Verschiebungen u_i^FEM oder den Spannungen σ_{ij}^FEM durch Umstellen von (6.1) einen Wert K_I^*

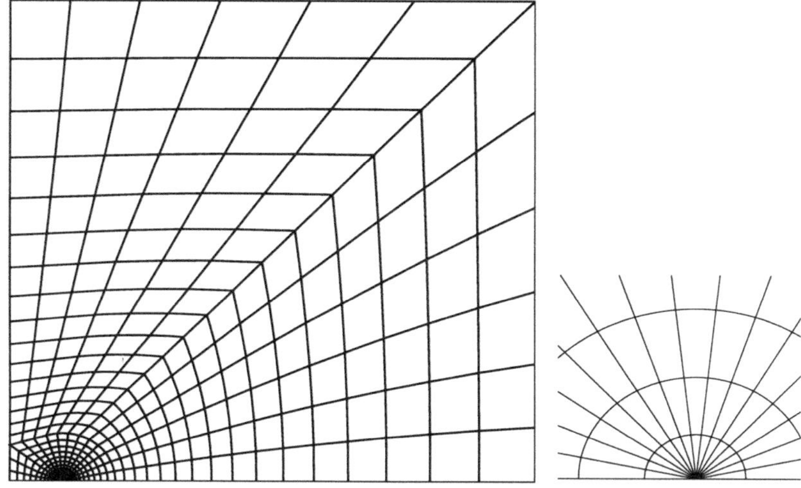

Bild 6.2 FEM-Netzwerk mit Ausschnittvergrößerung am Riss

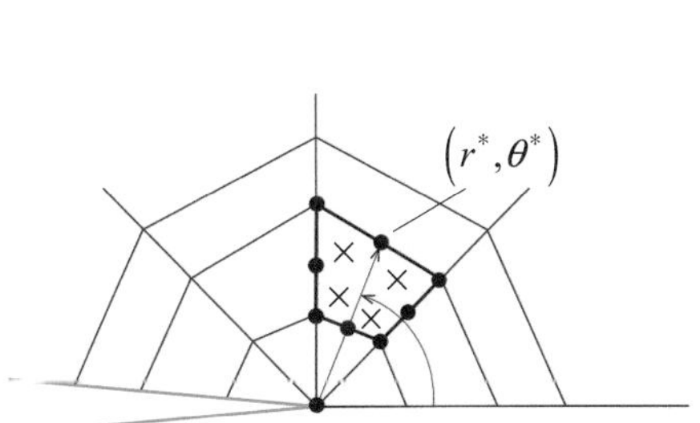

Bild 6.3 Auswertung der FEM-Lösung an einem Knotenpunkt (r^*, θ^*)

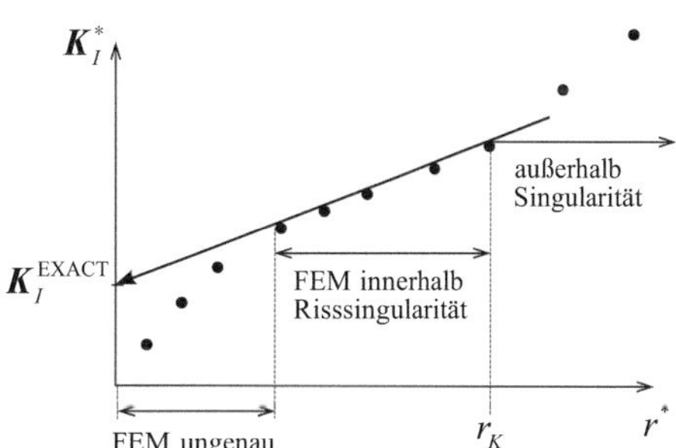

Bild 6.4 Gültigkeitsbereich der FEM-Auswertung

errechnen:

$$K_{\mathrm{I}}^*(r^*, \theta^*) = 2\mu \sqrt{\frac{2\pi}{r^*}} \frac{u_i^{\mathrm{FEM}}(r^*, \theta^*)}{g_i^{\mathrm{I}}(\theta^*)}, \qquad K_{\mathrm{I}}^*(r^*, \theta^*) = \frac{\sqrt{2\pi r^*}\sigma_{ij}^{\mathrm{FEM}}(r^*, \theta^*)}{f_{ij}^{\mathrm{I}}(\theta^*)}. \tag{6.2}$$

Für die Verschiebungen bieten sich die Werte an den Knoten an, während die Spannungen in der Regel an den Integrationspunkten ausgegeben werden und dort auch die größte Genauigkeit besitzen, siehe Bild 6.3. Bild 6.4 zeigt ein typisches Resultat für $K_{\mathrm{I}}^*(r^*)$ entlang eines Radius-Strahls $\theta^* = \mathrm{const.}$ Hierbei kann man drei Bereiche unterscheiden: Sehr nahe an der Rissspitze können die Elemente die Singularität nur ungenau abbilden, weshalb K_{I}^* im Vergleich zum exakten K_{I}-Wert zu klein ausfällt. Im mittleren Abstand ist die Güte der FEM-Lösung ausreichend. Außerhalb des Dominanzbereiches $r^* > r_K$ verliert (6.2) ihre Berechtigung, da außer der Singularität noch weitere Lösungsanteile auftreten. Als pragmatische Technik wird deshalb eine lineare Extrapolation der Funktion $K_I^*(r^*)$ vom mittleren Bereich aus gegen die Rissspitze $r^* \to 0$ vorgeschlagen. Die besten Erfahrungen mit dieser Auswertung gibt es an folgenden Positionen:

a) Werte der rissöffnenden Verschiebungen auf dem Rissufer (relativ zu einer evtl. Verschiebung $u_2^{\text{FEM}}(0)$ des Rissspitzenknotens)

$$K_{\text{I}} = \lim_{r^* \to 0} u_2^{\text{FEM}}(r^*, \theta = \pi) \frac{E'}{4} \sqrt{\frac{2\pi}{r^*}} \,. \tag{6.3}$$

$$E' = E \qquad \text{(ESZ)} \qquad \text{und} \qquad E' = E/(1-\nu^2) \qquad \text{(EVZ)}$$

b) Werte der Normalspannungen auf dem Ligament vor dem Riss

$$K_{\text{I}} = \lim_{r^* \to 0} \sigma_{22}^{\text{FEM}}(r^*, \theta = 0) \sqrt{2\pi r^*} \,. \tag{6.4}$$

Mitunter wird auch eine doppelt logarithmische Auftragung von (6.4) empfohlen

$$\ln[2\pi\sigma_{22}(r^*)] - \ln K_{\text{I}} = -\frac{1}{2} \ln r^* , \tag{6.5}$$

wobei die Wiedergabegüte der Risssingularität durch die Einhaltung des Anstiegs (Faktor $-1/2$) kontrolliert werden kann und sich K_{I} aus dem Schnittpunkt mit der Ordinate ergibt.

Die bisherige Auswertung galt für reine Modus-I-Belastung. Sie kann sinngemäß auf zweidimensionale Rissgeometrien übertragen werden, die ausschließlich im Modus-II oder Modus-III beansprucht sind, vgl. Abschnitt 4.2.1 und Bild 4.6. In diesen Fällen liegt der Riss auf einer Symmetrieebene des Körpers (x_1-Achse), so dass für die FEM ein Halb-Modell genügt. Wegen der Symmetrie- und Antimetrieeigenschaften sind auf dem Ligament ($|x_1| > 0$, $x_2 = 0$) folgende Randbedingungen zu beachten: Modus-II: $u_1 = \sigma_{22} = 0$, Modus-III: $u_3 = 0$. Anhand der asymptotischen Lösungen (4.25) und (4.23) für Modus II bzw. (4.31) und (4.32) bei Modus III erhält man Formeln zur Bestimmung der K-Faktoren aus den Rissuferverschiebungen oder Ligamentspannungen:

$$K_{\text{II}} = \lim_{r^* \to 0} u_1^{\text{FEM}}(r^*, \pi) \frac{E'}{4} \sqrt{\frac{2\pi}{r^*}} , \qquad K_{\text{II}} = \lim_{r^* \to 0} \tau_{21}^{\text{FEM}}(r^*, 0) \sqrt{2\pi r^*} \tag{6.6}$$

$$K_{\text{III}} = \lim_{r^* \to 0} u_3^{\text{FEM}}(r^*, \pi) \frac{E}{4(1+\nu)} \sqrt{\frac{2\pi}{r^*}} , \qquad K_{\text{III}} = \lim_{r^* \to 0} \tau_{23}^{\text{FEM}}(r^*, 0) \sqrt{2\pi r^*} \tag{6.7}$$

Im allgemeinen Beanspruchungsfall des Risses überlagern sich alle drei Moden I, II und III und es gehen sämtliche Symmetrieeigenschaften verloren. Auf den Rissufern separieren sich allerdings die Rissöffnungsarten, so dass die K-Faktoren aus den Relativverschiebungen $\Delta u_i(r^*) = u_i(r^*, \theta = +\pi) - u_i(r^*, \theta = -\pi)$ zweier gegenüberliegender Knoten auf den Rissufern ermittelt werden können

$$\begin{Bmatrix} K_{\mathrm{I}} \\ K_{\mathrm{II}} \\ K_{\mathrm{III}} \end{Bmatrix} = \lim_{r^* \to 0} \sqrt{\frac{2\pi}{r^*}} \begin{Bmatrix} \frac{E'}{8} \Delta u_2(r^*) \\ \frac{E'}{8} \Delta u_1(r^*) \\ \frac{E}{8(1+\nu)} \Delta u_3(r^*) \end{Bmatrix}. \tag{6.8}$$

Diese Auswerteformel gilt auch für räumliche Risskonfigurationen, wobei sich $u_i(r^*, \theta^*)$ dann auf ein lokales Koordinatensystem senkrecht zum betrachteten Punkt der Rissfront bezieht (siehe Bild 4.10), was eine entsprechende Transformation aus dem globalen System erfordert.

Alle bisher angegebenen Beziehungen gelten für isotropes Material, bei dem jeder Spannungsintensitätsfaktor genau mit der Verschiebungskomponente des jeweiligen Rissöffnungsmodus verknüpft ist. Bei anisotropem Material sind jedoch die Verschiebungskomponenten auf den Rissufern mit allen K-Faktoren gekoppelt, so dass ein lineares Gleichungssystem entsteht. Für den in Abschnitt 4.2.7 behandelten Spezialfall der Orthotropie findet man:

$$\begin{Bmatrix} K_{\mathrm{I}} \\ K_{\mathrm{II}} \\ K_{\mathrm{III}} \end{Bmatrix} = \frac{1}{4} \begin{bmatrix} H_{11} & H_{12} & 0 \\ H_{21} & H_{22} & 0 \\ 0 & 0 & H_{33} \end{bmatrix} \lim_{r^* \to 0} \sqrt{\frac{2\pi}{r^*}} \begin{Bmatrix} \Delta u_1(r^*) \\ \Delta u_2(r^*) \\ \Delta u_3(r^*) \end{Bmatrix}, \tag{6.9}$$

wobei die Komponenten der Matrix H_{ij} von den elastischen Konstanten abhängen:

$$\begin{bmatrix} H_{11} & H_{12} \\ H_{21} & H_{22} \end{bmatrix} = \frac{1}{H_{11}H_{22} - H_{12}H_{21}} \begin{bmatrix} \Im\left(\dfrac{q_1 - q_2}{s_1 - s_2}\right) & \Im\left(\dfrac{p_2 - p_1}{s_1 - s_2}\right) \\ \Im\left(\dfrac{s_1 q_2 - s_2 q_1}{s_1 - s_2}\right) & \Im\left(\dfrac{s_2 p_1 - s_1 p_2}{s_1 - s_2}\right) \end{bmatrix} \tag{6.10}$$

$$H_{33} = \Im(c_{45} + s_3 c_{44})$$

Diese direkte *Verschiebungsauswertemethode* (engl. *displacement interpretation method*) (DIM) und *Spannungsauswertemethode* (engl. *stress interpretation method*) (SIM) gelten als die einfachsten Verfahren zur K-Faktor Bestimmung. Wegen der relativ willkürlichen Extrapolation (siehe Bild 6.4) besitzen sie auch die geringste Genauigkeit. Dennoch eignen sie sich zumindest für eine überschlägige Auswertung der direkt verfügbaren FEM-Resultate durch simple Handrechnung.

6.2 Spezielle finite Elemente an der Rissspitze

6.2.1 Entwicklung von Rissspitzenelementen

Die unbefriedigende Lösungsqualität regulärer Elemente wurde schon in den 70er Jahren erkannt, was zur Entwicklung spezieller Elementformulierungen führte, bei denen die Formfunktionen singuläre rissspezifische Ansätze enthalten, deren Freiwerte mit den K-Faktoren in Beziehung stehen. Sonderelemente dieser Art werden *Rissspitzenelemente* (engl. *crack tip elements*) (CTE) genannt. Sie werden zur Diskretisierung der unmittelbaren Rissspitzenumgebung eingesetzt, woran sich reguläre Elemente zur Modellierung der restlichen Struktur anschließen. Diese CTE können eine Rissspitze vollständig einbetten, wenn ihre Ansätze komplette Rissspitzenfelder in (r, θ)-Koordinaten beschreiben, siehe [21, 67]. Meist beschränkt man sich jedoch auf die Nachbildung der radialen $r^{-1/2}$-Singularität, weshalb die Winkelabhängigkeit θ durch fächerförmige Elementanordnungen um die Rissspitze modelliert werden muss. Erwähnt werden sollen die wesentlichen Entwicklungen von ebenen [2, 16, 17, 64] und räumlichen Rissspitzenelementen [18, 65].

Das größte Problem bei derartigen Elementformulierungen besteht darin, dass die singulären Rissansätze nicht mit den regulären Formfunktionen auf den Rändern zu den Nachbarelementen kompatibel sind. Häufig erlauben ihre Formfunktionen auch keine Starrkörperbewegungen oder konstanten Verzerrungszustände, was Voraussetzung für die Konvergenz der Lösung ist. Ein weiterer Nachteil vieler Rissspitzenelemente bestand darin, dass sie wegen ihrer algorithmischen Besonderheiten nicht in kommerzielle FEM-Programme aufgenommen wurden und somit nur für wenige Spezialisten nutzbar waren.

6.2.2 Modifizierte isoparametrische Verschiebungselemente

Ein entscheidender Fortschritt in dieser Hinsicht wurde durch die Entdeckung der sogenannten *Viertelpunktelemente* (engl. *quarter point elements*) (QPE) erzielt, welche unabhängig voneinander Henshell & Shaw [31] und Barsoum [12] gelang. Die Grundidee besteht in einer Modifikation isoparametrischer Elemente mit quadratischem Ansatz dadurch, dass die Position der Seitenmittenknoten verändert wird. Verschiebt man nämlich die Koordinaten dieser Knoten von der Mitte in Richtung Rissspitze auf die Viertelposition bei allen Elementkanten, die auf die Rissspitze zulaufen, so bewirkt dies eine Veränderung der Verschiebungs-, Verzerrungs- und Spannungsfelder im Element, die genau der radialen Funktion des Rissspitzenfeldes entspricht. Ursache für die Entstehung eines singulären $1/\sqrt{r}$-Verlaufs ist die nichtlineare Abbildung zwischen den natürlichen (parametrischen) und den lokalen (geometrischen) Koordinaten $\boldsymbol{\xi} \rightarrow \boldsymbol{x}$. Man spricht deshalb auch von »knotendistordierten« Ansatzfunktionen.

Bevor auf die verschiedenen Arten von Viertelpunktelementen näher eingegangen wird, soll das Prinzip am eindimensionalen Element 1D bzw. an einer Kante dargestellt werden.

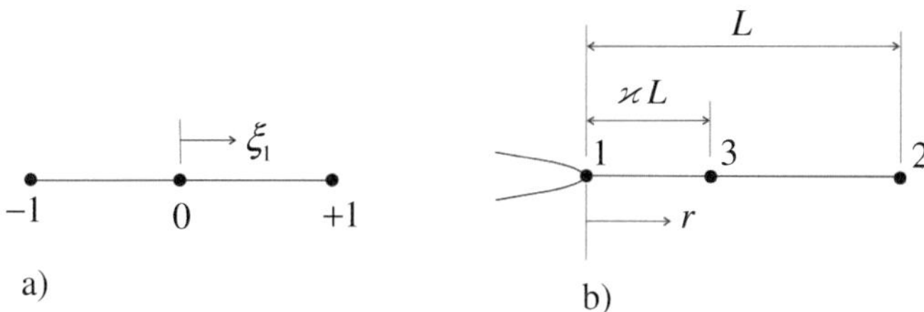

Bild 6.5 Eindimensionales Viertelpunktelement: a) natürliche Koordinaten, b) lokale kartesische Koordinaten

a) Eindimensionales Viertelpunktelement

Bild 6.5 b stellt das 1D-Viertelpunktelement mit den drei Knoten 1, 3 und 2 im geometrischen Raum an der Rissspitze dar, deren Abstand durch die Koordinate r gegeben ist. Die Position des Mittelknotens 3 wird durch den Parameter $\varkappa$ gesteuert. Im Bild 6.5 a ist der Parameterraum ξ ($\widehat{=}\,\xi_1$) wiedergegeben. Der quadratische 1D-Verschiebungsansatz dieses Elementes lautet:

$$\begin{aligned} u(\xi) &= \sum_{a=1}^{3} N_a(\xi)\, u^{(a)} = \frac{1}{2}\xi(\xi-1)u^{(1)} + (1-\xi^2)u^{(3)} + \frac{1}{2}\xi(\xi+1)u^{(2)} \\ &= u^{(3)} + \frac{1}{2}\left(u^{(2)} - u^{(1)}\right)\xi + \left[\frac{1}{2}\left(u^{(1)} + u^{(2)}\right) - u^{(3)}\right]\xi^2 \end{aligned} \tag{6.11}$$

In der letzten Gleichung wurde nach ξ-Potenzen geordnet. Aufgrund der isoparametrischen Elementformulierung gilt dieselbe Interpolationsfunktion auch für die Koordinaten, d. h. auch den Radius r mit den Knotenwerten $r^{(1)} = 0$, $r^{(3)} = \varkappa L$, $r^{(2)} = L$:

$$r(\xi) = \sum_{a=1}^{3} N_a(\xi)\, r^{(a)} = \varkappa L + \frac{1}{2} L\xi + \left(\frac{1}{2} - \varkappa\right) L\xi^2 \tag{6.12}$$

Bei einem regulären 1D-Element würde $\varkappa = 1/2$ gelten und aus (6.12) folgte dann $\xi = 2r/L - 1$. Einsetzen dieser linearen Beziehung in (6.11) liefert ebenfalls ein Polynom 2. Grades für den Verschiebungsverlauf $u(r)$. Verschiebt man jedoch Knoten (3) auf die Viertelposition $\varkappa = 1/4$, so ergibt (6.12) hingegen den Zusammenhang

$$r = \frac{L}{4}(1+\xi)^2 \quad \Rightarrow \quad \xi = 2\sqrt{\frac{r}{L}} - 1 , \tag{6.13}$$

woraus mit (6.11) folgende radiale Abhängigkeit der Verschiebung und Dehnung entsteht:

$$u(r) = u^{(1)} + \left(-3u^{(1)} - u^{(2)} + 4u^{(3)}\right)\sqrt{\frac{r}{L}} + 2\left(u^{(1)} + u^{(2)} - 2u^{(3)}\right)\frac{r}{L} \tag{6.14}$$

$$\varepsilon(r) = \frac{\partial u}{\partial r} = \left(-\frac{3}{2}u^{(1)} - \frac{1}{2}u^{(2)} + 2u^{(3)}\right)\frac{1}{\sqrt{Lr}} + 2\left(u^{(1)} + u^{(2)} - 2u^{(3)}\right)\frac{1}{L} \tag{6.15}$$

Wie man sieht, enthält der Verschiebungsansatz jetzt neben einer konstanten (Starrkörperverschiebung) und linearen Funktion nun einen $\sqrt{r}$-Verlauf, der somit genau das Verschiebungsfeld an der Rissspitze nachbildet. Die Dehnung im Viertelpunktelement weist die gewünschte $1/\sqrt{r}$-Singularität auf und verfügt noch über den notwendigen konstanten Term (Patch-Test).

b) Viereckige und dreieckige Viertelpunktelemente 2D

Zur Berechnung ebener Rissprobleme werden Viertelpunktelemente aus isoparametrischen Rechteck- [31] oder Viereckelementen [12] generiert, indem man die Mittelknoten entlang zweier Kanten versetzt, wie es die Bilder 6.6 a und 6.6 b zeigen. Die 1D-Betrachtung des vorigen Abschnitts kann man direkt auf die Kanten 1–5–2 und 1–8–4 anwenden, so dass hier die gewünschten risstypischen Funktionen (6.14) und (6.15) vorliegen. Auf Radiusstrahlen im Element existiert dieser Verlauf nur in einem engen (grauen) Bereich [8]. Vorausgesetzt werden muss außerdem, dass alle Elementkanten Geraden sind. Da die Winkelabhängigkeit der Nahfeldlösung mit diesen Risselementen (90° Winkel) nur relativ schlecht nachzubilden ist, werden sie eher selten eingesetzt.

Bessere Eigenschaften haben in dieser Hinsicht Viertelpunktelemente, die aus natürlichen 6-Knoten-Dreieckelementen mit quadratischen Ansatzfunktionen erzeugt werden, siehe Bild 6.6 b. Erstens kann man viele derartige Elemente sektorförmig um die Rissspitze legen. Zweitens wurde nachgewiesen [28], dass die $r^{-1/2}$-Singularität in allen Richtungen innerhalb des Elementes reproduziert wird. Somit können die knotendistordierten Dreieckelemente die Winkelverteilung um die Rissspitze weitaus besser auflösen, weshalb ihnen generell der Vorzug gebührt. Die der Rissspitze gegenüber liegende Kante 2–5–3 darf auch gekrümmt sein.

c) Kollabierte Viereckelemente

Das wohl am häufigsten verwendete Rissspitzenelement ist das isoparametrische 8-Knotenelement, bei dem eine Seite (z. B. $\xi_1 = -1$) zu einem Punkt kollabiert wird, so dass die Knoten 1, 4 und 8 identische Koordinaten erhalten wie in Bild 6.7 dargestellt. Dieses zum Dreieck degenerierte Viereckelement verfügt nach Barsoum [13] über einige spezielle Eigenschaften, die vorteilhaft in der LEBM und EPBM genutzt werden können. Eine Gruppe dieser Elemente wird fächerförmig um die Rissspitze

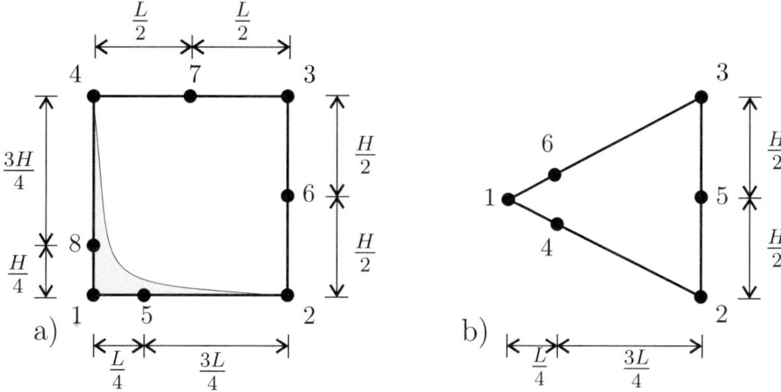

Bild 6.6 Knotendistordiertes isoparametrisches 8-Knoten-Viereckelement (a) und 6-Knoten-Dreieckelement (b)

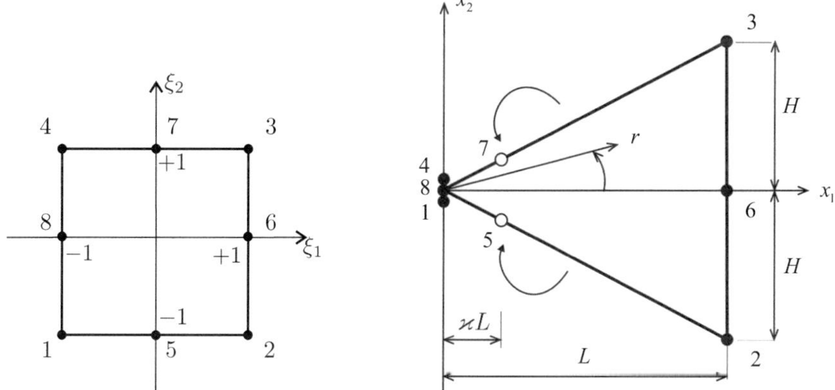

Bild 6.7 Kollabiertes und distordiertes isoparametrisches 8-Knoten-Viereckelement

angeordnet, wobei die kollabierten Knoten alle an der Rissspitze ($x_1 = 0$, $x_2 = 0$) liegen. Außerdem sehen wir durch den Parameter $\varkappa$ noch eine variable Positionierung der Mittelknoten 5 und 7 vor. Dann lauten die Knotenkoordinaten nach Bild 6.7:

$$
\begin{aligned}
&x_1^{(1)} = x_1^{(4)} = x_1^{(8)} = 0, \quad x_1^{(2)} = x_1^{(6)} = x_1^{(3)} = L, \quad x_1^{(5)} = x_1^{(7)} = \varkappa L \\
&x_2^{(1)} = x_2^{(4)} = x_2^{(8)} = 0, \quad x_2^{(2)} = -H, \quad x_2^{(6)} = 0, \quad x_2^{(3)} = H, \\
&x_2^{(5)} = -\varkappa H, \quad x_2^{(7)} = \varkappa H.
\end{aligned}
\tag{6.16}
$$

Mit Hilfe der Formfunktionen (5.66) dieses Viereckelements ergeben sich die Koordinaten

$$
\begin{aligned}
x_1 &= \frac{L}{2}\left[(1+\xi_1)^2(1-2\varkappa)-(1+\xi_1)(1-4\varkappa)\right] \\
x_2 &= \frac{H}{2}\xi_2\left[(1+\xi_1)^2(1-2\varkappa)-(1+\xi_1)(1-4\varkappa)\right]
\end{aligned}
\tag{6.17}
$$

und daraus der Abstand r zur Rissspitze

$$
r=\sqrt{x_1^2+x_2^2}=\frac{1}{2}\sqrt{L^2+H^2\xi_2^2}\left[(1+\xi_1)^2(1-2\varkappa)-(1+\xi_1)(1-4\varkappa)\right]. \tag{6.18}
$$

Für den Fall der Viertelpunktposition $\varkappa = 1/4$ gilt:

$$
\begin{aligned}
x_1 &= \frac{L}{4}(1+\xi_1)^2\,, \quad x_2=\frac{H}{4}\xi_2(1+\xi_1)^2 \\
r &= \frac{1}{4}(1+\xi_1)^2\sqrt{L^2+H^2\xi_2^2} \qquad \Rightarrow \qquad (1+\xi_1)=\frac{\sqrt{r}}{\frac{1}{2}\sqrt[4]{L^2+H^2\xi_2^2}}
\end{aligned}
\tag{6.19}
$$

Die Elemente der JACOBIschen Matrix berechnen sich aus (6.17) zu:

$$
\begin{aligned}
J_{11} &= \frac{\partial x_1}{\partial \xi_1}=L\left[(1+\xi_1)(1-2\varkappa)-\frac{1}{2}(1-4\varkappa)\right] \\
J_{21} &= \frac{\partial x_1}{\partial \xi_2}=0 \\
J_{12} &= \frac{\partial x_2}{\partial \xi_1}=H\xi_2\left[(1+\xi_1)(1-2\varkappa)-\frac{1}{2}(1-4\varkappa)\right]=\frac{H}{L}\xi_2 J_{11} \\
J_{22} &= \frac{\partial x_2}{\partial \xi_2}=\frac{H}{2}(1+\xi_1)\left[(1+\xi_1)(1-2\varkappa)-(1-4\varkappa)\right]=\frac{rH}{\sqrt{L^2+H^2\xi_2^2}}
\end{aligned}
\tag{6.20}
$$

Aus (6.20) ergibt sich bei $\varkappa = 1/4$ folgende Abhängigkeit vom Radius:

$$
\begin{aligned}
J_{11} &= \frac{L}{2}(1+\xi_1)\sim\sqrt{r}\,, \qquad J_{21}=0 \\
J_{12} &= \frac{H}{2}\xi_2(1+\xi_1)\sim\sqrt{r}\,, \qquad J_{22}=\frac{H}{4}(1+\xi_1)^2\sim r \\
J &= \det|\mathbf{J}|=J_{11}J_{22}=\frac{LH}{8}(1+\xi_1)^3\sim r^{3/2}\,.
\end{aligned}
\tag{6.21}
$$

Daraus errechnet sich die Inverse der JACOBI-Matrix über

$$
\mathbf{J}^{-1}=\frac{1}{J}\begin{bmatrix} J_{22} & -J_{12} \\ 0 & J_{11}\end{bmatrix}\sim\begin{bmatrix}\frac{1}{\sqrt{r}} & \frac{1}{r} \\ 0 & \frac{1}{r}\end{bmatrix}, \tag{6.22}
$$

woraus ersichtlich wird, dass allein durch die Vorgabe der Knotenpositionen in der Transformation ($\boldsymbol{\xi} \leftrightarrow \boldsymbol{x}$) Singularitäten vom Typ $r^{-1/2}$ und r^{-1} bzgl. des Radius zur Rissspitze entstehen. Der Verschiebungsansatz des Elements gehorcht unabhängig von der Knotendistorsion den isoparametrischen Formfunktionen (5.66).

Zur Berechnung der Verzerrungen sind die Verschiebungsgradienten zu bilden:

$$\begin{bmatrix} \frac{\partial u}{\partial x_1} \\ \frac{\partial u}{\partial x_2} \end{bmatrix} = \mathbf{J}^{-1} \begin{bmatrix} \frac{\partial u}{\partial \xi_1} \\ \frac{\partial u}{\partial \xi_2} \end{bmatrix} \quad \text{mit } J_{ij}^{-1} = \frac{\partial \xi_j}{\partial x_i}. \tag{6.23}$$

Hier steht u stellvertretend für jede Komponente des Verschiebungsvektors u_i, z. B. u_1. Die Ableitungen nach den natürlichen Koordinaten ξ_j findet man mit etwas Rechenaufwand sortiert nach ξ_j-Potenzen:

$$\begin{aligned} \frac{\partial u}{\partial \xi_1} &= \sum_{a=1}^{8} \frac{\partial N_a(\xi_1, \xi_2)}{\partial \xi_1} u^{(a)} \\ &= \frac{1}{2}(1+\xi_1)\Big[\Big(u^{(3)} + u^{(4)} - 2u^{(7)} + u^{(1)} + u^{(2)} - 2u^{(5)}\Big) \\ &\quad + \xi_2 \left(u^{(3)} + u^{(4)} - 2u^{(7)} - u^{(1)} - u^{(2)} + 2u^{(5)}\right)\Big] \\ &\quad + \frac{1}{4}(1+\xi_2)\left[(\xi_2 - 2)u^{(3)} - (\xi_2+2)u^{(4)} + 4u^{(7)}\right] \\ &\quad + \frac{1}{4}(1-\xi_2)\left[(\xi_2 - 2)u^{(1)} - (\xi_2+2)u^{(2)} + 4u^{(5)}\right] \\ &\quad + \frac{1}{2}(1-\xi_2^2)\left[u^{(6)} - u^{(8)}\right] \\ &= a_0 + a_1(1+\xi_1) \quad \text{für } \xi_2 = \text{const.} \end{aligned} \tag{6.24}$$

$$\begin{aligned} \frac{\partial u}{\partial \xi_2} &= \frac{1}{4}(1+\xi_1)^2 \left[u^{(3)} + u^{(4)} - 2u^{(7)} - u^{(1)} - u^{(2)} + 2u^{(5)}\right] \\ &\quad + \frac{1}{4}(1+\xi_1)\Big[(2\xi_2 - 1)u^{(3)} - (3+2\xi_2)u^{(4)} + (3-2\xi_2)u^{(1)} \\ &\quad + (2\xi_2+1)u^{(2)} + 4u^{(7)} + 4\xi_2 u^{(8)} - 4u^{(5)} - 4\xi_2 u^{(6)}\Big] \\ &\quad + \frac{1}{2}\left[(2\xi_2+1)u^{(4)} + (2\xi_2-1)u^{(1)} - 4\xi_2 u^{(8)}\right]^* \\ &= b_0 + b_1(1+\xi_1) + b_2(1+\xi_1)^2 \quad \text{für } \xi_2 = \text{const.} \end{aligned} \tag{6.25}$$

Zur besseren Übersicht wurden die Konstanten a_i und b_i eingeführt, so dass die Funktion von $(1+\xi_1) \sim \sqrt{r}$ sichtbar wird. Auf analoge Weise erhält man die Ableitungen für $u_2 \mathrel{\widehat{=}} u$ aus (6.24) und (6.25) mit anderen Konstanten:

$$\frac{\partial u_2}{\partial \xi_1} = c_0 + c_1(1+\xi_1) \tag{6.26}$$

$$\frac{\partial u_2}{\partial \xi_2} = d_0 + d_1(1+\xi_1) + d_2(1+\xi_1)^2 \tag{6.27}$$

Über die Beziehung (6.23) bekommen wir mit (6.22):

$$\begin{aligned}\varepsilon_{11} &= \frac{\partial u_1}{\partial x_1} = J_{11}^{-1}\frac{\partial u_1}{\partial \xi_1} + J_{12}^{-1}\frac{\partial u_1}{\partial \xi_2} \\ &= \frac{a_0 + a_1(1+\xi_1)}{\sqrt{r}} + \frac{b_0 + b_1(1+\xi_1) + b_2(1+\xi_1)^2}{r} = \frac{b_0}{r} + \frac{e_1}{\sqrt{r}} + e_2\end{aligned} \tag{6.28}$$

$$\varepsilon_{22} = \frac{\partial u_2}{\partial x_2} = \cancel{J_{21}^{-1}}\frac{\partial u_2}{\partial \xi_1} + J_{22}^{-1}\frac{\partial u_2}{\partial \xi_2} = \frac{d_0}{r} + \frac{d_1}{\sqrt{r}} + d_2 \tag{6.29}$$

$$\varepsilon_{12} = \frac{1}{2}\left(\frac{\partial u_1}{\partial x_2} + \frac{\partial u_2}{\partial x_1}\right) = \frac{b_0 + d_0}{r} + \frac{f_1}{\sqrt{r}} + f_2 \tag{6.30}$$

Mit den Gleichungen (6.28)–(6.30) ist die radiale Abhängigkeit der Verzerrungen im Element bestimmt. Die Konstanten a_i - f_i ($i = \{0,\, 1,\, 2\}$) hängen von den tatsächlichen Knotenverschiebungen und dem zweiten Parameter ξ_2 ab, der auf einem Radiusstrahl konstant ist. Anhand von (6.25) erkennt man, dass der Ausdruck in der markierten Klammer $[\ ]^* \mathrel{\widehat{=}} b_0 = 0$ verschwindet, falls die Knoten 1, 4 und 8 identische Verschiebungen besitzen, also kinematisch gekoppelt sind, woraus folgt:

$$b_0 = d_0 = 0 \quad \text{bei } u_i^{(1)} = u_i^{(4)} = u_i^{(8)} . \tag{6.31}$$

Damit entfallen in (6.28) - (6.30) die stark singulären Terme mit $1/r$ und das Rissspitzenelement verfügt über die erforderliche $1/\sqrt{r}$-Singularität der elastischen Nahfeldlösung plus einem konstanten Verzerrungsansatz, der für das Konvergenzverhalten und die Berücksichtigung thermischer Dehnungen unverzichtbar ist. Des Weiteren sind die Stetigkeitsanforderungen zu den benachbarten Viertelpunktelementen entlang der Kanten 1–5–2 und 4–7–3 sowie zu den regulären Elementen des nächsten Ringes entlang 2–6–3 erfüllt. Auch die drei Freiheitsgrade der Starrkörperbewegungen werden durch die Modifikation des Elementes nicht behindert.

Durch Kollabieren einer Elementkante auf einen Knoten mit gekoppelten gemeinsamen Verschiebungen und zusätzlicher Viertelpunktversetzung erhält man aus einem isoparametrischen 8-Knoten-Element ein 2D-Rissspitzenelement, das auf allen Radiusstrahlen im Element die erforderliche $1/\sqrt{r}$-Singularität in ε_{ij} und σ_{ij} besitzt.

d) Dreidimensionale Viertelpunktelemente

Das Konzept der Viertelpunktelemente lässt sich problemlos auf räumliche Rissprobleme erweitern, indem man die vorgestellten 2D-Elemente prismatisch entlang der Rissfront in die dritte Dimension ausdehnt. Somit entstehen knotendistordierte Hexaederelemente und Pentaederelemente, die so wie in Bild 6.8 dargestellt um jedes Segment der Rissfront gruppiert werden. Die Singularitätseigenschaften gelten dann in jeder Elementebene senkrecht zur Rissfront ($\xi_3 = \text{const.}$). Bild 6.9a zeigt ein Pentaederelement mit 15 Knoten, das mit seiner Kante 1–13–4 auf der Rissfront

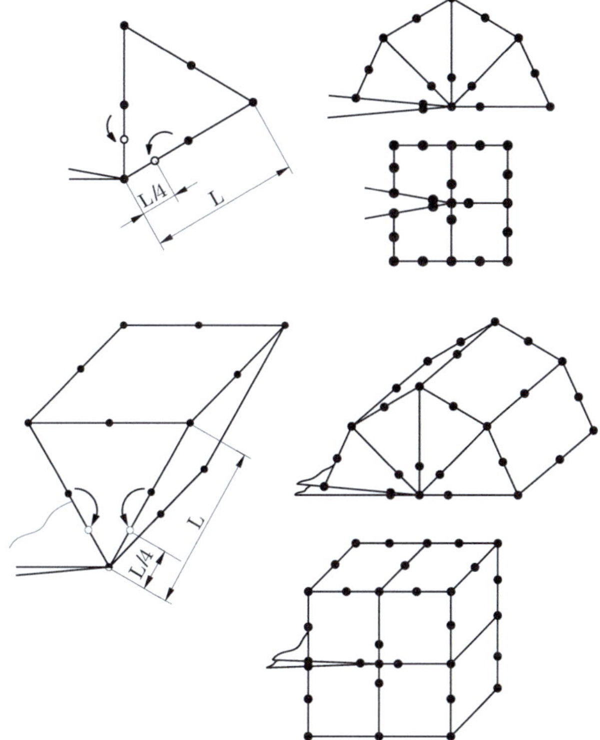

Bild 6.8 Anordnung verschiedener 2D- und 3D-Viertelpunktelemente am Riss

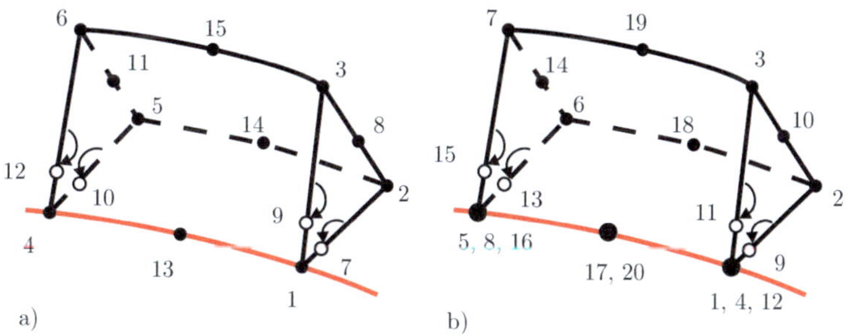

Bild 6.9 3D-Viertelpunktelemente an der Rissfront: a) Pentaederelement, b) kollabiertes Hexaederelement

liegt. Die Knoten 7, 9, 10 und 12 werden in die Viertelposition verschoben, d. h. ihre Koordinaten $\mathbf{x}^{(i)} = [x_1^{(i)}, x_2^{(i)}, x_3^{(i)}]$ berechnen sich zu:

$$\begin{aligned} \mathbf{x}^{(7)} &= (3\mathbf{x}^{(1)} + \mathbf{x}^{(2)})/4, \qquad & \mathbf{x}^{(9)} &= (3\mathbf{x}^{(1)} + \mathbf{x}^{(3)})/4 \\ \mathbf{x}^{(10)} &= (3\mathbf{x}^{(4)} + \mathbf{x}^{(5)})/4, \qquad & \mathbf{x}^{(12)} &= (3\mathbf{x}^{(4)} + \mathbf{x}^{(6)})/4\,. \end{aligned} \tag{6.32}$$

Damit die gewünschten Singularitätseigenschaften in jeder Elementkante senkrecht zur Rissfront ($\xi_3 = \text{const.}$) erfüllt sind, müssen noch folgende geometrische Bedingungen eingehalten werden: Die rissfernen Kanten müssen eine Gerade bilden:

$$\mathbf{x}^{(8)} = (\mathbf{x}^{(2)} + \mathbf{x}^{(3)})/2, \qquad \mathbf{x}^{(11)} = (\mathbf{x}^{(5)} + \mathbf{x}^{(6)})/2\,. \tag{6.33}$$

und die Mittelknoten der Außenfläche sind genau so zu platzieren, dass ihr Abstand zur Rissfront dem arithmetischen Mittelwert der Abstände auf den beiden Stirnflächen entspricht, d. h. bei gegebener Position von Knoten 13 folgt:

$$\begin{aligned} \mathbf{x}^{(14)} &= \left[(\mathbf{x}^{(2)} - \mathbf{x}^{(1)}) + (\mathbf{x}^{(5)} - \mathbf{x}^{(4)}) + 2\mathbf{x}^{(13)}\right]/2 \\ \mathbf{x}^{(15)} &= \left[(\mathbf{x}^{(3)} - \mathbf{x}^{(1)}) + (\mathbf{x}^{(6)} - \mathbf{x}^{(4)}) + 2\mathbf{x}^{(13)}\right]/2\,. \end{aligned} \tag{6.34}$$

Im Spezialfall einer geraden Rissfront $\mathbf{x}^{(13)} = (\mathbf{x}^{(1)} + \mathbf{x}^{(4)})/2$ ergeben sich die ebenflächigen prismatischen Pentaeder von Bild 6.8.

In Analogie zu den kollabierten Viereckelementen können isoparametrische Hexaederelemente zu Pentaederelementen degeneriert werden, wobei die kollabierte Fläche mit der Rissfront zusammenfällt, siehe Bild 6.9b:

$$\mathbf{x}^{(1)} = \mathbf{x}^{(4)} = \mathbf{x}^{(12)}, \quad \mathbf{x}^{(17)} = \mathbf{x}^{(20)}, \quad \mathbf{x}^{(5)} = \mathbf{x}^{(8)} = \mathbf{x}^{(16)}\,. \tag{6.35}$$

Die Viertelpunktknoten liegen bei

$$\begin{aligned} \mathbf{x}^{(9)} &= (3\mathbf{x}^{(1)} + \mathbf{x}^{(2)})/4, \qquad & \mathbf{x}^{(11)} &= (3\mathbf{x}^{(1)} + \mathbf{x}^{(3)})/4 \\ \mathbf{x}^{(13)} &= (3\mathbf{x}^{(5)} + \mathbf{x}^{(6)})/4, \qquad & \mathbf{x}^{(15)} &= (3\mathbf{x}^{(5)} + \mathbf{x}^{(7)})/4 \end{aligned} \tag{6.36}$$

und die Knoten auf der rissfernen Fläche erhalten die Positionen

$$\begin{aligned} \mathbf{x}^{(10)} &= (\mathbf{x}^{(2)} + \mathbf{x}^{(3)})/2, \qquad \mathbf{x}^{(14)} = (\mathbf{x}^{(6)} + \mathbf{x}^{(7)})/2 \\ \mathbf{x}^{(18)} &= \left[(\mathbf{x}^{(2)} - \mathbf{x}^{(1)}) + (\mathbf{x}^{(6)} - \mathbf{x}^{(5)}) + 2\mathbf{x}^{(17)}\right]/2 \\ \mathbf{x}^{(19)} &= \left[(\mathbf{x}^{(3)} - \mathbf{x}^{(1)}) + (\mathbf{x}^{(7)} - \mathbf{x}^{(5)}) + 2\mathbf{x}^{(17)}\right]/2 \end{aligned} \tag{6.37}$$

Zusätzlich müssen alle aufeinander fallenden Knoten dieser Elementfläche kinematisch miteinander gekoppelt werden.

$$\mathbf{u}^{(1)} = \mathbf{u}^{(4)} = \mathbf{u}^{(12)}, \qquad \mathbf{u}^{(17)} = \mathbf{u}^{(20)}, \qquad \mathbf{u}^{(5)} = \mathbf{u}^{(8)} = \mathbf{u}^{(16)} \tag{6.38}$$

Detaillierte Ausführungen zu dreidimensionalen Viertelpunktelementen findet man bei Hussain u. a. [32], Manu [42] sowie Banks-Sills u. a. [9][10].

Besondere Beachtung ist der Modellierung gekrümmter Rissfronten zu schenken. Solange diese stückweise geradlinig als Polygonzug approximiert werden und die Rissspitzenelemente ebene Flächen behalten, treffen die diskutierten Eigenschaften ausnahmslos zu. Will man jedoch die Vorteile der quadratischen Elementansätze nutzen, um krummlinige Rissfronten mit geometrisch angepassten, gebogenen 3D-Elementen nachzubilden, so sollten die aufgeführten geometrischen Restriktionen beachtet werden, um den Elementen die bestmögliche Qualität zu verleihen.

e) Viertelpunktelemente für Platten und Schalen

Auf Finite-Element-Modelle für dünnwandige KIRCHHOFFsche Platten lässt sich die Viertelpunktmethode leider nicht anwenden, weil dann gemäß (6.30) für die Durchbiegungsfunktion $w(r, \theta)$ wiederum eine $r^{1/2}$-Abhängigkeit entstünde, jedoch nach (4.139) ein asymptotisches Verhalten $r^{3/2}$ benötigt wird, vgl. Abschnitt 4.2.9. Man muss sich deshalb mit regulären Plattenelementen begnügen und zur Auswertung die Verschiebungen (DIM) oder das Rissschließintegral (MCCI) verwenden.

Alternativ dazu kann die anspruchsvollere aber aufwändigere REISSNERsche Theorie 6. Ordung [29] für schubverformbare dicke Platten und Schalen herangezogen werden. Dafür existieren reguläre dickwandige gekrümmte Schalenelemente (siehe z. B. [69]), die sich als Sonderfall dreidimensionaler 20-Knoten-Elemente ableiten lassen, indem man sie geometrisch auf die Schalenmittelfläche degeneriert, einen linearen Verschiebungsverlauf über die Dicke ansetzt und alle Verzerrungskomponenten senkrecht zur Fläche vernachlässigt. Das so gebildete 8-Knoten Schalenelement hat pro Knoten drei Verschiebungs- und zwei Verdrehungsfreiheitsgrade. BARSOUM [11, 14] konnte wiederum zeigen, dass eine Viertelpunkt-Modifikation dieser Elemente die geforderte Rissasymptotik im Rahmen der REISSNER-Theorie liefert, so dass sehr gute Genauigkeiten bei der Analyse von Rissen in dickwandigen Platten und Schalen erzielt wurden.

Schließlich sei noch auf die Möglichkeit hingewiesen, die Rissspitzenumgebung in Platten und Schalen vollständig mit 3D-Viertelpunktelementen in mehreren Lagen über die Dicke entlang der Rissfront zu vernetzen und dies an die umliegenden Schalenelemente anzukoppeln, was durch Substrukturtechnik oder als Submodell erfolgen kann [3, 70]. Der Aufwand bzgl. Diskretisierung und Rechenzeit ist hierbei jedoch am höchsten.

6.2.3 Berechnung der Intensitätsfaktoren aus Viertelpunktelementen

a) Auswerteformeln für ebene Viertelpunktelemente

Für zweidimensionale Rissprobleme existiert eine einfache Formel zur Berechnung der Spannungsintensitätsfaktoren aus den Ergebnissen der Viertelpunktelemente. Dazu werden die Verschiebungen auf den Rissufern ausgewertet, siehe Bild 6.10. Gleich welcher Typ von Viertelpunktelementen verwendet wurde, gilt auf diesen Kanten der Verschiebungsverlauf nach (6.14), wobei wir die allgemeinen Bezeichnungen für den Knoten an der Rissspitze $A(r = 0)$, die Viertelpunktknoten $B(r = L/4,\, \theta = \pi)$ und $B'(r = L/4,\, \theta = -\pi)$ sowie die Eckknoten $C(r = L,\, \theta = \pi)$ und $C'(r = L/4,\, \theta = -\pi)$ einführen. Ein Vergleich des Terms mit $\sqrt{r}$ aus (6.14) und der Nahfeldlösung für Modus I (6.3) auf dem oberen Rissufer C–B–A ergibt:

$$\begin{aligned} u_2(r) &= \frac{4}{E'} K_{\mathrm{I}} \sqrt{\frac{r}{2\pi}} \overset{!}{=} \Big[-3u_2(r=0) - u_2(r=L) + 4u_2(r=L/4) \Big] \sqrt{\frac{r}{L}} \\ \Rightarrow \quad K_{\mathrm{I}} &= \frac{E'}{4} \sqrt{\frac{2\pi}{L}} \Big[4u_2(r=L/4) - u_2(r=L) - 3u_2(r=0) \Big] \\ &= \frac{E'}{4} \sqrt{\frac{2\pi}{L}} \Big[4u_2^B - u_2^C - 3u_2^A \Big] . \end{aligned} \tag{6.39}$$

Bei reinen Modus II bzw. III-Beanspruchungen verhalten sich die Verschiebungen auf den Rissufern ebenfalls antimetrisch und man gewinnt durch ähnliche Überlegungen die entsprechenden K-Faktoren:

$$K_{\mathrm{II}} = \frac{E'}{4} \sqrt{\frac{2\pi}{L}} \Big[4u_1^B - u_1^C - 3u_1^A \Big] \tag{6.40}$$

$$K_{\mathrm{III}} = \frac{E}{4(1+\nu)} \sqrt{\frac{2\pi}{L}} \Big[4u_3^B - u_3^C - 3u_3^A \Big] . \tag{6.41}$$

Im allgemeinen Fall einer Mixed-Mode-Beanspruchung des Risses müssen gemäß (6.8) die Relativverschiebungen der Rissufer zueinander ausgewertet werden. Die Intensitätsfaktoren K_{I}, K_{II} und K_{III} hängen jeweils nur mit den Verschiebungsrichtungen u_2, u_1 und u_3 zusammen, so dass sich die folgenden entkoppelten Gleichungen ergeben:

$$\begin{aligned} K_{\mathrm{I}} &= \frac{E'}{8} \sqrt{\frac{2\pi}{L}} \Big\{ \big[4u_2(L/4,\pi) - u_2(L,\pi) \big] - \big[4u_2(L/4,-\pi) - u_2(L,-\pi) \big] \Big\} \\ &= \frac{E'}{8} \sqrt{\frac{2\pi}{L}} \Big\{ \big(4u_2^B - 4u_2^{B'} \big) - \big(u_2^C - u_2^{C'} \big) \Big\} = \frac{E'}{8} \sqrt{\frac{2\pi}{L}} \Big\{ 4\Delta u_2^B - \Delta u_2^C \Big\} \end{aligned} \tag{6.42}$$

$$\begin{aligned} K_{\mathrm{II}} &= \frac{E'}{8} \sqrt{\frac{2\pi}{L}} \Big\{ 4\Delta u_1^B - \Delta u_1^C \Big\} \\ K_{\mathrm{III}} &= \frac{E'}{8(1+\nu)} \sqrt{\frac{2\pi}{L}} \Big\{ 4\Delta u_3^B - \Delta u_3^C \Big\} . \end{aligned} \tag{6.43}$$

Zur Abkürzung der Schreibweise wurde der Verschiebungssprung über die Rissufer am Ort eines Knotenpaares (z. B. BB') wie folgt bezeichnet

$$\Delta u_i^B = u_i^B - u_i^{B'} . \tag{6.44}$$

Entsprechend erhält man für orthotropes Material mit (6.9) die Bestimmungsgleichung für die Spannungsintensitätsfaktoren

$$\begin{Bmatrix} K_{\mathrm{I}} \\ K_{\mathrm{II}} \\ K_{\mathrm{III}} \end{Bmatrix} = \sqrt{\frac{\pi}{8L}} \begin{bmatrix} H_{11} & H_{12} & 0 \\ H_{21} & H_{22} & 0 \\ 0 & 0 & H_{33} \end{bmatrix} \begin{Bmatrix} 4\Delta u_1^B - \Delta u_1^C \\ 4\Delta u_2^B - \Delta u_2^C \\ 4\Delta u_3^B - \Delta u_3^C \end{Bmatrix}. \tag{6.45}$$

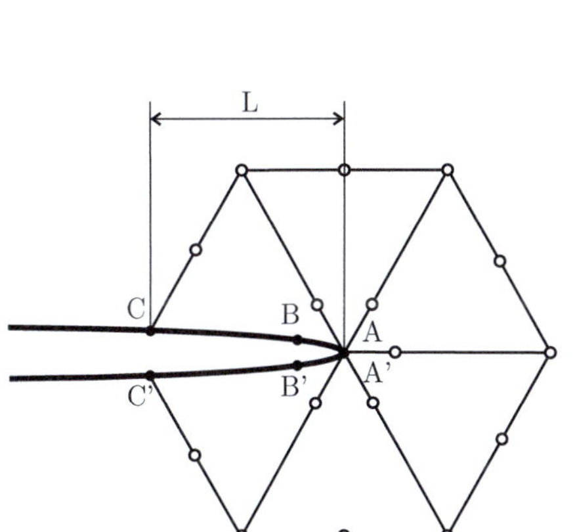

Bild 6.10 Verschiebungsauswertung bei 2D-Viertelpunktelementen

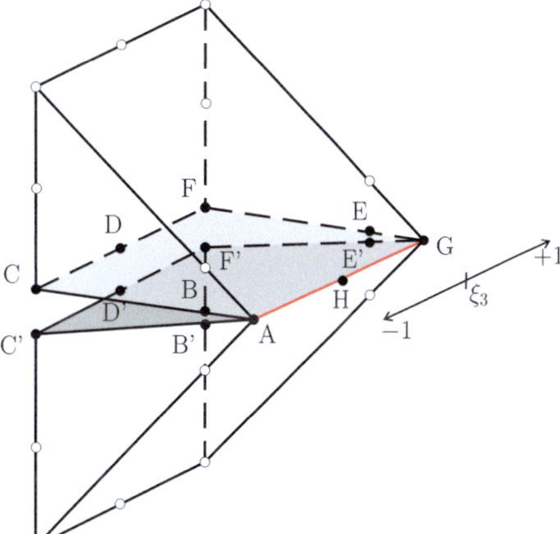

Bild 6.11 Verschiebungsauswertung für räumliche Viertelpunktelemente auf der Rissfläche

b) Auswerteformeln für räumliche Viertelpunktelemente

Auch bei räumlichen Viertelpunktelementen werden die Knotenverschiebungen bevorzugt auf den Rissflächen ausgewertet, weil sich hier (für Isotropie) die Rissmoden entkoppeln. Dabei liegen immer knotendistordierte 8-Knoten-Elementflächen auf dem Riss (Bild 6.11), egal ob man Hexaeder- oder Pentaederelemente einsetzt. Bezeichnet man diese Knoten wieder mit Buchstaben A - H und ihre Partner auf dem gegenüber liegenden Rissufer mit A' - H', so erhält man folgende Auswerteformeln für die K-Faktoren [33][42]:

Symmetrie/Antimetrie

Wenn der Riss auf einer Symmetrieebene der betrachteten Struktur liegt, so kann das FEM-Modell auf die Hälfte reduziert werden. Bei symmetrischer Belastung entsteht nur Modus I am Riss und auf dem Ligament verschwinden die Normalverschiebungen $u_2 \equiv 0$, auch in den Rissfrontknoten A, H, G.

$$K_{\mathrm{I}}(\xi_3) = \frac{E'}{4}\sqrt{\frac{2\pi}{L'}}\Big\{2u_2^B - u_2^C + 2u_2^E - u_2^F + u_2^D + \frac{1}{2}\xi_3(-4u_2^B + u_2^C + 4u_2^E - u_2^F) + \frac{1}{2}\xi_3^2(u_2^F + u_2^C - 2u_2^D)\Big\} \tag{6.46}$$

Eine antimetrische Belastung führt zu Rissbeanspruchungen Modus II und/oder III, die generell miteinander gekoppelt sind. Dann sind auf dem Ligament die Tangentialverschiebungen $u_1 \equiv u_3 \equiv 0$ zu setzen und auch die entsprechenden Verschiebungskomponenten der Rissfrontknoten A, H, G sind null. Aus (6.46) erhält man entsprechende Bestimmungsgleichungen für $K_{\mathrm{II}}(\xi_3)$ und $K_{\mathrm{III}}(\xi_3)$, wenn man anstelle von u_2 die zugeordneten Verschiebungskomponenten u_1 bzw. u_3 auswertet. Die Spannungsintensitätsfaktoren besitzen so wie die Verschiebungsansätze einen quadratischen Verlauf entlang der Rissfront (ξ_3-Koordinate) und sind stetig beim Übergang von einem Risselement zum nächsten.

Allgemeiner Fall

Bei beliebiger Geometrie und Belastung des 3D-Risses erhält man alle drei Intensitätsfaktoren aus den Verschiebungsdifferenzen gegenüberliegender Knoten auf den Rissufern gemäß (6.44), wozu natürlich die Risselemente spiegelsymmetrisch angeordnet sein müssen (siehe Bild 6.11).

$$K_{\mathrm{I}}(\xi_3) = \frac{E'}{8}\sqrt{\frac{2\pi}{L'}}\Big\{2\Delta u_2^B - \Delta u_2^C + 2\Delta u_2^E - \Delta u_2^F + \Delta u_2^D + \frac{1}{2}\xi_3(-4\Delta u_2^B + \Delta u_2^C + 4\Delta u_2^E - \Delta u_2^F) + \frac{1}{2}\xi_3^2(\Delta u_2^F + \Delta u_2^C - 2\Delta u_2^D)\Big\} \tag{6.47}$$

$$K_{\mathrm{II}}(\xi_3) = \frac{E'}{8}\sqrt{\frac{2\pi}{L'}}\Big\{2\Delta u_1^B - \Delta u_1^C + 2\Delta u_1^E - \Delta u_1^F + \Delta u_1^D + \frac{1}{2}\xi_3(-4\Delta u_1^B + \Delta u_1^C + 4\Delta u_1^E - \Delta u_1^F) + \frac{1}{2}\xi_3^2(\Delta u_1^F + \Delta u_1^C - 2\Delta u_1^D)\Big\} \tag{6.48}$$

$$K_{\mathrm{III}}(\xi_3) = \frac{E}{8(1+\nu)}\sqrt{\frac{2\pi}{L'}}\Big\{2\Delta u_3^B - \Delta u_3^C + 2\Delta u_3^E - \Delta u_3^F + \Delta u_3^D + \frac{1}{2}\xi_3(-4\Delta u_3^B + \Delta u_3^C + 4\Delta u_3^E - \Delta u_3^F) + \frac{1}{2}\xi_3^2(\Delta u_3^F + \Delta u_3^C - 2\Delta u_3^D)\Big\} \tag{6.49}$$

Die in die obigen Gleichungen einzusetzende Elementgröße L' muss genauer erklärt werden, vgl. Bild 6.12. Für rechteckige Elementflächen ACFG entspricht L' genau den Kantenlängen $L = \overline{\mathrm{AC}} = \overline{\mathrm{GF}}$. Bei gekrümmten Viertelpunktelementen mit unterschiedlichen Kanten $L_1 = \overline{\mathrm{AC}} \neq L_2 = \overline{\mathrm{GF}}$, die überdies noch schiefe Winkel zur Rissfront bilden, die um γ_1 und γ_2 von der Normalen abweichen, ist die interpolierte senkrechte Länge anzusetzen [42]

$$L'(\xi_3) = -\frac{\xi_3 - 1}{2} L_1 \cos\gamma_1 + \frac{\xi_3 + 1}{2} L_2 \cos\gamma_2 . \tag{6.50}$$

Abschließend können die Eigenschaften der Viertelpunktelemente wie folgt beurteilt werden. Der wesentliche *Vorteil* dieser Rissspitzenelemente besteht in ihrer einfachen Handhabung und unmittelbaren Verfügbarkeit. Nahezu alle kommerziellen Finite-Elemente-Codes besitzen isoparametrische Verschiebungselemente mit quadratischen Formfunktionen, die lediglich durch Modifikation der Eingabewerte für die Knotenkoordinaten und Knotennummern zu recht brauchbaren singulären Spezialelementen für die Rissanalyse umfunktioniert werden können. Dies erfordert vom Anwender weder besondere bruchmechanische Kenntnisse noch eigene Eingriffe in den FEM-Code, sondern nur die Einhaltung der erläuterten Bedingungen bei der Vernetzung der Rissspitze im Pre-Prozessor und eine unkomplizierte Ergebnisauswertung mit überschaubaren Formeln zur Bestimmung der Spannungsintensitätsfaktoren im Post-Prozessor. Viertelpunktelemente gibt es für ebene, axialsymmetrische und räumliche Rissprobleme sowie für dickwandige Platten und Schalen.

In Verbindung mit der Verschiebungsauswertung DIM und der virtuellen Rissausbreitung liefern die Viertelpunktelemente gegenüber Standardelementen wesentlich genauere Ergebnisse und sollten daher generell bevorzugt werden.

Als *Nachteil* ist anzusehen, dass von den Rissspitzenfeldern nur die singuläre Lösung modelliert wird und davon auch nur der radiale Anteil $r^{-1/2}$. Um die Winkelabhängigkeit mit guter Genauigkeit auflösen zu können, müssen ausreichend viele Viertelpunktelemente (wenigstens 6 Elemente, besser 12–16) fächerförmig über den Halbkreis angeordnet werden. Da der Gültigkeitsbereich r_K der Risssingularität eng begrenzt ist, muss auch der Radius der Viertelpunktelemente gegenüber der Risslänge relativ klein gehalten werden. Als Richtwert gilt: Elementgröße $L \approx a/20 \dots a/10$.

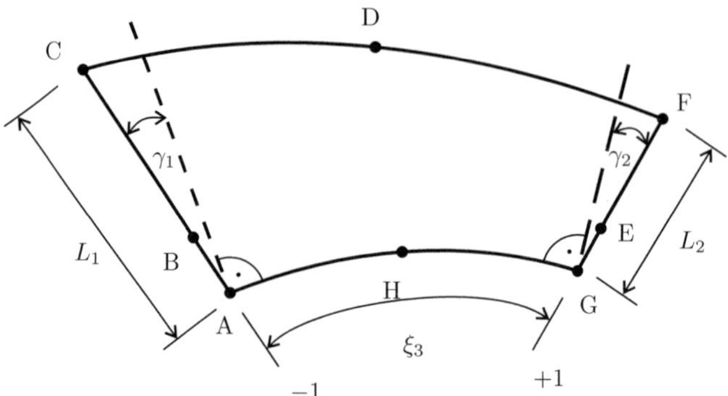

Bild 6.12 Ermittlung der lokalen Elementbreite L' bei krummlinigen Risselementen

6.3 Hybride Rissspitzenelemente

6.3.1 Entwicklung hybrider Rissspitzenelemente

Ein besonders nützliches Anwendungsfeld der in Abschnitt 5.2.3 vorgestellten hybriden Elementformulierungen bietet sich bei der Konstruktion spezieller Rissspitzenelemente. Die Vorgehensweise ist schematisch in Bild 6.13 dargestellt. Die Hybridtechnik ermöglicht es, die bekannten analytischen Risslösungen im Inneren des Elementes mit noch freien Parametern anzusetzen und gleichzeitig solche Randverschiebungsfunktionen zu wählen, die mit denjenigen der normalen (z. B. isoparametrischen) Nachbarelemente kompatibel sind. Somit kann man die singulären asymptotischen Nahfeldlösungen für die Rissspitzenumgebung vollständig in ein Sonderelement »einbetten«, das verschiebungskompatibel zu Standardelementen ist. Die Steifigkeitsmatrix des hybriden Rissspitzenelementes wird wie bei normalen Verschiebungselementen durch die Randknotenvariablen des Elementes ausgedrückt. Daher kann seine Assemblierung in das FEM-Gesamtsystem in der üblichen Weise durchgeführt werden, d. h. sein Einbau in ein FEM-Programmsystem erfordert lediglich die spezielle Integrationsroutine für die Steifigkeitsmatrix. Die als innere Ansatzvariablen verwendeten Bruchkenngrößen wie Spannungsintensitätsfaktoren u. a. werden direkt mit der Lösung des FEM-Systems gewonnen, so dass keinerlei Interpretations- oder Extrapolationstechniken zu ihrer Bestimmung nötig sind. Die aufgezählten Vorteile zeichnen alle hybriden Rissspitzenelemente aus, weshalb sie im Vergleich zu anderen Rissspitzenelementen wesentlich leistungsfähiger sind. Der Preis dafür ist eine recht anspruchsvolle Theorie sowie ein höherer Implementierungsaufwand.

Die ersten hybriden Rissspitzenelemente wurden für ebene elastische Rissprobleme auf der Grundlage hybrider Spannungsmodelle Π_{CH} von Pian, Schnack u. a. [49, 54] entwickelt. Atluri u. a. [7] wandten erstmals das hybride Verschiebungsmodell Π_{PH} mit dem in Abschnitt 5.2.3 beschriebenen Drei-Variablen-Ansatz

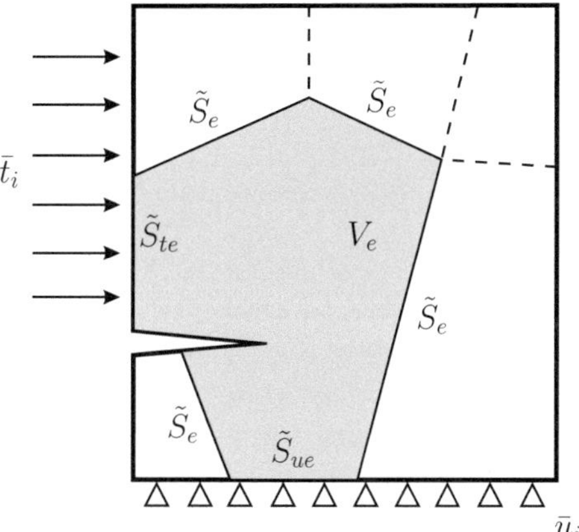

Bild 6.13 Zur Formulierung hybrider finiter Elemente

für 2D Rissprobleme an. Bei den genannten Elementen wird die singuläre elastische Rissspitzenlösung vom Typ $r^{-1/2}$ mit den Spannungsintenssitätsfaktoren K_{I} und K_{II} als freien Parametern in die Ansatzfunktionen für das Innere und teilweise für den Rand einbezogen. Eine Gruppe von Hybridelementen umschließt die Rissspitze. Einen erheblichen Fortschritt stellte das von Tong, Pian & Lasry [63] entworfene »Superelement« auf der Basis des vereinfachten gemischten Hybridmodells $\Pi_{\mathrm{MH}*}$ (Abschnitt 5.2.3) dar. Dieses Element umgibt vollständig die Rissspitze (wie in Bild 6.13) und macht von den Eigenfunktionen für den Riss in der Ebene Gebrauch. Somit enthält es außer der $r^{-1/2}$-Singularität noch höhere Glieder der Reihenentwicklung. Dieses Konstruktionsprinzip ist besonders vorteilhaft in Kombination mit quadratischen isoparametrischen Elementen und wird ausführlich im nächsten Kapitel beschrieben. Das vereinfachte gemischte Hybridmodell wurde mittlerweile für die Rissberechnung in ebenen anisotropen Materialien [61], für 2D-Interface-Risse [40] und für ebene Kerbprobleme [25] eingesetzt.

Bei der Entwicklung dreidimensionaler (3D) hybrider Rissspitzenelemente ging man hauptsächlich von den reinen hybriden Verschiebungs- oder Spannungsmodellen aus, da die fehlende Kenntnis von allgemeingültigen Eigenfunktionen für räumliche Rissprobleme die Anwendung des vereinfachten gemischten Prinzips nicht erlaubt, siehe die Arbeiten von Moriya & Pian [48], Kuna [35] (Kapitel 6.3.3) und Atluri [6]. In allen genannten Elementen wurde die bekannte asymptotische Nahfeldlösung für einen Punkt auf der 3D-Rissfront entweder im Spannungs- oder Verschiebungsansatz für das Elementvolumen benutzt. Das hybride Spannungsmodell besitzt den Vorzug, dass man mit zwei Feldgrößen (σ_{ij}, $\tilde{u}_i$) statt mit drei Variablen (u_i, $\tilde{u}_i$, $\tilde{T}_i$) wie beim hybriden Verschiebungsmodell auskommt. Dafür erlaubt das Verschiebungsmodell eine Veränderlichkeit der Spannungsintensitätsfaktoren entlang der Rissfront innerhalb des Elements, wohingegen beim Spannungsmodell nur ein konstanter Ansatz möglich ist. Da die Approximationen nur für Teilbereiche um die Rissspitze gültig sind, muss die Rissfront wiederum durch eine Gruppe hybrider Rissspitzenelemente umgeben werden, was zwangsläufig zu Volumenintegralen mit hebbaren Singularitäten führt. Um die Vorteile der vereinfachten gemischten Methode $\Pi_{\mathrm{MH}*}$ auch für räumliche Rissprobleme nutzen zu können, wurden von KUNA & ZWICKE [39] Eigenfunktionen für den Spezialfall des geraden 3D-Risses abgeleitet und damit ein hybrides 3D-Rissspitzenelement konstruiert, das die Rissfront segmentweise einbettet.

Auch für die Behandlung von durchgehenden Rissen in Platten konnten erfolgreich hybride Elementformulierungen eingesetzt werden, wie die Arbeiten von RHEE & ATLURI [52] (hybrides Spannungsmodell Π_{CH}) und MORIYA [43] (vereinfachtes gemischtes Modell Π_{MH^*}) belegen. Die Anwendung hybrider Elementkonzepte auf elastisch-plastische Rissprobleme wird vor allem durch die mangelhafte Kenntnis entsprechender analytischer Risslösungen erschwert. Für die Problemkreise »Dynamik bewegter Risse« oder »dynamisch beanspruchter Riss« sind bislang keine hybriden Rissspitzenelemente bekannt. Übersichtsbeiträge zur Theorie und Anwendung hybrider Rissspitzenelemente kann man in [5], [62] und [37] nachlesen.

6.3.2 2D Rissspitzenelemente nach dem gemischten hybriden Modell

Geometrie und Konstruktion der Rissspitzenelemente

Prinzipiell könnte das Rissspitzenelement eine beliebige polygonförmige Gestalt wie in Bild 6.13 haben, von der die Rissspitze umschlossen wird. Aus Gründen der Einfachheit wurde jedoch eine quadratische bzw. halbquadratische Form gewählt, die Bild 6.14 veranschaulicht. Die Varianten b) und c) gelten für den Spezialfall rein symmetrischer Modus I Rissbelastung bei links- bzw. rechtsseitigem Riss. Entlang der Randsegmente $\widetilde{S}_e$ grenzen die Rissspitzenelemente an die benachbarten Standardelemente, wo sie über $n_{\mathrm{K}} = 17$ (Variante a)) bzw. $n_{\mathrm{K}} = 9$ (Variante b) und c)) Knoten verbunden sind. Auf dem Riss selbst liegen keine Knoten. Die Position der Rissspitze im Element kann durch die Vorgabe des Parameters $\varkappa\,(-1 < \varkappa < +1)$ variiert werden. In Kapitel 4.2.2 wurden die Eigenfunktionen für einen halbunendlichen Riss in der unendlichen Ebene bei linear-elastischem Materialverhalten abgeleitet. Sie erfüllen die Kompatibilitäts- und Gleichgewichtsbedingungen sowie die Spannungsfreiheit auf beiden Rissufern. Damit genügen sie den Voraussetzungen zur Konstruktion eines vereinfachten gemischten Hybridmodells (Abschnitt 5.2.3). Die *Eigenfunktionen* bilden eine unendliche Reihe $n \in [1, \infty]$ mit den komplexen Koeffizienten $A_n = a_n + \mathrm{i}b_n$ in der Form $r^{\frac{n}{2}-1}$. Die dazugehörigen Winkelfunktionen der Spannungen $\tilde{M}_{ij}^{(n)}$, $\tilde{N}_{ij}^{(n)}$ (4.41) und Verschiebungen $\tilde{F}_i^{(n)}$, $\tilde{G}_i^{(n)}$ (4.43) wurden bereits dort angeschrieben. Das erste Glied $n = 1$ entspricht der bekannten singulären Rissspitzenlösung vom Typ $r^{-1/2}$, vgl. (4.45).

$$K_{\mathrm{I}} - \mathrm{i}K_{\mathrm{II}} = \sqrt{2\,\pi}\,(a_1 + \mathrm{i}b_1) \tag{6.51}$$

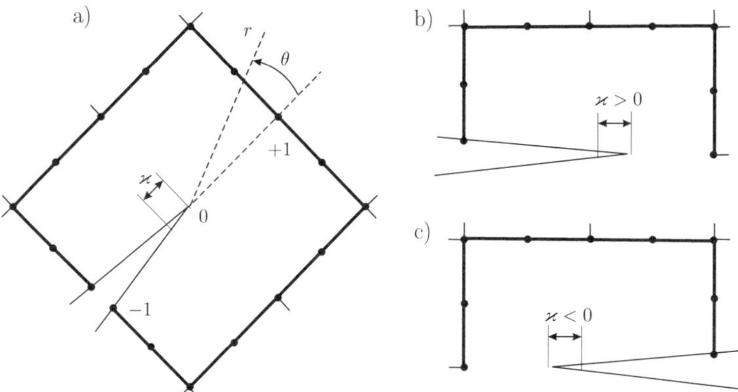

Bild 6.14 Hybride Rissspitzenelemente für zweidimensionale Aufgaben

Die reellen Terme a_n sind dem symmetrischen Lösungsanteil Modus I zuzuordnen, während die Imaginäranteile b_n die Rissöffnungsart Modus II repräsentieren. Die zweite Eigenfunktion (4.46) stellt lediglich eine konstante σ_{11}-Spannung dar:

$$T_{11} = \sigma_{11} = 4\,a_2, \quad \beta_{\mathrm{T}} = \frac{T_{11}\sqrt{\pi a}}{K_{\mathrm{I}}} \tag{6.52}$$

Für die Spannungen und die Verschiebungen im hybriden Element werden N Glieder der o. g. Eigenfunktionen angesetzt mit den zugehörigen $2N$ freien Ansatzkoeffizienten, die im Spaltenvektor

$$\boldsymbol{\beta} = [a_1\; a_2\; \ldots\; a_N\; b_1\; b_2\; \ldots\; b_N]^{\mathrm{T}} \tag{6.53}$$

zusammengefasst sind. In Matrizenschreibweise lauten die Verschiebungen (4.43) dann

$$[u_1\; u_2]^{\mathrm{T}} = \mathbf{u}(r,\,\theta) = \mathbf{U}(r,\,\theta,\,n)\boldsymbol{\beta}. \tag{6.54}$$

Die Randspannungen $t_i = \sigma_{ij}\,n_j$ auf S_e erhält man über (4.41) und den Normalenvektor n_j auf dem Rand

$$[t_1\; t_2]^{\mathrm{T}} = \mathbf{t}(r,\,\theta) = \mathbf{R}(r,\,\theta,\,n)\boldsymbol{\beta}. \tag{6.55}$$

Die Verschiebungen $\tilde{u}_i$ auf dem Elementrand werden durch die Werte $\mathbf{v}$ der n_{K} Randknoten ausgedrückt:

$$[\tilde{u}_1\; \tilde{u}_2]^{\mathrm{T}} = \tilde{\mathbf{u}} = \mathbf{L}\mathbf{v}, \qquad \mathbf{v} = \left[u_1^{(1)}\; u_2^{(2)}\; \ldots\; u_1^{(n_{\mathrm{K}})}\; u_2^{(n_{\mathrm{K}})}\right]^{\mathrm{T}}, \tag{6.56}$$

wobei $\mathbf{L}$ die Matrix der Interpolationsfunktionen darstellt. $\mathbf{L}$ wird nun so gewählt, dass die Randverschiebungen auf jedem Randsegment identisch mit denjenigen der angrenzenden isoparametrischen Elemente sind. Die Kombination des Risselementes mit quadratischen isoparametrischen Elementen ergab überzeugende Vorteile gegenüber linearen Ansätzen. Demzufolge besitzt jedes Randsegment drei Knoten (Bild 6.14). Durch Einsetzen der gewählten Verschiebungs- und Spannungsansätze (6.54)–(6.56) in das vereinfachte gemischte hybride Variationsprinzip (5.33) ergibt sich für das Rissspitzenelement:

$$\Pi_{\mathrm{MH*}}(\boldsymbol{\beta}, \mathbf{v}) = \boldsymbol{\beta}^{\mathrm{T}} \mathbf{G} \mathbf{v} - \frac{1}{2} \boldsymbol{\beta}^{\mathrm{T}} \mathbf{H} \boldsymbol{\beta} - \mathbf{v}^{\mathrm{T}} \mathbf{f}$$

$$\mathbf{H} = \frac{1}{2} \int\limits_{S_e} (\mathbf{R}^{\mathrm{T}} \mathbf{U} + \mathbf{U}^{\mathrm{T}} \mathbf{R}) \mathrm{d}s, \quad \mathbf{G} = \int\limits_{S_e} \mathbf{R}^{\mathrm{T}} \mathbf{L} \, \mathrm{d}s, \quad \mathbf{f} = \int\limits_{S_{\mathrm{t}e}} \mathbf{L}^{\mathrm{T}} \bar{\mathbf{t}} \, \mathrm{d}s. \tag{6.57}$$

Der zweite Term von (6.57) ist die Verformungsenergie des Elementes. Der erste Term repräsentiert die Wechselwirkung des inneren Spannungsansatzes mit den unabhängigen Randverschiebungen. Die Variation bezüglich $\delta \boldsymbol{\beta}$ liefert eine Relation zwischen den inneren Ansatzkoeffizienten $\boldsymbol{\beta}$ und den Randverschiebungen $\mathbf{v}$:

$$\boldsymbol{\beta} = \mathbf{H}^{-1} \mathbf{G} \mathbf{v} = \widetilde{\mathbf{B}} \mathbf{v}. \tag{6.58}$$

Damit kann $\boldsymbol{\beta}$ aus (6.57) eliminiert werden und $\delta \Pi_{\mathrm{MH*}} = 0$ bzgl. $\delta \mathbf{v}$ ergibt die Steifigkeitsbeziehung

$$\mathbf{k} \mathbf{v} = \mathbf{f}, \tag{6.59}$$

wobei $\mathbf{k}$ die gesuchte Steifigkeitsmatrix des Hybridelementes ist und $\mathbf{f}$ den Lastvektor infolge der Randlasten $\bar{t}_i$ bezeichnet.

$$\mathbf{k} = \mathbf{G}^{\mathrm{T}} \mathbf{H}^{-1} \mathbf{G} \tag{6.60}$$

Numerische Implementierung

Der große Vorzug des vereinfachten gemischten Hybridmodells besteht darin, dass zur Berechnung der Elementmatrizen (6.57)–(6.59) nur über den Elementrand S_e integriert werden muss. Außerdem wird die Auswertung risstypischer singulärer Integralterme vermieden. Daher kann mit gewöhnlichen GAUSS-Integrationsformeln (6. Ordung) und einer Subintervallbildung gearbeitet werden, um die stärker oszillierenden höheren Eigenfunktionen genau zu integrieren. Die symmetrische, positiv definite Matrix $\mathbf{H}$ kann problemlos invertiert werden. Die ebenfalls symmetrische Steifigkeitsmatrix $\mathbf{k}$ ist bei hybriden Elementen nur positiv semidefinit, was eine Folge der abgeschwächten Stetigkeitsforderungen der hybriden Variationsprinzipien ist. Die Matrix $\mathbf{k}$ wird in gleicher Weise wie die Steifigkeitsmatrizen der umgebenden Verschiebungselemente in das FEM-Gesamtsystem eingebaut. Nach der Lösung des FEM-Gleichungssystems bekommt man aus den Knotenverschiebungen des Risselementes über (6.58) die Werte der inneren Ansatzkoeffizienten $\boldsymbol{\beta}$ (6.53).

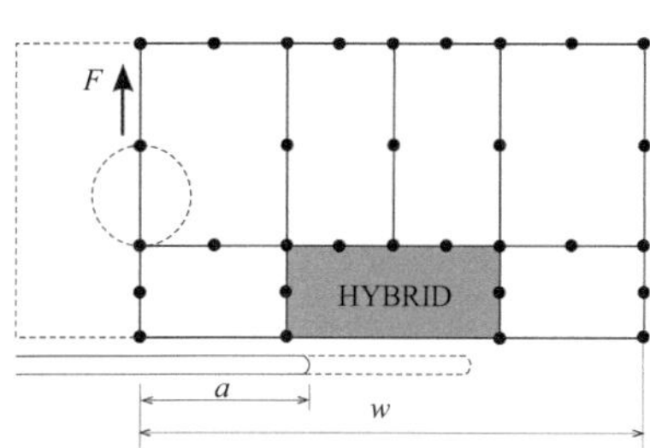

Bild 6.15 FEM-Netz der CT-Probe bei Verwendung des hybriden Rissspitzenelementes Typ b)

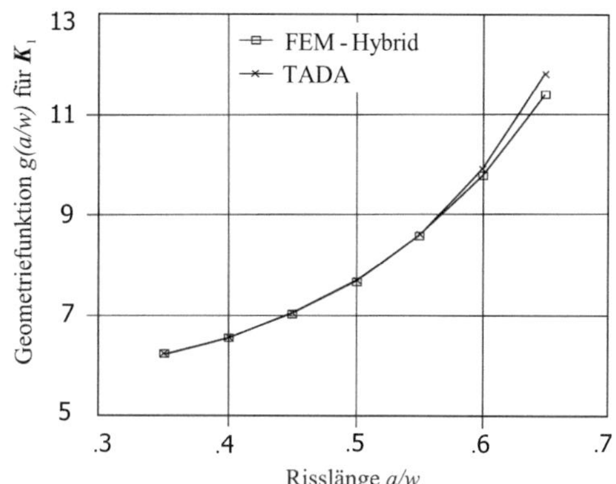

Bild 6.16 Geometriefunktion $g(a/w)$ für die CT-Probe als Funktion der Risslänge

Über (6.51) und (6.52) erhält man somit unmittelbar die interessierenden Spannungsintensitätsfaktoren K_{I} und K_{II} sowie die T_{11}-Spannung.

Die Anzahl $2N$ der zu verwendenden Ansatzkoeffizienten sollte etwa der Zahl der Knotenfreiheitsgrade $2n_{\mathrm{K}}$ minus Starrkörperbewegungen des Risselementes entsprechen. Für die Hybridelemente von Bild 6.14 bedeutet dies Eigenfunktionen bis zur Ordnung $N = 9$ (Elemente b) und c)) bzw. $N = 17$ im vollen Element a).

Beispiele

Als Beispiel wird die CT-Probe (Bild 4.12) herangezogen. Bild 6.15 zeigt die benutzte grobmaschige Vernetzung der oberen Hälfte (genügt wegen Symmetrie). An die Rissspitze wurde das Hybridelement Typ b) für Modus I gelegt und die restliche Geometrie von sechs isoparametrischen Standardelementen ausgefüllt. Innerhalb des sehr großen Rissspitzenelementes (40 % der Risslänge) wurde durch Änderung des $\varkappa$-Parameters die Risslänge von $a = 0{,}35\,w$ bis $a = 0{,}65\,w$ variiert. Anstelle aufwändiger Netzveränderungen ist hierbei nur die Modifikation eines Eingabewertes nötig! Bei diesen hybriden Rissspitzenelementen erübrigt sich die sonst übliche starke Netzverfeinerung an der Rissspitze, weil durch die Benutzung zahlreicher höherer Eigenfunktionen die Lösung auch in weiterer Entfernung zur Singularität richtig nachgebildet werden kann. Dementsprechend gut ist auch die Genauigkeit der berechneten K_{I}-Faktoren. In Bild 6.16 ist die Geometriefunktion $g(a/w) = K_{\mathrm{I}}(a)Bw/\left(F\sqrt{\pi a}\right)$ im Vergleich zur Handbuchlösung [60] dargestellt. Im Risslängenbereich $0{,}35 < a/w < 0{,}55$ ist die Übereinstimmung besser als $0{,}5\,\%$. Erst bei sehr tiefen Rissen wachsen die Abweichungen auf $3\,\%$. Ebenso einfach erhält man mit (6.52) auch die normierte T_{11}-Spannung $\beta_{\mathrm{T}} = 0{,}564$, die auf $3{,}5\,\%$ mit der Referenzlösung [27] übereinstimmt.

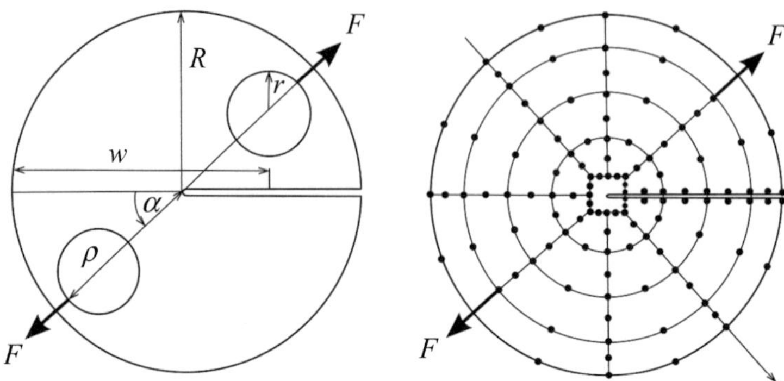

Bild 6.17 Kreisscheibenförmige Bruchprobe für gemischte Rissbelastung (links) und FEM-Diskretisierung (rechts) mit 32 Viereckelementen, 1 Hybridelement und 121 Knoten

Winkel α	$90°$	$67,5°$	$45°$	$22,5°$	$0°$
g_{I}	$1,403$	$1,322$	$1,063$	$0,714$	$0,041$
g_{II}	$0,006$	$0,321$	$0,552$	$0,632$	$1,152$

$$K_L = \frac{F}{BR}\sqrt{\pi a}\, g_L(a/R), \quad L = \mathrm{I}, \mathrm{II}$$

Tabelle 6.1 Normierte Spannungsintensitätsfaktoren g_{I} und g_{II} für die kreisscheibenförmige Mixed-Mode-Probe mit $a = R/2$ und $R = 8\,\mathrm{cm}$

Zur experimentellen Untersuchung des Rissverhaltens unter Mixed-Mode-Belastung wird u. a. eine kreisscheibenförmige CT-Probe benutzt, so dass die Zugkraft je nach Wahl der Bohrungen in einem Winkel α schräg zum Riss eingeleitet werden kann. Die Probengeometrie und die FEM-Modellierung sind in Bild 6.17 wiedergegeben. Zur Diskretisierung des Risses wurde das vollständige hybride Risselement Typ a) eingesetzt. Durch Variation der Richtung des angreifenden Kräftepaares kann die Rissbeanspruchung von reinem Modus I ($\alpha = 90°$) über verschiedene $K_{\mathrm{I}}/K_{\mathrm{II}}$-Kombinationen bis hin zum Modus-II-Fall ($\alpha = 0°$) eingestellt werden. Dies wurde in der FEM-Analyse nachvollzogen. Die Auswertung des Hybridelementes mit (6.51) liefert sofort beide K-Faktoren, die normiert in Tabelle 6.1 zusammengestellt sind.

6.3.3 3D Rissspitzenelemente nach dem hybriden Spannungsmodell

Geometrie und Konstruktionsprinzip

Die dreidimensionalen Rissspitzenelemente besitzen die Form eines Hexaeders mit ebenen Elementflächen und $n_{\mathrm{K}} = 20$ Knoten. Der Verlauf der Rissfront im Körper wird durch ein Polygon approximiert, wobei um jedes Geradenstück eine Gruppe von vier Rissspitzenelementen nach Bild 6.18 angeordnet wird. Der restliche Teil des Körpers wird mit isoparametrischen Standardelementen vernetzt. Jedes der qua-

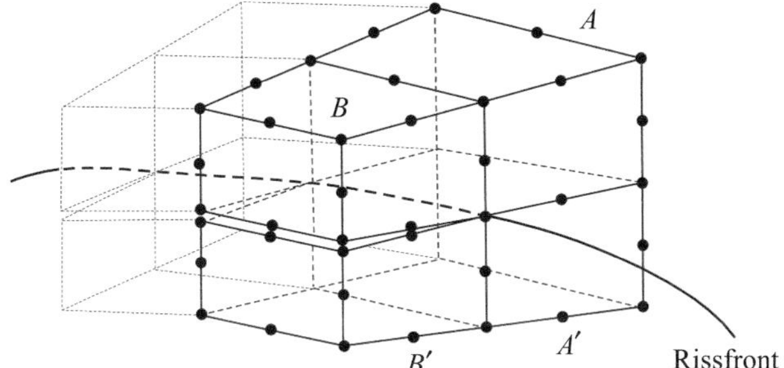

Bild 6.18 Anordnung der hybriden Rissspitzenelemente um die Rissfront

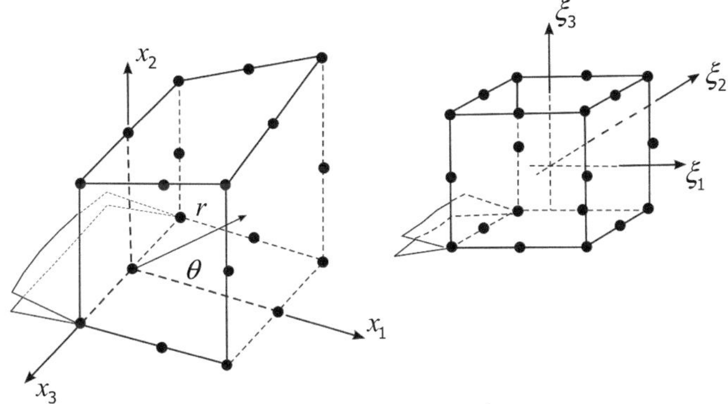

Bild 6.19 Koordinatensysteme für die Rissspitzenelemente

litativ unterschiedlichen Hybrid-Elemente (Typ A, A', B, B') hat eine Kante mit der Rissfront gemeinsam. Zur Formulierung der Ansatzfunktionen und zum Zwecke der numerischen Integration wird das Element mit Hilfe der quadratischen isoparametrischen Formfunktionen (5.68) auf den Einheitswürfel ($-1 < \xi_1, \xi_2, \xi_3 < 1$) transformiert, siehe Bild 6.19. An der Rissfront führen wir wieder ein lokales System von Zylinderkoordinaten (r, θ, $z = x_3$) und kartesischen Koordinaten (x_1, x_2, x_3) ein. Aus analytischen Untersuchungen (siehe Abschnitt 4.2.3) sind die asymptotischen Lösungen für die Spannungen (4.60) und Verschiebungen (4.62) bekannt.

Zur Konstruktion der Risselemente wird das hybride Spannungsmodell (5.28) aus Abschnitt 5.2.3 benutzt. Die Anwendung dieses Prinzips Π_{CH} erfordert einen Spannungsansatz im Elementvolumen, der die Gleichgewichtsbedingungen und Spannungsrandbedingungen a priori erfüllt:

$$\boldsymbol{\sigma} = \left[\sigma_{11}\ \sigma_{22}\ \sigma_{33}\ \tau_{12}\ \tau_{23}\ \tau_{31}\right]^{\mathrm{T}} = \mathbf{P}\boldsymbol{\beta} + \mathbf{P}_{\mathrm{B}}\boldsymbol{\beta}_{\mathrm{B}}, \tag{6.61}$$

woraus sich die Randspannungen mit dem Normalenvektor darstellen lassen:

$$\mathbf{t} = \left[t_1\ t_2\ t_3\right]^{\mathrm{T}} = \mathbf{R}\boldsymbol{\beta} + \mathbf{R}_{\mathrm{B}}\boldsymbol{\beta}_{\mathrm{B}}. \tag{6.62}$$

Der Spannungsansatz enthält die n_A unbekannten Koeffizienten $\boldsymbol{\beta}$. Das zweite Glied $\mathbf{P}_B \boldsymbol{\beta}_B$ berücksichtigt partikuläre Lösungen infolge von Volumenkräften oder Randspannungen. Bei den Risselementen wurde vorerst auf die Terme $\mathbf{P}_B$ verzichtet. Der gewählte Spannungsansatz $\mathbf{P}$ besteht aus n_R regulären Polynomtermen $\mathbf{P}_R(x_1, x_2, x_3)$ mit den unbestimmten Koeffizienten b_n und dem rissspezifischen Teil $\mathbf{P}_S$, der die Rissspitzenlösung (4.60) mit den Spannungsintensitätsfaktoren als Koeffizienten enthält:

$$\mathbf{P}\boldsymbol{\beta} = \left[\mathbf{P}_R \; \mathbf{P}_S\right] \left[b_1 \; b_2 \ldots b_{n_R} \; K_I \; K_{II} \; K_{III}\right]^T . \tag{6.63}$$

Zur Aufstellung von $\mathbf{P}_R$ wurde für jede Spannungskomponente ein unvollständiges Polynom 3. Ordnung in $(x_1,\ x_2,\ x_3)$ angesetzt, das sich durch die Gleichgewichtsforderung auf $n_R = 54$ (für die Elementtyen A und A') Koeffizienten reduziert [35]. Für die Elementarten B und B' wurden nur solche Spannungszustände ausgewählt, die keine Rissuferbelastungen verursachen ($n_R = 60$). Auf die Angabe der umfangreichen Matrix $\mathbf{P}_R$ muss in diesem Rahmen verzichtet werden. Der Spannungsansatz (6.63) erfüllt neben den Gleichgewichtsbedingungen auch die Spannungsfreiheit auf den Rissflächen. Er genügt außerdem der Forderung, dass die Koeffizientenzahl $n_A = n_R + 3$ größer als die Zahl der Knotenfreiheitsgrade $3n_K = 60$ minus der Starrkörper-Freiheitsgrade $n_F = 6$ ist.

Die Verschiebungen $\tilde{\mathbf{u}}$ auf der Elementoberfläche werden mittels der Interpolationsfunktion $\mathbf{L}$ durch die Knotenverschiebungen $\mathbf{v}$ ausgedrückt.

$$\tilde{\mathbf{u}} = \left[\tilde{u}_1 \; \tilde{u}_2 \; \tilde{u}_3\right]^T = \mathbf{L}\mathbf{v} \qquad \text{auf } S_e \tag{6.64}$$

Bei der Festlegung der Ansätze unterscheiden wir drei Flächenarten, die im folgenden durch die Richtung ihrer Flächennormalen in Bild 6.19 gekennzeichnet werden:

a) **Flächen $\xi_1 = 1$ und $\xi_3 = 1$:**
Auf diesen Flächen grenzen die Rissspitzenelemente an Standardelemente an, weshalb für $\mathbf{L}$ die üblichen quadratischen isoparametrischen Formfunktionen in $(\xi_1,\ \xi_2,\ \xi_3)$ für eine 8-Knoten-Fläche benutzt werden. Über die vier anderen Flächen sind nur die Rissspitzenelemente untereinander verbunden. Ihre Interpolationsfunktionen werden an das Verschiebungsfeld (4.62) der Rissspitzenlösung angepasst.

b) **Flächen $\xi_2 = 1$ und $\xi_2 = -1$:**
Diese Flächen schneiden die Rissfront in einem Punkt, so dass hier neben sechs Polynomtermen die gesamte (r, θ)-Abhängigkeit nach (4.62) Verwendung findet:

$$\begin{aligned}\widetilde{u}_1 &= a_1 + a_2\xi_1 + a_3\xi_3 + a_4\xi_1\xi_3 + a_5\xi_1^2 + a_6\xi_3^2 \\ &\quad + a_7\sqrt{r}\, g_1^{\mathrm{I}}(\theta) + a_8\sqrt{r}\, g_1^{\mathrm{II}}(\theta)\end{aligned} \tag{6.65}$$

$$\begin{aligned}\widetilde{u}_2 &= a_9 + a_{10}\xi_1 + a_{11}\xi_3 + a_{12}\xi_1\xi_3 + a_{13}\xi_1^2 + a_{14}\xi_3^2 \\ &\quad + a_{15}\sqrt{r}\, g_2^{\mathrm{I}}(\theta) + a_{16}\sqrt{r}\, g_2^{\mathrm{II}}(\theta)\end{aligned} \tag{6.66}$$

$$\begin{aligned}\widetilde{u}_3 &= a_{17} + a_{18}\xi_1 + a_{19}\xi_3 + a_{20}\xi_1\xi_3 + a_{21}\xi_1^2 + a_{22}\xi_3^2 \\ &\quad + a_{23}\sqrt{r}\, \sin\frac{\theta}{2} + a_{24}\sqrt{r}\, \sin\frac{3}{2}\theta\end{aligned} \tag{6.67}$$

c) **Flächen $\xi_1 = -1$ und $\xi_3 = -1$:**
Diese Flächen haben eine Kante mit der Rissfront gemeinsam, weshalb hier nur die $\sqrt{r}$-Abhängigkeit von (4.62) einfließt:

$$\widetilde{u}_1 = a_1 + a_2\sqrt{r} + a_3\xi_2 + a_4\sqrt{r}\,\xi_2 + a_5 r + a_6\xi_2^2 + a_7 r\xi_2 + a_8\sqrt{r}\xi_2^2 \tag{6.68}$$

und analog $\widetilde{u}_2$ und $\widetilde{u}_3$.

In den Fällen b) und c) müssen die 24 Ansatzkoeffizienten a_i durch die 24 Knotenvariablen $\mathbf{v}$ der Fläche substituiert werden. Dazu berechnet man aus dem Ansatz $\widetilde{\mathbf{u}} = \mathbf{A}\mathbf{a}$ die Verschiebungen an den Knotenkoordinaten $\mathbf{v} = \mathbf{M}\mathbf{a}$ und invertiert dieses lineare Gleichungssystem, woraus sich die Interpolationsformel für die Fläche ergibt:

$$\widetilde{\mathbf{u}} = \mathbf{A}\mathbf{M}^{-1}\mathbf{v}. \tag{6.69}$$

Gleichung (6.64) setzt sich somit aus derartigen Beiträgen der sechs Flächen zusammen.

Die Ansätze für die Spannungen $\boldsymbol{\sigma}$, Randspannungen $\mathbf{t}$ und Randverschiebungen $\widetilde{\mathbf{u}}$ werden in das Variationsprinzip Π_{CH} (5.28) eingesetzt:

$$\Pi_{\mathrm{CH}} = \sum_{e=1}^{n_{\mathrm{E}}} \left[\frac{1}{2}\boldsymbol{\beta}^{\mathrm{T}}\mathbf{H}\boldsymbol{\beta} + \boldsymbol{\beta}^{\mathrm{T}}\mathbf{H}_{\mathrm{B}}\boldsymbol{\beta}_{\mathrm{B}} - \boldsymbol{\beta}^{\mathrm{T}}\mathbf{G}\mathbf{v} - \boldsymbol{\beta}_{\mathrm{B}}^{\mathrm{T}}\mathbf{G}_{\mathrm{B}}\mathbf{v} + \mathbf{v}^{\mathrm{T}} \int\limits_{S_{te}} \mathbf{L}^{\mathrm{T}}\bar{\mathbf{t}}\,\mathrm{d}S \right], \tag{6.70}$$

wobei die Integration über das Element folgende Matrizen ergibt ($\mathbf{S}$ – elastischer Nachgiebigkeitstensor):

$$\begin{aligned}\mathbf{H} &= \int\limits_{V_e} \mathbf{P}^{\mathrm{T}}\mathbf{S}\mathbf{P}\,\mathrm{d}V = \mathbf{H}^{\mathrm{T}}, \qquad \mathbf{H}_{\mathrm{B}} = \int\limits_{V_e} \mathbf{P}^{\mathrm{T}}\mathbf{S}\mathbf{P}_{\mathrm{B}}\,\mathrm{d}V \\ \mathbf{G} &= \int\limits_{S_e} \mathbf{R}^{\mathrm{T}}\mathbf{L}\,\mathrm{d}S, \qquad \mathbf{G}_{\mathrm{B}} = \int\limits_{S_e} \mathbf{R}_{\mathrm{B}}^{\mathrm{T}}\mathbf{L}\,\mathrm{d}S.\end{aligned} \tag{6.71}$$

Die Variation von Π_{CH} bezüglich $\boldsymbol{\beta}$ liefert für jedes Element eine Relation zwischen den Koeffizienten $\boldsymbol{\beta}$ des Spannungsansatzes und den Knotenverschiebungen $\mathbf{v}$

$$\boldsymbol{\beta} = \mathbf{H}^{-1}\left(\mathbf{G}\mathbf{v} - \mathbf{H}_{\mathrm{B}}\boldsymbol{\beta}_{\mathrm{B}}\right) = \widetilde{\mathbf{B}}\mathbf{v}. \tag{6.72}$$

Hiermit kann $\boldsymbol{\beta}$ aus (6.70) eliminiert werden und die anschließende Variation nach $\delta\mathbf{v}$ ergibt die gesuchte Steifigkeitsbeziehung für ein hybrides Element:

$$\mathbf{k}\mathbf{v} = \mathbf{f} \tag{6.73}$$

mit der Steifigkeitsmatrix $\mathbf{k}$ und dem Lastvektor $\mathbf{f}$

$$\mathbf{k} = \mathbf{G}^{\mathrm{T}}\mathbf{H}^{-1}\mathbf{G}\,, \qquad \mathbf{f} = \mathbf{G}^{\mathrm{T}}\mathbf{H}^{-1}\mathbf{H}_{\mathrm{B}}\boldsymbol{\beta}_{\mathrm{B}} - \mathbf{G}_{\mathrm{B}}^{\mathrm{T}}\boldsymbol{\beta}_{\mathrm{B}} + \int\limits_{S_{te}} \mathbf{L}^{\mathrm{T}}\bar{\mathbf{t}}\,\mathrm{d}S. \tag{6.74}$$

Da (6.73) nur Knotenvariablen enthält, kann der Einbau der Hybridelemente in das Gesamtsystem problemlos erfolgen. Es ist eine beliebige Kombination von Verschiebungs- und Hybridelementen erlaubt, vorausgesetzt die Verschiebungsfunktionen auf den Kontaktflächen sind identisch.

Aus den Knotenverschiebungen der Lösung gewinnt man über (6.72) direkt und getrennt voneinander die in $\boldsymbol{\beta}$ enthaltenen Spannungsintensitätsfaktoren K_{I}, K_{II} und K_{III} für jedes Rissspitzenelement. Da die Risslösung in jedem Element als konstant angesetzt wurde, erhält man gemittelte K-Faktoren für das vom Element erfasste Segment der Rissfront. Die Mittelung und der Vergleich der K-Faktoren aller zu einem Rissfrontsegment gehörenden vier Hybridelemente liefert genauere Werte und ein Maß für die Genauigkeit.

Numerische Implementierung

Die wesentliche Schwierigkeit bei der Erstellung der Matrizen $\mathbf{H}$ und $\mathbf{G}$ nach (6.71) besteht in der numerischen Integration der singulären Terme, die aus der Risslösung $\mathbf{P}_{\mathrm{S}}$ herrühren, d. h. Singularitäten vom Typ r^{-1} im Volumenintegral (durch Verformungsenergiedichte $\sigma_{ij}S_{ijkl}\sigma_{kl}$) und vom Typ $r^{-1/2}$ (Randspannungen t_i) in allen Oberflächenintegralen, die die Rissfront berühren (Flächenarten b) und c)). Diese Singularitäten sind durch Überwechseln auf Polarkoordinaten $\int \mathrm{d}x_1\mathrm{d}x_2\mathrm{d}x_3 = \int r\mathrm{d}r\mathrm{d}\theta\mathrm{d}z$ behebbar. Bei komplizierteren Integrationsgebieten für beliebig geformte Elemente und wegen der Vielzahl verschiedener Integranden (etwa 400 bei $\mathbf{H}$) ist eine analytische Aufarbeitung aussichtslos, weshalb mit normalen Gauss-Produktformeln in Verbindung mit einer Subelementschachtelung in Richtung Rissfront gearbeitet wurde. Die Invertierung der symmetrischen positiv-definiten Matrix $\mathbf{H}$ bereitet kein Problem, vorausgesetzt im Spannungsansatz $\mathbf{P}_{\mathrm{R}}$ wurden alle Null-Energieterme sorgfältig ausgesondert. Die Matrizen $\mathbf{k}$ und $\widetilde{\mathbf{B}}$ der Hybridelemente werden zuerst in den lokalen Koordinaten von Bild 6.19 generiert und danach entsprechend ihrer realen Lage im Raum in das globale kartesische System transformiert.

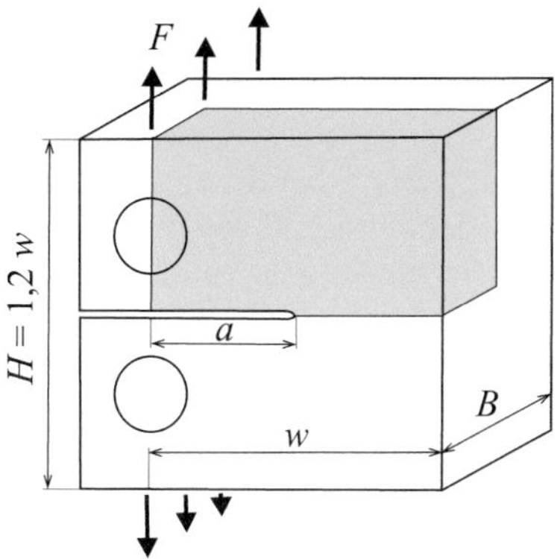

Bild 6.20 CT-Probe: Weite w, Risslänge a, Dicke B, Höhe H, Kraft F

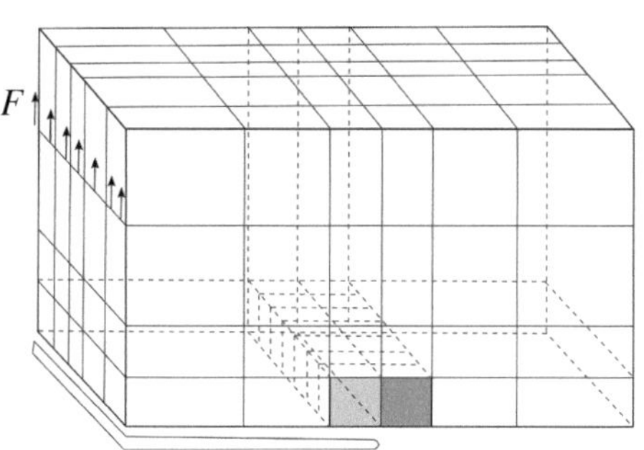

Bild 6.21 FEM-Modell für ein Viertel der CT-Probe CT645 (120 Elemente, 733 Knoten)

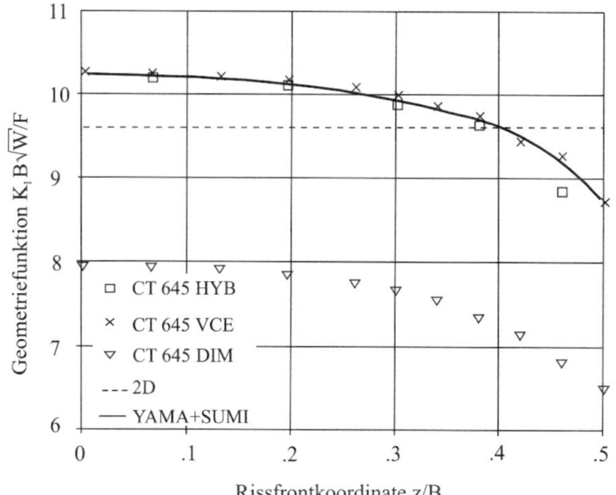

Bild 6.22 Normierter Spannungsintensitätsfaktor K_{I} über die halbe Dicke der CT-Probe anhand verschiedener FEM-Varianten ($a = w/2$, $\nu = 0,3$) Netzwerk CT645

Beispiel

Die vorgestellten 3D hybriden Rissspitzenelemente wurden in ein universelles FEM-Programmsystem FRACTURE [26] eingebaut und mit isoparametrischen Hexaeder- und Pentaederelementen (20 bzw. 15 Knoten) kompatibler Formfunktionen kombiniert. Als Testbeispiel wird die CT-Probe dreidimensional analysiert, siehe Bild 6.20. Aufgrund der doppelten Symmetrie ist die FEM-Diskretisierung des grau gefärbten Viertels ausreichend. Bild 6.21 zeigt das verwendete Netzwerk (6×4×5 Elemente) für die Risstiefe $a = w/2$. Im markierten Bereich entlang der Rissfront wurden zehn Hybridelemente angeordnet bzw. alternativ dafür Viertelpunkt-Hexaederelemente. Die berechneten Verteilungen des Spannungsintensitätsfaktors K_{I} entlang der Rissfront sind in Bild 6.22 zusammengestellt. Zum Vergleich wurden ebenfalls die 2D-Lösung [60] und die als am genauesten angesehene numerische 3D-Lösung von Yamamoto & Sumi [68] eingezeichnet. Die mit den Hybridelementen erhaltenen K_{I}-Lösungen sind in guter Übereinstimmung mit der 3D-Referenzlösung. Bei Einsatz der Viertelpunktelemente und K_{I}-Auswertung durch Verschiebungsextrapolation ergab sich qualitativ derselbe Verlauf, aber mit einem Genauigkeitsabfall von etwa 20 %. Ermittelt man hingegen K_{I} über die Methode des äquivalenten Gebietsintegrals unter Verwendung der Viertelpunktelemente (siehe Abschnitt 7.4), so können erheblich genauere Werte erhalten werden. Zu bemerken ist ferner, dass die 3D-Lösung in der Probenmitte um etwa 9 % über der 2D-Approximation liegt, und dass an der Probenoberfläche K_{I} streng genommen auf null fallen müsste, gerade hier aber die numerischen Lösungen am stärksten differieren. Weitere Anwendungsbeispiele sind in den Arbeiten [35] und [36] publiziert.

Zusammenfassend kann man die hybriden Rissspitzenelemente wie folgt bewerten: Wie die Beispiele belegen, zeichnen sie sich gegenüber allen anderen Risselementen bei vergleichbarer Netzqualität durch sehr hohe Genauigkeit und den besten Nutzerkomfort aus. Mit hybriden Elementen kann man Risskonfigurationen sehr grob (und z. T. geschlossen) vernetzen. Die K-Faktoren werden ohne gesonderten Post-Prozess direkt berechnet. Trotzdem haben sich hybride Rissspitzenelemente in kommerziellen FEM-Codes nicht durchgesetzt. Das liegt am hohen Implementierungsaufwand und an der mangelnden Passfähigkeit zu FEM-Standard-Algorithmen.

6.4 Die Methode der globalen Energiefreisetzungsrate

6.4.1 Umsetzung im Rahmen der FEM

Im Abschnitt 4.2.4 wurde G als die freigesetzte potenzielle Energie $-\mathrm{d}\Pi$ eines belasteten Körpers bei einer infinitesimalen Rissverlängerung $\mathrm{d}a$ hergeleitet. Im Rahmen der FEM kann die potenzielle Energie $\Pi = \mathcal{W}_{\mathrm{int}} - \mathcal{W}_{\mathrm{ext}}$ nach Gleichung (5.54) mit Hilfe der Knotenvariablen $\mathbf{V}$, der Systemsteifigkeitsmatrix $\mathbf{K}$ und des Systemlastvektors $\mathbf{F}$ ausgedrückt werden, die sich durch Assemblierung der entsprechenden Elementbeiträge $\mathbf{v}$, $\mathbf{k}$ und $\mathbf{f}$ ergeben:

$$\Pi(\mathbf{v}) = \sum_{e=1}^{n_{\mathrm{E}}} \left(\frac{1}{2}\, \mathbf{v}_e^{\mathrm{T}} \mathbf{k}_e \mathbf{v}_e - \mathbf{v}_e^{\mathrm{T}} \mathbf{f}_e \right) = \frac{1}{2}\, \mathbf{V}^{\mathrm{T}} \mathbf{K} \mathbf{V} - \mathbf{V}^{\mathrm{T}} \mathbf{F}. \tag{6.75}$$

Es liegt also nahe, die Energiefreisetzungsrate bei einer vorgegebenen Rissausbreitung um Δa direkt mit der FEM als Differenzenquotient zweier Modelle mit den

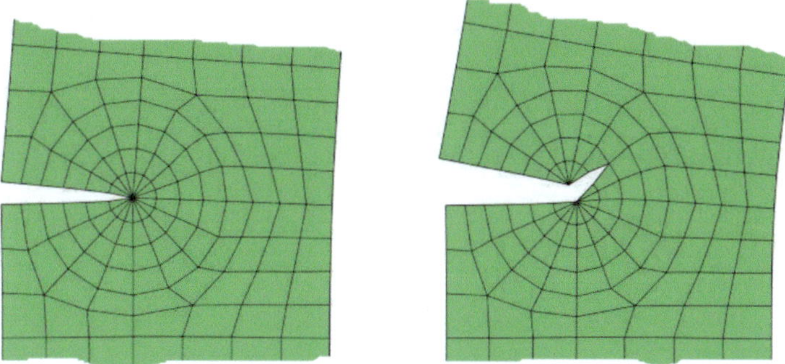

Bild 6.23 FEM-Modelle für eine endliche Rissausbreitung im Ausgangs- und Endzustand

Risslängen a und $a + \Delta a$ zu berechnen

$$\bar{G} = -\frac{\Delta \Pi}{\Delta a} = -\frac{\Pi(a + \Delta a) - \Pi(a)}{\Delta a}, \tag{6.76}$$

was den Aufbau, die Lösung und die Auswertung zweier kompletter FEM-Modelle verlangt. Das Verfahren eignet sich für jede beliebige endliche Rissausbreitung auf einem geraden, abgeknickten oder gekrümmten Pfad C (siehe Bild 6.23). Es liefert die totale Energiedifferenz $\bar{G}$ zwischen End- und Ausgangszustand pro Risserweiterung Δa. Der Zusammenhang mit der Energiefreisetzungsrate $G = -\mathrm{d}\Pi/\mathrm{d}a$ bei infinitesimalem Rissfortschritt $\mathrm{d}a$ ist durch das Integral entlang des Risspfades C gegeben

$$\bar{G} = \int_C G(a)\,\mathrm{d}a. \tag{6.77}$$

Will man die infinitesimale Energiefreisetzungsrate gemäß Gleichung (4.78) bestimmen, so muss numerisch ein sehr kleines Rissinkrement $\Delta a \approx 0{,}001 \ll a$ realisiert werden, das aber auch nicht zu klein sein darf, damit sich keine numerischen (Rundungs-)Fehler akkumulieren.

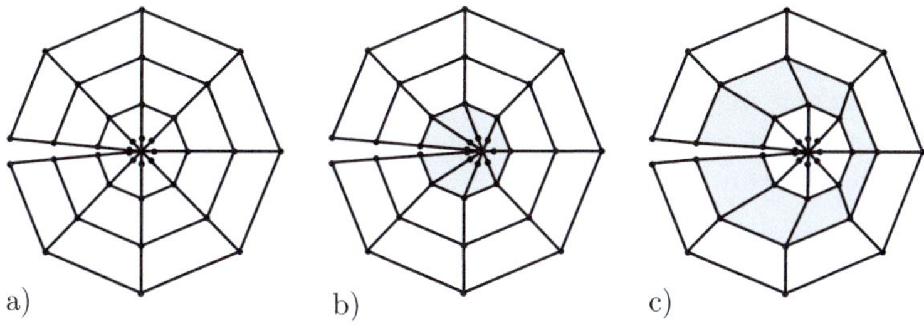

Bild 6.24 Virtuelle Rissausbreitung bei der globalen Energiemethode

6.4.2 Die Methode der virtuellen Rissausbreitung

Eleganter ist jedoch die von PARKS [46], HELLEN [30] und DELORENZI [23] vorgeschlagene *Methode der virtuellen Rissausbreitung* (engl. *virtual crack extension, VCE*). Dazu wird (6.75) nach der Risslänge abgeleitet:

$$G = -\frac{\mathrm{d}\Pi}{\mathrm{d}a} = -\frac{\partial \mathbf{V}^{\mathrm{T}}}{\partial a}(\underbrace{\mathbf{KV} - \mathbf{F}}_{=0}) - \frac{1}{2}\mathbf{V}^{\mathrm{T}}\frac{\partial \mathbf{K}}{\partial a}\mathbf{V} + \mathbf{V}^{\mathrm{T}}\frac{\partial \mathbf{F}}{\partial a} \tag{6.78}$$

Der Klammerausdruck stellt das FEM-Gleichungssystem dar und muss daher verschwinden. Unterstellt man, dass sich die äußeren Belastungen $\mathbf{F}$ mit der Risslänge nicht verändern, so folgt

$$G = -\frac{1}{2}\mathbf{V}^{\mathrm{T}}\frac{\partial \mathbf{K}}{\partial a}\mathbf{V} \approx -\frac{1}{2}\mathbf{V}^{\mathrm{T}}(a)\frac{\mathbf{K}(a+\Delta a) - \mathbf{K}(a)}{\Delta a}\mathbf{V}(a) = -\frac{1}{2}\mathbf{V}^{\mathrm{T}}\frac{\Delta \mathbf{K}}{\Delta a}\mathbf{V}. \tag{6.79}$$

Somit berechnet sich die Energiefreisetzungsrate G aus der Ableitung der Steifigkeitsmatrix nach der Risslänge und beidseitiger Multiplikation mit der Verschiebungslösung $\mathbf{V}(a)$, die nur für die Ausgangsrisslänge a bekannt sein muss. Die Technik wird auch *Methode der Steifigkeitsableitung* (engl. *stiffness derivative method*) genannt.

Wie wird nun die virtuelle Rissausbreitung Δa im FEM-Kontext festgelegt? In den ursprünglichen Arbeiten [30, 46] verschob man gemäß Bild 6.24 den Rissspitzenknoten oder ein begrenztes Gebiet von Elementen um die Rissspitze um Δa, so dass sich die Steifigkeitsmatrix de facto nur geringfügig in der Rissumgebung V_0 verändert (relevante Elemente sind grau hinterlegt). Die Differenz $\Delta\mathbf{K}$ kann somit leicht aus den wenigen Elementbeiträgen berechnet werden, was sich rechentechnisch einfach realisieren lässt, wenn man direkt in die FEM-Routinen zum Aufbau der Steifigkeitsmatrizen eingreifen kann. Bei kommerziellen FEM-Programmen ist dies kaum möglich und die Berechnung von $\Delta\mathbf{K}/\Delta a$ erfordert einen speziellen Post-Prozessor. Dennoch wird der Berechnungsaufwand im Wesentlichen auf die FEM-Analyse für *eine* Risslänge reduziert.

Anstelle des Differenzenquotienten $\Delta\mathbf{K}/\Delta a$ haben LIN & ABEL [41] die Steifigkeitsmatrix im Sinne einer Störungsrechnung analytisch exakt differenziert $\partial\mathbf{K}/\partial a$ (6.79). Dazu wurde die Ableitung auf alle Terme unter dem Bestimmungsintegral für $\mathbf{K}$ (5.50) angewandt. Damit werden numerische Ungenauigkeiten infolge von Rundungsfehlern und des Wechsels der FEM-Diskretisierung bei der virtuellen Rissausbreitung vermieden. Allerdings ist bei dieser Methode ein Mehraufwand für die Bestimmung der Steifigkeitsableitung nötig, wozu man außerdem Zugriff auf den FEM-Code haben muss [66].

Während sich die bisher vorgestellten Techniken der VCE vordergründig am FEM-Algorithmus orientieren, wurde von DELORENZI [23, 24] ein allgemeinerer kontinuumsmechanischer Zugang verfolgt. Dabei wird die virtuelle Rissausbreitung als eine Abbildung von der Ausgangskonfiguration $x_k(a)$ in die verschobene Konfiguration $\bar{x}_k(a+\Delta a)$ betrachtet, wobei die Funktion $\Delta l_k(\boldsymbol{x})$ die virtuelle Verrückung der Rissspitze und einer begrenzten Umgebung V_0 beschreibt (siehe Bild 6.24):

$$\bar{x}_k = x_k + \Delta l_k(\boldsymbol{x}) \qquad \text{in } V_0 \tag{6.80}$$

Damit wird die Änderung der potenziellen Energie bei der virtuellen Rissausbreitung untersucht (siehe Abschnitt 4.2.4), woraus die folgende Gleichung für die globale Energiefreisetzungsrate G^* entsteht:

$$G^* \mathrel{\widehat{=}} G = -\int\limits_{V_0} \left[U\delta_{kj} - \sigma_{ij}\frac{\partial u_i}{\partial x_k} \right] \frac{\partial \Delta l_k}{\partial x_j}\,\mathrm{d}V + \int\limits_{V_0} \left[\sigma_{ij}\frac{\partial \varepsilon_{ij}^{\mathrm{t}}}{\partial x_k}\Delta l_k - \bar{b}_i \frac{\partial u_i}{\partial x_k}\Delta l_k \right] \mathrm{d}V \tag{6.81}$$

Dieses Volumenintegral erstreckt sich nur über das durch die VCE veränderte Gebiet V_0, da außerhalb $\Delta l_k \equiv 0$ ist. Es berücksichtigt Volumenkräfte $\bar{b}_i$ und thermische Dehnungen $\varepsilon_{ij}^{\mathrm{t}}$ [15]. Die Beziehung (6.81) stellt eine Auswerteformel für die FEM-Analyse bei der Ausgangskonfiguration a dar, d. h. sie kann im Post-Prozessor für die betrachtete Risserweiterung Δl_k (aber auch jede weitere gewünschte Variante) berechnet werden. Dieses Verfahren der VCE ist im Prinzip identisch mit der Formulierung des J-Integrals als ein äquivalentes Gebietsintegral, worauf ausführlich in Abschnitt 7.4 eingegangen wird.

Die *globale Energiefreisetzungsmethode* besitzt eine Reihe von *Vorteilen*: Erstens approximiert die FEM als Variationsverfahren am genauesten die Energie der Struktur, welche hier ausgewertet wird. Zweitens muss man aus diesem Grunde die Rissumgebung nicht unbedingt mit Rissspitzenelementen versehen (was dennoch von Vorteil ist), sondern erzielt auch mit Standard-Elementen eine gute Genauigkeit. Generell erhält man bei gleicher Netzfeinheit mit der virtuellen Rissausbreitungsmethode ein genaueres Ergebnis für die K-Faktoren als mit der Verschiebungsauswertung DIM.

Als *Nachteile* der VCE müssen der erforderliche Implementierungsaufwand genannt werden, falls die Steifigkeitsmatrix direkt abgeleitet wird, und eine gewisse numerische Sensibilität bzgl. der Wahl von Δa. Zur Umrechnung der ermittelten Energiefreisetzungsrate G in die Spannungsintensitätsfaktoren besteht nur die Beziehung

$$G = G_{\mathrm{I}} + G_{\mathrm{II}} + G_{\mathrm{III}} = \frac{1-\nu^2}{E}(K_{\mathrm{I}}^2 + K_{\mathrm{II}}^2) + \frac{1+\nu}{E}K_{\mathrm{III}}^2. \tag{6.82}$$

Im Fall überlagerter Rissöffnungsarten Modus I, II und III ist allein mit dieser Gleichung keine Aufspaltung in die einzelnen Intensitätsfaktoren K_{I}, K_{II} und K_{III} möglich! Das schränkt den Anwendungsbereich dieses Verfahrens erheblich ein.

6.5 Die Methode des Rissschließintegrals

6.5.1 Grundgleichungen der lokalen Energiemethode

Als gleichwertiger Zugang zur Berechnung der Energiefreisetzungsrate G wurde in Abschnitt 4.2.5 die *lokale Energiemethode* vorgestellt. Sie basiert auf der Arbeit $\Delta\mathcal{W}_c$, die zur lokalen Öffnung bzw. Schließung des Risses um Δa von den Schnittspannungen t_i^c mit den Rissuferverschiebungen Δu_i verrichtet werden muss, siehe (4.90). Die Grundgleichungen werden anhand von Bild 6.25 für Modus-I-Belastung erläutert. Im oberen Bild ist die Situation für die Ausgangsrisslänge a mit dem Spannungsverlauf $t_i^c \widehat{=} \sigma_{22}(r,\, \theta = 0;\, a)$ vor dem Riss dargestellt. Das untere Bild beschreibt die Situation nach einer Risserweiterung um Δa, wodurch es zu einer Öffnungsverschiebung der Rissufer um $\Delta u_2 = u_2^+(\Delta a - s,\, +\pi;\, a + \Delta a) - u_2^-(\Delta a - s,\, -\pi;\, a + \Delta a)$ kommt, die von der Rissspitze aus im Abstand $\bar{r} = \Delta a - s$ gezählt wird. Die dabei verrichtete Arbeit der Spannungen σ_{22} an den Verschiebungen Δu_2 wird entlang Δa integriert:

$$G_{\mathrm{I}}(a) = \lim_{\Delta a \to 0} \frac{1}{2\Delta a} \int_0^{\Delta a} \sigma_{22}(r = s,\, \theta = 0;\, a)\, \Delta u_2(\bar{r} = \Delta a - s,\, \theta = \pm\pi;\, a + \Delta a)\, \mathrm{d}s\,. \tag{6.83}$$

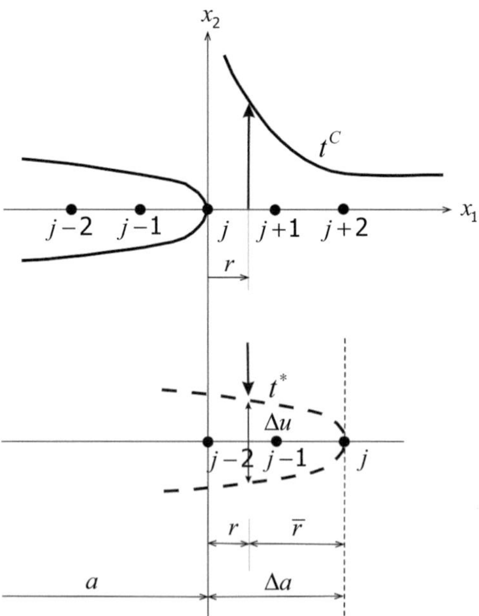

Bild 6.25 Lokale Energiemethode in Form des Rissschließintegrals

Entsprechende Beziehungen ergeben sich für reinen Modus II mit $t_1^c \widehat{=} \tau_{21}$ und Δu_1 sowie $t_3^c \widehat{=} \tau_{23}$ und Δu_3 bei Modus III:

$$
\begin{aligned}
G_{\mathrm{II}}(a) &= \lim_{\Delta a \to 0} \frac{1}{2\Delta a} \int_0^{\Delta a} \tau_{21}(s,\, 0;\, a)\, \Delta u_1(\Delta a - s,\, \pm\pi;\, a + \Delta a)\, \mathrm{d}s \\
G_{\mathrm{III}}(a) &= \lim_{\Delta a \to 0} \frac{1}{2\Delta a} \int_0^{\Delta a} \tau_{23}(s,\, 0;\, a)\, \Delta u_3(\Delta a - s,\, \pm\pi;\, a + \Delta a)\, \mathrm{d}s
\end{aligned}
\tag{6.84}
$$

Für den allgemeinen Fall gemischter Rissbelastung aus allen Moden lassen sich diese drei Gleichungen zusammenfassen:

$$
\begin{aligned}
G(a) &= G_{\mathrm{I}}(a) + G_{\mathrm{II}}(a) + G_{\mathrm{III}}(a) \\
&= \lim_{\Delta a \to 0} \frac{1}{2\Delta a} \int_0^{\Delta a} \sum_{i=1}^{3} \left[t_i^c(s,\, 0;\, a) - t_i^*(s,\, 0;\, a + \Delta a) \right] \\
&\times \Delta u_i(\Delta a - s,\, \pm\pi;\, a + \Delta a)\, \mathrm{d}s
\end{aligned}
\tag{6.85}
$$

Zusätzlich wurden mit t_i^* noch residuelle Belastungen eingeführt, die auch nach Rissverlängerung auf den Rissufern wirken wie z. B. Innendruck im Riss oder Kohäsivkräfte zwischen den Rissufern. Das Vorzeichen von t_i^* ist positiv anzusetzen, wenn die Spannungen die Rissufer zusammenziehen, d. h. in $-x_i$-Richtung.

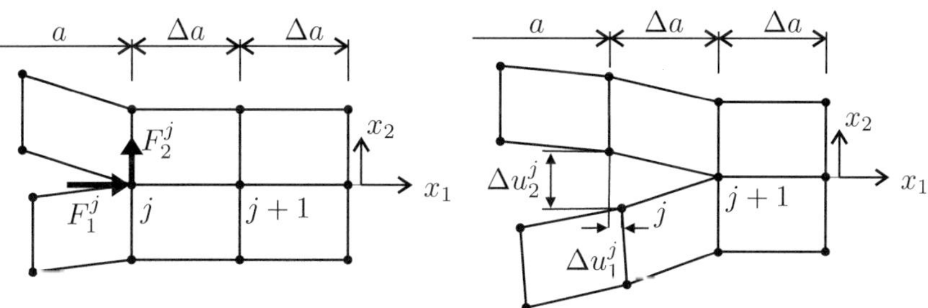

Bild 6.26 Einfaches Rissschließintegral im FEM-Kontext: a) Kräfte vor und b) Verschiebungen nach Risserweiterung

6.5.2 Numerische Realisierung mit FEM 2D

a) Einfaches Rissschließintegral

Die einfachste numerische Umsetzung der lokalen Energiemethode besteht in der Durchführung von zwei FEM-Berechnungen, bei denen der Riss auf einem gegebenen Pfad um das Inkrement Δa dadurch verlängert wird, dass man das Netz entlang einer Elementkante L trennt. Dies ist in Bild 6.26 für ebene 4-Knoten-Elemente dargestellt. Im Rahmen der FEM berechnet sich die zu (6.83) und (6.84) äquivalente Rissschließarbeit gerade aus der Knotenkraft $F_i^j(a)$ des Rissspitzenknotens j im Ausgangsmodell (Bild 6.26a und der Öffnungsverschiebung $\Delta u_i^j(a+\Delta a)$ nach Rissausbreitung (Bild 6.26b:

$$\left.\begin{aligned} G_{\mathrm{I}}\left(a+\frac{\Delta a}{2}\right) &= \frac{1}{2\Delta a}\left[F_2^j(a)\Delta u_2^j(a+\Delta a)\right] \\ G_{\mathrm{II}}\left(a+\frac{\Delta a}{2}\right) &= \frac{1}{2\Delta a}\left[F_1^j(a)\Delta u_1^j(a+\Delta a)\right] \end{aligned}\right\}\text{ESZ, EVZ}$$
$$\left. G_{\mathrm{III}}\left(a+\frac{\Delta a}{2}\right) = \frac{1}{2\Delta a}\left[F_3^j(a)\Delta u_3^j(a+\Delta a)\right]\right\}\text{NES} \qquad (6.86)$$

Bei 2D-Strukturen tritt Modus III nur bei nichtebener Schubbelastung (NES) auf. Das Ergebnis dieses Differenzenquotienten ist der mittleren Risslänge $a+\Delta a/2$ zuzuordnen. Es leuchtet unmittelbar ein, dass dieses Verfahren sehr gut geeignet ist, um $G_N(a)$ bzw. die K-Faktoren $K_N(a)$ $\quad (N = \mathrm{I, II, III})$ schrittweise für eine ganze Folge von Risserweiterungen um je eine Elementlänge $L = \Delta a$ zu bestimmen. Mit Hilfe eines einzigen FEM-Netzes, bei dem der Risspfad durch gleich große Elemente diskretisiert wird, kann man somit durch sukszessives Knotentrennen die Bruchkenngrößen im interessierenden Risslängenbereich berechnen und benötigt $n+1$ Rechnungen für n Differenzenquotienten (6.86).

b) Modifiziertes Rissschließintegral MCCI

Möchte man die Energiefreisetzungsrate bzw. daraus die K-Faktoren lediglich für *eine* Risslänge bestimmen, so lässt sich nach dem Vorschlag von Rybicki & Kanninen [53] und Buchholz [19] der Aufwand auf *eine* FEM-Rechnung reduzieren. Dabei wird angenommen, dass die Rissverlängerung um Δa den Beanspruchungszustand an der Rissspitze nicht wesentlich ändert. Deshalb darf man die Rissöffnungsverschiebung $\Delta u_i^j(a+\Delta a)$ in guter Näherung durch ihren Wert $\Delta u_i^{j-1}(a)$ am Knoten $(j-1)$ auf dem Rissufer bei der Ausgangsrisslänge a approximieren. Diese Technik wird als *modifiziertes Rissschließintegral* (engl. *modified crack closure integral, MCCI*) oder *virtuelle Rissschließmethode* bezeichnet und hat sich generell durchgesetzt. Das Verfahren ist in Bild 6.27 für Elemente mit linearem (a) oder quadratischem (b) Verschiebungsansatz skizziert. Dabei bezeichnet der Index j den Rissspitzenknoten, so dass die Knoten j, $j+1$, $j+2$ auf dem Ligament liegen und die Knoten $j-2$, $j-1$, j den Rissufern entsprechen. Für die linearen Elemente ergibt sich das modifizierte Rissschließintegral aus der Arbeit der Kräfte am Rissspitzenknoten j mit der Öffnungsverschiebung am Knoten $j-1$:

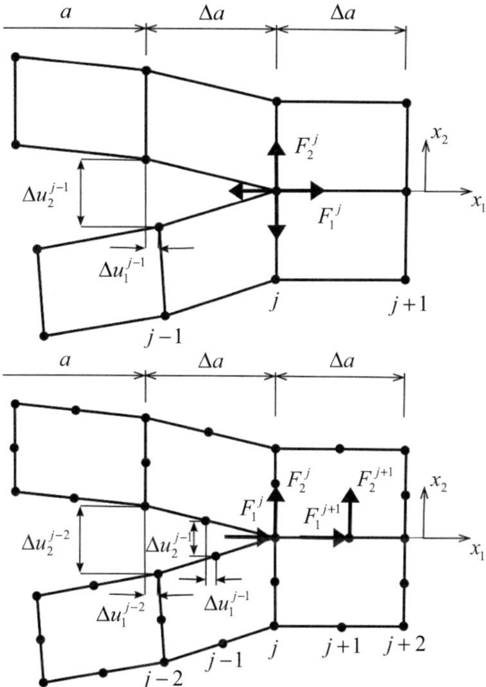

Bild 6.27 Modifiziertes Rissschließintegral für a) lineare (oben) und b) quadratische Verschiebungsansätze (unten)

$$
\left.\begin{aligned}
G_{\mathrm{I}}(a) &\approx \frac{1}{2\Delta a}\left[F_2^j(a)\Delta u_2^{j-1}(a)\right] \\
G_{\mathrm{II}}(a) &\approx \frac{1}{2\Delta a}\left[F_1^j(a)\Delta u_1^{j-1}(a)\right]
\end{aligned}\right\}\text{ESZ, EVZ}
\qquad
G_{\mathrm{III}}(a) \approx \frac{1}{2\Delta a}\left[F_3^j(a)\Delta u_3^{j-1}(a)\right]\Big\}\text{NES} \tag{6.87}
$$

Bei Mixed-Mode-Beanspruchung und eventuellen residuellen Kräften F_i^* auf den Rissufern ($\widehat{=}\, t_i^*$) berechnet sich das modifizierte Rissschließintegral für lineare Elementansätze ($\Delta a \,\widehat{=}$ Elementkantenlänge L) zu:

$$
G(a) = G_{\mathrm{I}}(a) + G_{\mathrm{II}}(a) + G_{\mathrm{III}}(a) = \frac{1}{2\Delta a}\sum_{i=1}^{3}\left[\left(F_i^j(a) - F_i^{*j}(a)\right)\Delta u_i^{j-1}(a)\right]. \tag{6.88}
$$

Für Elemente mit quadratischen Ansatzfunktionen, die meist bevorzugt werden, müssen beim Rissfortschritt immer zwei Knoten getrennt werden, siehe Bild 6.27b und Bild 6.25. Das Rissschließintegral setzt sich aus den Arbeitstermen der Knotenkräfte j mit den Verschiebungen am Rissuferknoten $j-2$ (nach gedachtem Rissfortschritt $\Delta a = L$) und den Kräften am Seitenmittenknoten $j+1$ mit den Verschiebungen bei $j-1$ zusammen:

$$\left.\begin{aligned} G_{\mathrm{I}}(a) &\approx \frac{1}{2\Delta a}\left[F_2^j(a)\Delta u_2^{j-2}(a) + F_2^{j+1}(a)\Delta u_2^{j-1}(a)\right] \\ G_{\mathrm{II}}(a) &\approx \frac{1}{2\Delta a}\left[F_1^j(a)\Delta u_1^{j-2}(a) + F_1^{j+1}(a)\Delta u_1^{j-1}(a)\right] \end{aligned}\right\}\text{ESZ, EVZ}$$
$$G_{\mathrm{III}}(a) \approx \frac{1}{2\Delta a}\left[F_3^j(a)\Delta u_3^{j-2}(a) + F_3^{j+1}(a)\Delta u_3^{j-1}(a)\right]\Big\}\text{NES} \tag{6.89}$$

Zusammengefasst für alle Rissöffnungsarten und residuelle Rissuferlasten lautet das modifizierte Rissschließintegral bei Verwendung quadratischer Elementansätze somit

$$\begin{aligned} G(a) &= G_{\mathrm{I}}(a) + G_{\mathrm{II}}(a) + G_{\mathrm{III}}(a) \\ &= \frac{1}{2\Delta a}\sum_{i=1}^{3}\left[\left(F_i^j - F_i^{*j}\right)\Delta u_i^{j-2} + \left(F_i^{j+1} - F_i^{*j+1}\right)\Delta u_i^{j-1}\right]. \end{aligned} \tag{6.90}$$

Die Formeln (6.88) und (6.90) gelten allgemein für zweidimensionale Rissprobleme (Dicke $B = 1$, $\Delta A = \Delta a B$) bei beliebigem anisotropem elastischem Materialverhalten. Ab Orthotropie und höheren Symmetrieklassen entkoppeln sich die Lösungen in der Ebene und longitudinal dazu. Dann wird bei Belastungen in der Ebene (ESZ, EVZ) Modus III nicht auftreten, $G_{\mathrm{III}} \equiv 0$ und der Fall nichtebener Schubbelastung (NES) wird separat behandelt, d. h. $G_{\mathrm{III}} \neq 0$, $G_{\mathrm{I}} = G_{\mathrm{II}} = 0$.

c) Kombination MCCI mit Viertelpunktelementen

Die Anwendung des modifizierten Rissschließintegrals ergibt in Kombination mit regulären Elementen am Riss bereits eine zufriedenstellende Genauigkeit der berechneten Bruchkenngrößen G_N und K_N ($N = \mathrm{I}, \mathrm{II}, \mathrm{III}$). Deshalb wird die Methode meist in den Fällen eingesetzt, wo keine Rissspitzenelemente verfügbar oder anwendbar sind. Trotzdem kann diese Technik auch auf die in Abschnitt 6.2.2 vorgestellten Viertelpunktelemente übertragen werden. Ausgehend von den Grundgleichungen (6.83) bis (6.85) der lokalen Energiemethode wurde die Rissschließarbeit mit den spezifischen Ansätzen der 2D-Viertelpunktelemente integriert [50, 51, 58], woraus sich entsprechende Arbeitsterme der Knotenkräfte

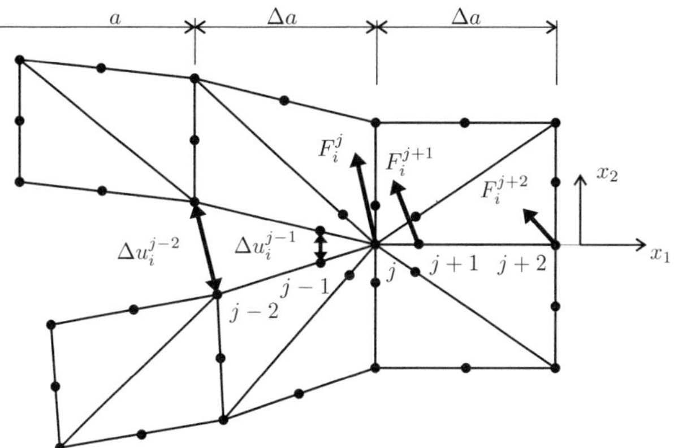

Bild 6.28 Modifiziertes Rissschließintegral für 2D-Viertelpunktelemente

F_i^n $(n = j, j+1, j+2)$ mit den Rissöffnungsverschiebungen Δu_i^n $(n = j-2, j-1)$ und den Wichtungsfaktoren c_l $(l = 1, 2, \ldots, 6)$ ergeben, siehe Bild 6.28.

Variante 1)

(Die Rissuferlasten F_i^{*n} wurden der Übersichtlichkeit halber weggelassen.)

$$
\begin{aligned}
G = \frac{1}{2\Delta a} \sum_{i=1}^{3} \Big[& \left(c_1 F_i^j + c_2 F_i^{j+1} + c_3 F_i^{j+2} \right) \Delta u_i^{j-2} + \\
& + \left(c_4 F_i^j + c_5 F_i^{j+1} + c_6 F_i^{j+2} \right) \Delta u_i^{j-1} \Big]
\end{aligned}
\tag{6.91}
$$

$$
\begin{aligned}
c_1 &= 14 - \frac{33\pi}{8}, \qquad & c_2 &= \frac{21\pi}{16} - \frac{7}{2}, \qquad & c_3 &= 8 - \frac{21\pi}{8} \\
c_4 &= \frac{33\pi}{2} - 52, \qquad & c_5 &= 17 - \frac{21\pi}{4}, \qquad & c_6 &= \frac{21\pi}{2} - 32
\end{aligned}
$$

Variante 2)

Durch einen reduzierten Spannungsansatz auf dem Ligament kann die Knotenkraft F_i^{j+2} eliminiert werden, was zu einer einfacheren Formel führt [50].

$$
\begin{aligned}
& G = \frac{1}{2\Delta a} \sum_{i=1}^{3} \left[F_i^j \left(c_1 \Delta u_i^{j-2} + c_2 \Delta u_i^{j-1} \right) + F_i^{j+1} \left(c_3 \Delta u_i^{j-2} + c_4 \Delta u_i^{j-1} \right) \right] \\
& c_1 = 6 - \frac{3}{2}\pi, \quad c_2 = 6\pi - 20, \quad c_3 = \frac{1}{2}, \quad c_4 = 1
\end{aligned}
\tag{6.92}
$$

d) Berechnung der Knotenkräfte

Die Berechnung der Knotenkräfte F_i^n $(n = j, j+1, j+2)$ soll ausführlicher erläutert werden: Es handelt sich ja um Schnittkräfte, da im Rahmen des FEM-Modells an jedem Knoten Gleichgewicht herrscht (resultierende Kraft = Null). Untersucht man Rissprobleme rein symmetrischer (Modus I) oder rein antimetrischer (Modi II und III) Art, so werden auf dem Ligament entsprechende kinematische Randbedingungen vorgeschrieben. Die Kräfte F_i^n sind dann genau die dazugehörigen Reaktionskräfte, die von den meisten FEM-Codes bereitgestellt werden. Im allgemeinen Mixed-Mode-Fall besteht das Ligament aus inneren Knoten, deren ausbalancierte Kräfte nicht verfügbar sind. Um sie sich zu beschaffen, muss man das FEM-Modell gedanklich in zwei Teile oberhalb und unterhalb des Ligamentes zerlegen, deren Steifigkeitsmatrizen $\mathbf{K}^+$ bzw. $\mathbf{K}^-$ in geeigneter Weise zu bestimmen sind. Daraus berechnen sich mit der bekannten Verschiebungslösung $\mathbf{V}$ die gesuchten Knotenkräfte $\mathbf{F}^+$ bzw. $\mathbf{F}^-$ der Teilmodelle auf dem Ligament:

$$\mathbf{F}^+ = \mathbf{K}^+\mathbf{V} = -\mathbf{F}^- = -\mathbf{K}^-\mathbf{V}, \qquad \text{da} \qquad \mathbf{KV} = \mathbf{F} = 0 \tag{6.93}$$

In einigen kommerziellen FEM-Codes können auch die Knotenkräfte jedes Elementes optional ausgegeben werden, die dann für die Ligamentknoten im oberen oder unteren Teil aus den Beiträgen der zugehörigen Elemente aufzusummieren sind, was de facto (6.93) entspricht.

Einfacher und eleganter ist folgender Trick: Die Ligamentknoten j, $j+1$, $j+2$ werden formal als doppelte Knoten (gleiche Koordinaten) behandelt, aber ihre Verschiebungen aneinander gefesselt (»multi-point-constraint«). Bei den meisten FEM-Codes kann man dann die Kopplungskräfte (forces on constraint) ausgeben lassen, die genau den gesuchten F_i^n entsprechen. Alternativ führen kleine, sehr steife Stabelemente zwischen den Doppelknoten in alle drei Richtungen zum gleichen Ergebnis.

6.5.3 Numerische Realisierung mit FEM 3D

Die Technik des Rissschließintegrals kann relativ problemlos auf dreidimensionale Risskonfigurationen verallgemeinert werden, solange die Rissfront gerade verläuft. Im Grunde stellt sie eine lokale Ausführung des Rissschließintegrals entlang eines Segmentes Δs der Rissfront dar, wobei eine Teilfläche des Risses ΔA geschlossen bzw. erweitert wird. Im Weiteren wird nur das modifizierte Rissschließintegral MCCI wegen seiner größeren Bedeutung behandelt. Die Koordinate s bezeichnet wieder die Bogenlänge entlang der Rissfront. Bei den Knotenkräften F_i^j auf dem Ligament vor dem Riss kennzeichnet der tiefgestellte Index i die Koordinatenrichtung im lokalen begleitenden System, was den Rissöffnungsarten I, II und III $\widehat{=}$ $i = 2, 1, 3$ entspricht. Der hochgestellte Index j nummeriert die für das Arbeitsintegral herangezogenen Knotenpaare, so dass jede Kraft F_i^j mit der Rissöffnungsverschiebung Δu_i^j am entsprechenden zugeordneten Rissflächenknoten multipliziert wird.

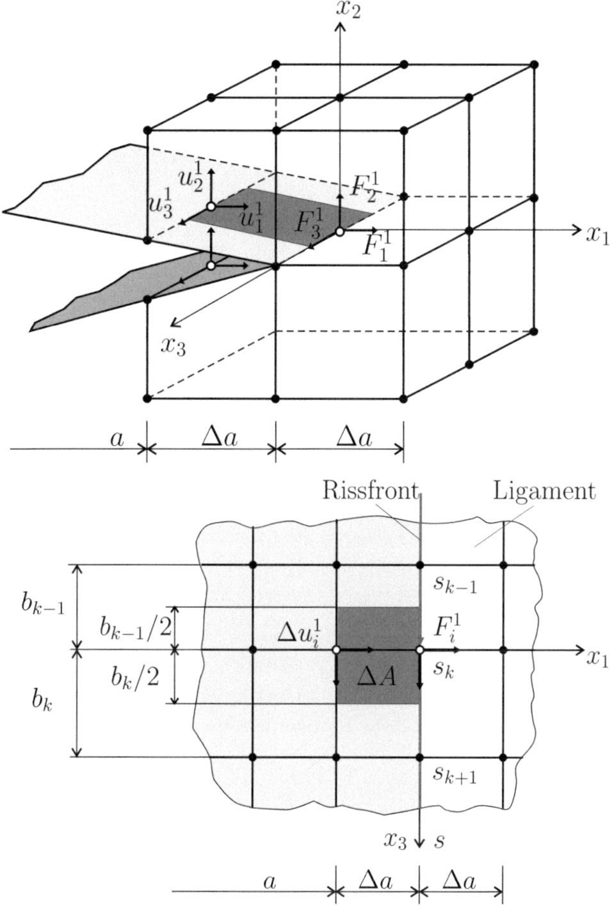

Bild 6.29 3D-Rissschließintegral für 8-Knoten Hexaeder bei gerader Rissfront

a) 8-Knoten Hexaeder bei gerader Rissfront

Die geometrischen Verhältnisse sind in Bild 6.29 skizziert. Die Elemente vor und hinter der Rissfront müssen stets die gleiche Länge $L = \Delta a$ und Breite b besitzen, damit die Flächeninhalte ΔA beim gedachten Rissschließen kongruent sind. Die Position der Knoten entlang der Rissfront wird mit s_k fortlaufend nummeriert. Die Breite der Elemente ergibt sich zu $b_k = s_{k+1} - s_k$ usw. Bei diesen Elementen kann das Rissschließintegral nur entlang der Elementkante zwischen dem Rissfrontknoten F_i^1 und dem ersten Rissflächenknoten mit den Relativverschiebungen Δu_i^1 ausgeführt werden. Beachtet werden muss, dass die zugehörige Fläche ΔA dieses Rissschließvorgangs jeweils zur Hälfte aus den Beiträgen der beteiligten Elemente besteht, siehe Bild 6.29.

$$\begin{aligned}
\Delta A &= \frac{1}{2}(b_{k-1}+b_k)\Delta a \\
G(s_k) &= G_{\mathrm{I}} + G_{\mathrm{II}} + G_{\mathrm{III}} \\
&= \frac{1}{2\Delta A}\left(F_2^1\Delta u_2^1 + F_1^1\Delta u_1^1 + F_3^1\Delta u_3^1\right) = \frac{1}{2\Delta A}\sum_{i=1}^{3} F_i^1\Delta u_i^1
\end{aligned} \tag{6.94}$$

Das Ergebnis wird der Position s_k des Eckknotens zugeordnet. Entsprechend verfährt man für alle Knoten entlang der Rissfront und erhält somit den Verlauf $G_N(s)$ bzw. $K_N(s)$ $(N = \mathrm{I}, \mathrm{II}, \mathrm{III})$.

b) 20-Knoten Hexaeder bei gerader Rissfront

Bei räumlichen Elementen mit quadratischen Ansatzfunktionen (20-Knoten Hexaeder oder 15-Knoten Pentaeder) liegen acht Knoten auf der Elementfläche. Das Rissschließintegral kann sowohl für einen Eckknoten als auch einen Seitenmittenknoten ausgewertet werden, was Bild 6.30 illustriert.

Es gelten die gleichen geometrischen Restriktionen und Bezeichnungen wie im vorigen Abschnitt. Nun sind für das jeweilige MCCI die relevanten Knotenpaare und die repräsentative Fläche ΔA festzulegen. Bei einem Eckknoten (Bild 6.30a) wird wieder die halbe Fläche der angrenzenden Elemente verwendet. Im Unterschied zum 2D-Fall sind noch die Arbeitsterme der Seitenmittenknoten $j = 3$ und $j = 4$ zu berücksichtigen, wobei die Knotenkräfte nur zur Hälfte angerechnet werden dürfen.

$$\begin{aligned}
\Delta A &= \frac{1}{2}(b_{k-1}+b_k)\Delta a \\
G_{\mathrm{I}}(s_k) &= \frac{1}{2\Delta A}\left[F_2^1\Delta u_2^1 + F_2^2\Delta u_2^2 + \frac{1}{2}F_2^3\Delta u_2^3 + \frac{1}{2}F_2^4\Delta u_2^4\right] \\
G(s_k) &= \frac{1}{2\Delta A}\sum_{i=1}^{3}\left[F_i^1\Delta u_i^1 + F_i^2\Delta u_i^2 + \frac{1}{2}F_i^3\Delta u_i^3 + \frac{1}{2}F_i^4\Delta u_i^4\right]
\end{aligned} \tag{6.95}$$

Zur Berechnung des MCCI für Seitenmittenknoten sind die fünf Knotenkräfte auf dem Ligament mit den zugeordneten Knotenverschiebungen auf der Rissfläche zu verknüpfen, wie es Bild 6.30b zeigt. Bei den Kräften F_i^j dürfen nur die Beiträge dieses Elementes eingesetzt werden. Da meist nur die summarischen Schnittkräfte zur Verfügung stehen, wurde eine einfache Wichtung B_j eingeführt [57], mit der die Kräfte entsprechend den Flächeninhalten (Breiten) der beteiligten Elemente aufgeteilt werden.

$$\begin{aligned}
&\Delta A = b_k\Delta a\,, \qquad \bar{s} = s_k + \frac{1}{2}b_k \\
&B_1 = B_2 = b_k/(b_{k-1}+b_k), \qquad B_3 = 1\,, \qquad B_4 = B_5 = b_k/(b_k+b_{k+1})
\end{aligned}$$

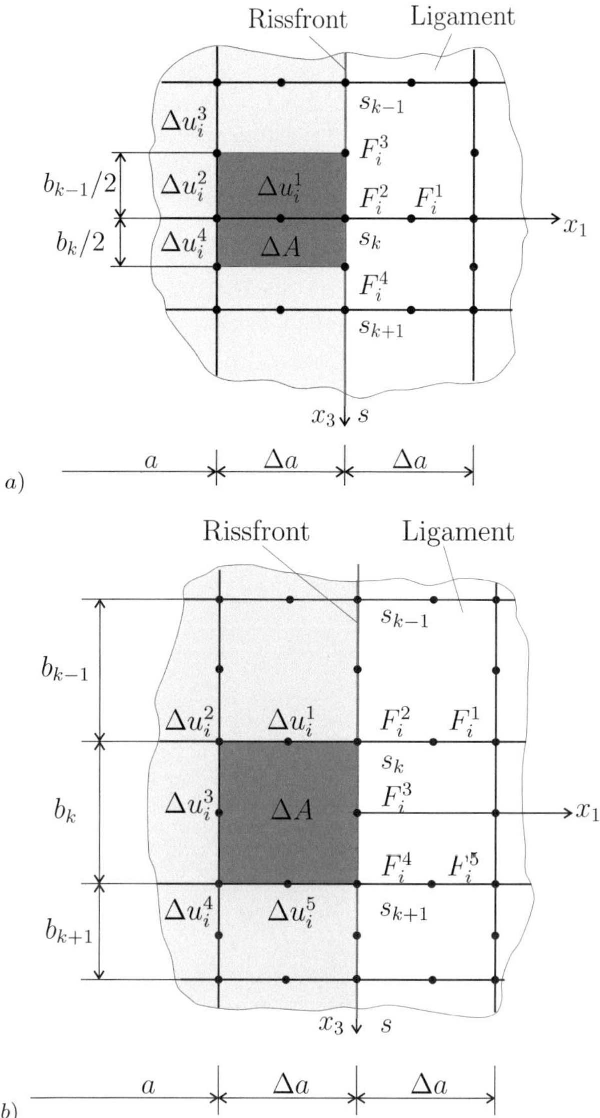

Bild 6.30 3D-Rissschließintegral für quadratische Elementansätze an a) Eckknoten und b) Seitenmittenknoten

$$G_{\mathrm{I}}(\bar{s}) = \frac{1}{2\Delta A} \sum_{j=1}^{5} B_j F_2^j \Delta u_2^j$$

$$G(\bar{s}) = G_{\mathrm{I}} + G_{\mathrm{II}} + G_{\mathrm{III}} = \frac{1}{2\Delta A} \sum_{j=1}^{5} \sum_{i=1}^{3} B_j F_i^j \Delta u_i^j \tag{6.96}$$

c) 20-Knoten Hexaeder bei gekrümmter Rissfront

Im Fall einer gekrümmten Rissfront lässt sich das Rissschließintegral nur näherungsweise realisieren, da die Fläche $\Delta\bar{A}$ vor der Rissfront, von der die Knotenkräfte genommen werden, nicht exakt deckungsgleich mit dem Rissflächenelement ΔA sein kann, wie Bild 6.31 veranschaulicht. Um diese Fehlpassung zu minimieren, sollten folgende geometrische Bedingungen eingehalten werden:

- Die Kanten der Elemente stehen immer senkrecht zur aktuellen Rissfront.
- Die beiden Elemente vor und hinter der Rissfront besitzen die gleiche Tiefe L, die der Risserweiterung Δa entspricht.
- L sollte klein im Vergleich zur Risslänge bzw. dem Krümmungsradius der Rissfront sein.
- Dann berechnet sich die Risserweiterungsfläche am Rissfrontsegment b_k zu $\Delta A \approx \Delta\bar{A} = b_k \Delta a$, siehe Bild 6.31.

Unter diesen Voraussetzungen können die Formeln (6.95) und (6.96) für Eck- bzw. Seitenmittenknoten auch auf gekrümmte Rissfronten angewandt werden und liefern brauchbare Genauigkeiten [59, 57].

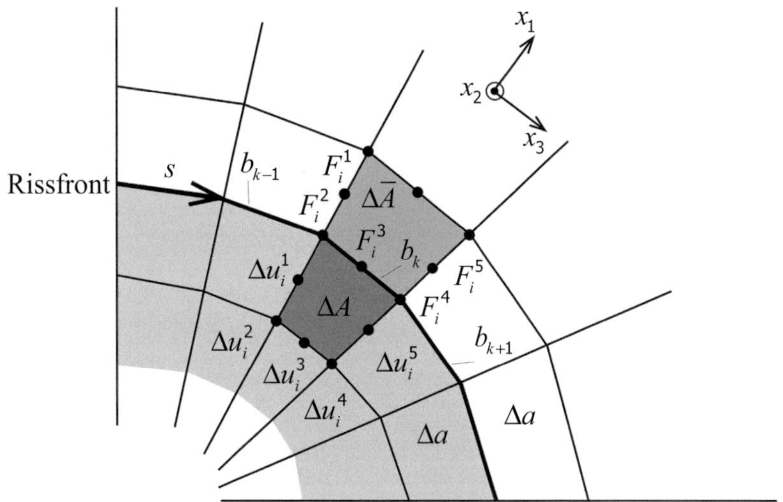

Bild 6.31 3D-Rissschließintegral für 20-Knoten Hexaeder bei gekrümmter Rissfront

d) MCCI mit 3D Viertelpunktelementen

Unter Berücksichtigung der spezifischen Verschiebungsansätze und des singulären Spannungsverlaufs bei dreidimensionalen Viertelpunktelementen (siehe Abschnitt 6.2.3) wurden angepasste Auswerteformeln für das MCCI entwickelt [1, 34]. Hier sollen zwei Varianten wiedergegeben werden, die sich sowohl bei geraden als auch gekrümmten Rissfronten bewährt haben und gleichermaßen für distordierte 20-Knoten Hexaederelemente, 15-Knoten Pentaeder- oder kollabierte distordierte Hexaederelemente einsetzbar sind. Die geometrische Zuordnung der Kräfte- und Verschiebungspaare ist Bild 6.32 zu entnehmen.

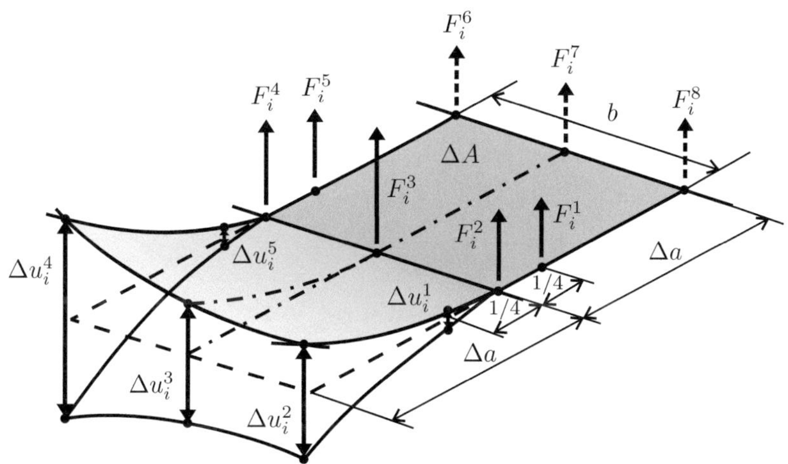

Bild 6.32 MCCI für 3D Viertelpunktelemente

Variante 1) [34]

$$
\begin{aligned}
G = \frac{1}{2\Delta ab} \sum_{i=1}^{3} \Big[& \left(2c_7F_i^4 + c_9F_i^5 + 2c_8F_i^6 + c_7F_i^3 + c_8F_i^7\right) \Delta u_i^5 \\
& + \left(c_7F_i^3 + c_8F_i^7 + 2c_7F_i^2 + c_9F_i^1 + 2c_8F_i^8\right) \Delta u_i^1 \\
& + \left(c_4F_i^4 + c_5F_i^5 + c_6F_i^6 + c_2F_i^3 + c_3F_i^7 + c_1F_i^2 - c_1F_i^1/2 + c_1F_i^8\right) \Delta u_i^4 \\
& + \left(c_1F_i^4 - c_1F_i^5/2 + c_1F_i^6 + c_2F_i^3 + c_3F_i^7 + c_4F_i^2 + c_5F_i^1 + c_6F_i^8\right) \Delta u_i^2 \\
& + \left(c_1(-2F_i^4 + F_i^5 - 2F_i^6 - 2F_i^2 + F_i^1 - 2F_i^8) + c_{10}F_i^3 + c_{11}F_i^7\right) \Delta u_i^3 \Big]
\end{aligned}
$$

$$
\begin{aligned}
& c_1 = (80 - 25\pi)/24, \quad c_2 = (544 - 173\pi)/48, \quad c_3 = (304 - 101\pi)/48, \\
& c_4 = (104 - 31\pi)/6, \quad c_5 = (11\pi - 31)/6, \quad c_6 = (34 - 11\pi)/3, \\
& c_7 = (33\pi - 104)/4, \quad c_8 = (21\pi - 64)/4, \quad c_9 = (68 - 21\pi)/4, \\
& c_{10} = (37\pi - 104)/12, \quad c_{11} = (19\pi - 56)/12
\end{aligned}
\tag{6.97}
$$

Variante 2) [22]

$$
\begin{aligned}
G = \frac{1}{2\Delta ab} \sum_{i=1}^{3} \Bigg[& \left(F_i^1 + c_1 F_i^2 + \frac{c_1}{2} F_i^3 \right) \Delta u_i^1 \\
& + \left(\frac{1}{2} F_i^1 - 2c_2 F_i^2 + c_4 F_i^3 - \frac{c_2}{2} F_i^4 \right) \Delta u_i^2 \\
& + \left(c_2 F_i^2 + c_3 F_i^3 + c_2 F_i^4 \right) \Delta u_i^3 \\
& + \left(\frac{1}{2} F_i^5 - 2c_2 F_i^4 + c_4 F_i^3 - \frac{c_2}{2} F_i^2 \right) \Delta u_i^4 \\
& + \left(F_i^5 + c_1 F_i^4 + \frac{c_1}{2} F_i^3 \right) \Delta u_i^5 \Bigg]
\end{aligned}
\tag{6.98}
$$

$$c_1 = 6\pi - 20, \quad c_2 = \pi - 4, \quad c_3 = \pi - 2, \quad c_4 = (16 - 5\pi)/4$$

6.5.4 Berücksichtigung von Rissufer-, Volumen- und thermischen Belastungen

Wenn auf die Rissufer auch nach der Rissausbreitung Randlasten t_i^* wirken, müssen diese wie in der FEM üblich mit den Formfunktionen (5.51) in äquivalente Knotenkräfte F_i^{*j} umgerechnet werden. Eine symmetrische Belastung beider Rissufer sei vorausgesetzt, d. h. $t_i^{*+} = -t_i^{*-}$. Bei einer konstanten Druckbelastung p und rechteckigen Elementflächen ΔA verteilt sich die resultierende Kraft $F^* = p\Delta A$ wie folgt auf die n_{K} Knoten:

- 2D und 3D Elemente mit linearen Ansätzen: $F^{*j} = F^*/n_{\mathrm{K}}$
- 2D quadratische Ansätze: 2 Eckknoten $F^{*j} = \frac{1}{6}F^*$, 1 Mittenknoten $F^{*j} = \frac{2}{3}F^*$
- 3D quadratische Ansätze: 4 Eckknoten $F^{*j} = -\frac{1}{12}F^*$, 4 Mittenknoten $F^{*j} = \frac{1}{3}F^*$
- 2D Viertelpunktelemente: Rissknoten $F^{*1} = 0$, Viertelpunkt $F^{*3} = \frac{2}{3}F^*$, Eckpunkt $F^{*2} = \frac{1}{3}F^*$
- 3D Viertelpunktelemente: (siehe Bild 6.32)

$$F^{*j} = \left\{ \frac{1}{3}, -\frac{1}{9}, \frac{2}{9}, -\frac{1}{9}, \frac{1}{3}, -\frac{1}{18}, \frac{4}{9}, -\frac{1}{18} \right\} F^*, \qquad j = 1, 2, \ldots, 8$$

Bei Kohäsivzonenmodellen (Abschnitt 10.6) sind die Rissuferlasten t_i^* abhängig von den momentanen Rissuferverschiebungen $\Delta u_i(r, \theta = \pm\pi)$, d. h. die konsistenten Knotenkräften müssen nach jedem Lastschritt neu mit (5.51) integriert werden.

Treten Volumenlasten (z. B. Gewichtskräfte) oder Trägheitskräfte bei dynamischen Problemen auf, so kann das modifizierte Rissschließintegral in unveränderter Form angewendet werden, da diese Belastungen indirekt in den Schnittkräften der

Ligamentknoten enthalten sind (siehe Abschnitt 6.5.2). Gleiches gilt bei thermischen Belastungen infolge inhomogener Temperaturfelder.

Abschließend kann die Technik des modifizierten Rissschließintegrals (MCCI) wie folgt bewertet werden: Sie ist ein einfaches, robustes und sehr leistungsfähiges Verfahren zur Berechnung der Energiefreisetzungsraten. Man benötigt lediglich die Knotenverschiebungen der Rissufer und die Schnittkräfte in den Knoten auf dem Ligament vor dem Riss, so dass eine einfache Auswertung im Post-Prozessor der FEM-Rechnung möglich ist. Die Auswerteformeln hängen nur vom Typ der Ansatzfunktionen entlang der Elementkante ab, d. h. sie sind unabhängig davon, ob die Rissumgebung mit Dreieck-, Viereck- oder degenerierten Viereckelementen vernetzt wurde. Es existieren Auswerteformeln zum MCCI für Elemente mit linearen, quadratischen oder knotendistordierten Verschiebungsansätzen. Bei dynamischen Rissanalysen werden meist lineare Elemente favorisiert. Für statische Belastungen sind die quadratischen Ansatzfunktionen wegen der höheren Genauigkeit zu bevorzugen. Das modifizierte Rissschließintegral liefert generell eine bessere Genauigkeit in den Spannungsintensitätsfaktoren als die Verschiebungsauswertungsmethode DIM, da es auf energetischen Ansätzen basiert. Außerdem ist das Verfahren problemlos auf Rissufer-, Volumen- und thermische Lasten anwendbar. Ein *wesentlicher Vorteil* besteht darin, dass bei gemischter Beanspruchung die Anteile G_{I}, G_{II} und G_{III} der drei Rissöffnungsarten separat ermittelt werden können und somit über (4.93) auch die Spannungsintensitätsfaktoren K_{I}, K_{II} und K_{III}. Selbstverständlich erfordert auch die MCCI eine hinreichend feine Diskretisierung am Riss, welche die Nahfeldlösung wiedergeben kann. Die Methode ist bzgl. der Elementgröße aber nicht so empfindlich wie die DIM. Als Empfehlung gilt:

$$\text{Elementkantenlänge } L = \text{Rissinkrement } \Delta a < \text{Risslänge } a/10.$$

Die Technik des modifizierten Rissschließintegrals besitzt zwei *Nachteile*: Erstens ist sie auf linear-elastisches Materialverhalten beschränkt, da die Wegunabhängigkeit und Reversibilität des Rissschließ- bzw. Risserweiterungsvorgangs immer vorausgesetzt wird. Zweitens ergeben sich bei räumlichen Risskonfigurationen mit krummlinigen Rissfronten einige Probleme hinsichtlich der geometrischen Passfähigkeit der zu schließenden Rissflächen, was zu Genauigkeitsverlusten führt. Hinzu kommt bei der MCCI, dass die Finite-Element-Vernetzungen der Rissumgebung spezifische geometrische Anforderungen erfüllen müssen wie z. B. gleiche Elementgröße vor und hinter dem Riss und kongruente Vernetzung auf beiden Rissufern.

6.6 FEM-Berechnung des J-Linienintegrals

An dieser Stelle soll die numerische Berechnung des klassischen J-Integrals aus Abschnitt 4.2.6 im Rahmen der FEM für ebene Probleme erläutert werden. In der LEBM ist J (4.100) mit der elastischen Energiefreisetzungsrate G identisch, wodurch der Zusammenhang zu K_I und K_II nach (4.93) gegeben ist.

$$J = \int_{\Gamma} \left(U n_1 - \sigma_{ij} \frac{\partial u_i}{\partial x_1} n_j \right) \mathrm{d}s \tag{6.99}$$

Der Integrationsweg wird in Teilstücke Γ_e pro Element aufgeteilt, d. h. $\Gamma = \sum_{e=1}^{n_\mathrm{E}} \Gamma_e$, siehe Bild 6.33. Die gebräuchlichste Methode besteht darin, den Integrationsweg durch die Integrationspunkte (IP) des Elementes zu legen. Das hat den Vorteil, dass dort die Spannungen aus der FEM-Analyse meist bekannt sind und die höchste Genauigkeit aufweisen. Die Integration über Γ_e soll wie in Bild 6.33 gezeigt entlang der natürlichen Koordinate $\xi_1 = \text{const.}$ mit $\xi_2 \in [-1, +1]$ als Kurvenparameter verlaufen.

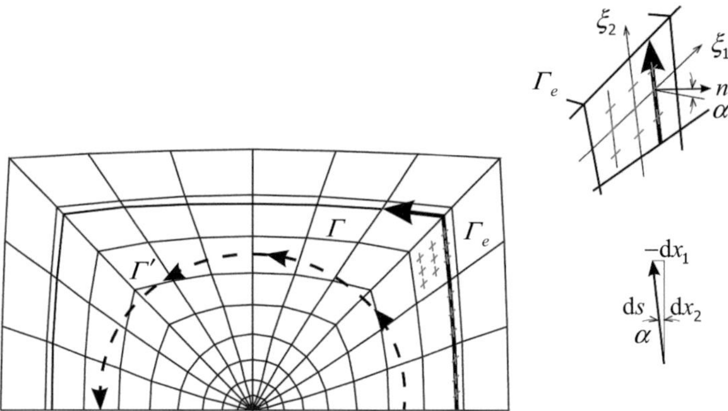

Bild 6.33 Integrationspfad für die J-Integral Berechnung im Finite-Element-Netz

Die Berechnungsvorschrift für parametrisierte Linienintegrale (5.76) liefert den Normaleneinheitsvektor $\boldsymbol{n}$ auf Γ_e (siehe Bild 6.33)

$$\begin{bmatrix} n_1 \\ n_2 \end{bmatrix} \mathrm{d}s = \begin{bmatrix} \cos\alpha \\ \sin\alpha \end{bmatrix} \mathrm{d}s = \begin{bmatrix} \mathrm{d}x_2 \\ -\mathrm{d}x_1 \end{bmatrix} = \begin{bmatrix} \dfrac{\partial x_2}{\partial \xi_2} \\ -\dfrac{\partial x_1}{\partial \xi_2} \end{bmatrix} \mathrm{d}\xi_2 \tag{6.100}$$

und die Transformation (5.76) des Linienelementes $\mathrm{d}s = J_\mathrm{L} \mathrm{d}\xi_2$. Der 1. Term des Integranden (6.99) ist die Formänderungsenergiedichte U nach (4.71). Für ebene elastische Aufgaben beträgt sie

$$U = \frac{1}{2}\left(\sigma_{11}\varepsilon_{11} + 2\tau_{12}\varepsilon_{12} + \sigma_{22}\varepsilon_{22}\right). \tag{6.101}$$

Im 2. Term erscheinen die Schnittspannungen

$$t_i = \sigma_{ij} n_j, \qquad \begin{bmatrix} t_1 \\ t_2 \end{bmatrix} = \begin{bmatrix} \sigma_{11} n_1 + \tau_{12} n_2 \\ \tau_{12} n_1 + \sigma_{22} n_2 \end{bmatrix} \tag{6.102}$$

und die Ableitungen des Verschiebungsvektors u_i nach x_1:

$$\frac{\partial u_i}{\partial x_1} = \sum_{a=1}^{n_\mathrm{K}} \frac{\partial N_a(\xi_1, \xi_2)}{\partial x_1} u_i^{(a)}. \tag{6.103}$$

Diese werden durch Ableitung der Formfunktionen $N_a(\xi_1, \xi_2)$ und die Verschiebungen $u_i^{(a)}$ der Elementknoten a ausgedrückt. Dabei muss zur Ableitung die inverse JACOBI-Matrix benutzt werden, siehe Abschnitt 5.4.2:

$$\begin{bmatrix} \dfrac{\partial N_a}{\partial x_1} \\ \dfrac{\partial N_a}{\partial x_2} \end{bmatrix} = \begin{bmatrix} \dfrac{\partial \xi_1}{\partial x_1} & \dfrac{\partial \xi_2}{\partial x_1} \\ \dfrac{\partial \xi_1}{\partial x_2} & \dfrac{\partial \xi_2}{\partial x_2} \end{bmatrix} \begin{bmatrix} \dfrac{\partial N_a}{\partial \xi_1} \\ \dfrac{\partial N_a}{\partial \xi_2} \end{bmatrix} = \left[J^{-1}\right] \begin{bmatrix} \dfrac{\partial N_a}{\partial \xi_1} \\ \dfrac{\partial N_a}{\partial \xi_2} \end{bmatrix}. \tag{6.104}$$

Somit lautet das J-Integral über ein Element Γ_e:

$$\begin{aligned} J^{(e)} &= \int_{-1}^{+1} \left\{ \frac{1}{2}\left(\sigma_{11}\varepsilon_{11} + 2\tau_{12}\varepsilon_{12} + \sigma_{22}\varepsilon_{22}\right) n_1 - \right. \\ &\quad \left. - \left(\sigma_{11} n_1 + \tau_{12} n_2\right) \frac{\partial u_1}{\partial x_1} - \left(\tau_{12} n_1 + \sigma_{22} n_2\right) \frac{\partial u_2}{\partial x_1} \right\} J_\mathrm{L} \mathrm{d}\xi_2 \\ &= \int_{-1}^{+1} F(\xi_1, \xi_2) \mathrm{d}\xi_2 \approx \sum_{g=1}^{n_\mathrm{G}} F(\xi_1 = \text{const.}, \xi_2^g) w_g\,, \end{aligned} \tag{6.105}$$

was mit der letzten Beziehung als 1D-GAUSS-Quadratur ausgewertet wird. Hierfür wählt man am besten genau die Integrationsordnung n_G (= 3 im Bild 6.33), die bereits im finiten Element verwendet wurde, so dass gleich die σ_{ij}, ε_{ij} und auch die Energiedichte U (in vielen Codes verfügbar) aus der FEM-Ergebnisdatei an den IP übernommen werden können.

Schließlich erhält man den Gesamtwert von J durch Summation der Beiträge aller Elemente im Integrationspfad Γ

$$J = \sum_{e=1}^{n_\mathrm{E}} J^{(e)}. \tag{6.106}$$

Da sich die Kontur Γ aus Pfaden ξ_1 = const. durch benachbarte Elemente zusammensetzt, folgen daraus Einschränkungen bzgl. der FEM-Netzgestaltung, damit ein fortlaufender, geschlossener Integrationsweg gebildet werden kann. Die Knotennummerierung im Element muss so angepasst werden, dass Γ_e immer auf ξ_1 = const. liegt.

Eine alternative Berechnungsvariante ist möglich, wenn die Ergebnisse der FEM-Rechnung an jedem Ort $\mathbf{x} = [x_1\ x_2]^{\mathrm{T}}$ unabhängig von der Vernetzung verfügbar sind. Einige FEM-Codes bieten im Post-Prozessor interpolierte und geglättete Feldverläufe an. Dann kann man eine geometrisch einfache Kontur für das J-Integral wählen wie z. B. den in Bild 6.33 gestrichelt gezeichneten Halbkreis Γ'. Als Preis für diesen Komfort handelt man sich u. U. jedoch numerische Ungenauigkeiten und einen größeren Aufwand ein, was klar wird, wenn man sich die Beschaffung aller notwendigen Feldgrößen für (6.105) an einer Stützstelle $\mathbf{x}$ vergegenwärtigt (siehe Abschnitt 5.4.4). Diese Variante zur J-Berechnung ist nur zu empfehlen, wenn alle genannten Approximationsschritte bekannt sind.

Inzwischen gibt es viele Erweiterungen und Verallgemeinerungen des klassischen J-Integrals, weshalb dieser Thematik ein eigenes Kapitel 7 gewidmet ist.

6.7 FEM-Berechnung bruchmechanischer Gewichtsfunktionen

6.7.1 Einfache Ermittlung mit Einheitskräften

Im Abschnitt 4.2.10 wurde der Vorteil bruchmechanischer Gewichtsfunktionen erläutert, mit deren Hilfe die Spannungsintensitätsfaktoren für eine Risskonfiguration bei jeder gewünschten Belastung auf einfache Weise ermittelt werden können. Im Folgenden sollen einige FEM-Techniken vorgestellt werden, um die Gewichtsfunktionen für 2D Rissprobleme numerisch zu berechnen. Als Demonstrationsbeispiel dient der in Bild 6.34 dargestellte Zylinder (Rohr) mit Innenriss.

Eine einfache, aber recht praktische Variante besteht darin, direkt die Auswirkung einer Einzelkraft $\boldsymbol{F}(\boldsymbol{x}) = F_1\boldsymbol{e}_1 + F_2\boldsymbol{e}_2$ am Ort $\boldsymbol{x}$ auf die K-Faktoren $K_{\mathrm{I}}(a)$ und $K_{\mathrm{II}}(a)$ an der Spitze eines Risses mit der Länge a zu bestimmen. Dazu lässt man der Reihe nach an allen Knoten $\boldsymbol{x}^{(l)}$ der Risskonfiguration (Oberfläche S_t, Volumen V oder Rissufer S_c), wo später reale Belastungen auftreten können, Einzelkräfte $\boldsymbol{F}^{(l)}$ angreifen und berechnet die dazugehörigen K-Faktoren $K_L^{(l)}$ mit einer der oben vorgestellten FEM-Techniken. Das wird in Bild 6.35 am Netzwerk des Zylinders mit Innenriss veranschaulicht. Die Richtung jeder Kraft $\boldsymbol{F}^{(l)}$ entspricht i. A. einer Koordinate $\boldsymbol{e}_1$ oder $\boldsymbol{e}_2$. Sie kann sich auch an den zu erwartenden Belastungen (z. B. normal zur Oberfläche bei Druck) orientieren. Ihren Betrag wählt man zweckmäßig zu eins, $F^{(l)} = |\boldsymbol{F}^{(l)}| = 1$. Die FEM-Analyse mit diesen $2\,n_{\mathrm{L}}$ »*Einheitslasten*« $\boldsymbol{F}^{(l)}$ über alle $l = 1, 2, \ldots, n_{\mathrm{L}}$ Knoten mit $i = 1, 2$ Komponenten führt man am besten simultan mit $2\,n_{\mathrm{L}}$ rechten Seiten aus. Die daraus ermittelten $K_L^{(l)}$-Faktoren

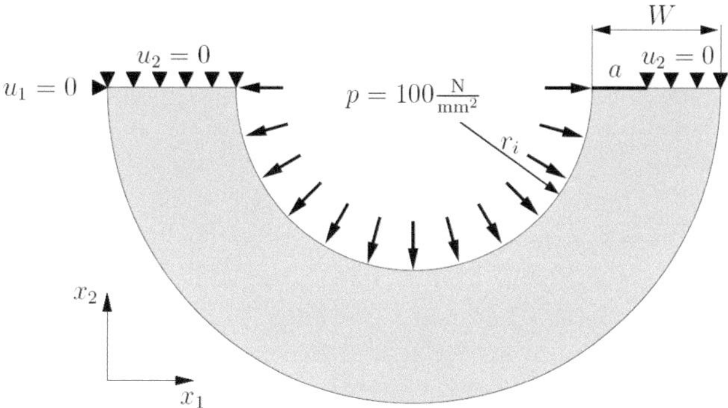

Bild 6.34 Zylinder mit Innenriss der Länge a (Halbmodell)

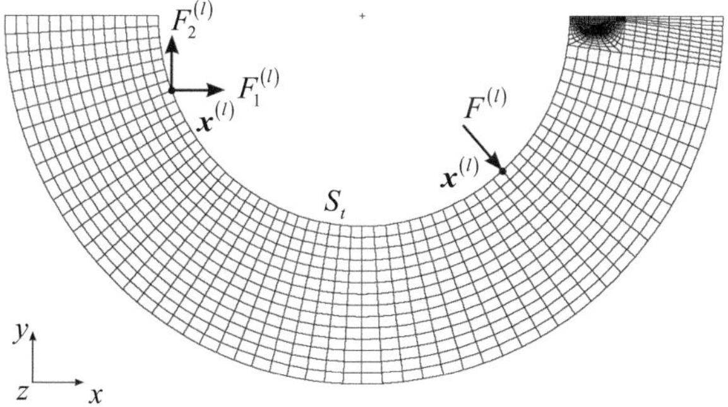

Bild 6.35 Berechnung von Gewichtsfunktionen mit Hilfe von Einheitslasten. FEM-Netz für Zylinder mit Innenriss

($L = \mathrm{I}, \mathrm{II}$) entsprechen bereits den *bruchmechanischen Gewichtsfunktionen* (4.147) für den Knoten l mit der Kraftkomponente i:

$$K_L^{(l)}(a) = H_i^L\left(\boldsymbol{x}^{(l)}, a\right) F_i^{(l)}\left(\boldsymbol{x}^{(l)}\right) = H_{il}^L\left(\boldsymbol{x}^{(l)}, a\right). \tag{6.107}$$

Um die ermittelten und gespeicherten Gewichtsfunktionen für einen spezifischen Belastungsfall dieser Risskonfiguration anzuwenden, muss man die gegebenen Randlasten $\bar{\boldsymbol{t}}$, Rissuferlasten $\bar{\boldsymbol{t}}_c$ oder Volumenlasten $\bar{\boldsymbol{b}}$ in äquivalente Knotenkräfte umrechnen. Dafür werden die FEM-Beziehungen (5.51) und (5.76) benutzt, was z. B. für eine Elementkante s auf dem Lastrand S_{te} ergibt:

$$\mathbf{f}_e \mathrel{\widehat{=}} \mathbf{f}_t = \int_{-1}^{+1} \mathbf{N}^{\mathrm{T}}(\xi)\, \bar{\mathbf{t}}(\xi)\, J_L \mathrm{d}\xi \tag{6.108}$$

Diese Knotenkräfte werden für alle belasteten Elementränder integriert und assembliert, woraus gerade die äquivalenten globalen Knotenkräfte $\hat{\mathbf{F}}^{(l)} = \bigcup_{e=1}^{n_\mathrm{E}} \mathbf{f}_e$ folgen.

Setzt man ihre Werte in (6.107) ein, so ergeben sich die beiden Spannungsintensitätsfaktoren K_{I} und K_{II} aus der gewichteten Summe

$$K_L(a) = \sum_{l=1}^{n_{\mathrm{L}}} \sum_{i=1}^{2} H_{il}^{L}\, \hat{F}_i^{(l)}. \tag{6.109}$$

Die Anwendung der Gewichtsfunktionen erfordert lediglich die Auswertung der einfachen Beziehungen (6.108) und (6.109), aber keine FEM-Rechnung mehr. Bei sehr feinem FEM-Netz darf $\bar{\boldsymbol{t}} \approx$ const. entlang der Elementkante L angenommen werden, so dass (6.108) zum vereinfachten Schema führt, wonach sich die resultierende Kraft $\boldsymbol{F}_{\mathrm{R}} = L\bar{\boldsymbol{t}}$ auf die Kantenknoten wie $\left[\frac{1}{2}\ \frac{1}{2}\right]$ bei linearen und $\left[\frac{1}{6}\ \frac{2}{3}\ \frac{1}{6}\right]$ bei quadratischen Formfunktionen aufteilt. Allerdings sind diese Gewichtsfunktionen immer an die Geometrie des verwendeten FEM-Netzes gebunden!

Für den Zylinder mit Innenradius $r_{\mathrm{i}} = 40\,\mathrm{mm}$, Wandstärke $w = 30\,\mathrm{mm}$, Risslänge $a = 20\,\mathrm{mm}$ unter Innendruck $p = 100\,\mathrm{MPa}$ beträgt der Spannungsintensitätsfaktor laut Handbuch [44][4]: $K_{\mathrm{I}}^{\mathrm{ref}} = 67{,}27\,\mathrm{MPa}\sqrt{\mathrm{m}}$. Die Anwendung der Einheitslast-Methode mit dem FEM-Netz von Bild 6.35 und anschließender Aufsummation der Gewichtsfunktionen mit der Druckbelastung auf r_{i} ergab den Wert $K_{\mathrm{I}} = 67{,}01\,\mathrm{MPa}\sqrt{\mathrm{m}}$.

6.7.2 Bestimmung parametrisierter Einflussfunktionen

Eine sehr nützliche und verbreitete Methode sind die so genannten *Einflussfunktionen* (engl. *influence functions*). Im Unterschied zu den Gewichtsfunktionen für Einheitslasten quantifizieren sie den Einfluss einer parametrisierten Verteilung der Randspannungsbelastung auf den K_{I}-Faktor. Da man mit dem Superpositionsprinzip (Abschnitt 4.2.10) jede Belastung der Risskonfiguration auf eine gleichwertige Rissuferbelastung $t^c(\boldsymbol{x})$ umrechnen kann, werden diese Einflussfunktionen bevorzugt für die Rissufer entwickelt. Als idealisierte Belastungen verwendet man häufig Potenzansätze der Ordnung m:

$$\sigma_m(x_1/w) = \sigma_m(\bar{x}) = \bar{x}^m \qquad (m = 0, 1, 2, \ldots, n_{\mathrm{m}}) \tag{6.110}$$

Bild 6.36 zeigt die Verhältnisse für den Wandquerschnitt des Beispiels »Zylinder mit Innenriss«. Jetzt werden für jede Belastungsfunktion $\sigma_m(\bar{x})$ die Spannungsintensitätsfaktoren für eine gegebene Risslänge a mit FEM berechnet und normiert dargestellt:

$$K_{\mathrm{I}}^{(m)}(a) = \phi_m(a)\,\sqrt{\pi a} \tag{6.111}$$

Die Funktionen $\phi_m(a)$ heißen *Einflussfunktionen*.

Den Spannungsintensitätsfaktor für eine wirkliche Belastung der Struktur mit Riss erhält man daraus auf folgende Weise: Man berechnet sich mit der FEM

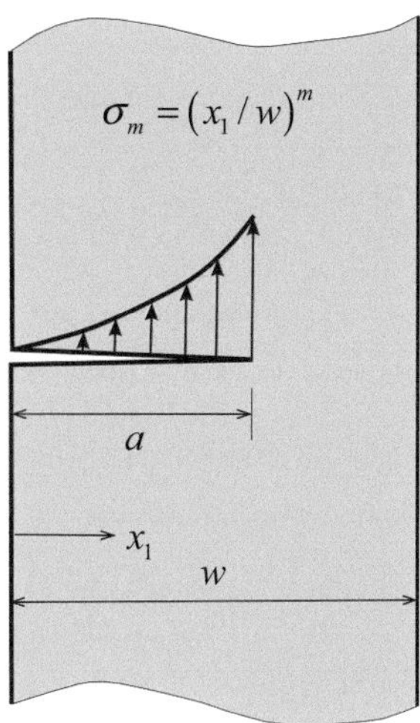

Bild 6.36 Approximation der Rissbelastungen mit Potenzfunktionen

oder analytisch die Schnittspannungen auf der Risslinie in der rissfreien Struktur, welche den Rissuferspannungen $t^c(x_1)$ entspricht. Diese Spannungsverteilung wird nun mit einer Regressionsanalyse in Polynome gemäß (6.110) entwickelt, woraus die Koeffizienten D_m folgen:

$$t^c(x_1) = \sum_{m=0}^{n_{\mathrm{m}}} D_m \sigma_m(\bar{x}) = \sum_{m=0}^{n_{\mathrm{m}}} D_m \bar{x}^m \tag{6.112}$$

Der K_{I}-Faktor ergibt sich aus der gewichteten Summation aller Einflussfunktionen

$$K_{\mathrm{I}}(a) = \sum_{m=0}^{n_{\mathrm{m}}} D_m \phi_m(a) \sqrt{\pi a}. \tag{6.113}$$

Das Verfahren ist besonders effektiv, wenn man dasselbe Bauteil mit gleichem Riss unter veränderlichen Lastfällen viele Male (z. B. Thermoschock-Transiente) analysieren muss.

Für das betrachtete Beispiel (Bild 6.34) wurden die Einflusszahlen von ANDRASIC & PARKER [4] mit Hilfe GREENscher Funktionen sehr genau berechnet und dienen als Referenzlösung ϕ_m^{ref}. Ihre Werte für die Potenzen $m = 0, 1, \ldots, 4$ sind in Tabelle 6.2 zusammengestellt ($a = 20\,\mathrm{mm}$). In der 2. Spalte stehen die mit der FEM ermittelten Einflussfunktionen. Dazu wurden die entsprechenden Spannungsverläufe $\sigma_m(\bar{x})$ auf die Rissufer des Netzes (Bild 6.35) aufgeprägt. Die Rissspitze war mit Viertelpunktelementen CTE vernetzt, siehe die Detailbilder 6.37. Zur Berechnung der K_{I}-Faktoren wurde die Verschiebungsauswertung (DIM) benutzt. Die relativen Fehler der ϕ_m^{CTE} gegenüber der Referenzlösung sind gering, wachsen aber mit der Potenz m.

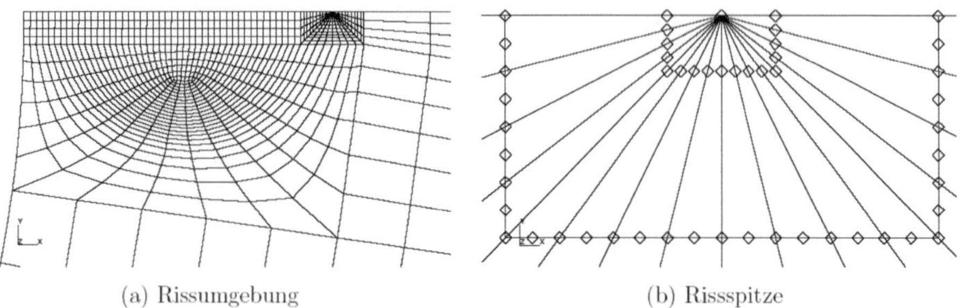

(a) Rissumgebung (b) Rissspitze

Bild 6.37 Vernetzung der Rissspitzenumgebung von Bild 6.35 mit Viertelpunkt-Viereck-Elementen (Detail)

Ordnung m	ϕ_m^{ref}	ϕ_m^{CTE}	$\Delta\phi_m^{\mathrm{CTE}}$ [%]	ϕ_m^H	$\Delta\phi_m^H$ [%]
0	$1,8400$	$1,8321$	$-0,4270$	$1,8341$	$-0,3186$
1	$0,6477$	$0,6452$	$-0,3774$	$0,6399$	$-1,1986$
2	$0,3090$	$0,3069$	$-0,6733$	$0,3023$	$-2,1652$
3	$0,1663$	$0,1640$	$-1,3930$	$0,1599$	$-3,8102$
4	$0,0953$	$0,0930$	$-2,4465$	$0,0883$	$-7,3241$

Tabelle 6.2 Vergleich der Einflusszahlen für Zylinder mit Innenriss nach verschiedenen Berechnungsmethoden

Um diese Einflussfunktionen auf den Lastfall »Zylinder unter Innendruck« anzuwenden, gehen wir von der bekannten Lösung für die Umfangsspannungen aus (r_{a} – Außenradius):

$$\sigma_{\theta\theta}(r) = \frac{p r_{\mathrm{i}}^2}{r_{\mathrm{a}}^2 - r_{\mathrm{i}}^2}\left(1 + \frac{r_{\mathrm{a}}^2}{r^2}\right) \tag{6.114}$$

Der Spannungsverlauf in der Wand $0 \leq r_{\mathrm{i}} + x_1 \leq r_{\mathrm{a}}$ kann recht genau als Polynom 4. Grades approximiert werden, woraus man die konkreten Koeffizienten D_m von (6.112) bestimmt (bei $p = 100\,\mathrm{MPa}$):

$$t^c \mathrel{\hat{=}} \sigma_{\theta\theta}(\bar{x}) = 196,88 - 218,92\,\bar{x} + 218,07\,\bar{x}^2 - 140,40\,\bar{x}^3 + 40,50\,\bar{x}^4 \tag{6.115}$$

Einsetzen in (6.110) liefert den Spannungsintensitätsfaktor $K_{\mathrm{I}} = 66,96\,\mathrm{MPa}$ mit einem Fehler von $-0,46\,\%$!

6.7.3 Berechnung aus der Verschiebungsableitung

Die eigentlichen bruchmechanischen Gewichtsfunktionen können aus der Ableitung des Verschiebungsfeldes $u_i^{(2)}(\boldsymbol{x}, a)$ nach der Risslänge a gewonnen werden. Dazu benötigt man gemäß Abschnitt 4.2.10 irgend eine (im Mixed-Mode-Fall zwei) bekannte Lösungen (index (2)) der betrachteten Risskonfiguration. Der Zusammenhang wird durch die Gleichungen (4.157) und (4.160) für Modus-I- bzw. Mixed-Mode-Belastung wiedergegeben. Es ist naheliegend, diese Berechnungsmethode auch numerisch umzusetzen. Dazu bestimmt man sich die erforderliche(n) Referenzlösung(en) (2) mit Hilfe von FEM-Rechnungen bei der interessierenden Risslänge a und ermittelt mit einer der beschriebenen FEM-Techniken die Spannungsintensitätsfaktoren $K_{\mathrm{I}}^{(2)}(a)$ und ggf. $K_{\mathrm{II}}^{(2)}(a)$. Die Ableitung der Verschiebungsfelder nach der Risslänge muss als Differenzenquotient $\Delta u_i^{(2)}/\Delta a$ ausgeführt werden. Dafür bietet sich das zentrale Differenzenschema wegen der hohen Genauigkeit von $O(\Delta a)^2$ an. Das bedeutet allerdings, dass die Verschiebungsfelder für zwei benachbarte Risslängen $a - \Delta a$ und $a + \Delta a$ zu berechnen sind. Die Formeln (4.157) und (4.160) schreiben sich damit bei der Risslänge a für Modus I:

$$H_i^{\mathrm{I}}(\boldsymbol{x},\, a) = \frac{E'}{2K_{\mathrm{I}}(a)} \left(\frac{u_i(a + \Delta a) - u_i(a - \Delta a)}{2\Delta a} \right) \tag{6.116}$$

und für gemischte Belastung I und II mit $K^2 = K_{\mathrm{I}}^{(2b)} K_{\mathrm{II}}^{(2a)} - K_{\mathrm{I}}^{(2a)} K_{\mathrm{II}}^{(2b)}$:

$$\begin{aligned} H_i^{\mathrm{I}}(\boldsymbol{x},\, a) &= \frac{E'}{2K^2} \left[K_{\mathrm{II}}^{(2a)} \frac{u_i^{(2b)}(a + \Delta a) - u_i^{(2b)}(a - \Delta a)}{2\Delta a} \right. \\ &\qquad \left. - K_{\mathrm{II}}^{(2b)} \frac{u_i^{(2a)}(a + \Delta a) - u_i^{(2a)}(a - \Delta a)}{2\Delta a} \right] \\ H_i^{\mathrm{II}}(\boldsymbol{x},\, a) &= \frac{E'}{2K^2} \left[K_{\mathrm{I}}^{(2b)} \frac{u_i^{(2a)}(a + \Delta a) - u_i^{(2a)}(a - \Delta a)}{2\Delta a} \right. \\ &\qquad \left. - K_{\mathrm{I}}^{(2a)} \frac{u_i^{(2b)}(a + \Delta a) - u_i^{(2b)}(a - \Delta a)}{2\Delta a} \right] \end{aligned} \tag{6.117}$$

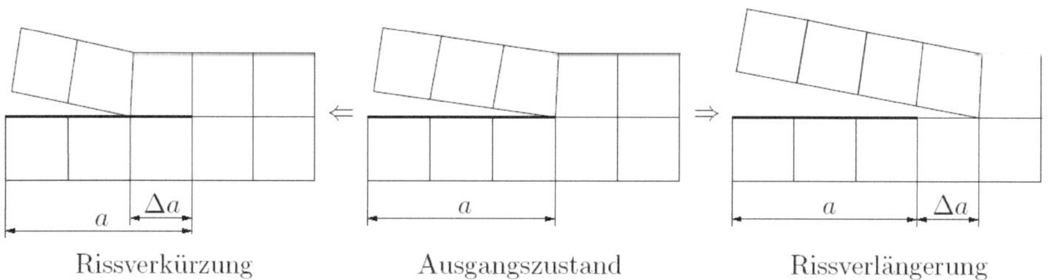

Bild 6.38 Benötigte Risslängen für das zentrale Differenzenschema

Dieses Verfahren erfordert FEM-Analysen mit drei verschiedenen Risslängen, was Bild 6.38 verdeutlicht. In der numerischen Umsetzung kann man diese drei Varianten auf einfache und effektive Weise wie folgt realisieren. Da um die Riss-

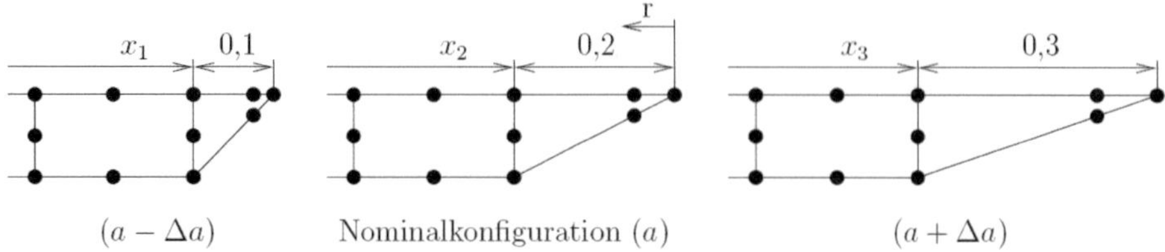

Bild 6.39 Variation der Risslänge durch Verlagerung des Rissspitzenknotens

spitze ohnehin in den meisten Fällen ein Fächer von Viertelpunktelementen gelegt wird (genaue K-Berechnung) wie in Bild 6.37, variiert man die Risslänge durch geringfügige Verschiebung des Rissspitzenknotens um $\pm\Delta a < L$. Dabei werden nur die Koordinaten der Viertelpunkte leicht verändert, alle anderen Knoten des Netzes bleiben unverändert, so dass man die Verschiebungsdifferenz auswerten kann. Bild 6.39 veranschaulicht diese Technik.

Diese Methode wurde wiederum am Modus-I Beispiel »Zylinder mit Innenriss« für unterschiedliche Risslängen a getestet. Als Referenzlösung (2) zur Berechnung der Gewichtsfunktionen wurde eine konstante Rissuferbelastung $t^c(x_1) = 40\,\text{MPa}$ auf $(0 \leq x_1 \leq a)$ angenommen. Sie ergab zunächst den $K_{\text{I}}^{(2)}(a)$-Wert mit Hilfe der DIM-Technik. Die Ergebnisse sind in Tabelle 6.3 mit $K_{\text{I}}^{\text{CTE}}$ bezeichnet und stimmen gut mit der Vergleichslösung $K_{\text{I}}^{\text{ref}}$ [4] überein. Über die Risslängenvariation wurde dann die Verschiebungsableitung auf den Rissufern und mit (6.116) die Gewichtsfunktion $H_2^{\text{I}}(\boldsymbol{x}, a)$ berechnet. Abschließend wurde diese Gewichtsfunktion benutzt, um den K_{I}-Faktor des Referenzlastfalls durch numerische Integration von (4.147) zu gewinnen. Diese K_{I}^{H}-Werte müssen natürlich die $K_{\text{I}}^{\text{CTE}}$-Werte der direkten FEM-Berechnung reproduzieren und weichen nur geringfügig von der $K_{\text{I}}^{\text{ref}}$-Lösung ab, siehe Tabelle 6.3.

a [mm]	$K_{\text{I}}^{\text{ref}}$ [MPa$\sqrt{\text{m}}$]	$K_{\text{I}}^{\text{CTE}}$	K_{I}^{H}	ΔK_{I}^{H} [%]
6	6,59	6,60	6,50	−1,43
10	9,52	9,52	9,44	−0,83
14	12,73	12,72	12,66	−0,56
18	16,34	16,34	16,30	−0,25
20	18,45	18,37	18,35	−0,54

Tabelle 6.3 Vergleich der aus den Gewichtsfunktionen berechneten K_{I}-Faktoren mit anderen Berechnungsmethoden ($\sigma = 40\,\text{Mpa}$) in MPa$\sqrt{\text{m}}$

Des Weiteren wurden die Gewichtsfunktionen von $a = 20\,\text{mm}$ dazu angewandt, um die Einflussfunktionen des vorigen Abschnitts zu errechnen, d. h. Integration der Potenzfunktionen $\sigma_m(\bar{x})$ mit (4.147). Die so erhaltenen Einflusszahlen ϕ_m^H sind auch in Tabelle 6.2 aufgeführt, wobei ihr Fehler mit höheren Potenzen m steigt.

Abschließend wird noch der Lastfall »Zylinder mit Innendruck« betrachtet. Die Integration der Schnittspannungen (6.114) mit diesen Gewichtsfunktionen lieferte einen Intensitätsfaktor $K_\mathrm{I} = 67,19\,\mathrm{MPa}\,\sqrt{\mathrm{m}}$ mit $-0,1\,\%$ Fehler.

6.7.4 Anwendung der *J*-VCE-Technik

Die Idee dieses Verfahrens beruht darauf, die VCE-Technik zu benutzen, um die benötigte Ableitung des Verschiebungsfeldes nach der Risslänge zu bestimmen. Die Differentiation der Steifigkeitsbeziehung $\mathbf{KV} = \mathbf{F}$ nach $\mathrm{d}a$ bei $\mathbf{F} = \mathrm{const.}$ ergibt

$$\frac{\mathrm{d}\mathbf{K}}{\mathrm{d}a}\mathbf{V} + \mathbf{K}\frac{\mathrm{d}\mathbf{V}}{\mathrm{d}a} = \frac{\mathrm{d}\mathbf{F}}{\mathrm{d}a} = 0 \rightarrow \frac{\mathrm{d}\mathbf{V}}{\mathrm{d}a} = -\mathbf{K}^{-1}\frac{\mathrm{d}\mathbf{K}}{\mathrm{d}a}\mathbf{V}\,. \tag{6.118}$$

Während ursprünglich von PARKS & KAMENETZKY [47] mittels FEM der Differenzenquotient $\Delta\mathbf{K}/\Delta a$ gebildet wurde, soll die elegantere und genauere Methode der VCE nach DELORENZI [24] benutzt werden. Wir gehen von (6.81) für die Berechnung der Energiefreisetzungsrate im ebenen Fall ($V_0 \rightarrow A_0$) aus, wobei $\Delta l_k(\boldsymbol{x}) = \Delta l_1 \mathrel{\widehat{=}} \Delta l$ gilt:

$$G = -\int\limits_{A_0} \left[U\frac{\partial \Delta l}{\partial x_1} - \sigma_{ij}\frac{\partial u_i}{\partial x_1}\frac{\partial \Delta l}{\partial x_j} \right] \mathrm{d}A\,. \tag{6.119}$$

Die VCE $\Delta l(\boldsymbol{x})$ wird mit den FEM-Ansatzfunktionen im Gebiet A_0 interpoliert

$$\Delta l(\boldsymbol{x}) = \sum_{a=1}^{n_\mathrm{K}} N_a(\boldsymbol{\xi})\Delta l^{(a)}\,. \tag{6.120}$$

Wendet man die Ansatzfunktionen auf die Integralterme je Element an

$$\begin{aligned} U &= \frac{1}{2}\sigma_{ij}u_{i,j} = \frac{1}{2}\sigma_{ij}\sum_{a=1}^{n_\mathrm{K}}\frac{\partial N_a}{\partial x_j}u_i^{(a)} \\ \sigma_{ij}\frac{\partial u_i}{\partial x_1} &= \sigma_{ij}\sum_{a=1}^{n_\mathrm{K}}\frac{\partial N_a}{\partial x_1}u_i^{(a)}\,, \qquad \frac{\partial \Delta l}{\partial x_j} = \sum_{b=1}^{n_\mathrm{K}}\frac{\partial N_b}{\partial x_j}\Delta l^{(b)}\,, \end{aligned} \tag{6.121}$$

so ergibt sich

$$G = -\int\limits_{A_0}\left[\frac{1}{2}\sum_a\frac{\partial N_a}{\partial x_j}\sum_b\frac{\partial N_b}{\partial x_1} - \sum_a\frac{\partial N_a}{\partial x_1}\sum_b\frac{\partial N_b}{\partial x_j}\right]\sigma_{ij}u_i^{(a)}\Delta l^{(b)}\,\mathrm{d}A\,. \tag{6.122}$$

Die Knotenvariablen $u_i^{(a)} \in V$ können hinter das Integral gezogen werden, dessen Auswertung für alle Elemente in A_0 einen Kraftvektor $Q_i^{(a)}$ ergibt

$$G = -\frac{1}{2} Q_i^{(a)} u_i^{(a)} = -\frac{1}{2} \mathbf{Q}^{\mathrm{T}} \mathbf{V} = -\frac{1}{2} \mathbf{Q}_0^{\mathrm{T}} \mathbf{V}_0 \quad \text{für } i = 1, 2 \text{ und } a = 1, 2, \ldots, N_{\mathrm{K}} \,. \tag{6.123}$$

Setzt man (6.123) mit (6.79) gleich, so folgt

$$G = -\frac{1}{2} \mathbf{Q}_0^{\mathrm{T}} \mathbf{V}_0 = -\frac{1}{2} \mathbf{V}_0^{\mathrm{T}} \frac{\mathrm{d}\mathbf{K}}{\mathrm{d}a} \mathbf{V}_0 \quad \Rightarrow \quad \frac{\mathrm{d}\mathbf{V}}{\mathrm{d}a} = \mathbf{K}^{-1} \mathbf{Q}_0 \,. \tag{6.124}$$

6.7.5 Berechnung mit der Bueckner-Singularität

In Abschnitt 4.2.10 wurde gezeigt, dass die Gewichtsfunktionen (4.172) proportional zu einem fundamentalen Verschiebungsfeld sind – der Bueckner-Singularität –, das sich als Folge der Wirkung eines Kräftepaares B_{I} an der Rissspitze in der gesamten Risskonfiguration einstellt. Die direkte numerische Realisierung dieses Zugangs scheitert an der Schwierigkeit, mit der FEM die hypersinguläre Lösung für Einzelkräfte unmittelbar an der Rissspitze ausreichend genau modellieren zu können. Um dieses Problem zu umgehen, wurde von Paris, McMeeking & Tada [45] ein kleines Loch um die Rissspitze ausgespart, auf dessen Rand das Fundamentalfeld (4.173) aufgeprägt wird. Sham [55, 56] definierte um den Risspunkt ein ausreichend kleines Netzgebiet, in dem das hypersinguläre Feld separat behandelt wurde.

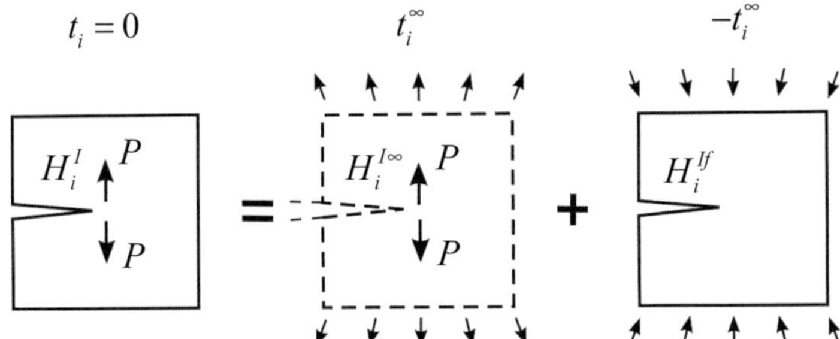

Bild 6.40 Superpositionsprinzip zur Bestimmung der Bueckner-Fundamentallösung für ein endliches Gebiet

Ein alternativer Lösungsweg von Busch, Maschke & Kuna [20, 38] nutzt das Superpositionsprinzip, um das fundamentale Verschiebungsfeld für eine endliche Risskonfiguration zu bestimmen. Dazu wird die für das unendliche Gebiet bekannte Bueckner-Singularität (4.173) (4.174) von der Randwertaufgabe subtrahiert, so dass nur ein gewöhnliches Rissproblem mit der Spannungssingularität $1/\sqrt{r}$ mittels FEM zu lösen ist, wofür wir ja bewährte Techniken kennengelernt haben. Wie man aus Bild 6.40 ersieht, müssen zu diesem Zweck die Schnittspannungen

$$\bar{t}_i^\infty(\boldsymbol{x}) = \sigma_{ij}^\infty(\boldsymbol{x})\, n_j(\boldsymbol{x}) \tag{6.125}$$

auf dem Rand S der endlichen Risskonfiguration aus dem hypersingulären BUECKNER-Spannungsfeld (4.174) berechnet und dann mit entgegengesetztem Vorzeichen aufgebracht werden. Die FEM-Lösung liefert somit ein Verschiebungsfeld $u_i^{(2)f}(\boldsymbol{x})$, das die Korrektur der Fundamentallösung für das endliche Gebiet darstellt. Die Summe mit der BUECKNER-Lösung (4.173) ergibt somit die gesuchte Fundamentallösung für die betrachtete endliche Risskonfiguration

$$u_i^{(2)}(\boldsymbol{x}) = u_i^{(2)\infty}(\boldsymbol{x}) + u_i^{(2)f}(\boldsymbol{x}), \tag{6.126}$$

woraus mit (4.172) die Gewichtsfunktionen für Modus I folgen:

$$H_i^{\mathrm{I}}(\boldsymbol{x}, a) = \frac{2\mu}{\kappa+1}\frac{1}{\sqrt{2\pi}B_{\mathrm{I}}} u_i^{(2)}(\boldsymbol{x})\,. \tag{6.127}$$

6.8 Beispiele

6.8.1 Scheibe mit Innenriss unter Zug

Berechnet werden soll der in Bild 6.1 dargestellte Riss der Länge $2a$ ($a = 10\,\mathrm{mm}$) in einer quadratischen Scheibe (Dicke $B = 1\,\mathrm{mm}$, Breite $d = 100\,\mathrm{mm}$), die einer Zugbelastung von $\sigma = 100\,\mathrm{MPa}$ ausgesetzt ist. Der Werkstoff ist isotrop elastisch mit $E = 210000\,\mathrm{MPa}$ und $\nu = 0,3$. Es gelte der EVZ. Für dieses simple ebene Modus-I-Rissproblem ist der Spannungsintensitätsfaktor bekannt [44], S. 68:

$$K_{\mathrm{I}}(a) = \sigma\sqrt{\pi a}\; g\left(\frac{a}{d}\right)$$

$$g = 1,0 \qquad \text{unendliche Scheibe } d \to \infty \qquad \text{GRIFFITH-Riss}$$

$$g\left(\frac{a}{d} = \frac{1}{10}\right) = 1,014 \qquad \Rightarrow \qquad K_{\mathrm{I}} = 568,35\,\mathrm{MPa}\sqrt{\mathrm{mm}}$$

Wie bereits in Abschnitt 6.1 erläutert, genügt aus Symmetriegründen die Modellierung eines Viertels der Scheibe mit entsprechenden Verschiebungsrandbedingungen, die in Bild 6.41 beschrieben sind. Das verwendete Finite-Element-Netz besteht aus 8-Knoten Viereckelementen mit quadratischen Ansätzen, siehe Bild 6.42. An der Rissspitze werden diese Elemente zu 6-Knoten Dreiecken kollabiert, wahlweise so belassen oder weiter zu Viertelpunktelementen entsprechend Bild 6.7 distordiert. Bild 6.43 zeigt die Details der Vernetzung an der Rissspitze. Die Größe der Rissspitzenelemente beträgt $L = a/40 = 0,25\,\mathrm{mm}$. Alternativ wurde die Rissspitze mit einem Fächer von 14 (links) bzw. 7 (rechts) Elementen umgeben.

Einen Eindruck von der Spannungskonzentration an der Rissspitze und der (überhöht dargestellten) Verformung der Rissufer vermittelt Bild 6.44.

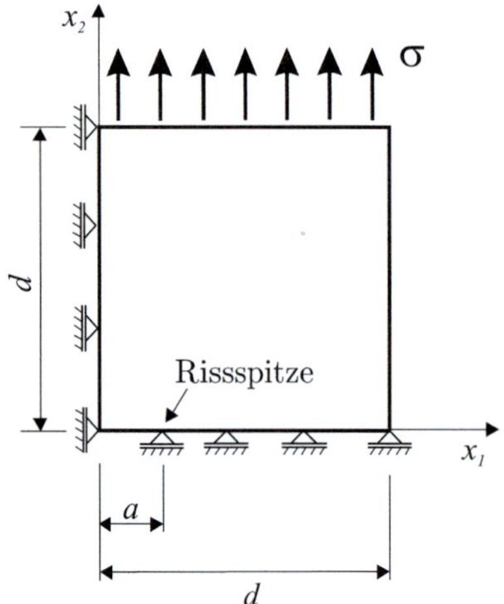

Bild 6.41 Modell des oberen Viertels der Scheibe mit Innenriss

Bild 6.42 FEM-Diskretisierung mit 8-Knoten Viereckelementen

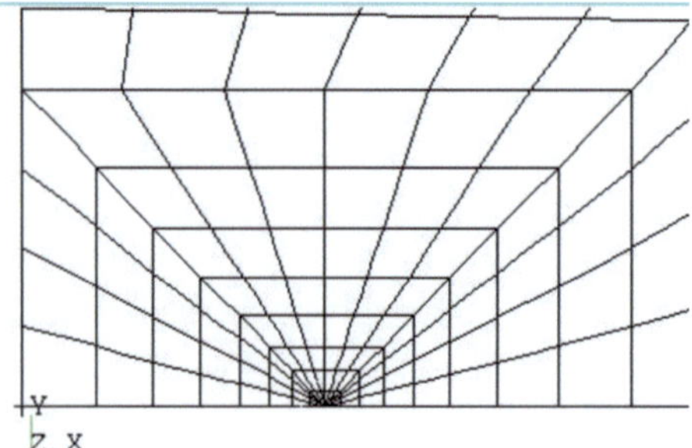

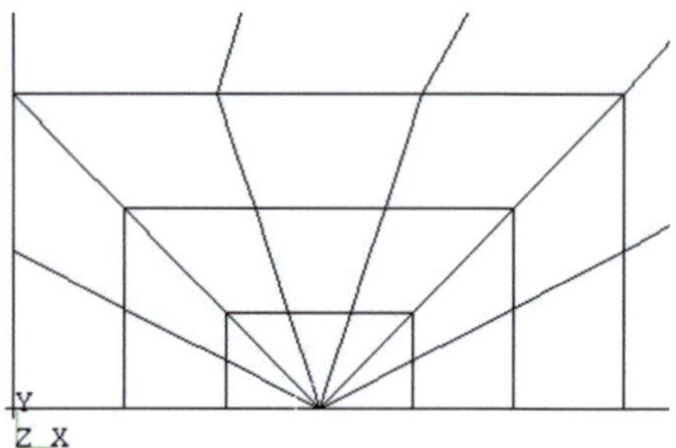

Bild 6.43 Ausschnitte der FEM-Diskretisierung an der Rissspitze

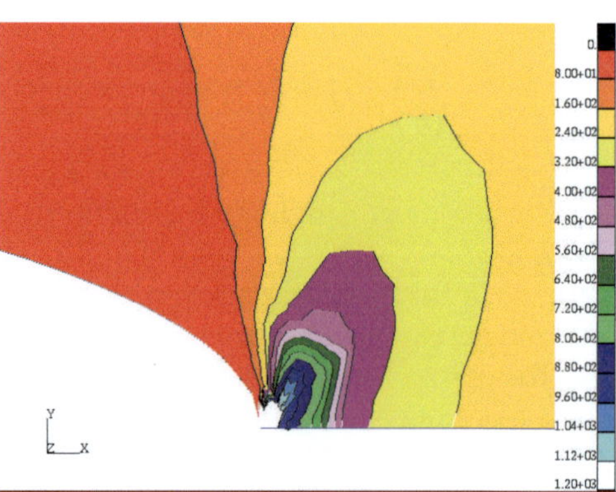

Bild 6.44 Isoliniendarstellung der v. MISES Vergleichsspannung am Riss

Ein Vergleich der rissöffnenden Verschiebungen $u_2(r, \theta = \pi)$ und der Normalspannungen $\sigma_{22}(r, \theta = 0)$ aus der FEM-Lösung mit der analytischen Nahfeldlösung (siehe Abschnitt 4.2.1) ist in den Bildern 6.45 und 6.46 dargestellt. Bei dieser feinen Vernetzung zeigt sich eine recht gute Übereinstimmung.

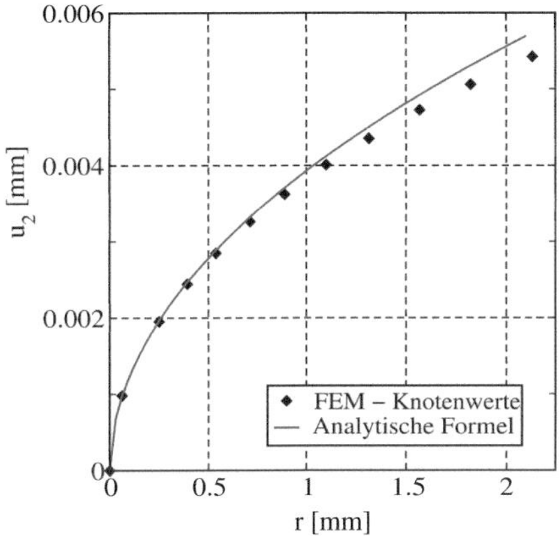

Bild 6.45 Verschiebungsverlauf u_2 auf dem Rissufer

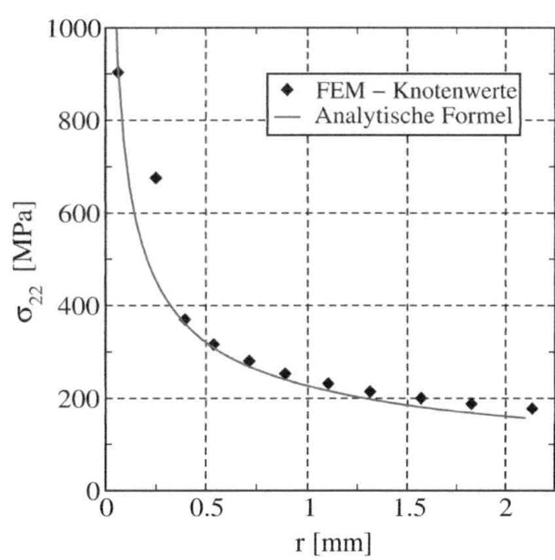

Bild 6.46 Normalspannungen σ_{22} auf dem Ligament vor dem Riss

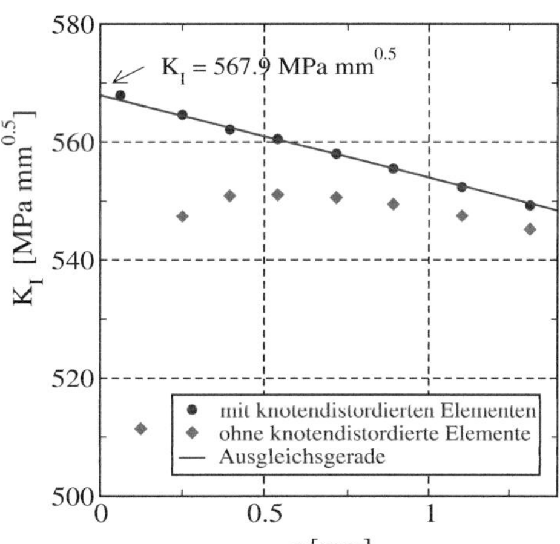

Bild 6.47 Spannungsintensitätsfaktoren mit der DIM berechnet

Die Berechnung des Spannungsintensitätsfaktors $K_\mathrm{I}(r^*)$ nach der Verschiebungs-Auswertemethode gemäß (6.3) ergibt den in Bild 6.47 abgebildeten Verlauf. Man erkennt sehr deutlich, dass der lokal berechnete K_I-Faktor bei regulären Elementen zur Rissspitze hin stark abfällt, wohingegen die Viertelpunkt-Rissspitzenelemente keinerlei Defizite aufweisen. Der auf die Rissspitze extrapolierte Intensitätsfaktor weist einen Fehler von $+0,08\,\%$ auf.

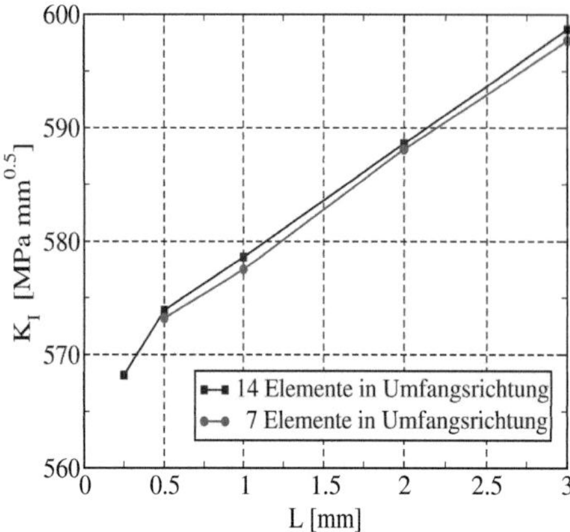

Bild 6.48 Einfluss der Risselementgröße L auf den K_{I}-Faktor

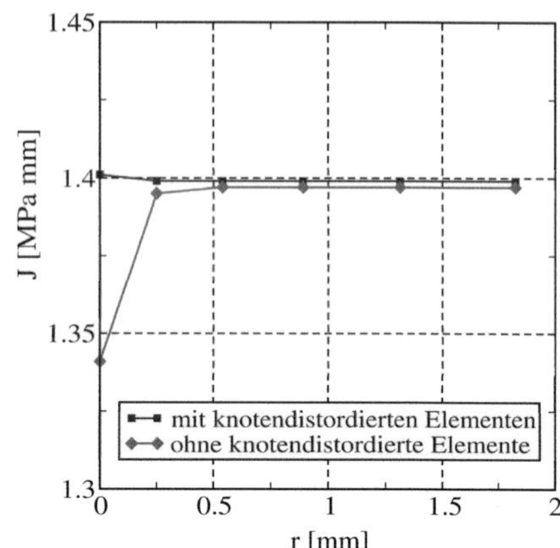

Bild 6.49 J-Integral-Werte für verschiedene Integrationspfade

Bei Viertelpunktelementen lässt sich K_{I} auch direkt über (6.39) durch DIM bestimmen. Aufschlussreich ist folgende Parameterstudie zur Netzverfeinerung am Riss, deren Ergebnis in Bild 6.48 wiedergegeben ist. Dargestellt sind die mit der DIM extrapolierten K_{I}-Faktoren für unterschiedliche Netze, wobei die Größe L der Rissspitzenelemente von $a/3,3$ bis $a/40$ variiert wurde. Erst mit $L = a/20$ erreicht man eine Genauigkeit unter $1\,\%$. Eine Verdopplung der Elemente in Umfangsrichtung bewirkt hingegen keine Verbesserung.

Schließlich kann zur K_{I}- bzw. G-Ermittlung auch das modifizierte Rissschließintegral MCCI herangezogen werden. Bei regulären Elementen ist (6.90) zu verwenden und bei Viertelpunktelementen die Varianten (6.91) bzw. (6.92). Mit Ausnahme von Variante 2) werden Genauigkeiten besser als $0,1\,\%$ in K_{I} erzielt.

Die Berechnungsergebnisse zum J-Integral sind in Bild 6.49 dargestellt. Angewandt wurde das äquivalente Gebietsintegral EDI (siehe Kapitel 7.4) mit unterschiedlichen Integrationsgebieten, d. h. vom 0. bis 6. Elementring um die Rissspitze mit den Radien r. Die J-Werte sind nahezu unabhängig von der Wahl des Integrationsgebietes wie es die Theorie verlangt. Lediglich bei regulären Elementen am Riss liefert die Auswertung des 0. Elementrings (d. h. nur Verrückung des Rissspitzenknotens) unzureichende Genauigkeit. Diese Erscheinung ist generell zu verzeichnen, weshalb der innerste Ring nicht verwendet werden sollte. Grundsätzlich sollte man beim J-Integral mehrere Pfade (bzw. Elementringe beim EDI) auswerten und prüfen, ob die Werte wegunabhängig sind bzw. nach außen hin konvergieren.

In der LEBM gilt $J = G$, so dass mit der Beziehung (4.93) aus dem J-Integralwert der jeweilige K-Faktor berechnet werden kann, wenn eine reine Modus I, II oder III Belastung vorliegt. Im obigen Beispiel erhält man $K_{\mathrm{I}} = \sqrt{JE/(1-\nu^2)}$. Ab dem 3. Integrationsweg beträgt die Genauigkeit $\sim 0,05\,\%$ für Viertelpunktelemente CTE und $\sim 0,1\,\%$ bei Verwendung regulärer Standardelemente RSE an der Rissspitze.

Methode	**Risselemente**	K_I [MPa$\sqrt{\mathrm{mm}}$]	**Fehler** %	G_I [N/mm]	**Fehler** %
Referenzlösung	[44]	568,35		1,3997	
K_I^*-Extrapolation	RSE	∼ 555,0	−2,4		
	CTE	567,9	+0,08		
K_I-DIM	CTE	572,5	+0,7		
MCCI	RSE	567,8	−0,1	1,3970	−0,2
	CTE (Var. 1)	568,7	+0,07	1,4016	+0,14
	CTE (Var. 2)	560,4	−1,4	1,3611	−2,7
J-Integral EDI	RSE	567,9	−0,06	1,3979	−0,13
	CTE	568,1	−0,04	1,3985	−0,09

Tabelle 6.4 Vergleich der Genauigkeit verschiedener Methoden zur Bestimmung von K_I und G_I für die Zugscheibe mit Innenriss (Bild 6.41)

Die Ergebnisse aller Methoden und ihre relativen Fehler bzgl. der Referenzlösung sind zur Übersicht nochmals in Tabelle 6.4 zusammengestellt.

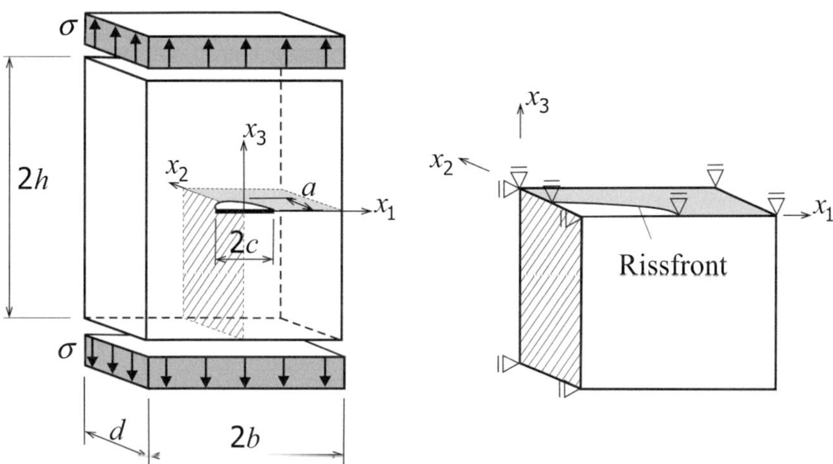

Bild 6.50 Quaderförmige Struktur mit halbelliptischem Oberflächenriss ($a : c = 1 : 3$) unter Zugbelastung

6.8.2 Halbelliptischer Oberflächenriss unter Zug

Untersucht wird die in Bild 6.50 dargestellte quaderförmige Struktur mit einem halbelliptischen Oberflächenriss. Die Abmessungen betragen: $h = 20\,\mathrm{mm}$, $d = 20\,\mathrm{mm}$, $b = 30\,\mathrm{mm}$, $c = 15\,\mathrm{mm}$ und $a = 5\,\mathrm{mm}$. Das Achsenverhältnis des Risses $a : c = 1 : 3$ entspricht typischen Maßen von Oberflächenfehlern. Die Zugbelastung $\sigma = 30\,\mathrm{MPa}$ verläuft senkrecht zur Rissebene, so dass nur eine Modus I Beanspruchung mit veränderlichem K_{I}-Faktor entlang der Rissfront auftritt. Vorausgesetzt wird wieder isotrop-elastisches Material mit $E = 210\,000\,\mathrm{MPa}$ und $\nu = 0,3$.

Aufgrund der doppelten Symmetrie des Problems braucht nur ein Viertel mit entsprechenden Verschiebungsrandbedingungen auf den Symmetrieebenen modelliert zu werden, siehe Bild 6.50. Die gewählte FEM-Vernetzung dieses Viertels zeigt Bild 6.51. Bei der Generierung der Netze um 3D Risse ist es von Vorteil, an der Rissfront zu beginnen und sie durch einen »Schlauch« von konzentrischen Elementringen zu umgeben. Dadurch hat man alle Rissspitzenelemente in einer Gruppe gesammelt und kann sie bzgl. Größe und Form optimal entlang der gekrümmten Rissfront anordnen, so dass die Stirnflächen senkrecht dazu stehen, siehe Bild 6.52.

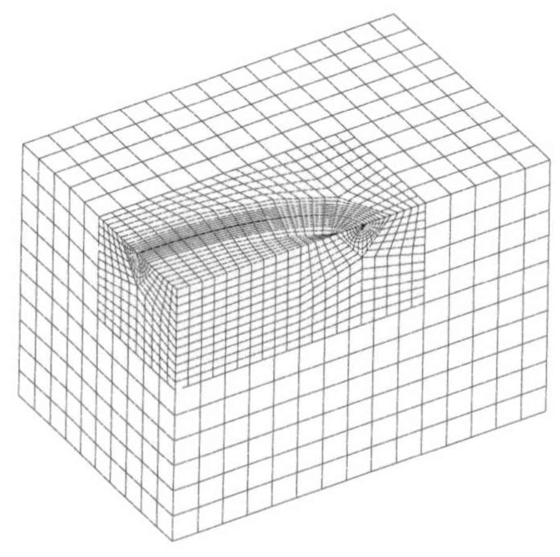

Bild 6.51 FEM-Netz für den halbelliptischen Oberflächenriss (1/4-Modell) mit 26672 Knoten und 5620 Hexaederelementen

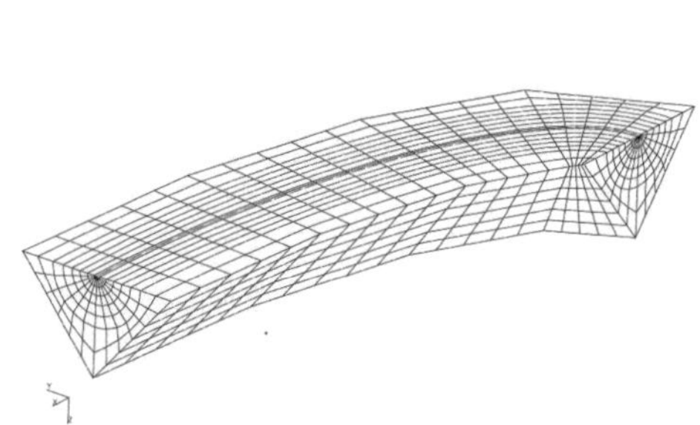

Bild 6.52 Schlauchförmige Vernetzung der Rissfront

An der Rissfront wurden die in Abschnitt 6.2.2 vorgestellten 3D Viertelpunkt-Hexaederelemente CTE verwendet. Die Kantenlänge der Risselemente wurde einheitlich auf $L = 0,08\,\mathrm{mm}$ festgelegt. Ausgehend von diesem Schlauch vervollständigt und vergröbert man das FEM-Netz bis zu den Außenrändern der Struktur.

In Bild 6.53 ist das geöffnete deformierte Rissprofil wiedergegeben. Für die Berechnung des Spannungsintensitätsfaktors K_{I} wurden alle erläuterten Techniken eingesetzt. Am einfachsten ist die Auswertung der Rissuferverschiebungen nach der Beziehung (6.46), siehe Bild 6.11. Das Ergebnis ist für alle Rissfrontknoten in Bild 6.54 als Funktion des Ellipsenwinkels $\varphi = \arcsin(x_2/a)$ (siehe Bild 4.9) gezeichnet (DIM-CTE). Man erkennt eine leichte Oszillation der K_{I}-Werte zwischen Eck- und Seitenmittenknoten. Zum Vergleich ist die Referenzlösung von Raju & Newman [44] im Diagramm dargestellt. Ähnlich genaue Resultate für $K_{\mathrm{I}}(\varphi)$ liefert die Auswertung des 3D J-Integrals (vgl. Abschnitt 7.3.2).

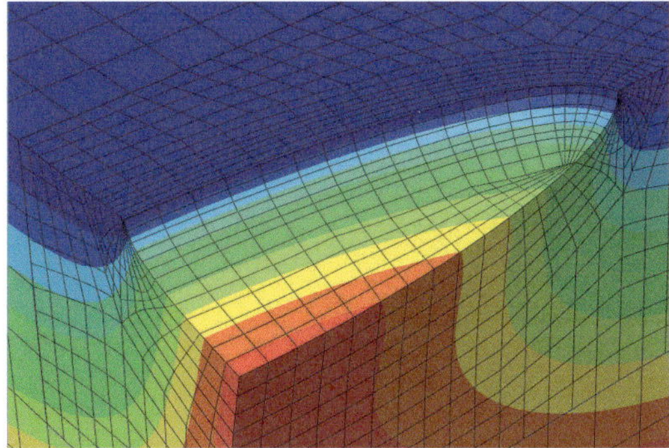

Bild 6.53 Verformtes FEM-Modell mit halbelliptischem Oberflächenriss. Konturplot der rissöffnenden Verschiebung

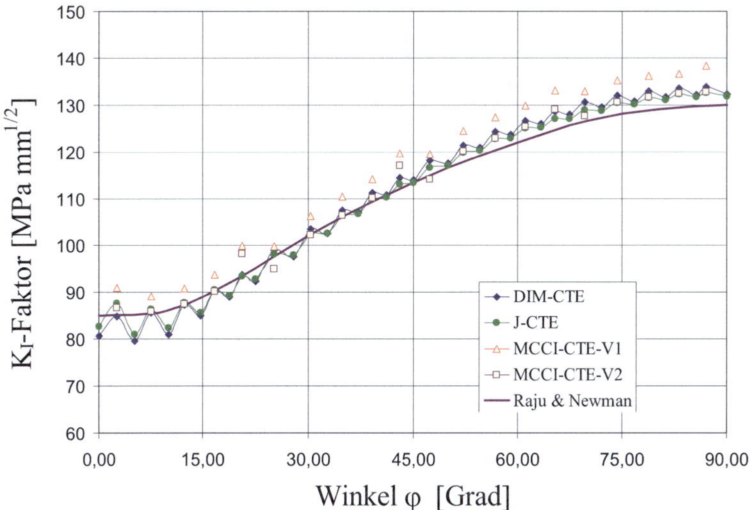

Bild 6.54 Verlauf des K_{I}-Faktors entlang der Rissfront. Vergleich unterschiedlicher FEM-Auswertemethoden für Viertelpunktelemente CTE

Schließlich wurden noch beide Formeln zur Berechnung des Rissschließintegrals MCCI für die 3D Viertelpunktelemente erprobt. Die Ergebnisse der aufwändigeren Variante 1 nach Gleichung (6.97) liegen ca. 5 % über der Referenzlösung, wohingegen die einfachere Formel (6.98) der Variante 2 besser übereinstimmt und zu bevorzugen ist.

Zum Vergleich wurde dasselbe Problem mit regulären Standardelementen RSE berechnet, d. h. die 3D Viertelpunktelemente im »Schlauch« um die Rissfront wurden durch kollabierte Hexaederelemente mit Seitenmittenknoten ersetzt. Die Resultate sind in Bild 6.55 für verschiedene Auswertevarianten zusammengestellt. Am genauesten wird der $K_{\mathrm{I}}(\varphi)$-Verlauf entlang der Rissfront mit Hilfe des 3D J-Integrals bestimmt, der sich bei dieser hohen Netzverfeinerung am Riss fast nicht

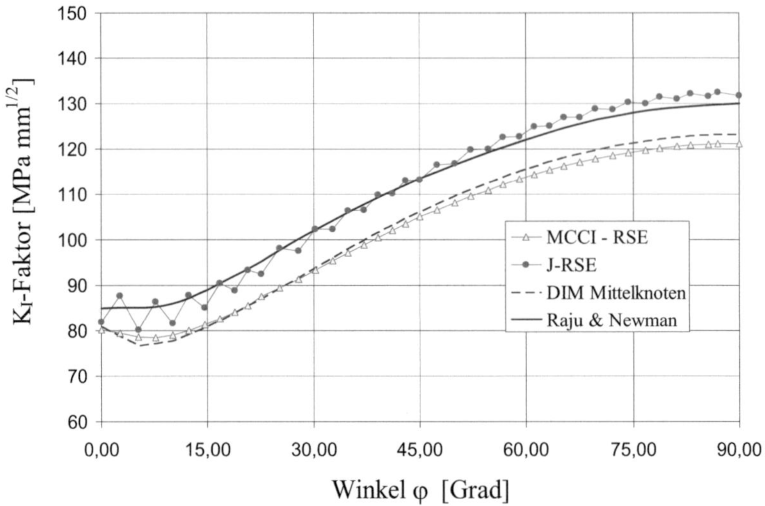

Bild 6.55 Verlauf des K_{I}-Faktors entlang der Rissfront. Vergleich unterschiedlicher FEM-Auswertemethoden für reguläre Standardelemente RSE

vom Ergebnis mit Rissspitzenelementen unterscheidet, vgl. Bild 6.54. Wesentlich ungenauer (etwa $-8\,\%$) fallen dagegen die mit dem Rissschließintegral MCCI-RSE nach den Auswerteformeln (6.95) (6.96) ermittelten K_{I}-Faktoren aus. Außerdem wurde die einfache Auswertemethode DIM für die Rissuferverschiebungen nach der Beziehung (6.3) auf die Seitenmittenknoten angewandt (Strichlinie in Bild 6.55), was ebenfalls nur unzureichende Genauigkeit liefert.

Literaturverzeichnis

[1] Abdel Wahab, M.M., De Roeck, G.: A finite element solution for elliptical cracks using the ICCI method. Engineering Fracture Mechanics **53**, 519–526 (1996)

[2] Akin, J.E.: The generation of elements with singularities. International Journal of Numerical Methods in Engineering **10**, 1249–1259 (1976)

[3] Alwar, R.S., Nambissan, K.N.R.: Three-dimensional finite element analysis of cracked thick plates in bending. International Journal for Numerical Methods in Engineering **19**, 293–303 (1983)

[4] Andrasic, C.P., Parker, A.P.: Dimensionless stress intensity factors for cracked thick cylinders under polynomial crack face loadings. Engineering Fracture Mechanics **19**, 187–193 (1984)

[5] Atluri, S.N.: Hybrid finite element models for linear and nonlinear fracture mechanics. In: A.R. Luxmoore (ed.) Numerical Methods in Fracture Mechanics,

pp. 363–373. Pineridge Press (1978)
[6] Atluri, S.N., Kartiresan, K.: 3D analysis of surface flaws in thick–walled reactor pressure vessels using displacement-hybrid finite element method. Nuclear Engineering and Design **51**, 163–176 (1979)
[7] Atluri, S.N., Kobayashi, A.S., Nakagaki, M.: An assumed displacement hybrid finite element model for linear fracture mechanics. International Journal of Fracture **11**, 257–271 (1975)
[8] Banks-Sills, L., Bortman, Y.: Reappraisal of the quarter-point quadrilaterial element in linear fracture mechanics. International Journal of Fracture **25**, 169–180 (1984)
[9] Banks-Sills, L., Sherman, D.: On quarter-point three dimensional finite elements in elastic fracture mechanics. International Journal of Fracture **41**, 177–196 (1989)
[10] Banks-Sills, L., Sherman, D.: On the computation of stress intensity factors for threedimensional geometries by means of the stiffness derivative and J-integral methods. International Journal of Fracture **53**, 1–20 (1992)
[11] Barsoum, R.S.: A degenerate solid element for linear fracture analysis of plate bending and general shells. International Journal of Numerical Methods in Engineering **10**, 551–564 (1976)
[12] Barsoum, R.S.: On the use of isoparametric finite elements in linear fracture mechanics. International Journal of Numerical Methods in Engineering **10**, 25–37 (1976)
[13] Barsoum, R.S.: Triangular quarter point elements as elastic and perfectly-plastic crack tip elements. International Journal of Numerical Methods in Engineering **11**, 85–98 (1977)
[14] Barsoum, R.S., Loomis, R.W., Stewart, B.D.: Analysis of through cracks in cylindrical shells by quarter–point elements. International Journal of Fracture Mechanics **15**, 259–280 (1979)
[15] Bass, B.R., Bryson, J.W.: Energy release rate techniques for combined thermo-mechanical loading. International Journal of Fracture **22**, R3–R7 (1985)
[16] Benzley, S.F.: Representations of singularities with isoparametric finite elements. International Journal of Numerical Methods in Engineering **8**, 537–545 (1974)
[17] Blackburn, W.S.: Calculation of stress intensity factors at crack tips using special finite elements. In: J.R. Whiteman (ed.) The Mathematics of Finite Elements and Applications, pp. 327–336. Academic Press, London (1973)
[18] Blackburn, W.S., Hellen, T.K.: Calculation of stress intensity factors in three-dimensions by finite element methods. International Journal for Numerical Methods in Engineering **11**, 211–229 (1977)
[19] Buchholz, F.G.: Improved formulae for the finite element calculation of the strain energy release rate by modified crack closure integral method. In: Accuracy, reliability and Training in FEM technology, pp. 650–659. ed. J. Robinson Dorset (1984)
[20] Busch, M., Maschke, H., Kuna, M.: A novel BEM-approach to weight functions based on Bueckner's fundamental field. In: A. Luxmoore, D. Owen (eds.) Proc.

of 5th Int. Conference on Numerical Methods in Fracture Mechanics, Freiburg, pp. 5–16. Pineridge Press, Swansea (1990)

[21] Byskov, E.: The calculation of stress intensity factors using the finite element method with cracked elements. International Journal of Fracture **6**, 159–167 (1970)

[22] De Roeck, G., Abdel Wahab, M.M.: Strain energy release rate formulae for 3D finite element. Engineering Fracture Mechanics **50**, 569–580 (1995)

[23] deLorenzi, H.G.: On the energy release rate and the J-integral for 3-D crack configurations. International Journal of Fracture **19**, 183–193 (1982)

[24] DeLorenzi, H.G.: Energy release rate calculations by the finite element method. Engineering Fracture Mechanics **21**, 129–143 (1985)

[25] Drumm, R.: Zur effektiven FEM–Analyse ebener Spannungskonzentrationsprobleme. Ph.D. thesis, Universität Karlsruhe, Karlsruhe, Deutschland (1982)

[26] Eisentraut, U.M., Kuna, M.: Ein FEM-Programm zur Lösung ebener, axialsymmetrischer und räumlicher Riss-, Festigkeits- und Wärmeleitprobleme. Technische Mechanik **7**, 51–58 (1986)

[27] Fett, T.: A compendium of T-stress solutions. Tech. Rep. Report FZKA 6057, Forschungszentrum Karlsruhe, Technik und Umwelt (1998)

[28] Freese, C.E., Tracey, D.M.: The natural triangle versus collapsed quadrilateral for elastic crack analysis. International Journal of Fracture **12**, 767–770 (1976)

[29] Hartranft, R.J., Sih, G.C.: Effect of plate thickness on the bending stress distribution around through cracks. Journal of Mathematics and Physics **47**, 276–291 (1968)

[30] Hellen, T.K.: On the method of virtual crack extensions. International Journal of Numerical Methods in Engineering **9**, 187–207 (1975)

[31] Henshell, R.D., Shaw, K.G.: Crack tip finite elements are unnecessary. International Journal for Numerical Methods in Engineering **9**, 495–507 (1975)

[32] Hussain, M.A., Coffin, L.F., Zaleski, K.A.: Three dimensional singular elements. Computers and Structures **13**, 595–599 (1981)

[33] Ingraffea, A.R., Manu, C.: Stress-Intensity factor computations in three dimensions. International Journal of Numerical Methods in Engineering **15**, 1427–1445 (1980)

[34] Kemmer, G.: Berechnung von elektromechanischen Intensitätsparametern bei Rissen in Piezokeramiken. Dissertation, TU Dresden (2000). VDI-Verlag Düsseldorf, Reihe 18, Nr. 261

[35] Kuna, M.: Konstruktion und Anwendung hybrider Rissspitzenelemente für dreidimensionale Aufgaben. Technische Mechanik **3**, 37–43 (1982)

[36] Kuna, M.: Behandlung räumlicher Rissprobleme mit der Methode der finiten Elemente. Technische Mechanik **5**, 23–26 (1984)

[37] Kuna, M.: Entwicklung und Anwendung effizienter numerischer Verfahren zur bruchmechanischen Beanspruchungsanalyse am Beispiel hybrider finiter Elemente. Habilitation, Martin Luther Universität Halle (1990)

[38] Kuna, M., Rajiyah, H., Atluri, S.N.: A new approach to determine weight functions from Bueckners's fundamental field by the superposition technique. International Journal of Fracture **44**(4), R57–R63 (1990)

[39] Kuna, M., Zwicke, M.: A mixed hybrid finite element for three dimensional elastic crack analysis. International Journal of Fracture **45**, 65–79 (1989)
[40] Lin, K.Y., Mar, J.W.: Finite element analysis of stress intensity factors for a crack at a bi-material interface. International Journal of Fracture **12**, 521–531 (1976)
[41] Lin, S.C., Abel, J.F.: Variational approach for a new direct-integration form of the virtual crack extension method. International Journal of Fracture **38**, 217–235 (1988)
[42] Manu, C.: Quarter-point elements for curved crack fronts. Computers and Structures **17**, 227–231 (1983)
[43] Moriya, K.: Finite element analysis of cracked plate subjected to out–of–plane bending, twisting and shear. Bulletin of the Japan Society of Mechanical Engineers **25**, 1202–1210 (1982)
[44] Murakami, Y.: Stress intensity factors handbook, vol. 1-5. Pergamon Press, Oxford (1987)
[45] Paris, P.C., McMeeking, R.M., Tada, H.: The weight function method for determining stress intensity factors. Cracks and Fracture, STP 601, American Society for Testing of Materials pp. 471–489 (1976)
[46] Parks, D.M.: Stiffness derivative finite element technique for determination of crack-tip stress intensity factors. International Journal of Fracture **10**, 487–502 (1974)
[47] Parks, D.M., Kamenetzky, E.M.: Weight functions from virtual crack extensions. International Journal of Numerical Methods in Engineering **14**, 1693–1706 (1979)
[48] Pian, T.H.H., Moriya, K.: Three-dimensional fracture analysis by assumed stress hybrid elements. In: A.R. Luxmoore (ed.) Numerical Methods in Fracture Mechanics, pp. 363–373. Pineridge Press (1978)
[49] Pian, T.H.H., Tong, P., Luk, C.H.: Elastic crack analysis by a finite element hybrid method. In: 3. Conference on matrix methods in structural mechanics, Wright Patterson Air Force Base, Ohio, pp. 661–682 (1971)
[50] Raju, I.S.: Calculation of strain-energy release rates with higher order and singular finite elements. Engineering Fracture Mechanics **28**, 251–274 (1987)
[51] Ramamurthy, T.S., Krishnamurthy, T., Narayana, K.B., Vijayakumar, K., Dattaguru, B.: Modified crack closure integral method with quarter point elements. Mechanics Research Communications **13**, 179–186 (1986)
[52] Rhee, H.C., Atluri, S.N.: Hybrid stress finite element analysis of bending of a plate with a through flaw. International Journal of Numerical Methods in Engineering **18**, 259–271 (1982)
[53] Rybicki, E.F., Kanninen, M.F.: A finite element calculation of stress intensity factors by a modified crack closure integral. Engineering Fracture Mechanics **9**, 931–938 (1977)
[54] Schnack, E., Wolf, M.: Application of displacement and hybrid stress methods to plane notch and crack problems. International Journal of Numerical Methods in Engineering **12**, 963–975 (1978)

[55] Sham, T.L.: A unified finite element method for determining weight functions in two and three dimensions. International Journal of Solids and Structures **23**, 1357–1372 (1987)

[56] Sham, T.L., Zhou, Y.: Computation of three-dimensional weight functions for circular and elliptical cracks. International Journal of Fracture **41**, 51–75 (1989)

[57] Shivakumar, K.N., Tan, P.W., Newman, J.C.: A virtual crack-closure technique for calculating stress intensity factors for cracked three-dimensional bodies. International Journal of Fracture **36**, R43–50 (1988)

[58] Singh, R., Carter, B., Wawrzynek, P., Ingraffea, A.: Universal crack closure integral for SIF estimation. Engineering Fracture Mechanics **60**, 133–146 (1998)

[59] Smith, S.A., Raju, I.S.: Evaluation of stress intensity factors using general finite element models. In: Panontin, T.L., Sheppard, S.L. (Eds.): Fatigue and Fracture Mechanics. ASTM STP 1332. American Society for Testing and Materials, Philadelphia pp. 176–200 (1999)

[60] Tada, H., Paris, P., Irwin, G.: The stress analysis of cracks handbook (2nd ed.). Paris Production Inc., St.Louis (1985)

[61] Tong, P.: A hybrid element for rectilinear anisotropic material. International Journal of Numerical Methods in Engineering **11**, 377–383 (1977)

[62] Tong, P., Atluri, S.N.: On hybrid finite element technique for crack analysis. In: G.C. Sih (ed.) Fracture Mechanics and Technology, pp. 1445–1465. Nordhoff (1977)

[63] Tong, P., Pian, T.H.H., Lasry, H.: A hybrid element approach to crack problems in plane elasticity. International Journal of Numerical Methods in Engineering **7**, 297–308 (1973)

[64] Tracey, D.M.: Finite elements for determination of crack tip elastic stress intensity factors. Engineering Fracture Mechanics **3**, 255–256 (1971)

[65] Tracey, D.M.: Finite elements for three-dimensional elastic crack analysis. Journal of Nuclear Engineering and Design **26**, 282–290 (1974)

[66] Wawrzynek, P.A., Ingraffea, A.R.: Interactive finite-element analysis of fracture processes: an integrated approach. Theoretical and Applied Fracture Mechanics **8**, 137–150 (1987)

[67] Wilson, W.K.: Finite element methods for elastic bodies containing cracks. In: G.C. Sih (ed.) Methods of analysis and solutions of crack problems. Mechanics of fracture, vol. 1, pp. 484–515. Noordhoff, Leyden (1973)

[68] Yamamoto, Y., Sumi, Y.: Stress intensity factors of three–dimensional cracks. International Journal of Fracture **14**, 17–38 (1978)

[69] Zienkiewicz, O.C.: Methode der finiten Elemente. Fachbuchverlag Leipzig (1980)

[70] Zucchini, A., Hui, C.Y., Zehnder, A.T.: Crack tip stress fields for thin, cracked plates in bending, shear and twisting: A comparison of plate theory and three-dimensional elasticity theory solutions. International Journal of fracture **104**, 387–407 (2000)

Kapitel 7
Numerische Berechnung verallgemeinerter Energiebilanzintegrale

7.1 Verallgemeinerte Energiebilanzintegrale

Ausgehend von den Pionierarbeiten ESHELBYS [9, 10], der die thermodynamischen Kräfte auf Defekte in Festkörpern durch Einführung des Energie–Impuls–Tensors untersuchte, hat sich in den vergangenen 30 Jahren eine neue Theorie der verallgemeinerten »materiellen« oder auch »Konfigurationskräfte« herausgebildet, siehe MAUGIN[21], KIENZLER, HERRMANN [16], [17] und GURTIN [13]. Im Rahmen dieser Theorie werden die Invarianzeigenschaften von mechanischen oder thermodynamischen Erhaltungssätzen bezüglich einer Transformation des materiellen Gebietes erforscht, um generalisierte Kraftwirkungen von Feldern auf Störungen im homogenen Material, d. h. Defekte verschiedener Formen (wie z. B. Risse), zu berechnen. Diese Arbeiten führen weit über das klassische J-Integral hinaus und erlauben sein physikalisches Verständnis aus übergeordneter Sicht.

Die Gedankengänge sollen am Beispiel eines volumenhaften Defektes (inhomogener Einschluss, Hohlraum o. ä.) in einem isotropen elastischen Körper vorgestellt werden, der ansonsten aus homogenem, defektfreiem Material besteht. Der Körper ist einer bestimmten Belastung unterworfen und die Lösung der RWA sei bekannt. Betrachtet wird ein beliebiger Ausschnitt V des Körpers, der den Defekt vollständig umschließt, Bild 7.1.

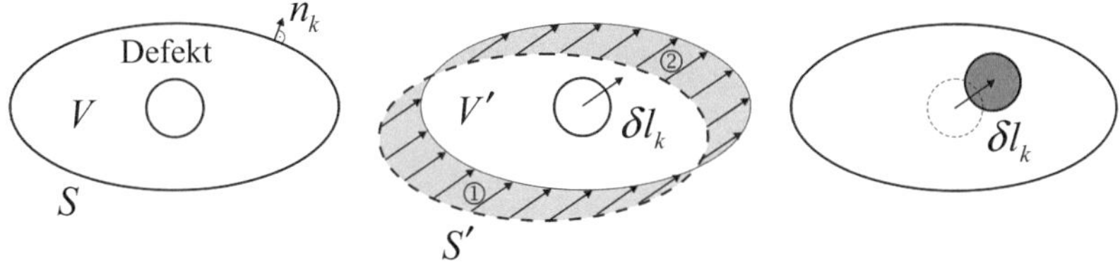

Bild 7.1 Materielle Kraft auf einen Defekt

Jetzt stellen wir die Frage nach der Änderung der potenziellen Gesamtenergie des Systems, wenn der Defekt in eine infinitesimal benachbarte Lage verschoben

M. Kuna, *Finite Elemente in der Bruchmechanik*,
https://doi.org/10.1007/978-3-658-46192-8_7

wird. Diese virtuelle Verrückung des materiellen Defektes und seiner Umgebung V relativ zum physikalischen Raum der Feldlösung wird durch eine Variation der Koordinaten $\delta X_k = \delta l_k$ des materiellen Bezugssystems beschrieben. (Dieser Vorgang darf nicht mit dem Prinzip der virtuellen Verschiebungen verwechselt werden, wo ja die Lösungsfunktion δu_i variiert wird!) Die Energiedifferenz, die infolge der Verrückung des Defektes dem äußeren System entzogen und dem Volumen V zugeführt wird, kann man sich als Arbeit einer generalisierten Kraft P_k mit δl_k vorstellen:

$$\delta \Pi = \Pi\,(X_k + \delta l_k) - \Pi\,(X_k) = -P_k\,\delta l_k\,. \tag{7.1}$$

Für ihre Berechnung wird das folgende Gedankenexperiment durchgeführt: Zuerst schneiden wir das Gebiet V aus und lassen auf seinem Rand S die Schnittspannungen $t_i = \sigma_{ij} n_j$ angreifen, so dass keine Verformung durch Entlastung auftritt. Als zweites wird das Gebiet V' definiert, welches im undeformierten Zustand durch eine Starrkörperverschiebung $\delta X_k = -\delta l_k$ aus V hervorgeht (Strichlinie in Bild 7.1), aber den Defekt in unveränderter Lage enthält. Auch V' wird ausgeschnitten und durch entsprechende Schnittspannungen am Rand S' arretiert. Die Formänderungsenergie von V' unterscheidet sich von derjenigen des Originalgebiets V durch die Addition bzw. Subtraktion der Energiebeiträge der grau gefärbten Bereiche (1) und (2). Bei der Verrückung um $-\delta l_k$ entspricht das genau dem Randintegral von $U(\boldsymbol{x})$ über S, wobei der Flächenanteil durch Projektion mit dem Normalenvektor n_k entsteht.

$$\delta \mathcal{W}_{\text{int}} = \mathcal{W}_{\text{int}}^{V'} - \mathcal{W}_{\text{int}}^{V} = -\delta l_k \int_S U(\boldsymbol{x}) n_k \,\mathrm{d}S \tag{7.2}$$

Im dritten Schritt versuchen wir, das verschobene Gebiet V' in den Ausschnitt S einzupassen, dessen Verformung $u_i(X_i + \delta X_i)$ auf S' sich jedoch vom Originalausschnitt um den Betrag

$$\delta u_i = \frac{\partial u_i}{\partial X_k} \delta X_k = u_{i,k}(-\delta l_k) \tag{7.3}$$

unterscheidet. Diese Verschiebungsdifferenz wird jetzt zurück verformt, wobei die bestehenden Schnittspannungen t_i die äußere Arbeit leisten (Ihre Veränderung δt_i infolge von δX_k darf als Term höherer Ordnung vernachlässigt werden.)

$$\delta \mathcal{W}_{\text{ext}} = -\int_S \delta u_i t_i \,\mathrm{d}S = \delta l_k \int_S u_{i,k} \sigma_{ij} n_j \,\mathrm{d}S\,. \tag{7.4}$$

Schließlich können wir gedanklich das verschobene Gebiet V' entlang des Randes S mit dem Gesamtkörper zusammenfügen, so dass der Defekt gegenüber dem homogenen Material bzw. der elastostatischen Feldlösung um δl_k verrückt wurde. Die Differenz der potenziellen Gesamtenergie bei diesem Prozess berechnet sich aus (7.2) und (7.4) zu:

$$\begin{aligned}\delta\Pi &= \delta\mathcal{W}_{\text{int}} - \delta\mathcal{W}_{\text{ext}} = \left\{\int_S U n_k \,\mathrm{d}S - \int_S \sigma_{ij} u_{i,k} n_j \,\mathrm{d}S\right\}\delta l_k \\ &= -\int_S \left[U\delta_{jk} - \sigma_{ij}u_{i,k}\right] n_j \,\mathrm{d}S\,\delta l_k = -\int_S Q_{kj} n_j \,\mathrm{d}S\,\delta l_k = -P_k\,\delta l_k\end{aligned} \tag{7.5}$$

Die Größe Q_{kj} bezeichnet den *Energie–Impuls–Tensor* der Elastostatik [9]

$$Q_{kj} = U\delta_{jk} - \sigma_{ij}u_{i,k} \tag{7.6}$$

und der generalisierte Kraftvektor lautet

$$P_k = \int_S Q_{kj} n_j \,\mathrm{d}S\,. \tag{7.7}$$

Das P_k-Integral quantifiziert somit im elastischen Fall die »antreibende Energie« $\delta\Pi = -P_k \delta l_k$, die vom System bei einer gedachten infinitesimalen Translation δl_k des Defektes bereitgestellt wird.

Bei Annahme hyperelastischen Materialverhaltens gilt $\partial U/\partial\varepsilon_{mn} = \sigma_{mn}$ und der Tensor Q_{kj} ist eine eindeutige Funktion der Verzerrungen ε_{ij} (bzw. $u_{i,j}$). Falls das Material inhomogen ist, hängt U zusätzlich explizit von den Ortskoordinaten $\boldsymbol{x}$ ab. Untersucht man die Divergenz $Q_{kj,j}$ des Energie–Impuls–Tensors (7.6), wobei die Gleichgewichtsbedingungen $\sigma_{ij,j} = -\bar{b}_i$ vorausgesetzt werden, so ergibt die Kettenregel

$$\begin{aligned}\frac{\partial Q_{kj}(\varepsilon_{mn}, x_l)}{\partial x_j} &= \frac{\partial U}{\partial \varepsilon_{mn}}\frac{\partial \varepsilon_{mn}}{\partial x_j}\delta_{jk} - \frac{\partial \sigma_{ij}}{\partial x_j}u_{i,k} - \sigma_{ij}\frac{\partial u_{i,k}}{\partial x_j} + \delta_{jk}\left.\frac{\partial U}{\partial x_j}\right|_{\text{exp}} \\ &= \sigma_{mn}\varepsilon_{mn,j}\delta_{jk} + \bar{b}_i u_{i,k} - \sigma_{ij}u_{i,kj} + U_{,k}\big|_{\text{exp}}\end{aligned} \tag{7.8}$$

Da sich der 1. und 3. Term aufheben, verbleibt ein Vektor p_k, der die »materiellen Kraftquellen« im Volumen repräsentiert:

$$Q_{kj,j} = p_k = b_i u_{i,k} + U_{,k}\big|_{\text{exp}}\,. \tag{7.9}$$

Die Divergenz $Q_{kj,j}$ des Energie–Impuls–Tensors verschwindet also unter folgenden Voraussetzungen:

- Das Material ist homogen, d. h. keine *explizite* Ortsabhängigkeit $Q_{kj}(\boldsymbol{x})$.
- Das Material ist hyperelastisch.
- Es gibt keine Volumenkräfte $\bar{b}_j = 0$.
- Die Feldlösung enthält keine Singularität in V.

Als Folge davon muss auch das Integral über ein beliebiges Gebiet V *ohne Defekte und Kraftquellen* $p_k \sim \bar{b}_j = 0$ null werden

$$\int_V Q_{kj,j} \, \mathrm{d}V = \int_S Q_{kj} n_j \, \mathrm{d}S = P_k = 0 \,. \tag{7.10}$$

Eine virtuelle Verrückung ist dann nicht mit einer generalisierten Kraft verbunden. Interpretiert man (7.10) als Bilanzgleichung, so stellt sie einen Erhaltungssatz für den Energie–Impuls–Tensor dar.

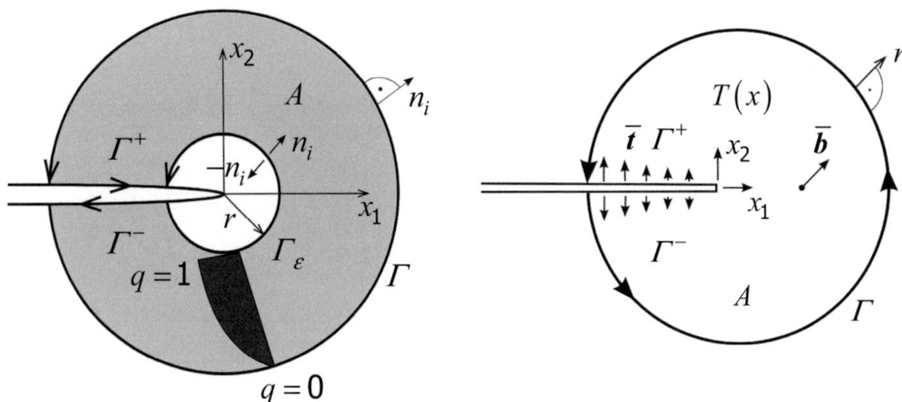

Bild 7.2 Integrationspfade um die Rissspitze und Wichtungsfunktion q

Bild 7.3 Linien-Flächen-Integral bei allgemeineren Belastungen

Das vorgestellte Energiebilanzintegral wird nun auf den Defekt »Rissspitze« in der Ebene angewandt, die hierbei um δl_k virtuell verrückt wird. Das betrachtete Gebiet V ziehen wir auf die Rissspitze $r \to 0$ zusammen, womit aus S die in Bild 7.2 gezeigte Kreiskontur $\varGamma_\varepsilon$ wird. Die Anwendung von (7.7) ergibt:

$$P_k = J_k = \lim_{r \to 0} \int\limits_{\varGamma_\varepsilon} Q_{kj} n_j \, \mathrm{d}s \,, \quad P_1 = J = G. \tag{7.11}$$

Ein Vergleich des P_k-Integrals (7.11) mit dem J-Integral (4.100) lässt erkennen, dass die x_1-Komponente von P_k genau mit J identisch ist. Das verwundert nicht, denn $\delta l_1 = \mathrm{d}a$ bezeichnet genau die selbstähnliche Rissausbreitung und ergibt die Energiefreisetzungsrate G. Analog beschreibt die J_2-Komponente eine parallele Verrückung des Risses in x_2-Richtung und J_3 eine Translation in x_3 (die selbstverständlich beim ebenen Problem nichts ändert und verschwindet). Damit haben wir eine verallgemeinerte vektorielle Form J_k des J-Integrals gefunden.

Im Rahmen der LEBM (Kapitel 4.2) herrscht an der Rissspitze das K-Faktor kontrollierte Nahfeld. Die Integrale (7.11) können entlang infinitesimaler Kreiskonturen $r = \text{const}$ mit den Nahfeldlösungen ausgewertet werden, Bild 7.2.

Daraus folgt der Zusammenhang zwischen J_k-Integral-Vektor und den Spannungsintensitätsfaktoren für ebene Risskonfigurationen der LEBM:

$$\begin{aligned} J_1 &= J = G = \frac{1}{E'}\left(K_\mathrm{I}^2 + K_\mathrm{II}^2\right) + \frac{1+\nu}{E} K_\mathrm{III}^2 \\ J_2 &= -2K_\mathrm{I}K_\mathrm{II}/E' , \quad J_3 = 0 . \end{aligned} \tag{7.12}$$

7.2 Erweiterung auf allgemeinere Belastungen

7.2.1 Voraussetzungen der Wegunabhängigkeit

Um die Wegunabhängigkeit von J_k für ebene Rissprobleme zu diskutieren, konstruieren wir uns einen geschlossenen Integrationsweg $C = \Gamma - \Gamma_\varepsilon + \Gamma^+ + \Gamma^-$, der die Rissspitze umgeht und den homogenen, defektfreien Materialbereich A einschließt (Bild 7.2). Da im Gebiet A keine materiellen Kraftquellen (7.9) wirken, müssen nach (7.10) das Gebietsintegral über A und das Konturintegral über C null sein. Von dieser Identität bringen wir den Anteil entlang Γ_ε auf die linke Seite:

$$J_k = \lim_{r\to 0} \int\limits_{\Gamma_\varepsilon} Q_{kj} n_j \,\mathrm{d}s = \int\limits_{\Gamma} Q_{kj} n_j \,\mathrm{d}s + \lim_{r\to 0} \int\limits_{\Gamma^+ + \Gamma^-} Q_{kj} n_j \,\mathrm{d}s - \underbrace{\lim_{r\to 0} \int\limits_{A} Q_{kj,j} \,\mathrm{d}A}_{\to 0} . \tag{7.13}$$

Hieraus erkennt man, dass die Berechnung des J_k-Integrals auf jedem beliebigen Weg Γ genau dann die gleichen Werte liefert, wenn der 2. Term über die Rissufer null wäre:

$$\lim_{r\to 0} \int\limits_{\Gamma^+ + \Gamma^-} (U n_k - \underbrace{\sigma_{ij} n_j}_{t_i} u_{i,k}) \,\mathrm{d}s \stackrel{!}{=} 0 . \tag{7.14}$$

Hierfür muss als erstes gefordert werden, dass keine Randspannungen $t_i = \bar{t}_i$ auf den Rissufern Γ^+ und Γ^- wirken:

$$t_i = 0 . \tag{7.15}$$

Unterstellt man gerade Rissflanken senkrecht zur x_2-Achse, dann gilt $n_k = \mp\delta_{2k}$ auf Γ^+ und Γ^-, womit sich der erste Term von (7.14) auf $(U^- - U^+)\delta_{2k}$ reduziert. Mit (7.13) folgt:

$$J_k = \int\limits_{\Gamma} \left(U\delta_{kj} - \sigma_{ij}u_{i,k}\right) n_j \,\mathrm{d}s + \lim_{r\to 0} \int\limits_{\Gamma^+} \left(U^- - U^+\right) \delta_{2k} \,\mathrm{d}s. \tag{7.16}$$

Demzufolge ist nur die Komponente $k = 1$ des J_k-Integralvektors unabhängig vom Integrationsweg Γ! Bei der Komponente $k = 2$ muss die Differenz der Formänderungsenergiedichten auf den Rissufern berücksichtigt werden, die nur im Fall reiner Symmetrie oder Antimetrie (Modus I bzw. II) verschwindet. Erschwerend kommt hinzu, dass beim Grenzübergang $r \to 0$ die Energiedichte U meistens singulär wird. Bei gekrümmten Rissflanken ist in (7.14) der Term $Un_k\,\mathrm{d}s$ immer vorhanden und erzeugt eine Wegabhängigkeit.

7.2.2 Rissufer-, Volumen- und thermische Lasten

Bei vielen praktischen Berechnungsaufgaben spielen Randlasten auf den Rissufern (z. B. Innendruck) oder Volumenlasten (z. B. Schwerkraft) eine nicht zu vernachlässigende Rolle, Bild 7.3. Des Weiteren möchte man die Leistungsfähigkeit des J_k-Integrals auch gern zur Analyse von Rissen einsetzen, die durch inhomogene Temperaturfelder (z. B. Thermoschock) belastet sind. Außerdem wäre es für die Berechnung des J_k-Integrals anhand von FEM-Lösungen recht hilfreich, wenn die Integration entlang eines frei wählbaren Weges Γ in einem größeren Abstand von der Rissspitze ausgeführt werden könnte, weil dort die numerischen Lösungsfehler geringer sind. Aus diesen Gründen soll nach notwendigen Erweiterungen des J_k-Integrals gesucht werden.

Zu diesem Zweck wiederholen wir die Divergenzanalyse von Q_{kj} des vorigen Abschnitts nach (7.13), lassen dabei aber alle gemachten Einschränkungen fallen. Wirkt in einem elastischen Körper ein Temperaturfeld $T(\boldsymbol{x})$, so entstehen gemäß (3.86) thermisch induzierte Dehnungen $\varepsilon^{\mathrm{t}}_{ij}$ (siehe Abschnitt 3.4.1):

$$\varepsilon^{\mathrm{t}}_{ij}(T(\boldsymbol{x})) = \alpha^{\mathrm{t}}_{ij}(T(\boldsymbol{x}) - T_0) = \alpha^{\mathrm{t}}_{ij}\Delta T(\boldsymbol{x})\ . \tag{7.17}$$

Das Hookesche Gesetz lautet ausgedrückt mit den thermischen Spannungskoeffizienten $\beta_{ij} = C_{ijkl}\alpha^{\mathrm{t}}_{kl}$:

$$\sigma_{ij} = C_{ijkl}\left(\varepsilon_{kl} - \varepsilon^{\mathrm{t}}_{kl}\right) = C_{ijkl}\varepsilon_{kl} - \beta_{ij}\Delta T(\boldsymbol{x})\,. \tag{7.18}$$

Im isotropen Fall gilt (3.92) mit $\beta_{ij} = (3\lambda + 2\mu)\alpha_{\mathrm{t}}\delta_{ij}$. Die elastische Formänderungsenergie wird allein aus den elastischen Verzerrungen gebildet

$$U^{\mathrm{e}}(\boldsymbol{\varepsilon}^{\mathrm{e}}) = \frac{1}{2}\varepsilon^{\mathrm{e}}_{ij}C_{ijkl}\varepsilon^{\mathrm{e}}_{kl}\,, \quad U^{\mathrm{e}}(\boldsymbol{\varepsilon}^{\mathrm{e}}) = \mu\varepsilon^{\mathrm{e}}_{ij}\varepsilon^{\mathrm{e}}_{ij} + \frac{\lambda}{2}\left(\varepsilon^{\mathrm{e}}_{kk}\right)^2 \quad \text{(isotrop)}\,, \tag{7.19}$$

so dass $\partial U^{\mathrm{e}}/\partial \varepsilon^{\mathrm{e}}_{mn} = \sigma_{mn}$ ergibt. Die Divergenz des Energie–Impuls–Tensors berechnet sich mit der Kettenregel

$$\begin{aligned}\frac{\partial Q_{kj}}{\partial x_j} &= \frac{\partial U^{\mathrm{e}}}{\partial \varepsilon^{\mathrm{e}}_{mn}} \frac{\partial \varepsilon^{\mathrm{e}}_{mn}}{\partial x_j}\delta_{jk} - \sigma_{ij,j} u_{i,k} - \sigma_{ij} u_{i,kj} \\ &= \sigma_{mn}\varepsilon^{\mathrm{e}}_{mn,k} \left(\pm\sigma_{mn}\varepsilon^{\mathrm{t}}_{mn,k}\right) + \bar{b}_i u_{i,k} - \sigma_{ij}(u_{i,j})_{,k}\,.\end{aligned} \tag{7.20}$$

Über die Gleichgewichtsbedingungen $\sigma_{ij,j} + \bar{b}_i = 0$ kommen die Volumenkräfte ins Spiel. Um den 4. Term $\widehat{=}\, \sigma_{ij}\varepsilon_{ij,k}$ mit dem 1. Term kompensieren zu können, wird eine Nullergänzung mit den thermischen Verzerrungen eingeführt ($\varepsilon^{\mathrm{e}}_{mn} + \varepsilon^{\mathrm{t}}_{mn} = \varepsilon_{mn}$), so dass mit (7.17) folgt:

$$Q_{kj,j} = -\sigma_{mn}\varepsilon^{\mathrm{t}}_{mn,k} + \bar{b}_i u_{i,k} = -\sigma_{mn}\alpha^{\mathrm{t}}_{mn} T_{,k} + \bar{b}_i u_{i,k} = p_k\,. \tag{7.21}$$

Dieser »Quellterm« ist in das Flächenintegral über A von (7.13) einzusetzen. Die vorgegebenen Belastungen $\bar{t}_i$ der Rissufer müssen zusätzlich durch das Integral (7.14) über $\Gamma^+ + \Gamma^-$ berücksichtigt werden.

Damit hat das erweiterte J-Integral für thermische, Volumen- und Rissuferlasten die Form eines wegunabhängigen Linien-Flächen-Integrals, das in Kombination mit der Formänderungsenergie U^{e} (7.19) lautet:

$$\begin{aligned}J^{\mathrm{te}}_k &= \int\limits_{\Gamma} \left[U^{\mathrm{e}}\delta_{kj} - \sigma_{ij}u_{i,k}\right] n_j \,\mathrm{d}s + \int\limits_{\Gamma^+ + \Gamma^-} \left[U^{\mathrm{e}} n_k - \bar{t}_i u_{i,k}\right] \mathrm{d}s \\ &+ \int\limits_{A} \left[\sigma_{mn}\alpha^{\mathrm{t}}_{mn} T_{,k} - \bar{b}_i u_{i,k}\right] \mathrm{d}A\,.\end{aligned} \tag{7.22}$$

Neben diesem Zugang von NAKAMURA [25] und AOKI [2] ($\widehat{J}$-Integral) wurde noch eine andere Version des erweiterten J-Integrals für Temperaturspannungen von WILSON & YU [28] (J^*) und ATLURI [3] (G^*) hergeleitet, die von einer anderen thermodynamischen Definition $\check{U}^{\mathrm{te}}$ der inneren Energiedichte im thermoelastischen Fall ausgeht:

$$\begin{aligned}\check{U}^{\mathrm{te}}(\boldsymbol{\varepsilon}, T) &= \int\limits_0^{\varepsilon_{kl}} \sigma_{ij}(\boldsymbol{\varepsilon}, T)\,\mathrm{d}\varepsilon_{ij} = \frac{1}{2}\varepsilon_{ij} C_{ijkl}\varepsilon_{kl} - \beta_{ij}\Delta T\varepsilon_{ij} \\ \check{U}^{\mathrm{te}}(\boldsymbol{\varepsilon}, T) &= \mu\varepsilon_{ij}\varepsilon_{ij} + \frac{\lambda}{2}\varepsilon^2_{kk} - (3\lambda + 2\mu)\alpha_{\mathrm{t}}\Delta T\varepsilon_{kk} \quad \text{(isotrop)}\,.\end{aligned} \tag{7.23}$$

$\check{U}^{\mathrm{te}}$ entspricht einer Formänderungsarbeit (engl. *stress work density*), die keinen Potenzialcharakter mehr besitzt, was im Weiteren immer durch ein Häkchen symbolisiert werden soll. Trotzdem liefert die Ableitung von (7.23) die Spannungen. Die Divergenz $Q_{kj,j}$ ergibt jetzt bei Berücksichtigung beider Variablen ε_{ij} und T:

$$\begin{aligned} Q_{kj,j} &= \left[\frac{\partial \check{U}^{\mathrm{te}}}{\partial \varepsilon_{mn}} \frac{\partial \varepsilon_{mn}}{\partial x_j} + \frac{\partial \check{U}^{\mathrm{te}}}{\partial T} \frac{\partial T}{\partial x_j} \right] \delta_{jk} - \sigma_{ij,j} u_{i,k} - \sigma_{ij} u_{i,kj} \\ &= -\beta_{ij} \varepsilon_{ij} T_{,k} + \bar{b}_i u_{i,k} \end{aligned} \tag{7.24}$$

Damit unterscheidet sich das Ergebnis gegenüber (7.21) im 1. Term, so dass J_k^{te} in Verbindung mit $\check{U}^{\mathrm{te}}$ die Gestalt annimmt:

$$\begin{aligned} J_k^{\mathrm{te}} = &\int_{\Gamma} \left[\check{U}^{\mathrm{te}} \delta_{kj} - \sigma_{ij} u_{i,k} \right] n_j \, \mathrm{d}s + \int_{\Gamma^+ + \Gamma^-} \left[\check{U}^{\mathrm{te}} n_k - \bar{t}_i u_{i,k} \right] \mathrm{d}s \\ &+ \int_A \left[\beta_{ij} \varepsilon_{ij} T_{,k} - \bar{b}_i u_{i,k} \right] \mathrm{d}A \, . \end{aligned} \tag{7.25}$$

Physikalisch haben die Ausdrücke (7.22) und (7.25) identische Bedeutung und lassen sich natürlich auch rechnerisch ineinander überführen.

Weitere Varianten findet man bei Atluri [3] für den Fall gradierter Werkstoffe, bei denen die thermoelastischen Konstanten ortsabhängig sind. Für stationäre Temperaturfelder $T_{,kk} = 0$ konnte Gurtin [12] das Flächenintegral wieder in ein Linienintegral mit Zusatztermen überführen.

Die hier abgeleiteten Beziehungen (7.22) und (7.25) gelten auch für Temperaturfelder einer transienten Wärmeleitanalyse. Sie eignen sich für die numerische Berechnung deshalb recht gut, weil die Temperaturfelder $T(\boldsymbol{x})$ in den Knoten vorliegen, so dass ihre Gradienten $T_{,k}$ in den Integrationspunkten mit gleicher Güte wie die benötigten Verzerrungen ε_{mn} bestimmt werden können.

7.3 Dreidimensionale Versionen

Nach Abschnitt 7.1 gelten der Energie–Impuls–Tensor Q_{kj} und die thermodynamische Kraft P_k uneingeschränkt für virtuelle Verrückungen eines dreidimensionalen Defekts im Raum. Um den Defekt legen wir jetzt eine beliebig geformte, geschlossene Fläche S, die das Volumen V umgibt. Die Anwendung auf Rissprobleme kann geradlinig übernommen werden, wenn der gesamte Riss oder die gesamte Rissfront als Defekt angesehen und als Ganzes verrückt werden. Meistens interessiert man sich aber für die lokale Energiefreisetzungsrate G oder die K-Faktoren an jedem Punkt der Rissfront. Dann muss man eine virtuelle Verrückung eines einzelnen Punktes oder eines Rissfrontsegmentes vornehmen.

Wir führen ein lokales Koordinatensystem $\boldsymbol{x}(s)$ ein, das entlang einer beliebig geformten Rissfront L_c im Raum mitgeführt wird, wobei s die Bogenlänge bedeutet, siehe Bild 7.4. Die Rissfläche soll eben sein und in der (x_1, x_3)-Ebene liegen, so dass x_2 immer senkrecht zur Rissfläche zeigt.

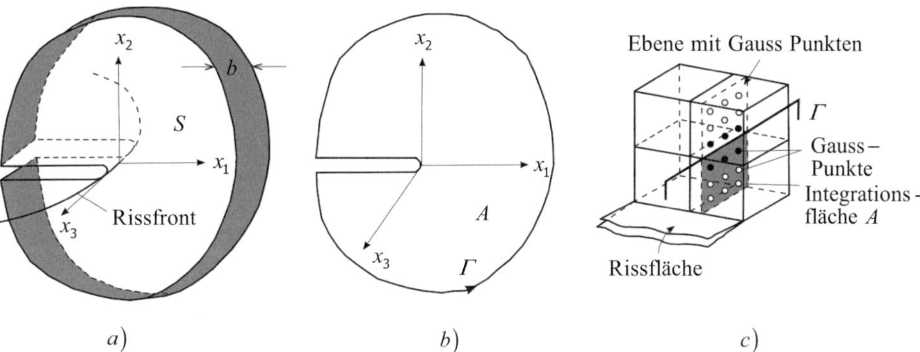

Bild 7.4 3D-Scheibenintegral mit a) Geschlossener Oberfläche S, b) Flächenanteil A und Linienanteil Γ, c) Numerischer Integration

7.3.1 Das 3D-Scheibenintegral

Von Aoki u. a. [2] wurde das Volumen V um einen Punkt der Rissfront in Form einer Scheibe mit infinitesimaler Dicke $b = \Delta x_3$ festgelegt, die beliebige Gestalt in der (x_1, x_2)-Ebene haben darf. Die dazugehörige Oberfläche $S = A^+ + A^- + b\Gamma$ setzt sich aus der vorderen und hinteren Stirnfläche A^+, A^- sowie dem Außenrand $b\Gamma$ zusammen, siehe Bild 7.4. Ausgewertet wird jetzt die x_1-Komponente von J_k, wobei inelastische Verzerrungen ε^*_{ij} beliebiger Herkunft (thermisch oder plastisch) zugelassen sind, wegen der Übersichtlichkeit aber Rissuferlasten weggelassen werden. Die räumliche Erweiterung von (7.13) für J_1 lautet somit:

$$\widehat{J}(s) = -\lim_{b\to 0}\lim_{\Delta a\to 0}\frac{\Delta\Pi}{b\Delta a} = \lim_{b\to 0}\frac{1}{b}J_1 \quad = \lim_{b\to 0}\frac{1}{b}\left\{\int\limits_S Q_{1j}n_j\,\mathrm{d}S - \int\limits_V Q_{1j,j}\,\mathrm{d}V\right\} \tag{7.26}$$

Q_{kj} wird aus der rein elastischen Formänderungsenergiedichte $U^{\mathrm{e}}(\boldsymbol{\varepsilon}^{\mathrm{e}})$ mit $\boldsymbol{\varepsilon}^{\mathrm{e}} = \boldsymbol{\varepsilon} - \boldsymbol{\varepsilon}^*$ nach (7.19) gebildet. Den Divergenzterm im Volumenintegral behandelt man genauso wie in (7.20), so dass sich analog zu (7.21)

$$Q_{1j,j} = -\sigma_{mn}\varepsilon^*_{mn,1} + \bar{b}_i u_{i,1} = p_1 \tag{7.27}$$

ergibt. Bei $b \to 0$ entartet das Volumenintegral zu $\int\limits_V(\cdot)\mathrm{d}V \to b\int\limits_A(\cdot)\mathrm{d}A$. Beim Oberflächenintegral über A^+ und A^- zeigen die Normalvektoren n_j in $\pm x_3$-Richtung

$$\int\limits_{A^+ + A^-}[U^{\mathrm{e}}\delta_{1j} - \sigma_{ij}u_{i,1}]\,n_j\,\mathrm{d}A = -\int\limits_{A^+ + A^-}\sigma_{i3}u_{i,1}\,\mathrm{d}A\,, \tag{7.28}$$

so dass der Term $U^{\mathrm{e}}\delta_{13} = 0$ entfällt und im zweiten Term die Differenz zwischen A^+ und A^- entsteht, die mit einer TAYLOR-Entwicklung bzgl. x_3 in $b(\sigma_{i3}u_{i,1})_{,3}$ umgewandelt werden kann.

Insgesamt ergibt sich somit aus (7.26) das $3D$-*Scheibenintegral* $\widehat{J}$:

$$\begin{aligned}\widehat{J}(s) &= \lim_{b\to 0}\frac{1}{b}\left\{b\int\limits_{\Gamma} Q_{1j}n_j\,\mathrm{d}s - b\int\limits_{A^+}(\sigma_{i3}u_{i,1})_{,3}\,\mathrm{d}A - b\int\limits_{A} Q_{1j,j}\,\mathrm{d}A\right\}\\ &= \int\limits_{\Gamma}\left[U^{\mathrm{e}}\delta_{1j} - \sigma_{ij}u_{i,1}\right]n_j\,\mathrm{d}s + \int\limits_{A}\left[\sigma_{mn}\varepsilon^*_{mn,1} - \bar{b}_i u_{i,1} - (\sigma_{i3}u_{i,1})_{,3}\right]\mathrm{d}A\,.\end{aligned} \tag{7.29}$$

Somit lässt sich die Energierate $\widehat{J}$ bei virtueller Verrückung der Rissfront im Punkt s durch ein wegunabhängiges Linien-Flächen-Integral in der Ebene senkrecht zur Rissfront berechnen. Für ebene Aufgaben (ESZ oder EVZ) verschwindet der letzte Term im Flächenintegral, da keine Abhängigkeit von x_3 besteht, $\partial(\cdot)/\partial x_3 \equiv 0$.

Die numerische Berechnung für 20-Knoten Hexaederelemente ist in Bild 7.4c skizziert. Vorteilhafterweise ordnet man die Elemente so entlang der Rissfront an, dass das Scheibenintegral genau mit einer Ebene von Integrationspunkten zusammenfällt. Für das Linienintegral über Γ müssen die Werte von U^{e}, $u_{i,1}$ und σ_{ij} zwischen benachbarten Integrationspunkten (• Punkte) interpoliert werden. Beim Flächenintegral über A benötigt man die Ableitungen $\varepsilon^*_{mn,1}$, $\sigma_{i3,3}$ und $u_{i,13}$ in den Integrationspunkten! In der FEM sind diese Ableitungen zweiter Ordnung bereits sehr ungenau und liegen meist nicht als Ergebnisse vor. Geeignete Berechnungsmethoden dafür werden in Abschnitt 5.4.4 angeboten.

Wegen der beträchtlichen Ungenauigkeit, den geometrischen Anforderungen an das FE-Netz und der Notwendigkeit, Linien- und Flächenintegrale durch die FE-Diskretisierung zu legen, hat sich das $\widehat{J}$-Integral nicht durchgesetzt, obwohl es theoretisch sehr plausibel und einfach erscheint.

7.3.2 Virtuelle Rissausbreitung 3D

Mit ν_k wird der Normaleneinheitsvektor senkrecht zur Rissfront an der Position s bezeichnet, der wie in Bild 7.5 dargestellt in der Rissebene liegt. Jetzt nehmen wir in einem begrenzten Segment Δs der Rissfront eine virtuelle Verrückung $\Delta l_k(s)$ in der Rissebene an, die genau die Normalenrichtung ν_k haben soll:

$$\Delta l_k(s) = l(s)\Delta a\,\nu_k\,, \qquad \Delta l(s) = |\Delta l_k(s)| = l(s)\Delta a\,. \tag{7.30}$$

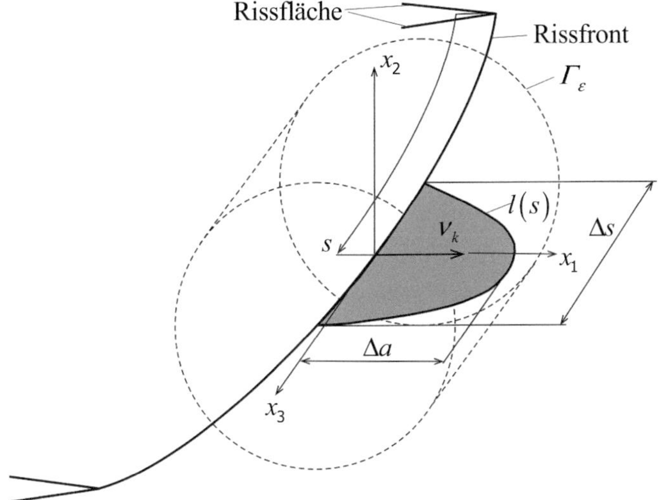

Bild 7.5 Beliebige dreidimensionale Risskonfiguration mit virtueller Rissfronterweiterung

Im Hinblick auf die numerische Realisierung wird anstelle von δl_k ab jetzt die Bezeichnung Δl_k verwendet. In der Schnittebene $(x_1, x_2) \perp x_3$ kann man das zweidimensionale J_k-Integral als Linien- oder Linien-Flächen-Integral entsprechend Bild 7.2 bzw. Bild 7.3 auswerten. In dem hier gewählten Koordinatensystem hat beim Riss nur die J_1-Komponente Bedeutung für die Energiebilanz bei Risserweiterung:

$$\begin{aligned} J(s) &= J_1(s) = J_k(s)\nu_k(s) \\ &= \left(\lim_{r\to 0} \int\limits_{\Gamma_\varepsilon(s)} \left[U\delta_{kj} - \sigma_{ij}u_{i,k} \right] n_j \, \mathrm{d}\Gamma \right) \nu_k(s) = \left(\lim_{r\to 0} \int\limits_{\Gamma_\varepsilon(s)} Q_{kj} n_j \, \mathrm{d}\Gamma \right) \nu_k(s) \,. \end{aligned} \tag{7.31}$$

Die Energiefreisetzung pro Schnittebene beträgt $J(s)\Delta l(s)$, so dass für die Gesamtbilanz $-\Delta\Pi$ über das Rissfrontsegment Δs aufsummiert werden muss

$$-\Delta\Pi = \int\limits_{\Delta s} J(s)\Delta l(s) \, \mathrm{d}s = \int\limits_{\Delta s} J_k(s)\Delta l_k(s) \, \mathrm{d}s = \bar{J}\Delta A \,. \tag{7.32}$$

Dabei bedeutet $\bar{J}$ einen integralen Wert für die gesamte virtuelle Verrückung des Segmentes, bezogen auf die Fläche

$$\Delta A = \int\limits_{\Delta s} \Delta l(s) \, \mathrm{d}s = \Delta a \int\limits_{\Delta s} l(s) \, \mathrm{d}s \tag{7.33}$$

der Risserweiterung. Einsetzen von (7.31) in (7.32) führt auf:

$$-\frac{\Delta\Pi}{\Delta A} = \bar{J} = \frac{1}{\Delta A}\int\limits_{\Delta s}\left(\lim_{r\to 0}\int\limits_{\Gamma_\varepsilon(s)} Q_{kj}n_j\,\mathrm{d}\Gamma\right)\Delta l_k(s)\,\mathrm{d}s$$

$$= \frac{1}{\Delta A}\lim_{r\to 0}\int\limits_{S_\varepsilon} Q_{kj}n_j\Delta l_k\,\mathrm{d}S = \lim_{r\to 0}\int\limits_{S_\varepsilon} Q_{kj}n_j l_k\,\mathrm{d}S \Bigg/ \int\limits_{\Delta s} l(s)\,\mathrm{d}s\,. \tag{7.34}$$

Die Linienintegrale Γ_ε entlang Δs lassen sich zu einer zylindrischen »Schlauchfläche« S_ε mit der Außennormalen n_j zusammenfassen, die im Grenzfall $r \to 0$ auf die Rissfront zusammen gezogen wird. Damit ist es gelungen, einen anschaulichen und kompakten Ausdruck für die thermodynamische Kraft (in der LEBM Energiefreisetzungsrate G) bei virtueller Verrückung eines Rissfrontsegments im Raum zu gewinnen. Das Ergebnis $\bar{J}$ ist einem repräsentativen Punkt $\bar{s}$ des Segmentes Δs zuzuordnen.

Aus der letzten Gleichung von (7.34) sieht man, dass sich die absolute Größe Δa der Risserweiterung herauskürzt! Es soll betont werden, dass die Beziehung (7.34) für jede Art Energie–Impuls–Tensor Gültigkeit besitzt, wobei $\bar{J}$ dann die Bedeutung von

$$\bar{P} = \frac{1}{\Delta A}\int\limits_{\Delta s} P_k(s)\Delta l_k(s)\,\mathrm{d}s \tag{7.35}$$

annimmt. $\bar{J}$ wurde für den Grenzübergang $S_\varepsilon \to 0$ definiert, weil viele Energiebilanzintegrale nur so ihre physikalische Bedeutung besitzen.

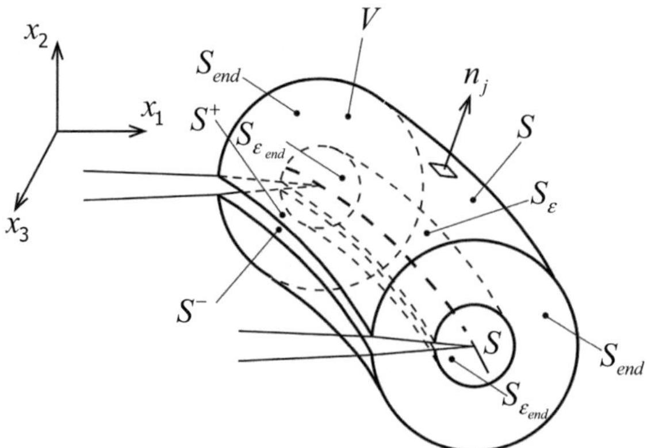

Bild 7.6 Integrationsgebiet für das dreidimensionale J-Integral

Die Frage der Wegunabhängigkeit stellt sich im Raum als Unabhängigkeit von einer beliebig gewählten Fläche S, die um den gleichen Ausschnitt der Rissfront zu legen ist. Hier können die Überlegungen und Divergenzuntersuchungen vom zweidimensionalen Fall vollständig übernommen werden. So wie es Bild 7.6 zeigt, kann aus dem Rissschlauch S_ε, der frei gewählten äußeren Fläche S, den Rissflächen S^+, S^- und den Stirnflächen S_{end} eine geschlossene Fläche $\bar{S} = S + S^+ + S^- + S_{\text{end}} - S_\varepsilon$ gebildet werden, in derem Inneren $\bar{V}$ kein Defekt vorliegt. In Analogie zu (7.13) können wir jetzt mit dem GAUSSschen Satz folgende Umstellung der Integrale vornehmen:

$$\begin{aligned}\bar{J}\Delta A = \lim_{r\to 0} \int\limits_{S_\varepsilon} Q_{kj} n_j \Delta l_k \, \mathrm{d}S = \int\limits_{S} Q_{kj} n_j \Delta l_k \, \mathrm{d}S \\ + \lim_{r\to 0} \int\limits_{S^+ + S^- + S_{\text{end}}} Q_{kj} n_j \Delta l_k \, \mathrm{d}S - \lim_{r\to 0} \int\limits_{\bar{V}} \frac{\partial}{\partial x_j} [Q_{kj} \Delta l_k] \, \mathrm{d}V \,.\end{aligned} \tag{7.36}$$

7.4 Numerische Berechnung als äquivalentes Gebietsintegral

Zur numerischen Berechnung der verschiedenen Energiebilanzintegrale sind in der Ebene ein Linienintegral oder sogar ein kombiniertes Linien-Flächen-Integral zu berechnen und im Raum Linien-, Flächen- und evtl. Volumenintegrale. Im Kontext der FEM erweist sich die geometrische und topologische Festlegung von Integralen niedrigerer Ordnung als die Dimension der RWA recht umständlich und ihre Berechnung ist aufwändig. Reine Gebietsintegrale (2D oder 3D) über eine Gruppe von Elementen gehören hingegen zu den Standardprozeduren in der FEM, wofür es einfache Algorithmen gibt (Abschnitt 5.4.3). Aus diesen Gründen wird eine Methode vorgestellt, mit der jede Art von Energiebilanzintegral in ein äquivalentes Gebietsintegral umgewandelt werden kann.

7.4.1 Umwandlung in ein äquivalentes Gebietsintegral 2D

Zur Umwandlung in ein *äquivalentes Gebietsintegral* (engl. *equivalent domain integral*) EDI konstruieren wir wieder einen geschlossenen Integrationspfad $C = \Gamma + \Gamma^+ + \Gamma^- - \Gamma_\varepsilon$ mit der Außennormalen n_j, siehe Bild 7.2. Entsprechend der Definition (7.13) von J_k dürfen wir schreiben:

$$J_k = -\int\limits_{C} Q_{kj} n_j \, \mathrm{d}s + \lim_{r\to 0} \int\limits_{\Gamma + \Gamma^+ + \Gamma^-} Q_{kj} n_j \, \mathrm{d}s. \tag{7.37}$$

Jetzt wird eine Wichtungsfunktion $q(\boldsymbol{x})$ eingeführt, die stetig und differenzierbar sein muss und die Bedingungen erfüllt

$$q = \begin{cases} 0 & \text{auf} \quad \Gamma \\ 1 & \text{auf} \quad \Gamma_\varepsilon \end{cases}, \tag{7.38}$$

wie in Bild 7.2 gezeigt. Nach Einsetzen in (7.37) entfällt das Integral über Γ

$$J_k = -\int_C Q_{kj} n_j q \, \mathrm{d}s + \lim_{r \to 0} \int_{\Gamma^+ + \Gamma^-} Q_{kj} n_j q \, \mathrm{d}s. \tag{7.39}$$

Durch Anwendung des GAUSSschen Integralsatzes erhält man somit das 2D J_k-Integral als gewichtetes, reines Gebietsintegral über die von Γ eingeschlossene Fläche A plus unvermeidbare Rissuferintegrale (Zur Vereinfachung der Darstellung wird im Weiteren der Grenzübergang $\lim r \to 0$ nicht mehr mitgeschrieben.):

$$J_k = -\int_A (Q_{kj} q)_{,j} \, \mathrm{d}A = -\int_A (Q_{kj,j} q + Q_{kj} q_{,j}) \, \mathrm{d}A + \int_{\Gamma^+ + \Gamma^-} Q_{kj} n_j q \, \mathrm{d}s \,. \tag{7.40}$$

Über die Divergenz $Q_{kj,j}$ werden alle bisher diskutierten Zusatzterme wie Volumenkräfte $\bar{b}_i$, thermische und inelastische Verzerrungen $\alpha_{mn} \Delta T$ bzw. ε^*_{mn} oder explizite Ortsabhängigkeit von $U(\mathbf{x})$ berücksichtigt:

$$Q_{kj,j} = p_k = \bar{b}_i u_{i,k} - \sigma_{mn} \alpha_{mn} T_{,k} - \sigma_{mn} \varepsilon^*_{mn,k} + U_{,k}\big|_{\text{exp}} \,. \tag{7.41}$$

Das verallgemeinerte J_k-Integral kann im 2D Fall durch ein äquivalentes Gebietsintegral über die Fläche A plus einen Rissuferterm ausgedrückt werden:

$$\begin{aligned} J_k = &-\int_A (U \delta_{kj} - \sigma_{ij} u_{i,k}) \, q_{,j} \, \mathrm{d}A + \int_{\Gamma^+ + \Gamma^-} (U n_k - \bar{t}_i u_{i,k}) \, q \, \mathrm{d}s \\ &-\int_A \left(U_{,k}\big|_{\text{exp}} + \bar{b}_i u_{i,k} - \sigma_{mn} \alpha_{mn} T_{,k} - \sigma_{mn} \varepsilon^*_{mn,k} \right) q \, \mathrm{d}A. \end{aligned} \tag{7.42}$$

Verschwindet $Q_{kj,j} = 0$, so liegt eigentlich ein wegunabhängiges Linienintegral vor, und der dritte Integrand in (7.42) entfällt. Werden auch noch die Rissuferbelastungen vernachlässigt, so gelangen wir zum einfachen J_k-Integral nach (7.16), womit sich (7.42) reduziert auf:

$$J_k = -\int_A (U \delta_{kj} - \sigma_{ij} u_{i,k}) \, q_{,j} \, \mathrm{d}A + \int_{\Gamma^+ + \Gamma^-} (U n_k) \, q \, \mathrm{d}s. \tag{7.43}$$

Wie sollte die Wichtungsfunktion $q(x_1, x_2)$ in der numerischen Umsetzung gewählt werden? Mathematisch unterliegt sie den bei (7.38) genannten Bedingungen,

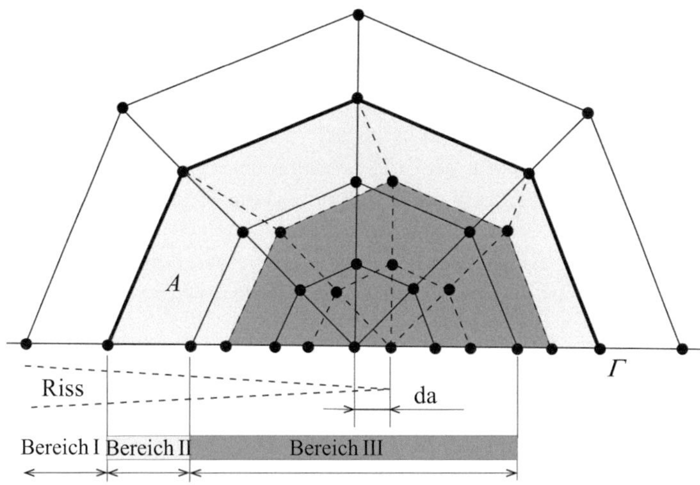

Bild 7.7 Äquivalentes Gebietsintegral und Wichtungsfunktion q für ebene Rissprobleme

ist aber ansonsten frei wählbar. Für $q(x_1, x_2)$ wurden die verschiedensten Varianten ausprobiert, unter denen sich der folgende Ansatz am besten bewährt hat: Die Funktion $q(x_1, x_2)$ wird anhand der FEM-Vernetzung gemäß Bild 7.7 in drei Bereiche unterteilt:

Bereich I: $q(x_1, x_2) \equiv 0$
Bereich II: linearer Übergang von $q = 1$ nach $q = 0$
Bereich III: $q(x_1, x_2) \equiv 1 = \text{const.}$

Die Funktion $q(x_1, x_2)$ wird im FEM-Modell durch Knotenpunktvariable $q^{(a)}$ dargestellt und mit den Formfunktionen der verwendeten Elemente interpoliert

$$q(x_1, x_2) = \sum_{a=1}^{n_K} N_a(\xi_1, \xi_2) q^{(a)} . \tag{7.44}$$

Bereich II besteht meist nur aus einem Elementring, für den nacheinander unterschiedliche Ringe um die Rissspitze festgelegt werden. Weil in den Bereichen I und III $\partial q / \partial x_j = 0$ ist, liefert nur der Bereich II mit $\partial q / \partial x_j = \text{const}$ einen Beitrag zum 1. Gebietsintegral von (7.42). Dagegen tragen zum 2. Gebietsintegral, das nur bei bestimmten Verallgemeinerungen vorkommt, nur die Bereiche II und III mit $q \neq 0$ bei. Auch das Rissuferintegral erstreckt sich nur über II und III.

Die Wichtungsfunktion $q(x_1, x_2)$ besitzt aber auch eine geometrische Interpretation als virtuelle Verrückung $\Delta \boldsymbol{l} = \Delta l_k \boldsymbol{e}_k$ der Rissspitzenumgebung A. Direkt an der Rissspitze bei Γ_ε beschreibt $q = 1$ die Verrückung um $q \Delta l_k$, die mit $q \to 0$ zur Kontur Γ hin auf null abfällt. Normalerweise erfolgt die Verrückung in Richtung des Risses ($k = 1$), da J_1 die Energiebilanz bei Rissausbreitung $\Delta l_1 = \Delta a$ beschreibt. Zur Ermittlung von J_2 kann aber auch eine parallele Verrückung $\Delta \boldsymbol{l} = \Delta l \boldsymbol{e}_2$ des Bereichs III angenommen werden.

7.4.2 Umwandlung in ein äquivalentes Gebietsintegral 3D

Die Transformation des J-Integrals (7.34) für dreidimensionale Risskonfigurationen in ein äquivalentes Gebietsintegral kann auf völlig analoge Weise vollzogen werden. Anstelle von C betrachten wir jetzt die geschlossene Hüllfläche $\bar{S} = S + S^+ + S^- - S_\varepsilon + S_{\text{end}}$ um das Segment Δs der Rissfront, siehe Bild 7.6, welche das Volumen V umgibt. Nun wird wieder eine stetige differenzierbare Wichtungsfunktion $q_k(\boldsymbol{x})$ eingeführt, die auf der Außenfläche S und den Stirnflächen S_{end} null wird, auf der »Schlauchfläche« S_ε hingegen der virtuellen Rissausbreitung $\Delta l_k(s)$ entspricht:

$$q_k = \begin{cases} 0 & \text{auf} \quad S,\, S_{\text{end}} \\ \Delta l_k & \text{auf} \quad S_\varepsilon,\, S_{\varepsilon\text{end}}\,. \end{cases} \tag{7.45}$$

Im Unterschied zum 2D-Fall ist q_k jetzt eine Vektorfunktion. Das 3D J-Integral stellt jedoch nur eine skalare Größe, die Energierate bei Rissausbreitung, dar. Mit denselben Überlegungen wie im 2D-Fall kann die eigentliche Definition (7.34) von $\bar{J} = J(\bar{s})$ jetzt umgewandelt werden ($\lim r \to 0$ wieder weggelassen):

$$\begin{aligned} J(\bar{s}) &= \frac{1}{\Delta A} \int\limits_{S_\varepsilon} Q_{kj} n_j \Delta l_k \,\mathrm{d}S = \frac{1}{\Delta A} \left[- \int\limits_{\bar{S}} Q_{kj} n_j q_k \,\mathrm{d}S + \int\limits_{S+S^++S^-} Q_{kj} n_j q_k \,\mathrm{d}S \right] \\ &= \frac{1}{\Delta A} \left[- \int\limits_{V} (Q_{kj,j} q_k + Q_{kj} q_{k,j}) \,\mathrm{d}V + \int\limits_{S^++S^-} Q_{kj} n_j q_k \,\mathrm{d}S \right] \end{aligned} \tag{7.46}$$

Im allgemeinen Belastungsfall berechnet sich das 3D äquivalente Gebietsintegral aus:

$$\begin{aligned} J(\bar{s}) = \frac{1}{\Delta A} \Bigg[&- \int\limits_{V} (U \delta_{kj} - \sigma_{ij} u_{i,k}) \, q_{k,j} \,\mathrm{d}V \\ &- \int\limits_{V} \left(U_{,k}\big|_{\text{exp}} + \bar{b}_i u_{i,k} - \sigma_{mn} \alpha_{mn} T_{,k} - \sigma_{mn} \varepsilon^*_{mn,k} \right) q_k \,\mathrm{d}V \\ &+ \int\limits_{S^++S^-} (U n_k - \bar{t}_i u_{i,k}) \, q_k \,\mathrm{d}S \Bigg]\,. \end{aligned} \tag{7.47}$$

Für das klassische J-Integral ($Q_{kj,j} = 0$, $\bar{t}_i = 0$) vereinfacht sich die Beziehung zu:

$$J(\bar{s}) = -\frac{1}{\Delta A} \int\limits_V (U\delta_{kj} - \sigma_{ij}u_{i,k})\, q_{k,j}\, \mathrm{d}V\,. \tag{7.48}$$

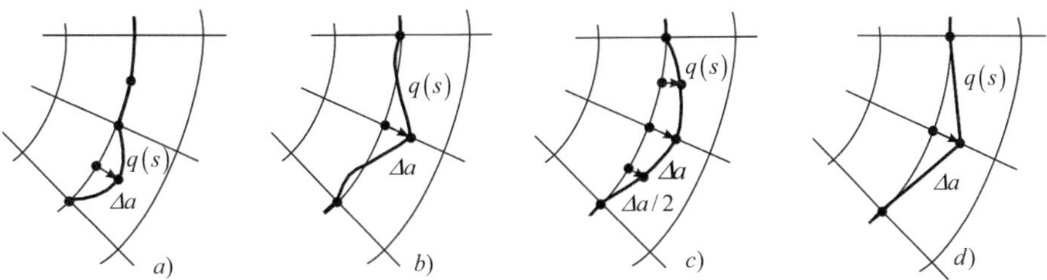

Bild 7.8 Festlegung der Wichtungsfunktion q_k entlang der Rissfrontelemente

Mögliche Varianten der virtuellen Verrückung VCE eines Knotenpunktes der Rissfront sind in Bild 7.8 aufgezeigt. Bei 8-Knoten Hexaederelementen wird nur der Eckknoten um Δa verschoben und $q(s)$ linear interpoliert, Bild 7.8 d. Bei 20-Knoten Hexaederelementen kann entweder ein Seitenmittelknoten (Bild 7.8 a) oder ein Eckknoten (Bild 7.8 b) um Δa versetzt werden, jeweils mit quadratischer Interpolation $q(s)$ der Rissfront. Variante b) sollte man wegen ihrer geringen Genauigkeit nicht verwenden, sondern besser die Variante c) bevorzugen, bei der die Seitenmittelknoten zu 50 % mit verschoben werden. Die VCE betrifft bei b), c) und d) immer zwei benachbarte Elementschichten. Bild 7.9 illustriert für die Variante d), wie die Ebenen der Seitenmittelknoten und Eckknoten versetzt werden. Dabei bezeichnen die Ringe gerade das Gebiet V zwischen S_ε und S aus Bild 7.6, in dem q_k gemäß (7.45) von Δl_k auf null abgesenkt wird. Diese räumlichen Elementringe entsprechen dem Bereich II der VCE in der Ebene, vgl. Bild 7.7. In der Praxis verrückt man sukszessive die Ringe 1, 2, 3 usw. von Elementen um die Rissfrontknoten (siehe Bild 7.9), so dass mehrere äquivalente Gebietsintegrale für eine Position $\bar{s}$ der Rissfront berechnet werden.

7.4.3 Numerische Realisierung

Die numerische Berechnung von J über das EDI erfolgt als Postprozessor zur FEM-Analyse. Die numerische Integration eines beliebigen physikalischen Feldes $f(\boldsymbol{x})$ über ein Gebiet V geschieht in der FEM durch Summation über alle zu V gehörigen finiten Elemente V_e. Die Integration wird elementweise mit Hilfe der GAUSSschen Integrationsformeln aus Abschnitt 5.4.3 ausgeführt, d. h. die Funktionswerte $f^{(g)}(\boldsymbol{\xi}^{(g)})$ an ausgewählten Integrationspunkten IP $\widehat{=}\ g$ werden mit den Gewichten $\bar{w}^{(g)}$ multipliziert und summiert. $\mathbf{J}^{(g)}$ bedeutet die JACOBIsche Matrix (5.71).

$$\bar{J}_{\text{num}} = \sum_{e} \sum_{g=1}^{m_G} f^{(g)} \bar{w}_g \left| \mathbf{J}^{(g)} \right| \tag{7.49}$$

Im Fall des EDI besteht die zu integrierende Funktion nach (7.42) bzw. (7.47) aus Stützwerten der Art:

$$f^{(g)} = Q_{kj,j}^{(g)} q_k^{(g)} + Q_{kj}^{(g)} q_{k,j}^{(g)} . \tag{7.50}$$

Der Tensor $Q_{kj}^{(g)} = U^{(g)} \delta_{kj} - \sigma_{ij}^{(g)} u_{i,k}^{(g)}$ lässt sich relativ einfach berechnen, da die Spannungen an den Integrationspunkten ausgegeben werden. Die Formänderungsarbeit $U^{(g)}$ wird meistens auch durch die FEM-Programme bereitgestellt, kann aber im elastischen Fall direkt aus $\sigma_{ij}^{(g)}$ oder/und $\varepsilon_{ij}^{(g)}$ berechnet werden. Bei nichtlinearen Materialgesetzen ist das Integral $U^{(g)} = \int \sigma_{ij}^{(g)} \mathrm{d}\varepsilon_{ij}^{(g)}$ über die Belastungsgeschichte auszuwerten, d. h. inkrementell zu addieren. Die Ableitung der Verschiebungen am IP $u_{i,k}^{(g)}$ ist nach der in Abschnitt 5.4.4 dargestellten Weise zu vollziehen. Die gleiche Technik (5.78) wird für die Ableitung der Wichtungsfunktion $q_{k,j}^{(g)}$ angewandt:

$$\frac{\partial q_k}{\partial x_j} = \frac{\partial \xi_l}{\partial x_j} \frac{\partial q_k}{\partial \xi_l} = J_{lj}^{-1} \frac{\partial q_k}{\partial \xi_l} = J_{lj}^{-1} \sum_{a=1}^{n_K} \frac{\partial N_a(\boldsymbol{\xi})}{\partial \xi_l} q_k^{(a)} . \tag{7.51}$$

Schließlich benötigt man für (7.50) noch die Divergenz $Q_{kj,j}^{(g)}$ mit den in (7.41) aufgezeigten Termen. Den Gradienten des (an den Knoten bekannten) Temperaturfeldes bestimmt man nach der o. g. Technik. Schwieriger ist die Ableitung inelastischer Verzerrungen $\varepsilon_{mn,k}^{*(g)}$, weil diese nur an den IP in ausreichender Genauigkeit vorliegen. Hier muss die in Abschnitt 5.4.4 vorgestellte Interpolations-Differenziations-Methode eingesetzt werden.

7.5 Berücksichtigung dynamischer Vorgänge

Im Abschnitt 4.5.5 wurden bereits Energiebilanzintegrale für stationäre und instationäre Risse unter dynamischer Belastung vorgestellt. Für den Fall *stationärer Risse* beschreibt (4.366) die x_1-Komponente $G(t) = J_1$ eines dynamischen J-Integralvektors J_k^*, der virtuellen Verrückungen Δl_k in allen drei Richtungen entspricht.

Dynamisches J-Integral 2D mit Trägheitskräften:

$$J_k^* = \int_{\Gamma} \left[U \delta_{kj} - \sigma_{ij} \, u_{i,k} \right] n_j \, \mathrm{d}s + \int_{A} \rho \, \ddot{u}_i \, u_{i,k} \, \mathrm{d}A \tag{7.52}$$

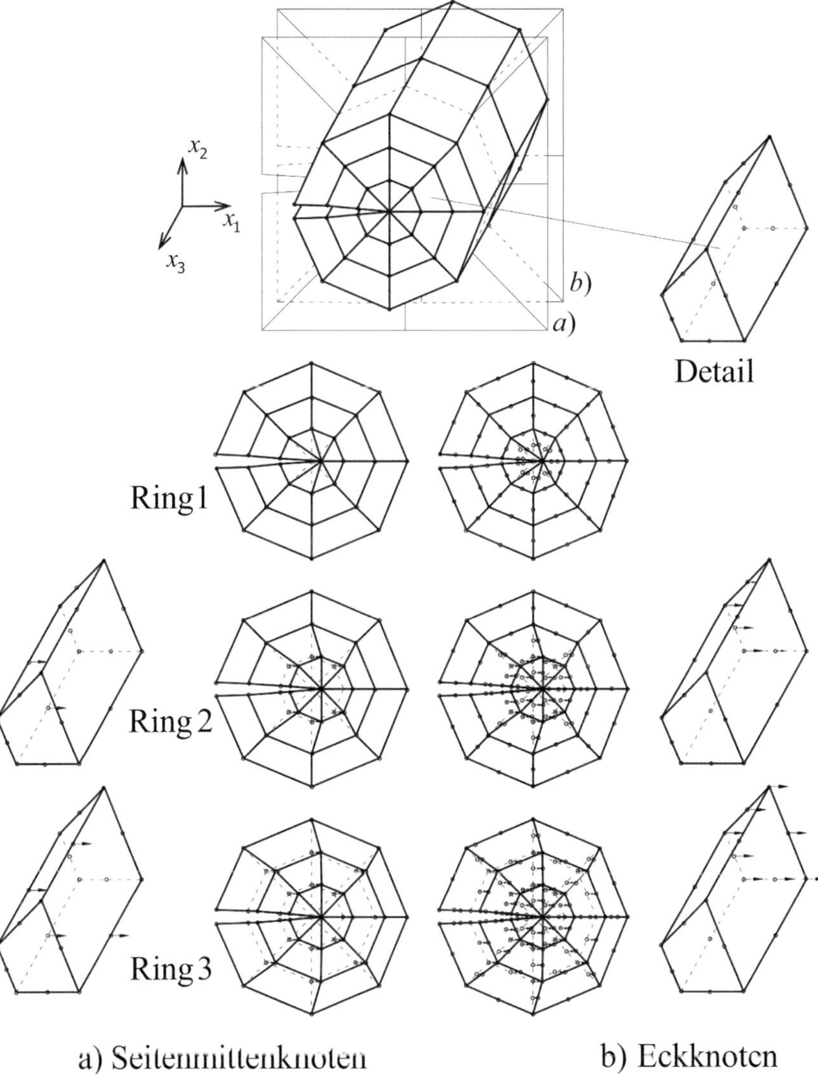

Bild 7.9 Definition von $\boldsymbol{q}$ auf unterschiedlichen Positionen entlang der Rissfront

Zur besseren numerischen Berechnung ist es vorteilhafter, J_k^* gemäß Abschnitt 7.4 wieder in ein äquivalentes Gebietsintegral über die Fläche A umzuwandeln, was mit der Wichtungsfunktion $q(\boldsymbol{x})$ (7.37) ergibt:

$$J_k^* = \int\limits_A \Big[(\sigma_{ij}\, u_{i,k} - U\delta_{kj})\, q_{,j} + \rho\, \ddot{u}_i\, u_{i,k}\, q \Big] \mathrm{d}A \,. \tag{7.53}$$

Genauso erhält man im 3D-Fall den lokalen $J(\bar{s})$-Wert an der Stelle $\bar{s}$ der Rissfront bei Verwendung der virtuellen Verrückung $\Delta l_k \mathrel{\widehat{=}} q_k$. Anstelle von (7.53) ergibt sich ein Volumenintegral über das schlauchförmige Gebiet V (vgl. Bilder 7.6, 7.9):

$$J^*(\bar{s}) = \frac{1}{\Delta A} \int\limits_V \Big[(\sigma_{ij}\, u_{i,k} - U \delta_{kj})\, q_{k,j} + \rho\, \ddot{u}_i\, u_{i,k}\, q_k \Big] \mathrm{d}V \,. \tag{7.54}$$

Die dynamischen J-Integrale J_1^* (7.53) und (7.54) entsprechen der dynamischen Energiefreisetzungsrate $G(t)$ für ruhende Risse. Ihre Verknüpfung mit den Spannungsintensitätsfaktoren ist durch (4.359) gegeben.

Zu diesem Ergebnis käme man auch, wenn im J_k^{te}-Integral aus Abschnitt 7.2.2 anstelle der Volumenkräfte $-\bar{b}_i$ die vollständige Divergenz des Spannungstensors aus den Bewegungsgleichungen $\sigma_{ij,j} = -\bar{b}_i + \rho \ddot{u}_i$ eingesetzt würde. Die Quellterme $p_k = Q_{kj,j}$ des ESHELBY-Tensors in (7.21) müssten also nur um den Trägheitsterm $-\rho\, \ddot{u}_i\, u_{i,k}$ erweitert werden. Damit würden die Ausdrücke (7.22) und (7.34) das 2D bzw. 3D J-Integral für alle erdenklichen thermischen, Rissufer-, Volumen- und Trägheitsbelastungen eines ruhenden Risses in einem thermoelastischen Material umfassen. In entsprechender Weise können die äquivalenten Gebietsintegrale 2D (7.42) und 3D (7.47) auf die Kombination aller Belastungsarten verallgemeinert werden.

Aufwändiger gestaltet sich das dynamische J_k^{dyn}-Integral nach (4.365) für den schnell laufenden *instationären Riss* (Index »dyn«):

$$J_k^{\mathrm{dyn}} = \int\limits_\Gamma \Big[\Big(U + \frac{\rho}{2} \dot{u}_i\, \dot{u}_i \Big)\, \delta_{kj} - \sigma_{ij}\, u_{i,k} \Big]\, n_j \,\mathrm{d}s + \int\limits_A \Big(\rho\, \ddot{u}_i\, u_{i,k} - \rho \dot{u}_i\, \dot{u}_{i,k} \Big) \mathrm{d}A \,. \tag{7.55}$$

Der Zusammenhang zwischen den J_k^{dyn}-Komponenten und den K-Faktoren wurde im dynamisch instationären Fall von NISHIOKA & ATLURI [23] für ihr J_k'-Integral ($\equiv J_k^{\mathrm{dyn}}$) entwickelt:

$$\begin{aligned} J_1^{\mathrm{dyn}} &= G^{\mathrm{dyn}} = \frac{1}{2\mu} \Big[A_{\mathrm{I}}(\dot{a}) K_{\mathrm{I}}^2 + A_{\mathrm{II}}(\dot{a}) K_{\mathrm{II}}^2 + A_{\mathrm{III}}(\dot{a}) K_{\mathrm{III}}^2 \Big] \\ J_2^{\mathrm{dyn}} &= -\frac{A_{\mathrm{IV}}(\dot{a})}{\mu} K_{\mathrm{I}} K_{\mathrm{II}} \,. \end{aligned} \tag{7.56}$$

Die Funktionen A_M ($M = \mathrm{I}, \mathrm{II}, \mathrm{III}$) wurden bereits in (4.367) angegeben, hinzu kommt:

$$A_{\mathrm{IV}}(\dot{a}) = \frac{(\alpha_{\mathrm{d}} - \alpha_{\mathrm{s}})(1 - \alpha_{\mathrm{s}}^2) \bar{D}(\dot{a})}{2[D(\dot{a})]^2} \left[\frac{2 + \alpha_{\mathrm{s}} + \alpha_{\mathrm{d}}}{\sqrt{(1 + \alpha_{\mathrm{s}})(1 + \alpha_{\mathrm{d}})}} - \frac{4(1 + \alpha_{\mathrm{s}}^2)}{\bar{D}(\dot{a})} \right] \tag{7.57}$$

$$\text{mit } \bar{D}(\dot{a}) = 4 \alpha_{\mathrm{d}} \alpha_{\mathrm{s}} + (1 + \alpha_{\mathrm{s}}^2)^2 \quad \text{und} \quad D(\dot{a}) \text{ nach } (4.332) \,.$$

Mit (7.56) stehen zwei Gleichungen zur Bestimmung von K_I und K_II im ebenen Mixed-Mode-Fall zur Verfügung. Sie sind das Pendant zur Statik (7.12).

Die Erweiterung des dynamischen J_k^dyn-Integrals auf die dritte Dimension und seine Umwandlung in äquivalente Gebietsintegrale ist in bekannter Weise möglich und ergibt:

$$\text{2D:} \quad J_k^\mathrm{dyn} = \int_A \Big\{ \Big[\sigma_{ij}\, u_{i,k} - \Big(U + \frac{\rho}{2} \dot{u}_i\, \dot{u}_i \Big) \delta_{kj} \Big] q_{,j} + \Big(\rho\, \ddot{u}_i\, u_{i,k} - \rho\, \dot{u}_i\, \dot{u}_{i,k} \Big) q \Big\} \mathrm{d}A \tag{7.58}$$

$$\text{3D:} \quad J^\mathrm{dyn}(\bar{s}) = \frac{1}{\Delta A} \int_V \Big\{ \Big[\sigma_{ij}\, u_{i,k} - \Big(U + \frac{\rho}{2} \dot{u}_i\, \dot{u}_i \Big) \delta_{kj} \Big] q_{k,j} + \Big(\rho\, \ddot{u}_i\, u_{i,k} - \rho\, \dot{u}_i\, \dot{u}_{i,k} \Big) q_k \Big\} \mathrm{d}V \tag{7.59}$$

Die numerische Umsetzung dieser gebietsunabhängigen Integrale als FEM-Postprozessor erfolgt nach Abschnitt 5.5.3, wobei die Techniken sinngemäß auf die Geschwindigkeiten $\dot{u}_i$ und Beschleunigungen $\ddot{u}_i$ zu erweitern sind. Ein völlig neuer Aspekt ist jedoch die Simulation der Rissausbreitung innerhalb des FEM-Netzes. Dafür werden verschiedene Techniken in Kapitel 10 vorgestellt. Man kann das Integrationsgebiet für J_k^dyn entweder so groß wählen, dass es die Rissspitze in allen Phasen der Rissausbreitung umschließt, oder aber mit der laufenden Rissspitze mitbewegen. Aufgrund der Weg- bzw. Gebietsunabhängigkeit führen beide Möglichkeiten zum gleichen Ergebnis.

7.6 Erweiterung auf inhomogene Strukturen

Häufig befinden sich Risse in Körpern bzw. Werkstoffen, die aus unterschiedlichen Materialien zusammengesetzt sind (Verbundkörper, Fügeverbindungen, Composite u. a.). Zuerst soll der Fall betrachtet werden, dass jeder Materialbereich unterschiedliche, aber für sich konstante mechanische Eigenschaften besitzt und die Rissspitze in einem dieser Materialbereiche endet. Bild 7.10 veranschaulicht die Situation exemplarisch für zwei Materialbereiche (α) und (β), zwischen denen sich eine *Grenzfläche* (engl. *interface*) $I_{\alpha\beta}$ befindet. Solange der Integrationsweg Γ für ein J-Integral im homogenen Bereich des Materials (α) bleibt, dürfen die bisherigen Gleichungen angewandt werden. Sobald aber Γ bzw. das äquivalente Gebiet V Teile der Grenzfläche $I_{\alpha\beta}$ umfassen, müssen Zusatzterme ergänzt werden, um die Wegunabhängigkeit von J sicherzustellen.

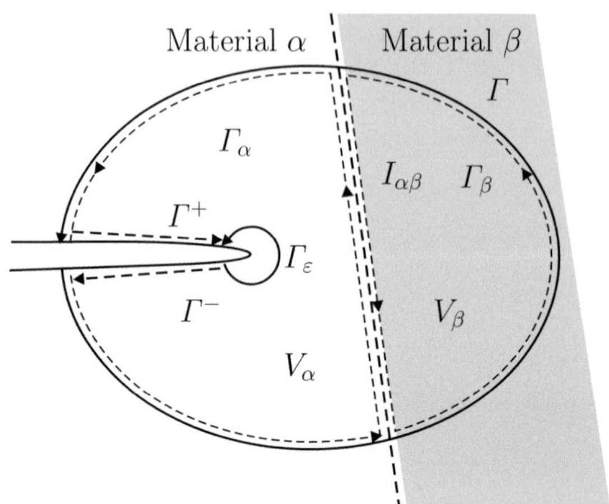

Bild 7.10 Integrationsbereich für einen Riss in einer heterogenen Struktur

Nähert man sich der Grenzfläche von beiden Seiten, so sind die Verschiebungen stetig und die Schnittspannungen müssen entgegengesetzt gleich groß sein

$$u_i^{(\alpha)} = u_i^{(\beta)}\,, \quad t_i^{(\alpha)} + t_i^{(\beta)} = \left(\sigma_{ij}^{(\alpha)} - \sigma_{ij}^{(\beta)}\right) n_j^{(\alpha)} = 0 \quad \text{auf} \quad I_{\alpha\beta}\,. \tag{7.60}$$

Zerlegt man jetzt gemäß Bild 7.10 den Integrationsweg $\Gamma = \Gamma_\alpha + \Gamma_\beta$ in zwei Teilpfade, die sich jeweils auf ihren Materialbereich beschränken, so wird die Grenzfläche mit entgegengesetztem Richtungssinn $n^{(\beta)} = -n^{(\alpha)}$ durchlaufen. Daraus folgt

$$P_k = \int\limits_{I_{\alpha\beta}} \left[Q_{kj}^{(\beta)} - Q_{kj}^{(\alpha)}\right] n_j^{(\alpha)}\,\mathrm{d}s = \int\limits_{I_{\alpha\beta}} \left\{ [\![u_{i,k}]\!]_\alpha^\beta \sigma_{ij}^{(\alpha)} n_j^{(\alpha)} - [\![U]\!]_\alpha^\beta n_k^{(\alpha)} \right\} \mathrm{d}s\,, \tag{7.61}$$

wobei die Doppelklammern $[\![f]\!]_\alpha^\beta = f^{(\beta)} - f^{(\alpha)}$ den Sprung einer Variablen f an der Grenzfläche $I_{\alpha\beta}$ bezeichnen. Dieser Ausdruck kann auch als thermodynamische Kraft bei der virtuellen Verrückung δX_k der Grenzfläche interpretiert werden. Ihr Betrag muss vom Gesamtwert des J_k-Integrals über Γ abgezogen werden, um ausschließlich die Kraftwirkung auf die Rissspitze zu erhalten:

$$\begin{aligned} J_k = &\int\limits_{\Gamma} (U\delta_{kj} - \sigma_{ij} u_{i,k})\, n_j\,\mathrm{d}s - \int\limits_{\Gamma^+ + \Gamma^-} (\bar{t}_i u_{i,k} - U n_2 \delta_{2k})\,\mathrm{d}s \\ &- \int\limits_{I_{\alpha\beta}} \left\{ [\![u_{i,k}]\!]_\alpha^\beta\, \sigma_{ij}^{(\alpha)} n_j^{(\alpha)} - [\![U]\!]_\alpha^\beta\, n_k^{(\alpha)} \right\} \mathrm{d}s - \int\limits_{V_\alpha + V_\beta} \left(\bar{b}_i u_{i,k} + U_{,k}|_{\exp}\right) \mathrm{d}V\,. \end{aligned} \tag{7.62}$$

Als zweiten Fall untersuchen wir den Riss in *einem* Materialbereich, dessen Eigenschaften jedoch eine stetige Funktion der (materiellen) Koordinaten sein sollen. Derartige Veränderungen sind typisch für so genannte Gradientenwerkstoffe. Sie ergeben sich aber auch dann, wenn die mechanischen Werkstoffparameter (E-Modul, Fließgrenze σ_F, thermischer Ausdehnungskoeffizient α_t) indirekt, z. B. über ein inhomogenes Temperaturfeld $T(\boldsymbol{x})$, vom Ort abhängig sind. In diesen Fällen hängt der Tensor Q_{kj} auch *explizit* von der Koordinate $\boldsymbol{x}$ ab. Das betrifft speziell die Formänderungsarbeit $\check{U}$, deren thermoelastische Variante (7.23) eingehender betrachtet werden soll:

$$\begin{aligned} \check{U}^{\mathrm{te}}(\boldsymbol{\varepsilon}, T, \boldsymbol{x}) &= \frac{1}{2}\varepsilon_{ij} C_{ijmn}(\boldsymbol{x})\varepsilon_{mn} - \beta_{ij}(\boldsymbol{x})\Delta T\,\varepsilon_{ij} \\ p_k = \left.\frac{\partial \check{U}^{\mathrm{te}}}{\partial x_k}\right|_{\mathrm{exp}} &= \frac{1}{2}\varepsilon_{ij}\frac{\partial C_{ijmn}}{\partial x_k}\varepsilon_{mn} - \frac{\partial \beta_{ij}}{\partial x_k}\Delta T\,\varepsilon_{ij}\,. \end{aligned} \tag{7.63}$$

Physikalisch bedeutet dies, dass zur virtuellen Verrückung eines Gradientenwerkstoffs eine »Konfigurationskraft« benötigt wird. Diese Beziehungen für die explizite Ortsableitung sind im letzten Term von (7.62) einzusetzen.

Damit stellt die Gleichung (7.62) eine Erweiterung des 2D J-Integrals auf Risse in heterogenen Körpern dar, bei denen sich die Materialeigenschaften entweder sprungartig an Grenzflächen ändern oder stetig mit dem Ort variieren. Das Ergebnis ist unabhängig von der Wahl des Integrationsweges. Seine Verallgemeinerung auf 3D-Rissprobleme ist geradewegs möglich.

Bemerkenswert ist der geometrische Spezialfall, bei dem sich die Materialeigenschaften bzgl. der Rissrichtung x_1 *nicht* verändern. Dann ergibt sich für die $k = 1$-Komponente von J_k keine Konfigurationskraft, $p_1 \equiv 0$. Das bedeutet, Werkstoffgradienten senkrecht zum Riss und Grenzflächen parallel zum Riss (dann ist $I_{\alpha\beta} = 0$) haben *keinen* Einfluss auf die Energiebilanz ($J_1 = G$ (LEBM) bzw. $J_1 = J$ (EPBM))!

7.7 Behandlung von Mixed-Mode-Rissproblemen

7.7.1 Aufspaltung in Rissöffnungsarten I und II

Wir gehen vom reinen J-Linienintegral für hyperelastisches Material nach (7.16) aus. Wie bereits in Kapitel 6 erläutert, wird zur numerischen Integration der Integrationspfad Γ in N einzelne Segmente zerlegt:

$$\Gamma = \sum_{i=1}^{N} \Gamma_i \,. \tag{7.64}$$

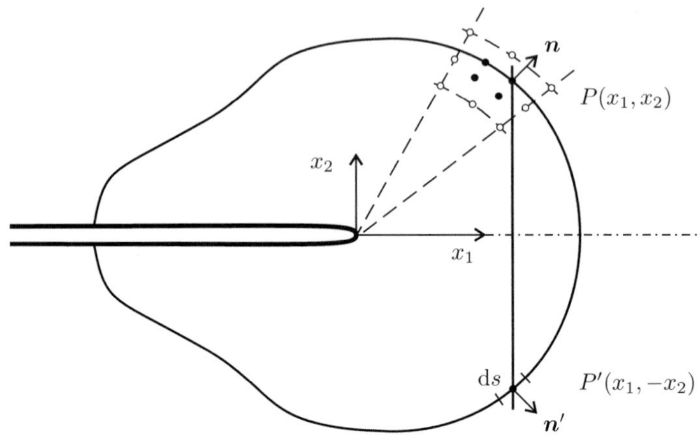

Bild 7.11 Zerlegung des J-Integrals bei Mixed-Mode-Belastung auf einem symmetrischen Integrationspfad

Zur besseren Übersicht beschränken wir uns auf den ESZ. Die x_1-Komponente des J-Integrals kann dann wie folgt in kartesischen Komponenten geschrieben werden:

$$\begin{aligned} J_1 &= \sum_{i=1}^{N} \int_{\Gamma_i} \left\{ U n_1 - \sigma_{ij} n_j \frac{\partial u_i}{\partial x_1} \right\} \mathrm{d}s \\ &= \sum_{i=1}^{N} \int_{\Gamma_i} \left\{ \frac{1}{2} [\sigma_{11}\, \sigma_{22}\, \sigma_{12}] \begin{bmatrix} \varepsilon_{11} \\ \varepsilon_{22} \\ 2\varepsilon_{12} \end{bmatrix} n_1 - [\sigma_{11}\, \sigma_{22}\, \sigma_{12}] \begin{bmatrix} n_1 & 0 \\ 0 & n_2 \\ n_2 & n_1 \end{bmatrix} \begin{bmatrix} \partial u_1/\partial x_1 \\ \partial u_2/\partial x_1 \end{bmatrix} \right\} \mathrm{d}s \,, \end{aligned} \tag{7.65}$$

wobei die Spannungen σ_{ij} und Verzerrungen ε_{ij} in Spaltenmatrizen eingeordnet sind. Für die Behandlung von Mixed-Mode-Problemen wurde von Ishikawa, Kitagawa & Okamura [14] vorgeschlagen, das J-Integral in einen Modus-I- und einen Modus-II-Anteil zu zerlegen. Für eine beliebige gemischte Belastung ist es möglich, die Spannungs-, Verzerrungs-, Verschiebungs- und Schnittspannungsfelder in reine Modus-I- und Modus-II-Komponenten aufzuspalten, vorausgesetzt es liegt eine symmetrische FEM-Vernetzung in der Umgebung der Rissspitze vor. Dann betrachtet man zwei spiegelsymmetrisch zur Risslinie angeordnete Punkte $P(x_1, x_2)$ und $P'(x_1, -x_2)$, siehe Bild 7.11. Wenn der Punkt $P(x_1, x_2)$ die Feldgrößen σ_{ij}, t_j, ε_{ij} und u_j besitzt und am Punkt $P'(x_1, -x_2)$ die Feldgrößen σ'_{ij}, t'_j, ε'_{ij} und u'_j vorliegen, so kann man eine Aufteilung in symmetrische und antisymmetrische Anteile vornehmen, wobei die charakteristischen Symmetrien und Antimetrien der einzelnen Größen in beiden Moden berücksichtigt werden:

$$\sigma_{ij} = \sigma_{ij}^{\mathrm{I}} + \sigma_{ij}^{\mathrm{II}} \Rightarrow \quad \begin{bmatrix} \sigma_{11}^{\mathrm{I}} \\ \sigma_{22}^{\mathrm{I}} \\ \sigma_{12}^{\mathrm{I}} \end{bmatrix} = \frac{1}{2} \begin{bmatrix} \sigma_{11} + \sigma_{11}' \\ \sigma_{22} + \sigma_{22}' \\ \sigma_{12} - \sigma_{12}' \end{bmatrix}, \quad \begin{bmatrix} \sigma_{11}^{\mathrm{II}} \\ \sigma_{22}^{\mathrm{II}} \\ \sigma_{12}^{\mathrm{II}} \end{bmatrix} = \frac{1}{2} \begin{bmatrix} \sigma_{11} - \sigma_{11}' \\ \sigma_{22} - \sigma_{22}' \\ \sigma_{12} + \sigma_{12}' \end{bmatrix} \tag{7.66}$$

$$t_j = t_j^{\mathrm{I}} + t_j^{\mathrm{II}} \quad \Rightarrow \quad \begin{bmatrix} t_1^{\mathrm{I}} \\ t_2^{\mathrm{I}} \end{bmatrix} = \frac{1}{2} \begin{bmatrix} t_1 + t_1' \\ t_2 - t_2' \end{bmatrix}, \quad \begin{bmatrix} t_1^{\mathrm{II}} \\ t_2^{\mathrm{II}} \end{bmatrix} = \frac{1}{2} \begin{bmatrix} t_1 - t_1' \\ t_2 + t_2' \end{bmatrix} \tag{7.67}$$

$$\varepsilon_{ij} = \varepsilon_{ij}^{\mathrm{I}} + \varepsilon_{ij}^{\mathrm{II}} \Rightarrow \quad \begin{bmatrix} \varepsilon_{11}^{\mathrm{I}} \\ \varepsilon_{22}^{\mathrm{I}} \\ \varepsilon_{12}^{\mathrm{I}} \end{bmatrix} = \frac{1}{2} \begin{bmatrix} \varepsilon_{11} + \varepsilon_{11}' \\ \varepsilon_{22} + \varepsilon_{22}' \\ \varepsilon_{12} - \varepsilon_{12}' \end{bmatrix}, \quad \begin{bmatrix} \varepsilon_{11}^{\mathrm{II}} \\ \varepsilon_{22}^{\mathrm{II}} \\ \varepsilon_{12}^{\mathrm{II}} \end{bmatrix} = \frac{1}{2} \begin{bmatrix} \varepsilon_{11} - \varepsilon_{11}' \\ \varepsilon_{22} - \varepsilon_{22}' \\ \varepsilon_{12} + \varepsilon_{12}' \end{bmatrix} \tag{7.68}$$

$$u_i = u_i^{\mathrm{I}} + u_i^{\mathrm{II}} \quad \Rightarrow \quad \begin{bmatrix} u_1^{\mathrm{I}} \\ u_2^{\mathrm{I}} \end{bmatrix} = \frac{1}{2} \begin{bmatrix} u_1 + u_1' \\ u_2 - u_2' \end{bmatrix}, \quad \begin{bmatrix} u_1^{\mathrm{II}} \\ u_2^{\mathrm{II}} \end{bmatrix} = \frac{1}{2} \begin{bmatrix} u_1 - u_1' \\ u_2 + u_2' \end{bmatrix} \tag{7.69}$$

Einsetzen der obigen Beziehungen in (7.65) ergibt:

$$\begin{aligned} J = \sum_{i=1}^{N} \int_{\Gamma_i} \Bigg\{ & \frac{1}{2} \left[\sigma_{11}^{\mathrm{I}}\ \sigma_{22}^{\mathrm{I}}\ \sigma_{12}^{\mathrm{I}}\right] \begin{bmatrix} \varepsilon_{11}^{\mathrm{I}} \\ \varepsilon_{22}^{\mathrm{I}} \\ 2\varepsilon_{12}^{\mathrm{I}} \end{bmatrix} n_1 - \left[\sigma_{11}^{\mathrm{I}}\ \sigma_{22}^{\mathrm{I}}\ \sigma_{12}^{\mathrm{I}}\right] \begin{bmatrix} n_1 & 0 \\ 0 & n_2 \\ n_2 & n_1 \end{bmatrix} \begin{bmatrix} \partial u_1^{\mathrm{I}}/\partial x_1 \\ \partial u_2^{\mathrm{I}}/\partial x_1 \end{bmatrix} \\ & + \frac{1}{2} \left[\sigma_{11}^{\mathrm{I}}\ \sigma_{22}^{\mathrm{I}}\ \sigma_{12}^{\mathrm{I}}\right] \begin{bmatrix} \varepsilon_{11}^{\mathrm{II}} \\ \varepsilon_{22}^{\mathrm{II}} \\ 2\varepsilon_{12}^{\mathrm{II}} \end{bmatrix} n_1 - \left[\sigma_{11}^{\mathrm{I}}\ \sigma_{22}^{\mathrm{I}}\ \sigma_{12}^{\mathrm{I}}\right] \begin{bmatrix} n_1 & 0 \\ 0 & n_2 \\ n_2 & n_1 \end{bmatrix} \begin{bmatrix} \partial u_1^{\mathrm{II}}/\partial x_1 \\ \partial u_2^{\mathrm{II}}/\partial x_1 \end{bmatrix} \\ & + \frac{1}{2} \left[\sigma_{11}^{\mathrm{II}}\ \sigma_{22}^{\mathrm{II}}\ \sigma_{12}^{\mathrm{II}}\right] \begin{bmatrix} \varepsilon_{11}^{\mathrm{I}} \\ \varepsilon_{22}^{\mathrm{I}} \\ 2\varepsilon_{12}^{\mathrm{I}} \end{bmatrix} n_1 - \left[\sigma_{11}^{\mathrm{II}}\ \sigma_{22}^{\mathrm{II}}\ \sigma_{12}^{\mathrm{II}}\right] \begin{bmatrix} n_1 & 0 \\ 0 & n_2 \\ n_2 & n_1 \end{bmatrix} \begin{bmatrix} \partial u_1^{\mathrm{I}}/\partial x_1 \\ \partial u_2^{\mathrm{I}}/\partial x_1 \end{bmatrix} \\ & + \frac{1}{2} \left[\sigma_{11}^{\mathrm{II}}\ \sigma_{22}^{\mathrm{II}}\ \sigma_{12}^{\mathrm{II}}\right] \begin{bmatrix} \varepsilon_{11}^{\mathrm{II}} \\ \varepsilon_{22}^{\mathrm{II}} \\ 2\varepsilon_{12}^{\mathrm{II}} \end{bmatrix} n_1 - \left[\sigma_{11}^{\mathrm{II}}\ \sigma_{22}^{\mathrm{II}}\ \sigma_{12}^{\mathrm{II}}\right] \begin{bmatrix} n_1 & 0 \\ 0 & n_2 \\ n_2 & n_1 \end{bmatrix} \begin{bmatrix} \partial u_1^{\mathrm{II}}/\partial x_1 \\ \partial u_2^{\mathrm{II}}/\partial x_1 \end{bmatrix} \Bigg\} \mathrm{d}\boldsymbol{s} \,. \end{aligned}$$

$$J = J_{\mathrm{I}} + J_{\mathrm{I,II}} + J_{\mathrm{II,I}} + J_{\mathrm{II}} \tag{7.70}$$

Da der Integrationspfad symmetrisch bezüglich des Risses (x_1-Achse) gewählt wurde, stehen die Komponenten des Normaleneinheitsvektors (n_1, n_2) an den Punkten $P(x_1, x_2)$ und $P'(x_1, -x_2)$ in folgender Relation zueinander (siehe Bild 7.11):

$$(n_1', n_2') = (n_1, -n_2) \,. \tag{7.71}$$

Mit Hilfe dieses Zusammenhanges und der CAUCHY-Formel können die Schnittspannungen von (7.67) am Punkt $P'(x_1, -x_2)$ aus denjenigen bei $P(x_1, x_2)$ errechnet werden:

$$\begin{bmatrix} t_1'^{\mathrm{I}} \\ t_2'^{\mathrm{I}} \end{bmatrix} = \begin{bmatrix} t_1^{\mathrm{I}} \\ -t_2^{\mathrm{I}} \end{bmatrix} \quad \text{und} \quad \begin{bmatrix} t_1'^{\mathrm{II}} \\ t_2'^{\mathrm{II}} \end{bmatrix} = \begin{bmatrix} -t_1^{\mathrm{II}} \\ t_2^{\mathrm{II}} \end{bmatrix} . \tag{7.72}$$

Die anderen Feldgrößen bei P und P' sind auf ähnliche Weise miteinander verknüpft:

$$
\begin{aligned}
\begin{bmatrix} \sigma_{11}'^{\mathrm{I}} \\ \sigma_{22}'^{\mathrm{I}} \\ \sigma_{12}'^{\mathrm{I}} \end{bmatrix} &= \begin{bmatrix} \sigma_{11}^{\mathrm{I}} \\ \sigma_{22}^{\mathrm{I}} \\ -\sigma_{12}^{\mathrm{I}} \end{bmatrix}, &
\begin{bmatrix} \sigma_{11}'^{\mathrm{II}} \\ \sigma_{22}'^{\mathrm{II}} \\ \sigma_{12}'^{\mathrm{II}} \end{bmatrix} &= \begin{bmatrix} -\sigma_{11}^{\mathrm{II}} \\ -\sigma_{22}^{\mathrm{II}} \\ \sigma_{12}^{\mathrm{II}} \end{bmatrix}, \\
\begin{bmatrix} \varepsilon_{11}'^{\mathrm{I}} \\ \varepsilon_{22}'^{\mathrm{I}} \\ \varepsilon_{12}'^{\mathrm{I}} \end{bmatrix} &= \begin{bmatrix} \varepsilon_{11}^{\mathrm{I}} \\ \varepsilon_{22}^{\mathrm{I}} \\ -\varepsilon_{12}^{\mathrm{I}} \end{bmatrix}, &
\begin{bmatrix} \varepsilon_{11}'^{\mathrm{II}} \\ \varepsilon_{22}'^{\mathrm{II}} \\ \varepsilon_{12}'^{\mathrm{II}} \end{bmatrix} &= \begin{bmatrix} -\varepsilon_{11}^{\mathrm{II}} \\ -\varepsilon_{22}^{\mathrm{II}} \\ \varepsilon_{12}^{\mathrm{II}} \end{bmatrix}, \\
\begin{bmatrix} u_1'^{\mathrm{I}} \\ u_2'^{\mathrm{I}} \end{bmatrix} &= \begin{bmatrix} u_1^{\mathrm{I}} \\ -u_2^{\mathrm{I}} \end{bmatrix}, &
\begin{bmatrix} u_1'^{\mathrm{II}} \\ u_2'^{\mathrm{II}} \end{bmatrix} &= \begin{bmatrix} -u_1^{\mathrm{II}} \\ u_2^{\mathrm{II}} \end{bmatrix}.
\end{aligned}
\tag{7.73}
$$

Unter Verwendung der Gleichungen (7.71), (7.72), (7.73) und (7.70) ergibt sich für die einzelnen vier Terme des J-Integrals:

$$
J'_{\mathrm{I}} = J_{\mathrm{I}}, \quad J'_{\mathrm{II,I}} = -J_{\mathrm{II,I}}, \quad J'_{\mathrm{I,II}} = -J_{\mathrm{I,II}} \quad \text{und} \quad J'_{\mathrm{II}} = J_{\mathrm{II}}\,. \tag{7.74}
$$

Damit heben sich über den gesamten Integrationsweg der 2. und 3. Term auf und (7.70) vereinfacht sich zu:

$$
J = J_{\mathrm{I}} + J_{\mathrm{II}}\,. \tag{7.75}
$$

Mit Hilfe der abgeleiteten Beziehungen kann das Integral somit in zwei separate Energiebeiträge aus reinem Modus I und reinem Modus II entkoppelt werden. Aus diesen Energiefreisetzungsraten $G_{\mathrm{I}} = J_{\mathrm{I}}$ und $G_{\mathrm{II}} = J_{\mathrm{II}}$ können dann mittels (4.93) die beiden Spannungsintensitätsfaktoren K_{I} und K_{II} separat berechnet werden:

$$
K_{\mathrm{I}} = \sqrt{E' J_{\mathrm{I}}}\,, \quad K_{\mathrm{II}} = \sqrt{E' J_{\mathrm{II}}}\,. \tag{7.76}
$$

Diese Zerlegung in symmetrische und antimetrische Anteile lässt sich im FEM-Post-Prozess relativ einfach bewerkstelligen. Voraussetzung ist allerdings, dass von Anfang an ein symmetrisches Netz um die Rissspitze generiert wird, was bei allgemeinen Mixed-Mode-Situationen oft nicht möglich ist.

7.7.2 Interaction-Integral-Technik

Ein Nachteil der Energiebilanzintegrale vom J-Typ ist, dass damit im Fall gemischter Rissbelastung die Spannungsintensitätsfaktoren nicht getrennt berechnet werden können, sondern nur gemeinsam in der berechneten Energiefreisetzungsrate $J_1 = G$ enthalten sind. Zwar könnte man für elastische Probleme gemäß (7.16) auch die x_2-Komponente von J_k berechnen und hätte mit (7.12) zwei Gleichungen zur Bestimmung von K_{I} und K_{II} ($J_3 = K_{\mathrm{III}} = 0$). Praktisch führt dieser Lösungsweg jedoch aufgrund der r^{-1}-Singularität von U und des Sprungterms $(U^+ - U^-)$ bei den Rissuferintegralen zu großen Ungenauigkeiten und ist somit nicht nutzbar.

Um diese Einschränkungen zu überwinden, wurde das so genannte *Wechselwirkungsintegral* (engl. *interaction integral*) entwickelt, das auf Stern u. a. [26] sowie Yau u. a. [29] für zweidimensionale statische elastische Probleme zurück geht. Die *Interaction-Integral-Technik* beruht auf der Superposition von zwei Lastfällen, wobei mit Hilfe des BETTI-Theorems die Reziprozität der Wechselwirkungsenergie beider Zustände benutzt wird. Lastfall (1) repräsentiert die tatsächliche Belastung der Risskonfiguration, wohingegen eine (beliebige) Lösung mit bekannten Spannungsintensitätsfaktoren als Lastfall (2) angenommen wird. Zur Erläuterung des Verfahrens betrachten wir vorerst ein ebenes Rissproblem. Bei der Superposition beider Lastfälle addieren sich alle Feldgrößen:

$$u_i = u_i^{(1)} + u_i^{(2)}, \quad \sigma_{ij} = \sigma_{ij}^{(1)} + \sigma_{ij}^{(2)}, \quad \varepsilon_{ij} = \varepsilon_{ij}^{(1)} + \varepsilon_{ij}^{(2)} \quad \text{usw.} \tag{7.77}$$

Damit ergibt sich der Energie–Impuls–Tensor (7.6) zu:

$$\begin{aligned} Q_{kj} &= U(\varepsilon_{pq}^{(1)} + \varepsilon_{pq}^{(2)})\delta_{kj} - \left(\sigma_{ij}^{(1)} + \sigma_{ij}^{(2)}\right)\left(u_i^{(1)} + u_i^{(2)}\right)_{,k} \\ &= \frac{1}{2}\varepsilon_{pq}^{(1)} C_{pqmn}\varepsilon_{mn}^{(1)} + \frac{1}{2}\varepsilon_{pq}^{(2)} C_{pqmn}\varepsilon_{mn}^{(2)} + \frac{1}{2}\varepsilon_{pq}^{(1)} C_{pqmn}\varepsilon_{mn}^{(2)} + \frac{1}{2}\varepsilon_{pq}^{(2)} C_{pqmn}\varepsilon_{mn}^{(1)} \\ &\quad - \sigma_{ij}^{(1)} u_{i,k}^{(1)} - \sigma_{ij}^{(2)} u_{i,k}^{(2)} - \sigma_{ij}^{(1)} u_{i,k}^{(2)} - \sigma_{ij}^{(2)} u_{i,k}^{(1)} \\ &= Q_{kj}^{(1)} + Q_{kj}^{(2)} + Q_{kj}^{(1,2)}, \end{aligned} \tag{7.78}$$

wobei in $Q_{kj}^{(l)}$ die Beiträge des jeweiligen Lastfalls $l = \{1, 2\}$ zusammengefasst sind und $Q_{kj}^{(1,2)}$ die verbleibenden Wechselwirkungsterme enthält. Der 3. und 4. Term der zweiten Zeile sind nach dem BETTIschen Satz identisch und ergeben $\varepsilon_{pq}^{(2)} C_{pqmn}\varepsilon_{mn}^{(1)} = \sigma_{mn}^{(2)}\varepsilon_{mn}^{(1)}$.

$$Q_{kj}^{(1,2)} = \sigma_{mn}^{(2)}\varepsilon_{mn}^{(1)} - \sigma_{ij}^{(1)} u_{i,k}^{(2)} - \sigma_{ij}^{(2)} u_{i,k}^{(1)} \tag{7.79}$$

Das J-Integral (7.11) spaltet sich somit in drei Teile auf:

$$J_k = \underbrace{\lim_{r\to 0}\int_{\Gamma_\varepsilon} Q_{kj}^{(1)} n_j \,\mathrm{d}s}_{J_k^{(1)}} + \underbrace{\lim_{r\to 0}\int_{\Gamma_\varepsilon} Q_{kj}^{(2)} n_j \,\mathrm{d}s}_{J_k^{(2)}} + \underbrace{\lim_{r\to 0}\int_{\Gamma_\varepsilon} Q_{kj}^{(1,2)} n_j \,\mathrm{d}s}_{J_k^{(1,2)}}. \tag{7.80}$$

Der letzte Term wird *Interaction-Integral* genannt:

$$\begin{aligned} J_k^{(1,2)} &= \lim_{r\to 0}\int_{\Gamma_\varepsilon} Q_{kj}^{(1,2)} n_j \,\mathrm{d}s \\ &= \lim_{r\to 0}\int_{\Gamma_\varepsilon} \left[\sigma_{mn}^{(2)}\varepsilon_{mn}^{(1)}\delta_{kj} - \sigma_{ij}^{(1)} u_{i,k}^{(2)} - \sigma_{ij}^{(2)} u_{i,k}^{(1)}\right] n_j \,\mathrm{d}s\,. \end{aligned} \tag{7.81}$$

Falls Rissuferlasten, Volumenkräfte und Trägheitskräfte existieren, wird das Integral analog zu (7.22) in ein wegunabhängiges Integral über eine beliebige Kontur Γ und die eingeschlossene Fläche A umgeformt, wobei nur $J_1^{(1,2)}$ interessiert:

$$\begin{aligned} J_1^{(1,2)} &= \int\limits_{\Gamma} \left[\sigma_{mn}^{(2)}\varepsilon_{mn}^{(1)}\delta_{1j} - \sigma_{ij}^{(1)}u_{i,1}^{(2)} + \sigma_{ij}^{(2)}u_{i,1}^{(1)}\right] n_j \,\mathrm{d}s \\ &- \int\limits_{\Gamma^+ + \Gamma^-} t_i^{(1)}u_{i,1}^{(2)}\,\mathrm{d}s + \int\limits_{A} \left(\rho\ddot{u}_i^{(1)} - \bar{b}_i^{(1)}\right) u_{i,1}^{(2)}\,\mathrm{d}A\,. \end{aligned} \tag{7.82}$$

Es ist für die numerische Auswertung von Vorteil, dieses Integral gemäß Abschnitt 7.4.1 wieder in ein EDI umzuwandeln:

$$\begin{aligned} J_1^{(1,2)} &= \int\limits_{A} \left\{\left[\left(-\sigma_{mn}^{(2)}\varepsilon_{mn}^{(1)}\right)\delta_{1j} + \sigma_{ij}^{(1)}u_{i,1}^{(2)} + \sigma_{ij}^{(2)}u_{i,1}^{(1)}\right] q_{,j}\,\mathrm{d}A \right. \\ &+ \int\limits_{A} \left[\left(\rho\ddot{u}_i^{(1)} - \bar{b}_i^{(1)}\right) u_{i,1}^{(2)}\right] q\,\mathrm{d}A + \int\limits_{\Gamma^+ + \Gamma^-} \left(-t_i^{(1)}u_{i,1}^{(2)}\right) q\,\mathrm{d}s\,. \end{aligned} \tag{7.83}$$

Die Energiefreisetzungsrate G ist gleich dem J_1-Integral (7.80) und steht nach (4.92) mit den Spannungsintensitätsfaktoren für den zusammengesetzten Lastfall $K_N = K_N^{(1)} + K_N^{(2)} \quad (N = \{\mathrm{I}, \mathrm{II}\})$ in folgender Beziehung:

$$G = J_1 = J_1^{(1)} + J_1^{(2)} + J_1^{(1,2)}\,,$$

$$\begin{aligned} G &= \underbrace{\frac{1}{2E'}\left[\left(K_{\mathrm{I}}^{(1)}\right)^2 + \left(K_{\mathrm{II}}^{(1)}\right)^2\right]}_{G^{(1)}} + \underbrace{\frac{1}{2E'}\left[\left(K_{\mathrm{I}}^{(2)}\right)^2 + \left(K_{\mathrm{II}}^{(2)}\right)^2\right]}_{G^{(2)}} \\ &+ \underbrace{\frac{1}{E'}\left[K_{\mathrm{I}}^{(1)}K_{\mathrm{I}}^{(2)} + K_{\mathrm{II}}^{(1)}K_{\mathrm{II}}^{(2)}\right]}_{G^{(1,2)}} \end{aligned}$$

$$\Rightarrow J_1^{(1,2)} = G_1^{(1,2)} = \frac{1}{E'}\left[K_{\mathrm{I}}^{(1)}K_{\mathrm{I}}^{(2)} + K_{\mathrm{II}}^{(1)}K_{\mathrm{II}}^{(2)}\right] \tag{7.84}$$

Um aus dieser Beziehung die zwei gesuchten Größen $K_{\mathrm{I}}^{(1)}$ und $K_{\mathrm{II}}^{(1)}$ berechnen zu können, benötigt man zwei bekannte Hilfslastfälle, die mit (2a) und (2b) bezeichnet werden sollen. Die beiden Interaction-Integrale $J_1^{(1,2a)}$ und $J_1^{(1,2b)}$ liefern ein lineares Gleichungssystem mit der Auflösung:

$$K_{\mathrm{I}}^{(1)} = \frac{E'}{K^2}\left[K_{\mathrm{II}}^{(2a)}J^{(1,2b)} - K_{\mathrm{II}}^{(2b)}J^{(1,2a)}\right] \tag{7.85}$$

$$K_{\mathrm{II}}^{(1)} = \frac{E'}{K^2}\left[K_{\mathrm{I}}^{(2b)} J^{(1,2a)} - K_{\mathrm{I}}^{(2a)} J^{(1,2b)}\right], \quad K^2 = K_{\mathrm{I}}^{(2b)} K_{\mathrm{II}}^{(2a)} - K_{\mathrm{I}}^{(2a)} K_{\mathrm{II}}^{(2b)}$$

Ähnlich wie bei den Gewichtsfunktionen (Abschnitt 4.2.10) wählt man geschickterweise für Lastfall (2a) einen reinen Modus I ($K_{\mathrm{II}}^{(2a)} = 0$) und umgekehrt für Fall (2b) nur Modus II ($K_{\mathrm{I}}^{(2b)} = 0$), womit sich (7.85) vereinfacht zu:

$$K_{\mathrm{I}}^{(1)} = \frac{E'}{K_{\mathrm{I}}^{(2a)}} J^{(1,2a)}, \qquad K_{\mathrm{II}}^{(1)} = \frac{E'}{K_{\mathrm{II}}^{(2b)}} J^{(1,2b)}. \tag{7.86}$$

Die Hilfslastfälle (2a) und (2b) sind frei wählbar, solange sie vollwertige Lösungen einer RWA dieser Risskonfiguration darstellen (Gleichgewicht, Kompatibilität, identisches Materialgesetz). So dürfen auch bei allgemeinen Belastungen (1) einfache statische Lösungen ohne Rissuferlasten verwendet werden. Für geradlinige Risse ist es sogar möglich, dem ganzen Körper die elastischen Rissspitzenfelder nach (4.12) und (4.23) mit vorgegebenen K_{I}- und K_{II}-Faktoren aufzuprägen. Da sie in geschlossener Form vorliegen, wird die Berechnung der Interaction-Integrale hiermit besonders einfach und effizient, weshalb man diesen Lösungsweg bevorzugen sollte. Achtung bei anisotropen Materialien! Die Rissorientierung zu den Materialachsen muss im Fall (2) gleich derjenigen des untersuchten Lastfalls (1) sein.

Bei der numerischen Implementierung des Interaction-Integrals als äquivalentes Gebietsintegral nach (7.83) ist wie folgt vorzugehen: Wenn man über einen EDI-Postprozessor für das gewöhnliche 2D J-Integral der betrachteten Problemklasse gemäß (7.42) verfügt (was vorausgesetzt wird), so bleibt der Integrationsalgorithmus unverändert. Lediglich in den Integranden von (7.42) sind die Eigenenergieterme aus (7.83) durch die Wechselwirkungsenergien zwischen der numerischen Lösung des Lastfalls (1) und der analytischen Lösung der Hilfslastfälle (2a, 2b) zu ersetzen. Die benötigten Spannungen $\sigma_{mn}^{(2)}$ und Verschiebungsableitungen $u_{i,1}^{(2)}$ berechnet man leicht an den IP des FEM-Netzes, wo auch die numerischen Resultate (1) vorliegen und bindet sie somit in die vorhandene numerische Integrationsroutine ein. Geschickte Programmierer werten $J_1^{(1,2)}$ gleich für beide Hilfslastfälle (2a) und (2b) in einem Rechenlauf aus.

Im Vergleich zur Aufspaltungstechnik aus Abschnitt 7.7.1 besitzt das Interaction-Integral mehrere Vorzüge: Erstens kann es für allgemeinere Belastungsarten angewandt werden, bei denen neben dem Linienintegral noch Flächenintegrale auftreten. Zweitens ist es auch bei Anisotropie für beliebige Rissorientierungen zu den Materialachsen gültig. Drittens werden alle numerischen Vorteile des EDI genutzt. Als Nachteil ist die Verfügbarkeit der notwendigen Lösungen für die Hilfslastfälle zu werten.

Im vergangenen Jahrzehnt wurde das Interaction-Integral in vielfältiger Hinsicht weiter entwickelt, als gebietsunabhängiges Integral für inhomogene Strukturen mit Grenzflächen, mit Erweiterungen für gekoppelte Feldprobleme und 3D Risskonfigurationen, sowie zur Berechnung der T-Spannungen. Weitere Informationen kann man dem Übersichtsartikel von Yu & Kuna[30] entnehmen.

7.8 Berechnung der *T*-Spannungen

Die Reihenentwicklung der 2D-linear-elastischen Lösung an einer Rissspitze enthält nach dem ersten singulären Glied der K-Faktoren als zweiten Term eine konstante, in Risslängsachse wirkende Normalspannung $\sigma_{11} = T_{11}$, siehe Abschnitt 4.2.2. Die T_{11}-Spannungen beeinflussen die Mehrachsigkeit des Spannungszustandes am Riss, was in der EPBM Auswirkungen auf den kritischen Rissinitiierungswert und den Anstieg der Risswiderstandskurve hat (siehe Abschnitt 4.3.6). Andererseits ist die T_{11}-Spannung für die Richtungsstabilität bei Ermüdungsrissausbreitung verantwortlich (Abschnitt 4.4.5). Es sind daher effiziente Methoden gesucht, um T_{11} für beliebige ebene Risskonfigurationen als Funktion der Geometrie, Risslänge und Belastung zu berechnen. Die T_{11}-Spannung steigt ebenso wie der Spannungsintensitätsfaktor $K_{\mathrm{I}} = \sigma_n \sqrt{\pi a}\, g(a, w)$ proportional mit der Belastungshöhe einer Nennspannung σ_n. Da T_{11} eine reine Geometriekenngröße darstellt, wurde ein normierter, dimensionsloser *Biaxialparameter* (engl. *stress biaxiality ratio*) β eingeführt:

$$\beta_{\mathrm{T}} = \frac{T_{11}\sqrt{\pi a}}{K_{\mathrm{I}}} \sim \frac{T_{11}}{\sigma_n} . \tag{7.87}$$

Aus der Lösung der linear elastischen RWA gewinnt man die T_{11}-Spannung entweder durch Auswertung der Spannungsverteilung im Ligament ($\theta = 0$) vor der Rissspitze

$$T_{11} = \lim_{r \to 0} (\sigma_{11} - \sigma_{22}) \Big|_{\theta=0} , \tag{7.88}$$

oder über den Koeffizienten a_2 des zweiten Reihengliedes nach (4.46)

$$T_{11} = 4 a_2 . \tag{7.89}$$

Die Anwendung dieser Beziehungen erfordert eine feine FEM-Diskretisierung an der Rissspitze, die etwa mit der Netzqualität für die K-Faktor-Bestimmung vergleichbar ist und wegen der Extrapolation oder Mittelung eine gewisse Unschärfe besitzt [19]. Werden im numerischen Verfahren die höheren Eigenfunktionen im Ansatz berücksichtigt wie in [20], bei der Randkollokationsmethode [11] oder bei hybriden Rissspitzenelementen (Abschnitt 6.3), so erhält man T_{11} direkt aus dem

Koeffizienten a_2 der Lösung. Eine weitere Möglichkeit ist die Superposition mit einer horizontalen Einzelkraft an der Rissspitze, deren energetische Wechselwirkung mit T_{11} nach ESHELBY genutzt wird [15, 22].

Eine besonders elegante und effektive Berechnungsmethode beruht auf einem wegunabhängigen Integral I_Γ, das von CHEN [6] entwickelt wurde und mit dem J-Integral verwandt ist. Das Integral basiert auf dem Reziprozitätssatz von BETTI und verknüpft die Spannungen $\sigma_{ij}^{(1)}$, $\sigma_{ij}^{(2)}$ und Verschiebungsfelder $u_i^{(1)}$, $u_i^{(2)}$ zweier Lastfälle (1) und (2) für dieselben linear-elastischen Risskonfiguration miteinander

$$I_\Gamma = \int_\Gamma \left(\sigma_{ij}^{(1)} u_i^{(2)} - \sigma_{ij}^{(2)} u_i^{(1)} \right) n_j \, \mathrm{d}s \,. \tag{7.90}$$

Beide Lastfälle müssen die Gleichgewichtsbedingungen erfüllen. Wir nehmen als Lastfall (1) wieder das zu untersuchende reale Rissproblem an. Der Lastfall (2) ist ein Hilfszustand, der speziell zur Ermittlung von T_{11} ausgewählt wird. Unter der Voraussetzung unbelasteter Rissufer kann wie beim J-Integral die Wegunabhängigkeit von I_Γ gezeigt werden. Dies ermöglicht die Auswertung der FEM-Ergebnisse auf Integrationswegen, die man außerhalb der numerisch ungenaueren Rissspitzenumgebung wählen kann. Im Gegensatz zur Extrapolationsmethode geht das gesamte Spannungs- und Verschiebungsfeld in die Berechnung von T_{11} ein. CHEN [6] hat bewiesen, dass mit Hilfe von I_Γ alle unbekannten Koeffizienten A_n der WILLIAMS-Eigenfunktionen ermittelt werden können. Hierfür setzt man die Lösungen beider Lastfälle als Reihenentwicklung gemäß (4.41) und (4.43) mit den komplexen Koeffizienten A_n und C_m an:

$$\text{Lastfall (1):} \quad \sigma_{ij}^{(1)} = \sum_{n=1}^{\infty} A_n r^{n/2-1} \tilde{\sigma}_{ij}^{(n)}(\theta) \,, \quad u_i^{(1)} = \sum_{n=1}^{\infty} A_n r^{n/2} \tilde{u}_i^{(n)}(\theta) \tag{7.91}$$

$$\text{Lastfall (2):} \quad \sigma_{ij}^{(2)} = \sum_{m=1}^{\infty} C_m r^{m/2-1} \tilde{\sigma}_{ij}^{(m)}(\theta) \,, \quad u_i^{(2)} = \sum_{m=1}^{\infty} C_m r^{m/2} \tilde{u}_i^{(m)}(\theta) \tag{7.92}$$

Die Eigenfunktionen besitzen die Eigenschaft der Orthogonalität in Bezug auf das I_Γ-Integral, d. h. es gilt:

$$I_\Gamma(n) = \begin{cases} -\dfrac{\pi(\kappa+1)}{\mu}(-1)^{n+1} n \, \Re(A_n \bar{C}_m) & \text{für } n+m=0 \\ 0 & \text{für } n+m \neq 0 \end{cases} \tag{7.93}$$

Damit ist es möglich, aus der numerischen Lösung von Lastfall (1) die gewünschten Anteile der n-ten Eigenfunktion herauszufiltern, indem man als Hilfszustand (2) genau die $(m = -n)$te Eigenfunktion wählt. Beschränkt man sich auf Modus-I Belastungen, so sind beide Koeffizienten $A_n = a_n$ und $C_m = a_m$ reell, vgl. (4.41). Setzt man $C_m = 1$, so liefert (7.93) den gesuchten Koeffizienten

$$A_n = -\frac{\mu}{\kappa+1}\frac{1}{\pi n(-1)^{n+1}} I_\Gamma(n)\,. \tag{7.94}$$

Zur Bestimmung der T_{11}-Spannung wird der Koeffizient des $(n = 2)$ten Terms $A_2 = a_2$ gesucht, weshalb als Hilfszustand (2) die $(m = -2)$te Eigenfunktion anzusetzen ist. Die dazugehörenden Feldgrößen berechnen sich aus (4.41) und (4.43) zu:

$$\begin{aligned}
\sigma_{11}^* \equiv \sigma_{11}^{(m=-2)} &= -\frac{2}{r^2}(\cos 2\theta + \cos 4\theta)\\
\sigma_{22}^* \equiv \sigma_{22}^{(m=-2)} &= -\frac{2}{r^2}(\cos 2\theta - \cos 4\theta)\\
\sigma_{12}^* \equiv \sigma_{12}^{(m=-2)} &= -\frac{2}{r^2}\sin 4\theta\\
u_1^* \equiv u_1^{(m=-2)} &= \frac{1}{2\mu r}(\kappa\cos\theta + \cos 3\theta)\\
u_2^* \equiv u_2^{(m=-2)} &= \frac{1}{2\mu r}(-\kappa\sin\theta + \sin 3\theta)
\end{aligned} \tag{7.95}$$

Aus (7.94) folgt dann die Beziehung zwischen T_{11} und dem I_Γ-Integral:

$$T_{11} = 4A_2 = \frac{2\mu}{\pi(\kappa+1)} I_\Gamma(n=2) = \frac{E'}{4\pi} I_\Gamma(n=2)\,. \tag{7.96}$$

Somit ergibt sich die folgende Vorgehensweise: Man berechnet das interessierende Rissproblem mit der FEM als Lastfall (1) und erhält die Lösungen $\sigma_{ij}^{\mathrm{FEM}}$, u_i^{FEM}. Im Postprozess werden ein oder mehrere Integrationswege Γ festgelegt. Mit (7.95) wird der Hilfszustand (2) auf Γ berechnet und dann das wegunabhängige I_Γ-Integral numerisch ausgewertet:

$$I_\Gamma(n=2) = \int_\Gamma \left(\sigma_{ij}^{\mathrm{FEM}} u_i^* - \sigma_{ij}^* u_i^{\mathrm{FEM}}\right) n_j \,\mathrm{d}s\,. \tag{7.97}$$

Schließlich liefert (7.96) die gesuchte T_{11}-Spannung bzw. bei bekanntem K_{I}-Faktor über (7.87) den Biaxialparameter β.

Falls der Nutzer zur Berechnung des J-Integrals ohnehin die günstigere EDI-Technik implementiert hat, kann das Linienintegral (7.97) für I_Γ in gleicher Weise wie in Abschnitt 7.4.1 in ein äquivalentes Gebietsintegral umgeformt werden $(\sigma_{ij,j}^{\mathrm{FEM}} = \sigma_{ij,j}^* = 0)$ [5].

$$I_\Gamma(n=2) = \int_A \left(\sigma_{ij}^{\mathrm{FEM}} u_i^* - \sigma_{ij}^* u_i^{\mathrm{FEM}}\right) q_{,j} \,\mathrm{d}A\,. \tag{7.98}$$

Angemerkt werden soll, dass mit dem I_Γ-Integral ebenso der Intensitätsfaktor $K_{\mathrm{I}} = \sqrt{2\pi}A_1$ der $(n = 1)$ten Eigenfunktion bestimmt werden kann, wenn man als Hilfszustand (2) die entsprechende orthogonale Eigenfunktion $m = -n = -1$ verwendet [24].

Weitere integral-basierte Verfahren zur Berechnung der T-Spannung für Risse in anisotropen elastischen Materialien oder für Grenzflächenrisse werden im Übersichtsartikel [30] vorgestellt.

7.9 Beispiele

7.9.1 Innenriss unter Rissuferbelastung

Als Beispiel für das J-Integral bei Belastung der Rissufer wird der zentrale Riss in einer Scheibe $b = 0{,}1\,\text{m}$ unter konstantem Innendruck $\sigma_0 = 100\,\text{MPa}$ analysiert, Bild 7.12. Für das markierte Viertel der Geometrie wurde das recht grobe FEM-Netz von Bild 7.13 unter Berücksichtigung der Symmetrien verwendet. Es besteht aus 8-Knoten Viereckelementen, die um die Rissspitze zu dreieckigen Viertelpunktelementen kollabiert wurden. Schraffiert gezeichnet sind die zur Berechnung des äquivalenten Gebietsintegrals (7.42) benutzten Elementringe um die Rissspitze. Zur Bestimmung von $J_1 \mathrel{\hat{=}} G$ muss neben dem Flächenintegral über die Elementringe A (1. Zeile von (7.42)) zusätzlich das Rissuferintegral mit den Randspannungen $\bar{t}_2 = -\sigma_0$ ausgewertet werden (3. Zeile von (7.42)).

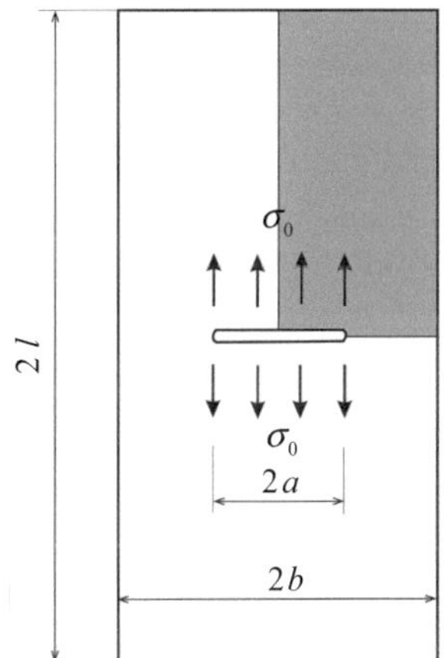

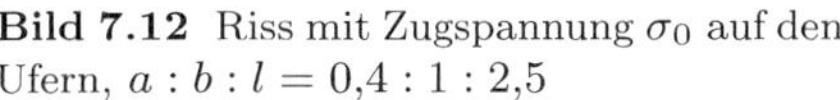

Bild 7.12 Riss mit Zugspannung σ_0 auf den Ufern, $a : b : l = 0{,}4 : 1 : 2{,}5$

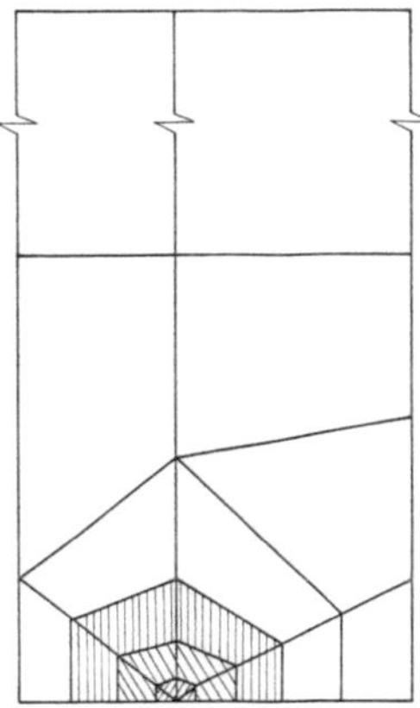

Bild 7.13 Vernetzung mit 22 Elementen und 81 Knoten

In Bild 7.14 sind beide Anteile als »J-Kontur« und »J-Rissufer« sowie ihre Summe »J-Gesamt« für alle vier Integrationsringe dargestellt. Obwohl sich beide Anteile stark verändern, wenn die einbezogenen Rissufer größer werden, ergibt ihre Summe einen konstanten Betrag. Zwischen den Integrationsringen betragen die Abweichungen vom Mittelwert $\bar{J} = 15{,}279\,\text{MN/m}$ weniger als 0,8 %. Die Umrechnung auf den Spannungsintensitätsfaktor über $K_{\text{I}} = \sqrt{\bar{J}E}$ (ESZ) ergibt

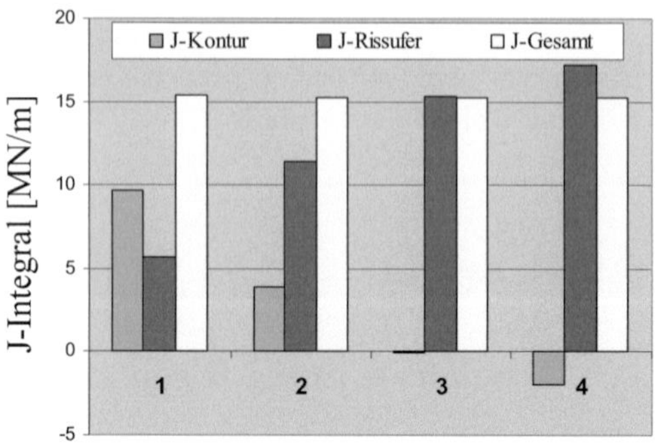

Bild 7.14 Anteile des J-Integrals bei Rissuferbelastung

$$K_{\mathrm{I}}^{\mathrm{FEM}} = 39{,}088\,\mathrm{MPa}\sqrt{\mathrm{m}} \quad \leftrightarrow \quad K_{\mathrm{I}}^{\mathrm{ref}} = 39{,}327 = 1{,}109\,\sigma_0\sqrt{\pi a}\,,$$

was von der Referenzlösung [27] um $-0{,}6\,\%$ abweicht. Nach dem Superpositionsprinzip von Bild 4.24 ist dieses Ergebnis völlig identisch mit dem Fall lastfreier Rissufer, aber äußerer Zugspannung σ_0.

7.9.2 Kantenriss unter Thermoschock

Der Thermoschock stellt für ein Bauteil mit Riss einen extremen Belastungsfall dar, da die Temperaturgradienten in der Regel zu hohen lokalen Spannungen führen. Zur Berechnung bruchmechanischer Kenngrößen muss zuerst die instationäre Wärmeleitungsaufgabe gelöst werden, die als Ergebnis für jeden Zeitpunkt die Temperaturverteilung im Bauteil liefert. Daran schließt sich die thermomechanische RWA an, um den transienten Verlauf der Bruchkenngrößen zu bestimmen.

Im konkreten Beispiel wird eine Scheibe mit Außenriss (Bild 7.15) der Länge a/b durch eine sprunghafte Abkühlung ΔT (Thermoschock) des Mediums auf der Rissseite belastet. Die dadurch verursachten zeitlich veränderlichen thermischen Spannungen bewirken eine Öffnung des Risses unter Modus I. Bei Annahme linear-elastischen Materialverhaltens ist der Verlauf $K_{\mathrm{I}}(t)$ gesucht. Es wird der EVZ angenommen, d. h. $E' = E/(1-\nu^2)$ und der Wärmeausdehnungskoeffizient $\alpha' = \alpha(1+\nu)$. Für die instationäre Wärmeleitung werden eine Wärmeübergangszahl ϑ am Rand und ein Wärmeleitkoeffizient k im Volumen angesetzt. Unter der Voraussetzung, dass auf allen anderen Rändern und den Rissufern kein Wärmefluss erfolgt (Isolation), liegt der Fall einer eindimensionalen Wärmeleitung bzgl. x_1 vor. Zur besseren Darstellung der Resultate werden normierte Größen eingeführt (c_{v} – spezifische Wärmekapazität):

$$\begin{array}{llll} \text{Koordinate} & \hat{x} = x/b\,, & \text{Temperatur} & \Delta\hat{T} = T(\hat{x},\hat{t})/\Delta T \\ \text{Wärmeübergangszahl} & \hat{\vartheta} = \vartheta b/k\,, & \text{Zeit} & \hat{t} = \sqrt{\dfrac{k}{\rho\, c_{\mathrm{v}}}\,t} \Big/ b \end{array} \qquad (7.99)$$

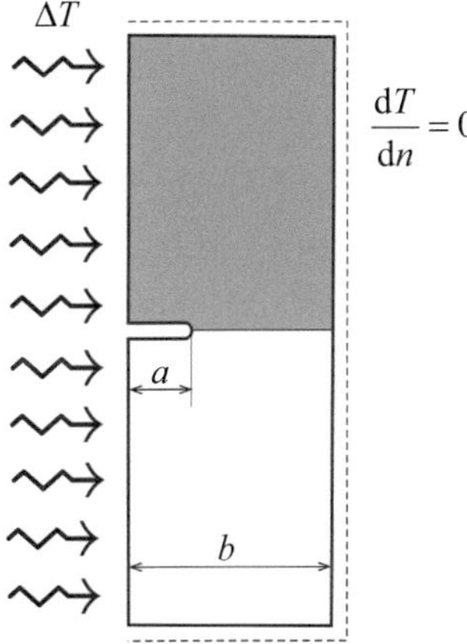

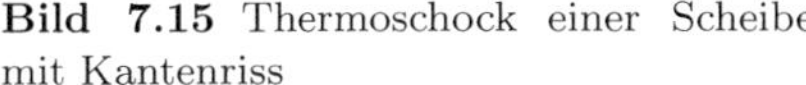

Bild 7.15 Thermoschock einer Scheibe mit Kantenriss

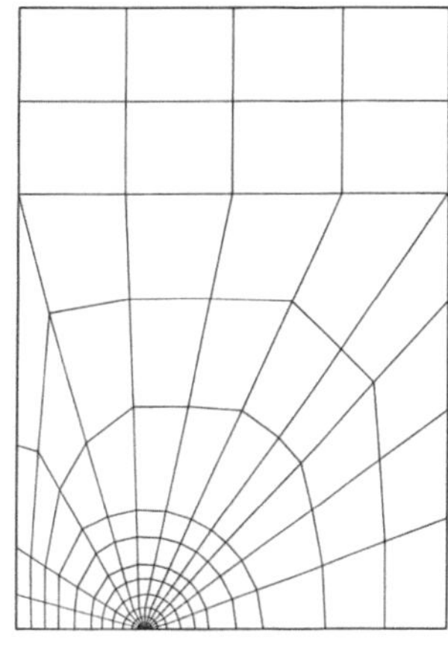

Bild 7.16 FEM-Netz mit 148 Elementen und 475 Knoten

Die Intensität des Thermoschocks wird durch das Verhältnis zwischen Wärmeübergang und Wärmeleitung charakterisiert, also durch die Größe $\hat{\vartheta}$, für die ein recht harter Wert 10 festgelegt wurde.

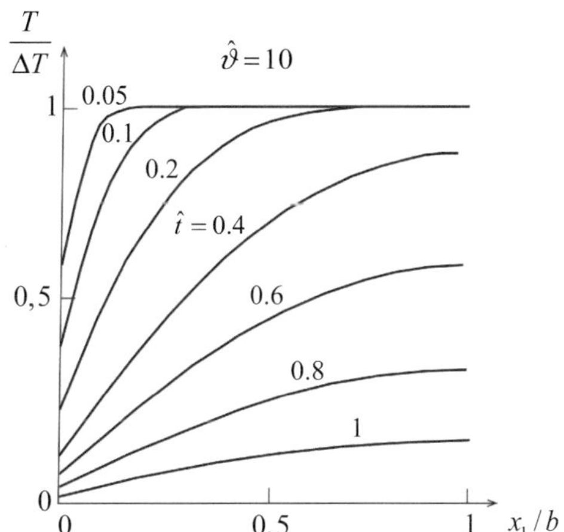

Bild 7.17 Zeitlicher Temperaturverlauf über die Probenbreite bei Thermoschock

Bild 7.16 zeigt die verwendete FEM-Vernetzung der oberen Hälfte mit 8-Knoten Viereckelementen und 12 Viertelpunktelementen CTE am Riss. Diese sehr feine Vernetzung ist notwendig, um den steilen Temperaturgradienten genau erfassen zu können. Die Ergebnisse der Wärmeleitungsanalyse sind in Bild 7.17 als normierter Temperaturverlauf über der Probenbreite als Funktion der Zeit $\hat{t}$ veranschaulicht. Ausgehend von einer gleichmäßigen Ausgangstemperatur wird die Probe mit zunehmender Zeit um den Temperatursprung heruntergekühlt.

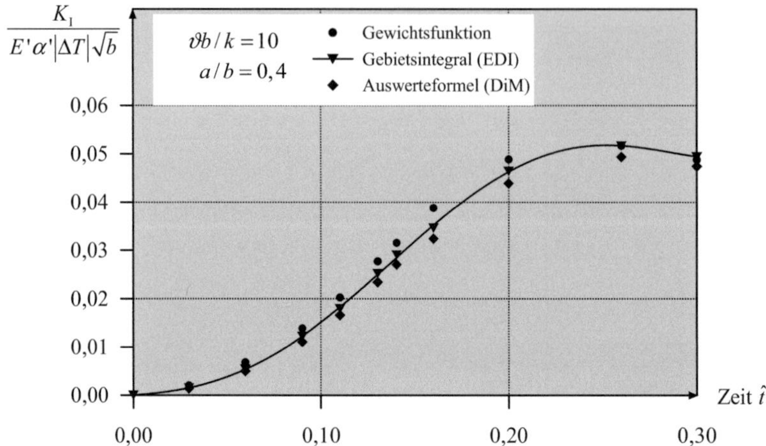

Bild 7.18 Zeitlicher Verlauf des K_{I}-Faktors bei Thermoschock für die Risstiefe $a/b = 0{,}4$

Im Anschluss an die Wärmeleitungsberechnung wurde mit demselben Netz das Rissproblem für ausgewählte Zeitpunkte gelöst. Für die Bestimmung der $K_{\mathrm{I}}(t)$-Faktoren wurde das erweiterte J-Integral in der EDI-Form nach (7.42) eingesetzt und zum Vergleich die Verschiebungsauswertung DIM nach (6.39). Bei $J_1 = G$ kommt der thermische Anteil im 2. Integral von (7.42) mit $\sigma_{mn}\alpha_{mn}T_{,k} = \sigma_{mm}\alpha' T_{,k}$ zum Tragen. Aus den erhaltenen Ergebnissen (siehe [4]) wird exemplarisch der Spannungsintensitätsfaktor K_{I}, normiert mit der »thermischen Spannung« $E'\alpha'|\Delta T|$, als Funktion der Zeit $\hat{t}$ während des Abkühlprozesses in Bild 7.18 wiedergegeben. Der K_{I}-Faktor steigt infolge der thermisch induzierten Spannungen rasch an, erreicht bei $\hat{t} = 0{,}26$ das Maximum, um mit fortschreitender Durchkühlung der Scheibe für $\hat{t} \to \infty$ auf null abzuklingen. Die Ergebnisse aus dem J-Integral stimmen sehr gut mit der Lösung über Gewichtsfunktionen [4] überein. Wie das Beispiel zeigt, erzielt man mit der DIM auch bei thermischen Beanspruchungen brauchbare K_{I}-Werte.

7.9.3 Dynamisch belasteter Innenriss

Dieses Beispiel behandelt das ebene dynamische Problem (EVZ) eines zentralen Innenrisses in der Scheibe (Bild 7.19). Am oberen und unteren Rand wird schlagartig eine Zugbelastung der Größe σ_0 zum Zeitpunkt $t = 0$ aufgebracht, was durch die HEAVISIDE-Sprungfunktion $H(t)$ ausgedrückt wird. Die Materialkonstanten betragen: $\nu = 0{,}3$, $E = 200\,\mathrm{GPa}$, Dichte $\rho = 5\,000\,\mathrm{kg/m^3}$, woraus sich eine Longitudinalwellengeschwindigkeit von $c_{\mathrm{d}} = 7\,338\,\mathrm{m/s}$ errechnet. Unter Ausnutzung der Symmetrien wurde ein Viertel der Risskonfiguration mit isoparametrischen 4-Knoten-Elementen diskretisiert, siehe Bild 7.20. Bei transienten dynamischen FEM-Analysen mit expliziter Zeitintegration (Abschnitt 5.6) werden bevorzugt diese linearen Elemente verwendet [1]. Dadurch entfällt jedoch die Mög-

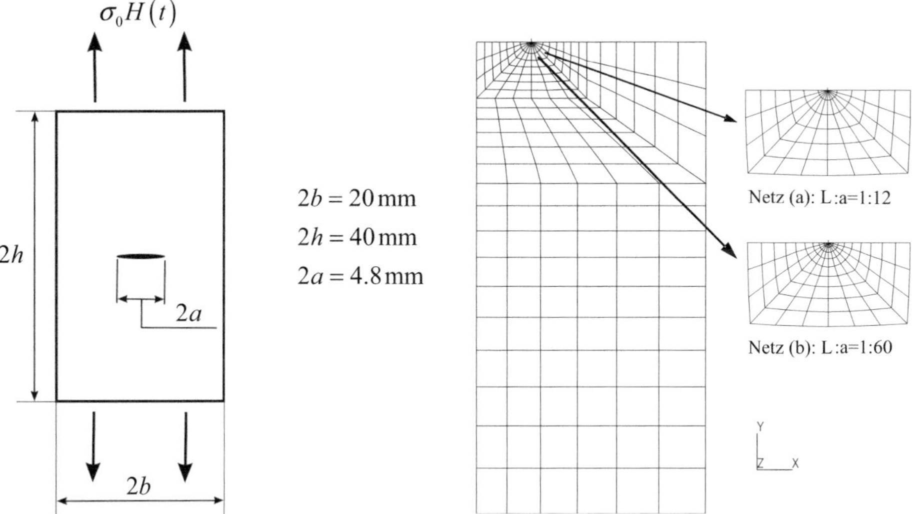

Bild 7.19 Scheibe mit Innenriss $a = 0{,}24\,\mathrm{b}$ unter Sprungbelastung

Bild 7.20 FEM-Netz des rechten unteren Viertels der Scheibe mit Innenriss

lichkeit, spezielle Viertelpunktelemente an der Rissspitze einzusetzen, weshalb das dynamische J^*-Integral in dieser Situation besonders vorteilhaft ist. Bild 7.20 zeigt eine grobe und feine Vernetzungsvariante der Rissumgebung, wobei die kleinsten Elemente L an der Rissspitze etwa $1/12$ bzw. $1/60$ der Risslänge a betragen.

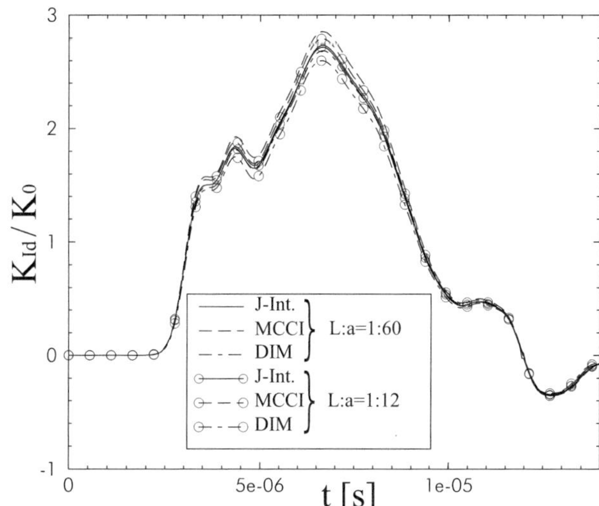

Bild 7.21 Transienter Verlauf des Spannungsintensitätsfaktors. Vergleich verschiedener Methoden und Netze

Für dieses Modus-I-Problem wurde $J_1^*(t) = G(t)$ als EDI nach Gleichung (7.53) im Post-Prozessor für jeden Zeitpunkt t ausgewertet. Daraus folgt mit (4.359) der Spannungsintensitätsfaktor $K_{\rm I}(t) = \sqrt{E' J_1^*}$. Sein zeitlicher Verlauf ist in Bild 7.21 dargestellt, normiert auf den statischen Wert $K_0 = \sigma_0\sqrt{\pi a}$ für die unendliche Scheibe. Die an den Rändern ausgelöste ebene Welle benötigt die Laufzeit $\tau = h/c_{\rm d} = 2{,}73\,\mu s$, bis sie die Rissflanken erreicht, worauf der $K_{\rm I}$-Faktor steil ansteigt und im Maximum fast den dreifachen Referenzwert annimmt. Danach werden die Spannungswellen ohne Energieabsorption in der Scheibe reflektiert und gestreut, so dass die weitere Rissbelastung oszillierend verläuft. Zur Kontrolle wurde $K_{\rm I}(t)$ zusätzlich mit zwei alternativen Berechnungsverfahren aus der FEM-Lösung bestimmt. Zum einen wurde die Verschiebungsauswertemethode DIM (Abschnitt 6.1) nach Formel (6.3) benutzt. Die Auswertung der Rissöffnungsverschiebung $u_2^{\rm FEM}$ direkt am Rissspitzenelement als auch die Extrapolation mehrerer Knotenwerte auf dem Rissufer gemäß Bild 6.3 ergab übereinstimmende $K_{\rm I}$-Faktoren. Zum anderen wurde die Technik des modifizierten Rissschließintegrals MCCI (Abschnitt 6.5) mit Formel (6.87) für lineare Elemente angewandt (Bild 6.27). Alle in Abschnitt 6.5 angegebenen Auswerteformeln des MCCI sind auch für stationäre Risse unter transienter Belastung gültig, da der Zusammenhang (4.359) zwischen der Energiefreisetzungsrate $G(t)$ und den $K(t)$-Faktoren unverändert wie im statischen Fall bestehen bleibt! $G(t)$ wird zu jedem Zeitpunkt anhand der dynamischen Feldlösungen durch virtuelles Rissschließen berechnet. Die Ergebnisse der beiden alternativen Verfahren DIM und MCCI sind ebenfalls in Bild 7.21 eingetragen und weisen eine Übereinstimmung von $\pm 5\,\%$ mit den J^*-Resultaten auf. Das grobe Netz weicht aus einleuchtenden Gründen im Peak-Bereich am stärksten ab. Numerisch wurde bestätigt, dass die EDI-Form (7.58) des 2D dynamischen J-Integrals tatsächlich von der Wahl des Integrationsgebietes A unabhängig ist. Bereits ab dem 3. Elementring um die Rissspitze (Bild 7.20) konvergieren die Werte mit einer Genauigkeit $< 1\,\%$.

Weitere Informationen und 3D dynamische Benchmark-Probleme enthält [8].

7.9.4 Riss im Gradientenwerkstoff

Als *Gradientenwerkstoffe* (FGM) (engl. *functionally graded materials*) bezeichnet man Materialien mit gezielt eingestellten ortsabhängigen mechanischen Eigenschaften. Durch gleitende Übergänge des Elastizitätsmoduls oder des thermischen Ausdehnungskoeffizienten können z. B. Sprünge in den Steifigkeiten oder Spannungen zwischen unterschiedlichen Materialbereichen vermieden werden. Wir betrachten das einfache Beispiel eines Griffith-Risses der Länge $2a$ in einer Scheibe der Breite $2b$ unter Zugspannung σ^∞, wobei der Elastizitätsmodul exponentiell mit der Koordinate x_1 variieren soll:

$$E(x_1) = E_0 \exp\left(\eta \frac{x_1}{a}\right) . \tag{7.100}$$

Der Parameter η definiert die »Stärke« des Materialgradienten, was in Bild 7.22 für die Werte $\eta = 0$ (homogen), 0,125 und 0,5 abgebildet ist. Es konnte nachgewiesen werden [7, 18], dass für Risse in elastischen, stetig veränderlichen Gradientenwerkstoffen dieselbe Nahfeldlösung wie in homogenen Materialien existiert (Abschnitt 4.2.1). Die Rissbeanspruchung wird somit durch die Spannungsintensitätsfaktoren K_I und K_II charakterisiert, allerdings berechnen sich die Verzerrungs- und Verschiebungsfelder aus den lokalen elastischen Konstanten am Ort der Rissspitze, z. B. $E(x_1 = a)$. Die Werte der K-Faktoren hängen jedoch von dem globalen Werkstoffgradienten ab und unterscheiden sich bei gleicher RWA vom homogenen Fall!

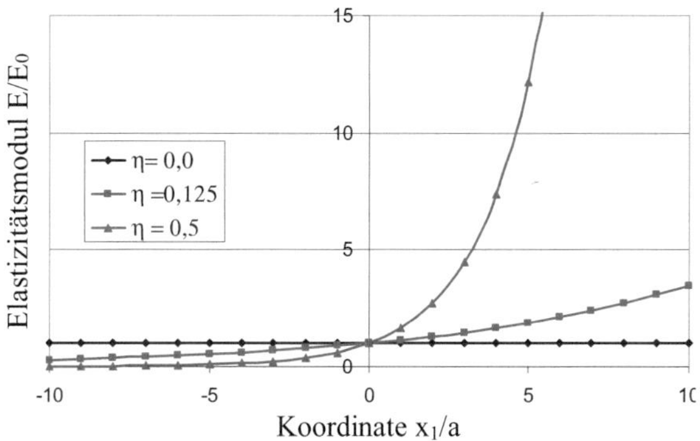

Bild 7.22 Ortsabhängigkeit des Elastizitätsmoduls im Gradientenwerkstoff

Die FEM-Analyse wurde mit dem in Bild 7.23 gezeigten Netz in der üblichen Weise vorgenommen. Die Berechnung des Spannungsintensitätsfaktors K_I erfolgte über das 2D J-Integral nach Gleichung (7.42). Die Gradienteneigenschaft muss im 2. Integral über die explizite Ortsableitung der Formänderungsenergiedichte berücksichtigt werden, was im vorliegenden isotropen Fall mit (3.77) und (3.92)

$$U_{,k} = \frac{\partial U}{\partial x_1} = \frac{1}{2}\varepsilon_{ij}\frac{\partial C_{ijkl}}{\partial x_1}\varepsilon_{kl} = \frac{1}{2}\left(\varepsilon_{ij}\varepsilon_{ij} + \frac{\nu}{1 \quad 2\nu}\varepsilon_{kk}^2\right)\frac{\partial E(x_1)}{\partial x_1} \tag{7.101}$$

bedeutet, wozu noch die konkrete Ableitung von (7.100) einzusetzen wäre.

Das J-Integral wurde als EDI über mehrere Integrationsgebiete mit den Radien $\{0{,}4\ 0{,}8\ 1{,}2\ 1{,}6\ 2{,}0\}\,a$ ausgeführt. Den Spannungsintensitätsfaktor erhält man daraus über $K_\mathrm{I} = \sqrt{E(a)J/(1-\nu^2)}$ mit $\nu = 0,3 = \text{const}$ im EVZ. Die Ergebnisse an der rechten Rissspitze sind in Bild 7.24 für drei verschiedene Gradienten η zusammengestellt und auf den klassischen GRIFFITH-Riss $K_{\mathrm{I}0} = \sigma^\infty\sqrt{\pi a}$ normiert. Man sieht erstens, dass das einfache J-Integral wegabhängig würde (offene Symbole) und erst durch das 2. Integral von (7.42) mit (7.101) die notwendige Korrektur erfolgt (volle Symbole). Zweitens bewirkt der Werkstoffgradient η bei gleicher Belastung σ^∞ eine beachtliche Erhöhung von K_I (und an der linken Rissspitze eine Absenkung).

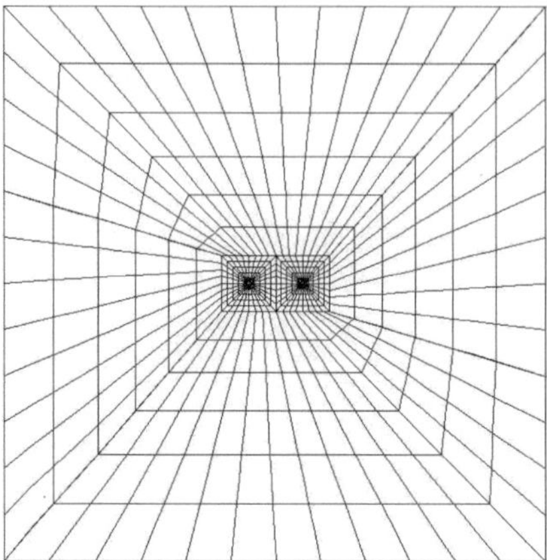

Bild 7.23 FEM-Netz mit 736 Elementen (8-Knoten Vierecke) und 64 Viertelpunktelementen an den Rissspitzen

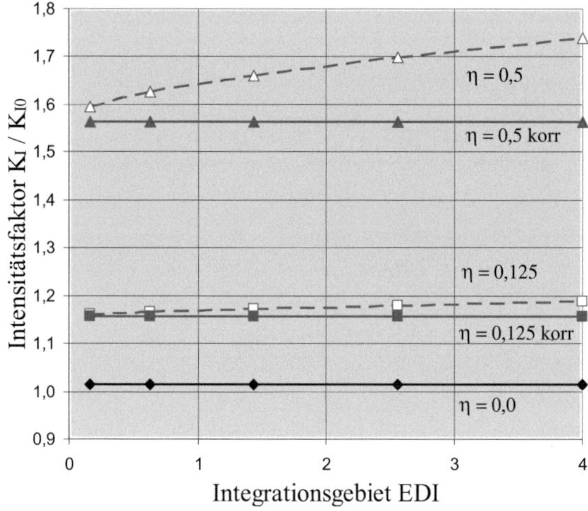

Bild 7.24 Abhängigkeit des J-Integrals vom Gebiet und den Korrekturtermen

7.10 Zusammenfassende Bewertung

Die Ausführungen dieses Kapitels haben gezeigt, dass Energiebilanzintegrale vom Typ des J-Integrals für nahezu alle Aufgaben der Bruchmechanik entwickelt und angewandt werden können. Das wurde für Risse in heterogenen, gradierten und anisotropen elastischen Strukturen unter thermischen, Rissufer-, Gewichts- und Trägheitsbelastungen ausführlich dargelegt. Auch die Verifikationsbeispiele in Abschnitt 6.8 demonstrieren die Leistungsfähigkeit der J-Integrale im Vergleich zu anderen FEM-Techniken. Darüber hinaus gilt als erwiesen und anerkannt, dass die Verallgemeinerungen des J-Integrals sehr universelle und aussagekräftige Beanspruchungskenngrößen für Risse darstellen, wofür in den Kapiteln 9 und 10 noch weitere Anwendungen folgen. Der wesentliche Grund dafür ist in der einheitlichen physikalischen Interpretation als Energiefreisetzungsrate in elastischen konservativen Systemen bzw. als Energiefluss in die Prozesszone bei dissipativen nichtkonservativen Systemen zu finden.

Besonders im Hinblick auf die numerische Berechnung besitzen die Energiebilanzintegrale gegenüber anderen Verfahren zur Bestimmung der Bruchkenngrößen erhebliche Vorteile. Da sie immer als wegunabhängige oder zumindest als gebietsunabhängige Integrale formuliert werden können, kann man bei der Auswertung das direkte Nahfeld des Risses, wo die numerische Lösung am ungenauesten ist, vermeiden. Hinzu kommt, dass unter Verwendung verschiedener Integrationswege die Genauigkeit der numerischen Lösung exakt beurteilt werden kann, da theoretisch die ermittelten J-Werte alle gleich sein müssten. Eine Abweichung resultiert also entweder aus der Ungenauigkeit der zugrunde liegenden FEM-Lösung oder aus einem ungenauen Integrationsverfahren für J.

Ein weiterer Vorteil der J-Integrale besteht darin, dass ihre Berechnung der FEM-Analyse einfach als Post-Prozessor nachgeschaltet werden kann, also keinen Eingriff in das FEM-Programm erforderlich macht wie andere Techniken. Durch zahlreiche Verifikations- und Vergleichsrechnungen wurden die Vorzüge der Energiebilanzintegrale bestätigt. Dies hat dazu geführt, dass in einigen kommerziellen FEM-Codes (ABAQUS, ANSYS u. a.) J-Integrale unterschiedlicher Ausprägungen angeboten werden.

Literaturverzeichnis

[1] Abaqus: Abaqus FEA Software, Version 6.21. Tech. rep., Dassault Systèmes Simulia Corp. (2021). URL https://www.3ds.com/products/simulia/abaqus

[2] Aoki, S., Kishimoto, K., Sakata, S.: Elastic-plastic analysis of crack in thermally-loaded structures. Engineering Fracture Mechanics **16**, 405–413 (1982)

[3] Atluri, S.N.: Computational methods in the mechanics of fracture. Elsevier Science Publ., Noorth–Holland (1986)

[4] Bahr, A., Balke, H., Kuna, M., Liesk, H.: Fracture analysis of a single edge cracked strip under thermal shock. Theoretical and Applied Fracture Mechanics **8**, 33–39 (1987)

[5] Chen, C.S., Krause, R., Pettit, R.G., Banks-Sills, L., Ingraffea, A.R.: Numerical assessment of T–stress computation using a P–version finite element method. Fatigue and Fracture of Engineering Materials and Structures **107**, 177–199 (2001)

[6] Chen, Y.Z.: New path independent integrals in linear elastic fracture mechanics. Engineering Fracture Mechanics **22**, 673–686 (1985)

[7] Eischen, J.W.: Fracture of nonhomogeneous materials. International Journal of Fracture **34**, 3–22 (1987)

[8] Enderlein, M., Ricoeur, A., Kuna, M.: Comparison of finite element techniques for 2D and 3D crack analysis under impact loading. International Journal of Solids and Structures **40**, 3425–3437 (2003)

[9] Eshelby, J.D.: Energy relations and the energy momentum tensor in continuum mechanics. In: a. Kanninen M.F. u. (ed.) Inelastic Behavior of Solids, pp. 77–114. McGraw Hill, New York (1970)

[10] Eshelby, J.D.: The elastic energy-momentum tensor. Journal Elasticity **5**, 321–335 (1975)

[11] Fett, T.: A compendium of T-stress solutions. Tech. Rep. Report FZKA 6057, Forschungszentrum Karlsruhe, Technik und Umwelt (1998)

[12] Gurtin, M.E.: On a path-independent integral for thermoelasticity. International Journal of Fracture **15**, R169–R170 (1979)

[13] Gurtin, M.E.: Configurational forces as basic concept of continuum physics. Springer, Berlin u. a. (2000)

[14] Ishikawa, H., Kitagawa, H., Okamura, H.: J-integral of mixed mode crack and its application. Proc. 3rd Int. Conf. on Mechanical Behaviour of Materials, Pergamon Press **3**, 447–455 (1980)

[15] Kfouri, A.P.: Some Evaluations of the Elastic T-term using Eshelby's Method. International Journal of Fracture **30**, 301–315 (1986)

[16] Kienzler, R.: Konzepte der Bruchmechanik. Vieweg, Wiesbaden (1993)

[17] Kienzler, R., Herrmann, G.: Mechanics in material space. With application to defects and fracture mechanics. Springer, Berlin u. a. (2000)

[18] Kim, J.H., Paulino, G.H.: Finite element evaluation of mixed mode stress intensity factors in functionally graded materials. International Journal for Numerical Methods in Engineering **52**, 1903–1935 (2002)

[19] Larsson, S.G., Carlsson, A.J.: Influence of non-singular stress terms and specimen geometry on small-scale yielding at track tips in elastic-plastic materials. Journal of the Mechanics and Physics of Solids **21**, 263–277 (1973)

[20] Leevers, P.S., Radon, J.C.: Inherent stress biaxiality in various fracture specimen geometries. International Journal of Fracture **19**, 311–325 (1982)

[21] Maugin, G.A.: Material inhomogeneities in elasticity. Chapman & Hall, London (1993)

[22] Nakamura, T., Parks, D.M.: Determination of elastic T–stress along threedimensional crack fronts using an interaction integral. International Journal of Solids and Structures **29**, 1597–1611 (1992)

[23] Nishioka, T., Atluri, S.N.: Path-independent integrals, energy release rates, and general solutions of near-tip fields in mixed-mode dynamic fracture mechanics. Engineering Fracture Mechanics **18**, 1–22 (1983)

[24] Peters, B., Barth, F.J., Hahn, H.G.: Klassifizierung von angerissenen Bauteilen mit Hilfe der T–Spannung. In: Tagungsband zur 27. Vortragsveranstaltung des DVM–Arbeitskreises Bruchvorgänge (1995)

[25] Shih, C.F., Moran, B., Nakamura, T.: Energy release rate along a three-dimensional crack front in a thermally stressed body. International Journal of Fracture **30**, 79–102 (1986)

[26] Stern, M., Becker, E.B., Dunham, R.S.: Contour integral computation of mixed-mode stress intensity factors. International Journal of Fracture **12**((3)), 359–368 (1976)
[27] Tada, H., Paris, P., Irwin, G.: The stress analysis of cracks handbook (2nd ed.). Paris Production Inc., St.Louis (1985)
[28] Wilson, W.K., Yu, I.W.: The use of the J-integral in thermal stress crack problems. International Journal of Fracture **15**, 377–387 (1979)
[29] Yau, J., Wang, S., Corton, H.: A mixed-mode crack analysis of isotropic solids using conservation laws of elastics. Journal of Applied Mechanics **47**, 335–341 (1980)
[30] Yu, H., Kuna, M.: Interaction integral method for computation of crack parameters K - T - a review. Engineering Fracture Mechanics **249** (2021)

Kapitel 8
Extended Finite Element Methode XFEM

8.1 Grundlagen der XFEM

Die Extended (»erweiterte«) Finite Element Methode XFEM (engl. *Extended Finite Element Method*) wurde ab dem Jahr 2000 von BELYTSCHKO, MOËS, SUKUMAR u. a. für die Berechnung von RWA mit Diskontinuitäten und Singularitäten entwickelt. Sie wird seitdem auch für die Behandlung bruchmechanischer Probleme erfolgreich angewandt. Einen Überblick über die mittlerweile umfangreiche Literatur findet man in [4, 7, 9]. Die Idee der XFEM beruht auf der Erweiterung der FEM-Ansatzfunktionen, um bekannte analytische Lösungen mit Diskontinuitäten einbauen zu können. Im Unterschied zu den oben genannten speziellen Rissspitzenelementen wird hierbei die so genannte *partition of unity* Methode genutzt, bei der die regulären Formfunktionen der Elemente durch so genannte *Anreicherungsfunktionen* (engl. *enrichement functions*) mit zusätzlichen Ansatzkoeffizienten ergänzt werden. Dadurch wird auch die Kompatibilität mit Standardelementen gewährleistet.

Für die Modellierung von gerissenen Strukturen kann somit innerhalb eines Elementes der Verschiebungssprung über die Rissufer nachgebildet werden. Außerdem kann das asymptotische Verschiebungsfeld nahe der Rissspitze durch spezielle Anreicherungsfunktionen innerhalb eines Elementes eingebaut werden. Auf diese Weise ist es möglich, durch sukzessive Anpassung der Formfunktionen in einem bestehenden FEM-Netz die Ausbreitung eines Risses zu modellieren. Der bestechende Vorteil der XFEM liegt darin, dass bei Rissproblemen keine Neuvernetzung erforderlich ist, sondern der Anwender sein vorhandenes strukturmechanisches FEM-Modell weiter nutzen kann und den Riss nachträglich mit Hilfe der XFEM an der gewünschten Stelle berücksichtigt.

M. Kuna, *Finite Elemente in der Bruchmechanik*,
https://doi.org/10.1007/978-3-658-46192-8_8

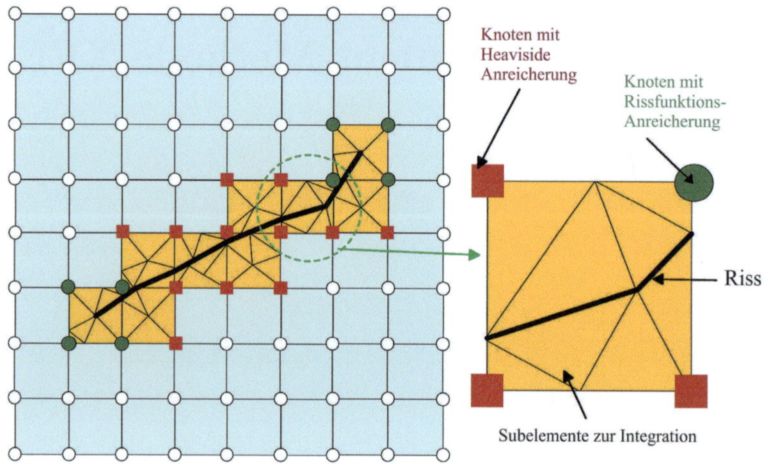

Bild 8.1 Darstellung der Anreicherungsgebiete in der XFEM für einen Riss im ebenen Fall

8.1.1 Angereicherte Ansatzfunktionen

Im Folgenden werden die Anreicherungsfunktionen des Verschiebungsfeldes nach [5] dargestellt, die zur Modellierung von Rissen in linear-elastischen Strukturen Verwendung finden.

$$\mathbf{u}^{\mathrm{h}}(\boldsymbol{x}) = \sum_{a \in \mathcal{R}} \mathbf{N}_a(\boldsymbol{\xi})\mathbf{u}^{(a)} + \sum_{i \in \mathcal{S}} \mathbf{N}_i \mathcal{H}(\phi(\boldsymbol{x}))\mathbf{a}_i + \sum_{i \in \mathcal{T}} \sum_{j=1\ldots4} \mathbf{N}_i B_j(\boldsymbol{x})\mathbf{b}_{ij}. \tag{8.1}$$

Der erste Term ist der übliche isoparametrische Verschiebungsansatz mit den Formfunktionen $\mathbf{N}_a$ (siehe Abschnitt 5.3.1), der über die reguläre Knotenmenge $\mathcal{R}$ eines Elementes summiert wird. Der zweite Terme erweitert den Ansatz um eine Heaviside-Sprungfunktion $\mathcal{H}(\phi(\boldsymbol{x}))$, die so gebaut ist, dass sie auf dem positiven Rissufer Γ_c^+ den Wert +1 und auf dem gegenüberliegenden Γ_c^- den Wert -1 annimmt.

$$\mathcal{H}(\phi) = \begin{cases} +1 & \text{if } \phi \geq 0, \\ -1 & \text{if } \phi < 0. \end{cases} \tag{8.2}$$

Damit wird ein durchgehender Verschiebungssprung (Trennung durch den Riss) im gesamten Element nachgebildet. Diese Anreicherung betrifft alle Knotenfreiheitsgrade der durchtrennten Elemente, d.h. der Menge $\mathcal{S}$, die im Bild 8.1 als rote Quadrate abgebildet sind.

Der dritte Term berücksichtigt die Situation, wenn die Rissspitze in einem Element endet. Hier werden zur Anreicherung die Verschiebungsfunktionen der asymptotischen Rissspitzenlösung nach Williams (siehe (4.19) (4.26) in Abschnitt 4.2.1

genutzt, die aus den vier unabhängigen Funktionen B_j zusammengesetzt sind:

$$B_j\,(r,\theta) = \left\{\sqrt{r}\sin\frac{\theta}{2},\ \sqrt{r}\cos\frac{\theta}{2},\ \sqrt{r}\sin\frac{\theta}{2}\sin\theta,\ \sqrt{r}\cos\frac{\theta}{2}\sin\theta\right\}. \tag{8.3}$$

Nur die Elemente unmittelbar an der Rissspitze und ihre Knoten $\in \mathcal{T}$ werden damit angereichert, was im Bild 8.1 durch grüne Punkte gekennzeichnet ist. Dadurch werden weitere Freiheitsgrade mit den Variablen $\mathbf{b}_{ij}$ eingeführt. Die vier Rissspitzenfunktionen $B_j\,(r,\theta)$ sind in Bild 8.2 graphisch veranschaulicht. Man erkennt, dass mit dem 1. Term der Verschiebungssprung am Riss realisiert wird. Mit dem Ansatz von (8.1) wird somit die Diskontinuität des Verschiebungsfeldes entlang des gesamten Risses in der FEM abgebildet.

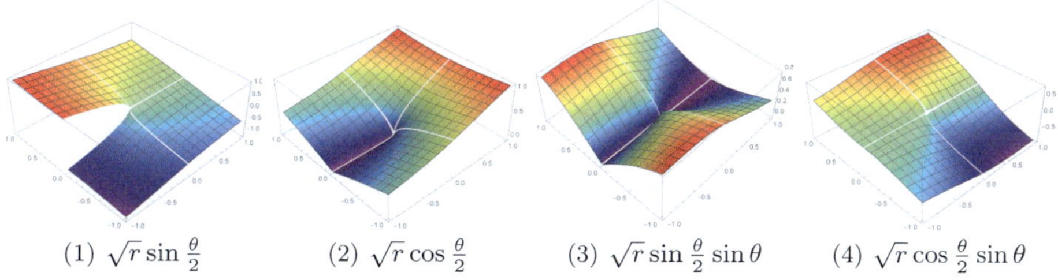

(1) $\sqrt{r}\sin\frac{\theta}{2}$ (2) $\sqrt{r}\cos\frac{\theta}{2}$ (3) $\sqrt{r}\sin\frac{\theta}{2}\sin\theta$ (4) $\sqrt{r}\cos\frac{\theta}{2}\sin\theta$

Bild 8.2 Darstellung der vier Anreicherungsfunktionen an der Rissspitze,

8.1.2 Numerische Realisierung

Der Verlauf des Risses durch das FEM-Netz wird meist mit Hilfe der Level-Set-Methode geometrisch als kontinuierliche Linie (2D-Fall) oder Fläche (3D-Fall) beschrieben, siehe [1, 7]. Die Level-Set-Methode stellt die Kontur eines geometrischen Objektes (Riss) implizit als Nullstellenmenge einer Funktion $\phi(\boldsymbol{x})$ dar. Konkret verlangt man von dieser Funktion, dass sie auf der Kontur des Risses Γ_c den Wert 0 annimmt. Außerhalb davon nimmt sie positive Werte auf einer Seite des Risses und negative Werte im gegenüberliegenden Gebiet an. Diese Eigenschaft wird durch folgende Funktion erreicht, wenn die Risslage durch die Koordinaten $\bar{\boldsymbol{x}}$ und den Normalenvektor $\boldsymbol{n}^+$ auf dem positiven Rissufer gegeben ist:

$$\phi(\boldsymbol{x}) = \min_{\bar{\boldsymbol{x}}\in\Gamma_c} \parallel \boldsymbol{x} - \bar{\boldsymbol{x}} \parallel \operatorname{sign}\left[(\boldsymbol{n}^+)\cdot(\boldsymbol{x} - \bar{\boldsymbol{x}})\right]\,. \tag{8.4}$$

$$\phi(\boldsymbol{x}) = \begin{cases} \phi > 0 & \text{if } \boldsymbol{x} \text{ oberhalb } \Gamma_c^+ \\ \phi = 0 & \text{if } \boldsymbol{x} \text{ auf } \Gamma_c \\ \phi < 0 & \text{if } \boldsymbol{x} \text{ unterhalb } \Gamma_c^- \end{cases}$$

Bild 8.3 veranschaulicht dies für den 2D-Fall. Zusätzlich muss die Position der Rissspitzen (2D-Fall) bzw. der Rissfrontlinie (3D-Fall) durch eine zweite Level-Set Funktion $\varphi(\boldsymbol{x})$ definiert werden, die so beschaffen ist, dass sie nur negative Werte entlang des Risses und positive Werte außerhalb annimmt. Die Rissspitze bzw. Rissfront liegen dann genau bei $\varphi(\boldsymbol{x}) = 0$. Somit ist die Rissgeometrie wie folgt festgelegt:

$$\Gamma_c = \{\bar{\boldsymbol{x}} : \phi(\boldsymbol{x}) = 0 \quad \text{und} \quad \varphi(\bar{\boldsymbol{x}}) \leq 0\}\,. \tag{8.5}$$

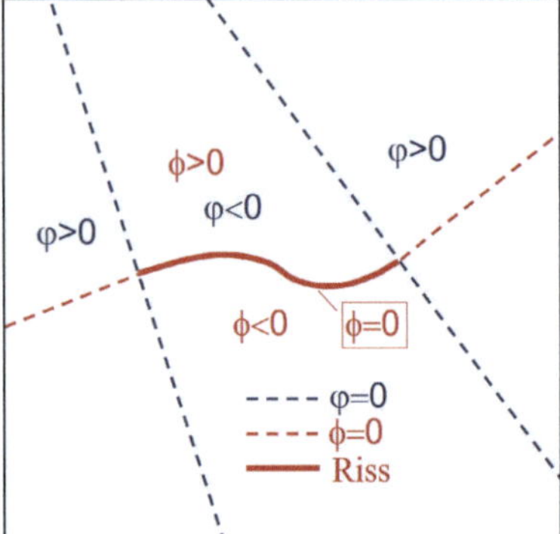

Bild 8.3 Festlegung der Rissgeometrie mit Hilfe zweier Level-Set-Funktionen im 2D-Fall

Der elegante Ansatz der XFEM hat jedoch numerisch auch seinen Preis. Für die Einführung eines Risses in ein vorhandenes FEM-Modell werden entlang des Risses und an der Rissspitze neuartige Elementtypen benötigt, die sich sowohl in der Anzahl der Knoten als auch der damit assoziierten Freiheitsgrade von Standardelementen unterscheiden. Zum Beispiel entstehen für die in Bild 8.1 dargestellten Viereckelemente mit 4 Knoten die folgenden zusätzlichen Freiheitsgrade (DOF):

- Bei Heaviside-Anreicherung: Pro Knoten vom Typ $\mathcal{S}$: 2 regulär DOF (u_1, u_2) und 2 Sprungterme (a_1, a_2).
- Bei Rissspitzen-Anreicherung: Pro Knoten vom Typ $\mathcal{T}$: 2 regulär DOF (u_1, u_2) und 2x4 Rissterme $(b_{11}, b_{12}, ..., b_{14}, b_{21}, ..., b_{24})$.

Das erfordert den Eingriff in die FEM-Systemsteifigkeitsmatrix und kann deshalb nur bei Zugriff auf den Quellcode oder durch Generierung eigener Elemente realisiert werden. Insbesondere bei der Simulation der Rissausbreitung ist also ein ständiger Anpassungsprozess notwendig. Des weiteren erschweren die singulären und diskontinuierlichen Anreicherungsfunktionen die numerische Integration der Elementmatrizen. Zur Behandlung dieses Problems werden die angereicherten Elemente wie in Bild 8.1 in dreieckige (oder quadratische) Subelemente unterteilt, über die dann mit höheren GAUSS-Ordnungen integriert wird. Das effiziente algorithmische Handling dieser numerischen Details für 2D und 3D RWA ist Gegenstand zahlreicher Arbeiten zur XFEM. Dazu sei auf die Implementierung eines USER-Elementes von GINER u.a. [2] verwiesen.

Die Bestimmung der K-Faktoren aus den Ansatzvariablen b_{ij} der XFEM Rissspitzenelemente ist auf direktem Wege recht ungenau. Aus diesem Grunde wird das J-Integral oder bei Mixed-Mode-Fällen das Interaction-Integral über eine Gebietsintegration EDI (siehe Abschnitt 7.4) ausgewertet. In zahlreichen numerischen

Studien wurde nachgewiesen, dass mit der XFEM auf diese Weise die K-Faktoren ausreichend genau berechnet werden können, und dass die Lösung bei Verfeinerung der Elementgröße konvergiert. Mittlerweile wurde die XFEM bereits in einige kommerzielle FEM-Programme eingebaut. In ABAQUS wird die Anreicherung mit Sprung- und Rissspitzentermen für stationäre Risse angeboten, bei Risswachstum werden nur die Sprungterme berücksichtigt.

8.2 Beispiele

Ein einfaches 2D-Beispiel für die Anwendung der XFEM findet man bei HUANG u. a. [3]. Untersucht wurde ein stationärer gerader oder schräger Innenriss in einer unendlichen Scheibe unter Zugspannung σ. Bild 8.5 zeigt die Abmessungen $h/b = 1{,}5$ mit der Risslänge $a/b = 0{,}1$. Zunächst wurde der reine Modus-I-Fall ($\alpha = 90°$) behandelt, für den die analytische Lösung $K_{\mathrm{I}} = 1{,}006\,\sigma\sqrt{\pi\,a}$ bekannt ist [8]. Bild 8.4 zeigt zwei Vernetzungsvarianten für eine Symmetriehälfte mit quadratischen bzw. dreieckigen linearen Elementen der Größe $L \approx a/5$. Zur Berechnung der

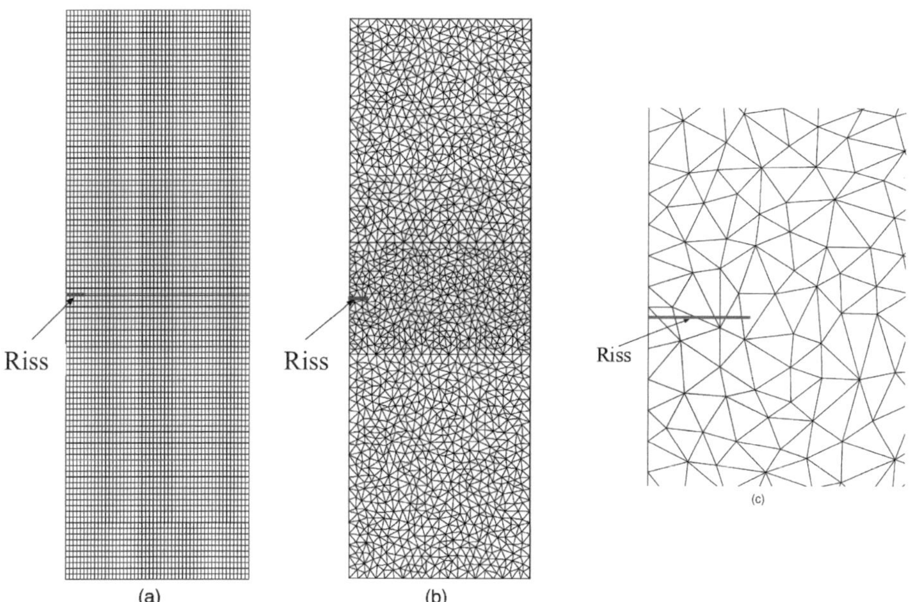

Bild 8.4 FEM-Vernetzung für Innenriss in einer Scheibe. (a) reguläres Netz 50 × 100 Viereckelemente, (b) unstrukturiertes Netz 3362 Dreieckelemente, (c) Detail von (b), [3]

K_{I}-Faktoren diente das J-Integral auf verschiedenen Integrationspfaden mit dem Radius R_d. Die mit den beiden XFEM-Netzen erhaltenen Ergebnisse sind in Tabelle 8.1 zusammengestellt. Die reguläre Viereck-Vernetzung (a) liefert erwartungsgemäß die beste Genauigkeit. Wird nur eine Anreicherung mit der Sprungfunktion durchgeführt (Netz (a)$\mathcal{H}$), so fällt die Genauigkeit deutlich ab. Die unstrukturierte Dreieck-Vernetzung (b,c) weist die größten Fehler auf.

R_d/a	reguläres Netz (a)	reguläres Netz (a)$\mathcal{H}$	unstrukturiertes Netz (b)	exakt
0.283	1,033	0,999	-	1,006
0.424	1,004	0,994	1,023	1,006
0.707	1,005	0,999	0,992	1,006

Tabelle 8.1 Normierter Spannungsintensitätsfaktor $K_\mathrm{I}/(\sigma\sqrt{\pi\, a})$ für Scheibe mit Innenriss [3]

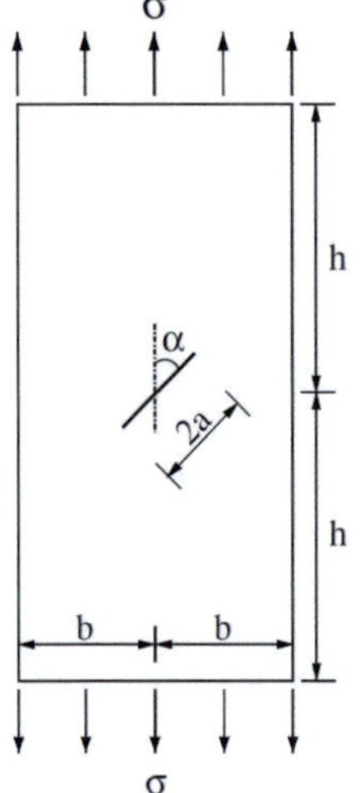

Bild 8.5 Schräger Innenriss in einer Scheibe [3]

Bild 8.6 Spannungsintensitätsfaktoren als Funktion der Rissorientierung α (Daten [3])

Als Nächstes wurde der Mixed-Mode-Fall für verschiedenen Neigungswinkel $\alpha = \{15°, 30°, 45°, 60°, 75°\}$ des Risses untersucht, Bild 8.5. Zur XFEM-Berechnung wurde in allen Fällen dasselbe reguläre Netz aus 100×100 Viereckelementen verwendet. Die bekannte analytische Lösung nach [8] lautet:

$$K_\mathrm{I}/(\sigma\sqrt{\pi\, a}) = \sin^2(\alpha), \qquad K_\mathrm{II}/(\sigma\sqrt{\pi\, a}) = \sin(\alpha)\cos(\alpha)\,. \tag{8.6}$$

Die mit der XFEM über das Interaction-Integral berechneten Spannungsintensitätsfaktoren nähern sich sehr gut der exakten Lösung an, sobald der Radius R_d des Integrationsgebietes größer ist als $0,4$ der Risslänge. Bild 8.6 zeigt die normierten K-Faktoren aus (8.6) und die XFEM-Resultate für $R_d = 0,8\,a$ als Symbole. Die Genauigkeit war für alle Winkel besser als 2%.

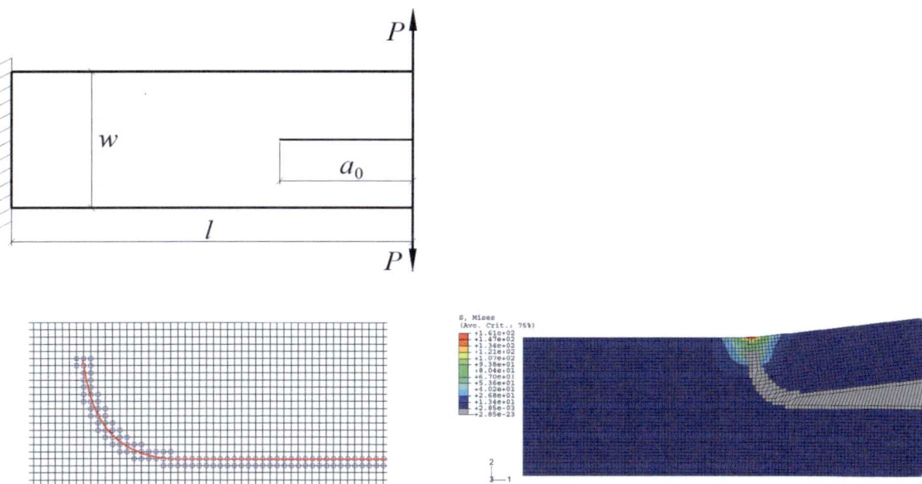

Bild 8.7 Träger mit exzentrischem Außenriss: a) Modell, b) XFEM-Netz mit angereicherten Elementen entlang des Risspfades, c) v-Mises Spannung im Endzustand der Rissausbreitung

Die Anwendung der XFEM zur Simulation der Rissausbreitung wird am Beispiel eines ebenen Trägers mit exzentrischem Außenriss demonstriert, das der Publikation von GINER u.a. [2] entnommen ist. Es wurden isotrope Elastizität und der ebene Verzerrungszustand angenommen. Bild 8.7(a) zeigt die Geometrie und Belastung des Modells mit einer Anrisslänge von $a_0 = 2$ (Einheiten), Breite $w = a_0$ und Länge $l = 3a_0$. Die Ausgangslage des Risses ist bzgl. der Symmetrieebene um $+0,035w$ nach oben verschoben, weshalb er nach anfänglich geradlinigem Verlauf aufgrund des unsymmetrischen Spannungszustandes von der Symmetrieebene abbiegt. Die reguläre Vernetzung wurde mit quadratischen Viereckelementen vorgenommen, siehe Bild 8.7(b). Die Rissausbreitung wurde in elf Schritten von je $\Delta a = 0,05a_0$ ausgeführt. Man erkennt diejenigen Elemente, die entlang des Risspfades mit der Sprungfunktion (Kreise) und an der Rissspitze mit den Rissspitzenfunktionen (Quadrate) angereichert wurden. Bild 8.7(c) gibt die Spannungsverteilung im Träger am Ende der Simulation wieder. Die gerissenen Elemente besitzen keine Steifigkeit mehr und sind grau gezeichnet.

Als 3D Beispiel für einen stationären Riss wird ein viertelkreisförmiger Eckriss in einem Zugstab mit quadratischem Querschnitt betrachtet, Bild 8.8. Die Abmessungen sind Breite = Länge = $2b$, Höhe = $1b$ und Radius des Risses $a = b/5$. Von QIAN u.a. [6] wurden systematische Untersuchungen vorgenommen, wie sich die Qualität des ursprünglichen FEM-Netzes auf die mit der XFEM erzielten Ergebnisse auswirkt. Im vorliegenden Beispiel wurde zuerst ein grobes einfaches Netz mit linearen Hexaederelementen der Kantenlänge $L = b/40$ erprobt, Bild 8.8(a). Zweitens wurde ein feineres ($L = b/200$) Netz aus denselben Elementen benutzt, das sich schlauchförmig an den Verlauf der Rissfront anpasst, Bild 8.8(b). Schließlich wurde zum Vergleich das Netz von Bild 8.8(c) gewählt, welches eine typische

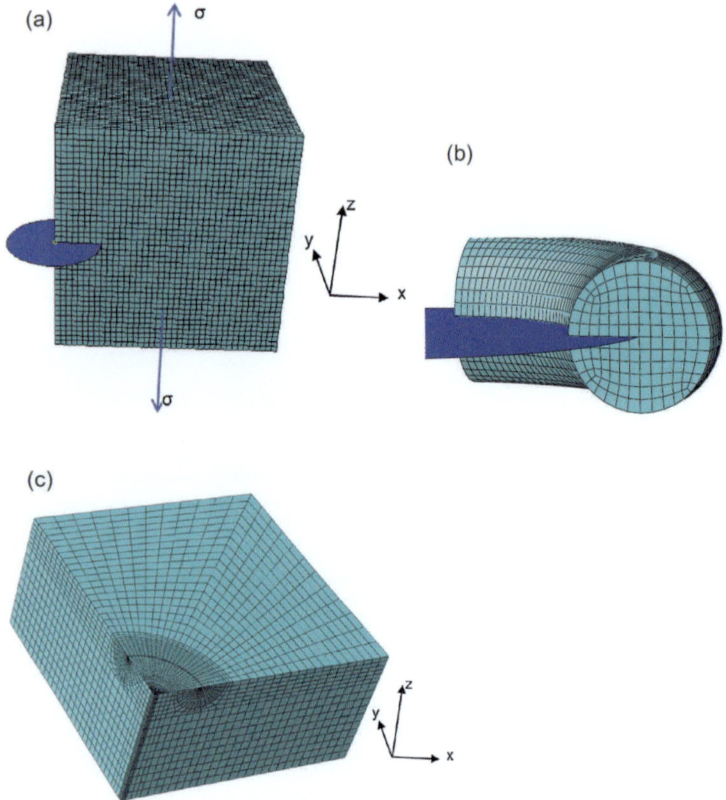

Bild 8.8 Viertelkreisförmiger Riss in einem quaderförmigen Zugstab: (a) einfache, grobe Vernetzung für XFEM, (b) angepasste, feinere Vernetzung entlang der Rissfront für XFEM, (c) übliche Vernetzung für eine Rissanalyse mit ABAQUS-Standard [6]

3D Vernetzung von Rissen darstellt, wie sie ohne Einsatz der XFEM üblich ist, d. h. ein fokussierter Schlauch aus Hexaeder- und singulären Pentaederelementen mit $L = b/200$ entlang der Rissfront.

Die beiden ersten Rissmodelle wurden mit der XFEM-Implementierung von ABAQUS durchgeführt, die dritte Variante mit der Standardversion. In allen drei Fällen wurde das J-Integral als äquivalentes Gebietsintegral (vgl. Abschnitt 7.4) für die Punkte entlang der Rissfront ausgewertet. Die genauesten Resultate bekommt man auf dem äußersten Integrationspfad. Sie sind in Bild 8.9 über den Winkel dargestellt und mit der analytisch bekannten Lösung J_a für den kreisförmigen Innenriss normiert [8]. Beim Betrachten der Kurven überraschen die starken Oszillationen des J-Integrals in den Berechnungen mit der XFEM. Das einfache grobe Netz liefert praktisch unbrauchbare Ergebnisse. Das verfeinerte, geometrisch angepasste Netz ergibt bis auf die Randbereiche eine gute Genauigkeit. Im Vergleich dazu erbringt die klassische FEM-Variante eine überzeugende Lösungsgüte, allerdings um den Preis einer spezifischen Vernetzung des Risses.

$$J_a = K_{\mathrm{I}}^2 / E', \qquad K_{\mathrm{I}} = \frac{2}{\pi} \sigma \sqrt{\pi\, a} \quad \text{(kreisförmiger Innenriss)} \tag{8.7}$$

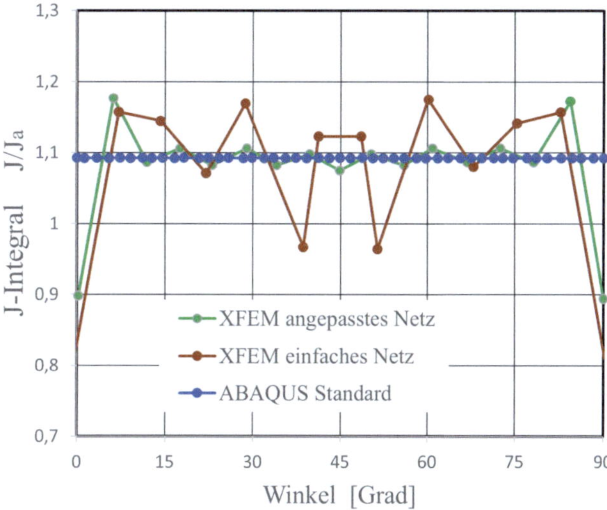

Bild 8.9 Verlauf des normierten J-Integrals entlang der Rissfront für die untersuchten Berechnungsvarianten (Daten aus [6])

Die Ursache für die Oszillationen bei der XFEM liegt darin begründet, dass mit dem einfach strukturierten Netz das J-Gebietsintegral zu ungenau berechnet wird, wohingegen die konzentrischen Elementringe der Standard-Vernetzung (Modell (c)) optimal zur Rissfront ausgerichtet sind. So vielversprechend die XFEM also ist, bedarf sie dennoch einer hinreichenden Vorkenntnis bei der Vernetzung hinsichtlich der zu analysierenden Risskonfiguration, wenn man genaue K-Lösungen anstrebt.

Zusammenfassung:
Die XFEM ermöglicht es dem Anwender, das vorhandene FEM-Modell aus der strukturmechanischen Bauteilanalyse direkt für die Berechnung eines nachfolgenden Rissproblems zu nutzen, ohne dass eine Neuvernetzung erforderlich ist. Darin besteht der bestechende Vorteil der XFEM. Für die Berechnung bruchmechanischer Kenngrößen der LEBM wie K-Faktoren und Energiefreisetzungsrate G ist die Auswertung über das J-Gebietsintegral notwendig. Dennoch ist eine gewisse Erfahrung geboten, da die Genauigkeit der Lösung sensibel von der Gestalt der FEM-Vernetzung des Bauteils abhängt. Will man das Ermüdungsrisswachstum im Bauteil und die Lebensdauer vorhersagen, so ist eine exakte Berechnung der K-Faktoren unverzichtbar, weshalb hier die XFEM nur bedingt geeignet erscheint. Eine erste, qualitative Abschätzung des Rissverlaufs ist aber mit der XFEM gegeben.

Die Anwendung der XFEM in der Zähbruch- und Kriechbruchmechanik ist m. E. nur eingeschränkt möglich, da geeignete Rissspitzenlösungen für die Anreicherung fehlen. Die Implementierung der XFEM ist aufwändig und erfordert Eingriffe in den FEM-Quellcode.

Literaturverzeichnis

[1] Fries, T.P., Belytschko, T.: The extended/generalized finite element method: An overview of the method and its applications. Int. J. Numer. Methods Eng. **84**(3), 253–304 (2010)

[2] Giner, E and Sukumar, N and Tarancón, JE and Fuenmayor, FJ: An Abaqus implementation of the extended finite element method. Engineering fracture mechanics **76**(3), 347–368 (2009)

[3] Huang, R., Sukumar, N., Prévost, J.H.: Modeling quasi-static crack growth with the extended finite element method part ii: Numerical applications. International Journal of Solids and Structures **40**(26), 7539–7552 (2003)

[4] Khoei, A.R.: Extended finite element method: theory and applications. John Wiley & Sons (2014)

[5] Moës, N., Dolbow, J., Belytschko, T.: A finite element method for crack growth without remeshing. International Journal of Numerical Methods in Engineering **46**, 131–150 (1999)

[6] Qian, G., González-Albuixech, V., Niffenegger, M., Giner, E.: Comparison of K_I calculation methods. Engineering Fracture Mechanics **156**, 52–67 (2016)

[7] Sukumar, N., Dolbow, J., Moës, N.: Extended finite element method in computational fracture mechanics: a retrospective examination. International Journal of Fracture **196**, 189–206 (2015)

[8] Tada, H., Paris, P., Irwin, G.: The stress analysis of cracks handbook (2nd ed.). Paris Production Inc., St.Louis (1985)

[9] Yazid, A., Abdelkader, N., Abdelmadjid, H.: A state-of-the-art review of the X-FEM for computational fracture mechanics. Applied Mathematical Modelling **33**(12), 4269–4282 (2009)

Kapitel 9
FEM-Techniken zur Rissanalyse in elastisch-plastischen Strukturen

Für die Beanspruchungsanalyse von Risskonfigurationen in elastisch-plastischen Materialien ist die FEM ein unverzichtbares Instrument geworden, da die physikalisch und evtl. geometrisch nichtlinearen ARWA in endlichen Strukturen mit analytischen Methoden nicht lösbar sind. Als Materialmodelle kommen überwiegend die in Abschnitt 3.4.2 vorgestellten inkrementellen Plastizitätsgesetze mit verschiedenen Verfestigungsarten in Betracht. Ziel der Berechnungen ist auch hier die Bestimmung der bruchmechanischen Beanspruchungsparameter für duktile Rissinitiierung und Rissausbreitung. Dafür haben wir im Kapitel 4.3 die Rissöffnungsverschiebung δ_t, den Rissöffnungswinkel γ_t, das J-Integral sowie die Mehrachsigkeitsparameter T und Q kennengelernt. In der EPBM beeinflussen eine Vielzahl von Modellparametern (Geometrie, Belastungshöhe, Materialverhalten) das Ergebnis auf unterschiedliche, komplexe Weise, so dass man mit Sorgfalt arbeiten muss. Auch die bruchmechanische Interpretation der numerischen Resultate erfordert ein ausreichendes Verständnis der Konzepte und Methoden.

Wenngleich die Computertechnik enorme Fortschritte gemacht hat, so sind nichtlineare FEM-Analysen von Strukturen mit Riss wegen des hohen Vernetzungsaufwandes und des inkrementellen Lösungsalgorithmus sehr rechen- und speicherintensiv. Deshalb gilt auch hier der Grundsatz »So einfach wie möglich, so kompliziert wie nötig!«, d. h. man beginne mit 2D-Modellen, geometrisch linear und einfachen Verfestigungsgesetzen, um zuerst die wesentlichen Effekte zu verstehen, bevor die notwendigen Modellerweiterungen vorgenommen werden.

9.1 Elastisch-plastische Rissspitzenelemente

An stationären (ruhenden) Rissspitzen in elastisch-plastischen Materialien kennt man bei monotoner Belastung das asymptotische Nahfeld, siehe Abschnitt 4.3.6:

- ideal-plastisch (4.223): $$\varepsilon_{ij} \sim 1/r, \quad \sigma_{ij} \sim \text{const.}, \tag{9.1}$$
- Potenzgesetz-Verfestigung (4.238): $$\varepsilon_{ij} \sim r^{-\frac{n}{n+1}}, \quad \sigma_{ij} \sim r^{-\frac{1}{n+1}} \tag{9.2}$$

M. Kuna, *Finite Elemente in der Bruchmechanik*,
https://doi.org/10.1007/978-3-658-46192-8_9

Auch für diese Asymptotik hat man versucht, elastisch-plastische Rissspitzenelemente zu entwickeln. Erfolgreich bewährt hat sich wiederum eine Modifikation isoparametrischer Elemente. In Abschnitt 6.2.2 wurde bereits das kollabierte isoparametrische Viereckelement mit quadratischen Ansatzfunktionen vorgestellt, vgl. Bild 6.7. Durch das Zusammenlegen der Koordinaten der Knoten 1, 4 und 8 sowie die Viertelpunktverschiebung der Knoten 5 und 7 stellen sich die Verzerrungssingularitäten (6.28)–(6.30) bzgl. des Abstands r zur Rissspitze ein:

$$\varepsilon_{ij}(r,\theta) = \frac{A_{0ij}(\theta)}{r} + \frac{A_{1ij}(\theta)}{\sqrt{r}} + A_{2ij}(\theta). \tag{9.3}$$

Für die Anwendung in der LEBM ist das $1/r$-Verhalten unerwünscht und wurde dadurch eliminiert, dass man mit (6.31) die Verschiebungen dieser drei Knoten aneinander fesselt. Für die EPBM macht man sich diese Eigenschaft jedoch zunutze, d. h. die drei Knoten dürfen sich nun unabhängig voneinander verschieben, womit zusätzlich die ideal-plastische $1/r$-Singularität (9.1) aktiviert wird. Bild 9.1 zeigt die Vorgehensweise. Durch die Kombination von Viertelpunktverschiebung und freien Rissspitzenknoten kann somit anfänglich elastisches und später ideal-plastisches Verhalten nachgebildet werden.

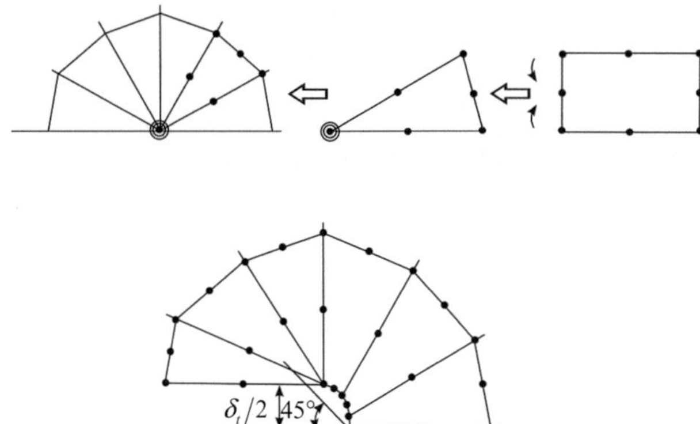

Bild 9.1 Kollabierte 8-Knoten-Viereckelemente an der Rissspitze bei elastisch-plastischem Materialverhalten

Um die Eigenschaften der kollabierten Elemente mit *unveränderten Seitenmittenknoten* zu analysieren, greifen wir auf die Ausführungen in Abschnitt 6.2.2 zurück. Wertet man die Gleichungen (6.17)–(6.18) für den Wert $\varkappa = 1/2$ aus, so erhält man anstelle von (6.19):

$$\begin{aligned} x_1 &= \frac{L}{2}(1+\xi_1), \quad x_2 = \frac{H}{2}\xi_2(1+\xi_1) \\ r &= \frac{1}{2}\sqrt{L^2 + H^2\xi_2^2}\,(1+\xi_1) \quad \Rightarrow (1+\xi_1) = \frac{r}{\frac{1}{2}\sqrt{L^2+H^2\xi_2^2}} \end{aligned} \tag{9.4}$$

Die Abbildung von $(1+\xi_1)$ auf r ist jetzt linear. Für die JACOBI-Matrix (6.20) (6.21) und ihre Inverse (6.22) folgt daraus:

$$J_{11} = L, \quad J_{21} = 0, \quad J_{12} = H\xi_2, \quad J_{22} = \frac{H}{2}(1+\xi_1) \sim r,$$
$$J^{-1} = \frac{1}{J}\begin{bmatrix} J_{22} & -J_{12} \\ 0 & J_{11} \end{bmatrix} \sim \begin{bmatrix} 1 & \frac{\xi_2}{r} \\ 0 & \frac{1}{r} \end{bmatrix} \quad \text{mit } J = J_{11}J_{22} = \frac{1}{2}HLr \tag{9.5}$$

In (9.4) und (9.5) sind im Vergleich zu $\varkappa = 1/4$ die $\sqrt{r}$-Terme verschwunden. Die Ableitungen der Formfunktionen (6.24)–(6.27) bleiben unverändert, so dass sich für die Verzerrungen nach (6.28)–(6.30) nun die Funktionen

$$\begin{aligned} \varepsilon_{11} &= a_0 + a_1(1+\xi_1) + \frac{b_0 + b_1(1+\xi_1) + b_2(1+\xi_1)^2}{r} \\ &= \frac{b_0}{r} + e_1' + e_2' r \quad \text{und ebenso} \\ \varepsilon_{22} &= \frac{d_0}{r} + d_1 + d_2 r \\ \varepsilon_{12} &= \frac{b_0 + d_0}{r} + f_1' + f_2' r \end{aligned} \tag{9.6}$$

mit modifizierten Konstanten e_i' und f_i' ergeben. Die kollabierten Viereckelemente mit Seitenmittenknoten besitzen somit keine $1/\sqrt{r}$-Singularität, dafür aber einen linearen Term $\sim r$. Sie werden im Allgemeinen für elastisch-plastische Rissprobleme empfohlen und gegenüber der Viertelpunktvariante (9.3) bevorzugt.

Kollabiert man eine Elementkante des isoparametrischen 8-Knoten-Viereckelementes zu einem Punkt, erlaubt aber freie Knotenverschiebungen, so entsteht ein 2D-Rissspitzenelement, das auf allen Radiusstrahlen eine $1/r$-Singularität in den Verzerrungen besitzt.

Mit diesen Elementen wird ein Fächer um die Rissspitze gelegt. Bei Belastung können sich alle Rissspitzenknoten individuell bewegen, so dass die Abstumpfung wie durch eine Perlenkette nachgebildet wird, siehe Bild 9.1. Die ideal-plastischen Rissspitzenelemente sind untereinander und an den Außenkanten mit Standardelementen kompatibel. Zur Verallgemeinerung auf den 3D-Fall überträgt man diese Technik auf kollabierte 20-Knoten-Hexaederelemente, die in einem »Schlauch« um die Rissfront angeordnet werden.

Spezielle Rissspitzenelemente zur Modellierung der HRR-Singularität (9.2) haben sich nicht durchgesetzt. Für Verfestigungsexponenten $n > 10$ nähert sich das asymptotische Verhalten ohnehin Gleichung (9.1). Außerdem erreichen reale Fließkurven meist eine Sättigung $\sigma_{\mathrm{F}} \to \text{const}$. Deshalb werden in der Mehrzahl der elastisch-plastischen Rissanalysen diese kollabierten Elemente mit Erfolg eingesetzt.

Bei elastisch-plastischen Rissproblemen ist die Nachbildung der Nahfeldlösung schwieriger als in der LEBM, da sie 1.) tief im Inneren der plastischen Zone auftritt, 2.) sich ihr Existenzbereich mit wachsender Plastifizierung vergrößert und 3.) sich ihr Charakter mit der Lastgeschichte u. U. verändern kann. Für das globale Verhalten der Strukturen mit Riss spielt in der EPBM hingegen die richtige Modellierung des asymptotischen Nahfeldes eine geringere Rolle, da Bruchkenngrößen wie das J-Integral auch in größerem Abstand von der Rissspitze genau genug berechnet werden können. Rissspitzenelemente sind aber dann unverzichtbar, wenn man die Details der plastischen Verformung und des Spannungszustandes unmittelbar am Riss untersuchen will.

9.2 Auswertung der Rissöffnungsverschiebungen

Die bleibenden plastischen Verformungen der Rissufer werden von verschiedenen Konzepten der EPBM als Beanspruchungsparameter verwendet. Für *stationäre Risse* ist nach dem *CTOD-Konzept* die Öffnungsverschiebung der abgestumpften Rissspitze δ_{t} eine Kenngröße, siehe Abschnitt 4.3.4. Um die *Rissöffnungsverschiebung* δ_{t} mit der FEM genau bestimmen zu können, ist eine konzentrische fächerförmige Vernetzung um die Rissspitze erforderlich, wobei der innerste Ring aus den oben beschriebenen kollabierten Elementen bestehen sollte, siehe Bild 9.1. Die Simulation muss als geometrisch nichtlinear durchgeführt werden, damit die großen Deformationen an der Rissspitze richtig wiedergegeben werden. Man erhält dann eine schön auseinander gezogene Knotenkette am abstumpfenden Riss, wie es Bild 9.2 exemplarisch zeigt. Zur Ermittlung von δ_{t} verwendet man am besten die $\pm 45°$ Sekantenmethode nach Bild 4.35 a. Dazu muss der Schnittpunkt mit den Elementkanten auf den Rissufern gefunden werden. Eine einfachere Möglichkeit besteht darin, die u_2-Verschiebung eines repräsentativen FEM-Knotens auf dem Rissufer nahe hinter der Abstumpfung zu wählen, z. B. die Knoten des letzten Rissspitzenelementes ($\theta = 180°$) in Bild 9.1. Diese Variante hängt jedoch stark von der benutzten FEM-Diskretisierung der Rissspitze ab. In Anlehnung an experimentelle Methoden zur CTOD-Ermittlung wird mitunter auch eine lineare Extrapolation der Öffnungsverschiebungen $u_2(x_1)$ aus von der Rissspitze weiter entfernten Bereichen, wo die Rissflanken fast geradlinig verlaufen, angewendet. Bei dieser Definition darf ein relativ grobes Netz mit geometrisch linearer Option benutzt werden, da die auszuwertenden Fernfeldverschiebungen davon weitgehend unabhängig sind. Zum Vergleich mit Versuchsergebnissen ist häufig auch die Öffnungsverschiebung der Risskerbe an der Probenvorderkante – die *Kerbaufweitung* V (engl. *crack opening displacement COD*) – gefragt.

Bei *wachsenden Rissen* bildet sich gemäß Abschnitt 4.3.8 ein lineares Öffnungsprofil an der Rissspitze heraus, das recht gut durch einen *Rissöffnungswinkel* $\gamma_{\mathrm{t}} \mathrel{\widehat{=}}$ CTOA charakterisiert wird, siehe Bild 4.35. Das CTOA-Konzept wird erfolgreich als Kriterium für duktiles Risswachstum in dünnwandigen Strukturen unter ESZ (Bleche, Flugzeughaut) verwendet [12].

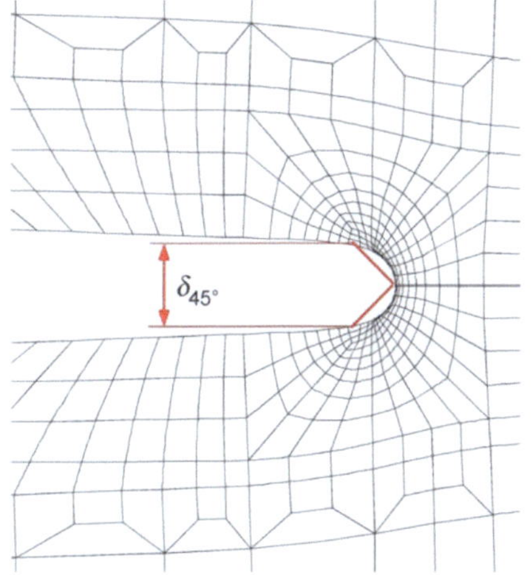

Bild 9.2 Ermittlung der Rissspitzenöffnung CTOD aus der FEM-Analyse am ruhenden Riss [4]

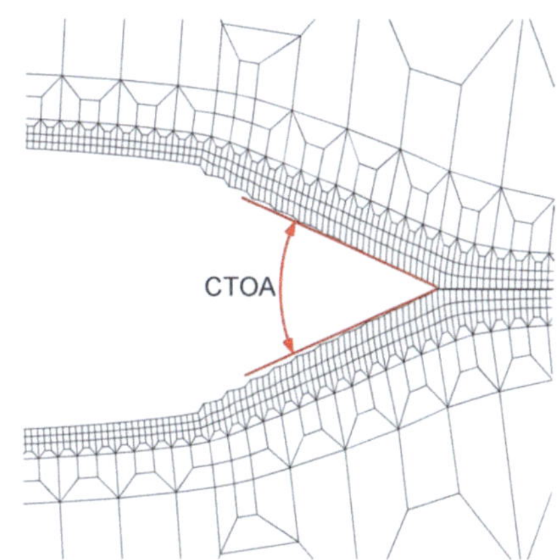

Bild 9.3 Ermittlung des Rissspitzenöffnungswinkels CTOA aus der FEM-Analyse am bewegten Riss [4]

Zur Simulation der Rissausbreitung ist ein regelmäßiges FEM-Netz aus gleich großen Elementen entlang des Risspfades erforderlich, wofür Bild 9.3 ein Beispiel gibt. Geeignete FEM-Techniken zur Simulation der Rissausbreitung werden in Kapitel 10 behandelt. Aus den numerischen Ergebnissen der verformten Rissufer kann ein Rissspitzenöffnungswinkel z. B. so ermittelt werden, wie es Bild 9.3 zeigt [14]. Leider existiert auch für den CTOA keine verbindliche Definition. Die Auswertung hängt empfindlich von der gewählten Vernetzung und Interpolationstechnik ab.

Für räumliche Risskonfigurationen sind die vorgestellten Techniken sinngemäß auf jede Position der Rissfront und die dazu senkrechte Ebene zu übertragen. Bewährt hat sich auch die pragmatische technische Definition δ_5 der Verformung in Rissspitzennähe nach Schwalbe [15].

9.3 Berechnung des J-Integrals und seine Bedeutung

9.3.1 Elastisch-plastische Erweiterungen von J

Da die Gültigkeit des klassischen J-Integrals auf die (nicht)lineare Elastizitätstheorie bzw. die plastische Deformationstheorie beschränkt ist, siehe Abschnitt 4.3.6, wurden verschiedene Erweiterungen für die inkrementelle Plastizitätstheorie und große Deformationen vorgeschlagen. Zur Erläuterung knüpfen wir direkt an Kapitel 7 an.

a) Elastisch-plastisches Linienintegral

Für ebene Rissprobleme liegt es nahe, das RICEsche Linienintegral (4.100) einfach mit den Ergebnissen der elastisch-plastischen FEM-Analyse auszuwerten.

$$J(\Gamma) = \int\limits_{\Gamma} \left[\check{U}^{\mathrm{ep}} \delta_{1j} - \sigma_{ij} u_{i,1} \right] n_j \, \mathrm{d}s = \int\limits_{\Gamma} \check{Q}_{1j} n_j \, \mathrm{d}s \tag{9.7}$$

Im Unterschied zur Elastizitätstheorie ist anstelle der elastischen spezifischen Formänderungsenergie $U(\varepsilon_{ij})$ jetzt die gesamte elastisch-plastische Formänderungsarbeit (engl. *stress work density*) $\check{U}^{\mathrm{ep}}$ pro Volumen einzusetzen:

$$\check{U}^{\mathrm{ep}}(\varepsilon_{ij}, x_k) = \int\limits_{0}^{\varepsilon_{ij}} \sigma_{kl}(\bar{\varepsilon}_{mn}) \, \mathrm{d}\bar{\varepsilon}_{kl} = U^{\mathrm{e}}(\varepsilon_{ij}^{\mathrm{e}}) + \check{U}^{\mathrm{p}}(x_k) \tag{9.8}$$

Sie wird mit den elastischen und den irreversiblen plastischen Verzerrungen $\mathrm{d}\varepsilon_{kl} = \mathrm{d}\varepsilon_{kl}^{\mathrm{e}} + \mathrm{d}\varepsilon_{kl}^{\mathrm{p}}$ gebildet, d. h. der Potenzialcharakter geht verloren, weshalb die Größe durch ein Häkchen ˇ markiert wird. Das wird verständlich, wenn man einen Be- und Entlastungsvorgang von $\pm\Delta\varepsilon$ am Materialpunkt betrachtet, wie ihn Bild 9.4 a–b zeigt. Weder die Spannungen noch die Formänderungsarbeit $\check{U}^{\mathrm{ep}}$ sind eine ein-

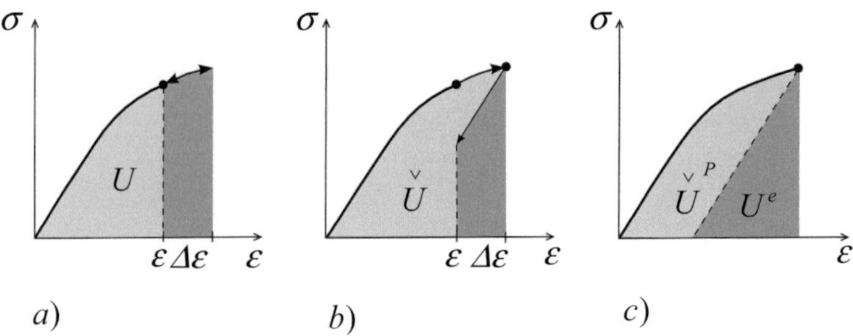

Bild 9.4 Unterschied zwischen totaler und inkrementeller Plastizitätstheorie bei Be- und Entlastung

eindeutige Funktion der Verzerrungen! Insbesondere hängt der plastische Anteil $\check{U}^{\mathrm{p}}(x_k)$ von der gesamten Belastungsgeschichte im Materialpunkt ab und muss deshalb als eine explizite Funktion der Koordinate x_k verstanden werden.

Viele numerische Ergebnisse haben erwiesen, dass J nach (9.7) bei *monoton steigender Belastung* für *ruhende Risse* und *infinitesimale Deformationen* in sehr guter Näherung unabhängig vom Integrationspfad Γ ist. (Der strenge Beweis gilt nur bei proportionaler Beanspruchung.) Man kann somit den Pfad Γ auch um die Rissspitze $\Gamma_\varepsilon \to 0$ zusammenziehen, wo (bei ausreichender Netzfeinheit) die HRR-Lösung vorherrscht. Damit bleibt die Bedeutung von J als Kenngröße des HRR-Feldes erhalten. Im Falle von Entlastung oder Risswachstum verliert J diese Eigenschaften und ist wertlos.

b) Wegunabhängige Formulierung $\widetilde{J}$

Um die Wegabhängigkeit grundsätzlich zu beseitigen, muss das Linienintegral entlang Γ um ein Integral über die eingeschlossene Fläche A ergänzt werden. Wir wenden den gleichen Formalismus wie in Abschnitt 7.2 auf die Integranden von (9.7) an, vgl. Bild 7.2:

$$J(\Gamma_\varepsilon) \mathrel{\widehat{=}} \int\limits_{\Gamma_\varepsilon} \check{Q}_{1j} n_j \,\mathrm{d}s = \int\limits_{\Gamma} \check{Q}_{1j} n_j \,\mathrm{d}s - \int\limits_{A} \check{Q}_{1j,j} \,\mathrm{d}A \mathrel{\widehat{=}} \widetilde{J} \tag{9.9}$$

Zerlegt man die Verzerrungen und die Formänderungsarbeit in ihre elastischen und plastischen Anteile, so führt die Divergenz auf:

$$\begin{aligned}\check{Q}_{1j,j} &= \frac{\partial \check{U}^{\mathrm{ep}}}{\partial x_1} - \cancel{\sigma_{ij,j}} u_{i,1} - \sigma_{ij} u_{i,j1} = \frac{\partial U^{\mathrm{e}}}{\partial x_1} + \frac{\partial \check{U}^{\mathrm{p}}}{\partial x_1} - \sigma_{ij}\varepsilon_{ij,1} \\ &= \frac{\partial U^{\mathrm{e}}}{\partial \varepsilon^{\mathrm{e}}_{ij}} \varepsilon^{\mathrm{e}}_{ij,1} + \check{U}^{\mathrm{p}}_{,1} - \sigma_{ij}(\varepsilon^{\mathrm{e}}_{ij,1} + \varepsilon^{\mathrm{p}}_{ij,1}) = \check{U}^{\mathrm{p}}_{,1} - \sigma_{ij}\varepsilon^{\mathrm{p}}_{ij,1}\end{aligned} \tag{9.10}$$

Hierbei wurde die Beziehung $\partial U^{\mathrm{e}}/\partial \varepsilon^{\mathrm{e}}_{ij} = \sigma_{ij}$ benutzt und homogene Gleichgewichtsbedingungen $\sigma_{ij,j} = 0$ vorausgesetzt. Einsetzen in (9.9) ergibt die äquivalente Berechnungsvorschrift für den interessierenden Nahfeldwert $J(\Gamma_\varepsilon)$:

$$\widetilde{J} := J(\Gamma_\varepsilon) = \int\limits_{\Gamma} \left[\check{U}^{\mathrm{ep}}\delta_{1j} - \sigma_{ij} u_{i,1}\right] n_j \,\mathrm{d}s - \int\limits_{A} \left[\check{U}^{\mathrm{p}}_{,1} - \sigma_{ij}\varepsilon^{\mathrm{p}}_{ij,1}\right] \mathrm{d}A \tag{9.11}$$

Das Flächenintegral quantifiziert somit gerade die Differenz zwischen den beiden Linienintegralen, die um die Rissspitze Γ_ε im Nahfeld und entlang eines beliebigen äußeren Pfades Γ durch das Fernfeld berechnet werden. Dieser Korrekturterm bewirkt die Wegunabhängigkeit des erweiterten $\widetilde{J}$-Integrals für beliebige Lastpfade im Rahmen der plastischen Fließtheorie.

Die formal mathematische Umwandlung von $J(\Gamma_\varepsilon)$ in ein Linien-Flächen-Integral $\widetilde{J}$ ändert nichts an seiner physikalischen Eigenschaft! Was ist jedoch die bruchmechanische Bedeutung von $\widetilde{J}$? Die Interpretation als potenzielle Energiefreisetzungsrate muss aufgrund des Dissipationsanteils in $\check{U}^{\mathrm{ep}}$ aufgegeben werden. Man kann $\widetilde{J}$ aber als eine elastisch-plastische Arbeitsrate bei virtueller Rissausbreitung bzw. als einen Energiefluss auffassen, der über die Kontur Γ_ε der Rissspitze von außen zugeführt wird. Im Sinne von ESHELBY ist $J(\Gamma_\varepsilon)$ die Konfigurationskraft bei Verrückung der Rissspitze, während im Linienintegral über Γ noch die Verrückung der eingeschlossenen plastischen Zone ($\widehat{=}$ Defekte) enthalten ist. Ob das Integral $\widetilde{J}$ für $\Gamma_\varepsilon \to 0$ gegen einen endlichen Wert konvergiert, hängt von der Asymptotik der Rissspitzenlösung ab. Wie bereits in Abschnitt 4.3.6 bewiesen, ist dafür eine $1/r$-Singularität in der Formänderungsarbeit $\check{U}^{\mathrm{ep}}$ notwendig. Diese Bedingung ist auch im Rahmen der inkrementellen Plastizitätstheorie bei ruhenden Rissen unter Annahme infinitesimaler Deformationen erfüllt. Bei Berücksichtigung finiter Deformationen nehmen die Spannungsfelder an der abgestumpften Rissspitze – die sich nun de facto wie eine Kerbe verhält – endliche Werte an, d. h. im Nahbereich von etwa $r < 4\,\delta_{\mathrm{t}}$ fällt $\widetilde{J}$ auf null ab und wird wegabhängig, siehe Beispiel in Abschnitt 9.4.1.

Die elastisch-plastische Formulierung (9.11) kann ohne weiteres auf den *J-Integral-Vektor* J_k verallgemeinert werden, wenn man von x_1 zu x_k übergeht:

$$\begin{aligned}\widetilde{J}_k &= \int\limits_{\Gamma_\varepsilon} \left[\breve{U}^{\mathrm{ep}} \delta_{kj} - \sigma_{ij} u_{i,k}\right] n_j \,\mathrm{d}s \\ &= \int\limits_{\Gamma} \left[\breve{U}^{\mathrm{ep}} \delta_{kj} - \sigma_{ij} u_{i,k}\right] n_j \,\mathrm{d}s - \int\limits_{A} \left[\breve{U}^{\mathrm{p}}_{,k} - \sigma_{ij} \varepsilon^{\mathrm{p}}_{ij,k}\right] \mathrm{d}A\end{aligned} \tag{9.12}$$

Ebenso ist nach Abschnitt 7.4.1 die Umwandlung in ein äquivalentes Gebietsintegral (7.42) möglich. Im 2D Fall führt das mit der Wichtungsfunktion $q(\boldsymbol{x})$ auf:

$$\widetilde{J}_k = -\int\limits_{A} \left[\breve{U}^{\mathrm{ep}} \delta_{kj} - \sigma_{ij} u_{i,k}\right] q_{,j} \,\mathrm{d}A - \int\limits_{A} \left[\breve{U}^{\mathrm{p}}_{,k} - \sigma_{ij} \varepsilon^{\mathrm{p}}_{ij,k}\right] q \,\mathrm{d}A. \tag{9.13}$$

Für dreidimensionale Risskonfigurationen folgt in Analogie zu (7.47) bei einer virtuellen Rissausbreitung $q_k \mathrel{\widehat{=}} \Delta l_k$ der Ausdruck:

$$\widetilde{J}(\bar{s}) = -\frac{1}{\Delta A} \left\{ \int\limits_{V} \left[\breve{U}^{\mathrm{ep}} \delta_{kj} - \sigma_{ij} u_{i,k}\right] q_{k,j} \,\mathrm{d}V + \int\limits_{V} \left[\breve{U}^{\mathrm{p}}_{,k} - \sigma_{ij} \varepsilon^{\mathrm{p}}_{ij,k}\right] q_k \,\mathrm{d}V \right\} \tag{9.14}$$

Sollten Volumen-, Rissufer- oder thermische Belastungen auftreten, so sind die Beziehungen (9.13) und (9.14) durch die entsprechenden Zusatzterme aus (7.42) bzw. (7.47) zu ergänzen. Diese Erweiterungen von J gehen auf Moran & Shih [11] sowie Carpenter, Read & Dodds [8] zurück. In der numerischen Realisierung bevorzugt man die Gleichungen (9.13) und (9.14), siehe Abschnitt 7.4.

c) Das inkrementelle ΔT^*-Integral

Von Atluri, Nishioka u. a. [3, 2] wurde ein wegunabhängiges Integral T^* entwickelt, das für statische und dynamische Rissprobleme bei jedem inelastischen

Materialgesetz Gültigkeit haben soll. Das vektorielle Integral stellt sich als Summe der Inkremente ΔT_k^* über die Belastungsgeschichte dar:

$$T_k^* = \sum \Delta T_k^*, \qquad \Delta T_k^* = \int\limits_{\Gamma_\varepsilon} \Delta \check{Q}_{kj} n_j \, \mathrm{d}s \tag{9.15}$$

Das Inkrement des Energie–Impuls–Tensors $\Delta \check{Q}_{kj} = \check{Q}_{kj}(t + \Delta t) - \check{Q}_{kj}(t)$ nimmt die konkrete Form an:

$$\begin{aligned} \Delta \check{Q}_{kj} n_j &= \left[\Delta \check{U}^{\mathrm{ep}} \delta_{jk} - (\sigma_{ij} + \Delta\sigma_{ij})\Delta u_{i,k} - \Delta\sigma_{ij} u_{i,k}\right] n_j \\ &= \Delta \check{U}^{\mathrm{ep}} n_k - (t_i + \Delta t_i)\Delta u_{i,k} - \Delta t_i u_{i,k} \\ \Delta \check{U}^{\mathrm{ep}} &= (\sigma_{ij} + \frac{1}{2}\sigma_{ij})\Delta\varepsilon_{ij} \end{aligned} \tag{9.16}$$

Es folgt derselbe Gedankengang wie in Gleichung (9.9) zur Korrektur der Wegabhängigkeit über das Gebietsintegral A, allerdings auf das Inkrement $\Delta \check{Q}_{kj}$ (9.16) angewandt:

$$\begin{aligned} \oint\limits_{\Gamma - \Gamma_\varepsilon} \Delta \check{Q}_{kj} n_j \, \mathrm{d}s &= \int\limits_A \Delta \check{Q}_{kj,j} \, \mathrm{d}A \\ &= \int\limits_A \left\{ \Delta \check{U}^{\mathrm{ep}}_{,k} - \left[(\sigma_{ij} + \Delta\sigma_{ij})\Delta u_{i,k}\right]_{,j} - \left[\Delta\sigma_{ij} u_{i,k}\right]_{,j} \right\} \mathrm{d}A \\ &= \int\limits_A \left[(\sigma_{ij,k} + \frac{1}{2}\Delta\sigma_{ij,k})\Delta\varepsilon_{ij} - (\varepsilon_{ij,k} + \frac{1}{2}\Delta\varepsilon_{ij,k})\Delta\sigma_{ij} \right] \mathrm{d}A \,, \end{aligned} \tag{9.17}$$

wobei im letzten Schritt $\Delta \check{U}^{\mathrm{ep}}$ aus (9.16) und $(\sigma_{ij} + \Delta\sigma_{ij})_{,j} = 0$ verwendet wurden. Nach Einsetzen des HOOKEschen Gesetzes $\sigma_{ij} = C_{ijkl}\varepsilon^{\mathrm{e}}_{kl}$ bleiben nur die plastischen Verzerrungen $\varepsilon^{\mathrm{p}}_{ij} = \varepsilon_{ij} - \varepsilon^{\mathrm{e}}_{ij}$ übrig.

Somit entsteht ein wegunabhängiges inkrementelles Linien-Flächen-Integral:

$$\Delta T_k^* = \int\limits_\Gamma \Delta \check{Q}_{kj} n_j \, \mathrm{d}s - \int\limits_A \left[(\sigma_{ij,k} + \frac{1}{2}\Delta\sigma_{ij,k})\Delta\varepsilon^{\mathrm{p}}_{ij} - (\varepsilon^{\mathrm{p}}_{ij,k} + \frac{1}{2}\Delta\varepsilon^{\mathrm{p}}_{ij,k})\Delta\sigma_{ij} \right] \mathrm{d}A \tag{9.18}$$

Das ΔT_k^*-Integral ist de facto nichts anderes als die inkrementelle Form des $\widetilde{J}$-Integrals (9.11), was man leicht durch Integration über die Belastungsgeschichte beweisen kann. Umgekehrt wird man bei der numerischen Realisierung von $\widetilde{J}$ (9.12) pro Lastschritt gerade die Operationen (9.18) ausführen und aufaddieren. Damit unterscheidet sich ΔT_k^* auch in Bezug auf die energetische Interpretation nicht von $\widetilde{J}$. Entsprechende dreidimensionale Verallgemeinerungen mit Volumen- und Trägheitskräften findet man in [3].

d) Energieflussintegral $\widehat{J}$ nach KISHIMOTO

KISHIMOTO, AOKI & SAKATA [9, 1] haben so genannte $\widehat{J}$-Integrale vorgeschlagen, die auf dem Modell einer fiktiven Bruchprozesszone A_B basieren, wie sie bereits in Abschnitt 4.3.8, Bild 4.48, diskutiert wurde. Die Energiezufuhr in die Prozesszone A_B wird durch das Flussintegral $\mathcal{F}$ nach (4.280) über den Rand $\varGamma_B \mathrel{\widehat{=}} \varGamma_\varepsilon$ der Prozesszone bzw. durch das äquivalente Linien-Flächenintegral (4.282) auf einer äußeren Kontur $\varGamma$ berechnet. Von den Autoren [9] wurde für die Formänderungsenergie bewusst nur der elastische Anteil U^e angesetzt, um die potenziell verfügbare Energiefreisetzungsrate zu quantifizieren. Das $\mathcal{F}$-Integral (4.282) führt mit $U^\mathrm{e}_{,1} = \sigma_{ij}\varepsilon^\mathrm{e}_{ij,1}$ und Abspaltung der plastischen Verzerrung $\varepsilon^\mathrm{p}_{ij}$ direkt auf das elastisch-plastische $\widehat{J}$-Integral

$$\widehat{J} = \int\limits_{\varGamma} [U^\mathrm{e} n_1 - \sigma_{ij} u_{i,1} n_j] \,\mathrm{d}s + \int\limits_{A} \sigma_{ij}\varepsilon^\mathrm{p}_{ij,1} \,\mathrm{d}A. \tag{9.19}$$

Im Unterschied zu $\widetilde{J}$ (9.11) fehlt $\breve{U}^\mathrm{p}$ sowohl im Linien- als auch im Flächenintegral. Die 3D-Erweiterung ist gerade das in Abschnitt 7.3.1 angegebene Scheibenintegral (Bild 7.4), wobei jetzt anstelle der thermischen Verzerrungen ε^*_{mn} die plastischen Verzerrungen $\varepsilon^\mathrm{p}_{mn}$ einzusetzen bzw. zusätzlich aufzunehmen wären. Mit den Volumenkräften $\bar{b}_i$ erhält man aus (7.29) an der Position s der Rissfront:

$$\widehat{J}(s) = \int\limits_{\varGamma} [U^\mathrm{e}\delta_{1j} - \sigma_{ij}u_{i,1}]\, n_j \,\mathrm{d}s + \int\limits_{A} \left[\sigma_{mn}\varepsilon^\mathrm{p}_{mn,1} - \bar{b}_i u_{i,1} - (\sigma_{i3}u_{i,1})_{,3}\right] \mathrm{d}A \tag{9.20}$$

Für die numerische Implementierung ist der Term $(\sigma_{i3}u_{i,1})_{,3}$ aus den genannten Gründen aufwändig und von Nachteil gegenüber $\widetilde{J}$ und T^*.

Bei allen elastisch-plastischen Verallgemeinerungen $\widetilde{J}$, ΔT^* und $\widehat{J}$ treten in den Flächen- oder Volumenintegralen Terme auf, wo die Formänderungsarbeiten $\breve{U}^\mathrm{ep}$, $\breve{U}^\mathrm{p}$, die plastischen Verzerrungen $\varepsilon^\mathrm{p}_{ij}$ oder die Spannungen σ_{ij} nach der Koordinate x_k abgeleitet werden müssen. Da diese Größen in der FEM selbst nur aus Ableitungen der primären Verschiebungsvariablen hervorgehen und im Allgemeinen nur an den Integrationspunkten zur Verfügung stehen, sind ihre Ableitungen mit größerer Ungenauigkeit behaftet. Geeignete Interpolations- und Differentiationstechniken wurden in Abschnitt 5.4.4 beschrieben. Erschwerend kommt hinzu, dass die genannten Felder in der plastischen Zone am Riss bereits hohe Gradienten aufweisen, die nochmals zu differenzieren sind! Man muss deshalb für diese Integralterme äußerste numerische Sorgfalt walten lassen. Eine Verlegung der Integrationspfade

Γ in weite Entfernung vom Riss hilft nicht, da die Gebietsintegrale dennoch den gesamten eingeschlossenen Bereich – also auch die ungenaue Rissumgebung – erfassen.

Erwähnt werden sollte noch, dass die vorgestellten Erweiterungen von J bisher in keinem kommerziellen FEM-Programm implementiert sind.

9.3.2 Anwendung auf ruhende Risse

Die elastisch-plastischen Varianten von J sollen am einfachen 2D Beispiel einer Zugscheibe mit Innenriss untersucht werden. Insbesondere wird auf die bruchmechanische Interpretation eingegangen. Bild 9.5 zeigt das FEM-Netz und die Randbedingungen für ein Viertel der Probe aus Bild 6.1 mit der Risslänge $a = 0{,}4\,d$. Für das Materialverhalten wurde inkrementelle Plastizität mit isotroper Verfestigung angenommen. Das FEM-Netz besteht aus 8-Knoten-Viereckelementen mit je 3×3 Integrationspunkten. Die Rissspitze ist von den in Abschnitt 9.1 beschriebenen kollabierten Sonderelementen mit $1/r$-Singularität umgeben. Die äußere Zugspannung σ wird als Folge von vier Be- und Entlastungsstufen angelegt, die in Bild 9.5 dargestellt sind. Im Bild sind gleichfalls die plastischen Zonen in der Rissumgebung bei den Lastniveaus 1–4 enthalten. Man erkennt deutlich, dass die Rissabstumpfung CTOD auf plastischen Verformungen beruht, da sie sich bei den Entlastungsschritten $1 \rightarrow 2$ und $3 \rightarrow 4$ kaum ändert.

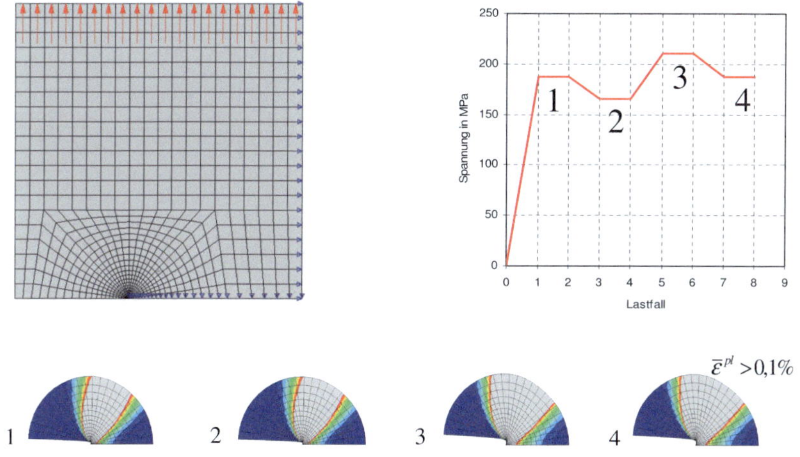

Bild 9.5 a) FEM-Modell der Scheibe mit Innenriss und b) Stufenfolge der Zugbelastung

Anhand der FEM-Resultate wurde das RICEsche Linienintegral J (9.7) und seine wegunabhängige Erweiterung $\widetilde{J}$ bzw. T^* nach (9.11) berechnet, wobei für beide Integrale das äquivalente Gebietsintegral in der Form (9.13) genutzt wurde. Als Integrationsgebiete A wurden 15 Halbkreise um die Rissspitze gewählt, deren Außenradien den Integrationspfaden Γ entsprechen. Bild 9.6 a beweist recht eindeutig,

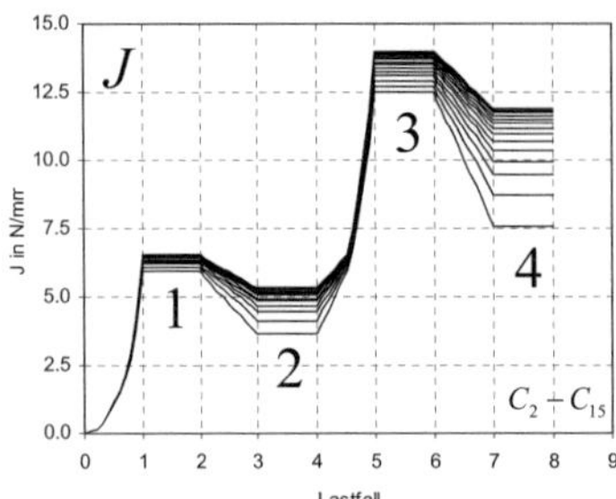

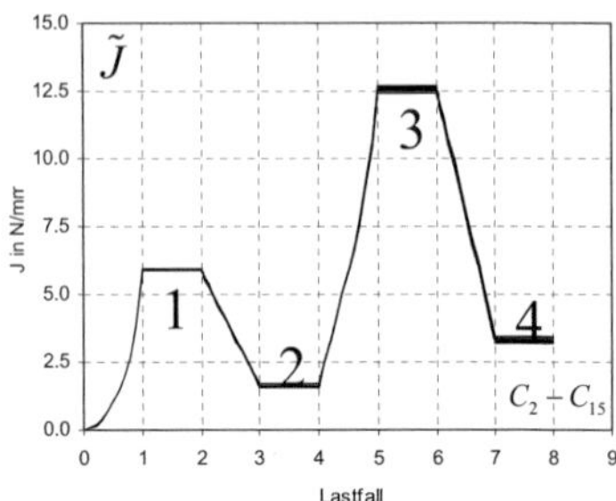

Bild 9.6 a) J-Integral und b) $\widetilde{J}$-Integral über der Belastung für die Integrationspfade C2-C15

dass J nur in der 1. Laststufe, die monoton ansteigt, wegunabhängig ist. Im weiteren Verlauf stellen sich besonders bei Entlastung drastische Unterschiede zwischen den J-Werten der verschiedenen Pfade ein. Im Gegensatz dazu ergibt das $\widetilde{J}$-Integral auf allen Pfaden selbst bei Entlastung nahezu identische Werte, vgl. Bild 9.6 b. Die Differenz zwischen J und $\widetilde{J}$ besteht genau im zweiten Integral von (9.13), womit die Wegunabhängigkeit von $\widetilde{J}$ bzw. T^* erzielt wurde. Abweichungen zwischen den Pfaden sind bei J also prinzipieller Art, wohingegen die geringen Diskrepanzen bei $\widetilde{J}$ auf numerische Ungenauigkeiten zurückzuführen sind!

9.3.3 Anwendung auf bewegte Risse

Formal können alle vorgestellten elastisch-plastischen Integrale J, $\widetilde{J}$, T^* und $\widehat{J}$ auch auf Risse angewandt werden, die sich in duktilen Werkstoffen quasistatisch ausbreiten. Dabei ist allerdings ihre physikalische Bedeutung genau zu hinterfragen. Zur Erläuterung greifen wir auf das in Abschnitt 4.3.8 diskutierte Modell einer Bruchprozesszone A_B zurück, die sich mit der Rissspitze mitbewegt, Bild 4.48. Ein festgehaltener Materialpunkt, über den sich der Riss mit der Prozesszone »hinweg bewegt«, erfährt zwangsläufig eine nichtproportionale plastische Belastungs- und anschließende elastische Entlastungsphase. Aus diesem Grund ist das klassische J-Integral unbrauchbar. Die erweiterten Linien-Flächenintegrale $\widetilde{J}$, T^* und $\widehat{J}$ sind zwar wegunabhängig, aber ihr tatsächlicher Wert muss im Rahmen der kontinuumsmechanischen Modellierung zu null werden, denn mit asymptotischer Annäherung $\Gamma_\varepsilon \to 0$ an die Rissspitze stößt man auf die schwache logarithmische Singularität (4.261) am bewegten Riss. Somit sind diese Integrale als »bruchmechanische Intensitätsparameter« bei Rissausbreitung wertlos.

Deshalb untersuchen wir die energetische Interpretation. Der Prozesszone A_B wird vom umliegenden Kontinuum über ihren Rand Γ_B Energie zugeführt. Dieser überwiegend irreversible Energiefluss wird durch das Flussintegral $\mathcal{F}$ (4.280) über Γ_B charakterisiert, das auch in das wegunabhängige Integral (4.282) über eine äußere Kontur Γ und die eingeschlossene Fläche A umgewandelt werden kann. MORAN & SHIH [11] haben gezeigt, dass $\widetilde{J}$, T^* und $\widehat{J}$ mehr oder weniger Sonderfälle des von ihnen abgeleiteten Flussintegrals $\mathcal{F}$ bei Rissausbreitung sind. Entscheidend ist jetzt die Wahl des Modells für die Prozesszone. Bleibt man bei der Kontinu-

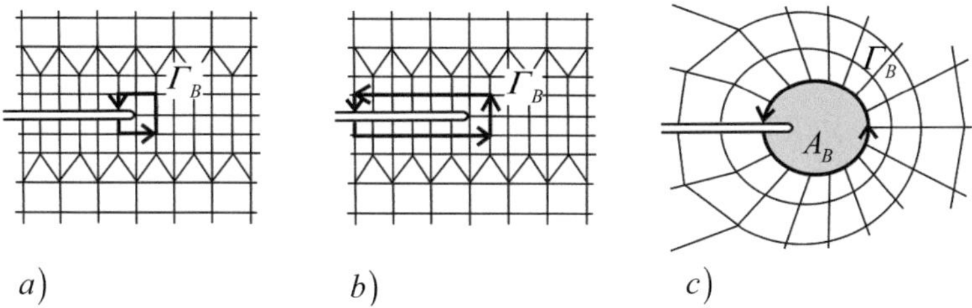

Bild 9.7 Fiktive Prozesszonen als a) mitbewegte oder b) streifenförmige Kontur Γ_B, c) echtes physikalisches Modell einer Prozesszone

umsmechanik / Plastizitätstheorie, so wird der Energiefluss $\mathcal{F} \equiv \widetilde{J} \equiv T^* \equiv \widehat{J}$ unvermeidlich zu null, weil die Prozesszone $\Gamma_B = \Gamma_\varepsilon \to 0$ nur ein singulärer Punkt – die Rissspitze – ist. Verschiedene Autoren [13, 7] haben versucht, im Rahmen der FEM-Modellierung eine Prozesszone A_B *endlicher* Größe einzuführen, die sich entweder als ganzes unverändert mit der Rissspitze fortbewegt oder als Streifen mit dem Riss verlängert, siehe Bild 9.7. Entlang ihrer fixierten Berandung $\Gamma_B \mathrel{\widehat{=}} \Gamma_\varepsilon \neq 0$ wird dann das T^*- oder $\widehat{J}$-Integral ausgewertet, was tatsächlich einen endlichen, wegunabhängigen J-Integralwert während der duktilen Rissausbreitung ergibt. Allerdings hängt dieser Wert von der willkürlich festgesetzten Konturgröße Γ_B ab und ist somit keine wirkliche Bruchkenngröße, sondern nur ein Artefakt des Modells. Folgerichtig wurde in [6] nachgewiesen, dass mit schrumpfender Prozesszonengröße $\Gamma_B \to 0$ das T^*-Integral (wie auch J, $\widetilde{J}$ und $\widehat{J}$) gegen null verschwindet. Die wahre Ursache für diese Kalamität liegt unverändert am Kontinuumsmodell, d. h. die Prozesszone A_B darf nicht nur fiktiv als Integrationskontur definiert werden, sondern muss mit anderen werkstoffmechanischen Modellen diskret abgebildet werden! Eine einfache linienhafte Form der Prozesszone ist z. B. das Kohäsivzonenmodell, auf das näher in Kapitel 10 eingegangen wird. Werkstoffphysikalisch besser begründet sind schädigungsmechanische Modelle, die die Versagensmechanismen in einer tatsächlich endlich ausgedehnten Prozesszone A_B beschreiben. Dann hat Γ_B auch eine echte physikalische Bedeutung und das Flussintegral $\mathcal{F}$ bzw. $\widetilde{J}$, T^* und $\widehat{J}$ erhalten einen Sinn.

Hinweis: Falls man doch das klassische J-Integral (9.7) bei duktilem Risswachstum verwendet, weil z. B. der FEM-Code keine andere Option bietet, so ist folgendes zu beachten: Sobald der Riss die begrenzte J-kontrollierte Anfangsphase verlassen hat, wird J extrem wegabhängig und erreicht mit enger um die Rissspitze gelegten Pfaden $\Gamma \to 0$ keinen endlichen Sättigungswert, sondern dieser »Rissspitzenwert« $J_{\text{tip}} = J(\Gamma \to 0)$ wird null! Will man einen Zusammenhang mit den prüftechnischen Standards für J-Δa-Kurven gemäß Abschnitt 4.3.8 herstellen, so müssen die am weitesten außen liegenden, konvergierenden Integrationspfade Γ benutzt werden [6, 5].

9.4 Beispiele

9.4.1 Kompakt-Zug-Probe

Die vorgestellten FEM-Techniken sollen zuerst am 2D-Beispiel der Kompakt-Zug-Probe (siehe Bild 4.12) verdeutlicht werden. Der Prüfkörper wird mit folgenden Abmessungen untersucht: Weite $w = 50$, Höhe $h = 60$, Dicke $B = 25$, Risslänge $a = 30$ (alles in mm). Es wird der EVZ angenommen. Aufgrund der Symmetrie wird nur die obere Hälfte vernetzt und auf dem Ligament vor dem Riss die Verschiebung $u_2 = 0$ gesetzt. Bild 9.8 zeigt das verwendete FEM-Netz, das nach den empfohlenen Regeln für elastisch-plastische Analysen von ruhenden Rissen konstruiert wurde. Um die Rissspitze wurden deshalb 16 kollabierte Viereckelemente gelegt, siehe Bild 9.9, deren Größe $L = 0{,}05\,\text{mm} = 0,00167\,a$ betrug. Daran schließt sich eine sehr feine Diskretisierung der gesamten Probe an.

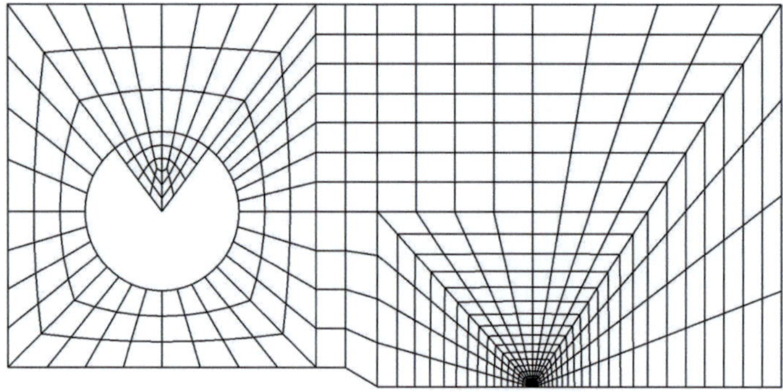

Bild 9.8 FEM-Netz der CT-Probe (561 Viereckelemente mit 8-Knoten, 1821 Knoten)

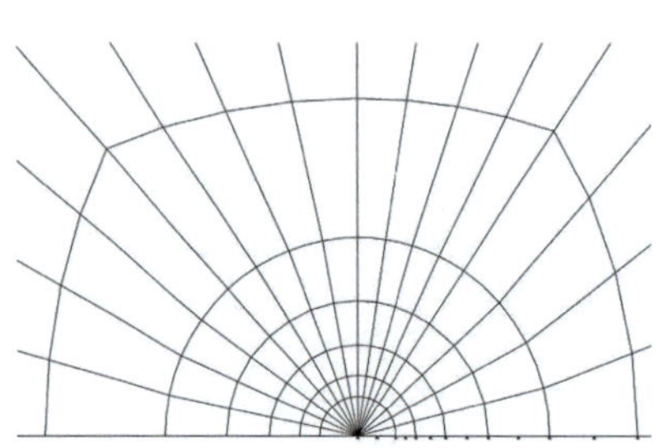

Bild 9.9 Vernetzung der Rissspitze mit 16 kollabierten Rissspitzenelementen

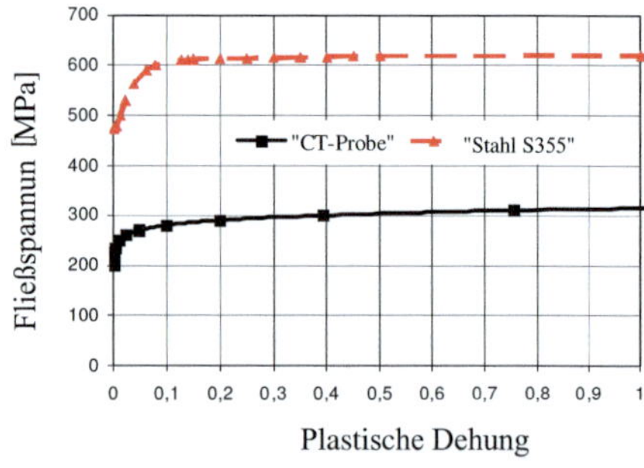

Bild 9.10 Fließkurven für die CT-Probe und den Plattenzugversuch

Hinweis: Bei elastisch-plastischen Analysen müssen außer der Rissumgebung auch all diejenigen Bereiche ausreichend fein vernetzt werden, in denen sich die plastische Zone ausbilden wird. Ansonsten werden die globalen plastischen Verformungen und Bruchkenngrößen wie das J-Integral unterschätzt.

Die CT-Probe wird über Bolzen in den Zuglöchern mit der Kraft F belastet, was ein Kontaktproblem darstellt. Zur Vereinfachung modelliert man den Bolzen als fest angebundenen Viertelkreis, an dessen Spitze die Belastung angreift. Um unrealistische, überhöhte plastische Verformungen an der Krafteinleitungsstelle zu vermeiden, werden dem Viertelkreis rein elastische Materialeigenschaften mit hohem E-Modul zugewiesen.

Hinweis: Bei elastisch-plastischen Aufgaben sollten Einzelkräfte oder Lager niemals nur an einem Knoten angelegt werden, sondern sind durch Kontaktmodelle oder elastisch versteifte Teilgebiete einzuleiten. Des Weiteren ist es günstiger, anstelle der Kraft eine monoton steigende Verschiebung aufzuprägen, weil dadurch die Konvergenz des Lösungsalgorithmus oberhalb der Traglast erleichtert wird. Den Betrag der Kraft erhält man aus der Lagerreaktion am Angriffspunkt.

Im Beispiel der CT-Probe wird eine x_2-Verschiebung q von 0 bis 1 mm vorgegeben. Der Werkstoff ist ein duktiler Stahl mit der in Bild 9.10 abgebildeten Fließkurve (wahre Spannung – plastische Dehnung) sowie $E = 210\,000$ MPa und $\nu = 0{,}3$. Die Ausbildung der plastischen Zonen mit steigender Belastung ist am deformierten Gesamtmodell in Bild 9.11 a dargestellt. Zuerst bildet sich eine begrenzte plastische Zone an der Rissspitze, die sich danach vollständig über das Ligament zu einem Fließgelenk ausbreitet. Damit ist die plastische Grenzlast F_{L} erreicht, was zu einem Abflachen der Kraft-Verschiebungs-Kurve (Bild 9.13) führt. Die Bildsequenz 9.11 b verdeutlicht die Ausprägung der plastischen Kernzone ($\varepsilon_{\mathrm{v}}^{\mathrm{p}} > 0{,}5\,\% \mathrel{\widehat{=}}$ grau) direkt am Riss.

Die Verformungen an der Rissspitze sind in den Bildern 9.12 a und 9.12 b dargestellt, wobei zwischen einer geometrisch linearen und nichtlinearen Analyse unterschieden wird. Bei Berücksichtigung großer Deformationen wird die Abstumpfung der Rissspitze infolge der hochgradig plastisch verzerrten Elemente wesentlich besser nachgebildet als mit infinitesimalen Verzerrungen. Deshalb ist für die präzise Ermittlung der Rissspitzenöffnung unbedingt eine geometrisch nichtlineare Analyse notwendig. Das globale nichtlineare Verformungsverhalten, siehe Bild 9.13, wird durch die vergleichsweise moderaten Deformationen in den plastischen Zonen der Probe bestimmt. Deshalb unterscheiden sich die mit großen und kleinen Verzerrungsmaßen erzielten Ergebnisse kaum. Das trifft ebenso auf den Zusammenhang zwischen CTOD und der globalen Verformung q zu, siehe Bild 9.14. Der numerische Aufwand steigt bei großen Deformationen wegen der erforderlichen feineren Lastschritt-Inkrementierung erheblich (im Beispiel auf das Vierfache).

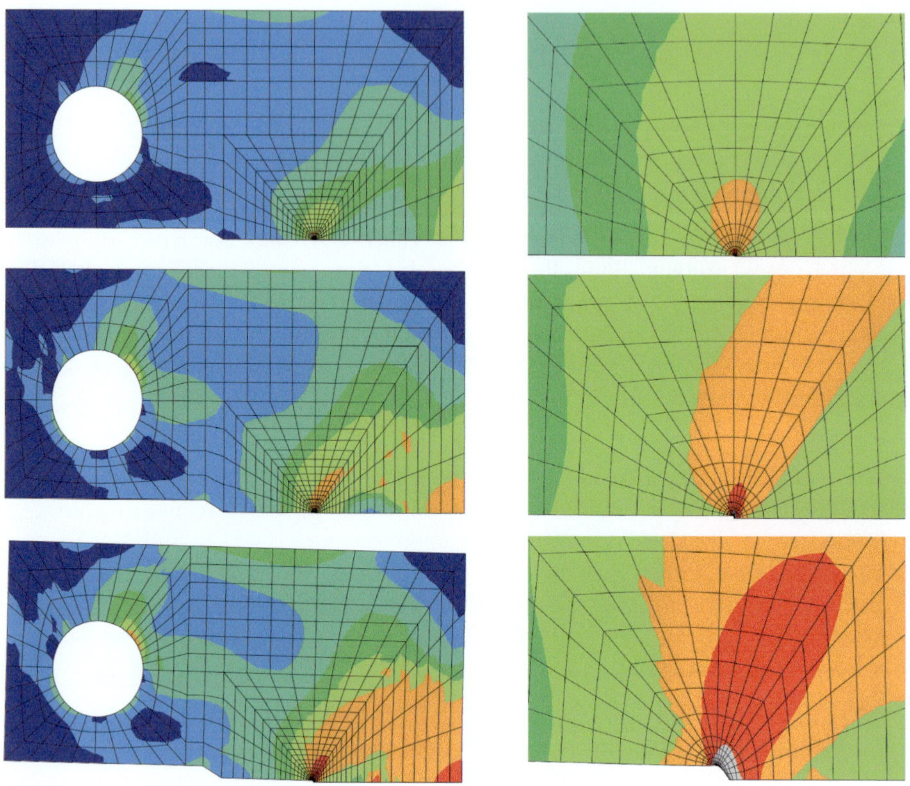

Bild 9.11 Form der plastischen Zonen in der CT-Probe bei den Belastungsstufen $q = 0{,}1$, $0{,}22$ und $1{,}0\,\text{mm}$. a) Gesamtansicht (links), b) Rissumgebung (rechts)

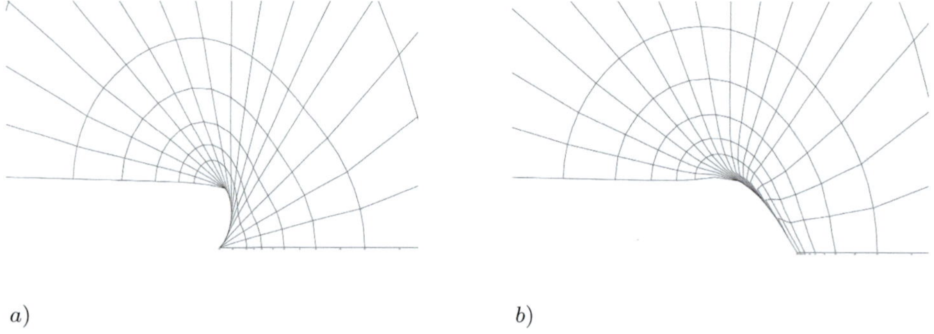

a) *b)*

Bild 9.12 Abstumpfung der Rissspitze im FEM-Modell bei Annahme a) kleiner und b) großer Verzerrungen (Maßstab 1 : 1)

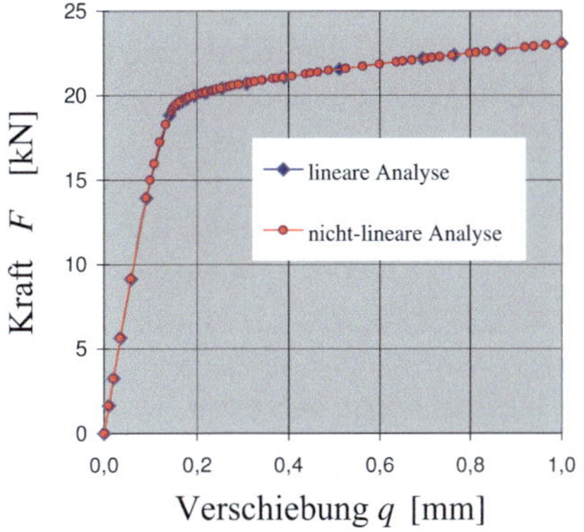

Bild 9.13 Kraft-Verschiebungs-Diagramm der CT-Probe

Bild 9.14 Rissspitzenöffnung CTOD als Funktion der Kraftangriffspunktverschiebung q

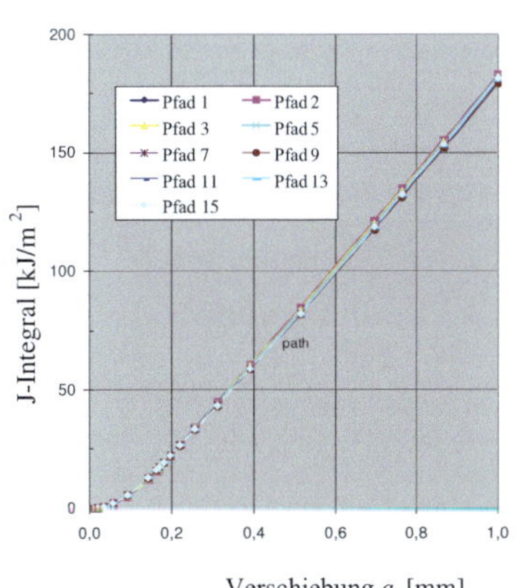

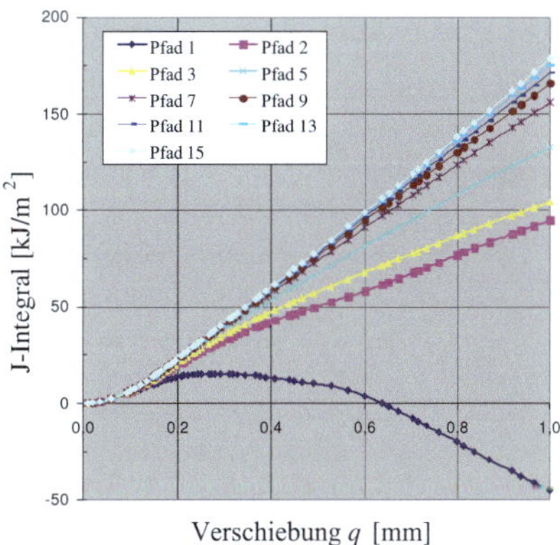

Bild 9.15 J-Integral als Funktion der Belastung bei a) kleinen und b) großen Deformationen

Das J-Integral wird nach Formel (9.13) (ohne Korrekturterme) auf 15 Elementringen um die Rissspitze ausgewertet, die einen Abstand von $R = 0,0016 - 0,2\,a$ hatten. Die Ergebnisse sind wieder für eine geometrisch lineare bzw. nichtlineare Analyse in den Bildern 9.15 a bzw. 9.15 b dargestellt. Im SSY-Bereich wächst J quadratisch mit der Belastung F (oder q), im LSY-Bereich stellt sich eine lineare Beziehung ein. Bei Annahme kleiner Deformationen ist J unabhängig vom Integrationsweg. Werden große Deformationen berücksichtigt, so beobachtet man hingegen eine starke Wegabhängigkeit. Insbesondere fallen die Werte der sehr dicht um die Rissspitze gelegten Pfade deutlich ab, weil aufgrund der Rissabstumpfung die $1/r$-Singularität in der spezifischen Formänderungsarbeit $\check{U}$ verloren geht. Wie im Abschnitt 9.3 begründet, liefert unter diesen Bedingungen nur das aus dem Fernfeld berechnete $J_{\rm ff}$ eine im Rahmen der EPBM sinnvolle bruchmechanische Kenngröße.

Man muss deshalb die J-Werte aus möglichst weit von der Rissspitze entfernten Konturen bzw. von ihnen umschlossenen Gebietsintegralen ermitteln. Dort konvergieren die Integrale auch gegen einen gemeinsamen Wert J_{ff} (Bild 9.15 b), der mit J aus der geometrisch linearen Analyse (Bild 9.15 a) übereinstimmt.

9.4.2 Plattenzugversuche mit Oberflächenriss

Im Rahmen eines Untersuchungsprogramms [10] wurden aus einer Rohrleitung DN800 streifenförmige Segmente herausgetrennt und im Zugversuch getestet, siehe Bild 9.16. Auf der Innenseite dieser Plattenzugproben wurden in der Mitte halbelliptische Oberflächenrisse mit dem Achsenverhältnis $a : c = 1 : 3$ eingebracht. Es wurden drei verschiedene Rissgrößen $a : c = 3 : 9$, $6 : 18$ und $9 : 27$ mm vorgegeben, die $0,25$, $0,5$ und $0,75$ der Wandstärke h betragen.

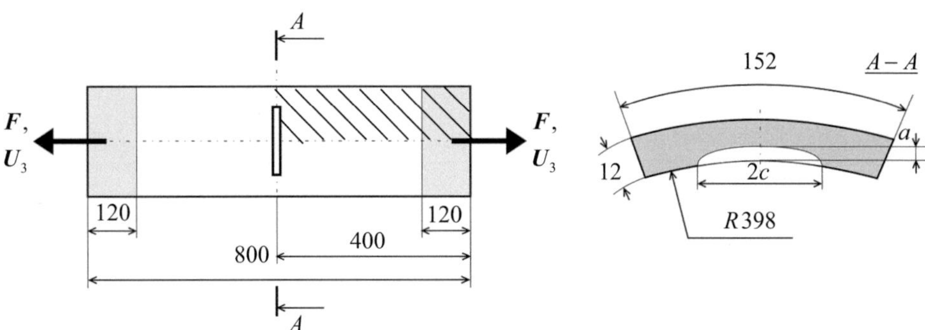

Bild 9.16 Plattenzugprobe mit halbelliptischem Oberflächenriss (Maße in mm)

Da die Zugprobe, ihre Belastung und Lagerbedingungen zwei Symmetrieebenen besitzen – die Mittelebene und die Längsebene – braucht nur das in Bild 9.16 schraffierte Viertel modelliert zu werden. Dieser Bereich wurde mit 20-Knoten-Hexaderelementen vernetzt, wobei eine extreme Verfeinerung in der Rissumgebung erfolgte, um den dort auftretenden inhomogenen Spannungs- und Verformungszustand mit ausreichender Genauigkeit berechnen zu können. Insgesamt bestand das FEM-Modell aus 6 585 Hexaderelementen und 31 954 Knotenpunkten. Die Gesamtansicht des FEM-Modells ist der Abbildung 9.17 b zu entnehmen. Die Randbedingungen der Zugprobe entsprechen den üblichen Lager- und Symmetriebedingungen.

Die gekrümmten Rohrsegmente wurden mit speziellen Spannbacken geklammert und gezogen. Deshalb wird im FEM-Modell angenommen, dass sich die Kontaktflächen zwischen Probe und Spannbacken (graue Felder in Bild 9.16) starr in Längsrichtung bewegen, d. h. hier werden monoton wachsende, identische Knotenverschiebungen U_3 angelegt. In der FEM–Rechnung ergeben sich die Zugkräfte für alle Lastinkremente aus den Reaktionskräften an den Einspannbacken. Das isotrope elastisch-plastische Materialverhalten des Stahls S355 wurde mit Hilfe von Standard-Zugproben ermittelt, die man diesem Rohrabschnitt entnahm. Die erhaltenen Fließkurven (wahre Spannung – plastische Dehnung) zeigt Bild 9.10. Weitere Werkstoffkennwerte sind: $R_{\mathrm{p}0,2} = 472\,\mathrm{MPa}$, $R_{\mathrm{m}} = 610\,\mathrm{MPa}$, $E = 210\,000\,\mathrm{MPa}$ und $\nu = 0,3$. In der FEM-Berechnung wurde der Einfluss großer Deformationen auf die Geometrie und Belastung berücksichtigt.

Einen Detailausschnitt der (halben) Rissvernetzung für die Risstiefe $a{:}c = 6{:}18$ zeigt Bild 9.17 a. Ähnliche Diskretisierungen wurden für die beiden anderen Risstiefen $a{:}c = 3{:}9$ bzw. $a{:}c = 9{:}27$ erstellt. Entlang der Rissfront wurden die Elemente fächerförmig in einem Schlauch von 20 Segmenten konzentriert. Die kleinsten Elemente unmittelbar an der Rissspitze haben eine Länge von $L = a/50$. Entlang der gesamten Rissfront sind spezielle Rissspitzenelemente mit $1/r$-Dehnungssingularität angeordnet, wofür die zu Pentaederelementen kollabierten 20-Knoten Hexaederelemente benutzt werden. Zur Berechnung des J-Integrals wurden um jedes Segment der Rissfront vier Integrationspfade festgelegt. Damit kann $J(s)$ entlang der Rissfront s für den gesamten Belastungsverlauf bestimmt werden. Die Berechnungsergebnisse zeigen, dass die J-Werte nahezu unabhängig vom Integrationspfad sind. Nur der engste Pfad fällt aus bekannten numerischen Gründen etwas ab, weshalb als Ergebnis für J der Mittelwert der drei äußeren Pfade genommen wurde.

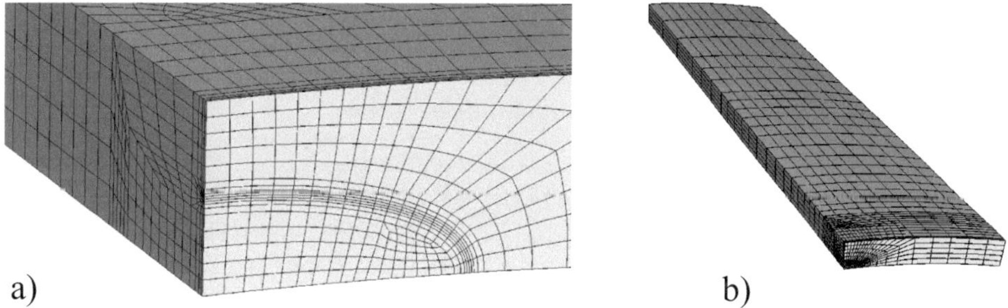

Bild 9.17 a) FEM-Netz an der Rissspitze 6:18, b) Gesamtansicht des vernetzten Modells

Bild 9.18 b gibt die Gesamtansicht der verformten Zugprobe mit Riss $a{:}c = 6{:}18$ wieder und Bild 9.18 a einen Ausschnitt um die Rissfront. Die Farben entsprechen Isoflächen der v. Mises-Vergleichsspannung. Alle Spannungen oberhalb der Streckgrenze $R_{\mathrm{p}0,2}$ zeigen plastifizierte Gebiete an. Insgesamt lassen die Berechnungsergebnisse folgendes erkennen:

- Alle Proben erreichen den vollplastischen Zustand. Ausgehend von den Rissen entstehen deutlich ausgeprägte plastische Zonen, die sich wie in Bild 9.18 b sichtbar schräg über den gesamten Querschnitt erstrecken.
- Das Überschreiten der plastischen Grenzlast F_L wird durch ein markantes Abknicken aller Kraft-Weg-Kurven der Zugproben charakterisiert. Solange die Plastifizierung noch durch das umliegende elastische Gebiet eingeschränkt wird,

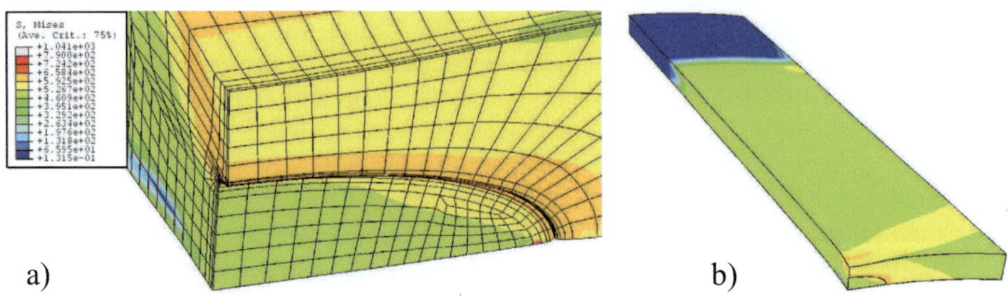

Bild 9.18 Elastisch-plastische Verformung und v. MISES-Spannung der Zugprobe mit Riss 6:18. a) Detailausschnitt am Riss b) Gesamtansicht

verlaufen die Kurven nahezu linear. Dies ist besonders gut bei den berechneten Kerböffnungen COD der Risse an der Probenoberfläche festzustellen, siehe Bild 9.19. Die Kerbaufweitung (Nachgiebigkeit) steigt verständlicherweise mit der Rissgröße. Zugleich wird der elastisch-vollplastische Übergang weicher. Die Kerböffnung COD ist eine wichtige Messgröße, aus der oft auf die Rissspitzenöffnung CTOD extrapoliert wird.

- Die Risse stumpfen durch plastische Verformungen stark ab, wie Bild 9.18 a erkennen lässt. Die Rissspitzenöffnung δ_t wurde nach der Sekantenmethode ($\pm 45°$) an allen Positionen s der Rissfront auf senkrechten Schnittebenen des FEM-Netzes ausgewertet. Die Maxima lagen am Scheitelpunkt der halbelliptischen Risse und sind in Bild 9.20 über der Belastung aufgetragen. Eingefügt ist auch die Bruchzähigkeit CTODi $= \delta_i^{\mathrm{SZH}} = 142\,\mu\mathrm{m}$, bei der nach dem CTOD-Kriterium duktiles Risswachstum einsetzen sollte.

Nach dem J-Integral-Konzept der Zähbruchmechanik wird das duktile stabile Risswachstum dann eingeleitet, wenn der Wert von J den physikalischen Initiierungskennwert J_i überschreitet ($J > J_i$). In Bild 9.21 sind die berechneten J-Integral-Werte entlang der Rissfront als Funktion der Belastung (steps) dargestellt. Die maximalen J-Werte treten in allen Fällen im Scheitelpunkt der halbelliptischen Rissfront auf. Bild 9.22 fasst die Maximalwerte $J_{\max}$ für alle drei Risskonfigurationen zusammen. Man beobachtet einen geringen Anstieg von J im Bereich eingeschränkter plastischer Verformung (SSY). Sobald die Zugkraft die entsprechende plastische Grenzlast überschreitet, steigen die J-Werte in allen drei Berechnungsfällen steil an. Zum Vergleich ist der Bruchzähigkeitskennwert $J_i = 143\,\mathrm{kJ/m^2}$ im Diagramm 9.22 eingetragen. Somit liefert das Bruchkriterium die kritischen Kräfte F_i bzw. Verformungswege U_3 der Proben für eine Rissinitiierung: Riss 3:9: $F_\mathrm{i} = 814\,\mathrm{kN}$, $U_3 = 6{,}8\,\mathrm{mm}$, Riss 6:18: $F_\mathrm{i} = 779\,\mathrm{kN}$, $U_3 = 1{,}53\,\mathrm{mm}$, Riss 9:27: $F_\mathrm{i} = 686\,\mathrm{kN}$, $U_3 = 1{,}31\,\mathrm{mm}$. Mit zunehmender Risslänge ist eine geringere Kraft F_i bzw. ein größerer Verformungsweg U_3 für die Initiierung des Risswachstums notwendig.

Die Vorhersagen der elastisch-plastischen FEM-Analysen zur Rissinitiierung wurden durch die experimentellen Ergebnisse der Plattenzugversuche bestätigt [10].

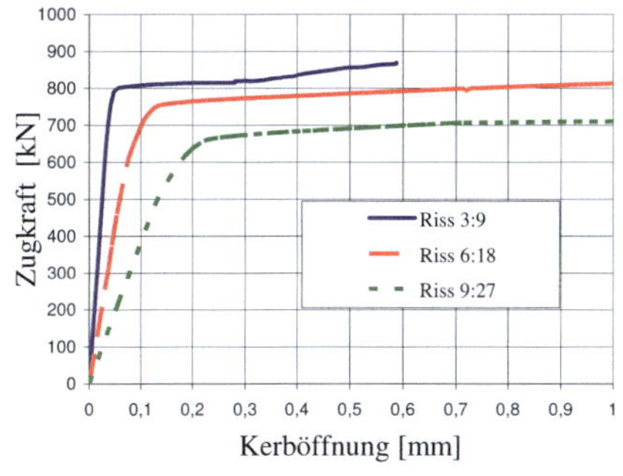

Bild 9.19 Diagramm: Zugkraft – max. Kerböffnung COD am Probenrand (Rissmitte)

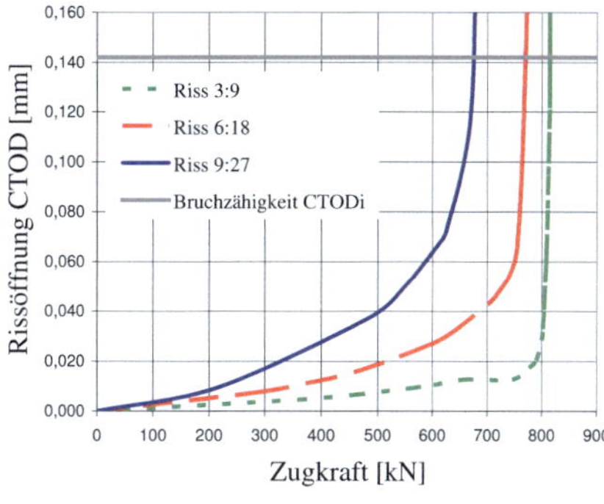

Bild 9.20 Max. Rissöffnungsverschiebungen CTOD als Funktion der Belastung für alle drei Risstiefen

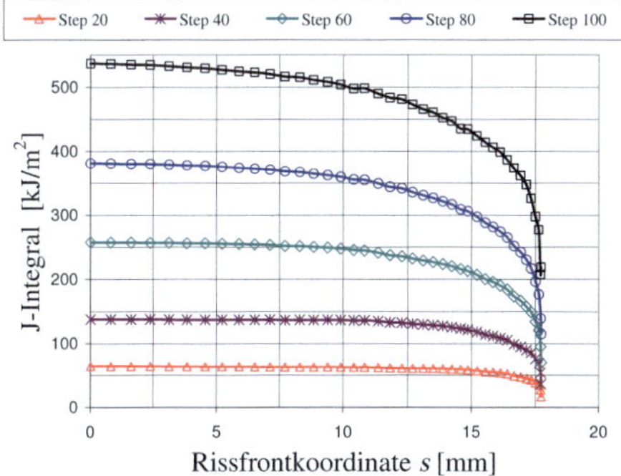

Bild 9.21 Verlauf des J-Integrals entlang der Rissfront mit steigender Belastung für Riss 6:18

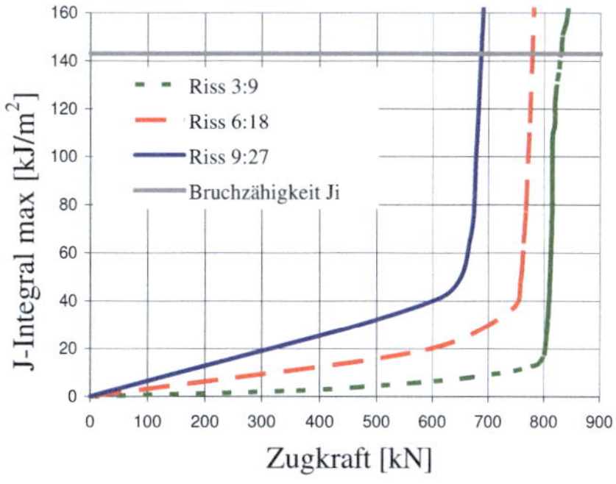

Bild 9.22 Max. Werte des J-Integrals als Funktion der Belastung für alle drei Risstiefen

Literaturverzeichnis

[1] Aoki, S., Kishimoto, K., Sakata, M.: Energy flux into the process region in elastic-plastic fracture problems. Engineering Fracture Mechanics **20**, 827–836 (1984)

[2] Atluri, S.N.: Path-independent integrals in finite elasticity and inelasticity, with body forces, inertia, and arbitrary crack-face conditions. Engineering Fracture Mechanics **16**, 341–364 (1982)

[3] Atluri, S.N., Nishioka, T., Nakagaki, M.: Incremental path-independent integrals in inelastic and dynamic fracture mechanics. Engineering Fracture Mechanics **20**(2), 209–244 (1984)

[4] Brocks, W., Cornec, A., Scheider, I.: Computational aspects of nonlinear fracture mechanics. In: I. Milne, R.O. Ritchie, B. Karihaloo (eds.) Comprehensive

Structural Integrity – Numerical and Computational Methods, vol. 3, pp. 127–209. Elsevier, Oxford (2003)

[5] Brocks, W., Scheider, I.: Reliable J-Values, Numerical aspects of the path-dependence of the J-integral in incremental plasticity. Materialprüfung **45**, 264–275 (2003)

[6] Brocks, W., Yuan, H.: Numerical investigations on the significance of J for large stable crack growth. Engineering Fracture Mechanics **32**, 459–468 (1989)

[7] Brust, F.W., Nishioka, T., Atluri, S.N., Nakagaki, M.: Further studies on elastic-plastic stable fracture utilizing the T^* integral. Engineering Fracture Mechanics **22**, 1079–1103 (1985)

[8] Carpenter, W.C., Read, D.T., Dodds, R.H.: Comparison of several path independent integrals including plasticity effects. International Journal of Fracture **31**, 303–323 (1986)

[9] Kishimoto, K., Aoki, S., Sakata, M.: Dynamic stress intensity factors using $\hat{J}$-integral and finite element method. Engineering Fracture Mechanics **13**, 387–394 (1980)

[10] Kuna, M., Wulf, H., Rusakov, A., Pusch, G., Hübner, P.: Entwicklung und Verifikation eines bruchmechanischen Bewertungssystems für Hochdruck-Ferngasleitungen. In: 35.Tagung Arbeitskeis Bruchvorgänge, pp. 153–162. DVM, Freiburg (2003)

[11] Moran, B., Shih, C.F.: Crack tip and associated domain integrals from momentum and energy balance. Engineering Fracture Mechanics **27**, 615–642 (1987)

[12] Newman, J.C., James, M.A., Zerbst, U.: A review of the CTOA/CTOD fracture criterion. Engineering Fracture Mechanics **70**, 371–385 (2003)

[13] Nishioka, T., Fujimoto, T., Atluri, S.N.: On the path independent t^* integral in nonlinear and dynamic fracture mechanics. Nuclear Engineering and Design **111**, 109–121 (1989)

[14] Scheider, I., Schödel, M., Brocks, W., Schönfeld, W.: Crack propagation analyses with ctoa and cohesive model: Comparison and experimental validation. Engineering Fracture Mechanics **73**, 252–263 (2006)

[15] Schwalbe, K.H.: Introduction of δ_5 as an operational definition of the CTOD and its practical use. ASTM STP 1256, American Society of Testing and Materials pp. 763–778 (1995)

Kapitel 10
Numerische Simulation des Risswachstums

Die Vorhersage des Ausbreitungsvorgangs von Rissen ist für viele bruchmechanische Fragestellungen von Bedeutung. Die numerische Simulation bietet zur Lösung dieser Aufgaben hervorragende Möglichkeiten und hat sich zu einem unentbehrlichen Werkzeug entwickelt. Ein besonders hohes technisches Interesse besteht an der Modellierung des unterkritischen Wachstums von Ermüdungsrissen, der stabilen Rissausbreitung in duktilen Werkstoffen und von instabilen dynamischen Bruchvorgängen. Die Bruchmechanik stellt für diese Fälle Kriterien und Gesetzmäßigkeiten bereit, siehe die Abschnitte 4.2, 4.3, 4.4 und 4.5, die festlegen:

- bei welcher Belastung die Rissausbreitung beginnt,
- in welcher Richtung θ_c die Rissausbreitung erfolgt,
- wie groß der Betrag Δa des Risswachstums ist.

Die Aufgabe der numerischen Simulation besteht somit darin, diese Gesetze im Rahmen des Finite-Elemente-Lösungsalgorithmus umzusetzen. Aus kontinuumsmechanischer Sicht bedeutet Risswachstum die Änderung der RWA, weil hierdurch neue Ränder (Rissufer) mit veränderten Randbedingungen entstehen. Daraus ergibt sich auch für die FEM-Analyse das Problem, die räumliche Diskretisierung beim Risswachstum fortlaufend zertrennen oder anpassen zu müssen. Für diesen Zweck wurden verschiedene Techniken entwickelt, die im Folgenden dargestellt und diskutiert werden.

Bei dieser Vorgehensweise wird die Rissausbreitung zumeist als zeitliche Abfolge von RWA mit *diskreten*, wachsenden Risslängen a_i modelliert und die Materialtrennung entlang des Rissinkrementes Δa_i als *diskontinuierlich* (scharfe Trennung) angenommen. In Wahrheit verläuft die Rissausbreitung natürlich *stetig* und auch das Materialversagen in der Prozesszone ist ein *kontinuierlicher* Vorgang. Bei einigen numerischen Simulationen wird versucht, auch diese Phänomene nachzubilden. Um Fehlinterpretationen zu vermeiden, sollte man jedoch klar zwischen werkstoffmechanischem Modell und numerischer Technik unterscheiden, wenngleich sie in der Simulation eng verzahnt sind.

M. Kuna, *Finite Elemente in der Bruchmechanik*,
https://doi.org/10.1007/978-3-658-46192-8_10

10.1 Technik der Knotentrennung

Die einfachste Methode, um Risswachstum in einem FEM-Netz zu simulieren, besteht in der *Auftrennung eines Knotens*, so dass der Riss um ein Inkrement Δa entlang der Elementkante bis zum nächsten Knoten vergrößert wird. In Bild 10.1 wird dies für den symmetrischen Modus-I-Fall und eine allgemeine Mixed-Mode-Beanspruchung gezeigt. Beim Modus I (Bild 10.1 a) geschieht die Rissausbreitung immer entlang einer Symmetrieebene, so dass lediglich die Bindung der Normalverschiebung des Rissspitzenknotens gelöst werden muss. Im allgemeinen Fall (Bild 10.1 b) müssen der Rissspitzenknoten und die Elementkanten auf Δa zuerst verdoppelt und dann separiert werden, d. h. es entsteht ein zusätzlicher Knoten im FEM-Modell und die Knotenzuordnung der Risselemente A bzw. A' ist zu modifizieren. Am hoch belasteten Rissspitzenknoten herrscht im Sinne der FEM-Lösung ein Gleichgewicht des Kraftsystems, das nach der Trennung in ein Paar entgegengesetzt gerichteter Kräfte F (Fall b) bzw. eine Reaktionskraft (Fall a) aufgespaltet wird. Ein abruptes Weglassen dieser Bindungskräfte würde zu einer spontanen Entlastung im Rissspitzenbereich führen, was physikalisch nicht korrekt ist und numerische Probleme verursachen kann. Deshalb ist es zweckmäßig, diesen Entlastungsvorgang allmählich auszuführen. In Bild 10.2 sind bewährte Funktionen dargestellt, nach denen die Kraft F von ihrem maximalen Anfangswert F_0 auf null abgesenkt wird, was mit einer veränderlichen Position x/d der wahren Rissspitze korreliert.

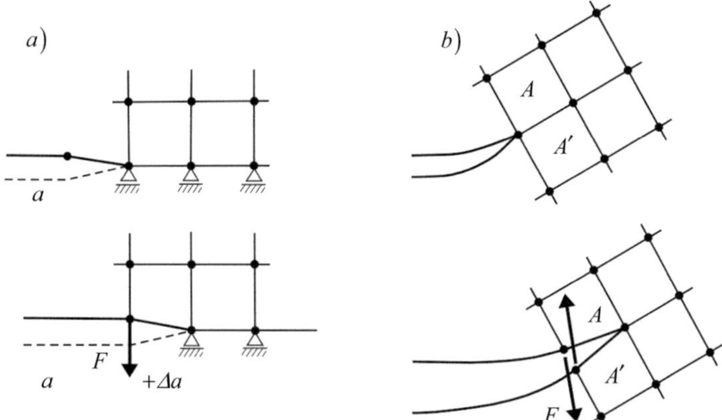

Bild 10.1 Schematische Darstellung der Knotentrennung bei a) symmetrischer und b) allgemeiner Belastung

Nehmen wir an, im Verlaufe der FEM-Analyse wird an der momentanen Rissspitze das Bruchkriterium erreicht. Für die geforderte Richtung θ_c wird im FEM-Netz die beste Orientierung gesucht. Der Betrag Δa der Rissausbreitung ist an die Elementgröße L gebunden. Dann folgt der Algorithmus der *Knotentrennung*:

1. Einfrieren (konstant halten) der äußeren Belastung
2. Bestimmung der Schnittkraft F_0 aus der Lagerreaktion (Fall a) bzw. mit den in Abschnitt 6.5.2 d) beschriebenen Methoden (Fall b)
3. Lösen der Lagerbindung (Modus-I-Fall a) bzw. Einführung eines Doppelknotens (Mixed-Mode-Fall b) an der Rissspitze
4. Ersetzen der kinematischen Bindungen am Rissspitzenknoten durch die äquivalente Schnittkraft F_0
5. Schrittweise Entlastung der Schnittkraft von F_0 auf null, womit die neu entstandenen Rissufer lastfrei sind
6. Kontrolle, ob Bruchkriterium bei neuer Risslänge ebenfalls erfüllt wird:
   ja $\rightarrow$ instabiles Risswachstum, gehe zu Punkt 2
   nein $\rightarrow$ Fortsetzung der FEM-Analyse mit neuem Lastschritt

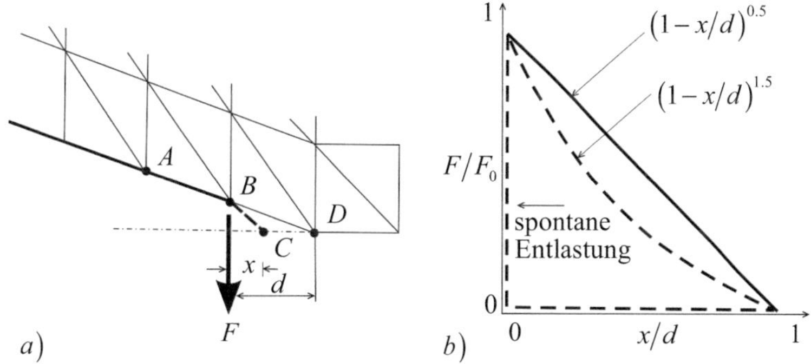

Bild 10.2 Kontinuierliche Entlastung der Schnittkraft am Rissspitzenknoten

Die Technik der Knotentrennung ist im Grunde nur dann anwendbar, wenn man den Pfad der Rissausbreitung im Bauteil bereits kennt, damit die Elemente des Netzes hinsichtlich Orientierung und Größe entsprechend angeordnet werden können. Anderenfalls wird die Lösung stark netzabhängig. Das Verfahren eignet sich vornehmlich in Kombination mit Standardelementen, weshalb die Bruchkenngrößen mit robusten Methoden wie den J-Integralen ermittelt werden müssen. Trotzdem ist die Technik nützlich, um bei bekanntem Bruchverlauf die Kinematik der Rissausbreitung in der Simulation nachzuvollziehen und daraus die Rissbeanspruchungen zu berechnen. Diese Vorgehensweise wird häufig zur Analyse bruchmechanischer Prüfkörper angewandt, so dass aus der gemessenen Beziehung zwischen der Risslänge a (Modus-I-Fall) und der Probenbelastung (Kraft, Weg) mittels Simulation die zugehörigen bruchmechanischen Kenngrößen (J-Integral, K-Faktoren, CTOD u. a.) bestimmt werden können. Wichtig ist der Hinweis, dass bei der hier vorgestellten Technik der Knotentrennung die Energiedissipation durch den Bruchvorgang selbst nicht berücksichtigt wird!

10.2 Techniken der Elementmodifikation

10.2.1 Elementteilung

Eine leistungsfähigere aber aufwändigere Technik zur FEM-Simulation der Rissausbreitung ist die Teilung von finiten Elementen. Hier existieren je nach Elementtyp und Problemstellung vielfältige Varianten. Die Methodik soll am Beispiel zweidimensionaler Vernetzungen mit 6-Knoten-Dreieckelementen veranschaulicht werden. Ausgangspunkt ist wiederum ein kritischer Riss der Länge a an der Position P im momentanen FEM-Netz, für den die Richtung θ_c und der Betrag Δa des Risswachstums bruchmechanisch vorgegeben seien. Die neue Position P_{neu} der Rissspitze im FEM-Netz ist also bekannt und soll durch Elementteilungen genau angesteuert werden. Dieses Ziel kann durch verschiedene *Teilungsalgorithmen* erreicht werden, die in Bild 10.3 veranschaulicht sind. Aus einem »Vater-Element« entstehen dabei zwei oder vier »Kinder-Elemente« des gleichen Typs, wohingegen man die umliegenden Elemente unverändert belässt. Die Kombination der Algorithmen wird am Beispiel einer typischen Vernetzung in Bild 10.4 illustriert. Die neu hinzugekommenen Elemente sind als Strichlinien gezeichnet.

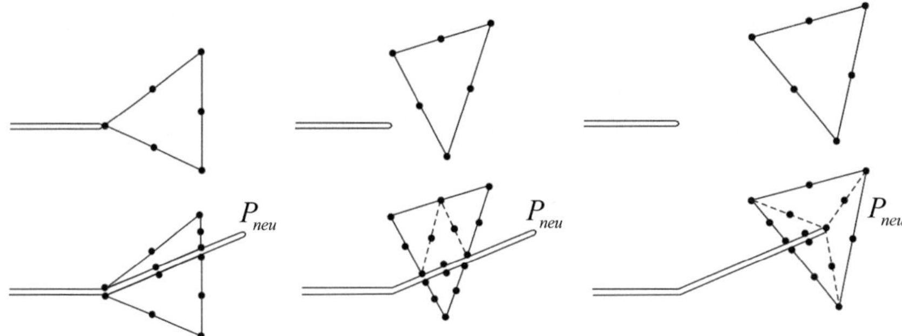

Bild 10.3 Verschiedene Algorithmen zur Teilung von Dreieckelementen

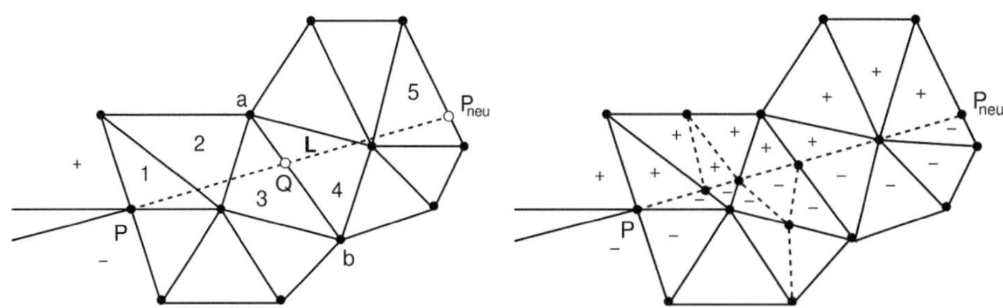

Bild 10.4 Anwendungsbeispiel für die Technik der Elementteilung

Die *Element-Teilungstechnik* gestattet die exakte numerische Simulation bruchmechanisch begründeter Risspfade, was ein großer *Vorteil* ist. Als *Nachteil* muss der unvermeidbare Eingriff in die Datenstruktur des FEM-Modells genannt werden, der relativ kompliziert ist und die Verfügbarkeit des Quellcodes erfordert. Bei inelastischem Materialverhalten müssen außerdem die Spannungen und Zustandsvariablen aus der Lösung der »Vater-Elemente« auf die neu generierten »Kinder-Elemente« übertragen werden. Für 3D-Risskonfigurationen gestaltet sich diese Technik als recht schwierig wegen der räumlichen Geometrie und Topologie [9].

10.2.2 Elementausfall

Bei dieser Technik wird die Ausbreitung eines Risses einfach dadurch realisiert, dass man das am höchsten beanspruchte finite Element an der Rissspitze aus dem FEM-Modell entfernt. Viele kommerzielle FEM-Programme bieten eine so genannte *Elementausfall-Technik* (engl. *element elimination technique*) an. Als Ausfallkriterium kann jede Versagenshypothese der klassischen Festigkeitslehre (v. Mises-Spannung, maximale Hauptspannung, ...), der Bruchmechanik (K, J, δ, ...) oder der Schädigungsmechanik (Mikrorissdichte, Porosität, ...) gewählt werden. Der bestechenden Einfachheit dieser Technik stehen verschiedene Nachteile entgegen. Ganz offensichtlich hängt das Simulationsergebnis von der Größe der finiten Elemente und der Gestalt des Netzes ab. Je kleiner die Elemente an der Spitze des Hauptrisses sind, umso höher ist ihre Beanspruchung und um so früher ihr Versagen. Es wird nicht nur die Bilanzgleichung der Energie (keine Dissipation) sondern auch der Massenerhaltung verletzt.

Das Verfahren eignet sich deshalb weniger für die Simulation der Ausbreitung von Makrorissen, wo dominante Singularitäten auftreten, sondern ist besser für die Modellierung diverser Schädigungsmechanismen in einem Werkstoffgefüge nutzbar wie z. B. der Bildung von Mikrorissen oder dem Wachstum von Mikroporen. Bild 10.5 zeigt eine typische Anwendung der Elementausfall-Technik auf einen Werkzeugstahl mit spröden Karbidpartikeln [19]. Der Gefügeausschnitt von $100 \times 100\,\mu$m wurde detailgetreu mit FEM nachgebildet. Mit steigender Belastung entstehen Mikrorisse an den Karbiden, die sich dann zu einem Makroriss vereinigen.

10.2.3 Anpassung der Elementsteifigkeit

Diese Technik wurde zur Modellierung der Bruchvorgänge in spröden Werkstoffen wie Beton, Gestein oder Keramik entwickelt und hat die englische Bezeichnung *smeared crack model*, was am besten als *homogenisiertes Mikrorissmodell* zu übersetzen ist. Überschreitet in diesen Werkstoffen die maximale Hauptnormalspannung eine kritische Zugfestigkeit, so bildet sich senkrecht zur Hauptspannungsrichtung

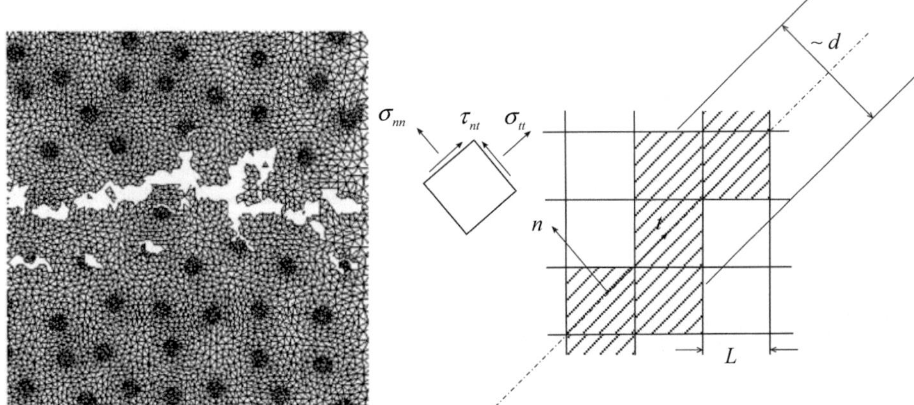

Bild 10.5 Simulation der Rissausbreitung in einem Werkzeugstahl mit Hilfe der Elementausfall-Technik [19]

Bild 10.6 Simulation des Bruchvorgangs mit Hilfe angepasster orthotroper Materialsteifigkeiten

ein schmales Band von Mikrorissen aus, was in Bild 10.6 skizziert ist. Da der Werkstoff in Normalenrichtung nur noch geringfügige Spannungen σ_{nn} übertragen kann, entsteht eine orthotrope Anisotropie der elastischen Eigenschaften, wobei die Basisvektoren $(\boldsymbol{n},\, \boldsymbol{t})$ die Richtungen normal und tangential zum Mikrorissband verkörpern. Die reduzierten Materialsteifigkeiten werden in diesem Koordinatensystem mit Hilfe einer modifizierten Elastizitätsmatrix beschrieben, was für den ESZ (siehe (5.46)) folgende Form ergibt:

$$\boldsymbol{\sigma} = \tilde{\mathbf{C}}\boldsymbol{\varepsilon}, \qquad \begin{bmatrix} \sigma_{nn} \\ \sigma_{tt} \\ \tau_{nt} \end{bmatrix} = \frac{1}{1-\nu^2} \begin{bmatrix} (1-\omega)E & 0 & 0 \\ 0 & E & 0 \\ 0 & 0 & \mu\frac{(1-\nu)}{2}E \end{bmatrix} \begin{bmatrix} \varepsilon_{nn} \\ \varepsilon_{tt} \\ \gamma_{nt} \end{bmatrix} \tag{10.1}$$

E und ν bezeichnen die elastischen Konstanten des intakten Werkstoffs. Die Dichte der Mikrorisse wird durch eine *Schädigungsvariable* $\omega(\boldsymbol{\varepsilon})$ beschrieben, welche sich mit der Verformung $\boldsymbol{\varepsilon}$ vom Wert $\omega = 0$ (ungeschädigter Ausgangszustand) bis zum Endwert $\omega = 1$ (totale Schädigung) entwickelt. Somit fällt der Elastizitätsmodul in Normalenrichtung mit zunehmender Entfestigung vom Anfangswert E auf den Wert null ab, wohingegen in Tangentialrichtung zum Mikrorissband die Steifigkeit unvermindert besteht, siehe (10.1). Aufgrund von Oberflächenrauhigkeiten und Brücken zwischen den Rissufern verschwindet die Schubsteifigkeit des Mikrorissbandes unter Modus-II-Beanspruchung nicht vollständig, sondern wird in (10.1) durch einen Schubaufnahmefaktor $\mu \approx 0,2$ reduziert. Weitere Details findet man in [4, 8].

Zur Implementierung dieser Technik in den FEM-Algorithmus braucht man lediglich die Elastizitätsmatrix $\mathbf{C}$ in den Integrationspunkten der betroffenen Elemente durch die modifizierte Matrix $\tilde{\mathbf{C}}(\boldsymbol{\sigma},\, \omega)$ auszutauschen und in das globale $\boldsymbol{x}$-Koordinatensystem zu transformieren. Das FEM-Netz muss also nicht verändert werden, worin der große *Vorteil* des Verfahrens liegt. Von *Nachteil* ist eine gewisse Netzabhängigkeit, insbesondere wird mit der Elementgröße L in etwa die Breite d des Mikrorissbandes willkürlich festgelegt. Im Gegensatz zur Technik der Elementteilung, wo der Riss als scharfe geometrische Diskontinuität wächst, wird bei diesem Verfahren die Materialtrennung als ein geometrisch kontinuierlicher Übergang innerhalb des Mikrorissbandes modelliert, dem makroskopisch eine extreme Lokalisierung der Dehnung ε_{nn} entspricht. Die Technik der angepassten Elementsteifigkeiten wurde vor allem in der Beton-Bruchmechanik erfolgreich angewandt [16].

10.3 Mitbewegte Rissspitzenelemente

Ein Nachteil der bisher beschriebenen Techniken besteht darin, dass mit regulären Finiten Elementen gearbeitet wird. Weitaus vorteilhafter und genauer wäre natürlich die Verwendung spezieller *Rissspitzenelemente* (siehe Kapitel 6). Das erfordert allerdings eine andere Technik, weil diese Sonderelemente stets die Rissspitze umgeben und deshalb mit ihr mitbewegt werden müssen. Man kennt verschiedene Varianten der lokalen Mitführung von Rissspitzenelementen in einem FEM-Netz (engl. *moving local mesh procedure*), die insbesondere von NISHIOKA [24] für dynamische Rissprobleme entwickelt wurden. Bild 10.7 illustriert die Vorgehensweise am ebenen Beispiel der Modus-I Rissausbreitung entlang einer Symmetrielinie. Das mitbewegte Gebiet der Rissspitzenelemente wird mit A bezeichnet, mit B sind die zu modifizierenden angrenzenden regulären Elemente gekennzeichnet und C beschreibt das weiter außen liegende unveränderte Netz. Wie die Bildsequenz zeigt, erfolgt die lokale Netzanpassung ausschließlich im Bereich B und springt dann um ein »Elementraster« weiter. Als Rissspitzenelemente können entweder hybride Elemente (Abschnitt 6.3) oder Viertelpunktelemente (Abschnitt 6.2.2) eingesetzt werden, die aufgrund der eingebauten Risssingularitäten trotz einer groben Vernetzung eine sehr genaue Berechnung der Spannungsintensitätsfaktoren ermöglichen.

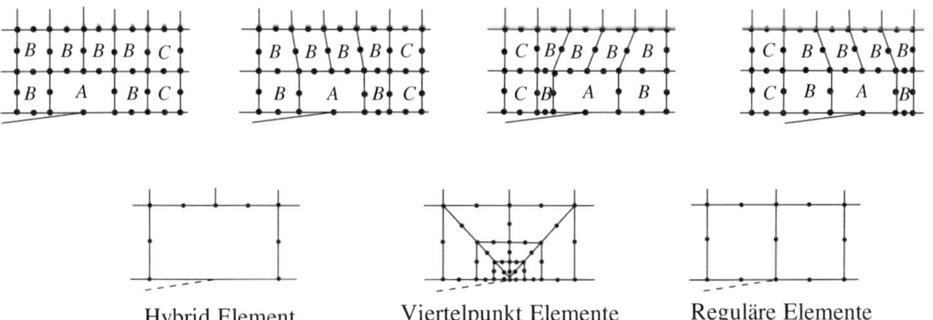

Bild 10.7 Simulation der Rissausbreitung unter Modus-I durch Verschiebung von Sonderelementen mit der Rissspitze

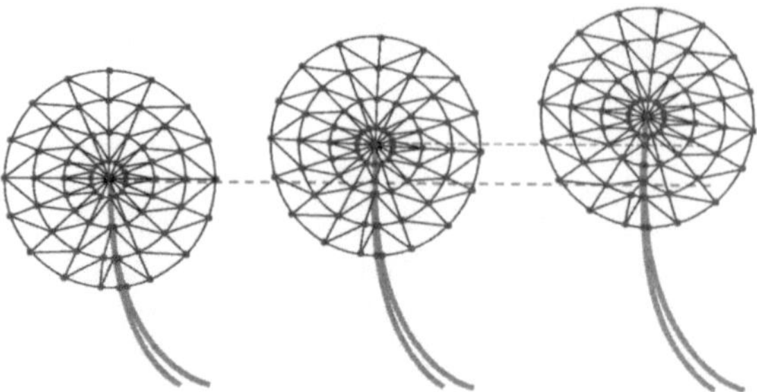

Bild 10.8 Simulation der Rissausbreitung unter gemischter Mixed-Mode-Belastung durch mitbewegte Viertelpunktelemente im kreisförmigen Nahbereich [20, 25]

Neben diesem wesentlichen *Vorteil* zeichnet sich die Technik der *mitbewegten Rissspitzenelemente* gegenüber anderen Verfahren auch dadurch aus, dass die Länge des Rissinkrementes Δa nicht an die FEM-Diskretisierung gebunden ist, sondern kontinuierlich auf den gewünschten Betrag einstellbar ist. Bei einigen Hybridelementen kann Δa sogar im Element selbst variiert werden, siehe Bild 6.15. Diese Vorzüge erkauft man sich durch den erhöhten Aufwand einer ständigen Neuvernetzung, d. h. zumindest im Bereich B müssen die Elementsteifigkeitsmatrizen neu aufgebaut und assembliert werden. *Einschränkungen* ergeben sich aus dem Umstand, dass leistungsfähige Rissspitzenelemente nur für statische und dynamische Rissprobleme der LEBM zur Verfügung stehen. In anderen Fällen (z. B. EPBM) kann der Bereich A auch mit Standardelementen vernetzt werden.

Mit geringfügigem Mehraufwand lässt sich diese Technik ebenso auf 2D krummlinige Rissausbreitung unter Mixed-Mode-Beanspruchung erweitern. Bild 10.8 zeigt ein Beispiel mit kreisförmigem Kerngebiet A aus Viertelpunktelementen [20, 25], das die bewegte Rissspitze umschließt und durch ein Übergangsgebiet (B) aus konzentrischen Elementringen an das äußere Netz angeschlossen wird. Für die Netzanpassung bieten sich automatische Netzgeneratoren wie z. B. der DELAUNAY-Algorithmus [40] für Dreiecke an.

10.4 Adaptive Vernetzungsstrategien

10.4.1 Fehlergesteuerte adaptive Vernetzung

Im Unterschied zu einer *automatischen Vernetzung* von Risskonfigurationen bzw. ausgewählten Teilbereichen (z. B. im vorigen Abschnitt 10.3), die mit herkömmlichen Netzgeneratoren erfolgt, spricht man von einer *adaptiven Vernetzung* dann, wenn der Algorithmus auf der Basis der FEM-Lösung selbst eine Anpassung der Diskretisierung an das behandelte Problem vornimmt. Als Kriterium für eine lokale Verfeinerung oder Vergröberung der Vernetzung dienen Maße für den numerischen Fehler an dieser Stelle. Dafür existieren verschiedene a posteriori Fehlerschätzer, siehe z. B. [40, 38], die entweder auf einer energetischen Fehlernorm zwischen dem lokalen FEM-Wert und einer global verbesserten FEM-Approximation basieren oder die Residuen von Feldgrößen auf den Elementrändern $\tilde{S}_e$ auswerten. Da bei der Verschiebungsgrößen-FEM die Schnittspannungen auf den Kanten zwischen benachbarten Elementen nicht exakt reziprok sind (5.6), sondern eine Unstetigkeit aufweisen (siehe Bild 5.2), wird die quadratische Norm des Spannungssprungs $\Delta t_i = t_i^+ + t_i^- = (\sigma_{ij}^+ - \sigma_{ij}^-) n_j$ als Fehlerindikator für jedes Element e benutzt:

$$\eta_e^2 = \sum_{k=1}^{N_K} l_k \|\Delta t_i\|^2. \tag{10.2}$$

Hierbei wird über alle N_K Kanten $\tilde{S}_e$ des Elementes summiert und mit ihrer Länge l_k gewichtet. Eine Abschätzung für den Gesamtfehler der numerischen Lösung mit der gegebenen Diskretisierung erhält man aus dem Mittelwert

$$\eta = \sqrt{\sum_{e=1}^{n_e} \eta_e^2}. \tag{10.3}$$

Der Vergleich des lokalen Elementfehlers mit dem Mittelwert steuert die adaptive Veränderung der Vernetzung. Überdurchschnittlich fehlerbehaftete Elemente mit $\eta_e^2 > \alpha_{\text{fein}} \eta^2$ werden verfeinert ($\alpha_{\text{fein}} \approx 0,8$), während man Elemente mit geringem Fehler $\eta_e^2 < \alpha_{\text{grob}} \eta^2$ ($\alpha_{\text{grob}} \approx 0,001$) wieder vergröbern kann. Auf diese Weise wird in einer Folge von FEM-Analysen eine schrittweise fehlergesteuerte Verbesserung der Diskretisierung erzielt, bis der Gesamtfehlerindikator η eine Toleranzschranke unterschreitet.

Die adaptive Vernetzung lässt sich besonders effektiv durch Verknüpfung mit einem iterativen FEM-Gleichungslöser (z. B. konjugierte Gradientenmethode) gestalten, wenn zur Vorkonditionierung die Datenstrukturen und Ergebnisse des vorherigen Verfeinerungsschrittes genutzt werden [18].

10.4.2 Simulation der Rissausbreitung

Wendet man den adaptiven Vernetzungsalgorithmus auf Rissprobleme an, so wird auf sehr komfortable Weise automatisch das FEM-Netz in der Rissspitzenumgebung verfeinert, da hier der lokale Fehler der numerischen Lösung aufgrund der Spannungssingularität am höchsten ist. Für die Berechnung der Spannungsintensitätsfaktoren können prinzipiell alle im Kapitel 6 erläuterten FEM-Techniken eingesetzt werden. Da das automatisch generierte Netz zumeist aus Dreieckelementen mit einer recht unregelmäßigen Anordnung um die Rissspitze besteht, ist die Auswertung von J als äquivalentes Gebietsintegral am besten geeignet. Im Falle von

Mixed-Mode-Beanspruchung empfiehlt es sich dann, das in Abschnitt 7.7.2 vorgestellte Interaction-Integral zu benutzen, um K_{I} und K_{II} zu separieren. Wann darf die sukzessive adaptive Verfeinerung am Riss beendet werden? Die Erfahrungen haben gezeigt, dass eine Überwachung des Konvergenzverhaltens des J-Integrals bzw. der K-Faktoren angezeigt ist, um die Qualität des Netzes in Bezug auf die Bruchkenngrößen zu kontrollieren. Wenn die relative Verbesserung der Ergebnisse eine festgesetzte Schranke unterschreitet, ist die Lösung genau genug.

Für die Simulation des Risswachstums bildet die so erhaltene FEM-Lösung die Grundlage, um über Größe und Richtung des Rissfortschritts zu entscheiden. Daraufhin erfolgt eine Netzanpassung, wofür sich die Elementteilung nach Abschnitt 10.2.1 anbietet. Mit dem modifizierten Netz des verlängerten Risses wird danach eine neue FEM-Lösung unter Verwendung der adaptiven Vernetzung berechnet. Der vollständige Algorithmus zur Analyse der Rissausbreitung in Verbindung mit einer adaptiven Verfeinerungstechnik ist in Bild 10.9 zusammengestellt.

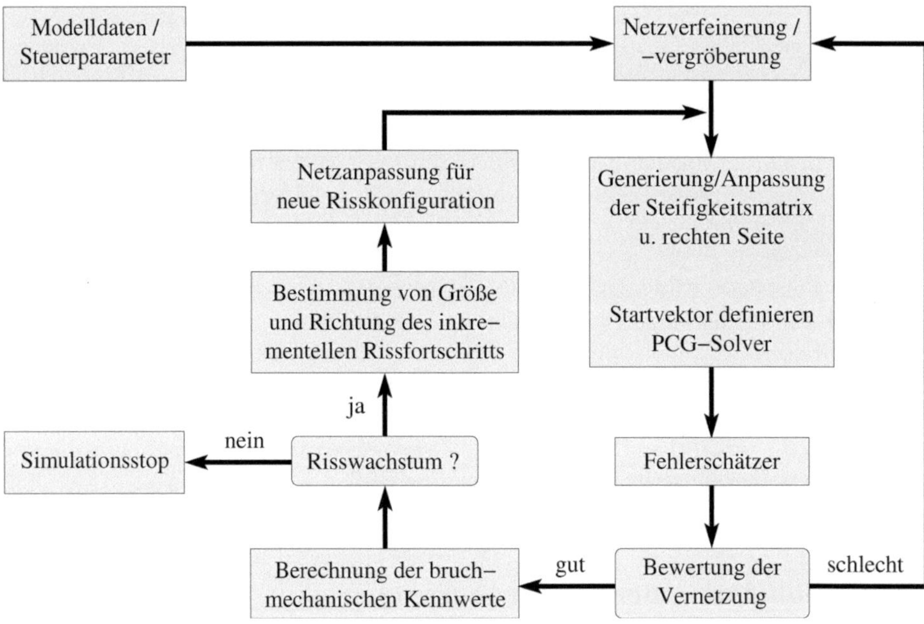

Bild 10.9 Ablaufplan einer Rissausbreitungssimulation in Kombination mit einer adaptiven, fehlergesteuerten Vernetzungsstrategie

Als Beispiel wird das Risswachstum in einer symmetrischen Zugprobe untersucht, die durch eine vorgegebene Verschiebung an der linken Modellseite im Modus I belastet ist, siehe Bild 10.10. Gestartet wird mit dem sehr groben Ausgangsnetz Bild a). Der fehlergesteuerte Algorithmus erzeugt daraus eine extreme Netzverfeinerung am Riss, so dass eine ausreichend genaue Berechnung des K_{I}-Faktors gegeben ist, verfeinert aber auch an den belasteten Ecken links oben und unten, Bild b).

Die Bilder c) und d) stellen das Netz in verschiedenen Stadien der Rissausbreitung dar. Man erkennt sehr deutlich die Netzverfeinerung während des Risswachstums. Nachdem der Riss von seiner früheren Position um Δa fortgeschritten ist, wird die Vernetzung an der alten Rissspitze sogar wieder vergröbert.

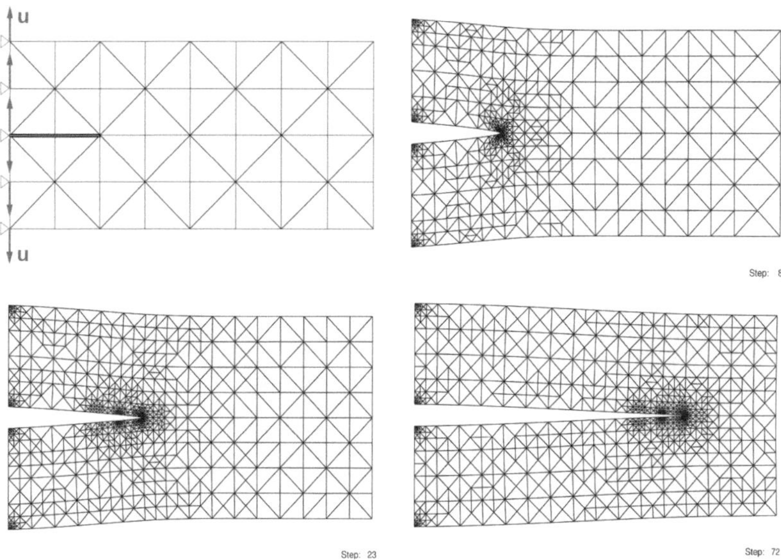

Bild 10.10 Beispiel für eine adaptive FEM-Simulation der Rissausbreitung in einer Zugprobe: a) Ausgangsnetz, b) Verfeinerung bei Anfangsrisslänge, c)-d) Ausbreitung

Leider war es bisher nicht möglich, diese Technik auf 3D Rissprobleme zu erweitern, da die geometrische und topologische Teilung von Tetraedernetzen sehr kompliziert ist.

10.5 Anwendung der Submodelltechnik für 3D - Rissprobleme

10.5.1 Algorithmus mit Submodelltechnik

Durch Anwendung der Submodelltechnik (engl. *submodel technique*) kann der Aufwand für eine Neuvernetzung bei der Rissausbreitung verringert werden, weshalb sie vorrangig für räumliche Rissprobleme eingesetzt wurde. Diese elegante Methode eignet sich besonders in Kombination mit kommerziellen FEM-Programmen. Sie verbindet die Vorteile einer einfachen, automatisierten Vernetzung des Risses aus regulären Elementen mit der höheren Genauigkeit von Rissspitzenelementen. Das Prinzip wird anhand von Bild 10.11 erläutert:

- Neuvernetzung der Rissumgebung mit Standardelementen (2D Dreiecke bzw. 3D Tetraeder) für das aktuelle Rissinkrement
- Durchführung einer FEM-Analyse mit diesem globalen Netz
- Festlegung eines Submodells um die Rissspitze, das aus optimal angeordneten Rissspitzenelementen (Viertelpunktelemente 2D bzw. 3D) besteht
- Übertragung der Verschiebungslösung der globalen Analyse auf die Randknoten des Submodells
- FEM-Analyse mit dem lokalen Submodell und Bestimmung der Bruchkenngrößen, wozu entweder das Rissschließintegral (Abschnitt 6.5), die Viertelpunktauswertung (Abschnitt 6.2.3) oder das Interaction-Integral (Abschnitt 7.7.2) genutzt wird.

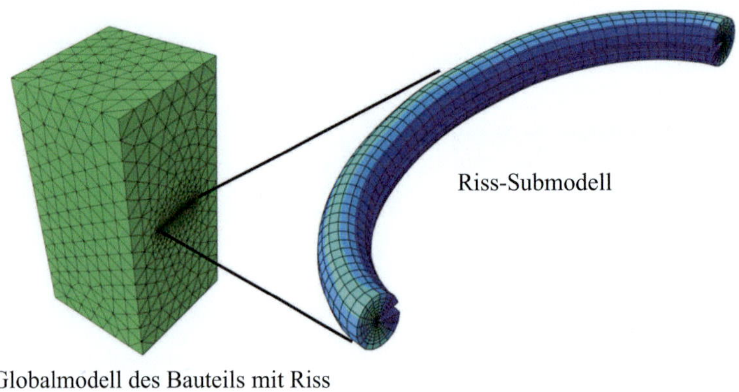

Bild 10.11 Erzeugung eines Submodells entlang der 3D Rissfront aus dem Globalmodell

Basierend auf diesem Algorithmus wurden verschiedene Softwarepakete für die automatische Simulation der Rissausbreitung in 3D linear-elastischen Strukturen unter quasistatischer oder Ermüdungsbelastung entwickelt. Das bekannteste Tool ist FRANC3D von der Cornell Fracture Group [37, 13]. Es nutzt Hexaederelemente für das Globalmodell und Viertelpunkt-Pentaeder an der Rissspitze zur Generierung der FEM-Netze. Anhand der berechneten K-Faktoren wird der inkrementelle Rissfortschritt ermittelt. FRANC3D besitzt Schnittstellen zu den kommerziellen Programme ABAQUS, ANSYS und NASTRAN, die für die eigentliche FEM-Analyse eingesetzt werden. In Paderborn entstand der Code ADAPCRACK [35], wobei Tetraederelemente für das Globalmodell und Hexaederelemente am Riss in Kombination mit dem MCCI-Integral (Abschnitt 6.5) zur Anwendung kommen. An der TU Freiberg entstand das Paket PROCRACK [28, 27], das in Verbindung mit ABAQUS [1] arbeitet und die automatische Generierung des Risses im Globalmodel mit Tetraedern und im Submodell mit Hexaedern vornimmt. Stellvertretend für all diese Verfahren wird PROCACK im folgenden Abschnitt genauer beschrieben. Weitere

Techniken und Software-Tools zur 3D Risssimulation werden im Übersichtsartikel von Branco u.a. [5] referiert.

10.5.2 Das Programm ProCrack zur 3D Rissausbreitung

ProCrack ist ein Softwaretool zur automatisierten Finite-Elemente-Simulation des Ermüdungsrisswachstums. Es besteht aus einer Bibliothek von Python-Routinen, welche das Pre- und Postprocessing während der einzelnen Simulationsschritte steuern. Dabei wird das kommerzielle FE-Programmsystem Abaqus/CAE für das Pre- und Postprozessing des verwendeten Berechnungsmodells genutzt. Die eigentliche FE-Analyse wird mit Hilfe von Abaqus/Standard durchgeführt. Die Arbeitsweise des Programms ProCrack wird im Flussdiagramm Bild 10.12 erläutert. Notwendige Eingabedaten sind das Abaqus/CAE-Modell des Bauteils, die Geometrie des Anfangsrisses sowie weitere Steuerparameter der Simulation. Die Hauptroutine von ProCrack steuert die Risswachstumsschleife, in welcher die folgenden Schritte wiederholt abgearbeitet werden:

1) Erstellung des FE-Modells des Bauteils in Abaqus/CAE:
   - Generierung/Aktualisierung der Rissgeometrie
   - FE-Vernetzung des Bauteils
   - Generieren der Abaqus-Eingabedatei
2) FE-Analyse des rissbehafteten Bauteils mittels Abaqus/Standard
3) Erstellung des Riss-Submodells in Abaqus/CAE:
   - FE-Vernetzung des Submodells
   - Generieren der Abaqus-Eingabedatei
4) FE-Analyse des Riss-Submodells mittels Abaqus/Standard
5) Bestimmung der bruchmechanischen Parameter entlang der Rissfront
   - Berechnung der Schwingbreite der K-Faktoren
   - Berechnung der Rissablenkwinkel
   - Berechnung der inkrementellen Risswachstumslängen
6) Prüfen der Bedingung für Ermüdungsrisswachstum
7) Bestimmung der neuen Rissfrontkoordinaten
8) Prüfen, ob Bauteilversagen vorliegt
9) Gehe zu Punkt 1) für nächstes Rissinkrement

Im Bild 10.13 ist das Prinzip der inkrementellen Rissausbreitung dargestellt. Die Rissflächen werden geometrisch mit Facetten beschrieben und anschließend im Globalmodell vernetzt. Nach der Analyse des Globalmodells wird entlang der aktuellen Rissfront ein schlauchförmiges Submodell generiert, das aus konzentrischen

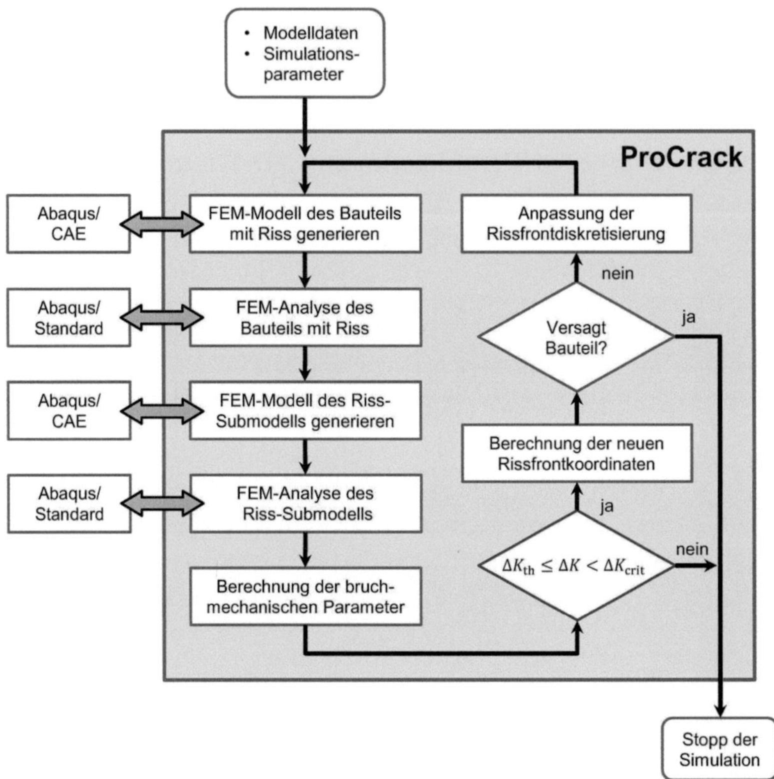

Bild 10.12 Ablaufplan des Programms ProCack zur automatischen Simulation der 3D Rissausbreitung

Ringen von Hexaederelementen besteht, die direkt an der Rissspitze zu Viertelpunktelementen degeneriert wurden, siehe Bild 10.11. Dem Submodell wird auf seiner Oberfläche das Verschiebungsfeld aus der Lösung des Globalmodells als Randbedingung aufgeprägt. Im Ergebnis der Submodellanalyse bekommt man in jedem FEM-Knotenpunkt der aktuellen Rissfront die drei K-Faktoren mit Hilfe des Interaction-Integrals in Abaqus. Sie bilden die Grundlage für die bruchmechanische Bewertung im Rahmen der LEBM. In ProCrack sind die Gesetze für Ermüdungsrissfortschritt nach Paris, (4.287) und Nasgro [11, 21] (4.289) implementiert, für die stellvertretend folgende Gleichung geschrieben wird:

$$\frac{\mathrm{d}a}{\mathrm{d}N} = g(\Delta K_{\mathrm{v}}, R)\,. \tag{10.4}$$

Da es sich im Allgemeinen um einen räumlichen Mixed-Mode Fall aus $K_{\mathrm{I}}, K_{\mathrm{II}}$, und K_{III} handelt, muss in obige Gleichung die Schwingbreite des Vergleichsspannungsintensitätsfaktors ΔK_{v} eingesetzt werden. Sie wird nach Richard [29] wie folgt berechnet:

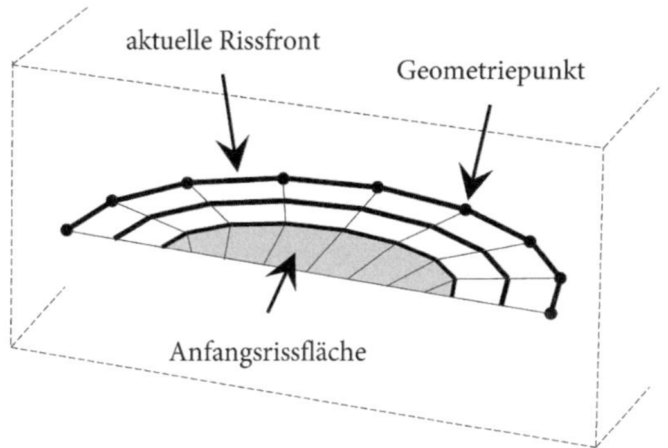

Bild 10.13 Geometrische Diskretisierung eines Oberflächenrisses im Globalmodell

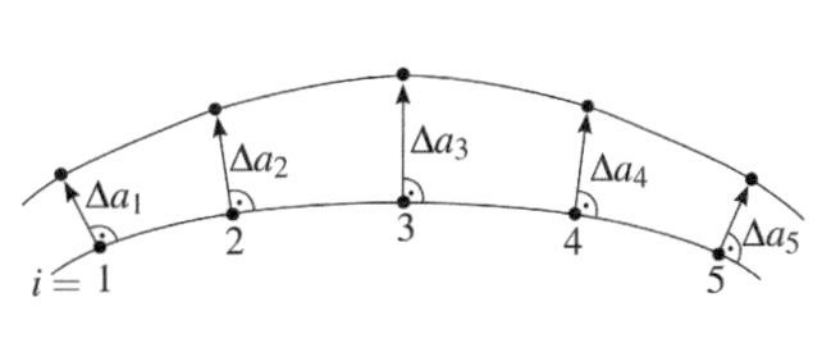

Bild 10.14 Festlegung des inkrementellen Rissfortschritts entlang der 3D Rissfront

$$\Delta K_{\mathrm{v}} = \frac{1}{2}\Delta K_{\mathrm{I}} + \frac{1}{2}\sqrt{(\Delta K_{\mathrm{I}})^2 + 5.336(\Delta K_{\mathrm{II}})^2 + 4(\Delta K_{\mathrm{III}})^2}\,. \tag{10.5}$$

Durch Integration von (10.4) berechnet man an jedem Punkt $i = 1 \dots n$ entlang der Rissfront den inkrementellen Rissfortschritt

$$\Delta a_i = g(\Delta K_{\mathrm{v}}, R_{\mathrm{K}})|_{\mathrm{i}}\, \Delta N_{\mathrm{Inc}} \tag{10.6}$$

für eine bestimmte Anzahl von Lastzyklen ΔN_{Inc}, die so gewählt ist, dass Δa_i für alle Punkte zwischen einem numerisch sinnvollen Mindestwert Δa_{min} und Maximum Δa_{max} liegt.

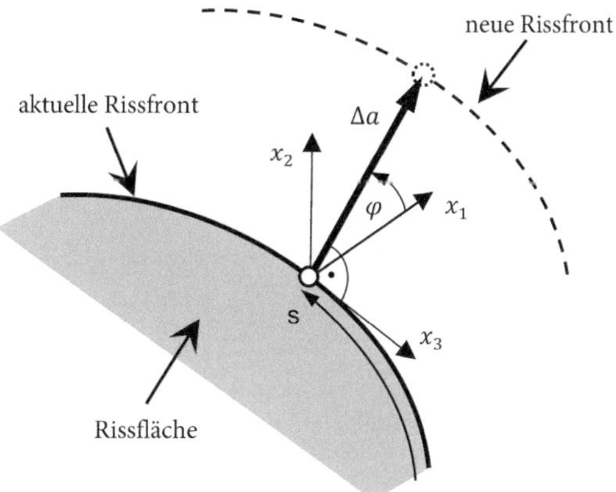

Bild 10.15 Rissablenkungswinkel φ an einem Punkt der Rissfront in der (x_1, x_2)-Ebene

Der Riss wird im Mixed-Mode Fall von seiner Ursprungsebene abweichen und beliebige gekrümmte Flächen annehmen. Entsprechend dem Kriterium der maximalen Umfangsspannung (Abschnitt 4.4.4) wird der Riss in der lokalen (x_1, x_2)-Ebene um den Winkel φ abknicken, siehe Bild 10.15:

$$\varphi = 2\arctan\left[\frac{\operatorname{sign}(1-R_{\mathrm{II}})}{4}\left(\frac{\Delta K_{\mathrm{I}}}{\Delta K_{\mathrm{II}}} - \sqrt{\left(\frac{\Delta K_{\mathrm{I}}}{\Delta K_{\mathrm{II}}}\right)^2 + 8}\right)\right]. \tag{10.7}$$

Damit sind Richtung und Betrag des Rissfortschritts Δa_i an allen Rissfrontpunkten bestimmt, und die Koordinaten der neuen Rissfront stehen fest. Im Flussdiagramm Bild 10.12 wird die Schleife für den nächsten Rissausbreitungsschritt wiederholt.

10.5.3 Demonstrationsbeispiel

Die Arbeitsweise von ProCrack soll am einfachen Beispiel eines halbelliptischen Risses in einer Welle unter zyklischer Torsion illustriert werden. Die Geometrie der zylindrischen Welle (Durchmesser = 30 mm) und des Anfangsrisses (a=2mm, c=2a) sind in Bild 10.16 veranschaulicht. Die (x, y)-Ebene des Anfangsrisses liegt senkrecht zur Längsachse der Welle. Das Torsionsmoment beträgt $\Delta M_t = 600\,\mathrm{Nm}$ bei Zugschwellbelastung $R = 0$. Der Werkstoff Stahl hat einen Schwellenwert für Ermüdungsrisswachstum von $\Delta K_{\mathrm{th}} = 4{,}4\,\mathrm{MPa}\sqrt{\mathrm{m}}$ sowie die Paris-Parameter $C = 9{,}65 \cdot 10^{-9}$ und $m = 2{,}75$. Das Ermüdungsrisswachstum wird für drei unterschiedliche Rissorientierungen simuliert, die durch eine Drehung des Koordinatensystems um die y-Achse mit dem Winkel $\alpha = 15°, 45°$ und $75°$ entstehen.

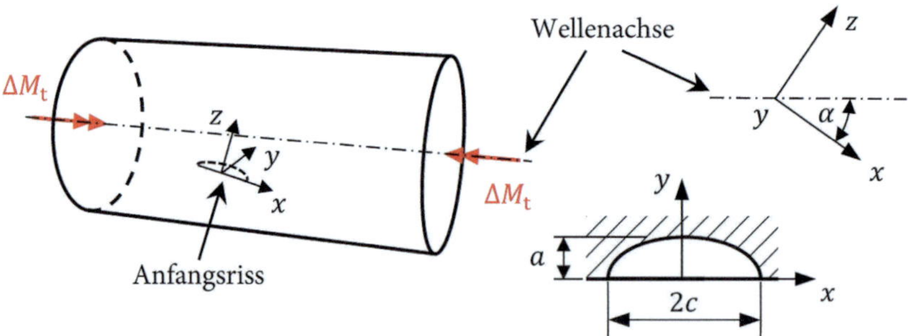

Bild 10.16 Modell der Welle mit Oberflächenriss unter Torsionbelastung

Durch die verschiedenen Rissorientierungen werden die Rissfronten unterschiedlich beansprucht. In Bild 10.17 sind die Spannungsintensitätsfaktoren $K_{\mathrm{I}}, K_{\mathrm{II}}$, und K_{III} im Maximum des Belastungszyklus für die drei Anfangsrisse entlang der Rissfrontposition s dargestellt. Für die Rissorientierung von 45° wirkt dabei ausschließ-

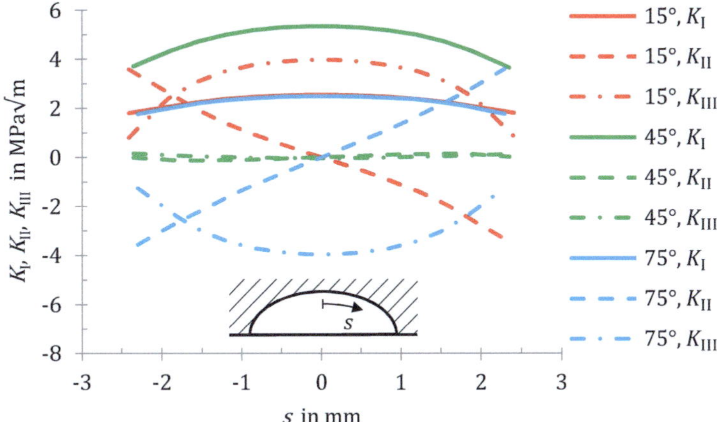

Bild 10.17 Verteilung der Spannungsintensitätsfaktoren entlang der Rissfront s für die Rissorientierungen $\alpha = 15°, 45°$ und $75°$

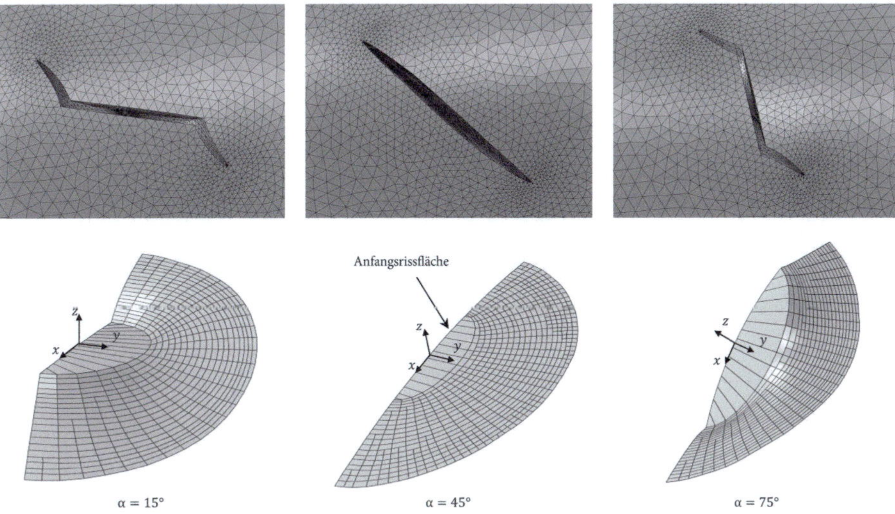

Bild 10.18 Ausbreitung der Oberflächenrisse in der Welle nach 19 Risswachstumsinkrementen für drei Rissorientierungen $\alpha = 15°, 45°$ und $75°$. Oben: FEM-Diskretisierung, Unten: Rissflächen im Geometriemodell.

lich eine Modus-I-Belastung (max. Hauptspannungsrichtung bei Torsion!) und der Riss bleibt in seiner Ausgangsebene, während bei 15° bzw. 75° infolge der Schubspannungen ein Mixed-Mode-Zustand vorherrscht, der bei Rissausbreitung eine Richtungsänderung hin zur Hauptspannungsebene bewirkt. Dies ist sehr deutlich im Bild 10.18 zu erkennen.

10.6 Kohäsivzonenmodelle

10.6.1 Werkstoffmechanische Grundlagen

Die Idee des *Kohäsivzonenmodells* (engl. *cohesive zone model*) beruht auf der Annahme, dass die Materialtrennung beim Bruchvorgang ausschließlich in einer schmalen streifenförmigen Zone vor dem Riss stattfindet. Nach dieser Vorstellung vollzieht sich die Schädigung des Materials bis hin zu seiner endgültigen Trennung (Separation) im Wesentlichen in diesem begrenzten Bereich, wohingegen der restliche Körper normalen Verformungsgesetzen unterliegt und schädigungsfrei bleibt.

Das erste Modell dazu stammt von BARENBLATT [2], der die atomaren Wechselwirkungskräfte zwischen den Ufern eines sich öffnenden Risses berücksichtigte und diesen Bereich als *Kohäsivzone* bezeichnete. Das Versagen wird bei diesem physikalisch motivierten Zugang *kontinuierlich* modelliert. Als Folge davon verschwinden die unrealistischen Spannungssingularitäten an der Rissspitze – eine wesentliche Eigenschaft aller Kohäsivzonenmodelle. Ein ähnliches Modell wurde von DUGDALE [10] entwickelt, um eine streifenförmige plastische Zone vor dem Riss nachzubilden, siehe Abschnitt 4.3.3.

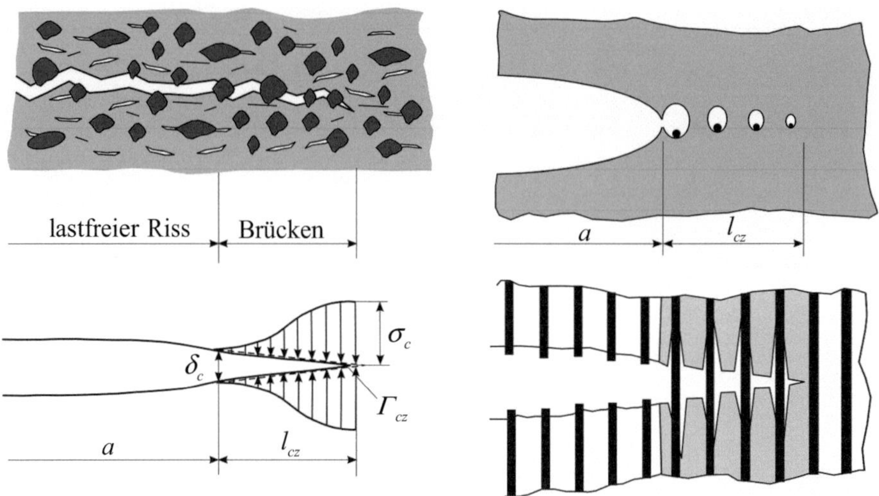

Bild 10.19 Anwendungsbeispiele für Kohäsivzonenmodelle: Spröde heterogene Werkstoffe, duktiler Wabenbruch, Faserverbundwerkstoffe (l_{cz} – Länge der Kohäsivzone)

Inzwischen hat das Kohäsivzonenmodell viele Anwendungen gefunden, die vor allem durch werkstofftypische Phänomene des Versagens in einem schmalen Band angeregt wurden. So beobachtet man in keramischen Werkstoffen oder Betonen [16] Materialbrücken zwischen den Rissufern, die begrenzte Kräfte übertragen können (Bild 10.19). Charakteristische Erscheinungen dieser Art findet man auch bei faserverstärkten Werkstoffen oder in Polymeren, wo sich durch Faserauszug bzw.

gestreckte Molekülketten (*crazes*) eine Stützwirkung ausbildet. Auch die Prozesszone beim duktilen Bruch, in der infolge von Bildung, Wachstum und Vereinigung von Mikroporen eine geometrische Entfestigung der verbleibenden Zwischenbereiche abläuft, kann näherungsweise auf ein schmales Band reduziert werden, siehe Bild 10.19. Weitere Anwendungsmöglichkeiten des Kohäsivzonenmodells findet man bei Klebeverbindungen oder engspaltigen Schweißnähten. In Verbindung mit numerischen FEM-Berechnungen haben Kohäsivzonenmodelle vor allem deshalb an Bedeutung gewonnen, weil sich damit das Risswachstum recht leicht simulieren lässt. Erstmalig hat NEEDLEMAN [22] auf diese Weise das Risswachstum in duktilen Werkstoffen mit FEM modelliert.

Die Grundlage aller Kohäsivmodelle ist das Gesetz, welches die Kraftwechselwirkung zwischen den beiden Grenzflächen (Rissufern) beschreibt. Hierbei handelt es sich um ein echtes lokales Materialgesetz, das von der äußeren Belastung unabhängig ist. Das so genannte *Kohäsivgesetz* oder *Separationsgesetz* wird üblicherweise als Funktion zwischen den Randspannungen σ und der Separation $\delta_n = u_n^+ - u_n^-$ der Grenzflächen dargestellt, d. h. dem Abstand der Rissufer. Es existieren in der Literatur inzwischen viele Vorschläge für Kohäsivgesetze, die sich je nach Werkstoff und Versagensmechanismus unterscheiden, siehe z. B. die Übersichten von BROCKS und CORNEC [6, 7]. Bild 10.20 zeigt einige typische Formen. Mit wachsendem Abstand steigt zunächst die Spannung an bis zu einem Maximum, der *Kohäsionsfestigkeit* σ_c des Materials. Wenn die Separation eine kritische *Dekohäsionslänge* δ_c erreicht hat, so ist das Material zertrennt und es kann keine Spannung mehr übertragen werden.

Die Integration des Separationsgesetzes bis zum Versagen δ_c, also die Fläche unter der Kurve, liefert die bei der Materialtrennung dissipierte Arbeit – die spezifische Bruchenergie pro Oberfläche $G_c = 2\gamma$ nach GRIFFITH.

$$G_c = \int_0^{\delta_c} \sigma(\delta_n)\mathrm{d}\delta_n \qquad \textit{Separationsenergie} \tag{10.8}$$

Die Separationsenergie muss nach Abschnitt 4.2.5 von der lokalen Energiefreisetzungsrate $\Delta\mathcal{W}_c$ des Systems gemäß der Beziehung (4.84) bereitgestellt werden. Andererseits kann man mit (4.100) das J-Integral $\widehat{=} J_{\text{tip}}$ direkt in der Kohäsivzone des Risses auswerten, wofür der Integrationspfad genau entlang ihrer Berandung Γ_{cz} in Bild 10.19 geführt wird. Damit entfällt der 1. Term mit U aus (4.100). Bei reiner Modus-I-Belastung besteht der 2. Term nur aus dem Produkt der Normalspannungen $-\sigma_{22} = \sigma(\delta_n)$ mit den Verschiebungen u_2^+ des oberen Rissufers, was sich mit entgegengesetzten Vorzeichen ($u_2^- = -u_2^+$, $+\sigma_{22}$) am unteren Rissufer wiederholt, so dass mit $\delta_n = u_2^+ - u_2^-$ gilt:

$$J_{\text{tip}} = \oint_{\Gamma_{\text{cz}}} \left(-\sigma_{ij}\frac{\partial u_i}{\partial x_1}\right) n_j \,\mathrm{d}s = \oint_{\Gamma_{\text{cz}}} \left(-\sigma_{22}\frac{\partial u_2}{\partial x_1}\right) \mathrm{d}s$$

$$= \int_0^{l_{\text{cz}}} \sigma(\delta_{\text{n}}) \frac{\partial \delta_{\text{n}}}{\partial x_1} \, \mathrm{d}x_1 = \int_0^{\delta_{\text{c}}} \sigma(\delta_{\text{n}}) \, \mathrm{d}\delta_{\text{n}} = G_{\text{c}} \, . \tag{10.9}$$

Rissinitiierung setzt ein, wenn $\delta = \delta_{\text{c}}$ an der eigentlichen Rissspitze ($x_1 = 0$) erreicht wird, was dem CTOD-Wert entspricht (Bild 10.19). Im Rahmen der LEBM ist sofort die Verbindung mit den Bruchzähigkeitskennwerten $G_{\text{c}} \mathrel{\widehat{=}} G_{\text{Ic}} = K_{\text{Ic}}^2/E'$ gegeben. In der EPBM korreliert die Separationsenergie bei hinreichender Wegunabhängigkeit von J mit dem physikalischen Initiierungswert $G_{\text{c}} \approx J_i$. Damit ist der Zusammenhang zwischen Kohäsivzonenmodell und klassischer Bruchmechanik hergestellt.

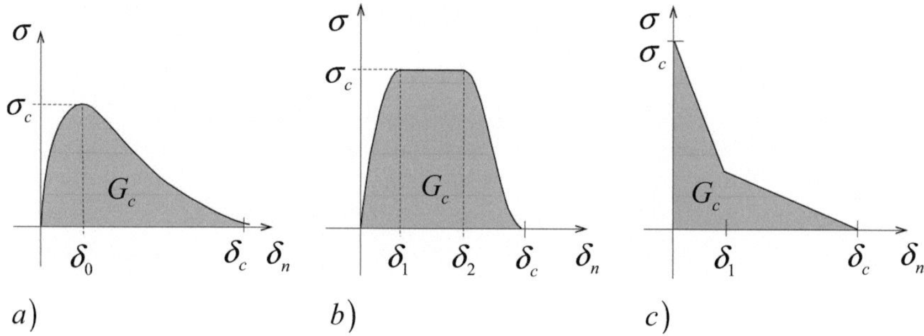

Bild 10.20 Typische Ansätze für Separationsgesetze

Für spröde Metalle eignet sich das Exponentialgesetz (10.10) nach Bild 10.20 a, das auf Energiepotentialen der atomaren Bindungen von Rose u. a. [31] beruht und von Needleman [23] in modifizierter Form für Kohäsivzonenmodelle eingeführt wurde.

$$\sigma(\delta_{\text{n}}) = \frac{G_{\text{c}}}{\delta_0} \frac{\delta_{\text{n}}}{\delta_0} \exp\left(-\frac{\delta_{\text{n}}}{\delta_0} \right), \qquad G_{\text{c}} = \mathrm{e}\, \sigma_{\text{c}} \, \delta_0, \qquad (\mathrm{e} \approx 2{,}718) \tag{10.10}$$

Am Anfang überwiegt der lineare Anteil, bis bei δ_0 das Maximum $\sigma_{\text{c}} = G_{\text{c}}/(\mathrm{e}\delta_0)$ der Funktion erreicht wird, wonach sie exponentiell abklingt.

Eine trapezförmige Form des Separationsgesetzes (Bild 10.20 b) haben Tvergaard & Hutchinson [36] und Scheider [33] für duktiles Risswachstum vorgeschlagen. Die Anfangssteifigkeit, der Bereich konstanter Maximalspannungen und die Entfestigungskurve können je nach Bedarf frei gewählt werden. Die differenzierbaren Kurvenübergänge sind für die Numerik vorteilhaft.

$$\sigma(\delta_n) = \begin{cases} \sigma_c \left[2\left(\frac{\delta_n}{\delta_1}\right) - \left(\frac{\delta_n}{\delta_1}\right)^2 \right] & \text{für } \delta_n < \delta_1 \\ \sigma_c & \text{für } \delta_1 \le \delta_n \le \delta_2 \\ \sigma_c \left[2\left(\frac{\delta_n - \delta_2}{\delta_c - \delta_2}\right)^3 - 3\left(\frac{\delta_n - \delta_2}{\delta_c - \delta_2}\right)^2 + 1 \right] & \text{für } \delta_2 < \delta_n < \delta_c \end{cases} \tag{10.11}$$

$$G_c = \sigma_c \left(\frac{1}{2}\delta_c - \frac{1}{3}\delta_1 + \frac{1}{2}\delta_2 \right) \tag{10.12}$$

Für spröde Werkstoffe wie Beton wurden Funktionen mit unendlicher Anfangssteifigkeit, aber linear Hillerborg [15] oder bilinear Bazant [3] abnehmendem Gesetz angenommen (Bild 10.20 c).

$$\sigma(\delta_n) = \sigma_c \left(1 - \frac{\delta_n}{\delta_c} \right) \tag{10.13}$$

Die drei wesentlichen Parameter σ_c, G_c und δ_c jedes Kohäsivgesetzes kann man experimentell relativ gut bestimmen:

- σ_c aus der Bruchspannung von glatten oder gekerbten Zugproben,
- G_c aus Bruchmechanikversuchen über K_{Ic} oder J_i und
- δ_c aus der Vermessung der Bruchprozesszone.

Im allgemeinen Fall führen die Grenzflächen nicht nur Verschiebungen δ_n senkrecht zueinander (Modus I) aus, sondern bewegen sich in der Ebene tangential δ_t (Modus II) und transversal δ_s (Modus III) zueinander. Der Separationsvektor $\boldsymbol{\delta} = \left[\delta_n\ \delta_t\ \delta_s\right]^T$ wird in einem lokalen Koordinatensystem ($\boldsymbol{e}_n$, $\boldsymbol{e}_t$, $\boldsymbol{e}_s$) angegeben (Bild 10.21). Im ebenen Fall benötigt man zwei Kohäsivgesetze für das Verhalten bei Normal- und Scherseparation, die u. U. miteinander gekoppelt sein können [39, 33, 26]. Sie verknüpfen den Separationsvektor $\boldsymbol{\delta}$ mit dem Vektor der Kohäsivspannungen $\boldsymbol{t}$:

$$\boldsymbol{t} = \sigma \boldsymbol{e}_n + \tau \boldsymbol{e}_t, \qquad \boldsymbol{\delta} = \delta_n \boldsymbol{e}_n + \delta_t \boldsymbol{e}_t \tag{10.14}$$

$$\boldsymbol{t} = \boldsymbol{f}(\boldsymbol{\delta}) \quad \text{bzw.} \quad \sigma = f_n(\delta_n, \delta_t) \quad \text{und} \quad \tau = f_t(\delta_n, \delta_t) \tag{10.15}$$

Bild 10.22 zeigt typische Kohäsivgesetze für beide Separationsmoden. Die Schubspannungen bei Scherung ändern ihr Vorzeichen, wenn die Separationsrichtung δ_t wechselt. Das Gesetz für die Normalspannungen σ ist auf $\delta_n \ge 0$ beschränkt, da anderenfalls ein Kontakt der Rissufer auftritt, der Reaktionskräfte zur Folge hat. Im Fall von Druckbelastungen müssen Annahmen für die Reibung zwischen beiden Grenzflächen getroffen werden.

Im Weiteren wird eine Methode zur Erweiterung der Kohäsivgesetze auf lokale Mixed-Mode-Verhältnisse vorgestellt, die auf Ortiz & Pandolfi [26] zurückgeht. Es wird eine *effektive Separation* δ eingeführt, wobei der Faktor $0 \le \eta \le 1$ das Verhältnis zwischen Schubsteifigkeit und Dehnsteifigkeit des Kohäsivgesetzes charakterisiert.

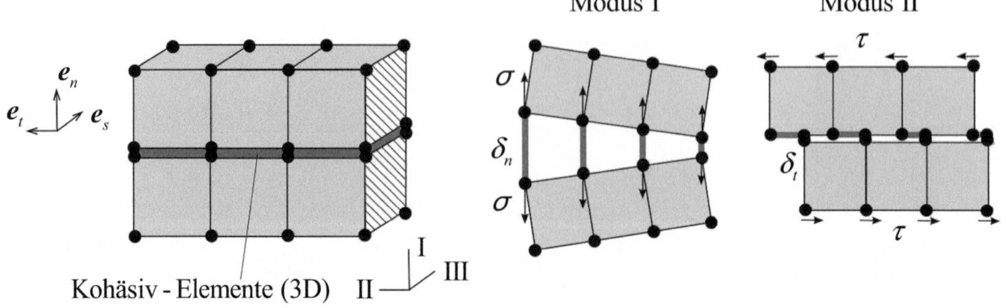

Bild 10.21 Finite Elemente Realisierung des Kohäsivzonenmodells

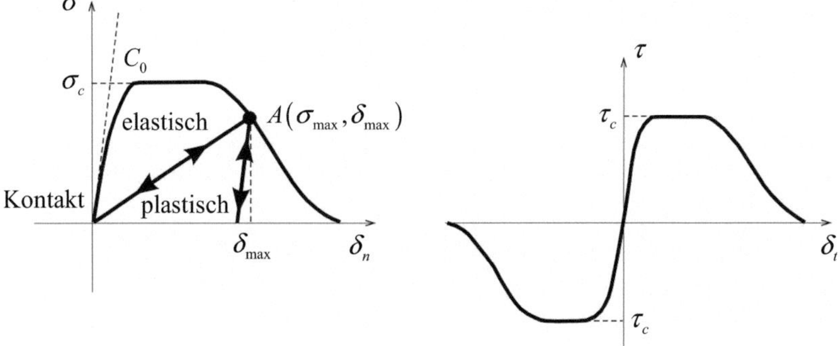

Bild 10.22 Kohäsivgesetze für die Separation in a) Normalen- b) und Tangentialrichtung

$$\delta = \sqrt{\delta_{\mathrm{n}}^2 + \eta^2 \delta_{\mathrm{t}}^2} \tag{10.16}$$

Jedes Kohäsivgesetz kann aus dem zugehörigen Potential der inneren Energie ψ_{e} hergeleitet werden. Für das Exponentialgesetz (10.10) erhält man die Funktion

$$\psi_{\mathrm{e}}(\delta) = \int\limits_0^{\delta} \sigma(\bar{\delta})\, \mathrm{d}\bar{\delta} = G_{\mathrm{c}} \left[1 - \left(1 + \frac{\delta}{\delta_0} \right) \exp\left(-\frac{\delta}{\delta_0} \right) \right] , \tag{10.17}$$

woraus sich $\sigma = \partial\psi_{\mathrm{e}}/\partial\delta$ ergibt. Mit (10.16) und der Kettenregel findet man die beiden Kohäsivgesetze

$$\sigma = \frac{\partial\psi_{\mathrm{e}}}{\partial\delta_{\mathrm{n}}} = \frac{\partial\psi_{\mathrm{e}}}{\partial\delta}\frac{\partial\delta}{\partial\delta_{\mathrm{n}}} = \frac{t}{\delta}\delta_{\mathrm{n}} \quad \text{und} \quad \tau = \frac{\partial\psi_{\mathrm{e}}}{\partial\delta_{\mathrm{t}}} = \frac{\partial\psi_{\mathrm{e}}}{\partial\delta}\frac{\partial\delta}{\partial\delta_{\mathrm{t}}} = \frac{t}{\delta}\eta^2\delta_{\mathrm{t}} , \tag{10.18}$$

wobei aus (10.16) und (10.18) folgt:

$$t = \sqrt{\sigma^2 + \frac{1}{\eta^2}\tau^2} \tag{10.19}$$

Das Modell lässt sich auch auf den 3D-Fall verallgemeinern, wenn man die beiden (bei Isotropie) gleichberechtigten Scherseparationen in der Grenzfläche vektoriell addiert und die Beziehung (10.18) als Kohäsivgesetz in dieser T-Richtung versteht:

$$\left.\begin{aligned} \boldsymbol{\delta}_{\mathrm{T}} &= \delta_{\mathrm{t}}\boldsymbol{e}_{\mathrm{t}} + \delta_{\mathrm{s}}\boldsymbol{e}_{\mathrm{s}}, \quad \delta_{\mathrm{T}} = \sqrt{\delta_{\mathrm{t}}^2 + \delta_{\mathrm{s}}^2} \\ \boldsymbol{\tau}_{\mathrm{T}} &= \tau_{\mathrm{t}}\boldsymbol{e}_{\mathrm{t}} + \tau_{\mathrm{s}}\boldsymbol{e}_{\mathrm{s}}, \quad \tau_{\mathrm{T}} = \sqrt{\tau_{\mathrm{t}}^2 + \tau_{\mathrm{s}}^2} \end{aligned}\right\} \Rightarrow \tau_{\mathrm{T}} = \frac{t}{\delta}\,\eta^2 \delta_{\mathrm{T}}\,. \tag{10.20}$$

Abschließend soll noch auf die Unterschiede bei Be- und Entlastung in den Kohäsivgesetzen im Bild 10.22 hingewiesen werden. Bis zum Erreichen der Kohäsionsfestigkeit σ_{c} wird allgemein angenommen, dass die Entlastung auf derselben Kurve zum Ursprung zurück verläuft. Nach Überschreiten des Maximums ist das nicht mehr möglich. Vom bisher erreichten Kurvenpunkt $A\ (\sigma_{\max}, \delta_{\max})$ aus erfolgt eine Entlastung und eine Wiederbelastung, ab der das Kohäsivgesetz fortgesetzt wird. Somit hat $\delta_{\max}$ die Funktion einer inneren Variablen. Die Entlastung verläuft entweder parallel zum Anstieg C_0 im Ursprung, wenn das Kohäsivgesetz plastische Verformungen beschreibt, oder sie geht linear in den Ursprung zurück, wenn das Versagen elastischer Natur ist und lediglich die Steifigkeit abnimmt.

$$\begin{aligned} &\text{Belastung:} && \delta = \delta_{\max} && \text{und} \quad \dot{\delta} \geq 0 \\ &\text{Entlastung:} && \delta < \delta_{\max} && \text{oder} \quad \dot{\delta} < 0 \\ &\text{- elastisch:} && t = C_0\,\delta\,, && C_0 = \frac{\partial t(0)}{\partial \delta} = \frac{\partial^2 \psi_e(0)}{\partial \delta^2} \\ &\text{- plastisch:} && t = \frac{t_{\max}}{\delta_{\max}}\delta && \end{aligned} \tag{10.21}$$

Ausführlichere Darstellungen der Kohäsivgesetze findet man in [6, 7].

10.6.2 Numerische Umsetzung

Das FEM-Modell besteht aus schädigungsfreien Kontinuumselementen mit einem beliebigen Materialgesetz und Grenzflächen-Elementen, in denen die Materialseparation mit dem Kohäsivzonenmodell erfolgt, siehe Bild 10.21. Diese Grenzflächen- bzw. *Kohäsiv-Elemente* öffnen sich gemäß dem Separationsgesetz und verlieren ihre Steifigkeit, wenn die Normal- bzw. Tangentialseparationen ihre kritischen Werte δ_{nc} bzw. δ_{tc} erreichen. Dann sind die ursprünglich miteinander in Kontakt stehenden Kontinuumselemente getrennt, d. h. das Material hat an dieser Stelle versagt. Der Riss kann nur innerhalb der Kohäsiv-Elemente verlaufen. Wenn der Risspfad nicht von vornherein bekannt ist, muss das FEM-Netz verschiedene Pfade vorsehen und im Extremfall sogar Kohäsiv-Elemente zwischen allen Kontinuumselementen bereithalten. Kohäsiv-Elemente stellen die mechanische Wechselwirkung zwischen zwei Grenzflächen her und benötigen dafür keine Ausdehnung in senkrechter Richtung ($\boldsymbol{e}_{\mathrm{n}}$-Koordinate). Sie verbinden paarweise gegenüberliegende Knoten auf den Flächen der angrenzenden Kontinuumselemente. Bild 10.23 zeigt typische linien- und flächenförmige Kohäsiv-Elemente, wie sie bei zwei- und dreidimensionalen Rissproblemen verwendet werden. Im undeformierten Zustand liegen die Knotenpaare aufeinander.

Die Separation der kohäsiven Grenzflächen wird aus dem Sprung des Verschiebungsvektors $\boldsymbol{\delta} = [\![\mathbf{u}]\!] = \mathbf{u}^+ - \mathbf{u}^- = \left[\delta_\mathrm{n}\ \delta_\mathrm{t}\ \delta_\mathrm{s}\right]^\mathrm{T}$ berechnet. Die Verschiebungen auf den Grenzflächen der Kohäsiv-Elemente und damit auch ihre Differenz $[\![\mathbf{u}]\!]$ werden mit denselben Formfunktionen wie bei den Kontinuumselementen angesetzt, siehe Abschnitt 5.3.1. Die Kohäsiv-Elemente in Bild 10.23 besitzen z. B. lineare Ansätze, nur Eckknoten und zwei Integrationspunkte je Koordinate. Analog zu Gleichung (5.40) werden die Separationen $[\![\mathbf{u}]\!]$ durch ihre Knotenvariablen $[\![\mathbf{v}]\!]$ interpoliert:

$$[\![\mathbf{u}(\boldsymbol{x})]\!] = \sum_{a=1}^{n_\mathrm{K}} N_a(\boldsymbol{\xi})[\![\mathbf{u}^{(a)}]\!] = \mathbf{N}[\![\mathbf{v}]\!] \,. \tag{10.22}$$

Das Materialverhalten wird in allen Integrationspunkten der Kohäsiv-Elemente bei jedem Lastinkrement berechnet, d. h. die Kohäsivspannungen $\boldsymbol{t}([\![\boldsymbol{u}]\!]) = \left[\sigma_\mathrm{n}\ \tau_\mathrm{t}\ \tau_\mathrm{s}\right]^\mathrm{T}$ zwischen den Grenzflächen ergeben sich aus den Separationen $[\![\boldsymbol{u}]\!]$ über das Kohäsivgesetz. Zur Ableitung der Steifigkeitsbeziehung wird das Prinzip der virtuellen Arbeit benutzt. Die innere Arbeit eines Kohäsiv-Elementes beträgt:

$$\delta\mathcal{W}_\mathrm{int}^{(e)} = \int\limits_{S_e} \delta[\![\boldsymbol{u}]\!] \cdot \boldsymbol{t}\,\mathrm{d}S \,. \tag{10.23}$$

Da es sich um eine nichtlineare Analyse handelt, ist eine Linearisierung des Inkrementes bei der aktuellen Belastung notwendig:

$$\delta\Delta\mathcal{W}_\mathrm{int}^{(e)} = \int\limits_{S_e} \delta[\![\boldsymbol{u}]\!] \cdot \frac{\partial \boldsymbol{t}}{\partial[\![\boldsymbol{u}]\!]} \cdot \Delta[\![\boldsymbol{u}]\!]\,\mathrm{d}S \,. \tag{10.24}$$

Ersetzt man mit (10.22) die Separation und ihre Variationen $\delta[\![\boldsymbol{u}]\!]$ durch die Knotenvariablen $[\![\mathbf{v}]\!]$, so folgt die Matrizengleichung:

$$\begin{aligned} \delta\Delta\mathcal{W}_\mathrm{int}^{(e)} &= \delta[\![\mathbf{v}]\!]^\mathrm{T} \underbrace{\int\limits_{S_e} \mathbf{N}^\mathrm{T} \frac{\partial \boldsymbol{t}}{\partial[\![\boldsymbol{u}]\!]} \mathbf{N}\,\mathrm{d}S}\ \Delta[\![\mathbf{v}]\!] \\ &= \delta[\![\mathbf{v}]\!]^\mathrm{T} \qquad \mathbf{K}([\![\boldsymbol{u}]\!]) \qquad \Delta[\![\mathbf{v}]\!] \,. \end{aligned} \tag{10.25}$$

$\mathbf{K}$ ist die gesuchte Steifigkeitsmatrix des Kohäsiv-Elementes, die von der aktuellen Materialtangente $\partial\boldsymbol{t}/\partial[\![\boldsymbol{u}]\!]$ des Separationsgesetzes abhängt. Die numerische Integration über die Grenzfläche S_e wird nach FEM-Standardprozedur (Abschnitt 5.4.3) durchgeführt.

Im Falle großer Verformungen und Starrkörperdrehungen der Kohäsiv-Elemente ist es notwendig, die Separationen in einem mitbewegten LAGRANGEschen Koordinatensystem ($\boldsymbol{e}_\mathrm{n}$, $\boldsymbol{e}_\mathrm{t}$) zu bestimmen, siehe Bild 10.23. Wenn $\mathbf{x}^{(a)}$ die Koordinaten eines Knotenpaars a im Ausgangszustand bezeichnen, so berechnen sich die verformten Positionen aus den Verschiebungen der oberen $\mathbf{u}^+(\mathbf{x}^{(a)})$ und unteren $\mathbf{u}^-(\mathbf{x}^{(a)})$ Grenzfläche des Kohäsiv-Elementes. Die Koordinaten eines gemittelten Bezugspunktes $\bar{\mathbf{x}}^{(a)}$ betragen somit

$$\bar{\mathbf{x}}^{(a)} = \mathbf{x}^{(a)} + \frac{1}{2}\left(\mathbf{u}^+\left(\mathbf{x}^{(a)}\right) + \mathbf{u}^-\left(\mathbf{x}^{(a)}\right)\right) , \tag{10.26}$$

woraus man das Bezugssystem (Strichlinie in Bild 10.23) des Elementes ermittelt. In senkrechter und tangentialer Richtung $\boldsymbol{e}_\mathrm{n}$ bzw. $\boldsymbol{e}_\mathrm{t}$ bestimmt man wie dargestellt die Separationen δ_n und δ_t.

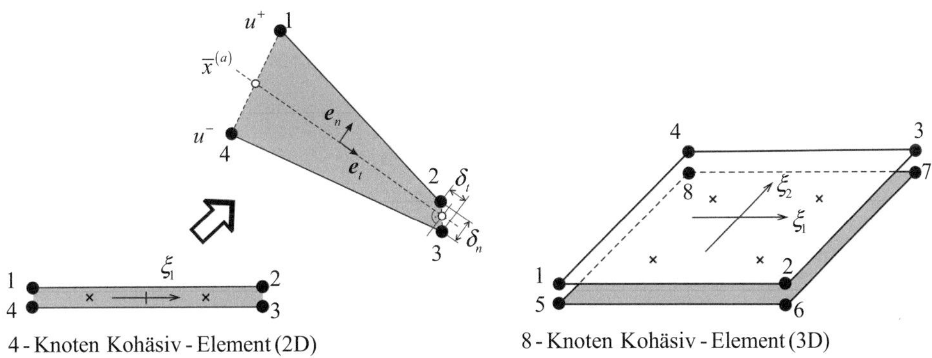

Bild 10.23 Kohäsiv-Elemente für Grenzflächen in ebenen und räumlichen Strukturmodellen

Aufgrund ihrer vielseitigen Gestaltungsmöglichkeiten werden Kohäsivzonenmodelle außerdem für die Simulation der Rissausbreitung bei Ermüdung [17, 32], bei dynamischen Bruchvorgängen und bei viskoplastischem Materialverhalten eingesetzt, sowie auf Grenzflächenrisse, Delaminationen und Schweißverbindungen angewandt. Beispiele und weiterführende Literatur sind den Übersichtsartikeln [6, 7, 34] zu entnehmen.

10.7 Beispiele für Ermüdungsrisswachstum

10.7.1 Querkraftbiegeprobe

Als Beispiel für Ermüdungsrisswachstum unter Mixed-Mode-Beanspruchung wird die in Bild 10.24 dargestellte Querkraftbiegeprobe mit Bohrung gewählt, da hierfür entsprechende experimentelle Ergebnisse vorlagen. In der Probe befindet sich auf der Oberseite ein Startriss der Länge 6 mm in einem Abstand $b = 30$ mm von der Bohrung.

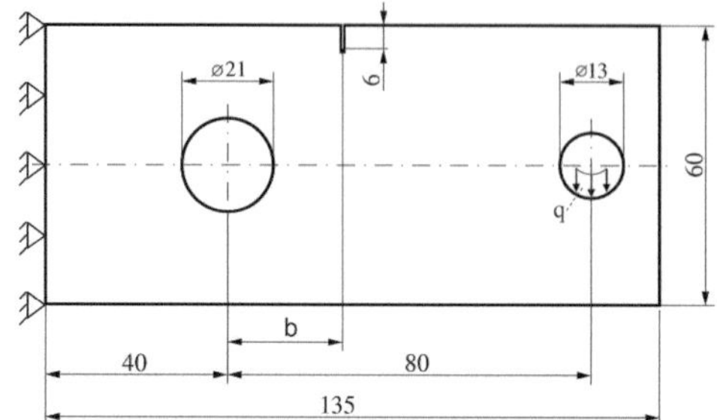

Bild 10.24 Querkraftbiegeprobe mit Anriss unter zyklischer Belastung

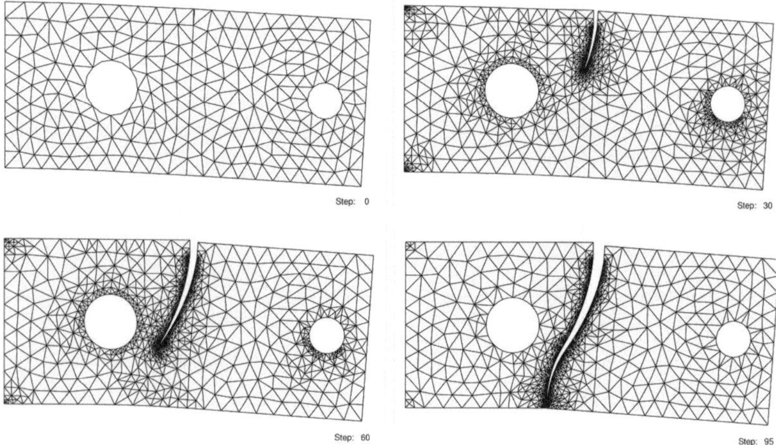

Bild 10.25 Adaptive Simulation der Rissausbreitung in der Querkraftbiegeprobe

Die einseitig eingespannte Probe wurde durch eine Kraft am Loch einer zyklischen Zug-Schwell-Belastung unterworfen, die oberhalb des Ermüdungsschwellenwertes ΔK_{th} liegt, so dass es zum Risswachstum kam. Die Simulation wurde mit der adaptiven Technik (Abschnitt 10.4) ausgeführt. Bild 10.25 zeigt das grobe Ausgangsmodell für die FEM-Simulation und drei Stadien der Rissausbreitung mit automatischer adaptiver Netzverfeinerung. Die Rissverlängerung wurde in diesem Beispiel in konstanten Inkrementen von $\Delta a = 3\,\mathrm{mm}$ vorgegeben. Das Ergebnis der FEM-Simulation zeigt eine sehr gute Übereinstimmung mit dem experimentell beobachteten Pfad des Ermüdungsrisses (Bild 10.26). Die geringen Abweichungen sind dadurch zu erklären, dass in der numerischen Simulation die Rissausbreitung stückweise geradlinig erfolgte und somit der gekrümmte Risspfad nur näherungsweise abgebildet werden kann. Das könnte mit kleineren Inkrementen Δa noch verbessert werden.

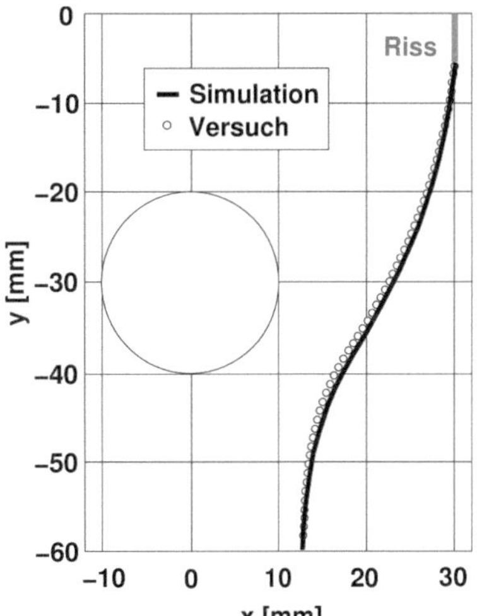

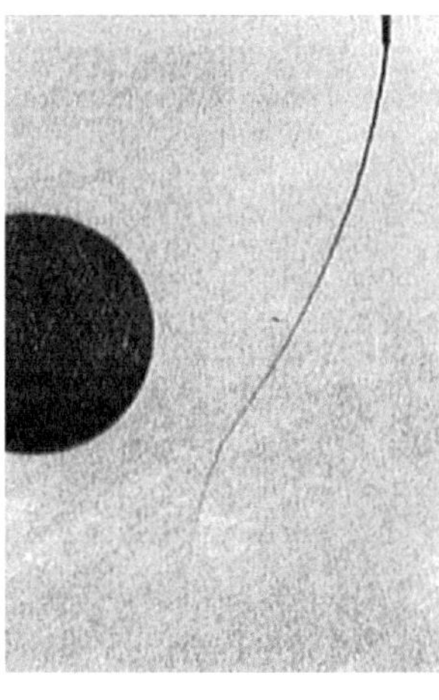

Bild 10.26 Vergleich der FEM-Simulation mit dem experimentellen Rissverlauf

10.7.2 3D Risswachstum in einer Fahrzeugkomponente

Lenkhebel in Nutzfahrzeugen gehören zu den sicherheitsrelevanten Bauteilen. Mit Hilfe des Programms ProCrack wurde das Ermüdungsrisswachstum in einem LKW-Lenkhebel unter zyklischer Betriebsbeanspruchung untersucht. Die Form des Lenkhebels ist in Bild 10.27 zu sehen (Höhe = 157 mm, Breite = 30 mm und Sockellänge = 130 mm). An der Bohrung greift eine Kraft von $\Delta F = 12{,}6\,\text{kN}$ mit einem Lastverhältnis $R = 0,1$ an. Der Hebel ist an den Bohrungen im Bauteilsockel mit zwei Schrauben fixiert, so dass eine hohe Biegebeanspruchung entsteht. Eine konventionelle Spannungsberechnung bei Maximallast verdeutlicht, dass die maximalen Hauptnormalspannungen an der Zugseite im Kerbgrund verlaufen, siehe Bild 10.28. Deshalb war an dieser Position die Entstehung und Ausbreitung eines Ermüdungsrisses anzunehmen. Als Anfangsriss wurde ein halbelliptischer Oberflächenriss mit der Risstiefe $a = 1,5$ mm und der halben Rissbreite $c = 3$ mm gewählt. Die Rissfläche wurde in die Ebene der maximalen Hauptspannung gelegt und befindet sich etwa senkrecht zur Bauteiloberfläche, Bild 10.27.

Der eingesetzte Werkstoff darf in diesem Lastbereich als elastisch angenommen werden. Zur Beschreibung des Risswachstums kam das Paris-Gesetz zur Anwendung, dessen Parameter für diesen Werkstoff mit $C = 1{,}2 \cdot 10^{-9}$ und $m = 4{,}1$ bestimmt wurden. Der Schwellenwert für den Beginn des Ermüdungsrisswachstums beträgt $\Delta K_{\text{th}} = 6{,}9\,\text{MPa}\sqrt{\text{m}}$ und die kritische Schwingbreite bei Eintritt des instabilen Risswachstums ist $\Delta K_{\text{c}} = 34\,\text{MPa}\sqrt{\text{m}}$. Eine Voruntersuchung ergab, dass der K-Faktor des angenommene halbelliptischen Anfangsrisses bei der gegebenen Belastung entlang der gesamten Rissfront den Schwellenwert überschreitet, also wachsen würde. Daraufhin erfolgte die Simulation der Ermüdungsrissausbreitung im automatisierten Ablauf mit ProCrack, siehe Abschnitt 10.5. Es wurde ein $\Delta a_{\max}$ von 0,5 mm pro Inkrement zugelassen. Nach 63 Risswachstumsschritten

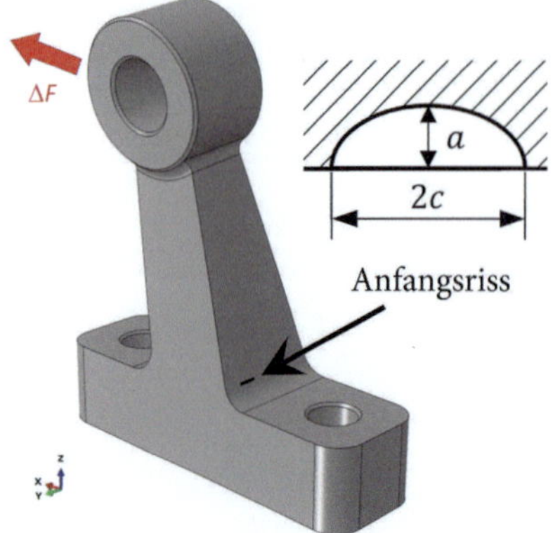

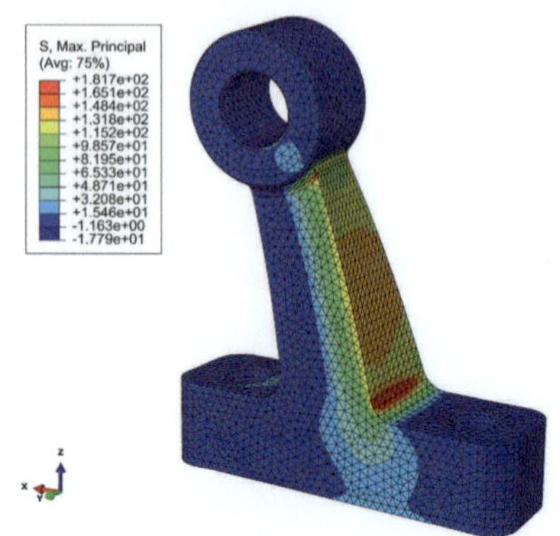

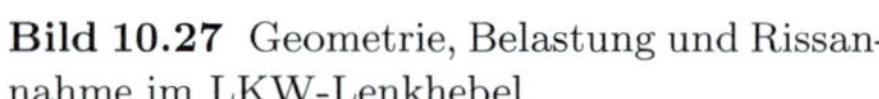

Bild 10.27 Geometrie, Belastung und Rissannahme im LKW-Lenkhebel

Bild 10.28 Verteilung der Hauptnormalspannungen bei Maximallast

endete die Simulation, da an einem Punkt der Rissfront der zyklische äquivalente Spannungsintensitätsfaktors ΔK_v den kritischen Wert ΔK_c erreicht hatte und das weitere Risswachstum instabil verlaufen würde.

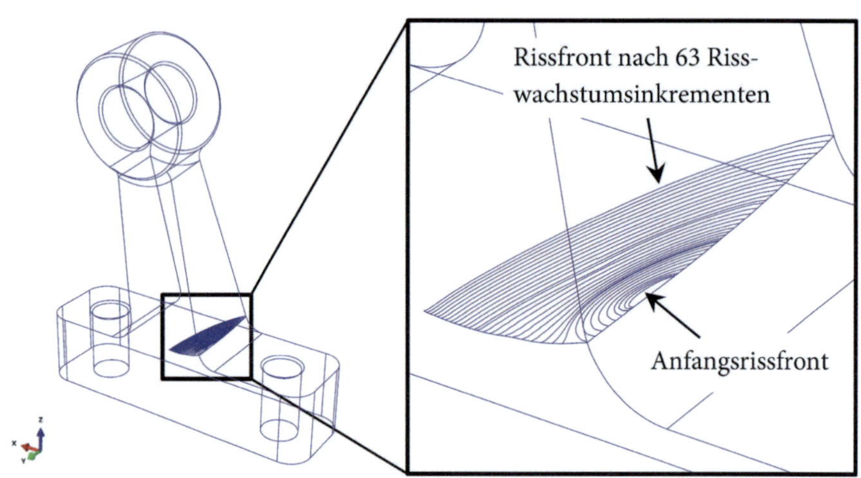

Bild 10.29 Ausbreitung des Ermüdungsrisses im Lenkhebel

Die Ausbreitung des Risses während der 63 Risswachstumsschritte ist in Bild 10.29 im Lenkhebel als Drahtmodell dargestellt. Die vergrößerte Detailansicht der Rissfläche zeigt die zeitlich aufeinanderfolgenden, berechneten Rissfronten. Insgesamt entsprechen die 63 numerischen Inkremente 391954 Belastungszyklen des realen Bauteils. Am Anfang der Simulation breitet sich der Ermüdungsriss nahezu gleichmäßig unter dominanter Modus-I-Beanspruchung und vergleichsweise langsam aus.

Für die ersten beiden Inkremente sind ca. 100 000 reale Belastungszyklen notwendig, was etwa einem Viertel der simulierten Lebensdauer entspricht. Sobald der Riss auf der linken Seite die Bauteilkante erreicht hat, wächst er jedoch in zunehmendem Maß asymmetrisch weiter und breitet sich bevorzugt über den gesamten Querschnitt aus. Mit zunehmender Rissgröße steigt auch ΔK_{v} und somit die Geschwindigkeit der Rissausbreitung. Kurz nach dem Erreichen der rechten Kante des Hebelarms wird der Riss instabil.

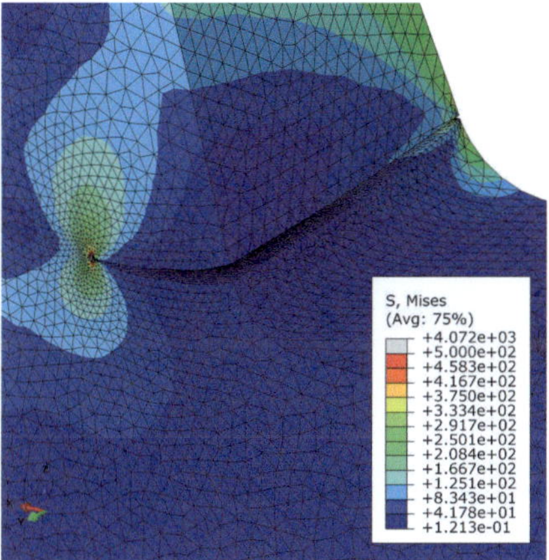

Bild 10.30 Spannungsverteilung und Finite-Elemente-Vernetzung am Ende der Simulation

Für diesen Endzustand der Simulation ist die FEM-Vernetzung der Rissumgebung in Bild 10.30 abgebildet zusammen mit der Visualisierung des Spannungszustandes nach v. MISES. Die Verteilung des zyklischen äquivalenten Spannungsintensitätsfaktors ΔK_{v} entlang der Rissfront s wird in Bild 10.31 wiedergegeben und zeigt offensichtlich, dass es an der rechten Kante des Lenkhebels zur höchsten Beanspruchung des Risses bei der gezeigten Endform zur Bruchenleitung kommt.

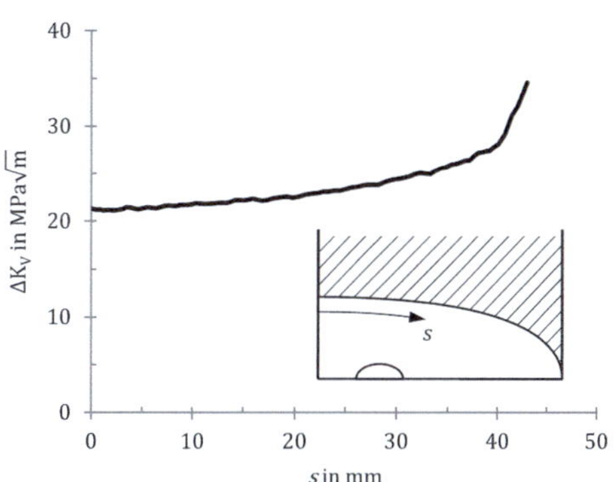

Bild 10.31 Verlauf des Spannungsintensitätsfaktors ΔK_{v} entlang der Rissfront s

Das in der Simulation vorhergesagte Verhalten des Risses wird durch die beobachteten Schadensfälle und systematische Bauteilversuche im Projekt [14] bestätigt. Die Bilder 10.32 und 10.33 zeigen typische Erscheinungsformen des Bruchs in einem AFP Stahl.

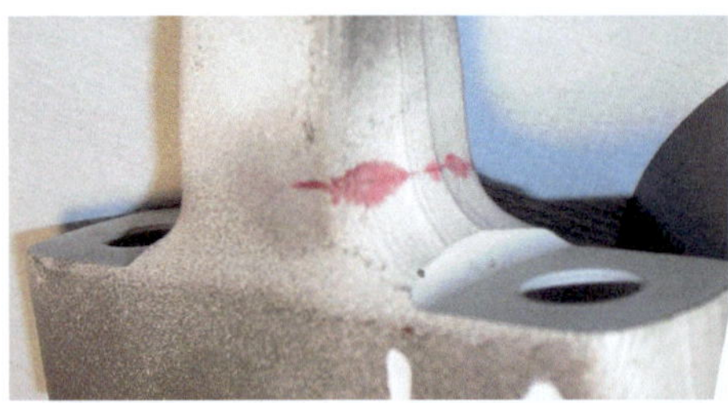

Bild 10.32 Typische Anrissbildung an einem Lenkhebel (Farbeindruckprüfung)

Bild 10.33 Typischer Bruchverlauf an einem Lenkhebel aus AFP Stahl

10.7.3 ICE-Radreifenbruch

Im Jahr 1998 verunglückte der ICE-Hochgeschwindigkeitszug »W.-C. Röntgen« bei Eschede. Der schwere Unfall forderte 101 Menschenleben und hatte katastrophale Sachschäden (Bild 1.3) zur Folge. Als Ursache der Zugentgleisung wurde der Bruch eines Radreifens der gummigefederten Räder des ICE festgestellt. Bei dieser Bauart von Eisenbahnrädern wird zur Geräuschdämpfung ein ringförmiger, mehrteiliger Gummikörper zwischen den Radreifen und die Radfelge eingespannt, siehe Bild 10.34. Die Belastung des Rades besteht bei Geradeausfahrt im Wesentlichen in einer vertikalen Radaufstandskraft $Q = 98\,\mathrm{kN}$, die an der Kontaktstelle zwischen Rad und Schiene angreift. Sie verursacht eine Druck- und Biegebeanspruchung des Radreifens, die zyklisch mit jeder Radumdrehung wiederkehrt und so einen Ermüdungsriss vorantreiben kann. Die Schadensanalyse des gebrochenen Radreifens ergab, dass der Bruch auf der innen liegenden Seite des Radreifens in der Nähe des »Dachfirsts« begann, sich durch Ermüdungsrisswachstum ausbreitete und schließlich zum Gewaltbruch des Restquerschnitts führte, siehe Bilder 10.34 und 10.37.

Im Rahmen der Auswertung dieses Schadensfalls wurden von Richard u. a. [30] bruchmechanische Analysen der Beanspruchung und des Risswachstums mit Hilfe der Submodelltechnik (Abschnitt 10.5.1) und dem Code AdapCrack [35] durchgeführt.

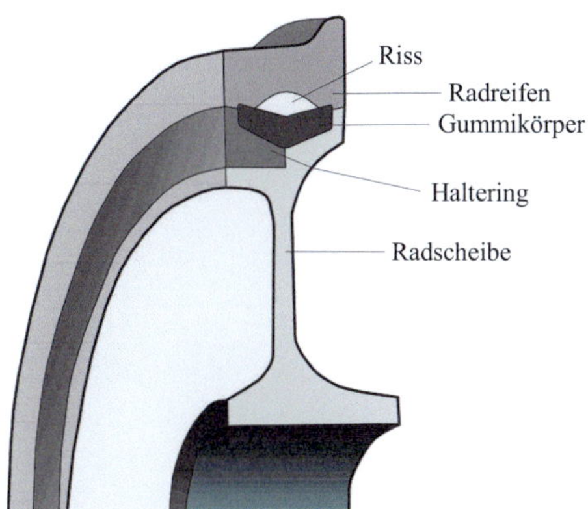

Bild 10.34 Aufbau eines gummigefederten ICE-Eisenbahnrades

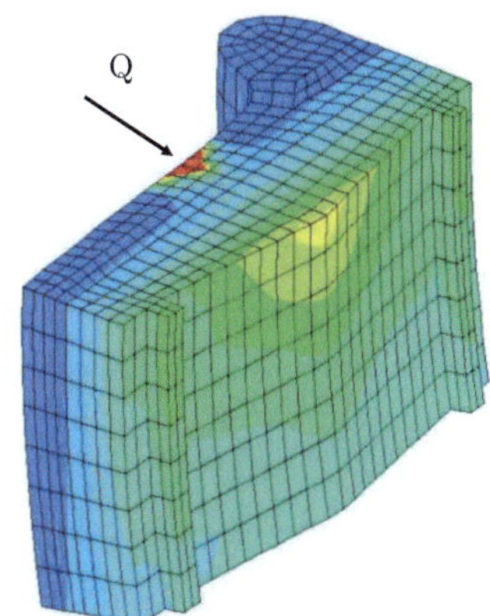

Bild 10.35 Verteilung der maximalen Hauptspannungen im Radaufstandsbereich [30]

Im ersten Schritt wurde der Spannungszustand im ungerissenen Rad berechnet, der sich infolge der Montagevorspannung und des Lastfalls Geradeausfahrt einstellt. Bild 10.36 zeigt die aufwändige 3D-Vernetzung des halben Rades. Bild 10.35 gibt die Situation im Radaufstandsbereich anhand eines FEM-Submodell des Radreifens wieder. Als Ergebnis stellte sich heraus, dass die höchsten Umfangsspannungen im Radreifen an dessen Innenseite am »Dachfirst« auftreten. Sie wechseln im Verlauf einer Radumdrehung zwischen $\sigma_{\max} = 220\,\text{MPa}$ und $\sigma_{\min} = 6\,\text{MPa}$. Somit tritt die größte Zug-Schwell-Belastung in der Nähe des beobachteten Rissursprungs auf.

Im zweiten Schritt wurde deshalb zur Simulation des Risswachstums ein Segment des ungerissenen Radreifens mit 52 000 Finite-Elementen diskretisiert. Da das Ermüdungsrisswachstum beim realen Radreifen nicht direkt am »Dachfirst« sondern 13 mm versetzt begann, wurde an dieser Stelle in der Simulation ein halbkreisförmiger 1,5 mm tiefer Anriss angeordnet, bei dem entlang der gesamten Rissfront die Spannungsintensitäten den Schwellenwert $\Delta K_{\text{th}} = 8{,}2\,\text{MPa}\,\text{m}^{1/2}$ des Radstahls überschreiten. Aus der FEM-Analyse ergibt sich je Radumdrehung die Schwingbreite des K-Faktors ΔK entlang der momentanen Rissfront, woraus mit der PARIS Beziehung (4.287) der lokale Rissfortschritt berechnet wurde. Die sich je Simulationsschritt ergebenden Rissfronten sind in Bild 10.37 dargestellt. Der Riss wächst zunächst etwa halbkreisförmig, um sich später deutlich schneller in die Breite auszubreiten. Die gesamte Rissfortschrittsanalyse umfasste 26 Simulationsschritte und endete erst, als die Bruchzähigkeit von $K_{\text{Ic}} = 86{,}8\,\text{MPa}\,\text{m}^{1/2}$ erreicht war. Der kritische Riss beim Eintritt des Gewaltbruchs besaß eine Tiefe von 31,7 mm und eine maximale Länge an der Radreifeninnenseite von 71,1 mm. Bild 10.37 zeigt zum Vergleich des simulierten Risswachstums die Bruchfläche des Radreifens mit dem tatsächlichen Risswachstum.

Unterstellt man eine gleichbleibende Wechselbelastung des Rades, so errechnet sich auf der Basis der $\mathrm{d}a/\mathrm{d}N$-Rissgeschwindigkeitskurve des Radstahls in erster Näherung die kritische Lastspielzahl zu $N_{\text{B}} \approx 1{,}4\,\text{Mio}$, d. h. etwa 3 791 km Fahrstrecke. Dieser Abschätzung liegt eine lineare Schadensakkumulationshypothese zugrunde, die keinerlei Reihenfolgeeffekte berücksichtigt. Tatsächlich weist das Bruchbild Rastlinien infolge von Überlasten u. ä. auf. Weitere Details sind [30] zu entnehmen.

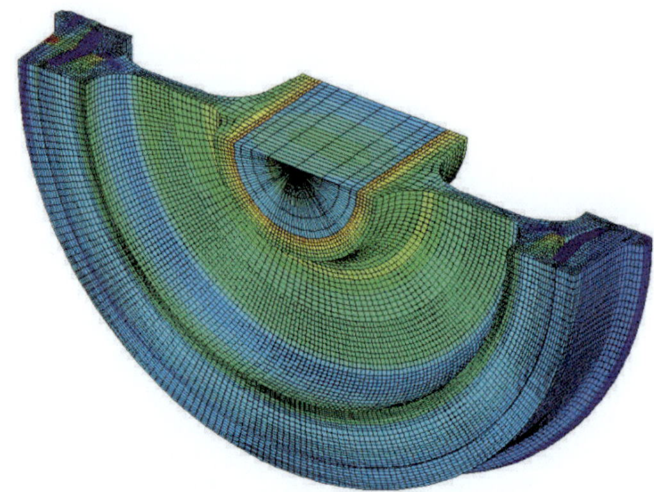

Bild 10.36 FEM-Diskretisierung des gummigefederten Eisenbahnrades (Durchmesser 862 mm) mit ca. 130 000 Hexaederelementen [30]

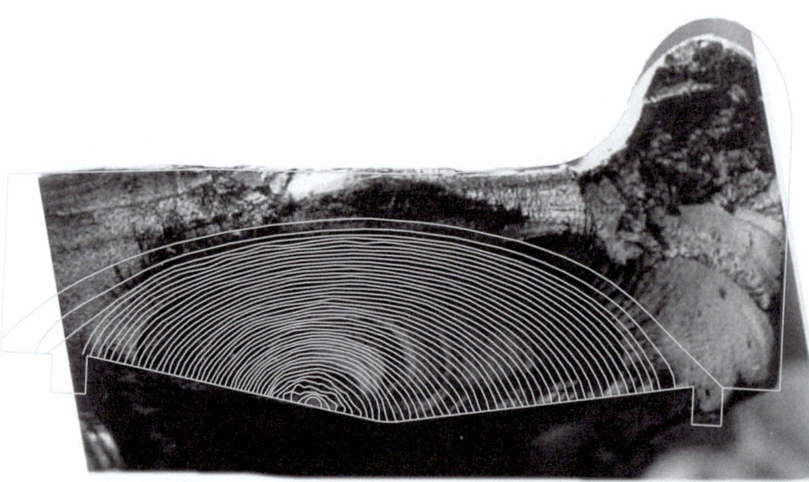

Bild 10.37 Bruchfläche des ICE-Radreifens mit Ergebnissen der FEM-Simulation des Risswachstums [30]

10.8 Beispiel für duktiles Risswachstum mit dem Kohäsivzonenmodell

Von SCHEIDER u. a. [33, 7] wurde das Kohäsivzonenmodell auf die Simulation der duktilen Rissausbreitung in Bruchmechanikproben angewandt. Als Beispiel soll hier die 3D Analyse einer CT-Probe (Bild 4.12) (Weite $w = 100\,\text{mm}$, Dicke $B = 10\,\text{mm}$, $a_0 = 60\,\text{mm}$) mit 20 % Seitenkerben wiedergegeben werden. Die Untersuchungen wurden am ferritischen Reaktordruckbehälterstahl 20MnMoNi55 durchgeführt, der sich durch hohe Duktilität und große Bruchzähigkeit auszeichnet. Zuerst mussten die notwendigen Input-Parameter für das Modell bestimmt werden. Die wahre Spannungs-Dehnungs-Kurve des Stahls wurde aus Versuchen an Rundzugproben ermittelt und durch ein Potenzgesetz $\sigma = 925\,\varepsilon^{0,14}$ approximiert. Als Kohäsivgesetz wurde der trapezförmige Ansatz (10.11) mit $\delta_1 = 0,01\,\delta_c$ und $\delta_2 = 0,75\,\delta_c$ benutzt, so dass noch die drei Parameter G_c, σ_c und δ_c zu bestimmen waren. Die Separationsenergie G_c wurde mit dem physikalischen Initiierungswert der Bruchzähigkeit $J_i = 120\,\text{N/mm}$ gleichgesetzt und nicht dem technischen Wert $J_{0,2}$, weil darin bereits Energieanteile der plastischen Probenverformung enthalten sind. Für die Bestimmung der maximalen Kohäsivspannung σ_c haben sich gekerbte Zugproben bewährt. Dazu werden Kerbzugproben mit unterschiedlichen Kerbradien geprüft und anschließend mit axialsymmetrischen FEM-Modellen und der bekannten Fließkurve nachgerechnet. Den Wert σ_c erhält man aus der maximalen Normalspannung im engsten Probenquerschnitt bei der Kraft, wo im Experiment die Probe versagt. Im vorliegenden Fall ergab sich für alle Kerbradien ein etwa gleicher Wert für die Kohäsivspannung von $\sigma_c = 1\,460\,\text{MPa}$. Der noch fehlende Parameter δ_c wurde über die Beziehung (10.12) aus G_c und σ_c berechnet.

Nach diesen Voruntersuchungen wurde die CT-Probe mit dem Kohäsivzonenmodell und den ermittelten Materialparametern simuliert. Bild 10.38 zeigt das hierfür verwendete FEM-Modell eines Viertels (doppelte Symmetrie) der dreidimensionalen Probe. Die Seitenkerben werden deshalb eingebracht, um die Mehrachsigkeit im Rissbereich zu erhöhen. Im Detailbild ist der Bereich des Ligamentes vor dem Ermüdungsriss abgebildet, der zur Berechnung der Rissausbreitung sehr fein vernetzt ist (Element-Kantenlänge $L = 0{,}075\,\text{mm}$). Dieser hochaufgelöste Bereich in der Symmetrieebene ist gleichmäßig mit 8-Knoten Kohäsiv-Elementen (Bild 10.23) beschichtet, um den Rissfortschritt simulieren zu können.

Aus mehreren Bruchmechanikversuchen der CT-Probe lagen die Kraft-Weg-Kurven des Lastangriffspunktes F-v_{LL} vor, die Messungen des Rissfortschritts mit der Potentialmethode sowie die dazugehörigen J-Integralwerte, die nach dem ESIS-Standard [12] ermittelt wurden. In Bild 10.39 sind die experimentellen Kraft-Weg-Kurven zweier Proben den Ergebnissen der numerischen Simulation gegenübergestellt. Eine FEM-Berechnung ohne Rissausbreitung ergibt ein zu steifes Verhalten, wohingegen die Simulation mit dem Kohäsivzonenmodell eine sehr gute Übereinstimmung zeigt. Ebenso wird der Punkt der Risseinleitung, der weit vor dem Lastmaximum auftritt, durch die Simulation richtig wiedergegeben. Der Vergleich von experimentellen und numerischen J-Δa Risswiderstandskurven (Bild 10.40) verifiziert die Richtigkeit des Kohäsivzonenmodells und beweist seine Fähigkeit zur

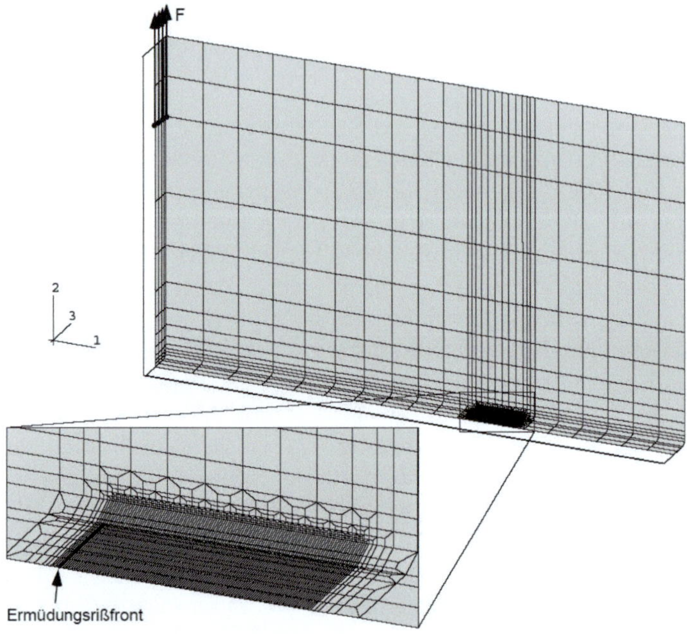

Bild 10.38 Dreidimensionales FEM-Modell der CT-Probe mit 6732 Hexaederelementen (8-Knoten) und 910 Kohäsiv-Elementen [33]

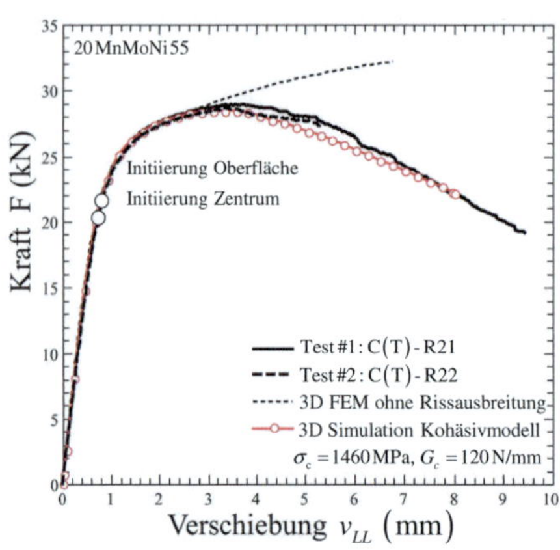

Bild 10.39 Kraft-Weg-Kurve der CT-Probe. Vergleich der FEM-Simulation mit dem Experiment für Stahl 20MnMoNi55

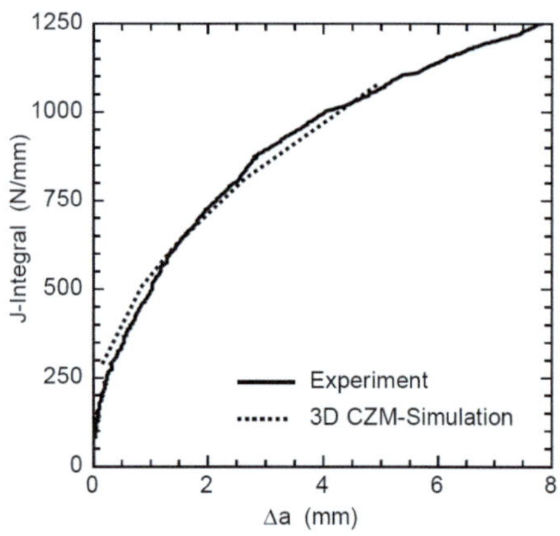

Bild 10.40 Vergleich der experimentellen Risswiderstandskurve einer CT-Probe aus Stahl 20MnMoNi55 mit der numerischen Simulation

Vorausberechnung bruchmechanischer Werkstoffkennwerte. Eine weitere Bestätigung der numerischen Rissausbreitungssimulation liefert der Vergleich der erreichten Rissfront in der CT-Probe bei einem Verformungsweg von $v_{LL} = 5{,}35\,\text{mm}$.

Bild 10.41 zeigt die REM-Aufnahme der Bruchfläche. Der duktile Wabenbereich hebt sich deutlich von den feinen vorangegangenen und nachfolgenden Ermüdungsbruchflächen ab. Auch die Form der Rissfront wird durch die Simulation gut nachgebildet. Sie nimmt von der Mitte aus etwas ab, eilt aber zum Rand hin aufgrund der Seitenkerben stark voraus.

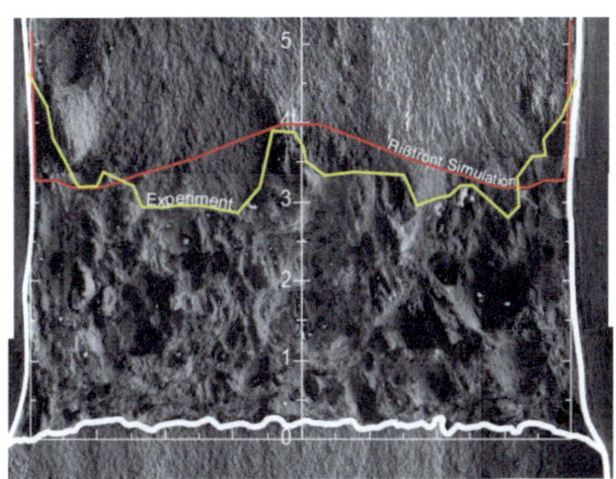

Bild 10.41 Elektronenmikroskopische Aufnahme der Bruchfläche der CT-Probe. Vergleich der Rissfront mit der FEM-Simulation [33]

Literaturverzeichnis

[1] Abaqus: Abaqus FEA Software, Version 6.21. Tech. rep., Dassault Systèmes Simulia Corp. (2021). URL https://www.3ds.com/products/simulia/abaqus

[2] Barenblatt, G.I.: The mathematical theory of equilibrium cracks in brittle fracture. Advances in Applied Mechanics **7**, 55–129 (1962)

[3] Bazant, Z.P.: Current status and advances in the theory of creep and interaction with fracture. In: Z.P. Bazant, C.C. Ignacio (eds.) Proc. 5th Int. RILEM Symposium on creep and shrinkage of concrete, pp. 291–307. Chapman & Hall, Barcelona (1993)

[4] Bazant, Z.P., Oh, B.H.: Crack band theory for fracture and concrete. Materials and Structures **16**, 155–177 (1983)

[5] Branco, R., Antunes, F., Costa, J.: A review on 3D-FE adaptive remeshing techniques for crack growth modelling. Engineering Fracture Mechanics **141**, 170–195 (2015)

[6] Brocks, W., Cornec, A.: Cohesive models – Special issue. Engineering Fracture Mechanics **70**(14), 1741 – 1986 (2003)

[7] Brocks, W., Cornec, A., Scheider, I.: Computational aspects of nonlinear fracture mechanics. In: I. Milne, R.O. Ritchie, B. Karihaloo (eds.) Comprehensive Structural Integrity – Numerical and Computational Methods, vol. 3, pp. 127–209. Elsevier, Oxford (2003)

[8] deBorst, R.: Fracture in quasi-brittle materials: a review of continuum damage-based approaches. Engineering Fracture Mechanics **69**, 95–112 (2002)

[9] Dhondt, G.: Cutting of a 3-D finite element mesh for automatic mode I crack propagation calculations. International Journal for Numerical Methods in Engineering **42**, 749 – 772 (1998)

[10] Dugdale, D.: Yielding of steel sheets containing slits. Journal of the Mechanics and Physics of Solids **8**, 100–104 (1960)

[11] ESA: ESACRACK User's manual. European Space Research and Technology Centre (ESTEC) (2000)

[12] ESIS P2: Procedure for determining the fracture behaviour of materials. Tech. rep., European Structural Integrity Society (1992)

[13] Fracture Analysis Consultants Inc., Ithaca, USA: FRANC3D Reference Manual (2016)

[14] Herbert, A., Leibelt, T., Enderlein, M., Schönborn, S., M. Kuna, M., Hanselka, H.: Betriebssichere Auslegung von Fahrwerkssicherheitsbauteilen aus AFP-Stahl. Tech. Rep. IGF Vorhaben 16435, Fraunhofer Institut für Betriebsfestigkeit, Darmstadt, TU Bergakademie Freiberg, Institut für Mechanik (2012)

[15] Hillerborg, A., Modeer, M., Petersson, P.E.: Analysis of crack formation and crack growth in concrete by means of fracture mechanics and finite elements. Cement and Concrete Research **6**, 773–782 (1976)

[16] Hillerborg, A., Rots, J.G.: Crack concepts and numerical modelling. In: L. Elfgren (ed.) Fracture mechanics of concrete structures, pp. 128–146. Chapman & Hall, London, New York (1989)

[17] Liu, J., Li, J., Wu, B.: The cohesive zone model for fatigue crack growth. Advances in Mechanical Engineering **5**, 737392 (2013)

[18] Meyer, A., Rabold, F., Scherzer, M.: Efficient finite element simulation of crack propagation using adaptive iterative solvers. Communications in Numerical Methods in Engineering **22**, 93–108 (2006)

[19] Mishnaevsky, L., Weber, U., Schmauder, S.: Numerical analysis of the effect of microstructures of particle-reinforced metallic materials on the crack growth and fracture resistance. International Journal of Fracture **125**, 33–50 (2004)

[20] Murthy, K.S.R.K., Mukhopadhyay, M.: Adaptive finite element analysis of mixed-mode crack problems with automatic mesh generator. International Journal for Numerical Methods in Engineering **49**, 1087–1100 (2000)

[21] NASA: Fatigue crack growth computer program "NASGRO"version 3.0 . JSC-22267B, Johnson Space Center, Texas (2000)

[22] Needleman, A.: A continuum model for void nucleation by inclusion debonding. Journal of Applied Mechanics **54**, 525–531 (1987)

[23] Needleman, A.: An analysis of tensile decohesion along an imperfect interface. International Journal of Fracture **42**, 21–40 (1990)

[24] Nishioka, T., Atluri, S.N.: Numerical modeling of dynamic crack propagation in finite bodies by moving singular elements. Journal Applied Mechanics **47**, 570–582 (1980)

[25] Nishioka, T., Furutsuka, J., Tchouikov, S., Fujimoto, T.: Generation-phase simulation of dynamic crack bifurcation phenomenon using moving finite element method based on Delaunay automatic triangulation. Computational Modeling Engineering Simulation **3**, 129–145 (2002)

[26] Ortis, M., Pandolfi, A.: Finite-deformation irreversible cohesive elements for three-dimensional crack-propagation analysis. International Journal of Numerical Methods in Engineering **44**, 1267–1282 (1999)

[27] Rabold, F., Kuna, M.: Automated finite element simulation of fatigue crack growth in three-dimensional structures with the software system procrack. Procedia Mater. Sci. **3**, 1099–1104 (2014)

[28] Rabold, F., Kuna, M., Leibelt, T.: Procrack: A software for simulating three-dimensional fatigue crack growth. Lecture Notes in Applied and Computational Mechanics **66**, 355–374 (2013)

[29] Richard, H.A., Fulland, M., Sander, M.: Theoretical crack path prediction. Fatigue and Fracture Engineering Materials Structures **28**, 3–12 (2005)

[30] Richard, H.A., Sander, M., Kullmer, G., Fulland, M.: Finite-Elemente-Simulation im Vergleich zur Realität – Spannungsanalytische und bruchmechanische Untersuchungen zum ICE-Radreifenbruch. Materialprüfung **46**, 441–448 (2004)

[31] Rose, J.H., Ferrante, J., Smith, J.R.: Universal binding energy curves for metals and bimetallic interfaces. Physics Review Letters **47**, 675–678 (1981)

[32] Roth, S., Hütter, G., Kuna, M.: Simulation of fatigue crack growth with a cyclic cohesive zone model. International Journal of Fracture **188**(1), 23–45 (2014)

[33] Scheider, I.: Bruchmechanische Bewertung von Laserschweißverbindungen durch numerische Rissfortschrittsimulation mit dem Kohäsivzonenmodell. Ph.D. thesis, Technische Universität Hamburg (2001)

[34] Schwalbe, K.H., Scheider, I., Cornec, A.: Guidelines for applying cohesive models to the damage behaviour of engineering materials and structures. Springer Science & Business Media (2012)

[35] Schöllmann, M., Fulland, M., Richard, H.A.: Development of a new software for adaptive crack growth simulations in 3D structures. Engineering Fracture Mechanics **70**, 249–268 (2003)

[36] Tvergaard, V., Hutchinson, J.W.: The relation between crack growth resistance and fracture process parameters in elastic-plastic solids. Journal Mechanics Physics of Solids **40**, 1377–1397 (1992)

[37] Wawrzynek, P., Carter, B., Hwang, C.Y., Ingraffea, A.: Advances in simulation of arbitrary 3d crack growth using franc3dv5. Journal of the Computational Structural Engineering Institute of Korea **23**(6), 607–613 (2010)

[38] Wriggers, P.: Nonlinear Finite Element Methods. Springer, Heidelberg, Berlin (2008)

[39] Xu, X., Needleman, A.: Numerical simulations of fast crack growth in brittle solids. Journal Mechanics Physics of Solids **42**, 1397–1434 (1994)

[40] Zienkiewicz, O.C., Taylor, R.L., Zhu, J.Z.: The finite element method: Its basis and fundamentals, vol. 1. Elsevier, Amsterdam (2005)

Kapitel 11
Schädigungsmechanische Konzepte

11.1 Einleitung

Der Begriff *Schädigung* (engl. *damage*) beschreibt die fortschreitende physikalische Zerrüttung eines Werkstoffs als Folge von Beanspruchung, Verformung und Umgebungseinflüssen. Auf der mikromechanischen Ebene des Werkstoffs führen Schädigungsprozesse zur Bildung und Ausbreitung von Materialdefekten wie Mikrorissen, Mikroporen, Delaminationen u.a., bis schließlich das vollständigen Versagen eines Volumenelementes erreicht ist. Makroskopisch äußert sich die Schädigung durch Verlust der Steifigkeit und Festigkeit des Werkstoffs. Während bei klassischen Verformungvorgängen der Zusammenhalt der Materie erhalten bleibt, entstehen als Folge der Schädigung flächen- oder volumenhafte Diskontinuitäten. Schädigungsprozesse in Werkstoffen sind immer irreversibler Natur, d. h. sie sind mit der Dissipation von Energie verbunden, die zur Bildung der Mikrodefekte notwendig ist. In der Tabelle 11.1 sind typische Schädigungsarten in Werkstoffen und ihre ursächlichen Mechanismen aufgelistet.

Im Rahmen der *Schädigungsmechanik* (engl. *continuum damage mechanics*) versucht man, diese Schädigungsprozesse mit den Methoden der Kontinuumsmechanik quantitativ zu beschreiben und zu modellieren.

Die Idee der Schädigungsmechanik geht auf die sowjetischen Wissenschaftler Kachanov [24, 23] und Rabotnov [34] zurück. Dabei werden die Materialgesetze, ähnlich wie in der Plastizitätstheorie, mit konstitutiven Ansätzen und thermodynamischen Prinzipien formuliert, allerdings wird zusätzlich zum Verformungsverhalten die Materialschädigung einbezogen. Die mikromechanischen Defekte werden nicht diskret, sondern als gemittelte Dichtefunktion pro Volumen oder Fläche erfasst. Zu ihrer Quantifizierung werden interne Zustandsvariablen – *Schädigungsvariablen* – in die Materialgesetze eingeführt. Die Veränderung der Schädigung als Folge der lokalen Beanspruchungen wird über ein Evolutionsgesetz ausgedrückt. Wenn die Schädigungsvariable eine kritische Grenze erreicht hat, gilt das Volumenelement als versagt.

M. Kuna, *Finite Elemente in der Bruchmechanik*,
https://doi.org/10.1007/978-3-658-46192-8_11

Art der Schädigung	**Mechanismen der Schädigung**	**Werkstoffe**
spröde isotrop $\varepsilon^{\mathrm{e}} \gg \varepsilon^{\mathrm{p}}$	Spaltfestigkeit < Fließgrenze Bildung, Wachstum und Koaleszenz von Mikrorissen auf Spaltebenen/Korngrenzen	Glas, Keramik, Beton, Mineralien, Kunststoffe, Metalle bei $T \ll T_{\mathrm{s}}$
spröde anisotrop	Rissbildung an Grenzflächen, Delamination von Schichten, Faserbruch, Faserauszug	faserverstärkte Komposite (z. B. CFK, GFK u. a.) Laminate, Holz
duktil $\varepsilon^{\mathrm{p}} \gg \varepsilon^{\mathrm{e}}$	infolge plast. Deformation Bildung, Wachstum und Koaleszenz von Mikroporen an Ausscheidungen, Einschlüssen, Korngrenzen	Metalle bei $T < T_{\mathrm{s}}/3$ Polymere, Komposite
Ermüdung	lokale Mikroplastizität - Versetzungsprozesse Dekohäsion von Korngrenzen	fast alle Werkstoffe unter zyklischer Beanspruchung
Kriechschädigung	viskoplastisches Materialverhalten Mikroporen an Korngrenzen Diffusionsprozesse	Metalle bei hohen Temperaturen $T > T_{\mathrm{s}}/3$ Polymere, Beton
Korrosion	Zerstörung von Atombindungen durch chemische Reaktionen	fast alle Werkstoffe

Tabelle 11.1 Typische Schädigungsarten der Werkstoffe und ihre ursächlichen Mechanismen

Seit den 1980iger Jahren hat die Schädigungsmechanik eine enorme Entwicklung erfahren. Ein großer Beitrag wurde von der französischen Schule um LEMAITRE [27], DESMORAT [13] u.a. erbracht. Die Anwendung der Schädigungsmechanik auf sprödes Versagen und Verbundwerkstoffe wurde insbesondere von KRAJCINOVIC [26] und VOIYADJIS [22] vorangetrieben. Inzwischen wird das Konzept der Schädigungsmechanik auf unterschiedlichste Werkstoffe und Versagensmechanismen angewandt, so dass dieses Fachgebiet kaum noch zu überblicken ist. Dem interessierten Leser sei das Buch von MURAKAMI [32] empfohlen.

Der wesentliche Vorteil der Schädigungsmechanik gegenüber klassischen oder bruchmechanischen Festigkeitshypothesen besteht darin, dass damit das Verformungs- und Versagensverhalten auf lokaler Ebene verknüpft wird. Sie liefert somit ein Kriterium, in das die gesamte Beanspruchungsgeschichte einfließt. Das Versagenskriterium gilt sowohl für homogene als auch inhomogene Beanspruchungszustände, und kann auf Strukturen mit oder ohne makroskopische Defekte angewandt werden.

Die schädigungsmechanischen Modelle können unterteilt werden in:

- **phänomenologische Schädigungsgesetze:** Sind eine rein mathematische Beschreibung des beobachteten makroskopischen experimentellen Verhaltens. Für nahezu alle Werkstoffe existieren erfolgreiche Modelle, vorzugsweise auf Basis der thermodynamischen Materialtheorie.
- **mikromechanische Schädigungsgesetze:** Das Werkstoffgesetz wird durch ein konkretes Modell der mikroskopischen Gefügestruktur und der Elementarprozesse der Schädigung in einem repräsentativen Volumenelement ermittelt (Homogenisierung).
- **ungekoppelte Ansätze:** Im Anschluss an eine klassische Beanspruchungsanalyse werden die durchlaufenen Materialzustände hinsichtlich eines Schädigungsmaßes ausgewertet. Numerisch erfordert dies lediglich ein Post-Prozessing.
- **gekoppelte Ansätze:** Die Wechselwirkung zwischen Verformungs- und Schädigungsverhalten wird gemeinsam in einem Modell beschrieben. Beide entwickeln sich mit der lokalen Beanspruchungshistorie. Die Struktur der Materialgesetze ist naturgemäß komplexer. Die numerische Simulation wird aufwendiger, da mit den Schädigungsvariablen neue Freiheitsgrade hinzukommen. Aufgrund der Entfestigung sind diese Modelle empfindlicher gegenüber physikalischen und numerischen Instabilitäten.

Ungekoppelte schädigungsmechanische Modelle haben sich vor allem in der Betriebsfestigkeitslehre und der Umformtechnik bewährt, um die Lebensdauer bzw. die Grenzen der Verformbarkeit bis zur Bildung eines Anrisses vorherzusagen. Bei Faserverbundwerkstoffen und anderen Kompositen geschieht das Versagen nicht durch einzelne Makrorisse, sondern durch eine verteilte Schädigung in größeren Strukturbereichen – womit die gewünschte Schädigungstoleranz erzielt wird. Auch bei Gesteinen und Beton bildet sich eine ausgedehnte Schädigungszone, bevor es zum Makrobruch kommt. Zur Modellierung dieser Prozesse ist die Schädigungsmechanik unerlässlich.

Der Schwerpunkt in diesem Buch liegt auf dem Einsatz der Schädigungsmechanik in der Bruchforschung. Mit Hilfe schädigungsmechanischer Konzepte konnten hier in den letzten zwei Jahrzehnten erhebliche Fortschritte erreicht werden, wodurch Grenzen der klassischen Bruchmechanik überwunden wurden. Denn mit der Schädigungsmechanik ist man in der Lage, die Vorgänge in der Prozesszone am Riss zu beschreiben, also direkt den Bruchwiderstand des Werkstoffs in Abhängigkeit von der lokalen Beanspruchung (z. B. Mehrachsigkeit $\hbar$, Verformungsgeschichte, u. a.) zu berücksichtigen. Für dieses Konzept wurde deshalb von französischen Wissenschaftlern die Bezeichnung »local approach to fracture« eingeführt [33]. Die bruchmechanischen Konzepte hingegen beschränken sich auf die Quantifizierung der Beanspruchungssituation am Riss mit globalen Kenngrößen wie K, J, G, u. a. und stellen diese den experimentell ermittelten kritischen Kennwerten gegenüber. Die Prozesszone wird als Blackbox behandelt, siehe Bild 11.1.

Bruchmechanik	**Schädigungsmechanik**
explizite Annahme von **Makro**rissen	*implizite* Annahme von **Mikro**rissen
Werkstoff *ohne* Schädigung	Werkstoff überall *mit* Schädigung
globale Analyse und *Bewertung*	globale Analyse, *lokale Bewertung*

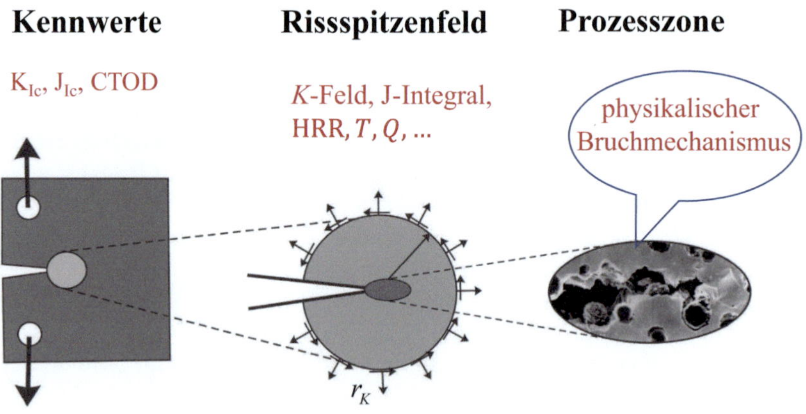

Bild 11.1 Anwendung der Schädigungsmechanik zur Simulation der Prozesszone am Riss

11.2 Phänomenologische kontinuumsmechanische Schädigungsmodelle

In diesem Abschnitt sollen die Grundlagen der phänomenologischen schädigungsmechanischen Modelle knapp umrissen werden.

11.2.1 Maße für die Schädigung

Wenn die Schädigung durch innerer Hohlräume charakterisiert ist, eignet sich zur Quantifizierung das Volumenmaß aus Bild 11.2. Ein repräsentatives Volumenelement RVE der Größe ΔV enthält Mikroporen (Defekte), deren Volumenanteil insgesamt ΔV_{p} beträgt. Daraus lässt sich die isotrope skalare Schädigungsvariable f definieren:

$$\textbf{Volumenmaß:}\ f = \frac{\text{Volumen aller Mikroporen}}{\text{Volumen des RVE}} = \frac{\Delta V_{\mathrm{p}}}{\Delta V}, \quad 0 \leq f \leq 1 \qquad (11.1)$$

$f = 0$ entspricht dem ungeschädigten Ausgangszustand, und $f = 1$ kennzeichnet den total geschädigten Endzustand (Versagen).

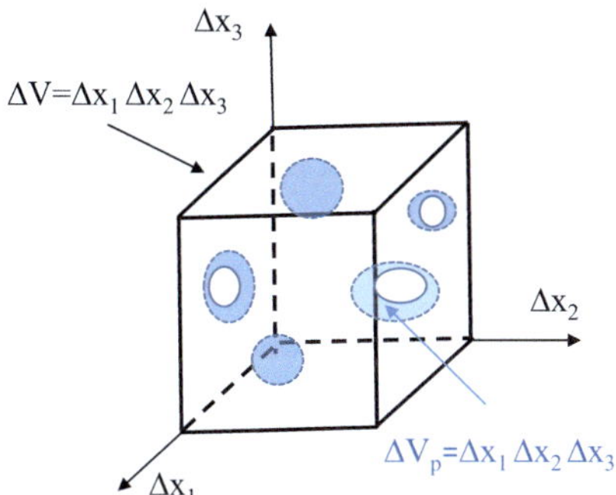

Bild 11.2 Volumendefinition der Schädigung

Entstehen infolge der Schädigung innere, flächenhafte Defekte, so eignet sich ein Flächenmaß gemäß Bild 11.3 besser. An einem Materialpunkt betrachten wir eine

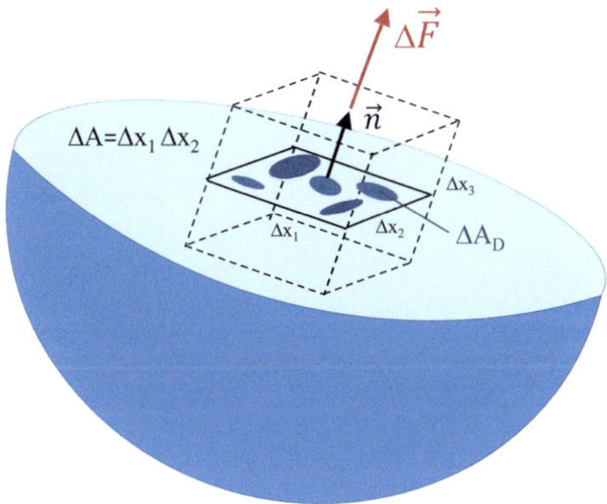

Bild 11.3 Flächendefinition der Schädigung

Schnittebene mit dem Normalenvektor n_i und der Fläche ΔA. Der projizierte Flächenanteil aller Defekte beträgt ΔA_D. Damit lässt sich das skalare Schädigungsmaß D definieren:

$$\textbf{Flächenmaß:}\ D(\boldsymbol{n}) = \frac{\text{Fläche aller Defekte}}{\text{Schnittfläche}} = \frac{\Delta A_\text{D}}{\Delta A}, \qquad 0 \leq D \leq 1 \tag{11.2}$$

Die Schädigungsvariable D hängt von der Orientierung $\boldsymbol{n}$ der Schnittebene ab. Im Fall originär anisotroper Werkstoffe muss diese Variable deshalb als Vektor oder Tensor erweitert werden [32]. Gleiches gilt z. B. bei Mikrorissbildung, deren Orientierung sich mit der Belastungsrichtung verändert und somit eine Anisotropie der Schädigung erzeugt. $D = 0$ ist wiederum der ungeschädigte Ausgangszustand, und beim totalen Versagen des Materials erreicht D den Wert 1.

Die nominale Spannung an einer Schnittfläche von Bild 11.3 ergibt sich mit der Schnittkraft F zu $\sigma = \Delta F/\Delta A$. Da die lasttragende Fläche des verbleibenden ungeschädigten Querschnitts jedoch nur $\Delta \widetilde{A} = \Delta A - \Delta A_{\mathrm{D}} = \Delta A(1-D)$ beträgt, ist die effektive wirksame Spannung auf das Material

$$\textbf{effektive Spannung: } \tilde{\sigma} = \frac{\Delta F}{\Delta \widetilde{A}} = \frac{\Delta F}{\Delta A - \Delta A_{\mathrm{D}}} = \frac{\sigma}{(1-D)}, \quad \sigma \leq \tilde{\sigma} < \infty \tag{11.3}$$

Dies ist eine rein geometrisch Betrachtung. Eine genauere Analyse mit mikromechanischen Modelle berücksichtigt die Spannungskonzentration an Defekten und ihre Wechselwirkung untereinander, siehe [17].

Von Lemaitre [27] wurde die Hypothese der *äquivalenten Dehnung* aufgestellt: „Die konstitutive Beziehung $\mathcal{F}$ für ein geschädigtes Material kann aus derjenigen des ungeschädigten Materials abgeleitet werden, indem man die üblichen Spannungen σ durch die effektiven Spannungen $\tilde{\sigma}$ ersetzt.“

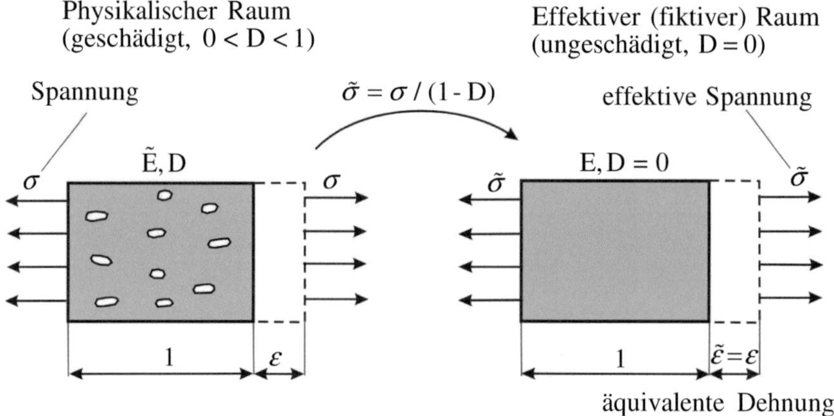

Bild 11.4 Veranschaulichung des Konzepts von der Äquivalenz der Dehnungen

$$\varepsilon = \frac{\sigma}{E(1-D)} \quad \Longleftrightarrow \quad \tilde{\varepsilon} = \frac{\tilde{\sigma}}{E} \tag{11.4}$$

$$\varepsilon = \mathcal{F}(\sigma, D) \quad \Longleftrightarrow \quad \tilde{\varepsilon} = \mathcal{F}(\tilde{\sigma}, D=0) \tag{11.5}$$

11.2.2 Beispiele Elastizität und Plastizität mit Schädigung

Das Konzept soll am Beispiel des einachsigen elastischen Materialgesetzes veranschaulicht werden:

$$\varepsilon = \tilde{\varepsilon} = \frac{\sigma}{E\,(1-D)} \tag{11.6}$$

Der reduzierte Elastizitätsmodul für das geschädigte Material ist: $\widetilde{E} = E\,(1-D)$. Zusätzlich wird angenommen, dass sich die Schädigung D mit der Dehnung entwickelt über eine Potenzfunktion n bis zur Bruchdehnung ε_c:

$$\mathrm{d}D = \begin{cases} \varepsilon^n \mathrm{d}\varepsilon & \text{für } \mathrm{d}\varepsilon > 0 \\ 0 & \text{für } \mathrm{d}\varepsilon < 0 \end{cases} \quad \Rightarrow \quad D = \left(\frac{\varepsilon}{\varepsilon_\mathrm{c}}\right)^{n+1} \tag{11.7}$$

Daraus resultiert für monotone Belastung ein nichtlineares Spannungs-Dehnungs-Gesetz

$$\sigma = E\,(1-D)\,\varepsilon = E\left[1 - \left(\frac{\varepsilon}{\varepsilon_\mathrm{c}}\right)^{n+1}\right]\varepsilon\,, \tag{11.8}$$

das graphisch im Bild 11.5 dargestellt wird. Es zeigt die wachsende Abnahme der Steifigkeit bis schließlich eine Entfestigung und totales Versagen (bei $\varepsilon = \varepsilon_\mathrm{c}$) eintritt. Eine Entlastung ist reversible und führt immer zum Ursprung zurück.

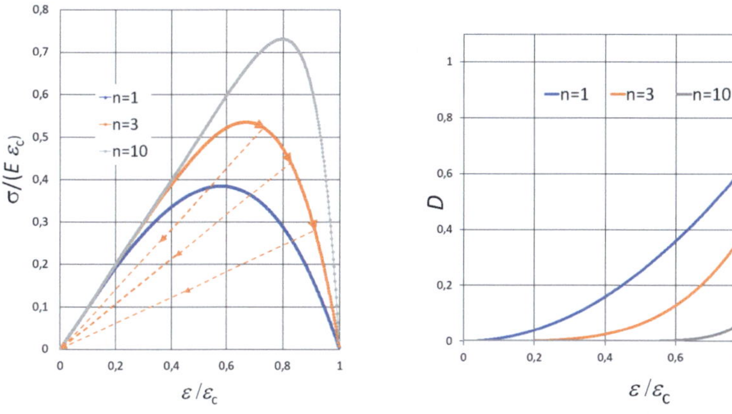

Bild 11.5 Elastizität gekoppelt mit Schädigung: Spannungs-Dehnungskurve (links), Schädigungsentwicklung über der Dehnung (rechts)

Im zweiten Beispiel wird ein elastisch-plastisches Materialgesetz mit isotroper Verfestigung und plastizitäts-gekoppelter Schädigung vorgestellt. Mit Bezug auf die Begriffe aus Abschnitt 3.4.2 wird zur Vereinfachung der einachsige Spannungszustand angewendet. Die Dehnungen werden in ihren elastischen und plastischen Anteil zerlegt. σ_F0 ist die Anfangsfließspannung und $R(r)$ beschreibt die isotrope Verfestigung.

$$\varepsilon = \varepsilon^\mathrm{e} + \varepsilon^\mathrm{p} = \frac{\sigma}{E} + \varepsilon^\mathrm{p} \tag{11.9}$$

$$\sigma = \sigma_\mathrm{F0} + R \tag{11.10}$$

Die Fließbedingung für ungeschädigtes Material lautet (3.116):

$$\Phi = \sigma - R - \sigma_{F0} = \begin{cases} 0 & \text{Plastizitätsgrenze bzw. Verfestigung} \\ < 0 & \text{elastischer Bereich} \end{cases} \tag{11.11}$$

Nach dem Prinzip der äquivalenten Dehnung wird σ durch die effektive Spannung $\tilde{\sigma}$ ersetzt:

$$\Phi(\sigma, R, D) = \frac{\sigma}{1-D} - R - \sigma_{F0} = 0\,. \tag{11.12}$$

$$\Rightarrow \sigma = (\sigma_{F0} + R)(1-D) \quad \text{(bei plast. Fließen)} \tag{11.13}$$

Die Schädigung reduziert die Anfangsfließspannung und die isotrope Verfestigung! Hinzu kommen Evolutionsgleichungen für die plastische Dehnung, die Verfestigungsvariable r und die Schädigung (mit dem plastischen Multiplikator $\dot{\Lambda}$):

$$\dot{\varepsilon}^{p} = \dot{\Lambda}\,\frac{\partial \Phi}{\partial \sigma} = \frac{\dot{\Lambda}}{1-D}\,. \tag{11.14}$$

Die akkumulierte plastische Dehnung berechnet sich aus:

$$p = \int_0^t |\dot{\varepsilon}^{p}|\,\mathrm{d}t = \int_0^{\varepsilon^{p}} |\mathrm{d}\varepsilon^{p}|\,, \qquad \dot{p} = |\dot{\varepsilon}^{p}|\,. \tag{11.15}$$

Annahme der isotropen Verfestigung nach Voce:

$$R(r) = R_{\infty}\,(1 - \mathrm{e}^{-br}) \tag{11.16}$$

$$\dot{r} = -\dot{\Lambda}\,\frac{\partial \Phi}{\partial R} = \dot{\Lambda} = (1-D)\,\dot{p}$$

$$\dot{R} = b\,(R_{\infty} - R)\,\dot{\Lambda} = b\,(R_{\infty} - R)(1-D)\,\dot{p}\,. \tag{11.17}$$

Die Schädigungsentwicklung ist nach [27] mit der Zunahme der plastischen Verformung gekoppelt und wird mit der elastischen Formänderungsenergiedichte angetrieben, was über die Potenzfunktion $U = \frac{1}{2}\sigma\,\varepsilon = \sigma^2/(2E)$ ausgedrückt wird. S und s sind Materialparameter.

$$\dot{D} = \left(\frac{U}{S}\right)^{s} \dot{p} = \left(\frac{\sigma^2}{2ES}\right)^{s} \dot{p} \tag{11.18}$$

Daraus ergibt sich mit (11.16) die aktuelle Fließspannung als Funktion der plastischen Dehnung und Schädigung:

$$\sigma(p, D) = (R(r) + \sigma_{F0})\,(1 - D(\sigma, p))\,. \tag{11.19}$$

Um den Multiplikator $\dot{\Lambda}$ bzw. die plastische Dehnungsrate $\dot{p}$ zu bestimmen, wird von der Konsistenzbedingung $\dot{\Phi} = 0$ Gebrauch gemacht. Nach Einsetzen der Evolutionsgleichungen (11.17) und (11.18) ergibt sich der gesuchte Zusammenhang zwischen plastischer Dehnrate und der Spannungsrate.

$$\dot{\Phi} = \frac{\partial \Phi}{\partial \sigma}\,\dot{\sigma} + \frac{\partial \Phi}{\partial R}\dot{R} + \frac{\partial \Phi}{\partial D}\dot{D} = 0 \tag{11.20}$$

$$0 = \frac{\dot{\sigma}}{1-D} - \dot{R} + \frac{\sigma}{(1-D)^2}\,\dot{D}$$

$$0 = \frac{\dot{\sigma}}{1-D} - b\,(R_\infty - R)(1-D)\,\dot{p} + \frac{\sigma}{(1-D)^2}\left(\frac{U}{S}\right)^s \dot{p}$$

$$\Rightarrow \dot{p} = \frac{\dot{\sigma}}{b\,(R_\infty - R)\,(1-D)^2 + \dfrac{\sigma}{(1-D)}\left(\dfrac{\sigma^2}{2ES}\right)^s} \tag{11.21}$$

Dieses System von Differentialgleichungen kann numerisch integriert werden. Für den Fall einer monotonen Belastung erhält man die Spannungs-Dehnungskurven und die Schädigungsentwicklung von Bild 11.6. Eine Entlastung würde parallel zur elastischen Geraden verlaufen und endet bei einer bleibende plastischen Dehnung.

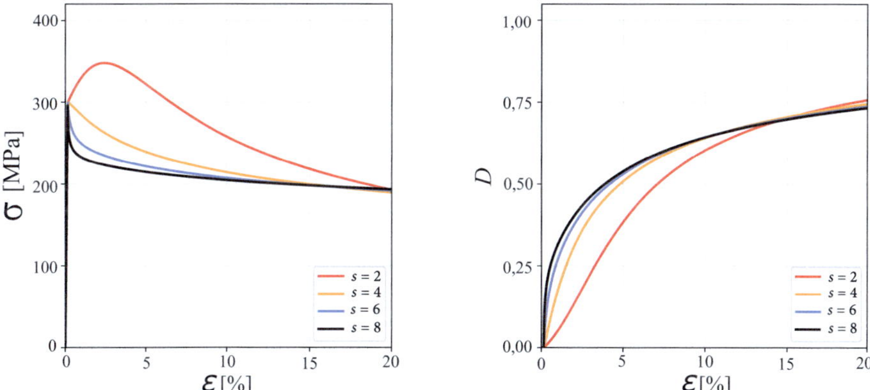

Bild 11.6 Plastizität gekoppelt mit Schädigung: Spannungs-Dehnungskurve (links), Schädigungsentwicklung über der Dehnung (rechts), (gewählte Materialparameter: $S = 0{,}1$, $E = 200\,000$ MPa, $\sigma_{F0} = 300$ MPa, $R_\infty = 2000$ MPa, $b = 3$, $s = \{2, ..., 8\}$, $\varepsilon = \{0, ..., 0{,}2\}$)

Vielfältige Erweiterungen auf mehrachsige Spannungszustände und technische Anwendungen der in diesem Abschnitt vorgestellten Materialgesetze mit Schädigung können den Büchern von LEMAITRE & DESMORAT [27, 13] und MURAKAMI [32] entnommen werden.

11.3 Schädigungsmodelle für duktiles Versagen

Schädigungsmechanische Modelle für duktiles Versagen wurden in den letzten drei Jahrzehnten sehr intensiv und erfolgreich für die Simulation der duktilen Rissausbreitung in metallischen Werkstoffen eingesetzt. Einen umfassenden Überblick bieten die Artikel von BESSON [10] und BENZERGA u.a. [8]. Wie bereits in Kapitel 2 erläutert, beruht das duktile Versagen auf mikromechanischen Schädigungsprozessen im Werkstoff. Am Anfang der Beanspruchung entstehen Mikroporen, die sich bei nachfolgender plastischer Verformung vergrößern und schließlich zusammenwachsen, womit das Material lokal auf der Mikroebene versagt.

11.3.1 Ungekoppelte Modelle

Ein erstes mikromechanisches Modell für die Entwicklung duktiler Schädigung wurde 1969 von RICE & TRACEY [36] vorgeschlagen. Es beschreibt das selbstähnliche Wachstum eines kugelförmigen Hohlraums (Pore) in einer ideal-plastischen Matrix mit der Fließspannung σ_{F0}. Das zugrundeliegende repräsentative Volumenelement ist in Bild 11.7 dargestellt. Das Modell berücksichtigt den Einfluss der Spannungsmehrachsigkeit $\hbar = \sigma^{\mathrm{H}}/\sigma_{\mathrm{F0}}$ (siehe (4.240)) und des plastischen Verformungsgrades auf das duktile Hohlraumwachstum. Die Änderungsrate des Hohlraumradius R bzw. des Porenvolumens V kann für hohe Spannungsmehrachsigkeit wie folgt ausgedrückt werden:

$$\frac{\dot{R}}{R} = \alpha \exp\left(\frac{3\sigma^{\mathrm{H}}}{2\sigma_{\mathrm{F0}}}\right) \dot{\varepsilon}_{\mathrm{v}}^{\mathrm{p}} = \frac{1}{3}\frac{\dot{V}}{V} , \tag{11.22}$$

wobei $\varepsilon_{\mathrm{v}}^{\mathrm{p}}$ die plastische Vergleichsdehnung nach V. MISES bedeutet. Der ursprünglich vorgeschlagene Vorfaktor von $\alpha = 0,283$ wurde später anhand von Zellmodellen für allgemeinere Plastizitätsgesetze angepasst.

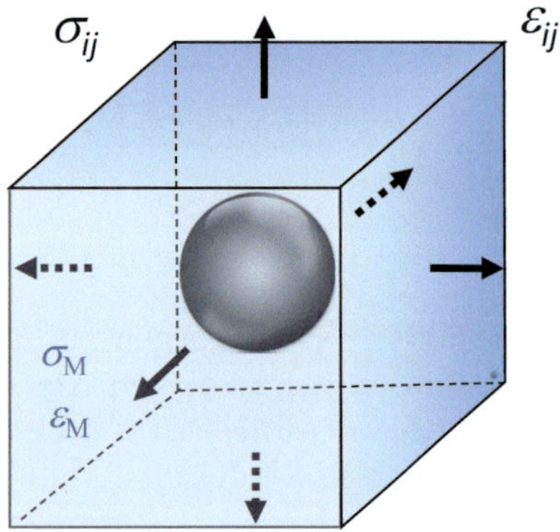

Bild 11.7 Repräsentatives Volumenelement RVE mit kugelförmigem Hohlraum: Duktile Matrix mit $\sigma_{\mathrm{M}}(\varepsilon_{\mathrm{M}})$ unter makroskopischer Beanspruchung σ_{ij} bzw. ε_{ij}

Das Modell von RICE & TRACEY führt zur Definition eines einfachen Versagenskriteriums. Es besagt, dass ein Volumenelement dann versagt, wenn der Hohlraumradius einen kritischen Wert R_c erreicht hat. Die Integration von (11.22) über die Belastungsgeschichte liefert mit den Anfangswerten R_0 und $\varepsilon_{\mathrm{v0}}^{\mathrm{p}}$:

$$\ln\left(\frac{R}{R_0}\right) = \alpha \int_{\varepsilon_{\mathrm{v0}}^{\mathrm{p}}}^{\varepsilon_{\mathrm{f}}} \exp\left(\frac{3\sigma^{\mathrm{H}}}{2\sigma_{\mathrm{F0}}}\right) \mathrm{d}\varepsilon_{\mathrm{v}}^{\mathrm{p}} = \ln\left(\frac{R_c}{R_0}\right) = C . \tag{11.23}$$

Die Vergrößerung einer Anfangspore von R_0 im Verlauf der plastischen Verformung hängt demnach exponentiell von der Mehrachsigkeit ab! Der kritische Radius R_c definiert einen materialabhängigen Wert C. Duktiles Versagen tritt ein, sobald die plastische Vergleichsdehnung eine kritische Größe ε_f erreicht hat. Diese ist um so geringer, je höher die Mehrachsigkeit in der Probe war. Dieser Zusammenhang wurde qualitativ durch zahlreiche Experimente bestätigt, z.B. [11, 40, 6].

SCHIFFMANN u.a. [40] haben mit gekerbten Rundzugproben ø= 8 mm durch Variation des Kerbradius von x = { 1, 2, 4, 8 mm} unterschiedliche Mehrachsigkeiten $1/3 \leq \hbar \leq 1,5$ eingestellt. Die Versuche wurden mit FEM berechnet und die Beziehung (11.23) bis zur duktilen Anrissbildung bei der Dehnung ε_f ausgewertet. Bild 11.8 zeigt die Entwicklung der Mehrachsigkeit $\hbar$ bis zum Versagenspunkt für den Stahl S690. Die Endpunkte definieren eine duktile Versagensgrenzkurve. Zweistufige Versuche mit Änderung der Mehrachsigkeit (Strichlinien) konnten vom RICE & TRACEY-Modell nicht beschrieben werden. Das simulierte Hohlraumwachstum $\ln(R/R_0)$ mit $\alpha = 0,5$ und 1,94 statt 3/2 in der Exponentialfunktion ergab kritische Werte C, die schwach von der Mehrachsigkeit abhingen.

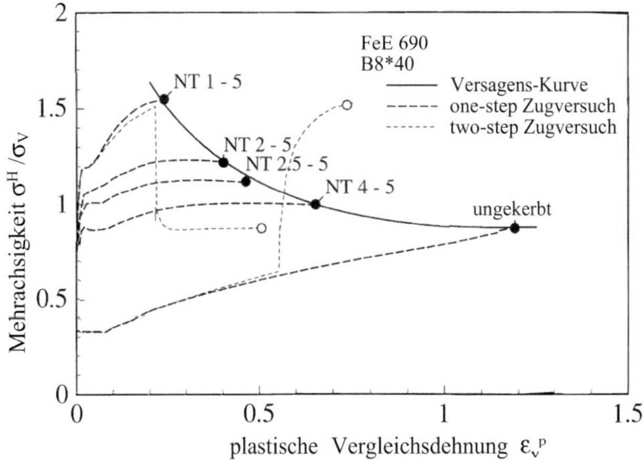

Bild 11.8 Plastische Vergleichsdehnung bei duktilem Versagen gekerbter Rundzugproben NT x-5 als Funktion der Mehrachsigkeit [40]

Es existieren zahlreiche empirische Modelle, die den Eintritt des duktilen Versagens mit der Spannungsmehrachsigkeit, der Dehnrate und der Temperatur verknüpfen. Wohl am bekanntesten ist die von JOHNSON & COOK [21] formulierte Beziehung für die kritische Vergleichsdehnung ε_f, die mit unterschiedlichen Prüfkörpern bei verschiedenen Mehrachsigkeiten, Dehnraten und Temperaturen anhand von drei metallische Werkstoffe etabliert wurde.

$$\varepsilon_f\left(\hbar, \dot{\varepsilon}_v^p, T\right) = \left[d_1 + d_2 \exp\left(d_3 \hbar\right)\right] \left[1 + d_4 \ln\left(\frac{\dot{\varepsilon}_v^p}{\dot{\varepsilon}_0}\right)\right] \left[1 + d_5 \hat{T}\right] \tag{11.24}$$

Die Gleichung enthält die zu bestimmenden Materialparameter $d_1, ..., d_5$ und wird vorrangig in der Umformtechnik und Crash-Simulation verwendet. $\dot{\varepsilon}_0$ ist eine Referenz-Dehnrate und $\hat{T}$ die homologe Temperatur. Mit dem ersten Term von (11.24) wird das exponentielle Abklingen der Bruchdehnung bei positiven Mehrachsigkeiten ähnlich wie bei RICE & TRACEY abgebildet. Einen vergleichenden Überblick über weitere empirische Modellansätze findet man in [5]. In all diesen Modellen wird das Maß der akkumulierten Schädigung im Laufe der Belastungsgeschichte durch eine Gleichung der folgenden Art definiert, bis das Kriterium für duktiles Versagen bei $D = 1$ erreicht ist.

$$D = \int_0^{\varepsilon_\mathrm{v}^\mathrm{p}} \frac{\mathrm{d}\varepsilon_\mathrm{v}^\mathrm{p}}{\varepsilon_\mathrm{f}\left(\hbar, \dot{\varepsilon}_\mathrm{v}^\mathrm{p}, T\right)} \overset{!}{=} 1 \quad \text{bei Versagen}. \tag{11.25}$$

Viele weitere Forschungen haben sich mit Kriterien für duktiles Versagen unter beliebiger Mehrachsigkeit befasst, vor allem bei technisch relevanten Druck- und Scherbeanspruchungen. Als Beispiel dafür soll die Arbeit von BAO & WIERZBICKI [6] für die Aluminiumlegierung 2024-T351 genannt werden. Die Autoren haben Druckversuche an Prüfzylindern unterschiedlicher Höhen/Breiten-Verhältnisse ausgewählt, um negative Mehrachsigkeiten $\hbar < 0$ einzustellen, Bild 11.9. Gekerbte Rundzugproben wie in Bild 11.10 erzeugen positive Mehrachsigkeiten $1/3 \leq \hbar$ je nach Kerbradius. Für einachsige glatte Zug- oder Druckproben mit der Spannung $\pm\sigma$ beträgt die Mehrachsigkeit bekanntlich $\hbar = \sigma^\mathrm{H}/\sigma_\mathrm{v} = \pm\sigma/(3\sigma) = \pm 1/3$. Um Mehrachsigkeiten $0 \leq \hbar \leq 1/3$ zu erzeugen, sind Scherproben erforderlich, wie in Bild 11.11 gezeigt.

Bild 11.9 Druckzylinder verschiedener Abmessungen. Versagen durch Scherbruch [6]

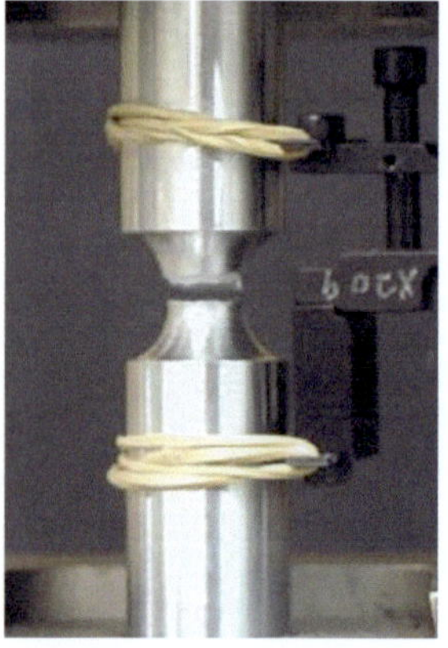

Bild 11.10 Gekerbte Rundzugprobe. Versagen durch duktilen Wabenbruch [6]

Alle Versuche wurden mit FEM analysiert und die Mehrachsigkeit bestimmt. Da sich diese mit der Verformung verändert und inhomogen verteilt ist, wurde eine Mittlung über die Belastungsgeschichte im höchst beanspruchten Bereich vor-

Bild 11.11 Prüfkörper für reine Scherbelastung: Scherbruch-Versagen [6]

genommen. Die plastischen Vergleichsdehnungen bei Eintritt des duktilen Versagens wurden für alle Versuche den gemittelten Mehrachsigkeiten gegenübergestellt, woraus sich die in Bild 11.12 dargestellte Versagensgrenzkurve ergab. Man kann deutlich drei verschiedene Bereiche der Mehrachsigkeit unterscheiden, die den drei verschiedenen Beanspruchungsarten zuzuordnen sind. Die Versuchswerte wurden durch geeignete mathematische Ausdrücke angepasst, siehe (11.26).

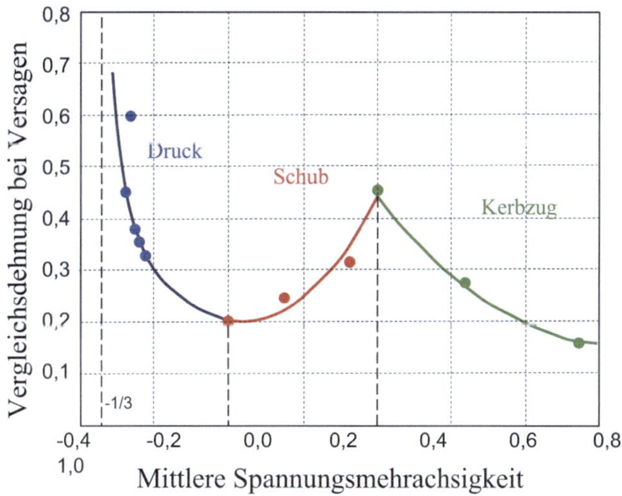

Bild 11.12 Plastische Vergleichsdehnung ε_f bei Initiierung des duktilen Versagens über der Mehrachsigkeit. *Symbole*: Experimente, *Kurven*: Gefittete Gleichungen (11.26), Daten von [6]

Von den Autoren wurde hiermit eine Methodik vorgestellt, um materialspezifische Grenzkurven wie in Bild 11.12 zu erarbeiten, die dann in Anwendungsrechnungen je nach Spannungsmehrachsigkeit das duktile Versagen vorhersagen können.

$$\varepsilon_{\mathrm{f}} = \begin{cases} \infty & \text{für} \quad \hbar \leq -1/3 \\ 0,1225 \left(\hbar + \dfrac{1}{3} \right)^{-0,46} & \text{für} \quad -1/3 \leq \hbar < 0 \\ 1,9\,\hbar^2 - 0,18\,\hbar + 0,21 & \text{für} \quad 0 \leq \hbar < 0,4 \\ \exp{(1,944\,\hbar)} & \text{für} \quad 0,4 < \hbar \end{cases} \tag{11.26}$$

Die bekanntesten duktilen Schädigungsmodelle mit inhärenter Kopplung von Verformung und Schädigung stammen von GURSON [18] und ROUSSELIER [37]. Auf sie wird im Folgenden ausführlich eingegangen.

11.3.2 Das Gurson - Tvergaard - Needleman (GTN) Modell

GURSON berechnete die plastische Grenzlast eines RVE mit kugelförmiger Pore wie in Bild 11.7. Auf der Grundlage dieses mikromechanischen Ansatzes leitete er die Fließgrenzfläche für ein plastisches Matrixmaterial mit einer homogenisierten Porendichte f ab. Hier soll die Weiterentwicklung des Modells durch TVERGAARD & NEEDLEMAN [44] vorgestellt und angewandt werden.

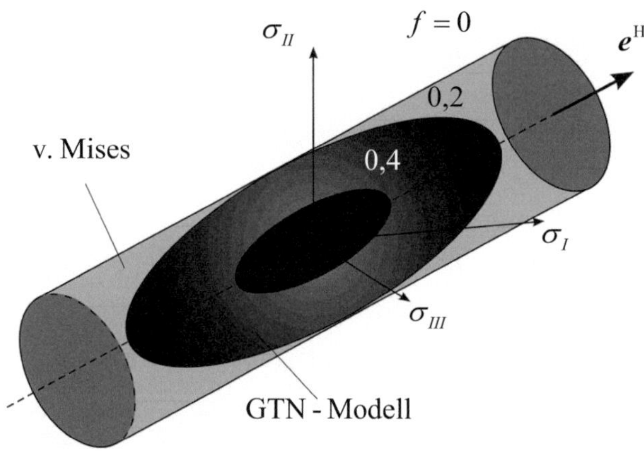

Bild 11.13 Fließgrenzfläche des GURSON-Modells im Hauptspannungsraum

Es wird ein isotropes, elastisch-plastisches Kontinuum modelliert, in dem kugelförmige Hohlräume (Mikroporen) vorhanden sind, neu entstehen und wachsen können. Der Porenvolumenanteil f wird als Maß für die Werkstoffschädigung angesehen und als skalare Schädigungsvariable benutzt (bzw. die modifizierte Größe f^*). Bild 11.7 zeigt die zugrunde liegende Modellvorstellung eines repräsentativen Volumenelementes, dessen Eigenschaften bei einem gegebenen makroskopischen Spannungszustand σ_{ij} beschrieben werden. Das duktile Matrixmaterial verformt sich nach den Gesetzen der v. MISES-Plastizität. $\sigma_{\mathrm{M}} = R(\varepsilon^{\mathrm{p}}_{\mathrm{M}})$ charakterisiert die Fließspannung des Matrixmaterials bei isotroper Verfestigung als Funktion der plastischen Vergleichsdehnung $\varepsilon^{\mathrm{p}}_{\mathrm{M}}$.

Das Kernstück dieses Modells ist die Fließbedingung

$$\Phi = \left[\frac{\sigma_{\mathrm{v}}}{\sigma_{\mathrm{M}}}\right]^2 + 2q_1 f^* \cosh\left[\frac{3}{2} q_2 \frac{\sigma^{\mathrm{H}}}{\sigma_{\mathrm{M}}}\right] - (1 + q_3 f^{*2}) = 0 \tag{11.27}$$

mit der v. MISES Vergleichsspannung $\sigma_{\mathrm{v}} = \sqrt{\frac{3}{2}\sigma^{\mathrm{D}}_{ij}\sigma^{\mathrm{D}}_{ij}}$ und der hydrostatischen Spannung $\sigma^{\mathrm{H}} = \sigma_{kk}/3$, ausgedrückt durch den makroskopischen Spannungstensor σ_{ij}. Die Fließgrenzfläche hat im Hauptspannungsraum die in Bild 11.13 gezeigte ellipsoidähnliche Form. Ohne Schädigung ($f^* = 0$) entspricht (11.27) dem v. MISES-Zylinder. Mit wachsender Schädigung schrumpft die Grenzfläche in Richtung Koordinatenursprung, so dass die ertragbare Spannung des Materials abnimmt. q_1, q_2, q_3 sind Parameter, mit denen die einzelnen Terme der Fließbedingung (11.27) gewichtet werden können. Allerdings ist $q_3 = q_1^2$ eine abhängige Größe, damit bei Versagen ein vollständiger Verlust der Tragfähigkeit garantiert ist.

Die modifizierte Schädigungsvariable f^* in Gleichung (11.27) ist eine Funktion des Porenvolumenanteils f:

$$f^* = \begin{cases} f & \text{für } f \leq f_c \\ f_c + \dfrac{f_f^* - f_c}{f_f - f_c}(f - f_c) & \text{für } f_c < f < f_f \\ f_f^* & \text{für } f \geq f_f \end{cases} \tag{11.28}$$

In Gleichung (11.28) bezeichnet f_c den kritischen Porenvolumenanteil, ab dem eine beschleunigte Materialschädigung infolge der Koaleszenz von Poren einsetzt und als bilineare Kurve modelliert wird. f_f bzw. $f_f^* = 1/q_1$ sind der kritische Porenvolumenanteil, bei dem lokales Versagen des Werkstoffs angenommen wird.

Die makroskopische plastische Dehnrate $\dot{\varepsilon}^{\mathrm{p}}_{ij}$ liegt normal zur Fließfläche, wobei $\dot{\Lambda}$ den plastischen Multiplikator bezeichnet. Sie besteht aus einem deviatorischen $\dot{\varepsilon}^{\mathrm{pD}}_{ij}$ und volumetrischen Anteil $\dot{\varepsilon}^{\mathrm{pV}}_{ij}$:

$$\dot{\varepsilon}^{\mathrm{p}}_{ij} = \dot{\Lambda}\frac{\partial \Phi}{\partial \sigma_{ij}} = \dot{\Lambda}\left(\frac{3\,\sigma^{\mathrm{D}}_{ij}}{\sigma^2_{\mathrm{M}}} + \frac{q_1 q_2 f^*}{\sigma_{\mathrm{M}}}\sinh\left(\frac{3\,q_2\,\sigma^{\mathrm{H}}}{2\sigma_{\mathrm{M}}}\right)\delta_{ij}\right) = \dot{\varepsilon}^{\mathrm{pD}}_{ij} + \dot{\varepsilon}^{\mathrm{pV}}_{ij}\,. \tag{11.29}$$

Die Evolutionsgleichung für die plastische Vergleichsdehnrate des Matrixmaterials $\varepsilon^{\mathrm{p}}_{\mathrm{M}}$ wird durch die Äquivalenz zwischen den plastischen makroskopischen und mikroskopischen Formänderungsarbeiten im geschädigten Volumenelement hergeleitet:

$$(1 - f)\sigma_{\mathrm{M}}\,\dot{\varepsilon}^{\mathrm{p}}_{\mathrm{M}} = \sigma_{ij}\,\dot{\varepsilon}^{\mathrm{p}}_{ij}, \quad \varepsilon^{\mathrm{p}}_{\mathrm{M}} = \varepsilon^{\mathrm{p}}_{\mathrm{M}}\Big|_0 + \int \frac{\sigma_{ij}\,\varepsilon^{\mathrm{p}}_{ij}}{(1 - f)\sigma_{\mathrm{M}}}. \tag{11.30}$$

Die Änderung des Porenvolumenanteils setzt sich additiv aus zwei Termen zusammen

$$\dot{f} = \dot{f}_{\text{grow}} + \dot{f}_{\text{nucl}}\,, \tag{11.31}$$

wobei $\dot{f}_{\text{grow}}$ die Vergrößerung durch Porenwachstum und $\dot{f}_{\text{nucl}}$ den Zuwachs aufgrund einer Neubildung von Poren beschreibt. Der Wachstumsterm basiert auf dem Gesetz der Massenerhaltung im repräsentativen Volumenelement

$$\dot{f}_{\text{grow}} = (1 - f)\,\dot{\varepsilon}^{\text{p}}_{kk}. \tag{11.32}$$

Für die Porenneubildung wird häufig ein statistischer, dehnungs-kontrollierter Prozess angenommen, der einer GAUSSschen Normalverteilung mit dem Mittelwert ε_{N} und der Standardabweichung s_{N} gehorcht:

$$\dot{f}_{\text{nucl}} = A\,\dot{\varepsilon}^{\text{p}}_{\text{M}}, \qquad A = \frac{f_{\text{N}}}{s_{\text{N}}\sqrt{2\pi}} \exp\left[-\frac{1}{2}\left(\frac{\varepsilon^{\text{p}}_{\text{M}} - \varepsilon_{\text{N}}}{s_{\text{N}}}\right)^2\right]. \tag{11.33}$$

Die Entstehung neuer Poren ist proportional zur plastischen Vergleichsdehnung $\varepsilon^{\text{p}}_{\text{M}}$ in der Matrix und der insgesamt zur Verfügung stehenden Keimdichte f_{N} .

11.3.3 Das Rousselier Modell

Von ROUSSELIER [37] stammt ein ähnliches Modell zur Beschreibung eines porösen elastisch-plastischen Materials. Anstelle diskreter Hohlräume wird im Modell von der Verringerung der relativen Dichte ρ des Werkstoffs infolge der Schädigung ausgegangen. Das Modell basiert auf einem thermodynamischen Ansatz. Die freie Energie setzt sich aus einem elastischen, plastischen und schädigungsmechanischen Anteil zusammen

$$\varphi(\varepsilon^{\text{e}}_{ij}, \varepsilon^{\text{p}}_{\text{v}}, \beta) = \varphi_{\text{e}}(\varepsilon^{\text{e}}_{ij}) + \varphi_{\text{p}}(\varepsilon^{\text{p}}_{\text{v}}) + \varphi_{d}(\beta)\,, \tag{11.34}$$

die von den Zustandsvariablen elastische Verzerrung $\varepsilon^{\text{e}}_{ij}$, plastische Vergleichsdehnung $\varepsilon^{\text{p}}_{\text{v}}$ und der skalaren isotropen Schädigungsvariablen β abhängen. Der elastische Teil besteht aus dem isotropen HOOKE'schen Gesetz. Für das nichtlineare Verhalten formulierte ROUSSELIER ein plastisches Dissipationspotential, das die isotrope Verfestigung $R(\varepsilon^{\text{p}}_{\text{v}})$ des Matrixmaterials und die Schädigung in Abhängigkeit vom hydrostatischen Spannungszustand beschreibt. Daraus wird in Erweiterung der V. MISES Plastizitätstheorie eine Fließfunktion abgeleitet, und ähnlich dem LEMAITRE-Prinzip eine höhere effektive Spannung eingeführt, die aufgrund der verringerten Dichte entsteht

$$\Phi = \frac{\sigma_{\text{v}}}{\rho} - R(\varepsilon^{\text{p}}_{\text{v}}) + B(\beta)\,\hat{D}\,\exp\left(\frac{\sigma^{\text{H}}}{\rho}\right). \tag{11.35}$$

Der Schädigungsterm in der Fließbedingung besteht aus einer Exponentialfunktion der hydrostatischen Spannung und der Funktion $B(\beta)$, welche die konjugierte Kraftgröße zur Schädigungsvariablen β darstellt. Die Größen $\hat{D}$ und $\hat{\sigma}$ sind noch freie Materialparameter. Die relative Änderung der Dichte hängt mit dem Porenvolumenanteil f und seinem Anfangswert f_0 wie folgt zusammen:

$$\rho = \frac{1-f}{1-f_0} \approx 1-f \quad \text{für} \quad f_0 \ll 1\,. \tag{11.36}$$

Zwischen der Schädigungsvariablen β und dem Porenvolumenanteilen f und f_0 besteht die Relation:

$$f = \frac{\hat{\sigma}\, f_0 \exp(\beta)}{1-f_0+f_0\exp(\beta)}; \qquad B(\beta) = f\,\hat{\sigma}\,. \tag{11.37}$$

Somit folgt aus (11.35) die in Bild 11.14 gezeigte Fließfunktion

$$\Phi = \frac{\sigma_{\mathrm{v}}}{1-f} - R(\varepsilon_{\mathrm{v}}^{\mathrm{p}}) + f\,\hat{\sigma}\,\hat{D}\,\exp\left(\frac{\sigma^{\mathrm{H}}}{(1-f)\,\hat{\sigma}}\right)\,. \tag{11.38}$$

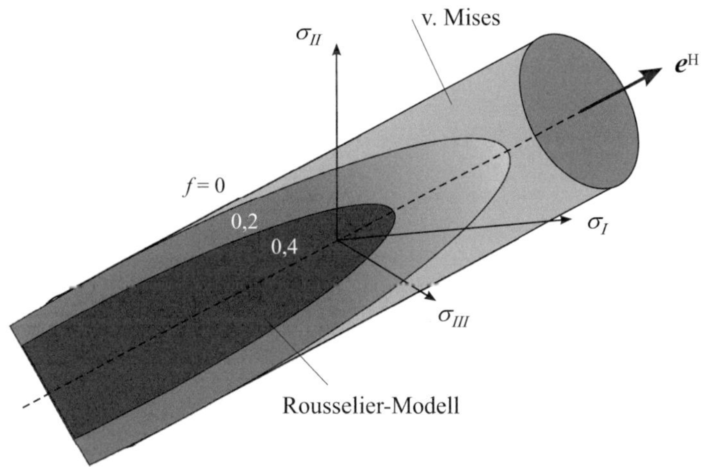

Bild 11.14 Fließgrenzfläche des Rousselier-Modells im Hauptspannungsraum

Die Evolutionsgleichungen für die plastischen Verzerrungen und die Schädigung ergeben sich aus der Ableitung der Fließfunktion (Normalenregel):

$$\dot{\varepsilon}_{ij}^{\mathrm{p}} = \dot{\Lambda}\frac{\partial\Phi}{\partial\sigma_{ij}} = \dot{\Lambda}\left(\frac{3\sigma_{ij}^{\mathrm{D}}}{2\sigma_{\mathrm{v}}} + \frac{B(\beta)}{3\hat{\sigma}}\,\hat{D}\exp\left(\frac{\sigma^{\mathrm{H}}}{(1-f)\hat{\sigma}}\right)\delta_{ij}\right) = \dot{\varepsilon}_{ij}^{\mathrm{pD}} + \dot{\varepsilon}_{ij}^{\mathrm{pV}} \tag{11.39}$$

$$\dot{\beta} = \dot{\Lambda}\frac{\partial\Phi}{\partial B} = \dot{\Lambda}\,\hat{D}\exp\left(\frac{\sigma^{\mathrm{H}}}{(1-f)\hat{\sigma}}\right) \tag{11.40}$$

$$\dot{\varepsilon}_{\mathrm{v}}^{\mathrm{p}} = \dot{\Lambda}\,. \tag{11.41}$$

Neben dem üblichen deviatorischen Term besitzen die Verzerrungen einen volumetrischen Anteil, der die Porenentwicklung repräsentiert.

Über die Beziehung (11.35) bildet das ROUSSELIER-Modell den extremen Einfluss der hydrostatischen Spannung auf das Porenwachstum ab, womit die Erkenntnis aus dem RICE & TRACEY-Modell einbezogen wurde. Im Vergleich zum GTN-Modell besitzt es nur drei zu bestimmende Materialparameter, was praktisch durchaus ein Vorteil ist. Für $\hat{D}$ wird üblicherweise der Wert 2 angenommen. Die Spannungsgröße $\hat{\sigma}$ muss aus der Entfestigung von gekerbten Zugversuchen ermittelt werden. Schließlich ist noch der kritische Porenvolumenanteil $f_f < 1$ festzulegen, wozu sich bruchmechanische Versuche eignen.

In seiner ursprünglichen Form [37] beschreibt das ROUSSELIER-Modell nur das reine Porenwachstum. Es gibt jedoch Erweiterungen [43, 39], die analog zum GTN-Modell eine Porennukleation nach (11.33) und ein beschleunigtes Porenwachstum nach (11.28) abbilden.

Das ROUSSELIER-Modells weist zwei wichtige Unterschiede zum GTN-Modell auf, die man anhand der Fließfläche in Bild 11.14 erkennen kann. 1) Für negative hydrostatische Spannungen geht die Exponentialfunktion in (11.38) auf Null und die Fließfläche nähert sich dem V. MISES Zylinder im Spannungsraum an. Somit bleibt das Material plastisch inkompressibel und es bildet sich keine Schädigung nach (11.40). Beim GTN-Modell ergibt sich bei $\sigma^{\mathrm{H}} < 0$ ein negatives Porenwachstum, also eine Verkleinerung der Poren, was in diesem Ausmaß unrealistisch ist. Oft wird dieser Effekt numerisch unterdrückt. 2) Bei einem reinen Schubspannungszustand $\sigma^{\mathrm{H}} = 0$ liefert das GTN-Modell keinerlei Schädigungsentwicklung, wohingegen das ROUSELLIER-Modell mit (11.40) ein gewisses Porenwachstum voraussagt.

11.3.4 Anwendungsbeispiele

Duktile Rissausbreitung in einer SENB-Probe

Als Beispiel für die Anwendbarkeit schädigungsmechanischer Modelle zur Simulation der duktilen Rissausbreitung werden Untersuchungen von ABENDROTH & KUNA [1, 2] vorgestellt. Versuchswerkstoff ist der Baustahl S690 Q, für den die Fließkurve und alle Parameter des GTN-Schädigungsmodells anhand miniaturisierter Tiefziehversuche (Small Punch Test) bestimmt wurden [1]. Hier sollen nur die Ergebnisse wiedergegeben werden. Die Verfestigung des Matrixwerkstoffs konnte am besten durch folgendes Potenzgesetz approximiert werden

$$\sigma_{\mathrm{M}}(\varepsilon_{\mathrm{M}}^{\mathrm{p}}) = \sigma_{\mathrm{F0}} \left(\frac{\varepsilon_{\mathrm{M}}^{\mathrm{p}} - \varepsilon_{\mathrm{L}}^{\mathrm{p}}}{\varepsilon^*} + 1 \right)^{1/n}, \tag{11.42}$$

das die Anfangsfließspannung $\sigma_{\mathrm{F0}} = 690\,\mathrm{MPa}$, den Verfestigungsexponenten $n = 11$, eine Referenzdehnung $\varepsilon^* = 0{,}589\,\%$ und die LÜDERS-Dehnung $\varepsilon_{\mathrm{L}}^{\mathrm{p}} = 1\,\%$ als Parameter enthält. Die genaue Ermittlung der insgesamt neun Parameter des

GTN-Schädigungsmodells (Abschnitt 11.3.2) gestaltet sich allgemein recht aufwändig. Üblicherweise werden die wichtigsten Parameter an gekerbten Zugproben und Bruchmechanikversuchen identifiziert und für die anderen plausible Annahmen oder Literaturdaten übernommen. Im vorliegenden Fall wurde der in Tabelle 11.2 zusammengestellte Parametersatz festgelegt und an Kerbzugproben validiert. Zur bruchmechanischen Charakterisierung des Stahls S690 Q wurden an der BAM Berlin [25] Versuche an Dreipunkt-Biegeproben (SENB-Proben, Bild 4.12) zur Ermittlung von Risswiderstandskurven J-Δa durchgeführt. Die Proben besaßen die Abmessungen: Weite $w = 26\,\text{mm}$, Dicke $B = 13\,\text{mm}$, Anfangsrisslänge $a_0 = 0,51w$ und waren mit 20 % Seitenkerben versehen.

f_0	f_c	f_f	q_1	q_2	q_3	f_N	ε_N	s_N
0,002	0,1357	0,2	1,419	1,213	q_1^2	0,0273	0,5352	0,1

Tabelle 11.2 GTN-Schädigungsparameter für Stahl S690 Q bei Raumtemperatur

Diese Bruchexperimente wurden mit dem GTN-Schädigungsmodell numerisch nachgerechnet. Bild 11.15 zeigt die FEM-Diskretisierung der halben Probe als ebenes Modell unter der Annahme eines ebenen Verzerrungszustandes (EVZ). Für die Simulation des duktilen Risswachstums mit Hilfe der Schädigungsmechanik ist ein sehr feines, gleichförmiges Elementnetz (hier $0,1 \times 0,1\,\text{mm}$) im gesamten Bereich des Ligamentes erforderlich, in das sich der Riss hinein bewegt. Das Risswachstum geschieht in der Simulation dadurch, dass in den extrem beanspruchten Elementen vor der Rissspitze die Schädigung den kritischen Wert f_f erreicht, womit die Tragfähigkeit des Materials (Spannungsantwort und Fließbedingung (11.27)) auf null abfällt. Die Rissausbreitung vollzieht sich somit als sukzessive Folge des Ausfalls von Integrationspunkten in den Elementen auf dem Ligament. Die Elemente bleiben zwar formal noch im FEM-System enthalten, besitzen aber keine Steifigkeit mehr. Ihre extreme Verformung entspricht der Rissöffnung. Das Detail in Bild 11.16 (links) zeigt die Werte der Schädigungsvariablen f^* und die bereits versagten Elemente.

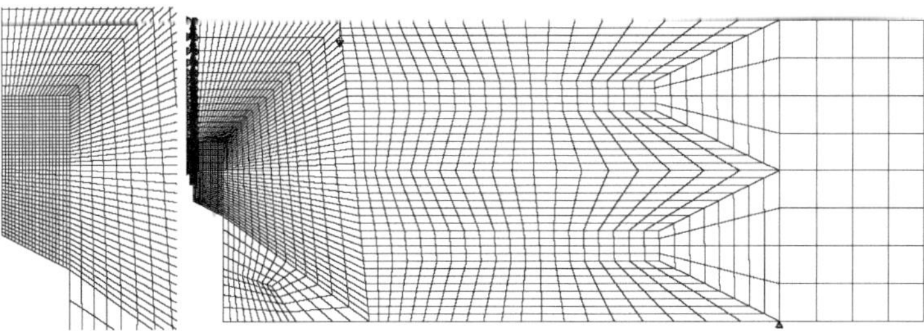

Bild 11.15 FEM-Netz der SENB-Probe, Detail der Rissspitzenumgebung (links), gesamte Probe mit Randbedingungen (rechts)

Bild 11.16 Schädigung (Risswachstum) und v. MISES-Vergleichsspannung in der SENB-Probe

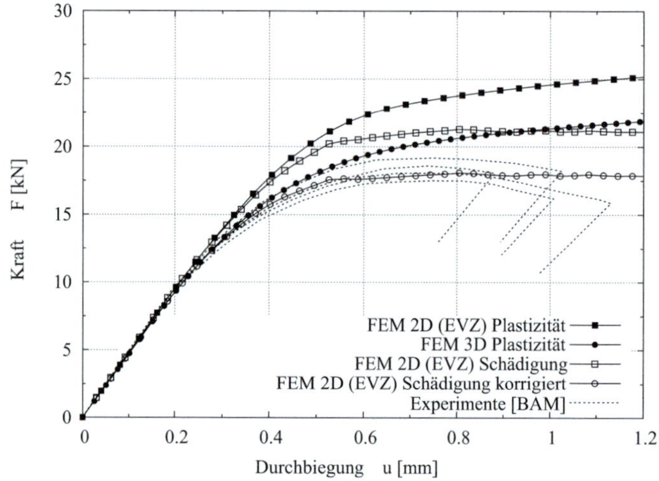

Bild 11.17 Kraft-Durchbiegungs-Kurven der SENB-Probe aus Stahl S690 Q. Vergleich FEM und Experiment

Im Bild 11.17 sind die gemessenen Kraft-Durchbiegungs-Kurven $F(u)$ der SENB-Probe verschiedenen Varianten der FEM-Analyse gegenübergestellt. Im elastischen Bereich stimmen die Ergebnisse aller 2D (EVZ) und 3D FEM-Rechnungen gut mit dem Experiment überein. Nach vollständiger Plastifizierung des Probenquerschnitts (Bild 11.16) liegen die FEM-Resultate *ohne* Schädigungsmechanik deutlich oberhalb der experimentellen Kurven. Die Verwendung des GTN-Schädigungsmodells bewirkt eine starke Absenkung der F-u-Kurven, weil hierbei das Risswachstum berücksichtigt wird. Die 2D (EVZ)-Analyse weist ein zu steifes Probenverhalten auf, da mit zunehmender Plastifizierung der Seitenkerb seine globale Wirkung verliert und die Spannungen in Dickenrichtung abgebaut werden. Dieser Effekt kann durch Einführung einer wirksamen Probendicke B_{eff} berücksichtigt werden, die im Verlaufe der Verformung u von B auf den Wert $0,8B$ abnimmt. Die Korrekturfunktion wurde aus dem Verhältnis der 2D zu 3D-Kurven ohne Schädigung kalibriert und daraus die modifizierte 2D (EVZ) F-u-Kurve abgeleitet, die gut mit den Experimenten übereinstimmt (Bild 11.17).

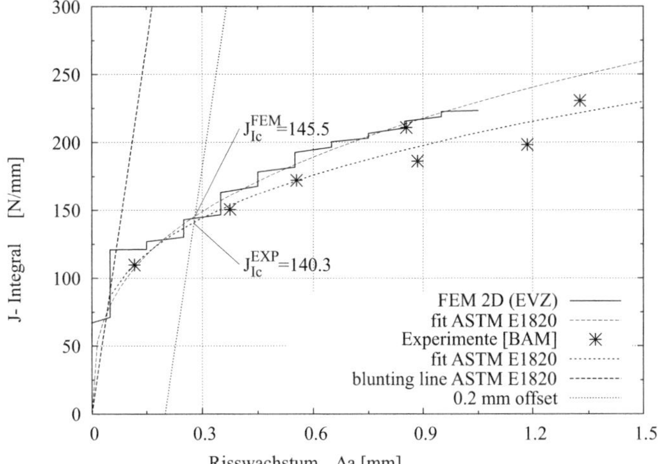

Bild 11.18 Vergleich der simulierten mit der experimentellen J-Δa-Kurve der SENB-Probe für Stahl S690 Q

Aus den FEM-Resultaten wurde das elastisch-plastische J-Integral (Abschnitt 9.3) als Funktion der Kraft F ausgewertet. Da J bei Risswachstum im Bereich lokaler Entlastungen wegabhängig wird, dürfen nur die weit von der Rissspitze entfernten Pfade verwendet werden, wo J einen stabilen Wert erreicht, der zugleich der Auswerteformel nach Prüfstandard [4] äquivalent ist. Das Risswachstum Δa kann anhand der ausgefallenen finiten Elemente bestimmt werden, woraus sich die numerisch simulierte Risswiderstandskurve in Bild 11.18 ergibt. Ihr treppenförmiger Verlauf folgt aus dem sukzessiven Versagen der Integrationspunkte der Elemente. Das Simulationsergebnis zeigt eine gute Übereinstimmung mit dem Experiment. Wertet man die technischen Initiierungswerte J_{Ic} bei einem Offset von $\Delta a = 0{,}2\,\mathrm{mm}$ nach ASTM-Standard (Abschnitt 4.3.8) aus, so ergeben Simulation $J_{\mathrm{Ic}}^{\mathrm{FEM}} = 145{,}5\,\mathrm{N/mm}$ und Experiment $J_{\mathrm{Ic}}^{\mathrm{Exp}} = 140{,}3\,\mathrm{N/mm}$ nahezu identische Resultate.

Dieses Beispiel und ähnliche Erfahrungen aus der Literatur zeigen, dass mit Hilfe der Schädigungsmechanik eine recht gute Vorhersage des duktilen Risswachstums in Proben und Bauteilen möglich ist. Im Gegensatz zu den Kriterien der EPBM wird hierbei problemlos der Einfluss der lokalen Beanspruchungssituation (Mehrachsigkeit $\hbar$) und ihrer Entwicklung (Be- und Entlastung) an jedem Punkt der Rissfront berücksichtigt. Ein wesentlicher *Vorteil* folgt aus der Tatsache, dass es sich um grundlegende Werkstoffparameter handelt, so dass die Übertragbarkeit zwischen unterschiedlichen Probengeometrien (auch ohne Riss) und von Kleinproben auf große Bauteile prinzipiell möglich sein sollte.

Eine Voraussetzung dafür ist allerdings die Kenntnis der schädigungsmechanischen Werkstoffparameter, deren Beschaffung aufwändig und nicht immer eindeutig ist. Hierdurch wird die Anwendung in der Praxis erschwert. Inzwischen gibt es aber Fortschritte und erprobte Methoden für diese Aufgabe, siehe Abschnitt 11.5.

Ein *Nachteil* der lokalen gekoppelten Schädigungsmodelle ist die Abhängigkeit der Lösung von der Größe der finiten Elemente im Rissspitzenbereich, weil Schädigung und Versagen (bei gleicher äußerer Belastung) umso eher erfolgen, je kleiner man den Abstand zur Rissspitze macht. Als Folge lokalisiert die Schädigung in einer Elementschicht vor der Rissspitze. Solange das schädigungsmechanische Gesetz keinen eigenen materialspezifischen Längenparameter enthält, wird durch die Größe der FEM-Diskretisierung quasi eine »numerische Homogenisierung« vorgenommen. Sehr häufig wird als pragmatischer Ausweg die Größe der Elemente am Riss empirisch angepasst und als charakteristische Länge (z. B. Porenabstand) des Werkstoffs interpretiert, die dann in allen Simulationsrechnungen konstant anzusetzen ist mit gleichen Elementtypen.

Diese pathologische Netzabhängigkeit wird dadurch verursacht, weil das zu Grunde liegende kontinuumsmechanische Randwertproblem mit Beginn der Entfestigung seine Elliptizität verliert. Zur Lösung dieses Problems wurden in jüngster Zeit verschiedene Methoden zur Regularisierung entwickelt, die unter den Begriff *nichtlokale Schädigungsmodelle* fallen.

11.4 Nichtlokale Schädigungsansätze

11.4.1 Nichtlokale Formulierung von Schädigungsgesetzen

Die grundlegende Idee der nichtlokalen Formulierung besteht darin, dass in den Materialgleichungen die nähere Umgebung eines materiellen Punktes einbezogen wird. Wegweisende Arbeiten wurden von BAZANT und JIRASEK [7] publiziert. Zu verwandten Ansätzen gelangt man über die Gradiententheorie der Plastizität und Schädigung, siehe die Review von DEBORST u. a. [12]. Physikalisch bedeutet dies, dass eine Variable $\omega(\boldsymbol{x})$ am Ort $\boldsymbol{x}$ auch von den Werten in ihrer endlichen Nachbarschaft abhängt als Folge von Wechselwirkungseffekten. Mathematisch kann diese Abhängigkeit durch Verwendung nichtlokaler Integralansätze beschrieben werden. Die gemittelte nichtlokale Größe $\bar{\omega}$ wird dabei durch Integration der gewichteten lokalen Größe $\omega(\boldsymbol{x})$ über eine endliche Umgebung $\mathcal{B}$ ermittelt.

$$\bar{\omega} = \frac{1}{\mathcal{B}} \int_{\mathcal{B}} \mathcal{G}(\boldsymbol{\zeta})\, \omega(\boldsymbol{x} + \boldsymbol{\zeta}) \mathrm{d}\mathcal{B} \qquad \text{mit} \quad \frac{1}{\mathcal{B}} \int_{\mathcal{B}} \mathcal{G}(\boldsymbol{\zeta}) \mathrm{d}\mathcal{B} = 1 \tag{11.43}$$

Dabei ist $\boldsymbol{\zeta}$ der Abstandsvektor zum betrachteten Materialpunkt. Für die Gewichtsfunktion $\mathcal{G}(\boldsymbol{\zeta})$ wird zumeist eine GAUSS- oder Glockenfunktion gewählt, die der o.g. Bedingung genügen muss. Integralansätze sind numerisch robuste nichtlokale Methoden, die sich prinzipiell auf jede Art von Variablen in konstitutiven Beziehungen anwenden lassen. Allerdings verlangt die numerische Integration im Rahmen der FEM einen Algorithmus, der vom aktuellen Materialpunkt aus auf die Variablen in der Umgebung zugreifen kann.

Alternativ kann durch Entwicklung in eine TAYLOR-Reihe eine Gradientendarstellung vorgenommen werden, wobei der NABLA-Operator n-fach dyadisch angewandt und skalar mit dem Abstandsvektor $\boldsymbol{\zeta}$ verknüpft wird:

$$\omega(\boldsymbol{x}+\boldsymbol{\zeta}) = \omega(\boldsymbol{x}) + \boldsymbol{\nabla}\omega(\boldsymbol{x})\cdot\boldsymbol{\zeta} + \frac{1}{2!}\boldsymbol{\nabla}\boldsymbol{\nabla}\omega(\boldsymbol{x})\cdot\cdot\,\boldsymbol{\zeta}\boldsymbol{\zeta} + \frac{1}{3!}\boldsymbol{\nabla}^{(3)}\omega(\boldsymbol{x})\cdot\cdot\cdot\,\boldsymbol{\zeta}\boldsymbol{\zeta}\boldsymbol{\zeta} + \ldots \tag{11.44}$$

Wird diese Reihe in das Integral (11.43) eingesetzt, so entfallen die ungeraden Potenzen wegen $\pm\boldsymbol{\zeta}$ und man erhält nach Vernachlässigung höherer Terme

$$\bar{\omega}(\boldsymbol{x}) = \omega(\boldsymbol{x}) + c\,\Delta\omega(\boldsymbol{x})\,, \tag{11.45}$$

wobei c eine Konstante der Dimension $(\text{Länge})^2$ ist und $\Delta(\cdot)$ den LAPLACE-Operator bezeichnet. Diese *explizite* Gradientendarstellung hat numerische Nachteile und wird deshalb in eine implizite Variante auf folgende Weise umgewandelt. Die Beziehung (11.45) wird zweifach mit Δ differenziert und umgeordnet:

$$\Delta\omega(\boldsymbol{x}) = \Delta\bar{\omega}(\boldsymbol{x}) - c\,\Delta\Delta\omega(\boldsymbol{x})\,, \tag{11.46}$$

und wiederum in (11.45) eingesetzt.

$$\bar{\omega}(\boldsymbol{x}) - c\,\Delta\bar{\omega}(\boldsymbol{x}) = \omega(\boldsymbol{x}) \qquad - \cancel{c^2\Delta\Delta\omega(\boldsymbol{x})}. \tag{11.47}$$

Nach Vernachlässigung des Bipotenzialterms entsteht eine partielle Differentialgleichung vom HELMHOLTZ-Typ für die Bestimmung der nichtlokalen Variablen aus dem Feld der lokalen Variablen. Diese *implizite Gradientenformulierung* zählt zu den stark nichtlokalen Ansätzen und bietet deutliche Vorteile bei der numerischen Umsetzung. Allerdings stellt sie eine zusätzliche Feldgleichung für $\bar{\omega}(\boldsymbol{x})$ dar, die gemeinsam mit der schädigungsmechanischen Randwertaufgabe gelöst werden muss und entsprechende Randbedingungen verlangt. Zumeist werden natürliche Randbedingungen angenommen, d. h. die nichtlokale Größe hat keinen Fluss über den Außenrand $\partial\mathcal{B}$ (inkl. der Rissflächen) und ihr Integral über das Körpervolumen $\mathcal{B}$ bleibt konstant.

$$\boldsymbol{\nabla}\bar{\omega}(\boldsymbol{x})\cdot\boldsymbol{n} = 0 \qquad \text{auf } \partial\mathcal{B}. \tag{11.48}$$

Hinsichtlich der FEM-Implementierung erfordert die implizite Gradientenmethode die Generierung eines erweiterten Finite-Element-Typs, der neben dem Verschiebungsvektor noch die nichtlokale Größe als unabhängige Variable enthält. Deshalb verfügen kommerzielle FEM-Programme nicht über nichtlokale Elementformulierungen und der Nutzer muss sein eigenes User-Element kreieren. Von SEUPEL [41] wurde jüngst eine Strategie gefunden, um gekoppelte, nichtlokale Schädigungsmodelle auf einfache Weise im Rahmen von kommerziellen FE-Codes (wie

z. B. ABAQUS) zu implementieren. Die Methode nutzt die Analogie zwischen der Helmholtz-Gleichung (11.47) und der Differenzialgleichung für die stationäre Wärmeleitung, da für letztere im Code die Elemente bereitstehen.

11.4.2 Anwendung auf das GTN-Modell

Für die beiden bekanntesten duktilen Schädigungsmodelle wurden in der Literatur zahlreiche nichtlokale Erweiterungen veröffentlicht. Für das GTN-Modell wurden sowohl nichtlokale Integralansätze u. a. von [20, 15] als auch die implizite Gradientenmethode in [35] erfolgreich verwendet. In diesen Publikationen wird die Porenvolumendichte f als nichtlokale Variable gemittelt. Das ROUSSELIER-Modell wurde von SAMAL u.a. [38] mit der impliziten Gradientenmethode nichtlokal erweitert. ANDRADE u.a. [3] haben untersucht, wie sich die Auswahl verschiedener Größen des GTN-Modells (f, R, ε_v^p) zur Regularisierung auswirkt.

Im Folgenden soll die von LINSE u. a. [30, 29] erarbeitete nichtlokale Version des GTN-Modells näher ausgeführt und mit einem Beispiel illustriert werden. Im Unterschied zu anderen Ansätzen wurde als Variable für die nichtlokale Erweiterung die plastische Volumendehnung $\varepsilon_{kk}^{\mathrm{p}}$ (weiterhin mit ω_{V} bezeichnet) ausgewählt und nicht die Schädigung f selbst. Das lässt sich physikalisch begründen, denn Ihre Rate $\dot{\varepsilon}_{kk}^{\mathrm{p}}$ ist ursächlich mit dem Porenwachstum verknüpft (siehe Beziehung (11.32)), was eine räumliche Mittelung der plastische Matrixdeformationen in einer endlichen Umgebung nahelegt. Außerdem ist diese Variable nicht nach oben beschränkt. Somit wird in (11.32) anstelle von ω_{V} das nichtlokale Pendant $\bar{\omega}_{\mathrm{V}}$ eingesetzt

$$\dot{f}_{\mathrm{grow}} = (1 - f)\,\dot{\bar{\omega}}_{\mathrm{V}}. \tag{11.49}$$

Alle anderen Beziehungen des GTN-Modell aus Abschnitt 11.3.2 bleiben unverändert. Es wird die implizite Gradientenmethode angewandt, womit folgende DGL für die nichtlokale Variable zu lösen ist (vgl. (11.47))

$$\bar{\omega}_{\mathrm{V}}(\boldsymbol{x}) - c\,\Delta\bar{\omega}_{\mathrm{V}}(\boldsymbol{x}) = \omega_{\mathrm{V}}(\boldsymbol{x})\,. \tag{11.50}$$

Auf dem Rand des Körpers und den Rissflächen werden für $\bar{\omega}_{\mathrm{V}}$ homogene NEUMANN-Bedingungen angesetzt:

$$\boldsymbol{\nabla}\bar{\omega}_{\mathrm{V}}(\boldsymbol{x}) \cdot \boldsymbol{n} = 0\,. \tag{11.51}$$

Die Größe $l_{\mathrm{nl}} := \sqrt{c}$ in (11.50) stellt eine charakteristische Länge für die nichtlokale Mittelung dar. Man kann sie als rein numerische Größe verstehen aber auch mit der Längenskala der Mikrostruktur als »Einflussbereich« korrelieren.

Die RWA für die nichtlokale Schädigungsvariable $\bar{\omega}_{\mathrm{V}}$ muss simultan mit der RWA des mechanischen Feldproblems für den Verschiebungsvektor $\boldsymbol{u}$ gelöst werden, d. h. Erfüllung des Spannungsgleichgewichts:

$$\nabla \cdot \boldsymbol{\sigma} = \mathbf{0} \qquad \text{plus Randbedingungen}\,. \tag{11.52}$$

Die aufwändige FEM-Implementierung und algorithmische Behandlung dieses Zwei-Feld-Problems für zweidimensionale Aufgaben bei finiten Deformationen kann man [29] entnehmen.

Als bruchmechanisches Anwendungsbeispiel wurde eine CT-Probe mit den Standardabmessungen (B=25 mm, W=50 mm, a_0=28.52 mm) aus dem Reaktordruckbehälterstahl 22NiMoCr3-7 betrachtet. Bild 11.19 zeigt das 2D FEM-Modell für die obere Hälfte. Es wird der ebene Verzerrungszustand mit einer effektiven Dicke von B_N=20 mm angenommen. Die elastischen Werkstoffkennwerte betragen E-Modul E=210 GPa und POISSON-Verhältnis ν=0.3. Für die Fließkurve wurde ein modifizierter VOCE-Ansatz identifiziert mit den Parametern: σ_1 =494 MPa, σ_2 =200 MPa, σ_3 =900 MPa und k =18,4:

$$\sigma_{\mathrm{M}}(\varepsilon_{\mathrm{M}}^{\mathrm{p}}) = \begin{cases} \sigma_1 & 0 \leq \varepsilon_{\mathrm{M}}^{\mathrm{p}} \leq 0,01 \\ \sigma_1 + \sigma_2(\varepsilon_{\mathrm{M}}^{\mathrm{p}} - 0,01) \\ \quad + (\sigma_3 - \sigma_2 - \sigma_1)(1 - e^{-k(\varepsilon_{\mathrm{M}}^{\mathrm{p}} - 0,01)}) & 0,01 \leq \varepsilon_{\mathrm{M}}^{\mathrm{p}} \leq 1 \end{cases} \tag{11.53}$$

Tabelle 11.3 enthält die gewählten Parameter des GTN-Modells.

f_0	f_c	f_f	q_1	q_2	q_3	f_{N}	ε_{N}	s_{N}
$1{,}78 \cdot 10^{-4}$	0,05	0,2	1,5	1,0	2,25	0,015	0,15	0,05

Tabelle 11.3 GTN-Schädigungsparameter für Stahl 22NiMoCr3-7

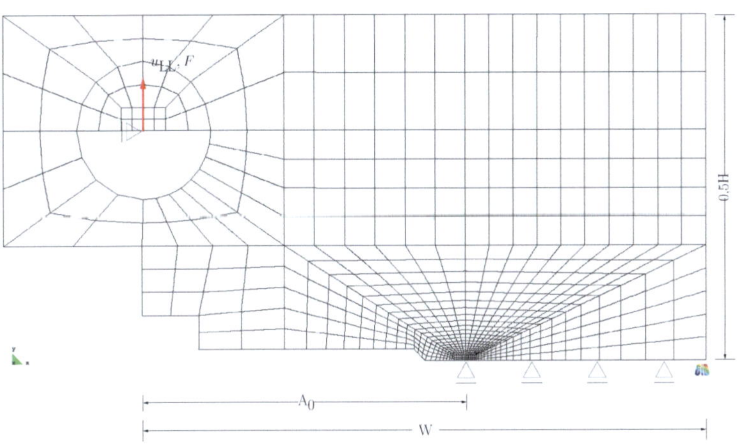

Bild 11.19 FEM-Modell der CT-Probe (EVZ, effektive Dicke B_N = 20 mm)

Die CT-Probe wurde mit unterschiedlich feinen Diskretisierungen vernetzt. Die Größe der Elemente b_{E} an der Rissspitze und entlang des Ligamentes variierten von 0,1 mm x 0,1 mm für das gröbste Netz bis zu 0,00625 mm x 0,00625 mm für das feinste. Im Bild 11.20 ist die Entwicklung der Schädigungszone für diese verschiedenen Netz dargestellt. Die mit dem lokalen GTN-Modell erhaltenen Ergebnisse sind auf der linken Hälfte dargestellt. Man erkennt, dass die Schädigung sich nur auf die untere Elementreihe entlang des Ligamentes beschränkt, also ihr Bereich von der Vernetzung abhängt. Dagegen erweisen sich die Schädigungszonen des nichtlokalen GTN-Modells (rechte Hälfte) als relativ unabhängig von der Diskretisierungsgröße und konvergieren mit zunehmender Netzverfeinerung.

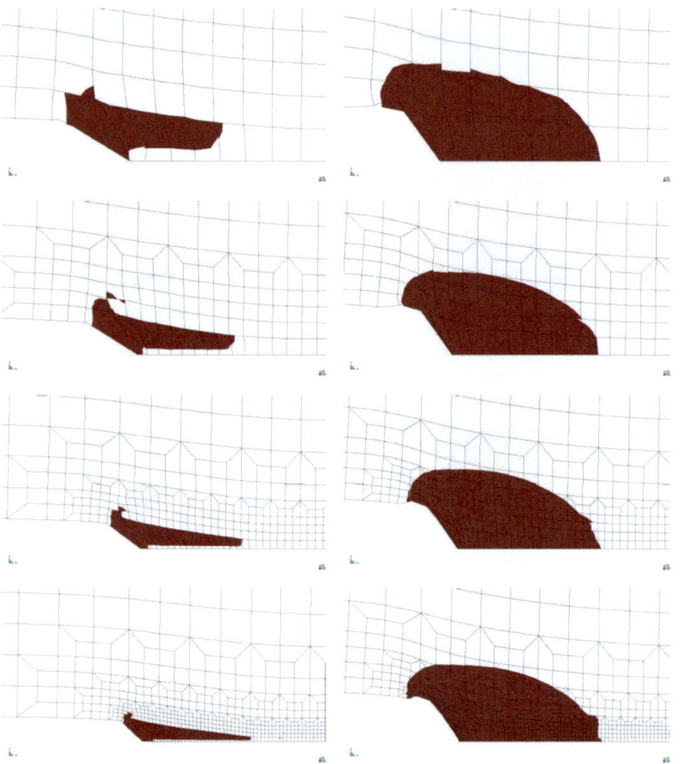

Bild 11.20 Schädigungsverteilung vor der Rissspitze beim Risswachstum von $\Delta a \approx 0{,}2$ mm. Die rot dargestellten Bereiche sind total geschädigt $f > fc$. (Von oben nach unten: $b_{\mathrm{E}} = 0{,}05$ mm, 0,025 mm, 0,012 5 mm, 0,006 25 mm. *Links*: lokales GTN-Modell, *rechts*: nichtlokal, $l_{\mathrm{nl}} = 0{,}06$ mm.)

Ein wichtiges Ziel war die Simulation der duktilen Risswiderstandskurve $J = J_{\mathrm{R}}(\Delta a)$. Zur Berechnung der aktuellen Risslänge während der duktilen Rissausbreitung wurde ein kontinuierliches Maß anhand des Schädigungsgrades im Ligament eingeführt:

$$\Delta a = \int \frac{f^* - f_0}{f_f^* - f_0} \mathrm{d}x, \qquad a = a_0 + \Delta a\,. \tag{11.54}$$

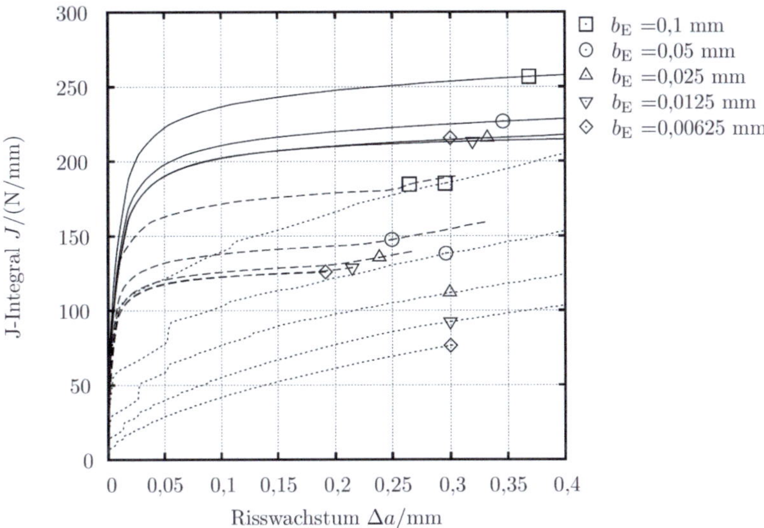

Bild 11.21 Risswiderstandskurven für verschieden feine FEM-Netze. *Volle Linien*: l_{nl} =0,1 mm, *gestrichelte Linien*: l_{nl}=0,05 mm, *gepunktete Linien*: lokales Modell

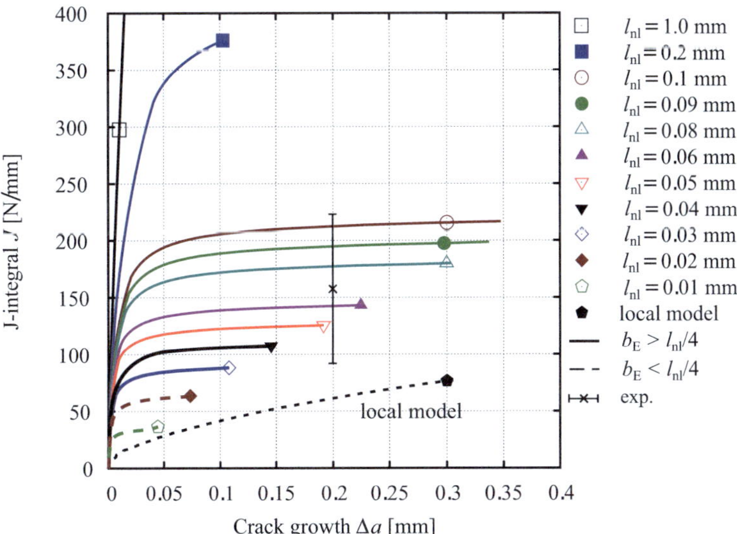

Bild 11.22 Risswiderstandskurven für verschiedene Längenparameter l_{nl} (b_{E} =0,00625 mm) *Volle Linien*: $b_{\mathrm{E}} = l_{\mathrm{nl}}/4$, gestrichelte Linien: $b_{\mathrm{E}} > l_{\mathrm{nl}}/4$, *gepunktete Linien*: lokales Modell. Zum Vergleich Streuband der experimentell ermittelten Bruchzähigkeiten [38]

Das J-Integral $J(a)$ wurde anhand der Verformungsarbeit (siehe (4.251)) aus der simulierten Kraft-Weg-Kurve der CT-Probe gemäß Prüfstandard [19] berechnet. Die Risswiderstandskurven für verschiedene FEM-Diskretisierungen sind in Bild 11.21 zusammengestellt. Mit zunehmender Netzverfeinerung kann man eine Konvergenz der Kurven beim nichtlokalen Ansatz beobachten, wohingegen das lokale Modell zu immer niedrigeren J_{R}-Kurven führt. Die Wahl der charakteristischen Länge $l_{\mathrm{nl}} = \sqrt{c}$ hat einen erheblichen Einfluss, der im Bild 11.22 aufgezeigt wird. Je größer dieser Parameter ist, umso geringer wird die gemittelte Schädigung, was zu einem verzögerten Versagen mit mehr Energiebedarf führt. Das unterstreicht die Bedeutung dieser Größe, die somit als ein wichtiger Modellparameter anzusehen ist. Sie ersetzt quasi die pragmatische Wahl der Elementgröße beim lokalen Modell und führt zur Entkopplung der Numerik von der kontinuumsmechanischen Lösung. Die Konvergenz der J_{R}-Kurven wird umso eher erreicht, je größer l_{nl} im Verhältnis zur Elementgröße b_{E} ist. Daraus lässt sich eine obere Schranke für die notwendige Elementgröße angeben, um eine objektive (netzunabhängige) Lösung zu gewinnen:

$$b_{\mathrm{E}} \leq l_{\mathrm{nl}}/4\,. \tag{11.55}$$

Fazit:
Mit Hilfe nichtlokaler Erweiterungen bekannter Schädigungsmodelle kann die Netzabhängigkeit der Lösung überwunden werden. Für die *nichtlokale Schädigungsvariable* muss allerdings eine weitere DGL gelöst werden, wodurch der algorithmische Implementierungsaufwand steigt. Zusätzlich kommt ein weiterer Modellparameter, die *charakteristische Länge* l_{nl}, ins Spiel, die für jedes Material bestimmt werden muss. Die numerische Diskretisierungslänge b_{E} sollte mindestens viermal geringer sein als l_{nl}.

11.5 Parameterbestimmung für duktile Schädigungsmodelle

Ein Handicap für die breite Anwendung schädigungsmechanischer Modelle ist die große Anzahl der erforderlichen Materialparameter, die nicht einfach aus werkstofftechnischen Datenblättern oder Standardkennwerten zu bekommen sind. So benötigt man für das bekannteste duktile Schädigungsmodell von GURSON-TVERGAARD-NEEDLEMAN 9 Parameter, und für das originale ROUSSELIER-Modell immerhin noch drei Parameter (8 mit Koaleszenz- und Nukleationstermen) zusätzlich zur Fließkurve das Matrixmaterials. Selbstredend sind dafür Versuche notwendig, bei denen sich ein dominantes Versagen messen lässt und die eine Abhängigkeit von der Mehrachsigkeit aufweisen, wie z. B. gekerbte Zugproben und Bruchmechanikproben. Bisher wurden viele ad-hoc Methoden, Sensitivitätsstudien, Zellmodellrechnungen und heuristische Ansätze ausprobiert, doch es ist schwierig, einen eindeutigen Parametersatz für alle Größen zu identifizieren. Generell handelt es sich um die Lösung eines inversen Problems: Man kennt das Ergebnis einer RWA aus dem Experiment und sucht die Eingangsparameter des FEM-Modells, um das Messergebnis zu treffen. Beispielhaft seien die Arbeiten [9, 42, 28, 46] genannt. Im Folgenden sollen zwei Anregungen aus der eignen Forschung gegeben werden.

11.5.1 Einsatz optischer Feldmessverfahren

Allein aus dem Vergleich der Kraft-Verschiebungs-Kurve einer Probe mit der numerischen Simulation können die zahlreichen Parameter nicht bestimmt werden. Um möglichst viele Informationen über das Verformungs- und Schädigungsverhalten zu gewinnen, bieten sich optische Feldmessverfahren an, da jeder Messpunkt eine Antwort des Materials beinhaltet. Dafür stehen heutzutage sehr leistungsfähige Objektrasterverfahren zur Verfügung, die berührungslos das Verschiebungs- und Deformationsfeld an der Oberfläche einer Probe während der Belastung vermessen können, z. B. [16]. Im Folgenden wird diese Methodik am Beispiel einer gekerbten Flachzugprobe aus dem Stahl S690 skizziert, um die Parameter der Fließkurve und des Schädigungsmodells zu identifizieren [43]. Die Bilder 11.23 und 11.24 zeigen die Probenform und die FEM-Vernetzung.

Bild 11.23 Gekerbte Flachzugprobe R2L2 mit Radius R6 = 5,9 mm, Stegbreite = 3,08 mm und Dicke = 3,0 mm

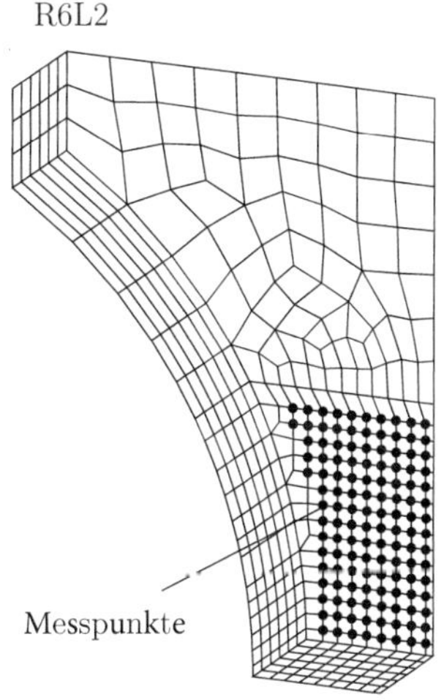

Bild 11.24 3D Finite Element Netz aus HEX20 Elementen mit Messpunkten (1/8 der Probengeometrie)

Das Verfestigungsverhalten wird mit einem Potenzgesetz beschrieben

$$\sigma_{\mathrm{M}}(\varepsilon_{\mathrm{M}}^{\mathrm{p}}) = \sigma_0 \left(\frac{\varepsilon_{\mathrm{M}}^{\mathrm{p}}}{\varepsilon_0} + 1 \right)^{1/n} . \tag{11.56}$$

Zusammen mit den Parametern des GTN-Modells werden 11 Unbekannte gesucht, die in $\boldsymbol{p}$ zusammengefasst sind.

$$\boldsymbol{p} = (p_i)^{\mathrm{T}} = (\underbrace{\sigma_0 \quad \varepsilon_0 \quad n}_{\text{Verfestigung}} \quad \underbrace{q_1 \quad q_2 \quad f_0 \quad f_c \quad f_f \quad f_{\mathrm{N}} \quad \varepsilon_{\mathrm{N}}}_{\text{Schädigung}})^{\mathrm{T}} . \tag{11.57}$$

Zur Reduktion der Anzahl auf 8 wird von anerkannten Literaturwerten für $q_1 = 1,5, q_2 = 1,0, (q_3 = q_1^2 = 2,25)$ und $s_{\mathrm{N}} = 0,1$ Gebrauch gemacht.

Die Ergebnisdaten der FEM-Simulation $\boldsymbol{h}(\boldsymbol{p}) = \boldsymbol{\mathcal{H}} \circ \boldsymbol{p}$ sind eine Funktion der eingegebenen Materialparameter $\boldsymbol{p}$, wobei der Operator $\boldsymbol{\mathcal{H}}$ die direkte Lösung der RWA bedeutet. Die explizite Lösung des inversen Problems $\boldsymbol{p}(\boldsymbol{h}) = \boldsymbol{\mathcal{H}}^{-1} \circ \boldsymbol{h}$ ist mathematisch nicht möglich. Deshalb wird zur Bestimmung der Materialparameter ein nicht-lineares Optimierungsverfahren angewandt, das die Minimierung des folgenden Fehler-Quadrat-Funktionals bezweckt

$$\boldsymbol{\Psi}(\boldsymbol{p}) = \sum \left[\boldsymbol{h}(\boldsymbol{p}) - \bar{\boldsymbol{h}}\right]^2 \rightsquigarrow \min . \tag{11.58}$$

Hierbei werden die gemessenen Werte $\bar{\boldsymbol{h}}$ mit den numerischen FEM-Ergebnissen $\boldsymbol{h}(\boldsymbol{p})$ verglichen, und die Materialparameter $\boldsymbol{p}$ werden solang verbessert, bis die Zielfunktion $\boldsymbol{\Psi}(\boldsymbol{p})$ ein globales Minimum erreicht hat.

Bild 11.25 zeigt die oberflächenpräparierte Probe, das gemessene ε_{yy}-Dehnungsfeld und die dazugehörige Position auf der F-u-Kurve.

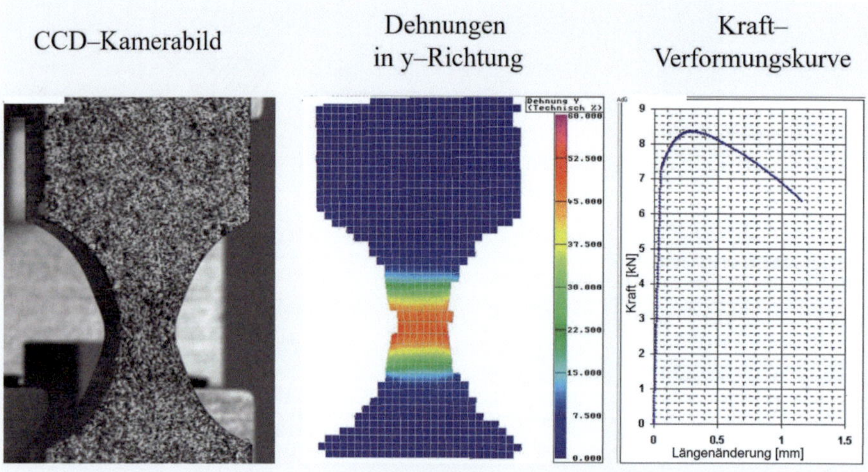

Bild 11.25 Zugversuch R6L2 bei einer Verformung u = 1,15 mm: a)Objektraster auf der Probe, b) Dehnungsfeld in y-Richtung, c) Kraft-Verschiebungs-Kurve

Im konkreten Fall wurden folgende Inputdaten $\bar{\boldsymbol{h}}$ aus dem Versuch verwendet:

- $n_{\mathrm{M}} = 292$ Punkte der Kraft-Verschiebungs-Kurve

- 3D-Verschiebungsvektoren $\bar{u}_k, (n_\mathrm{D} = 3)$ an $n_\mathrm{L} = 80$ Messpunkten auf der Probenoberfläche für $n_\mathrm{M} = 127$ Lastschritte. Die Messpunkte wurden in den Kerbbereich gelegt, wo die Schädigung dominiert.
- Versagenspunkt (F_c, u_c).

Damit stehen 30480 Werte für die Parameteridentifikation bereit. Die zu minimierende Zielfunktion lautet:

$$\boldsymbol{\Psi}(\boldsymbol{p}) = \frac{1}{2} \sum_{i=1}^{n_L=80} \sum_{j=1}^{n_M=127} \sum_{k=1}^{n_D=3} \left\{ \left[u_k(\boldsymbol{p}_V)\right]_{ij} - \left(\bar{u}_k\right)_{ij} \right\}^2 + \omega_K \frac{1}{2} \sum_{i=1}^{n_L=292} \left[F_i(\boldsymbol{p}_K) - \bar{F}_i\right]^2 , \tag{11.59}$$

wobei der Parametersatz so aufgeteilt wurde, dass die Verfestigung aus der Kraft-Verformungs-Kurve bestimmt wird und die Schädigungsparameter aus dem Verschiebungsfeld des Objektrasters:

$$\boldsymbol{p}_V = (n \quad f_0 \quad f_\mathrm{N} \quad \varepsilon_\mathrm{N})^\mathrm{T} \quad \text{und} \quad \boldsymbol{p}_K = (\sigma_0 \quad \varepsilon_0)^\mathrm{T} . \tag{11.60}$$

Um die unterschiedlichen Dimensionen beider Datensätze zu kompensieren, wird der Wichtungsfaktor $\omega_K = 3.0 \cdot 10^{-6}\,\mathrm{kg}^2/\mathrm{s}^4$ eingeführt.

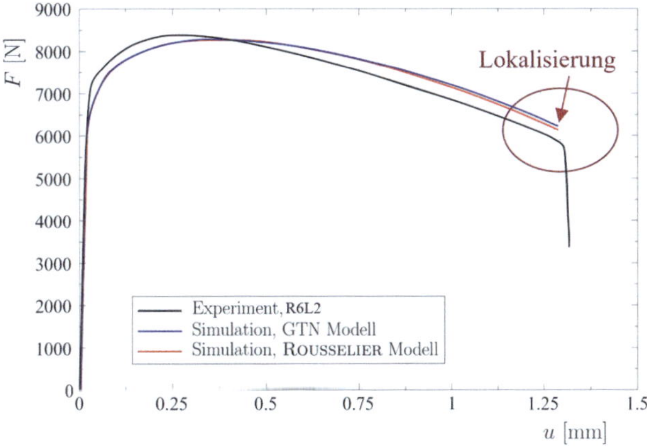

Bild 11.26 Kraft-Verformungs-Kurve Probe R6L2

Aus der FEM-Simulation der Zugprobe mit dem Netz von Bild 11.24 werden die entsprechenden Datensätze der F-u-Kurve und des Verschiebungsfeldes an den Messpunkten gewonnen für jeden Parametersatz $\boldsymbol{p}_V$ und $\boldsymbol{p}_K$. Die Minimierung des Funktionals (11.59) kann mit geeigneter Optimierungssoftware durchgeführt werden, worauf hier aus Platzgründen nicht näher eingegangen wird. Jede Iteration bedeutet eine FEM-Simulation. Zweckmäßigerweise wird der Prozess in drei Stufen gefahren: Zuerst werden nur die Parameter der Fließkurve aus den Messwerten bis zu 70% der Maximallast bestimmt, wo noch keine Schädigung auftritt und danach werden alle Parameter aus (11.60) im Funktional variiert. Letztlich fehlen noch die Parameter f_c und f_f, die am besten aus dem Lastpunkt des Versagens im Experiment bzw. der Lokalisierung der FEM-Lösung identifiziert werden, siehe Bild 11.26. Am Ende wurde der Parametersatz von Tabelle 11.4 mit dem bestmöglichen Fit erhalten. Die gute Qualität der Parameteranpassung ist auch anhand der Kraft-Verformungs-Kurven in Bild 11.26 ersichtlich.

Probe	σ_0	ε_0	n	f_0	f_{N}	ε_{N}	f_c	f_f
R6L2	616,0	0,0032	8,439	0,0001	0,00294	0,134	0,066	0,32

Tabelle 11.4 Identifizierte Materialparameter des GTN-Modells für Stahl StE690,

11.5.2 Pragmatische Strategie für das nichtlokale GTN-Modell

Dieses Verfahren wurde in jüngster Zeit am IMFD der TU Bergakademie Freiberg entwickelt und validiert [14]. Damit soll die technische Anwendung des nichtlokalen GTN-Modells durch eine möglichst einfache, praktikable Methode zur Bestimmung der Schädigungsparameter unterstützt werden. Das Verfahren ist iterationsfrei und benötigt nur die experimentellen Eingangsdaten von zwei genormten Versuchen: Dem glatten Zugversuch und einem bruchmechanischen Versuch, z. B. CT-Probe. Die dabei gemachten Vereinfachungen basieren auf Erfahrungswerten aus der Literatur und bekannten Einflüssen der einzelnen Parameter. Unter Verwendung der Fließkurve und der Risswiderstandskurve werden dem Nutzer letztlich mit Hilfe von Tabellen bzw. Ablese-Diagrammen die wesentlichen Materialparameter des GTN-Modell bereitgestellt, ohne dass eigene Simulationsrechnungen erforderlich sind.

Folgende Vorüberlegungen grenzen die Anzahl der Schädigungsparameter ein: Die empirischen Vorfaktoren des GTN Modells wurden von Tvergaard & Needleman [44] mit den Werten $q_1 = 1,5$, $q_2 = 1,0$ und $q_3 = q_1^2$ angesetzt und sollen so beibehalten werden. Die Parameter der Verteilungsfunktion für die Porennukleation (11.33) können nur mit Aufwand aus metallographischen Analysen gewonnen werden, weshalb mit $\varepsilon_{\mathrm{N}} = 0,3$ und $s_{\mathrm{N}} = 0,1$ akzeptierte Literaturwerte festgesetzt werden. Weiterhin haben viele Untersuchungen gezeigt, dass eine Redundanz zwischen den Parametern f_0 und f_c besteht, um den Punkt des Versagens vorherzusagen. Entscheidend dafür ist vor allem deren Verhältnis f_c/f_0. Deshalb wird vereinfachend ein realistischer Wert $f_0 = 0,005$ festgesetzt und nur f_c kalibriert. Die kritische Porosität wird mit $f_f^* = 0,98/q_1$ aus numerischen Gründen etwas unterhalb des theoretischen Wertes angesetzt. Die Beschleunigung des Porenwachstum oberhalb f_c hat relativ geringen Einfluss, weshalb hierfür der Wert $\kappa = 4$ angenommen wird. Im nichtlokalen Ansatz spielt der Längenparameter l_{nl} eine wesentliche Rolle. Somit verbleiben in der Parameterliste lediglich noch diese freien Variablen übrig:

$$\boldsymbol{p} = (\underbrace{\sigma_y \quad n}_{\text{Verfestigung}} \quad \underbrace{f_c/f_0 \quad l_{nl}}_{\text{Schädigung}})^T . \tag{11.61}$$

a) Eingabedaten aus dem einachsigen Zugversuch

Die Kraft-Verformungs-Kurve des Zugversuches liefert den E-Modul E, die Streckgrenze $R_{p0.2}$ bei 0,2% plastischer Dehnung und die Zugfestigkeit R_m. Daraus sind die wahren Spannungen und Dehnungen zu ermitteln. Die wahre Fließkurve des Werkstoffs ist in der folgenden (impliziten) Form [45] als Potenzgesetz darzustellen:

$$\sigma_M = \sigma_y \left(\frac{\sigma_M}{\sigma_y} + \frac{E}{\sigma_y} \varepsilon_M^p \right)^{1/n} \tag{11.62}$$

mit den beiden Parametern $\sigma_y (\widehat{=}\ \sigma_{F0})$ als Anfangsfließgrenze und $n \geq 1$ dem Verfestigungsexponenten. Es werden zwei Varianten vorgeschlagen, um diese Parameter zu ermitteln:

1. Bestimmung von n aus einer logarithmischen Regression der wahren Spannungs-Dehnungs-Kurve: R_m - Fit (evtl. mit Bridgeman Korrektur oberhalb $R_{p0.2}$).

2. Als konservative Schätzung nach der SINTAP-Richtlinie [45]:

   $$n = 2/\left(1 - R_{p0.2}/R_m\right) . \tag{11.63}$$

   Aus $R_{p0.2}$ kann die Anfangsfließspannung σ_y wie folgt berechnet werden:

   $$\sigma_y = \frac{(R_{p0.2})^{\frac{n}{n-1}}}{(R_{p0.2} + 0,002\, E)^{\frac{1}{n-1}}} . \tag{11.64}$$

b) Eingabedaten aus dem Bruchmechanikversuch

Zur Bestimmung der beiden Schädigungsparameter werden die Ergebnisse des bruchmechanischen Standardversuchs nach ASTM E1820 [4] an einer CT-Probe genutzt, siehe Abschnitt 4.3.8. Aus der duktilen Risswiderstandskurve $J = J_R(\Delta a)$ gewinnt man folgende Daten:

1. Die Bruchzähigkeit J_{Ic} aus dem Schnittpunkt der um 0,2 mm versetzten Blunting Line mit dem Potenzgesetz-Fit der R-Kurve, siehe Bild 4.46.

   $$J_R(\Delta a) = C_1\, (\Delta a)^{C_2} . \tag{11.65}$$

2. Der Anstieg der R-Kurve charakterisiert den duktilen Rissausbreitungswiderstand und wird durch den so genannten *Reißmodul* (engl. *tearing modulus*) in

dimensionsloser Form quantifiziert:

$$T_{\mathrm{R}} = \frac{E}{\sigma_{\mathrm{y}}^2} \frac{\mathrm{d}J}{\mathrm{d}\Delta a} \quad \text{an einem fixierten Wert } \Delta a\,. \tag{11.66}$$

Anstelle dieser Definition wird eine lineare Regression aller experimentellen Wertepaare zwischen dem 0,2 mm Offset und der Gültigkeitsgrenze Offset $\Delta a=$ 1,5 mm vorgenommen, wie in Bild 11.30 skizziert.

Die Parameteridentifikation baut auf der dimensionslosen Darstellung der Risswiderstandskurve (siehe [42]) und folgenden Überlegungen auf:

$$\frac{J(\Delta a)}{\sigma_{\mathrm{y}}\, l_{\mathrm{nl}}} = \mathcal{F}\left(\frac{\Delta a}{l_{\mathrm{nl}}}, \frac{E}{\sigma_{\mathrm{y}}}, f_c, \text{Verfestigungsparameter}\right). \tag{11.67}$$

Die Bruchzähigkeit ist ein definierter Punkt der R-Kurve, so dass die Risslänge Δa herausfällt:

$$\frac{J_{\mathrm{Ic}}}{\sigma_{\mathrm{y}}\, l_{\mathrm{nl}}} = \mathcal{F}\left(\frac{E}{\sigma_{\mathrm{y}}}, f_c, \text{Verfestigungsparameter}\right) \tag{11.68}$$

Interessanterweise fällt auch die charakteristische Länge l_{nl} bei der dimensionslosen Darstellung des Reißmoduls heraus: Das haben die numerische Analysen bestätigt.

$$T_{\mathrm{R}} = \frac{E}{\sigma_{\mathrm{y}}^2} \frac{\mathrm{d}J}{\mathrm{d}\Delta a} = \mathcal{F}\left(\frac{E}{\sigma_{\mathrm{y}}}, f_c, \text{Verfestigungsparameter}\right). \tag{11.69}$$

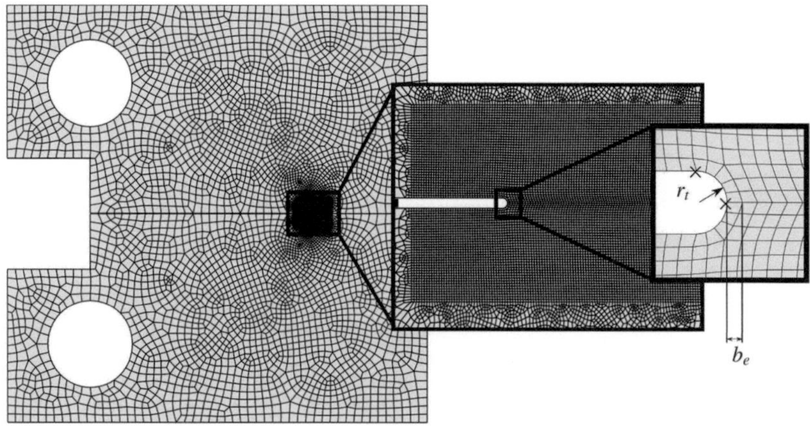

Bild 11.27 FEM-Diskretisierung der CT-Probe als 2D EVZ Modell. Kerbradius $r_t = l_{\mathrm{nl}}/2$, Elementgröße an der Rissspitze $b_E = l_{\mathrm{nl}}/4$.

c) FEM-Simulationen und Parameterstudien

Mit dem in Bild 11.27 gezeigten FEM-Model der CT-Probe wurden virtuelle Versuche mit systematischer Variation der noch freien Parameter durchgeführt. Es wurde gefunden, das der Reißmodul T_R nicht vom Verfestigungsexponenten n und vom Verhältnis E/σ_y abhängt, vorausgesetzt man benutzt die o. g. Definition der linearen Regression. Somit kann eine Korrelation zwischen T_R und der Porosität bei beginnender Porenkoaleszenz f_c bzw. f_c/f_0 etabliert werden, siehe Bild 11.28. Stellt man aus diesen Simulationsergebnissen die Beziehung von (11.68) dar, so ergibt sich die in Bild 11.29 gezeigte Kurvenschar mit n als Parameter. Sie gilt für ein festes Verhältnis E/σ_y (in diesem Fall 500). Gleichartige Ablesetabellen wie in den Bildern 11.28 und 11.29 wurden für die Verhältnisse $200 \leq E/\sigma_\mathrm{y} \leq 2000$ generiert, die typisch für metallische Werkstoffe sind.

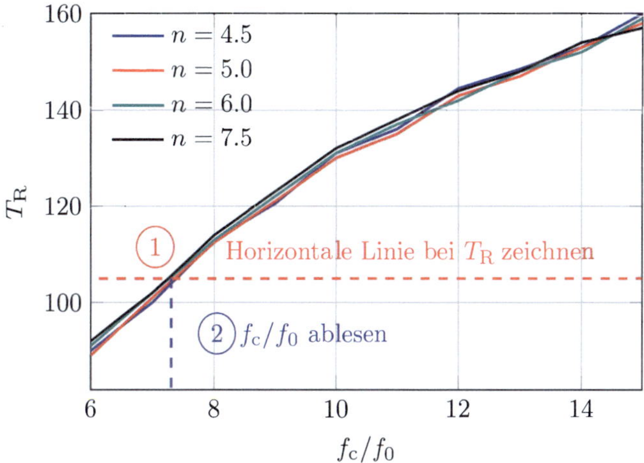

Bild 11.28 Relation zwischen dem Reißmodul T_R und der Porosität f_c/f_0 für $E/\sigma_\mathrm{y} = 500$.

d) Strategie der Parameteridentifikation

I) Zusammenstellung aller notwendigen Daten aus dem Zugversuch $E, R_{\mathrm{p}0.2}, R_\mathrm{m}$ und der Risswiderstandskurve aus dem Bruchmechanikversuch: $J_\mathrm{Ic}, J_\mathrm{R}(\Delta a)$.

II) Bestimmung der Fließspannung σ_y und des Verfestigungsexponenten n aus $R_{\mathrm{p}0.2}$ und R_m nach Abschnitt (a), Gleichungen (11.63) bzw. (11.64).

III) Lineare Regression der Risswiderstandskurve zwischen den Offset-Grenzen zur Berechnung des Reißmoduls nach Abschnitt (b), bzw. Bild 11.30.

IV) Berechnung des Verhältnisses E/σ_y für den Wertstoff, um die passende Kurve in den Ablese-Diagrammen zu wählen.

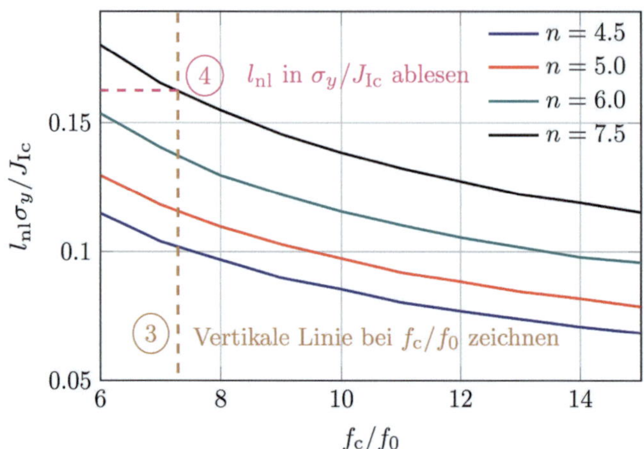

Bild 11.29 Relation zwischen der normierte Bruchzähigkeit $J_{\mathrm{Ic}}/(\sigma_{\mathrm{y}}\, l_{\mathrm{nl}})$ und der Porosität f_c/f_0 für $E/\sigma_{\mathrm{y}} = 500$.

V) Gehe in das Ablese-Diagramm vom Typ Bild 11.28 und ermittle aus T_{R} die Porosität f_c/f_0, Schritt ① → ②.

VI) Gehe in das Ablese-Diagramm vom Typ Bild 11.29 und ermittle aus der Porosität f_c/f_0 und der Bruchzähigkeit J_{Ic} die charakteristische Länge l_{nl} des nichtlokalen Ansatzes. Schritt ③ → ④

VII) Damit sind das Verfestigungsverhalten σ_{y}, n des Werkstoffs und alle Schädigungsparameter des GTN-Modells f_c und l_{nl} plus die vorab fixierten Parameter $q_1\, q_2, f_0, f_f, \varepsilon_{\mathrm{N}}$, und s_{N} bestimmt.

Das Verfahren ist in Bild 11.30 nochmals graphisch zusammengefasst. Die entsprechenden Ablese-Diagramme für das Verhältnis E/σ_{y} findet man im Anhang von [14]. Somit kann der Nutzer seine Anwendungsrechnung mit dem nichtlokalen GTN-Modell ausführen ohne vorab Simulationen zur Parameteridentifikation durchführen zu müssen.

e) Validierung des Konzepts am Beispiel Reaktordruckbehälterstahl

Der sowjetische Reaktordruckbehälterstahl 18Ch2MFA war bereits Gegenstand früherer Arbeiten [1, 42, 31] und dient deshalb zur Überprüfung des Konzeptes. Die Eingangsdaten aus dem Zugversuch lauten: E = 206 GPa, $R_{\mathrm{p0.2}}$ = 667 MPa, R_{m} = 759 MPa, und die bruchmechanischen Kennwerte sind: J_{Ic} = 280 N/mm, T_{R} = 65,0. Die oben beschriebene Methode zur Parameterbestimmung wurde angewandt und ergab die in Tabelle 11.5 gelisteten Werte. Die SINTAP-Richtlinie unterschätzte etwas die gemessene Fließkurve. Beiden Methoden unterschieden sich aber in der Vorhersage der schädigungsmechanischen Parameter kaum. Deshalb

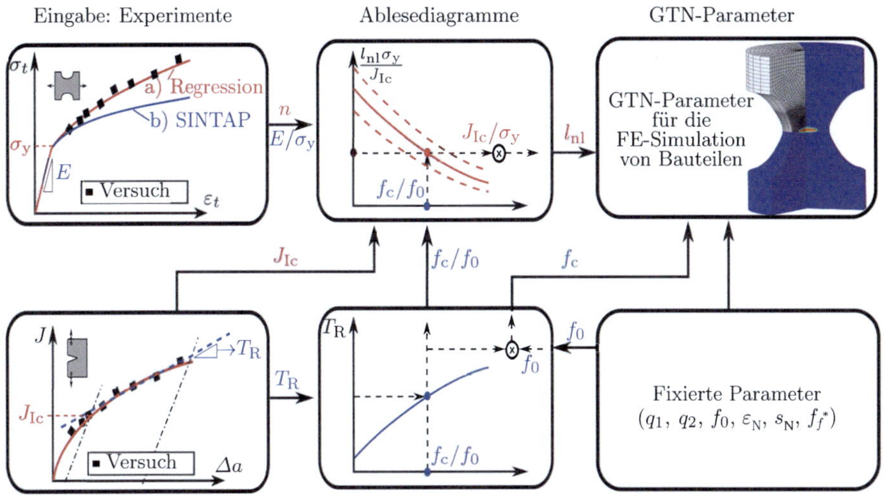

Bild 11.30 Schematische Darstellung der gesamten Identifikationsprozedur als Flussdiagramm: *Links*: Experimenteller Input: Fließkurve aus dem Zugversuch und Reißmodul aus dem Bruchmechanikversuch, *Mitte*: Ablese-Diagramme für f_0/f_c und l_{nl} *Rechts*: Erhaltene GTN-Parameter.

stimmen die simulierten Risswiderstandskurven beider Datensätze recht gut miteinander und mit dem Experiment überein, siehe Bild 11.31.

	n	σ_y [MPa]	E/σ_y	f_c/f_0	l_{nl} [mm]
SINTAP Richtlinie	16,5	635	325	11,25	0.10
Regression R_m-Fit	12,0	625	330	11,25	0.09

Tabelle 11.5 Liste der identifizierten Parameters für Stahl 18Ch2MFA

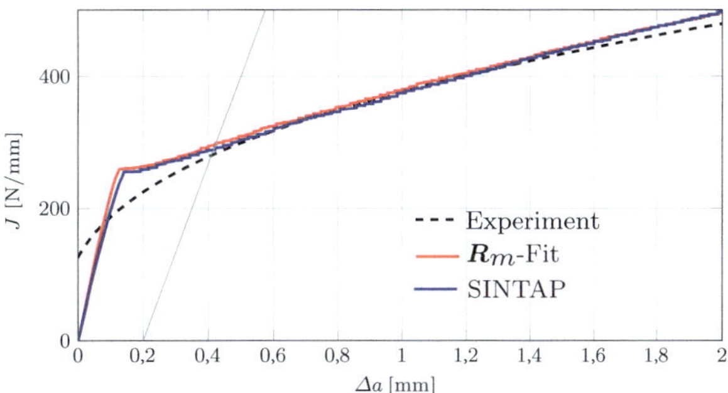

Bild 11.31 R-Kurve für den Reaktorstahl: Experiment und Simulationen

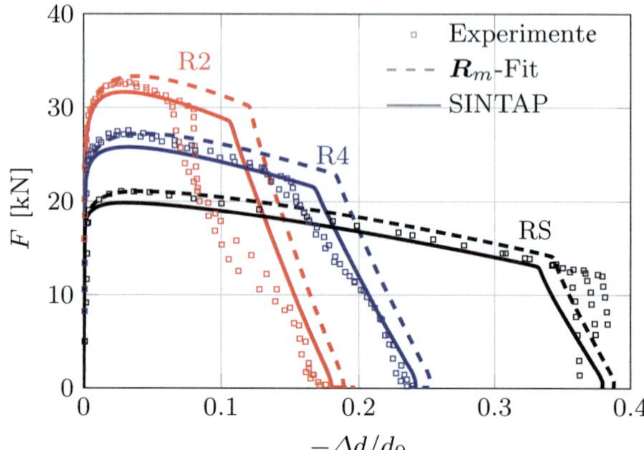

Bild 11.32 Kraft über Durchmesser-Reduktion von Rundzugproben des Reaktorstahls. Vergleich Messkurven mit der schädigungsmechanischen FEM-Simulation.

Zur Validierung wurde eine andersartiger Versuch mit glatten (RS) und gekerbten Rundzugproben (Kerbradien R=2 und 4 mm) desselben Werkstoffs herangezogen. Die gemessene Einschnürung des Durchmessers über der Kraft und die FEM-Simulationen mit dem oben bestimmten Parametersatz zeigen gute Übereinstimmung in Bild 11.32. Weitere Validierungsbeispiele finden man in [14].

Literaturverzeichnis

[1] Abendroth, M.: Identifikation elastoplastischer und schädigungsmechanischer Materialparameter aus dem Small Punch Test. Ph.D. thesis, TU Bergakademie Freiberg (2005)

[2] Abendroth, M., Kuna, M.: Identification of ductile damage and fracture parameters from the small punch test using neural networks. Engineering Fracture Mechanics **73**, 710–725 (2006)

[3] Andrade, F., de Sa, J.C., Pires, F.A.: Assessment and comparison of non-local integral models for ductile damage. International Journal of Damage Mechanics **23**(2), 261–296 (2014)

[4] ASTM-E 1820: Standard test method for measurement of fracture toughness. Tech. rep., American Society for Testing and Materials, West Conshohocken (2007)

[5] Bao, Y., Wierzbicki, T.: A comparative study on various ductile crack formation criteria. J. Eng. Mater. Technol. **126**(3), 314–324 (2004)

[6] Bao, Y., Wierzbicki, T.: On fracture locus in the equivalent strain and stress triaxiality space. International Journal of Mechanical Sciences **46**(1), 81–98 (2004)

[7] Bazant, Z.P., Jirasek, M.: Nonlocal Integral Formulations of Plasticity and Damage: Survey of Progress. Journal of Engineering Mechanics pp. 1119–1149 (2002)

[8] Benzerga, A.A., Leblond, J.B., Needleman, A., Tvergaard, V.: Ductile Failure Modeling. Int. J. Fracture **201**, 29–80 (2016)
[9] Bernauer, G., Brocks, W.: Micro-mechanical modelling of ductile damage and tearing – results of a european numerical round robin. Fatigue Fract. Eng. Mater. Struct. **25**(4), 363–384 (2002)
[10] Besson, J.: Continuum Models of Ductile Fracture: A Review. Int. J. Damage Mech. **19**, 3–52 (2010)
[11] Chaouadi, R., De Meester, P., Scibetta, M.: Micromechanical modeling of ductile fracture initiation to predict fracture toughness of reactor pressure vessel steels. Le Journal de Physique IV **6**(C6), C6–53 (1996)
[12] De Borst, R., Pamin, J., Geers, M.G.: On coupled gradient-dependent plasticity and damage theories with a view to localization analysis. European Journal of Mechanics-A/Solids **18**(6), 939–962 (1999)
[13] Desmorat, J.L.R., Lemaitre, J.: Engineering Damage Mechanics. Springer-Verlag Berlin Heidelberg (2005)
[14] El Khatib, O., Hütter, G., Pham, R.D., Seupel, A., Kuna, M., Kiefer, B.: A non-iterative parameter identification procedure for the non-local Gurson–Tvergaard–Needleman model based on standardized experiments. International Journal of Fracture **241**(1), 73–94 (2023)
[15] Enakoutsa, K., Leblond, J., Perrin, G.: Numerical implementation and assessment of a phenomenological nonlocal model of ductile rupture. Computer Methods in Applied Mechanics and Engineering **196**(13), 1946–1957 (2007)
[16] GOM: Aramis multi-sensor-dic-systeme. Tech. rep., Carl Zeiss GOM Metrology GmbH (2023). URL https://www.gom.com/de-de/themen/aramis-multi-sensor-dic-systeme
[17] Gross, D., Seelig, T.: Bruchmechanik: Mit einer Einführung in die Mikromechanik. Springer Verlag, Berlin (2001)
[18] Gurson, A.L.: Continuum theory of ductile rupture by void nucleation and growth: Part I – Yield criteria and flow rules for porous ductile materials. Journal of Engineering Materials and Technology **99**, 2–15 (1977)
[19] ISO12135: Metallic materials – Unified method of test for the quasitatic fracture toughness. Tech. rep., International Organization for Standardization, Genf (2002)
[20] Jackiewicz, J., Kuna, M.: Non-local regularization for FE simulation of damage in ductile materials. Computational Materials Science **28**(3), 684–695 (2003)
[21] Johnson, G.R., Cook, W.H.: Fracture characteristics of three metals subjected to various strains, strain rates, temperatures and pressures. Engineering Fracture Mechanics **21**(1), 31–48 (1985)
[22] Ju, J.W.W., Chaboche, J.L., Voyiadjis, G.: Damage mechanics in engineering materials. Elsevier (1998)
[23] Kachanov, L.: Introduction to continuum damage mechanics, vol. 10. Springer Science & Business Media (1986)
[24] Kachanov, L.M.: Time to failure under creep condition. Izvestia Akademii Nauk, SSSR, Tech. Nauk **8**(1), 26–31 (1958)

[25] Klingbeil, D., Brocks, W., Fricke, S., Arndt, S., Reusch, F., Kiyak, Y.: Verifikation von Schädigungsmodellen zur Vorhersage von Rißwiderstandskurven für verschiedene Probengeometrien und Materialien im Rißinitiierungsbereich und bei großem Rißwachstum. Tech. Rep. BAM-V.31 98/2, Bundesanstalt für Materialforschung und -prüfung (1998)

[26] Krajcinovic, D.: Damage Mechanics. Elsevier (1996)

[27] Lemaitre, J.: A course on damage mechanics. Springer Science & Business Media (2012)

[28] Li, G., Cui, S.: A review on theory and application of plastic meso-damage mechanics. Theor. Appl. Fract. Mec. **109**, 102686 (2020)

[29] Linse, T.: Quantifizierung des spröd-duktilen Versagensverhaltens von Reaktorstählen mit Hilfe des Small-Punch-Tests und mikromechanischen Schädigungsmodellen. Dissertation, TU Bergakademie Freiberg (2013)

[30] Linse, T., Hütter, G., Kuna, M.: Simulation of crack propagation using a gradient-enriched ductile damage model based on dilatational strain. Engineering Fracture Mechanics **95**, 13–28 (2012)

[31] Müller, K.: Bruchmechanische Bewertung des Stahls 18Ch2MFA nach dem Risseinleitungs- und Rissauffangkonzept. Dissertation, TU Bergakademie Freiberg (1999)

[32] Murakami, S.: Continuum damage mechanics: a continuum mechanics approach to the analysis of damage and fracture, vol. 185. Springer Science & Business Media (2012)

[33] Pineau, A.: Development of the local approach to fracture over the past 25 years: Theory and applications. International Journal of Fracture **138**(1-4), 139–166 (2006)

[34] Rabotnov, Y.N.: A mechanism of a long time failure. Creep problems in structural members pp. 5–7 (1959)

[35] Reusch, F., Svendsen, B., Klingbeil, D.: A non-local extension of Gurson-based ductile damage modeling. Computational Materials Science **26**, 219–229 (2003)

[36] Rice, J.R., Tracey, D.M.: On the ductile enlargement of voids in triaxial stress fields. Journal of the Mechanics and Physics of Solids **17**(3), 201–217 (1969)

[37] Rousselier, G.: Ductile fracture models and their potential in Local Approach of Fracture. Nuclear Engineering and Design **105**, 97–111 (1987)

[38] Samal, M., Seidenfuss, M., Roos, E.: A new mesh-independent rousselier's damage model: Finite element implementation and experimental verification. International Journal of Mechanical Sciences **51**(8), 619–630 (2009)

[39] Sari Sarraf, I., Green, D.E., Jenab, A.: Damage evolution and void coalescence in finite-element modelling of DP600 using a modified Rousselier model. Engineering Fracture Mechanics **196**, 168–190 (2018)

[40] Schiffmann, R., Bleck, W., Dahl, W.: The influence of strain history on ductile failure of steel. Computational materials science **13**(1-3), 142–147 (1998)

[41] Seupel, A., Hütter, G., Kuna, M.: An efficient FE-implementation of implicit gradient-enhanced damage models to simulate ductile failure. Engineering Fracture Mechanics **199**, 41–60 (2018)

[42] Seupel, A., Hütter, G., Kuna, M.: On the identification and uniqueness of constitutive parameters for a non-local GTN-model. Engineering Fracture Mechanics **229**, 106817 (2020)
[43] Springmann, M., Kuna, M.: Determination of ductile damage parameters by local deformation fields: measurement and simulation. Archive of Applied Mechanics **75**, 775–797 (2006)
[44] Tvergaard, V., Needleman, A.: Analysis of the cup-cone fracture in a round tensile bar. Acta Metallurgica **32**(1), 157–169 (1984)
[45] Zerbst, U., Wiesner, C., Kocak, M., Hodulak, L.: SINTAP: Entwurf einer vereinheitlichten europäischen Fehlerbewertungsprozedur - Eine Einführung. Tech. rep., GKSS-Forschungszentrum, Geesthacht (1999)
[46] Zhang, T., Lu, K., Mano, A., Yamaguchi, Y., Katsuyama, J., Li, Y.: A novel method to uniquely determine the parameters in Gurson-Tvergaard-Needleman model. Fatigue. Fract. Eng. M. (2021)

Kapitel 12
Phasenfeldmethode

12.1 Einleitung

Die *Phasenfeldmethode* (engl. *phase field method*) wurde ursprünglich in den Materialwissenschaften entwickelt, um physikalische Prozesse numerisch zu simulieren, bei denen sich mehrere Phasen und die Grenzflächen zwischen ihnen ausbilden. Mit dieser Methode können die Veränderung der Mikrostruktur und die Entwicklung der Phasengrenzen berechnet werden. Typische Anwendungsfelder sind Erstarrungsvorgänge, Diffusionsprozesse oder martensitische Phasenumwandlungen in Metallen und Keramiken, siehe z. B. [24]. Zur Beschreibung der räumlichen Verteilung und zeitlichen Entwicklung der Phasen benutzt die Phasenfeldmethode eine stetige Funktion des so genannten Ordnungsparameters, die *Phasenfeldfunktion* $\phi(\boldsymbol{x}, t)$. Jeder Phase wird ein Grenzwert des Ordnungsparameters zugewiesen, und die Phasenübergänge werden durch kontinuierliche Werte dazwischen dargestellt.

Seit ca. 20 Jahren wird die Phasenfeldmethode auch erfolgreich für die Modellierung und Simulation von Bruchvorgängen eingesetzt und hat aufgrund ihrer vielseitigen Möglichkeiten inzwischen einen Boom von Publikationen und Modellvarianten ausgelöst. Der Grundgedanke besteht darin, den Riss nicht als scharfe Diskontinuität abzubilden, sondern ihn als kontinuierlichen Übergang zwischen intaktem und defektem Materialzustand mit Hilfe der Phasenfeldfunktion zu beschreiben. Dadurch ist die FEM-Simulation von Bruchvorgängen nicht mehr an die numerische Diskretisierung gebunden, was erhebliche Vorteile verspricht.

In diesem Kapitel wird eine Einführung in die *Phasenfeld-Bruchmechanik* (engl. *phase-field fracture PFF*) geben. Aus Platzgründen können nur die grundlegenden Ansätze vermittelt werden, da dieses neue Fachgebiet noch in Entwicklung begriffen ist und sich diverse Varianten herausgebildet haben. Dabei beschränken wir uns auf Methoden, die im Rahmen der Kontinuumsmechanik als Erweiterung der GRIFFITH-Theorie entwickelt wurden. Zeitgleich wurden eher physikalisch basierte Ansätze aus der klassischen Phasenfeldtheorie für Rissprobleme entwickelt, die letztendlich zu verwandten und gleichwertigen Methoden geführt haben. Interessierte Leser werden auf die Übersichtsartikel von AMBATI, GERASIMOV & DELORENZI [3], LI u.a. [15], WU u.a. [27] und ZHUANG u.a. [28] verwiesen.

M. Kuna, *Finite Elemente in der Bruchmechanik*,
https://doi.org/10.1007/978-3-658-46192-8_12

12.2 Phasenfeldtheorie für Bruchvorgänge

12.2.1 Phasenfeldbeschreibung eines Risses

Im Kapitel 4.2.5, Gl.(4.74) wurde das GRIFFITH-Kriterium für die Stabilität eines Risses in elastischen Strukturen unter (quasi-)stationären Belastungen anhand der Energiebilanz bei Ausbreitung um $\mathrm{d}A$ erläutert:

$$\mathrm{d}\mathcal{W}_{\text{ext}}(\boldsymbol{u}) - \mathrm{d}\mathcal{W}_{\text{int}}(\boldsymbol{\varepsilon}(\boldsymbol{u})) - \mathrm{d}\mathcal{D} = 0\,. \tag{12.1}$$

Historischer Ausgangspunkt der Phasenfeldmethode für Bruchvorgänge war die Variationsformulierung des GRIFFITH-Kriteriums von FRANCFORT & MARIGO [12] für linear-elastische Körper. Sie ersetzten (12.1) durch ein Funktional der potentiellen Energie, das neben dem Verschiebungsfeld $\boldsymbol{u}(\boldsymbol{x})$ auch die Geometrie der Rissfläche Γ als Variable enthält.

$$\Pi_{\Gamma}(\boldsymbol{u},\Gamma) = \underbrace{\int_{V\backslash\Gamma} \psi_0(\boldsymbol{\varepsilon}(\boldsymbol{u}))\mathrm{d}V}_{\text{innere Energie}} + \underbrace{\int_{\Gamma} G_{\mathrm{c}}\mathrm{d}S}_{\text{Bruchenergie}} - \underbrace{\mathcal{W}_{\text{ext}}(\boldsymbol{u})}_{\text{externe Arbeit}} \tag{12.2}$$

Die innere Energie $\mathcal{W}_{\text{int}}$ ergibt sich aus dem Integral der elastischen Formänderungsenergie des intakten Materials (Index 0) mit dem Elastizitätstensor $\mathbb{C}$:

$$\mathcal{W}_{\text{int}} = \int_V \psi_0(\boldsymbol{\varepsilon}(\boldsymbol{u}))\mathrm{d}V, \quad \psi_0(\boldsymbol{\varepsilon}(\boldsymbol{u})) := U(\boldsymbol{\varepsilon}) = \frac{1}{2}\boldsymbol{\varepsilon} : \mathbb{C} : \boldsymbol{\varepsilon} \quad \text{siehe (3.77)}\,. \tag{12.3}$$

Das zweite Integral berechnet die Energie zur Bildung des Risses entlang der Bruchfläche Γ mit der Bruchzähigkeit G_{c}, was bei GRIFFITH als Dissipation $\mathcal{D}$ aufgeführt wurde. Der dritte Term entspricht der Arbeit der äußeren Belastungen.

$$\mathcal{W}_{\text{ext}} = \int_V \bar{\boldsymbol{b}} \cdot \boldsymbol{u}\,\mathrm{d}V + \int_{S_t} \bar{\boldsymbol{t}} \cdot \boldsymbol{u}\,\mathrm{d}S \tag{12.4}$$

Die wahre Lösung des Rissproblems ergibt sich aus der Minimierung dieses Funktionals bzgl. seiner Variablen $\boldsymbol{u}$ und der entstehenden Rissgeometrie Γ unter gegebenen äußeren Lasten. Die Form des Risses und die Verformung des Körpers stellen sich demnach so ein, dass die Energie des Gesamtsystems minimiert wird. Die Konvexität dieser Extremwertaufgabe und die Existenz des globalen Minimums sind nachgewiesen. Der Fortschritt gegenüber dem klassischen GRIFFITH-Kriterium besteht darin, dass auf diese Weise nicht nur die Stabilität eines vorhandenen Risses bewertet werden kann, sondern sich auch die Bildung, das Wachstum und die Verzweigung eines Risses oder sogar von Mehrfachrissen zwanglos ergibt.

Der Übergang zur Phasenfeldmethode wurde durch die Arbeiten von BOURDIN u.a. [6] eingeleitet. Die Autoren führten eine Regularisierung des Funktionals (12.2) durch, d. h. die starke Diskontinuität und Singularität am Riss wurden durch einen kontinuierlichen, diffusen Übergang mit endlichen Funktionswerten ersetzt, für dessen Beschreibung ein Ordnungsparameter ϕ eingeführt wird. Dieser Ordnungsparameter ist eine zusätzliche stetige Feldvariable von Ort und Zeit $\phi(\boldsymbol{x}, t)$ im Wertebereich $\phi \in [0, 1]$. Für intaktes Material hat ϕ den Wert null und nimmt im vollständig gebrochenen Materialzustand den Wert $\phi = 1$ an. [1] Im Rahmen der Bruchmechanik wird ϕ auch als *Rissfeldparameter* (engl. *crack field parameter*) bezeichnet. Die Definition von ϕ besitzt Verwandtschaft mit der Schädigungsvariablen D im Kapitel 11 *Schädigungsmechanik*.

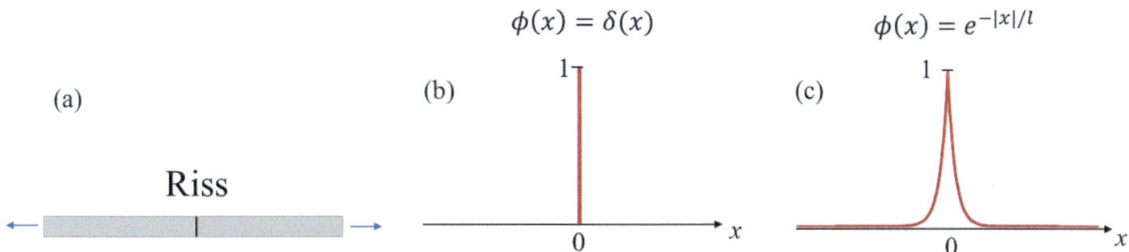

Bild 12.1 (a) Darstellung des Risses im Zugstab, (b) starke klassische Diskontinuität, (c) diffuser Übergang in der Phasenfeldmethode

Die scharfe Rissfläche Γ wird durch folgendes Funktional regularisiert:

$$\Gamma \approx \Gamma_\phi = \int_B \gamma(\phi, \boldsymbol{\nabla}\phi)\, \mathrm{d}V\,. \tag{12.5}$$

Die Funktion $\gamma(\phi, \boldsymbol{\nabla}\phi)$ wird als *Rissflächendichte* (engl. *crack surface density*) bezeichnet und hängt vom Rissfeldparameter und dessen Gradienten ab. Integriert wird über das diffuse Lokalisierungsband des Risses $B \subseteq V$, das sich evtl. nur über ein Teilgebiet von V erstreckt. Die Bruchenergie aus (12.2) wird damit folgendermaßen approximiert:

$$\mathcal{W}_\mathrm{c} = \int_\Gamma G_\mathrm{c} \mathrm{d}S \approx \int_B G_\mathrm{c}\gamma(\phi, \boldsymbol{\nabla}\phi)\, \mathrm{d}V =: \int_B \Phi(\phi, \boldsymbol{\nabla}\phi)\, \mathrm{d}V\,. \tag{12.6}$$

Das soll am 1D Beispiel eines Zugstabs $x \in (-\infty, +\infty)$ des Querschnitts A mit Riss bei $x = 0$ veranschaulicht werden, Bild 12.1. Die scharfe Rissposition kann mit Hilfe der DIRAC-Funktion $\delta(\boldsymbol{x})$ beschrieben werden und die Rissfläche ergibt sich als Integral über das gesamte Stabvolumen:

$$\Gamma = \int_V \delta(\boldsymbol{x})\, \mathrm{d}V = \int_{-\infty}^{+\infty} \delta(\boldsymbol{x}) A\, \mathrm{d}x = A\,. \tag{12.7}$$

Die singuläre DIRAC-Funktion wird im Phasenfeldansatz durch eine regularisierte Funktion des Rissfeldparameters ersetzt, z. B. diese Exponentialfunktion

[1] In der Literatur existieren unterschiedliche Bezeichnungen und Definitionen für den Ordnungsparameter. Alternativ wird häufig anstelle von ϕ die komplementäre Definition $s = 1 - \phi$ verwendet. Zum besseren Verständnis wurden hier alle Varianten auf den Parameter ϕ umgerechnet.

$$\phi(\boldsymbol{x}) = \mathrm{e}^{-|x|/\ell}\,, \tag{12.8}$$

welche Lösung der folgenden homogenen Differentialgleichung ist:

$$\phi(\boldsymbol{x}) - \ell^2 \phi''(\boldsymbol{x}) = 0\,. \tag{12.9}$$

Die charakteristische Länge ℓ kontrolliert die Breite und den Gradienten der Regularisierung in Bild 12.1. Es existiert genau ein Funktional $\mathcal{I}(\phi, \phi')$, dessen EULERsche Gleichung gerade der DGL (12.9) entspricht, d. h. $\mathcal{I}(\phi, \phi') \to \min$ unter den Bedingungen $\phi(0) = 1$ und $\phi(x \to \pm\infty) = 0$ (siehe MIEHE [19]).

$$\mathcal{I}(\phi, \phi') = \frac{1}{2\ell}\left[\phi^2 + \ell^2 (\phi')^2\right]\,. \tag{12.10}$$

Wählt man dieses Funktional für die Rissflächendichte $\gamma = \mathcal{I}(\phi, \phi')$ aus und integriert über das Stabvolumen mit der zugehörigen Funktion (12.8), so ergibt sich gerade wieder die Rissfläche A

$$\Gamma_\phi = \int_V \frac{1}{2\ell}\left[\phi^2 + \ell^2 (\phi')^2\right] \mathrm{d}V = A \mathrel{\widehat{=}} \Gamma\,, \tag{12.11}$$

womit die Equivalenz des regularisierten Phasenfeldansatzes mit der scharfen Rissdiskontinuität aus (12.7) bewiesen ist. Zur Verallgemeinerung auf den dreidimensionalen Fall muss für ϕ' wieder der räumliche Gradient $\boldsymbol{\nabla}\phi$ eingesetzt werden. Bild 12.2 illustriert den Unterschied zwischen der klassischen Rissbeschreibung und dem diffusen Phasenfeldansatz für ein 2D Beispiel.

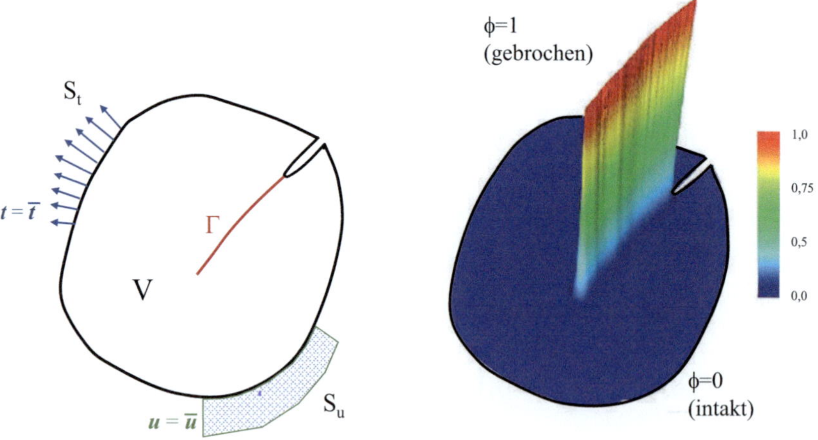

Bild 12.2 *links*: Darstellung des Risses als starke Diskontinuität, *rechts*: als kontinuierlicher Übergang in der Phasenfeldmethode (nach [2])

In (12.6) wird die Brucharbeit bzw. dissipierte Energie $\mathcal{W}_c$ als Volumenintegral der lokalen Dissipationsdichte/Volumen Φ über den Körper dargestellt. Für die darin enthaltene Rissflächenfunktion γ gibt es unterschiedliche Ansätze in der Literatur mit der generischen Form:

$$\Phi(\phi, \nabla\phi) = G_c \gamma(\phi, \nabla\phi), \qquad \gamma(\phi, \nabla\phi) = \frac{1}{c_w \ell}\left(\mathsf{w}(\phi) + \ell^2 |\nabla\phi|^2\right). \tag{12.12}$$

Die Bruchzähigkeit G_c muss mit dem Wert des Rissfeldparameters ϕ anwachsen. Zu diesem Zweck wird eine lokale *Dissipationsfunktion* $\mathsf{w}(\phi) \in [0, 1]$ eingeführt, die physikalisch als lokale Bruchenergie zu interpretieren ist. Für sie gilt:

$$\begin{aligned} &\text{intaktes Material: } \mathsf{w}(0) = 0, \qquad &&\text{gebrochenes Material: } \mathsf{w}(1) = 1, \\ &\text{monoton steigend: } \mathsf{w}'(\phi) \geq 0. \end{aligned} \tag{12.13}$$

Hervorzuheben ist der Term mit dem Betrag des Gradienten von ϕ in (12.12), der typisch für alle Phasenfeldansätzen ist, um den Einfluss von Grenzflächen (hier der Rissufer) in der diffusen Darstellung energetisch abzubilden. Die Einführung des charakteristischen Längenparameters ℓ ist sowohl aus Dimensionsgründen erforderlich, er kontrolliert aber vor allem die Breite der kontinuierlichen Übergangszone über den Riss, wie in den Bildern 12.1 und 12.2 und 12.3 illustriert. Am Ort des scharfen Risses muss $\phi(x = 0) = 1$ sein, und mit der Entfernung $x \to \pm\infty$ auf null abklingen. Die Konstante c_w dient der Normierung. Ihr Wert bestimmt sich aus der Bedingung, dass das Integral von (12.12) über den gebrochenen Bereich des Körpers gerade die Brucharbeit $G_c \times \Gamma$(Rissfläche) ergibt.

Die elastische Formänderungsenergie im ersten Term von (12.2) berechnet sich aus dem Integral der Energiedichte/Volumen aller Materialpunkte des Körpers, die nun auch vom Ordnungsparameter abhängt. Da die elastische Energiedichte des intakten Materials $\psi_0(\boldsymbol{\varepsilon}(\boldsymbol{u}))$ mit zunehmendem Phasenfeldparameter ϕ abnehmen muss, wird eine so genannte *Degradationsfunktion* (engl. *degradation function*) $\mathsf{g}(\phi)$ eingeführt, die den Verlust der lokalen Steifigkeit $\mathbb{C}$ beschreibt.

$$\psi(\boldsymbol{\varepsilon}(\boldsymbol{u}), \phi) = \mathsf{g}(\phi)\, \psi_0(\boldsymbol{\varepsilon}(\boldsymbol{u})) = \mathsf{g}(\phi)\, \frac{1}{2}\boldsymbol{\varepsilon} : \mathbb{C} : \boldsymbol{\varepsilon} \tag{12.14}$$

$$\boldsymbol{\sigma} = \frac{\partial\psi}{\partial\boldsymbol{\varepsilon}} = \mathsf{g}(\phi)\frac{\partial\psi_0}{\partial\boldsymbol{\varepsilon}} = \mathsf{g}(\phi)\mathbb{C} : \boldsymbol{\varepsilon} \tag{12.15}$$

Diese stetige Funktion im Intervall $\mathsf{g}(\phi) \in [0, 1]$ muss folgenden Bedingungen genügen:

$$\begin{aligned} &\text{intaktes Material: } \mathsf{g}(0) = 1, \qquad &&\text{gebrochenes Material: } \mathsf{g}(1) = 0, \\ &\text{monoton fallend: } \mathsf{g}'(\phi) < 0, \qquad &&\text{Minimum bei 1: } \mathsf{g}'(1) = 0. \end{aligned} \tag{12.16}$$

Für die Funktionen $\mathsf{g}(\phi)$ und $\mathsf{w}(\phi)$ wurden in der Literatur verschiedene Ansätze vorgeschlagen und diskutiert [14]. Die meist benutzten Varianten und damit verknüpften Rissfeldfunktionen sind in Tabelle 12.1 zusammengestellt:

Bezeichnung	$\mathsf{g}(\phi)$	$\mathsf{w}(\phi)$	c_w	$\phi(x)$
AT1	$(1-\phi)^2+k$	ϕ	$8/3$	$\left(1-\frac{\lvert x\rvert}{2\ell}\right)^2$
AT2	$(1-\phi)^2+k$	ϕ^2	2	$\mathrm{e}^{-\lvert x\rvert/\ell}$

Tabelle 12.1 Gebräuchliche Ansätze der Phasenfeldmodelle für Bruchvorgänge

Bei $\mathsf{g}(\phi)$ wird aus numerischen Gründen meist noch eine kleine Größe k hinzugefügt, damit die Steifigkeit bei $\phi = 1$ nicht total auf null abfällt.

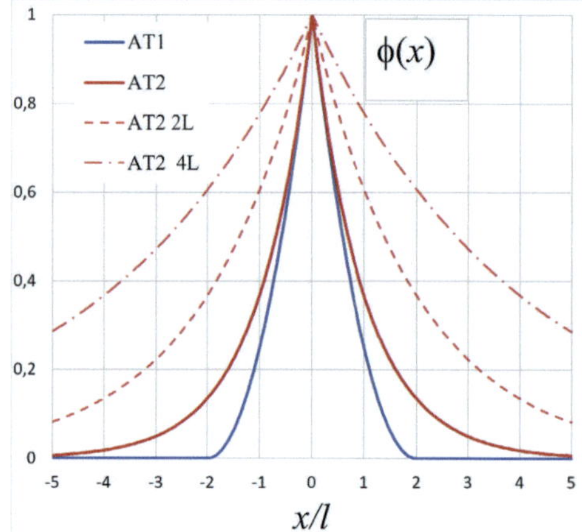

Bild 12.3 Darstellung der beiden gebräuchlichsten Rissfeldfunktionen. Für AT2 ist die Form bei Vervielfachung des Längenparameters ℓ wiedergegeben.

Zur Herleitung der grundlegenden Beziehungen wird die Variation des Funktionals der potentiellen Energie bzgl. $\delta \boldsymbol{u}$ und $\delta\phi$ ausgeführt (vgl. Minimum der potenziellen Energie in Abschnitt 5.2.1):

$$\begin{aligned} \varPi_\phi(\boldsymbol{u},\phi) &= \int_V \psi(\boldsymbol{\varepsilon}(\boldsymbol{u}),\phi)\,\mathrm{d}V + \int_V \varPhi(\phi,\boldsymbol{\nabla}\phi)\,\mathrm{d}V - \mathcal{W}_\mathrm{ext} \\ &= \int_V \mathsf{g}(\phi)\,\psi_0(\boldsymbol{\varepsilon})\,\mathrm{d}V + \int_V G_\mathrm{c}\gamma(\phi,\boldsymbol{\nabla}\phi)\,\mathrm{d}V - \int_V \bar{\boldsymbol{b}}\cdot\boldsymbol{u}\,\mathrm{d}V - \int_{S_t} \bar{\boldsymbol{t}}\cdot\boldsymbol{u}\,\mathrm{d}S \end{aligned} \tag{12.17}$$

$$\begin{aligned} \delta\varPi_\phi(\boldsymbol{u},\phi) &= \int_V \mathsf{g}\frac{\partial\psi_0}{\partial\boldsymbol{\varepsilon}} : \delta\boldsymbol{\varepsilon}\,\mathrm{d}V + \int_V \frac{\partial\mathsf{g}}{\partial\phi}\,\psi_0\,\delta\phi\,\mathrm{d}V \\ &+ \int_V G_\mathrm{c}\left[\frac{\partial\gamma}{\partial\phi}\delta\phi + \underline{\frac{\partial\gamma}{\partial\boldsymbol{\nabla}\phi}\cdot\delta\boldsymbol{\nabla}\phi}\right]\mathrm{d}V \\ &- \int_V \bar{\boldsymbol{b}}\cdot\delta\boldsymbol{u}\,\mathrm{d}V - \int_{S_t} \bar{\boldsymbol{t}}\cdot\delta\boldsymbol{u}\,\mathrm{d}S = 0\,. \end{aligned} \tag{12.18}$$

Unter Verwendung der Spannung aus (12.15) und mit Anwendung des GAUSS'schen Integralsatzes auf die Volumenintegrale ergibt sich:

$$\delta\Pi_\phi(\boldsymbol{u},\phi) = \int_V \left[\frac{\partial \mathsf{g}}{\partial\phi}\,\psi_0 + G_\mathrm{c}\frac{\delta\gamma(\phi,\boldsymbol{\nabla}\phi)}{\delta\phi}\right]\delta\phi\,\mathrm{d}V + \int_{S_{\boldsymbol{\nabla}\phi}} G_\mathrm{c}\left(\frac{\partial\gamma}{\partial\boldsymbol{\nabla}\phi}\cdot\boldsymbol{n_B}\right)\mathrm{d}S$$
$$- \int_V (\boldsymbol{\nabla}\cdot\boldsymbol{\sigma} + \bar{\boldsymbol{b}})\cdot\delta\boldsymbol{u}\,\mathrm{d}V + \int_{S_t}(\boldsymbol{\sigma}\cdot\boldsymbol{n} - \bar{\boldsymbol{t}})\cdot\delta\boldsymbol{u}\,\mathrm{d}S = 0\,. \tag{12.19}$$

Da die Variationen bzgl. ϕ und $\boldsymbol{\nabla}\phi$ nicht unabhängig voneinander sind, wurde der unterstrichene Gradiententerm in (12.18) mit dem Divergenztheorem so umgewandelt, dass der gesamte Klammerausdruck die Form $[\cdot]\,\delta\phi$ bekommt:

$$\frac{\delta\gamma(\phi,\boldsymbol{\nabla}\phi)}{\delta\phi} := \frac{\partial\gamma}{\partial\phi} - \boldsymbol{\nabla}\cdot\left(\frac{\partial\gamma}{\partial\boldsymbol{\nabla}\phi}\right) \qquad \text{Variationsableitung} \tag{12.20}$$

Einsetzen von γ aus (12.12) ergibt mit der Bruchzähigkeit den lokalen Risswiderstand, der der Rissflächendichte zugeordnet ist.

$$R(\phi,\boldsymbol{\nabla}\phi) = G_\mathrm{c}\frac{\delta\gamma(\phi,\boldsymbol{\nabla}\phi)}{\delta\phi} = \frac{G_\mathrm{c}}{c_\mathrm{w}\ell}\left[\mathsf{w}'(\phi) - 2\ell^2\Delta\phi\right]\,. \tag{12.21}$$

Die Ableitung der inneren Energiedichte nach dem Rissfeldparameter stellt die lokale Energiefreisetzungsrate Y dar:

$$Y = -\frac{\partial\psi(\boldsymbol{\varepsilon},\phi)}{\partial\phi} = -\frac{\partial\mathsf{g}}{\partial\phi}\psi_0\,. \tag{12.22}$$

Nach dem Fundamentalsatz der Variationsrechnung muss jedes Integral von (12.19) für sich verschwinden, woraus die EULERschen Gleichungen folgen:

$$\boldsymbol{\nabla}\cdot\boldsymbol{\sigma} + \bar{\boldsymbol{b}} = 0 \quad \text{in } V \quad \text{mit } \boldsymbol{\sigma} = \mathsf{g}(\phi)\mathbb{C}:\boldsymbol{\varepsilon} \tag{12.23}$$
$$\boldsymbol{\sigma}\cdot\boldsymbol{n} = \bar{\boldsymbol{t}} \quad \text{auf } S_t \tag{12.24}$$
$$[Y(\boldsymbol{\varepsilon},\phi) - R(\phi,\boldsymbol{\nabla}\phi)] = 0 \quad \text{für } \delta\phi \mathrel{\widehat{=}} \dot{\phi} > 0 \text{ in } V \tag{12.25}$$
$$[Y(\boldsymbol{\varepsilon},\phi) - R(\phi,\boldsymbol{\nabla}\phi)] < 0 \quad \text{für } \delta\phi \mathrel{\widehat{=}} \dot{\phi} = 0 \text{ in } V \tag{12.26}$$
$$\frac{\partial\gamma}{\partial\boldsymbol{\nabla}\phi}\cdot\boldsymbol{n} = 0 \quad \Rightarrow \boldsymbol{\nabla}\phi\cdot\boldsymbol{n} = 0 \quad \text{auf } S_{\nabla\phi} \tag{12.27}$$

Für den Rissfeldparameter ergeben sich die natürliche Randbedingungen (12.27), d. h. kein Fluss über den Randbereich $S_{\nabla\phi}$. Hinzu kommen die wesentlichen Randbedingungen für das Verschiebungsfeld und evtl. für den Rissfeldparameter auf dem Teilrand S_ϕ.

$$\boldsymbol{u} = \bar{\boldsymbol{u}} \quad \text{auf } S_u, \qquad \phi = \bar{\phi} \quad \text{auf } S_\phi\,. \tag{12.28}$$

Die beiden ersten Beziehungen sind die bekannten Gleichgewichtsbedingungen. Die Gleichungen (12.25) und (12.26) sind das lokale Analogon zum GRIFFITHschen Bruchkriterium: Die Energiefreisetzungsrate Y wird dem Risswiderstand R gegenübergestellt. Erreicht die Energiefreisetzungsrate den Risswiderstand, so führt dies zum Anwachsen des Rissfeldparameters. Liegt sie darunter, stagniert die Rissentwicklung.

Aus (12.25) gewinnt man auch die Bestimmungsgleichung für den Rissfeldparameter. Das wird ersichtlich, wenn für die Funktionen $\mathsf{g}(\phi)$ und $\mathsf{w}(\phi)$ konkrete Beziehungen eingesetzt werden, z. B. hier für das AT2- Modell aus Tabelle 12.1:

$$\begin{aligned} 0 = Y - R &= -\frac{\partial \mathsf{g}}{\partial \phi}\psi_0 - \frac{G_\mathrm{c}}{c_\mathrm{w}\ell}\left[\mathsf{w}'(\phi) - 2\ell^2\Delta\phi\right] \\ &= 2(1-\phi)\psi_0 - \frac{G_\mathrm{c}}{2\ell}\left[2\phi - 2\ell^2\Delta\phi\right] \\ \Rightarrow \quad \phi(\boldsymbol{x}) - \ell^2\Delta\phi(\boldsymbol{x}) &= \frac{2\ell}{G_\mathrm{c}}(1-\phi)\,\psi_0(\boldsymbol{x})\,. \end{aligned} \tag{12.29}$$

Das ist eine lineare, inhomogene partielle DGL für $\phi(\boldsymbol{x})$ vom HELMHOLTZ-Typ. Einige Autoren erweitern die Beziehung mit Hilfe einer viskosen Regularisierung, die vorteilhaft für die numerische Stabilität ist, siehe z. B. MIEHE u. a. [17]. In Anlehnung an die Überspannungsmodelle der Viskositätstheorie bewirkt eine Antriebskraft $(Y - R) \geq 0$ oberhalb des Gleichgewichtszustandes die zeitliche Entwicklung des Rissfeldparameters, wobei η einen Viskositätsparameter darstellt:

$$\eta\dot{\phi} = Y - R = -\frac{\partial \mathsf{g}}{\partial \phi}\psi_0 - \frac{G_\mathrm{c}}{2\ell}\left[\mathsf{w}'(\phi) - 2\ell^2\Delta\phi\right]\,, \tag{12.30}$$

$$\eta\dot{\phi} = 2(1-\phi)\psi_0 - \frac{G_\mathrm{c}}{\ell}\left[\phi - \ell^2\Delta\phi\right] \quad \text{für AT2}\,. \tag{12.31}$$

In der Phasenfeldmethode ist zu gewährleisten, dass die Rissentwicklung irreversibel bleibt, also keine Ausheilung entsteht. Für das regularisierte globale Rissflächenfunktional (12.5) bedeutet dies

$$\dot{\Gamma}_\phi = \int_B \dot{\gamma}\,\mathrm{d}V = \int_B \frac{\delta\gamma}{\delta\phi}\dot{\phi}\,\mathrm{d}V \geq 0\,, \tag{12.32}$$

was bei Risswachstum nach (12.25) erfüllt sein muss. Das führt lokal zu den Forderungen:

$$\frac{\delta\gamma}{\delta\phi} \propto R(\phi, \boldsymbol{\nabla}\phi) \geq 0, \qquad \dot{\phi} \geq 0\,. \tag{12.33}$$

Die erste Forderung kann erfüllt werden, wenn man eine ansteigende Energiefreisetungsrate Y verlangt, d.h. die Degradationsfunktion in (12.22) muss monoton fallen $\mathsf{g}' < 0$. Somit verbleibt die zweite Forderung $\dot{\phi} \geq 0$, dass der Rissfeldparameter sich nie zurückentwickeln darf.

Es konnte bewiesen werden, dass im Grenzübergang $\ell \to 0$ der regularisierte Ansatz (12.17) in die klassische Form (12.2) übergeht, was als Γ-Konvergenz bezeichnet wird. Die Variation der regularisierten Form Π_ϕ bzgl. $\delta\boldsymbol{u}$ und $\delta\phi$ liefert dann die gleichen globalen Minima und Lösungen des Verschiebungsfeldes für das Rissproblem wie die klassische Variation von Π_Γ bzgl. $\delta\boldsymbol{u}$ und $\delta\Gamma$:

$$\min_{\boldsymbol{u},\phi} \Pi_\phi(\boldsymbol{u},\phi) \Longleftrightarrow \min_{\boldsymbol{u},\Gamma} \Pi_\Gamma(\boldsymbol{u},\Gamma)\,. \tag{12.34}$$

Zur Vollständigkeit soll noch eine Herleitung der Rissphasenfeld-Beziehungen von KUHN & MÜLLER [13] erwähnt werden, die eher den ursprünglichen, thermodynamischen Ansätzen der Phasenfeldtheorie entspringt. Die Autoren minimieren das Funktional der inneren Energie $\mathcal{E}(\boldsymbol{u},\phi)$, das den beiden ersten Termen in (12.17) entspricht. Die Funktionen $\mathsf{g}(\phi)$ und $\mathsf{w}(\phi,\boldsymbol{\nabla}\phi)$ sind identisch mit dem Ansatz AT2 aus Tabelle 12.1. Die Spannungen ergeben sich bekanntermaßen aus der Ableitung der inneren Energiedichte $\Psi(\boldsymbol{u},\phi)$ nach dem Verzerrungstensor. Die Evolutionsgleichung für den Ordnungsparameter gewinnt man gemäß der GINSBURG-LANDAU Theorie als Variationsableitung nach dem Ordnungsparameter selbst:

$$\begin{aligned}
\mathcal{E}(\boldsymbol{u},\phi) &:= \int_V \Psi(\boldsymbol{u},\phi)\,\mathrm{d}V \\
&= \int_V \left(\left[(1-\phi)^2+k\right]\,\psi_0(\boldsymbol{\varepsilon}) + \frac{G_\mathrm{c}}{2\ell}(\phi^2+\ell^2|\boldsymbol{\nabla}\phi|^2)\right)\mathrm{d}V \\
\boldsymbol{\sigma} &= \frac{\partial\Psi}{\partial\boldsymbol{\varepsilon}} = \left[(1-\phi)^2+k\right]\mathbb{C}:\boldsymbol{\varepsilon} && (12.35)\\
\dot{\phi} &= -M\frac{\delta\Psi}{\delta\phi} = M\left[2(1-\phi)\,\psi_0(\boldsymbol{\varepsilon}) - \frac{G_\mathrm{c}}{\ell}\left(\phi-\ell^2\Delta\phi\right)\right]. && (12.36)
\end{aligned}$$

Der Mobilitätsparameter $M \geq 0$ quantifiziert die Dissipationsleistung bei stabiler Rissausbreitung und kann auch als Viskositätsparameter aufgefasst werden. Im Grenzfall $M \to \infty$ wird quasistatische Rissausbreitung erreicht. Mit $M = 1/\eta$ erkennt man die Identität zur Evolutionsgleichung (12.31).

12.2.2 Isotrope und anisotrope Degradationsformen

Die skalare Formänderungsenergiedichte $\psi_0(\boldsymbol{\varepsilon}) \geq 0$ ist sowohl bei Zug- und Druckbeanspruchung positiv und macht diesbezüglich keinen Unterschied. Deshalb kann das bisher vorgestellte *isotrope* Phasenfeldmodell nicht zwischen beiden Beanspruchungszuständen unterscheiden. Es würde auch eine unrealistische Rissausbreitung unter reiner Druckspannung vorhersagen, und die Durchdringung/Überlappung der Rissufer zulassen! Wie ist eine Differenzierung zwischen Zug und Druck bei einem mehrachsigen Spannungszustand möglich? In der Literatur existieren verschiedene Lösungsvorschläge (siehe [3, 15, 28]), die *anisotrope* Modelle genannt werden (nicht mit Material-Anisotropie zu verwechseln!). Hier wird der Ansatz von MIEHE u.a. [17] erläutert.

Der Verzerrungstensor kann in einen hydrostatischen (volumenändernden) und einen deviatorischen (gestaltändernden) Anteil aufgespalten werden, siehe (3.38) in Kapitel 3.2. In symbolischer Schreibweise:

$$\varepsilon = \frac{1}{3}\mathrm{tr}[\varepsilon]\boldsymbol{I} + \varepsilon^{\mathrm{D}}, \qquad \mathrm{tr}[\varepsilon] = \varepsilon_{kk}, \qquad \varepsilon^{\mathrm{D}} = \varepsilon_{ij} - \frac{1}{3}\varepsilon_{kk}\delta_{ij}\,. \tag{12.37}$$

Um eine Rissentwicklung nur unter Zugbeanspruchung zu erlauben, wird der Verzerrungstensor in einen positiven und einen negativen Anteil zerlegt. Das ist mit Hilfe der Hauptachsendarstellung von ε machbar (siehe dazu Abschnitt 3.3.3), da hier die Hauptdehnungen $\varepsilon_\alpha, (\alpha \in \{I, II, III\})$ eindeutige Vorzeichen besitzen.

$$\varepsilon = \varepsilon^+ + \varepsilon^-\,,$$

$$\varepsilon^+ = \sum_{\alpha=1}^{3} \left\langle \varepsilon_{(\alpha)} \right\rangle_+ \boldsymbol{n}_\alpha \boldsymbol{n}_\alpha, \qquad \varepsilon^- = \sum_{\alpha=1}^{3} \left\langle \varepsilon_{(\alpha)} \right\rangle_- \boldsymbol{n}_\alpha \boldsymbol{n}_\alpha\,. \tag{12.38}$$

Die McAuley Klammern: $\langle x \rangle_+ = (x + |x|)/2, \quad \langle x \rangle_- = (x - |x|)/2$ regeln, dass entweder nur positive oder negative Hauptwerte einbezogen werden. Unter Verwendung der LAMÉschen Elastizitätskonstanten λ, μ kann auch die Energiedichte in einen positiven und negativen Term aufgespalten werden:

$$\psi_0(\varepsilon) = \lambda\,(\mathrm{tr}[\varepsilon])^2/2 + \mu\,\varepsilon^{\mathrm{D}} : \varepsilon^{\mathrm{D}} = \psi_0^+(\varepsilon) + \psi_0^-(\varepsilon)$$
$$\psi_0^+(\varepsilon) = \lambda\,\langle \mathrm{tr}[\varepsilon]\rangle_+^2/2 + \mu\,\varepsilon^{\mathrm{D}} : \varepsilon^{\mathrm{D}}, \quad \psi_0^-(\varepsilon) = \lambda\,\langle \mathrm{tr}[\varepsilon]\rangle_-^2/2 + \mu\,\varepsilon^{\mathrm{D}} : \varepsilon^{\mathrm{D}} \tag{12.39}$$

Die Degradationsfunktion $\mathsf{g}(\phi)$ wird jetzt nur auf den positiven (Zug-)Anteil der Formänderungsenergiedichte (12.14) angewandt:

$$\psi_0(\varepsilon, \phi) = \mathsf{g}(\phi)\,\psi_0^+(\varepsilon) + \psi_0^-(\varepsilon)\,. \tag{12.40}$$

Durch Verwendung dieses Ansatzes in den obigen Grundgleichungen (12.23)–(12.27) gelang es, die Rissentwicklung unter Druckbeanspruchung zu vermeiden und physikalisch plausible Ergebnisse zu erzielen. Als Folge der Eigenwertanalyse wird allerdings die Beziehung (12.40) stark nichtlinear, was die numerische Konvergenz erschwert. Von [3] wurden die vorgeschlagenen anisotropen Modelle untereinander und mit dem isotropen Ansatz hinsichtlich Ergebnisqualität und Rechenaufwand verglichen. Dabei schneidet die so genannte hybride Variante am besten ab, bei der nach wie vor die gesamte Formänderungsenergie ψ_0 degradiert wird, aber in die Bestimmungsgleichung (12.29) für ϕ nur der positive Anteil ψ_0^+ eingesetzt wird.

Da die bisher genannten Phasenfeldmodelle rein elastischer Natur sind, würde sich der entstandene Riss bei einer Entlastung wieder zurückbilden. Man kann entweder numerisch die Rückentwicklung des Rissfeldparameter $\dot{\phi} < 0$ unterdrücken, oder physikalisch sinnvoller die Irreversibilität der Schädigung berücksichtigen. MIEHE u.a. [17] haben dazu ein so genanntes History-Feld $\mathcal{H}$ angelegt, das die maximale positive Energiedichte während der Belastungsgeschichte abspeichert:

$$\mathcal{H}(\boldsymbol{x}, t) := \max_{\tau \in [0,t]} \psi_0^+(\varepsilon(\boldsymbol{x}, \tau))\,. \tag{12.41}$$

Diese History-Funktion wird dann in der Bestimmungsgleichung (12.29) anstelle von ψ_0 eingesetzt.

12.3 Numerische Realisierung mit der FEM

Gelöst werden muss das gekoppelte partielle DGL-System (12.23)–(12.28) inkl. der Randbedingungen für das Verschiebungsfeld $\boldsymbol{u}(\boldsymbol{x})$ und das Rissphasenfeld $\phi(\boldsymbol{x})$. Die numerische Realisierung der Phasenfeldmethode geschieht hauptsächlich mit der FEM, es wurden aber auch Umsetzungen mit anderen numerische Methoden publiziert, siehe [28].

Die Herleitung des FEM-Gleichungssystem soll hier nur skizziert werden. Weil die Endgleichungen von der Wahl des Phasenfeldmodells abhängen, beziehen sich die folgenden Ausführungen auf das AT2 Modell mit isotropem Ansatz, siehe Msekh u.a. [21]. Dabei gehen wir von der zugehörigen schwachen Formulierung aus. Die Variation der potenziellen Energie (12.18) schreibt sich mit den konkreten Funktionen $\mathsf{w}(\phi)$ und $\mathsf{g}(\phi)$ wie folgt:

$$
\begin{aligned}
\delta\Pi_\phi(\boldsymbol{u},\phi) &= \int_V \underbrace{[(1-\phi)^2+k]\,\boldsymbol{\varepsilon}:\mathbb{C}}_{\boldsymbol{\sigma}} : \delta\boldsymbol{\varepsilon}\,\mathrm{d}V - \int_V \bar{\boldsymbol{b}}\cdot\delta\boldsymbol{u}\,\mathrm{d}V - \int_{S_t} \bar{\boldsymbol{t}}\cdot\delta\boldsymbol{u}\,\mathrm{d}S \\
&+ \int_V -2(1-\phi)\psi_0(\boldsymbol{\varepsilon})\delta\phi\,\mathrm{d}V + \int_V \frac{G_\mathrm{c}}{\ell}\left(\phi\,\delta\phi + \ell^2\boldsymbol{\nabla}\phi\cdot\delta\boldsymbol{\nabla}\phi\right)\mathrm{d}V \\
&= 0 \qquad (12.42)\\
&= (\boldsymbol{F}^{\mathbf{u}\,\mathrm{int}} - \boldsymbol{F}^{\mathbf{u}\,\mathrm{ext}})\cdot\delta\boldsymbol{u} \quad + \boldsymbol{F}^{\phi\,\mathrm{int}}\delta\phi = 0\,. \qquad (12.43)
\end{aligned}
$$

Im betrachteten 2D-Fall werden für das Verschiebungsfeld und das Phasenfeld gleichartige isoparametrische Ansatzfunktionen gewählt. Dabei stellen $\mathbf{u}_a = [u_1^{(a)}, u_2^{(a)}]^\mathrm{T}$ und ϕ_a die drei Freiwerte eines Elementknotens (a) dar. Mit Bezug auf Kapitel 5.3 gilt in Matrixnotation:

$$
\mathbf{u}(\boldsymbol{x}) = \sum_{a=1}^{n_\mathrm{K}} \mathbf{N}_a^{\mathbf{u}}(\boldsymbol{\xi})\mathbf{u}_a, \qquad \phi(\boldsymbol{x}) = \sum_{a=1}^{n_\mathrm{K}} N_a(\boldsymbol{\xi})\phi_a\,, \qquad (12.44)
$$

$$
N_a(\boldsymbol{\xi}) \text{ – Formfunktion für Knoten } (a), \qquad \mathbf{N}_a^{\mathbf{u}} = \begin{bmatrix} N_a & 0 \\ 0 & N_a \end{bmatrix}. \qquad (12.45)
$$

Die Verzerrungen und der Gradient des Rissfeldparameters erhält man durch partielle Ableitungen. Die Spannungen im Element folgen aus (12.15).

$$
\boldsymbol{\varepsilon} = \sum_{a=1}^{n_\mathrm{K}} \mathbf{B}_a^{\mathbf{u}}(\boldsymbol{\xi})\mathbf{u}_a, \quad \boldsymbol{\nabla}\phi(\boldsymbol{x}) = \sum_{a=1}^{n_\mathrm{K}} \mathbf{B}_a^{\phi}(\boldsymbol{\xi})\phi_a, \qquad (12.46)
$$

$$
\mathbf{B}_a^{\mathbf{u}} = \begin{bmatrix} N_{a,1} & 0 \\ 0 & N_{a,2} \\ N_{a,2} & N_{a,1} \end{bmatrix}, \qquad \mathbf{B}_a^{\phi} = \begin{bmatrix} N_{a,1} \\ N_{a,2} \end{bmatrix}, \qquad (12.47)
$$

$$
\boldsymbol{\sigma} = [(1-\phi)^2 + k]\,\mathbf{C}\,\boldsymbol{\varepsilon}\,. \qquad (12.48)
$$

Gemäß dem GALERKIN-Verfahren werden auch die Variationen dieser Feldgrößen und ihrer Gradienten mit den gleichen Formfunktionen approximiert:

$$\delta \mathbf{u}(\boldsymbol{x}) = \sum_{a=1}^{n_\mathrm{K}} \mathbf{N}_a^\mathbf{u}\, \delta \mathbf{u}_a, \qquad \delta\phi(\boldsymbol{x}) = \sum_{a=1}^{n_\mathrm{K}} N_a \delta\phi_a\,, \tag{12.49}$$

$$\delta \boldsymbol{\varepsilon}(\boldsymbol{x}) = \sum_{a=1}^{n_\mathrm{K}} \mathbf{B}_a^\mathbf{u}\, \delta \mathbf{u}_a, \qquad \boldsymbol{\nabla}\delta\phi(\boldsymbol{x}) = \sum_{a=1}^{n_\mathrm{K}} \mathbf{B}_a^\phi \delta\phi_a\,. \tag{12.50}$$

Diese Ansatzfunktionen werden in das obige Variationsprinzip (12.42) eingesetzt, so dass man für den Knoten (a) eines finiten Elementes (e) den Beitrag zur Gesamtenergie erhält. Die Residuen stellen den nicht ausbalancierten Betrag zwischen externer und innerer Energie dar. Für die Lösung des Systems müssen die Werte der Residuen $\mathbf{r}_a^\mathbf{u}$ und $\mathbf{r}_a^\phi$ null werden.

$$\delta \Pi_\phi^{(a)} = \mathbf{r}_a^\mathbf{u} \delta \boldsymbol{u}_a + \mathbf{r}_a^\phi \delta\phi_a = 0 \tag{12.51}$$

$$\mathbf{r}_a^\mathbf{u} = \underbrace{\int_{V_e} [\mathbf{B}_a^\mathbf{u}]^\mathrm{T} \boldsymbol{\sigma}(\boldsymbol{\varepsilon})\, \mathrm{d}V}_{\mathbf{f}_a^{\mathbf{u}\,\mathrm{int}}} - \underbrace{\int_{V_e} [\mathbf{N}_a^\mathbf{u}]^\mathrm{T} \bar{\mathbf{b}}\, \mathrm{d}V + \int_{S_{te}} [\mathbf{N}_a^\mathbf{u}]^\mathrm{T} \bar{\mathbf{t}}\, \mathrm{d}S}_{\mathbf{f}_a^{\mathbf{u}\,\mathrm{ext}}} \to 0 \tag{12.52}$$

$$\mathbf{r}_a^\phi = \underbrace{\int_{V_e} \left\{ 2(1-\phi) N_a \psi_0(\boldsymbol{\varepsilon}) - \frac{G_\mathrm{c}}{\ell} \left(N_a \phi + \ell^2 [\mathbf{B}_a^\phi]^\mathrm{T} \boldsymbol{\nabla}\phi \right) \right\} \mathrm{d}V}_{\mathbf{f}_a^{\phi\,\mathrm{int}}} \to 0\,. \tag{12.53}$$

Die Komponenten der Steifigkeitsmatrix $\mathbf{k}_{ab}$ des Elementes gewinnt man aus (12.52) und (12.53) durch Ableitung nach den Knotenvariablen:

$$\mathbf{k}_{ab}^{\mathbf{uu}} = \frac{\partial \mathbf{r}_a^\mathbf{u}}{\partial \mathbf{u}_b} = \int_{V_e} [\mathbf{B}_a^\mathbf{u}]^\mathrm{T} \frac{\partial \boldsymbol{\sigma}}{\partial \boldsymbol{\varepsilon}} [\mathbf{B}_b^\mathbf{u}]\, \mathrm{d}V \tag{12.54}$$

$$\mathbf{k}_{ab}^{\mathbf{u}\phi} = \frac{\partial \mathbf{r}_a^\mathbf{u}}{\partial \phi_b} = \int_{V_e} [\mathbf{B}_a^\mathbf{u}]^\mathrm{T} \frac{\partial \boldsymbol{\sigma}}{\partial \phi} N_b\, \mathrm{d}V \tag{12.55}$$

$$\mathbf{k}_{ab}^{\phi\mathbf{u}} = \frac{\partial \mathbf{r}_a^\phi}{\partial \mathbf{u}_b} = \int_{V_e} -2(1-\phi) N_a \boldsymbol{\sigma}^\mathrm{T} [\mathbf{B}_b^\mathbf{u}]\, \mathrm{d}V = [\mathbf{k}_{ab}^{\mathbf{u}\phi}]^\mathrm{T} \tag{12.56}$$

$$\mathbf{k}_{ab}^{\phi\phi} = \frac{\partial \mathbf{r}_a^\phi}{\partial \phi_b} = \int_{V_e} \left\{ N_a \left[\frac{G_\mathrm{c}}{\ell} + 2\psi_0(\boldsymbol{\varepsilon}) \right] N_b + [\mathbf{B}_a^\phi]^\mathrm{T} G_\mathrm{c} \ell\, [\mathbf{B}_b^\phi] \right\} .\mathrm{d}V \tag{12.57}$$

Nach der Assemblierung aller Elementbeiträge zum globalen FEM-System erhält man die Gesamtsteifigkeitsmatrix, den unbekannten Vektor aller Knotenvariablen, den Lastvektor und den Residuenvektor. Damit lautet das FEM-Gleichungssystem:

$$\begin{bmatrix} \mathbf{K}^{\mathbf{uu}} & \mathbf{K}^{\mathbf{u}\phi} \\ \mathbf{K}^{\phi\mathbf{u}} & \mathbf{K}^{\phi\phi} \end{bmatrix} \begin{bmatrix} \mathbf{u} \\ \phi \end{bmatrix} = \begin{bmatrix} \mathbf{F}^{\mathbf{u}\,\mathrm{ext}} \\ \mathbf{0} \end{bmatrix}, \quad \mathbf{R} = \begin{bmatrix} \mathbf{R}^\mathbf{u} \\ \mathbf{R}^\phi \end{bmatrix}. \tag{12.58}$$

Für die Lösung dieses gekoppelten linearen Gleichungssystems bietet sich ein direkter monolithischer Solver an, der bedingungslos stabil ist. Da jedoch das Potential $\Pi_\phi(\boldsymbol{u}, \phi)$ (12.17) nicht konvex ist bzgl. $\boldsymbol{u}$ und ϕ (Sattelpunktproblem), wird die Konvergenz erschwert. Im Fall des anisotropen Phasenfeldansatzes oder bei nichtlinearem Materialverhalten eignen sich das NEWTON-RAPHSON-Verfahren oder BFGS-Algorithmen besser zur Auffindung der Nullstellen für die Residuen. Häufig wird auch eine gestaffelte Lösungsstrategie (engl. *staggered algorithm*) genutzt, wobei alternierend das Verschiebungsfeld mit Hilfe der oberen Zeile von (12.58) und das Phasenfeld über die untere Zeile gelöst werden bis sich Konvergenz einstellt, siehe z.B. [17]. Dieses Verfahren ist robuster, weil die beiden Einzelprobleme für sich konvex sind, es erfordert aber mehr Iterationen.
Inzwischen wurden mehrere Implementierungen des AT2-Ansatzes in ABAQUS veröffentlicht [20, 21, 22, 16].

In jedem Fall ist eine extrem feine Diskretisierung notwendig, da die Elemente den Gradienten von ϕ und u innerhalb der diffusen Risszone erfassen müssen. Üblicherweise wird als mindeste Elementgröße $h \leq \ell/2$ gefordert, was einen dementsprechend hohen Rechenaufwand verursacht.

Erwähnt werden sollte die starke Verwandtschaft der Phasenfeldmethode mit den Gradientenmethoden der nicht-lokalen Schädigungsmechanik, siehe Kapitel 11.4 und [9]. Auch dort wird neben dem mechanischen Problem eine zusätzliche Feldgröße eingeführt, die nicht-lokale Variable $\omega(\boldsymbol{x})$, für deren Bestimmung mit (11.47) die HELMHOLTZ-Gleichung gelöst werden muss, so wie (12.29) beim Phasenfeld. Entsprechend ähnlich sind die verwendeten Lösungsalgorithmen.

12.4 Anwendungsbeispiele

Für dieses Kapitel wurden einige repräsentative Beispiele aus der umfangreichen Literatur zur Phasenfeld Anwendung in der Bruchmechanik ausgewählt ohne Anspruch auf Vollständigkeit.

12.4.1 Ebener Riss unter Modus-I Belastung

Dieses einfache Beispiel ist ein häufiger Testfall in vielen Publikationen. Von EGGER u.a. [10] wurde das in Bild 12.4 gezeigte Modell im EVZ mit der gestaffelten Lösungstechnik simuliert. Die Anfangsrisslänge entspricht der halben Breite. Die FEM-Vernetzung bestand aus 4-Knoten-Scheibenelementen, deren Größe im gesamten Gebiet zu $h \leq \ell/2$ der chakteristischen Länge ℓ mm gewählt wurde. Bei $\ell = 0,0075$ bedeutet das ca. 60000 Elemente. An der oberen Kante wurde eine monoton steigende, homogene Verschiebung u aufgeprägt.

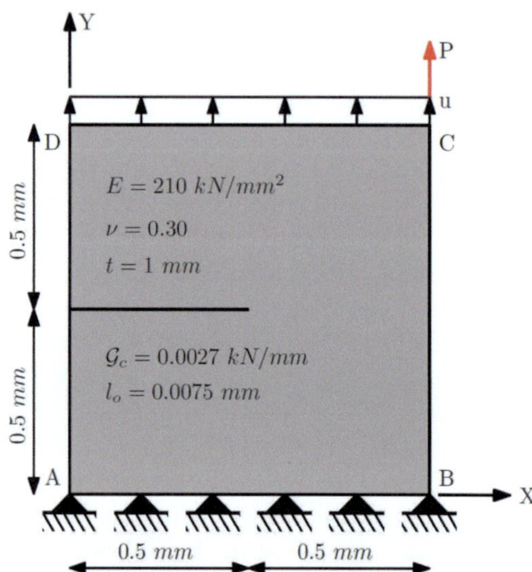

Bild 12.4 Scheibe mit Außenriss unter Zugbelastung [10]

Bild 12.5 zeigt die Entwicklung des Phasenfeldparameters ϕ bzw. des Risses bei aufsteigenden Laststufen. Bild 12.6 illustriert den Einfluss der charakteristischen

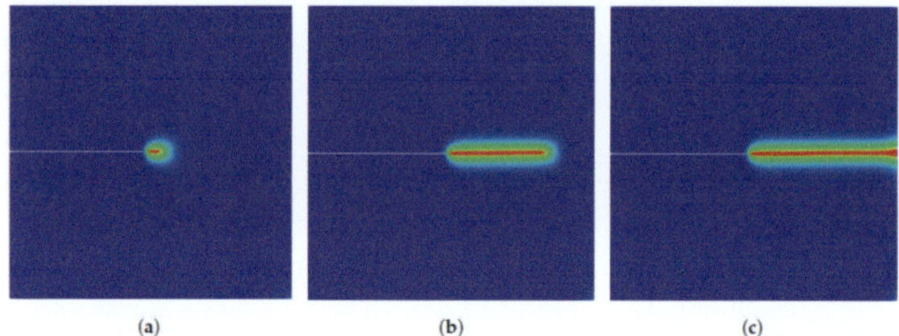

Bild 12.5 Darstellung des Phasenfeldes für die Laststufen (a) u = 0,0057 mm, (b) u = 0,00585 mm, (c) u = 0,00595 mm [10]

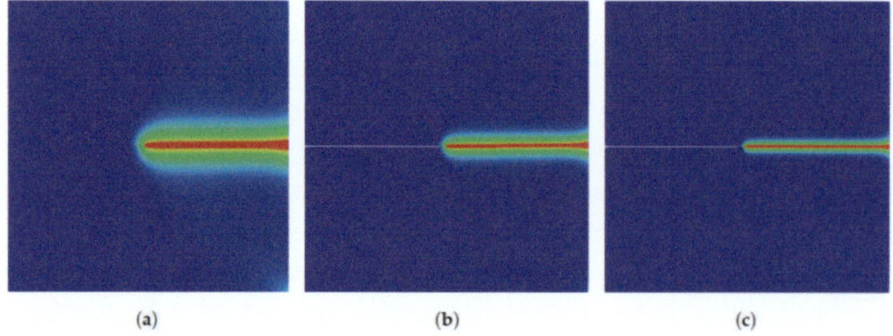

Bild 12.6 Darstellung des Phasenfeldes für die Laststufen (a) ℓ = 0,015 mm (b) ℓ = 0,0075 mm (c) ℓ = 0,00375 mm [10]

Länge ℓ. Je kleiner ℓ ist, desto schmaler bildet sich die Breite des diffusen Risses aus, so dass bei $\ell \to 0$ die Konvergenz zum klassischen scharfen Riss erreicht würde. Natürlich muss die Netzverfeinerung mit skaliert werden. Auf die simulierte Kraft-Verschiebungs-Kurve der Probe hat die Größe von ℓ einen erheblichen Einfluss, wie man Bild 12.7 entnehmen kann. Tatsächlich beträgt die kritische Bruchlast nach der LEBM P_c=0,754 kN (Geometriefunktion aus [11]). Erst mit einer sehr feinen Vernetzung wird von der Phasenfeldmethode dieser, für die Sicherheitsbewertung wichtige Wert erreicht. Aber die Γ-Konvergenz mit immer kleiner werdender Länge ℓ und Elementgröße h ist nachgewiesen. Auch der Anstieg der Kraft-Verschiebungs-Kurve verhält sich nicht linear bis zur Bruchlast, sondern weicht vorher zu größeren Verformungen hin ab, weil in der Phasenfeldmethode bereits von der ersten Belastung an die elastische Steifigkeit degradiert wird, also quasi eine lokale Entfestigung modelliert wird. Deshalb muss bei Anwendungsrechnungen der Längenparameter ℓ ausreichend klein gewählt werden, was allerdings auch den Berechnungsaufwand erhöht.

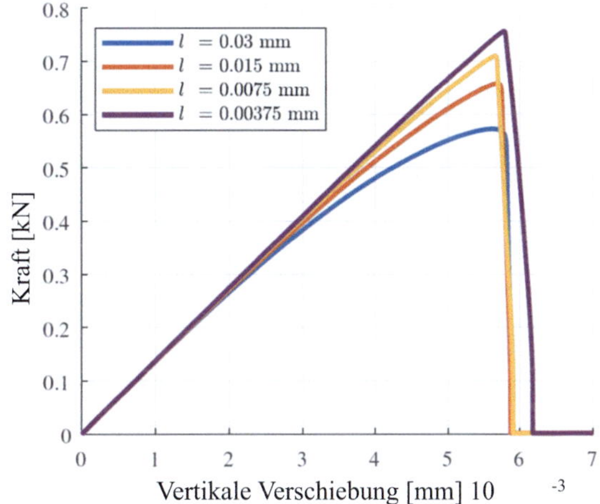

Bild 12.7 Kraft-Verschiebungs-Kurven in Abhängigkeit der charakteristischen Länge ℓ des Phasenfeldes [10]

12.4.2 Bruchkriterien unter Mixed-Mode-Beanspruchung

Da sich bei den Phasenfeldmodellen die Richtung der Rissausbreitung als Teil der Lösung von selbst einstellt, war es interessant zu untersuchen, inwieweit diese Modelle mit den klassischen bruchmechanischen Kriterien der Rissablenkung unter Mixed-Mode-Beanspruchung übereinstimmen (vgl. Abschnitt 4.4.4). Die Autoren PHAM u.a. [23] haben dazu numerische 3D-Simulationen und Experimente durchgeführt. Betrachtet wird das Nahfeld eines unendlich langen Risses (Bild 4.7), an das die asymptotische Verschiebungslösung (4.16) und (4.25) mit Werten von $K_{\rm I}^{\infty}$ und $K_{\rm II}^{\infty}$ im großen Abstand von R = 4000 ℓ angelegt wird, siehe Bild 12.8.

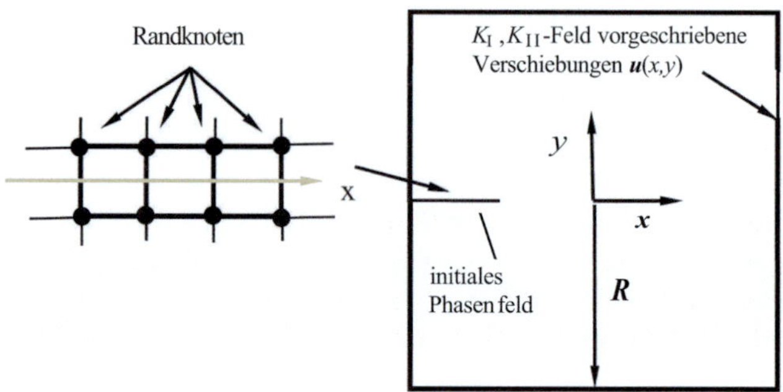

Bild 12.8 Boundary-Layer-Modell für Mixed-Mode Beanspruchung [23]

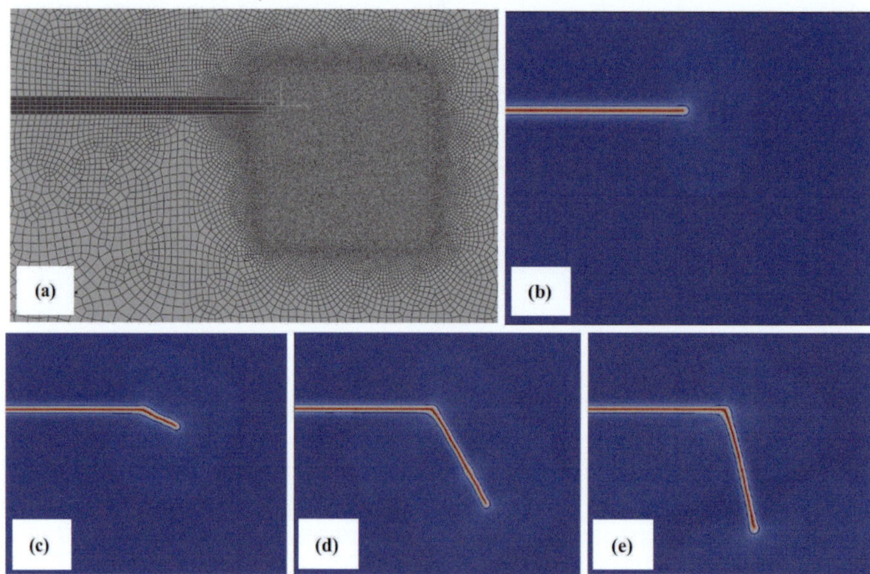

Bild 12.9 (a): FEM-Diskretisierung im Rissspitzenbereich, (b): Rissausbreitung Modus I, (c): Rissausbreitung Mixed-Mode Verhältnis 0,28, (d): Rissausbreitung Mixed-Mode Verhältnis 1,12, (e): Rissausbreitung Modus II [23]

Die FEM-Vernetzung des quadratischen Gebietes bestand aus 50000 extrem feinen Hexaederelementen der Größe $h = \ell/2$ als EVZ. Bild 12.9(a) zeigt die fokussierte Vernetzung an der Spitze des Ausgangsrisses. Dieser Riss wurde vier verschiedenen monoton steigenden Belastungen ausgesetzt durch Wahl der K-Faktoren:

(b) reiner Modus I K_{I}^{∞}, $K_{\mathrm{II}} = 0$; (c) $K_{\mathrm{II}}^{\infty}/K_{\mathrm{I}}^{\infty} = 0{,}28$; (d) $K_{\mathrm{II}}^{\infty}/K_{\mathrm{I}}^{\infty} = 1{,}12$; (e) reiner Modus II K_{II}^{∞}, $K_{\mathrm{I}} = 0$. Im Bild 12.9(b)–(e) sind die Ergebnisse der Phasenfeldsimulation für diese Varianten dargestellt. Der Ausgangsriss knickt unter einem definierten Winkel θ_c ab. Das Ergebnis wurde mit verschiedenen Kriterien der klassischen Bruchmechanik LEBM (siehe Bilder 4.56 und 4.57) verglichen. Im Bild 12.10 erkennt man eine sehr gute Übereinstimmung mit den Kriterien der Energiefreisetzungsrate (Griffith), der maximalen Umfangsspannung (MTS) und dem Prinzip der lokalen Symmetrie (PLS). Aus der Simulation konnte auch der kritische Wert der Beanspruchung identifiziert werden, bei der der abgeknickte Riss instabil wird und versagt. Das Resultat wird im Versagensdiagramm Bild 12.11 in Abhängigkeit vom Mixed-Mode Verhältnis dargestellt. Die gute qualitative und quantitative Übereinstimmung mit den klassischen Kriterien ist eine überzeugende Verifikation der Phasenfeldmethode. Die Autoren konnten auch die gute Übereinstimmung weiterer Phasenfeldsimulationen mit Mixed-Mode Experimenten nachweisen.

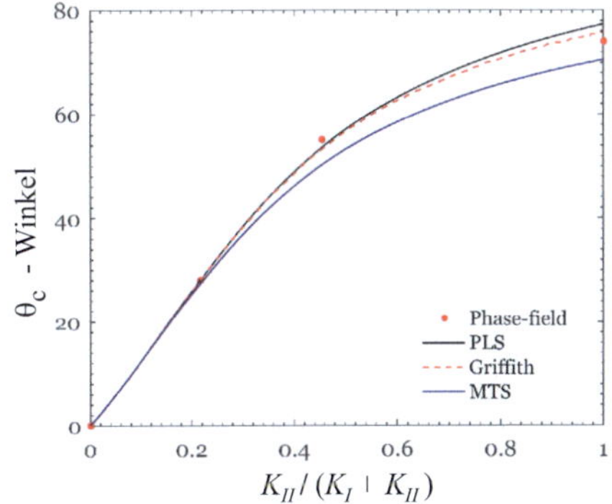

Bild 12.10 Rissablenkungswinkel für verschiedene Mixed-Mode Verhältnisse. Vergleich mit klassischen Kriterien der LEBM [23]

Bild 12.11 Versagensgrenzkurve bei Mixed-Mode Beanspruchung. Vergleich mit klassischen Kriterien der LEBM [23]

12.4.3 3D-Simulation des Spalt-Zug-Versuchs

Als Beispiel für die Anwendung der Phasenfeldmethode auf 3D Rissprobleme soll die Arbeit von NAVIDTEHRANI u.a. [22] genannt werden. Von den Autoren wurde das linear-elastische Phasenfeldmodell im Rahmen von ABAQUS mit Hilfe einer eigenen UMAT und unter Nutzung der Temperaturfeld-Analogie implementiert. Als Solver wurden sowohl monolithische als auch gestaffelte Algorithmen erprobt, wobei sich letztere besser bewährt hatten.

In der Arbeit wurde der so genannten Spalt-Zug-Versuch (Brasilian-Disk-Test) simuliert, der im Bauwesen und der Gesteinsmechanik zur Bestimmung der Bruch-

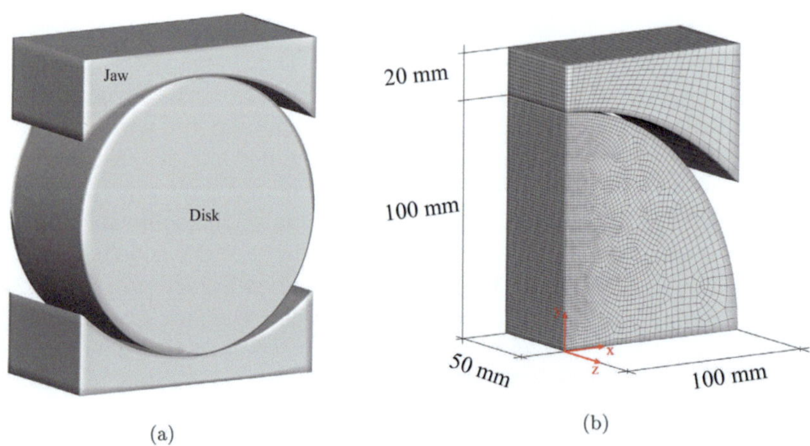

Bild 12.12 (a): Prinzip des Spalt-Zug-Versuchs, (b) FEM-Diskretisierung eines Viertels der Versuchsanordnung [22]

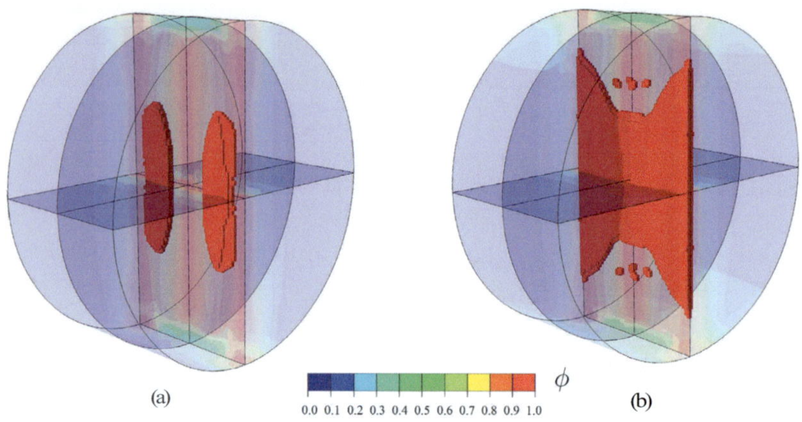

Bild 12.13 Entwicklung der Phasenfeldvariablen ϕ bei einer Verschiebung der Druckplatte um (a) $\bar{u}_y = -0,0668$ mm bzw. (b) $\bar{u}_y = -0,0670$ mm. Die rot markierten Bereiche stellen die Rissentwicklung dar. [22]

festigkeit spröder Werkstoffe verbreitet ist. Bild 12.12(a) zeigt die Versuchsanordnung. Das FEM-Modell war aus Symmetriegründen auf ein Viertel der Anordnung reduziert und bestand aus 58925 linearen Hexaederelementen, Bild 12.12(b). Die typische Elementgröße im Rissbereich lag bei 0,1 mm verglichen mit der charakteristischen Länge des Phasenfeldes von $\ell = 0,5$ mm. Insgesamt besaß das Berechnungsmodell 254384 Freiheitsgrade. Der zylindrische Prüfkörper wurde durch eine vertikale Verschiebung $\bar{u}_y$ der Druckplatte belastet, die über Kontaktbedingungen an die Probe gekoppelt war. Die mechanischen Eigenschaften des Versuchswerkstoffs wurden mit $E = 25$ GPa, $\nu = 0.2$ und der Bruchzähigkeit $G_c = 0,16$ N/mm angenommen. Auch die Druckplatte wurde linear-elastisch aus Stahl modelliert.

Die Entwicklung des Phasenfeldes mit zunehmender Belastung ist in Bild 12.13 zu sehen. Die Simulation gibt die Entstehung des Risses im Inneren der Probe und seine Ausbreitung entlang der Symmetrieebene recht gut wieder, so wie es typischerweise im Experiment beobachtet wird. Bemerkenswert an diesem Beispiel ist, dass keine Rissbildung im Bereich unter den Druckplatten auftritt, sondern nur im Inneren, wo Zugspannungen entstehen. Die Autoren haben deshalb die anisotrope Aufspaltung der Energiedichte ψ_0 und das History-Feld $\mathcal{H}$ implementiert, siehe Abschnitt 12.2.2.

12.5 Ausblick

Für die Analyse quasi-spröder Bruchvorgänge in ebenen und räumlichen Strukturen ist die Entwicklung der Phasenfeldmethode so gut wie abgeschlossen. Es stehen bewährte Algorithmen und Software zur Verfügung, bevorzugt auf Basis des AT2 Ansatzes. Spezielle Ansätze für die Behandlung von Mixed-Mode Problemen findet man in [26, 23]. Zur Simulation dynamischer Bruchvorgänge genügt es, die kinetische Energie einzubeziehen und die statischen Gleichgewichtsbedinungen um den Trägheitsterm zu ergänzen [5]. Für Anwendungen in der Zähbruchmechanik wird die Formänderungsenergie um den plastischen Anteil erweitert, siehe z. B. [1, 4]. Die Arbeit [8] ist ein Beispiel für ratenabhängiges viskoelastisches Materialverhalten. Ein weiterer aktueller Forschungsschwerpunkt ist die Simulation der Ermüdungsrissausbreitung, siehe [15, 25, 7]. Um stabiles unterkritisches Risswachstum zu simulieren, wird die Bruchzähigkeit G_c als Funktion der Zeit bzw. der Lastzyklen abgemindert und eine akkumulierende Schädigungsvariable eingeführt. Aufgrund des klaren Variationsansatzes können in die Phasenfeldmethode sehr elegant weitere physikalische Feldprobleme einbezogen werden, um z. B. das Rissverhalten in Kombination mit Diffusionsvorgängen, Wärmeleitung, chemischen Reaktionen oder Hydromechanik zu beschreiben. Einen Einblick geben die Arbeiten von Miehe u.a. [18].

Fazit:
Die wesentlichen *Vorteile* der Phasenfeld-Modellierung von Bruchvorgängen kann man wie folgt zusammenfassen:

- Das Modell basiert ausschließlich auf einer Energieminimierung. Es benötigt keine vordefinierten Risse, so dass sich Rissentstehung, -wachstum oder -verzweigung automatisch einstellen können. Auch die Entstehung und der Zusammenschluss mehrerer Risse ist möglich.
- Es werden keine zusätzlichen Bruchkriterien benötigt. Das Modell steuert intrinsisch die Instabilität des Risses bei Versagen und den Rissablenkungswinkel unter Mixed-Mode-Beanspruchung.

- Die Erweiterung auf duktile oder viskoplastische Werkstoffe ist formal problemlos möglich und wird bereits praktiziert. Die Berücksichtigung des duktilen Bruchprozesses bedarf weiterer Modellanpassungen.
- Aufgrund des Variationsansatzes erlaubt die Phasenfeldmethode eine zwanglose Einbindung weiterer physikalischer Felder (elektrisch, magnetisch, Diffusion u.a.).
- Kombiniert man die klassische Phasenfeldmethode mit der hier vorgestellten Anwendung auf Risse, so kann die Strukturbildung oder Phasenumwandlung in Materialien gemeinsam mit Rissphänomenen simuliert werden.

Natürlich erkauft man sich diese Vorzüge auch mit einigen *Nachteilen*:

- Die numerische Implementierung im Rahmen der FEM erfordert die Einführung einer weiteren Feldgröße. Die DGL für dieses Phasenfeld muss simultan mit der mechanischen Randwertaufgabe gelöst werden, was den Eingriff in den FE-Code auf UEL-Ebene verlangt.
- Da man eine sehr feine FEM-Diskretisierung im Bereich des Risses benötigt, um die dortigen Feldgradienten genau genug aufzulösen, ist damit ein hoher numerischer Aufwand verbunden. Mit Hilfe von parallelen Solvern oder adaptiver Vernetzung wird eine Verbesserung angestrebt.
- Die zumeist angewendete gestaffelte Lösungstechnik zur Minimierung der Funktionale besitzt eine geringe Konvergenzrate.
- Für die Simulation der Ermüdungsrissausbreitung existieren verschiedene Ansätze, die indirekt Anleihen an phänomenologische Gesetze machen. Die Modellbildung ist deshalb schwierig, weil Ermüdungsprozesse nicht allein durch Energieprinzipien gesteuert sind.

Literaturverzeichnis

[1] Alessi, R., Ambati, M., Gerasimov, T., Vidoli, S., De Lorenzis, L.: Comparison of phase-field models of fracture coupled with plasticity. Advances in computational plasticity: A book in honour of D. Roger J. Owen pp. 1–21 (2018)

[2] Ambati, M., Gerasimov, T., De Lorenzis, L.: Phase-field modeling of ductile fracture. Computational Mechanics **55**(5), 1017 – 1040 (2015)

[3] Ambati, M., Gerasimov, T., De Lorenzis, L.: A review on phase-field models of brittle fracture and a new fast hybrid formulation. Computational Mechanics **55**, 383–405 (2015)
[4] Ambati, M., Kruse, R., De Lorenzis, L.: A phase-field model for ductile fracture at finite strains and its experimental verification. Computational Mechanics **57**(1), 149 – 167 (2016)
[5] Borden, M.J., Verhoosel, C.V., Scott, M.A., Hughes, T.J., Landis, C.M.: A phase-field description of dynamic brittle fracture. Computer Methods in Applied Mechanics and Engineering **217-220**, 77 – 95 (2012)
[6] Bourdin, B., Francfort, G.A., Marigo, J.J.: The variational approach to fracture. Journal of elasticity **91**, 5–148 (2008)
[7] Carrara, P., Ambati, M., Alessi, R., De Lorenzis, L.: A framework to model the fatigue behavior of brittle materials based on a variational phase-field approach. Computer Methods in Applied Mechanics and Engineering **361**, 112731 (2020)
[8] Dammass, F., Kalina, K.A., Ambati, M., Kästner, M.: Phase-field modelling and analysis of rate-dependent fracture phenomena at finite deformation. Computational Mechanics **72**(5), 859–883 (2023)
[9] De Borst, R., Verhoosel, C.V.: A discussion on gradient damage and phase-field models for brittle fracture. Advanced Structured Materials **60**, 263 – 277 (2016)
[10] Egger, A., Pillai, U., Agathos, K., Kakouris, E., Chatzi, E., Aschroft, I.A., Triantafyllou, S.P.: Discrete and phase field methods for linear elastic fracture mechanics: A comparative study and state-of-the-art review. Applied Sciences **9**(12), 2436 (2019)
[11] Fett, T.: Stress Intensity factors - T-Stresses - Weight Functions. Tech. Rep. Report IKM 50, Universität Karlsruhe, Institut für Keramik im Maschinenbau (2008)
[12] Francfort, G.A., Marigo, J.J.: Revisiting brittle fracture as an energy minimization problem. Journal of the Mechanics and Physics of Solids **46**(8), 1319–1342 (1998)
[13] Kuhn, C., Müller, R.: A continuum phase field model for fracture. Engineering Fracture Mechanics **77**(18), 3625–3634 (2010)
[14] Kuhn, C., Schlüter, A., Müller, R.: On degradation functions in phase field fracture models. Computational Materials Science **108**, 374 – 384 (2015)
[15] Li, P., Li, W., Li, B., Yang, S., Shen, Y., Wang, Q., Zhou, K.: A review on phase field models for fracture and fatigue. Engineering Fracture Mechanics **289** (2023)
[16] Liu, G., Li, Q., Msekh, M.A., Zuo, Z.: Abaqus implementation of monolithic and staggered schemes for quasi-static and dynamic fracture phase-field model. Computational Materials Science **121**, 35–47 (2016)
[17] Miehe, C., Hofacker, M., Welschinger, F.: A phase field model for rate-independent crack propagation: Robust algorithmic implementation based on operator splits. Computer Methods in Applied Mechanics and Engineering **199**(45-48), 2765 – 2778 (2010)

[18] Miehe, C., Mauthe, S.: Phase field modeling of fracture in multi-physics problems. part iii. crack driving forces in hydro-poro-elasticity and hydraulic fracturing of fluid-saturated porous media. Computer Methods in Applied Mechanics and Engineering **304**, 619–655 (2016)

[19] Miehe, C., Welschinger, F., Hofacker, M.: Thermodynamically consistent phase-field models of fracture: Variational principles and multi-field FE implementations. International Journal for Numerical Methods in Engineering **83**(10), 1273 – 1311 (2010)

[20] Molnar, G., Gravouil, A.: 2D and 3D Abaqus implementation of a robust staggered phase-field solution for modeling brittle fracture. Finite Elements in Analysis and Design **130**, 27 – 38 (2017)

[21] Msekh, M.A., Sargado, J.M., Jamshidian, M., Areias, P.M., Rabczuk, T.: Abaqus implementation of phase-field model for brittle fracture. Computational Materials Science **96**, 472–484 (2015)

[22] Navidtehrani, Y. and Betegon, C. and Martinez-Paneda, E.: A simple and robust Abaqus implementation of the phase field fracture method. Applications in Engineering Science **6**, 100050 (2021)

[23] Pham, K.H., Ravi-Chandar, K., Landis, C.M.: Experimental validation of a phase-field model for fracture. International Journal of Fracture **205**(1), 83–101 (2017)

[24] Provatas, N., Elder, K.: Phase-field methods in materials science and engineering. John Wiley & Sons (2011)

[25] Schreiber, C., Kuhn, C., Müller, R., Zohdi, T.: A phase field modeling approach of cyclic fatigue crack growth. International Journal of Fracture **225**(1), 89–100 (2020)

[26] Wu, J.Y., Huang, Y., Zhou, H., Nguyen, V.P.: Three-dimensional phase-field modeling of mode I + II/III failure in solids. Computer Methods in Applied Mechanics and Engineering **373**, 113537 (2021)

[27] Wu, J.Y., Nguyen, V.P., Nguyen, C.T., Sutula, D., Sinaie, S., Bordas, S.P.: Phase-field modeling of fracture. Advances in applied mechanics **53**, 1–183 (2020)

[28] Zhuang, X., Zhou, S., Huynh, G., Areias, P., Rabczuk, T.: Phase field modeling and computer implementation: A review. Engineering Fracture Mechanics **262**, 108234 (2022)

Kapitel 13
Stochastische Modelle für sprödes Versagen

13.1 Einleitung

Spröde Materialien sind nicht in der Lage, die durch äußere Belastungen eingetragene Energie mit Hilfe inelastischer Verformungen oder anderer mikrostruktureller Prozesse zu dissipieren, um auf diese Weise lokale Spannungsspitzen abzubauen. Makroskopisch äußert sich das in einer geringen Bruchzähigkeit und einem verformungsarmen spontanen Gewaltbruch. Charakteristisch für spröde Werkstoffe ist eine starke Streuung der gemessenen Festigkeitswerte. Außerdem wurde in zahlreichen Experimenten eine Abhängigkeit der Festigkeit von der Probengröße beobachtet – ein stochastischer Größeneffekt. Die Ursache dafür ist die Existenz von Mikrodefekten, deren Versagen von zufälligen, statistisch verteilten Eigenschaften wie Größe, Orientierung, der lokalen Bruchspannung u.a. abhängt. Im Folgenden werden typische spröde Werkstoffe aufgeführt und die Gefügestrukturen und Defektarten, die für eine ausgeprägter Streuung der Festigkeit verantwortlich sind:

- Keramiken, Gläser und Beton mit Mikrorissen oder -poren verschiedener Größe
- bestimmte Metalle bei niedrigen Temperaturen, deren Gefüge spröde Zweitphasen (z.B. Karbide, nichtmetallische Einschlüsse) enthält
- faser- oder partikelverstärkte Komposite mit spröder Matrix (Keramik, Zement-Mörtel), Partikel- bzw. Faserbruch oder Debonding der Grenzflächen zur Matrix

Diese Streuung der lokalen Festigkeit bzw. Bruchspannung wirkt sich beim Sprödbruch sofort auch global aus, da das Versagen eines Mikrodefektes meist auch den Bruch der gesamten Struktur auslöst. Deshalb gilt die statistische Hypothese des *schwächsten Kettengliedes* - (engl. *weakest link model*), die besagt, dass die Festigkeit der Gesamtstruktur durch diejenige des schwächsten Volumenelementes (Kettengliedes) bestimmt wird.

Dadurch wird die quantitative Erfassung und Bewertung der Versagenslasten bei Bauteilen und Prüfkörpern aus diesen Materialien erschwert. Anstelle von deterministischen Aussagen sind deshalb nur wahrscheinlichkeitstheoretische Bewertungskonzepte auf der Basis der o.g. statistischen Einflussfaktoren möglich.

M. Kuna, *Finite Elemente in der Bruchmechanik*,
https://doi.org/10.1007/978-3-658-46192-8_13

13.1.1 Die WEIBULL-Verteilung der Festigkeit

Der schwedische Ingenieur WEIBULL erkannte als Erster die stochastische Natur der Festigkeit spröder Werkstoffe. Anhand von eigenen Versuchsdaten an einfachen Prüfkörpern mit homogenem Spannungszustand entwickelte er eine empirische Formel für die Versagenswahrscheinlichkeit P_f bei einer gegebenen Belastung σ und dem Körpervolumen V. Diese dreiparametrige statistische Beschreibung ist nach ihm als WEIBULL-Verteilung [21] benannt. Später erlangte sie weitreichende Anwendungsmöglichkeiten in der Statistik [22].

$$P_\mathrm{f}(\sigma, V) = 1 - \exp\left[-\frac{V}{V_0}\left(\frac{\sigma - \sigma_\mathrm{th}}{\sigma_\mathrm{u}}\right)^m\right] \quad \text{für } \sigma \geq \sigma_\mathrm{th} \tag{13.1}$$

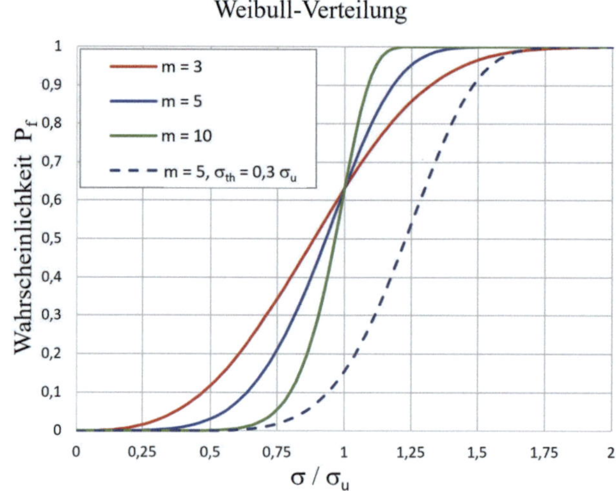

Bild 13.1 Versagenswahrscheinlichkeit nach WEIBULL für verschiedenen Formparameter m und Versatz durch die Schwellenspannung σ_th (Strichlinie)

Hierbei beschreibt der Exponent m, auch WEIBULL-Modul oder Formparameter genannt, die Streuung der Festigkeit. Je kleiner m ist, umso größer ist die Streuung, siehe Bild 13.1. Die Referenzspannung σ_u ist die kritische Spannung (Festigkeit) des Volumens V_0 und entspricht der Versagenswahrscheinlichkeit von $P_\mathrm{f}(\sigma_\mathrm{u}, V_0) = 63,2\%$. Für $m \to \infty$ verschwindet die Streuung und geht in die deterministische Aussage mit der Bruchspannung σ_u über. Der dritte Parameter σ_th definiert einen Schwellenwert, unterhalb dessen kein Versagen auftritt. Er wird oft weggelassen. Die Größe V_0 ist ein repräsentatives Referenzvolumen der Mikrostruktur, das viel kleiner als das Volumen V des betrachteten Körpers sein muss.

Die WEIBULL-Parameter m und σ_u sind charakteristische Materialkonstanten. Der Modul m liegt für Glas oder einfache Keramiken zwischen 2 und 10, für Hochleistungskeramiken bei 10 bis 30. Die Parameter σ_u, V_0 und m können nicht unabhängig voneinander gewählt werden. Damit für einen homogen mit σ belasteten Zugstab der Größe V immer die gleiche Versagenswahrscheinlichkeit herauskommt, muss gelten:

$$V_0 \sigma_u^m = C. \qquad \text{Materialkonstante} \tag{13.2}$$

Betrachtet man zwei Zugstäbe mit unterschiedlichen Volumina V_1 und $V_2 > V_1$, und setzt für beide die gleiche Versagenswahrscheinlichkeit voraus $P_f(\sigma_1, V_1) = P_f(\sigma_2, V_2)$, so folgt aus (13.1) (ohne σ_{min})

$$V_1 \sigma_1^m = V_2 \sigma_2^m, \quad \rightarrow \quad \frac{\sigma_2}{\sigma_1} = \left(\frac{V_1}{V_2}\right)^{1/m} \quad \sigma_2 < \sigma_1\,, \tag{13.3}$$

dass die größere Probe eine geringere Festigkeit hat (bei $V_1/V_2 = 1/10$ und m=3 wäre das Faktor 0,464). Somit repräsentiert die WEIBULL-Verteilung den statistischen Größeneffekt.

Die WEIBULL-Verteilung (13.1) gilt unter den Annahmen:

i) homogene Verteilung gleichartiger Defekte (Mikrorisse) im gesamten Körper
ii) die Defekte beeinflussen sich nicht gegenseitig beim Versagen
iii) homogener Spannungszustand im gesamten Körper
iv) alle Defekte sind normal zur Belastung ausgerichtet

In den meisten Bauteilen und speziellen Prüfkörpern gelten jedoch die einschränkenden Annahmen iii) und iv) nicht.

13.1.2 WEIBULL-Modell für inhomogene Spannungsverteilung

Dafür wird der Körper in N *repräsentative Volumenelemente (RVE)* V_i der Größe V_0 unterteilt mit den Voraussetzungen:

- V_i ist *groß genug*, damit darin eine repräsentative Verteilung von Mikrorissen existiert,
- V_i ist *klein genug*, um den Spannungszustand im RVE als homogen annehmen zu dürfen.
- Es gilt die weakest-link Hypothese.

Als Kriterium für das Versagen eines RVE unter der lokal anliegenden Normalspannung wird die kritische Bruchspannung für einen Mikroriss der Länge 2 a angesetzt, siehe Abschnitt 4.2.4:

$$\sigma_c = \frac{K_{Ic}}{\sqrt{\pi\, a}} \qquad \text{bzw. kritische Risslänge} \qquad a_c = \frac{1}{\pi}\left(\frac{K_{Ic}}{\sigma}\right)^2 . \tag{13.4}$$

Die Größenverteilung der Mikrorisse im RVE wird als Potenzgesetz (PARETO-Verteilung) angenommen:

$$p(a) = \frac{\alpha}{a^{\beta}}, \qquad \alpha, \beta \; - \; \text{Materialkonstanten}, \quad a \in [0, \infty], \, \beta > 1 \tag{13.5}$$

Im i-ten RVE herrscht die Spannung σ_i, und der Bruch tritt für alle Mikrorisse $a \geq a_{\mathrm{c}}^{(i)}$ ein, mit der Wahrscheinlichkeit:

$$P(\sigma_i) = \int_{a_{\mathrm{c}}^{(i)}}^{\infty} p(a) \mathrm{d}a \qquad \text{mit} \quad (13.4) \Rightarrow P(\sigma_i) = \left(\frac{\sigma_i}{\sigma_{\mathrm{u}}}\right)^m \tag{13.6}$$

$$m = 2\,\beta - 2 \qquad \text{WEIBULL-Modul}$$

$$\sigma_{\mathrm{u}} = \left(\frac{\beta - 1}{\alpha}\right)^{\frac{1}{m}} \frac{K_{\mathrm{Ic}}}{\sqrt{\pi}} \qquad \text{kritische WEIBULL- Referenzspannung}$$

Die Überlebenswahrscheinlichkeit der Gesamtstruktur (Kette) ergibt sich aus dem Produkt der Überlebenswahrscheinlichkeiten aller V_i (Kettenglieder):
$P_{\mathrm{s}} = \prod_{i=1}^{N} P_{\mathrm{s}}(\sigma_i)$. Die Versagenswahrscheinlichkeit $P_{\mathrm{f}} = 1 - P_{\mathrm{s}}$ ist das Komplement dazu. Somit berechnet sich das Versagen der Gesamtstruktur zu

$$P_{\mathrm{f}} = 1 - \prod_{i=1}^{N} [1 - P(\sigma_i)] \quad \text{mit} \quad P(\sigma_i) = \left(\frac{\sigma_i}{\sigma_{\mathrm{u}}}\right)^m \frac{V_i}{V_0}. \tag{13.7}$$

Mit der Approximation des Logarithmus für $P(\sigma_i) \ll 1$ und der Volumengewichtung V_i/V_0

$$\ln(1 - P_{\mathrm{f}}) = \sum_{i=1}^{N} \ln(1 - P(\sigma_i)) \cong -\sum_{i=1}^{N} P(\sigma_i) = -\sum_{i=1}^{N} \left(\frac{\sigma_i}{\sigma_{\mathrm{u}}}\right)^m \frac{V_i}{V_0} \tag{13.8}$$

ergibt sich schließlich

$$P_{\mathrm{f}}(\sigma_{\mathrm{w}}) = 1 - \exp\left\{-\left(\frac{\sigma_{\mathrm{w}}}{\sigma_{\mathrm{u}}}\right)^m\right\}. \tag{13.9}$$

Die Größe σ_{w} wird WEIBULL-Spannung genannt. Sie ist ein integrales Maß für den inhomogenen Beanspruchungszustand der Gesamtstruktur und deren Festigkeit. Sie hängt von der äußeren Belastung ab, die symbolisch mit L bezeichnet wird.

$$\sigma_{\mathrm{w}}(L) = \sqrt[m]{\sum_{i=1}^{N} (\sigma_i)^m \frac{V_i}{V_0}} \qquad \text{WEIBULL} - \text{Spannung} \tag{13.10}$$

Im Grenzübergang zu infinitesimalen Volumenelementen ergibt sich daraus ein Integral über den Spannungszustand in der gesamten Struktur.

$$\sigma_{\mathrm{w}}(L) = \sqrt[m]{\frac{1}{V_0} \int_V (\sigma(\boldsymbol{x}))^m \, \mathrm{d}V} \tag{13.11}$$

Die numerische Berechnung von $\sigma_{\mathrm{w}}(L)$ aus den Ergebnissen einer FEM-Analyse kann in einem Post-Prozess durchgeführt werden. Dafür wurden vielfach Inhouse-Codes entwickelt. Am weitesten ausgereift ist das Programm STAU vom KIT Karlsruhe [16].

Bisher wurde für die Mikrorissform lediglich das 2D GRIFFITH-Modell in (13.4) angesetzt und nur eine bruchauslösende Normalspannung senkrecht zum Riss betrachtet. Wählt man eine andere 2D oder 3D Rissform, so muss in (13.4) die entsprechende Geometriefunktion $g(a)$ für den K_{I}-Faktor eingesetzt werden, vgl. (4.64). Die o. g. Voraussetzung iv) ist im Allgemeinen nicht erfüllt, so dass eine äquivalente Vergleichsspannung σ_{eq} für den Fall einer mehrachsigen Belastung der Mikrorisse gefunden werden muss. Hierfür haben sich zwei Hypothesen bewährt:

- Kriterium der maximalen Hauptspannung $\sigma_{\mathrm{eq}}^{\mathrm{MHS}} = \langle \sigma_{\mathrm{I}} \rangle \geq 0$
- Das »Principle of Independent Action« PIA besagt, dass alle drei Hauptnormalspannungen unabhängig voneinander wirken, wobei nur positive Werte zugelassen sind (MCAULEY- Klammer $\langle \cdot \rangle$)

$$\sigma_{\mathrm{eq}}^{\mathrm{PIA}} = \sqrt[m]{\langle \sigma_{\mathrm{I}} \rangle^m + \langle \sigma_{\mathrm{II}} \rangle^m + \langle \sigma_{\mathrm{III}} \rangle^m}. \tag{13.12}$$

Anstelle von σ ist dann in die obigen Beziehungen σ_{eq} einzusetzen.

13.1.3 Zur Bestimmung der WEIBULL-Parameter

Im Folgenden wird die prinzipielle Vorgehensweise zur Bestimmung der WEIBULL-Parameter m und σ_{u} anhand des Flussdiagramms in Bild 13.2 erläutert. Als Grundlage dienen die Ergebnisse einer Versuchsreihe mit $j = 1, ..., N$ (Stichprobenumfang) gleichartigen Prüfkörpern (oder auch Bauteilen) bei steigender Belastung L bis zum Bruch. Die Belastung der Probe j beim Bruch sei $L_F^{(j)}$. Der Spannungszustand $\sigma(\boldsymbol{x})$ im Prüfkörper muss durch analytische Formeln oder mit Hilfe einer FEM-Analyse bestimmt werden. Mit (13.10) bzw. (13.11) berechnet man daraus die WEIBULL-Spannung als Funktion des Lastparameters L, im Bild 13.2 als blaue Kurve dargestellt. Damit ist für jede Probe die WEIBULL-Spannung $\sigma_{\mathrm{w}}^{(j)}$ anhand ihrer Versagenslast $L_F^{(j)}$ bekannt. Für die grafische Darstellung im WEIBULL-Diagramm (Bild 13.2) werden die Prüfkörper in aufsteigender Reihenfolge des Versagens $L_F^{(j)}, j = 1, ..., N$ neu angeordnet. Die akkumulierte Wahrscheinlichkeit des Versagens der Stichprobe bis zur Last $L_F^{(j)}$ entspricht genau der Probe j mit der Beanspruchung $\sigma_{\mathrm{w}}^{(j)}$. Üblicherweise wird $P_{\mathrm{f}}^{(j)}$ mit der Schätzformel nach DIN EN 843-5 [7]

$$P_{\mathrm{f}}^{(j)} = (j - 0,5)/N \quad \text{berechnet.} \tag{13.13}$$

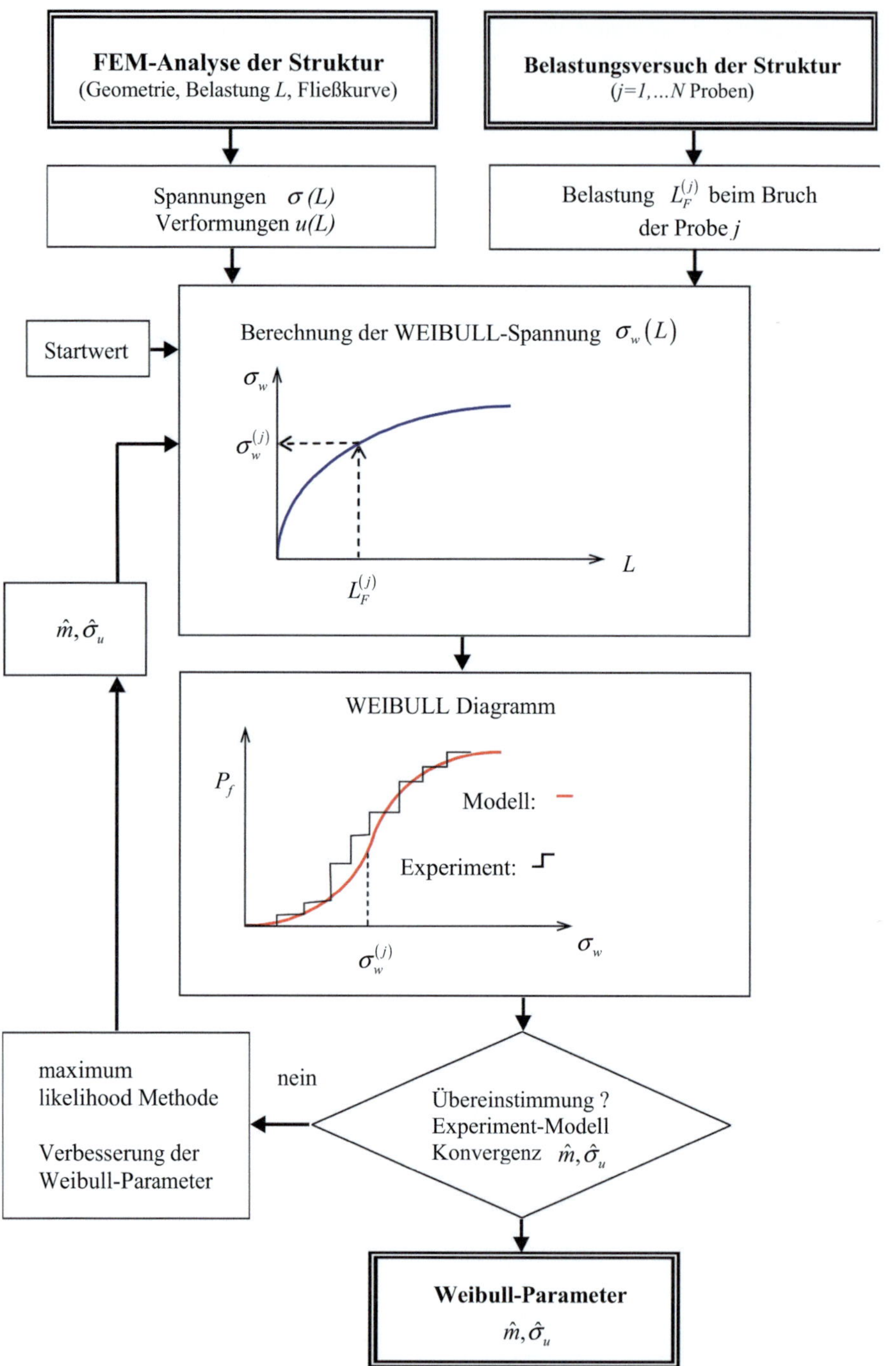

Bild 13.2 Flussdiagramm zur experimentell-numerischen Bestimmung der WEIBULL-Parameter

Die so konstruierte Treppenfunktion in Bild 13.2 kann jetzt mit der WEIBULL-Funktion (13.9) gefittet werden (rote Kurve). Vorteilhaft ist dabei die doppelt-logarithmische Darstellung von (13.9), womit sich eine Gerade ergibt, aus deren Anstieg man den Modul m abliest und σ_u aus dem Schnittpunkt mit der Abszisse

$$\ln \ln \left(\frac{1}{1 - P_\mathrm{f}} \right) = m \, \ln(\sigma_\mathrm{w}) - m \, \ln(\sigma_\mathrm{u}) \,. \tag{13.14}$$

Als das zuverlässigste Verfahren zur Bestimmung der WEIBULL-Parameter hat sich die *Maximum-Likelihood-Methode* durchgesetzt. Es handelt sich um ein statistisches Schätzverfahren, das bei einer gegebenen Stichprobe diejenigen Parameterwerte liefert, welche der angenommenen Verteilungsfunktion (WEIBULL) am genauesten entsprechen. Dazu wird für die so genannte Likelihood-Funktion das Maximum bzgl. ihrer beiden Variablen (m, σ_u) gesucht, was auf zwei nichtlineare Bestimmungsgleichungen führt:

$$\frac{1}{\hat{m}} + \frac{1}{N} \sum_{j=1}^{N} \ln \sigma_\mathrm{w}^{(j)} - \sum_{j=1}^{N} \left[\sigma_\mathrm{w}^{(j)} \right]^{\hat{m}} \ln \sigma_\mathrm{w}^{(j)} \Bigg/ \sum_{j=1}^{N} \left[\sigma_\mathrm{w}^{(j)} \right]^{\hat{m}} = 0 \tag{13.15}$$

$$\hat{\sigma}_\mathrm{u}^{\hat{m}} - \frac{1}{N} \sum_{j=1}^{N} \left[\sigma_\mathrm{w}^{(j)} \right]^{\hat{m}} = 0 \,.$$

Die Schätzwerte dieser verbesserten Methode werden als $\hat{m}$ und $\hat{\sigma}_\mathrm{u}$ bezeichnet. Weitere mathematischen Details der Maximum-Likelihood-Methode können in der DIN EN 843-5 [7] nachgelesen werden. Dort findet man u.a. auch ein entsprechendes Computerprogramm.

Im Fall elastisch-plastischen Materialverhaltens hängt die Zufallsgröße σ_w selbst vom WEIBULL-Modul m ab, so dass der Algorithmus von Bild 13.2 iterativ wiederholt werden muss bis sich Konvergenz der Parameter einstellt.

13.2 Anwendung auf Hochleistungskeramiken

Die experimentelle Festigkeitsverteilung wird bei Keramiken in etwas anderer Form normiert. Da sich das Material linear-elastisch verhält, ist die inhomogene Spannungsverteilung im Körper proportional zu einem äußeren Lastparameter oder einer typischen Spannung σ_B. Damit kann die äquivalente Spannungsverteilung auf eine reine Geometriefunktion $B(\boldsymbol{x})$ reduziert werden, deren Integral als *effektives Volumen* V_eff bezeichnet wird:

$$\sigma_\mathrm{eq}(\boldsymbol{x}) = \sigma_\mathrm{B} \, B(\boldsymbol{x}), \qquad V_\mathrm{eff} = \int_V (B(\boldsymbol{x}))^m \, \mathrm{d}V \,. \tag{13.16}$$

Beispiel:
In der standardmäßig verwendeten 4-Punkt-Biegeprobe (Länge $L\times$ Breite $B\times$ Höhe H) tritt im relevanten zentralen Bereich eine lineare Biegespannungsverteilung $B(\boldsymbol{x}) = 2x_2/H$ auf, wobei

x_2 senkrecht zur neutralen Ebene zeigt. Ihr Maximum wird am Rand bei $\pm H/2$ erreicht. Diese Randfaserspannung wird als σ_B verwendet. Damit berechnet sich V_eff wie folgt:

$$V_\mathrm{eff} = LB \int_0^{H/2} \left(\frac{2x_2}{H}\right)^m \mathrm{d}x_2 = \frac{LBH}{2(m+1)} \,. \tag{13.17}$$

Einsetzen des Ansatzes (13.16) in das Integral (13.11) liefert die WEIBULL-Spannung als Funktion von σ_B

$$\sigma_\mathrm{w}(\sigma_\mathrm{B}) = \sqrt[m]{\frac{V_\mathrm{eff}}{V_0}\,(\sigma_\mathrm{B})^m} \,, \tag{13.18}$$

so dass die Versagenswahrscheinlichkeit ausgedrückt wird mit

$$P_\mathrm{f}(\sigma_\mathrm{B}) = 1 - \exp\left(-\frac{V_\mathrm{eff}}{V_0}\left(\frac{\sigma_\mathrm{B}}{\sigma_\mathrm{u}}\right)^m\right) \,. \tag{13.19}$$

Wenn man anhand der Versuchsergebnisse einer Stichprobe die zweiparametrige WEIBULL-Verteilung ermittelt, so ergibt sich dafür eine Referenzspannung von σ_uB

$$P_\mathrm{f}(\sigma_\mathrm{B}) = 1 - \exp\left[-\left(\frac{\sigma_\mathrm{B}}{\sigma_\mathrm{uB}}\right)^m\right] \,, \tag{13.20}$$

die mit dem effektiven Volumen wie folgt zusammenhängt (vgl. (13.19)):

$$\sigma_\mathrm{uB} = \sigma_\mathrm{u}\left(\frac{V_0}{V_\mathrm{eff}}\right)^{1/m} \quad \text{bzw.} \quad \sigma_\mathrm{u} = \sigma_\mathrm{uB}\left(\frac{V_\mathrm{eff}}{V_0}\right)^{1/m} \,. \tag{13.21}$$

Die wahre WEIBULL-Spannung und der experimentell gewonnene Wert σ_uB verhalten sich demnach umgekehrt proportional zum Verhältnis zwischen effektivem Probenvolumen und Referenzvolumen V_0.

Aus diesem Grunde kann man aus der experimentellen Bruchfestigkeitsverteilung einer beliebigen Probenform die Parameter der WEIBULL-Verteilung für den gegebenen Werkstoff gewinnen. Der Formparameter m ist also unter den o. g. Voraussetzungen unabhängig von der Geometrie und der Spannungsverteilung $B(\boldsymbol{x})$ im Prüfkörper oder Bauteil. Die wahre WEIBULL-Spannung berechnet sich über (13.21) aus dem Versuchsergebnis σ_uB und dem effektiven Probenvolumen V_eff. Letzteres berechnet man heutzutage problemlos mittels einer FEM-Analyse. Umgekehrt wird die statistische Festigkeit eines Körpers durch sein effektiven Probenvolumen V_eff mit (13.21) eindeutig festgelegt. Für die gesamte Versuchsauswertung, Bestimmung der WEIBULL-Parameter mit der Maximum-Likelihood-Methode und Berechnung von V_eff gibt es bewährte Software, z. B. STAU [16].

Anwendungsbeispiel Aluminiumoxidkeramik Rubalit 708S

Von RASCHE [12, 14] wurde die statistische Festigkeit der Al_2O_3 Hochleistungskeramik Rubalit 708S mit Hilfe des Small-Punch-Tests (SPT) ermittelt. Der SPT ist ein miniaturisierter Plattenbiegeversuch mit einer kreisförmigen Probe vom Durchmesser Ø= 8 mm und der Dicke 0,6 mm. Die Versuchsapparatur mit Probe ist in Bild 13.3 skizziert. Die Probe liegt auf einer Matrize. Von oben drückt ein Stempel mit halbkugelförmiger Kappe auf die Probe. Gemessen wird der Zusammenhang zwischen Kraft F und Stempelverschiebung u. Bei der Keramik verläuft diese Kurve nahezu linear bis die Probe in drei Teile zerbricht, siehe Bild 13.5. Die Bruchfläche in Bild 13.4 lässt das typische spröde Versagen der gesinterten Keramik erkennen. Ein wesentlicher Vorteil des SPT ist die einfache Probenfertigung und Versuchsdurchführung, so dass ausreichend viele Proben zur statistischen Auswertung geprüft werden können.

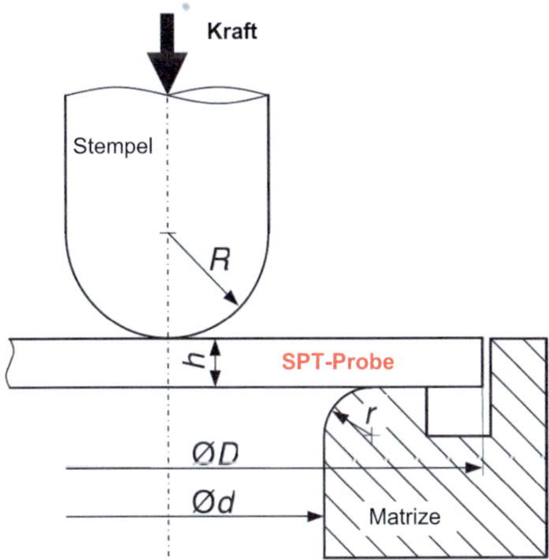

Bild 13.3 Small Punch Test mit Versuchsapparatur ($D = 8, h = 0,5, R = 1,25, r = 0,5, d = 4,0$ in mm)

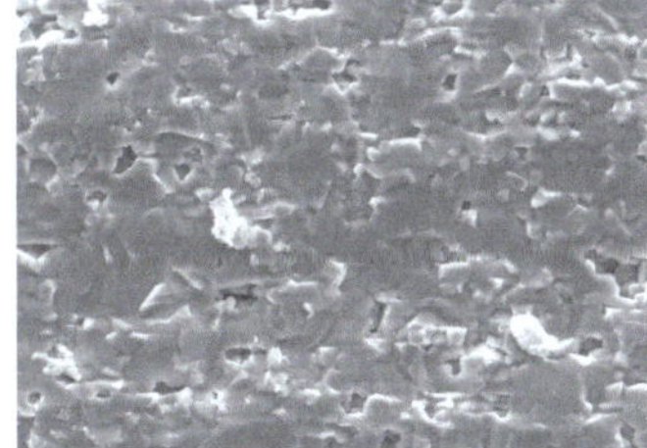

Bild 13.4 REM Aufnahme der Bruchfläche der Keramik Rubalit 708S

Mit dem SPT wurden 30 Proben der Keramik geprüft und die Versagenskräfte gemessen. Aus der linear-elastischen FEM-Analyse eines rotationssymmetrischen SPT-Modells mit dem E-Modul von 340 GPa und $\nu = 0,25$ ergab sich der proportionale Zusammenhang zwischen Stempelkraft F und der maximalen Biegespannung auf der Zugseite in der Probenmitte zu $\sigma_{\max} = 1,9F/h^2$. Diese Spannung wurde als charakteristische Probenbelastung σ_{B} im Sinne von (13.16) definiert. Für alle Proben j konnte damit die Bruchkraft $F^{(j)}$ in die kritische Spannung $\sigma_{\mathrm{B}}^{(j)}$ umgerechnet werden. Das bildete die Grundlage für die Erstellung des WEIBULL-Diagramms und die Identifikation der WEIBULL-Parameter mit der Maximum-Likelihood-Methode. Das Referenzvolumen V_0 wurde mit 1,0 mm^3 angesetzt. Das

Ergebnis ist in Bild 13.6 in logarithmischer Auftragung dargestellt und in Tabelle 13.1 angegeben.

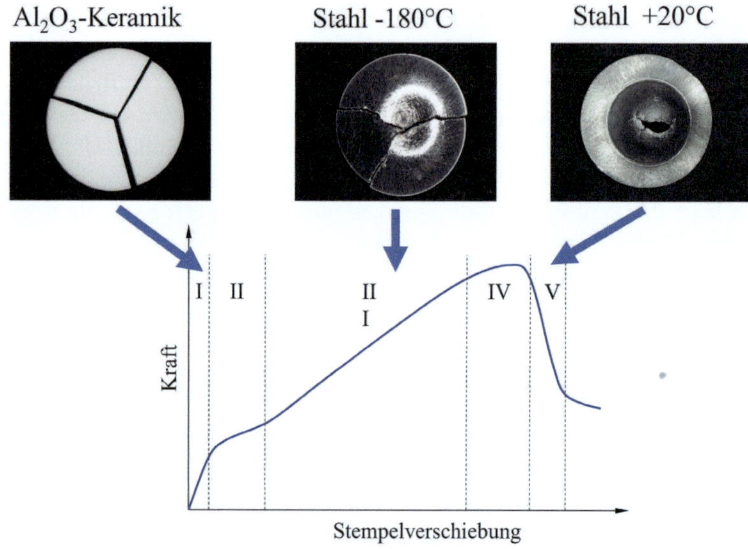

Bild 13.5 Small Punch Test für verschiedene Werkstoffe: *Oben*: Bruchbilder a) Al_2O_3 Keramik, b) Spaltbruch Stahl, c) duktiler Bruch Stahl, *Unten*: typische Kraft-Verschiebungskurve mit Versagensbereichen

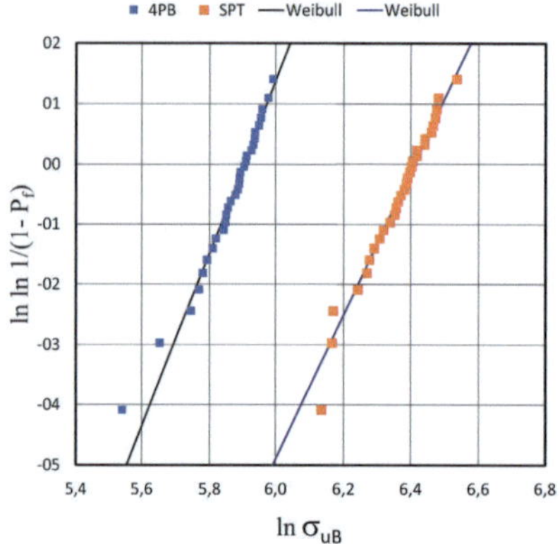

Bild 13.6 Keramik Rubalit 708S: Messwerte und gefittete WEIBULL-Diagramme für SPT und 4PB-Versuch über *probenspezifischer* Referenzspannung σ_{uB}

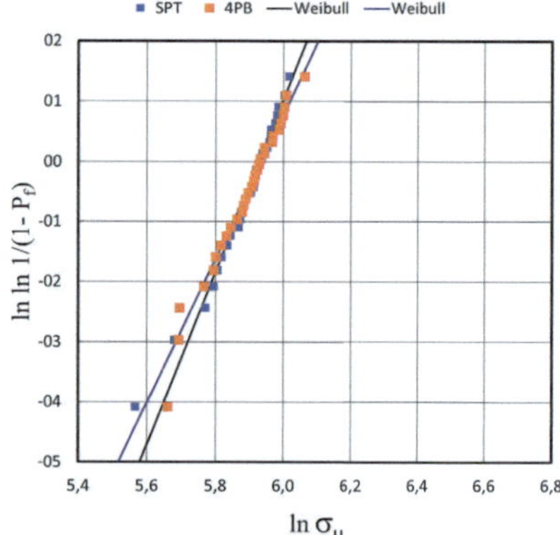

Bild 13.7 Keramik Rubalit 708S: Messwerte und gefittete WEIBULL-Diagramme für SPT und 4PB-Versuch über *materialspezifischer* Referenzspannung σ_u

Versuch	Probenzahl N	Modul m	σ_{uB} [MPa]	V_{eff} [mm^3]	σ_{u} [MPa]
SPT	30	12,0	607	0,0034	378
4PB	30	14,3	366	1,44	376

Tabelle 13.1 WEIBULL-Parameter für Rubalit 708S aus Small-Punch-Test und 4-Punkt-Biege-Versuch

Schließlich muss noch das effektiv belastete Probenvolumen (13.16) der SPT-Probe aus der FEM-Spannungsanalyse berechnet werden. Mit Hilfe eines eigenen Post-Prozessing für ABAQUS wurde dazu $\sigma_{\mathrm{eq}}^{\mathrm{PIA}}$ über das Zug-beanspruchte Probenvolumen integriert.

Zum Vergleich wurden standardisierte 4-Punkt-Biege-Versuche an der gleichen Keramik durchgeführt. Die Proben hatten die Abmessungen $L = 10,8, H = L/4 = 2,7, B = 1,5$ in [mm]. Die WEIBULL-Parameter wurden nach derselben Methode bestimmt und sind in Tabelle 13.1 aufgelistet. Das effektive Volumen errechnet sich analytisch mit (13.17). Aus dem Vergleich der Ergebnisse beider Prüfverfahren in Tabelle 13.1 ist zu erkennen, dass die WEIBULL-Module m annähernd übereinstimmen, was theoretisch erwartet wurde. Einen großen Unterschied gibt es im Lageparameter σ_{uB}. Die geringere Festigkeit der 4PB-Proben erklärt sich aus ihrem viel größeren effektiven Volumen als beim SPT. Mit der Beziehung (13.21) können beide probenspezifischen Festigkeiten σ_{uB} auf die materialspezifische Referenzspannung σ_{u} für das Referenzvolumen V_0 umgerechnet werden, wonach sich eine gute Übereinstimmung ergibt, die auch im WEIBULL-Diagramm Bild 13.7 ersichtlich ist.

13.3 Anwendung auf den Sprödbruch von Metallen

13.3.1 Das BEREMIN-Modell für ferritische Stähle

Bei Metallen mit kfz-Gitter beobachtet man bei abnehmender Temperatur einen Verlust der Bruchzähigkeit. Insbesondere neigen ferritische Stähle in der Tieflage der Zähigkeit zu einer starken Versprödung, die für die Sicherheit entsprechender Bauteile gefährlich sein kann. Die französische Forschergruppe BEREMIN [3] veröffentlichte 1983 ein Spaltbruchmodell für ferritische Stähle unter der Bezeichnung »Local Approach to Cleavage Fracture« (LACF). Dem Modell liegen folgende Annahmen zugrunde:

- **Mikrorissbildung**: Mikroplastische Versetzungsbewegungen erzeugen im Korn oder an den Korngrenzen Mikrorisse durch den Bruch von spröden Partikeln (Karbide, Zementit). Diese breiten sich entlang einer kristallografischen Spaltebene in das gesamte Korn aus, siehe Bild 13.8.
- **Spaltbruchkriterium**: Nach dem GRIFFITH-Kriterium der linear-elastischen Bruchmechanik tritt Versagen ein, wenn die Normalspannung im Bereich des Mikrorisses einen kritischen Wert erreicht.
- **Weakest-Link-Hypothese**: Sobald der höchst belastete Mikroriss instabil wird, versagt die gesamte Struktur (Bauteil).

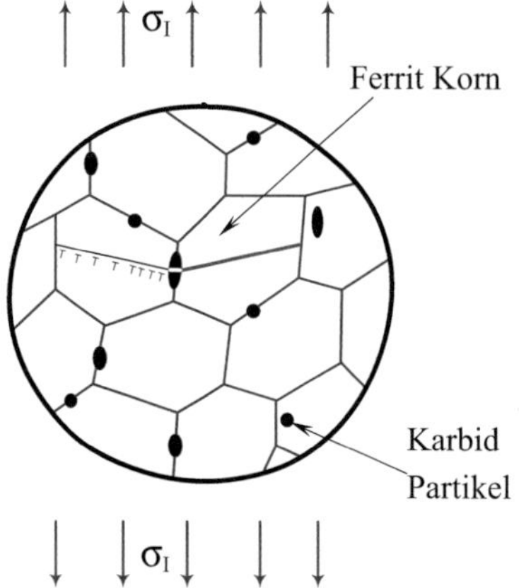

Bild 13.8 Mechanismen des Spaltbruchs in ferritischen Stählen

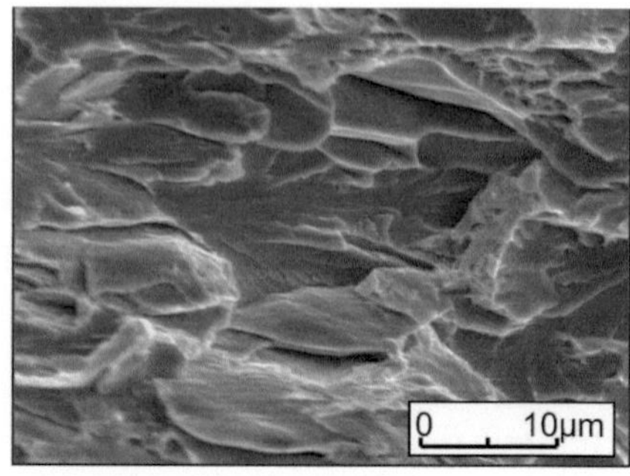

Bild 13.9 REM Aufnahme der Bruchfläche des Stahls 22NiMoCr37 bei -154°C

Für die Mikrorissgröße in der plastischen Zone wird im BEREMIN-Modell wiederum eine Wahrscheinlichkeitsdichtefunktion nach dem Potenzansatz von (13.6) angenommen, was ebenfalls auf eine zweiparametrige WEIBULL-Verteilung führt. Die WEIBULL-Spannung wird jetzt aber im Unterschied zu spröden elastischen Materialien nur über die entstehenden plastifizierten Bereiche V_p integriert und dabei das Kriterium der maximale Hauptspannung verwendet. Deren Maximum muss entlang der gesamten Belastungsgeschichte $L(\tau)$ bis zum aktuellen Zeitpunkt t berücksichtigt werden, wobei L auch hier einen globalen Lastparameter bezeichnet.

$$\sigma_\mathrm{w}(L) = \sqrt[m]{\frac{1}{V_0}\int\limits_{V_\mathrm{p}} \langle \sigma_\mathrm{I}(\boldsymbol{x}, L)\rangle^m \mathrm{d}V} \qquad \text{mit} \quad \sigma_\mathrm{I} = \underbrace{\max}_{\tau \le t}\{\sigma_\mathrm{I}(\boldsymbol{x}, L, \tau)\} \tag{13.22}$$

$$\sigma_\mathrm{w}(L) = \sqrt[m]{\frac{1}{V_0}\sum_{i=1}^{n_\mathrm{p}} \langle \underbrace{\max}_{\tau \le t}\{\sigma_\mathrm{Ii}(L, \tau)\}\rangle^m V_i} \qquad \text{bei FEM-Auswertung} \tag{13.23}$$

Die wesentliche Motivation für die Entwicklung des *Local Approach*-Konzepts bestand darin, die starke Streuung der gemessenen Bruchzähigkeitswerte K_Ic, J_Ic im spröden und spröd-duktilen Übergangsbereich zu erklären und quantitativ zu erfassen. Die Anwendung des BEREMIN-Modells auf Risse und Bruchversuche erfolgt in derselben Weise wie im Abschnitt 13.3.1 beschrieben mit der Methodik aus Abschnitt 13.1.3 zur Ermittlung der WEIBULL-Parameter. Als Lastparameter L bieten sich die bruchmechanischen Kenngrößen K_I oder J_I an. Zuerst muss eine Korrelation zwischen diesem Lastparameter und der WEIBULL-Spannung hergestellt werden. Für reale Prüfkörper oder Bauteile ist dafür eine elastisch-plastische FEM-Simulation mit Auswertung des Integrals (13.23) notwendig. Im Fall des Kleinbereichsfließens (Small Scale Yielding SSY) kann man auf die analytischen Rissspitzenlösungen der LEBM oder besser des HRR-Feldes (4.238) zurückgreifen. Beide Vorgehensweisen werden anschaulich in [10] beschrieben.

Analytische Berechnung für Kleinbereichsfließen (SSY)

Im Folgenden wird die Herleitung aus [2] für SSY auf Basis der 2D HRR-Lösung im EVZ wiedergegeben, die von einem elastisch-plastischen Material mit der Fließspannung σ_F und der Potenzverfestigung nach (4.224) mit dem Exponenten $n \geq 1$ ausgeht. Das gesamte Nahfeld am Riss ist proportional zur Rissbeanspruchung $J \sim K_I^2$. Die Ausdehnung der plastischen Zone $r_p(\theta)$ skaliert mit $(K_I/\sigma_F)^2$, vgl. (4.193). Der Spannungszustand ist gegeben durch zwei dimensionslose Funktionen $f(\xi, n)$ des normierten Radius $\xi = r/(K_I/\sigma_F)^2$ und des Winkels $\tilde{\sigma}_{ij}(\theta, n)$, die von der Verfestigung n abhängen.

$$\sigma_{ij}(r,\theta) = \sigma_F f\left(\frac{r}{(K_I/\sigma_F)^2}, n\right) \tilde{\sigma}_{ij}(\theta, n) \tag{13.24}$$

Radius der plastischen Zone: $r_p(\theta) \Rightarrow \xi_p(\theta) = r_p(\theta)/(K_I/\sigma_F)^2$

Daraus lässt sich das Feld der Hauptnormalspannungen $\tilde{\sigma}_I(\theta, n)$ berechnen. Die WEIBULL-Spannung wird durch Integration über V_p in Polarkoordinaten (r, θ) nach (13.22) mit der Substitution $r dr = (K_I/\sigma_F)^4 \, \xi d\xi$ ausgeführt. Die dritte Dimension wird durch die Dicke B der Probe bzw. Länge der Rissfront berücksichtigt:

$$\sigma_I(\xi,\theta) = \sigma_F f(\xi,n)\,\tilde{\sigma}_I(\theta,n) \quad \text{Hauptnormalspannungsfeld}$$

$$\sigma_w^m = \int_{V_p} \sigma_I^m \frac{dV}{V_0} = \frac{B}{V_0}\sigma_F^m \left(\frac{K_I}{\sigma_F}\right)^4 Q(n,m)$$

$$\text{Integral: } Q(m,n) = \int_{-\pi}^{\pi} \int_0^{\xi_p(\theta)} f^m(\xi,n)\,\tilde{\sigma}_I^m(\theta,n)\,d\theta\,\xi d\xi \tag{13.25}$$

$$P_f = 1 - \exp\left[-\frac{B}{V_0}\frac{\sigma_F^{m-4} K_I^4 \, Q(m,n)}{\sigma_u^m}\right] = 1 - \exp\left[-const.\, B\, K_I^4\right] \tag{13.26}$$

Der Wert des dimensionslosen Integrals $Q(m, n)$ hängt vom Verfestigungsexponenten n und dem WEIBULL-Modul m ab. Außerdem fließt die Temperatur noch indirekt über σ_F und die Größe der plastischen Zone in die Versagenswahrscheinlichkeit (13.26) ein. Q muss numerisch anhand der Hauptspannungsverteilung im Gebiet der plastischen SSY-Zone berechnet werden. In der Originalarbeit [2] wurde Q für den Stahl A508 bei Annahme eines Moduls $m = 22$ und Verwendung eines Referenzvolumens von $V_0 = (0,05\text{mm})^3$ bestimmt. Für Q ergab sich nur eine schwache Abhängigkeit von n und T.

Die Formel (13.26) verknüpft die Versagenswahrscheinlichkeit mit dem Beanspruchungsparameter K_I. Weil im Sprödbruchbereich das Kriterium $K_I = K_{Ic}$ der LEBM gültig ist, kann anstelle von K_I der Bruchzähigkeitswert K_{Ic} bei Versagen eingesetzt werden. Nach Umstellung erhält man:

$$\ln\left[\frac{1}{1-P_f}\right] = \frac{B}{V_0}\frac{\sigma_F^{m-4} K_{Ic}^4 \, Q(m,n)}{\sigma_u^m}\,. \tag{13.27}$$

Aus der so erhaltenen Abschätzung für die akkumulierte Versagenswahrscheinlichkeit ergeben sich interessante Schlussfolgerungen, wenn m und σ_u für den Werkstoff bekannt sind:

- Bei gegebener Temperatur $\sigma_F(T)$ ist die Bruchzähigkeit von der Probendicke B abhängig. Dieselbe Versagenswahrscheinlichkeit ergibt sich aus (13.27) für alle Versuche mit $B\,K_{Ic}^4 = const.$ bzw. $B\,J_{Ic}^2 = const.$ Es wird also ein Größeneffekt $K_{Ic} \sim \sqrt[4]{B}$ vorhergesagt.
- Variiert man die Temperatur bei gleicher Dicke, so müsste K_{Ic} proportional zu $\sigma_F^{1-m/4}$ sein, was experimentell bestätigt wurde.
- Vergleicht man bei unveränderter Temperatur und Probendicke die Vorhersage der Bruchzähigkeiten für zwei unterschiedliche Versagenswahrscheinlichkeiten, so stehen sie immer im gleichen Verhältnis zueinander. Wertet man z. B. die linke Seite von (13.27) für $P_f = 90\%$ und $P_f = 10\%$ aus, so ergibt sich ein Verhältnis von $K_{Ic}(90\%) : K_{Ic}(10\%) = 2{,}16$.

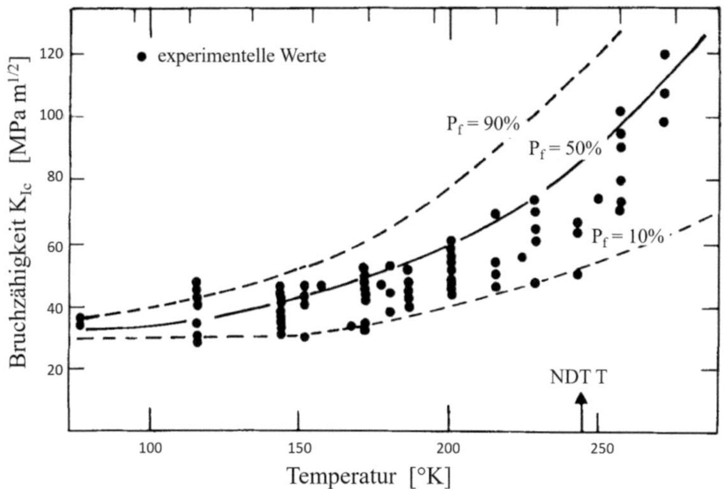

Bild 13.10 Temperaturabhängigkeit der Bruchzähigkeit von Stahl im quasi-spröden Bereich: Versuche und BEREMIN-Modell [2]

Die Autoren von [2] haben das Ergebnis dieser SSY-Lösung benutzt, um die Abhängigkeit der Bruchzähigkeit von der Temperatur T in der Tieflage $77°\mathrm{K} < T < 273°\mathrm{K}$ zu beschreiben und verwendeten dazu die umfangreichen Versuchsdaten $K_{Ic}(T)$ des Heavy Section Steel Technology Programms, der U.S. Nuclear Regulatory Commission, 1995. Zu diesem Zweck wurde der noch freie Parameter des Konzepts, die Referenzspannung, mit einem Wert von $\sigma_u = 2560$ MPa entsprechend an den experimentellen Verlauf angepasst. Die Beziehung (13.27) wird nach K_{Ic} umgestellt, so dass bei einer gegebenen Versagenswahrscheinlichkeit P_f außer bekannten Konstanten nur die Fließspannung $\sigma_F(T)$ eingeht, die mit steigender Temperatur absinkt, was zum Anstieg der Bruchzähigkeit führt.

$$K_{\mathrm{Ic}} \sim \sqrt[4]{\ln\left[\frac{1}{1-P_{\mathrm{f}}}\right]} \Big/ \sigma_{\mathrm{F}}^{m/4-1}(T) \tag{13.28}$$

Das Bild 13.10 stellt die theoretischen Zähigkeits-Temperatur-Kurven bei verschiedenen Versagenswahrscheinlichkeiten den Versuchsdaten gegenüber. Es ist eine gute Übereinstimmung bzgl. des Trends und der Streubreite ersichtlich. Insbesondere wurde die sicherheitsrelevante untere Schranke des 10% Perzentils gut getroffen.

Numerische Berechnung für Großbereichsfließen (LSY)

Für den üblichen Anwendungsfall des *Local Approach* auf bruchmechanische Prüfkörper oder reale Bauteile mit ausgedehnten plastischen Zonen (Large Scale Yielding, LSY) ist eine elastisch-plastische Analysen mit FEM erforderlich, um den Spannungszstand und die bruchmechanischen Kenngrößen K_{I} bzw, J_{I} zu bestimmen. Daher bietet sich für die Auswertung von $\sigma_{\mathrm{w}}(L)$ die Summation über alle plastifizierten Elemente oder Integrationspunkte n_{p} mit deren Volumina V_i nach (13.23) an. Als Referenzvolumen sind Werte von $V_0 = 0{,}001\,\mathrm{mm}^3$ für Stahl üblich. Bei einem homogen auf Zug beanspruchten Volumen $V_{\mathrm{p}} = V_0$ stimmt dann die WEIBULL-Spannung mit der maximalen Hauptnormalspannung überein. Für Stähle werden in der Literatur [11, 17, 5] Werte des WEIBULL-Moduls m zwischen 10 und 50 angegeben. Aufgrund dieser hohen Werte kann es bei der Berechnung der WEIBULL-Spannung mit (13.23) für Rissprobleme dazu kommen, dass allein die höchst belasteten Elemente den Integralwert dominieren. Deshalb ist an Spannungskonzentrationen eine sehr feine Vernetzung notwendig. In der Literatur werden Elementlängen von ca. 50 μm genannt. Diese Längengröße beeinflusst selbstredend den Wert der WEIBULL-Parameter und wirkt indirekt als charakteristischer Materialparameter. Sie muss bei der Übertragung/Anwendung auf andere Strukturen konstant gehalten werden, womit sich bei der Vernetzung von Bauteilen Unterschiede in mehreren Größenordnungen ergeben. Auch für die numerische Berechnung der WEIBULL-Spannung aus FEM-Analysen und für die Ermittlung der WEIBULL-Parameter mit der Maximum-Likelihood-Methode wurden verschiedene Software-Tools entwickelt wie z. B. WEISTRABA [15].
Weiterführende Informationen zum Stand des *Local Approach* findet man in den Übersichtsartikeln [11, 17].

Anwendungsbeispiel Stahl 22NiMoCr37

Es handelt sich um einen ferritischen Druckbehälterstahl, der von verschiedenen Autoren in der Tieflage und im spröd-duktilen Übergangsbereich untersucht wurden. Das Bruchbild 13.9 zeigt klare Eigenschaften eines Spaltbruchs. BERNAUER u.a. [4, 5] haben in einem umfangreichen Versuchsprogramm gekerbte Zugproben, Charpy-Proben und CT-Proben bei Temperaturen von $-191°\mathrm{C} < \mathrm{T} < -50°\mathrm{C}$ untersucht. Mit Hilfe elastisch-plastischer und schädigungsmechanischer

FEM-Analysen wurden nach der in Bild 13.2 gezeigten Methodik die WEIBULL-Spannungen berechnet und aus den Versagenspunkten der Prüfkörper die WEIBULL-Diagramme generiert. Mit der Maximum-Likelihood-Methode wurden anschließend die Parameter m und σ_u gefunden. Die Ergebnisse sind im Bild 13.11 zusammengefasst.

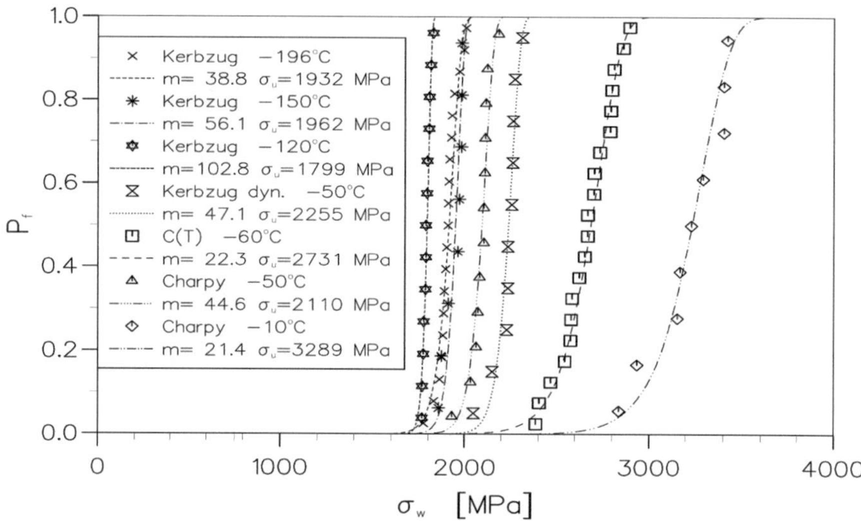

Bild 13.11 WEIBULL-Diagramme aus verschiedenen Versuchen am Stahl 22NiMoCr37 bei Temperaturen zwischen $-50°C < T < -191°C$. Symbole: Versuchswerte, Linien: Fit der Weibull-Verteilung. [4]

Es stellte sich heraus, dass beide WEIBULL-Parameter abhängig sind von der Probenform, der Temperatur und der Belastungsgeschwindigkeit, was im Einklang mit Erkenntnissen anderen Autoren steht. Das Konzept kann also nicht die Gesamtheit der experimentellen Daten mit einem einheitlichen Materialparametersatz erklären. Dieser Sachverhalt beeinträchtigt die Universalität der WEIBULL-Parameter und die Übertragbarkeit des *Local Approach*-Konzeptes von Proben auf Bauteile. Als Ursache für diese Unterschiede wurde der Einfluss der plastischen Verformung auf die Ausbildung der Mikrorisspopulation und deren Verteilungsfunktion erkannt. Es gibt zwei gegensätzliche Effekte: 1) Die Anzahl der gebildeten Mikrorisse ist eine steigende Funktion der plastischen Verformung und erhöht sich mit sinkender Temperatur. Deshalb wurden Modifikationen des BEREMIN-Modells vorgeschlagen [11, 6, 5], bei denen zur Berechnung von σ_w in (13.23) die Hauptspannung noch mit einem plastischen Dehnungsterm ergänzt wird. 2) Mikrorisse, die an Korngrenzen arretiert sind, stumpfen durch weitere plastische Verformungen ab und fallen damit für die Initiierung eines Spaltbruchs aus. Weiterentwicklungen des *Local Approach* zur Berücksichtigung der Probengröße, der Mehrachsigkeit u.a.m. sind Gegenstand aktueller Forschung.

Der Stahl 22NiMoCr37 wurde auch mit Hilfe des SPT von RASCHE [12, 13] bei tiefen Temperaturen bis $-190°$C untersucht. Nach anfänglicher plastischer Durchbiegung kommt es bei den scheibenförmigen Miniaturproben zum Spaltbruch, wie Bild 13.5 erkennen lässt. Unter Verwendung der wahren Spannungs-Dehnungskurve des Werkstoffs wurden die Verformung und der Spannungszustand in der SPT-Probe mit FEM simuliert, siehe Bild 13.12.

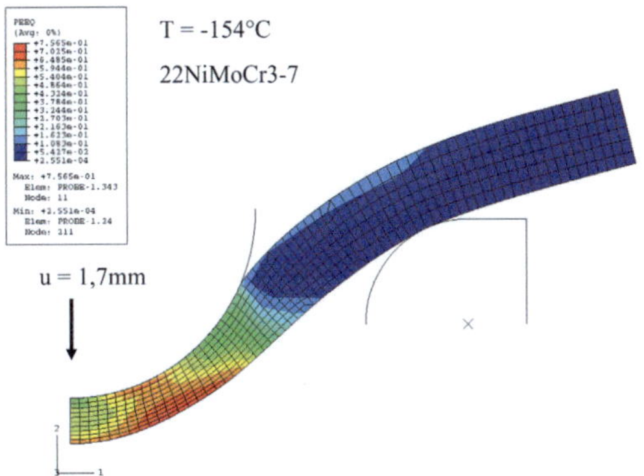

Bild 13.12 Elastisch-plastische FEM-Analyse des Small-Punch-Tests von Stahl 22NiMoCr37 bei -154°C. Plastische Vergleichsdehnung bei der Stempelverschiebung von $u = 1{,}7$ mm. Niederhalter und Stempel sind als Starrkörper modelliert.

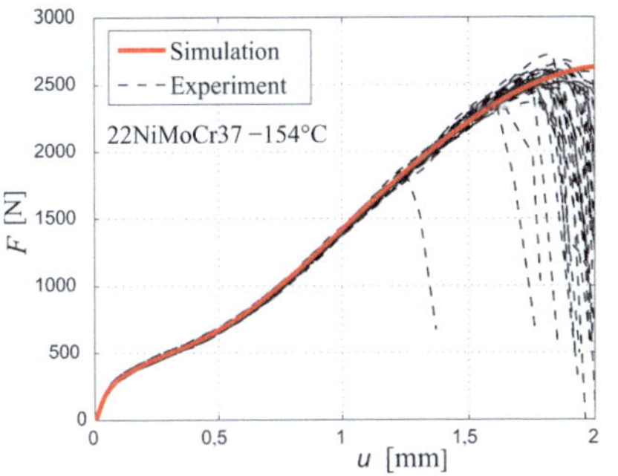

Bild 13.13 SPT Kraft-Verschiebungskurven für Stahl 22NiMoCr37 bei -154°C

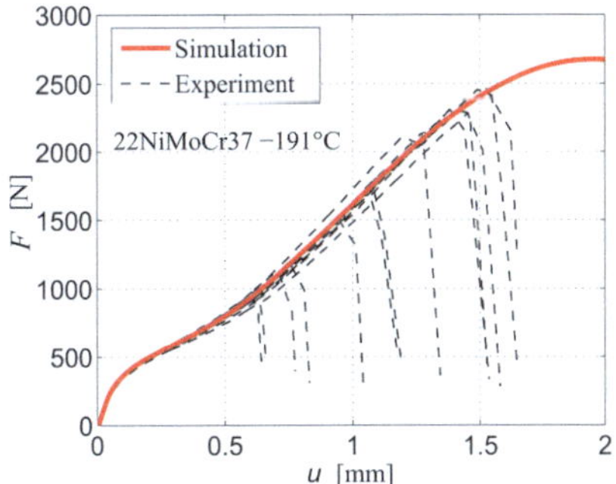

Bild 13.14 SPT Kraft-Verschiebungskurven für Stahl 22NiMoCr37 bei -191°C

In den Bildern 13.13 und 13.14 werden die simulierten Verformungskurven mit denjenigen der einzelnen SPT-Proben verglichen. Die Simulation enthält kein Versagenskriterium. Anhand des Spannungszustandes wurde nach Gleichung (13.23) der Zusammenhang zwischen WEIBULL-Spannung und Stempelkraft $F \hat{=} L$ bei Annahme $V_0 = 0{,}001\,\text{mm}^3$ berechnet. Das bildete die Grundlage für die WEIBULL-Auswertung nach der Methodik von Bild 13.2. Das Ergebnis ist für beide Versuchstemperaturen in den Bildern 13.15 und 13.16 dargestellt. Die am SPT identifizierten

Versuch	Temperatur	Probenzahl N	Modul m	σ_u [MPa]
SPT	-154°C	15	44,55	1615
Kerbzug	-150°C	8	44,9	1941
SPT	-191°C	20	34,35	1583
Kerbzug	-196°C	19	36,0	1932

Tabelle 13.2 WEIBULL-Parameter für Stahl 22NiMoCr37 aus Small-Punch-Test und gekerbten Zugproben (ML-corr. Werte aus [4])

WEIBULL-Parameter sind in Tabelle 13.2 den aus Kerbzugversuchen gewonnenen Resultaten von [4] gegenüber gestellt. Die Übereinstimmung ist recht zufriedenstellend, obwohl dies aufgrund der verschiedenartigen Proben nicht unbedingt erwartet werden konnte. Der Modul m passt gut, nur die WEIBULL-Spannung liegt beim SPT ca. 18% niedriger.

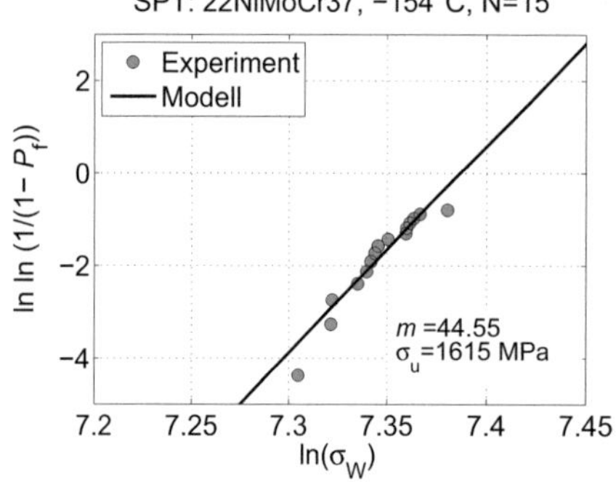

Bild 13.15 WEIBULL-Diagramm aus SPT für Stahl 22NiMoCr37 bei -154°C

Bild 13.16 WEIBULL-Diagramm aus SPT für Stahl 22NiMoCr37 bei -191°C

Das *Local Approach*-Konzept hat maßgeblich zum qualitativen Verständnis der Bruchzähigkeit von Stählen im spröden und spröd-duktilen Übergangsbereich beigetragen. Auf Basis eines mikromechanischen Spaltbruchmodells konnte die große Streuung von K_{Ic} mit Hilfe einer WEIBULL-Verteilung erklärt und quantifiziert werden. Ebenso wurden die Einflüsse von Temperatur, Probendicke, Probengeometrie (Constraint-Effekt) und Dehnrate erfasst, siehe die Übersicht [23]. Allerdings ist das Konzept noch nicht so weit ausgereift, dass es für eine quantitative Bewertung von Bauteilen angewendet werden könnte. Im Unterschied zu Keramiken, wo sich die Risspopulation (und damit die WEIBULL-Parameter) nach der Herstellung nicht mehr ändert, besteht die Schwierigkeit bei Metallen darin, dass der Zusammenhang zwischen plastischen Vorgängen in der Mikrostruktur und der Ausbildung der Sprödbruch-auslösenden Defekte sehr kompliziert ist. Einen Einblick in diesbezügliche Forschungsaktivitäten findet man in den Übersichtsartikeln [11, 17].

13.3.2 Das Master-Curve Konzept

Das von WALLIN [18, 19] in den 1980iger Jahren entwickelte *Master-Curve Konzept* liefert eine statistische Beschreibung der Bruchzähigkeit ferritischer Stähle in der Tieflage und im spröd-duktilen Übergangsbereich. Das Konzept ist in der Lage, die Streuung, den Größeneffekt und die Temperaturabhängigkeit quantitativ wiederzugeben. Die Methode hat bereits Eingang in die amerikanische Prüf- und Bewertungsnorm ASTM E1921-97 [1] gefunden. Die wesentlichen Grundlagen und Inhalte dieses Konzeptes werden im Folgenden dargestellt. Die hohe Qualität der Master-Curve wurde anhand der Ergebnisse eines groß angelegten bruchmechanischen Versuchsprogramms demonstriert [20].

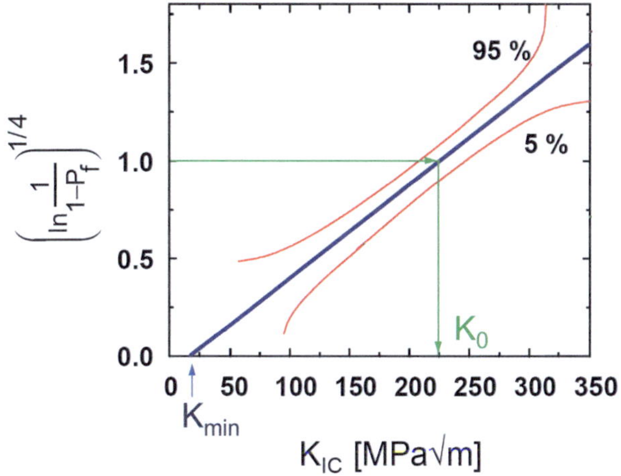

Bild 13.17 Darstellung der akkumulierte Versagenswahrscheinlichkeit mit der Master-Curve

Die in Bruchmechanikversuchen beobachtete Sprödbruchwahrscheinlichkeit kann mit einer dreiparametrigen WEIBULL-Verteilung für die Bruchzähigkeit K_{Jc} beschrieben werden:

$$P_{\mathrm{f}}(K_{\mathrm{Jc}}) = 1 - \exp\left[-\frac{K_{\mathrm{Jc}} - K_{\min}}{K_0 - K_{\min}}\right]^4 . \tag{13.29}$$

K_{Jc} bezeichnet die aus dem gemessenen J_{Ic} umgerechnete Bruchzähigkeit. $K_{\min}$ ist der unterste Grenzwert der Spaltbruchzähigkeit in der Tieflage, für den der Betrag $20\,\mathrm{MPa}\sqrt{\mathrm{m}}$ festgesetzt wurde. Der Lageparameter K_0 ist diejenige Bruchzähigkeit, die der akkumulierten Versagenswahrscheinlichkeit von 63% entspricht. Der Formparameter der WEIBULL-Verteilung hat den festen Wert $m = 4$, was mit den Erkenntnissen des *Local Approach* übereinstimmt, siehe (13.26). Durch Umstellung von (13.29) erhält man die übliche graphische Darstellung Bild 13.17 in Form einer Geraden, welche die Abszisse bei $K_{\min}$ schneidet. Die roten Linien geben die entsprechenden Perzentilwerte der Stichprobe an.

$$\left[\ln\left(\frac{1}{1-P_\mathrm{f}}\right)\right]^{1/4} = \frac{K_\mathrm{Jc}-K_\mathrm{min}}{K_0-K_\mathrm{min}} \tag{13.30}$$

Aus einer Stichprobe von N isothermen Bruchversuchen wird der WEIBULL-Lageparameter K_0 mit der in Abschnitt 13.1.3 erläuterten Methodik ermittelt. Anstelle von (13.13) wird für den Median-Rank Schätzer die Formel $P_\mathrm{f}^{(j)} = (j-0,3)/(N+0,4)$ bevorzugt. Nach der Maximum-Likelihood Methode lautet die Bestimmungsgleichung für K_0 aus den geordneten Probenwerten $K_\mathrm{Jc}^{(j)}$ von N gültigen Versuchen (bei bekanntem Formparameter $m=4$):

$$K_0 = \sqrt[4]{\sum_{j=1}^{N}\left(K_\mathrm{Jc}^{(j)}-K_\mathrm{min}\right)^4/N} + K_\mathrm{min}\,. \tag{13.31}$$

Am Forschungsinstitut VVT in Finnland wurde ein umfangreiches Versuchsprogramm mit dem Druckbehälterstahl 22NiMoCr37 durchgeführt [20]. Es wurden mehr als 750 Bruchversuche an CT-Proben mit vier verschiedenen Dicken $B = \{12{,}5,\ 25,\ 50,\ 100\ \mathrm{mm}\}$ im Temperaturbereich von $-154°$C bis $0°$C statistisch ausgewertet, um das Konzept der Master-Curve zu validieren. Bild 13.18 zeigt beispielhaft die Versagenswahrscheinlichkeit der Versuchsserie für B=25 mm bei $-91°$C.

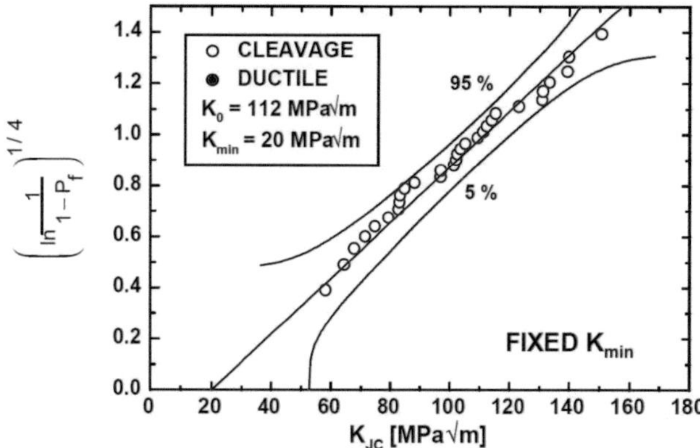

Bild 13.18 Master-Curve-Darstellung der Versagenswahrscheinlichkeit über der Bruchzähigkeit aus CT-Versuchen mit der Dicke B=25 mm bei $-91°$C [20]

Um die Daten von Proben/Bauteilen mit unterschiedlicher Dicke B vergleichbar zu machen, werden sie auf die Dicke B_0=25 mm einer 1T Referenzprobe mit der Beziehung (13.32) umgerechnet. Dem liegt die Relation $B\,K_\mathrm{Jc}^4 = const.$ (13.26) aus dem BEREMIN-Modell zugrunde. Damit wird eine einheitliche Basis aus allen Versuchen mit unterschiedlichen Probendicken für die Bestimmung der spröd-duktilen Übergangstemperatur T_0 der Master-Curve gebildet.

$$K_{\mathrm{Jc}(B_0)} = K_{\min} + \left(K_{\mathrm{Jc}(B)} - K_{\min}\right)\left(\frac{B}{B_0}\right)^{1/4} . \tag{13.32}$$

Im Master-Curve Konzept wird für die Referenz-Buchzähigkeit K_0 eine universelle Temperaturabhängigkeit nach folgender Beziehung unterstellt.

$$K_0 = 31 + 77\ \exp\left[0,019\,(T - T_0)\right] \tag{13.33}$$

Die so definierte spröd-duktile Übergangstemperatur T_0 entspricht derjenigen Temperatur, bei der für die Bruchzähigkeit einer 25 mm dicken Stichprobe der Mittelwert $\overline{K}_{\mathrm{Jc}} = 100\,\mathrm{MPa}\sqrt{\mathrm{m}}$ erhalten wird.

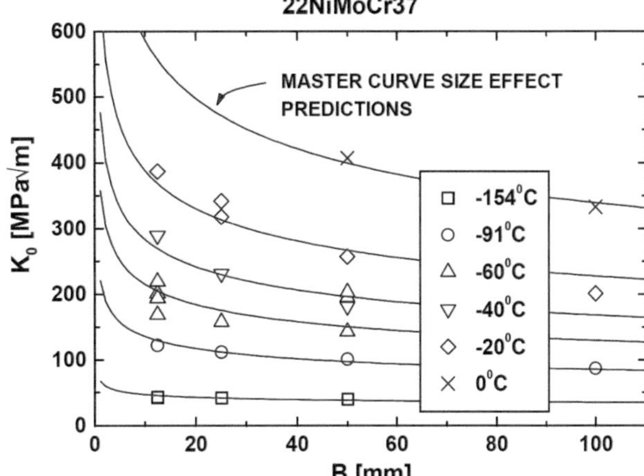

Bild 13.19 Referenz-Bruchzähigkeit K_0 über Probendicke B: Anpassung der Versuchsdaten mit der Master-Curve Relation (13.32), [20]

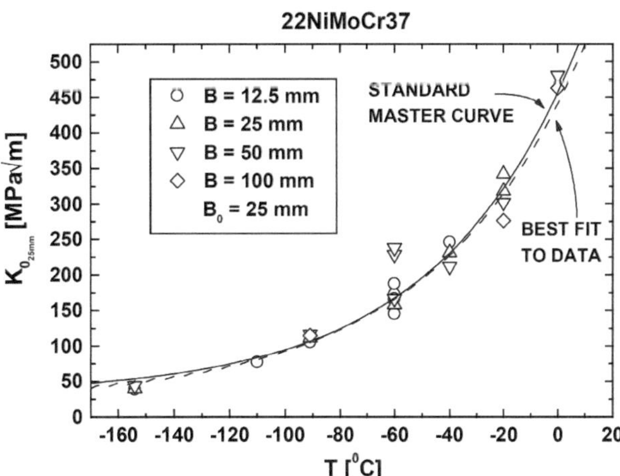

Bild 13.20 Referenz-Bruchzähigkeit K_{025mm} über Temperatur: Anpassung der Versuchsdaten mit der Master-Curve Relation (13.33), [20]

Mit dem Master-Curve-Konzept ist es gelungen, die gesamte Vielfalt der Versuchsdaten in eine einheitliche mathematische Form zu gießen. Die gute Übereinstimmung der Vorhersagen mit den experimentellen Daten sowohl unterschiedlicher Dicke als auch im gesamten Temperaturbereich wird in den Bildern 13.19 und 13.20 wiedergegeben.

Das Master-Kurve Konzept wurde von HOHE et al. [8] weiterentwickelt, um den Einfluss der plastischen Dehnungsbehinderung bzw. Mehrachsigkeit des Spannungszustandes zu berücksichtigen, der sich bei unterschiedlichen Probengeometrien und Risstiefen hinsichtlich der ermittelten Übergangstemperatur T_0 bemerkbar macht. Dieser Constraint-Effekt verändert die Größe der maximalen Hauptspnnung vor dem Riss und somit die Spaltbruchgefahr. Untersucht wurden CT- und SE(B)-Proben verschiedener Dicke und Risstiefe des Stahls 22NiMoCr37 im Temperaturbereich von $-90°$C bis $-30°$C. Zur Charakterisierung des Constraint-Effekts wurde u. a. der Q-Parameter der plastischen Rissspitzenlösung (vgl. Abschnitt 4.3.6, (4.246) herangezogen. Mit Hilfe eines Constraint-abhängigen Korrekturterms für die Übergangstemperatur konnte die Master-Curve Beziehung so modifiziert werden, dass die statistische Bruchzähigkeit K_{Jc} für alle Probenformen einheitlich darstellbar ist, siehe Bild 13.21.

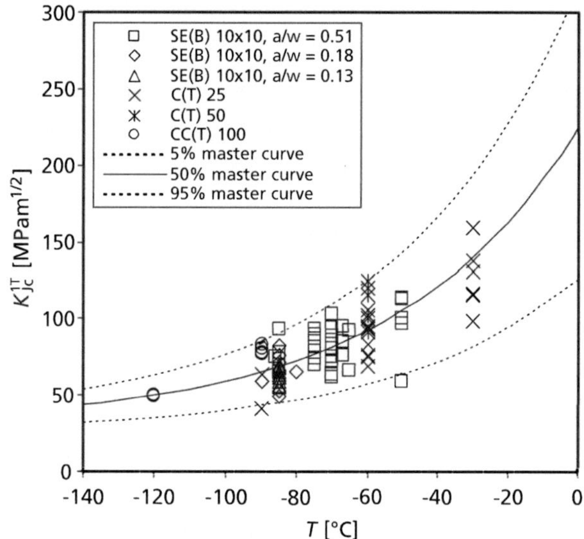

Bild 13.21 Q-Constraint-korrigierte Master-Curve für den Stahl 22NiMoCr37 [8]

Setzt man die Beziehungen für K_0 (13.32) und T_0 (13.33) mit $K_{\min} = 20\,\mathrm{MPa}\sqrt{\mathrm{m}}$ in die Ausgangsgleichung (13.29) ein, so entsteht ein zusammenfassender Ausdruck für die Bruchzähigkeit K_{Jc} als Funktion der Temperatur und Probendicke/Rissfrontlänge bei einer angenommenen Wahrscheinlichkeit:

$$K_{\mathrm{Jc}}(P_{\mathrm{f}}, T, B) = 20 + \{11 + 77 \exp[0{,}019\,(T - T_0)]\} \left[\ln \frac{1}{1 - P_{\mathrm{f}}}\right]^{1/4} \left(\frac{B_0}{B}\right)^{1/4}$$

(13.34)

Das Master-Curve Konzept quantifiziert die Statistik der Bruchzähigkeit eines ferritischen Stahls im spröd-duktilen Übergangsbereich. Voraussetzung ist die Verfügbarkeit eines hinreichend umfangreichen Datensatzes von Bruchmechanikversuchen. Es hat insbesondere Bedeutung für die Werkstoffbeurteilung in der Reaktorsicherheitsforschung und im Stahlbau [9] erlangt, wo Stähle im unteren Zähigkeitsbereich eingesetzt werden. Im Rahmen eines bruchmechanischen Festigkeitsnachweises dient es dazu, für eine zu gewährleistende Versagens-/Überlebenswahrscheinlichkeit die entsprechende Bruchzähigkeit zu bestimmen bzw. umgekehrt bei gegebener Bruchzähigkeit die Perzentilgrenzen der Wahrscheinlichkeiten anzugeben.

Literaturverzeichnis

[1] ASTM Standard E1921: Standard test method for determination of reference Temperature, T0, for ferritic steels in the transition range. Tech. rep., American Society for Testing and Materials (1998)

[2] Beremin, F., Pineau, A., Mudry, F., Devaux, J.C., DÉscatha, Y., Ledermann, P.: A local criterion for cleavage fracture of a nuclear pressure vessel steel. Metallurgical Transactions A **14**(11), 2277–2287 (1983)

[3] Beremin, F.M.: A local criterion for cleavage fracture of a nuclear pressure vessel. Metallurgical Transactions **14A**, 2277–2287 (1983)

[4] Bernauer, G.: Einsatz mikromechanischer Schädigungsmodelle im spröd-duktilen Übergangsbereich. Ph.D. thesis, Fakultät für Maschinenbau, Universität Karlsruhe (1997)

[5] Bernauer, G., Brocks, W., Schmitt, W.: Modifications of the Beremin model for cleavage fracture in the transition region of a ferritic steel. Engineering Fracture Mechanics **64**(3), 305–325 (1999)

[6] Bordet, S., Karstensen, A., Knowles, D., Wiesner, C.: A new statistical local criterion for cleavage fracture in steel. part i: model presentation. Engineering Fracture Mechanics **72**(3), 435–452 (2005)

[7] DIN EN 843: Hochleistungskeramik - Mechanische Eigenschaften monolithischer Keramik bei Raumtemperatur, Teile 1 -5. Tech. rep., Deutsches Institut für Normung (2007)

[8] Hohe, J., Hebel, J., Friedmann, V., Siegele, D.: Probabilistic failure assessment of ferritic steels using the master curve approach including constraint effects. Engineering Fracture Mechanics **74**(8), 1274–1292 (2007)

[9] Langenberg, P., Buchholz, J., Dahl, W.: Das Master-Curve-Konzept im Rahmen des neuen Sprödbruchsicherheitsnachweises für die EN 13445. Materials Testing **47**(1-2), 62–69 (2005)

[10] Minami, F., Brückner-Foit, A., Munz, D., Trolldenier, B.: Estimation procedure for the Weibull parameters used in the local approach. International journal of fracture **54**, 197–210 (1992)

[11] Pineau, A.: Development of the local approach to fracture over the past 25 years: Theory and applications. International Journal of Fracture **138**(1-4), 139–166 (2006)

[12] Rasche, S.: Bestimmung von Materialparametern der elastisch-plastischen Verformung und des spröden Versagens aus Small-Punch-Kleinstproben. Dissertation, TU Bergakademie Freiberg (2013)

[13] Rasche, S., Kuna, M.: Improved small punch testing and parameter identification of ductile to brittle materials. International Journal of Pressure Vessels and Piping **125**, 23–34 (2015)

[14] Rasche, S., Strobl, S., Kuna, M., Bermejo, R., Lube, T.: Determination of strength and fracture toughness of small ceramic discs using the small punch test and the ball-on-three-balls test. Procedia materials science **3**, 961–966 (2014)

[15] Riesch-Oppermann, H., Brückner-Foit, A.: WEISTRABA – A Code for the Numerical Analysis of Weibull Stress Parameters from ABAQUS Finite Element Stress Analysis -Procedural background and code description. Bericht 6155, Forschungszentrum Karlsruhe (1998)

[16] Riesch-Oppermann, H., Härtelt, M., Kraft, O.: Stau - a review of the Karlsruhe weakest link finite element postprocessor with extensive capabilities. International Journal of Materials Research **99**(10), 1055–1065 (2008)

[17] Ruggieri, C., Dodds, R.H.: A local approach to cleavage fracture modeling: An overview of progress and challenges for engineering applications. Engineering Fracture Mechanics **187**, 381–403 (2018)

[18] Wallin, K.: The scatter in KIc-results. Engineering Fracture Mechanics **19**(6), 1085–1093 (1984)

[19] Wallin, K.: The size effect in KIc results. Engineering Fracture Mechanics **22**(1), 149–163 (1985)

[20] Wallin, K.: Master curve analysis of the Euro fracture toughness dataset. Engineering Fracture Mechanics **69**(4), 451–481 (2002)

[21] Weibull, W.: A statistical theory of the strength of materials. Ingeniors Vetenskaps Akademiens Handlingar, Stockholm (1939)

[22] Weibull, W.: A statistical distribution function of wide applicability. ASME Journal **18**, 293–297 (1952)

[23] Wiesner, C.S.: The application of the local approach to cleavage fracture of ferritic steels and their weldments - a review. Tech. Rep. 7207.01/93/761, TWI World Centre for Materials Joining Technology, Cambridge (1993)

Kapitel 14
Anwendungsbeispiele aus der Praxis

14.1 Lebensdauerbewertung eines Eisenbahnrades bei Ermüdungsrisswachstum

Bainitisches Gusseisen mit Kugelgraphit (ADI) weist einen gute Duktilität, einen großen Verschleißwiderstand und eine hohe Dauerfestigkeit auf, weshalb es für Eisenbahnräder eine interessante Werkstoffalternative gegenüber Stahl sein könnte. Allerdings besitzt ADI eine geringere Bruchzähigkeit und ist aufgrund der gießtechnischen Herstellung fehleranfälliger. Da ein Eisenbahnrad hohen statischen und zyklischen Belastungen ausgesetzt ist, müssen neben dem klassischen Betriebsfestigkeitsnachweis auch bruchmechanische Konzepte herangezogen werden, um eine ausreichende Sicherheit gegen Ermüdungs- und Sprödbruch nachzuweisen. Damit man die Bruchsicherheit und Lebensdauer bewerten kann, ist es erforderlich, den Beanspruchungszustand in einem ADI-Rad mit hypothetischen Rissen bei statischen und zyklischen Belastungen numerisch zu berechnen [5, 6]. Ziel der Untersuchungen ist es, bereits in der Entwicklungsphase des Rades kritische Rissgrößen oder zulässiger Grenzmaße der Belastung abzuleiten, sowie geeignete Überwachungskonzepte festzulegen.

14.1.1 Bruchmechanische und konventionelle Kennwerte von ADI

Die konventionellen mechanischen Eigenschaften und die bruchmechanischen Kennwerte des Werkstoffes ADI sind in Tabelle 14.1 zusammengestellt. Der ADI-Werkstoff versagt in Laborproben durch duktilen Bruch. Die Bruchzähigkeit J_i^{BL} wird daher aus der Risswiderstandskurve (siehe Bild 4.46) im Moment der physikalischen Rissinitiierung bestimmt. Für die bruchmechanische Beanspruchungsanalyse des Rades wird linear-elastisches Werkstoffverhalten (SSY am Riss) angenommen und sprödes Versagen unterstellt. Man kann davon ausgehen, dass die Übertragbarkeit Probe-Bauteil gegeben ist. Die Umrechnung der Bruchzähigkeit J_i^{BL} in den entsprechenden K-Wert geschieht nach

M. Kuna, *Finite Elemente in der Bruchmechanik*,
https://doi.org/10.1007/978-3-658-46192-8_14

$$K_{\mathrm{Ji}} = \sqrt{\frac{E J_i^{\mathrm{BL}}}{1-\nu^2}}\,. \tag{14.1}$$

Damit liegt die bruchmechanische Bewertung mit K_{Ji} auf der konservativen Seite und die Duktilität des ADI bedeutet eine zusätzliche Sicherheitsreserve. Die Berechnung der *Ermüdungsfestigkeit* und der *Restlebensdauer* bei zyklischer Beanspruchung erfolgt über die Schwellenwerte ΔK_{th} und die Parameter C und m der PARIS-ERDOGAN-Gleichung (4.287) von Abschnitt 4.4.1, die aus der zyklischen Risswachstumskurve (Bild 14.1) für die Spannungsverhältnisse $R = 0,1$ und $0,5$ bestimmt wurden, siehe Tabelle 14.1.

Kenngröße	Kennwert
Elastizitätsmodul E	170 GPa
Querkontrationszahl ν	$0,3$
$0,2\,\%$-Dehngrenze $R_{\mathrm{p}_{0,2}}$	637 MPa
Zugfestigkeit R_{m}	893 MPa
Bruchzähigkeit J_i^{BL} bzw. K_{Ji}	11,0 kJ/m^2 bzw. 45,3 MPa $\sqrt{\mathrm{m}}$
Ermüdungsrisswachstum bei $R = 0,1$:	
Schwellenwert ΔK_{th}	5,4 MPa $\sqrt{\mathrm{m}}$
C	$0,94 \cdot 10^{-08}$
m	$2,9$
Ermüdungsrisswachstum bei $R = 0,5$:	
Schwellenwert ΔK_{th}	4,3 MPa $\sqrt{\mathrm{m}}$
C	$1,0 \cdot 10^{-08}$
m	$3,2$

Tabelle 14.1 Konventionelle und bruchmechanische Kennwerte von ADI

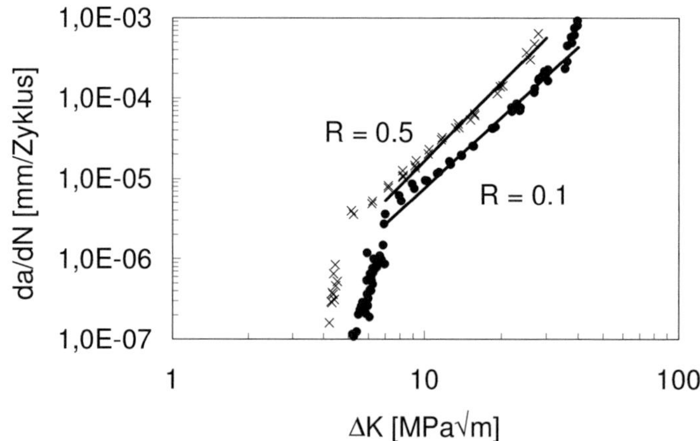

Bild 14.1 Zyklische Risswachstumskurven von ADI bei $R = 0,1$ und $0,5$

14.1.2 Finite-Elemente-Berechnungen des Rades

Geometrie

Untersucht wird ein Eisenbahn-Vollrad vom Durchmesser $\varnothing = 920$ mm mit gekrümmter Radscheibe und genormtem Profil des Radkranzes, siehe Bild 14.2.

Lastfälle

Als Grundlage für die Lastannahmen wird eine Radsatzlast von 180 kN angenommen. Gemäß Regelwerk für den experimentellen Betriebsfestigkeitsnachweis von Eisenbahn-Vollrädern werden daraus die Belastungen des Rades wie folgt festgelegt: In radialer Richtung wirkt die Radaufstandskraft Q, während quer zum Rad Lateralkräfte infolge Kurvenfahrt (Spurkranzstellung $+Y$) oder Weicheneinfahrt (Radlenkerstellung $-Y$) angreifen. Die Kräfte sind in Bild 14.2 veranschaulicht. Im Weiteren werden nur noch die beiden maximalen Lastfälle betrachtet, die mit einem Sicherheitsbeiwert $f = 1,8$ zur Berücksichtigung dynamischer Radbelastungen (Stöße, Schwingungen) beaufschlagt sind, siehe Tabelle 14.2. Bei Bremsvorgängen tritt als zusätzliche Belastung die Reibung T zwischen Rad und Schiene auf, die in tangentialer Richtung an der Lauffläche angreift. Die Größe der Bremskraft wurde mit $T = 0,2\,Q$ vorgegeben und als gleichmäßig verteilte Flächenlast über der Kontaktfläche angesetzt.

Lastfall	Radaufstandskraft Q in kN	Lateralkräfte Y in kN	Bremskräfte T in kN
1	Grenzlast -159	Spurkranzstellung $+62$	Tangentialkraft $31,8$
2	Grenzlast -159	Radlenkerstellung -62	Tangentialkraft $31,8$

Tabelle 14.2 Kräfte für verschiedene Lastfälle

Modellierung

Aufgrund der Symmetrieeigenschaften von Geometrie und Lasteinleitung wird das Rad nur zur Hälfte modelliert (Bild 14.2). Es darf angenommen werden, dass die Radnabe fest und unverformbar auf der Achse aufsitzt. Deshalb wird im FEM-Modell die Innenfläche der Radnabe als feste Einspannung betrachtet. Die Lasteinleitung der Radaufstandskraft erfolgt mit einer Drucklast auf eine Fläche von insgesamt 1,58 cm^2. Die positive Lateralkraft $+Y$ wird horizontal auf der Innenseite des Spurkranzes angesetzt. Die negative Lateralkraft $-Y$ greift in Höhe der Lauffläche von außen am Spurkranz an. Diese Annahmen entsprechen der Einleitung der Prüfkräfte bei den experimentellen Festigkeitsuntersuchungen. Der Berechnung wird linear-elastisches Materialverhalten zugrunde gelegt. Die Kennwerte sind Tabelle 14.1 zu entnehmen.

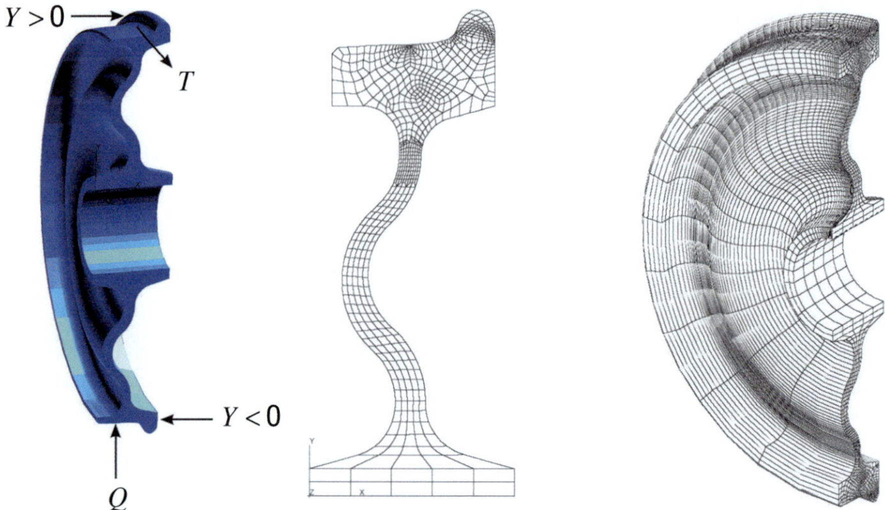

Bild 14.2 Geometrie, Belastung und FEM-Vernetzung des Eisenbahnrades (Die Kräfte $Y > 0$ und T sind zur besseren Übersicht oben angetragen.)

Spannungen

Bei einer Umdrehung des Rades bewegt sich der Lastangriffspunkt auf einer Kreisbahn um 360 Grad. Da die Geometrie des Rades rotationssymmetrisch ist, genügt die Berechnung für einen feststehenden Angriffspunkt. Jeder körperfeste Punkt im Abstand r von der Achse durchläuft bei einem Umlauf dann alle Beanspruchungszustände, die sich auf derselben Kreislinie des Rades befinden. Dabei verändern sich die Hauptspannungsrichtungen im betrachteten Punkt des Rades. Die Rissfortschrittsrichtung verläuft senkrecht zur größten Hauptspannungsrichtung. Das unterkritische Risswachstum wird durch die Schwingbreite der Spannungen bei einem Umlauf des Rades bestimmt. Um die maximale Schwingbreite zu erhalten, wird jeweils die größte Hauptspannung auf der betreffenden Kreislinie ermittelt und mit allen anderen Spannungen verglichen, die auf der gleichen Linie liegen und zuvor in die Richtung der größten Hauptspannung transformiert werden.

Extreme Spannungen in der Radscheibe

Erfahrungsgemäß treten bei Eisenbahnrädern die größten Spannungen am Übergangsbereich Nabe-Scheibe auf. Auch die FEM-Rechnungen für das betrachtete ADI-Rad zeigen in diesem Bereich (Abstand r von ca. 162 mm von der Radmitte) sehr hohe Spannungen in radialer Richtung (Bild 14.3). Die höchsten Zug- und Druckspannungen in der Radscheibe befinden sich für den betrachteten Fall jedoch nicht nur an dieser Stelle, sondern bei größeren Radien r, die man Tabelle 14.3 gemeinsam mit den Spannungen entnehmen kann. Sie werden hauptsächlich durch die Biegebeanspruchung der Radscheibe infolge der Lateralkräfte verursacht.

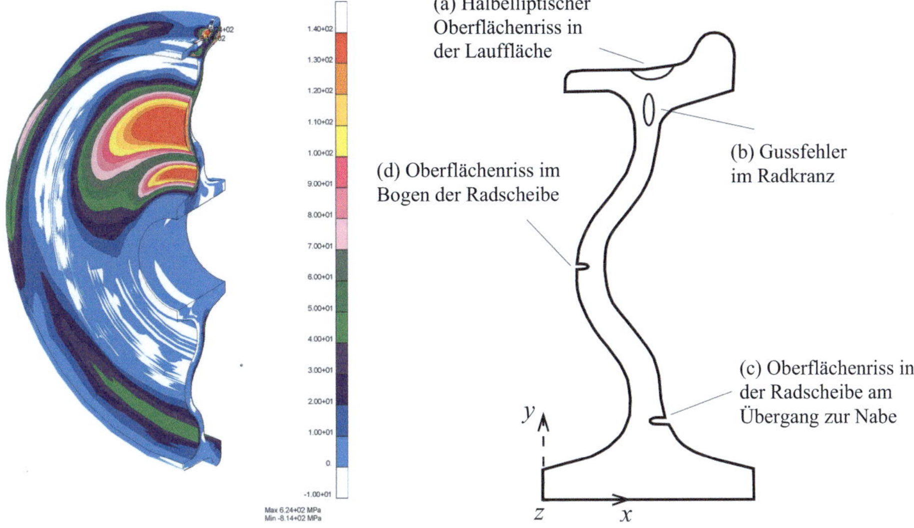

Bild 14.3 Max. Hauptspannungen bei Lastfall 1

Bild 14.4 Postulierte Risskonfigurationen

Lastfall	Radinnenseite		Radaußenseite	
1	-241 MPa,	$r = 160$ mm	198 MPa,	$r = 264$ mm
2	196 MPa,	$r = 157$ mm	-189 MPa,	$r = 355$ mm

Tabelle 14.3 Maximale und minimale Hauptspannungen

14.1.3 Festlegung der Risspostulate

Bei der Festlegung der zu betrachtenden Risse im ADI-Rad werden sowohl die Ergebnisse der Festigkeitsanalyse in Bezug auf die maximal auftretenden Spannungen als auch mögliche Fehlerlagen resultierend aus der gießtechnischen Herstellung des Rades berücksichtigt. Die Lagen der Risse sind in Bild 14.4 dargestellt.

Risskonfiguration (a): Halbelliptischer Oberflächenriss in der Lauffläche

Aufgrund des Wälzkontaktes Rad-Schiene können sich infolge von Reib- und Schlupfvorgängen Anrisse in der Lauffläche des Radkranzes bilden, die quer zur Umfangsrichtung verlaufen. Sie erfahren bei jedem Überrollvorgang eine Zug-Druck-Zug Beanspruchung, so dass geklärt werden muss, ab welcher Größe a_{th} diese Risse bei Ermüdung wachstumsfähig sind und nach welcher Zyklenzahl sie die kritische Risslänge a_{c} für einen Sprödbruch erreichen. Als verschärfende Lastannahme wurden Bremsbelastungen T berücksichtigt, die zu rissöffnenden Tangentialspannungen führen.

Risskonfiguration (b): Gussfehler im Radkranz

Aufgrund der gießtechnischen Fertigung der Räder besteht besonders im Bereich des Querschnittübergangs Radkranz-Radscheibe die Möglichkeit der Bildung von Gussfehlern wie z. B. Lunkern oder Poren. Diese Gussfehler werden konservativ als kreisförmiger Riss senkrecht zur maximalen Normalspannung abgedeckt. Gesucht ist die kritische Rissgröße als Vorgabe für die Nachweisempfindlichkeit beim Einsatz zerstörungsfreier Prüfverfahren.

Risskonfiguration (c): Oberflächenriss am Übergang Radscheibe - Nabe

Weil der Übergangsbereich Nabe-Scheibe meist den höchsten Beanspruchungen ausgesetzt ist, muss mit Hilfe einer (zyklischen) Betriebsfestigkeitsprüfung der experimentelle Nachweis geführt werden, dass sich an dieser Stelle kein Anriss infolge Ermüdung bildet. Der bruchmechanische Sicherheitsnachweis ist darin bereits eingeschlossen, weshalb für diesen Bereich keine weiteren Betrachtungen notwendig sind.

Risskonfiguration (d): Oberflächenriss in der Radscheibenkrümmung

Im Bereich der Radscheibenkrümmung ergibt die FEM-Rechnung Biegespannungen in fast vergleichbarer Höhe wie am Übergang Nabe-Radscheibe. Da die Betriebsfestigkeitsprüfung diesen Bereich nicht abdeckt, wurde an dieser Stelle ein Oberflächenriss in Umfangsrichtung postuliert und beurteilt.

14.1.4 Bruchmechanische Analyse

Bei der bruchmechanischen Beanspruchungsanalyse zur Berechnung der Spannungsintensitätsfaktoren versucht man in der Regel zuerst die Anwendung der so genannten *entkoppelten Methode*. Dazu wird für den Bereich des Bauteils, in dem sich der postulierte Riss befindet, ein vereinfachtes *Ersatzmodell* ausgewählt, für das K-Faktor-Lösungen und Geometriefunktionen $g(a)$ aus Handbüchern wie [9] vorliegen.

$$K_{\mathrm{I}}(a) = g(a)\,\sigma(\mathbf{x})\sqrt{\pi a} \tag{14.2}$$

Durch Einsetzen der Spannungsverteilung $\sigma(\mathbf{x})$, die sich aus der FEM-Rechnung am Ort des Risses ergibt, können damit die Spannungsintensitätsfaktoren berechnet werden. Auf diese Weise kann die bruchmechanische Bewertung einer normalen Festigkeitsberechnung ohne Modellierung des Risses nachgeschaltet werden. Diese entkoppelte Methode stellt eine gute Näherung dar, solange die angenommenen Risse ausreichend klein gegenüber dem tragenden Querschnitt sind, so dass ihre

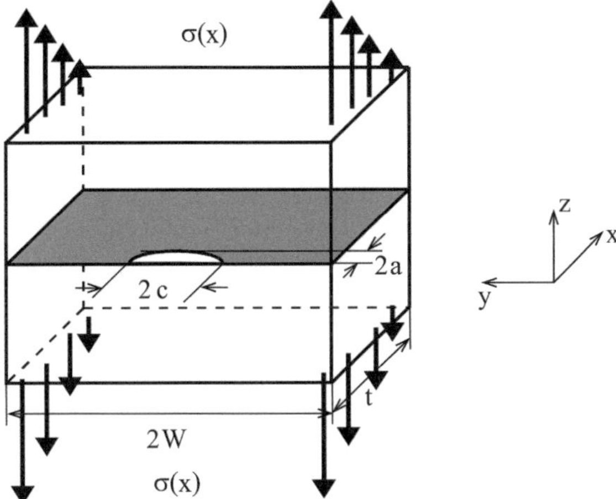

Bild 14.5 Ersatzmodell Quader mit halbelliptischem Oberflächenriss unter gegebener Spannungsverteilung $\sigma(x)$

Rückwirkung auf den globalen Spannungszustand im Bauteil vernachlässigt werden darf. Diese Voraussetzung ist bei den Risskonfigurationen (a) und (b) des Rades gegeben. Für die Risskonfiguration (d) trifft sie bei großen Risstiefen nicht mehr zu, weshalb hierfür die K-Faktoren durch eine direkte FEM-Modellierung des Risses berechnet werden müssen.

Risskonfiguration (a)

Der halbelliptische Oberflächenriss wird in der Mitte der Lauffläche quer zur Laufrichtung angenommen. Das Verhältnis von Risstiefe a zu halber Risslänge c wird mit $a : c = 1 : 3$ gewählt, was für Oberflächenrisse typisch ist. Als geeignetes Ersatzmodell für diese Risskonfiguration wird ein entsprechender Oberflächenriss in einem Quader verwendet, dessen Abmessungen $2W = 135\,\text{mm}$ und $t = 17\,\text{mm}$ der Breite und Höhe des Radkranzes entsprechen, siehe Bild 14.5. Zur Kontrolle des Einflusses der Rissform wird als Extremfall ($c = \infty$) ein über die gesamte Breite des Radkranzes verlaufender Kantenriss der Tiefe a untersucht.

Lage und Orientierung des Risses entsprechen dem Ort und der Richtung der maximalen Normalspannungen σ_{zz} in Umfangsrichtung im Radkranz, die aufgrund der Kontaktpressung Rad-Schiene unmittelbar an der Oberfläche ihre Höchstwerte kurz vor und hinter der Kontaktstelle erreichen. Wie Bild 14.6 zeigt, klingen die hohen Zugspannungen an der Oberfläche sehr schnell mit der Tiefe ab, wo dann infolge der Kontaktpressung Druckspannungen vorliegen. Die Umfangsspannungen an der Oberfläche erhöhen sich etwa auf das Dreifache, wenn man die Bremsbelastung T berücksichtigt. Sowohl für die Sprödbruchbewertung als auch für das Ermüdungsrisswachstum muss von diesen maximalen Belastungen ausgegangen werden.

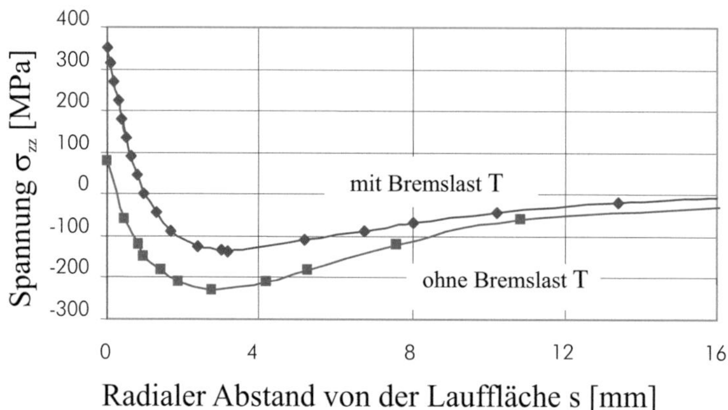

Bild 14.6 FEM-Ergebnis der rissöffnenden Spannungen bei Risskonfiguration (a)

Aus dieser Spannungsverteilung $\sigma_{zz}(x)$ werden mit Hilfe des Ersatzmodells die Spannungsintensitätsfaktoren K_A am tiefsten Punkt A (Scheitelpunkt) der Rissfront und K_C an den beiden Punkten C, wo die Rissfront auf die Lauffläche stößt, berechnet. Bild 14.7 zeigt K_A und K_C in Abhängigkeit von der Risstiefe bei gleichbleibendem Achsenverhältnis $a : c$. Man erkennt, dass beide K-Faktoren mit wachsender Risstiefe zunächst ein Maximum erreichen, dann aber fast auf null abfallen, wenn der Riss das Druckspannungsgebiet erreicht. Aufgrund des hohen Spannungsgradienten ist der K_C-Faktor an der Oberfläche größer als der Scheitelwert K_A, d. h. der Riss würde sich zunächst seitlich und dann erst in die Tiefe ausbreiten. Das Ersatzmodell Kantenriss 2D ergab einen etwas größeren K_A-Faktor.

$$\begin{aligned} K_{A_{\max}} &= 8{,}53\,\mathrm{MPa}\,\sqrt{\mathrm{m}} \qquad \text{bei } a_{\max} = 0{,}5\,\mathrm{mm}, \quad a_{\mathrm{th}} = 0{,}05\,\mathrm{mm} \\ K_{C_{\max}} &= 12{,}49\,\mathrm{MPa}\,\sqrt{\mathrm{m}} \qquad \text{bei } a_{\max} = 3{,}0\,\mathrm{mm}, \quad c_{\mathrm{th}} = 0{,}38\,\mathrm{mm} \end{aligned} \tag{14.3}$$

Die maximalen Spannungsintensitätsfaktoren liegen alle weit unterhalb der Bruchzähigkeit von $K_{\mathrm{Ji}} = 45{,}3\,\mathrm{MPa}\,\sqrt{\mathrm{m}}$, so dass Sprödbruch für einen Oberflächenriss in der Lauffläche unter Betriebsbelastungen ausgeschlossen werden kann.

Als nächstes ist die Frage nach einer Rissentwicklung durch Ermüdung zu klären. Dazu wird, folgend aus der zyklischen Spannungsanalyse, angenommen, dass bei jedem Radumlauf (Lastzyklus) die Spannungsverteilung am Oberflächenriss $\Delta\sigma(s)$ von null auf den Maximalwert schwingt. Um festzustellen, ab welcher Größe a_{th} ein Riss bei dieser Spannungsschwingbreite überhaupt wachstumsfähig ist, setzt man in (14.2) den Schwellenwert $\Delta K_{\mathrm{th}} = 4{,}3\,\mathrm{MPa}\,\sqrt{\mathrm{m}}$ ein und erhält nach Umstellung

$$a_{\mathrm{th}} = \frac{1}{\pi}\left(\frac{\Delta K_{\mathrm{th}}}{\Delta\sigma g(a_{\mathrm{th}})}\right)^2 . \tag{14.4}$$

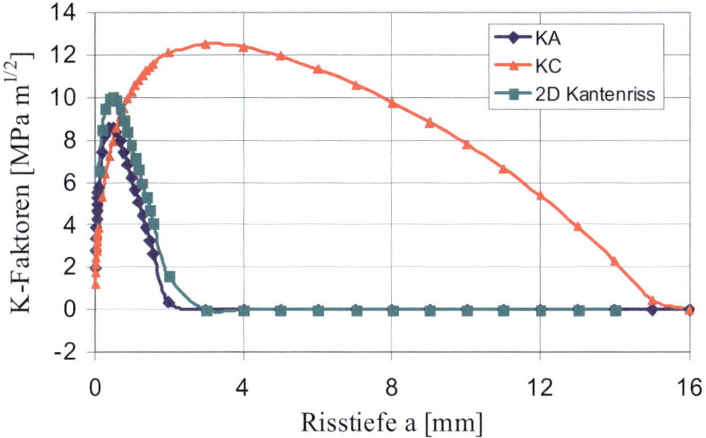

Bild 14.7 Spannungsintensitätsfaktoren als Funktion der Risstiefe (3D Oberflächenriss)

Mit den Geometriefunktionen dieser Risskonfiguration berechnen sich die in (14.3) angegebenen Schwellenwerte der Rissabmessungen a_{th} und c_{th}.

Nach dieser Voruntersuchung können bereits recht kleine Risse bei Wechselbelastung wachsen. Durch Integration der PARIS-ERDOGAN-Gleichung (4.291) (Abschnitt 4.4.1) erhält man die Zahl N der Lastzyklen, um einen Riss der Anfangslänge a_0 auf die Länge a anwachsen zu lassen. Als Anfangsrisslänge wird $a_0 =$ 0,1 mm gewählt, was etwa der Tiefe der Oberflächenfehler entspricht, die sich aufgrund des Roll-Gleit-Kontaktes mit der Schiene bilden. Mit den in Tabelle 14.1 genannten Parametern C und m berechnet sich das Risswachstum für $R = 0,5$ wie in Bild 14.8 dargestellt. Danach wächst der Riss in seitliche Richtung (Punkte C, Länge c) wegen des höheren ΔK-Wertes schneller als in die Tiefe (Punkt A, Risstiefe a), was aber als unkritisch zu bewerten ist. Nach ca. 500 000 Zyklen stagniert das Risswachstum in die Tiefe bei einem Wert von $a = 1{,}5$ mm, da der Riss in das Druckspannungsgebiet einläuft. Somit ist sichergestellt, dass im Falle eines Ermüdungsrisswachstums der Riss zum Stillstand kommt.

Risskonfiguration (b)

Die FEM-Rechnungen ergeben im Inneren des Radkranzes maximale Hauptnormalspannungen von 60 MPa beim ungünstigsten Lastfall. Die Risskonfiguration kann näherungsweise durch das Ersatzmodell eines kreisförmigen Risses im unendlichen Gebiet nach Gleichung (4.59) behandelt werden. Nimmt man zusätzlich zur Lastspannung noch Zugeigenspannungen von $R_{\mathrm{p}\,0,2}/2$ an, so erhält man K-Faktoren, die alle unterhalb von K_{Ji} liegen, so dass selbst für derartig extreme Lastannahmen ein Sprödbruch ausgeschlossen werden kann. Damit ein Anriss überhaupt die Schwel-

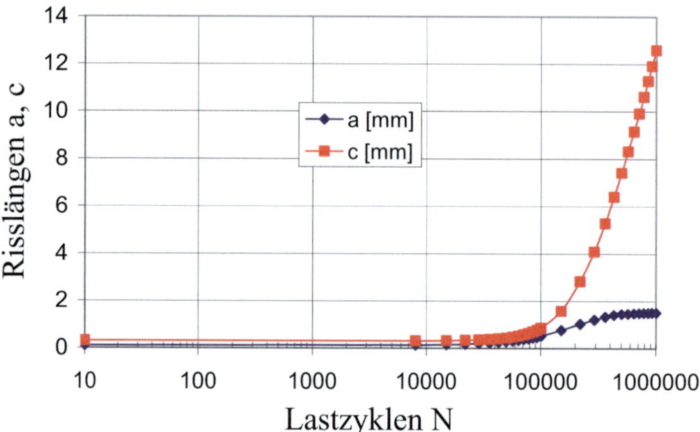

Bild 14.8 Risswachstum infolge zyklischer Belastung

lenbelastung für Ermüdungsrisswachstum erreicht, müsste er nach (14.4) die Größe von $a_{\text{th}} = 4\,\text{mm}$ besitzen.

Risskonfiguration (d)

Im Krümmungsbereich der Radscheibe wird ein halbelliptischer Oberflächenriss in Umfangsrichtung unterstellt. In Anlehnung an experimentelle Befunde und die Ausdehnung des Spannungsmaximums in Umfangsrichtung wird ein Achsenverhältnis $a : c = 1 : 5$ gewählt. Das Ersatzmodell, Bild 14.5, geht von einer ebenen Platte mit Riss unter überlagerter Biege- und Zugspannungsverteilung aus.

Um die Anwendbarkeit und Genauigkeit des Ersatzmodells zu prüfen, wird für diese Risskonfiguration eine detaillierte dreidimensionale FEM-Analyse des in Bild 14.9 (links) dargestellten Radausschnittes mit einem Oberflächenriss $a = 12\,\text{mm}$ durchgeführt. Aufgrund der Symmetrie in Umfangsrichtung ist das Modell auf die Hälfte reduziert. Bild 14.9 (rechts) zeigt das verwendete FEM-Netz für dieses *Submodell* mit Riss, auf dessen Oberfläche die Verschiebungsfelder der vorangegangenen *Globalanalyse* aufgeprägt werden. Die berechnete Spannungsverteilung illustriert Bild 14.10. Mit Hilfe der J-Integral-Technik wird für das 3D elastische Problem der Verlauf des K-Faktors bestimmt, siehe Bild 14.11.

Die FEM-Ergebnisse zeigen, dass das Ersatzmodell die wahren Spannungsintensitätswerte etwa um den Faktor 5 überschätzt. Die hauptsächlichen Gründe dafür werden in der Rotationssymmetrie und höheren Biegesteifigkeit des ADI-Rades gesehen. Zur vollständigen Bestimmung der Funktion müssten weitere FEM-Rechnungen mit variierten Risslängen durchgeführt werden. Um dennoch eine verbesserte Geometriefunktion für K_A zu gewinnen, wird die nach dem Ersatzmodell »halbelliptischer Oberflächenriss« erhaltene Funktion $K_A(a)$ durch eine Potenz-

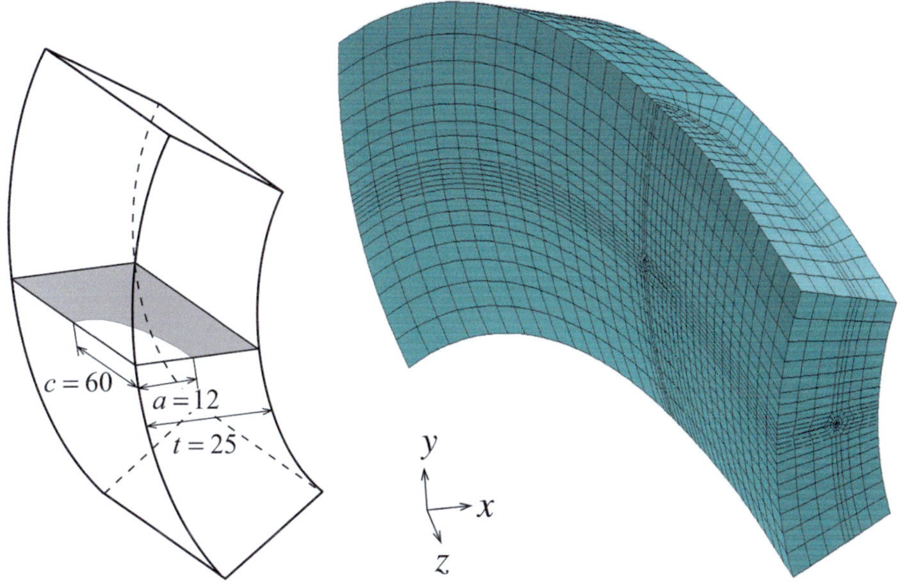

Bild 14.9 Ausschnitt der Radscheibe mit Oberflächenriss und diskretisiertes FEM-Submodell

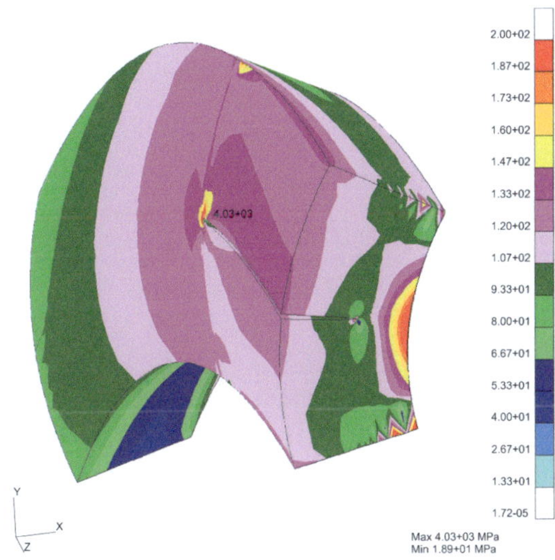

Bild 14.10 v. Mises Spannungsverteilung im Submodell für die Risskonfiguration (d)

funktion angepasst und über den gesamten Bereich $0 \leq a \leq 15\,\text{mm}$ so herunterskaliert, dass sie bei $a = 12\,\text{mm}$ mit der FEM-Lösung übereinstimmt, Bild 14.12. Die korrigierte K-Faktor-Funktion $K_{A_{\text{neu}}}(a) = 2,079 \cdot a^{0,478}$ ist ebenfalls in Bild 14.12 wiedergegeben.

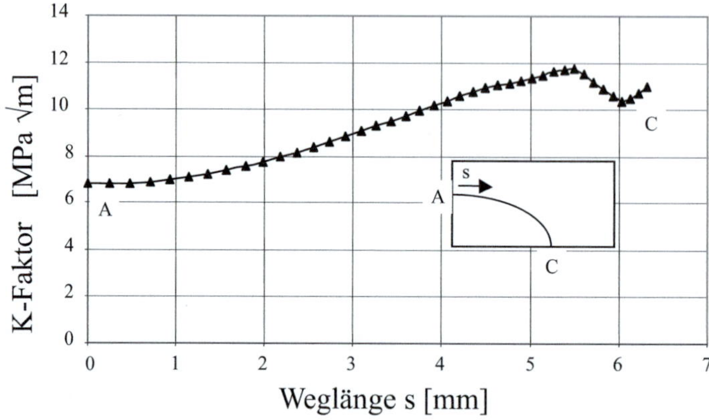

Bild 14.11 Verlauf des Spannungsintensitätsfaktors entlang der halbelliptischen Rissfront (d)

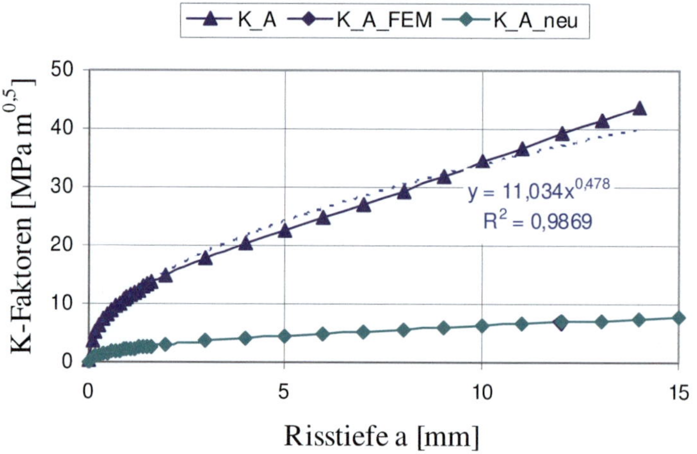

Bild 14.12 FEM-korrigierte Geometriefunktion für den Spannungsintensitätsfaktor K_A

Auf der Basis des erheblich zu konservativen Ersatzmodells würde die Bruchzähigkeit bei der kritischen Risstiefe von $a_c = 15\,\text{mm}$ erreicht. Das genauere FEM-Ergebnis führt zur Aussage, dass Sprödbruch für Risse bis zu dieser Größe *nicht* eintreten wird.

Auch in Bezug auf die Risstiefe a_{th}, ab der Ermüdungsrisswachstum einsetzt, liegt die korrigierte K-Lösung $K_{A_{\text{neu}}}$ mit 4,6 mm wesentlich günstiger als das Ersatzmodell $K_{A_{\text{ersatz}}}$ mit 0,14 mm. Bild 14.13 gibt die Risstiefe als Funktion der Lastzyklen an, beginnend am jeweiligen Schwellwert a_{th}. Bei dem sehr konservativen Ersatzmodell führen etwa $5,3 \cdot 10^5$ Zyklen zur Risstiefe $a_c = 15\,\text{mm}$, d. h. zum Sprödbruch, während mit der korrigierten Lösung dieser Wert erst nach $3,7 \cdot 10^6$

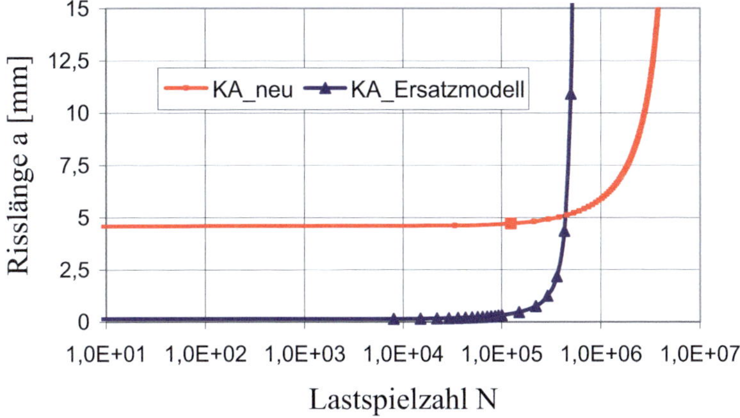

Bild 14.13 Simulation des Ermüdungsrisswachstums

Zyklen erreicht wird, ohne dass er zum Sprödbruch führt. Der große Unterschied beider Modelle wirkt sich besonders in der Lebensdauervorhersage aus.

Dieses Anwendungsbeispiel belegt somit den Nutzen, den eine genauere FEM-Analyse der Rissbeanspruchung für die Quantifizierung von Sicherheitsgrenzen haben kann.

14.2 Sprödbruchbewertung eines Behälters unter Stoßbelastung

Bei der Entwicklung von Transport- und Lagerbehältern für nukleare Brennelemente ist der dichte Einschluss des Inventars auch unter extremen Unfallbedingungen während der Beförderung zu gewährleisten. Da ein Versagen der Struktur unbedingt auszuschließen ist, muss die Sicherheit gegen Bruch und unzulässige plastische Verformung unter verschiedenen Belastungsbedingungen nachgewiesen werden. Entsprechend den Richtlinien der Internationalen Atomenergiebehörde IAEA [4] zählen zu den nachweispflichtigen Belastungssituationen vor allem stoßartige, dynamische Lastfälle, wie z. B. der Fall eines Behälters aus 9 m Höhe auf ein unnachgiebiges Fundament. Dabei sind untere Grenzwerte für die Werkstoffeigenschaften (Bruchzähigkeit), niedrige Temperaturen sowie die ungünstigste Kombination aller Unfallszenarien anzunehmen. Die Bestimmung der Sicherheitsreserven gegen Sprödbruch verlangt den Einsatz bruchmechanischer Berechnungsmethoden. Bei

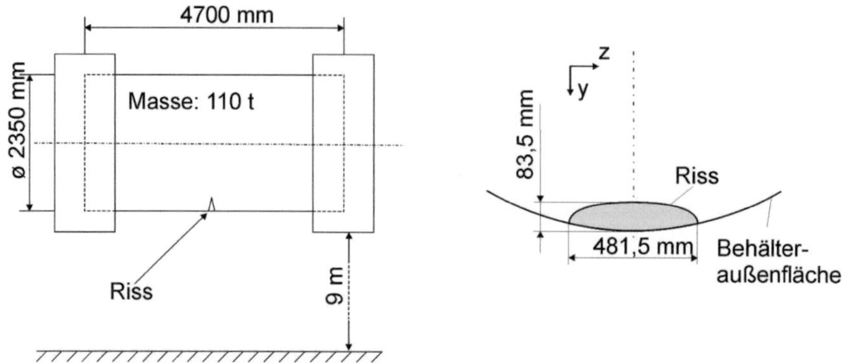

Bild 14.14 Geometrische Abmessungen von Behälter mit Stoßdämpfern und Riss

dynamischer Belastung eines stationären Risses wird die Beanspruchungssituation mit Hilfe der dynamischen Spannungsintensitätsfaktoren K_{I}^{d}, K_{II}^{d}, K_{III}^{d} charakterisiert, die eine Funktion der Zeit t sind. Zur Lösung derartig komplizierter dreidimensionaler Anfangs-Randwertaufgaben mit Riss ist die FEM unverzichtbar. Im folgenden Beispiel wird die praktische Anwendung des dynamischen J^*-Integrals (Abschnitt 7.5) zur Berechnung der K-Faktoren anhand der Simulation eines Behälterfallversuches demonstriert.

14.2.1 FEM–Modell des Fallversuches

Den numerischen Analysen liegt ein realer 9 m Fallversuch an einem Transportbehälter der CRIEPI Studie [2] zugrunde, der speziell für bruchmechanische Untersuchungen ausgelegt war. Der Testbehälter bestand aus duktilem Gusseisen. Er wurde an den Stirnseiten mit Stoßdämpfern versehen und vor dem Versuchsbeginn auf $-40°$C abgekühlt. Außerdem wurde an der Unterseite des Behälters, wo infolge der Durchbiegung die größten Zugspannungen zu erwarten sind, künstlich ein halbelliptischer Außenriss eingebracht. In Bild 14.14 sind die Hauptabmessungen von Behälter und Riss dargestellt. Zur Simulation des Fallversuches wurde das FEM-Programm ABAQUS/Explicit [1] verwendet, das mit einem expliziten Zeitintegrationsschema arbeitet. Für die bruchmechanische Auswertung wurde ein Postprozessor zur numerischen Auswertung des dynamischen J-Integrals in Form des äquivalenten Gebietsintegrals nach (7.54) entwickelt [3]. Über die Beziehung (4.359) erhält man daraus den dynamischen Intensitätsfaktor $K_{\mathrm{I}}^{\mathrm{d}}$.

In Bild 14.15 ist das verwendete FEM-Modell des Behälterfallversuchs dargestellt [3]. Es besteht aus den folgenden Komponenten: Behälterkörper, Sekundärdeckel, Tragkorbersatzmasse und Stoßdämpfer. Aufgrund der Symmetrie des Behälters bezüglich der axialen Schnittebene ist für die Berechnung ein Halbmodell ausreichend, das mit 8-Knoten Hexaederelementen diskretisiert wurde. Sowohl die Geometrie- als auch die Materialdaten der einzelnen Komponenten wurden dem

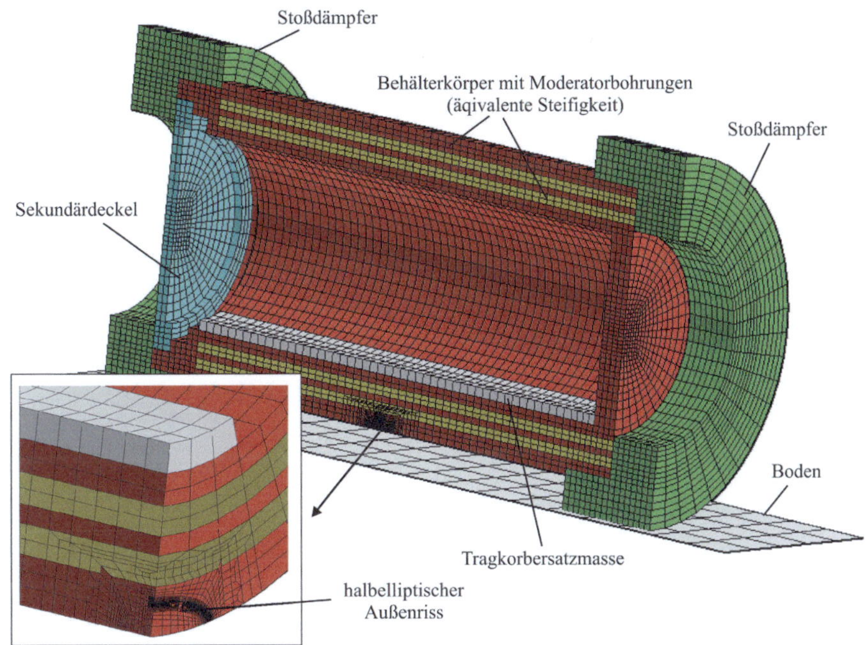

Bild 14.15 Finite-Elemente-Modell des Behälters

CRIEPI-Bericht [2] entnommen. Stellvertretend für die fehlende Beladung durch Tragkorb und Brennelemente befand sich im Inneren des Behälters während des Versuches eine Ersatzkonstruktion. Dieser Dummy wird durch eine zusätzliche Elementschicht entsprechender Masse ohne Steifigkeit realisiert. An beiden Enden des Behälters waren Stoßdämpfer angebracht, die aus einem Stahlmantel mit Sperrholzfüllung bestehen. Das komplizierte Materialverhalten dieser Dämpfer wird in homogenisierter Form mit einem elastisch-plastischen Materialmodell beschrieben, dessen Materialparameter vorgegeben waren [2]. Um ein gegenseitiges Durchdringen verschiedener Komponenten des Behälters zu verhindern, werden die entsprechenden Flächen des Behälters und der Stoßdämpfer als Kontaktpaare ausgeführt.

14.2.2 Bruchmechanische Ergebnisse der Simulation

Für den halbelliptischen Oberflächenriss ($a : c \approx 1 : 3$) liefern die FEM-Berechnungen den dynamischen Spannungsintensitätsfaktor K_I^d als Funktion der Zeit t und der Position entlang der Rissfront, die durch den Winkel φ angegeben wird, siehe Bild 14.16. Bei $\varphi = 84°$ trifft der Riss auf die Behälteraußenfläche. In

Bild 14.17 ist $K_\mathrm{I}^d(t)$ für drei ausgewählte Winkel φ über der Zeit aufgetragen. Alle drei Kurven haben bei $t^* = 16\,\mathrm{ms}$ ein Maximum. Die größten Werte von K_I^d werden im Scheitelpunkt A des halbelliptischen Risses bei $\varphi = 0°$ erreicht. Dies wird nochmals in Bild 14.16 deutlich, was den K_I^d-Verlauf für t^* entlang der Rissfront zeigt. Wie man erkennt, besitzt K_I^d am Scheitelpunkt ein Maximum von $53\,\mathrm{MPa\,m^{1/2}}$ und nimmt in Richtung Behälteraußenseite auf ein Minimum von $33\,\mathrm{MPa\,m^{1/2}}$ ab (der leichte Anstieg am Rand ist ein numerischer Artefakt). Vergleicht man den ermittelten Maximalwert von K_I^d mit der im CRIEPI-Bericht für $T = -40°\mathrm{C}$ angegebenen dynamischen Bruchzähigkeit $K_{\mathrm{I}d} = 69\,\mathrm{MPa\,m^{1/2}}$, so liegt die Beanspruchung des Risses um ca. 30 % niedriger. Damit wäre die bruchmechanische Sicherheit des Behälters gegenüber dieser Stoßbelastung erwiesen. Dieses Ergebnis stimmt auch mit den experimentellen Beobachtungen nach dem Fallversuch überein, wonach keinerlei Rissinitiierung festgestellt wurde.

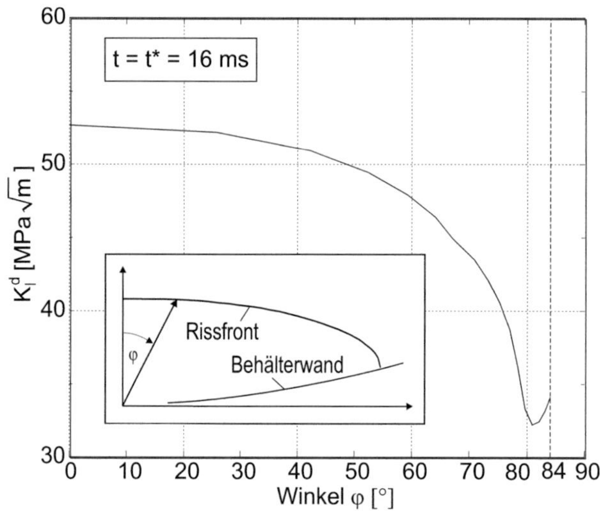

Bild 14.16 Dynamischer Spannungsintensitätsfaktor entlang der Rissfront

14.2.3 Anwendung der Submodelltechnik

Zur Verringerung des Modellierungs- und Rechenaufwandes wird die Anwendbarkeit der *Submodelltechnik* bei dynamischen Lastfällen untersucht. Dabei werden die aus der *Globalanalyse* des Behälters *ohne* Riss ermittelten Verschiebungs-Zeit-Verläufe den Randknoten des Submodells *mit* Riss aufgeprägt. In Bild 14.18 ist ein Ausschnitt des FEM-Modells mit Risssubmodellen unterschiedlicher radialer Ausdehnung dargestellt. Die damit erzielten Berechnungsergebnisse zeigt Bild 14.19. Mit zunehmender Submodellgröße nähern sich die Ergebnisse der Referenzlösung

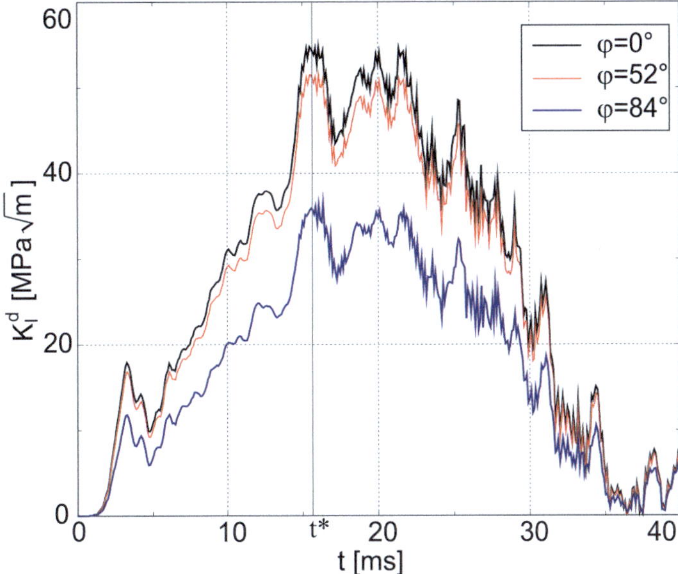

Bild 14.17 Dynamischer Spannungsintensitätsfaktor als Funktion der Zeit

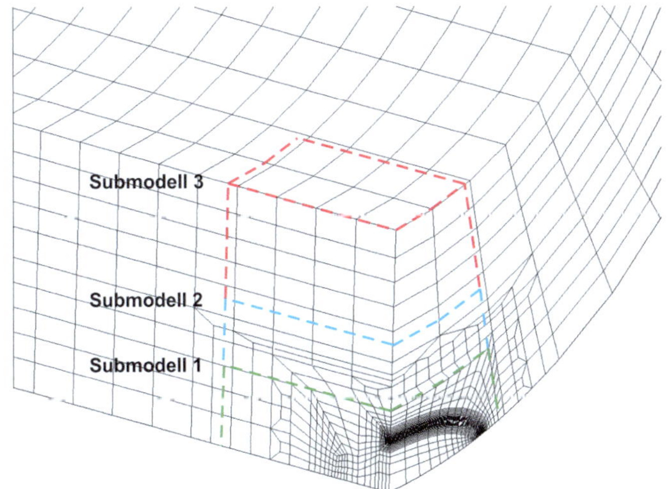

Bild 14.18 Größe der drei untersuchten Submodelle

von Bild 14.17 des vorigen Abschnitts an, der ein FEM-Modell des gesamten Behälter mit Riss zugrunde lag. Eine weitere Vergrößerung des Submodells in Umfangsrichtung führt zu einer nahezu vollkommenen Übereinstimmung mit der Referenzlösung. Die Resultate belegen, dass die J-Integral-Methode auch bei Anwendung der Submodelltechnik ein sehr brauchbares Verfahren zur Bestimmung von Spannungsintensitätsfaktoren bei dynamischer Beanspruchung ist.

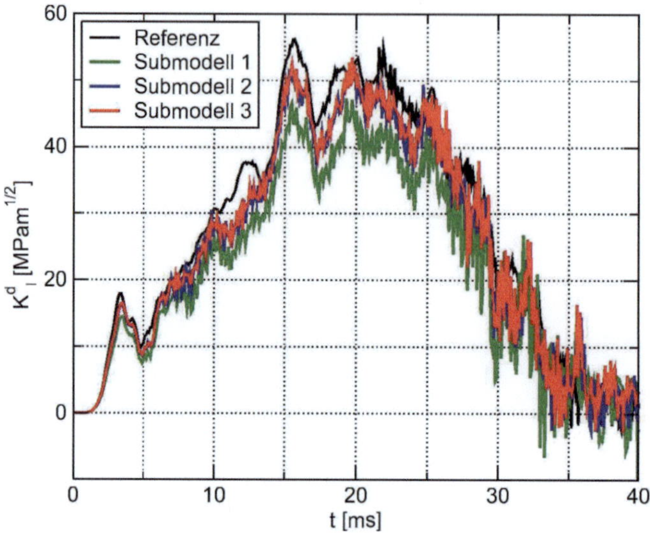

Bild 14.19 Einfluss der Submodellgröße auf die Verläufe von K_{I}^{d}

14.3 Zähbruchbewertung von Schweißverbindungen in Gasrohrleitungen

14.3.1 Einleitung

Ferngasleitungsnetze unterliegen regelmäßigen Überwachungs- und Instandhaltungsmaßnahmen. Die Rohrleitungen werden durch moderne Molchsysteme zerstörungsfrei geprüft (Magnetflussmessungen, Ultraschall, Röntgenprüfung, u. a.), wobei vor allem die Montagenähte (Rundnähte) im Blickpunkt stehen, die aufgrund ihrer Fertigungsbedingungen auf Baustellen am häufigsten Schweißnahtfehler aufweisen.

An der TU Bergakademie Freiberg [7] wurde ein Konzept zur bruchmechanischen Sicherheitsanalyse von Schweißnähten erarbeitet und als ein rechnergestütztes *Bewertungssystem* implementiert. Dieses System soll den Prüfingenieur während betrieblicher zerstörungsfreier Überwachungsmaßnahmen an Ferngasleitungen dabei unterstützen, detektierte Schweißnahtfehler unter den gegebenen Betriebsdrücken und eventuellen Zusatzbelastungen (Verlegung, Erdbewegungen, Setzungserscheinungen, Eigenspannungen u. ä.) bruchmechanisch zu beurteilen. Daraus können Schlussfolgerungen im Hinblick auf die technische Sicherheit und weitere Inspektions- oder Instandsetzungsmaßnahmen abgeleitet werden. Zur Verifikation des Bewertungskonzeptes war es erforderlich, seine Übertragbarkeit auf reale Verhältnisse an einem Bauteilversuch zu überprüfen. Gleichzeitig war die Gültigkeit der im Konzept enthaltenen vereinfachenden Annahmen nachzuweisen. Es musste sichergestellt werden, dass vom Bewertungssystem immer konservative, d. h. sichere Aussagen getroffen werden. Aus diesen Gründen wurde der Bauteilversuch mit

FEM-Rechnungen analysiert, wobei im Detail die konkrete Fehlergeometrie, das elastisch-plastische Werkstoffverhalten und der reale Belastungsverlauf berücksichtigt wurden [7, 8].

14.3.2 Bruchmechanisches Bewertungskonzept FAD

Fehlerannahmen

Die Schweißnahtfehler in den Rundnähten werden sicherheitstechnisch konservativ als Risse angenommen und in Innen- und Oberflächenfehler klassifiziert, siehe Bild 14.20. Die Bewertung der Fehler erfolgt nach dem im Abschnitt 4.3.5 vorgestellten bruchmechanischen Konzept des FAD (*Failure Assessment Diagram*). Eine Berücksichtigung Schweißnaht-typischer Fehlergeometrien und Belastungen geschieht in Anlehnung an die ÖSTV-Richtlinie [12], die CEGB-R6-Routine [10] und an SINTAP [11]. Das FAD-Verfahren bewertet den Beanspruchungszustand am Riss nach zwei Kriterien:

I) Der Parameter $K_r = K_\mathrm{I}/K_\mathrm{Ic}$ bezieht die Rissspitzenbelastung auf den kritischen Materialwert (Bruchzähigkeit) und ist ein Maß für die Gefahr des Sprödbruchs.

II) Der Parameter $L_r = \sigma_{n\,\mathrm{Rohr}}/\sigma_\mathrm{F}$ bezieht eine repräsentative Spannung im Rohrquerschnitt auf die Fließgrenze des Materials. Er charakterisiert die Plastifizierung im Querschnitt und stellt ein Maß für die Gefahr des Versagens durch plastischen Kollaps dar.

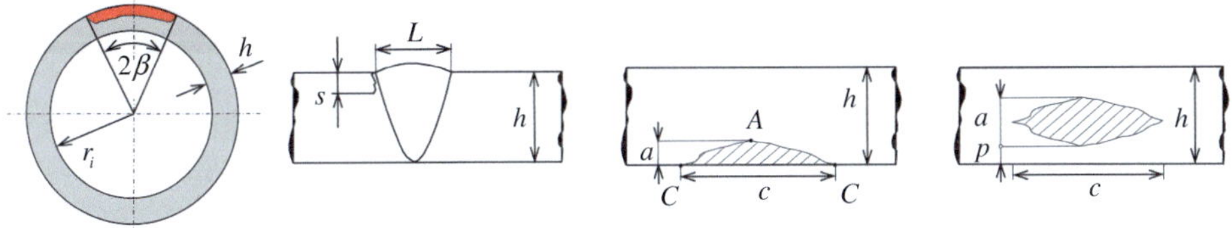

Bild 14.20 Behandelte Fehler- und Schweißnahtgeometrien in Rohrleitungen

Im FAD wird das Bauteilversagen durch eine Grenzkurve beschrieben, die zwischen den beiden Extremzuständen Sprödbruch und plastischer Kollaps liegt. Das Gebiet innerhalb der Grenzkurve kennzeichnet den sicheren Bereich. Der zum konkreten fehlerbehafteten Bauteil gehörende Punkt $P(K_r, L_r)$ wird in das Diagramm eingetragen. Sein relativer Abstand $S = \overline{0F}/\overline{0P}$ zur Grenzkurve stellt ein Maß für die Sicherheit dar. Bild 14.21 zeigt die nach [7] im Bewertungssystem zum Einsatz kommende, sehr dicht am tatsächlichen Materialverhalten orientierte Grenzkurve der Form:

$$K_r = f(L_r) = (1 - 0,14\,L_r^2)[0,3 + 0,7\exp(-0,65\,L_r^6)]. \tag{14.5}$$

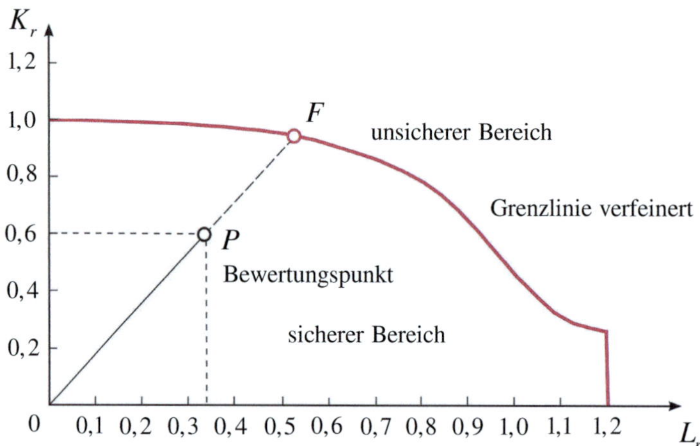

Bild 14.21 Fehlerbewertungsdiagramm (FAD) mit Versagensgrenzkurve

Der Beanspruchungszustand $P(K_r, L_r)$ eines Bauteils mit Fehler muss für die konkrete Fehlerkonfiguration und den eingesetzten Werkstoff aus den primären und sekundären Belastungen berechnet werden. Die Vorgehensweise soll am Beispiel eines die Wand teilweise durchtrennenden Oberflächenfehlers im Schweißnahtbereich dargestellt werden (Bild 14.20).

Berechnung von $K_r = K_\mathrm{I}/K_\mathrm{Ic}$

Der Wert K_r wird aus der Bruchzähigkeit K_Ic und dem Spannungsintensitätsfaktor K_I des Risses berechnet. Für die Bewertung sollte immer der niedrigste Materialkennwert K_Ic aus Grundwerkstoff, Wärmeeinflusszone und Schweißgut verwendet werden, da der Riss in jeden dieser Materialbereiche hineinlaufen könnte. Der Beanspruchungswert K_I ergibt sich für einen halbelliptischen Oberflächenriss nach [9] zu:

$$K_\mathrm{I} = \frac{1}{\Phi}\sqrt{\pi a}\,(\sigma_m M_m M_{Km} + \sigma_E M_m + \sigma_b M_b M_{Kb})\,g_K \tag{14.6}$$

mit $\Phi = \sqrt{1,464\left(\frac{2a}{c}\right)^{1,65} + 1}$ und dem Faktor $g_K = 1,2$ für den Krümmungseinfluss.

In Gleichung (14.6) ist σ_m die im fehlerfreien Bauteil anstehende Membranspannung, σ_E die Eigenspannung, σ_b der reine Biegespannungsanteil über die Wandstärke h und a die Risstiefe des Oberflächenfehlers. Die Faktoren M_m und M_b beschreiben den Einfluss von geometrischen Parametern der Fehlerkonfiguration auf den Spannungsintensitätsfaktor infolge der wirkenden Spannungsanteile. Die

Spannungskonzentration an den Kerben der Schweißnähte wird durch die Faktoren M_{Km} und M_{Kb} (> 1) berücksichtigt [8]. Sie hängen vom Verhältnis Schweißnahtbreite L zu Schweißnahtdicke h ab sowie von der relativen Tiefen-Koordinate s/h, siehe Bild 14.20.

Da bei einem Oberflächenriss entweder der tiefste Punkt A oder die oberflächennahen Punkte C kritisch werden können, muss die Bewertung für beide Punkte durchgeführt werden. Für andere Riss- und Schweißnahtgeometrien werden entsprechende Berechnungsformeln und Geometriefaktoren angewandt [7].

Berechnung von $L_r = \sigma_{n\,\mathrm{Rohr}}/\sigma_\mathrm{F}$

Der Wert L_r kennzeichnet den Beanspruchungszustand der zu bewertenden Fehlerkonfiguration in Bezug auf die *plastische Grenzlast*. Dabei muss zwischen einem globalen plastischen Kollaps und einem lokalen plastischen Versagen unterschieden werden. Für die Bewertung von Ferngasleitungen mit relativ kleinen Fehlern (im Verhältnis zum Gesamtquerschnitt) und bei großen Fehlertiefen muss man immer von einem lokalen plastischen Versagen ausgehen.

Die nachfolgende Grenzlastlösung [12] wurde speziell für Oberflächenfehler in druckführenden Bauteilen mit gekrümmten Wänden angegeben. Dabei stellt $\sigma_{n\mathrm{Rohr}}$ eine effektive Nettospannung dar, bei der im Restquerschnitt rund um den Fehler lokal die Traglast erreicht wird. Diese Nettospannung lässt sich aus den Membran- und Biegespannungen sowie dem Innendruck p wie folgt berechnen:

$$\begin{aligned} \sigma_{n\,\mathrm{Rohr}} &= g_s\bar{\sigma} + p\,, \qquad \bar{\sigma} = \frac{\sigma_b + \sqrt{\sigma_b^2 + 9\sigma_m^2\left(1-\frac{a}{h}\right)^2}}{3\left(1-2\frac{a}{h}\right)^2} \\ g_s &= \frac{1}{1-\left[\beta(1-\vartheta) + 2\arcsin\left((1-\vartheta)\sin\frac{\beta}{2}\right)\right]/\pi}\,, \qquad \vartheta = \frac{h-a}{h} \end{aligned} \tag{14.7}$$

Für σ_F wird je nach Bewertungsmodus entweder die Streckgrenze $R_{\mathrm{p}0,2}$ eingesetzt oder mit teilweiser Verfestigung gerechnet $\sigma_\mathrm{F} = \frac{1}{2}(R_{\mathrm{p}0,2} + R_\mathrm{m})$. Für die exakte Berechnung der unterschiedlichen Risskonfigurationen wurden die Beziehungen (14.7) durch entsprechende lokale Traglastlösungen ergänzt [7].

Das computergestützte Bewertungssystem

Auf der Basis des oben beschriebenen FAD-Konzeptes wurde ein PC-Programm zur bruchmechanischen Bewertung von Schweißnahtfehlern entwickelt. In einem interaktiven Dialogfenster gestattet es die Eingabe aller Geometrieparameter der Risskonfiguration, die Bereitstellung der erforderlichen Werkstoffkennwerte und die Angaben zum Belastungszustand (Druck, Biegung, Eigenspannungen). Im Bewertungsmodul werden danach die Parameter (K_r, L_r) aus den Beziehungen (14.6)–(14.7) berechnet und schließlich gemeinsam mit der Versagensgrenzkurve (14.5) im

Bewertungsdiagramm grafisch dargestellt, Bild 14.21. Liegt der Punkt P innerhalb der Grenzkurve, so gilt der Belastungszustand als zulässig und der relative Abstand S zur Grenzkurve wird als »Sicherheit gegen Versagen« ausgegeben. Außerdem kann der Anwender die Auswirkungen der verschiedenen Eingabedaten und ihrer Toleranzbreite (bei mangelhafter Kenntnis oder Messungenauigkeit) auf die Sicherheit durch Variantenrechnungen abschätzen. Diese Option erlaubt die sicherheitstechnische Beurteilung in Abhängigkeit von der konkret an einer Rohrleitung vorliegenden Situation und gewährleistet die Forderung nach strenger Konservativität.

Werkstoffdaten der Rohrleitung und Schweißverbindung

Zur Ermittlung der konventionellen und bruchmechanischen Werkstoffkennwerte der Rohrleitung wurde Probenmaterial des Grundwerkstoffs (GW) S355 J2, des Schweißguts (SG) und der Wärmeeinflusszone (WEZ) entnommen und geprüft. Die Spannungs-Dehnungs-Kurven des Zugversuchs wurden mit dem RAMBERG-OSGOOD-Potenzgesetz beschrieben.

$$\varepsilon = \varepsilon_e + \varepsilon_p = \frac{\sigma}{E} + \left(\frac{\sigma}{D}\right)^{1/N} \tag{14.8}$$

In Tabelle 14.4 sind die Streckgrenze $R_{\mathrm{p0,2}}$, die Zugfestigkeit R_{m}, der Verfestigungsexponent $N \mathrel{\widehat{=}} 1/n$ und der Koeffizient D für alle drei Werkstoffe zusammengestellt. Die bruchmechanischen Kennwerte wurden für alle drei Werkstoffbereiche GW, SG und WEZ mit Hilfe von Dreipunkt-Biege-Proben SENB (10 × 20 × 100 mm) mit 20 % Seitenkerben ermittelt. Alle Werkstoffbereiche zeigen bei Raumtemperatur ein duktiles, stabiles Risswachstum. Die Bruchzähigkeit bei Beginn des Risswachstums (Initiierung) kann durch das J-Integral und die Rissöffnungsverschiebung $\delta=$ CTOD charakterisiert werden.

$$J_i = 2\delta_i\sigma_{\mathrm{F}}\,, \qquad \sigma_{\mathrm{F}} = 0,5(R_{\mathrm{p0,2}} + R_{\mathrm{m}})\,, \qquad K_{\mathrm{Ji}} = \sqrt{\frac{EJ_i}{1-\nu^2}} \tag{14.9}$$

Die Kennwerte für alle drei Werkstoffbereiche sind in der Tabelle 14.4 zusammengefasst. Das Schweißgut weist deutlich höhere Initiierungsbruchzähigkeiten als der Grundwerkstoff und die Wärmeeinflusszone auf.

	$R_{\mathrm{p0,2}}$ [MPa]	R_{m} [MPa]	N	D	J_i^{BL} [kJ/m²]	δ_i^{SZW} [μm]	K_{Ji} [MPa m$^{\frac{1}{2}}$]
Grundwerkstoff	403	575	0,15	801	63	69	119,4
Schweißgut	432	583	0,13	773	143	142	179,9
Wärmeeinflusszone	477	620	0,12	779	56	58	112,6

Tabelle 14.4 Kennwerte des Zugversuches und mittlere Rissinitiierungswerte des J-Integrals und CTOD-Konzeptes

14.3.3 Bauteilversuch an einer Rohrleitung mit Schweißnahtrissen

Versuchsdurchführung

In Zusammenarbeit mit der Schweißtechnischen Lehr- und Versuchsanstalt Halle wurde ein Bauteilversuch an einer Ferngasleitung DN 920 durchgeführt, siehe [7]. Der Prüfkörper und der Versuchsaufbau sind schematisch in Bild 14.22 dargestellt. Der Prüfkörper wurde so aus zwei vorhandenen Original-Rohrleitungen gefertigt, dass im zentralen Bereich der höchsten Belastungen im Abstand von 2 m zwei Original-Rundschweißnähte (1 und 2) eingebaut sind. Ziel des Bauteilversuches war die Festigkeitsprüfung der Schweißnähte mit künstlich eingebrachten rissartigen Fehlern. Da technologische Fehler in Schweißnähten typischerweise in Umfangsrichtung ausgerichtet sind, wurde in beide Schweißnähte je ein etwa halbelliptischer Oberflächenkerb von der Außenseite bei der 6-Uhr Position mechanisch mit Hilfe einer Testfehlersäge eingebracht und durch zyklische Innendruckbelastung ein Ermüdungsanriss angeschwungen. Die Abmessungen des Prüfkörpers und der Risse

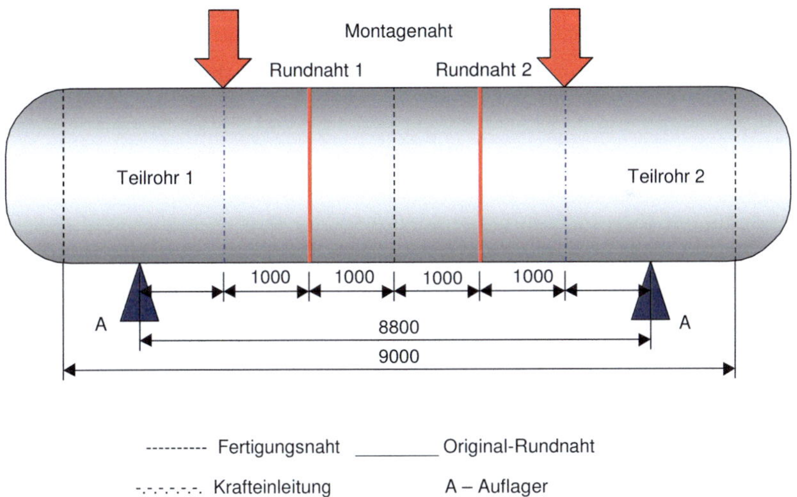

Bild 14.22 Bauteilversuch: Rohrleitung mit zwei Schweißnähten unter Innendruck und Vier-Punkt-Biegung

betrugen:

Außenradius	$r_a =$	460 mm
Innenradius	$r_i =$	447 mm
Wandstärke	$h =$	13 mm
Abstand zwischen den Krafteinleitungspunkten	$2l_1 =$	4 000 mm
Abstand zwischen den Auflagern	$2l_2 =$	8 800 mm

Langer Oberflächenriss 1 in Naht 1: Tiefe $a = 8{,}5\,\text{mm}$, Länge $c = 160\,\text{mm}$

Kurzer Oberflächenriss 2 in Naht 2: Tiefe $a = 8{,}5\,\text{mm}$, Länge $c = 16\,\text{mm}$

Bild 14.23 Versuchsaufbau zur Druck- und Biegebelastung des Prüfkörpers

Der Versuchsaufbau war so konzipiert, dass der Prüfkörper sowohl durch Innendruck p (Wasser) als auch zusätzlich über zwei Hydraulik-Aktoren mit Kräften F von je maximal 1 000 kN durch eine Vier-Punkt-Biegung belastet werden konnte (14.23). Durch die Biegebelastung, die am Ort der Risse die höchsten Spannungen verursacht, sollten die in der Praxis auftretenden Zusatzspannungen in Längsrichtung der Rohrleitungen simuliert werden. Diese Längsspannungen sind bei Schweißnahtrissen in Umfangsrichtung wesentlich bedeutsamer für das Bruchverhalten und die Plastifizierung der Restwandstärke als die vom Druck erzeugten Umfangsspannungen. Ziel war die Belastung des Prüfkörpers bis zum Bruch bzw. Bersten (Leck).

Das Belastungsprogramm setzte sich aus fünf Stufen zusammen:

I) keine Biegebelastung, Aufbringen des Drucks bis $p = 5{,}5\,\text{MPa}$ (Betriebsdruck)

II) Biegelast aufbringen bis Zylinderkraft $F = 600\,\text{kN}$, Druck $p = 5{,}5\,\text{MPa}$ = konstant

III) Biegelast halten bei $F = 600\,\text{kN}$, Steigerung des Drucks auf $p = 7{,}0\,\text{MPa}$

IV) Biegelast auf technisches Maximum $F = 1\,000\,\text{kN}$ anheben, Druck $p = 7{,}0\,\text{MPa}$ = konstant. Da bis zu dieser Belastung noch kein Versagen des Prüfkörpers eintrat, folgte

V) Biegelast $F = 1\,000\,\text{kN}$ = konstant, Steigerung des Drucks bis zum Bersten

Der zeitliche Verlauf des Innendrucks p im Prüfkörper und der Aktorkräfte F ist in Bild 14.24 dargestellt.

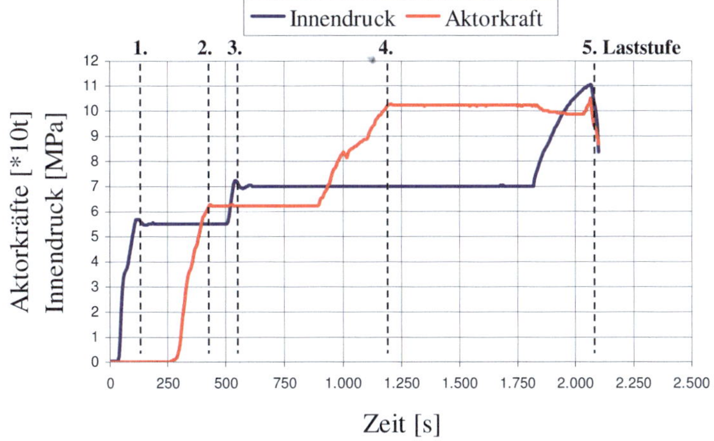

Bild 14.24 Belastungsprogramm des Prüfkörpers

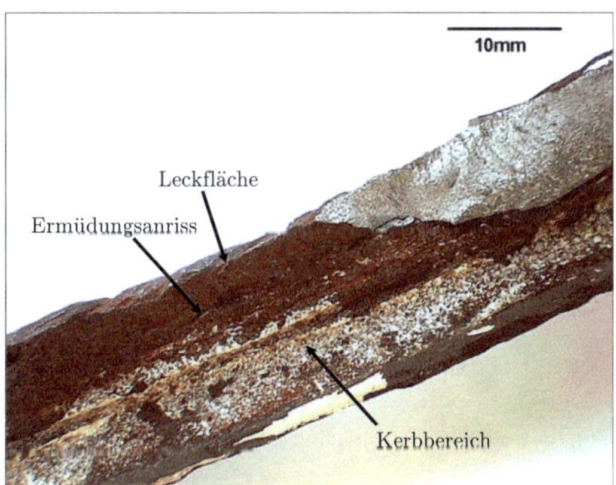

Bild 14.25 Übersichtsaufnahme der Bruchfläche von Riss 1

Versuchsergebnisse

Der Prüfkörper versagte durch stabiles Risswachstum des künstlich eingebrachten langen Oberflächenrisses 1 in der Rundnaht 1, was zu einem etwa 50 mm großen Leck und zum vollständigen Druckabfall führte. Sicherheitstechnisch ist diese Situation »Leck vor Bruch« vorteilhafter als der umgekehrte Fall »Instabiler Bruch vor Leck«. Die Belastungen beim Versagen betrugen:

- Druck $p_c = 11\,\text{MPa}$ (Berstdruck)
- Biegebelastung $F_c = 1\,000\,\text{kN}$ (d. h. Biegespannung von $\sigma_b = 289\,\text{MPa}$)

Das Versagen erfolgte deutlich vor Erreichen des theoretischen Berstdrucks $p_{\text{th}} = 16{,}7\,\text{MPa}$ für ein fehlerfreies Rohr. Die durchbrochene Rohrwand wies eine klare Unterteilung in Kerbbereich, Ermüdungsanriss und Leckfläche auf, siehe Bild 14.25. Die fraktografischen Untersuchungen im REM lassen deutlich den Übergangsbereich vom Ermüdungsanriss zum duktilen Restbruch erkennen. Der Ermüdungsanriss im Schweißgut diente somit als Rissstarter und das Leck wurde beim Berstversuch durch duktiles Risswachstum ausgelöst, weshalb eine zähbruchmechanische Bewertung angezeigt ist.

Anwendung des Bewertungssystems

Ein wesentliches Ziel des Bauteilversuchs war die Verifizierung des entwickelten Bewertungssystems bei der Anwendung auf fehlerbehaftete Schweißnähte in Rohrleitungen. Zu diesem Zweck wurde das Bewertungssystem auf die Parameter des Bauteilversuchs angewandt, die beim tatsächlichen Versagen vorlagen, d. h. Berstdruck $p = 11\,\text{MPa}$, zusätzliche Biegespannungen von 289 MPa sowie die Geometrie des kritischen Risses 1. Hinsichtlich des Werkstoffverhaltens wurde nicht nur mit den Eigenschaften des Schweißgutes SG gerechnet, in dem ja der Riss initiierte, sondern auch mit den wesentlich ungünstigeren Kennwerten der Wärmeeinflusszone WEZ, da man im technischen Anwendungsfall einen Fehler in der WEZ nicht vollständig ausschließen kann. Darüber hinaus wurden mit dem System Variantenrechnungen bei verschärften bruchbegünstigenden Annahmen durchprobiert. In allen Fällen betrug die vom Bewertungssystem berechnete »Sicherheit gegen Versagen« $S < 1$, d. h. ein Versagen musste eintreten und der Bewertungspunkt P lag außerhalb der Versagensgrenzkurve im Diagramm 14.21. Außerdem wurde untersucht, bei welcher Risstiefe a das Bewertungsprogramm eine Initiierung prognostiziert hätte. Das ergab je nach Werkstoff $a = 4\,\text{mm}$ (WEZ) bzw. $a = 5\,\text{mm}$ (SG). Somit hat der Bauteilversuch gezeigt, dass mit Hilfe des Bewertungssystems in allen Fällen ein konservativer sicherheitstechnischer Nachweis der Integrität von Ferngasleitungsrohren mit fehlerbehafteten Rundschweißnähten geführt werden kann. Das Bewertungssystem beurteilt nur die Rissinitiierung, d.h. Risswachstum oder Materialverfestigung sind als weitere Sicherheitsreserven zu betrachten.

14.3.4 FEM-Analyse des Bauteilversuchs

FEM-Modell des Prüfkörpers

Bild 14.26 zeigt die FEM-Diskretisierung eines Viertels des Prüfkörpers, wobei die doppelte Symmetrie ausgenutzt wurde (ca. 14 000 Hexaederelemente und 70 000 Knoten). Die Druck- und Lagerschalen wurden durch Volumenelemente entsprechender Steifigkeit modelliert. Die Form des bruchauslösenden Risses 1 nach dem Anschwingen wurde auf der Bruchfläche vermessen (Tiefe $a = 8{,}5\,\text{mm}$ und Länge

$2c = 160\,\text{mm}$) und im FEM-Modell als sehr lang gestreckte halbe Ellipse approximiert. Für die Vernetzung der Rissumgebung ist ein sehr feines FEM-Netz erforderlich, um die Verformungs- und Spannungskonzentration richtig erfassen zu können, siehe Bild 14.27. Entlang der Rissfront wurden die Elemente fächerförmig in einem Schlauch von 20 Segmenten konzentriert. Die kleinsten Elemente unmittelbar an der Rissspitze haben eine Abmessung von etwa $a/50$. Direkt um die Rissspitze, entlang der gesamten Rissfront, wurden spezielle elastisch-plastische Rissspitzenelemente angeordnet. Dabei handelt es sich um kollabierte 20-Knoten Hexaederelemente, siehe Kapitel 9. Zur Berechnung des J-Integrals wurden um jedes Segment der Rissfront vier Integrationspfade festgelegt. Die Berechnungsergebnisse zeigen, dass die J-Werte nahezu unabhängig vom Integrationspfad sind. Nur der engste Pfad fällt aus bekannten numerischen Gründen etwas ab und wurde deshalb nicht benutzt.

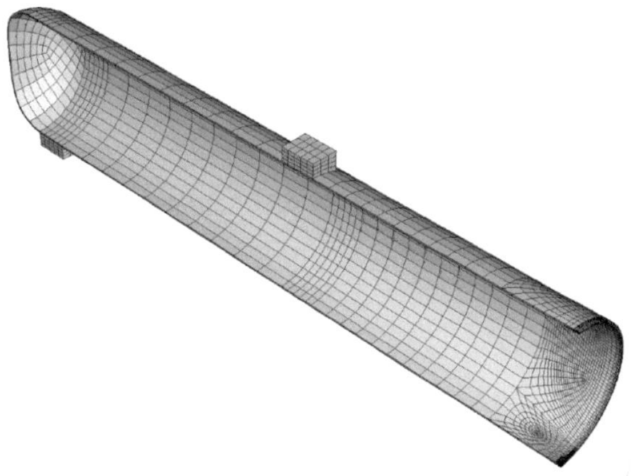

Bild 14.26 Finite-Element-Vernetzung eines Viertels des Prüfkörpers

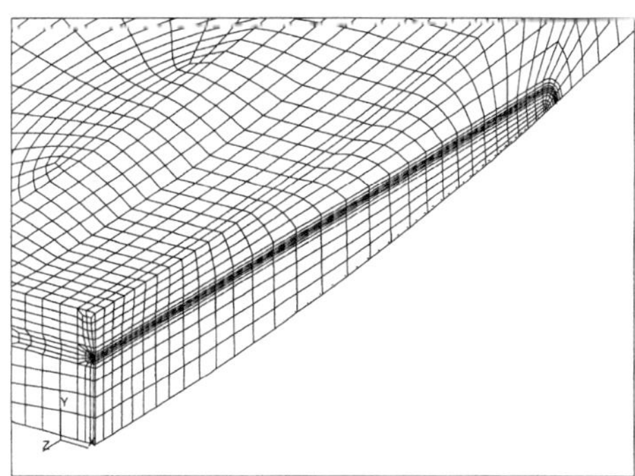

Bild 14.27 Details der Vernetzung in der Rissumgebung

In der FEM-Analyse wurde der gesamte Belastungsverlauf des Berstversuches mit den beschriebenen 5 Laststufen simuliert. Die Aktorkraft F wurde als entsprechende Flächenlast auf der Oberseite des Druckstempels aufgebracht und die Innendruckbelastung p als Flächenlast auf der gesamten Innenwand vorgegeben. Das Werkstoffverhalten wurde als elastisch-plastisch mit der Fließkurve nach (14.8) modelliert und der Einfluss großer Deformationen berücksichtigt.

Die Berechnungsergebnisse zeigten gute Übereinstimmung mit DMS-Messungen am Prüfkörper. Der Beanspruchungszustand ist wie folgt charakterisiert:

- Ab der Laststufe 4 ist das gesamte Ligament der Rohrwand vor dem Riss durchplastifiziert, d. h. hier wird die plastische Grenzlast lokal überschritten.
- In der Laststufe 5 plastifiziert der Prüfkörper vollständig im unteren Bereich (Zugseite), siehe Bild 14.28.
- Am Riss entwickelt sich eine deutlich ausgeprägte plastische Zone und die Rissspitze stumpft infolge der plastischen Verformung stark ab (CTOD), siehe Bild 14.29.

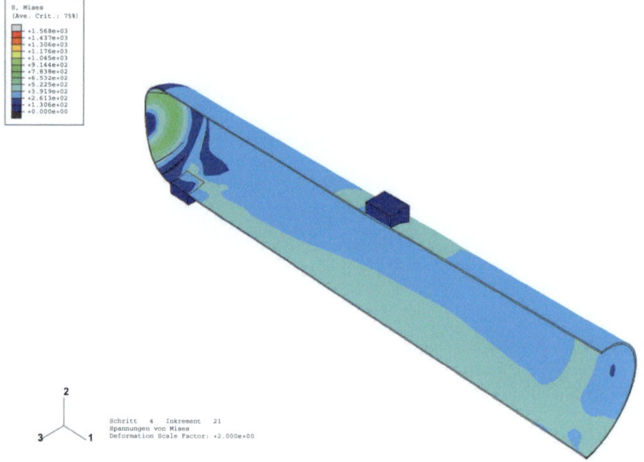

Bild 14.28 Verformung und Vergleichsspannungen des Prüfkörpers bei Laststufe 5

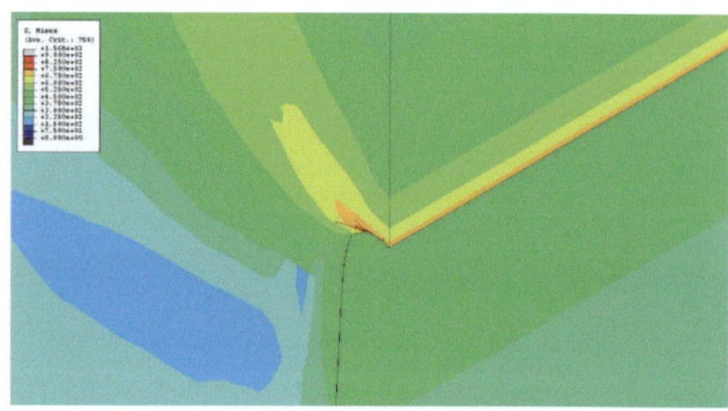

Bild 14.29 Detail der FEM-Lösung am Riss 1 des Prüfkörpers bei Laststufe 5

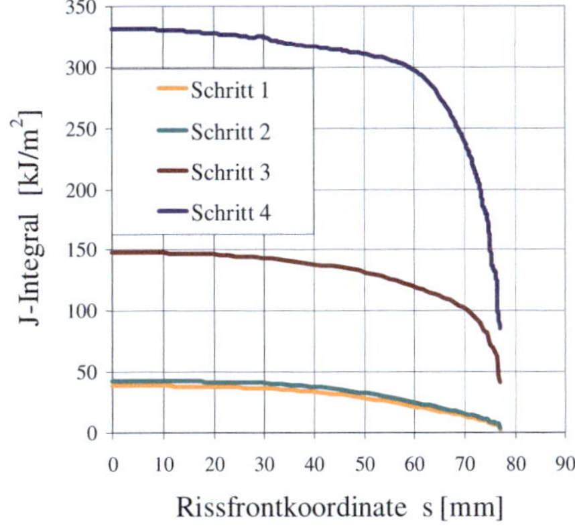

Bild 14.30 Verlauf des J-Integrals entlang der halbelliptischen Rissfront bei den Belastungsstufen 1–4

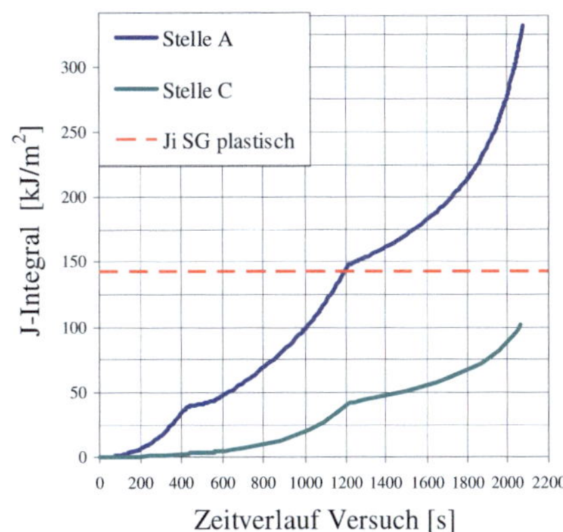

Bild 14.31 J-Integral am Scheitelpunkt A und den Oberflächenpunkten C des Risses über der Versuchszeit

Bruchmechanische Auswertung

Aus der FEM-Analyse des Prüfkörpers wurden entlang der Rissfront die beiden bruchmechanischen Parameter J-Integral und Rissöffnungsverschiebung CTOD berechnet. Bild 14.30 veranschaulicht das Verhalten von J am Ende der jeweiligen Belastungsstufen. Die Berechnungen ergaben, dass die J-Werte am Scheitelpunkt A immer wesentlich größer sind als an den Oberflächenpunkten C. Dieser Verlauf erklärt, warum das Risswachstum im Bereich des Scheitelpunktes begonnen hat und zum wanddurchdringenden Bruch führte. Auf der Bruchfläche war auch keinerlei Risswachstum in lateraler Richtung (bei C) zu beobachten. Der zeitliche Verlauf der berechneten J-Werte an beiden Punkten A und C während des Versuchs ist in Bild 14.31 wiedergegeben. Man beobachtet einen monotonen Anstieg der J-Werte während des Versuchs bis zum Versagen. Nach dem J-Integral-Konzept wird das duktile, stabile Risswachstum dann eingeleitet, wenn J den physikalischen Initiierungskennwert J_i überschreitet. Da der Riss im Schweißgut gestartet ist, wird zur Bewertung der Kennwert des SG aus Tabelle 14.4 herangezogen ($J_i = 143$ kJ$/m^2$). Er ist in Bild 14.31 als horizontale Linie eingezeichnet. Somit liefert das Bruchkriterium die Aussage, dass es am Ende von Laststufe 4 ($p = 7$ MPa, $F = 1\,000$ kN) zur Rissinitiierung im Prüfkörper gekommen sein müsste. Im Verlauf der Laststufe 5 hat sich demnach der Riss duktil durch die Wand bis zur Leckage ausgebreitet, was in der FEM-Simulation nicht modelliert wurde. Die Bewertung nach dem CTOD-Konzept führte zu vergleichbaren Resultaten. Damit wurde gezeigt, dass bei detaillierter Kenntnis der Werkstoffkennwerte, der Fehlergeometrie und der Belastungen mit Hilfe von FEM-Beanspruchungsanalysen das duktile Bruchverhalten in den Ferngasleitungsrohren nach dem J-Integral-Konzept recht genau vorhergesagt werden kann. Diese weitaus aufwändigeren zähbruchmechanischen Analysen bestätigen wiederum die Aussagen des Fehlerbewertungssystems.

Literaturverzeichnis

[1] Abaqus: Abaqus FEA Software, Version 6.21. Tech. rep., Dassault Systèmes Simulia Corp. (2021). URL https://www.3ds.com/products/simulia/abaqus
[2] CRIEPI: Integrity of cast-iron cask against free drop test, part iii: Verification of brittle failure, design criterium. Tech. rep., Central Research Institute for Electric Power Japan (1990)
[3] Enderlein, M., Klein, K., Kuna, M., Ricoeur, A.: Numerical fracture analysis for the structural design of castor casks. In: 17th International Conference on Structural Mechanics in Reactor Technology (SMIRT 17). Prague, Czech Republic (2003)
[4] IAEA: Advisory material for the IAEA regulations for the safe transport of radioactive material. Tech. Rep. TS-G-1, Appendix VI, International Atomic Energy Agency, Wien (2002)
[5] Kuna, M., Springmann, M., Mädler, K., Hübner, P., Pusch, G.: Anwendung bruchmechanischer Bewertungskonzepte bei der Entwicklung von Eisenbahnrädern aus bainitischem Gusseisen. Konstruieren & Gießen pp. 27–32 (2002)
[6] Kuna, M., Springmann, M., Mädler, K., Hübner, P., Pusch, G.: Fracture mechanics based design of a railway wheel made of austempered ductile iron. Engineering Fracture Mechanics **72**, 241–253 (2005)
[7] Kuna, M., Wulf, H., Rusakov, A., Pusch, G., Hübner, P.: Ein computergestütztes bruchmechanisches Bewertungssystem für Hochdruck-Ferngasleitungen. In: MPA-Seminar, vol. 28, pp. 4/1–4/20. Stuttgart (2002)
[8] Kuna, M., Wulf, H., Rusakov, A., Pusch, G., Hübner, P.: Entwicklung und Verifikation eines bruchmechanischen Bewertungssystems für Hochdruck-Ferngasleitungen. In: 35.Tagung Arbeitskeis Bruchvorgänge, pp. 153–162. DVM, Freiburg (2003)
[9] Murakami, Y.: Stress intensity factors handbook, vol. 1-5. Pergamon Press, Oxford (1987)
[10] R6-Revision-4: Assessments of the integrity of structures containing defects. British Energy Generation Ltd, Barnwood, Gloucester (2009)
[11] Zerbst, U., Wiesner, C., Kocak, M., Hodulak, L.: SINTAP: Entwurf einer vereinheitlichten europäischen Fehlerbewertungsprozedur - Eine Einführung. Tech. rep., GKSS-Forschungszentrum, Geesthacht (1999)
[12] ÖSTV: Empfehlungen zur bruchmechanischen Bewertung von Fehlern in Konstruktionen aus metallischen Werkstoffen. Tech. rep., Österreichischer Stahlbauverband, AG Bruchmechanik (1992)

Glossar

— $\boldsymbol{\alpha}$ —

α Verfestigungskoeffizient
$\alpha_{\mathbf{cf}}$ plastischer Constraint-Faktor
$\alpha_{\mathbf{d}}$ Dilatationswellenverhältnis
α_{ij} anisotrope elastische Konstanten
$\alpha_{\mathbf{t}}$ linearer thermischer Ausdehnungskoeffizient
$\boldsymbol{\alpha}^{\mathbf{t}}$, $\alpha^{\mathbf{t}}_{ij}$ Tensor der thermischen Ausdehnungskoeffizienten
$\alpha_{\mathbf{s}}$ Scherwellenverhältnis

— $\boldsymbol{\beta}$ —

$\beta_{\mathbf{T}}$ Biaxialparameter
β_{ij} thermische Spannungskoeffizienten
$\boldsymbol{\beta}$, $\boldsymbol{\beta}_B$ interne hybride Ansatzkoeffizienten

— $\boldsymbol{\gamma}$ —

Γ Integrationsweg
Γ Rissfläche (Phasenfeld)
Γ^+, Γ^- oberes, unteres Rissufer
Γ_ε Integrationsweg Rissspitze
γ Gleitung
γ Materialkonstante
γ spezifische Oberflächenenergie
$\gamma(\phi)$ Rissflächendichte (Phasenfeld)
$\gamma_{\mathbf{I}}$ Hauptgleitungen
$\gamma_{\mathbf{II}}$ "
$\gamma_{\mathbf{III}}$ "
$\gamma_{\mathbf{d}}$ Radienverhältnis Dilatation
$\gamma_{\mathbf{D}}$ dynamische Oberflächenenergie
$\gamma_{\mathbf{s}}$ Radienverhältnis Schub
γ_t Rissöffnungswinkel

— $\boldsymbol{\delta}$ —

$\Delta\sigma$ Spannungsschwingbreite
ΔK zyklischer Spannungsintensitätsfaktor
$\Delta K_{\mathbf{eff}}$ effektive zyklische Spannungsintensität
$\Delta K_{\mathbf{th}}$ Schwellenwert Ermüdung
δ Variationssymbol
δ Separation (Kohäsivzonenmodell)
$\delta_{\mathbf{c}}$ Dekohäsionslänge
$\delta_{\mathbf{n}}$ Separation (normal)
$\delta_{\mathbf{s}}$ Separation (transversal)
$\delta_{\mathbf{t}}$ Separation (tangential)
$\delta_{\mathbf{t}}$ Rissöffnungsverschiebung CTOD
$\delta_{\mathbf{T}}$ Separation Scherung total
$\boldsymbol{\delta} = [\![\boldsymbol{u}]\!]$ Separationsvektor (Kohäsivmodell)

— $\boldsymbol{\epsilon}$ —

ϵ Dielektrizitätskonstante
ϵ Bimaterialkonstante

M. Kuna, *Finite Elemente in der Bruchmechanik*,
https://doi.org/10.1007/978-3-658-46192-8

ϵ_{ijk}	Permutationstensor LEVI-CEVITA
ε_0	Referenzdehnung ($\approx \sigma_F/E$)
$\varepsilon_{\mathbf{I}}$	Hauptdehnungen
$\varepsilon_{\mathbf{II}}$	"
$\varepsilon_{\mathbf{III}}$	"
$\varepsilon^{\mathbf{H}}$	Kugeltensor der Verzerrungen
$\varepsilon^{\mathbf{p}}_{\mathbf{v}}$	plastische Vergleichsdehnung
$\varepsilon^{\mathbf{p}}_{\mathbf{M}}$	Matrix-Vergleichsdehnung
$\boldsymbol{\varepsilon}$, ε_{ij}	Verzerrungstensor
$\boldsymbol{\varepsilon}^{\mathbf{D}}$, $\varepsilon^{\mathbf{D}}_{ij}$	Verzerrungsdeviator
$\boldsymbol{\varepsilon}^{\mathbf{e}}$, $\varepsilon^{\mathbf{e}}_{ij}$	elastische Verzerrungen
$\boldsymbol{\varepsilon}^{\mathbf{p}}$, $\varepsilon^{\mathbf{p}}_{ij}$	plastische Verzerrungen
$\boldsymbol{\varepsilon}^{\mathbf{t}}$, $\varepsilon^{\mathbf{t}}_{ij}$	thermische Verzerrungen
$\boldsymbol{\varepsilon}$	Verzerrungsmatrix
$\boldsymbol{\varepsilon}^{\mathbf{e}}$	elastische Verzerrungsmatrix
$\boldsymbol{\varepsilon}^{\mathbf{p}}$	plastische Verzerrungsmatrix
$\boldsymbol{\varepsilon}^*$	Anfangsdehnungen
ζ	komplexe Variable

— $\boldsymbol{\eta}$ —

η	Verhältniszahl Schub/Zug (Kohäsivmodell)
η	Fehlerindikator FEM global
$\eta(x_1)$	Gradientenfunktion
$\eta(a/w)$	Geometriefunktion
η_e	Fehlerindikator Element e
$\boldsymbol{\eta}$, η_{mn}	EULER-ALMANSI Verzerrungstensor

— $\boldsymbol{\theta}, \boldsymbol{\vartheta}$ —

θ	Polarkoordinate, Winkel
θ_c	Rissausbreitungswinkel
$\theta_{\mathbf{d}}$	Winkel bei Dilatationswellen
$\theta_{\mathbf{s}}$	Winkel bei Scherwellen
ϑ	Wärmeübergangszahl

— $\boldsymbol{\kappa}, \boldsymbol{\varkappa}$ —

κ	elastische Konstante
$\varkappa$	Knotendistorsionsparameter
$\varkappa$	Rissspitzenposition
$\varkappa$	dynamischer Überhöhungsfaktor

— $\boldsymbol{\lambda}$ —

$\dot{\Lambda}$	plastischer LAGRANGEscher Multiplikator
λ	Exponent der komplexen Spannungsfunktion
λ	LAMEsche Konstante

— $\boldsymbol{\mu}, \boldsymbol{\nu}$ —

μ	Schubmodul
μ	Schubaufnahmefaktor
ν	Querkontraktionszahl

— $\boldsymbol{\xi}$ —

$\boldsymbol{\xi}$, ξ_i	natürliche Elementkoordinaten
$\boldsymbol{\xi}^g$, ξ^g_i	Koordinaten Integrationspunkte

— $\boldsymbol{\pi}$ —

$\Pi_{\mathbf{C}}$	Prinzip der Komplementärenergie
$\Pi_{\mathbf{CH}}$	hybrides Spannungsprinzip
$\Pi_{\mathbf{GH}}$	hybrides gemischtes Prinzip
Π_{MH*}	vereinfachtes hybrides gemischtes Prinzip
$\Pi_{\mathbf{P}}$	Prinzip der potenziellen Energie
$\Pi_{\mathbf{PH}}$	hybrides Verschiebungsprinzip
$\Pi_{\mathbf{R}}$	HELLINGER-REISSNER-Prinzip
$\Pi_{\mathbf{ext}}$	Potenzial äußerer Lasten
$\Pi_{\mathbf{int}}$	inneres Potenzial
$\widehat{\Pi}_{\mathbf{ext}}$	komplementäres äußeres Potenzial
$\widehat{\Pi}_{\mathbf{int}}$	komplementäres inneres Potenzial

— $\boldsymbol{\rho}$ —

ρ	Kerbradius
ρ	Dichte (Momentankonfiguration)
ρ_0	Dichte (Ausgangskonfiguration)

ϱ	Mixed-Modus-Verhältnis

— $\boldsymbol{\sigma}$ —

σ	Normalspannung (Kohäsivzonenmodell)
$\sigma_{\mathbf{c}}$	Kohäsionsfestigkeit Zug
σ_0	Referenzspannung ($\approx \sigma_{\mathrm{F}}$)
$\sigma_{\mathbf{F}}$	Fließspannung
$\sigma_{\mathbf{F}0}$	Anfangsfließspannung
$\sigma^{\mathbf{H}}$	Kugeltensor der Spannungen
$\sigma_{\mathbf{I}}$	Hauptnormalspannungen
$\sigma_{\mathbf{II}}$	"
$\sigma_{\mathbf{III}}$	"
$\sigma_{\mathbf{c}}$	kritische Spannungen
$\sigma_{\mathbf{M}}$	Matrixfließspannung
$\sigma_{\mathbf{max}}$	Oberspannung
$\sigma_{\mathbf{min}}$	Unterspannung
$\sigma_{\mathbf{n}}$	Nennspannung Zug
$\sigma_{\mathbf{v}}$	v. MISES Vergleichsspannung
$\sigma_{\mathbf{w}}$	WEIBULL-Spannung
$\sigma_{\mathbf{u}}$	WEIBULL-Referenzspannung
$\boldsymbol{\sigma}$, σ_{ij}	CAUCHYscher Spannungstensor
$\boldsymbol{\sigma}^{\mathbf{D}}, \sigma_{ij}^{\mathbf{D}}$	Spannungsdeviator
$\boldsymbol{\sigma}$	CAUCHY-Spannungsmatrix

— $\boldsymbol{\tau}$ —

τ	Schubspannung
$\tau_{\mathbf{c}}$	Kohäsionsfestigkeit Schub
$\tau_{\mathbf{t}}$	Schubspannung tangential
$\tau_{\mathbf{s}}$	Schubspannung transversal
$\tau_{\mathbf{F}}$	Schubfließspannung
$\tau_{\mathbf{F}0}$	Anfangsschubfließspannung
$\tau_{\mathbf{I}}$	Hauptschubspannungen
$\tau_{\mathbf{II}}$	"
$\tau_{\mathbf{III}}$	"
τ_{ij}	Schubspannungskomponenten
$\tau_{\mathbf{n}}$	Nennspannung Schub

— $\boldsymbol{\phi}$ —

$\varPhi$	Fließbedingung, Dissipationsfunktion
$\phi(z)$	komplexe Spannungsfunktion
$\psi(x)$	Phasenfeldvariable

— $\boldsymbol{\varphi}$ —

φ	elektrisches Potenzial
φ	Winkelkoordinate bei elliptischen Rissen
φ	Skalares Wellenpotenzial

— $\boldsymbol{\chi}$ —

$\chi(z)$	komplexe Spannungsfunktion
χ	Rissöffnungsfunktion

— $\boldsymbol{\psi}$ —

ψ	Phasenwinkel
$\psi_{\mathbf{e}}$	elastisches Potential
$\boldsymbol{\psi}$, ψ_i	vektorielles Wellenpotenzial

— $\boldsymbol{\omega}$ —

$\varOmega(z)$	komplexe Spannungsfunktion
$\varOmega$	Integrationsgebiet J-Integral
$\overline{\varOmega}$	Integrationsgebiet J-Integral
$\omega, \bar{\omega}$	Schädigungsvariable
$\bar{\omega}$	Oberflächenladungsdichte

— **A** —

A	komplexer Spannungskoeffizient
A	Rissfläche
A	Oberfläche (Ausgangskonfiguration)
$A_{\mathbf{I}}$	Faktoren Energiefreisetzungsrate
$A_{\mathbf{II}}$	"
$A_{\mathbf{III}}$	"
A_σ	Spannungskoeffizient
$A_{\mathbf{B}}$	Bruchprozesszone
A_i	Koeffizienten Eigenfunktionen
$\mathbf{A}^{(e)}$	Zuordnungsmatrix (Inzidenzmatrix)
a	Oberfläche (Momentankonfiguration)
a	Risslänge
a	Halbachse von elliptischen Rissen
$\dot{a}$	Rissgeschwindigkeit
a	Rissbeschleunigung
a_0	Anfangsrisslänge

a_c	kritische Risslänge
$a_{\mathbf{eff}}$	effektive Risslänge
a_i	Koeffizienten Eigenfunktionen
$a_{\mathbf{th}}$	Risslänge aus Schwellenwert
$\boldsymbol{a}$, a_i	Beschleunigungsvektor

— **B** —

B	Probendicke
B	komplexer Spannungskoeffizient
$B_{\mathbf{I}}$	BUECKNER-Singularität
$\mathbf{B}$	Verzerrungs-Verschiebungs-Matrix
$\overline{\mathbf{B}}$	nichtlineare Verzerrungs-Verschiebungsmatrix
$\widetilde{\mathbf{B}}$	hybride Elementmatrix
b	Ligamentlänge
b_i	Koeffizienten Eigenfunktionen
$b_{\mathbf{T}}$	Biaxialparameter
$\boldsymbol{b}$, b_{mn}	linker CAUCHY-GREEN Deformations-Tensor
$\bar{\boldsymbol{b}}$, $\bar{b}_i$	Volumenkraftvektor

— **C** —

C	geschlossener Integrationspfad
C	komplexer Spannungskoeffizient
C	PARIS-Koeffizient
$\boldsymbol{C}$, C_{MN}	rechter CAUCHY-GREEN Deformationstensor
$\mathbf{C}$	Matrix Materialtensor
$\mathbf{C}^{\mathbf{e}}$	Elastizitätsmatrix
$\mathbf{C}^{\mathbf{ep}}$	elastisch-plastische Materialmatrix
$C_{\alpha\beta}$	Elastizitätsmatrix
$\mathbb{C}$, C_{ijkl}	Elastizitätstensor 4. Stufe
c	Halbachse von elliptischen Rissen
$c_{\mathbf{d}}$	Dilatationsgeschwindigkeit
c_i	Koeffizienten Eigenfunktionen
$c_{\mathbf{R}}$	RAYLEIGH-Geschwindigkeit
$c_{\mathbf{s}}$	Scherwellengeschwindigkeit
$c_{\mathbf{v}}$	spezifische Wärmekapazität

— **D** —

$\mathcal{D}$	Dissipationsenergie
D	Schädigungsvariable
D	Plattensteifigkeit
$D(\dot{a})$	RAYLEIGH-Funktion
$\boldsymbol{D}$, D_i	elektrische Flussdichte
$\mathbf{D}$	Differenziationsmatrix
$d_{\mathbf{p}}$	Ausdehnung plastische Zone
$\mathrm{d}A$	Flächenelement
$\mathrm{d}S$	Oberflächenelement
$\mathrm{d}V$	Volumenelement
$\mathrm{d}s$	Linienelement
$\boldsymbol{d}$, d_{ij}	Deformationsgeschwindigkeitstensor

— **E** —

E	Elastizitätsmodul
$E(k)$	elliptisches Integral 2. Art
$\boldsymbol{E}$, E_{MN}	GREEN-LANGRANGE Verzerrungstensor
$\boldsymbol{E}$, E_i	elektrische Feldstärke
$\mathbf{E}$	GREEN-LAGRANGE Verzerrungsmatrix
$\boldsymbol{e}_i$	Basisvektoren
e	EULERsche Zahl $\mathrm{e} \approx 2,718$

— **F** —

F	Einzelkraft
$F(\boldsymbol{x})$	AIRYsche Spannungsfunktion
$F_{\mathbf{L}}$	plastische Grenzlast (Traglast)
$\tilde{F}_i^{(n)}$	Eigenfunktionen I
$\boldsymbol{F}$, F_{mM}	Deformationsgradient
$\mathbf{F}$	Systemlastvektor
$\mathcal{F}$	Flussintegral
f	Porenvolumenanteil
f^*	modifizierter Porenvolumenanteil
f_0	Anfangs-Porenvolumenanteil
f_c	kritischer Porenvolumenanteil
f_f	Porenvolumenanteil bei Versagen
f_N	Porenkeimdichte Nukleation
f_{ij}^L	Winkelfunktionen Rissspitzenfeld ($L = \mathrm{I, II, III}$)

$\mathbf{f}$ Elementlastvektor

— G —

G Energiefreisetzungsrate
$G_{\mathbf{I}}$ Energiefreisetzungsrate für Rissmodus I, II, III
$G_{\mathbf{II}}$ "
$G_{\mathbf{III}}$ "
$G_{\mathbf{c}}$ kritische Energiefreisetzungsrate
$G^{\mathbf{dyn}}$ dynamische Energiefreisetzungsrate
$G_i^{\mathbf{I}}$, $G_i^{\mathbf{II}}$ bruchmechanische Gewichtsfunktionen
$\tilde{G}_i^{(n)}$ Eigenfunktionen Modus II
$\mathbf{G}$ hybride Elementmatrix
$g(a, w)$ Geometriefunktion für K-Faktoren
$\mathrm{g}(\phi)$ Degradationsfunktion (Phasenfeld)
g_i^L Winkelfunktionen Rissspitzenfeld ($L = \mathrm{I, II, III}$)
$\boldsymbol{g}$, g_i Temperaturgradient

— H —

H Höhe Risselement
$H(\tau)$ HEAVISIDE-Sprungfunktion
H_α Verfestigungsfunktion
$H_i^{\mathbf{I}}$, $H_i^{\mathbf{II}}$ bruchmechanische Gewichtsfunktionen
H_{ij} IRWIN-Matrix Anisotropie
$\tilde{H}_3^{(n)}$ Eigenfunktionen Modus III
$\mathbf{H}$ hybride Elementmatrix
$\mathbf{H}$ Matrix Verfestigungsfunktion
$\overline{\mathbf{H}}$ Matrix Verschiebungsgradient
h Dicke (Platten, Scheiben)
$\hbar$ Mehrachsigkeitszahl
h_α Verfestigungsvariable
$\boldsymbol{h}, h_i$ Wärmeflussvektor
$\mathbf{h}$ Matrix Verfestigungsvariable

— I —

I_1^A, I_2^A, I_3^A Invariante des Tensors $\boldsymbol{A}$
$\boldsymbol{I}$, δ_{ij} KRONECKER-Symbol, Einheitstensor
$\boldsymbol{I}_p$, I_{pi} Impulsvektor
$\mathrm{i} = \sqrt{-1}$ imaginäre Einheit

— J —

J J-Integral
J Determinante des Deformationsgradienten det $|\boldsymbol{F}|$
J^* dynamisches J-Integral (ruhender Riss)
$J^{\mathbf{dyn}}$ dynamisches J-Integral (bewegter Riss)
$\hat{J}$ 3D Scheibenintegral
$J_{\mathbf{Ic}}$ kritischer Werkstoffkennwert
$J_{\mathbf{R}}(\Delta a)$ Risswiderstandskurve (EPBM)
$J_{\mathbf{e}}$ elastischer J-Anteil
$J_{\mathbf{p}}$ plastischer J-Anteil
$\boldsymbol{J}$, J_k J-Integralvektor
$\tilde{\boldsymbol{J}}$, $\tilde{J}_k$ elastisch-plastisches J-Integral
$\boldsymbol{J}^{\mathbf{te}}$, $J_k^{\mathbf{te}}$ thermoelastisches J-Integral
$\mathbf{J}$ JACOBIsche Funktionalmatrix

— K —

$\mathcal{K}$ kinetische Energie
K Kompressionsmodul
K_D Intensitätsfaktor der dielektrischen Verschiebung
$K_{\mathbf{I}}$ Spannungsintensitätsfaktoren
$K_{\mathbf{II}}$ "
$K_{\mathbf{III}}$ "
$K_{\mathbf{I}}^{\mathbf{d}}$ dynamischer Spannungsintensitätsfaktor
$K_{\mathbf{Ic}}$, $K_{\mathbf{IIc}}$ statische Bruchzähigkeit
$K_{\mathbf{ID}}$ dynamische Bruchzähigkeit (bewegter Riss)
$K_{\mathbf{Id}}$ dynamische Bruchzähigkeit (ruhender Riss)
$K_{\mathbf{Ia}}$ Rissarrestzähigkeit
$K_{\max}$ Maximum der Spannungsintensität
$K_{\min}$ Minimum der Spannungsintensität
$K_{\mathbf{op}}$ Rissöffnungsintensitätsfaktor

$K_{\mathbf{V}}$	Vergleichs-Spannungs-intensitätsfaktor
K_1, K_2	Spannungsintensitätsfaktoren Grenzflächenriss
$\widetilde{K}$	komplexer Spannungsintensitätsfaktor
$\mathbf{K}$	Systemsteifigkeitsmatrix
k	Probensteifigkeit
k	Wärmeleitkoeffizient
k_1, k_2	Spannungsintensitätsfaktoren bei Platten
$\mathbf{k}$	Element-Steifigkeitsmatrix

— **L** —

L	Länge Risselement
$\mathcal{L}(u, \dot{u}, t)$	LAGRANGE-Funktion
$\tilde{L}_{ij}^{(n)}$	Eigenfunktionen Modus III
$\mathbf{L}$	hybride Verschiebungsmatrix
$\boldsymbol{l}$, l_{ij}	Geschwindigkeitsgradient
$\mathrm{d}L$	Linienelementlänge (Ausgangskonfiguration)
$\mathrm{d}l$	Linienelementlänge (Momentankonfiguration)
Δl_k	virtuelle Verrückung der Rissfront
l_{nl}	charakteristische Länge (Schädigung)
ℓ	charakteristische Länge (Phasenfeld)

— **M** —

$\tilde{M}_{ij}^{(n)}$	Eigenfunktionen Modus I
$\mathbf{M}$	Systemmassenmatrix
m	PARIS-Exponent
m	WEIBULL-Modul
m_i	Biegemomente (Plattentheorie)
$\mathbf{m}$	Elementmassenmatrix

— **N** —

N	Zahl der Lastzyklen
$N_{\mathbf{K}}$	Zahl aller Knoten des FEM-Systems
$N_a(\xi_i)$	Formfunktionen
$N_{\mathbf{B}}$	Lastzyklen bis zum Bruch
$\tilde{N}_{ij}^{(n)}$	Eigenfunktionen Modus II
$\widehat{\boldsymbol{N}}$, $\widehat{N}_{ij}$	Normalenrichtung im Spannungsraum
$\mathbf{N}$	Matrix der Formfunktionen
$n_{\mathbf{D}}$	Zahl der Dimensionen
$n_{\mathbf{E}}$	Zahl der finiten Elemente
$n_{\mathbf{G}}$	Zahl der GAUSS-Punkte
$n_{\mathbf{H}}$	Zahl der Verfestigungsvariablen
$n_{\mathbf{K}}$	Zahl der Knoten je Element
$n_{\mathbf{L}}$	Zahl der Einzelkräfte
$n_{\mathbf{f}}$	Zahl der Starrkörperfreiheitsgrade
$\boldsymbol{n}$, n_i	Normalenvektor

— **P** —

P	globaler Lastparameter
P	Rissuferkräfte
$\boldsymbol{P}$, P_k	generalisierte Konfigurationskraft
$\boldsymbol{P}$, P_{Mn}	1. PIOLA-KIRCHHOFF Spannungstensor
$\mathbf{P}$	hybride Spannungsmatrix
$p(x_1)$	Rissuferlasten
$p(\boldsymbol{x})$	Flächenlast (Plattentheorie)
$\boldsymbol{p}, p_i$	materieller Volumenkraftvektor

— **Q** —

$\mathcal{Q}$	thermische Energie
Q	Constraint-Faktor (EPBM)
Q	Rissuferkräfte
$\boldsymbol{Q}$, Q_{ij}	Energie-Impuls-Tensor
q	Verschiebung des Kraftangriffspunktes
q	Wichtungsfunktion 2D
$q(x_1)$	Rissuferlasten
q_1, q_2, q_3	Parameter GURSON-Modell
q_i	Querkräfte (Plattentheorie)
q_k	Wichtungsfunktion 3D

— **R** —

R	Verhältnis $K_{\min}/K_{\max}$
$R(\varepsilon^{\mathbf{P}})$	isotrope Verfestigungsvariable
$R_{\mathbf{m}}$	Zugfestigkeit

$R_{\mathbf{p}0,2}$	Streckgrenze
$R(\Delta a)$	Risswiderstandskurve (LEBM)
$\boldsymbol{R}$, R_{nM}	Rotationstensor
$\mathbf{R}$	hybride Randspannungsmatrix
$\mathbf{R}$	Residuenvektor
r	Polarkoordinate, Radius
$r_{\mathbf{B}}$	Größe der Bruchprozesszone
$r_{\mathbf{F}}$	Radius plastische Zone
$r_{\mathbf{J}}$	Gültigkeitsradius J-Feld
$r_{\mathbf{K}}$	Gültigkeitsradius K-Feld
$r_{\mathbf{p}}$	Größe der plastischen Zone
$r_{\mathbf{d}}$	Radius bei Dilatationswellen
$r_{\mathbf{s}}$	Radius bei Scherwellen
$\mathbf{r}$, r_{ij}	Drehtransformationsmatrix

— **S** —

S	Oberfläche
$\widetilde{S}$	Interelementrand
$S(\theta)$	Energiedichtefaktor
S^+, S^-	obere, untere Rissfläche
S_ε	Oberfläche Rissschlauch
$S_{\mathbf{end}}$	Stirnflächen
S_t	Teilrand mit gegebenen $\bar{\boldsymbol{t}}$
S_u	Teilrand mit gegebenen $\bar{\boldsymbol{u}}$
$\boldsymbol{S}$, S_k	Schnittkraft (Ausgangskonfiguration)
$\mathbb{S}$, S_{ijkl}	elastischer Nachgiebigkeitstensor
$\mathbf{S}$	Nachgiebigkeitsmatrix
s	Bogenlänge
$\boldsymbol{s}$, s_k	Schnittkraft (Momentankonfiguration)

— **T** —

T	Temperaturfeld
$T_{\mathbf{R}}$	Reißmodul
T_{ij}	Spannungskomponenten 2. Ordnung
T_k^*	verallgemeinertes Energieintegral
$\boldsymbol{T}$, T_{MN}	2. PIOLA-KIRCHHOFF Spannungstensor
$\mathbf{T}$	2.PIOLA-KIRCHHOFF Spannungsmatrix
$\boldsymbol{t}$, t_i	Schnittspannungsvektor
$\bar{\boldsymbol{t}}$, $\bar{t}_i$	Randspannungsvektor
$\bar{\mathbf{t}}$	Randspannungsmatrix
$\boldsymbol{t}$	Randspannungsvektor (Kohäsivzonenmodell)
t^c, t_i^c	Rissuferspannungen

— **U** —

U	Formänderungsenergiedichte
U	Rissöffnungsfaktor
$\hat{U}$	komplementäre Formänderungsenergiedichte
$\check{U}$	spezifische Formänderungsarbeit
$U^{\mathrm{e}}, U^{\mathrm{p}}$	elastische, plastische Formänderungsenergiedichte
$\check{U}^{\mathbf{te}}$	thermoelastische Formänderungsenergiedichte
$\boldsymbol{U}$, U_{MN}	rechter Strecktensor
$\boldsymbol{u}$, u_i	Verschiebungsvektor
$\tilde{\boldsymbol{u}}$, $\tilde{u}_i$	Elementrandverschiebung
$\bar{\boldsymbol{u}}$, $\bar{u}_i$	Randverschiebungsvektor
$\mathbf{u}$	Verschiebungsmatrix

— **V** —

V	Kerböffnungsverschiebung COD
V	Volumen (Ausgangskonfiguration)
$\boldsymbol{V}$, V_{mn}	linker Strecktensor
$\mathbf{V}$	Systemknotenverschiebungen
v	Volumen (Momentankonfiguration)
$\boldsymbol{v}$, v_i	Geschwindigkeitsvektor
$\mathbf{v}$	Knotenverschiebungsvektor

— **W** —

$\mathcal{W}_{\mathbf{ext}}$	äußere mechanische Arbeit
$\mathcal{W}_{\mathbf{int}}$	innere mechanische Arbeit
$\widehat{\mathcal{W}}_{\mathbf{ext}}$	komplementäre äußere Arbeit
$\widehat{\mathcal{W}}_{\mathbf{int}}$	komplementäre innere Arbeit
$\mathcal{W}_{\mathbf{c}}$	Arbeit zur Rissöffnung
$\mathcal{W}_B$	Arbeit Bruchprozesszone

w	Probenbreite
$w(\boldsymbol{x})$	Durchbiegung (Plattentheorie)
$\mathsf{w}(\phi)$	Dissipationsfunktion Phasenfeld
w_g	Gewichte Integrationsregel
$\boldsymbol{w}$, w_{ij}	Drehgeschwindigkeitstensor

— **X** —

$\boldsymbol{X}$, X_{M}	Koordinaten (materiell)
$\boldsymbol{X}$, X_{ij}	kinematische Verfestigungsvariable
$\boldsymbol{x}$, $x_{\mathbf{m}}$	Koordinaten (räumlich)
x	Elementkoordinatenmatrix
$\hat{\mathrm{x}}$	Knotenkoordinatenmatrix

— **Z** —

z	komplexe Variable

— **Acronyme** —

ASTM - American Society Testing of Materials
ARWA - Anfangsrandwertaufgabe
CT - Compact Tension Specimen (Kompakt-Zug-Probe)
CTE - Crack Tip Element (Rissspitzenelement)
CTOA - Crack Tip Opening Angle
CTOD - Crack Tip Opening Displacement
DIM - Displacement Interpretation Method (Verschiebungs-Auswertemethode)
EDI - Equivalent Domain Integral (äquivalentes Gebietsintegral)
EPBM - elastisch-plastische Bruchmechanik
ESZ - ebener Spannungszustand
EVZ - ebener Verzerrungszustand
ESIS - European Structural Integrity Society
FAD - Failure Assessment Diagram
FEM - Finite Elemente Methode
LAFM - Local Approach to Fracture Mechanics
LEBM - linear-elastische Bruchmechanik
LSY - Large Scale Yielding
MCCI - Modified Crack Closure Integral (modifiziertes Rissschließintegral)
NES - nichtebener Schubspannungszustand
PC - Plastic Collapse
QPE - Quarter-Point Elements (Viertelpunktelemente)
RSE - reguläre Standardelemente
RWA - Randwertaufgabe
SENB - Single Edge Notched Bending Specimen (Biege-Probe)
SINTAP - Structural Integrity Assessment Procedure
SSY - Small Scale Yielding
SZH - Stretched Zone Height
VCE - Virtual Crack Extension (Virtuelle Rissausbreitung)
1D - eindimensional
2D - zweidimensional
3D - dreidimensional

Sachverzeichnis

M. Kuna, *Finite Elemente in der Bruchmechanik*,
https://doi.org/10.1007/978-3-658-46192-8

S

MIX
Papier aus verantwortungsvollen Quellen
Paper from responsible sources
FSC® C105338

If you have any concerns about our products,
you can contact us on
ProductSafety@springernature.com

In case Publisher is established outside the EU,
the EU authorized representative is:
Springer Nature Customer Service Center GmbH
Europaplatz 3, 69115 Heidelberg, Germany

Printed by Libri Plureos GmbH
in Hamburg, Germany